普通高等教育"十三五"规划教材

有机化学

Organic Chemistry

第2版

唐玉海　徐四龙　主编

化学工业出版社

·北京·

《有机化学》(第2版)为普通高等教育"十三五"规划教材,是根据化学、化工、生命科学、药学以及医学等各专业本科生教学要求编写的。适合学时在80～120学时本科生选用。在本教材编写过程中,编者综合考虑有机化学系统性,同时注重有机化学与其他学科的融合,使教材具有鲜明的针对性。全书共21章,前14章系统阐述有机化学的基础理论和方法、有机波谱学、立体化学以及与其密切相关的基本的基元反应和反应机理,后7章讲述生物体的物质基础如脂类、糖、蛋白质、核酸以及生物酶化学。全书各章节中插有思考题,可使学生学会运用有机化学原理和方法解决实际问题;为配合双语教学,每章末均有英文小结;此外,每章后附有习题。

《有机化学》(第2版)可作为全国高等学校化学、化工、生命科学、药学以及医学专业本科生教材,也可供从事化学教学的教师作为参考书。本书配有MOOC教学视频资源,网址 http://www.icourse163.org/course/XJTU-46017。

图书在版编目(CIP)数据

有机化学/唐玉海,徐四龙主编. —2版. —北京:
化学工业出版社,2020.3(2025.7重印)
普通高等教育"十三五"规划教材
ISBN 978-7-122-35787-8

Ⅰ.①有… Ⅱ.①唐…②徐… Ⅲ.①有机化学-高等
学校-教材 Ⅳ.①O62

中国版本图书馆CIP数据核字(2019)第273458号

责任编辑:褚红喜 宋林青　　　　　　　装帧设计:关 飞
责任校对:王素芹

出版发行:化学工业出版社(北京市东城区青年湖南街13号　邮政编码100011)
印　　装:北京科印技术咨询服务有限公司数码印刷分部
787mm×1092mm　1/16　印张34¾　字数890千字　2025年7月北京第2版第3次印刷

购书咨询:010-64518888　　　　　　　售后服务:010-64518899
网　　址:http://www.cip.com.cn
凡购买本书,如有缺损质量问题,本社销售中心负责调换。

定　　价:68.00元

《有机化学》（第2版）
编写组

主　编	唐玉海	徐四龙	
副主编	刘　芸	赵　光	王微宏
编　委	于姝燕	王丽娟	王微宏　刘　芸
	李平亚	李英秀	吴　峥　张　剑
	张　建	张定林	张振琴　周志勇
	赵　农	赵　光	袁　丁　徐四龙
	唐玉海	谢惠定	

前 言

　　有机化学课程是高等学校化学、化工、生命科学、药学以及医学等各专业本科生必修的一门自然科学类基础课；该课程所讲授的基本概念、基本理论和方法是高等理工、生命医药类学生科学素质培养的重要组成部分，具有其他课程不能替代的重要作用。

　　依据目前我国化学、化工、生命科学、药学以及医学等各专业教育现状，本教材的编写内容具有鲜明的针对性和系统性。为使学生对有机化学的基本知识、基本理论和基本方法有比较系统的认识和正确的理解，同时注重学生分析问题和解决问题能力、探索精神和创新意识的培养，本书在第一版的基础上着重突出以下几点：

　　（1）本书中有机化合物的命名采用最新《有机化合物命名原则》（2017年版）的命名原则。

　　（2）注重有机化学和各学科的良好融合，体现有机-生物理念。

　　（3）在传承知识的同时，通过讨论和引入新知识增强启发性和时代气息。

　　（4）参阅大量国内外同类教材编写经验，吸收部分近年来教学与科研成果。

　　（5）强化有机化学英文词汇学习，章末有英文小结，以适应后续课程双语教学的需求。

　　（6）编写方法上进行部分改进，各章都有内容提示、思考题等，有利于启发学生对问题的思考和重点内容的掌握。

　　全书共21章，其中前14章系统地阐述了有机化学的基础理论和方法、有机波谱学、立体化学等基础，后7章集中讲述生物体的物质基础如脂类、糖、蛋白质和核酸以及生物体内酶促化学反应。

　　本书由（排名不分先后）西安交通大学唐玉海任主编并编写第一、二章；徐四龙任主编并编写第三章；中南大学王微宏任副主编并编写第四章；西安交通大学刘芸任副主编并编写第五、八章；首都医科大学赵光任副主编并编写第六章；赣南医学院张剑编写第七章；昆明医科大学谢惠定编写第九章；三峡大学袁丁编写第十章；山西医科大学张建编写第十一章；广西医科大学吴峥编写第十二章；广西医科大学赵农编写第十三章；三峡大学周志勇编写第十四章；陆军军医大学张定林编写第十五章；兰州大学李英秀编写第十六章；吉林大学李平亚编写第十七章；南京医科大学张振琴编写第十八、十九章；内蒙古医科大学于姝燕编写第二十章；西安交通大学王丽娟编写第二十一章。

　　本书在编写过程中得到了西安交通大学和各参编院校的大力支持，得到了化学工业出版社编辑的帮助和指导。在编写过程中，本书也参考了部分国内外同类教材。王永壮、李冬秋、严婷婷同学为本教材出版做了大量文字校对工作，在此一并致谢。

　　虽然编者对本书的出版做了大量的工作，但由于水平有限，书中难免有疏漏之处，望同行和广大读者不吝指正。

编　者

2019 年 7 月于西安

第一版前言

本书为普通高等教育"十二五"规划教材。本教材是根据教育部高等学校医药学公共基础课教学指导委员会"关于医学各专业长学制有机化学教学基本要求"编写而成的，教材内容突出基本理论、基础知识和基本技能。

有机化学课程是高等学校医学类各专业本科生必修的一门重要的自然科学类基础课，目的是为医学生后续课程的学习打好必要的有机化学基础。该课程所讲授的基本概念、基本理论和方法是医学生科学素质培养的重要组成部分，具有其他课程不能替代的重要作用，是一个合格的医学科学工作者必备的。

有机化学教材，应使学生对有机化学的基本知识、基本理论和基本方法有比较系统的认识和正确的理解，应注重学生分析问题和解决问题能力的培养，注重学生探索精神和创新意识的培养，努力实现学生知识、能力、素质三位一体的协调发展。

本书在编写时着重突出以下几点。

1. 定位明确，适合医学各专业长学制本科生。

2. 注重有机化学和医学的良好融合，体现有机-生物理念。

3. 在传承知识的同时，通过讨论和新知识的引入增强启发性和时代气息。

4. 参阅大量国内外同类教材编写经验，吸收部分近年来教学与科研成果。

5. 强化有机化学英文词汇学习，章末有英文小结，以适应后续课程双语教学的需求。

6. 编写方法上考虑学生的认知规律，各章都有内容提示、思考题和英文小结等，有利于启发学生对问题的思考和重点内容的掌握。

本教材编写过程中注重我国目前医学长学制教育现状，具有鲜明的针对性，全书共二十一章，前十四章系统阐述了有机化学的基础理论和方法，有机波谱学、立体化学以及与医学有密切关系的基元反应和反应机理，目的是使医学生学会运用有机化学原理和方法理解医学中的化学问题，后七章集中讲述生物体的物质基础脂类、糖、蛋白质、核酸、天然生物活性有机化合物以及生物体内的酶促化学反应。

本书由（排名不分先后）西安交通大学唐玉海任主编，并编写第一、二、二十一章；大连医科大学徐乃进编写第三章；中南大学罗一鸣任副主编并编写第四章；西安交通大学刘芸任副主编并编写第五、八章；首都医科大学张枫任副主编并编写第六、七章；昆明医学院谢惠定编写第九章；三峡大学袁丁编写第十章；山西医科大学王茹林编写第十一章；广西医科大学龙盛京编写第十二、十三章；三峡大学王英编写第十四章；青岛大学姚丽编写第十五章；兰州大学陈麒编写第十六章；吉林大学李平亚编写第十七章；南京医科大学姜慧君编写第十八、十九章；内蒙古医学院巴俊杰编写第二十章。

本书在编写过程中得到了西安交通大学和各参编院校的大力支持，西安交通大学理学院给予了经费支持，并得到了化学工业出版社的帮助和指导，本书在编写过程中也选用了部分国内外同类教材作者的资料，2010级硕士研究生邢丽丽、宋海林同学为本教材出版做了大量文字修改工作，在此一并致谢。

　　虽然编者对本书的出版做了大量的工作，但由于水平有限，书中难免有疏漏和不妥之处，望同行和广大读者不吝指正。

编　者

2011年3月于西安

目 录

第一章

绪　论

内容提示

　　本章主要介绍有机化学的共性知识：有机化合物分子的共价键类型及其性质、共价键参数、键的断裂方式和反应类型、有机化合物的分类以及研究有机化合物的一般步骤和方法。

　　本章是为学习有机化学奠定基础而设的，是一些共性问题，其中有些知识点在中学化学或者其他化学课程中已经涉及，在此就不从头讲起，仅作总结性介绍，特别值得一提的是有些同学认为这一部分无关紧要，忽视对本章的学习，结果造成学习环节上的缺憾；本章有部分内容只能是概念性的了解，在后续章节中将进一步深化和扩展。

　　在学完本章以后，你应该能够回答以下问题：

　　1. 什么是有机化合物？什么是有机化学？

　　2. 有机化合物有何特点？

　　3. 共价键有几种类型？各自有何特点？

　　4. 有机化合物如何分类？

　　5. 研究有机化合物的一般步骤是什么？

一、有机化合物和有机化学

　　人类为了生存、繁衍与发展总是要同自然界打交道，考古学证实历史长河流淌过的地方都有天然产物伴随着人类活动。尽管人类与有机物打交道的历史可追溯到远古时代，但有机物概念的形成却并不久远。

　　1806 年瑞典化学家 J. Berzelius 定义有机化合物（organic compound）是"生物体中的物质"；把从矿物、空气和海洋中得到的物质定义为无机物（inorganic compound）。1828 年德国化学家 F. Wöhler 在实验室里用加热的方法无意将 NH_4OCN 转变为脲（尿素）。

$$NH_4OCN \xrightarrow{\triangle} (NH_2)_2CO$$

这是一个具有划时代意义的发现，它为近代有机化合物概念的确立奠定了基础。可是按 J. Berzelius 对有机化合物的定义，尿素是不可能在实验室里制备出来的，所以这个实验结果在当时并不被化学家所认同。直到 1848 年 L. Gmelin 根据 F. Wöhler 的实验和越来越多的有机合成事实，确立了有机化合物的新概念，即有机化合物是含碳的化合物，有机化学是研究含碳化合物的化学。

现代对有机化学的定义是研究有机化合物的来源、制备、结构、性质、应用和功能以及有关理论与方法的一门科学。

二、有机化学与其他学科的密切关系

有机化学最初的意义就是生物物质的化学，即以生物体中物质为研究对象。可见"有机"二字是同生命现象紧密相连而产生的，是历史的产物。按近代有机物的概念，它的确容易引起人们的"误解"。可是近 200 年来，有机化学已发展成一门庞大的学科，它同其他科学技术一道为人类创造美好生活，把世界装点得五彩缤纷，仅 2017 年一年化学家就创造了近百万个新化合物。现在，从结构复杂多样的生物大分子的合成到模拟生物过程模型的确立，从小分子到合成大分子，从而形成橡胶、塑料、人造纤维三大合成产业，标志着有机合成技术已经达到了相当高的境界。

有机化学理论上和实验上的成就，为现代生物学的诞生和发展打下了坚实的基础，是生命科学的有力支柱。生命科学也为有机化学的发展充实了丰富的内容，生命科学问题永远赋予有机化学家启示。如果我们把 Nobel 奖获得者的研究成果作为当今科学研究标志的话，从 20 世纪后半期 Nobel 奖的授予对象也反映了学科之间的交叉和融合的力量。J. Watson 和 F. Crick 的 DNA 双螺旋结构分子模型的提出是生物学发展史上划时代的发现。这一发现是基于对 DNA 分子内各种化学键的本质，特别是对氢键配对充分了解的结果。T. Cech 和 S. Altman 对核酶的发现，改变了酶就是蛋白质的传统观念。美国医学家、Nobel 奖获得者 A. Kornberg 认为："人类的形态和行为诸多方面都是由一系列各负其责的化学反应来决定的反应过程"，"生命的许多方面都可用化学语言来表达，这是一个真正的世界语"，"把生命现象理解成化学"。实践表明，几乎所有生命科学中的问题都必将接受化学的挑战。21 世纪兴起的化学生物学正是一门用化学理论、研究方法和手段在分子水平上探索生命科学问题的学科，这是化学自觉进入生物科学领域的标志。

有机化学与生命科学广泛地相互渗透，相互融合，二者的学科界限越来越模糊，令人饶有兴趣地看到，有机化学在研究生物体本义上的回归。从这个意义上说，"有机"二字必将还其生机，"误解"必将成为历史的过去。当然医学的任务就是预防和治疗疾病，预防病症的药物绝大多数为有机化合物。药物与受体之间的关系需要立体化学知识，再如像疯牛病、阿尔茨海默病都是蛋白质构象出现问题而导致的。三大合成工业迅猛发展，今天人们的衣、食、住、行，高科技发展，国防工业等都离不开有机化学。综上所述，有机化学是化学、化工、生命科学、药学以及医学各专业的本科生至关重要的一门课。

三、有机物化学键的特点

无论是对无机化合物还是有机化合物，在讨论其分子结构（structure of molecule）时，首先必须讨论化学键（chemical bond）。化学键是描述组成分子的原子如何结合在一起的力。有机化学的发展，揭示了有机化合物分子中原子键合的本质是共价键（covalent bond）。共价键概念是由 G. N. Lewis 于 1916 年首先提出来的，第一次指出原子间共用电子满足"八隅体"（即原子外层满足 8 电子结构，氢原子外层满足 2 电子结构）即可以生成共价键。通常在两原子间连一短线代表共价键共用的一对电子。1926 年量子力学理论的出现，使共价键的本质才得以阐明。共价键的量子力学理论认为成键轨道的电子云在两核之间较密，即电子云密集在原子核间，同时受两个核吸引，其内能比分别在两个原子中单独受一个核吸引平均位能较低，故能量降低而成键。密集于两原子间的电子云的作用，可以看作是同时吸引两个核，把两个核联系在一起而成化学键。

在无机化学中我们已经知道，根据原子轨道最大重叠原理，成键时轨道之间可有两种不同的重叠方式：轨道沿着键轴方向以"头碰头"方式进行重叠形成的共价键称为 σ 键；两个互相平行的轨道以"肩并肩"方式进行重叠形成的共价键称为 π 键。表 1-1 列出 σ 键和 π 键主要的特点。

表 1-1　σ 键和 π 键主要的特点

项目	σ 键	π 键
存在	可以单独存在	不能单独存在，只与 σ 键同时存在
生成	成键轨道沿键轴重叠，重叠程度大	成键 p 轨道平行重叠，重叠程度较小
性质	1. 键能较大，较稳定 2. 电子云受核约束大，不易极化 3. 成键的两个原子可沿键轴自由旋转	1. 键能小，不稳定 2. 电子云受核约束小，易被极化 3. 成键的两个原子不能沿键轴自由旋转

组成有机物分子的原子多是碳、氢、氧、氮、磷和硫及卤素的原子，它们之间的电负性相差很小，相互间结合力的本质只能是共价键。碳原子在形成共价键时，有 3 种杂化轨道（hybrid orbital），即 sp^3、sp^2 和 sp 杂化轨道。除了碳原子外，氧原子、氮原子、磷原子和硫原子的轨道杂化也是常见的，生命科学的发展不断证明含这些杂原子的有机物在生物学中的地位备受关注。中心原子的不同杂化状态提供了分子不同的空间形象，这是分子所以能形成不同结构的最基本要素。它既影响分子的局部，也影响分子的整体。

1. sp^3 杂化轨道

碳原子在基态时的电子构型为 $1s^2 2s^2 2p_x^1 2p_y^1 2p_z^0$，理论上只有 $2p_x$ 和 $2p_y$ 可以形成共价键，键角 $90°$。但实际在甲烷分子中，是四个完全等同的键，键角均为 $109°28'$。这是因为在成键过程中，碳的 $2s$ 轨道有一个电子激发到 $2p_z$ 轨道，成为 $1s^2 2s^1 2p_x^1 2p_y^1 2p_z^1$。然后 3 个 p 轨道与一个 s 轨道重新组合杂化，形成 4 个完全相同的 sp^3 杂化轨道。

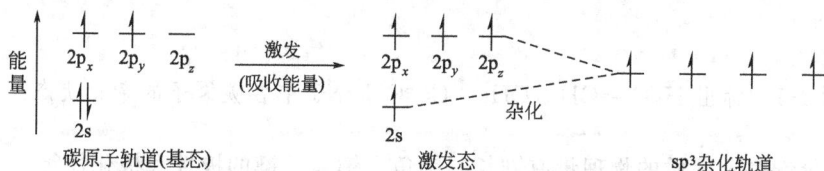

其形状一头大一头小。每个轨道是由 s 1/4 与 p 3/4 轨道杂化组成。这四个 sp^3 轨道的方向都指向正四面体的四个顶点，因此 sp^3 轨道间的夹角都是 $109°28'$，见图 1-1。

甲烷分子中碳为 sp^3 杂化，和四个氢的 1s 轨道重叠形成 CH_4 的四面体结构，详见第二章烷烃。

2. sp² 杂化轨道

其碳原子在成键过程中，首先是碳的基态 2s 轨道中的一个电子激发到 $2p_z$ 空轨道，然后碳的激发态中一个 2s 轨道和两个 2p 轨道重新组合杂化，形成三个相同的 sp² 杂化轨道，还剩余一个 p 轨道未参与杂化。

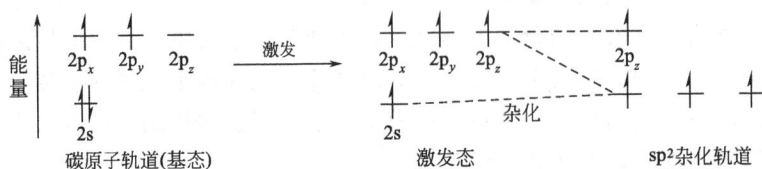

每一个 sp² 杂化轨道均由 s 1/3 与 p 2/3 轨道杂化组成，这三个 sp² 杂化轨道在同一平面，夹角为 120°。余下一个 $2p_z$ 轨道，垂直于三个 sp² 轨道所处的平面，见图 1-2。

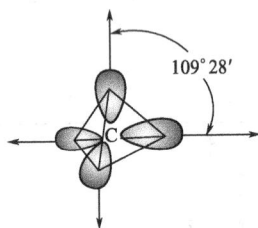

图 1-1 碳的 sp³ 杂化轨道   图 1-2 碳的 sp² 杂化轨道   图 1-3 碳的 sp 杂化轨道

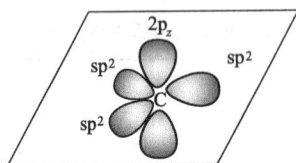

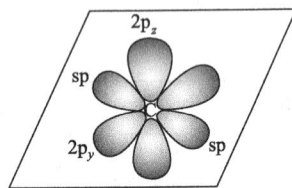

乙烯分子中的两个碳原子和其他烯烃分子中构成双键的碳原均为 sp² 杂化，详见第三章。

3. sp 杂化轨道

sp 杂化轨道是碳原子在成键过程中，碳的激发态中一个 2s 轨道与一个 2p 轨道重新组合杂化形成两个相同的 sp 杂化轨道，还剩余两个 p 轨道未参与杂化。

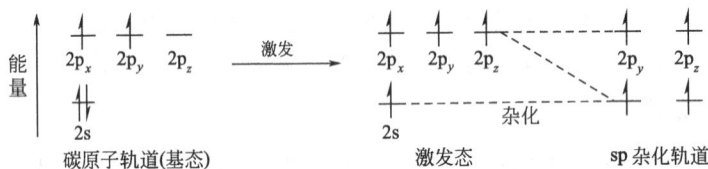

sp 杂化轨道夹角为 180°，呈直线形。余下两个互相垂直的 p 轨道又都与此直线垂直，见图 1-3。

乙炔分子中的碳原子和其他炔烃分子中构成碳碳叁键的碳原子均为 sp 杂化，详见第三章。

思考题 1-1 标出 $H_2C=CH-CH_2-C\equiv CH$ 分子中各碳原子的杂化状态。

表征共价键基本性质的物理量有键长、键角、键能、键的极性和极化性等。

(1) 键长 键长是指分子中两原子核心的平均距离，其单位常用 nm 或 pm 表示。

(2) 键角 键角是指分子中同一原子形成的两个化学键之间的夹角。键角所给的信息对讨论有机物分子的空间构型具有十分重要的意义。如甲烷分子中的碳原子是 sp³ 杂化，∠HCH 为 109°28′，是正四面体构型；当知道甲醇的 ∠COH 为 108°9′ 时，即可判断醇羟基

的氧原子为 sp^3 杂化。

(3) 键能　键能是从共价键生成或断裂的能量因素来衡量共价键强度的物理量。在 101.3kPa 和 298.15K 下，将 1mol 理想气体分子 A—B 离解为理想状态的 A 原子和 B 原子所需的能量称为 A—B 的解离能（dissociation energy），用 D（A—B）表示，单位为 $kJ \cdot mol^{-1}$。请注意！决不可把键的解离能（D）与另一个衡量键强度的物理量键能（E）相混淆。只有双原子分子的 D 就是它的 E，如 H_2 分子，$D(H—H) = E(H—H) = 463kJ \cdot mol^{-1}$。而在多原子分子中，键能是同类键解离能的平均值，如甲烷（CH_4）分子，若依次断裂其 4 个 C—H 键，所需键解离能是不同的，其数值分别为 $435.1kJ \cdot mol^{-1}$、$443.5kJ \cdot mol^{-1}$、$443.5kJ \cdot mol^{-1}$ 和 $338.9kJ \cdot mol^{-1}$。通常说甲烷分子中 C—H 键的键能 E 为 $415.3kJ \cdot mol^{-1}$，是指键的解离能的平均值（$435.1kJ \cdot mol^{-1} + 443.5kJ \cdot mol^{-1} + 443.5kJ \cdot mol^{-1} + 338.9kJ \cdot mol^{-1}$）/4 $= 415.3kJ \cdot mol^{-1}$。在实际工作中，键的解离能更为有用。

(4) 键的极性和极化性　当两个相同原子成键时，其电子云对称地分布于两个原子中间，这种键是无极性的。如乙烷分子中 C—C 键、氢分子中 H—H 键。当两个不同原子成键时，由于两种元素的电负性不同，电子云分布不对称而靠近其中电负性较强的原子，使它带有部分负电荷，用符号 δ^- 表示，另一原子带有部分正电荷，用符号 δ^+ 表示。例如：$\overset{\delta^+}{H}—\overset{\delta^-}{Br}$。

① **键的极性**　键的极性大小用偶极矩（μ）表示，它的值等于正电荷和负电荷中心的距离 d（单位为 m）与电荷 q（单位为 C）的乘积，$\mu = qd$。偶极矩（dipole moment）单位为 $C \cdot m$。偶极矩是一个向量，具有方向性，通常用 $\longrightarrow$ 表示其方向，箭头由正电荷中心指向负电荷中心，即由 $\delta^+ \longrightarrow \delta^-$。偶极矩值越大，键的极性也越强。有机化合物中一些常见的共价键的偶极矩在 $(1.334 \sim 1.167) \times 10^{-30} C \cdot m$ 之间。对于双原子分子来说，键的偶极矩就是分子的偶极矩。但对多原子分子来说，分子的偶极矩是各键的偶极矩的向量和，也就是说多原子分子的极性不只取决于键的极性，也取决于各键在空间分布的方向，亦即取决于分子的形状。例如 CCl_4 分子中 C—Cl 键是极性键，偶极矩为 $4.868 \times 10^{-30} C \cdot m$，但分子呈正四面体型，为对称分子，四个氯原子对称地分布于碳的周围，各键的极性相互抵消，所以 CCl_4 分子没有极性（$\mu = 0$），而 CH_3Cl 的分子不对称，C—Cl 键的极性没有被抵消，分子的偶极矩为 $6.201 \times 10^{-30} C \cdot m$，为极性分子。

键的极性和键的物理、化学性质密切相关，键的极性能导致分子的极性，因此对熔点、沸点和溶解度有较大影响，键的极性也能决定发生在这个键上的反应类型，甚至还能影响邻近一些键的反应活性。

② **键的极化性**　共价键处于外电场中（试剂、极性溶剂等）时，能受外电场影响，而引起键内电子云密度的重新分布，从而改变了键的极性，这种现象称为键的极化（polarization）。由于各种键受外电场的影响不同，而导致键的极化程度难易不同，这种键的极化难易程度称为键的极化度（polarizability）。键的极化度主要取决于相连两原子的价电子活动性的大小。例如 C—X 键的极化顺序是 C—I > C—Br > C—Cl > C—F。这是因为氟的原子半径小而电负性大，对价电子约束力也较大，在外电场影响下，成键电子的转移就比较小。一般来说，在同族元素（如卤素）中，原子序数愈大，在价电子层的能级就愈高，原子核对这些价电子的吸引力就愈小，它们所形成的键就容易极化。因此 C—X 键极化度按 C—F、C—Cl、C—Br、C—I 的次序递增。在碳碳共价键中，π 键比 σ 键容易极化。

键的极化是在外电场的影响下产生的，是一种暂时现象，当除去外界电场时，就恢复到原来的状态。共价键的极性和极化性是有机化合物具有各种性质的内在因素。有机化学反应的实质，就是在一定条件下，由共价键电子云的移动而发生的旧键的断裂和新键的形成。

四、有机化合物的分类方法

迄今为止，已发现的约2000多万个化合物中，绝大多数是有机化合物。为有效地学习和研究它们，必须对众多的有机化合物进行科学的分类，分类方法也是基于有机化合物分子的结构。

目前，国内外有机化学家对有机化合物的分类，采用两种方法：其一是基于有机化合物分子结构的基本骨架特征；其二是以有机化合物分子结构中的官能团（functional group）或特征化学键为分类基础。

1. 按基本骨架特征分类

按分子的碳架结构——碳原子互相结合方式，有机化合物可以分为三大类。

(1) 链状化合物 这类化合物的结构特征是碳原子与碳原子，或碳原子与其他原子均以链状相连，如正己烷($CH_3(CH_2)_4CH_3$)、乙醚($CH_3CH_2OCH_2CH_3$)、尿素(H_2NCONH_2)、乙酸(CH_3COOH) 等。

(2) 碳环化合物 分子中碳原子相互连接成环状称为碳环化合物。碳环化合物又可分为两类，一类是脂肪族化合物，例如：

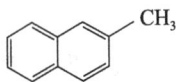

环戊烷　　　　甲基环己烷　　　　薄荷醇

另一类是芳香族化合物，例如：

苯　　　　异丙基苯　　　　苯酚

β-甲基萘　　　　菲　　　　蒽

从这些例子可以看出，不管分子结构中是否有其他链状结构部分，由碳原子与碳原子互相连接组成的碳环总是存在的。

(3) 杂环化合物（heterocyclic compound） 这类化合物的结构特征是在分子结构中，一定有杂环结构部分存在。所谓"杂环"即是指由碳原子和杂原子（如 N、O、S 等）所组成的环。此类化合物称为杂环化合物，例如：

呋喃　　　　噻吩　　　　烟酸

2. 按官能团不同分类

官能团（也称功能基）是指有机化合物分子结构中最能代表该类化合物主要性质的原子或基团，主要化学反应的发生也与它有关。如乙醇（酒精，CH_3CH_2OH）和丙三醇［甘油，$CH_2(OH)CH(OH)CH_2OH$］的官能团为羟基（—OH）。羧酸类化合物的官能团是羧基（—COOH），如苯甲酸、烟酸等。一些主要的官能团如表 1-2 所示。

表 1-2　一些主要的官能团

化合物类别	官能团（或特征结构）	名称	化合物举例	化合物名称
烯烃	C=C	碳碳双键	$H_2C=CH_2$	乙烯
炔烃	—C≡C—	碳碳叁键	$HC≡CH$	乙炔
卤代烃	—X(F、Cl、Br、I)	卤素	CH_3CH_2Cl	氯乙烷
醇	—OH	醇羟基	C_2H_5OH	乙醇
酚	—OH	酚羟基	C_6H_5OH	苯酚
醚	—C—O—C—	醚基（键）	$C_2H_5OC_2H_5$	乙醚
醛	—C—H（O）	醛基	CH_3CHO	乙醛
酮	C=O	羰基	CH_3COCH_3	丙酮
羧酸	—COOH	羧基	CH_3COOH	乙酸
酯	—C—O—（O）	酯基（键）	$CH_3—C—O—C_2H_5$（O）	乙酸乙酯
酐	—C—O—C—（O）（O）	酸酐基（键）	$CH_3—C—O—C—CH_3$（O）（O）	乙酐
酰胺	—C—N—（O）（H）	酰胺基（键）	$C_6H_5NHCOCH_3$	乙酰苯胺
酰卤	—C—X（O）	酰卤基（键）	$CH_3—C—Cl$（O）	乙酰氯
硝基化合物	—NO_2	硝基	$C_6H_5NO_2$	硝基苯
氨基化合物	—NH_2	氨基	$C_6H_5NH_2$	苯胺
硫醇	—SH	巯基	C_2H_5SH	乙硫醇
硫酚	—SH	巯基	C_6H_5SH	苯硫酚
磺酸	—SO_3H	磺酸基	$C_6H_5SO_3H$	苯磺酸

思考题 1-2　指出下列化合物的官能团和特征结构。

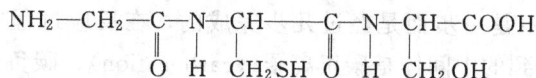

$$NH_2—CH_2—\underset{O}{C}—\underset{H}{N}—\underset{CH_2SH}{CH}——\underset{O}{C}—\underset{H}{N}—\underset{CH_2OH}{CH}—COOH$$

五、有机化学反应类型

1. 共价键断裂方式与反应类型

化学是一门研究物质在分子、原子层次上变化的学科。物质的化学变化就是一种原子间的重新组合和排列生成新的分子的过程。有机反应千差万别，但都需经历旧共价键的断裂和新化学键的生成。讨论有机化学反应机理（reaction mechanism），不外乎是看旧的共价键是怎样断裂的，新的共价键是怎样生成的。因此，共价键的断裂是研究有机化学反应最基本的知识。共价键在一定条件下，有两种断裂方式——均裂和异裂。

(1) 均裂 共价键断裂后，两个原子共用的一对电子由两个原子各保留一个，这种键的断裂方式叫做均裂（homolysis）。均裂往往借助于较高的温度或光的照射。

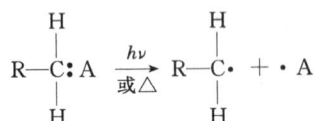

$$\text{R—C:A} \xrightarrow[\text{或}\triangle]{h\nu} \text{R—C·} + \text{·A}$$

由均裂产生的带有未成对电子的原子或基团称为自由基或游离基（free radical）。有自由基参与的反应称为自由基反应。自由基反应又可分为自由基取代反应和自由基加成反应。自由基反应是高分子化学中的一个重要反应，它也参与许多生理或病理过程。

(2) 异裂 共价键断裂后，共用电子对只归属于原来生成共价键的两个原子中的一个，这种键的断裂方式叫异裂（heterolysis）。它往往被酸、碱或极性试剂所催化，一般都在极性溶剂中进行。碳与其他原子间的 σ 键异裂时，可得到碳正离子（carbocation）或碳负离子（carbanion）。

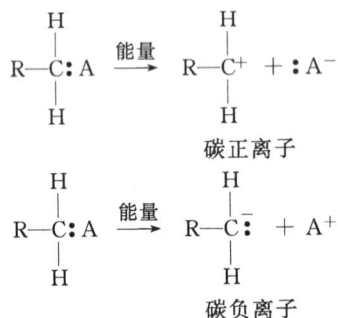

$$\text{R—C:A} \xrightarrow{\text{能量}} \text{R—C}^+ + \text{:A}^-$$

碳正离子

$$\text{R—C:A} \xrightarrow{\text{能量}} \text{R—C:}^- + \text{A}^+$$

碳负离子

通过共价键的异裂而进行的反应叫做离子型反应，它有别于无机化合物瞬间完成的离子反应。它通常发生于极性分子之间，通过共价键的异裂形成一个离子型的中间体来完成。

2. 反应中间体的概念

如果一个有机反应不是一步而是经过几步完成的，在反应过程中要生成活泼的中间体（intermediate）。最常遇到的中间体是碳正离子（carbocation）、碳负离子（carbanion）和碳自由基（free radical）等。这些中间体来自共价键的异裂和均裂：

$$\begin{array}{c} \overset{|}{-}C:Z \end{array} \xrightarrow{\text{异裂}} \begin{cases} \overset{|}{-}C^{+} + :Z^{-} \\[2ex] \overset{|}{-}C^{-} + Z^{+} \end{cases}$$

$$\overset{|}{-}C:Z \xrightarrow{\text{均裂}} \overset{|}{-}C\cdot + Z\cdot$$

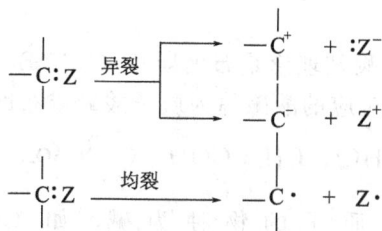

经典的碳正离子是平面形结构。带正电荷的碳原子是 sp^2 杂化状态,三个 sp^2 杂化轨道与其他三个原子的轨道形成 σ 键,构成一个平面,键角接近 $120°$,碳原子剩下的 p 轨道与这个平面垂直,p 轨道中无电子。例如,$(CH_3)_3C^+$ 结构:

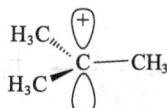

烷基碳负离子通常是四面体结构。带负电荷的碳原子是 sp^3 杂化状态,三个 sp^3 杂化轨道与其他三个原子的轨道形成 σ 键,另一个 sp^3 杂化轨道中有一对孤对电子,各键角接近 $109°28'$。

大多数碳自由基(特别是简单的烷基自由基)是平面结构。带有未配对电子的碳原子是 sp^2 杂化状态。三个 sp^2 杂化轨道与其他三个原子的轨道形成 σ 键,构成一个平面,键角接近 $120°$,未配对的电子处于垂直这个平面的 p 轨道中。但随着三个 σ 键连接的原子或碳架不同,碳原子的杂化状态可以由 sp^2 杂化逐渐变成 sp^3 杂化,即碳自由基由平面结构,经过压扁的四面体结构逐渐变成接近正四面体结构。例如,$H_3C\cdot$ 是典型的平面结构,而 $F_3C\cdot$ 接近正四面体结构。推测 $FH_2C\cdot$ 和 $F_2HC\cdot$ 可能是处于不同程度压扁的四面体结构。

碳正离子、碳负离子和碳自由基通常是高活泼性的物种,在反应中只以一种"短寿命"($\leqslant 1s$)的中间物种存在,很难分离出来,所以又称为活泼中间体或者活性中间体(active intermediate)。只有当带正电荷、负电荷或单电子的碳原子连接着能够稳定(分散)这些电荷或单电子的某种基团时,才能存在较长时间,如三苯基自由基 $(C_6H_5)_3C\cdot$ 可以在苯溶液中存在,呈现黄色溶液。采取特殊的技术才能使中间体从反应体系中分离出来,但它们的反应活性会丧失。活性中间体可以经近代仪器检测出来。

3. 有机化学反应中的酸碱概念

在论及化学性质时,对有机物的酸性和碱性的认识是理解有机化学的基础。在有机化学中,有很多化合物是酸或碱;许多反应是酸碱反应;也有不少反应是酸或碱催化的反应;经常用酸碱概念说明化合物的结构与性质的关系,分析反应机理,选择试剂、溶剂和催化剂等。因此,需要熟悉酸碱的性质。酸碱的定义有多种,在有机化学中应用最多的是质子酸碱理论和电子酸碱理论。

(1) 质子酸碱理论 质子酸碱理论是布朗斯特（J. N. Brønsted）于 1923 年提出来的，又称为布朗斯特酸碱理论。相对应的酸碱称为质子酸碱或布朗斯特酸碱，简称 B 酸碱。能给出质子的物种为酸，如 HCl、CH_3COOH、 ⎯OH、$CH_3COCH_2COCH_3$、H_2O、HSO_4^-、NH_4^+ 等。能接受质子的物种为碱，如 Cl^-、CH_3COO^-、 ⎯O^-、$CH_3COCHCOCH_3$、OH^-、SO_4^{2-}、NH_3 等。酸给出质子后剩下的物种就是它的共轭碱，碱接受质子后产生的物种就是它的共轭酸。由此，又称质子酸碱为共轭酸碱。

一个酸碱反应是由两对互为共轭的酸碱组成的。例如：

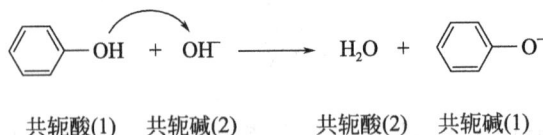

共轭酸(1)　　　共轭碱(2)　　　　共轭酸(2)　　　共轭碱(1)

给出质子能力强的酸为强酸，其共轭碱为弱碱；接受质子能力强的碱为强碱，其共轭酸是弱酸，反之亦然。利用互为共轭酸碱的强弱关系，可以判断酸或碱的相对强度。例如要判断 OH^-、RCH_2O^- 和 $RCOO^-$ 碱性的相对强度，可以通过它们的共轭酸的强度判断；OH^- 的共轭酸为 H_2O，$pK_a=15.7$；RCH_2O^- 的共轭酸是 RCH_2OH，$pK_a=18$；$RCOO^-$ 的共轭酸是 $RCOOH$，$pK_a=4\sim5$。酸性 $RCOOH>H_2O>RCH_2OH$，所以碱性 $RCOO^-<OH^-<RCOO^-$。

对一个给定物种，它表现出的酸碱性还取决于介质。如乙酸在酸性比它弱的 H_2O 中呈酸性，表现为酸，H_2O 是碱：

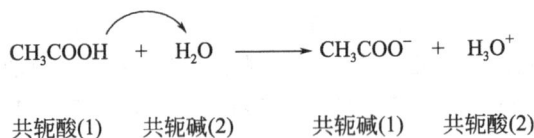

共轭酸(1)　　　共轭碱(2)　　　　共轭碱(1)　　　共轭酸(2)

而乙酸在酸性比它强的 H_2SO_4 中呈碱性，故它是碱，H_2SO_4 是酸。

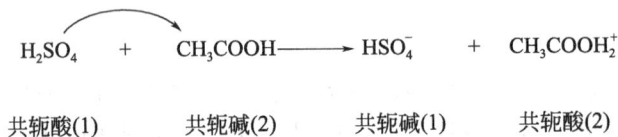

共轭酸(1)　　　　共轭碱(2)　　　　共轭碱(1)　　　　共轭酸(2)

这是一种普遍现象，是质子酸碱的相对性。

酸碱反应的本质是质子转移。强酸与强碱反应容易，而弱酸与弱碱反应难于进行。

(2) 电子酸碱理论 电子酸碱理论是由路易斯在 20 世纪 30 年代提出来的，这种酸碱称为路易斯酸碱，简称 L 酸碱。能够接受电子对的物种是酸，如 BF_3、$AlCl_3$、H^+、Ag^+、RCH_2^+ 等，其结构上的特点是这些物种有空的价电子轨道，或在反应过程中能形成接受电子对的价电子轨道。能够提供电子对的物种是碱，如 NH_3、H_2O、RNH_2、ROR、$CH_2=CHR$ 和某些芳香族化合物等。L 酸碱与 B 酸碱相比，扩大了酸碱的范围，L 酸碱几乎包括了所有的无机化合物和有机化合物，因此又称作广义酸碱。

L 酸与 L 碱反应形成酸碱配合物，例如：

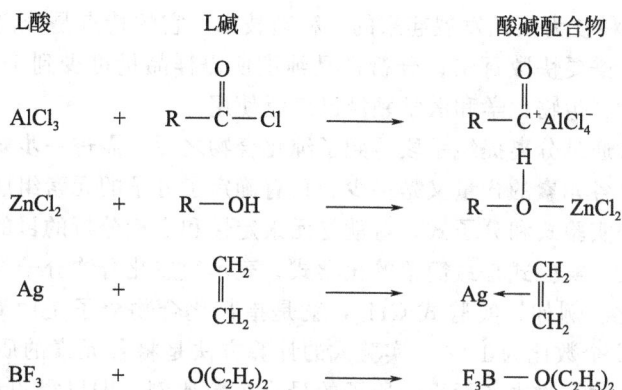

$$AlCl_3 + R-\overset{\overset{O}{\|}}{C}-Cl \longrightarrow R-\overset{\overset{O}{\|}}{\underset{H}{C^+}}AlCl_4^-$$

$$ZnCl_2 + R-OH \longrightarrow R-\overset{\overset{}{}}{\underset{H}{O}}-ZnCl_2$$

$$Ag + \overset{CH_2}{\underset{CH_2}{\|}} \longrightarrow Ag \longleftarrow \overset{CH_2}{\underset{CH_2}{\|}}$$

$$BF_3 + O(C_2H_5)_2 \longrightarrow F_3B-O(C_2H_5)_2$$

有机化学反应中，常用 H^+、BF_3、$AlCl_3$、$ZnCl_2$、$FeBr_3$、$SnCl_4$ 等 L 酸作催化剂；用 OH^-、RO^- 等 L 碱作催化剂。

思考题 1-3 $CH_2\!=\!CH_2$ 与 Br^+ 在一定条件下发生反应时，Br^+ 是什么试剂？

思考题 1-4 $\overset{CH_3}{\underset{H}{}}C\!=\!O$ 与 CN^- 在一定条件下发生反应时，CN^- 是什么试剂？

---

4. 有机化学反应的条件性

虽然化学热力学可以判断一个化学反应进行的方向以及进行的限度，但是如果没有适宜的转化条件，这些反应也是很难自发进行的。了解一个反应的条件性关系到反应过程中各步的反应速率，反应途径的合理选择，目标分子的快捷合成等。这些条件在实验室里主要是指浓度、温度、压力、催化剂等。催化作用是现代化学工业的核心。

生物体内的条件主要是水（water）、细胞（cell）和酶（enzyme）。生命的基本特征是新陈代谢（metabolism）。细胞是生物体最基本的生命单位，生物体的一切生理活动都是在细胞中进行的，酶的催化作用是生命化学的核心。

任何一个有机化学反应都是在一定条件下进行的，体外是这样，体内也不例外。在本课程学习中，有机合成内容不会涉及很多，在有机合成化学和未来的有关生命科学课程中，会遇到大量的生物合成问题，那时你会看到，对生命过程深刻理解的基础是对有机化学的理解。

六、研究有机化合物的一般方法

有机化合物主要来源于两个途径：一是从天然的动植物机体中获取；二是化学合成。无论是从哪个途径得到的物质，最初都是含有多种杂质的混合物。要想得到自己想要的化合物，首先要做分离纯化工作。

（1）**分离纯化** 有机化合物的分离纯化方法通常有蒸馏、重结晶、升华以及色谱法等。对于这些基本方法将在实验课中作一些基本训练。化合物经分离纯化之后，还需检查其纯度，通常通过测定化合物的物理常数，如测熔点、沸点及色谱等验证。

色谱技术，包括薄层色谱、纸层色谱、柱层色谱、气相色谱和高效液相色谱。对于化合物的分离、纯化和纯度鉴定等方面的应用，越来越多，也越来越广泛。尤其是高效液相色谱

（HPLC），它是以高科技为依托发展起来的一种新技术。它的特点是分离效率高；分离速度快，比经典的柱层色谱要快数百倍；分析样品纯度所需样品量可少到 1mg 以内。HPLC 在有机化学、药物化学、生物化学和医学领域已广泛使用。

(2) 元素分析 通过分离提纯手段得到了纯化合物之后，需进一步知道这种化合物是由哪几种元素组成的，各元素的含量又是多少。只有确定了分子的元素组成及其含量才能进一步确定未知化合物的实验式和分子式。这就是元素定性和定量分析的目的。

(3) 确定分子式 实验式是最简单的化学式，表示组成化合物分子的元素种类和各元素间原子的最小个数比。例如，实验式 CH_3，就是指某化合物分子是由 C 和 H 两种元素组成，C 和 H 原子最小个数比为 1:3。实验式的计算方法是将各元素的质量分数除以相应元素的原子量，求出该化合物中各元素间原子的最小个数比例，即可得出该化合物的实验式。例如一化合物从元素分析得知含有 C、H、O 三种元素，各元素的质量分数分别为碳 40.00%、氧 53.34%、氢 6.66%，则该化合物的实验式为 CH_2O。

实验式仅仅表示分子中各元素间原子个数比例，一般并不代表分子中真正所含的原子数目。因此实验式不能代表化合物的分子式。只有在测定分子量之后，方能确定化合物的分子式。分子式与实验式是倍数关系。有时实验式就是分子式。例如，实验式为 CH_2O 的化合物，若测得的分子量为 30，则它的分子式也是 CH_2O；若测得的分子量为 60，则它的分子式为 $C_2H_4O_2$。如果测得的分子量为 90，则它的分子式为 $C_3H_6O_3$。

过去测定化合物的分子量通常采用沸点升高法和冰点降低法等经典的物理化学方法。现在测定分子量的方法，通常用高科技的质谱法替代了过去的经典方法。

(4) 结构式的测定 分子式相同，结构式截然不同，这种现象在有机化合物中屡见不鲜。因此，确定了化合物的分子式之后，还必须测定其结构式。过去，通常是用经典的化学方法确定化合物结构式：首先用有机化学反应证实化合物分子中存在的官能团；然后在实验室用降解反应初步确定化合物的结构；最后用有机合成方法在实验室合成该化合物，以此确证化合物的结构。这种方法，准确率低，而且费时，有时甚至要花费几年、几十年才能确定一个较复杂化合物的结构。近二三十年，随着科学技术的发展，化合物结构测定方法也发生了质的变化。目前，主要是用红外光谱（infrared spectroscopy，IR）、紫外光谱（ultraviolet spectroscopy，UV）、核磁共振谱（nuclear magnetic resonance，NMR）和质谱（mass spectroscopy，MS）等波谱技术测定有机化合物的结构。其特点是样品用量少、快捷和准确率高。红外光谱可以确定化合物分子中存在什么官能团；紫外光谱可揭示化合物中有无共轭体系存在；核磁共振谱可以提供分子中氢原子与碳原子及其他原子的结合方式，它是测定有机化合物结构最主要的方法。

Summary

Organic compounds are chemical compounds that contain carbon, usually defined as hydrocarbon and its derivatives. Organic chemistry is the study of carbon compounds, including source, preparation, structure, properties, application and relevant theories.

Two kinds of covalent bonds, σ bond and π bond, are involved in organic compounds. Bonds formed by head-on overlap of atomic orbitals are called σ bonds, and bonds formed by sideways overlap of p orbitals are called π bonds. In the valence bond description, carbon uses hybrid orbitals to form bonds in organic molecules. When forming only single bonds with tetrahedral geometry, carbon uses four equivalent sp³ hybrid orbitals. When forming double bonds, carbon has three equivalent sp² orbitals with planar geometry and one unhybridized p orbital. When forming triple bonds, carbon has two equivalent sp orbitals with linear geometry and two unhybridized p orbitals.

The structure of an organic compound denotes the construction, configuration and conformation of a molecule. Understanding of structure is a prerequisite to study the chemical properties of organic compounds. Isomerism of organic compounds means that they have the same molecular formula, but are different in structure from each other. Isomerism of the organic compounds includes constitutional isomerism and stereoisomerism, and the later can be divided into configurational isomerism and conformational isomerism. Isomerism is an important topic in chemistry and biology, isomers usually express different chemical properties and biological activities.

A functional group is an atom or group of atoms within a larger molecule that has a characteristic chemical reactivity. Because functional groups behave approximately the same way in all molecules in which they occur, the reactions of an organic molecule are largely determined by its functional groups. Functional groups are structure basis that can be used to define, classify, and distinguish organic compounds. The study of organic chemistry, including the nomenclature, structure, reactivity, and application, in chapters of this textbook is also classified by different functional groups.

Separation and purification of organic compounds are usually the first step in the research of organic chemistry. In order to identify the structure of organic compounds, it usually needs to carry out elemental analysis to determine the molecular formula, and then using UV, IR, MS and NMR to finally confirm the structure.

习　题

1. 什么是有机化学？什么是有机化合物？为什么要学好有机化学？

2. 有机化合物有哪几种，分类方法是什么？

3. 共价键有几种断裂方式？分别说明其特点。

4. 何谓 Lewis 酸和 Lewis 碱？其特点是什么？

5. 核酸分子中的几个常见碱基腺嘌呤（A）、鸟嘌呤（G）、胸腺嘧啶（T）、胞嘧啶（C）和尿嘧啶（U），试指出下列碱基对（A 与 T，G 与 C，A 与 U）间能形成几条氢键？

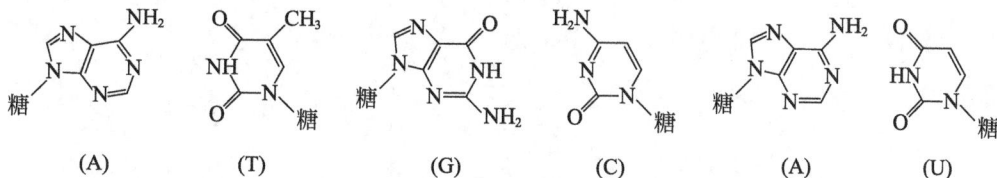

$$\text{(A)}\qquad\text{(T)}\qquad\text{(G)}\qquad\text{(C)}\qquad\text{(A)}\qquad\text{(U)}$$

6. 已知氨分子中 $\angle HNH = 107°$，试指出氮原子的杂化状态。

7. 甲醛（HCHO）分子中 $\angle HCO = 121.7°$，$\angle HCH = 116.5°$，回答下列各问题：

(1) 指出碳原子和氧原子的杂化状态；

(2) 指出羰基的碳氧双键的共价键类型。

8. 分别写出与分子式 C_2H_6O 和 C_2H_7N 相对应的所有结构式，并分别指出这些结构式代表的物质都是属于哪一类有机化合物?

9. 用"部分电荷"符号表示下列化合物的极性。

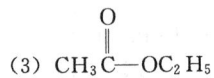

(1) CH_3Br

(2) CH_3CH_2OH

(3) $CH_3\overset{\displaystyle O}{\overset{\|}{C}}—OC_2H_5$

10. 磺胺噻唑结构式为

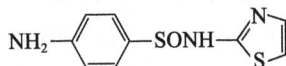

(1) 写出结构式中两个环状结构部分在分类上的不同。

(2) 结构式中有哪些官能团,各自的名称是什么?

（西安交通大学　唐玉海）

第二章

烷 烃

内容提示

本章主要介绍：烷烃的构象异构，烷烃的普通命名法和 IUPAC 命名法，烷烃的自由基取代反应及其机制；自由基的稳定性；环烷烃的构象异构，环烷烃的稳定性与环大小之间的关系。

烃（hydrocarbon）是分子中仅含有碳和氢两种元素的有机化合物。其他各类有机化合物可视为烃的衍生物（derivative），如乙醇 C_2H_5OH 可认为是羟基（—OH）取代 C_2H_6 分子中的一个氢原子后的产物。烃是有机化合物的最基本化合物，烃的种类很多，根据烃分子中碳原子相互连接方式的不同，可将烃分为两大类：链烃（chain hydrocarbon）和环烃（cyclic hydrocarbon）。

链烃分子中，根据碳原子之间化学键的不同，又分为饱和链烃（saturated hydrocarbon）和不饱和链烃（unsaturated hydrocarbon）；饱和链烃称为烷烃（alkane），不饱和链烃包括烯烃（alkene）和炔烃（alkyne）等。

环烃根据结构可分为脂环烃（alicyclic hydrocarbon）和芳香烃（aromatic hydrocarbon）。芳香烃又可分为苯型芳香烃（benzenoid aromatic hydrocarbon）和非苯型芳香烃（nonbenzenoid aromatic hydrocarbon）等。

链烃主要来源于石油和天然气，是重要的燃料，也是现代化学工业、医药工业的重要原材料。链烃可以用于合成高分子材料；医药中常用烷烃的混合物作为药物的基质材料，如液体石蜡、固体石蜡及凡士林等。随着生物技术的发展，链烃还可以作为某些微生物的食物，通过生物转化生产出许多更有价值的有机化合物。

在学完本章以后，你应该能够回答以下问题：

1. 什么是构象异构？什么是构型异构？何为优势构象？
2. 烷烃如何命名？
3. 烷烃的碳原子类型、自由基取代反应机理是什么？
4. 自由基的稳定性与结构之间有什么关系？
5. 环己烷的椅式构象为何稳定？
6. 环烷烃的稳定性与环大小之间有什么关系？

一、烷烃的结构与构象异构

烷烃的 C 原子都是 sp^3 杂化，各原子之间都以 σ 键相连，键角接近 109.5°，C—C 键平均键长约为 154pm，C—H 键平均键长约为 109pm，由于 σ 键电子云沿键轴近似于圆柱形对称分布，所以，两个成键原子可绕键轴"自由"旋转。

1. 烷烃的构造异构

甲烷是烷烃中最简单的分子，分子中的 C 原子以 4 个 sp^3 杂化轨道分别与 4 个 H 原子的 s 轨道重叠，形成 4 个 C—H σ 键，在空间成正四面体排布，在空间 H 原子之间相互间距离最远，排斥力最小，能量最低，体系最稳定，如图 2-1 所示。

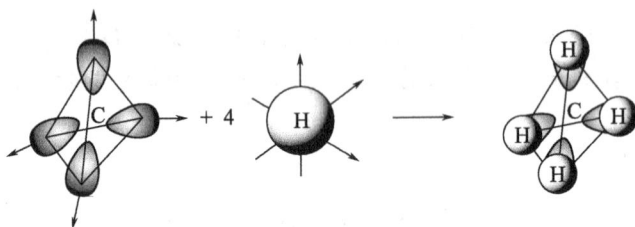

图 2-1　甲烷分子形成示意图

乙烷分子中两个 C 原子各以一个 sp^3 杂化轨道重叠形成 C—C σ 键，余下的杂化轨道分别和 6 个 H 原子的 1s 轨道重叠形成 C—H σ 键。如图 2-2 所示。

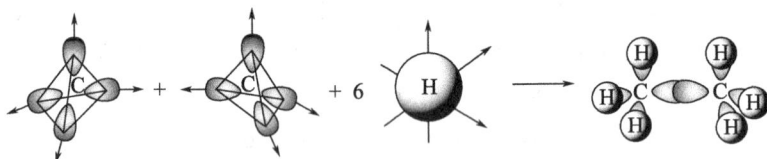

图 2-2　乙烷分子的形成示意图

从 CH_4、C_2H_6 及 C_3H_8 等烷烃的分子式来看，烷烃中每增加一个碳原子，同时增加两个氢原子，不难推出烷烃分子可用通式 C_nH_{2n+2} 表示，其中 n 为碳原子的个数。这样不同碳原子数的烷烃就形成了链状烷烃的同系列（homologous series）；同系列中的各化合物互称为同系物（homology）；相邻两个同系物在组成上的不变差数 CH_2 称为同系差（homologous difference）。同系列是有机化合物中普遍存在的现象，同系物结构相似，化学性质相近，化学反应速率往往有较大的差异，物理性质随碳原子数增加而呈现规律性变化。

CH_4、C_2H_6 及 C_3H_8 都只有一种结构，但从 C_4H_{10} 起，碳原子之间不仅可以连接成直链，也可以有碳链的分支。这种由于碳骨架不同而产生的异构体叫碳链异构体（carbon chain isomer）。如丁烷的分子式为 C_4H_{10}，符合此分子式的结构有两种（正丁烷和异丁烷），C_5H_{12} 则有 3 种碳链异构体，C_6H_{14} 有 5 种异构体，$C_{10}H_{22}$ 有 75 种异构体，异构体的数目远比碳原子数增加得快。

C_4H_{10}

CH$_3$CH$_2$CH$_2$CH$_3$

$$CH_3-\overset{\displaystyle CH_3}{\underset{\displaystyle |}{CH}}-CH_3$$

正丁烷

(b. p. −0.5℃)

异丁烷

(b. p. −10.2℃)

C_5H_{12}

CH$_3$CH$_2$CH$_2$CH$_2$CH$_3$

$$CH_3\underset{\underset{\displaystyle CH_3}{\displaystyle |}}{CH}CH_2CH_3$$

$$CH_3-\overset{\displaystyle CH_3}{\underset{\underset{\displaystyle CH_3}{\displaystyle |}}{\overset{\displaystyle |}{C}}}-CH_3$$

正戊烷

(b. p. 36℃)

异戊烷

(b. p. 28℃)

新戊烷

(b. p. 9.5℃)

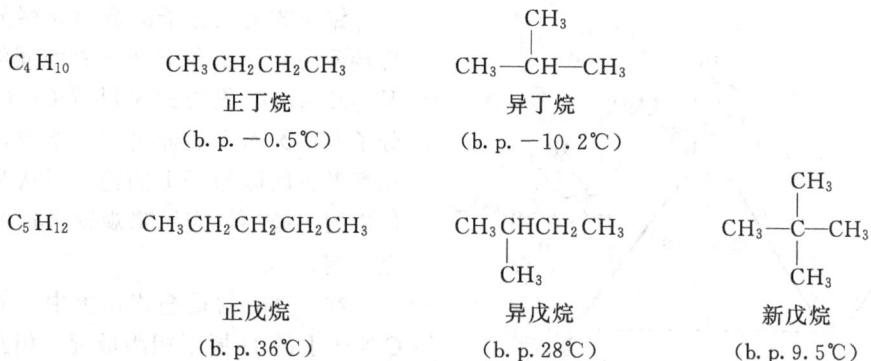

在大多数烷烃分子中，碳原子间的连接方式是不同的。按照与其他碳原子相连数目的不同，碳原子可分为伯、仲、叔、季碳。伯碳原子（primary carbon）是只与一个碳原子相连的碳，称为一级碳原子，用 1°表示；仲碳原子（secondary carbon）是与两个碳原子相连的碳，称为二级碳原子，用 2°表示；叔碳原子（tertiary carbon）是与三个碳原子相连的碳，称为三级碳原子，用 3°表示；季碳原子（quaternary carbon）是与四个碳原子相连的碳，称为四级碳原子，用 4°表示。例如：

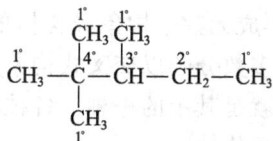

$$\overset{1°}{CH_3}-\overset{\overset{\displaystyle \overset{1°}{CH_3}\ \overset{1°}{CH_3}}{\displaystyle |\quad |}}{\underset{\underset{\displaystyle CH_3}{\displaystyle |}}{\overset{4°}{C}}-\overset{3°}{CH}}-\overset{2°}{CH_2}-\overset{1°}{CH_3}$$

连接在伯、仲、叔碳原子上的氢分别称为伯（1°）、仲（2°）、叔（3°）氢原子。不同类型氢原子相对的反应活性各不相同。

2. 烷烃的构象异构

烷烃中碳原子间以 C—C σ 键相连接。由于 σ 键可以自由旋转，这样碳原子上连接的原子或基团在空间就会有不同的排布方式。这种具有一定构型的分子，由于围绕 σ 键旋转，使分子中各原子在空间有不同的排布，称为构象（conformation），因 σ 键旋转产生的异构体称为构象异构体（conformation isomer）。构象异构体的分子构造相同，但其空间排布不同，因此，构象异构体属于立体异构范畴。

(1) 乙烷的构象 在 C_2H_6 分子中，以 C—C σ 键为轴进行旋转，使碳原子上的氢原子在空间的相对位置随之发生变化，可产生无数的构象异构体。为了说明问题，我们选择两种典型情况来研究：一种是内能较高的重叠式（eclipsed form）；另一种是内能较低的交叉式（staggered form）。常用两种表示方法，即锯架式（sawhorse formula）和 Newman 投影式（Newman projection formula）。如图 2-3 所示。

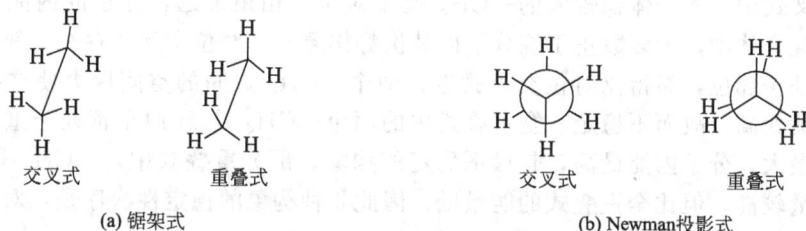

交叉式　　重叠式

(a) 锯架式

交叉式　　重叠式

(b) Newman 投影式

图 2-3　乙烷分子构象

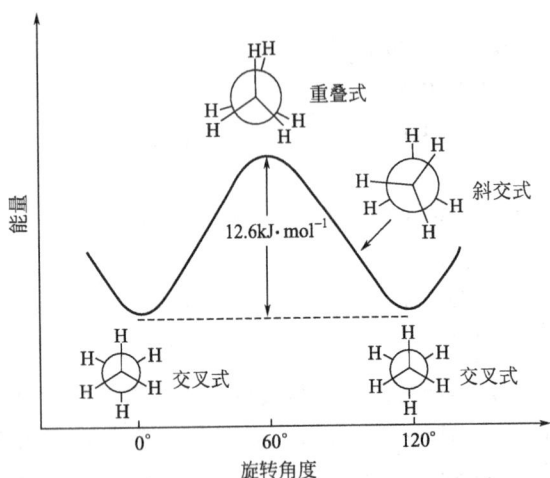

图 2-4　乙烷分子构象的能量曲线

锯架式是从分子的侧面观察分子，能直接反映 C 原子和 H 原子在空间的排列情况。Newman 投影式是沿着 C—C 键观察分子，从圆圈中心伸出的三条线，表示离观察者近的碳原子上的键，而从圆周向外伸出的三条线，表示离观察者远的碳原子上的键。

在 C_2H_6 的重叠式构象中，前后两个 C 原子上的 H 原子相距最近，相互间的排斥力最大，分子的内能最高，所以是不稳定的构象。在交叉式构象中，碳原子上的氢原子相距最远，相互间斥力最小，分子的内能最低。从 C_2H_6 分子构象的能量曲线图（图 2-4）可以看出交叉式构象的内能比重叠式构象低 $12.6kJ \cdot mol^{-1}$，所以交叉式是 C_2H_6 的稳定构象，称为"优势构象"。室温下，由于分子间的相互碰撞可产生 $83.8kJ \cdot mol^{-1}$ 的能量，这一能量足以使 C—C σ 键"自由"旋转，各构象不断变化，形成无数个构象异构体的动态平衡混合体。由于交叉式构象的内能最低，所以在乙烷中，大多数分子以交叉式构象存在。内能介于交叉式和重叠式之间的构象有无数种，例如斜交叉式就是其中的一种。各种构象之间可以迅速互变，所以，目前的技术无法分离出其中某一构象异构体。

（2）正丁烷的构象　C_4H_{10} 分子在围绕 C2—C3 键旋转时，有 4 种典型的构象异构体，即对位交叉式、邻位交叉式、部分重叠式和全重叠式。如图 2-5 所示。

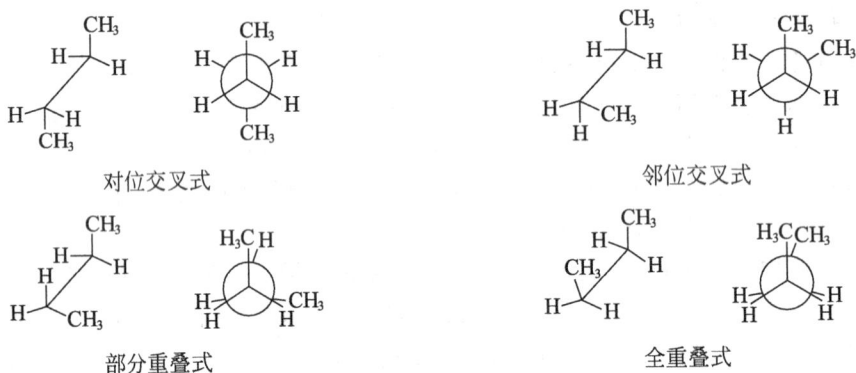

图 2-5　正丁烷分子构象

对位交叉式中，两个体积较大的—CH_3 处于对位，相距最远，分子的内能最低，所以在动态平衡混合体中，大多数正丁烷分子以其优势构象——对位交叉式存在。邻位交叉式中的两个甲基处于邻位，靠得比对位交叉式近，两个—CH_3 之间的空间斥力使这种构象的内能较对位交叉式高，故而不稳定。全重叠式中的两个—CH_3 及 H 原子都处于重叠位置，相互间作用力最大，分子内能最高，是最不稳定的构象。部分重叠式中，—CH_3 和 H 原子的重叠使其能量较高，但比全重叠式的能量低。因此 4 种构象的稳定性次序是：对位交叉式＞邻位交叉式＞部分重叠式＞全重叠式。

从正丁烷 C2—C3 键旋转时的能量曲线图（图 2-6）可见，C_4H_{10} 各种构象之间的内能

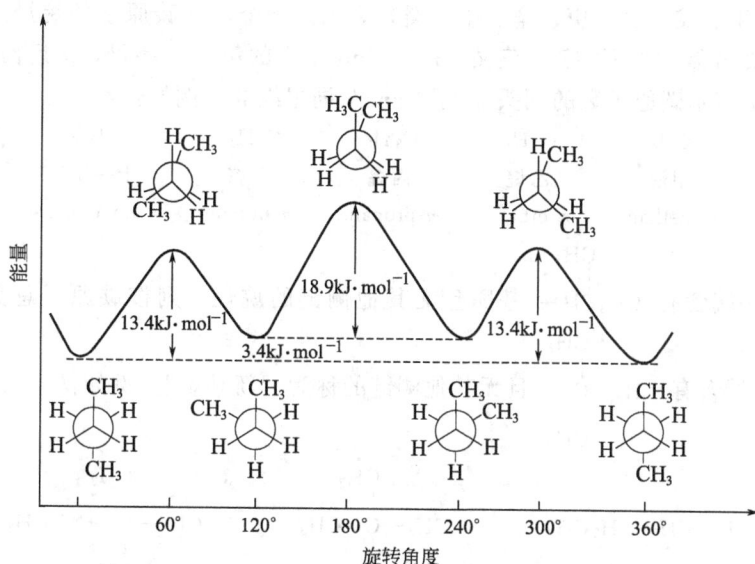

图 2-6　正丁烷 C2—C3 键旋转时各种构象的能量曲线

差别不太大。在室温下分子碰撞的能量足可引起各构象间的迅速转化，因此正丁烷实际上是 C_4H_{10} 各种构象异构体的混合物，但以对位交叉式和邻位交叉式为主要存在形式，前者约占 63%，后者约占 37%，其他构象所占的比例很小。

随着正烷烃碳原子数的增加，它们的构象也随之变复杂，但其优势构象都类似正丁烷，是内能最低的对位交叉式。因此，直链烷烃的碳链在空间的排列，绝大多数是锯齿形，而不是一条真正的直链，通常只是为了书写方便，才将结构式写成直链的形式。

分子的构象，不仅影响化合物的物理和化学性质，而且涉及蛋白质、酶、核酸等生物大分子的结构与功能，以及药物的构效关系。许多药物分子的构象异构与药物生物活性的发挥密切相关。药物受体一般只与药物多种构象中的一种结合，这种构象称为药效构象。不具有药效构象的药物很难与药物的受体结合。例如，抗震颤麻痹药物多巴胺作用于受体的药效构象是对位交叉式。

思考题 2-1　画出 1,2-二氯乙烷稳定构象的 Newman 投影式。

二、链烃的命名

有机化合物常根据其来源、用途或结构特征，采用俗名，如酒精、柠檬酸、血红素、胆固醇和吗啡等。但有机化合物的结构复杂、数目庞大、种类繁多，为了便于交流、避免误解，准确地反映出化合物的结构和名称的一致性，就必须有完善的命名法（nomenclature）。链烃的命名方法较多，常用的有普通命名法（common nomenclature）和系统命名法（systematic nomenclature）。

1. 普通命名法

直链烷烃按碳原子数叫"正某烷"。十个以下碳原子的烷烃，其碳原子数用天干数字

（甲、乙、丙、丁、戊、己、庚、辛、壬、癸）表示。十个以上碳原子的烷烃用汉语数字命名。烷烃的英文名称，"正"字由英文"n-"（normal 的第一个字母，n 后面有一短横线）表示，烷烃是由表示碳原子数的词头加上"-ane"词尾组成。例如：

$$CH_4 \qquad C_2H_6 \qquad C_3H_8 \qquad C_4H_{10} \qquad C_{11}H_{26}$$

甲烷	乙烷	丙烷	丁烷	十一烷
n-methane	n-ethane	n-propane	n-butane	n-undecane

若在链的一端含有 $CH_3\overset{\displaystyle CH_3}{\underset{}{CH}}$— 基团且无其他侧链的烷烃，则按碳原子总数叫做"异某烷"。在链的一端含有 $CH_3\overset{\displaystyle CH_3}{\underset{\displaystyle CH_3}{C}}$— 且无其他侧链的称为"新某烷"。例如：

$$CH_3-\overset{}{\underset{\displaystyle CH_3}{CH}}-CH_2CH_3 \qquad CH_3-\overset{\displaystyle CH_3}{\underset{\displaystyle CH_3}{C}}-CH_3 \qquad CH_3-\overset{\displaystyle CH_3}{\underset{\displaystyle CH_3}{C}}-CH_2CH_3$$

异戊烷	新戊烷	新己烷
isopentane	neopentane	neohexane

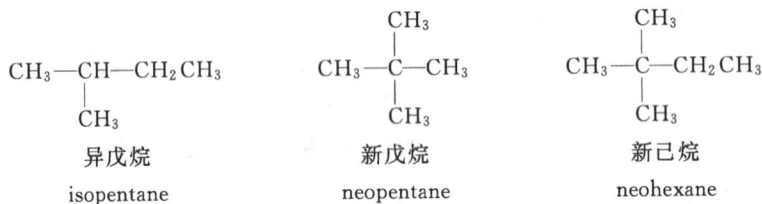

普通命名法只适用简单的化合物，对于结构较复杂的烃，则有一定的局限性。例如，用正、异、新可以区别烷烃中具有五个碳原子以下的同分异构体，而六个碳原子的链状烷烃有五个同分异构体，除用正、异、新表示其中三个化合物以外，尚有两个无法加以区别。所以，对于结构复杂的烃，必须采用系统命名法。

2. 系统命名法

系统命名法主要是根据国际纯粹与应用化学联合会（International Union of Pure and Applied Chemistry，IUPAC）结合中国化学会出版的《有机化合物命名原则》（2017 年版）。由于历史原因，其他命名方法还在使用，本书以 2017 年版为主要依据。其要点是如何确定主链和取代基位置。

（1）选主链 选择含有取代基最多的、连续的最长碳链为主链，以此作为"母体烷烃"，并按主链所含碳原子数命名为某烷；若碳链等长时，选择支链较多的一条为主链。例如：

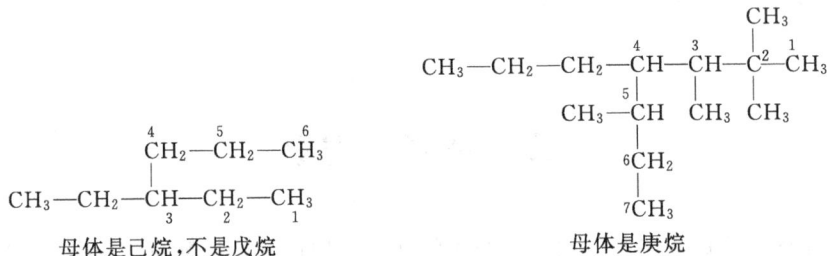

母体是己烷，不是戊烷　　　　　母体是庚烷

（2）编号 主链上若有取代基，则从靠近取代基的一端开始，给主链上的碳原子依次用 1、2、3、4、5、…标出位次。两个不同的取代基位于相同位次时，各支链的取代基名称在 IUPAC 英文命名中英文字母顺序在前缀中依次排列。当两个相同取代基位于相同位次时，应使第三个取代基的位次最小，以此类推。例如：

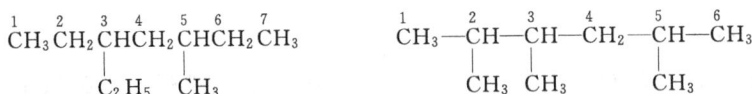

（3）命名　主链为母体化合物，若连有相同的取代基时，则合并取代基，并在取代基名称前，用二、三、四……数字表明取代基的个数。各取代基的位次都应标出，表示各位次的数字间用"，"隔开。取代基的位次与名称之间用半字线连接起来，写在母体化合物的名称前面。例如：

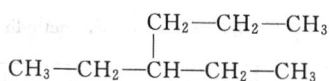

$$CH_3-CH_2-\underset{\underset{CH_3}{|}}{\overset{\overset{CH_2-CH_2-CH_3}{|}}{CH}}-CH_2-CH_3$$

3-乙基己烷
3-ethylhexane

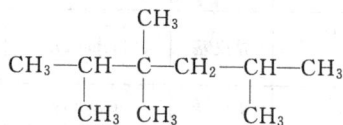

$$CH_3-\underset{\underset{CH_3}{|}}{CH}-\underset{\underset{CH_3}{|}}{\overset{\overset{CH_3}{|}}{C}}-CH_2-\underset{\underset{CH_3}{|}}{CH}-CH_3$$

2,3,3,5-四甲基己烷
2,3,3,5-tetramethylhexane

主链上若连有不同的取代基，应按英文字母顺序将取代基先后列出。

在英文命名中，取代基是按首字母排列顺序先后列出。iso 与 neo 按字首的字母排列顺序，而 *n-*，*sec-*，*tert-* 不参加字首的字母排列顺序，例如：

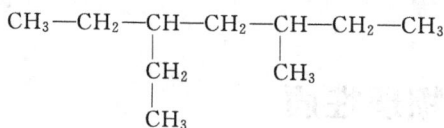

$$CH_3-CH_2-\underset{\underset{\underset{CH_3}{|}}{\overset{}{CH_2}}}{CH}-CH_2-\underset{\underset{CH_3}{|}}{CH}-CH_2-CH_3$$

3-乙基-5-甲基庚烷
3-ethyl-5-methylheptane

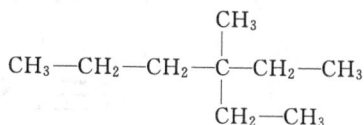

$$CH_3-CH_2-CH_2-\underset{\underset{CH_2-CH_3}{|}}{\overset{\overset{CH_3}{|}}{C}}-CH_2-CH_3$$

3-乙基-3-甲基己烷
3-ethyl-3-methylhexane

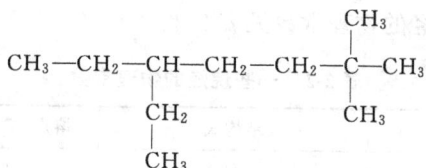

$$CH_3-CH_2-\underset{\underset{\underset{CH_3}{|}}{\overset{}{CH_2}}}{CH}-CH_2-CH_2-\underset{\underset{CH_3}{|}}{\overset{\overset{CH_3}{|}}{C}}-CH_3$$

5-乙基-2,2-二甲基庚烷
5-ethyl-2,2-dimethylheptane

烃分子中去掉一个氢原子，所剩下的基团叫做烃基。脂肪烃去掉一个氢原子后所剩下的基团叫做脂肪烃基，用 R— 表示。芳香烃去掉一个氢原子后所剩下的基团叫做芳香烃基，用 Ar— 表示。表 2-1 列出一些常见烷基的名称。

表 2-1　一些常见烷基的名称

烷基	普通命名法			系统命名法		
	中文名	英文名	简写	中文名	英文名	简写
CH_3-	甲基	methyl	Me	甲基	methyl	Me
CH_3CH_3-	乙基	ethyl	Et	乙基	ethyl	Et
$CH_3CH_2CH_3-$	丙基	*n*-propyl	*n*-Pr	丙基	propyl	Pr
$CH_3\underset{\underset{CH_3}{\|}}{CH}-$	异丙基	isopropyl	*i*-Pr	1-甲（基）乙基	1-methylethyl	
$CH_3(CH_2)_2CH_2-$	丁基	*n*-butyl	*n*-Bu	丁基	butyl	Bu
$CH_3CH_2\underset{\underset{CH_3}{\|}}{CH}-$	仲丁基	*sec*-butyl	*sec*-Bu	1-甲（基）丙基	1-methylpropyl	
$CH_3\underset{\underset{CH_3}{\|}}{CH}CH_2-$	异丁基	isobutyl	*i*-Bu	2-甲（基）丙基	2-methylpropyl	
$(CH_3)_3C-$	叔丁基	*tert*-butyl	*tert*-Bu	1,1-二甲（基）乙基	1,1-dimethylethyl	

续表

烷基	普通命名法			系统命名法		
	中文名	英文名	简写	中文名	英文名	简写
$CH_3(CH_2)_3CH_2-$	正戊基	n-pentyl(n-amyl)		戊基	pentyl	
$CH_2CHCH_2CH_2-$ 　$\mid$ 　CH_3	异戊基	isopentyl		3-甲(基)丁基	3-methylbutyl	
$(CH_3)_3CCH_2-$	新戊基	neopentyl		2,2-二甲(基)乙基	2,2-dimethylpropyl	

此外，两价的烷基称为亚基，三价的烷基称为次基，例如：

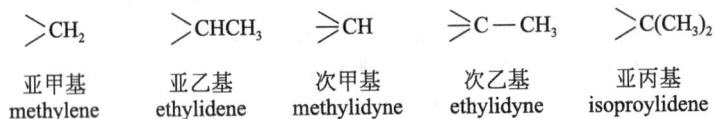

$>CH_2$　　$>CHCH_3$　　$\geqq CH$　　$\geqq C-CH_3$　　$>C(CH_3)_2$

亚甲基　　　亚乙基　　　　次甲基　　　　次乙基　　　　亚丙基
methylene　　ethylidene　　methylidyne　　ethylidyne　　isoproylidene

三、烷烃的物理性质

有机化合物的物理性质，一般是指物态、沸点、熔点、密度、溶解度、折射率、旋光度和光谱性质等，一些常见烷烃的物理常数见表2-2。

表2-2　一些烷烃的物理常数

烷烃	英文名称	结构式	熔点/℃	沸点/℃	密度/$g \cdot cm^{-3}$
甲烷	methane	CH_4	−182.6	−161.6	0.424(−160℃)
乙烷	ethane	CH_3CH_3	−183	−88.5	0.546(−88℃)
丙烷	propane	$CH_3CH_2CH_3$	−187.1	−42.1	0.582(−42℃)
丁烷	butane	$CH_3(CH_2)_2CH_3$	−138	−0.5	0.597(0℃)
戊烷	pentane	$CH_3(CH_2)_3CH_3$	−129.7	36.1	0.626(20℃)
己烷	hexane	$CH_3(CH_2)_4CH_3$	−95	68.8	0.659(20℃)
庚烷	heptane	$CH_3(CH_2)_5CH_3$	−90.5	98.4	0.684(20℃)
辛烷	octane	$CH_3(CH_2)_6CH_3$	−56.8	125.7	0.703(20℃)
壬烷	nonane	$CH_3(CH_2)_7CH_3$	−53.7	150.7	0.718(20℃)
癸烷	decane	$CH_3(CH_2)_8CH_3$	−29.7	174.1	0.730(20℃)
十一烷	undecane	$CH_3(CH_2)_9CH_3$	−25.6	195.9	0.740(20℃)
十二烷	dodecane	$CH_3(CH_2)_{10}CH_3$	−9.7	216.3	0.749(20℃)
十三烷	tridecane	$CH_3(CH_2)_{11}CH_3$	−5.5	235.4	0.756(20℃)
十四烷	tetradecane	$CH_3(CH_2)_{12}CH_3$	6	253.5	0.763(20℃)
十五烷	pentadecane	$CH_3(CH_2)_{13}CH_3$	10	270.5	0.769(20℃)
十六烷	hexadecane	$CH_3(CH_2)_{14}CH_3$	18	287	0.773(20℃)
十七烷	heptadecane	$CH_3(CH_2)_{15}CH_3$	22	303	0.778(20℃)
十八烷	octadecane	$CH_3(CH_2)_{16}CH_3$	28	316.7	0.777(20℃)
十九烷	nonadecane	$CH_3(CH_2)_{17}CH_3$	32	330	0.777(20℃)

烷烃	英文名称	结构式	熔点/℃	沸点/℃	密度/g·cm⁻³
二十烷	eicosane	$CH_3(CH_2)_{18}CH_3$	36.4	343	0.789(20℃)
异丁烷	isobutane	$(CH_3)_2CHCH_3$	−159	−12	0.603(0℃)
异戊烷	isopentane	$(CH_3)_2CHCH_2CH_3$	−160	28	0.620(20℃)
新戊烷	neopentane	$(CH_3)_4C$	−17	9.5	0.614(20℃)
异己烷	isohexane	$(CH_3)_2CH(CH_2)_2CH_3$	−154	60.3	0.654(20℃)
环己烷	hexamethylene	⬡	6.5	80.7	0.773(20℃)
3-甲基戊烷	3-methylpentane	$CH_3CH_2CH(CH_3)CH_2CH_3$	−118	63.3	0.676(20℃)
2,2-二甲基丁烷	2,2-dimetylbutane	$(CH_3)_3CCH_2CH_3$	−98	50	0.649(20℃)
2,3-二甲基丁烷	2,3-dimethylbutane	$(CH_3)_2CHCH(CH_3)_2$	−129	58	0.662(20℃)

烷烃同系物的物理性质常随碳原子数的增加而呈现规律性的变化。在室温和常压下，C_1～C_4 的正烷烃是气体，C_5～C_{17} 的正烷烃是液体，C_{18} 和更高级的正烷烃是固体。

正烷烃的沸点随着碳原子的增多而呈现有规律的升高。除了很小的烷烃外，链上每增加1 个碳原子，沸点升高 20～30℃。在碳原子数相同的烷烃异构体中，取代基越多，沸点就越低。这是由于液体的沸点高低主要取决于分子间引力的大小。烷烃的碳原子数越多，分子间作用力越大，使之沸腾就必须提供更多的能量，所以沸点就越高。但在含取代基的烷烃分子中，随着取代基的增加，分子的形状趋于球形，减小了分子间有效接触的程度，使分子间的作用力变弱而沸点降低。例如在 3 种戊烷异构体中，正戊烷的沸点是 36.1℃；而有 1 个取代基的异戊烷是 28℃；有 2 个取代基的新戊烷则是 9.5℃。

正烷烃的熔点随着碳原子数的增多而升高，但其变化并不像沸点那样规则。在具有相同碳原子数的烷烃异构体中，取代基对称性较好的烷烃比直链烷烃的熔点高，这是由于对称性较好的烷烃分子，晶格排列较紧密，使链间的作用力增大而熔点升高。如 3 种戊烷异构体中，正戊烷的熔点是 −129.7℃；对称性最差的异戊烷，熔点最低，为 −160℃；而分子对称性最好的新戊烷，则熔点最高，为 −17℃。

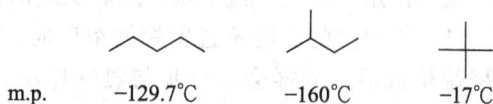

m.p.　　−129.7℃　　　−160℃　　　−17℃

随着碳原子数的增多，含偶数碳原子的正烷烃比奇数碳原子的正烷烃的熔点升高幅度大，并形成一条锯齿形的熔点曲线。将含偶数和奇数碳原子的烷烃分别画出熔点曲线，则可得偶数烷烃在上、奇数烷烃在下的两条平行曲线（图 2-7）。通过 X 射线衍射研究证明：含偶数碳原子的烷烃分子具有较好的对称性，导致其熔点高于相邻的两个含奇数碳原子烷烃的熔点。

正烷烃的密度随着碳原子数的增多而增大，但在 0.8g·cm⁻³ 左右时趋于稳定。所有烷烃的密度都小于 1g·cm⁻³，烷烃是所有有机化合物中密度最小的一类化合物。

烷烃是非极性或弱极性的化合物。根据"极性相似者相溶"的规律，烷烃易溶于非极性或极性较小的苯、氯仿、四氯化碳、乙醚等有机溶剂，而难溶于水和其他强极性溶剂。液态烷烃作为溶剂时，可溶解弱极性化合物，但不溶解强极性化合物。

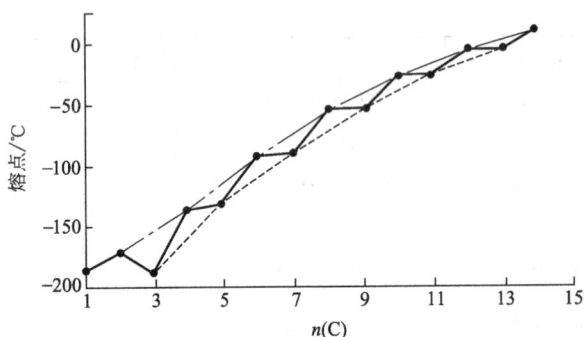

图 2-7 正烷烃的熔点曲线

四、烷烃的化学反应

烷烃是饱和烃，分子中只存在牢固的 C—C σ 键和 C—H σ 键，所以烷烃具有高度的化学稳定性。在室温下，烷烃与强酸（如 H_2SO_4、HCl）、强碱（如 NaOH）、强氧化剂（如 $K_2Cr_2O_7$、$KMnO_4$）、强还原剂（如 Zn＋HCl、Na＋EtOH）一般情况下都不发生反应。但在适宜的反应条件下，如光照、高温或在催化剂的作用下，烷烃也能发生共价键均裂的自由基反应，如烷烃的卤代、硝化、氧化和裂解等。

1. 卤代反应

在紫外线照射或温度在 250～400℃ 高温条件下，甲烷和氯气的混合物可发生氯代反应，得到氯化氢和一氯甲烷、二氯甲烷、三氯甲烷（氯仿）及四氯甲烷（四氯化碳）的取代混合物。

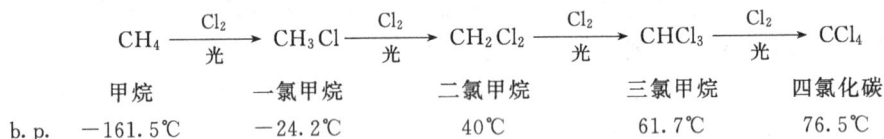

$$CH_4 \xrightarrow[\text{光}]{Cl_2} CH_3Cl \xrightarrow[\text{光}]{Cl_2} CH_2Cl_2 \xrightarrow[\text{光}]{Cl_2} CHCl_3 \xrightarrow[\text{光}]{Cl_2} CCl_4$$

甲烷	一氯甲烷	二氯甲烷	三氯甲烷	四氯化碳
b. p.　−161.5℃	−24.2℃	40℃	61.7℃	76.5℃

在反应开始时，甲烷与氯气作用，产生一氯甲烷。随着反应的进行，甲烷的比例逐渐减少，而一氯甲烷逐渐增多。当一氯甲烷的浓度超过甲烷的浓度时，它就更容易与氯气作用，生成二氯甲烷。大量二氯甲烷生成后，同样会进一步与氯气作用，生成三氯甲烷和四氯甲烷，所以反应的产物是 4 种氯代甲烷的混合物。如果用超过量的甲烷与氯气反应，反应产物以一氯甲烷为主。由于甲烷的沸点比一氯甲烷低得多，所以很容易将两者分离开来。

有机化合物分子中的氢原子（或其他原子）或基团被另一原子或基团取代的化学反应称为取代反应（substitution reaction）。烷烃分子中的氢原子被卤素原子取代的反应称为卤代反应（halogenation reaction）。

卤素与甲烷的反应活性顺序为：$F_2 > Cl_2 > Br_2 > I_2$。此反应活性顺序适用于卤素对其他烷烃的反应，也适用于卤素对大多数其他有机化合物的反应。

甲烷的氟代反应十分剧烈，难以控制，强烈的放热反应所产生的热量可破坏大多数的化学键，以致发生爆炸。碘最不活泼，碘代反应难以进行。因此，卤代反应一般是指氯代反应和溴代反应，溴代反应比氯代反应进行得稍慢一些，也需在紫外线或高温下进行。

(1) 卤代反应的机理　化学反应式一般只表示反应物和产物之间的关系，并不说明反应物是怎样变成产物的。在化学转变过程中要经过哪些中间步骤？每步有哪些键断裂，哪些键形成？反应条件又起什么作用？这些问题正是反应机理（reaction mechanism）所要说明的。简而言之，反应机理就是对某个化学反应逐步变化过程的详细描述。反应机理又称反应历程。

烷烃卤代反应是自由基链反应（free radical chain reaction）。在高温或紫外线的作用下，氯气发生均裂生成氯自由基，由于自由基外层没有满足 8 电子稳定构型，是一个活泼的中间体，可以引发一系列自由基的链锁反应，主要分为链引发（chain-initiating step）、链增长（chain-propagating step）和链终止（chain-terminating step）三个阶段。

① 链引发

$$Cl:Cl \xrightarrow{\text{热或光}} Cl\cdot + Cl\cdot, \Delta_r H_m^{\ominus} = +243\text{kJ}\cdot\text{mol}^{-1} \qquad (2\text{-}1)$$

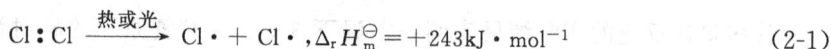

氯分子从光或热中获得能量，使 Cl—Cl 键均裂，生成高能量的氯原子 $Cl\cdot$，即氯自由基。自由基的反应活性很强，一旦形成就有获取一个电子的倾向，以形成稳定的八隅体结构。

② 链增长　形成的氯自由基使甲烷分子中的 C—H 键均裂，并与氢原子生成氯化氢分子和新的甲基自由基 $CH_3\cdot$。

$$CH_3\text{—H} + Cl\cdot \longrightarrow CH_3\cdot + HCl, \quad \Delta_r H_m^{\ominus} = +4\text{kJ}\cdot\text{mol}^{-1} \qquad (2\text{-}2)$$

活泼的甲基自由基也有通过形成新键达到八隅体结构的倾向，它使氯分子的 Cl—Cl 键均裂，并与生成的氯原子形成一氯甲烷和新的氯自由基 $Cl\cdot$。

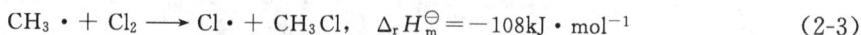

$$CH_3\cdot + Cl_2 \longrightarrow Cl\cdot + CH_3Cl, \quad \Delta_r H_m^{\ominus} = -108\text{kJ}\cdot\text{mol}^{-1} \qquad (2\text{-}3)$$

反应（2-3）是放热反应，所放出的能量足以补偿反应（2-2）所需吸收的能量，因而可以不断地进行反应，将甲烷转变为一氯甲烷。

当一氯甲烷达到一定浓度时，氯原子除了与甲烷作用外，也可与一氯甲烷作用生成 $\cdot CH_2Cl$，它再与氯分子作用生成二氯甲烷 CH_2Cl_2 和新的 $Cl\cdot$。反应就这样继续下去，直至生成三氯甲烷和四氯甲烷。

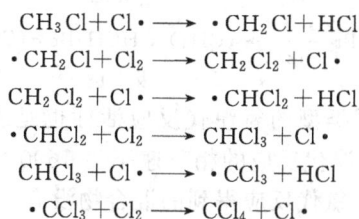

$$CH_3Cl + Cl\cdot \longrightarrow \cdot CH_2Cl + HCl$$
$$\cdot CH_2Cl + Cl_2 \longrightarrow CH_2Cl_2 + Cl\cdot$$
$$CH_2Cl_2 + Cl\cdot \longrightarrow \cdot CHCl_2 + HCl$$
$$\cdot CHCl_2 + Cl_2 \longrightarrow CHCl_3 + Cl\cdot$$
$$CHCl_3 + Cl\cdot \longrightarrow \cdot CCl_3 + HCl$$
$$\cdot CCl_3 + Cl_2 \longrightarrow CCl_4 + Cl\cdot$$

甲烷的氯代反应，每一步都消耗一个活泼的自由基，同时又为下一步反应产生另一个活泼的自由基，所以这是自由基的链锁反应。

③ 链终止　两个活泼的自由基相互结合，生成稳定的分子，而使链反应终止。

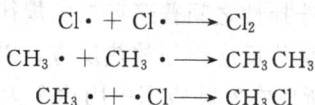

$$Cl\cdot + Cl\cdot \longrightarrow Cl_2$$
$$CH_3\cdot + CH_3\cdot \longrightarrow CH_3CH_3$$
$$CH_3\cdot + \cdot Cl \longrightarrow CH_3Cl$$

在自由基的链反应中，加入少量能抑制自由基生成或降低自由基活性的抑制剂，可使反应速率减慢或终止反应。例如，在上述反应中，少量氧与甲基自由基可生成较不活泼的过氧自由基 $CH_3\text{—O—O}\cdot$ 而降低反应速率，只有当所有的氧分子与甲基自由基结合后，反应才能以正常速率进行。

(2) 烷烃卤代反应的活性　碳链较长的烷烃卤代时，可生成各种异构体的混合物。

例如：

$$CH_3CH_2CH_3 + Cl_2 \xrightarrow[25℃]{光照} CH_3CH_2CH_2Cl + CH_3-\underset{\underset{Cl}{|}}{CH}-CH_3$$

$$1\text{-氯丙烷}(43\%) \quad 2\text{-氯丙烷}(57\%)$$

丙烷分子中有 6 个 1°氢原子和 2 个 2°氢原子，每个氢被卤素原子取代的概率之比应为 3：1，但在室温条件下这两种产物得率之比为 43：57，说明 2°氢原子比 1°氢原子的反应活性大。2°氢原子与 1°氢原子的相对反应活性为：

$$\frac{2°氢原子}{1°氢原子} = \frac{57/2}{43/6} = \frac{4}{1}$$

许多氯代反应的实验结果表明：室温下 3°、2°、1°氢原子的相对活性之比为 5：4：1，并与烷烃的结构基本无关。根据各级氢的相对活性，可预测烷烃各氯代产物异构体的得率。例如：

$$CH_3CH_2CH_2CH_3 + Cl_2 \xrightarrow[25℃]{光照} CH_3CH_2CH_2CH_2Cl + CH_3\underset{\underset{Cl}{|}}{CH}CH_2CH_3$$

$$\text{1-氯丁烷} \qquad\qquad \text{2-氯丁烷}$$

$$\frac{\text{1-氯丁烷}}{\text{2-氯丁烷}} = \frac{1°氢的总数}{2°氢的总数} \times \frac{1°氢相对反应活性}{2°氢相对反应活性} = \frac{6}{4} \times \frac{1}{4} = \frac{3}{8}$$

$$\text{1-氯丁烷的得率为：} \frac{3}{3+8} \times 100\% = 27\%$$

$$\text{2-氯丁烷的得率为：} \frac{8}{3+8} \times 100\% = 73\%$$

(3) 溴代反应 溴代反应与氯代反应相似，它比氯代反应转化速率慢，放出的热量少，生成相应的溴代物的比例也不同。例如，丁烷溴代生成一溴代物：

$$CH_3CH_2CH_2CH_3 + Br_2 \xrightarrow[127℃]{h\nu} CH_3CH_2CH_2CH_2Br + CH_3CH_2CHBrCH_3$$

$$3\% \qquad\qquad\qquad 97\%$$

$$(CH_3)_2CH-CH_3 + Br_2 \xrightarrow[127℃]{h\nu} (CH_3)_2CHCH_2Br + (CH_3)_3CBr$$

$$\text{极少量} \qquad >99\%$$

由此不难看出，烷烃中不同类型的氢溴代反应活性也是遵循 3°H＞2°H＞1°H 的规律。在 127℃时，叔、仲、伯氢发生溴代反应的相对速率为 1600：82：1。与氯代反应相比，各种异构体的比例有显著的区别。氯代反应得到的混合物没有一种异构体占很大优势；而溴代产物中，一种异构体占绝对优势，占混合物的 97%～99%。因此，溴代反应有高度的选择性，是制备溴代烷的一条合适的合成路线。

溴代反应有高度选择性是由溴的反应活性小造成的。反应活性大，选择性差；反应活性小，选择性好。这是反应活性与选择性之间普遍存在的规律。

(4) 其他卤素的取代反应 氟代反应是强放热反应，以致难以控制反应，引起爆炸，往往需要通入 N_2 来稀释反应物，所以在实际应用中用途不大。碘代反应是吸热反应，不利于烷烃碘代反应的进行，同时生成的碘化氢是还原剂，可把碘代烷还原成原来的烷烃。若使反应顺利进行，必须加入氧化剂氧化生成的碘化氢。

卤素对烷烃的卤代反应的活性顺序为：$F_2＞Cl_2＞Br_2＞I_2$。

在甲烷的氯代反应中，氯原子与甲烷分子相靠近，达到一定距离后，C—H 键开始伸长，与此同时，H 和 Cl 间开始形成新的共价键，其他的 C—H 键之间的键角也逐渐加大，体系能量随之上升，到最大值时，称为过渡态，或称活化络合物，用方括号及 ‡ 表示。随着 H—Cl 键的逐渐形成，体系能量不断降低，C—H 键进一步拉长，接着形成平面形的甲基自由基和氯化氢［赫兹伯格测定了甲基自由基（$CH_3 \cdot$）的结构特征］：

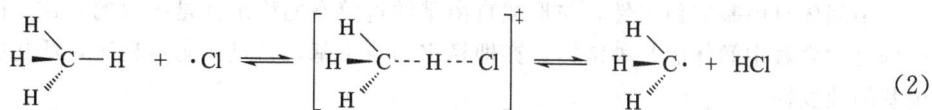

$$Cl_2 \xrightarrow{h\nu} 2Cl \cdot \tag{1}$$

$$\text{H}_3\text{C—H} + \cdot\text{Cl} \rightleftharpoons [\text{H}_3\text{C}\cdots\text{H}\cdots\text{Cl}]^{\ddagger} \rightleftharpoons \text{H}_3\text{C}\cdot + \text{HCl} \tag{2}$$

过渡态

这个过程可用反应能量曲线图表示，见图 2-8(a)。图中横坐标定性地代表反应进程，纵坐标代表能量。过渡态与初始态间能量差 $\Delta E_{正}$ 称为反应活化能。反应活化能决定转化速率，活化能大，转化速率小。$\Delta E_{正}$ 约为 $17kJ \cdot mol^{-1}$。在相同条件下，正反应与逆反应途径相同。过渡态与终态间的能量差 $\Delta E_{逆}$ 为逆反应的活化能，约为 $8.6kJ \cdot mol^{-1}$。正反应为吸热反应，逆反应为放热反应。

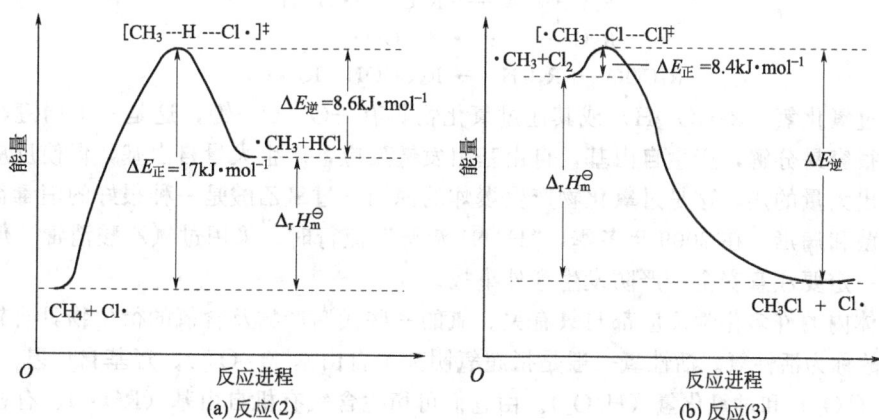

图 2-8　甲烷氯代反应的能量曲线图

生成的甲基自由基与氯分子反应，生成一分子氯甲烷和一个氯原子：

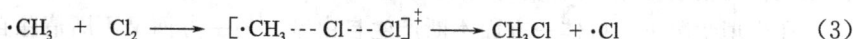

$$\cdot CH_3 + Cl_2 \longrightarrow [\cdot CH_3 \cdots Cl \cdots Cl]^{\ddagger} \longrightarrow CH_3Cl + \cdot Cl \tag{3}$$

这个过程的反应能量曲线图见图 2-8(b)，反应活化能为约为 $8.4kJ \cdot mol^{-1}$，逆反应活化能很大，实际不可能进行逆反应。

在甲烷氯代反应中，反应（2）的活化能大，转化速率慢，是速率控制步骤。反应中间体是甲基自由基（$\cdot CH_3$），比过渡态更稳定，但比反应物甲烷能量高得多，很活泼，它一旦产生就进行下一步反应（3）（其活化能 $\Delta E_{正} = 8.4kJ \cdot mol^{-1}$），生成 CH_3Cl。

自由基的稳定性与键的解离能有关，一些键的解离能如下：

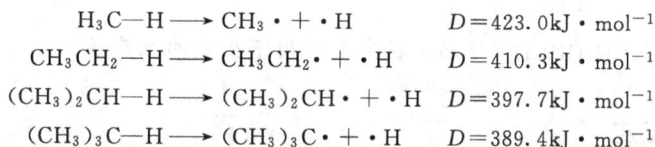

$$H_3C\text{—H} \longrightarrow CH_3 \cdot + \cdot H \qquad D = 423.0kJ \cdot mol^{-1}$$
$$CH_3CH_2\text{—H} \longrightarrow CH_3CH_2 \cdot + \cdot H \qquad D = 410.3kJ \cdot mol^{-1}$$
$$(CH_3)_2CH\text{—H} \longrightarrow (CH_3)_2CH \cdot + \cdot H \qquad D = 397.7kJ \cdot mol^{-1}$$
$$(CH_3)_3C\text{—H} \longrightarrow (CH_3)_3C \cdot + \cdot H \qquad D = 389.4kJ \cdot mol^{-1}$$

产物中都有相同的氢原子，自由基的能量与解离能 D 相关联。所以，烃自由基的稳定顺序为：

$$3°R \cdot > 2°R \cdot > 1°R \cdot > \cdot CH_3$$

与不同氢的卤代活性顺序是一致的：

$$3°H > 2°H > 1°H > H_3C—H$$

在这里，比较自由基的稳定性时，每个自由基的能量基准是形成该自由基的烷烃，把这些烃的能量看成近似相等。

中间体自由基的稳定性，与形成自由基的过渡态的稳定性是一致的，这是因为过渡态的结构已孕育着中间体的某种结构，亦即稳定的自由基，其过渡态也稳定，活化能低，形成自由基的速度快。

2. 烷烃的自动氧化

在生活中经常遇见这样的现象，人老了皮肤有皱纹，橡胶制品用久了变硬变黏，塑料制品用久了变硬易裂，食用油放久了变质，这些现象称为老化。老化过程很缓慢，老化的原因首先是空气中的氧进入具有活泼氢的各种分子中而发生自动氧化反应，继而再发生其他反应。烷烃中具有叔氢（除此以外，醛基中的氢、醚 α-位的氢、烯丙位的氢）可与氧发生自由基反应。

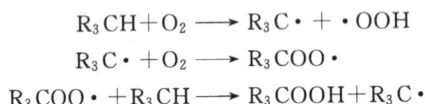

$$R_3CH + O_2 \longrightarrow R_3C \cdot + \cdot OOH$$
$$R_3C \cdot + O_2 \longrightarrow R_3COO \cdot$$
$$R_3COO \cdot + R_3CH \longrightarrow R_3COOH + R_3C \cdot$$

烃基过氧化氢（R_3COOH）或其他过氧化物具有—O—O—键，这是一个弱键，在适当的温度下很容易分解，产生自由基，自由基引发链反应，产生大量自由基，促使反应很快进行，并放出大量的热，这是过氧化物产生爆炸的原因。过氧乙酸是一种很好的消毒剂，能杀死很多细菌和病毒。在 2009 年冬季，"H1N1 流感"流行时，采用过氧乙酸消毒，但在运输和使用中一定要注意安全，严防发生意外事故。

生物体内的许多化学反应都与氧有关。氧的一些代谢产物及含氧的衍生物具有较氧活泼的性质，故称为活性氧。活性氧一般是指超氧阴离子自由基（$\cdot O_2^-$）、羟基自由基（$\cdot OH$）、单线态氧（$^1O_2$）和过氧化氢（H_2O_2）。由它们可衍生含氧有机自由基（$RO \cdot$）、有机过氧化物自由基（$ROO \cdot$）和过氧化物（$ROOH$）。

生物自由基的来源有外源性和内源性两种。外源性自由基是由物理或化学等因素产生；内源性自由基是由体内的酶促反应和非酶促反应产生。

在生理状况下，机体一方面不断产生自由基，另一方面又不断清除自由基。处于产生与清除平衡状态的生物自由基，不仅不会损伤机体，还参与机体的生理代谢，也参与前列腺素和 ATP 等生物活性物质的合成。当吞噬细胞对外源性病原微生物进行吞噬时，就生成大量活性氧以杀灭之。一旦自由基的产生和清除失去平衡，过多的自由基就会造成对机体的损害，可使蛋白质变性、酶失活、细胞及组织损伤，从而引起多种疾病，并可诱发癌症和导致衰老。

思考题 2-2 写出 $CH_3\overset{\underset{\textstyle |}{CH_3}}{CH}CH_3$ 与 Br_2 在光照作用下生成的主产物。

3. 裂解及异构反应

(1) 裂解反应 烷烃在没有空气存在下进行的热分解反应称为裂解反应，也叫热裂解反应。裂解反应既有断裂 C—C 键使大分子变成小分子的反应，也有脱氢生成不饱和烃的反应。例如石脑油，主要是 C_5 和 C_6 烷烃，裂解产生乙烯和丙烯：

$$CH_3CH_2CH_2CH_2CH_3 \xrightarrow{700℃} CH_3CH=CH_2 + CH_2=CH_2 + H_2$$

乙烷裂解生产乙烯：

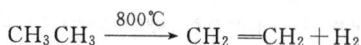

$$CH_3CH_3 \xrightarrow{800℃} CH_2=CH_2 + H_2$$

长碳链烷烃的裂解产物是复杂的，除了产生小分子的烷烃、烯烃为主要产物外，同时还伴有支链产物、脂环族产物、芳香族化合物、多烯烃、炔烃等生成。热裂解反应是由自由基型反应，如己烷热裂解：

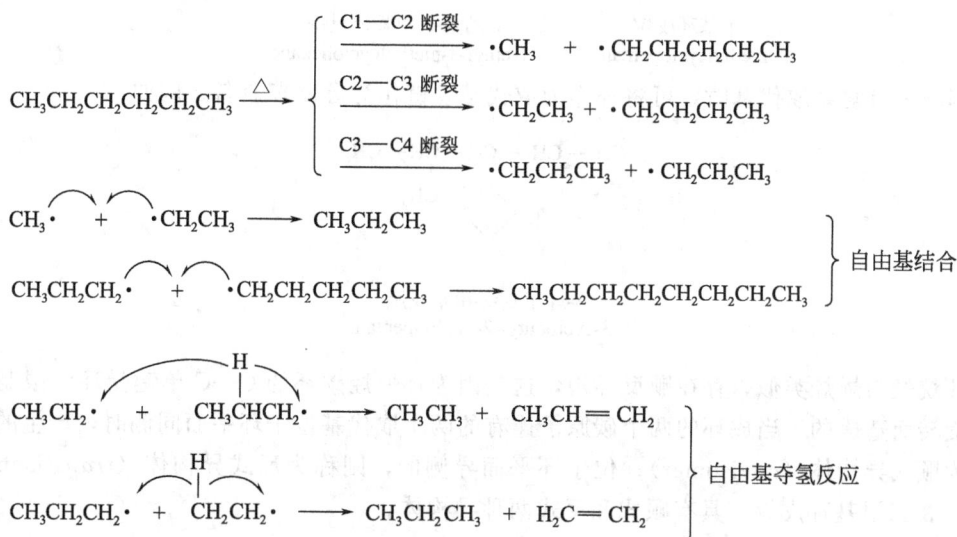

如果反应中使用催化剂，可以降低裂解反应温度，易于控制反应。这一反应称为催化裂解反应。工业上常用硅铝酸钠（也称作沸石）作烷烃裂解的催化剂。裂解反应是乙烯工业的基本反应，也是炼油工业的基本反应。

（2）异构反应 化合物从一种异构体转变成另一种异构体的反应称为异构反应。例如：

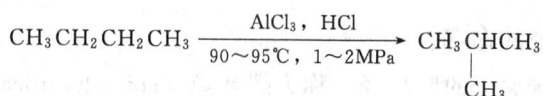

$$CH_3CH_2CH_2CH_3 \xrightarrow[90\sim95℃，1\sim2MPa]{AlCl_3，HCl} CH_3\underset{\underset{CH_3}{|}}{CH}CH_3$$

正构烷烃异构成带支链的烷烃，可以改善油品的辛烷值，提高油品的质量。$AlCl_3$ 和 HCl 是强腐蚀性物质，工业上亟需其代用品。

五、环 烷 烃

1. 脂环烃的分类和命名

根据分子中所含环的数目，脂环烃可分为单环、双环和多环脂环烃。根据环中是否含有不饱和键，脂环烃可分为环烷烃、环烯烃和环炔烃。单环环烷烃的分子通式为 C_nH_{2n}。

单环环烷烃的命名与烷烃相似，只是在同数碳原子的链状烷烃的名称前加"环"字。英文命名则加词头 cyclo。环碳原子的编号，应使环上取代基的位次最小。例如：

环丙烷	环丁烷	环戊烷	环己烷	环庚烷	环辛烷
cyclopropane	cyclobutane	cyclopentane	cyclohexane	cycloheptane	cyclooctane

甲基环戊烷
methylcyclopentane

1-乙基-3-甲基环己烷
1-ethyl-3-methylcyclohexane

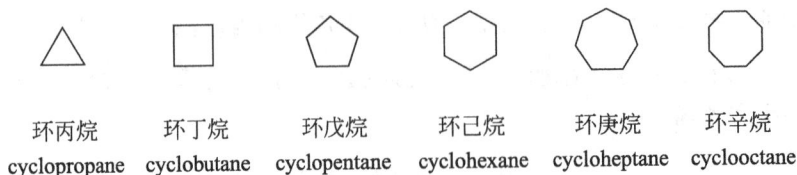

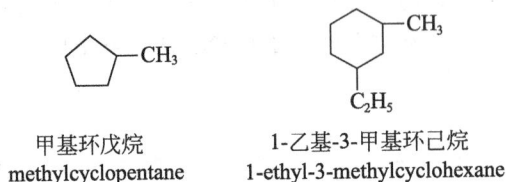

当环上有复杂取代基时，可将环作为取代基，链作为母体来命名。例如：

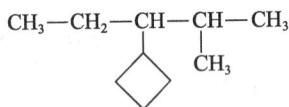

$$CH_3—CH_2—CH—CH—CH_3$$

3-环丁基-2-甲基戊烷
3-cyclobutyl-2-methylpentane

    环烷烃与烯烃类似，存在顺反异构，这是因为环烷烃碳环的 C—C 单键受环的限制不能自由旋转而造成的。当成环的两个碳原子连有的两个取代基位于环平面同侧时，产生的异构体称为顺式异构体（*cis*-isomer）；位于环平面异侧的，则称为反式异构体（*trans*-isomer）。例如 1,3-二甲基环戊烷，具有顺式和反式两种异构体。

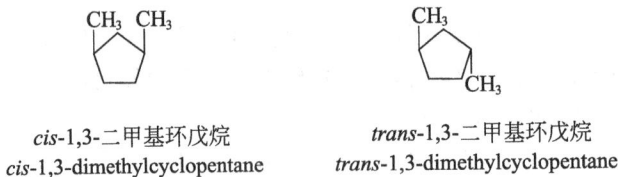

cis-1,3-二甲基环戊烷
cis-1,3-dimethylcyclopentane

trans-1,3-二甲基环戊烷
trans-1,3-dimethylcyclopentane

2. 螺环烃和桥环烃的命名

    两个碳环共用一个碳原子的脂环烃，称为螺环烃（spiro hydrocarbon），分子中共用的碳原子称为螺原子。

    双环螺脂环烃的命名是在成环碳原子总数的烷烃名称前加上"螺"字。螺环的编号是从螺原子的邻位碳开始，由小环经螺原子至大环，并使环上取代基的位次最小。将连接在螺原子上的两个环的碳原子数，按由少到多的次序写在方括号中，数字之间用下角圆点隔开，标在"螺"字与烷烃名之间，英文用"spiro"表示"螺"。

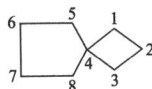

螺［3.4］辛烷
spiro［3.4］octane

    桥环烃（bridged hydrocarbon）是共用两个或两个以上碳原子的多环化合物，双环桥环烃（bicyclic bridged hydrocarbon）是由两个碳环共用两个或多个碳原子的化合物。环与环间相互连接的两个碳原子，称为"桥头"碳原子；连接在桥头碳原子之间的碳键则称为"桥路"。

命名双桥脂环烃时，以碳环数"二环（bicyclic）"为词头。然后在方括号内按桥路所含碳原子的数目由多到少的次序列出，数字之间用下角圆点隔开。方括号后写出分子中全部碳原子总数的烷烃名称。编号的顺序是从一个桥头开始，沿最长桥路到第二桥头，再沿次长桥路回到第一桥头，最后给最短桥路编号，并使取代基位次最小。例如：

1-甲基二环[4.1.0]庚烷

1-methylbicyclo[4.1.0]heptane

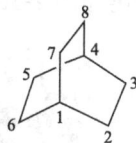

二环[2.2.2]辛烷

bicyclo[2.2.2]octane

3. 脂环烃的结构及构象的稳定性

（1）脂环烃的结构　历史上关于脂环烃的结构有多种学说和理论，现以环丙烷为例略作说明。张力学说认为链状烷烃的稳定在于其键角接近 109.5°，而环丙烷的三个碳原子在同一平面成正三角形（键角为 60°），应很不稳定。不稳定是由于形成环丙烷时每个键向内偏转造成的。键的偏转使分子内部产生了张力，这种由于键角的偏转而产生的张力，称为角张力。环丙烷有解除张力，生成较稳定的开链化合物的倾向，因此很容易发生开环反应。现代价键理论认为当键角为 109.5° 时，碳原子的 sp^3 杂化轨道达到最大重叠，而环丙烷的 C—C—C键角约为 105.5°，成键时杂化轨道以弯曲方向进行部分重叠，所形成的这种"弯曲键"比正常形成的 σ 键弱（图 2-9），并产生很大的张力，导致分子不稳定而开环。

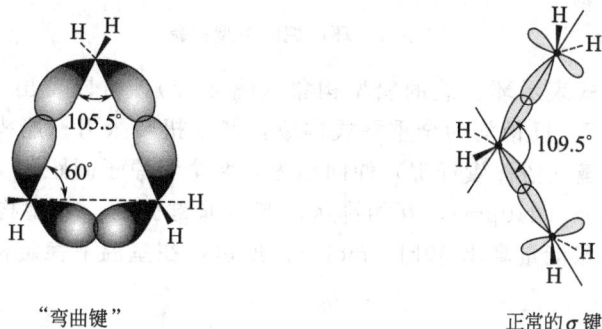

"弯曲键"　　　　　　　　正常的 σ 键

图 2-9　环丙烷分子的"弯曲键"与正常的 σ 键

环丁烷与环丙烷类似，只是环内键角比环丙烷略大一些，因此也容易发生开环反应。可见，环内键角越小，成键电子云重叠程度越小，角张力就越大。由此不难得出结论：三元环最容易发生开环反应，其次是四元环。

实际上除环丙烷的三个碳原子共平面外，其他环烷烃构成环的碳原子都不在同一平面内，其自动折曲而成的形状都使键角尽量接近 109.5°，从而减少了角张力，增大了稳定性。其中最稳定的是环己烷，其次是环戊烷，即最难发生开环反应的是环己烷和环戊烷。

（2）环己烷的构象

拜尔（A. von Baeyer）张力学说假定环己烷分子中六个碳原子在同一平面内，这个学说提出不久，有人用碳原子的四面体模型组成两种环己烷模型：椅型构象和船型构象，且其碳原子并不在同一平面内。哈塞尔证实了椅型构象和船型构象的存在。

① 椅型构象和船型构象　环己烷六个碳原子保持 109.5° 的键角，有两种构象。一种是 C1、C2、C4、C5 四个原子在一个平面内，C3 和 C6 两个原子分别在平面的上面和下面，其形状像把椅子，C3 原子像椅背，C6 原子像椅脚，称为椅型构象 [图 2-10(a)]。另一种是 C1、C2、C4、C5 四个原子在一个平面内，C3 和 C6 两个原子在平面的上面，形状像只船，C3、C6 原子相当船头和船尾 [图 2-10(b)]。

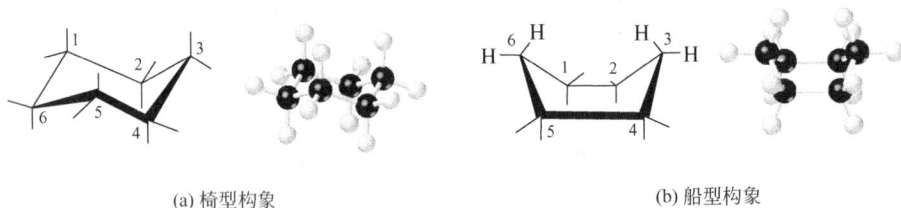

(a) 椅型构象　　　　　　　　　　　　(b) 船型构象

图 2-10　环己烷的两种构象

用透视式和纽曼式表示环己烷的椅型构象（图 2-11），可以看到每一个 —CH_2— 都是相同的，任何两个相邻碳原子的 C—H 键和 C—C 键都处于顺交叉式，非键合的两个氢原子之间最近距离为 250pm。它既无角张力，也无扭转张力，是无张力环。

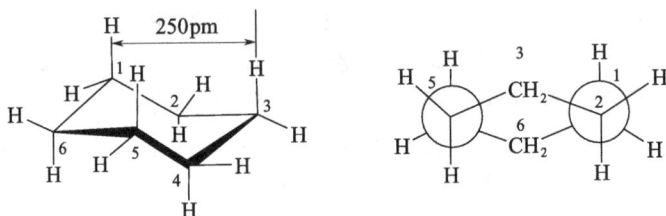

图 2-11　环己烷的椅型构象

用透视式和纽曼式表示环己烷的船型构象（图 2-12），可以看出 C1 和 C2、C4 和 C5 原子上的 C—C 键及 C—H 键均为全重叠式构象，产生扭转张力；船头 C3 原子和船尾 C6 原子各有一个 C—H 键（俗称旗杆键）伸向船内，两个氢原子间距离 183pm，小于两个氢原子的范德华半径之和（240pm），互相排斥，产生非键张力。船型构象有扭转张力和非键张力，它比椅型构象能量高出 30kJ·mol^{-1}。所以，在室温下稳定构象是椅型构象，约占 99.9%。

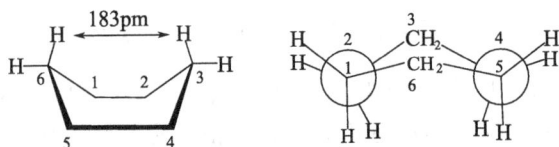

图 2-12　环己烷的船型构象

环烷烃构象间的转化比链烷烃的复杂得多。链状化合物绕一条单键就可以进行构象的转化，而环烷烃构象转化至少涉及两条单键同时转动，有时还要改变键角和键长才能由一种构象转化成另一种构象。常称这种转化为环的翻转，环的翻转需要的能量较大。

② 平伏键与直立键　环己烷椅型构象的六个碳原子分别处于两个互相平行的平面上，

即 C1、C3、C5 原子在一平面上，C2、C4、C6 原子处于另一平面上。通过环己烷分子中心向这两个平面做一垂线，便是椅型环己烷的三重对称轴 C_3，如图 2-13 所示。

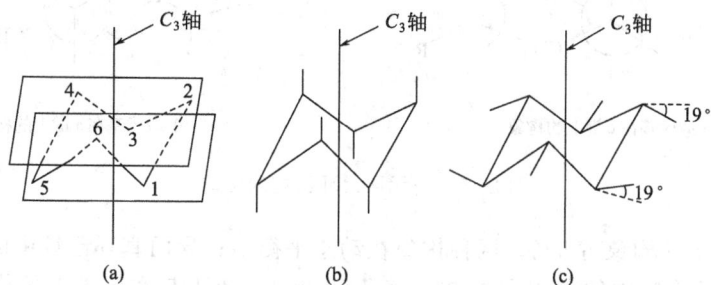

图 2-13　环己烷的直立键和平伏键

在环己烷椅型构象的 12 个 C—H 键中，每个碳原子上有一个 C—H 键与 C_3 轴平行 [图 2-13(b)]，称为直立键或 a 键（axial bond）；剩余的六个 C—H 键，有三个向上斜伸，有三个向下斜伸，分别与相应碳原子所在平面成 19° [图 2-13（c）]，称为平伏键或 e 键（equatorial bond）。当环己烷由一种椅型构象翻转成另一种椅型构象时，a 键转变成 e 键，e 键转变成 a 键。在常温下环在不停地翻转：

环己烷由一种椅型构象翻转成另一种椅型构象，中间要经过半椅型、扭船型、船型等一系列构象，见图 2-14。

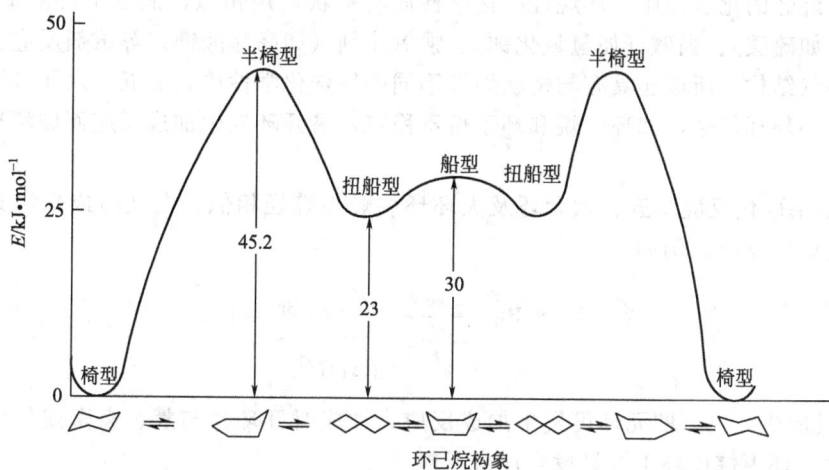

图 2-14　环己烷环翻转能量变化示意图

③ 取代环己烷的构象　环己烷分子中的氢原子可以被其他原子或基团取代，生成取代环己烷。取代基可以占据 a 键，也可以占据 e 键，形成不同的构象。一取代环己烷取代基在 e 键比在 a 键上的构象稳定，一般以 e 键的构象为主。因为取代基在 e 键上的构象中，取代基与碳架处于反交叉式，而在 a 键上的构象中，取代基与碳架处于顺交叉式，如图 2-15 所示。取代基 R 体积越大，在 e 键上的比例越大。例如，甲基环己烷中的甲基在 e 键上的构象

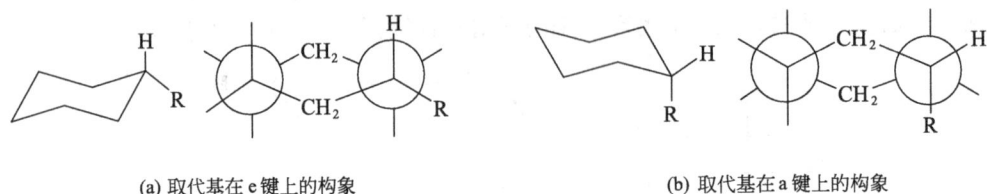

(a) 取代基在 e 键上的构象　　　　　　(b) 取代基在 a 键上的构象

图 2-15　一元取代环己烷的构象

占 95%，在 a 键上的构象占 5%，两种构象在动态平衡中；异丙基环己烷中的异丙基在 e 键上的构象在平衡混合物中约占 97%；叔丁基环己烷中的叔丁基在 e 键上的构象在平衡混合物中约占 99.99%。

多元取代环己烷，e 键上取代基多的构象稳定，大体积取代基在 e 键上的构象稳定。

不论是链状化合物的构象还是环状化合物的构象，当相邻两个碳原子上的两个原子或基团处于顺交叉式能形成氢键时，则顺交叉式构象往往是优势构象。

构象是有机化合物结构理论的重要组成部分，对有机化合物的性质及反应机理有重要的影响。

4. 环烷烃的理化性质

(1) 环烷烃的物理性质　环烷烃的物理性质与烷烃相似。在常温下，小环环烷烃是气体，常见环环烷烃是液体，大环环烷烃呈固态。环烷烃和烷烃都不溶于水，而溶于苯、四氯化碳、氯仿等低极性的有机溶剂。由于环烷烃分子中单键旋转受到一定的限制，分子运动幅度较小，并具有一定的对称性和刚性。因此，环烷烃的沸点、熔点和密度都比同碳原子数的烷烃高。

(2) 环烷烃的化学性质　环烷烃的化学性质与链状烷烃相似，能发生自由基取代反应；不与强酸（如硫酸）、强碱（如氢氧化钠）、强氧化剂（如高锰酸钾）等试剂反应。但由于环烷烃具有环状结构，所以还具有与链状烷烃不同的特殊化学性质，如五、六元环及大环环烷烃较稳定。小环环烷烃，如环丙烷和环丁烷不稳定，易开环发生加成反应而破坏环系，生成开链产物。

① 自由基取代反应　五、六元环及大环环烷烃与烷烃相似，在光照或高温条件下，可发生自由基取代反应。例如：

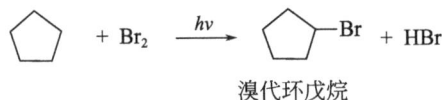

溴代环戊烷

② 加成反应　三、四元环可发生加成反应，加成时开环并与氢、卤素或氢卤酸反应生成链状产物。环丙烷比环丁烷易发生加成反应。

例如：环丙烷在 80℃时即可催化加氢生成丙烷；环丁烷则要在 120℃才反应。

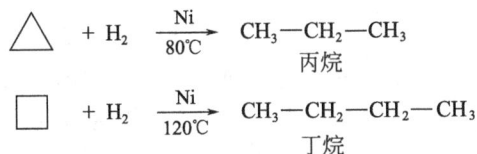

环丙烷在常温下，即能与卤素或氢卤酸发生加成反应。例如：

$$\triangle \ + \ Br_2 \ \xrightarrow{CCl_4} \ \underset{\overset{|}{Br}}{CH_2} - CH_2 - \underset{\overset{|}{Br}}{CH_2}$$

1,3-二溴丙烷

$$\triangle \ + \ HBr \ \longrightarrow \ \underset{\overset{|}{H}}{CH_2} - CH_2 - \underset{\overset{|}{Br}}{CH_2}$$

1-溴丙烷

在这些加成反应中，环丙烷的一条 C—C σ 键断裂，试剂的两个原子分别与碳链两端的两个碳原子结合生成链状化合物。

当环丙烷的烷基衍生物与氢卤酸作用时，碳环开环多发生在连氢原子最多和连氢原子最少的两个碳原子之间。氢卤酸中的氢原子加在连氢原子较多的碳原子上，而卤原子则加在连氢原子较少的碳原子上。例如：

$$+ \ HBr \ \longrightarrow \ CH_3\underset{\overset{|}{Br}}{CH}CH_2\underset{\overset{|}{H}}{CH_2}$$

2-溴丁烷

环丁烷的反应活性比环丙烷略低，常温下环丁烷与卤素或氢卤酸不发生加成反应，在加热条件下才能发生反应。

环戊烷、环己烷及高级环烷烃则与开链烷烃相似，难以发生开环加成反应。

思考题 2-3 试用简单的化学方法鉴别丙烷、丙烯和环丙烷。

Summary

Alkanes are saturated hydrocarbons with the general formula $C_n H_{2n+2}$. Alkanes contain no functional groups, are chemically rather inert, and can be either straight chain or branched. Compounds such as butane and isobutane, which have the same formula but differ in the way their atoms are connected, are called constitutional isomers. With the increase of carbon atoms, the number of isomers for alkanes increases rapidly. Because C—C single bonds are formed by head-on orbital overlap, rotation is possible about them. Alkanes can therefore adopt any of a large number of rapidly interconverting conformations. A staggered conformation is more stable than an eclipsed conformation. Alkanes are named systematically by a series of IUPAC rules of nomenclature.

Alkanes are stable and hardly react with common strong acids, bases, oxidizing and reducing agents at room temperature. But the σ bonds of alkanes can undergo homolytic break under light or heat conditions to produce free radicals, which leads to radical substitution reactions. The substitution reaction is also called chain reaction which proceeds in three steps, that is, chain-initiating step, chain-propagating step, and chain-terminating step. Different types of hydrogens in alkanes can be substituted with different activities, with the orders follows: tertiary hydrogen＞secondary hydrogen＞primary hydrogen＞methyl hydrogen.

Cycloalkanes contain rings of carbon atoms and have the general formula $C_n H_{2n}$. Because complete rotation around C—C bonds is not possible in cycloalkanes, conformational mobility is reduced and disubstituted cycloalkanes can exist as *cis-trans* stereoisomers. In a *cis* isomer，both substituents are on the same side of the ring，whereas in a *trans* isomer，the substituents are on opposite sides of the ring.

Cyclohexane exists in a puckered，strain-free chair conformation in which all bond angles are near 109° and all neighboring C—H bonds are staggered. Chair cyclohexane has two kinds of bonding positions：axial and equatorial. Axial bonds are directed up and down，parallel to the ring axis；equatorial bonds lie in a belt around the ring equator. Chair cyclohexane can undergo a ring-flip that interconverts axial and equatorial positions. Substituents on the ring are more stable in the equatorial than in the axial position.

习　题

1. 用 IUPAC 法命名下列化合物。

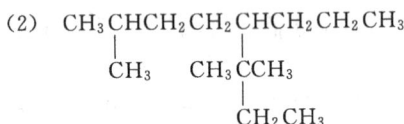

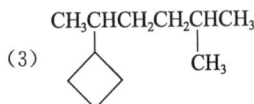

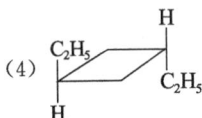

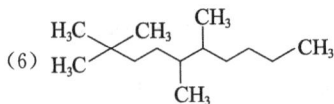

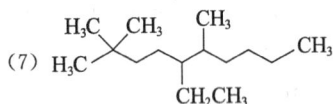

(1) $(CH_3CH_2)_4C$

(2) $CH_3CHCH_2CH_2CHCH_2CH_2CH_3$
　　　　$|$　　　　$|$
　　　CH_3　$CH_3\ CCH_3$
　　　　　　　　$|$
　　　　　　　CH_2CH_3

(3) $CH_3CHCH_2CH_2CHCH_3$

(4)

(5)

(6)

(7)

2. 化合物 2,2,4-三甲基己烷分子中的碳原子，各属于哪一类型（伯、仲、叔、季）碳原子?

3. 将下列化合物按沸点降低的顺序排列。

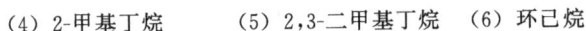

(1) 丁烷　　　　　(2) 己烷　　　　　(3) 3-甲基戊烷

(4) 2-甲基丁烷　　(5) 2,3-二甲基丁烷　(6) 环己烷

4. 写出四碳烷烃一溴取代产物的可能结构式。

5. 画出 2,3-二甲基丁烷以 C2—C3 键为轴旋转，所产生的最稳定构象的 Newman 投影式。

6. 将下列自由基按稳定性从大到小的次序排列。

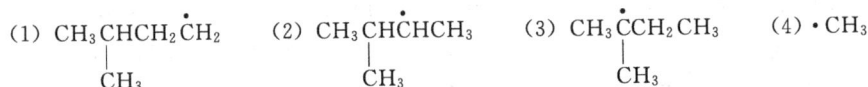

(1) $CH_3\overset{\cdot}{C}HCH_2\overset{\cdot}{C}H_2$　　(2) $CH_3\overset{\cdot}{C}HCHCH_3$　　(3) $CH_3\overset{\cdot}{C}CH_2CH_3$　　(4) $\cdot CH_3$
　　　$|$　　　　　　　　　$|$　　　　　　　　$|$
　　　CH_3　　　　　　　CH_3　　　　　　CH_3

7. $CH_3CH_3 + Cl_2 \xrightarrow{\text{光或热}} CH_3CH_2Cl + HCl$ 的反应机理与甲烷氯代相似。

(1) 写出链引发、链增长、链终止的各步反应式，并计算链增长反应的反应热。

(2) 试说明该反应不太可能按 $CH_3CH_3 + Cl_2 \longrightarrow 2CH_3Cl$ 方式进行的原因。

8. 写出下面反应的产物，并解释反应为什么可以在低温下进行。

$$\xrightarrow[-60℃]{Br_2}$$

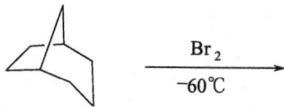

9. 写出下列化合物的优势构象。

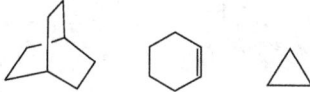

10. 用简单的化学反应区别下列化合物。

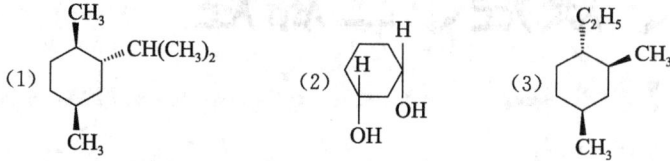

(1) 　　(2) 　　(3)

11. 写出下列反应的产物。

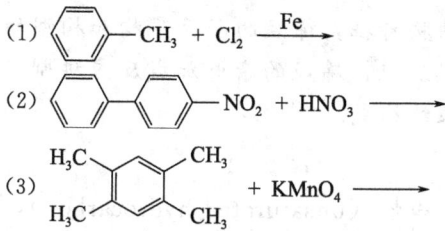

(1) + Cl$_2$ $\xrightarrow{Fe}$

(2) + HNO$_3$ $\longrightarrow$

(3) + KMnO$_4$ $\longrightarrow$

（西安交通大学　唐玉海）

第三章

烯烃、炔烃、二烯烃

内容提示

本章主要介绍：烯烃、炔烃和共轭二烯的结构特征，烯烃的顺反异构和构型的标记，取代基优先规则，烯烃和炔烃的加成和氧化反应，烯烃的亲电加成反应机制，共轭二烯的特征反应，电子效应、共轭效应和共振结构式。

烯烃（alkene）和炔烃（alkyne）属于不饱和烃（unsaturated hydrocarbon），其化学性质比烷烃活泼得多，这是因为它们的分子中均含有不饱和键——碳碳双键或碳碳叁键，它们对烯烃和炔烃的化学性质起着决定性的影响。

在自然界中，存在很多具有生物活性的烯烃和炔烃。例如，乙烯是一种植物生长素，存在于西红柿、香蕉等水果中，具有加速水果成熟的作用；α-蒎烯（α-pinene）是松节油中的一种主要成分；β-胡萝卜素（β-carotene）是胡萝卜的色素，也是维生素A(vitamin A) 重要的食物来源；在菊花（chrysanthemum）中发现的毛蒿素（capillin），具有杀真菌的活性。

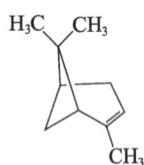

α-蒎烯

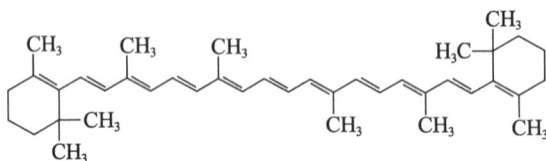

β-胡萝卜素(含11个共轭双键)

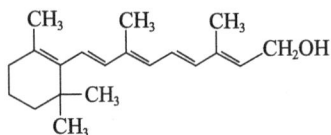

维生素A(含5个共轭双键)

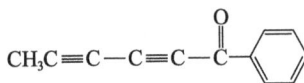

毛蒿素

在学完本章以后，你应该能够回答以下问题：

1. 烯烃、炔烃和共轭二烯烃的结构特征是什么？
2. 如何标记碳碳双键的构型？
3. 什么是亲电加成反应机理？
4. 烯烃和炔烃在化学性质上有哪些异同点？

一、烯烃、炔烃的结构

（一）烯烃的结构

分子中含有碳碳双键的碳氢化合物称为烯烃。含一个碳碳双键开链烯烃的通式为 C_nH_{2n}。

乙烯是最简单的烯烃。实验表明，乙烯分子是一个平面结构，分子中所有的原子都在一个平面上，键角都接近于 120°。碳碳双键的键长为 134pm，比正常碳碳单键的键长（154pm）更短（图 3-1）。

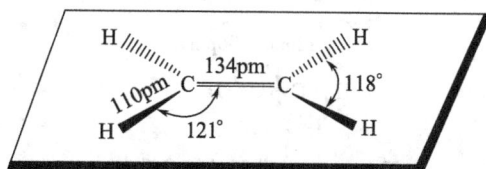

图 3-1 乙烯分子结构示意图

目前，对碳碳双键的满意解释是基于杂化轨道理论。乙烯分子中的两个碳原子呈 sp² 杂化态，两个碳原子各用一个 sp² 杂化轨道相互重叠，形成一个碳碳 σ 键，剩余的四个 sp² 杂化轨道分别与四个氢原子的 1s 轨道重叠，形成四个碳氢 σ 键。因此，所形成的五个 σ 键均在同 一个平面上。每个碳原子上未参与杂化的 p 轨道垂直于 σ 键所在的平面，相互平行，从侧面重叠，形成 π 键。π 电子云分布在平面的上方和下方。碳碳双键由一个 σ 键和一个 π 键组成（图 3-2）。

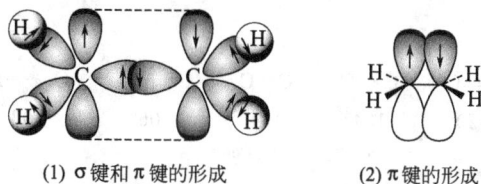

(1) σ键和π键的形成　　(2) π键的形成

图 3-2 乙烯分子价键形成示意图

π 键形成时轨道重叠程度比 σ 键形成时轨道重叠程度小，因此 π 键比 σ 键要弱，比 σ 键更容易断裂，这是烯烃化学反应活性高的原因。由于 sp² 杂化轨道的伸展范围比 sp³ 杂化轨道的伸展范围小，因此乙烯分子中的两个碳原子必须靠得更近才能重叠成键，导致碳碳双键比碳碳单键更短。与碳碳单键不同的是，碳碳双键不能像碳碳单键那样沿键轴自由旋转，因为旋转需要克服 π 键的键能，为 235kJ·mol⁻¹，常温下分子热运动所产生的能量不足以克服这样高的能垒，加热或光照可使双键旋转。而一旦双键发生旋转，π 键则遭受破坏，因为两个 p 轨道不能再有效重叠（图 3-3）。碳碳双键不能旋转是造成烯烃存在顺反

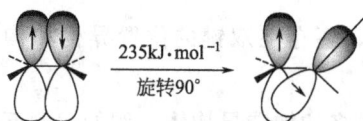

图 3-3 π键旋转示意图

异构的原因。

(二) 炔烃的结构

分子中含有碳碳叁键的碳氢化合物称为炔烃。含一个碳碳叁键的开链炔烃通式为 C_nH_{2n-2}。

乙炔是最简单的炔烃。X 射线衍射法和光谱实验证明，乙炔分子是线形结构。分子中所有的原子都在一条直线上，键角为 $180°$。碳碳叁键的键长为 $120pm$，比碳碳双键的键长（$134pm$）更短（图 3-4）。

杂化轨道理论认为，乙炔分子中的两个碳原子呈 sp 杂化态，两个碳原子各以一个 sp 杂化轨道沿连线方向相互重叠，形成一个碳碳 σ 键，剩下的两个 sp 杂化轨道分别与两个氢原子的 1s 轨道重叠，形成两个碳氢 σ 键，三个 σ 键在同一条直线上。每个碳原子上还有两个未参与杂化但相互垂直的 p 轨道，四个 p 轨道从侧面两两重叠，形成两个相互垂直的 π 键。因此，碳碳叁键由一个 σ 键和两个 π 键组成（图 3-5）。

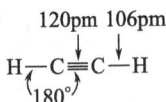

图 3-4　乙炔分子的键参数

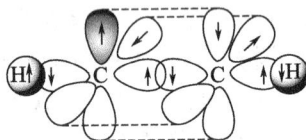

图 3-5　乙炔分子价键形成示意图

sp 杂化轨道的伸展范围比 sp^2 杂化轨道的伸展范围小，因此乙炔分子中的两个碳原子必须比乙烯分子中的两个碳原子靠得更近才能形成 C—C σ 键，导致碳碳叁键比碳碳双键更短。并且，碳碳叁键中 p 轨道间的重叠比碳碳双键中 p 轨道间的重叠更大，因此碳碳叁键中的 π 键比碳碳双键中的 π 键更稳定，这是炔烃比烯烃化学活性低的原因。同理，叁键碳与氢形成的碳氢键键长比双键碳与氢形成的碳氢键键长更短，双键碳与氢形成的碳氢键键长比单键碳与氢形成的碳氢键键长更短。碳原子杂化态对键长的影响如下所示：

化学键	$C \equiv C$	$C = C$	$C - C$	$C_{sp} - H$	$C_{sp2} - H$	$C_{sp3} - H$
键长/pm	120	134	154	106	108	110

二、烯烃、炔烃的同分异构和命名法

(一) 烯烃、炔烃的同分异构

1. 烯烃的同分异构

烯烃的同分异构现象比烷烃复杂，不仅存在碳链异构，还存在双键的位置异构和构型异构。

(1) 烯烃的构造异构　与同碳数烷烃相比，烯烃具有更多的构造异构体。例如：含五个碳的烷烃只有三种同分异构体，而含五个碳的烯烃则有如下五种同分异构体：

$$CH_3CH_2CH_2CH=CH_2 \qquad CH_3CH_2CH=CHCH_3$$
$$\text{I} \qquad\qquad\qquad \text{II}$$

$$CH_3CHCH=CH_2 \qquad CH_3C=CHCH_3 \qquad CH_3CH_2C=CH_2$$
$$\quad | \qquad\qquad\qquad\quad | \qquad\qquad\qquad\quad |$$
$$\quad CH_3 \qquad\qquad\qquad CH_3 \qquad\qquad\qquad CH_3$$
$$\text{III} \qquad\qquad\qquad\quad \text{IV} \qquad\qquad\qquad\quad \text{V}$$

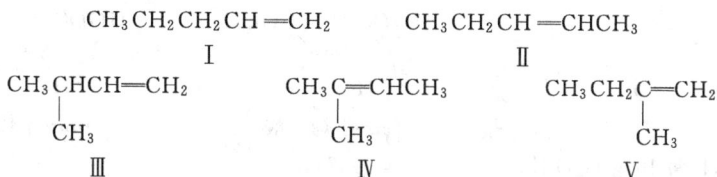

其中，Ⅰ或Ⅱ与Ⅲ、Ⅳ、Ⅴ之间属于碳链异构，而Ⅰ与Ⅱ之间，或Ⅲ、Ⅳ、Ⅴ三者之间虽然碳的骨架相同，但双键的位置不同，称为位置异构。

(2) 烯烃的顺反异构 分子构造相同，但原子或基团在三维空间的不同排列方式称为立体异构。分子中的原子或基团在空间呈现的固有排列方式称为构型。顺反异构属于构型异构中的一种。产生顺反异构是因为分子中有限制旋转的因素存在，致使分子中的原子或基团在空间的排列不同。碳碳双键不能自由旋转，当两个双键碳原子上分别连接不同的原子或基团时，这些原子或基团在双键碳上就会产生两种不同的排列方式，即两种不同的构型。例如，丁-2-烯存在顺反两种异构体。

(Z)-丁-2-烯   (E)-丁-2-烯

产生顺反异构的条件：

① 分子中存在限制自由旋转的因素，如双键或脂环；

② 每个不能自由旋转的原子必须连有不同的原子或基团。

下列结构的双键存在顺反异构：

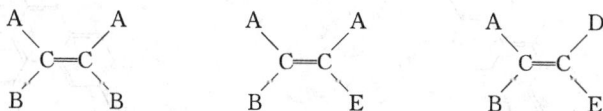

随着分子中双键数目的增加，顺反异构体的数目也随之增加。例如，庚-2,4-二烯存在四种顺反异构体。

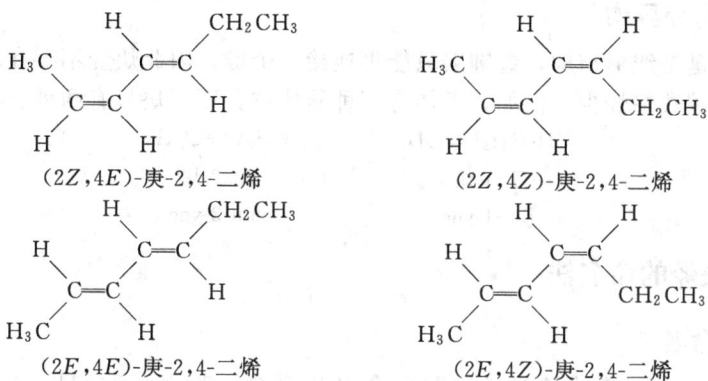

(2Z,4E)-庚-2,4-二烯   (2Z,4Z)-庚-2,4-二烯

(2E,4E)-庚-2,4-二烯   (2E,4Z)-庚-2,4-二烯

(3) 顺反异构体的性质 顺反异构体中的相应基团在空间有不同的取向，因此导致其理化性质的差异。一般规律是反式异构体的稳定性比顺式高，因为反式中的两个较大基团相隔较远，排斥力较小；顺式异构体比反式易溶于水，因为顺式的极性比反式大；熔点则是反式高于顺式，因为反式的对称性比顺式高，在晶格中排列得更紧密。*cis*-丁烯二酸和 *trans*-丁烯二酸的性质如下所示：

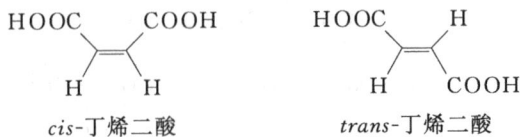

	cis-丁烯二酸	trans-丁烯二酸
溶解度/g(以每 100g H_2O 计)	79	0.7
熔点/℃	130.5	302
pK_{a1}	2.00	3.02
pK_{a2}	6.26	4.39

此外，顺反异构体与生物体中的受体作用方式和强弱的不同，也会造成它们在生物活性上的差异。例如，trans-丁烯二酸参与生物体内的新陈代谢，而 cis-丁烯二酸则无活性；油脂中的不饱和脂肪酸（如油酸、亚油酸）中的碳碳双键多为顺式构型，并具有重要的生理功能；人工合成的己烯雌酚是雌性激素类药物，反式构型的生理活性很强，是顺式异构体的 7～10 倍，故反式异构体供临床药用。

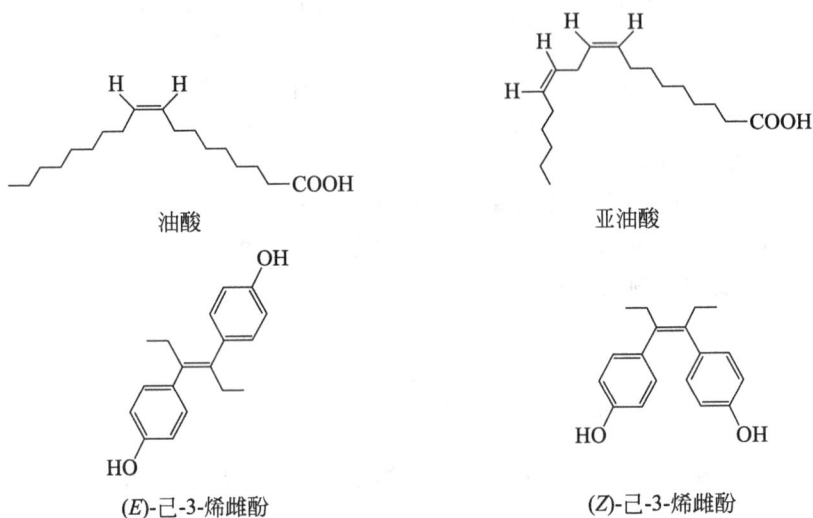

油酸

亚油酸

(E)-己-3-烯雌酚

(Z)-己-3-烯雌酚

2. 炔烃的同分异构

由于碳碳叁键是线形结构，叁键碳只能再连接一个键，因此炔烃不存在顺反异构。其同分异构体数比同碳数烯烃少。例如，丁烯有四种异构体，而丁炔只有两种。

$$CH_3CH_2C{\equiv}CH \qquad CH_3C{\equiv}CCH_3$$

丁-1-炔   丁-2-炔

but-1-yne   but-2-yne

(二) 烯烃、炔烃的命名法

1. 烯烃的命名

(1) 普通命名法 简单烯烃常用普通命名法命名，英文名称则以 "-ylene" 作词尾。例如：

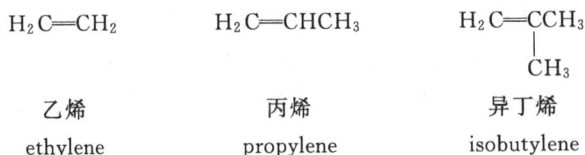

$$H_2C{=}CH_2 \qquad H_2C{=}CHCH_3 \qquad \underset{\underset{\textstyle CH_3}{|}}{H_2C{=}CCH_3}$$

乙烯   丙烯   异丁烯

ethylene   propylene   isobutylene

（2）系统命名法 烯烃系统命名法的基本原则如下。

① 选择主链，确定母体。选择含有双键在内的最长碳链作主链，依主碳链所含碳原子数命名为某烯，十个碳原子以上的烯烃用小写中文数字，加"碳烯"命名。英文名称以"-ene"作词尾。

② 主碳链编号，确定双键和取代基的位置。从靠近双键的一端开始，若双键居于主碳链中央，则从靠近取代基的一端开始。双键的位次以两个双键碳原子中编号较小的表示。

③ 双键的位次写在"烯"前，用半字线"-"隔开，再将取代基的位次、数目及名称写在双键位次之前，取代基排列按其英文名称的首字母顺序排列。例如：

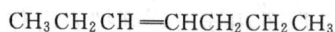

$$CH_3CH_2CH{=}CHCH_2CH_2CH_3 \qquad CH_3CH{=}CH(CH_2)_{14}CH_3$$

庚-3-烯   十八碳-2-烯

hept-3-ene   octadec-2-ene

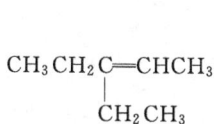 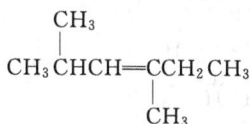 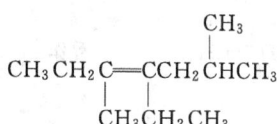

3-乙基戊-2-烯   2,4-二甲基己-3-烯   4-乙基-3,6-二甲基庚-3-烯

3-ethylpent-2-ene   2,4-dimethylhex-3-ene   4-ethyl-3,6-dimethylhept-3-ene

④ 取代环烯的编号将双键碳原子编号为 1 和 2，并使取代基具有尽可能小的位次。例如：

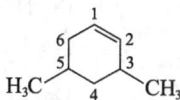

1-甲基环戊-1-烯   3,5-二甲基环己-1-烯

1-methylcyclopent-1-ene   3,5-dimethylcyclohex-1-ene

烯烃分子中去掉一个氢原子后所剩余的部分称烯基。命名烯基时，编号从游离价所在的碳原子开始。常见的烯基如下所示：

$$CH_2{=}CH{-} \qquad\qquad CH_2{=}CHCH_2{-} \qquad\qquad CH_3{-}CH{=}CH{-}$$

乙烯基   烯丙基（2-丙烯基）   1-丙烯基

vinyl(ethenyl)   allyl(2-propenyl)   1-propenyl

（3）双键构型的标记 烯烃双键的标记有两种方法。

① 顺反标记法 对双取代烯烃化合物，相同原子或基团在双键同侧的异构体，在其名称前加上"*cis-*"字，相同原子或基团在双键两侧的异构体，在其名称前加上"*trans-*"字。英文名称表示方法和中文名称一致，也用词头"*cis-*"和"*trans-*"表示。例如：

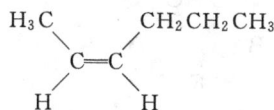 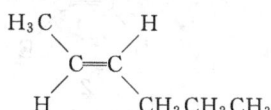

cis-己-2-烯   *trans*-己-2-烯

cis-hex-2-ene   *trans*-hex-2-ene

② *Z/E* 标记法 如两个双键碳原子上连接有三个或四个不相同的基团时，若用"*cis-*"或"*trans-*"表达其构型，可能会含糊不清。按照"顺序规则"则能明确指明，故采用 *Z/E* 法来标记构型。

顺序规则最主要的原则是比较原子序数，首先是比较与主链直接相连的原子的原子序数，原子序数大的原子优先于原子序数小的原子。具体比较方法如下：

a. 与主链碳直接相连的原子不同时，原子序数由大到小的排列顺序，即为其先后顺序。对同位素，质量较重的优先于较轻的。例如：

$$—I>—Br>—Cl>—SH>—OH>—NH>—CH_3>—D>—H$$

b. 若几个取代基中与主链相连的原子相同时，则需比较与该原子相连的后面的原子，直到比较出大小为止。例如，$—CH_3$ 和 $—CH_2CH_3$，第一个原子都是碳，需比较后面的原子，在 $—CH_3$ 中是 C、H、H、H，而 $—CH_2—CH_3$ 中是 C、C、H、H，所以 $—CH_2CH_3$ 优先于 $—CH_3$。

c. 若取代基中第一个原子以双键或叁键与其他原子相连时，则把它看作与两个或三个其他原子以单链相连。如：

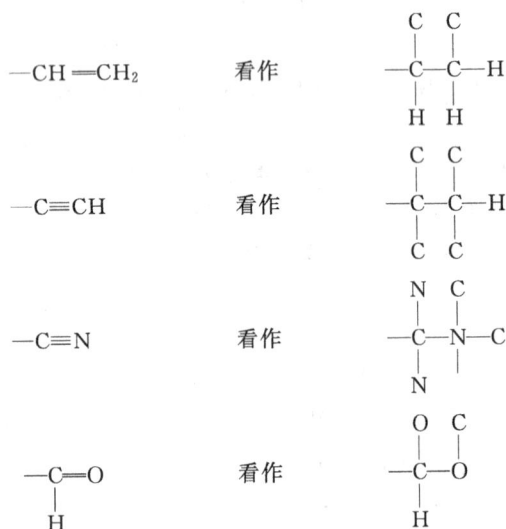

若遇到苯基，我们规定用 Kekulé 式来进行比较。

根据顺序规则：叔丁基＞异丙基＞异丁基＞丁基＞丙基＞乙基＞甲基。

步骤：首先按照"次序规则"确定每个双键碳原子上所连的两个原子或基团的优先次序，再用 Z 和 E 两个字母标记双键的构型。若两个较优原子或基团位于双键同侧的，则标记为 Z，Z 源自德文 zusammen，意为"在一起"；若两个较优的原子或基团位于双键两侧的，则标记为 E，E 源自德文 entgegen，意为"相反"。

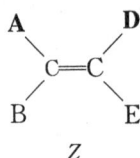

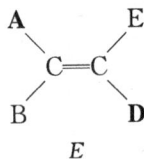

（假设：A、B、D、E 基团的优先次序为 A＞B，D＞E）

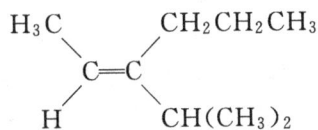

(E)-3-异丙基己-2-烯
(E)-3-isopropylhex-2-ene

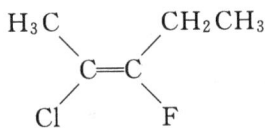

(Z)-2-氯-3-氟戊-2-烯
(Z)-2-chloro-3-fluoropent-2-ene

Z/E 标记法适用于所有双键构型的标记，与顺反标记法没有必然的对应关系。例如：

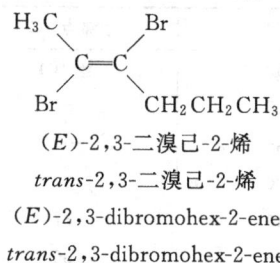

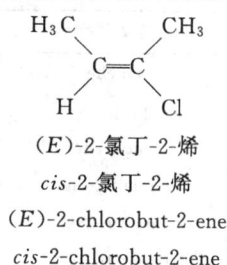

$$H_3C\text{—}C\text{=}C\text{—}Br / Br\text{—}CH_2CH_2CH_3$$

(E)-2,3-二溴己-2-烯

trans-2,3-二溴己-2-烯

(E)-2,3-dibromohex-2-ene

trans-2,3-dibromohex-2-ene

$$H_3C\text{—}C\text{=}C\text{—}CH_3 / H\text{—}Cl$$

(E)-2-氯丁-2-烯

cis-2-氯丁-2-烯

(E)-2-chlorobut-2-ene

cis-2-chlorobut-2-ene

思考题 3-1 给出下列化合物的结构式或命名。

(1) 2,4-二甲基己-2-烯

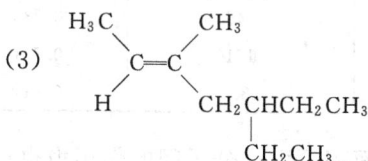

(2) 3-ethyl-4-methylpent-1-ene

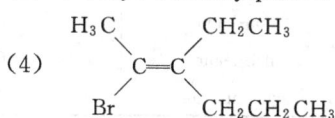

(3)
$$H_3C\text{—}C\text{=}C\text{—}CH_3 / H \quad CH_2CHCH_2CH_3 / CH_2CH_3$$

(4)
$$H_3C\text{—}C\text{=}C\text{—}CH_2CH_3 / Br \quad CH_2CH_2CH_3$$

---

2. 炔烃的命名

炔烃的系统命名法与烯烃相似，只需将"烯"改为"炔"即可。英文名称以"-yne"作词尾。例如：

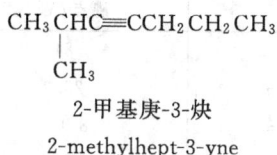

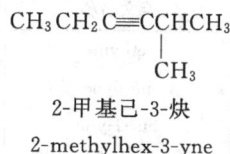

$$CH_3CHC\text{≡}CCH_2CH_2CH_3 \atop \quad CH_3$$

2-甲基庚-3-炔

2-methylhept-3-yne

$$CH_3CH_2C\text{≡}CCHCH_3 \atop \qquad\qquad CH_3$$

2-甲基己-3-炔

2-methylhex-3-yne

若分子中同时含有双键和叁键时，应选择含有双键和叁键在内的最长碳链作为主碳链，称为"某烯炔"。编号时应使双键或叁键的位次最小。若编号有选择时，应给予双键较小的编号。例如：

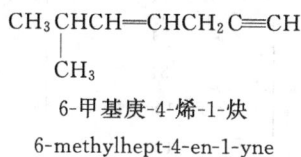

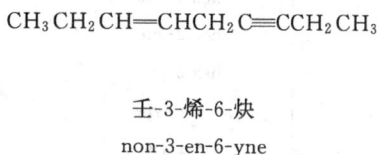

$$CH_3CHCH\text{=}CHCH_2C\text{≡}CH \atop \quad\quad CH_3$$

6-甲基庚-4-烯-1-炔

6-methylhept-4-en-1-yne

$$CH_3CH_2CH\text{=}CHCH_2C\text{≡}CCH_2CH_3$$

壬-3-烯-6-炔

non-3-en-6-yne

三、烯烃、炔烃的物理性质

1. 烯烃的物理性质

在常温下，$C_2\sim C_4$ 的烯烃是气体，$C_5\sim C_{18}$ 的烯烃是液体，C_{19} 以上的烯烃是固体。烯烃的熔点、沸点、密度均随碳原子数的增加而增大。直链烯烃的沸点比支链烯烃异构体的高；顺式异构体的沸点高于反式异构体；反式异构体比顺式有较高的熔点。烯烃的密度均小于 $1g\cdot cm^{-3}$。不溶于水，易溶于非极性有机溶剂中。常见烯烃的物理常数见表 3-1。

2. 炔烃的物理性质

在常温下，$C_2\sim C_4$ 的炔烃是气体，$C_5\sim C_{18}$ 的炔烃是液体。炔烃的熔点、沸点及密度比

表 3-1　常见烯烃的物理常数

名称	英文名称	熔点/℃	沸点/℃	密度/g·cm^{-3}
乙烯	ethene	−169	−104	
丙烯	propene	−185	−47	
丁-1-烯	but-1-ene	−185	−6.3	
cis-丁-2-烯	cis-but-2-ene	−180	37	0.650
trans-丁-2-烯	trans-but-2-ene	−140	37	0.649
戊-1-烯	pent-1-ene	−165	30	0.641
己-1-烯	hex-1-ene	−138	64	0.673
庚-1-烯	hept-1-ene	−119	94	0.697
辛-1-烯	oct-1-ene	−101	122	0.715
壬-1-烯	non-1-ene	−81	146	0.730
癸-1-烯	dec-1-ene	−66	171	0.741
环己烯	cyclohexene	−104	83	0.811

同碳数的烷烃和烯烃稍高，这是因为线形分子间的接触面积更大，分子间的作用力也更大。炔烃比水轻，在水中的溶解度很小，但可溶于烷烃、四氯化碳、乙醚等非极性溶剂中。常见炔烃的物理常数见表 3-2。

表 3-2　常见炔烃的物理常数

名称	英文名称	熔点/℃	沸点/℃	密度/g·cm^{-3}
乙炔	ethyne	−82	−84	
丙炔	propyne	−101.5	−23.2	
丁-1-炔	but-1-yne	−122.5	8.1	
丁-2-炔	but-2-yne	−24	27	0.694
戊-1-炔	pent-1-yne	−98	39.3	0.695
戊-2-炔	pent-2-yne	−101	55.5	0.714
己-1-炔	hex-1-yne	−132	71	0.715
己-2-炔	hex-2-yne	−92	84	0.731
己-3-炔	hex-3-yne	−101	81	0.725
庚-1-炔	hept-1-yne	−81	100	0.733
辛-1-炔	oct-1-yne	−80	127	0.747
壬-1-炔	non-1-yne	−50	151	0.757
癸-1-炔	dec-1-yne	−44	174	0.766

四、烯烃、炔烃的化学性质

碳碳双键是烯烃的官能团，烯烃的化学性质主要由碳碳双键决定。根据杂化轨道理论，碳碳双键由一个 σ 键和一个 π 键组成，π 键电子云分布于双键平面的上下方，受原子核的束缚小，流动性大，容易受到影响而发生极化变形，进而导致 π 键的断裂。因此，加成反应（addition reaction）是烯烃化学性质的重要特征。此外，烯烃还可发生氧化、聚合和烯丙型氢的取代等反应。

碳碳叁键是炔烃的官能团，碳碳叁键由一个 σ 键和两个 π 键组成，碳碳叁键是发生化学反应的活性部位，在很多方面与烯烃相似。然而，sp 杂化态碳原子吸引电子的能力比 sp² 杂化态碳原子更强，并且碳碳叁键比碳碳双键更短，因此，炔烃的化学活性不如烯烃。

（一）烯烃的亲电加成反应

在反应过程中，反应物中有一个 π 键和一个 σ 键断裂，产物中有两个 σ 键形成。由于 π 键的键能比 σ 键的键能小，因此，烯烃的亲电加成反应过程是放热的。

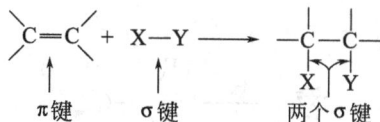

在有机化学中，通常将电子云密度高的试剂称为亲核试剂（nucleophile），缺电子的试剂称为亲电试剂（electrophile），有机化合物称为底物（substrate）。亲电加成反应速率的决定步骤（rate-determining step）是双键中电子云密度高的 π 键与缺电子的亲电试剂间的反应。π 电子进攻亲电试剂的过程是亲核过程，而亲电试剂进攻 π 键的过程则是亲电过程。在描述一个反应的特征时，通常根据决定速率步骤中化学试剂进攻底物过程的特征来决定。如果进攻试剂带正电，底物富于电子，则称为亲电反应；如果试剂带负电，底物带正电，则称为亲核反应。

烯烃的亲电加成反应分两步进行。

第一步，亲电试剂与双键中 π 电子作用，生成碳正离子，这是决定速率的慢步骤。

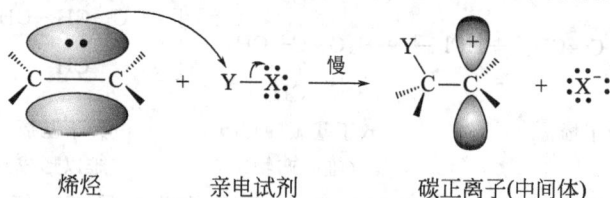

烯烃　　　　　亲电试剂　　　　　碳正离子(中间体)

第二步，碳正离子很快与亲核试剂作用，生成产物。

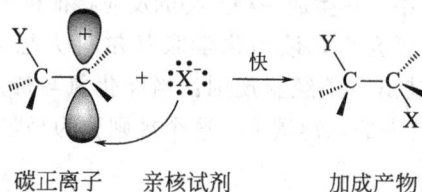

碳正离子　　　亲核试剂　　　　加成产物

烯烃与卤化氢、硫酸、水和卤素等试剂的反应都属于亲电加成反应。

1. 烯烃与卤化氢的加成反应

烯烃与卤化氢反应，生成一卤代烷。

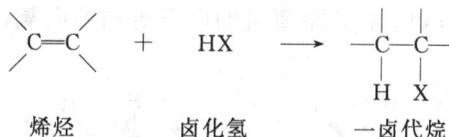

烯烃　　　　　　卤化氢　　　　　一卤代烷

卤化氢的活性与其酸性大小一致，酸性越强，活性越高，因此 HI 的活性最大，HF 的活性最低。

（1）反应机理　烯烃与卤化氢的加成分两步进行。首先是碳碳双键的 π 电子与卤化氢中带正电的氢反应，同时 H—X 断裂，生成碳正离子中间体。第二步，卤素离子很快与碳正离子结合，形成产物。

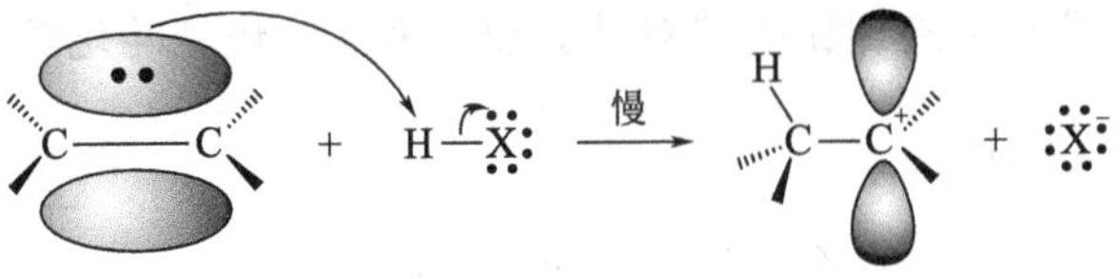

烯烃　　　　　　卤化氢　　　　　　碳正离子　　卤素离子

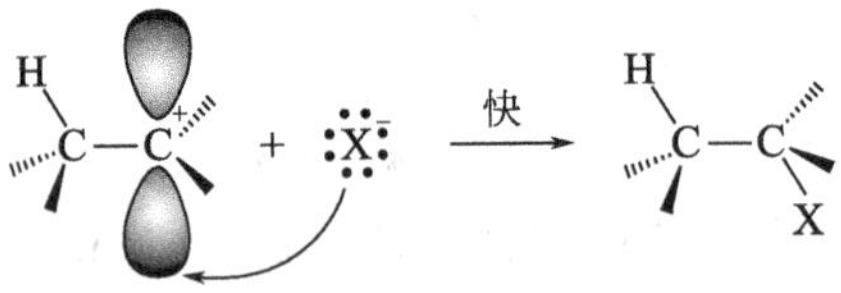

碳正离子　　卤素离子　　　　产物

(2) 区域选择性和马氏规则　对称烯烃与卤化氢加成，只生成一种产物。如：

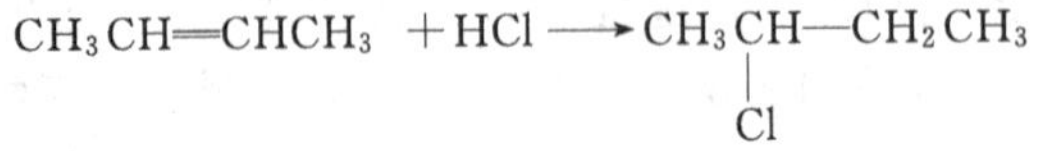

$$CH_3CH{=}CHCH_3 + HCl \longrightarrow CH_3CH{-}CH_2CH_3$$
$$\underset{\quad}{\overset{|}{Cl}}$$

丁-2-烯　　　　　　　　　2-氯丁烷

不对称烯烃与卤化氢加成，可生成两种产物。例如，异丁烯与氯化氢反应，理论上可生成叔丁基氯和异丁基氯。

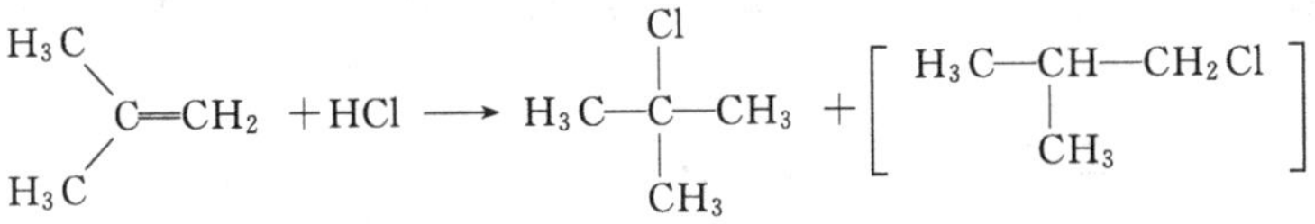

异丁烯　　　　　　叔丁基氯（94%）　　　　异丁基氯
　　　　　　　　　（唯一产物）　　　　　　（难以形成）

但是，实验结果表明，反应只生成叔丁基氯，而没有生成异丁基氯，叔丁基氯是唯一产物。在有多个反应取向的反应中，只生成一种产物的反应特征称为区域专一性（regiospecific）。

在对许多这类反应进行研究后，俄国化学家马尔科夫尼可夫（Vladimir Vassiyevich Markovnikov）于 1869 年总结出一条经验规则：当卤化氢与烯烃加成时，氢加在连氢较多的双键碳上，卤素加在连氢较少的双键碳上。这个规则称为马尔科夫尼可夫规则，简称马氏规则。

(3) 诱导效应　在多原子分子中，化学键的极性可通过静电诱导作用沿 σ 键链传递，从而导致分子中的电子云密度分布发生改变，这种现象称为诱导效应（inductive effect），用 I 表示。例如，乙酸分子中甲基上的一个氢被溴取代后，碳溴键就变成极性键，由于溴的电负性比碳大，因此碳溴键上的电子云密度偏向于溴原子，使溴上带部分负电荷，碳上带部分正电荷，带正电荷的碳通过静电诱导使氢-氧键的电子更加偏向氧，氢-氧键削弱，极性增加，最终导致酸性增强。

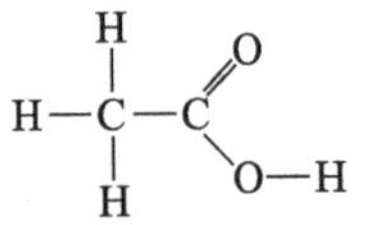

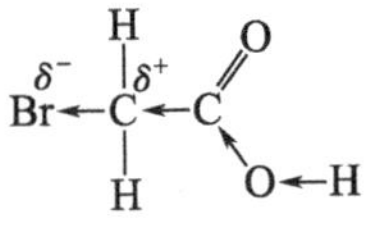

　　　　　　　　乙酸　　　　　　　溴乙酸

pK_a　　　　　　4.76　　　　　　　2.86

通常，用符号"→"表示 σ 键电子偏移的方向。诱导效应具有单向（unidirectional）和短程（short-distant）的特点，一般经过三个碳原子后，就可忽略不计。例如溴代戊酸的酸性均比戊酸强，但是溴与羟基间的距离越远，酸性则越弱。

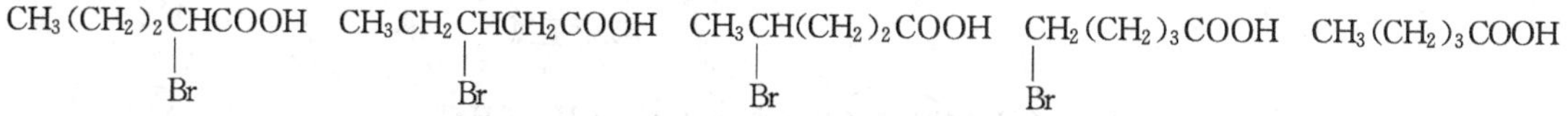

$$CH_3(CH_2)_2CHCOOH \quad CH_3CH_2CHCH_2COOH \quad CH_3CH(CH_2)_2COOH \quad CH_2(CH_2)_3COOH \quad CH_3(CH_2)_3COOH$$
$$\quad\quad\quad | \quad\quad\quad\quad\quad\quad\quad | \quad\quad\quad\quad\quad\quad | \quad\quad\quad\quad\quad | $$
$$\quad\quad\quad Br \quad\quad\quad\quad\quad\quad Br \quad\quad\quad\quad\quad Br \quad\quad\quad\quad Br$$

2-溴戊酸	3-溴戊酸	4-溴戊酸	5-溴戊酸	戊酸
pK_a 2.97	4.01	4.59	4.71	4.80

（4）碳正离子的结构和稳定性 亲电加成反应的中间体是碳正离子（carbocation）。碳正离子的稳定性决定了烯烃的活性和加成的取向。碳正离子的中心碳只含有六个电子，是很活泼的中间体，存在的时间极短。中心碳上的三个 σ 键处于同一平面上，碳原子呈 sp^2 杂化态，有一个空 p 轨道垂直于该平面。甲基碳正离子的结构如图 3-6 所示。

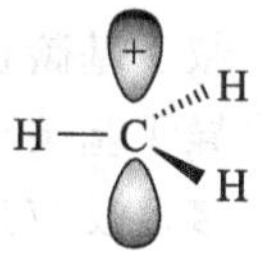

图 3-6 甲基碳正离子结构示意图

碳正离子的相对稳定性与中心碳原子所连的烷基数目有关。中心碳原子呈 sp^2 杂化，与之相连的烷基碳呈 sp^3 杂化，sp^2 杂化碳的电负性比 sp^3 杂化碳的电负性大，加之中心碳又带正电荷，因此诱导效应使烷基上的电子云密度偏向中心碳原子，烷基表现为供电子基（又称给电子基），使中心碳原子上的正电荷向烷基转移，正电荷因此得以分散。根据物理学的原理：一个体系的电荷越分散，则该体系越稳定。因此，中心碳原子连接的烷基越多，正电荷越分散，碳正离子越稳定。碳正离子的相对稳定性次序如下所示：

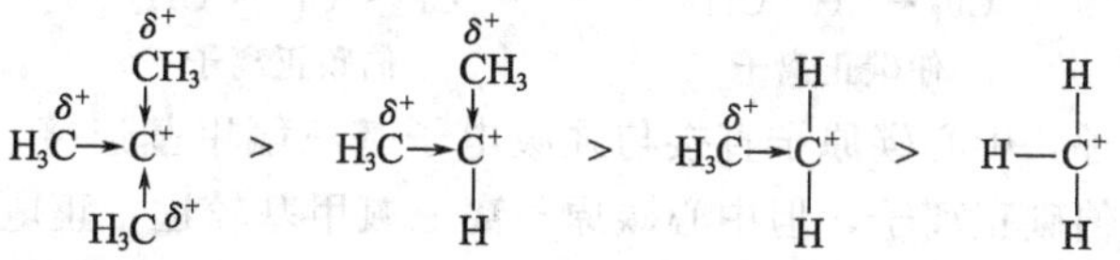

叔碳正离子　　　仲碳正离子　　　伯碳正离子　　甲基碳正离子

各类碳正离子结构如图 3-7 所示。

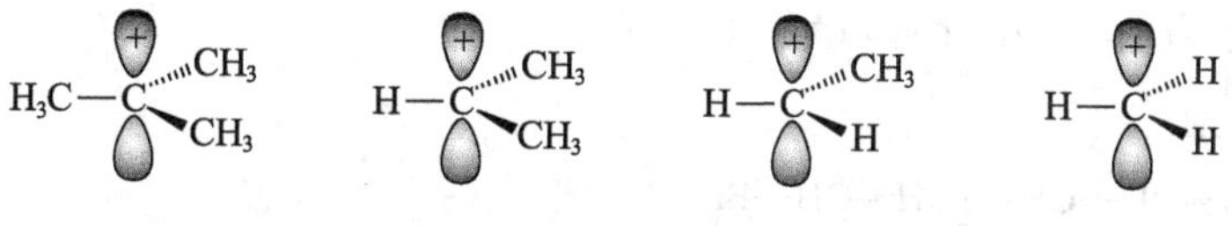

叔碳正离子　　　仲碳正离子　　　伯碳正离子　　甲基碳正离子

图 3-7 各类碳正离子结构示意图

（5）马氏规则的解释 卤化氢与烯烃加成，一般只有一种取向是主要的，可通过反应过程中所形成的碳正离子的稳定性来解释。用前面的氯化氢与异丁烯反应为例来说明。

反应的第一步，碳碳双键中的一对 π 电子与氯化氢作用，形成两种可能的中间体，叔丁基碳正离子和异丁基碳正离子。

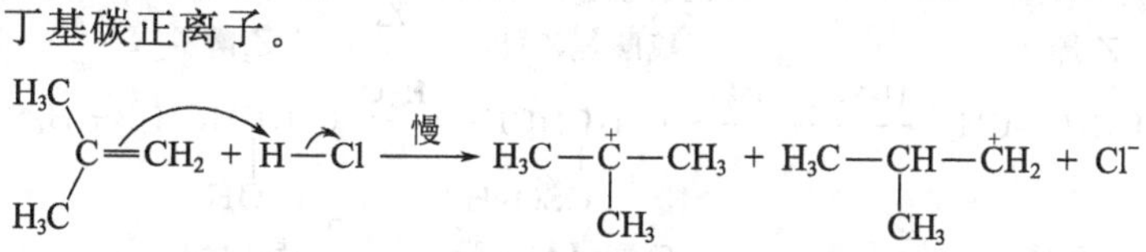

异丁烯　　　　　　　　　叔丁基碳正离子　异丁基碳正离子

反应的第二步，叔丁基碳正离子和异丁基碳正离子与氯离子反应，分别生成叔丁基氯和异丁基氯。

$$H_3C-\overset{+}{\underset{CH_3}{C}}-CH_3 + Cl^- \xrightarrow{\text{快}} H_3C-\overset{Cl}{\underset{CH_3}{C}}-CH_3$$

叔丁基氯

$$H_3C-\underset{CH_3}{CH}-\overset{+}{CH_2} + Cl^- \xrightarrow{\text{快}} H_3C-\underset{CH_3}{CH}-CH_2Cl$$

异丁基氯

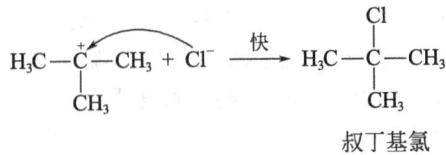

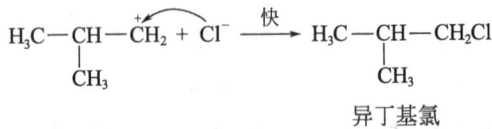

叔丁基碳正离子属于叔碳正离子，异丁基碳正离子属于伯碳正离子，因此叔丁基碳正离子比异丁基碳正离子稳定，更容易生成。事实上，由于叔丁基碳正离子比异丁基碳正离子稳定很多，反应过程中只形成了叔丁基碳正离子，而未形成异丁基碳正离子，因此最终只生成了叔丁基氯这一唯一产物。

马氏规则只适用于双键碳上连有供电子基团的烯烃，若双键碳上连有吸电子基团，如 $-CF_3$、$-CN$ 和 $-NO_2$ 等时，则得到反马氏加成产物。虽然形式上是反马氏的，但仍然是按照形成最稳定的中间体途径进行。例如，HCl 与 3,3,3-三氟丙烯加成，得到是反马氏产物。

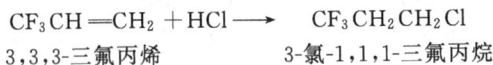

$$CF_3CH=CH_2 + HCl \longrightarrow CF_3CH_2CH_2Cl$$

3,3,3-三氟丙烯　　　　　　3-氯-1,1,1-三氟丙烷

反应所形成的中间体可能有如下两种：

$$CF_3-\overset{+}{C}H-CH_3 \qquad CF_3-CH_2-\overset{+}{C}H_2$$

仲碳正离子　　　　　　　伯碳正离子

前者是仲碳正离子，中心碳原子直接与强吸电子基三氟甲基连接，使正电荷更加集中，不稳定；后者虽然是伯碳正离子，但中心碳原子离三氟甲基较远，正电荷集中的程度不如前者，因此比前者稳定，与氯离子结合，形成最终产物。

思考题 3-2　写出 1mol 下列化合物与 1mol HBr 加成所得产物。

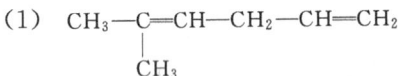

（1）　$CH_3-\underset{CH_3}{C}=CH-CH_2-CH=CH_2$

（2）　$CH_3CH=CH-CH_2-CH=CH-Br$

---

2. 烯烃与无机含氧酸的加成反应

烯烃能与硫酸发生作用，生成硫酸氢烷基酯。加热条件下，硫酸氢烷基酯水解生成醇，这是制备醇的方法之一，称为烯烃的间接水合法。例如：

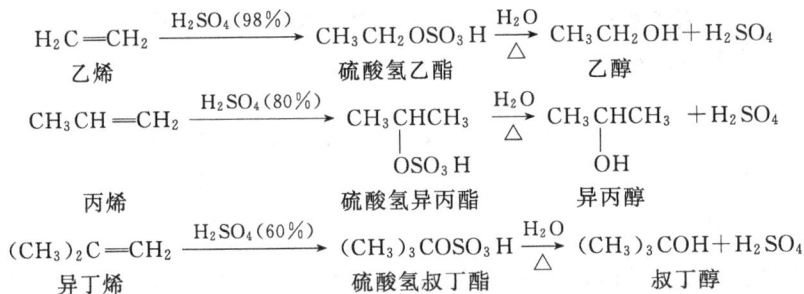

$$H_2C=CH_2 \xrightarrow{H_2SO_4(98\%)} CH_3CH_2OSO_3H \xrightarrow[\triangle]{H_2O} CH_3CH_2OH + H_2SO_4$$

乙烯　　　　　　　　　硫酸氢乙酯　　　　　　乙醇

$$CH_3CH=CH_2 \xrightarrow{H_2SO_4(80\%)} CH_3\underset{OSO_3H}{CH}CH_3 \xrightarrow[\triangle]{H_2O} CH_3\underset{OH}{CH}CH_3 + H_2SO_4$$

丙烯　　　　　　　　　硫酸氢异丙酯　　　　　　异丙醇

$$(CH_3)_2C=CH_2 \xrightarrow{H_2SO_4(60\%)} (CH_3)_3COSO_3H \xrightarrow[\triangle]{H_2O} (CH_3)_3COH + H_2SO_4$$

异丁烯　　　　　　　　硫酸氢叔丁酯　　　　　　叔丁醇

由于硫酸氢烷基酯溶于硫酸，因此实验室常利用此反应除去烷烃中所含的烯烃杂质。

思考题 3-3 如何除去环己烷中混有的烯烃杂质？

3. 烯烃与水的加成反应

在酸催化下，烯烃与水反应生成醇，称为烯烃的直接水合法。例如，用磷酸作催化剂，在 250℃ 下，乙烯和水反应生成乙醇，这是工业上制备乙醇的重要方法。

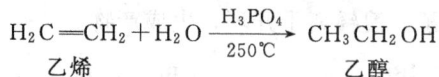

$$H_2C{=}CH_2 + H_2O \xrightarrow[250℃]{H_3PO_4} CH_3CH_2OH$$

乙烯   乙醇

反应的机制是乙烯与质子结合生成乙基碳正离子，然后水作为亲核试剂进攻乙基碳正离子生成质子化乙醇，质子化乙醇失去质子生成乙醇。

4. 烯烃与卤素的加成反应

溴和氯很容易与烯烃加成，生成邻二卤代烃。例如，乙烯与氯反应生成 1,2-二氯乙烷，可作为溶剂，也是合成聚氯乙烯的原料。

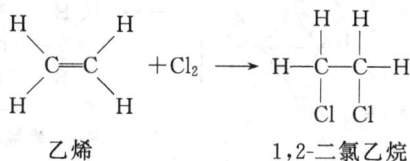

乙烯   1,2-二氯乙烷

氟与烯烃的反应非常剧烈，常伴随其他副反应的发生，需在特殊条件下完成反应，而碘极不活泼，与大多数烯烃不反应。

实验室常用溴与烯烃的反应来鉴别烯烃。反应过程中可观察到溴的红棕色很快褪去，生成的产物是无色的邻二溴代物。

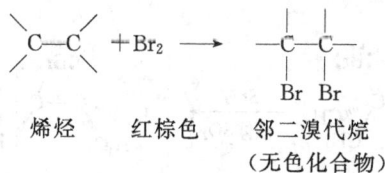

烯烃   红棕色   邻二溴代烷
（无色化合物）

大量的实验证明，溴与碳碳双键加成时，是从双键平面的两侧进行加成，得到的是反式加成产物。例如：

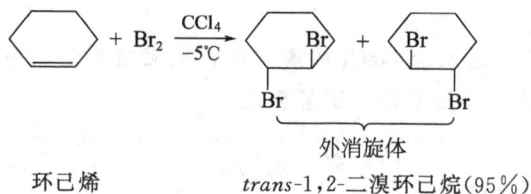

外消旋体

环己烯   *trans*-1,2-二溴环己烷(95%)

1937 年 George Kimball 和 Irving Roberts 对溴与烯烃的反式加成提出了合理的解释。他们认为，反应过程所形成的中间体不是碳正离子，而是具有三元环结构的溴鎓离子（bromonium ion）。

反应的第一步，在外界环境作用下（如微量水或器皿内壁上 SiO_2 等），溴分子发生极化，产生瞬时偶极，此时碳碳双键中的 π 电子进攻带部分正电荷的溴原子，促使溴-溴键异裂，产生环状溴鎓离子。溴鎓离子的溴原子连有两个化学键，并带正电荷。溴鎓离子尽管存在环张力，但是碳原子和溴原子的最外层电子都满足八隅体规则，比正常的碳正离子稳定。

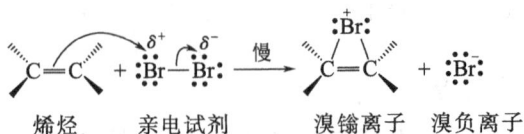

烯烃　　亲电试剂　　溴鎓离子　溴负离子

反应的第二步，亲核试剂，即溴负离子，带着一对电子沿空间位阻较小的方向，即 Br—C 键的背面进攻溴鎓离子，溴鎓离子开环，生成产物。

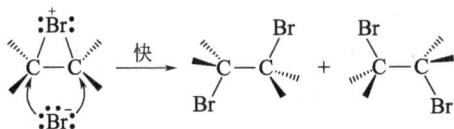

环己烯与溴加成反应的机理如下所示：

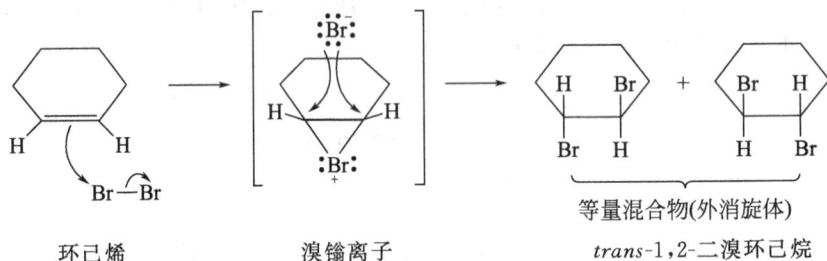

环己烯　　　　　　　　　溴鎓离子　　　　　　　　　　*trans*-1,2-二溴环己烷

溴鎓离子的假设最初是为了解释卤素与烯烃加成反应的立体化学而提出来的，而乔治·欧拉（George Andrew Olah）的杰出工作有力地证实了溴鎓离子的存在，他通过下列反应制备得到了稳定的溴鎓离子溶液。乔治·欧拉因对碳正离子化学所做的卓越贡献而获得了1994 年诺贝尔化学奖。

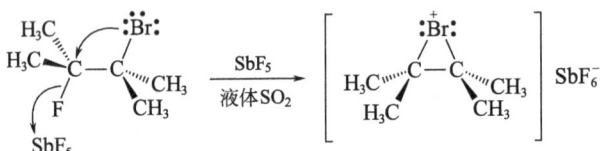

由于氯原子的电负性比溴大，体积比溴小，形成氯鎓离子的倾向比溴小，所以氯与烯烃加成时，是否形成环状的氯鎓离子与双键碳所连的基团、溶剂的极性等因素有关。

思考题 3-4　将乙烯通入含 NaCl 的溴水中，反应结束后，经测定有三种产物：1,2-二溴乙烷、1-溴-2-氯乙烷和 2-溴乙醇。试解释之。

（二）炔烃的亲电加成反应

与烯烃相似，炔烃也容易发生亲电加成反应。由于 sp 杂化碳原子的电负性比 sp^2 杂化碳原子大，叁键碳原子对 π 电子有较大的约束力，不容易给出电子与亲电试剂结合，因此，炔烃的亲电加成反应活性比烯烃低。

1. 炔烃与卤化氢的加成反应

炔烃与卤化氢的反应分两步，首先生成卤代烯烃，再生成二卤代烷烃。两步反应均遵循马氏规则。

$$CH_3-C\equiv CH \xrightarrow{HBr} CH_3-\underset{\underset{Br}{|}}{C}=CH_2 \xrightarrow{HBr} CH_3-\underset{\underset{Br}{\overset{Br}{|}}}{C}-CH_3$$

丙炔　　　　　　2-溴丙烯　　　　　2,2-二溴丙烷

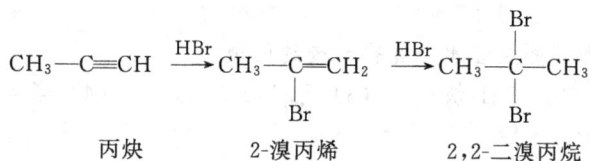

卤素的吸电子诱导效应降低碳碳双键的反应活性，因此，在适当条件下反应可停留在第一阶段，所得卤代烯烃常为反式构型。

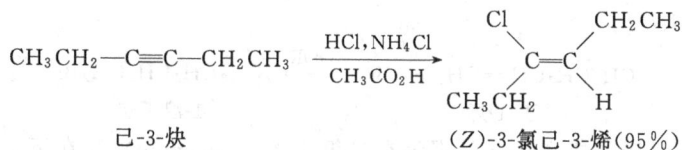

$$CH_3CH_2-C\equiv C-CH_2CH_3 \xrightarrow[CH_3CO_2H]{HCl, NH_4Cl} \underset{CH_3CH_2}{\overset{Cl}{}}C=C\overset{CH_2CH_3}{\underset{H}{}}$$

己-3-炔　　　　　　　　　　　　　　　　(Z)-3-氯己-3-烯(95%)

2. 炔烃与水的加成反应

在酸性水溶液和汞盐催化下，炔烃与水作用生成烯醇（enol），烯醇极不稳定，很快转变成稳定的羰基化合物。反应遵循马氏规则。

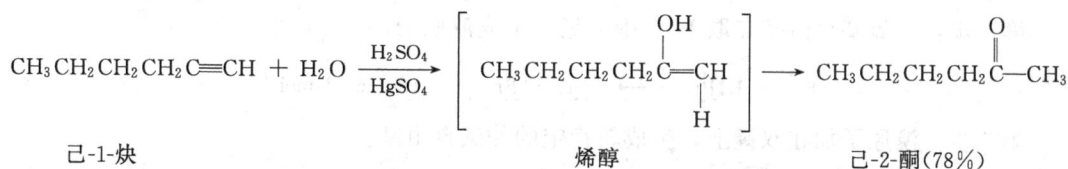

$$CH_3CH_2CH_2CH_2C\equiv CH + H_2O \xrightarrow[HgSO_4]{H_2SO_4} \left[CH_3CH_2CH_2CH_2\underset{\underset{H}{|}}{\overset{\overset{OH}{|}}{C}}=CH \right] \longrightarrow CH_3CH_2CH_2CH_2\underset{\underset{O}{\|}}{C}-CH_3$$

己-1-炔　　　　　　　　　　　　　　　　　烯醇　　　　　　　　己-2-酮(78%)

端炔烃和对称内炔烃只生成一种酮，不对称内炔烃生成两种酮的混合物。

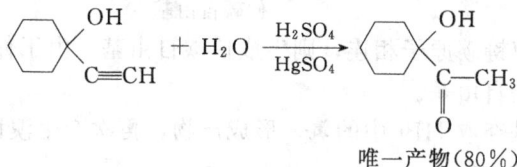

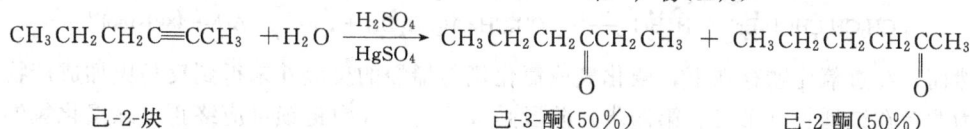

唯一产物(80%)

$$CH_3CH_2CH_2C\equiv CCH_3 + H_2O \xrightarrow[HgSO_4]{H_2SO_4} CH_3CH_2CH_2\underset{\underset{O}{\|}}{C}CH_2CH_3 + CH_3CH_2CH_2CH_2\underset{\underset{O}{\|}}{C}CH_3$$

己-2-炔　　　　　　　　己-3-酮(50%)　　　　己-2-酮(50%)

3. 炔烃与卤素的加成反应

炔烃与卤素的加成分两步进行，首先生成邻二卤代烯，再生成四卤代烷。第一步反应主要是反式加成。

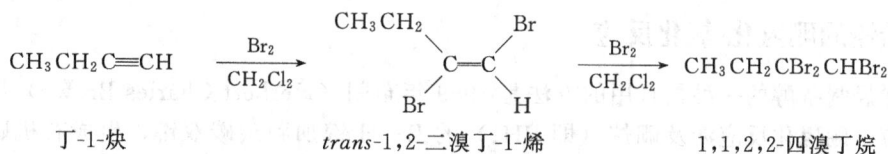

$$CH_3CH_2C\equiv CH \xrightarrow[CH_2Cl_2]{Br_2} \underset{Br}{\overset{CH_3CH_2}{}}C=C\overset{Br}{\underset{H}{}} \xrightarrow[CH_2Cl_2]{Br_2} CH_3CH_2CBr_2CHBr_2$$

丁-1-炔　　　　　　trans-1,2-二溴丁-1-烯　　　　　1,1,2,2-四溴丁烷

卤素的吸电子作用使碳碳双键的电子云密度降低，因此，在一定条件下反应可停留在第一阶段。

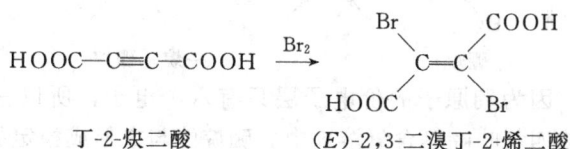

$$HOOC-C\equiv C-COOH \xrightarrow{Br_2} \underset{HOOC}{\overset{Br}{}}C=C\overset{COOH}{\underset{Br}{}}$$

丁-2-炔二酸　　　　　　(E)-2,3-二溴丁-2-烯二酸

思考题 3-5 下列哪些炔烃水合能得到较纯的酮？

(1) 戊-2-炔　　　(2) 丁-1-炔　　　(3) 己-1,5-二炔　　　(4) 辛-4-炔

（三）烯烃的自由基加成反应

在过氧化物存在时，溴化氢与烯烃加成，得到反马氏加成产物，这种现象称为过氧化物效应（peroxide effect）。

$$CH_3CH_2CH{=\!=}CH_2 + HBr \xrightarrow{ROOR} CH_3CH_2CH_2CH_2Br$$

丁-1-烯　　　　　　　　　　　　　1-溴丁烷

之所以得到反马氏加成产物，是因为在过氧化物（peroxide）存在下，HBr 与烯烃的加成是自由基加成反应，而非离子型亲电加成反应。反应机理如下。

第一步：过氧化物（ROOR）吸收能量发生均裂，产生烃氧基自由基。

$$RO{:}OR \xrightarrow{\triangle} 2RO\cdot\ , \qquad \Delta H = 150 kJ\cdot mol^{-1}$$

第二步：烃氧基自由基夺取 HBr 中的氢，生成溴原子。

$$RO\cdot\ + H{:}Br{:} \longrightarrow ROH + {:}Br\cdot\ , \qquad \Delta H = -63 kJ\cdot mol^{-1}$$

第三步：溴原子加在双键上，生成较稳定的仲碳自由基。

$$CH_3CH_2CH{=\!=}CH_2 + \cdot Br{:} \longrightarrow CH_3CH_2CH{-}CH_2Br{:} \qquad \Delta H = -21 kJ\cdot mol^{-1}$$

仲碳自由基

若溴原子与中间的双键碳原子相连，则生成伯碳自由基。由于仲碳自由基比伯碳自由基稳定，所以优先生成仲碳自由基。

第四步：仲碳自由基夺取 HBr 中的氢，形成产物，再次产生溴原子。

$$CH_3\dot{C}HCH_2Br{:} + H{:}Br{:} \longrightarrow CH_3CH_2CH_2CH_2Br{:} + {:}Br\cdot\ , \qquad \Delta H = -48 kJ\cdot mol^{-1}$$

然而，在过氧化物存在下，碘化氢或氯化氢与烯烃的反应并未得到反马氏加成产物。这是因为两者在链增长（第三、第四步）阶段是吸热的，导致链锁反应终止。除溴化氢外，硫醇也存在过氧化物效应。

$$CH_3CH{=\!=}CH_2 + CH_3CH_2\ddot{S}H \xrightarrow{ROOR} CH_3CH_2CH_2\ddot{S}CH_2CH_3$$

丙烯　　　　　　乙硫醇　　　　　　　　　乙丙硫醚

（四）烯烃的硼氢化-氧化反应

从烯烃制备醇的一种最有用的方法是 1959 年布朗（Herbert Charles Brown）报道的硼氢化反应。硼氢化反应涉及硼烷（即 BH_3）的 B—H 键加到碳碳双键，生成有机硼烷中间体，RBH_2。

硼烷　　　　　　　　　　　一烷基硼烷

硼烷的活性很高，因为硼原子的价电子层只有六个电子，所以一般以二聚体（B_2H_6）的形式存在。在乙醚或四氢呋喃等含氧溶剂中，硼烷能与之形成稳定的配合物。

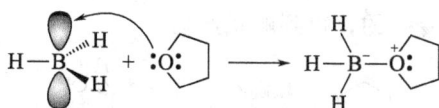

硼烷　四氢呋喃(THF)　硼烷-四氢呋喃配合物

当烯烃与四氢呋喃溶液中的硼烷反应时，一分子的硼烷迅速与三分子的烯烃加成，生成三烷基硼烷（R_3B）。三烷基硼烷在碱性溶液中经过氧化氢处理，发生氧化反应，生成醇。这两步反应合称硼氢化-氧化反应，净结果是烯烃的水化。例如：

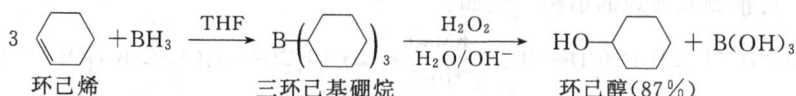

当不对称烯烃进行硼氢化时，表现为独特的立体化学（stereochemistry）和区域选择性（regioselectivity），使其在合成特定立体结构的醇时特别有用。例如，1-甲基环戊-1-烯经硼氢化-氧化反应，得到 trans-2-甲基环戊醇。反应的第一步，硼化氢从双键的同侧对1-甲基环戊-1-烯进行加成，而且是反马氏的取向；反应的第二步，烷基硼烷中间体的硼-碳键氧化，被羟基取代，但硼-碳键的相对位置保持不变。

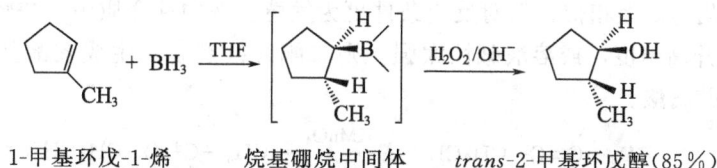

硼化氢与双键的加成是个协同反应，形成四元环中间体。加成的取向是反马氏的，主要受到立体因素的控制。体积较大的硼更有利于与空间阻碍较小的双键碳相连，体积较小的氢原子则连到空间阻碍较大的双键碳上。1-甲基环戊-1-烯的硼氢化过程如下所示：

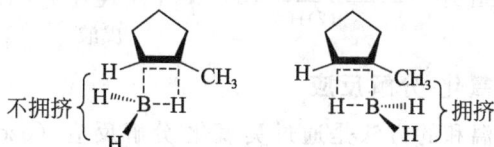

布朗因在有机硼烷领域的开创性研究工作而获得1979年诺贝尔化学奖。

（五）烯烃和炔烃的氧化反应

有机化学中的氧化反应，是指向有机化合物中加进氧或从中脱去氢的反应。

1. 烯烃、炔烃被高锰酸钾氧化

烯烃和炔烃均易被高锰酸钾氧化，可观察到高锰酸钾紫色很快褪去，因此这是鉴别烯烃和炔烃的一种简便方法。

烯烃与冷、稀的碱性高锰酸钾溶液反应，双键中的π键断裂，形成一个五元环中间体，此环状中间体很快水解得到顺式邻二醇（cis-vicinal diol）。

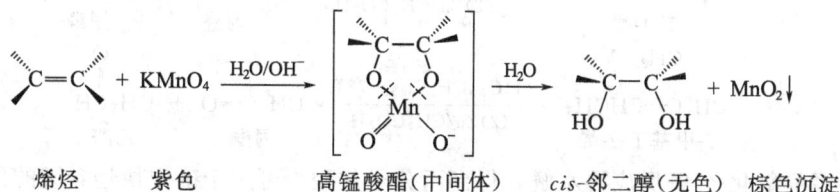

两个羟基的引入是立体专一的，得到顺式产物。

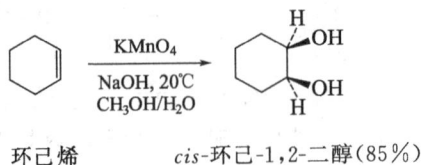

环己烯　　　　　　　cis-环己-1,2-二醇(85%)

中性或酸性高锰酸钾溶液使碳碳双键彻底断裂，生成的产物有二氧化碳、羧酸和酮。通过分析产物，可推测原烯烃的结构。例如：

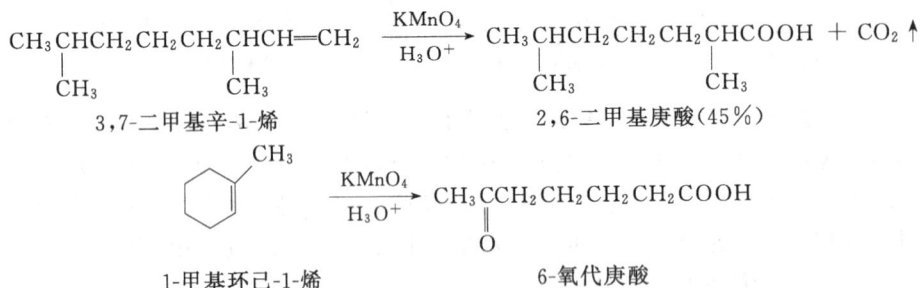

3,7-二甲基辛-1-烯　　　　　　　　2,6-二甲基庚酸(45%)

1-甲基环己-1-烯　　　　　　　　6-氧代庚酸

炔烃的氧化与烯烃相似，但对反应条件更为敏感。在中性介质中，炔烃被高锰酸钾氧化为 α-二酮。若升高温度，或溶液碱性太强，则二酮继续裂解，生成羧酸盐，羧酸盐经无机酸酸化，得到游离酸。

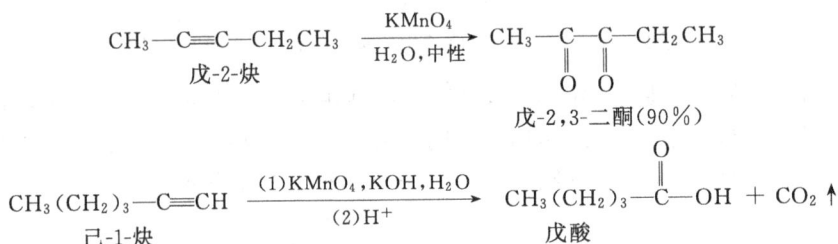

戊-2-炔　　　　　　　　　　　戊-2,3-二酮(90%)

己-1-炔　　　　　　　　　　　戊酸

2. 烯烃和炔烃的臭氧化-分解反应

断裂烯烃最常用、最温和的方法是通过臭氧化-分解反应（ozonolysis）。在低温下，将臭氧通入烯烃的甲醇或二氯甲烷溶液中，生成臭氧化物（ozonide）。臭氧化物不稳定，极易爆炸，故一般不分离，而是直接用锌-醋酸或二甲硫醚还原。臭氧化分解-还原的净结果是碳碳双键断裂，原来的双键碳原子与氧原子以双键相连，生成羰基化合物。

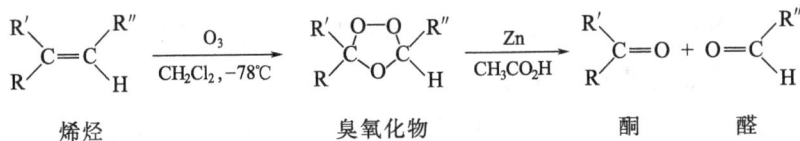

烯烃　　　　　　　　　　臭氧化物　　　　　　酮　　　醛

臭氧化-分解反应常用于烯烃的结构分析。例如：

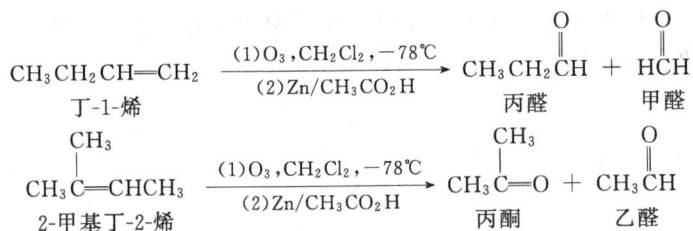

丁-1-烯　　　　　　　　　　　　　丙醛　　　甲醛

2-甲基丁-2-烯　　　　　　　　　　丙酮　　　乙醛

炔烃经臭氧化-分解反应再水解，得到两分子羧酸，可用于确定炔烃叁键的位置。

$$CH_3-C\equiv C-CH_2CH_2CH_3 \xrightarrow[\text{(2)}H_2O]{\text{(1)}O_3} CH_3-COOH+HOOC-CH_2CH_2CH_3$$

己-2-炔   乙酸   丁酸

思考题 3-6 写出下列反应的主要产物。

(1) $CH_3CH_2CH=CHCH_3 \xrightarrow[0℃]{KMnO_4(稀)/OH^-}$

(2) $\xrightarrow[\text{(2)}Zn/CH_3CO_2H]{\text{(1)}O_3,CH_2Cl_2,-78℃}$

（六）烯烃的环氧化反应

在非水介质中，过氧酸（peroxyacid）作用于烯烃，生成环氧化物，称为烯烃的环氧化反应（epoxidation）。常用的过氧酸为间氯过氧苯甲酸。

环庚烯   间氯过氧苯甲酸   1,2-环氧环庚烷   间氯苯甲酸

该反应具有协同、立体专一的特征。在过氧酸将其氧原子传递给双键的过程中，双键没有发生旋转，所连基团的相对位置保持不变。

烯烃   过氧酸   环氧化合物   羧酸

烯烃的顺反异构体经环氧化后，得到具有不同立体化学的环氧化合物。例如，*cis*-丁-2-烯环氧化后得到 *cis*-2,3-环氧丁烷，是内消旋体；*trans*-丁-2-烯环氧化后得到 *trans*-2,3-环氧丁烷，是一对对映异构体的等量混合物，即外消旋体。对映异构体、内消旋体和外消旋体的讨论见第六章。

cis-丁-2-烯   *cis*-2,3-环氧丁烷

同一化合物(内消旋体)

trans-丁-2-烯   一对对映异构体(外消旋体)

（七）烯烃与卡宾的加成反应

烯烃与卡宾（详见第十二章）的加成反应是合成三元环化合物最有效的方法之一。卡宾

（carbene）是一种电中性中间体，中心碳原子连有两个原子或基团，最外价电子层含六个电子，属亲电试剂，很活泼，易与碳碳双键加成，构建三元环。

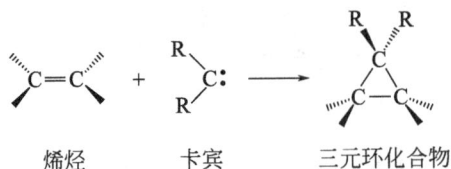

$$\text{烯烃} \qquad \text{卡宾} \qquad \text{三元环化合物}$$

形成卡宾最简单的一种方法是将氯仿用强碱处理。负电性的氯原子使氯仿上的氢具有微弱的酸性（$pK_a \approx 24$），在强碱中发生解离，产生三氯甲基负离子，再消去一个氯离子，得到二氯卡宾（dichlorocarbene）。

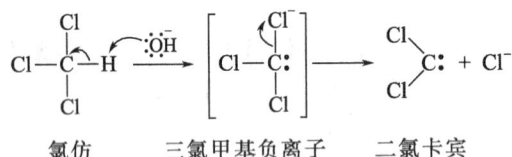

$$\text{氯仿} \qquad \text{三氯甲基负离子} \qquad \text{二氯卡宾}$$

若有烯烃共存，二氯卡宾则与之加成，形成三元环。反应高度立体专一，双键碳所连基团的相对位置在反应前后保持不变。

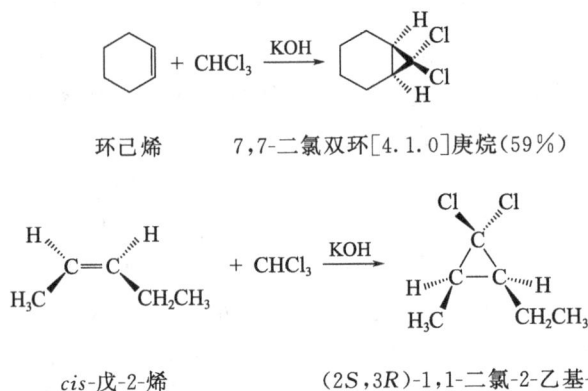

环己烯　　　　7,7-二氯双环[4.1.0]庚烷（59%）

cis-戊-2-烯　　　　　（2S,3R）-1,1-二氯-2-乙基-3-甲基环丙烷

而制备非卤代环丙烷的最好方法是西蒙-史密斯反应（Simmons-Smith reaction）。所用的是一种卡宾类似物，称为碘化碘甲基锌（ICH$_2$ZnI），它是通过二碘甲烷与精心制备的锌-铜合金反应制得的。在烯烃存在下，ICH$_2$ZnI 将 CH$_2$ 基团连到双键上，形成三元环。

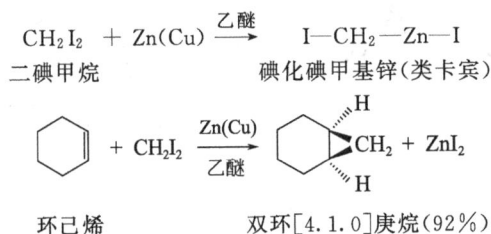

二碘甲烷　　　　　　　碘化碘甲基锌（类卡宾）

环己烯　　　　　双环[4.1.0]庚烷（92%）

（八）烯烃、炔烃的催化加氢反应

烯烃和炔烃的 π 键断裂与氢加成的过程称为氢化（hydrogenation）。氢化是有机化学中的重要反应，在结构测定、有机合成等领域具有广泛的应用。

1. 烯烃的氢化

在催化剂作用下，烯烃与氢加成生成烷烃。

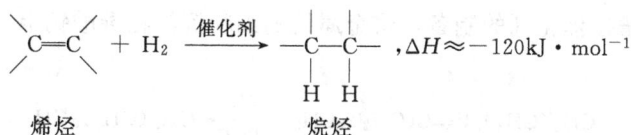

$$烯烃 + H_2 \xrightarrow{催化剂} 烷烃 \quad ,\Delta H \approx -120kJ \cdot mol^{-1}$$

氢化过程虽然放热，但反应的活化能很高，催化剂的加入可大大降低反应的活化能。常用的催化剂为分散度很高的金属，如镍、钯和铂等。反应机制属于自由基型。首先是烯烃和氢气分子被吸附在催化剂表面，π键和H—H键削弱，发生均裂，产生活泼的碳双自由基和氢原子二者相互结合，得到产物。加氢的立体化学主要为顺式。例如，1,2-二氘环戊烯加氢后得到 cis-1,2-二氘环戊烷。一些烯烃的氢化热见表 3-3。

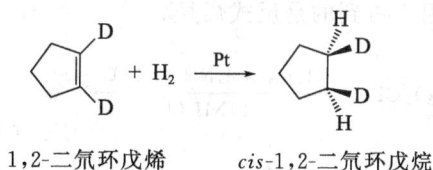

1,2-二氘环戊烯   cis-1,2-二氘环戊烷

表 3-3   一些烯烃的氢化热

取代基数	烯烃	$\Delta H_{氢化}/kJ \cdot mol^{-1}$
单取代	$CH_2{=}CH_2$	-137
	$CH_2{=}CHCH_3$	-126
	$CH_2{=}CHCH_2CH_3$	-126
二取代	$CH_2{=}CHCH(CH_3)_2$	-127
	$CH_3CH{=}CHCH_3(cis\text{-})$	-120
	$CH_3CH{=}CHCH_3(trans\text{-})$	-116
	$CH_2{=}C(CH_3)_2$	-119
三取代	$CH_3CH{=}C(CH_3)_2$	-113
四取代	$(CH_3)_2C{=}C(CH_3)_2$	111

烯烃双键碳上的取代基越多，空间位阻越大，碳碳双键越不容易吸附于催化剂表面，反应活性越低。不同烯烃催化加氢的相对活性为：

乙烯＞单取代乙烯＞二取代乙烯＞三取代乙烯＞四取代乙烯

通过测定氢化热，可比较各种烯烃的稳定性。各种烯烃稳定性的顺序如下所示：

四取代   三取代   二取代   二取代   单取代

在食品工业中，利用氢化反应可使液态油脂中的不饱和碳碳双键变为饱和键，从而提高油脂的熔点，使其固化，提高油脂的稳定性。

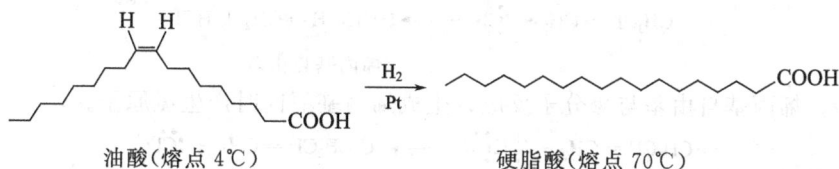

油酸(熔点 4℃)   硬脂酸(熔点 70℃)

2. 炔烃的氢化

炔烃的催化加氢分两步进行，首先生成烯烃，再生成烷烃，一般很难控制在生成烯烃阶段。若使用某些低活性催化剂，如林德拉（Lindlar）催化剂，反应可停留在烯烃阶段，产

物为顺式构型（林德拉催化剂的制备：将金属钯的细粉沉淀在碳酸钙上，再用醋酸铅和喹啉处理，降低其活性）。

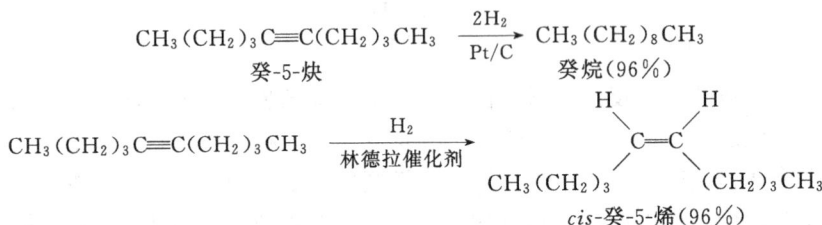

$$CH_3(CH_2)_3C{\equiv}C(CH_2)_3CH_3 \xrightarrow[Pt/C]{2H_2} CH_3(CH_2)_8CH_3$$

癸-5-炔   癸烷(96%)

$$CH_3(CH_2)_3C{\equiv}C(CH_2)_3CH_3 \xrightarrow{H_2 \atop \text{林德拉催化剂}}$$

cis-癸-5-烯(96%)

另一种将炔烃还原为烯烃的方法是，用金属钠或锂作还原剂，液态氨或乙胺作溶剂。这是林德拉还原法的互补，因为得到的是反式烯烃。

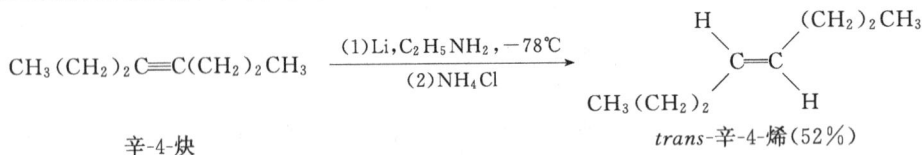

$$CH_3(CH_2)_2C{\equiv}C(CH_2)_2CH_3 \xrightarrow[(2)NH_4Cl]{(1)Li,C_2H_5NH_2,-78℃}$$

辛-4-炔   trans-辛-4-烯(52%)

思考题 3-7 写出下列反应的主要产物。

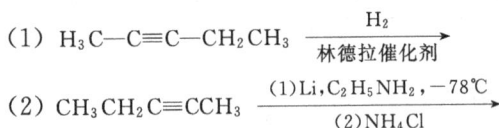

(1) $H_3C{-}C{\equiv}C{-}CH_2CH_3 \xrightarrow{H_2 \atop \text{林德拉催化剂}}$

(2) $CH_3CH_2C{\equiv}CCH_3 \xrightarrow[(2)NH_4Cl]{(1)Li,C_2H_5NH_2,-78℃}$

（九）烯丙型氢的卤代

直接与双键相连的碳称为烯丙型碳，烯丙型碳上的氢称为烯丙型氢。受双键的影响，烯丙型氢比其他非烯丙型饱和碳上的氢更加活泼。例如，在高温条件下，氯与丙烯不发生加成，而是发生烯丙型氢的氯代反应。

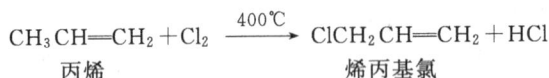

$$CH_3CH{=}CH_2 + Cl_2 \xrightarrow{400℃} ClCH_2CH{=}CH_2 + HCl$$

丙烯   烯丙基氯

烯丙型氯代反应与烷烃氯代反应相似，属于自由基的链锁反应。反应由氯分子解离为氯原子引发。

链的引发：

$$:\!\overset{..}{\underset{..}{Cl}}\!:\!\overset{..}{\underset{..}{Cl}}\!: \xrightarrow{400℃} 2:\!\overset{..}{\underset{..}{Cl}}\!\cdot$$

链的增长：

第一步，氯原子夺取烯丙型氢，生成烯丙基自由基。

$$CH_3CH{=}CH_2 + :\!\overset{..}{\underset{..}{Cl}}\!\cdot \longrightarrow \cdot CH_2CH{=}CH_2 + HCl$$

烯丙基自由基

第二步，烯丙基自由基与氯分子反应，生成烯丙基氯同时产生氯原子。

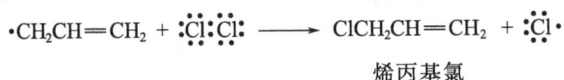

$$\cdot CH_2CH{=}CH_2 + :\!\overset{..}{\underset{..}{Cl}}\!:\!\overset{..}{\underset{..}{Cl}}\!: \longrightarrow ClCH_2CH{=}CH_2 + :\!\overset{..}{\underset{..}{Cl}}\!\cdot$$

烯丙基氯

在光照或过氧化物存在下，烯烃与 N-溴代丁二酰亚胺（N-bromosuccinimide，NBS）作用，生成烯丙型溴代产物。

环己烯   3-溴环己烯 丁二酰亚胺

(85%)

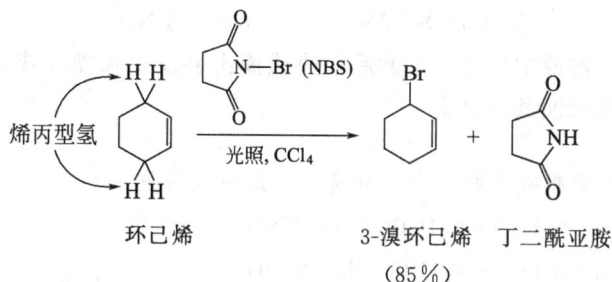

各类碳自由基的稳定性依下列次序从左至右增强。

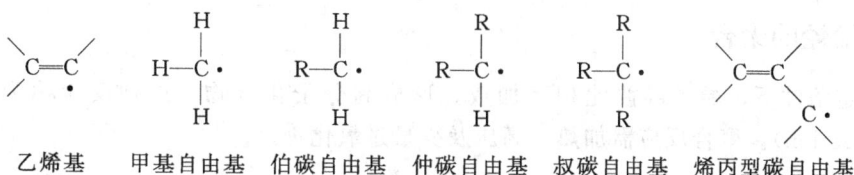

乙烯基   甲基自由基   伯碳自由基   仲碳自由基   叔碳自由基   烯丙型碳自由基

（十）炔烃的酸性

烯烃和炔烃之间的一个显著差异是端炔烃有微弱的酸性。

碳原子的杂化态对碳氢键的酸性有很大的影响，杂化轨道中 s 成分越多，C—H 键的酸性越强（表 3-4）。因为杂化轨道中的 s 成分越多，则其中的电子离核越近，受到核的吸引力越强，电负性越大，因此 C—H 键极性越强，越容易解离。

表 3-4 各种 C—H 键的酸性（右列用于对比）

化合物	杂化态	s 轨道成分	pK_a	化合物	杂化态	s 轨道成分	pK_a
CH_3CH_2-H	sp^3	25%	50	NH_2-H			35
$CH_2=CH-H$	sp^2	33.3%	40	$RO-H$			16～18
$CH\equiv C-H$	sp	50%	25	$HO-H$			15.7

端炔烃与强碱（如氨基钠）作用，生成金属炔化物（acetylide）。

$$RC\equiv CH + NaNH_2 \xrightarrow{\text{液 } NH_3} RC\equiv CNa + NH_3$$

端炔烃   氨基钠   炔化钠

端炔氢与银离子和亚铜离子反应，生成炔化银和炔化亚铜，它们都是具有特征颜色的沉淀。

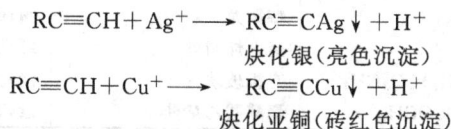

$$RC\equiv CH + Ag^+ \longrightarrow RC\equiv CAg\downarrow + H^+$$

炔化银（亮色沉淀）

$$RC\equiv CH + Cu^+ \longrightarrow RC\equiv CCu\downarrow + H^+$$

炔化亚铜（砖红色沉淀）

此反应迅速、灵敏，可用于端炔烃和内炔烃的鉴别。

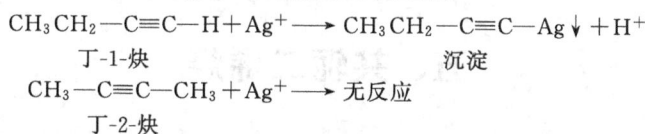

$$CH_3CH_2-C\equiv C-H + Ag^+ \longrightarrow CH_3CH_2-C\equiv C-Ag\downarrow + H^+$$

丁-1-炔   沉淀

$$CH_3-C\equiv C-CH_3 + Ag^+ \longrightarrow 无反应$$

丁-2-炔

定性试验一般都用 $AgNO_3$ 或 $CuNO_3$ 的醇溶液，或银氨配离子或亚铜氨配离子溶液，后者通过向 $AgNO_3$ 和 $CuNO_3$ 溶液中加入适量氨水制得。

$$AgNO_3 + 2NH_3 \longrightarrow Ag(NH_3)_2^+ NO_3^-$$

$$CuNO_3 + 2NH_3 \longrightarrow Cu(NH_3)_2^+ NO_3^-$$

重金属炔化物在溶液中稳定，干燥后受热或撞击会发生强烈爆炸，因此在实验结束后，应立即用稀盐酸或硝酸使其分解。

思考题 3-8 根据酸碱性的大小，判断下列反应能否发生？

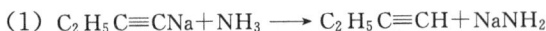

（1）$C_2H_5C{\equiv}CNa + NH_3 \longrightarrow C_2H_5C{\equiv}CH + NaNH_2$

（2）$C_2H_5C{\equiv}CNa + H_2O \longrightarrow C_2H_5C{\equiv}CH + NaOH$

（十一）烯烃的聚合

在一定条件下，烯烃可彼此相互加成，形成高分子化合物，这种反应称为聚合反应（poylmerization）。聚合反应需加热、高压及少量过氧化物。

$$m\,H_2C{=}CH_2 \xrightarrow[\text{1000atm}❶\ \text{加热}]{\text{过氧化物}} {+}CH_2{-}CH_2{+}_m$$

乙烯　　　　　　　　　　　聚乙烯

烯烃称为单体（monomer），产物称为聚合物（polymer），m 称为聚合度。

反应按自由基加成机理进行，过氧化物是常用的自由基引发剂，如过氧化苯甲酰（benzoyl peroxide）。

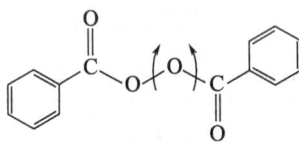

过氧化苯甲酰

不同烯烃的单体可聚合成各种不同结构的聚合物，从而得到性质和功能各异的高分子材料（表 3-5）。

表 3-5　一些烯烃的高聚物及应用

单体名	分子式	高聚物商品名或俗名	应　用
乙烯	$CH_2{=}CH_2$	聚乙烯	填充,瓶子,电缆绝缘,薄膜,薄板
丙烯	$CH_2{=}CHCH_3$	聚丙烯	汽车,浇铸,绳索,地毯纤维
氯乙烯	$CH_2{=}CHCl$	聚氯乙烯	绝缘,薄膜,管子
苯乙烯	$CH_2{=}CHC_6H_5$	聚苯乙烯	泡沫橡胶,浇铸品
四氟乙烯	$CF_2{=}CF_2$	特氟龙	阀,垫圈,涂层料
丙烯腈	$CH_2{=}CHCN$	聚丙烯腈丝	纤维
甲基丙烯酸甲酯	$CH_2{=}C(CH_3)CO_2CH_3$	有机玻璃	浇铸品,漆
醋酸乙烯酯	$CH_2{=}CHOCOCH_3$	聚醋酸乙烯酯	漆,黏合剂

五、共轭二烯烃

分子中含有两个碳碳双键的不饱和烃称为二烯烃（dienes）。二烯烃除具有单烯烃的性

---

❶　1atm=101325Pa,下同。

质外，还表现出某些特殊的性质。

（一）二烯烃的分类与命名法

1. 二烯烃的分类

根据两个碳碳双键的相对位置不同，二烯烃可分为聚集二烯烃（cumulated dienes）、隔离二烯烃（isolated dienes）和共轭二烯烃（conjugated dienes）三类。

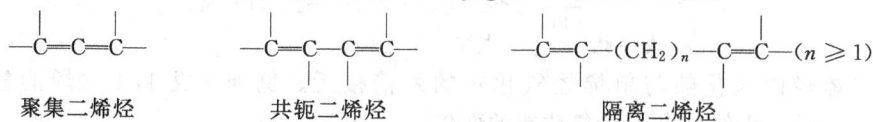

聚集二烯烃，如丙二烯，又称累积二烯烃，两个双键共用一个碳原子，中间的双键碳原子为 sp 杂化，两端的双键碳原子为 sp^2 杂化，形成的两个 π 键相互垂直（图 3-8）。这类烯烃不稳定，自然界中少见。

隔离二烯烃，如戊-1,4-二烯，两个双键至少被一个饱和碳原子隔开，双键相距较远，相互影响很小。因此，隔离二烯烃的性质与单烯烃相似。

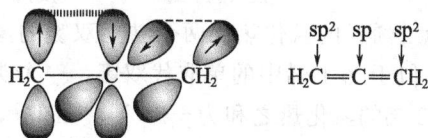

图 3-8 丙二烯 π 键形成示意图

共轭二烯烃，如丁-1,3-二烯，两个双键之间通过一个单键相连。由于两个双键相互影响，共轭二烯烃表现出一些特殊的性质。

$$CH_2=CH-CH_2-CH=CH_2$$
戊-1,4-二烯

$$CH_2=CH-CH=CH_2$$
丁-1,3-二烯

2. 二烯烃的命名

选择含有两个双键在内的最长碳链作为主链，根据主碳链原子数，称为某二烯；从靠近双键的一端开始编号，将两个双键的位次置于二烯名称前。若双键的构型已明确标示，则要标记双键的构型。

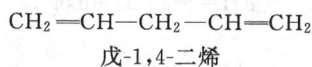

己-2,3-二烯

hexa-2,3-diene

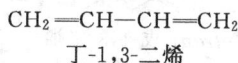

4-甲基己-1,3-二烯

4-methylhexa-1,3-diene

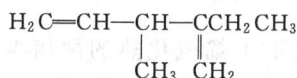

2-乙基-3-甲基戊-1,4-二烯

2-ethyl-3-methylpenta-1,4-diene

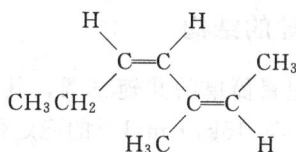

（2Z,4Z）-3-甲基庚-2,4-二烯

（2Z，4Z）-3-methylhepta-2,4-diene

（二）共轭二烯烃的特征

共轭二烯烃在很多方面与单烯烃相似，但也表现出自身特征。其一是两个双键之间的碳碳单键比烷烃中的碳碳单键短。

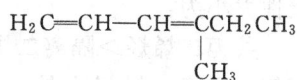

$$H_2C=CH-CH=CH_2 \qquad CH_3-CH_2-CH_2-CH_3$$

148pm　　　　　　　　　　154pm

丁-1,3-二烯　　　　　　　　　　丁烷

另一个特征是共轭二烯烃具有附加的稳定化能，比单烯烃、隔离二烯烃及聚集二烯烃稳定。各种烯烃的稳定性可通过氢化热数据进行比较。例如，从戊-1-烯和 trans-戊-2-烯的氢化热可知，trans-戊-2-烯中的二取代双键比戊-1-烯中的一取代双键要稳定 $10kJ \cdot mol^{-1}$。

$$\text{戊-1-烯} \xrightarrow[\text{Pt}]{H_2} \text{戊烷} \qquad \Delta H = -125kJ \cdot mol^{-1}$$

$$\text{trans-戊-2-烯} \xrightarrow[\text{Pt}]{H_2} \text{戊烷} \qquad \Delta H = -115kJ \cdot mol^{-1}$$

隔离二烯烃的氢化热与单烯烃氢化热的两倍接近。例如，戊-1,4-二烯的氢化热为 $-252kJ \cdot mol^{-1}$，大约是戊-1-烯氢化热的两倍。

$$\text{戊-1,4-二烯} \xrightarrow[\text{Pt}]{H_2} \text{戊烷}, \qquad \Delta H = -252kJ \cdot mol^{-1}$$

共轭二烯烃的氢化热比两个独立双键的氢化热之和小。例如，trans-戊-1,3-二烯分子中有一个类似于戊-1-烯中的单取代双键，一个类似于 trans-戊-2-烯中的二取代双键。戊-1-烯和 trans-戊-2-烯的氢化热之和为 $-250kJ \cdot mol^{-1}$，trans-戊-1,3-二烯的氢化热为 $-225kJ \cdot mol^{-1}$，表明共轭二烯烃存在约 $15kJ \cdot mol^{-1}$ 的稳定化能（stability energy），也称离域能（delocalization energy）或共振能（resonance energy）。

$$\text{trans-戊-1,3-二烯} \xrightarrow[\text{Pt}]{2H_2} \text{戊烷}, \qquad \Delta H = -225kJ \cdot mol^{-1}$$

然而，聚集二烯烃的氢化热比隔离二烯烃的氢化热高。例如，戊-1,2-二烯的氢化热为 $-292kJ \cdot mol^{-1}$，比戊-1,4-二烯的氢化热多 $40kJ \cdot mol^{-1}$。

$$CH_2=C=CHCH_2CH_3 \xrightarrow[\text{Pt}]{2H_2} CH_3CH_2CH_2CH_2CH_3, \Delta H = -292kJ \cdot mol^{-1}$$
$$\text{戊-1,2-二烯} \qquad\qquad\qquad \text{戊烷}$$

各类二烯烃的稳定性大小为：

共轭二烯烃＞隔离二烯烃（单烯烃）＞聚集二烯烃

因此，不难理解，聚集二烯烃自然界中极为少见，而含有共轭双键的化合物却普遍存在。

（三）共轭二烯烃的结构

丁-1,3-二烯是最简单的共轭二烯，其氢化热比丁-1-烯氢化热的两倍少 $15kJ \cdot mol^{-1}$，表明丁-1,3-二烯具有 $15kJ \cdot mol^{-1}$ 的稳定化能。

$$CH_2=CH-CH=CH_2 \xrightarrow[\text{Pt}]{2H_2} CH_3CH_2CH_2CH_3 \qquad \Delta H = -237kJ \cdot mol^{-1}$$
$$\text{丁-1,3-二烯} \qquad\qquad\qquad \text{丁烷}$$

$$CH_2=CHCH_2CH_3 \xrightarrow[\text{Pt}]{H_2} CH_3CH_2CH_2CH_3 \qquad \Delta H = -126kJ \cdot mol^{-1}$$
$$\text{丁-1-烯} \qquad\qquad\qquad \text{丁烷}$$

丁-1,3-二烯的最稳定构象是平面结构，所有原子在同一平面，C2、C3 上的两个氢原子位于单键的两侧，所有键角接近 $120°$。

丁-1,3-二烯结构的理论解释（图 3-9）：四个碳原子采用 sp^2 杂化轨道成键，形成在同一平面上的 σ 键骨架。每个碳原子还有一个未杂化的 2p 轨道，四个 2p 轨道相互平行，垂直于分子平面。C1 和 C2 上的两个 p 轨道形成一个 π 键，C3 和 C4 上的两个 p 轨道形成另一个

π键。两个 π 键相互平行，彼此相距较近，通过 C2 和 C3 上的两个 p 相互重叠，而使其中一个 π 键上的电子可延伸到另一个 π 键的区域运动，造成 π 电子离域（delocalization），形成所谓的离域 π 键，或称共轭 π 键。为区别于普通双键中的 π 键，共轭 π 键又称为大 π 键，用大写希腊字母 Π 表示。

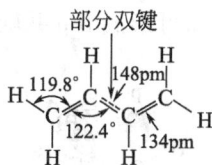
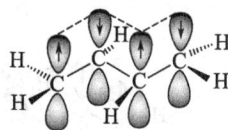

(a) 结构参数　　　　　(b) 离域 π 键的形成

图 3-9　丁-1,3-二烯的结构参数和离域 π 键的形成

丁-1,3-二烯中 C2—C3 的键长比正常碳碳单键短，可归因于杂化态的改变。丁-1,3-二烯中的 C2 和 C3 采用 sp^2 杂化轨道成键，丁烷中的 C2 和 C3 采用 sp^3 杂化轨道成键，sp^2 杂化轨道的伸展范围比 sp^3 杂化轨道更小，彼此间需靠得更近才能重叠成键。

共轭二烯的附加稳定化能主要归因于 π 电子离域，即共轭 π 键的形成。量子力学的计算也表明，离域体系比非离域体系的能量更低。

（四）共轭效应

从化学键理论的角度看，共轭（conjugation）是由轨道之间的重叠引起的，从而导致电子的离域。共轭的概念非常重要，可以解释有机化学中的许多现象。丁-1,3-二烯分子中共轭由两个 π 键重叠形成，称为 π-π 共轭。其他任何单双键交替出现的多烯都存在 π-π 共轭。

共轭形成的条件如下。

(1) 参与共轭的原子必须在同一平面，或近于一个平面上。

(2) 每个原子必须具有垂直于平面的 p 轨道。

(3) 具有一定数量的 p 电子。

除 π-π 共轭外，尚有其他类型的共轭，如 p-π 共轭、σ-π 共轭、σ-p 共轭和 p-p 共轭。

p-π 共轭由 p 轨道与 π 之间的重叠引起（图 3-10）。例如，烯丙型碳正离子、烯丙型自由基、烯丙型碳负离子和氯乙烯。

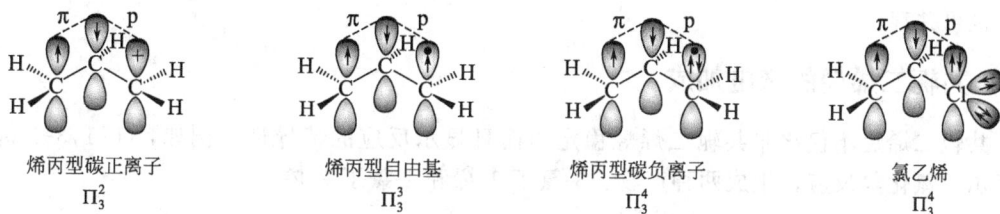

图 3-10　不同电荷 p-π 共轭形成示意图

σ-π 共轭由 σ 键和 π 键之间的重叠引起，σ-p 共轭由 σ 键和 p 轨道之间的重叠引起，均称为超共轭（hyperconjugation），因有 σ 键的参与，σ 键的轨道与 p 轨道并不平行（图 3-11）。例如，当丙烯分子中甲基上的 C—H σ 键旋转到与 π 键共平面时，就形成了 σ-π 共轭；乙基碳正离子甲基中的 C—H σ 键旋转到与中心碳的空 p 轨道共平面时，就形成了 σ-p 共轭。由于 σ 键与 π 键、σ 键与 p 轨道的重叠程度较小，因此超共轭的强度不大。

超共轭的概念可以解释各类取代烯烃的稳定性及各种烷基碳正离子的相对稳定性。

p-p 共轭键由 p 轨道与 p 轨道之间的重叠引起，类似于正常的 π 键。例如，α-氯乙基碳正离子中带正电的碳与氯原子间可形成 p-p 共轭键（图 3-12）。

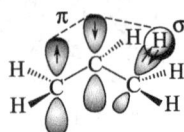

丙烯中σ-π超共轭

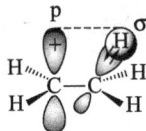

乙基碳正离子中的σ-p超共轭

图 3-11 超共轭形成示意图

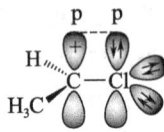

图 3-12 α-氯乙基碳正

离子 p-p 共轭键形成示意图

共轭导致电子的离域，从而对化合物的结构和性质产生影响，称为共轭效应（conjugative effect），用 C 表示。共轭效应主要包括 π-π 共轭效应、p-π 共轭效应、p-p 共轭效应、σ-π 超共轭效应和 σ-p 超共轭效应。共轭强度与轨道间的重叠程度有关，其大致顺序为：

π-π 共轭＞p-π 共轭≈p-p 共轭＞σ-π 超共轭≈σ-p 超共轭

共轭效应主要表现为三方面：①键长平均化，单键变短，双键变长；②获得附加稳定化能；③偶极交替传递（图 3-13）。

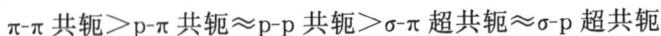

瞬时偶极   永久偶极

丁-1,3-二烯   丙烯醛

图 3-13 偶极交替传递示意图

非极性共轭分子受到试剂作用时，发生极化，造成正负电荷分离，称为瞬时偶极；极性共轭分子中由于成键原子电负性的差异所引起的极化，称为永久偶极。两种偶极均可沿共轭链交替传递，其强度不因共轭链的增长而减弱。

共轭效应在产生的原因和作用方式上不同于诱导效应。诱导效应由化学键的极性引起，沿 σ 键链传递，具有单向、短程的特征；共轭效应由电子的离域引起，沿共轭链传递，具有远程、偶极交替传递的特征。诱导效应和共轭效应对化合物的性质均有重要影响，可单独存在，也可并存。

（五）共轭二烯烃的亲电加成

共轭二烯烃不仅比非共轭二烯烃稳定，而且显示反应的特异性。例如，丁-1,3-二烯与等摩尔的氯化氢反应，生成两种产物：3-氯丁-1-烯和 1-氯丁-2-烯。

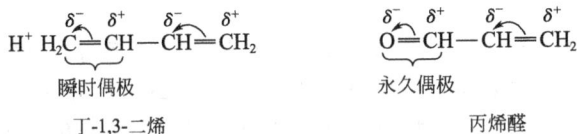

丁-1,3-二烯   3-氯丁-1-烯(78%)   1-氯丁-2-烯(22%)

该反应生成 3-氯丁-1-烯不足为怪，属于正常的加成方式，遵循马氏规则。

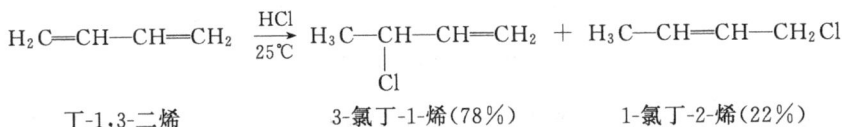

3-氯丁-1-烯

令人意外的是 1-氯丁-2-烯的生成，氯化氢加在 1 和 4 的位置，并且双键的位置也发生了转移。

$$H-Cl + H_2C=CH-CH=CH_2 \xrightarrow{1,4-加成} H_2C-CH=CH-CH_2$$

$$\underset{1\quad2\quad3\quad4}{} \qquad \overset{|}{H} \qquad\qquad \overset{|}{Cl}$$

1-氯丁-2-烯

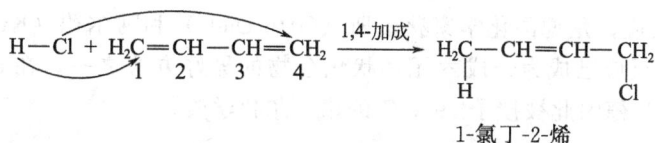

丁-1,3-二烯的这种特异性从其反应机制可得到合理解释。

第一步：形成烯丙型碳正离子。

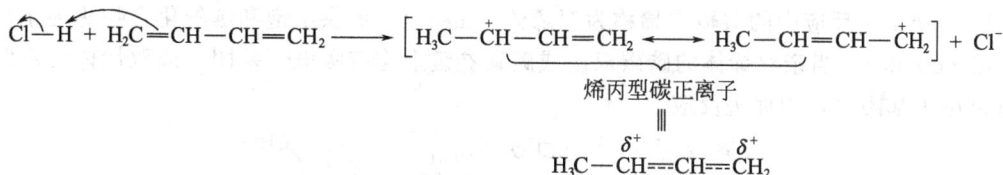

$$Cl-H + H_2C=CH-CH=CH_2 \longrightarrow \left[H_3C-\overset{+}{C}H-CH=CH_2 \longleftrightarrow H_3C-CH=CH-\overset{+}{C}H_2 \right] + Cl^-$$

烯丙型碳正离子
‖

$$H_3C-\overset{\delta^+}{C}H=\!\!=CH-\overset{\delta^+}{C}H_2$$

第二步：氯离子进攻烯丙型碳正离子，生成 1,2-加成和 1,4-加成产物。

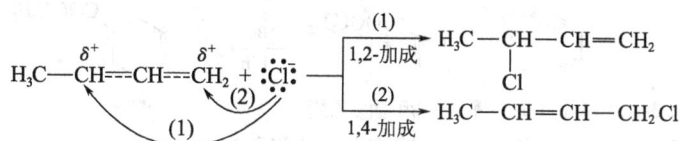

$$H_3C-\overset{\delta^+}{C}H=\!\!=CH-\overset{\delta^+}{C}H_2 + :\!\overset{..}{\underset{..}{Cl}}:^-$$

(1)
$$\xrightarrow[\text{1,2-加成}]{(1)} H_3C-CH-CH=CH_2$$
$$\overset{|}{Cl}$$

$$\xrightarrow[\text{1,4-加成}]{(2)} H_3C-CH=CH-CH_2Cl$$

在反应的第一步中，若氢离子加在丁-1,3-二烯的 C1 上，则形成烯丙型仲碳正离子；若加在 C2 上，则形成伯碳正离子。显然，烯丙型碳正离子的电荷可通过离域分散到 C2 和 C4 上，从而得到稳定。因此，烯丙型碳正离子是反应过程中形成的中间体，这是共轭二烯加成反应特异性的原因。

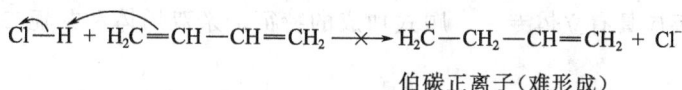

$$Cl-H + H_2C=CH-CH=CH_2 \xrightarrow{\quad\times\quad} H_2\overset{+}{C}-CH_2-CH=CH_2 + Cl^-$$

伯碳正离子（难形成）

共轭二烯烃两种加成产物的产率，与共轭二烯烃的结构、试剂的性质、反应温度、产物的稳定性等因素有关。一般规律：升高温度有利于 1,4-加成产物的生成，降低温度则有利于 1,2-加成产物的生成。究其原因，在高温下，反应主要受热力学因素控制，低温下则受动力学因素控制。

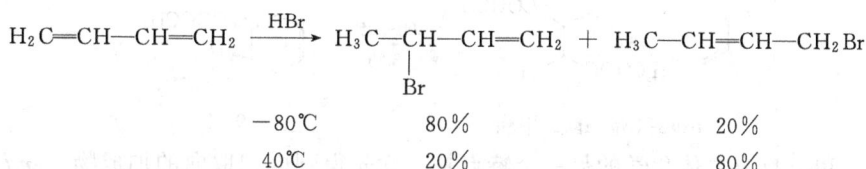

$$H_2C=CH-CH=CH_2 \xrightarrow{HBr} H_3C-CH-CH=CH_2 + H_3C-CH=CH-CH_2Br$$
$$\overset{|}{Br}$$

−80℃	80%	20%
40℃	20%	80%

其他共轭多烯的加成也具备共轭二烯加成的特性。例如，环辛-1,3,5-三烯与溴加成，生成 1,6-加成产物。

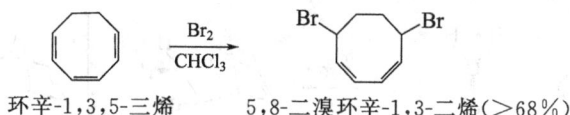

$$\text{环辛-1,3,5-三烯} \xrightarrow[\text{CHCl}_3]{Br_2} \text{5,8-二溴环辛-1,3-二烯（}>68\%\text{）}$$

六、Diels-Alder 反应

共轭二烯烃的另一个特征是与含双键或叁键的化合物发生加成，生成六元环状化合物，称为 Diels-Alder 反应，是德国化学家狄尔斯（Otto Diels）和阿尔德（Kurt Alder）最初发现的。Diels-Alder 反应已成为合成六元环状化合物的最好方法之一，在有机合成中的应用广泛。狄尔斯和阿尔德因此被授予 1950 年的诺贝尔化学奖。

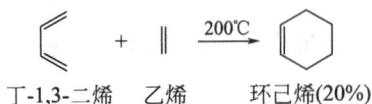

丁-1,3-二烯　乙烯　　环己烯(20%)

Diels-Alder 反应中的共轭二烯称为双烯体（diene），提供不饱和键的化合物称为亲双烯体（dienophile）。当亲双烯体的碳碳双键或碳碳叁键上连有吸电子基团，或双烯体的双键上连有供电子基团时，均促进反应。

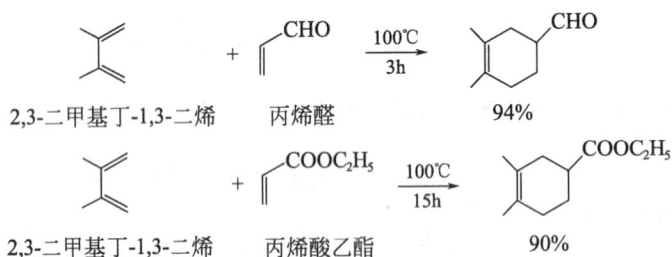

2,3-二甲基丁-1,3-二烯　　丙烯醛　　　　94%

2,3-二甲基丁-1,3-二烯　　丙烯酸乙酯　　　　90%

Diels-Alder 反应是经过一个环状过渡态的协同反应（concerted reaction），旧键的断裂和新键的形成同时进行。

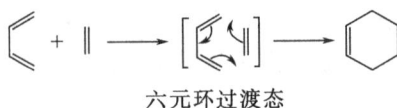

六元环过渡态

Diels-Alder 反应具有立体专一、顺式加成的特征。亲双烯体和共轭二烯在反应前后的构型保持不变。

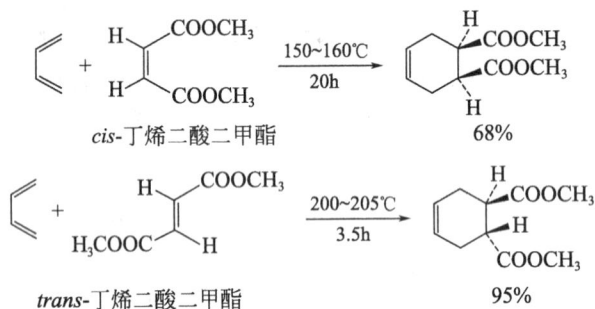

cis-丁烯二酸二甲酯　　　　　　　68%

trans-丁烯二酸二甲酯　　　　　　95%

Diels-Alder 反应立体化学的另一个特点是，优先得到内型取向的加成物（endo）。内型取向是指亲双烯体上的吸电子基团在产物中靠近加成物中的双键，而外型（exo）则是吸电子基团在产物中远离加成物中的双键。

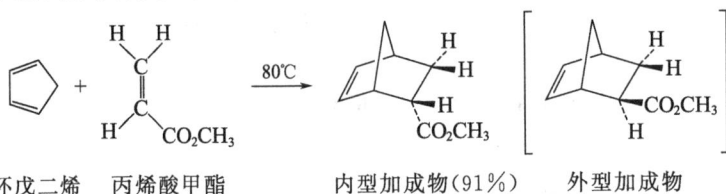

环戊二烯　丙烯酸甲酯　　　　内型加成物(91%)　　　外型加成物

发生 Diels-Alder 反应时，二烯烃必须采取 s-顺式构象（s-cis conformation）。s 是指两个双键之间的单键（single bond）。只有呈顺式构象，二烯中的 C1 和 C4 才可与亲双体靠近，形成环状过渡态。

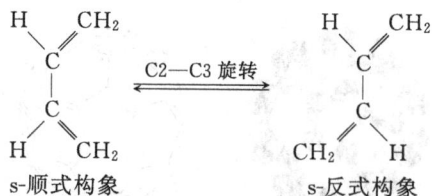

s-顺式构象　　　　　　　　　　　s-反式构象

如果二烯分子呈刚性结构，或由于空间阻碍，不能呈 s-顺式构象，则不能进行 Diels-Alder 反应。

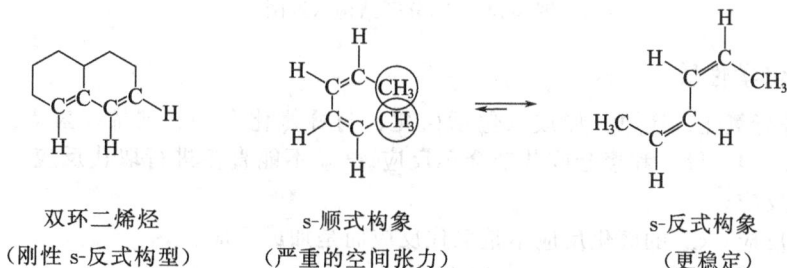

双环二烯烃　　　　　　　s-顺式构象　　　　　　s-反式构象
（刚性 s-反式构型）　　　（严重的空间张力）　　　（更稳定）

七、富勒烯简介

富勒烯（fullerens）是一类只有碳元素组成的笼状分子。分子外形像个足球，故有足球烯之称。富勒烯除 C_{60} 外，还有 C_{50}、C_{70} 等成员。富勒烯的结构和性质与芳香烃相似。自 1985 年从石墨激光蒸发物中发现 C_{60} 以来，罗伯特（F. C. Robert，1933—，美国化学家）、哈路特（W. K. Harold，1939—，英国化学家）和理查特（E. S. Richard，1943—，美国化学家）二位科学家合作研究 C_{60} 和富勒烯族化合物获得成功，富勒烯被认为是继苯分子之后，化学领域中一个重大发现。三人共同分享 1996 年诺贝尔化学奖。

1. C_{60} 的结构

C_{60} 是由 60 个碳原子组成的高度对称的足球状分子，60 个碳原子采用不等性杂化轨道互相成键形成笼状分子，为杂化的 p 轨道形成一个非平面的共轭离域大 π 键。60 个碳原子在 12 个正五边形和 20 个正六边形组成的具有 32 个平面的多面体的 60 个顶点上，是一个高度对称的分子。∠CCC 平均值为 116°，正六边形键长为 0.1391nm，正五边形键长为 0.1455nm，似乎双键都分布在正六边形的边上，类似苯的结构，正五边形的边上无双键（图 3-14）。因此 C_{60} 化学性质比较稳定，具有部分芳香性（详见第五章）。C_{60} 的 HOMO 轨道与 LUMO 轨道能级差较大，其衍生物不十分稳定，有恢复 C_{60} 结构的趋势。

2. C_{60} 的物理性质

C_{60} 的相对密度为 1.678，不溶于大多数普通有机溶剂，给纯化和结构测定带来了很大困难。C_{60} 的 60 个碳原子的化学环境完全不同，在 ^{13}C NMR 谱中仅在 δ 143.68 处出现一个单峰。C_{60} 在环己烷溶剂中的紫外吸收光谱出现在 λ＝213nm、257nm 和 329nm 处。

在 C_{60} 笼上掺杂金属原子后，有较好的超导性和光学性，可在非线性光学材料和特殊有机磁性材料中应用；其氟化物可作新型润滑剂包层，展示了广阔的应用前景。C_{60} 的水溶性磷脂衍生物能与癌细胞结合，显示出生物医学活性。预计 C_{60} 类化合物在新型材料、生物医学工程、计算机和通信等高技术领域中将有广泛用途。

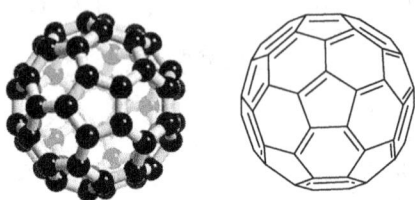

(a) 分子模型　　　　(b) 构造式的平面投影

图 3-14　C_{60} 分子结构示意图

3. C_{60} 的化学性质

C_{60} 可以进行氧化、还原、加成（包括卤化、与叠氮化合物、碳烯、氢等反应）、周环（[2+2] 和 [2+4] 等）和聚合或共聚合等反应。C_{60} 不能直接进行取代反应，但它的衍生物可进行取代反应。

(1) 卤化反应　C_{60} 的卤化反应不是取代反应而是加成反应。

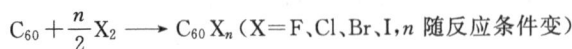

$$C_{60} + \frac{n}{2} X_2 \longrightarrow C_{60} X_n \ (X=F、Cl、Br、I，n \ 随反应条件变)$$

氟化反应最活泼，甚至不易控制。在氟气中长时间作用可生成全氟 $C_{60}F_{60}$。

生成的卤化物可以进行亲核取代反应。例如：

$$C_{60} Cl_n + n CH_3 OH \xrightarrow[\text{回流}]{KOH} C_{60}(OCH_3)_n + n HCl$$

卤化 C_{60} 还可以进行傅-克烷基化反应。

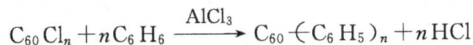

$$C_{60} Cl_n + n C_6 H_6 \xrightarrow{AlCl_3} C_{60} \left(C_6 H_5 \right)_n + n HCl$$

(2) 周环反应　C_{60} 可以作为亲双烯体与双烯体进行 [2+4] 反应。如在甲苯溶剂中，C_{60} 可以与 1-(三甲基硅氧基)-1,3-丁二烯以摩尔比为 1：2 的混合物加热回流，进行狄尔斯-阿尔德环加成反应：

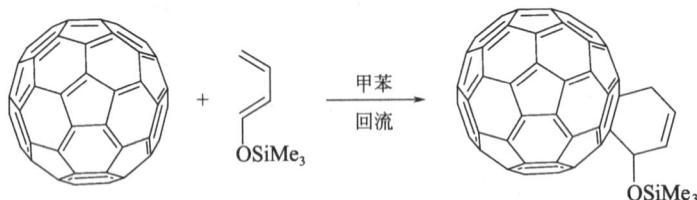

类似的反应，C_{60} 与并五苯反应也得到立体专一性控制的产物：

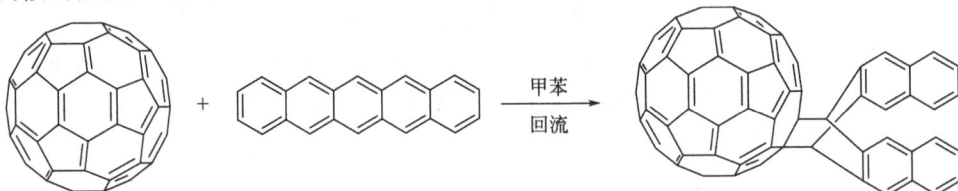

(3) 环氧化反应　C_{60} 的环氧化反应随反应条件不同，产物 $C_{60}(O)_n$ 的 n 在变化，如果在光照下反应，可以得到单一产物 $C_{60}O$：

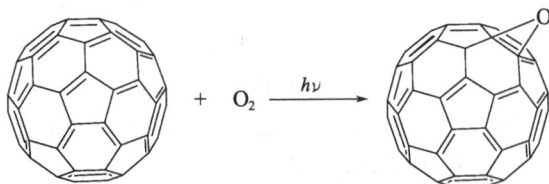

（4）与卡宾试剂反应 C_{60} 与卡宾试剂反应，生成三元环化合物，如环丙烷衍生物：

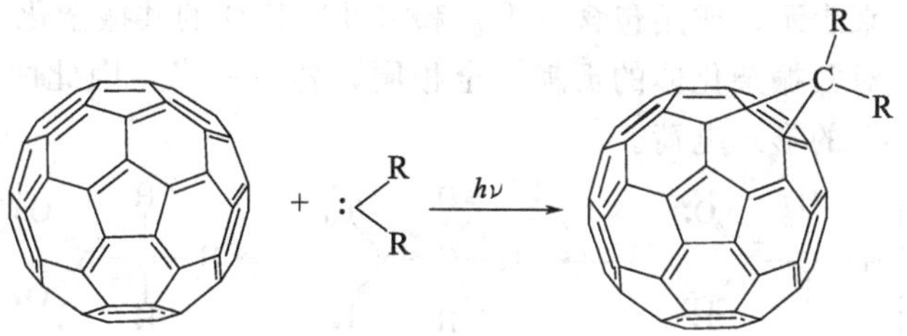

（5）聚合反应 由于 C_{60} 中有多个双键，因此，C_{60} 作为单体、共聚单体、接枝单体等进行聚合反应，可以得到花样繁多的聚合物。例如：

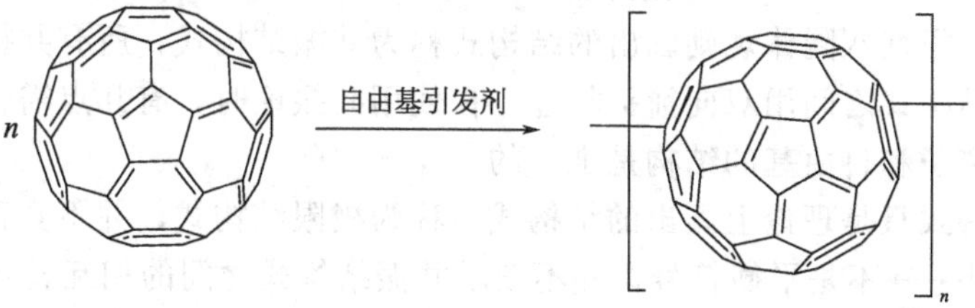

八、共振结构理论简介和共振式

1. 共振论简介

对于存在电子离域现象的许多分子结构，用单一路易斯结构式往往不能得到满意的解释。为此，美国著名化学家鲍林于 1931 年首次提出共振论。与轨道理论相比，共振论具有简洁、明快、便于掌握的特点。因此，共振论一经问世便被化学家们的普遍接受，并已成为解释许多有机分子结构和反应机制的有力工具。

我们熟悉的许多分子，如乙烷、乙醇和乙胺等，可以用单一的路易斯结构式表示，不会引起歧义。

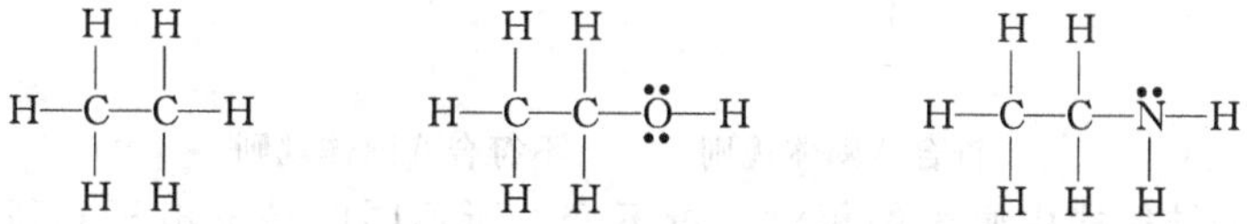

乙烷　　　　　　乙醇　　　　　　乙胺

然而，有些化合物的分子结构，如硝基甲烷，不能用单一的路易斯结构式表示。在遵循八隅体规则的前提下，所画出硝基甲烷结构中的两个氮氧键有单键和双键之分。但是，实验结果表明，硝基甲烷中的两个氮氧键是简并的，并无单双键的区别，键长均为 122pm，介于氮氧单键（116pm）和氮氧双键（130pm）之间。若画出含有两个等价氮氧键的结构式，则氮原子上有十个价电子，违背八隅体规则。

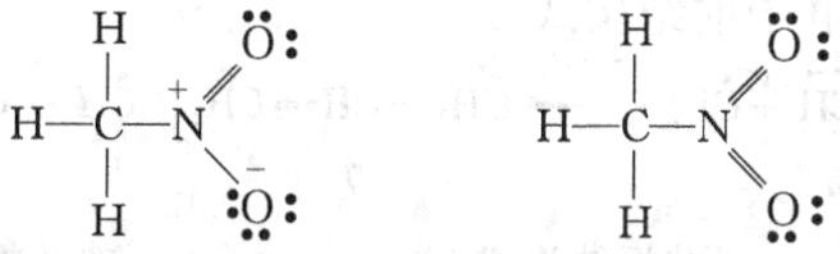

符合八隅体规则　　　　　　违背八隅体规则

应用共振论可走出这一困境。根据八隅体规则，可画出两个合理的路易斯结构式（Ⅰ）和（Ⅱ）。基于化合物分子结构必须是唯一的基本原则，（Ⅰ）或（Ⅱ）中的任何一个都无法满意表示硝基甲烷的结构。但是，硝基甲烷的结构必定具有（Ⅰ）和（Ⅱ）的特征，只能同时用（Ⅰ）和（Ⅱ）来表示，或用包含（Ⅰ）和（Ⅱ）特征的共振杂化体表示。显然，（Ⅰ）和（Ⅱ）完全等价，对共振杂化体的贡献完全相同，各占一半，因此两个氮氧键完全简并，每个氧原子上带有 1/2 的形式电荷。

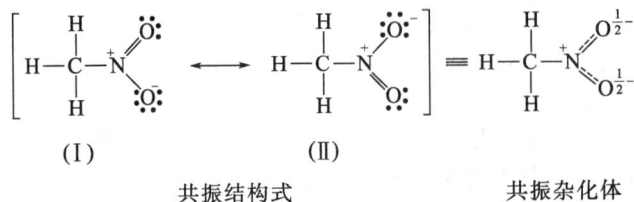

在共振论中，根据八隅体规则画出的结构式称为共振结构式，所有共振结构式放在一个方括号内，共振结构式之间用双向箭头相连。在使用共振论时，有几点需特别注意：

(1) 分子、离子和自由基的结构是唯一的。

(2) 共振结构式只是理论上画出的结构式，称为极限结构式，并不真正存在。

(3) 双向箭头 ←→ 不是平衡符号，并不表示共振结构式之间的相互转化，而表示在根据一个共振结构式写出另一个共振结构式时，可通过电子对的重新分配而实现。

(4) 共振杂化体具备所有共振结构式的特征。

(5) 共振杂化体中的虚线表示分数键级，"┅"符号所表示的化学键介于单键和双键之间。

2. 结构式书写的基本原则

在书写共振结构式时，必须遵循一些基本的原理和规则。

(1) 第二周期元素的价电子层要符合八隅体规则，不能多于八个电子。例如，甲醇分子只能写出一个合理的结构式。下列结构式 **2** 中的碳原子最外层有十个电子，违背八隅体规则。

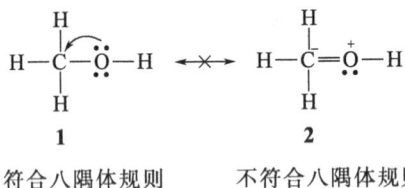

符合八隅体规则　　不符合八隅体规则

(2) 所有共振结构式中原子的相对位置不变，所不同的是 π 电子和孤对电子的位置不同。例如，下列结构式 **5** 不是 **3** 和 **4** 的共振结构式，因为它必须移动一个氢原子的位置，这是不允许的。

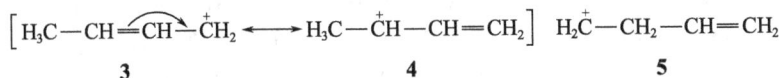

(3) 所有共振结构式必须含有相同的未成对电子数。例如，烯丙基自由基只有一个成单电子，不能写成带三个成单电子的结构式 **8**。

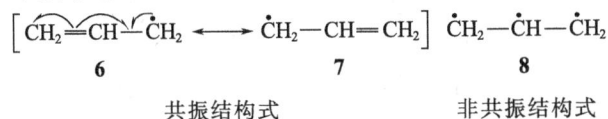

共振结构式　　　　　　　非共振结构式

3. 极限结构式的贡献

分子、离子或自由基的共振杂化体是所有共振结构式的综合结果，具备所有共振结构式的特征，但是各种共振结构式对共振杂化体的贡献不一定相同。能量越低、稳定性越高，那么对共振杂化体的贡献也越大；而能量和稳定性相同的共振结构式对共振杂化体的贡献相同。

（1）所有原子的价电子层具有稀有气体价电子层结构的共振结构式稳定，对共振杂化体的贡献大。例如，下列共振结构式中的 **10** 比 **9** 稳定。

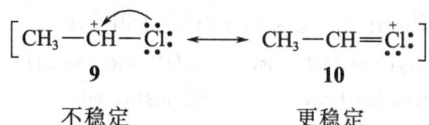

$$\left[CH_3-\overset{+}{\underset{}{C}H}-\ddot{\underset{..}{C}l}: \longleftrightarrow CH_3-CH=\overset{+}{\underset{..}{C}l}: \right]$$

$$\underset{\text{不稳定}}{\mathbf{9}} \qquad\qquad \underset{\text{更稳定}}{\mathbf{10}}$$

（2）简并共振结构式对共振杂化体的贡献相同。例如，烯丙基碳正离子有两个等价的共振结构式，因此共振杂化体中的两个碳碳键完全等价，两端碳原子的形式电荷均为 1/2。

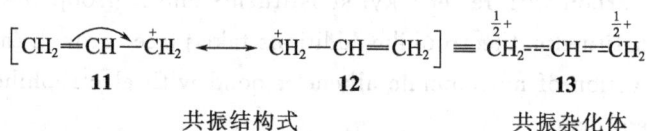

$$\left[CH_2=CH-\overset{+}{C}H_2 \longleftrightarrow \overset{+}{C}H_2-CH=CH_2 \right] \equiv \overset{\frac{1}{2}+}{CH_2}=\!\!=CH=\!\!=\overset{\frac{1}{2}+}{CH_2}$$

$$\underset{\text{共振结构式}}{\mathbf{11} \qquad\qquad \mathbf{12}} \qquad\qquad \underset{\text{共振杂化体}}{\mathbf{13}}$$

（3）无电荷分离的共振结构式比电荷分离的共振结构式能量低，对共振杂化体的贡献大。因为电荷的分离需要能量，使体系的能量升高。例如，氯乙烯的两种共振结构式中，不带电荷的 **14** 更稳定。

$$\left[CH_2=CH-\ddot{\underset{..}{C}l}: \longleftrightarrow :\bar{C}H_2-CH=\overset{+}{\underset{..}{C}l}: \right]$$

$$\mathbf{14} \qquad\qquad\qquad \mathbf{15}$$

但有例外。若无电荷分离的共振结构式不满足八隅体规则，而电荷分离的共振结构式满足八隅体规则，则后者比前者稳定，对共振杂化体的贡献大。例如，在下面的两个共振结构式中，带电荷的 **17** 更稳定。

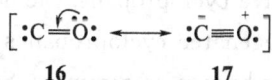

$$\left[:C=\overset{..}{\underset{..}{O}}: \longleftrightarrow :\bar{C}\equiv\overset{+}{O}: \right]$$

$$\mathbf{16} \qquad\qquad \mathbf{17}$$

（4）在带电的共振结构式中，负电荷处于电负性大的原子上的共振结构式更稳定。例如，丙酮在强碱作用下形成阴离子，可写出两个共振结构式，负电荷位于氧上的 **19** 更稳定，因为氧的电负性比碳大，因此更容易容纳负电荷。

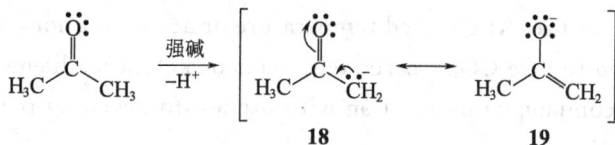

$$H_3C-\overset{\overset{..}{\underset{..}{O}}}{C}-CH_3 \xrightarrow[-H^+]{\text{强碱}} \left[H_3C-\overset{\overset{..}{\underset{..}{O}}}{C}-\bar{C}H_2 \longleftrightarrow H_3C-C=CH_2 \text{ with } :\overset{..}{\underset{..}{O}}:^- \right]$$

$$\mathbf{18} \qquad\qquad\qquad \mathbf{19}$$

思考题 3-9　实验表明，乙酸根离子（$CH_3CO_2^-$）中的两个碳氧键完全等价，键长均为 127pm，介于典型的碳氧单键（135pm）和碳氧双键（120pm）之间。试用共振结构理论解释。

Summary

Both alkenes and alkynes belong to unsaturated hydrocarbons.

Alkenes contain one or more carbon-carbon double bonds. Carbons of double bond are sp^2-hybridized, and one double bond consists of one σ bond and one π bond. Rotation around the double bond is restricted, and substituted alkenes can therefore exist as *cis-trans* stereoisomers. The configuration of a double bond can be specified as *Z* and *E* by the application of group sequence rule, which assign priorities to two substituents on each carbon of the double bond.

The stability order of substituted alkenes is as follows:

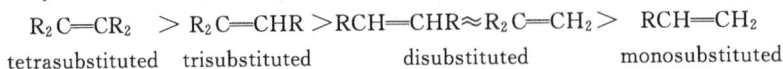

$$R_2C{=}CR_2 \; > R_2C{=}CHR > RCH{=}CHR \approx R_2C{=}CH_2 > \; RCH{=}CH_2$$

tetrasubstituted   trisubstituted   disubstituted   monosubstituted

The chemistry of alkene is characteristic of electrophilic addition reactions. When HX reacts with an unsymmetrically substituted alkene, the Markovnikov's rule predicts that the H is bonded to the carbon with fewer alkyl substituents and X group will add to the carbon with more alkyl substituents. Electrophilic additions take place through carbocation intermediates formed by reaction of nucleophilic alkene π bond with electrophilic H^+. Carbocation stability follows the order:

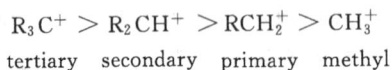

$$R_3C^+ > R_2CH^+ > RCH_2^+ > CH_3^+$$

tertiary   secondary   primary   methyl

Bromine adds to alkenes via three-membered-ring bromonium ion intermediates to give addition products having anti-stereochemistry.

Hydroboration-oxidation involves addition of borane (BH_3) to form organoborane, followed by treatment with alkaline H_2O_2, giving alcohols of anti-Markovnikov's orientation with synaddition stereochemistry.

A carbene $(R_2C\colon)$ is a neutral species with only six valence electrons, so highly reactive. It readily adds to alkenes to give cyclopropane. Dichlorocarbene adds to alkenes to give 1,1-dichlorocyclopropanes. Nonhalogenated cyclopropanes are best prepared by treatment of alkenes with CH_2I_2 and zinc-copper known as Simmons-Smith reaction.

Alkenes can react with H_2 in the presence of a metal catalyst such as palladium or platinum to yield alkanes, a process called catalytic hydrogenation.

cis-1,2-diols can be made directly from alkenes by hydroxylation with cold dilute $KMnO_4$ at low temperature. At elevated temperature or acidic solution, alkene double bonds are completely broken to give CO_2, carboxylic acids or ketones. Alkenes can also be cleaved to produce carbonyl compounds by reaction with ozone, followed by reduction reaction with zinc metal in acetic acid.

In a non-water solvent such as CH_2Cl_2, alkenes can be oxidized by peroxyacids to yield epoxides.

At high temperature, alkenes react with Cl_2 to yield allylic-chlorinated products via radical substitution mechanism. The stability order of different carbon radicals is as follow:

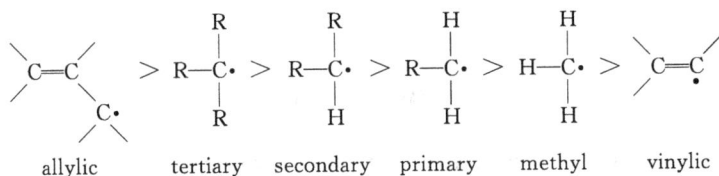

allylic   tertiary   secondary   primary   methyl   vinylic

Alkynes are hydrocarbons containing carbon-carbon triple bond. Triple bond carbons are sp-hybridized, and triple bond consists of one σ bond and two π bonds.

The chemistry of alkynes is also well known as electrophilic addition reactions, similar to those of alkenes. Addition reactions of alkynes proceed by two stages, and can stop at the first stage if electron-withdrawing groups such as halogen (X) are present. Alkynes react with HCl and to yield vinylic halides, with Br_2 and Cl_2 to yield vicinal halides. In aqueous sulfuric acid, using mercury (II) as catalyst, alkynes can be hydrated to lead to intermediates enols that immediately tautomerize to produce ketones.

Alkynes can be hydrogenated to yield alkenes and alkanes. Complete hydrogenation of the triple bond over palladium catalyst yields an alkane. Partial hydrogenation over Lindlar catalyst yields a *cis* alkene. The hydrogenation of an alkyne with lithium in ammonia yields a *trans* alkene.

Terminal alkynes are of weak acidity. The terminal alkyne hydrogen can be removed by a strong base such as $NaNH_2$ to yield an acetylide, which can act as a nucleophile. Terminal alkynes also react with heavy metal ions such as Ag^+ and Cu^+ to yield colorful precipitates. This reaction provides a simple chemical test for terminal alkynes. Internal alkynes are unreactive towards Ag^+ and Cu^+ because of lack of acetylenic protons.

A conjugated diene contains alternating double and single bonds. One characteristic of conjugated dienes is that they are somewhat more stable than their nonconjugated counterparts: cumulated diene and isolated diene. This unexpected stability can be attributed to the interaction between two π bonds, so called π-π conjugation , leading to delocalization of electrons, and stabilization of the molecule. Conjugation results in some partial double-bond character of the single bond between two double bonds.

Conjugated dienes undergo two reactions not observed for nonconjugated dienes. The first is 1,4-addition with electrophiles. When a conjugated diene is treated with an electrophile such as HCl, 1,2- and 1,4-adducts are formed. Both products are formed from the same resonance-stabilized allylic carbocation intermediate and produced in varying amounts depending on the reaction conditions. Low temperature favors the 1,2-adduct, whereas high temperature favors the 1,4-adduct.

The second reaction unique to conjugated diene is the Diels-Alder cycloaddition. Conjugated dienes react with electron-poor alkenes (dienophiles) in a single step through a cyclic transition state to yield a cyclohexene product. The reaction can occur only when the dienes is able to adopt an s-*cis* conformation.

Electronic effect can be inductive and conjugative, which indicates the influence of distribution of electrons on structure and the properties of a substance.

Inductive effect is initiated by the polarity of a chemical bond and transmitted through σ bond chain by electrostatic induction. It is unidirectional, short-distant, and negligible over three carbons.

Conjugative effect is initiated by delocalization of electrons through the interaction of neighboring orbitals, and extended over the conjugated chain. Conjugated system includes of π-π , p-π, σ-π, σ-p, and p-p, and both σ-π and σ-p conjugation are also called hyperconjugation due to the involvement of σ bond. Different types of conjugation are different in strength，and they have the following order：

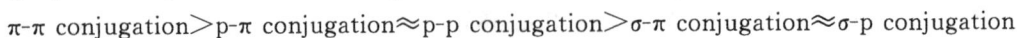

$$\pi\text{-}\pi \text{ conjugation} > \text{p-}\pi \text{ conjugation} \approx \text{p-p conjugation} > \sigma\text{-}\pi \text{ conjugation} \approx \sigma\text{-p conjugation}$$

All kinds of conjugation have three features in common：bond lengths average out, single bonds become shorter and double become longer；a conjugated system is more stable than a non-conjugated one；dipole polarity is extended over a conjugated chain in alternating fashion.

Inductive effect and conjugative effect can coexist or exist alone in a molecule.

Some substance，such as nitromethane，acetate ion，can't be represented by a single Lewis or line-bond structure and must be considered as a resonance hybrid of two or more structures，neither of which is correct by itself. The only difference between resonance formula is in the location of their π or nonbonding electrons. The nuclei remain in the same places in both structures. The resonance hybrid of a substance bears the characteristics of all its possible resonance forms.

习　题

1. 命名下列各化合物。

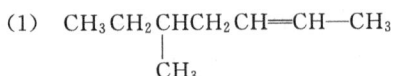

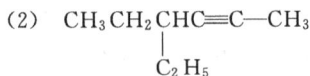

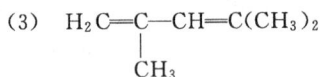

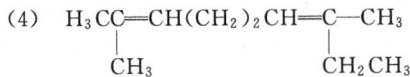

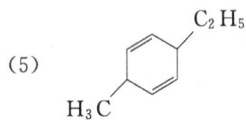

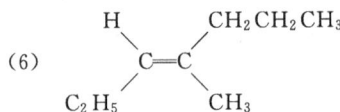

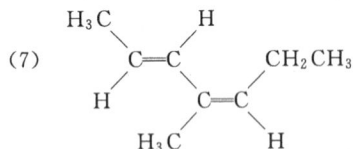

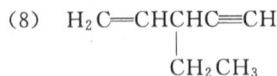

(1)　$CH_3CH_2CHCH_2CH\!=\!CH\!-\!CH_3$
　　　　　　$|$
　　　　　　CH_3

(2)　$CH_3CH_2CHC\!\equiv\!C\!-\!CH_3$
　　　　　　　$|$
　　　　　　　C_2H_5

(3)　$H_2C\!=\!C\!-\!CH\!=\!C(CH_3)_2$
　　　　　$|$
　　　　　CH_3

(4)　$H_3CC\!=\!CH(CH_2)_2CH\!=\!C\!-\!CH_3$
　　　　　$|$　　　　　　　　$|$
　　　　　CH_3　　　　　CH_2CH_3

(5)　

(6)　

(7)　

(8)　$H_2C\!=\!CHCHC\!\equiv\!CH$
　　　　　　　$|$
　　　　　　　CH_2CH_3

2. 画出下列化合物的结构式。

(1) 3,5-二氯环己烯

(2) $trans$-4-甲基己-2-烯

(3) cis-3,4-二甲基己-3-烯

(4) （Z）-1-溴-2-氯戊-1-烯

(5) 4,5-二甲基庚-2-炔

(6) 5-乙基辛-1-烯-6-炔

3. 写出下列反应的主要产物。

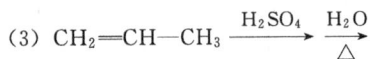

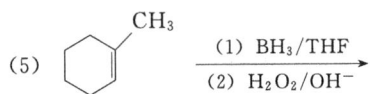

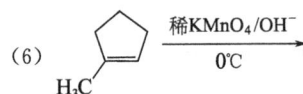

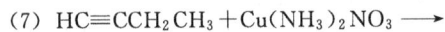

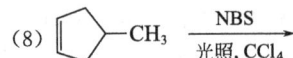

(1) $H_2C\!=\!C(CH_3)_2 + HBr \longrightarrow$

(2) $CH_2\!=\!CH\!-\!CCl_3 + HI \longrightarrow$

(3) $CH_2\!=\!CH\!-\!CH_3 \xrightarrow{H_2SO_4} \xrightarrow[\triangle]{H_2O}$

(4) $CH_2\!=\!CH\!-\!CH_3 + HBr \xrightarrow{ROOR}$

(5)　$\xrightarrow[\text{(2) } H_2O_2/OH^-]{\text{(1) } BH_3/THF}$

(6)　$\xrightarrow[0℃]{稀KMnO_4/OH^-}$

(7) $HC\!\equiv\!CCH_2CH_3 + Cu(NH_3)_2NO_3 \longrightarrow$

(8)　$\xrightarrow[光照,CCl_4]{NBS}$

(9)   (10)

(11)

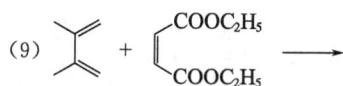

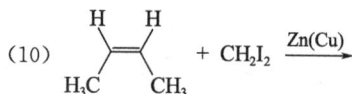

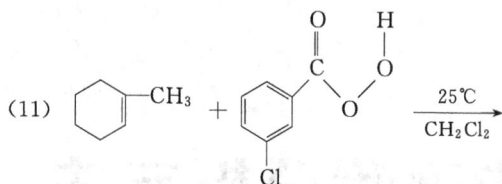

4. 比较下列烯烃亲电加成反应的活性。

(1) 丙烯   (2) 乙烯   (3) 丁-2-烯   (4) 2-氯丙烯

5. 烯烃经高锰酸钾氧化后得到下列产物，写出原烯烃的结构式。

(1) CO_2 和 $CH_3CH_2COCH_3$ (2) CH_3CH_2COOH 和 $CH_3CH_2COCH_3$

(3) 只有 $CH_3CH_2CH_2COOH$ (4) 只有 $HOOCCH_2CH_2CH_2COCH_3$

6. 写出 1mol 戊-1-炔与下列试剂反应的产物。

(1) 1mol H_2，林德拉催化剂   (2) 2mol H_2，Pd/C   (3) 稀 H_2SO_4/$HgSO_4$

(4) 1mol HBr   (5) 2mol HBr   (6) Na，NH_3（液态）

7. 现有三种未知样品，己-1-炔、己-2-炔和正己烷，用简单的化学试验鉴别之。

8. 分子式为 C_5H_8 的两种烃，经氢化后都生成 2-甲基丁烷。它们都能与两分子溴加成，但其中的一种与银氨溶液反应产生亮色沉淀，另一种则不能。试推测这两种烃的结构式，并写出有关的反应式。

9. 普通家蝇的性吸引剂是一种分子式为 $C_{23}H_{46}$ 的烃。经酸性高锰酸钾处理，得到两种产物，$CH_3(CH_2)_{12}COOH$ 和 $CH_3(CH_2)_7COOH$。试写出该烃的结构式。

10. α-萜品烯，$C_{10}H_{16}$，是从甘牛至草油中分离得到的一种有愉快香味的烃。在钯催化剂作用下，1mol α-萜品烯与 2mol 氢反应，生成烃 $C_{10}H_{20}$。α-萜品烯经臭氧分解，再用锌粉-醋酸作用，得到乙二醛和 6-甲基庚-2,5-二酮。

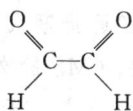

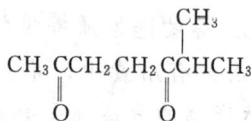

乙二醛   6-甲基庚-2,5-二酮

(1) 计算 α-萜品烯的不饱和度。分子中有几个双键？几个环？

(2) 试画出 α-萜品烯的结构式。

(3) 写出有关的反应式。

11. 画出下列分子的各种共振结构式。

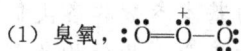

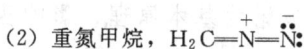

(1) 臭氧，$:\overset{..}{O}=\overset{+}{O}-\overset{..}{\underset{..}{O}}:$ (2) 重氮甲烷，$H_2C=\overset{+}{N}=\overset{-}{\underset{..}{N}}:$

12. 经实验证实，碳酸根离子（CO_3^{2-}）中的三个碳氧键是等价的，键长均为 128pm，介于典型的碳氧单键（135pm）和碳氧双键（120pm）之间。试用共振结构理论解释。

（西安交通大学   徐四龙）

第四章

有机化合物结构现代分析方法

内容提示

本章主要介绍：有机化合物现代结构分析方法——波谱学的基本知识，IR、UV、NMR（^{1}H NMR 和 ^{13}C NMR）和 MS 四谱的基本原理、图谱解析；四谱联用技术及在有机化学和医学上的应用。

准确测定有机化合物的分子结构是有机化学的重要任务之一，对于分析其性质与功能，从分子水平去认识物质世界是十分重要的。以前，主要依靠经典的化学方法来测定有机化合物的结构，所需试样多、耗时、费力，技术难，且测定结果准确性不高。现在借助有机化合物的红外光谱（infrared spectroscopy，IR）、紫外光谱（ultraviolet spectroscopy，UV）、核磁共振谱（nuclear magnetic resonance，NMR）和质谱（mass spectroscopy，MS）等物理性质提供的结构信息推断化合物的结构，也叫波谱法（或波谱分析）。波谱法具有用量少、不损坏样品（MS 除外）、分析速度快和准确性高的特点。无论是天然产物的分离还是合成产物的鉴定，无论是反应机理的推测还是反应过程的监控，都离不开这些波谱分析法。特别是近年来，随着生物学和生命科学的发展而相继出现的核磁共振多维谱以及质谱的一些新型离子化技术，在蛋白质、多糖和核酸等生物大分子溶液的结构测定中作出了极大的贡献。因此，有机化合物结构的波谱学分析方法已成为化学家、生物学家及相关诸多领域科研工作者必备的知识。本章将简要介绍这四大波谱的基本原理、影响因素、谱图的基本参数和各类简单有机化合物的谱图特征，并讨论如何应用四种波谱来解决简单有机化合物结构的测定问题。

在学完本章以后，你应该能够回答以下问题：

1. 何谓 IR、UV、NMR、MS？在有机分子的结构测定中，它们分别主要解决什么问题？

2. 影响分子振动吸收频率的主要因素有哪些？各类官能团的特征吸收频率的大致范围是多少？

3. NMR 的主要参数（化学位移 δ、峰面积、信号的裂分）的含义及其主要影响因素？

4. 怎样进行简单的 ^{1}H NMR 图谱解析？

5. 怎样进行简单的 UV、IR 图谱解析？

6. 对简单化合物，如何通过"四谱联用"进行结构分析？

在这四大谱中，除质谱外，其他三种都是基于物质对光的选择性吸收而建立起来的谱图解析方法，简称吸收光谱法（absorptive spectroscopy）。

光或其他电磁波辐射，具有波粒二重性。就其波动性而言，光的波长（λ）、频率（ν）与波的传播速度 c 之间的关系为：

$$\lambda\nu=c \tag{4-1}$$

式中，λ 为波长，cm；ν 为频率，Hz；c 为真空光速，3×10^{10} cm·s^{-1}。频率也可以用波数（σ）来表示，即电磁波在 1cm 的行程中振动的次数，波数的单位是 cm^{-1}。

$$\sigma=\frac{1}{\lambda}=\frac{\nu}{c} \tag{4-2}$$

从以上表达式可以看出，波数 σ 与波长 λ 成反比，而与频率 ν 成正比。

就其粒子性而言，每一个光子具有能量。光子的能量与波长、频率的关系为：

$$E=h\nu=h\sigma c=\frac{hc}{\lambda} \tag{4-3}$$

式中，h 为普朗克（Planck）常数，6.63×10^{-34} J·s。上式说明光子的能量与电磁波的频率成正比，与波长成反比，波长越短，频率越高，能量越高。表 4-1 是按照波长排列的电磁波区域划分情况。

表 4-1　电磁波的不同区域及对应的波谱学分类

光谱区	γ 射线	X 射线	远紫外	近紫外	可见	近红外	中红外	远红外	无线电波
λ/nm	<0.1	0.1	10～200	200～400	400～760				
λ/μm						0.76～2.5	2.5～25	25～1000	
λ/cm									>10
跃迁类型	核与内层电子		价电子			分子振动与转动			核自旋

化合物分子中的原子和电子不停地运动着，一定的运动状态具有一定的能量，如平动能、转动能、振动能、电子跃迁能及原子核的自旋跃迁能等，这些能量除平动能外都是量子化的。而电磁辐射可提供能量，当辐射能恰好等于分子运动的某两个能级之差时，则会发生吸收，从而产生相应的光谱。

分子吸收了紫外线和可见光能（200～800nm）后，引起电子能级跃迁而产生的紫外-可见光谱，可反映有机化合物分子中的共轭体系及其取代情况。分子吸收了红外光能（波长2.5～25μm 或波数 4000～400cm^{-1}）后，引起分子振动能级和转动能级跃迁而产生红外光谱，它主要反映有机化合物分子中的各种官能团及其周围的结构环境。

自旋的原子核在外加磁场下发生能级分裂，当能级差与无线电波区的能量（一般频率60～600MHz）相当时，原子核吸收电磁波，引起核的自旋能级跃迁而产生核磁共振谱。从中可了解核群的种类、相对数目、核群之间的关系及核的环境等情况，核磁共振谱是测定有机化合物结构、构型和构象的最有效的手段。

此外，使待测的样品分子气化，用具有一定能量的电子束（或具有一定能量的快速原子）轰击气态分子，使气态分子失去一个电子而成为带正电的分子离子和各种碎片正离子，所有的正离子在电场和磁场的综合作用下按质荷比（m/e）大小依次排列而得到质谱。从质谱图中可以得到精确的分子量和分子中的结构单元。

总之，随着计算机技术和分析测试仪器的不断完善与发展，红外光谱、紫外光谱、核磁共振谱和质谱越来越成为物理学、化学、生物学、医学、药学等诸多学科必不可少的工具。

一、红外光谱

当用不断改变波长的红外线照射样品，被照射的物质将吸收部分辐射能，使分子的振动和转动跃迁到较高能级，谱图上显示出相应的吸收谱带。通常以波长（上方横线，μm）或波数（下方横线，cm^{-1}）作横坐标，以透光率（percentage transmittance，$T/\%$）为纵坐标，将吸收情况以吸收曲线的形式记录下来，就得到红外吸收光谱，简称红外光谱（infrared spectroscopy，IR），图 4-1 为戊-2-酮的红外光谱图。由于对光的吸收度越强，透过率越小，故红外光谱中的吸收峰呈"谷"形，谷的深度即表示吸收的强度。

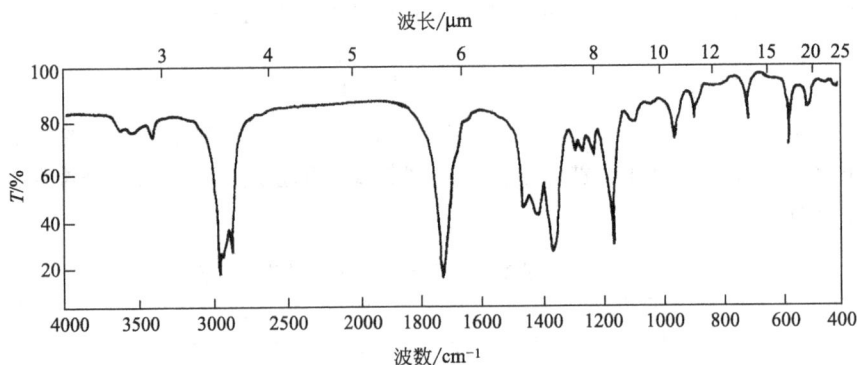

图 4-1　戊-2-酮的 IR 谱图

红外光谱图给出吸收峰的位置、形状和相对强度，是对化合物进行结构分析的重要依据。除对映异构体外，任何两个不同的化合物都具有不同的红外光谱，以此鉴别化合物的异同比常规的物理常数测定更可靠。

（一）基本原理

1. 分子的振动及红外吸收振动频率

化学键的振动有两类，即伸缩振动（streching vibration）和弯曲振动（bending vibration）。现以亚甲基为例来说明。

伸缩振动：只改变键长的振动，用符号 ν 表示。它可分为对称（symmetrical）伸缩振动 ν_s 和不对称（asymmetrical）伸缩振动 ν_{as}。

对称　　　　　　　　不对称

伸缩振动

弯曲振动：只改变键角的振动，用符号 δ 表示。分为面内（in plane）弯曲振动 δ_{ip} 和面外（out of plane）弯曲振动 δ_{oop}。面内弯曲振动又有剪式和面内摇摆之分；面外弯曲振动有面外摇摆和扭曲之区别。

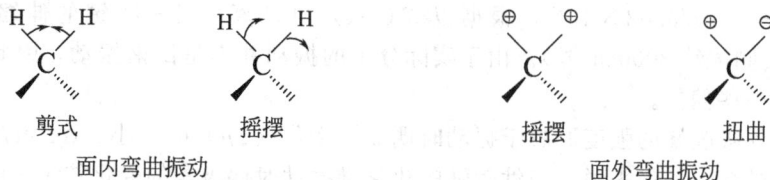

剪式	摇摆	摇摆	扭曲
面内弯曲振动		面外弯曲振动	

（图中 ⊕ 和 ⊖ 分别表示原子垂直于纸面向前和向后运动）

通常情况下对一定的化学键来说，不同类型振动的强弱顺序为：

$$\nu > \delta;\quad \nu_{as} > \nu_s;\quad \delta_{ip} > \delta_{oop}$$

即伸缩振动强于弯曲振动；不对称伸缩振动强于对称伸缩振动；面内弯曲振动强于面外弯曲振动。

2. 峰数、峰位和峰强

峰数：理论上讲，化合物的红外吸收峰的数目，取决于分子的振动自由度（degree of freedom）数。由于描述由 n 个原子组成的多原子分子的空间位置需 $3n$ 个坐标，因而就有总数 $3n$ 个自由度。对于非线形分子，因其有 3 个平移自由度和 3 个旋转自由度，故其振动自由度数就等于 $3n-6$；对于线形分子，其振动自由度数则等于 $3n-5$（因为其中绕轴旋转时不改变原子的空间坐标，这种转动不能算转动自由度，即自由度为零）。如 H_2O，为非线形分子，振动自由度数等于 3，因此水分子的红外谱图可出现 3 个吸收峰：$3756cm^{-1}$、$3652cm^{-1}$ 和 $1595cm^{-1}$。但实际上，一个化合物的红外吸收峰的数目往往少于上述理论计算，一般为 5～30 个吸收谱带，其原因是多方面的。

（1）只有引起分子瞬时偶极矩（μ）变化的振动才产生红外吸收，如乙烯、乙炔等碳碳重键的对称伸缩振动，$\Delta\mu=0$，故不显示红外吸收峰。

（2）振动频率相同的峰会发生简并。

（3）弱而窄的吸收峰往往被与之频率相近的强而宽的吸收峰所覆盖。

思考题 4-1　二氧化碳分子的振动自由度是多少？它在 IR 图谱中有几个吸收峰？

峰位：红外吸收峰的位置取决于各化学键的振动频率。而化学键的振动可视为一种简谐振动，其频率可由虎克（Hooke）定律近似求得：

$$\sigma = \frac{1}{2\pi c}\sqrt{k\left(\frac{1}{m_1}+\frac{1}{m_2}\right)} \tag{4-4}$$

式中，σ 为波数，cm^{-1}；c 为光速；$cm \cdot s^{-1}$；k 为化学键的力常数，$N \cdot cm^{-1}$ 或 $g \cdot s^{-2}$；m_1，m_2 分别为两个原子的质量。

由式(4-4) 可得以下结论：

(1) 化学键越强，k 值越大，红外吸收峰的波数就越大。如碳碳叁键、双键和单键的伸缩振动吸收频率随键强度的减弱而减小。

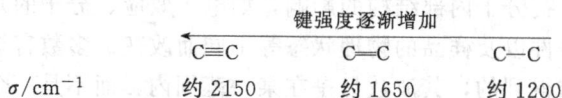

键强度逐渐增加

	C≡C	C=C	C—C
σ/cm^{-1}	约 2150	约 1650	约 1200

(2) 组成化学键的原子量越小，红外吸收频率越大。如 C—H 键和 C—D 键的伸缩振动

波数分别在 $3000cm^{-1}$ 和 $2600cm^{-1}$ 左右。

如果知道两个原子的质量和它们之间的力常数，就可以计算出两个原子间振动的吸收频率。例如，已知饱和烃 C—H 键的力常数为 $5.07 \times 10^5 g \cdot s^{-2}$，碳和氢的原子质量分别为 $12g/6.02 \times 10^{23}$，$1g/6.02 \times 10^{23}$，根据以式（4-4）可计算出 C—H 键的伸缩振动频率为 $3052cm^{-1}$（实测值约 $3000cm^{-1}$）。由于实际分子的振动并不是简谐振动，因此计算值与实测值之间会有一些偏差。

峰强：红外吸收峰的强度取决于振动时偶极矩变化（$\Delta\mu$）的大小。$\Delta\mu$ 值越大，吸收越强，峰"谷"越深。一般来说，极性较强的化学键振动时偶极矩的变化较大，即吸收峰的强度与成键原子之间电负性的差值有关，如 C—O、C—N、C=O、C=N 等吸收峰很强，而C—C 和 C—H 键吸收峰则较弱。红外吸收峰的强度通常用下列符号表示：vs（very strong，很强）；s（strong，强）；m（medium，中强）；w（weak，弱）；vw（very weak，很弱）等。不过，影响红外吸收强度的因素很多，如振动能级的跃迁概率、仪器狭缝的宽度，以及测定时的温度、溶剂等。

在阅读有关化合物结构的 IR 文献时，不仅有峰位、峰强的说明，还常常会看到对峰型的标注。如宽（broad，br）、肩（shoulder，sho）、尖（sharp，sh）、可变（virable，v）等字样。

思考题 4-2 下列共价键中，哪一个伸缩振动的吸收波数最高？哪一个吸收峰的强度最大？

$$C—H \qquad C—C \qquad C—O$$

（二）基团特征振动频率

1. 主要区段和基团特征吸收频率

为了便于解析 IR 图谱，通常将红外光谱划分为两大区域、九个区段。

（1）特征谱带区（或官能团区，functional group region） 一般指 $4000 \sim 1500cm^{-1}$ 区域。这一区域的吸收峰大多由成键原子的伸缩振动产生，与整个分子的关系不大，彼此间很少重叠，容易辨认，不同化合物中的相同官能团的出峰位置相对固定，可用于确定分子中含有哪些官能团。

（2）指纹区（fingerprint region） 一般指 $1500 \sim 400cm^{-1}$ 区域。此区域主要是一些单键的伸缩振动和弯曲振动所产生的吸收峰。指纹区吸收峰大多与整个分子的结构密切相关，不同分子的指纹区吸收不同，就像不同的人有不同的指纹，从而可为分子的结构鉴定提供重要信息。例如，当判断两个化合物是否为同一物质时，除二者应具备相同的特征峰外，还必须查对指纹区峰位和峰形是否完全一致。不过，此区域内吸收峰的数目繁多，其中大部分难于找到归属。表 4-2 列出不同官能团在相应红外频区的特征吸收。

2. 影响吸收波数（或频率）的因素

基团或化学键的红外吸收频率除主要由成键原子的质量和键的力常数决定外，还受许多其他因素的影响，这些因素包括分子内部结构的影响，如电子效应、分子的几何形状和振动的偶合等，有时还会因测定条件以及样品的物理状态等不同而改变。多数官能团的峰位都是通过实验进行积累、归纳总结得到的，其波数只是在某一范围内，而不是一个定值。现主要介绍因结构变化对官能团的吸收波数的影响，以含羰基的化合物为例。

表 4-2 红外光谱的主要区段

$4000\sim2400cm^{-1}$（主要为 Y—H 键的伸缩振动吸收）		
吸收频率/cm^{-1}	引起吸收的键或官能团	化合物类别
$3650\sim3600$ $3500\sim3200$ $3400\sim2500$	O—H	醇、酚（自由） 醇、酚（分子间氢键） 羧酸（缔合）
$3500\sim3100$	N—H	胺、酰胺
约 3300	C≡C—H	炔
$3100\sim3010$	C=C—H，Ar—H	烯、芳香化合物
$3000\sim2850$	—C—H	烷烃
$2900\sim2700$	—CHO	醛
$2400\sim1500cm^{-1}$（主要为不饱和键的伸缩振动吸收）		
吸收频率/cm^{-1}	引起吸收的键或官能团	化合物类别
$2400\sim2100$	C≡C，C≡N	炔、腈
$1750\sim1700$ $1680\sim1630$ $1815\sim1785$ $1850\sim1740$	C=O	醛、酮、羧酸和酯 酰胺 酰卤 酸酐
$1675\sim1640$	C=C，N=O	烯、硝基化合物
$1600\sim1450$	芳环	芳香化合物
$1500\sim400cm^{-1}$（某些键的伸缩振动和 C—H 键的弯曲振动吸收）		
吸收频率/cm^{-1}	引起吸收的键或官能团	化合物类别
$1300\sim1000$	C—O（伸缩振动）	醇、醚、羧酸、酯
$1350\sim1000$	C—N（伸缩振动）	胺
$1420\sim1400$	C—N（伸缩振动）	酰胺
$1475\sim1300$	C—H（面内弯曲振动）	烷
$1000\sim650$	=C—H，Ar—H（面外弯曲振动）	取代烯烃、取代苯

（1）电子效应 诱导效应的影响：当一强吸电子基团与羰基碳原子邻接时，将使羰基氧原子上的电子向双键偏移，从而增加了 C=O 键的力常数，使 C=O 吸收波数增大。如：

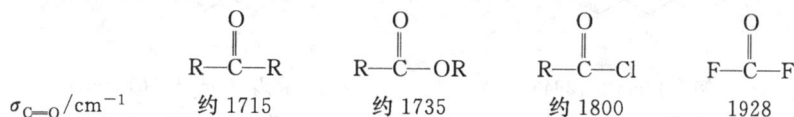

$$\underset{约\,1715}{\overset{O}{R-\overset{\|}{C}-R}} \qquad \underset{约\,1735}{\overset{O}{R-\overset{\|}{C}-OR}} \qquad \underset{约\,1800}{\overset{O}{R-\overset{\|}{C}-Cl}} \qquad \underset{1928}{\overset{O}{F-\overset{\|}{C}-F}}$$

$\sigma_{C=O}/cm^{-1}$

共轭效应的影响：共轭体系中的电子离域使得羰基的双键性降低。如具有 π-π 共轭的芳酮和 α,β-不饱和酮的羰基的伸缩振动波数均低于孤立羰基的振动波数。但在 p-π 共轭体系中，常同时存在诱导效应与共轭效应，吸收谱带的位移方向取决于哪一个占主导。如在酰胺中，共轭效应大于诱导效应，与酮相比，羰基的伸缩振动频率下降；但在酯和酰卤中，诱导效应占主导，羰基振动频率上升。

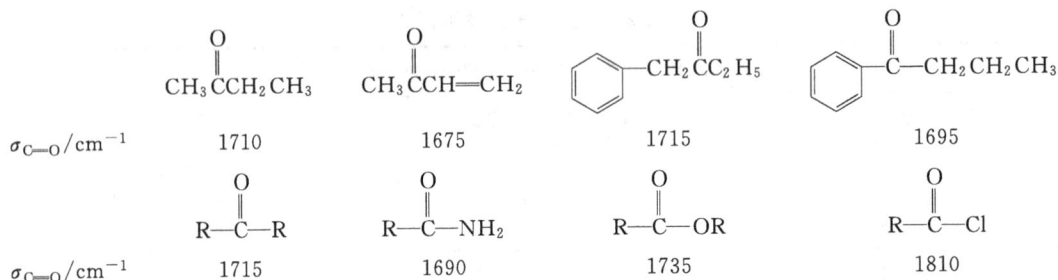

$\sigma_{C=O}/cm^{-1}$	1710	1675	1715	1695

$\sigma_{C=O}/cm^{-1}$	1715	1690	1735	1810

(2) 空间效应 随着环的张力增大，其环外官能团的振动吸收移向高波数。如环酮化合物：

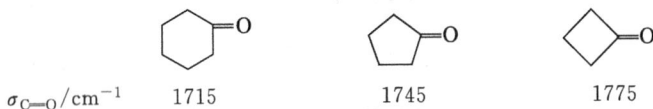

$\sigma_{C=O}/cm^{-1}$	1715	1745	1775

环内双键的伸缩振动则随环张力的增加而降低。如环己烯、环戊烯和环丁烯的碳碳双键的伸缩振动吸收频率（cm^{-1}）依次为 1639、1623 和 1566。

环烷烃中的亚甲基的振动频率也随着环张力的增加而增加。例如：

σ_{CH_2}/cm^{-1}	2925	2951	2974	3050

若结构中存在的共轭效应因空间阻碍而受到限制，则振动吸收移向高波数。如：

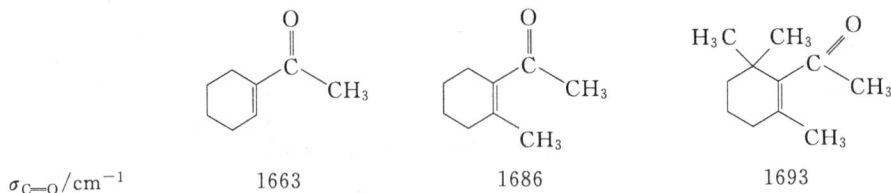

$\sigma_{C=O}/cm^{-1}$	1663	1686	1693

(3) 氢键效应 无论是分子间氢键还是分子内氢键，皆导致吸收频率向低波数移动，谱带变宽。这是因为形成氢键使偶极矩和键长都发生了改变。例如：醇与酚的羟基，在极稀的溶液中呈游离状态，在 3650～3600cm^{-1} 处有吸收峰。随着浓度增加，分子间形成氢键，其伸缩振动频率移至 3450～3200cm^{-1}，且峰强而宽。若形成分子内氢键，则波数降至更低，谱带变宽，但峰强不增。如：

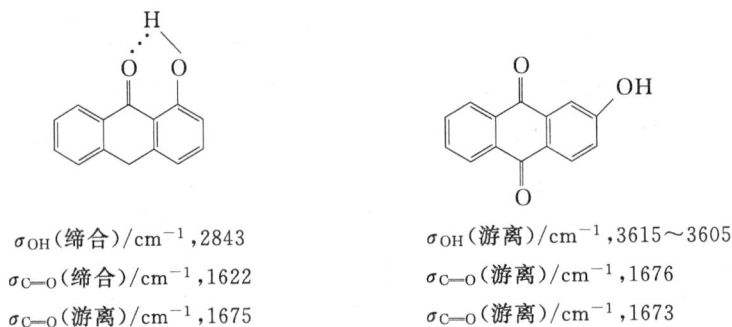

σ_{OH}(缔合)/cm^{-1},2843
$\sigma_{C=O}$(缔合)/cm^{-1},1622
$\sigma_{C=O}$(游离)/cm^{-1},1675

σ_{OH}(游离)/cm^{-1},3615～3605
$\sigma_{C=O}$(游离)/cm^{-1},1676
$\sigma_{C=O}$(游离)/cm^{-1},1673

思考题 4-3 在醇类化合物中，为什么羟基的伸缩振动频率随着溶液浓度增高而向低波数方向位移？

（三）常见化合物的特征谱带

1. 烷烃、烯烃和炔烃

（1）烷烃 烷烃的特征吸收峰主要是 C—H 伸缩振动（3000～2850cm^{-1}）和 C—H 弯曲振动（1465～1340cm^{-1}）。如伯氢—CH$_3$ 在～2960cm^{-1} 和～2870cm^{-1}（vs），仲氢—CH$_2$ 在～2930cm^{-1} 和～2850cm^{-1}（vs），叔氢 R^{3}C—H 在～2890cm^{-1}（w）。烷烃 C—H 弯曲振动对分子结构测定十分有用。如亚甲基和甲基的 C—H 弯曲振动分别在～1460cm^{-1} 和～1380cm^{-1} 有吸收峰。孤立甲基只在～1380cm^{-1} 出现单峰，若分子中存在异丙基或叔丁基，～1380cm^{-1} 的单峰分裂成双峰，异丙基的双峰强度相等，叔丁基的双峰强度不等，较低波数的吸收峰强度大。图 4-2 为 3-甲基戊烷的 IR 谱图，图中 1380cm^{-1} 和 1461cm^{-1} 分别为孤立甲基和亚甲基的 C—H 弯曲振动的吸收峰。

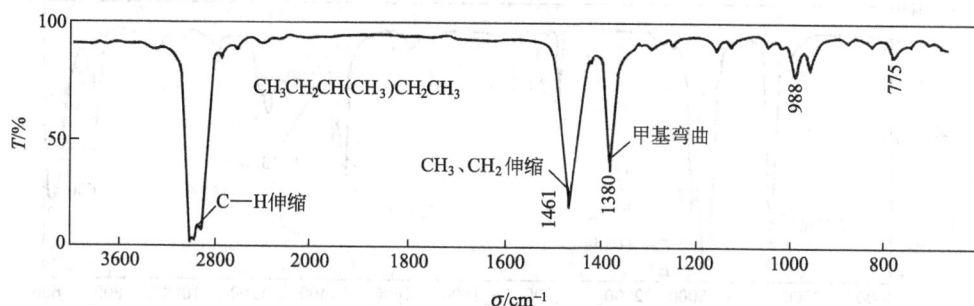

图 4-2　3-甲基戊烷的 IR 谱图

（2）烯烃 烯烃有 C=C 的伸缩振动、=C—H 伸缩振动和面外弯曲振动。=C—H 伸缩振动在 3100～3010cm^{-1}，峰形尖锐，强度较低，可以鉴定烯烃或至少有一个烯氢原子存在的烯烃。C=C 双键的伸缩振动在 1680～1620cm^{-1}，其强度和位置决定于双键原子上取代基的数目及其性质，在对称烯烃中甚至不出现吸收峰。=C—H 的弯曲振动在 1000～700cm^{-1}，很特征，与烯烃取代类型密切相关，对于鉴定各种类型的烯烃很有用。各类烯烃的 C—H 面外弯曲振动的特征吸收见表 4-3。图 4-3 为癸-1-烯的 IR 谱图。

表 4-3　各类烯烃的 C—H 面外弯曲振动的特征吸收

烯烃类型	吸收峰频率/cm^{-1}	吸收峰强度	烯烃类型	吸收峰频率/cm^{-1}	吸收峰强度
RCH=CH$_2$	990 和 910（双峰）	s	R$_2$C=CH$_2$	890	m→s
RCH=CHR（Z 式）	690	m，w	R$_2$C=CHR	840～790	m→s
RCH=CHR（E 式）	970	m→s			

图 4-3 中所标示的峰 A（～3030cm^{-1}）为=C—H 的伸缩振动吸收，峰 B（～2960cm^{-1}，～2860cm^{-1}）为饱和 C—H 的伸缩振动吸收，峰 C（～1640cm^{-1}）为 C=C 的伸缩振动吸收，峰 D（～990cm^{-1}，910cm^{-1}）为=C—H 弯曲振动，反映了末端烯烃的特征。

（3）炔烃 炔烃碳碳叁键的伸缩振动在 2260～2100cm^{-1}，除末端炔烃外，强度一般很弱甚至观察不到，但处于共轭体系中由于极化作用强度有所增加。端基炔在 3300cm^{-1} 附近出现中等强度的尖锐谱带。图 4-4 为己-1-炔的 IR 谱图。图中所标示的峰 A（～3300cm^{-1}）为炔氢的伸缩振动吸收，峰 B（～2960cm^{-1}，～2860cm^{-1}）为饱和 C—H 的伸缩振动吸收，峰 C（～2150cm^{-1}）为 C≡C 的伸缩振动吸收，峰 D（～630cm^{-1}）为末端炔烃碳氢键

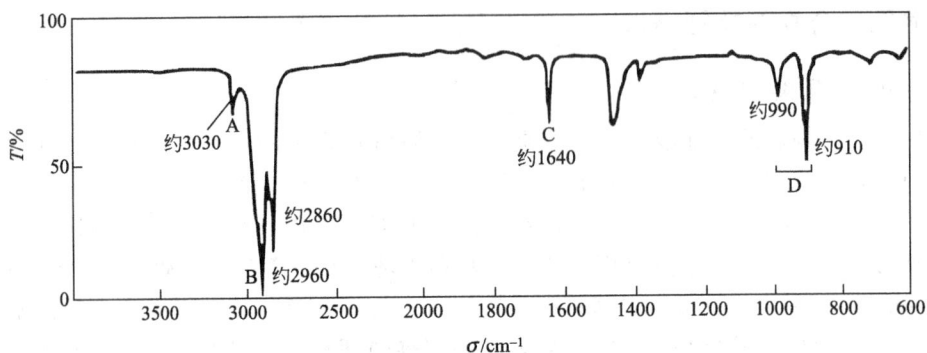

图 4-3 癸-1-烯的 IR 谱图

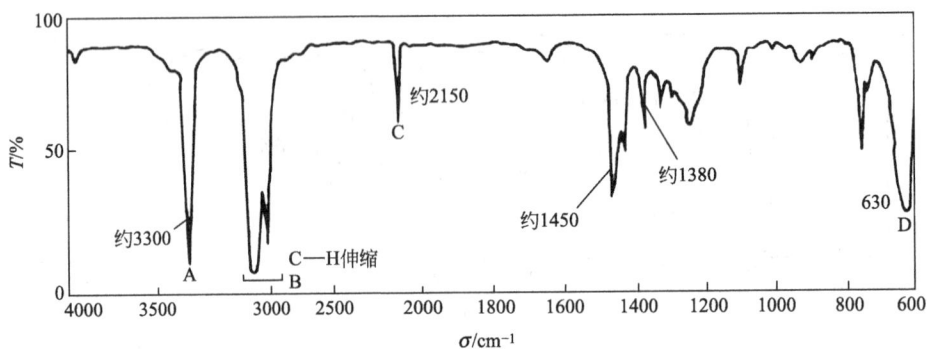

图 4-4 己-1-炔的 IR 谱图

的弯曲振动吸收。

2. 芳香烃

芳环 C—H 伸缩振动出现在 $3100\sim3000\text{cm}^{-1}$ 附近，中等强度，与烯氢相近。芳环的碳碳骨架伸缩振动在 $1650\sim1450\text{cm}^{-1}$，为一组（$1600\text{cm}^{-1}$、$1580\text{cm}^{-1}$、$1500\text{cm}^{-1}$ 和 1450cm^{-1}）$2\sim4$ 个中到弱的吸收谱带，是芳香环存在的特征谱带。其中，1450cm^{-1} 常常与甲基、亚甲基的 C—H 弯曲振动吸收重合，只在苯环与其他基团存在 π-π 共轭和 p-π 共轭时才会出现。芳环 C—H 的弯曲振动在 $900\sim650\text{cm}^{-1}$，可用来鉴定芳环取代基的位置。取代苯 C—H 的面外弯曲振动的特征吸收见表 4-4。图 4-5 为对二甲苯的 IR 谱图。

表 4-4 取代苯 C—H 的面外弯曲振动的特征吸收

取 代 苯	吸收峰频率/cm⁻¹	吸收峰强度
单取代（5 个邻接氢）	$770\sim750$ 和 $710\sim690$（双峰）	m→s
邻位二取代（4 个邻接氢）	$770\sim735$	m→s
间位二取代（3 个邻接氢）	$810\sim750$ 和 $710\sim690$	m→s
对位二取代（2 个邻接氢）	$850\sim800$	m→s

3. 醇、酚和醚

（1）醇和酚　醇和酚的主要特征吸收是 O—H 和 C—O 的伸缩振动吸收。游离的 O—H 伸缩振动在 $3650\sim3600\text{cm}^{-1}$ 有尖锐吸收峰。但往往因为形成分子间氢键，削弱了 O—H 键强度而使吸收频率降低，在 $3500\sim3200\text{cm}^{-1}$ 附近会出现一个强而宽的吸收峰。醇的 C—O

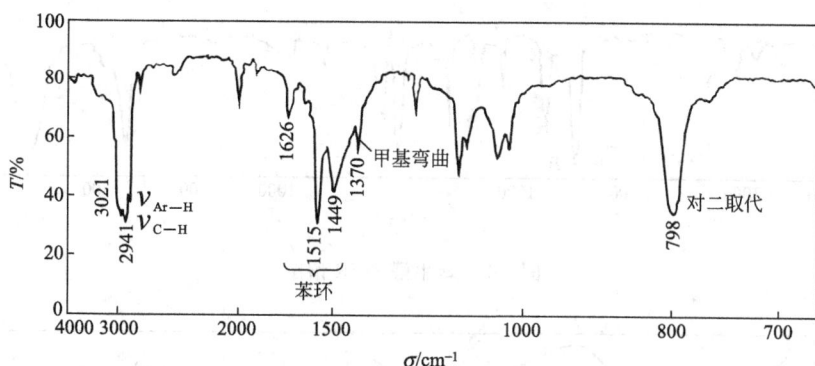

图 4-5　对二甲苯的 IR 谱图

的伸缩振动随伯、仲和叔醇有所不同，伯醇在～1050cm^{-1}，仲醇在～1100cm^{-1}，叔醇在～1150cm^{-1}。酚的 C—O 键的伸缩振动在 1335～1165cm^{-1} 出现。芳环的骨架振动是鉴别酚的重要信息。图 4-6 表示苯甲醇的 IR 谱图。A 为缔合 O—H 的伸缩振动，B 为芳环 C—H 的伸缩振动，C 为亚甲基 C—H 的伸缩振动，D 组峰为芳环的骨架振动，E 为 C—O 键的伸缩振动，F 为芳环上 C—H 键的弯曲振动，表明为单取代。

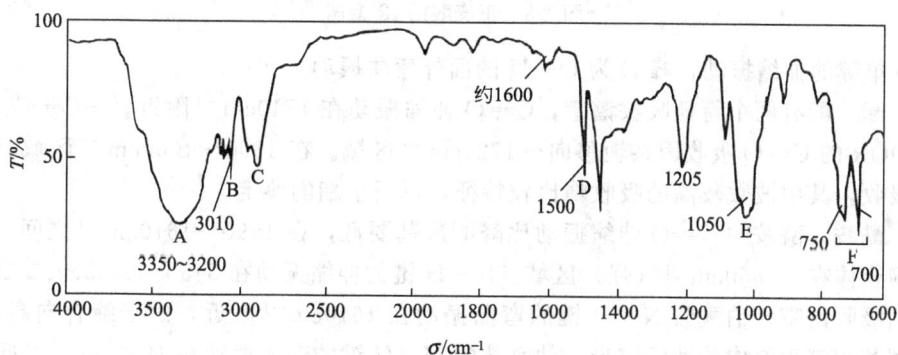

图 4-6　苯甲醇的 IR 谱图

（2）醚　脂肪醚在 1100cm^{-1} 附近有很强的吸收。而芳香醚有两个伸缩振动吸收：1270～1200cm^{-1}（Ar—O 伸缩）和～1000cm^{-1}（R—O 伸缩）。

4. 醛和酮

羰基在 1750～1680cm^{-1} 有一个非常强的伸缩振动吸收峰，这是鉴别羰基最有效的方法。脂肪酮约在 1715cm^{-1} 处；脂肪醛略高，在 1750～1720cm^{-1}。当羰基与烯键或芳环共轭，会使波数降低。醛除羰基伸缩振动吸收外，还有醛基 C—H 的伸缩振动，在 2820cm^{-1} 和 2720cm^{-1} 附近两个中等强度的吸收峰，如图 4-7 中所标示的峰 A，该峰容易辨认，是鉴别醛的特征吸收。图中 B 峰为羰基的伸缩振动，因与苯环共轭，在～1706cm^{-1} 出现吸收。

5. 羧酸及其衍生物

（1）羧酸　羧酸一般以二聚体状态存在，其羰基的伸缩振动在 1725～1695cm^{-1}，而 O—H 键伸缩振动由于二聚体氢键的形成，在 3000～2500cm^{-1} 有宽而散的吸收峰。图 4-8 为正庚酸的 IR 谱图。峰 A 为羧酸二聚体 O—H 的伸缩振动，峰 B 为羰基的伸缩振动，峰 C

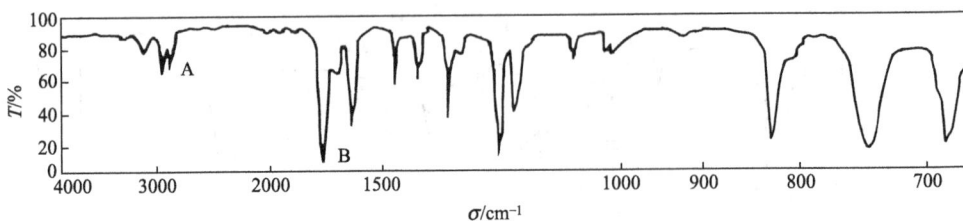

图 4-7 苯甲醛的 IR 谱图

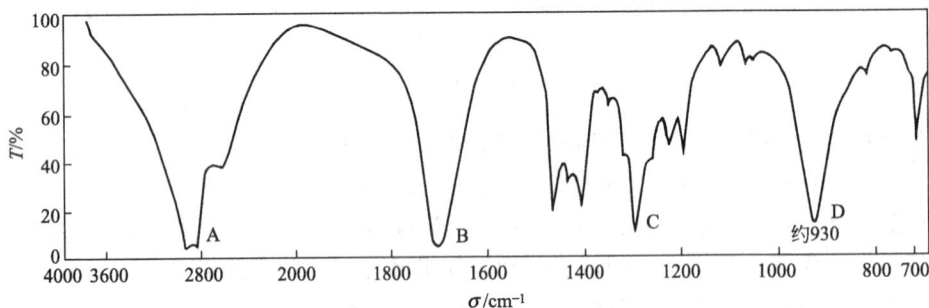

图 4-8 正庚酸的 IR 谱图

为 C—O 单键的伸缩振动，峰 D 为 O—H 的面外弯曲振动。

(2) 酯 酯有两个特征吸收谱带，$C=O$ 伸缩振动在 $1740cm^{-1}$ 附近，—C=C—COOR 或 ArCOOR 的 $C=O$ 吸收因共轭移向 $\sim 1720cm^{-1}$ 区域。在 $1300 \sim 1000cm^{-1}$ 区域有两个伸缩振动吸收，其中波数较高的吸收峰比较特征，可用于酯的鉴定。

(3) 酰胺 酰胺的 $C=O$ 伸缩振动比醛酮羰基要低，在 $1690 \sim 1610cm^{-1}$ 之间，伯、仲酰胺的缔合体在 $\sim 1650cm^{-1}$（强）区域。N—H 键的伸缩振动在 $3450 \sim 3225cm^{-1}$ 之间有由弱到强的吸收谱带。伯酰胺 N—H 键的弯曲振动在 $1610cm^{-1}$ 附近，由于缔合向高频位移，有时与羰基谱带重叠成较宽的谱带。仲酰胺的 N—H 键的弯曲振动在 $1550cm^{-1}$ 附近。

(4) 酸酐 酸酐有两个与氧原子相连的 $C=O$ 键，因其单键氧的诱导效应大于共轭效应，使得 $C=O$ 键的力常数增大，在高频位置有两个吸收峰，一般在 $1820cm^{-1}$ 和 $1780cm^{-1}$，分别对应于两个 $C=O$ 的对称与反对称伸缩振动。

(5) 氨基酸 氨基酸通常以两性离子存在，其红外光谱包括离子化的羧基和铵根阳离子的吸收峰。羧酸根离子的吸收在 $1600cm^{-1}$ 和 $1400cm^{-1}$，而铵根离子在 $3330 \sim 2500cm^{-1}$ 之间，宽而强。在一定的酸碱条件下，可将氨基或羧基游离出来。自由的—NH_2，其伸缩振动在 $3330cm^{-1}$ 附近，自由—COOH 中羰基的伸缩振动出现在比正常羰基稍高的 $1740cm^{-1}$ 处。

6. 胺和铵盐

胺分子中含有 C—N 键，伯胺和仲胺分子中含有 N—H 键，因此胺的红外特征键包括 C—N 键和 N—H 键。伯氨和仲胺的 N—H 键，在 $3300 \sim 3000cm^{-1}$ 处有弱的 N—H 键特征伸缩振动吸收，但是比 O—H 伸缩振动吸收弱，峰比 O—H 伸缩振动吸收峰尖锐；伯胺有两个吸收峰（对称和不对称），仲胺一个，叔胺由于不含 N—H 键，故在此处无吸收。另外，伯胺在 $1650 \sim 1680cm^{-1}$ 处有 N—H 键的弯曲振动吸收，可以用于伯胺的鉴定。

脂肪胺的 C—N 伸缩振动吸收在 $1250 \sim 1020cm^{-1}$ 处，强度中等或较弱；芳香胺 C—N 伸缩振

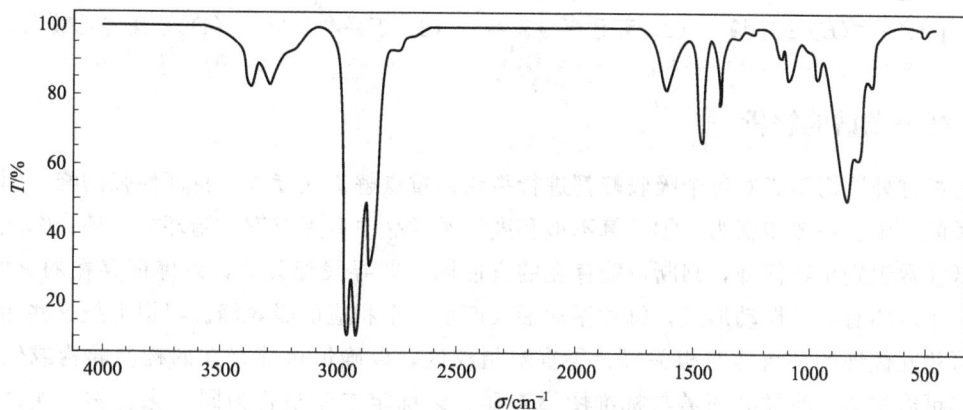

图 4-9　正丁胺的 IR 谱图

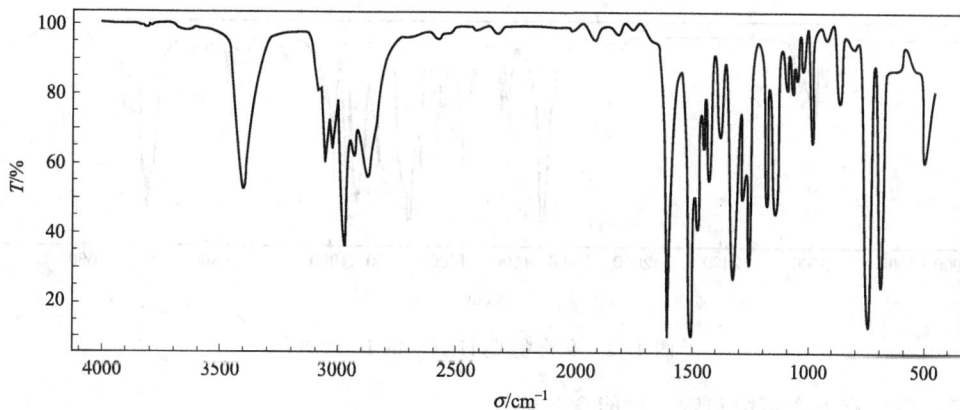

图 4-10　N-乙基苯胺的 IR 谱图

动吸收在 $1335\sim1250cm^{-1}$ 处，较强。图 4-9 和图 4-10 是正丁胺和 N-乙基苯胺的 IR 谱图。

当胺成盐时，氨基转化为铵离子，N^+—H 键的伸缩振动频率大幅度向低频移动，在 $3200\sim2200cm^{-1}$ 区域形成宽的谱带。

思考题 4-4　下图是辛-2λ/μm-烯的 IR 谱图，请根据谱图判断它是 *cis*-辛-2-烯还是 *trans*-辛-2-烯的？

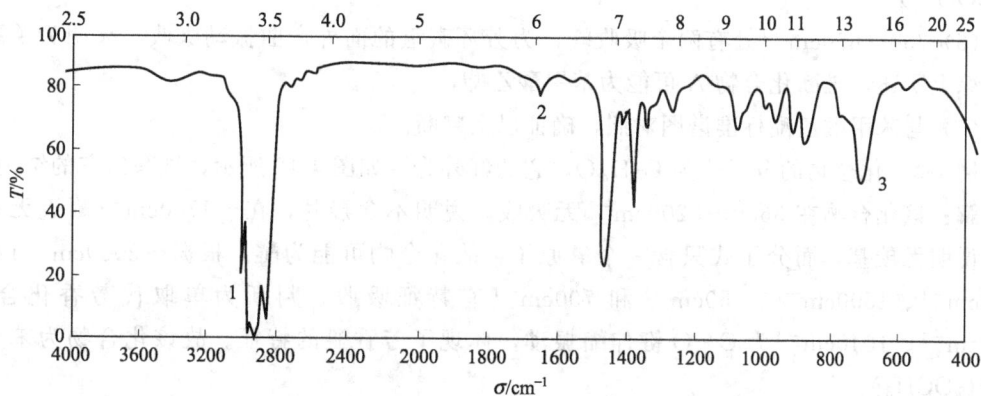

(四) 红外光谱的解析

解析红外图谱不必对每个吸收峰都进行指认，重点解析强度大、特征性强的峰，同时考虑相关峰原则。一般步骤为：①计算不饱和度，看样品中有无双键、脂环或苯环；②从高波数到低波数识别出特征峰，判断可能存在的官能团；③寻找相关峰，以确证存在的官能团，通常一个基团有数种振动形式，每种振动形式产生一个相应的吸收峰。习惯上把这些相互依存又可相互佐证的一组峰叫相关峰；④查对指纹区，以确证可能存在的构型异构或位置异构；⑤可能的话，将样品图谱与标准图谱对照，以确定二者是否为同一化合物。现举例说明之。

例 4-1 化合物 A，分子式为 $C_9H_{10}O_2$，其红外光谱如图 4-11 所示，试推断 A 的结构。

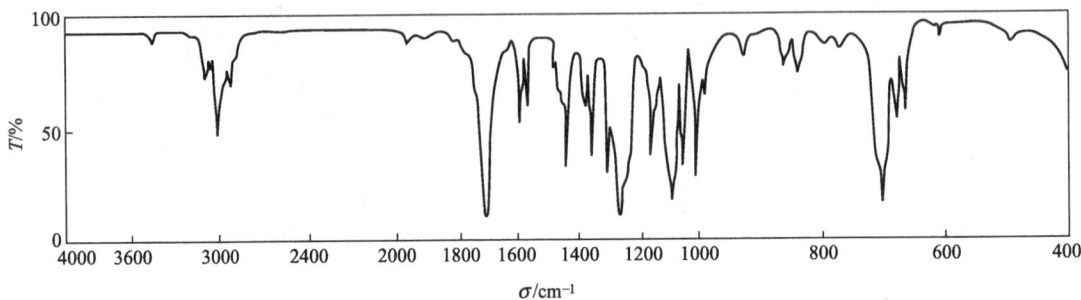

图 4-11　化合物 $C_9H_{10}O_2$ 的 IR 谱图

解： (1) 有五个不饱和度，可能含苯环。

(2) $3100 \sim 3000cm^{-1}$，应为不饱 C—H 键的伸缩振动，$1600 \sim 1450cm^{-1}$ 有 2～3 个吸收峰应归属于苯环骨架振动。

(3) $\sim 2960cm^{-1}$、$\sim 2850cm^{-1}$ 的信号应为—CH_3、—CH_2—的伸缩振动吸收峰；$\sim 1380cm^{-1}$ 和 $\sim 1460cm^{-1}$ 进一步证明有—CH_3、—CH_2—存在。

(4) $1730cm^{-1}$ 附近的强吸收，说明有羰基，吸收波数增大，表明可能与吸电子基团相连，$1300 \sim 1100cm^{-1}$ 的两个吸收信号应为 C—O 伸缩振动所致，推断应含酯基（—COO—）。

(5) $750 \sim 650cm^{-1}$ 处有两个吸收峰，为芳环碳氢的面外弯曲振动吸收，表明为单取代苯。综上所述，推断化合物 A 可能为苯甲酸乙酯。

(6) 与苯甲酸乙酯标准谱图对照，确证以上判断。

例 4-2 化合物的分子式为 C_7H_8O，它的红外光谱如图 4-12 所示，试写出它的结构式。

解： 该化合物在 $3650 \sim 3200cm^{-1}$ 无吸收，说明不含羟基，在 $\sim 1700cm^{-1}$ 附近无强吸收，说明无羰基，而分子式只含一个氧原子，故化合物可能为醚。根据 $\sim 3000cm^{-1}$ 以上、$1600cm^{-1}$、$1500cm^{-1}$、$750cm^{-1}$ 和 $700cm^{-1}$ 有特征吸收，判断为单取代芳香化合物。$1250cm^{-1}$、$1040cm^{-1}$ 为 C—O 键伸缩振动，体现了芳香醚的特征。故该化合物为苯甲醚（$C_6H_5OCH_3$）。

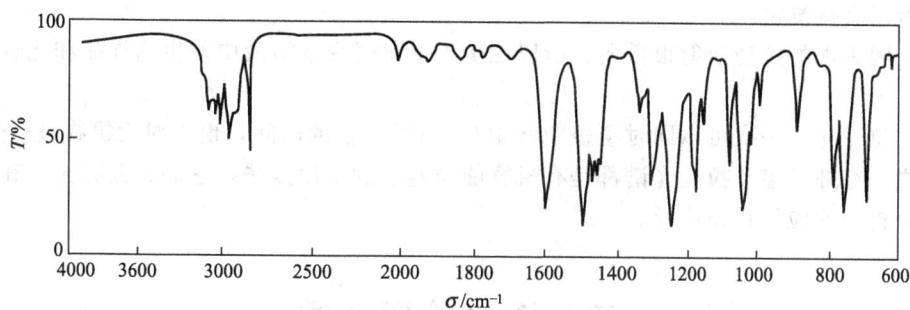

图 4-12 化合物 C_7H_8O 的 IR 谱图

（五）拉曼（Raman）光谱简介

拉曼光谱和红外光谱都是研究分子振动和转动的能级跃迁的光谱方法，但它们产生的机制和实验方法大不相同。红外光谱为吸收光谱，拉曼光谱为散射光谱。

当能量为 $h\nu_0$ 的激光照射到试样中的分子时，会发生散射效应。其中大多数散射光频率不发生变化，属于分子和光子之间的弹性碰撞，称为雷利（Rayleigh）散射。另外一种类型的碰撞为非弹性碰撞，光子从分子中获得能量或丢失一部分能量，散射光能量变为 $h(\nu_0 + \nu_1)$ 或 $h(\nu_0 - \nu_1)$。此时能量的得失对应于分子的振动能量。测量入射光 $h\nu_0$ 的位移值 $h\nu_1$ 的光谱，即可测量分子的振动光谱，这样的光谱称为拉曼光谱。

红外吸收和拉曼散射频率都对应着分子的振动频率，但引起红外吸收的振动是有偶极矩变化的振动，而有拉曼散射的振动则是分子振动时引起极化率改变的振动。分子中受原子核约束比较弱的化学键极化率比较高。因此，对红外吸收很弱的 C＝C、C≡C、C—S、S—S 等化学键的伸缩振动及其他对称振动的模式，都有很强的拉曼散射强度。如表 4-5 所示。

表 4-5　有机化合物中一些基团的 Raman 特征谱带及强度

化学键与振动模式	频率范围 /cm^{-1}	Raman 强度	化学键与振动模式	频率范围 /cm^{-1}	Raman 强度
O—H 伸缩振动	3650～3000	w	C＝O 伸缩振动	1820～1680	s～w
N—H 伸缩振动	3500～3300	m	C＝C 伸缩振动	1900～1500	vs～m
S—H 伸缩振动	2600～2550	s	C＝N 伸缩振动	1680～1610	s
≡C—H 伸缩振动	～3300	w	C＝S 伸缩振动	1250～1000	s
＝C—H 伸缩振动	3100～3000	s	C—O—C 不对称伸缩振动	1150～1160	w
C—H 伸缩振动	3000～2800	s	C—O—C 对称伸缩振动	970～800	s～m
C≡N 伸缩振动	2255～2200	m～s	芳香 C—C 伸缩振动	1600～1580	s～m
C≡C 伸缩振动	2250～2100	vs		1500,1400	m～w

由于散射的概率很小，雷利散射约为入射光强度的 10^{-3}，拉曼散射仅为入射光强度的 $10^{-7}\sim10^{-6}$。20 世纪 60 年代以来，采用激光作为光源，才使得拉曼光谱技术得到发展，成为激光拉曼光谱学。目前已经能够像红外光谱仪那样，灵敏度高，微克级试样即可快速检测。

与红外光谱比较，拉曼光谱用于有机结构鉴定有如下优点。

（1） 对红外吸收很弱的化学键，都有很强的拉曼散射强度。

（2） 拉曼光谱图相对较简单，没有倍频和组合频带。

（3） 一般不需要对样品进行前处理。粉、块、薄膜状的固体，液体，溶液及溶液中的沉淀物都可以直接测定。

（4）因为水的拉曼散射很微弱，所以拉曼光谱是研究水溶液中的生物样品和化合物的理想工具。

（5）拉曼光谱一次可以同时覆盖 $50 \sim 4000 cm^{-1}$ 波数的区间，也可对无机物进行分析。

总之，红外光谱和拉曼光谱都是有机官能团鉴定的常用方法，它们相互补充，在有机化学结构分析中的应用日益广泛。

二、核磁共振波谱

核磁共振现象是由美国两位科学家 E. M. Purcell（哈佛大学）和 F. Bloch（斯坦福大学）早在 1945 年几乎同时发现的，为此，他们荣获了 1952 年诺贝尔物理学奖。现今，核磁共振已成为化学、医药、生物、物理等领域必不可少的研究手段。同时核磁共振成像学及其相关技术设备亦成为医学领域无损伤检测疾病的重要工具。人体内含有非常丰富的水，不同的组织，水的含量也各不相同，如果能够探测到这些水的分布信息，就能够绘制出一幅比较完整的人体内部结构图像，核磁共振成像技术就是通过识别水分子中氢原子信号的分布来推测水分子在人体内的分布（图 4-13），进而探测人体内部结构和图像的技术。

在有机化学结构分析中，质子核磁共振谱（^{1}H NMR，或 PMR，proton magnetic resonance）和碳核磁共振谱（^{13}C NMR）是两种最重要的工具。两者相辅相成，提供有关分子中氢及碳原子的类型、数目、相互连接方式、周围化学环境，乃至空间排列等结构信息。在确定有机分子的平面及立体结构中发挥着巨大的威力。随着二维、多维核磁共振及同核、异核双共振技术的发展，核磁共振已成为测定蛋白质、核酸等生物大分子溶液三级结构的重要工具。

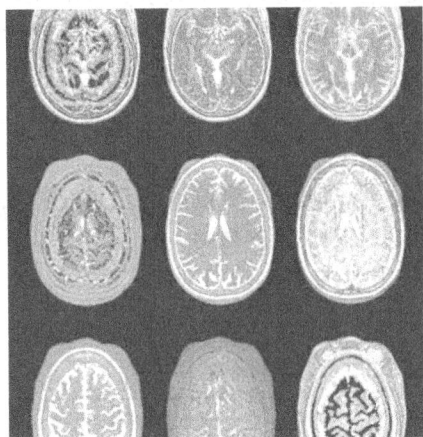

图 4-13　头部核磁共振图

本章重点介绍质子核磁共振（^{1}H NMR）。

（一）^{1}H NMR 基本原理

1. 原子核的自旋

核磁共振（NMR）是由磁性核受辐射发生跃迁所形成的吸收光谱。所谓磁性核是指能产生自旋运动的原子核，但并非所有的原子核都能自旋。通常，用自旋量子数（spin quantum number）I 来表征核的自旋情况。自旋量子数 I 分为零、整数和半整数三种类型。

（1）核的质量数与质子数皆为偶数，$I=0$，这种核无自旋现象。如 $^{12}_{6}C$、$^{16}_{8}O$ 等。

（2）若核的质量数为偶数，质子数为奇数，则 $I=1$、2、3、…整数，其核可自旋。如 ^2_1H、$^{14}_7N$ 等。但因其磁场信号太复杂，故目前很少研究。

（3）若质量数为奇数，质子数也为奇数，如 ^1_1H、$^{19}_9F$、$^{31}_{15}P$ 等；或核的质量数为奇数，而质子数为偶数，如$^{13}_{6}C$，$I=1/2$、$3/2$、$5/2$等半整数，其核可自旋。

核磁共振研究的正是这些具有自旋运动的原子核，其中$^{1}_{1}H$天然丰度较大，磁性强，核电荷的分布为球形，最容易得到核磁共振谱，而$^{13}_{6}C$、$^{17}_{7}N$、$^{19}_{8}F$、$^{31}_{15}P$等元素利用Fourier变换技术目前也都能得到测量。但由于组成有机化合物的元素主要是碳和氢，其中$^{1}H_{1}$和$^{13}_{6}C$是目前核磁共振研究及应用得最为深入和广泛。

2. 核磁共振现象

^{1}H核（质子）带一个正电荷，自旋可以产生磁矩（图4-14）。在没有外磁场时，自旋氢核磁矩取向是任意的［图4-15(a)］。但处于外磁场B_0中时，对于$I=1/2$的质子，会出现$(2I+1)$两种能级不同的取向［图4-15(b)］，即一种与外磁场方向相同，处于低能级E_1；另一种与外磁场方向相反，为高能级E_2。

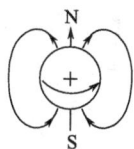

图4-14 质子自旋产生磁矩

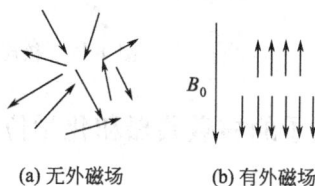

(a) 无外磁场　(b) 有外磁场

图4-15 自旋磁矩的取向

两种自旋状态能级差值为：

$$\Delta E = E_2 - E_1 = h\gamma B_0/2\pi \tag{4-5}$$

式中，h为Plank常量；γ表示磁旋比，随原子核不同而呈现不同的值。上式表明，^{1}H核由低能级向高能级跃迁所需的能量ΔE值与外磁场B_0有关，B_0越强，ΔE就越高。如图4-16所示。

如果用电磁波照射上述处于外加磁场B_0中的氢原子核，当电磁波的能量$h\nu$恰好与跃迁所需能量ΔE相等时，处于低能级态的^{1}H就会吸收电磁波的能量，跃迁到高能级态，发生核磁共振。可见产生核磁共振的条件是：

$$h\nu = \Delta E = \frac{h}{2\pi}\gamma B_0 \tag{4-6}$$

简化得

$$\nu = \frac{\gamma}{2\pi}B_0 \tag{4-7}$$

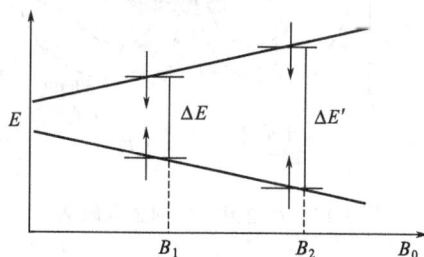

图4-16 不同磁场强度下两种自旋的能级差

式中，γ和π均为定值，若发射的电磁波保持在一个特定的频率范围，则可以保证有机分子中的所有质子在同样的场强B_0内产生核磁共振信号。如外磁场B_0等于1.41T时，需要的辐射频率为60MHz；若外磁场B_0为2.4T，则需要100MHz的辐射频率。不难看出射频范围落在了无线电波频段。

以上分析说明，要使氢核产生核磁共振现象，必须具备两个条件：一是外磁场提供强磁场，使其产生较大的自旋能级分裂；二是电磁场发射一定范围的电磁波，使自旋核完成能级跃迁。

目前获得核磁共振主要有两种手段：一种是固定外磁场的强度B_0，不断改变发射频率ν以达到共振条件，称之为扫频法（frequency sweep）；另一种是固定辐射频率ν，不断改变外磁场的磁场强度B以实现共振，称之为扫场法（field sweep）。因扫场法较简便，故最为常用。图 4-17 为核磁共振仪示意图。由于仪器的灵敏度和分辨率与磁场强度成正比，随着超导磁体技术取得突破性进展，核磁共振仪已由 20 世纪 50 年代的 30MHz、60MHz，发展到 21 世纪以来的 400MHz 以上。

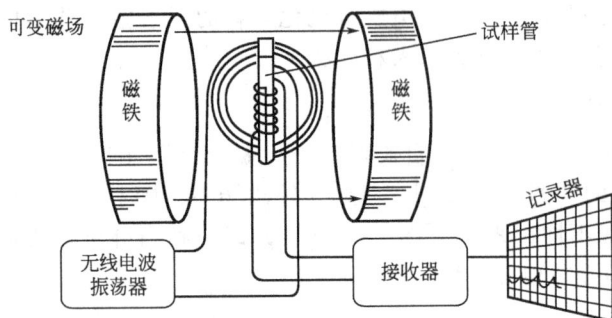

图 4-17　核磁共振仪示意图

（二）化合物中质子的核磁共振和化学位移

1. 屏蔽效应

对于一个特定的单独存在的核，其共振条件是相同的，这对结构分析毫无意义。但实际情况是，在有机分子中，原子以化学键相连，在原子的周围总有电子运动，这些运动着的电子在外加磁场下产生一个感应磁场（$B_感$），其方向与外加磁场方向相反，如图 4-18 所示，抵消了外加磁场对质子的部分影响。

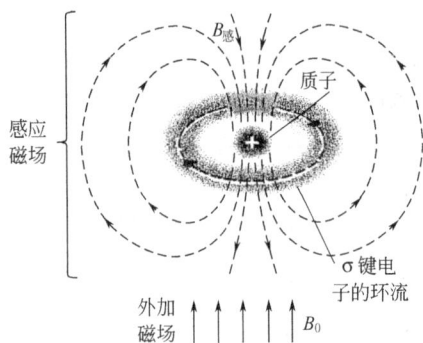

图 4-18　环电流产生的感应磁场

这样使核真正感受到的外加磁场强度（$B_实$）要比实际外加磁场强度（B_0）小。这种核外电子对核产生的影响叫屏蔽效应（shielding effect）。可用式（4-8）表示：

$$B_实 = B_0 - B_感 = B_0 - \sigma B_0 = B_0(1-\sigma) \tag{4-8}$$

式中，σ 为屏蔽常数，它与核周围电子云密度有关。电子云密度越大，屏蔽效应越强，σ 值就越大。可见，在真实有机分子中，各类质子发生核磁共振的条件是：

$$\nu = \frac{\gamma}{2\pi} B_0(1-\sigma) \tag{4-9}$$

不同化学环境的质子，因其周围电子云密度不同，裸露程度不同，其 σ 值也不同，从而发生核磁共振所需的外加磁场强度 B_0 不同，就会在不同的磁场区域给出共振吸收信号，这就是 ^1H NMR 的成功之所在。或者说，在辐射频率 ν 固定不变的条件下，化合物中质子周围电子云密度越大，σ 值就越大，取得核磁共振所需的外加磁场强度也越大，吸收信号在较高磁场区域出现；反之，质子周围电子云密度越小，σ 值就越小，取得核磁共振所需的外加磁场强度也越小，吸收信号在较低磁场区域出现。

思考题 4-6　指出下列每个化合物中化学位移等同的质子。

（1）$CH_3CH_2OCH_2CH_3$　　　　（2）$(CH_3)_2CHCH_2Cl$　　　　（3）CH_3CH_2OH

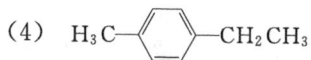

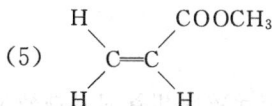

(4) $H_3C-\langle\rangle-CH_2CH_3$ (5) $\begin{array}{c} H \\ \diagdown \\ C = C \diagup \end{array} \begin{array}{c} COOCH_3 \\ \diagup \\ \diagdown H \end{array}$

2. 化学位移

所谓化学位移是指质子核磁共振信号出现的位置，是质子因所受的屏蔽效应不同而引起的信号位置的移动，它反映了质子处于不同的化学环境。但由于不同化学环境的质子受到的屏蔽效应的差别仅为百万分之几，很难测定出化学位移的绝对值，因此 IUPAC 建议，以四甲基硅烷 $[(CH_3)_4Si, tetramethyl silane，简称 TMS]$ 作为参照物，令 TMS 的信号位置为原点"零"，将其他氢核信号的位置相对于原点的距离定义为化学位移 δ。

质子化学位移 δ 定义如下：

$$\delta = \frac{\nu_{样品} - \nu_{TMS}}{\nu_0} \times 10^6 \qquad (4-10)$$

即化学位移 δ 数值等于待测样品信号与标准物质信号的相对距离（频率差）与共振频率之比。式中，$\nu_{样品}$、ν_{TMS}（单位均为 Hz）分别为被测样品和标准物 TMS 的共振频率；ν_0 为仪器工作频率，单位是 MHz。乘以 10^6，是为了使 δ 值成为无量纲的量。

例如：在 600MHz 的仪器上，测得 $CHCl_3$ 与 TMS 间吸收频率之差为 4370Hz，则 $CHCl_3$ 中 ^1H 的化学位移为：

$$\delta = \frac{\nu_{样品} - \nu_{TMS}}{\nu_0} \times 10^6 = \frac{4370}{600 \times 10^6} \times 10^6 = 7.28$$

TMS 作为标准物质具有以下优点：沸点低（b. p. =26.5℃），便于样品回收；易溶于有机溶剂，适合于用内标法测量大多数有机化合物；信号为一单峰，强度高；一般有机化合物中质子周围的电子云密度都不如它的质子周围的电子云密度大，因此核磁共振信号不会重叠，且 δ 值大多为正值。

在 ^1H NMR 谱图中，横坐标用 δ 表示，按照左正右负的规定，$\delta_{TMS} = 0$ 的值在谱图的右端，δ 值减小的方向即表示磁场强度增加的方向。图 4-19 为 1-氯丙烷的 ^1H NMR 谱图。

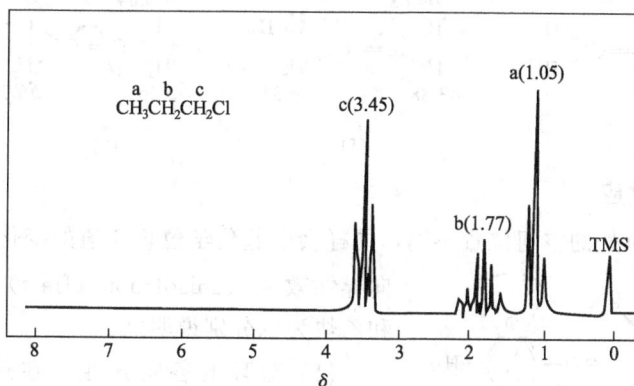

图 4-19   1-氯丙烷的 ^1H NMR 谱图

思考题 4-7   在 300MHz 的仪器上测定一个比 TMS 低 300Hz 的信号，在 600MHz 的仪器上测定，其与 TMS 差多少赫兹？

（三）影响化学位移的因素

影响化学位移的因素主要是诱导效应和各向异性效应，现分别进行讨论。

1. 诱导效应

化学位移 δ 值的大小与电子的屏蔽效应密切相关。邻近原子或基团的电负性越大，$-I$ 效应越大，质子受到的屏蔽效应减小，或者说去屏蔽效应增强，化学位移 δ 值增大，吸收信号移向低场。如：

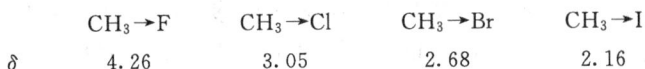

$$CH_3{\rightarrow}F \qquad CH_3{\rightarrow}Cl \qquad CH_3{\rightarrow}Br \qquad CH_3{\rightarrow}I$$

| δ | 4.26 | 3.05 | 2.68 | 2.16 |

由于诱导效应具有加和性，三氯甲烷、二氯甲烷和一氯甲烷的化学位移 δ 值依次减小：

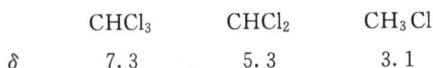

$$CHCl_3 \qquad CHCl_2 \qquad CH_3Cl$$

| δ | 7.3 | 5.3 | 3.1 |

又因诱导效应随着距离的增加而迅速减弱，导致远离 $-I$ 基团的质子在较高场出现吸收，如：

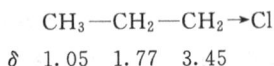

$$CH_3{-}CH_2{-}CH_2{\rightarrow}Cl$$

$$\delta \quad 1.05 \quad 1.77 \quad 3.45$$

2. 共轭效应

在共轭体系中，当取代基的共轭效应为推电子时，则使与相关的氢核化学位移 δ 值减小；若为吸电子共轭效应时，则使 δ 值增大。

例如，乙烯的 δ_H 值为 5.25。但是在化合物（Ⅰ）中，由于甲氧基（OCH_3）中氧原子的孤对电子与双键形成 p-π 共轭体系，对双键有推电子共轭效应，使 H_b 和 H_c 周围的电子云密度增加，导致它们的化学位移减小；H_a 的化学位移增大是因为甲氧基的吸电子诱导效应引起的。在化合物（Ⅱ）中，羰基对碳碳双键有吸电子共轭效应，导致 H_b 和 H_c 周围的电子云密度降低，因而它们的化学位移较乙烯的大，H_a 的化学位移增大则是由羰基的吸电子诱导效应引起的。

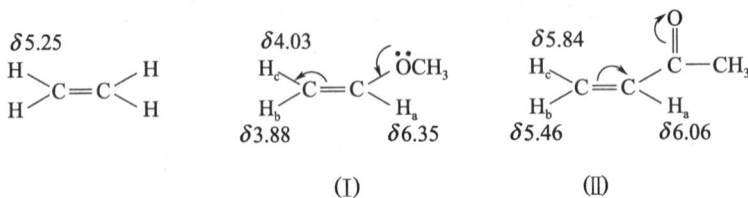

$$\delta 5.25 \qquad\qquad \delta 4.03 \qquad\qquad \delta 5.84$$

（Ⅰ）　　　　　（Ⅱ）

$\delta 3.88 \quad \delta 6.35 \qquad \delta 5.46 \quad \delta 6.06$

3. 各向异性效应

分子中的质子所处的空间位置不同，同样会引起化学位移 δ 值的变化，这种现象称为各向异性效应（anisotropic effect）。现以芳环、乙烯和乙炔为例分别说明之。

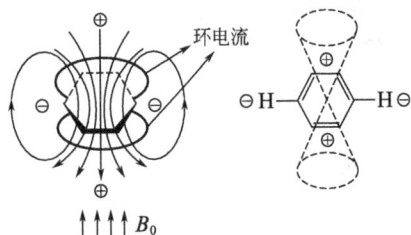

（1）芳环的各向异性　在外磁场 B_0 作用下，苯环上的 π 电子环流产生感应磁场。从图 4-20 可以看出：感应磁场方向在苯环的中心及环平面的上下方与外加磁场对抗，此区域称为屏蔽区，而苯环上的质子处于磁力线的回路中，该区域的感应磁场方向与外加磁场方向相同，称为去屏蔽区，故苯环质

图 4-20　苯环的各向异性效应
（图中⊕表示屏蔽区；⊖表示去屏蔽区）

子的共振信号移向较低场，δ 值较大（δ 7.2）。

可以预见，如果环内有质子，一定会受到较大的屏蔽效应，共振吸收将出现在高场，δ 值较小。例如芳香烃 18-轮烯，有环内和环外两类质子，其化学位移值显著不同。环内 6 个质子处于屏蔽区，化学位移 δ 值为 −2.99，而环外 12 个质子为 9.28。

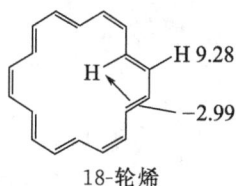

18-轮烯

(2) 双键的各向异性　与芳香环相同，碳碳双键的 π 电子分布于双键平面的上下方（图 4-21），使得烯氢处于去屏蔽区，共振吸收移向低场，δ 值增大，如烯氢的 δ 值通常为 5。具有碳氧双键的醛基氢同样处于去屏蔽区，加之羰基的吸电子诱导，故其 δ 值一般在 8～10 的范围内。

(3) 叁键的各向异性　炔烃中的 C≡C 键的 π 电子云与键轴呈圆柱状对称分布，在外磁场的诱导下形成了绕键轴的环流，从而产生感应磁场，如图 4-22 所示。由于磁力线的闭合性，也在分子中形成了屏蔽区和去屏蔽区。炔氢正处于屏蔽区，因而炔氢在相对高场出现吸收，δ 值较低（2.88）。

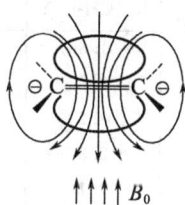

图 4-21　乙烯的各向异性效应

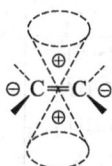

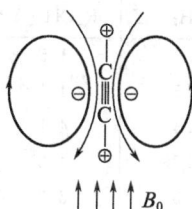

图 4-22　叁键的各向异性效应

4. 氢键和溶剂的影响

除诱导效应和各向异性效应影响以外，氢键、溶剂化效应也对化学位移有影响。氢键能较大程度地改变与氧、氮等元素直接相连质子的化学位移值。氢键的形成降低了对氢键质子的屏蔽，使共振吸收移向低场。而氢键形成的程度与样品的浓度、温度直接相关。例如，10％、30％、50％、90％乙醇的 $CDCl_3$ 溶液的 ^1H NMR 谱中，羟基氢的化学位移分别为 1.38、1.66、1.94 和 2.54。所以，羟基和氨基质子化学位移数值范围较大，如醇羟基的 δ 值为 0.5～5，酚羟基的 δ 值为 4～8，羧基容易以二聚体形式存在，质子的 δ 值则处于 9～13 之间。

氢键的形成还受溶剂性质的影响。同一质子在不同溶剂中所测得的 δ 值往往不同，尤其是含有 OH、NH_2、SH、COOH 等活泼质子的样品，溶剂的影响则更为明显。因此，^1H NMR 都标出测定时所使用的溶剂。通常，^1H NMR 用氘代溶剂（如 $CDCl_3$ 等），以消除溶剂氢对样品的干扰。对于只溶于水而不溶于有机溶剂的糖类、氨基酸、核酸等，则以重水（D_2O）溶解之。为确定样品中的活泼氢，一般采取图谱对照法，即先用普通方法测定，然后加入适量重水后再次测定，将两张图谱进行对比，后者中信号消失的质子便是活泼质子。

（四）各类 ^1H 化学位移的范围

有机化合物中不同环境的质子，具有不同的化学位移。而确定质子类型对于推断分子结构是十分重要的。图 4-23 和表 4-16 分别列出了一些不同类型质子化学位移的大致范围和常见特征质子的化学位移（δ 值）。

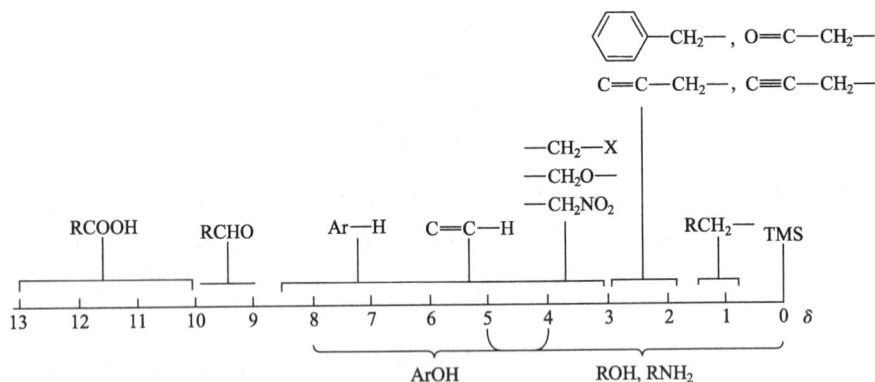

图 4-23　不同类型质子化学位移大致范围

表 4-6　常见特征质子的化学位移（δ 值）

Y	CH_3-Y	$R-CH_2-Y$	R_2CH-Y	Y	CH_3-Y	$R-CH_2-Y$	R_2CH-Y
R	0.9	1.3	1.5	$CR=CR_2$	1.7	1.8	2.6
Cl	3.1	3.5	4.1	C_6H_5	2.3	2.7	2.9
Br	2.7	3.4	4.1	CHO	2.2	2.2	2.4
I	2.2	3.2	4.2	COR	2.1	2.3	2.5
OH	3.4	3.5	3.9	COAr	2.6	2.7	3.5
OR	3.3	3.4	3.6	COOH	2.0	2.3	2.5
O—COR	3.8	4.0	5.0	COOR	2.0	2.2	
O—COAr	4.3	4.3	5.2	$CONH_2$	2.0		
NR_2	2.5	2.6	2.9	$C\equiv CR$	1.8	2.1	
$R-C\equiv CH$	2~3			$R_2C=CH_2$	4.5~6.0	$R_2C=CHR$	5.2~5.7
Ar—H	6~9			R—CH=O	9~10	—CH=C—CH_3	1.7
Ar—CH_2-	2~3			$R-CO_2H$	10~13	—CH=CH—OH	15~17
R—OH	1~6			ArOH	4~8	RNH_2,R_2NH	1~5

不难看出，与质子相连基团的诱导效应和各向异性效应决定了各类质子化学位移 δ 值的大小，熟记各类氢的化学位移大致范围，对推测化合物结构至关重要。

思考题 4-8　分别将下列每个化合物中的各类质子按化学位移值的大小排序。

（1）CH_3CH_2CHO　（2）$(CH_3)_2CHCH_2Br$　（3）$CH_3COOCH_2CH_3$　（4）$\langle\!\!\!\bigcirc\!\!\!\rangle$—$CH_2CH_3$

（五）自旋-自旋偶合

根据化学位移可知，不同类型的质子会在不同的 δ 值处出现吸收峰。但观察高分辨 ^1H NMR 谱发现，等性质子往往出现的不是单峰（singlet，s），而是二重峰（doublet，d）、三重峰（triplet，t）、四重峰（quaterlet，q），甚至更为复杂的多重峰（multiplet，m）等。这种信号裂分的现象，是由于邻近不等性质子相互干扰造成的。例如 1,1,2-三溴乙烷（Br_2CH-CH_2Br）分子，有两种类型的质子，它的谱图中出现两组峰。如图 4-24 所示，C1 上的质子 a 信号裂分为三重峰（δ 5.7，t），C2 上的质子 b 信号裂分为二重峰（δ 4.15，d）。

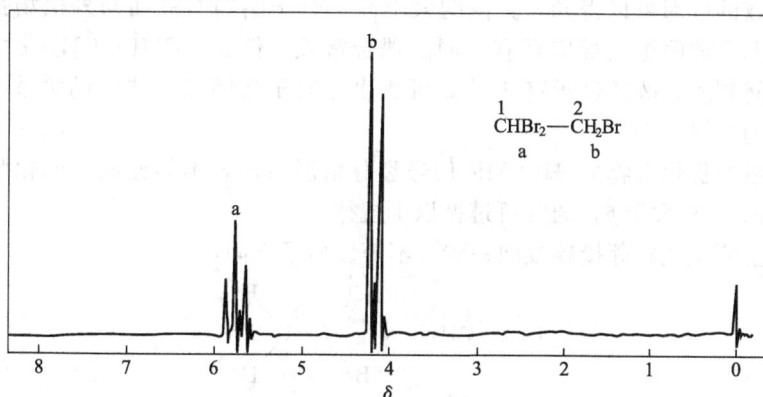

图 4-24　1,1,2-三溴乙烷的[1]H NMR 谱图

先考察 b 类质子（CH_2）受邻近 a 类质子的干扰情况：a 类质子（CH）上的一个氢核同样能自旋，在外磁场中，也可以产生两种自旋相反的取向并分别加强和削弱外磁场，使得亚甲基 CH_2 质子实际处于两种磁场强度中：一种比外磁场 B_0 稍强，因而扫描时在略低于 B_0 时即可引起质子能级跃迁，使质子信号在较低场出现；另一种比外磁场 B_0 稍弱，此时须略微提高外磁场强度 B_0 方能发生能级跃迁，于是信号就稍微移向了高场。由于两种情况概率相等，故 CH_2 质子共振吸收峰裂分成强度比为 1:1 的二重峰，对称地分布于假设无干扰时 B_0 位置的左右侧。

a 类质子（CH）也受邻近 b 类质子（CH_2）的干扰：邻近的两个质子（CH_2）在外磁场中能形成四种自旋取向组合，使 CH 质子分别感受到三种场强：高于 B_0、等于 B_0 和低于 B_0。三种情况的概率比为 1:2:1，于是就使 CH 质子信号裂分成三重峰，峰的强度比为 1:2:1。1,1,2-三溴乙烷中相邻质子相互干扰情况如图 4-25 所示。

这种由邻近不等性质子的自旋所引起的相互干扰，叫自旋-自旋偶合（spin-spin coupling），简称自旋偶合。由自旋偶合所引起的吸收峰裂分的现象，称为自旋-自旋裂分（spin-spin splitting），简称自旋裂分。

类似地，在乙醇（CH_3CH_2OH）分子中，甲基的质子吸收峰因受到亚甲基两个质子的自旋偶合，分裂为面积比 1:2:1 的三重峰；而亚甲基的质子则由于甲基的三个质子的自旋偶合，它们在外加磁场中的组合有四种可能，所以亚甲基的质子分裂成面积比为 1:3:3:1 的四重峰。

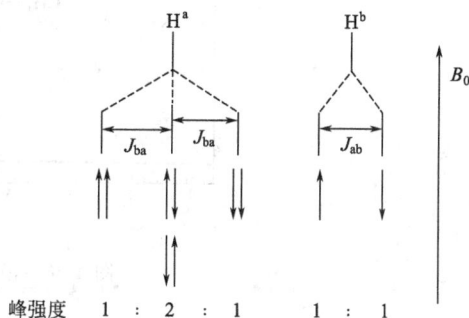

图 4-25　1,1,2-三溴乙烷中邻接质子自旋偶合引起的吸收峰裂分情况

谱图中裂分信号的各小峰之间的距离，称为偶合常数（coupling constant），以 J 表示，单位为 Hz，它是反映两核之间自旋偶合作用大小的量度。J 常常等于两裂分峰之间的裂距，一般在 20Hz 以下。例如：

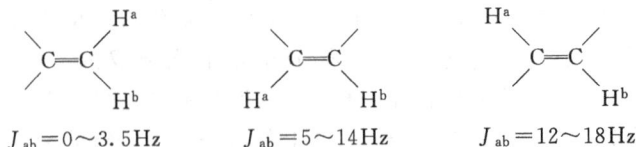

$J_{ab}=0\sim3.5\text{Hz}$ $J_{ab}=5\sim14\text{Hz}$ $J_{ab}=12\sim18\text{Hz}$

从偶合常数的成因可以得知，J 值的大小只与分子结构有关而与外磁场强度无关。因此，简单相互偶合的两组信号应具有相同的偶合常数。例如，$CHBr_2CH_2Br$ 中三重峰间裂距等于二重峰间裂距。故通过研究 J 值，可找出各质子之间相互偶合的关系，进而确定出分子中各质子的归属。

在分析简单有机化合物的 ^1H NMR 信号裂分情况时，若不等性质子的化学位移差与偶合常数之比（$\Delta\nu/J$）大于 6，通常可遵循以下规律。

(1) 裂分主要发生在邻接碳或同一碳上不等性质子之间，如：

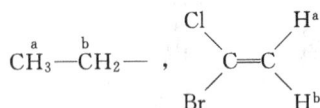

以上结构中 H^a 与 H^b 彼此之间有自旋偶合作用，各自的信号都会发生裂分。当 H^a 与 H^b 之间距离超过三个共价键时基本上无自旋偶合（共轭体系中的质子例外）。只有不等价质子之间才显示自旋偶合。如以下质子为等价质子，只给出单峰：

$(CH_3)_4Si$，$(CH_3)_3N$，CH_3-O-，CH_3-CO-

(2) $n+1$ 规律 裂分的峰数取决于邻接碳原子上等性质子数，若该数为 n，则峰的裂分数为 $n+1$。如在 $CH_3^aCH^bClCH_3^a$ 中，b 质子信号被 6 个等性甲基 a 质子裂分成（6+1）重峰，甲基 a 质子信号裂分成（1+1）重峰。若邻接的是不等性质子，如 $CH_3^aCH_2^bCH_2^cCl$ 分子，b 质子信号则裂分为 $(n+1)(n'+1)=(3+1)\times(2+1)=12$ 重峰。实际上，由于偶合常数 J_{ab} 和 J_{cb} 非常接近，仪器难以分辨，往往表现为一复杂的多重峰。

(3) 裂分峰的相对强度比等于二项式 $(a+b)^n$ 展开式各项系数，n 为邻接质子数。图 4-26 为 CH_3CH_2Br 的 ^1H NMR 图谱。

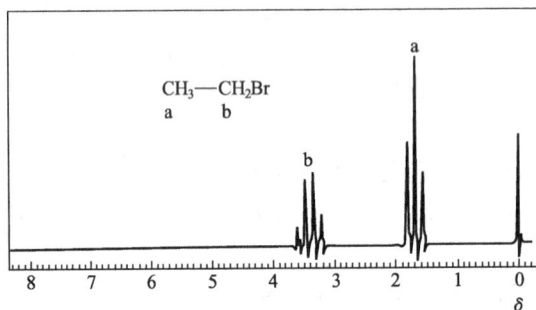

图 4-26 溴乙烷的 ^1H NMR 谱图

(4) 信号裂分成左右对称的多重峰只是一种理想状态，实际看到的互相偶合的两组峰常常呈现出"屋脊"效应（roof effect），即内侧峰略高，外侧峰略低。此现象可帮助我们判别哪两组峰是互相偶合而得到的。

(5) 活泼的羟基质子（如乙醇中的羟基质子）信号往往是一个单峰。这是因为活泼的羟基（OH）质子能快速交换：

$$ROH^a+R'OH^b \Longleftrightarrow ROH^b+R'OH^a$$

$$RCOOH^a + R'COOH^b \rightleftharpoons RCOOH^b + R'COOH^a$$

使得相邻质子对 OH 质子的自旋偶合作用平均化,在谱图只出现一个尖锐的单峰。

思考题 4-9 预测下列化合物中各类质子的化学位移 δ 值及峰的裂分数目。

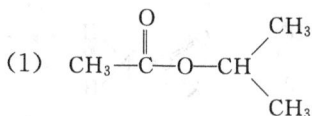

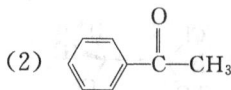

(1) CH_3—C(=O)—O—CH—(CH_3)(CH_3)

(2) 苯环—C(=O)—CH_3

(六)远程偶合

偶合大体上分为同碳偶合、邻碳偶合和远程偶合。所谓远程偶合是指超过三个键之间的偶合。由于偶合是通过共价键传递的,因此偶合常数依赖于间隔键的数目、类型和立体化学关系。偶合常数的大小与两个作用核之间的相对位置有关,一般来讲,两个质子相隔少于或等于三个单键时可发生偶合裂分,相隔三个以上单键时,偶合常数趋于零。

一般地讲,对于 π 电子体系,由于 π 电子流动性较大,键传递偶合比单键有效,当两个质子之间插入双键或叁键时,可以发生远程偶合。

(1) 取代芳环上的邻位、间位及对位之间的质子有不同的 J 值。

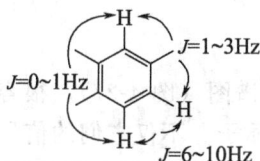

$J=1\sim3Hz$
$J=0\sim1Hz$
$J=6\sim10Hz$

(2) 丙烯型结构的远程偶合和炔基型远程偶合

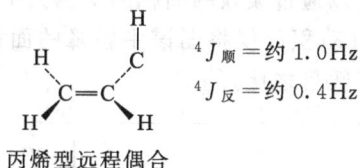

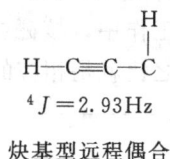

$^4J_\text{顺}$ = 约 1.0Hz
$^4J_\text{反}$ = 约 0.4Hz

丙烯型远程偶合

$^4J = 2.93Hz$

炔基型远程偶合

(七)化学等价、磁等价和磁不等价

分子中两原子处于相同的化学环境时称为化学等价,化学等价的质子必然具有相同的化学位移。如 CH_3CH_2Cl 中有两组化学等价的质子,分别在不同的化学位移处出现吸收峰。

一组化学位移等价的核,如对组外任何其他核的偶合常数彼此之间也都相同,那么这组核称为磁等价核。氯乙烷中甲基的三个氢核和亚甲基的两个氢分别是化学等价的,也是磁等价的。显然,磁等价的核一定是化学等价的,而化学等价的核不一定是磁等价的。如化合物(Ⅰ),H^a 和 H^b 是化学等价的,具有相同的化学位移值,但磁不等价,因为分别与处于顺位和反位的甲基上氢的远程偶合强度不相同。

当然,化学不等价的核一定是磁不等价的。正确判别分子中质子是否化学等价,对于识谱是很重要的。在判别分子中的质子是否为化学等价时,应注意如下几种情况。

(1) 与不对称碳原子相连的—CH_2—上的两个质子是化学不等价的。如化合物(Ⅱ)中 H^a 和 H^b 受不对称碳的影响,是化学不等价的。

（2） 处于双键末端的两个氢核，由于双键不能自由旋转。若双键另一个碳上连接两个不相同的基团，则化学不等价，如化合物（Ⅲ）。

（3） 若单键带有双键性质时也会有产生不等价氢核，如酰胺化合物（Ⅳ）由于 p-π 共轭，C—N 键带有部分双键性质，旋转受阻，N 上两个氢核是化学不等价的。

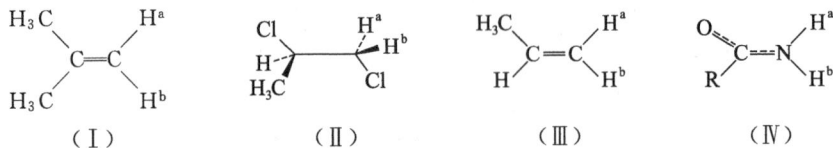

有些质子是否是化学等价的，还与条件有关。例如环己烷上的亚甲基，当分子的构象固定时，两个质子是化学不等价的；当构象迅速旋转时，两个质子是化学等价的。

思考题 4-10 下列化合物中 H^a 和 H^b 哪些是化学不等价的？哪些是磁不等价的？

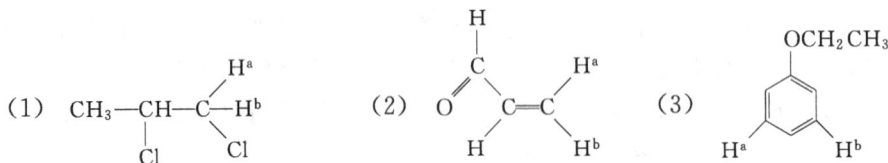

（八）质子数目和峰面积

观察对叔丁基甲苯的 ^1H NMR 谱图（图 4-27），很容易发现三组信号 a、b 和 c 分别属于叔丁基中质子、芳环质子和甲基质子。不仅它们的信号位置不一样，而且它们的信号强度（吸收峰占有的面积）也不一样。三组信号面积之比约等于三种质子的数目之比。所以，如果知道分子式中所含有的质子总数，就可以通过吸收峰面积的比例关系算出各组吸收峰所代表的质子数。在实际工作中，核磁共振自动积分仪将图谱中各峰的面积转换成积分阶梯曲线，积分曲线的高度之比就是相应的质子数目之比。

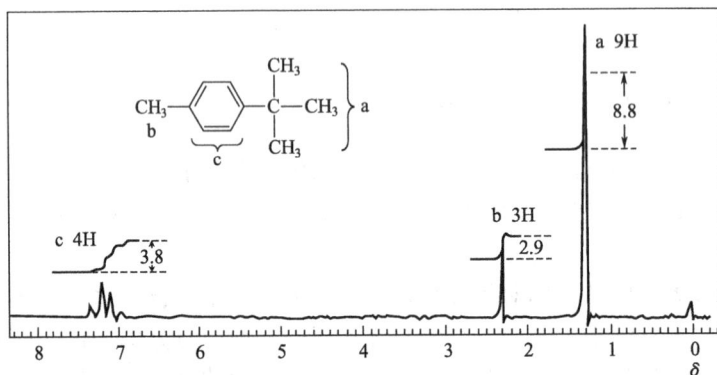

图 4-27 对叔丁基甲苯的 ^1H NMR 谱图

例如，从图 4-27 对叔丁基甲苯的 ^1H NMR 谱图可以看出，三组峰的积分曲线阶梯高度之比为 a : b : c = 8.8 : 2.9 : 3.8，由分子式 $C_{11}H_{16}$ 可计算出各峰所代表的氢的数目：

$$\frac{16H}{8.8+2.9+3.8}=1.03H$$

a=1.03 H×8.8=9.1（9 个 H）；b=1.03H×2.9=3.0（3 个 H）；

$$c=1.03H\times3.8=3.9\ (4\ \text{个}\ H)$$

目前的 ^1H NMR 谱图直接给出各组峰的相对面积。例如，图 4-28 中就将各吸收峰的面积直接给出在相应的峰下。

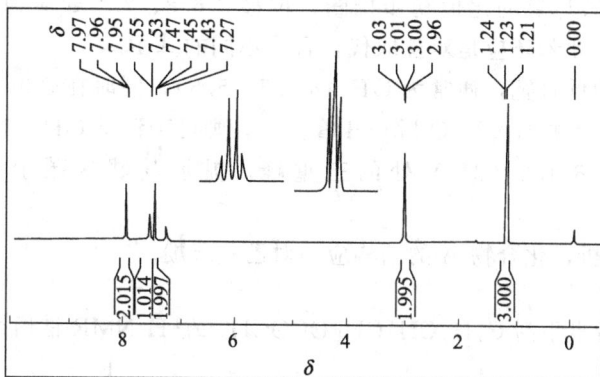

图 4-28　1-苯基-1-丙酮的核磁共振谱图

（九）^1H NMR 谱图的解析

^1H NMR 谱图提供了积分曲线、化学位移、峰形及偶合常数等信息。图谱的解析就是要合理地分析这些信息，正确地推断出化合物的结构。

解析 ^1H NMR 谱图，通常采用如下步骤。

（1）首先根据样品的分子式，确定所含有的氢核总数。

（2）凭借积分曲线高度和氢核总数，计算各组峰所代表的氢核数。

（3）根据峰的化学位移 δ 值，识别其可能归属的氢的类型。

（4）根据峰的裂分度和 J 值找出相互偶合的信号，进而逐一确定邻接碳原子上的氢核数和相互关联的结构片段。

（5）采用加 D_2O 后吸收信号会消失来确定其中的活泼氢（—OH、—NH$_2$、—COOH）。应考虑氢键对质子位移的影响。

（6）对于简单化合物，综合上述因素就可推断结构并对结论进行核对。对于已知物，可将样品图谱与标准图谱核对后加以确证。

例 4-3　已知化合物 A 的分子式为 $C_8H_{10}O$，试根据其 ^1H NMR 谱图（图 4-29）推断结构。

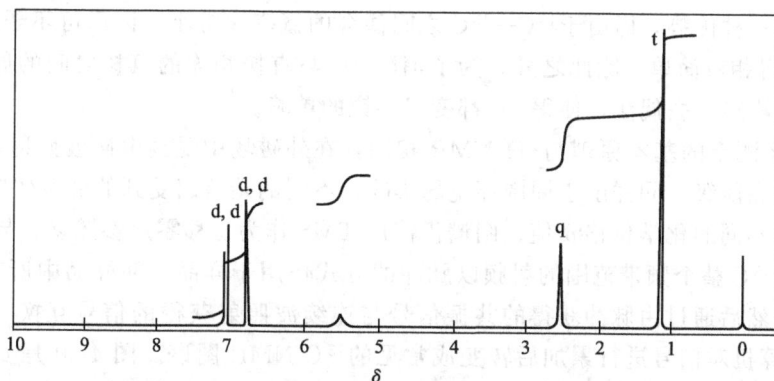

图 4-29　化合物 $C_8H_{10}O$ 的 ^1H NMR 谱图

解：（1）在化合物 A 的 ^{1}H NMR 谱中，TMS 信号除外，共有五组峰，从低场到高场积分线高度比为 2∶2∶1∶2∶3。由分子式共有 10 个氢可推知各组峰代表的氢核数分别为 2、2、1、2 和 3。

（2）由分子式中碳与氢的比值初步推断，位移 $\delta\,6.8$、7.1 处应为苯环上的质子信号。从其峰型（d）可推测此苯环应是对位取代，且为不同的基团。

（3）$\delta\,5.5$ 处峰型低且宽，通常为 OH（$\delta\,0.5\sim5.5$），同时在 $\delta\,9\sim10$ 处无峰，可排除—CHO 的存在。若样品中加入 D_2O 后 OH 峰消失，则可确证是 OH。$\delta\,2.7$ 处四重峰（2H）即应与—CH$_3$ 相连；$\delta\,1.2$（3H）处的三重峰，提示其邻接碳上有两个氢，即片段—CH$_2$—CH$_3$。

（4）综合上述分析，化合物 A 的结构应为对乙基苯酚。

思考题 4-11 指出下列 $C_6H_5CH_2CH_2OCOCH_3$ 的 ^{1}H NMR 谱图中各峰的归属。

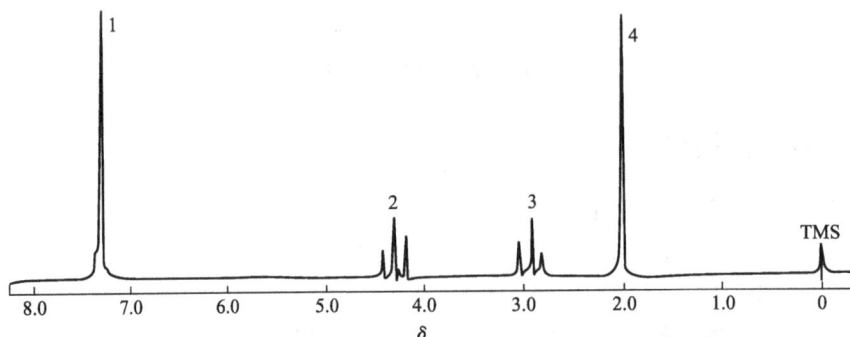

（十）^{13}C 核磁共振及多维谱简介

1. 碳谱简介

如同利用氢自旋核可获得 ^{1}H NMR，利用碳核自旋则可获得 ^{13}C NMR 图谱，简称碳谱（carbon spectrum）。不过，若将 ^{13}C NMR 应用于实际测定，需在仪器的设计和操作的技术方法上解决两个问题：一是天然的 ^{13}C 丰度特别低（约为 ^{12}C 的 1.1%），二是灵敏度比 ^{1}H 差（碳谱相对灵敏度约为氢谱的 1/6000），这两种困难曾一度制约了 ^{13}C NMR 的发展与应用。直到 20 世纪 70 年代，当脉冲傅里叶变换（pulse Fourier transform，PFT）技术应用于碳谱后，才使得 ^{13}C NMR 作为有效的分析测试工具迅速发展起来。实际上，^{13}C 丰度特别低反倒成为一种优势，即由于 ^{13}C—^{13}C 之间偶合的概率非常小，因而可不予考虑，使 ^{13}C NMR 图谱变得相对简单。除此之外，为了消除 ^{13}C 与直接相连的氢核之间的偶合作用，通常采用质子（噪声）去偶法，使得 ^{13}C 都变成尖锐的单峰。

^{13}C NMR 测定的基本原理与 ^{1}H NMR 相同：在外磁场中受到电磁波照射的 ^{13}C 核会从低能级跃迁到高能级；同样由于周围环境的影响，不同的碳核因受到的屏蔽效应或去屏蔽效应不同而给出不同的化学位移 δ 值；图谱仍使用 TMS 作为位移零点参照物。与 ^{1}H NMR 不同的是将包括 ^{13}C 整个频带范围的射频以脉冲的方式作用于样品，使样品中所有的 ^{13}C 核同时发生共振，然后通过由脉冲获得的共振信号与连续波照射获得的信号互换（即傅里叶变换），再经计算机对信号进行累加后转变成常见的 ^{13}C NMR 图谱。图 4-30 是 4-甲基戊-2-酮的 ^{13}C NMR 图谱：$\delta\,219$ 是羰基碳信号，其去屏蔽效应最强，在最低场；$\delta\,25$ 是远离羰基的

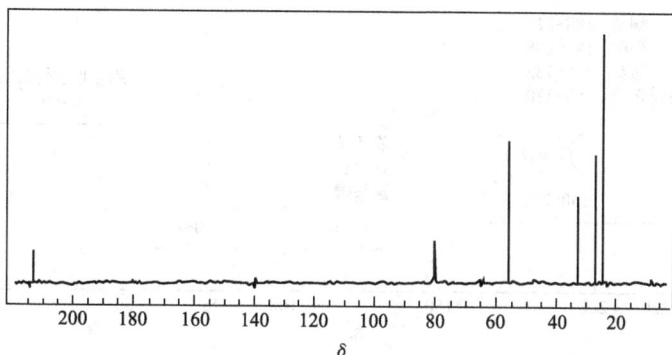

图 4-30　4-甲基戊-2-酮的 ^{13}C NMR 谱图

甲基碳，其受到的屏蔽效应最强，在最高场；δ 32 是邻接羰基的甲基碳，在较高场；亚甲基碳在 δ 55，次甲基碳在 δ 27。

采取不同的去偶技术，可得到不同的 ^{13}C NMR 图谱。常见的有宽带去偶谱、偏共振去偶谱、无畸变极化转移技术等。图 4-31 为 2,2,4-三甲基戊-1,3-二醇的 ^{13}C 的宽带去偶谱，该化合物有七种类型的碳（由于 g 碳为手性碳，导致 a、b 碳为化学不等性的碳）。

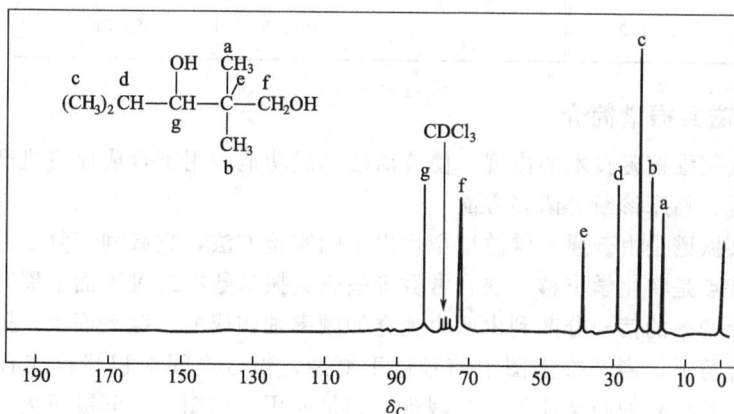

图 4-31　2,2,4-三甲基戊-1,3-二醇的 ^{13}C NMR 的宽带去偶谱

从图 4-30 和图 4-31 可看出 ^{13}C NMR 谱具有以下特点。

(1) 谱线尖，分辨力高，谱图容易解析。δ 值范围（0～230）远大于 ^{1}H NMR（0～20），大多数有机化合物中几乎所有不等性碳核都有对应的 δ 值，能够区别分子中结构上有细微差别的碳原子。

(2) 可直接观测不带氢的官能团，可直接提供有机物"骨架"信息。

(3) 无积分曲线，峰的高度与碳数不成正比，不能提供各类碳的相对比例。

图 4-32 反映了各种常见的 ^{13}C 核的化学位移范围，表 4-7 列举了常见碳的 ^{13}C NMR 谱中化学位移值。

从以上简介可知，碳谱可以给出有机分子的"骨架"，氢谱可以提供有机分子的"外围"（质子的数目、类型、位置等），二者相互补充，成为现代研究有机化合物结构最有用的分析手段。

酮类 188~228
醛类 185~208
酸类 165~182
酯与酰胺类 155~180

烷烃类饱和碳原子
0~60

$C=O$
150~220

苯环碳
双键碳
氰基碳
100~150

$—C—O—$
50~80

220 200   150   100   50   0

δ_C

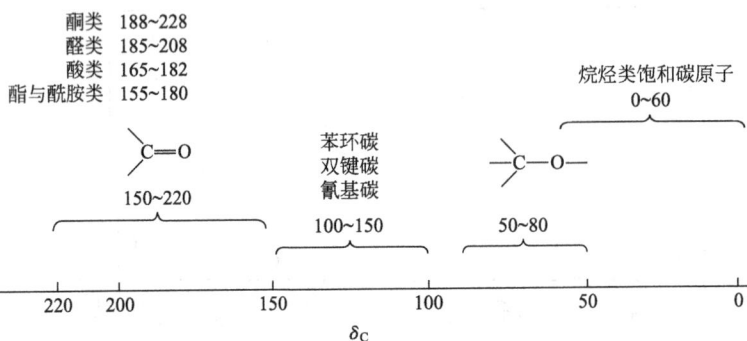

图 4-32　各种常见的^{13}C核的化学位移范围

表 4-7　^{13}C NMR 谱中常见碳的化学位移值

碳的类型	δ_C	碳的类型	δ_C	碳的类型	δ_C
RCH_3	0~35	RCH_2NH_2	60~35	$RCONHR$	160~180
R_2CH_2	15~45	RCH_2OH	40~70	$RCOOR$	155~175
R_3CH	25~60	$RCHO$	175~205	$(RCO)_2O$	150~175
R_4C	35~70	R_2CO	175~225	RCN	110~130
$C=C$	110~150	$RCOOH$	160~185	$(R_2N)_2CO$	150~170
$C≡C$	70~100	⬡	110~175	$RCOCl$	165~182

2. 多维核磁共振谱简介

近年二维或三维核磁技术的出现，使波谱法已成功地应用于合成反应机理研究、生物大分子的结构分析、临床诊断等诸多方面。

二维核磁共振谱是由普通一维波谱衍生出来的实验方法，它有利于复杂谱图的解析。二维图谱的最大特点是将化学位移、偶合常数等核磁共振参数在二维平面上展开，使一般一维谱中重叠在一个频率的信号分散到由两个独立的频率轴构成的二维平面上，同时还能检测出核自旋间的偶合情况。当一维谱图中信号过于复杂、信号之间堆积严重或有多重偶合影响时，图谱的解析及信号的归属往往十分困难，如果使用二维图谱，问题可大大简化；并且由于可通过相关峰进行追踪，提供的信息均直接证明，结果更为可靠。

利用二维谱已能构建分子量不是太大的多肽、蛋白质等大分子溶液的三维结构，但若分子量较大，识别仍然有一定困难。

三维谱就是二维频率组成的二维谱沿第三维频率再展开，成为三维立体图，同核三维谱对于分子量在 15000 以下的蛋白质或较易得到样品的多肽，在图谱解析时很有帮助。同核及异核多维核磁共振方法虽然历史不长，但已在生物化学、生物物理、分子生物学、医学等多个领域发挥了巨大的作用。

三、紫外-可见光谱

物质分子吸收紫外-可见光区的电磁波发生价电子跃迁而产生的吸收光谱，称为紫外-可见光谱（ultraviolet-visible absorption spectroscopy，UV），简称紫外光谱。在有机化合物的结构解析中，主要用于提供分子的芳香结构和共轭体系信息。此外，紫外光谱在许多领域得到广泛应用，可用于定性分析，也可用于定量测定，而且仪器价格相对便宜，操作简便快速，易于普及推广。

（一）基本原理

1. 紫外光谱图

目前常用的紫外-可见分光光度仪测定范围为近紫外（200～400nm）和可见光（400～800nm）两个光谱区。图4-33是蒽醌和邻苯二甲酸酐的紫外光谱图，横坐标为波长 λ，纵坐标为吸收度 A（absorbance）。有时用摩尔吸收度 ε（或 $\lg\varepsilon$）表示纵坐标。摩尔吸收度 ε 与吸收度 A 的关系可通过以下公式换算得到：

$$\varepsilon = \frac{A}{LC} \tag{4-11}$$

式中，ε 为 1L 溶液中含 1mol 样品，通过样品的光路长度为 1cm 时，在指定波长下测得的吸光度。ε 的数值较大，常以其对数值 $\lg\varepsilon$ 表示，如图4-34香芹酮的紫外光谱图所示。

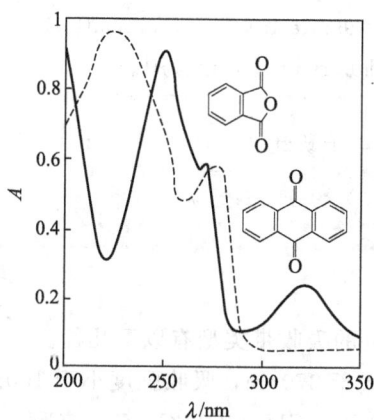

图 4-33　蒽醌和邻苯二甲酸酐的紫外光谱图

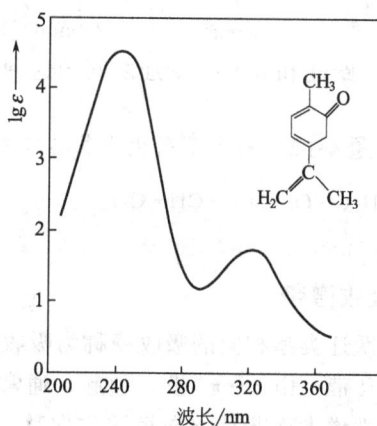

图 4-34　香芹酮的紫外光谱图

紫外光谱中化合物的最大吸光度处的波长用 λ_{max} 表示，它是样品的特征常数。如图 4-34中，其对应波长238nm，故表示为 λ_{max}238nm。文献资料在报告某化合物的紫外光谱数据时，通常连同最大吸收波长 λ_{max}、摩尔吸收系数 ε_{max}、测定时所用溶剂等一并给出。

2. 电子跃迁

分子量子化地吸收光能后，引起电子跃迁。基态有机分子中可以跃迁的电子有 σ 电子、π 电子和非键电子（n）。在紫外线的照射下，这些不同类型的基态电子可由成键轨道跃迁到反键轨道。由图 4-35 可知，各种电子跃迁所需能量顺序为：$\sigma \rightarrow \sigma^* >$ $n \rightarrow \sigma^* > \pi \rightarrow \pi^* > n \rightarrow \pi^*$。现结合有机分子结构与 UV 的关系，分别讨论如下。

（1）$\sigma \rightarrow \sigma^*$ 跃迁　完成这种形式的跃迁所需能量较高，多在远紫外区（150nm 左右），因而紫外区不产生吸收，烷烃类跃迁当属此类。正是由于烷烃如正己烷、环己烷等在紫外区无吸收，故常被用作 UV 测

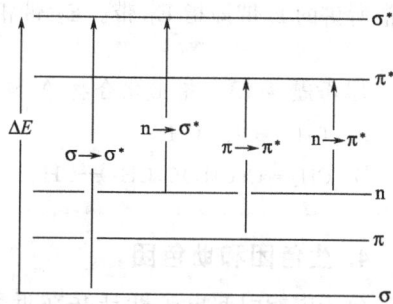

图 4-35　各种电子跃迁能级示意图

定时的溶剂。

(2) n→σ* 跃迁　分子中含有 n 电子（一般为孤对电子）的基团如—OH、—SH、—NH$_2$、—X 等会产生此类跃迁，吸收波长接近于 200nm，例如：

	CH$_3$OH	CH$_3$NH$_2$	CH$_3$I
λ_{max}	183nm(ε 150)	215nm(ε 600)	258nm(ε 378)

(3) π→π* 跃迁　含有碳碳双键的化合物会发生此类跃迁。非共轭双键吸收波长常低于 200nm，吸收强度很大；共轭双键吸收波长较长。例如：

	乙烯	1,3-丁二烯	β-胡萝卜素
λ_{max}	175nm(ε 10000)	217nm(ε 21000)	453nm(ε 130000)

(4) n→π* 跃迁　含有 C=O、C=S、C=N、N=O、N=N 等基团的有机化合物，除了存在波长短、强度大的 π→π* 跃迁外，还可进行 n→π* 跃迁。n→π* 跃迁所需能量较小，吸收波长较长（300nm 附近），但吸收峰强度较弱（ε 10~50）。例如：

		乙醛	丙酮	硝基甲烷
λ_{max}	π→π*	180nm(ε 10000)	189nm(ε 900)	201nm(ε 5000)
	n→π*	290nm(ε 17)	279nm(ε 15)	274nm(ε 17)

π→π* 跃迁和 n→π* 跃迁之间的这种差别对判断跃迁类型十分有用。

思考题 4-12　指出下列化合物各有哪种类型的电子跃迁。

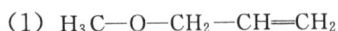

(1) H$_3$C—O—CH$_2$—CH=CH$_2$　　(2)

---

3. 吸收谱带

电子跃迁类型相同的吸收峰称为吸收谱带。常见的吸收带类型有以下几种。

(1) R 带　由 n→π* 跃迁引起，通常吸收波长大于 270nm，吸收强度小于 100。R 带随溶剂的极性增大而蓝移（向短波方向移动），如化合物 (CH$_3$)$_2$C=C—CO—CH$_3$，其 R 带在正己烷中为 329nm，而在氯仿中蓝移至 315nm。

(2) K 带　由共轭双键中 π→π* 跃迁引起，一般吸收强度 ε 值大于 10000，吸收波长小于 260nm。不过，分子中共轭体系越长，K 带红移（向长波方向移动）程度越大。

(3) B 带　由芳环骨架的 π→π* 跃迁引起，λ_{max} 范围为 230~270nm，吸收强度为 250~300。

(4) E 带　由苯环中乙烯基的 π→π* 跃迁引起，分为 E$_1$ 和 E$_2$，是芳香化合物的又一特征吸收。E$_1$ 带的吸收峰<200nm，一般紫外光谱仪上看不到，有时在近紫外区形成端吸收，平常所讲的 E 带即指 E$_1$ 带。E$_2$ 带相当于前述的 K 带。

思考题 4-13　指出化合物 A 和 B 中的 λ_{max} 吸收峰各属于什么吸收带。

A. CH$_2$=CH—CHO　　　　　　　λ_{max}=315nm(ε 14)

B. CH$_2$=C(CH$_3$)C(CH$_3$)=CH$_2$　　λ_{max}=226nm(ε 21400)

---

4. 生色团和助色团

分子中能引起电子跃迁并在近紫外区产生吸收的原子团称为生色团（chromophore），常为不饱和基团，如 C=O、C=N、—N=N—、—NO$_2$、—NO 等，常见的生色团参见

表 4-8。

表 4-8　常见生色团及其特征紫外吸收

生色团	实例	溶剂	λ_{max}/nm	ε_{max}	生色团	实例	溶剂	λ_{max}/nm	ε_{max}
C=C	$H_2C{=}CH_2$	庚烷	180	12500	C=S	CH_3CSCH_3	水	400	—
C≡C	HC≡CH	气相	173	6000	N=N	$CH_3N{=}NCH_3$	二氧六环	347	4.5
C=O	CH_3COCH_3	环己烷	190,279	1000,15	—NO_2	CH_3NO_2	水	274	14

孤立的 C=C 和 C≡C 的吸收峰都在远紫外区，但当分子中再引入一个与之共轭的不饱和键时，吸收就进入到紫外区，故它们也算作生色团。

对于—NH_2、—NHR、—SH、—SR、—OH、—OR 和卤素等，均含非键电子，虽然它们本身无紫外吸收，但当与生色团相连时，因与 π 电子形成 p-π 共轭，电子活动范围增大，常可增加生色团的吸收波长及强度，故称其为助色团（auxochrome）。例如苯环：λ_{max} 255nm，ε 230，而苯酚则为 λ_{max} 270nm，ε 1450。

（二）影响紫外光谱的因素

1. 红移和蓝移

红移（red shift）指因受取代基或溶剂的影响，使吸收峰向长波方向移动的现象；蓝移（blue shift）指因受取代基或溶剂的影响，使吸收峰向短波方向移动的现象。电子跃迁前后所具能量差越小，跃迁所需的波长越长，因此，能引起能量差变化的因素诸如共轭效应、超共轭效应、位阻效应及溶剂效应都可产生红移或蓝移现象。

2. 共轭效应的影响

共轭体系的延伸促使化合物的紫外吸收红移。如乙烯 λ_{max}180nm，而 1,3-丁二烯 λ_{max} 为 217nm。这是因为共轭体系越大，最高占据轨道（HOMO）和最低空轨道（LUMO）的能量差越小，吸收波长越长。一般每增加一个共轭 π 键，吸收波长红移约 30nm。存在 6 个共轭 π 键的烯烃，其吸收波长进入可见区。图 4-36 为乙烯和丁-1,3-二烯 π 分子轨道能级示意图。

烷基中 C—H 键的超共轭效应使吸收红移的幅度不是很大，但对化合物结构鉴定还是有用的。如戊-1,3-二烯 λ_{max} 222nm，比丁-1,3-二烯红移 5nm；苯 λ_{max}255nm，甲苯是 261nm。

3. 立体结构的影响

由于邻近基团的空间阻碍影响共轭体系的共轭程度而导致紫外光谱发生变化的现象称为位阻效应。一般反式烯烃比顺式烯烃电子离域程度更大，故吸收波长要长，

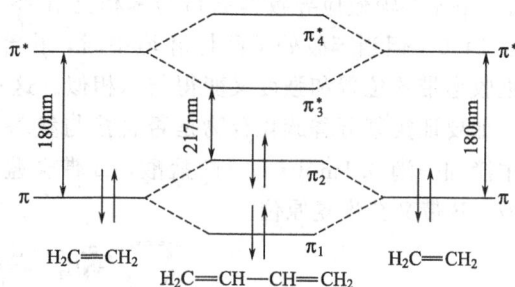

图 4-36　乙烯和丁-1,3-二烯 π 分子
轨道能级示意图

吸收强度也较大。如 trans-1,2-二苯乙烯的 λ_{max} 为 295nm（$\varepsilon_{max}=27000$），而顺式异构体 λ_{max} 为 280nm（$\varepsilon_{max}=13500$）。同样的理由，下列两个异构体的紫外吸收波长明显不同：

$\lambda_{max}=262nm$ $\qquad$ $\lambda_{max}=242nm$

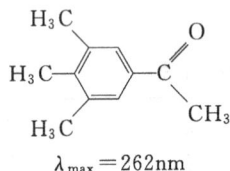

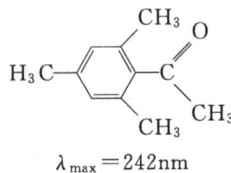

4. 溶剂性质的影响

溶剂对紫外吸收谱带有很大影响，溶剂的不同可以改变化合物的最大吸收位置（λ_{max}）。由于大多数发生 $\pi \rightarrow \pi^*$ 跃迁的分子，其激发态的极性比基态极性大，极性溶剂对激发态的作用比基态强，即较多地降低了激发态的能量，使基态和激发态的能级差减小，因而随着溶剂极性的增加，吸收波红移。而对于 $n \rightarrow \sigma^*$ 和 $n \rightarrow \pi^*$ 跃迁，未共用电子对在基态时与质子性的极性溶剂形成氢键，较多地降低了基态的能量使跃迁能量增加，因而随着溶剂的极性增加，紫外光谱发生蓝移。参见图 4-37。

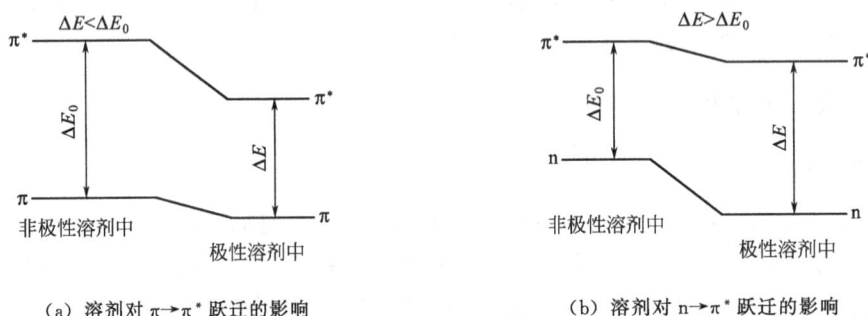

（a）溶剂对 $\pi \rightarrow \pi^*$ 跃迁的影响 $\qquad$ （b）溶剂对 $n \rightarrow \pi^*$ 跃迁的影响

图 4-37 溶剂对紫外光谱的影响

由于溶剂的性质对紫外光谱影响很大，所以在记录紫外光谱时要特别注明所使用的溶剂，如 λ_{max}^{EtOH}。常用的溶剂有水、甲醇、乙醇、己烷或环己烷、醚等。溶剂本身也有一定的吸收带，虽然其 ε 值小，但浓度一般比待测物高几个数量级，如果溶剂与溶质的吸收带相近，将会有干扰，故选择溶剂时要加以注意。此外溶剂的纯度也很重要。

5. 溶剂 pH 的影响

当被测物质带有酸性或碱性基团时，溶剂的 pH 变化对光谱将产生较大影响。如苯胺分子中，p-π 共轭效应导致其 B 带与苯相比由 255nm 红移至 280nm，且强度增加，ε 值由 205 增至 1450。但当苯胺处于酸性环境中时，由于氨基的质子化使其 p 电子不再与苯环共轭，其吸收谱带的位置和强度又变得与苯相似。这一特征可以很方便地用于结构测定。

如要证实某芳香族化合物是否直接与氨基（—NH_2、—NHR 或—NR_2）相连，可向样品中滴加一滴 $0.1mol \cdot L^{-1}$ 的盐酸，B 带会蓝移，然后再滴加一滴 $0.1mol \cdot L^{-1}$ 氢氧化钠溶液，B 带又会恢复原位。

同样，苯酚转化为负离子时，氧负离子的共轭效应更强，导致酚的吸收波长和强度都有增加，再加入盐酸，吸收峰又回到原处，此特征同样可用来鉴定化合物中是否有羟基与芳香环直接相连。

6. 平衡体系的影响

有些化合物可能处于不同结构的平衡体系中，如互变异构、酸碱平衡等。随着外界条件的变化，平衡发生移动，相应的紫外吸收也会发生较大变化。如乙酰乙酸乙酯的酮式和烯醇式互变异构体的紫外吸收：

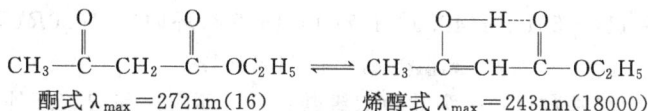

$$CH_3-\overset{\overset{\displaystyle O}{\|}}{C}-CH_2-\overset{\overset{\displaystyle O}{\|}}{C}-OC_2H_5 \rightleftharpoons CH_3-\overset{\overset{\displaystyle O-H\cdots O}{|}}{C}=CH-\overset{|}{C}-OC_2H_5$$

酮式 $\lambda_{max}=272nm(16)$ 烯醇式 $\lambda_{max}=243nm(18000)$

（三）共轭体系的特征吸收光谱

如前所述，共轭体系吸收带的波长在近紫外区，因此在有机化合物结构分析中，紫外光谱主要提供共轭体系的结构信息。以下分别进行简要讨论。

1. 共轭烯烃的紫外吸收

含孤立双键的烯烃，其 $\pi\rightarrow\pi^*$ 跃迁在远紫外区有一个宽的吸收带，其 λ_{max} 在 $170\sim200nm$ 之间，而共轭的烯烃随着共轭链的增长，跃迁所需的能量减小，吸收带逐渐红移，吸收强度也随之增加，甚至吸收峰由近紫外转向可见光吸收，化合物颜色逐渐变深。如表 4-9 所示。

表 4-9　链状共轭多烯化合物的紫外吸收

双键数目	λ_{max}/nm	ε_{max}	颜色	双键数目	λ_{max}/nm	ε_{max}	颜色
1	185	10000	无色	4	304	52000	无色
2	217	21000	无色	5	335	118000	淡黄
3	267	35000	无色	8	415	210000	橙色

一般说来，对于共轭烯烃类化合物的 $\pi\rightarrow\pi^*$ 跃迁吸收带（即 K 带），可采用伍德瓦尔德-费塞尔（Woodward-Fieser）经验规则来计算 λ_{max}。该规则以丁-1,3-二烯为基本母核，$\lambda_{max}=217nm$，然后，根据取代情况的不同，加上一些校正值，即可计算共轭烯烃类化合物的 K 带 λ_{max}，如表 4-10 所示。该体系受溶剂影响不大，不需对计算结果进行溶剂校正。一般计算值与实测值比较接近。

表 4-10　共轭烯烃类 K 带 λ_{max} 值 Woodward-Fieser 计算规则

共轭二烯母体基本值(217nm)	增加值	共轭二烯母体基本值(217nm)		增加值
同环二烯	36nm		—OCOR(Ar)	0nm
烷基或环烷基	5nm		—OR	6nm
环外双键	5nm	助色团	—SR	30nm
共轭双键	30nm		—Cl，—Br	5nm
			—NR^{1}R^2	60nm

使用 Woodward-Fieser 规则应注意：该规则只适用于共轭二烯、三烯和四烯；不适用于芳香共轭体系；也不适合于交叉共轭体系，例如 ⟨图⟩ 。计算时，所有的取代基和所有的环外双键均应考虑在内。例如：计算下列化合物的 λ_{max}。

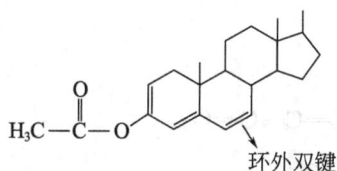

解：基值   217nm

共轭双键   30nm

同环二烯   36nm

三个烷基   15nm

酰氧基   0nm

环外双键   5nm

计算值=303nm,实测值=305nm

对于超过四烯的共轭多烯体系，其 K 带的 λ_{max} 和 ε_{max} 值可采用费塞尔和肯恩（Fieser-Huhn）提出的公式来计算。

$$\lambda_{max}=114+5M+n(48.0-1.7n)-16.5R(环内)-10.0R(环外) \qquad (4\text{-}12)$$

$$\varepsilon_{max(己烷)}=1.74\times10^4 n$$

式中，M 为取代烷基数目；n 为共轭双键数；R（环内）和 R（环外）分别表示具有环内双键和环外双键的环数。

例 4-4 计算 β-胡萝卜素的 λ_{max} 和 ε_{max} 值。结构如下：

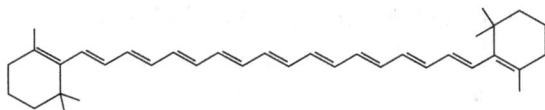

解：$M=10$，$n=11$，R（环内）为 2，R（环外）为 0，带入式(4-12)中，得

$\lambda_{max}=453.3nm$（实测值：452nm，己烷）；$\varepsilon_{max}=19.1\times10^4$（实测值：$15.2\times10^4$，己烷）

注意，ε_{max} 的计算式是半经验的，有时误差较大。

2. α,β-不饱和羰基化合物的紫外吸收

在 α,β-不饱和羰基化合物中，碳碳双键 C=C 与碳氧双键 C=O 形成 π-π 共轭体系，使跃迁能量降低，其 K 带（π→π* 跃迁）和 R 带（n→π* 跃迁）均发生红移，K 带 λ_{max} 约在 220nm，ε_{max} 一般大于 10000，R 带 λ_{max} 约在 300nm，ε_{max} 一般为 10～1000。

与共轭烯烃类似，不饱和羰基化合物随着共轭体系的延伸，π→π* 跃迁所需能量不断降低，吸收波长红移，吸收强度增加；而共轭链的增加对 n→π* 跃迁影响不大，使这个低强度的吸收带较难分辨甚至被 π→π* 跃迁吸收带所掩盖。

共轭不饱和羰基化合物的 K 带 λ_{max} 可用 Woodword-Fieser 规则计算，如表 4-11 所示。

表 4-11 不饱和醛、酮、酸和酯的 K 带 λ_{max} 值 Woodward-Fieser 计算规则（乙醇溶液）

α,β-不饱和羰基化合物		基本值			增加值
α,β-不饱和醛		207nm	—OR	α	35nm
α,β-不饱和酮		215nm		β	30nm
α,β-不饱和五元环酮		202nm		γ	17nm
α,β-不饱和六元环酮		215nm		δ	31nm
α,β-不饱和酸或酯		193nm	—SR	β	85nm
增加值—			—OAC	α、β、γ	6nm
共轭双键		30nm	—NR¹R²[①]	β	95nm
烷基或环基	α	10nm	—Cl	α	15nm
	β	12nm		β	12nm
	γ 及以上	18nm	—Br	α	25nm
—OH	α	35nm		β	30nm
	β	30nm	环外双键		5nm
	γ 及以上	50nm	同环二烯		39nm

① 酸或酯类为 70nm。

应用 Woodward-Fieser 计算规则时应注意：

(1) 共轭不饱和羰基化合物的体系为 $\overset{\delta}{C}=\overset{\gamma}{C}-\overset{\beta}{C}=\overset{\alpha}{C}-C=O$；

(2) 环上羰基不作为环外双键看待；

(3) 有两个共轭不饱和羰基时，优先选波长较长的作母体；

（4） 共轭不饱和羰基化合物 K 带受溶剂影响较大，表 4-11 适用于 95％的乙醇作溶剂的试样，否则需要对计算结果进行校正。见表 4-12。

表 4-12　共轭不饱和羰基化合物 K 带 λ_{max} 溶剂校正值

溶剂	水	甲醇	氯仿	乙醚	二氧六环	己烷	环己烷
λ_{max}校正值/nm	-8	0	$+5$	$+7$	$+5$	$+11$	$+11$

3. 芳香体系化合物的紫外吸收

（1）苯及衍生物的紫外光谱　如图 4-38 所示，苯具有三个吸收带（E_1 和 E_2 和 B 带），都是由 $\pi \rightarrow \pi^*$ 跃迁引起的。E_1 带 λ_{max} 为 184nm，强度较大，$\varepsilon_{max}=68000$，没有精细结构；E_2 带其 λ_{max} 为 204nm，强度略低，$\varepsilon_{max}=8800$，有分辨不清的振动吸收；B 带是芳香环的特征谱带，λ_{max} 为 254nm，强度较低，$\varepsilon_{max}=250$，有明显的振动精细吸收。B 带对溶剂很敏感，如在异辛烷溶剂中呈现出明显的振动精细结构，而在水中精细结构完全消失。这种溶剂效应的敏感性常用来识别芳香化合物。

苯被取代后，会因为共轭、超共轭使苯环吸收带红移，且吸收强度增大。苯的 B 带往往因取代基的存在，精细结构简化或消失。如苯酚中的羟基氧上孤对电子与苯环 p-π 共轭使芳环 B 带红移，λ_{max} 为 270nm，且只出现单峰。表 4-13 列出了一些芳香化合物的紫外吸收。

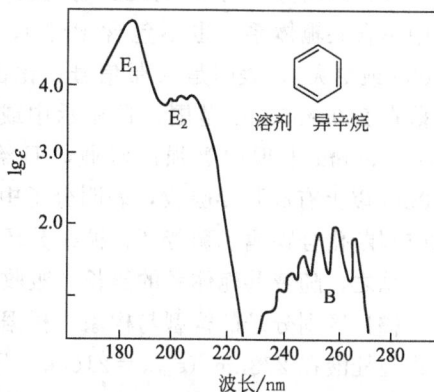

图 4-38　苯的紫外光谱

表 4-13　一些芳香化合物的紫外吸收

化合物	E_2 带		B 带		溶剂
	λ_{max}/nm	ε_{max}	λ_{max}/nm	ε_{max}	
苯	204	8800	254	250	己烷
甲苯	208	7900	262	260	己烷
邻二甲苯	210	8300	262	300	乙醇（25％）
氯苯	210	7500	257	170	乙醇
苯酚	211	6200	270	1450	水
苯胺	230	8600	280	1430	水
苯乙烯	244	12000	282	450	乙醇
苯甲醛	244	15000	280	1500	乙醇
苯乙酮	240	13000	278	1100	乙醇
硝基苯	252	10000	280	10000	正己醇

（2）稠环化合物的紫外光谱　萘、蒽这类线型排列的稠环芳香烃较苯形成更大的共轭体系，紫外吸收比苯更加红移，吸收强度增大，精细结构更加明显。而菲等角式排列由于分子弯曲程度增加，较相应的线型分子吸收强度减弱，较萘、蒽的吸收蓝移。例如蒽的 E_1 带 $\lambda_{max}=252$nm（$\varepsilon_{max}=220000$），E_2 带 $\lambda_{max}=375$nm（$\varepsilon_{max}=10000$）；菲的 E_1 带 $\lambda_{max}=251$nm（$\varepsilon_{max}=90000$），E_2 带 $\lambda_{max}=292$nm（$\varepsilon_{max}=20000$），角式排列的菲 E_1 带强度明显减弱，E_2 带 λ_{max} 值明显蓝移。

(四) 紫外光谱在结构分析中的应用

紫外光谱可提供 λ_{max} 和 ε_{max} 这两类重要数据及其变化规律，在有机化合物结构分析中可解决一些问题。但它毕竟只能反映分子中共轭体系的特征，而不能反映整个分子的结构，因此仅靠紫外光谱确定分子的结构是不可能的。现将紫外光谱在结构分析中的主要用途及经验规律归纳如下。

(1) 比较分子的骨架 将未知物与选定的模型化合物相比较，若两者图谱一致或接近，即可认为它们有相同的生色团，从而确定未知物的骨架。

(2) 判断分子的共轭程度 在波长 $220\sim800nm$ 范围内无吸收的化合物，可以肯定其结构中不含共轭体系，也不包含 Br、I、S 等杂原子。若在 $220\sim250nm$ 有强吸收（ε_{max} 约 10000 或更大），表明是 K 带信号，化合物应属于共轭二烯、α,β-不饱和醛酮类。若吸收信号落在 $250\sim350nm$ 范围，且显示中或低强度吸收，说明是羰基或共轭羰基类化合物。在 $250\sim290nm$ 出现中等强度吸收，且给出不同程度的精细结构，说明有苯环存在。若在 300nm 以上有高强度吸收，表明分子中存在较长的共轭体系，若此时看到明显的精细结构，则应判断化合物属于稠芳环、稠杂芳环或其衍生物类。

总之，随着共轭体系的延长，吸收红移，强度增大。

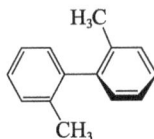

(3) 区别分子的构型与构象 根据紫外光谱，有时可很容易区别分子的构型异构体。如反式肉桂酸在 273nm（$\varepsilon_{max}=21000$）显示强吸收，而在顺式肉桂酸中，由于芳环和羧基之间存在着空间的相互影响，使二者不能共平面，故它只在 264nm（$\varepsilon_{max}=9400$）显示较弱的吸收。另外，如果比较联苯与 2,2'-二甲基联苯的 UV 吸收波长不难推测，前者应在长波处显示吸收峰，后者因存在甲基的位阻效应，所以应得到类似于简单苯的 UV 谱。

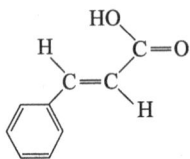

反肉桂酸	顺肉桂酸	2,2'-二甲基联苯
$\lambda_{max}(\varepsilon_{max})$ 273nm(21000)	264nm(9400)	220nm，E_2 带；270nm(800)，B 带

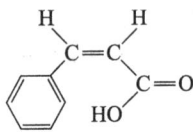

总之，紫外光谱虽然简单，但也能给出许多有用的结构信息，如果能与其他方法如红外光谱、核磁共振谱和质谱相结合，必将在有机结构分析中发挥其特殊作用。

四、质 谱

质谱（mass spectroscopy，MS）不是吸收光谱，而是基于在高真空条件下气化的样品，受到高速电子轰击成为带正电荷的离子及进一步裂解的各种碎片，这种阳离子在电场和磁场的综合作用下，按照质量与电荷比的大小依次排列并记录下来的谱图。质谱的突出优点是：凭借极少量样品（可达 $10^{-9}g$）即能获得有关分子量和分子结构的大量信息。尤其是近年来将气相色谱（gas chromatography，GC）、高效液相色谱（high performance liquid chromatography，HPLC）分别与质谱联用，使得气-质联用仪（GS-MS）和液-质联用仪（LC-MS）成为分析、鉴定微量天然化合物、生物活性物质最为有效的工具。

（一）基本原理

图 4-39 是质谱仪组成的示意图，主要包括三大部分：①离子源部分，在这里中性分子 M 气化后被高能量的电子束轰击，转变成分子离子 M^+、结构小碎片正离子等；②磁分析器部分，负责将离子按照质量、电荷比值［简称质荷比（ratio of mass to charge，m/e 或 m/z）］排列成离子束；③离子收集器及记录仪部分，执行收集、检测及记录离子束和离子束强度信号，再将信号转变成条形图谱的任务。

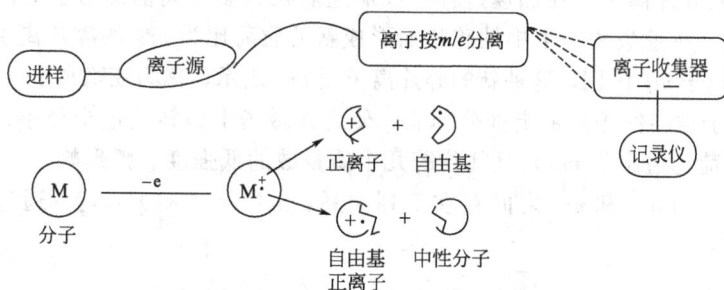

图 4-39　质谱仪工作示意图

图 4-40 是 2-甲基丁-1-烯的 MS 谱图：横坐标为正离子的质荷比（m/e）值，纵坐标为离子的相对丰度，以丰度最大的离子峰（称基峰，base peak，这里 $m/e=55$）高为 100%，其余各峰高则是相对于基峰高的百分数。所以质谱图可看作是所生成的离子的质量及其相对丰度的记录。

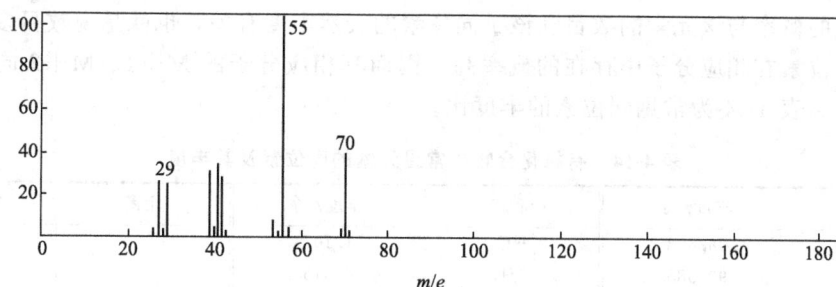

图 4-40　2-甲基丁-1-烯的 MS 谱图

（二）质谱中离子的类型

质谱中出现的离子主要有以下几种类型。

1. 分子离子（molecular ion）

有机分子受到电子流轰击后失去一个电子就生成了分子离子，分子离子通常用符号 $M^{+\cdot}$ 表示。其中"+"表示带有一个正电荷，"·"表示带有一个未成对的单电子。但常简写为 M。一般说来，所失去的电子应该是分子中受束缚最弱者，即杂原子的未成键 n 电子最容易失去，其次是 π 电子，而碳氢 σ 键电子则最难失去。如丁酮，氧首先失去一个 n 电子而生成分子离子：

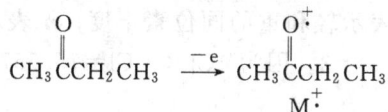

$$\underset{\text{M}^{+\cdot}}{\overset{\displaystyle O^{+\cdot}}{CH_3\overset{\displaystyle O}{\underset{\displaystyle}{C}}CH_2CH_3}}$$

2. 碎片离子

碎片离子系由分子离子进一步产生键的断裂而形成的。碎片离子的产生与分子结构特征密切相关。

3. 亚稳离子

质谱中的离子峰无论强弱一般都很尖锐，但有时会出现个别较弱且较宽的峰，峰形有凸起、凹陷或平顶形状，这就是亚稳离子峰。其产生的原因是：在电离室形成的一个质荷比 m_1 的分子离子或碎片离子，在加速过程中或加速后在磁场分离前的短暂时间内，离子互相碰撞而产生裂解，中途失去一个中性碎片而形成新的质荷比为 m_2 的碎片离子，为了与电离室所形成的碎片离子 m_2 区别，这种新的碎片离子用 m^* 表示，称为亚稳离子（metastable ion），亚稳离子 m^* 由于被中性碎片带走部分动能，使之在磁场中偏转轨道半径小，在检测器上记录到的 m^* 的质荷比值小于 m_2，且往往跨几个质量数的低强度、弧形峰。

亚稳离子 m^* 与 m_1 和 m_2 之间存在下列关系：$m^* = (m_2)^2/m_1$，通过它可以帮助判断裂解过程。如：

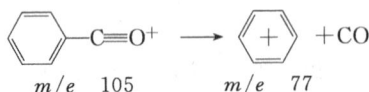

$$\text{（结构式）}—C{\equiv}O^+ \longrightarrow \text{（结构式）}（+）+CO$$
$$m/e\ \ 105 \qquad\qquad m/e\ \ 77$$

如果有 $m^* = 56.5$ 的亚稳离子峰，则可根据 $m^* = (m_2)^2/m_1 = 77^2/105 = 56.5$，证明存在上述裂解过程。

4. 同位素离子（isotopic ion）

众所周知，有机分子中的 C、H、O、S、N、X 等元素均有重同位素。重同位素在相应分子中出现的概率与该元素的数目和该重同位素的天然丰度有关，也就是说数目多、天然丰度高的重同位素在相应分子中存在的概率高，因而其相应分子的 M+1、M+2 同位素峰的强度也就高。表 4-14 为常见同位素的丰度比。

表 4-14　有机化合物中常见元素的同位素及其丰度

元素	丰度/%	元素	丰度/%	元素	丰度/%
^{12}C	98.893	^{13}C	1.107		
^{1}H	99.985	^{2}H	0.015		
^{14}N	99.634	^{15}N	0.366		
^{16}O	99.759	^{17}O	0.037	^{18}O	0.204
^{32}S	95.018	^{33}S	0.750	^{34}S	4.215
^{35}Cl	75.557			^{37}Cl	24.463
^{79}Br	50.537			^{81}Br	49.463

从表 4-14 可知，C、H、N 和 O 的同位素的丰度很小，产生的同位素峰很小可忽略不计，而 ^{81}Br 的丰度最大，与 ^{79}Br 几乎是 1:1 的关系，其次是 ^{37}Cl、^{34}S。因此，若分子中含一个 Br，则它的 M^+ 和 M+2 应具有大约相等的峰强；若分子中含一个 Cl，其峰强 M^+ : M+2 应约为 3:1。图 4-41 为溴甲烷的质谱，可见有两个强度近似的同位素峰。在氯乙烷的质谱图（图 4-42）中，则 M^+ : M+2 为 3:1。

如果含有两个或两个以上同位素的离子，这几个同位素的丰度比可从二项式 $(a+b)^n$ 展开而得，式中，a 和 b 分别表示轻和重的同位素丰度；n 表示分子中存在的同位素数目。如 $CHCl_3$ 分子中含有 3 个 Cl，$n=3$。因为 $^{35}Cl : ^{37}Cl = 75.557 : 24.463 = 3 : 1$，故 $a=3$，$b=1$，则有

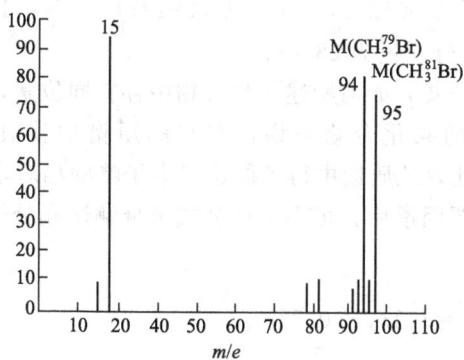

图 4-41 溴甲烷的 MS 图谱

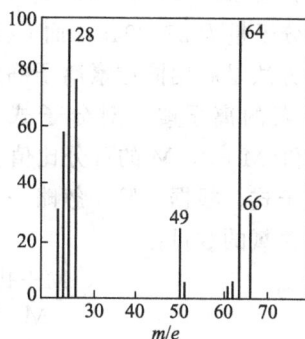

图 4-42 氯乙烷的 MS 图谱

$$(a+b)^3 = a^3 + 3a^2b + 3ab^2 + b^3 = 27 + 27 + 9 + 1$$

在质谱图的分子离子峰处可见到四个峰，质量数差分别为 2，强度比为 27 : 27 : 9 : 1。

（三）分子离子峰和分子式的确定

1. 分子离子峰的确定

分子经电子束轰击后失去一个电子成为离子，该离子产生的峰叫分子离子峰。根据分子离子峰的质荷比，可获得最为准确的分子量，所以正确识别分子离子峰至关重要。分子离子峰通常出现在 MS 图的最右端，一般情况下它表示样品分子的分子量。不过判断分子离子峰时应注意以下几点。

(1) 质量数的判断　由 C、H、O、S 和卤素组成的化合物，即分子离子峰的质量数应为偶数。若分子中还含有 N 元素，其分子量应符合氮规则：分子离子峰质量数的奇、偶性与 N 原子数目的奇、偶性相同。

(2) m/e 差值的合理性　假定的分子离子峰与其左侧邻近峰的质量差应为 1（—H）、15（—CH_3）、17（—OH 或—NH_3）、18（—H_2O）、28（—C_2H_4 或—CO）、29（—C_2H_5 或—CHO）等数值。若质量差为 3～14 或 21～26 质量单位，则不合理。

(3) M+1 或 M−1 峰的存在　含羟基、氨基、酯基等以及分支较多的链状化合物的分子离子峰很小，或根本不出现，但其 M+1（H）或 M−1（H）峰却很强，这与分子离子峰的稳定性有关。各类分子离子峰的稳定性次序可归纳为：

芳香族＞共轭多烯＞脂环＞直链烷烃＞硫醇＞酮＞胺＞酯＞醚＞酸＞分叉较多的烷烃＞醇

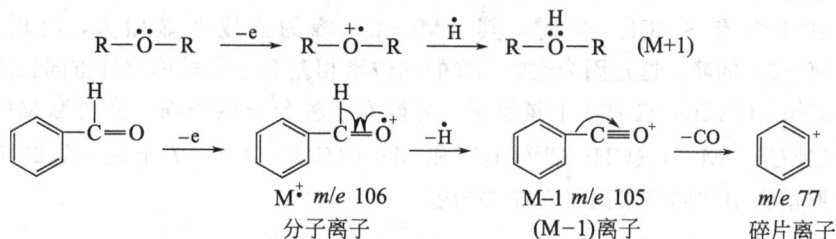

2. 分子式的确定

找到了分子离子峰可知分子量，但还不能写出分子式，因为多种分子可能具有相同的分子量，如 CO 和 C_2H_4 具有的分子离子峰 m/e 均为 28。如何确定分子式呢？一种方法是采用高分辨质谱仪增加数据的精确度以确定唯一的分子式。因为在分子式中，C、H、O、N

原子的实际质量是 ^{12}C：12.000000，^1H：1.007825，^{16}O：15.994914，^{14}N：14.003050，这样 CO 的分子量为 27.9949，而 C_2H_4 的分子量为 28.0314。

另一种方法是利用同位素离子确定分子式。如前所述，化合物中存在同位素，谱图中就会出现同位素的离子峰。对分子式一定的某化合物来说，在它的质谱中就具有一定的 (M+1)/M 和 (M+2)/M 的百分比值。因此，从质谱中得到同位素离子峰的相对丰度可以反过来推测分子式。根据经验，忽略一些次要因素后，可用下列公式来推测试样分子式中的含碳、含氮和含氧的数目：

$$\frac{M+1}{M} \times 100 = 1.1 n_C + 0.37 n_N$$

$$\frac{M+2}{M} \times 100 = \frac{(1.1 n_C)^2}{200} + 0.2 n_O$$

分子式中的含氢数则可根据分子量减去所推测的 C、O、N 的质量而求得。

例如：某试样在其质谱中测得分子离子峰和同位素离子峰的强度比为

M	$m/e = 150$	100%
M+1	$m/e = 151$	9.9%
M+2	$m/e = 152$	0.9%

现利用上述公式来推测试样的分子式。因分子量是偶数，按氮规则分子式中可能不含氮或者含偶数个氮。先假设分子中不含氮原子，则：

$$n_C = \frac{M+1}{M} \times \frac{100}{1.1} = \frac{9.9}{100} \times \frac{100}{1.1} = 9$$

$$n_O = \left[\frac{M+2}{M} \times 100 - \frac{(1.1 \times 9)^2}{200} \right] \div 0.2 = \left[\frac{0.9}{100} \times 100 - \frac{(1.1 \times 9)^2}{200} \right] \div 0.2 = 2$$

$$n_H = 150 - 12 \times 9 - 16 \times 2 = 10$$

即分子式为 $C_9H_{10}O_2$。

假设分子中有 2 个氮原子，则按公式算出含有 8 个 C、2 个 O，这时 C、O、N 的质量总和超出了分子量，说明分子中不可能含有氮原子。故分子式只能为 $C_9H_{10}O_2$。结合 IR 和 ^1H NMR 图谱分析，可知该试样为乙酸苄酯或乙酸苯甲酯（$CH_3COOCH_2C_6H_5$）。

1963 年，Beynon 等把 C、H、O、N 原子按可能的结合方式进行了排列组合，并对这些可能的分子式算出了 $\frac{M+1}{M} \times 100$、$\frac{M+2}{M} \times 100$ 的数值，编制成表，称为 Beynon 表。利用 Beynon 表和所测得的同位素离子峰强度，也可确定试样的分子式。

当分子式中含有 S、Cl、Br 时，其 （M+2）峰的强度明显增大，有时还会出现 （M+4）、（M+6）的峰。这是因为这些元素的同位素相差 2 个质量单位且重同位素的天然丰度比较高。例如，$CHCl_3$，含有 3 个氯原子，可能有 4 种分子离子峰，分别为 $M(CH^{35}Cl_3)$、$M+2(CH^{35}Cl_2^{37}Cl)$、$M+4$ （$CH^{35}Cl^{37}Cl_2$）和 $M+6(CH^{37}Cl_3)$。关于这一类试样分子式的确定，可参照前文中"同位素离子"相关内容。

（四）质谱中的裂解方式

能量过剩的分子离子按其特有的规律可裂解成相应的碎片离子，碎片离子还可以继续裂解成更小的碎片离子等。这些碎片离子一方面为阐明分子结构提供信息，另一方面也增加了 MS 的复杂性。裂解形式主要有单纯裂解和重排裂解。

1. 单纯裂解

单纯裂解主要是由正电荷的诱导效应或自由基强烈的电子配对倾向所引起，其特点是开裂的产物系分子中原已存在的结构单元。例如，苯甲醛的分子离子峰是 $m/e\ 106$，经单纯裂解依次脱去 H 自由基、中性分子 CO，分别得到 $m/e\ 105$、$m/e\ 77$ 碎片。根据开裂机理的不同又可分为 α-裂解、β-裂解以及 i-裂解。

(1) α-裂解　α-裂解是具有正电荷基团的碳原子和相连的碳原子之间的裂解。例如：

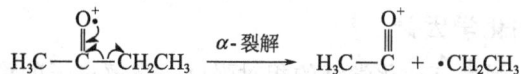

$$H_3C-\overset{\overset{\displaystyle O^+_\cdot}{\|}}{C}-CH_2CH_3 \xrightarrow{\ \alpha-裂解\ } H_3C-\overset{\overset{\displaystyle O^+}{\|}}{C} + \cdot CH_2CH_3$$

所有含杂原子的化合物都可能发生 α-裂解，它是简单开裂中最常见的重要的裂解方式。当分子中含有杂原子，其两侧都可发生 α-裂解，大的烷基优先脱去。当有多个杂原子同时存在时，裂解难易程度是含氮基团邻近最易裂解，其余依次是 S、O、X（卤素）。

(2) β-裂解　β-裂解是 α-碳和 β-碳之间键的裂解。烯烃分子易发生 β-裂解，因得到的正离子可与 π 键共轭而稳定。例如：

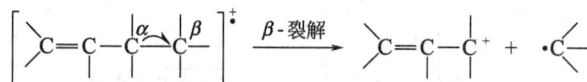

$$\left[\overset{|}{\underset{|}{C}}=C-\overset{\alpha|}{\underset{|}{C}}\overset{\beta}{-}\overset{|}{\underset{|}{C}} \right]^{\overset{+}{\cdot}} \xrightarrow{\ \beta-裂解\ } \overset{|}{\underset{|}{C}}=C-\overset{|}{\underset{|}{C}}{}^+ + \cdot\overset{|}{\underset{|}{C}}-$$

同样，由于大 π 键的稳定作用，使得带有侧链的芳香环易发生苄基型裂解，得到 $m/e=91$ 的苄基正离子强峰。

(3) i-裂解　i-裂解涉及两个电子的转移，一般来说，电负性很大的杂原子易发生此裂解。

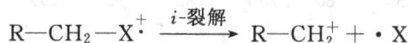

$$R-CH_2-X^{\overset{+}{\cdot}} \xrightarrow{\ i-裂解\ } R-CH_2^+ + \cdot X$$

2. 重排裂解

重排裂解一般伴随着多个键的断裂，往往在脱去 1 个中性小分子的同时发生重排，生成了在原化合物中不存在的结构单元的离子。重排一般是经过六元环过渡态完成的，属于这种类型重排裂解最常见的有两种。

(1) Mclafferty 重排裂解　凡具有 γ-H 的醛、酮、羧酸、酯、烯烃、侧链芳烃以及环丙烷等化合物，经过六元环过渡态，γ-H 转移到带正电荷的杂原子上，发生烯丙型裂解，丢失一个中性分子，生成重排离子。例如，戊-2-酮的重排：

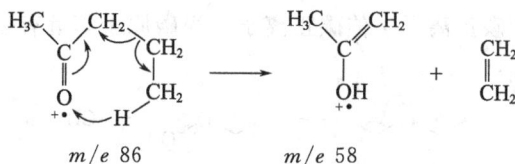

$m/e\ 86$ 　　　　　　 $m/e\ 58$

(2) Retro-Diels-Alder 重排裂解　环己烯衍生物或者可经过不饱和键的六元环化合物可发生此类重排。也是断裂两个键，丢失一个中性分子，生成共轭双烯正离子，但它是以双键为起点，没有氢原子转移的重排，又称为骨架重排。这个重排过程刚好是 Diels-Alder 反应的逆过程，故称之为 Retro-Diels-Alder 裂解。例如：

$$\left[\ \right]^{\overset{+}{\cdot}} \longrightarrow \ + \ \|$$

3. 离子裂解的一般规律

从以上裂解的方式可以看出，离子的裂解一般遵循"偶数电子规律"，即奇数电子的离子裂解可产生自由基和正离子，或产生含偶数电子的中性分子和自由基正离子。含偶数电子的离子裂解不能产生自由基，只能产生具有偶数电子的中性分子和正离子。

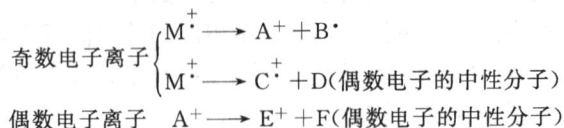

$$奇数电子离子\begin{cases} M^{\overset{+}{\cdot}} \longrightarrow A^+ + B^{\cdot} \\ M^{\overset{+}{\cdot}} \longrightarrow C^{\overset{+}{\cdot}} + D（偶数电子的中性分子） \end{cases}$$

$$偶数电子离子 \quad A^+ \longrightarrow E^+ + F（偶数电子的中性分子）$$

4. 影响离子裂解的化学因素

影响离子裂解的主要因素有：化学键的相对强度、裂解离子的稳定性和立体化学因素。

(1) 化学键的相对强度 化学键的相对强度可由键能大小反映出来，键能小的共价键优先断裂。各种键的相对强度由强至弱排列如下：

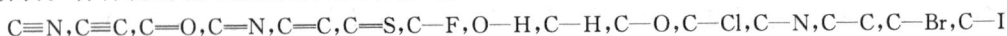

C≡N,C≡C,C=O,C=N,C=C,C=S,C—F,O—H,C—H,C—O,C—Cl,C—N,C—C,C—Br,C—I

总体来说，单键较弱，尤以 C—Br、C—I 键易断裂。如 2-溴丁烷（$CH_3CHBrCH_2CH_3$）分子中，C—Br 键最易断裂，因此（M—Br）$^+$ 的质荷比为 57 的峰为基峰，如图 4-43 所示。

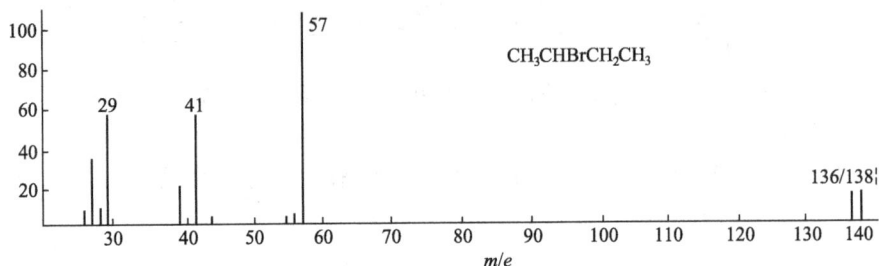

图 4-43　2-溴丁烷的 MS 谱图

当单键与双键共存时，较弱的单键先断裂。如丁酮（$CH_3COCH_2CH_3$）分子，以较弱的且靠近羰基的 C—C 键优先断裂，故丁酮的优势裂解为 α-裂解，且 α-裂解时大的基团优先脱去，生成 $M^+（CH_3CH_2）$ 质荷比为 43 的峰为基峰。

(2) 裂解离子的稳定性 裂解产物有正离子、自由基和中性分子，其中正离子的稳定性最为重要，离子裂解时主要倾向形成最稳定正离子的途径。质谱中正离子的稳定性与普通有机化学中讨论的正离子的稳定性是一致的。如碳正离子的稳定性次序为：苄基型或烯丙型碳正离子＞叔碳正离子＞仲碳正离子＞伯碳正离子。当碳原子邻近有杂原子时，也易形成稳定的正离子，如乙醚的裂解：

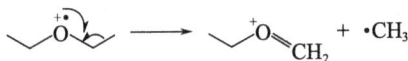

(3) 立体化学因素 因为有机分子的裂解是有机离子在气相发生的单分子反应，反应过程中往往有一定的空间方面的要求。例如，在 Mclafferty 重排裂解中，要求形成六元环过渡态，凡不能满足这一要求的 π 体系化合物就不能发生重排裂解。

又如，某些裂解过程，如脱水、脱卤化氢，类似于消除反应，同样有空间要求。其通式可表示为：

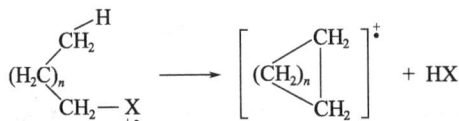

此处，X 代表卤原子、OH 和 OR 等，对于不同的离去基团，n 有不同的最恰当的数值。

（五）各类化合物的质谱特征

化合物的质谱特征主要是指此类化合物在质谱图中经常出现的、共有的、强度较大的一些碎片离子峰。熟练掌握各类化合物的质谱特征是解析质谱、确定化合物类型的前提。通常情况下可在理解裂解规律的基础上，从以下几个方面来分析。

1. 分子离子峰的情况

分子离子峰的相对强弱反映了化合物稳定与否，直链烷烃、醇类、醚类等化合物由于分子稳定性比较差，一般分子离子峰很弱，甚至观察不到。而芳香族化合物的分子离子峰则较强。

2. 化合物的特征峰情况

卤代烃中的氯代和溴代化合物，由于 ^{35}Cl 与 ^{37}Cl、^{79}Br 与 ^{81}Br 的相对丰度分别为 3：1 和 1：1，因此含一个氯的化合物有一个强度相当于 1/3M 的（M+2）的同位素峰，含一个溴的化合物则有一个与 M 强度相当的（M+2）的同位素峰，它们可以作为判断氯、溴原子存在的证据。此外，醇类分子常出现 M−18 的脱水峰，芳香烃类的䓬鎓离子峰、苯环离子峰都可以作为这类化合物存在的佐证。

3. 化合物的基准峰情况

最易断裂形成的碎片离子峰往往就是该化合物质谱图中的基准峰，结构相似的化合物往往具有相同的基准峰。如在直链烷烃中，裂解中往往伴随着重排，最可能形成异丙基碳正离子和叔丁基碳正离子，所以 m/e 43、m/e 57 常常是这类化合物的基准峰。又如芳香烃类化合物最易形成苄基型碳正离子，进一步扩环形成环庚三烯正离子（䓬鎓离子，$C_7H_7^+$），所以 m/e 91 常为这类化合物的基准峰。

4. 化合物的特殊重排裂解情况

如脂肪族的醛、酮、羧酸及其衍生物中 Mclafferty 重排裂解往往可帮助我们确定这些化合物的类型。如丁醛质谱中有一强峰 m/e 44（$CH_2=CHOH$ 自由基正离子，基峰）就是经过麦氏重排裂解产生的。

5. 质谱解析的一般程序

质谱解析的一般程序如下。

（1）识别分子离子峰。首先在高质荷比区假定分子离子峰，判断该假定的分子离子峰与邻近碎片离子峰的关系是否合理，然后判断是否符合氮规则。

（2）分析同位素峰簇的相对强度比和峰与峰之间的质荷比差值，判断化合物是否含有 Cl、Br、S 等元素。

（3）推断分子式，计算不饱和度。

（4）由分子离子峰的相对强度了解结构信息。

（5）由特征离子峰和丢失的中性碎片了解可能的结构信息。

（6）综合以上得到的全部信息，结合分子式和不饱和度，推断化合物的可能结构。

（7）分析可能结构的裂解机理，看是否与质谱相符，进而确定结构，并进一步解释质谱，或与标准图谱对照，或与其他谱配合，确证其结构。

例 4-5 有一羰基化合物 A，分子式为 $C_6H_{12}O$，质谱如图 4-44 所示，试推断 A 的结构。

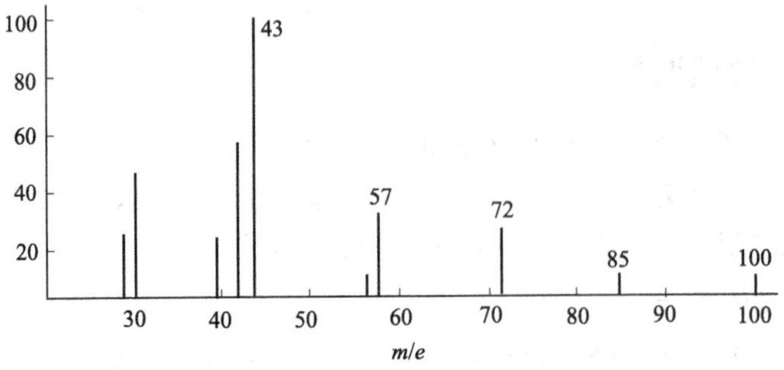

图 4-44 化合物 A 的 MS 谱图

解：计算 A 的分子量正好为 100，说明 m/e 100 为分子离子峰，观察图 4-44 中有主要峰有 m/e 85、72、57、43 等。通过分析可知，m/e 85 为 M−15 的碎片，它是由分子离子去掉甲基产生的。m/e 43 为 M−57，它是分子离子去掉 C_4H_9 的碎片。m/e 57 可能为 $C_4H_9^+$ 的碎片，它可看作是 M−15−28 的碎片，即分子离子先脱去甲基，再脱去 CO 产生的。分裂方式如下：

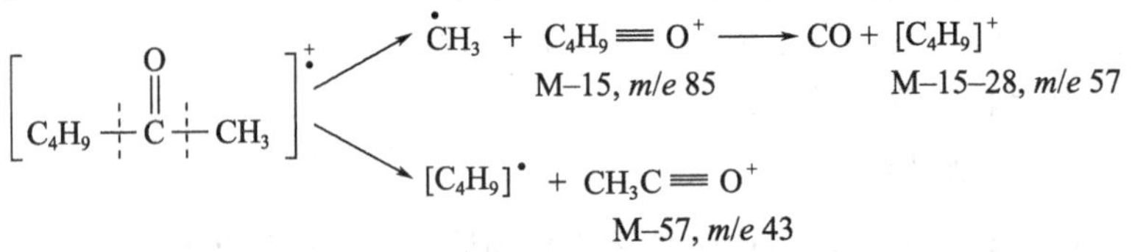

$$
\left[\begin{matrix} & \overset{O}{\overset{\|}{C_4H_9 \dotplus C \dotplus CH_3}} \end{matrix}\right]^{+\cdot}
\begin{cases}
\dot{C}H_3 + C_4H_9 \equiv O^+ \longrightarrow CO + [C_4H_9]^+ \\
\text{M−15, } m/e\ 85 \qquad\qquad\quad \text{M−15−28, } m/e\ 57 \\
[C_4H_9]^{\cdot} + CH_3C \equiv O^+ \\
\text{M−57, } m/e\ 43
\end{cases}
$$

在上面的结构式中，丁基（—C_4H_9）可以是伯、仲、叔丁基。那么该化合物究竟是哪一个丁基呢？图 4-44 中 m/e 72 的峰给我们提供了信息。它可能是 M−28，即分子离子分裂为乙烯（28）后生成的碎片离子。根据麦氏重排反应的机理，只有仲丁基才能脱去乙烯，伯丁基应脱去的是丙烯，即：

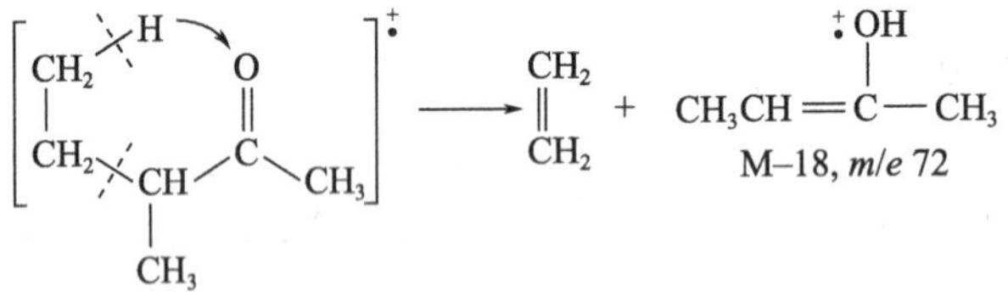

$$
\left[\begin{matrix} CH_2 \overset{H}{\cdots} & O \\ | & \| \\ CH_2 \diagdown CH & C \diagdown CH_3 \\ & | \\ & CH_3 \end{matrix}\right]^{+}
\longrightarrow
\begin{matrix} CH_2 \\ \| \\ CH_2 \end{matrix}
+ CH_3CH = \overset{+OH}{C} - CH_3 \\
\qquad\qquad\qquad\qquad\qquad \text{M−18, } m/e\ 72
$$

所以，化合物 A 应为 2-甲基戊-2-酮。

思考题 4-14 以下是 2-氯丁烷的质谱图，试分析图谱中所标记 m/e 的各离子峰的归属。

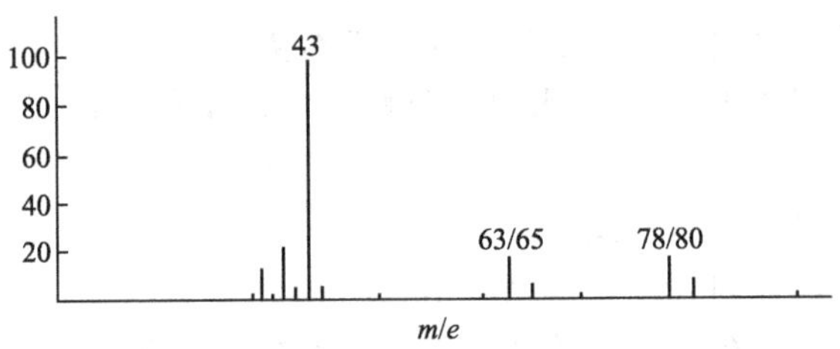

（六）质谱技术的新进展

质谱技术发明于 20 世纪初，进入 20 世纪 80 年代以来，有机质谱分析技术得到了飞速的发展，相继发明了快原子轰击（fast atom bombardment，FAB）、电喷雾电离（electrospray ionization，ESI）和基质辅助激光解吸电离（matrix-assisted laser desorption ionization，MALDI）等软电离技术，随着色谱-质谱联用技术、飞行时间质谱和串联质谱技术的出现，能用于分析高极性、难挥发和热不稳定样品，使质谱的应用扩大到生物大分子的领域。其中ESI 和 MALDI 这两种软电离技术具有高灵敏和高质量检测范围，能在飞摩（10^{-15} mol）乃至阿摩（10^{-18} mol）水平检测分子量高达上百万的生物大分子。

1. 电喷雾质谱（ESI-MS）

电喷雾质谱（ESI-MS）法是利用吸附或失去若干氢原子的软电离方式，特征之一是可生成带有多个电荷的离子而不发生破裂，这样可将质荷比降低到各种不同类型的质量分析仪都能检测的程度。其优点是解决了极性大、热不稳定的蛋白质与多肽分子的离子化和大分子量、一级结构和共价修饰位点的测定问题，并可用于研究 DNA 与药物、金属离子、蛋白质和抗原与抗体的相互作用。但是样品中的盐类对样品结果影响很大，而且单个分子带电荷不同可形成多种离子分子峰（重叠峰），所以对混合物的图谱解析比较困难。

2. 基质辅助激光解吸离子化质谱（MALDI-MS）

发展于 20 世纪 80 年代的基质辅助激光解吸离子化质谱（MALDI-MS）技术产生的离子常用飞行时间（time of flight，TOF）检测器检测。鉴于其准分子离子峰很强，几乎无碎片离子产生的特点，很快用于蛋白质、糖脂、多糖等生物大分子的分析中，甚至可直接分析蛋白质酶解后产生的多肽混合物。常用的是基质辅助激光解吸离子-飞行时间-质谱（MALDI-TOF-MS）。目前还有更新的串联飞行时间质谱技术（MALDI-TOF/TOF-MS），有人报道利用该质谱技术分析通过二硫键键合的异二肽，得到了二肽及每个单体肽组分的分子量，结论是 MALDI-TOF-MS 中的碎裂过程与氨基酸胱氨酸水溶液的光引发均裂有相似之处，提供了一种指认蛋白质中二硫键的简便方法。此方法还适用于对单核细胞进行直接的化学分析。

3. 色谱-质谱联用技术

色谱法（chromatography）是一种分离分析技术，但这些具有高效分离能力的技术在对分离后各组分的定性鉴定方面显得无能为力。而 MS 技术对化合物分析有独到的鉴定能力，但对样品的纯度要求较高。因此，分离型技术与鉴定型技术的联用，一次性完成混合体系的分离、鉴定以致定量分析势在必行。目前，气相色谱-质谱联用（GC-MS）已成为一种重要的分离分析手段。它能对混合物进行直接定性分析，如致癌物的分析、工厂废水分析、农作物中农药残留量的分析、中草药成分分析、害虫性诱剂的分析和香料成分的分析等。LC/MS 联用是质谱研究领域中最为活跃的分支之一。主要适用于极性强、挥发度低、分子量及热不稳定的混合体系，LC-MS 联用仪现已在生物化学（如多肽、蛋白质、核酸结构分析）、环保、化工、中药研究等领域中得到了广泛的应用。

总之，质谱技术发展迅速，已被广泛应用于原子能、地质、化工、石油、医药、生物、食品、环境科学等领域，已成为科研和生产中十分重要的工具。随着对离子源、质量分析器的不断研究，将大大提高质谱的准确度、灵敏度和分辨率，质谱仪的发展将趋自动化、智能化，在各个领域发挥越来越重要的作用。

五、四谱联用综合解析简介

前面各部分介绍有机化合物的结构测定的基础方法，以某一谱学为主体，配合其他谱学技术，确定有机化合物的结构，称作综合解析。

1. 常用波谱学方法提供的结构信息

从以上讨论可知，每一种波谱法都不是万能的，各有所长，各有侧重。因此，充分了解它们的方法及其特点，利用各种方法的特长获取最有效的信息是非常必要的。下面就各种有机波谱学方法所能提供的结构信息归纳如下。

^{13}C NMR：

(1) 判断碳原子及其杂化形式；

(2) 根据 DEPT 谱判断碳的类型（伯、仲、叔、季）；

(3) 根据化学位移值判断羰基是否存在及其种类；

(4) 根据化学位移值判定芳香族或烯烃取代的数目并推测取代基的种类。

^{1}H NMR：

(1) 根据积分曲线的数值推算结构中质子的个数；

(2) 根据化学位移值判定结构中是否存在羧酸、醛、芳香族、烯烃和炔烃质子；

(3) 根据化学位移值判定结构中与杂原子、不饱和键相连的甲基、亚甲基和次甲基的存在与否；

(4) 根据自旋偶合裂分判定基团的连接情况。

IR：

(1) 判定结构中含氧官能团的存在与否（OH、C═O、C—O—C）；

(2) 判断结构中含氮官能团存在与否（NH、C≡N、NO_2 等）；

(3) 判断芳香环存在与否及其取代情况；

(4) 判定结构中烯烃、炔烃的存在与否及双键的类型。

MS：

(1) 根据准分子离子峰判断分子量（有时候观察不到）；

(2) 判定结构中 Cl、Br 原子的存在与否；

(3) 判定结构中氮原子的存在与否（氮规则、开裂形式）；

(4) 简单的碎片离子与其他图谱获得的结构片段进行比较。

UV：

主要提供共轭 π 电子体系结构信息。共轭体系越大，吸收的波长越长。

2. 四谱联用综合解析实例

借助前述四种波谱进行综合分析，对某未知物的结构作出判断的方法，即所谓的"四谱联用"法。对于含氢比较多的简单有机分子，核磁共振氢谱即可，不一定需要碳谱。

例 4-6 某化合物元素分析、紫外、质谱、红外和核磁共振谱数据如下（图 4-45、图 4-46），试推测其结构。

元素分析：C＝73.68%，H＝12.28%，O＝14.04%。

紫外光谱：λ_{max}＝275nm，ε_{max}＝12。

质谱：

m/e	27	28	29	39	41	42	43	44	57	58	71	72	86	114(M)
相对丰度	40	7.5	8.5	18	26	10	100	3.5	2	6	76	3	1	13

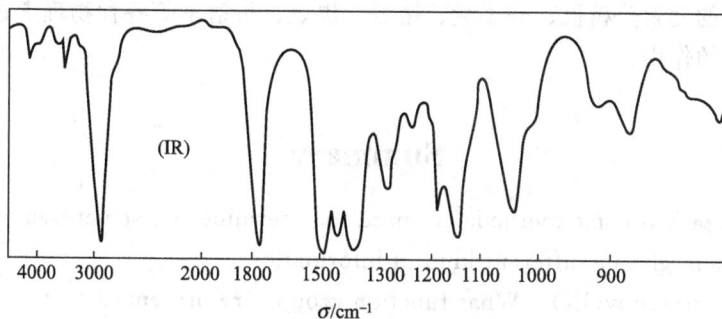

图 4-45　未知化合物的 IR 谱图

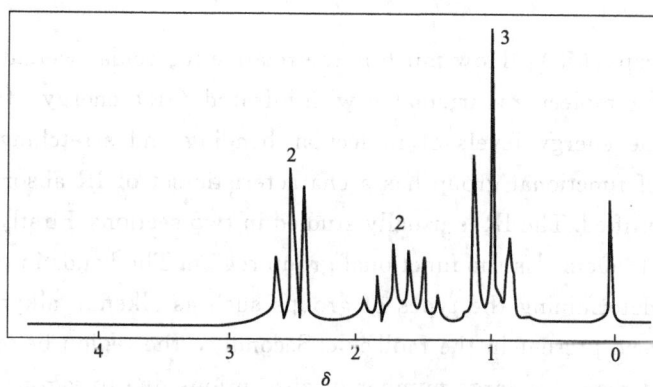

图 4-46　未知化合物的 ^{1}H NMR 谱图

解：根据元素分析数据和质谱给出的分子量，可知该化合物的分子式为 $C_7H_{14}O$。从分子式可判断有一个不饱和度，可能含烯键或羰基，不含苯环。

根据 UV，$\lambda_{max}=275nm$，$\varepsilon_{max}=12$，推知可能为酮类化合物的 $n \to \pi^*$ 跃迁引起的吸收。

IR 谱图中，$3000cm^{-1}$ 以上无强吸收，应不含 OH，也不存在烯氢；而 $\sim 1750cm^{-1}$ 附近的强峰表明有羰基；$\sim 2960cm^{-1}$ 的强峰应为饱和碳氢键的伸缩振动产生的吸收；$\sim 1460cm^{-1}$ 和 $\sim 1380cm^{-1}$ 分别为亚甲基和孤立甲基碳氢键的弯曲振动的吸收峰。

再看 ^{1}H NMR，有三组质子，化学位移和信号裂分情况为：δ 0.9（t），1.6（m），2.4（t）；且峰面积比为 3：2：2。结合分子式，可知，三组质子的个数分别为 6、4、4，应该为两个对称的烷基 $CH_3CH_2CH_2$—，正好与质谱给出 $m/e=43$（基峰）的碎片峰一致。其他的质谱碎片峰都可找到归属。

综合以上分析，此化合物的结构应为庚-4-酮：$CH_3CH_2CH_2COCH_2CH_2CH_3$。

3. 图谱解析过程中应注意的问题

(1) 注意待测试样的纯度　在实际分析过程中，若将混合物误当成纯物质进行分析，则可能将杂质的吸收峰误当成试样的吸收峰，会导致意想不到的失败。因此要尽可能地提高待测试样的纯度。当发现待测试样纯度较差时，可配合使用重结晶、液相和气相色谱、柱色谱、凝胶过滤等多种方法进行纯化，从而获得高纯度的样品。

（2）注意试样谱图以外的相关信息 在实际工作中，研究者一般都了解试样的来源，因此对未知化合物的结构信息研究起到一定的限制作用。解析工作者应充分收集谱图以外的信息，详尽地收集试样的相关资料，将为结构推导提供帮助。

此外，试样的元素分析值、分子量、熔点、沸点、折射率等各种物理常数，在结构分析中都可发挥重要的作用。

Summary

Four main spectroscopic methods are used to determine the structures of organic molecules. Each of them gives a different kind of information.

Infrared spectroscopy(IR)：What function groups are present?

Ultraviolet spectroscopy(UV)：Is a conjugated π electron system present?

Nuclear magnetic resonance spectroscopy(NMR)：What carbon-hydrogen framework is present?

Mass spectroscopy(MS)：How much is the relative molecular weight of compound?

When an organic molecule is irradiated with infrared (IR) energy，frequencies of light corresponding to the energy levels of molecular bending and stretching motions are absorbed. Each kind of functional group has a characteristic set of IR absorptions that allows the group to be identified. The IR is usually studied in two sections. Firstly，the region from about $4000cm^{-1}$ to $1350cm^{-1}$ is the functional group region. The bands in this region are particularly useful in determining the types of groups such as alkene，alkyne，aldehyde，ketone，alcohol and acid present in the molecule. Secondly，the region below $1350cm^{-1}$ is the so-called fingerprint region. A large number of absorptions due to varous C—O，C—C and C—N single-bond vibrations occur here，forming a unique pattern that acts as an identifying "fingerprint" of each organic molecule.

Ultraviolet spectroscopy(UV) is applicable to conjugated π electron systems. When a conjugated molecule is irradiated with ultraviolet light，energy absorption occurs，leading to excitation of π electron system to higher energy levels. The greater the extent of conjugation，the longer the wavelength needed for excitation.

Nuclear magnetic resonance spectroscopy （NMR） is one of the most valuable spectroscopic techniques. When ^{1}H and ^{13}C nuclei are placed in a magnetic field，their spins orient either with or against the field. On irradiation with radiofrequency waves，energy is absorbed and the nuclear spins flip from the lower-energy state to the higher-energy state. This absorption of energy is detected，amplified，and displayed as an NMR spectrum. ^{1}H NMR spectra display four general features：

（1）From the number of signals，we can determine the number of sets of equivalent hydrogens.

（2）From the chemical shift of each signal，we can get information about the types of hydrogen in each set.

（3）From the integration of signal areas，we can determine the ratios of hydrogens giving rise to each signal.

(4) From the splitting pattern of each signal and on the basis of the $(n+1)$ rule, we can predict the number of the nearest nonequivalent hydrogen neighbors.

^{13}C NMR are commonly recorded in a hydrogen-decoupled instrumental mode. According to this mode, all ^{13}C signals appear as singlet. A great advantage of ^{13}C NMR is possible to determine the number of various carbons.

Mass spectroscopy(MS), an instrumental analysis in which a molecule is fragmented by an electron beam and the individual fragment ions that arranged by the ratio of mass to charge (m/e), are identified for use in determining the structure of the compound analyzed. MS can be used in two general ways:

(1) By molecular ion peak, we can get a relative molecular weight of an unknown compound.

(2) By fragment ion peaks, we can deduce some certain structural units in a molecule.

All in all, the spectroscopy is an instrumental method. By analyzing the information from NMR, IR, UV and MS, we can rapidly and accurately determine the structures of organic compounds.

习 题

1. 红外光谱、紫外光谱、核磁共振谱和质谱是如何产生的？在有机化合物结构中分别给出什么样的信息？

2. 列出下列化合物所有的电子跃迁类型。

(1) CH_3CH_3　　　　(2) CH_3CH_2Br　　　　(3) CH_3CHO　　　　(4) CH_3CH_2OH

3. 按紫外吸收波长由长到短的顺序排列下列化合物。

(1)

(2) *cis*-1,2-二苯基乙烯和 *trans*-1,2-二苯基乙烯

4. 利用 λ_{max} 计算规律预测下列化合物的紫外最大吸收波长。

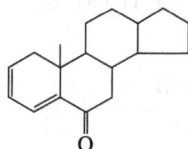

5. 对于下列各组化合物，哪些用 UV 区别较合适？哪些用 IR 区别较合适？为什么？

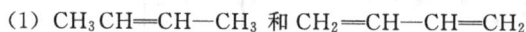

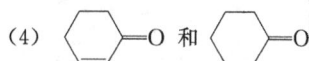

(1) $CH_3CH=CH-CH_3$ 和 $CH_2=CH-CH=CH_2$　　(2) $CH_3C\equiv CCH_3$ 和 $CH_3CH_2C\equiv CH$

(3) CH_3COOH 和 CH_3CH_2OH　　　　(4)

6. 紫罗兰酮有两种异构体，已知 α-异构体的紫外吸收 λ_{max} 为 228nm（$\varepsilon_{max}=14000$），而 β-异构体的紫外吸收 λ_{max} 为 296nm（$\varepsilon_{max}=11000$），试问下列图中哪一种是 α-异构体？哪一种是 β-异构体？

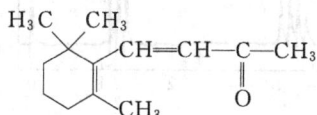

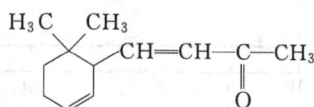

7. 下列化合物中，哪一个的 IR 具有以下特征：1700cm⁻¹（s），3020cm⁻¹（m→s）。

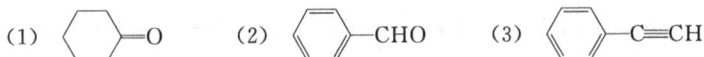

(1)   (2)   (3)

8. 下列化合物分别有多少类化学不等价的氢？

(1) $(CH_3)_2CHCH_2CH_3$ (2) $CH_3CH\!=\!CH_2$

(3) $CH_3CHClCH_2CH_3$ (4) *cis*-1,2-二甲基环丙烷

9. 排列下列化合物中有 "＊" 标记的质子 δ 值的大小顺序。

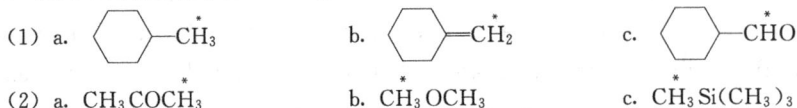

(1) a.   b.   c.

(2) a. $CH_3COC\overset{*}{H}_3$ b. $CH_3O\overset{*}{C}H_3$ c. $CH_3Si(CH_3)_3$

10. 饱和碳、烯烃碳和炔烃碳上氢的化学位移具有如下顺序，试说明之。

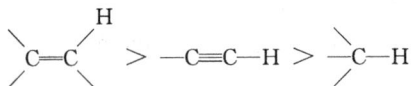

11. 下列分子中，哪些质子间存在自旋-自旋偶合作用？裂分成几重峰？

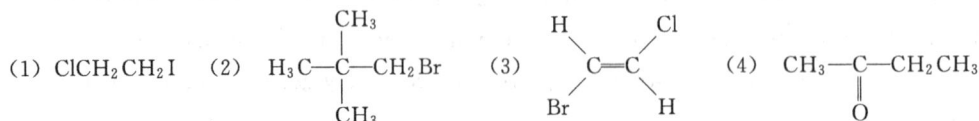

(1) $ClCH_2CH_2I$ (2)   (3)   (4) $CH_3\!-\!\underset{O}{\overset{}{C}}\!-\!CH_2CH_3$

12. 指出下列吸收峰的 IR 和 ¹H NMR 归属。

(1) 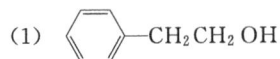 $\!-\!CH_2CH_2OH$

IR：3350cm⁻¹，3050cm⁻¹，2900cm⁻¹，1050cm⁻¹，1600cm⁻¹，1500cm⁻¹，750cm⁻¹，700cm⁻¹

¹H NMR：δ 7.2 (5H, s)；δ 2.7 (2H, t)；

        δ 3.7 (2H, t)；δ 3.15 (1H, s)

(2) 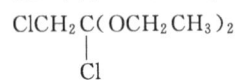 $\!-\!CH_2\!-\!\overset{O}{\overset{\|}{C}}\!-\!CH_3$

IR：1700cm⁻¹，3030cm⁻¹，2900cm⁻¹，1380cm⁻¹，1600cm⁻¹，1500cm⁻¹，740cm⁻¹，690cm⁻¹

¹H NMR：δ 7.2 (5H, s)；δ 2.1 (3H, s)；δ 3.6 (2H, s)

13. 根据分子式和给定的 ¹H NMR 数据，推断结构式。

(1) C_4H_9Br：1.04，双峰，6H；1.95，多重峰，1H；3.33，双峰，2H

(2) C_4H_7BrO：2.11，单峰，3H；3.52，三重峰，2H；4.40，三重峰，2H

14. 下列 ¹H NMR 与 A、B、C 哪个化合物的结构相符？

$ClCH_2C(OCH_2CH_3)_2$ $Cl_2CHCH(OCH_2CH_3)_2$ $CH_3CH_2O\!-\!CH\!-\!CH\!-\!OCH_2CH_3$

      | | |

    Cl   Cl   Cl

     A   B   C

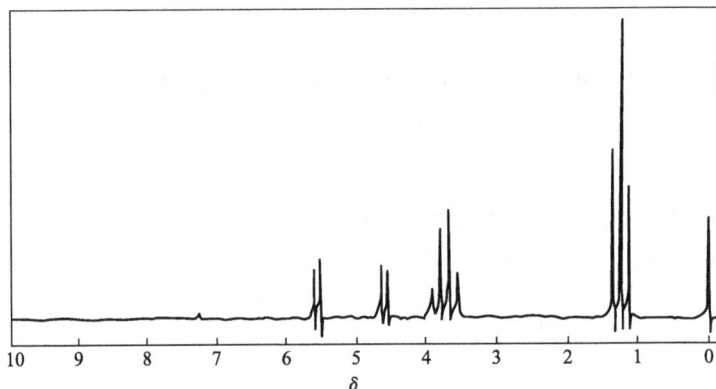

15. 1,3-二甲基-1,3-二溴环丁烷具有立体结构 A 和 B。A 的 ^{1}H NMR 数据为 δ 2.3（单峰，6H），δ 3.21（单峰，4H）。B 的 ^{1}H NMR 数据为 δ 1.88（单峰，6H），δ 2.64（双峰，2H），δ 3.54（双峰，2H）。写出 A 和 B 的结构式。

16. 化合物 $C_{10}H_{12}O$ 的 MS 中有 m/e 为 15、43、57、91、105、148 的峰，试推出此化合物的结构式。

17. 为什么正丁醛的 MS 中存在 m/e 为 44 的峰？

18. 有一化合物的 IR 在 $1690cm^{-1}$ 和 $826cm^{-1}$ 有特征吸收峰。^{1}H NMR 数据为 δ 7.60(4H，m)，2.45(3H，s)。它的质谱较强峰 m/e 183 相对强度 100（基峰），m/e 198 相对强度 26，m/e 200 相对强度 25。写出它的结构式。

19. 化合物 A（$C_6H_{12}O_3$）在 $1710cm^{-1}$ 有强的红外吸收峰。A 和 I_2/NaOH 溶液作用生成黄色沉淀。A 与托伦试剂无银镜反应，但 A 用稀 H_2SO_4 处理后生成的化合物 B 与托伦试剂作用有银镜生成。A 的 ^{1}H NMR 数据为 δ 2.1(单峰，3H)，2.6(双峰，2H)，3.2(单峰，6H)，4.7(三重峰，1H)。写出 A、B 的结构式及有关反应式。

20. 化合物 A 的分子式为 $C_3H_6Br_2$，与 NaCN 反应得化合物 B，B 在酸性水溶液中充分加热回流反应得化合物 C，C 与乙酸酐一起加热得化合物 D 和乙酸，D 的红外光谱在 $1755cm^{-1}$ 和 $1820cm^{-1}$ 处有吸收峰。其 ^{1}H NMR 谱：δ 2.8（三重峰，4H），2.0（五重峰，2H）。试推导出 A、B、C、D 的结构，并标明各吸收峰的归属。

（中南大学　王微宏）

第五章

芳香烃

内容提示

本章主要介绍：苯的结构，芳香烃的亲电取代反应，亲电取代反应的机理，亲电取代反应的定位效应，非苯型芳香烃及 Hückel 规则。

芳香族碳氢化合物简称芳烃（aromatic hydrocarbon），是芳香族化合物的母体。历史上芳香族化合物是指从树脂和香精油等天然产物中取得的一些具有芳香气味的物质，研究发现这些物质大多含有苯环结构，为苯的衍生物。为了与脂肪族化合物相区别，将此类具有芳香气味的化合物称为芳香族化合物。随着研究的深入，发现许多含有苯环结构的化合物不但没有芳香气味，甚至具有令人不愉快的气味。因此，仅根据气味来定义芳香性物质有失严谨。现在认为，芳香族化合物是指在结构上具有高度的不饱和性和稳定性，在化学性质上易发生亲电取代反应，而难发生加成和氧化反应，即具有芳香性（aromaticity）的一类物质。

苯是最简单也最重要的芳香烃，苯的典型反应是亲电取代反应。取代苯的亲电取代反应活性及亲电试剂进入苯环的位置主要由取代基决定。掌握苯环上亲电取代反应的定位规律对合成芳香族化合物有重要指导意义。

在学完本章以后，你应该能够回答以下问题：

1. 何谓芳香性？芳香性物质在结构上具有哪些共同特征？
2. 为什么芳香烃易发生亲电取代反应而难发生加成反应？
3. 什么是定位规律？取代基是如何分类的？
4. 苯环上的亲电取代反应与烯烃的亲电加成反应有何异同？
5. 如何用休克尔规则判断一个化合物有无芳香性？

一、苯的结构

1825 年，英国著名科学家迈克尔·法拉第（M. Faraday）从照明气中分离得到了苯（benzene），并称之为"氢的重碳化物（bicarburet of hydrogen）"。1834 年，德国化家米希尔里希（E. Milscherlich）通过分析元素组成及测定分子量，确定苯的分子式为 C_6H_6，但直到 30 年后，才对苯的结构有了比较明确的认识。

1. 苯的 Kekulé 结构式

苯分子中碳与氢的比例为 $1:1$，符合分子通式 C_nH_{2n-6}，是一个高度不饱和化合物，理论上应具有不饱和烃的典型性质——容易发生加成和氧化反应。但事实并非如此，苯分子极为稳定，不但难发生加成和氧化反应，反而容易发生取代反应，而且苯的一元取代产物只有一种，说明苯分子中六个氢原子的化学环境等同，因此，苯一定具有特殊的结构。

1865 年，德国化学家凯库勒（F. A. Kekulé）首先提出了苯的环状结构，认为六个碳原子结合成六元环，每一个碳原子上都连接一个氢原子，碳原子间以单双键交替结合，苯的这种结构式称为 Kekulé式。苯的 Kekulé 结构式在一定程度上与客观事实相符，如苯经催化加氢生成环己烷，说明苯分子的六个碳原子是结合成环的；苯的一元取代物只有一种，说明六个氢原子完全等同，等等。但苯的 Kekulé 结构式中既然含有三个双键，为什么难发生加成反应？其邻位二元取代物为什么

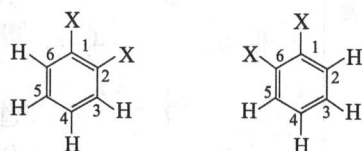

图 5-1　苯的 Kekulé 式应有的
两种邻位二元取代物

只有一种（根据 Kekulé 式，应有 1,2-和 1,6-两种邻位取代物，如图 5-1 所示）？对以上疑问，Kekulé 式难以解释，可见 Kekulé 式尚未反映出苯的真实结构。

2. 苯分子结构的现代解释

随着现代物理学的发展，通过 X 射线衍射分析和光谱方法等研究证明，苯分子的六个碳原子和六个氢原子都在同一平面上，六个碳组成一个正六边形，所有键角都是 $120°$，C—C 键的键长均为 139pm，如图 5-2(a) 所示。

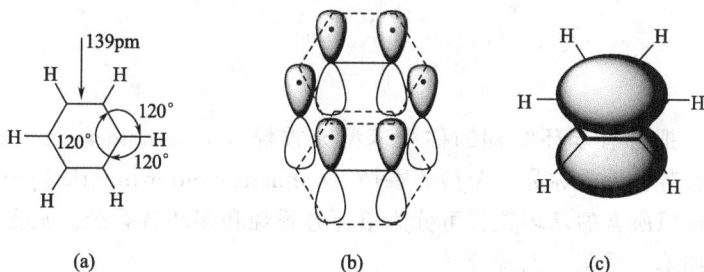

图 5-2　(a) 苯分子中 σ 键；(b) p 轨道重叠形成大 π 键与 (c) π 电子云分布

杂化理论认为，苯分子中的六个碳原子都采取 sp^2 杂化，每个碳原子以两个 sp^2 杂化轨道与相邻碳原子的 sp^2 杂化轨道互相重叠，形成 C—C σ 键，又各自以一个 sp^2 杂化轨道与氢原子的 1s 轨道相重叠形成六个 C—H σ 键。由于碳原子的三个 sp^2 杂化轨道处于同一平面内，轨道对称轴间的夹角为 $120°$，故六个碳原子正好组成一个正六边形，所有的碳原子和氢原子都在同一平面上。

每个碳原子除以 sp^2 杂化轨道形成两个 C—C σ 键和一个 C—H σ 键外，还有一个未参与杂化的 p 轨道，六个 p 轨道的对称轴垂直于六个碳原子所在的平面而相互平行。p 轨道间侧面相互重叠，如图 5-2(b) 所示，形成一个包含六个碳原子的闭合的 π-π 共轭体系，π 电子云分布在分子平面的上下，形状像两个轮胎，如图 5-2(c) 所示。在此共轭体系中，π 电子云高度离域且完全平均化，碳碳键之间没有单键和双键之分，键长完全相等。因此，苯的

结构式可形象地用一个正六边形内加一个圆圈 ⌬ 表示，其中的圆圈代表苯分子中闭合的大 π 键。

结构式 ⌬ 解释了 Kekulé 式所不能解释的实验事实。苯分子中因大 π 键的形成，π电子云高度离域，使体系能量降低而稳定。因此，尽管苯高度不饱和，却不易发生加成和氧化反应。但因 π 键的存在，环中的碳原子具有较高的电子云密度，碳原子上的氢容易被亲电试剂取代。由于任意两个相邻的氢原子所处的化学环境等同，它的邻位二元取代物也就只有一种。

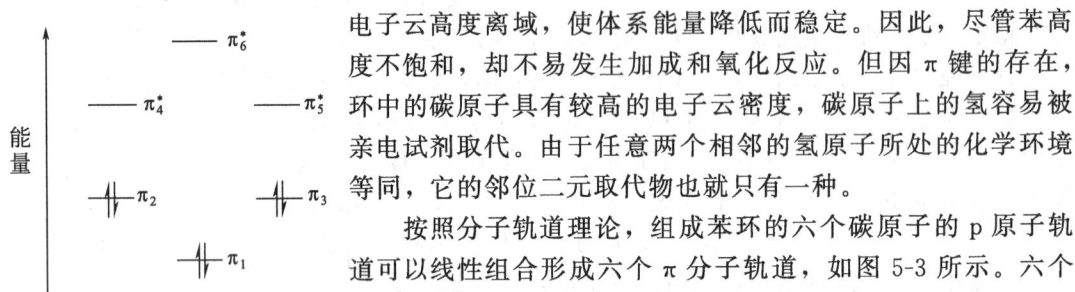

图 5-3 苯的 π 分子轨道能级

按照分子轨道理论，组成苯环的六个碳原子的 p 原子轨道可以线性组合形成六个 π 分子轨道，如图 5-3 所示。六个分子轨道中，三个是成键 π 轨道，三个是反键 π^* 轨道。在基态下，苯分子的六个 π 电子都在成键 π 轨道上，其能量比六个 π 电子处在三个孤立的 π 分子轨道时低得多，因此，苯环是一个很稳定的体系。

由于习惯，Kekulé 结构式在许多文献资料和教科书中仍然沿用。共振论认为，苯的真实结构是两个经典 Kekulé 式的共振杂化体。

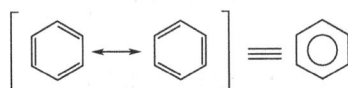

二、芳香烃的分类和命名

1. 分类

在芳香烃中，把含有苯环结构的称为苯型芳香烃（benzenoid aromatic hydrocarbon），不含有苯环但具有芳香性的称为非苯型芳香烃（nonbenzenoid aromatic hydrocarbon）。

苯型芳香烃按照所含的苯环数目可分为单环芳香烃和多环芳香烃。只含有一个苯环的为单环芳香烃，例如苯、甲苯、乙苯等。

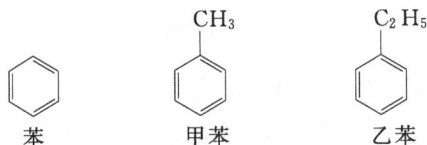

苯　　　　甲苯　　　　乙苯

多环芳香烃是指含有两个或两个以上苯环的烃类。多环芳香烃又可根据苯环之间连接方式的不同分为多苯代脂烃、联苯、联多苯和稠环芳烃。

多苯代脂烃是指脂肪烃中两个或两个以上的氢原子被苯基所取代的烃类。例如，二苯甲烷、三苯甲烷、1,2-二苯乙烯等。

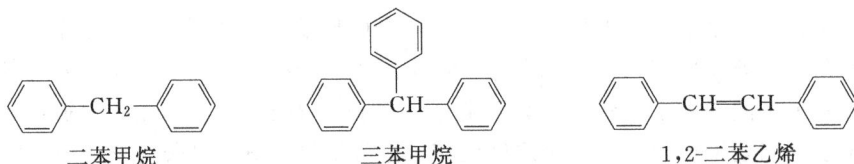

二苯甲烷　　　　三苯甲烷　　　　1,2-二苯乙烯

联苯和多联苯是指两个或两个以上的苯环直接相连的芳烃。例如，联苯、对联三苯等。

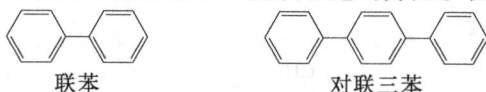

联苯　　　　　　　　　　对联三苯

稠环芳烃是指两个苯环共用相邻两个碳原子的芳香烃。例如，萘、蒽、菲等。

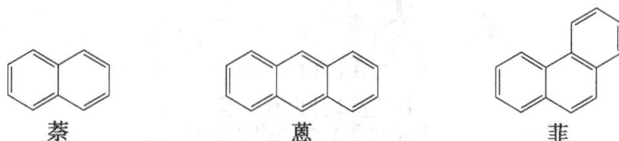

萘　　　　　　　　蒽　　　　　　　　菲

非苯芳香烃是指分子结构中不含苯环，但具有一定程度芳香性的碳氢物质。例如环丙烯碳正离子、环戊二烯碳负离子和薁等。

环丙烯正离子　　　环戊二烯负离子　　　　薁

2. 命名

苯的同系物是指苯环上的氢原子被烃基取代的一系列衍生物，可分为一烃基苯、二烃基苯和三烃基苯等。

一烃基苯中的烃基在苯环上的取代位置（不包括侧链异构）只有一种。一烃基苯的命名是以苯环作为母体，以烃基作为取代基，称为"某苯"。例如：

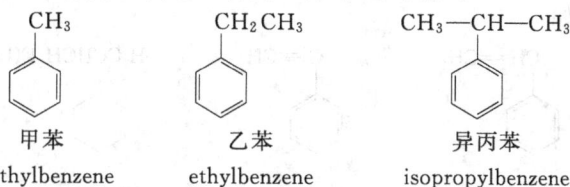

CH_3　　　　　　CH_2CH_3　　　　　$CH_3-CH-CH_3$

甲苯　　　　　　　　乙苯　　　　　　　　异丙苯

methylbenzene　　　ethylbenzene　　　isopropylbenzene

二烃基取代苯，由于取代基在苯环上的位置不同，可产生三种异构体（位置异构）。命名时可用邻（o-）、间（m-）、对（p-）或1,2-、1,3-、1,4-表示取代基在苯环上的位置。o、m、p 分别是 $ortho$、$meta$ 和 $para$ 的简写。例如，二甲苯的三种位置异构体为：

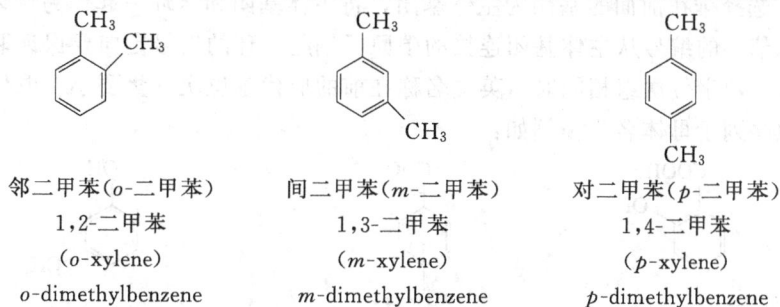

CH_3　　　　　　　CH_3　　　　　　　CH_3
CH_3

　　　　　　　　　　　　CH_3

　　　　　　　　　　　　　　　　　　　　CH_3

邻二甲苯（o-二甲苯）　　间二甲苯（m-二甲苯）　　对二甲苯（p-二甲苯）

1,2-二甲苯　　　　　　1,3-二甲苯　　　　　　1,4-二甲苯

（o-xylene）　　　　　（m-xylene）　　　　　（p-xylene）

o-dimethylbenzene　　m-dimethylbenzene　　p-dimethylbenzene

三烃基苯有三种位置异构体，若苯环上的三个取代基相同，常用"连"（vic）表示三个基团在 1、2、3 位；用"偏"（unsym）表示三个基团在 1、2、4 位；用"均"（sym）表示三个基团在 1、3、5 位。例如，三甲苯的三个异构体分别是：

CH_3　　　　　　　CH_3　　　　　　　CH_3
　CH_3　　　　　　　　　　　　　　　　　　CH_3

　CH_3　　　　CH_3　　　CH_3

　　　　　　　　　　　　　　　　　　　　CH_3

1,2,3-三甲苯（连三甲苯）　　1,3,5-三甲苯（均三甲苯）　　1,2,4-三甲苯（偏三甲苯）

victrimethylbenzene　　symtrimethylbenzene　　unsymtrimethylbenzene

若苯环上连有甲基和其他烷基时，一般以甲苯为母体，其他烷基按照英文名称的字母顺序依次列出。例如：

$$CH_3$$

4-丁基-2-异丙基甲苯
4-butyl-2-isopropyltoluene

从苯分子去掉一个氢原子剩下的基团称为苯基，以 Ph-（phenyl-）表示；芳香烃分子中去掉一个氢原子后所剩下的部分称为芳基（aryl group），常用 Ar—表示。

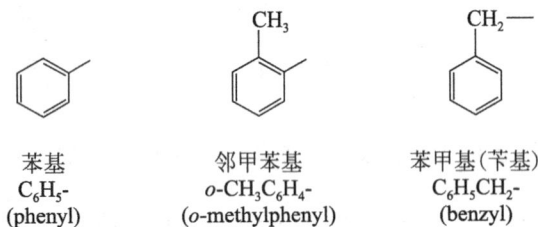

苯基
C_6H_5-
(phenyl)

邻甲苯基
$o\text{-}CH_3C_6H_4-$
(o-methylphenyl)

苯甲基(苄基)
$C_6H_5CH_2-$
(benzyl)

当苯环上所连烃基较复杂或为不饱和烃基时，命名时常以这些烃基对应的烃作为母体，将苯环作取代基。例如：

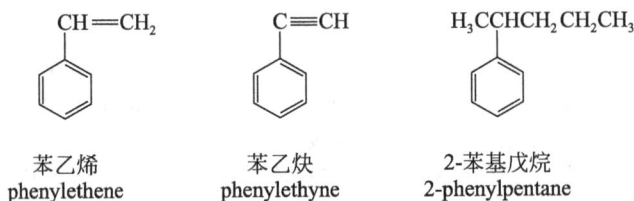

苯乙烯
phenylethene

苯乙炔
phenylethyne

2-苯基戊烷
2-phenylpentane

当苯环上连有两个或两个以上不相同的基团时，应先根据特性基团（官能团）的优先次序（表 5-1），选择排在前面的基团为主体基团，将主体基团和苯环一起作为母体，其余基团作为取代基。苯环的编号从主体基团连接的碳原子编起，环的编号走向要保证取代基有最低的数字位次组，数字位次组相同时，英文名称在前的取代基位次尽量要小。取代基名称按照其英文名称顺序列于母体名前。例如：

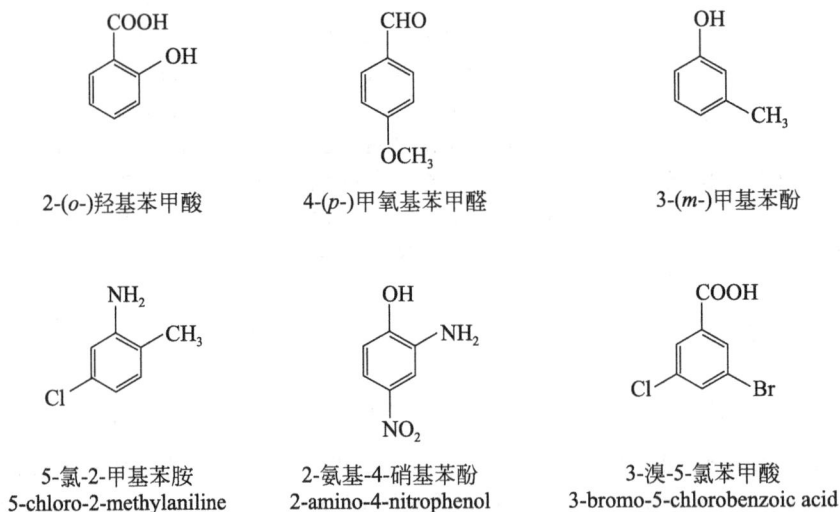

2-(o-)羟基苯甲酸

4-(p-)甲氧基苯甲醛

3-(m-)甲基苯酚

5-氯-2-甲基苯胺
5-chloro-2-methylaniline

2-氨基-4-硝基苯酚
2-amino-4-nitrophenol

3-溴-5-氯苯甲酸
3-bromo-5-chlorobenzoic acid

表 5-1　特性基团（官能团）及其优先次序

优先次序	特性基团	基团名称	母体名称	基团英文名
1	—COOH	羧基	羧酸	carboxy-
2	—SO$_3$H	磺酸基	磺酸	sulfo-
3	—COOR	烷氧（甲）酰基	酯	(R)-oxycarbonyl-
4	—COX	卤（甲）酰基	酰卤	halocarbonyl-
5	—CONH$_2$	氨（甲）酰基	酰胺	carbamoyl-
6	—CN	氰基	腈	cyano-
7	—CHO	醛基	醛	formyl-
8	—COR	酰基	酮	oxo-
9	—OH	羟基	醇、酚	hydroxyl-
10	—SH	巯基	硫醇、硫酚	sulfanyl-
11	—C≡CH	乙炔基	炔	ynyl-
12	—CH=CH$_2$	乙烯基	烯	enyl-
13	—NH$_2$	氨基	胺	amino-
14	—R	烷基	—	(R)-yl-
15	—OR	烷氧基	醚	(R)-oxy-
16	—X	卤素	—	halo-
17	—NO$_2$	硝基	—	nitro-

思考题 5-1　试写出下列化合物的结构式。

（1）4-异丙基甲苯　　　　（2）间二硝基溴苯　　　　（3）3-溴-5-氯甲苯

三、苯及其同系物的物理性质

苯及其同系物一般为液体，具有特殊的气味，其蒸气有毒。苯的蒸气可以通过呼吸道对人体产生损害，高浓度的苯蒸气主要作用于中枢神经，能引起急性中毒，低浓度的苯蒸气长期接触会损害造血器官。苯及其同系物的部分物理常数列于表 5-2。

苯及其同系物的沸点随着分子量的增大而升高，一般每增加一个 CH_2，沸点升高 20～30℃。相同碳原子数的各种异构体，其沸点相差不大，很难用蒸馏的方法分离。结构对称的异构体，一般具有较高的熔点。苯及其同系物不溶于水，是许多有机化合物的良好溶剂。

表 5-2　苯及其同系物的部分物理常数

化合物		熔点/℃	沸点/℃	密度/g·cm^{-3}
苯	benzene	5.5	80.1	0.8765
甲苯	methylbenzene	−9.5	110.6	0.8669
邻二甲苯	o-dimethylbenzene	−25.2	144.4	0.8802

化合物		熔点/℃	沸点/℃	密度/$g \cdot cm^{-3}$
间二甲苯	*m*-dimethylbenzene	47.9	139.1	0.8642
对二甲苯	*p*-dimethylbenzene	13.2	138.4	0.8610
1,2,3-三甲苯	victrimethylbenzene	−15	176.1	0.8942
1,2,4-三甲苯	unsymtrimethylbenzene	−57.4	169.4	0.8758
1,3,5-三甲苯	symtrimethylbenzene	−52.7	164.7	0.8651
乙苯	ethylbenzene	−94.9	136.2	0.8667
正丙苯	propylbenzene	−101.6	159.2	0.8620
异丙苯	isopropylbenzene	−96.9	152.4	0.8617
苯乙烯	styrene	−33	145.8	0.907
苯乙炔	phenylacetylene	−45	142	0.930

四、苯及其同系物的化学性质

苯分子中的 π 键与烯烃中的不同，是闭合的，这使苯环非常稳定。苯及其同系物在化学性质上与烯烃有着显著区别，它们不易发生亲电加成和氧化反应，而容易发生亲电取代反应（electrophilic substitution reaction）。

（一）苯环上的亲电取代反应及机理

苯环上的 π 电子云外露于环平面的上、下两侧，容易受到亲电试剂进攻。与烯烃不同的是，苯与亲电试剂发生的不是加成反应，而是取代反应。首先，苯环用它的两个 π 电子与亲电试剂 E^+ 结合形成 C—E σ 键，结合了亲电试剂 E^+ 的碳原子的杂化状态由 sp^2 变为 sp^3，形成一个由四个 π 电子离域在五个碳原子之间的碳正离子中间体（也称 σ-配合物）；之后，碳正离子中间体在碱（亲核试剂）的作用下，使 sp^3 杂化碳上的 C—H σ 键异裂，脱去 H^+，同时 sp^3 杂化的碳原子又回到反应前的 sp^2 杂化状态，恢复苯环的闭合共轭 π 键。

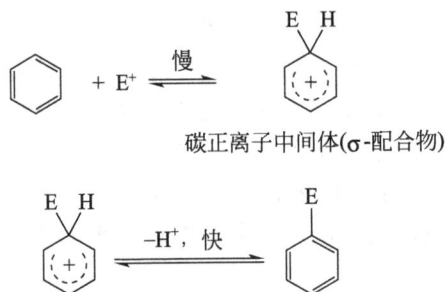

碳正离子中间体(σ-配合物)

形成碳正离子中间体时，需要破坏苯环的闭合大 π 键，消耗的能量较多（图 5-4），这一步活化能大（E_{a_1}），决定整个反应速率。

苯环上主要进行卤代、硝化、磺化、傅瑞德-克拉弗茨（Friedel-Crafts）等取代反应。

1. 卤代反应

在卤化铁或铁粉等催化剂存在下，苯与氯或溴作用，生成氯苯或溴苯。

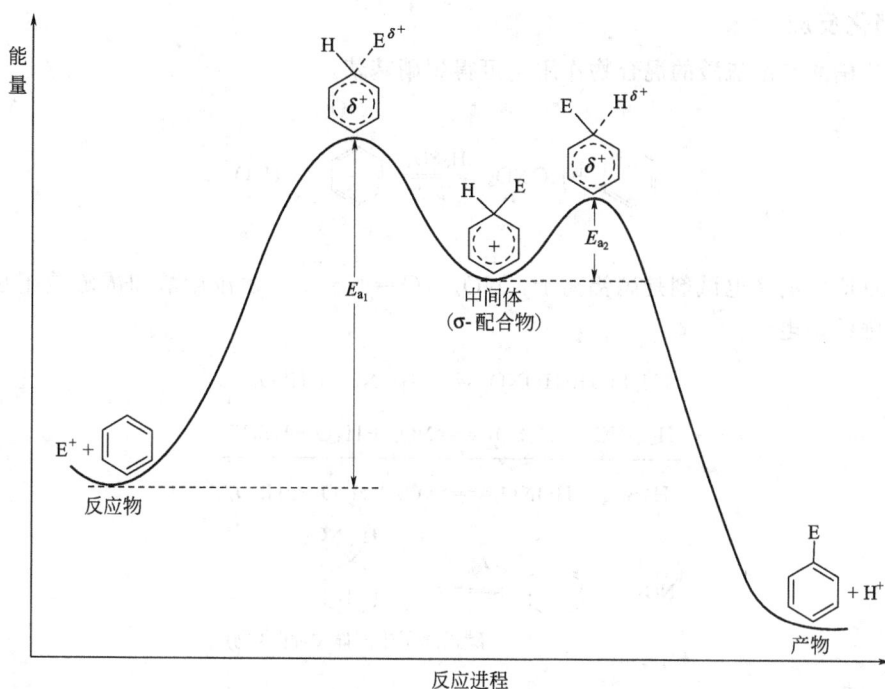

图 5-4　苯亲电取代反应过程中的能量变化示意图

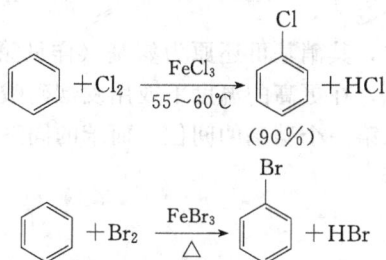

（90％）

Fe 或 FeX_3 的作用是使卤素分子极化而异裂，形成亲电性的卤素正离子。例如：

$$3Cl_2 + Fe \Longrightarrow FeCl_3 + 3Cl^+$$

$$Cl_2 + FeCl_3 \Longrightarrow Cl^+ + FeCl_4^-$$

接着氯正离子 Cl^+ 与苯环作用，形成碳正离子中间体，最后碳正离子中间体中的 C—H σ 键在 $FeCl_4^-$ 作用下异裂，脱去 H^+，生成氯苯。

碳正离子中间体(σ-配合物)

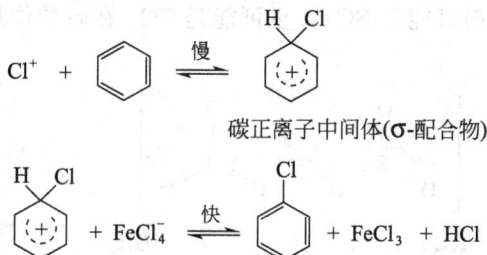

卤素碘很不活泼，一般难以反应；而氟太活泼，氟代反应很剧烈不易控制，故不能通过卤代反应来直接制备碘苯和氟苯。

当氯（溴）过量时，可在苯环上导入第二个氯（溴）原子，但反应比苯难且第二个氯（溴）原子主要进入第一个氯（溴）原子的邻、对位。

2. 硝化反应

苯与浓硝酸和浓硫酸的混合物作用，可得到硝基苯。

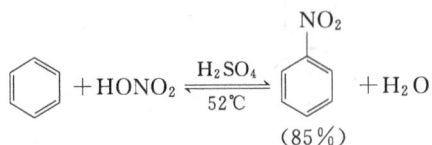

$$(85\%)$$

硝化反应中的亲电试剂是硝镓离子，$\overset{+}{N}O_2$（$O\!=\!\overset{+}{N}\!=\!O$）由浓硝酸和浓硫酸相互反应生成，有较强的亲电性。

$$H_2SO_4 + HONO_2 \Longrightarrow H_2\overset{+}{O}NO_2 + HSO_4^-$$

$$H_2\overset{+}{O}NO_2 + H_2SO_4 \Longrightarrow \overset{+}{N}O_2 + H_3\overset{+}{O} + HSO_4^-$$

$$\overline{2H_2SO_4 + HONO_2 \Longrightarrow \overset{+}{N}O_2 + H_3\overset{+}{O} + 2HSO_4^-}$$

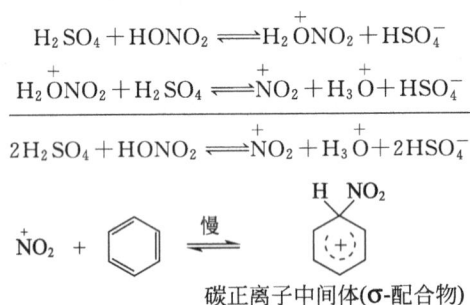

碳正离子中间体(σ-配合物)

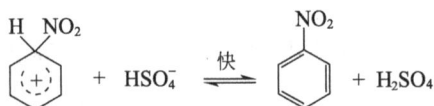

硝基苯为淡黄色油状液体，其硝基可还原为氨基（详见第十二章），是合成芳香胺的重要原料。硝基苯不易继续硝化，在更高的温度下或用发烟硝酸和浓硫酸作用，可导入第二个硝基，且第二个硝基主要进入第一个硝基的间位；而苯的同系物甲苯比苯容易硝化，主要产物为邻硝基甲苯和对硝基甲苯。

3. 磺化反应

苯和浓硫酸在常温下难以反应，若加热或与发烟硫酸（发烟硫酸是 SO_3 的硫酸溶液）作用时，苯环上的氢原子能被磺酸基（$-SO_3H$）取代，生成苯磺酸。

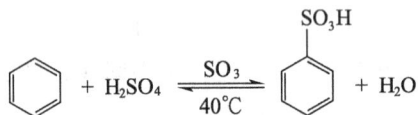

磺化反应中的亲电试剂可能是 SO_3，也可能是 SO_3 在硫酸作用下质子化后的磺酸基正离子：

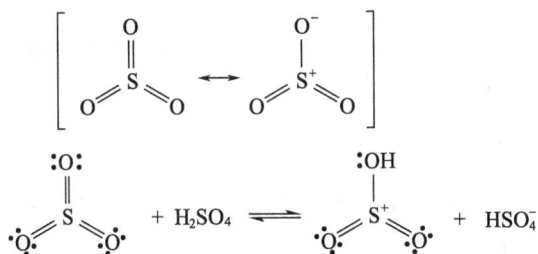

磺酸基正离子

磺酸基正离子与苯作用形成苯磺酸的历程如下：

$$\text{碳正离子中间体}(\sigma\text{-配合物})$$

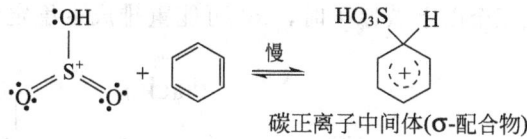

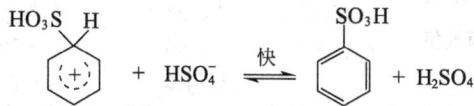

苯磺酸的酸性接近硫酸，易溶于水。一些难溶于水的芳香族类药物常通过磺化反应以增加其水溶性，提高药效。

与硝化反应不同，磺化反应是一个可逆反应。在反应混合物中通入过热水蒸气或将芳基磺酸与稀硫酸共热，磺酸基可脱去。利用此性质，可先在苯环上引入—SO_3H 进行占位，待其他取代基导入后，再水解除去，以制备特定结构的芳香化合物。

4. Friedel-Crafts 烷基化和酰化反应

1877 年，巴黎大学法-美化学家小组的傅瑞德（C. Friedel）和克拉弗茨（J. M. Crafts）两位化学家共同发现，在无水三氯化铝等 Lewis 酸的催化作用下，卤代烷与苯反应可生成烷基苯，酰卤或酸酐与苯反应可生成酰基苯（芳酮），分别称为 Friedel-Crafts 烷基化反应和 Friedel-Crafts 酰基化反应。

（1）Friedel-Crafts 烷基化反应　在 Lewis 酸（常用无水 $AlCl_3$）催化下，苯与卤代烷反应生成烷基苯。例如：

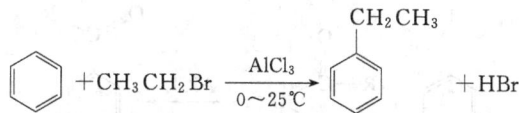

苯也可以与醇或烯烃发生 Friedel-Crafts 烷基化反应。例如：

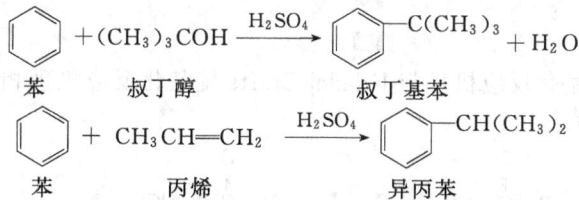

卤代烷、醇、烯烃等统称为烷基化试剂。反应中的亲电试剂是由 Lewis 酸与各种烷基化剂作用生成的碳正离子（R^+）：

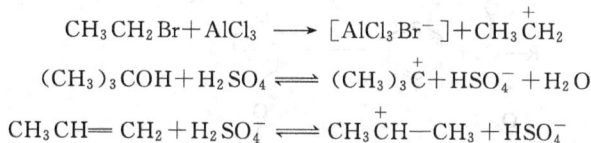

$$CH_3CH_2Br + AlCl_3 \longrightarrow [AlCl_3Br^-] + CH_3\overset{+}{C}H_2$$

$$(CH_3)_3COH + H_2SO_4 \rightleftharpoons (CH_3)_3\overset{+}{C} + HSO_4^- + H_2O$$

$$CH_3CH = CH_2 + H_2SO_4^- \rightleftharpoons CH_3\overset{+}{C}H - CH_3 + HSO_4^-$$

碳正离子与苯环作用形成苯碳正离子中间体，中间体再脱去氢质子得到烷基化苯。

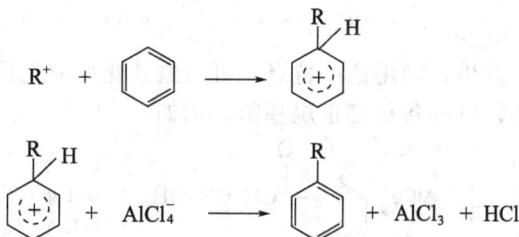

当 R$^+$ 中含有三个或三个以上碳原子时，R$^+$ 可能重排成更稳定的碳正离子，产物主要是重排的烷基苯。例如：

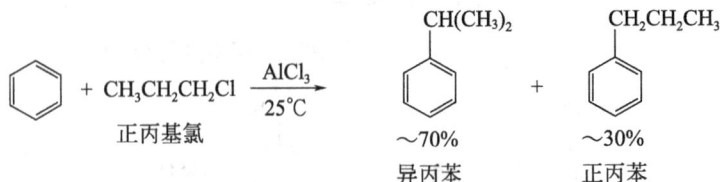

由于烷基对苯环有活化作用，烷基化产物常常难控制在生成一元烷基苯的阶段。若要得到一元烷基苯，需加大苯的用量。

乙烯型或苯型卤代烃因 C—X 键牢固，难形成碳正离子，不与苯发生 Friedel-Crafts 反应。例如：

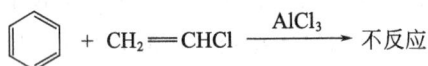

Friedel-Crafts 烷基化反应是合成其他芳香族化合物的一个重要中间反应。

(2) Friedel-Crafts 酰基化反应 苯与酰卤、酸酐等酰基化试剂在 AlCl$_3$ 催化下可生成芳香酮。

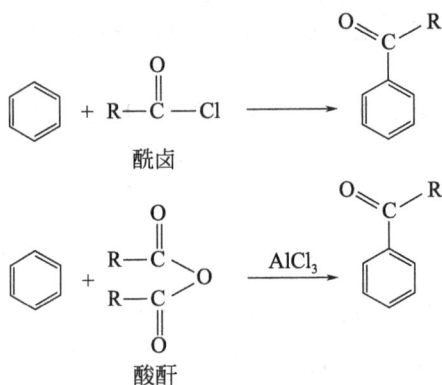

Friedel-Crafts 酰基化反应机理与 Friedel-Crafts 烷基化反应机理相似，但与苯环作用的亲电试剂是酰基正离子：

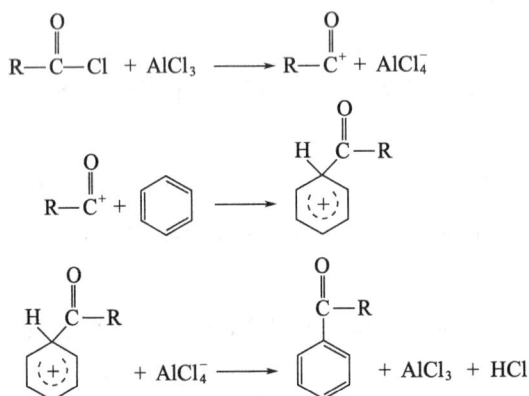

酰基正离子不会发生重排，利用这一特点，可由酰基化反应先得到芳酮，再通过羰基还原（详见第九章）的方法，以制备长链正烷基苯。例如：

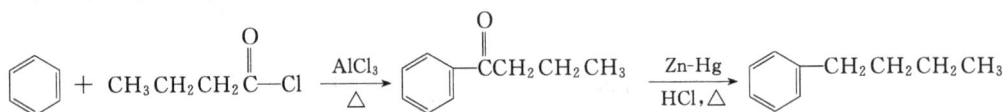

Friedel-Crafts 反应在有机合成中具有重要地位，它能向分子中引入烷基或者羰基。但应注意，碳正离子和酰基正离子都是较弱的亲电试剂，当苯环上连有—NO₂、—COR、—CN、—CX₃、—COOH 等吸电子基团时，Friedel-Crafts 反应不发生。因此，在 Friedel-Crafts 酰基化反应中，即使酰基化试剂过量，也不会生成二元酰基化产物。

—NH₂、—NHR 和—NR₂ 与 AlCl₃ 等 Lewis 酸作用，可转变成吸电子性的氨基正离子，因此，当苯环上连有这些基团时，Friedel-Crafts 反应也不进行。

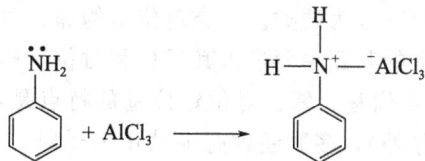

思考题 5-2 试写出 SO_3 为亲电试剂时苯的磺化反应历程。

(二) 苯环上亲电取代反应的定位规律

亲电取代反应是芳香化合物的典型反应，研究芳香烃的亲电取代反应规律，对合成芳香族化合物具有重要的指导意义。

1. 定位效应

当苯环上已有一个取代基，再进行取代反应时，理论上可生成邻、间、对三种产物。如果环上五个氢原子的取代概率相同，三种取代产物的产率比应为邻∶间∶对＝40%∶40%∶20%。但事实上，至今从未发现过产率能达到理论预期的取代反应，通常反应主要得到一两种取代产物。例如，甲苯氯代时，主要得到邻氯甲苯和对氯甲苯：

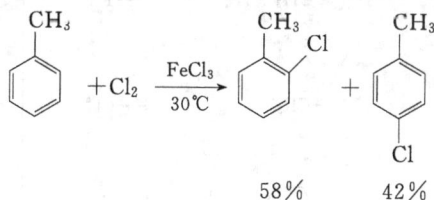

甲苯硝化时，也主要得到邻位和对位硝化产物：

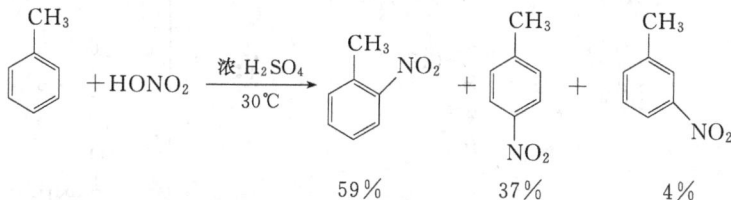

而硝基苯的硝化，则以间位取代产物为主：

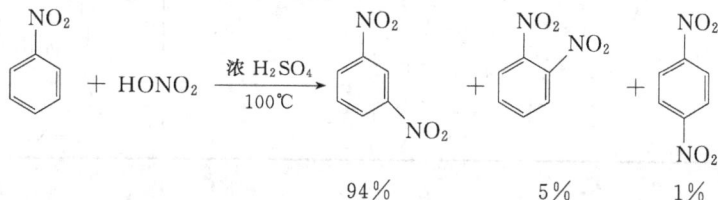

比较上面的反应，可以得出以下结论：①甲苯不论进行氯代还是硝化反应，主要产物中的氯原子和硝基都位于甲基的邻、对位；而硝基苯发生硝化反应时，主产物中新的硝基却连在

原来硝基的间位。这表明新引入基团进入苯环的主要位置与反应的类型无关，而是取决于苯环上原有的取代基。②同是硝化反应，甲苯和硝基苯的反应条件大不相同。甲苯的硝化反应在 30℃ 就可发生，比苯还容易；而硝基苯的硝化在 100℃ 下才能进行，反应比苯困难得多。这表明亲电取代反应的难易程度也取决于环上原有的取代基。

由此可见，苯环上原有的取代基对新基团进入环上的位置和反应活性起着决定作用，这种作用称为定位效应（orientation effect）。苯环上原有的取代基称为定位基（director）。

根据定位效应，可将定位基分为两类。一类定位基的邻、对位取代产物的产率之和大于 60%，即这类定位基使新引入的基团主要进入其邻位和对位，称为邻、对位定位基（ortho, para director），也称第一类定位基。邻、对位定位基的特点是：与苯环直接相连的原子大都是饱和的（苯基、乙烯基除外），多数还含有未共用电子对，一般为供电子基团，使苯环活化（卤素除外）。

另一类定位基的间位取代产物的产率超过 40%，即这类定位基使新引入基团主要进入其间位，称为间位定位基（meta director），也称第二类定位基。间位定位基的特点是：与苯环直接相连的原子大多含有不饱和键（—CX₃ 除外）或带有正电荷，一般为吸电子基团，使苯环钝化。

不同的邻、对位定位基和间位定位基对苯环的活化程度和钝化程度不同。表 5-3 列出了常见定位基及其对苯环亲电取代反应活性的影响。

表 5-3　常见定位基及其对苯环亲电取代活性的影响

邻、对位定位基				间位定位基	
强活化	中强活化	弱活化	弱钝化	中强钝化	强钝化

2. 定位效应的解释

苯环是一个电子云密度均匀分布的闭合体系。从电子效应的角度来看，当苯环上有取代基时，苯环碳原子上的电子云密度就会受其影响而发生改变。对邻、对定位基来说，其斥电子作用（除卤素外）可使苯环碳原子上的电子云密度增大，有利于苯环上的亲电取代反应，对苯环有致活作用，且邻、对位碳原子上电子云密度增大的程度相对间位高，更利于亲电试剂的进攻。而对间位定位基来说，其吸电子作用降低了苯环碳原子上的电子云密度，不利亲电试剂进攻，使苯环钝化。但因间位碳原子上的电子云密度相对降低较少，亲电取代反应主要在间位进行。

（1）邻、对位定位基　在甲苯中，甲基对苯环既有斥电子诱导效应（$+I$），使甲基上的电子云向苯环转移。同时，甲基的 C—H σ 键又与苯环的大 π 键重叠产生 σ-π 超共轭效应，C—H 键的 σ 电子云也向苯环转移。因此，甲基能使苯环碳原子上的电子云密度增加，且邻、对位碳原子上的电子云密度增加得相对较多。

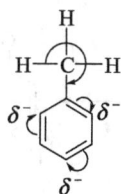

甲苯的亲电取代反应为什么主要在甲基的邻、对位进行？从亲电取代反应形成的碳正离子中间体的稳定性上进行分析，更容易理解。当亲电试剂进攻甲基邻、对位的碳原子时，形成的碳正离子中间体的共振结构中，分别有一个很稳定的极限式——叔碳正离子（1）和（2），即亲电试剂进攻甲基邻、对位碳原子形成的碳正离子中间体更稳定。因此，甲苯的亲电取代反应主要在甲基的邻位和对位进行。

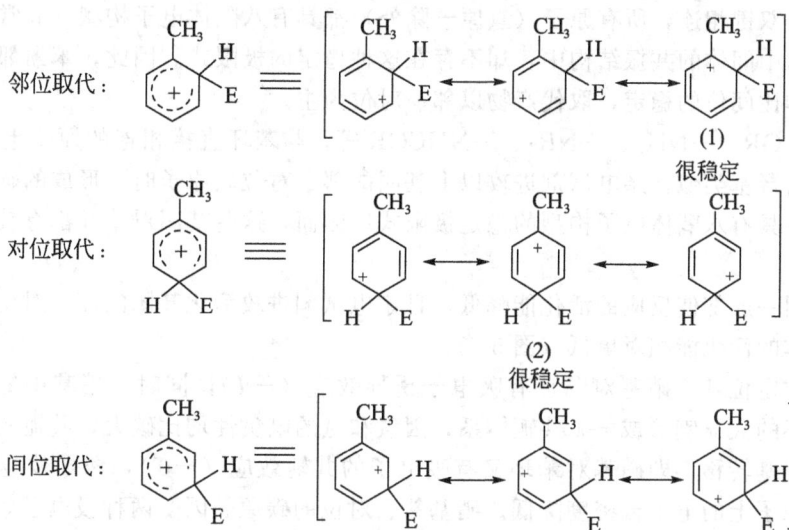

苯酚中，因氧的电负性比碳大，羟基对苯环有吸电子诱导效应（$-I$），使苯环碳原子上的电子云密度降低，同时氧原子上的未共用电子对与苯环的大 π 键形成 p-π 共轭体系，氧原子上的电子云又向苯环转移，产生供电子的共轭效应。由于共轭效应强于诱导效应，净结果是，羟基增大了苯环碳原子上的电子云密度，且其邻、对位碳原子上电子云密度增大得相对较多。因而，苯酚环上的亲电取代反应比苯容易进行，反应主要发生在羟基的邻、对位。

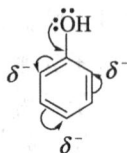

羟基的邻、对位定位作用，也可从反应中间体碳正离子的稳定性进行解释。当亲电试剂进攻羟基的邻位、对位和间位碳原子时，形成的碳正离子中间体分别为：

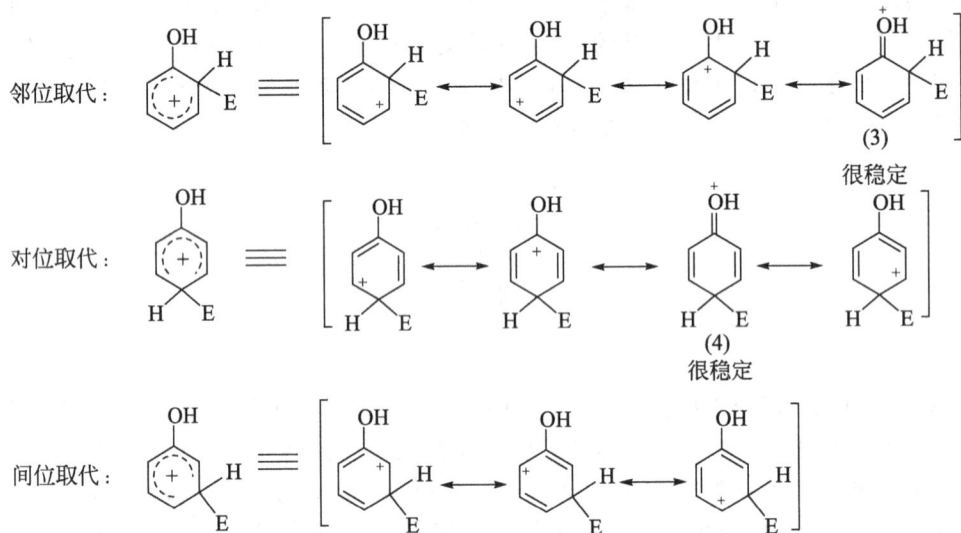

在羟基邻、对位取代形成的碳正离子中间体的共振结构中，极限式（3）和（4）的氧原子与苯环碳以双键相连，所有原子（氢原子除外）都具有八隅体电子构型，非常稳定。而间位取代形成的中间体的共振结构中，却不存在这种稳定的极限式。因此，苯酚邻、对位取代形成的中间体比间位的稳定，取代产物以邻、对位为主。

定位基—OR、—NH₂、—NR₂、—NHCOR 等，与苯环直接相连的原子上也含有未共用电子对，与羟基类似，亲电试剂进攻以上基团的邻、对位碳原子时，形成的碳正离子中间体中，也存在具有八隅体电子构型的稳定极限式。因而，这些基团对苯环都有较强的邻、对位定位作用。

活化基团一般都使反应的活化能降低，且亲电试剂进攻活化基团的邻、对位时，形成碳正离子中间体的活化能相对更低（图 5-5）。

(2) 间位定位基　硝基对苯环有吸电子诱导效应（$-I$），同时，硝基中氮氧双键的 π 键还能与苯环的大 π 键形成 π-π 共轭体系，因氧和氮的电负性均比碳大，共轭效应使苯环上的电子云向硝基转移，即硝基对苯环又有吸电子的共轭效应（$-C$），诱导效应和共轭效应都使苯环碳原子上的电子云密度降低。硝基邻、对位的碳原子因受两种吸电子效应的共同影响，电子云密度降低得更为显著，而间位只有吸电子诱导效应的影响，电子云密度降低得相对少些。因此，硝基苯的亲电取代反应比苯困难，反应主要在间位进行。

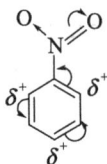

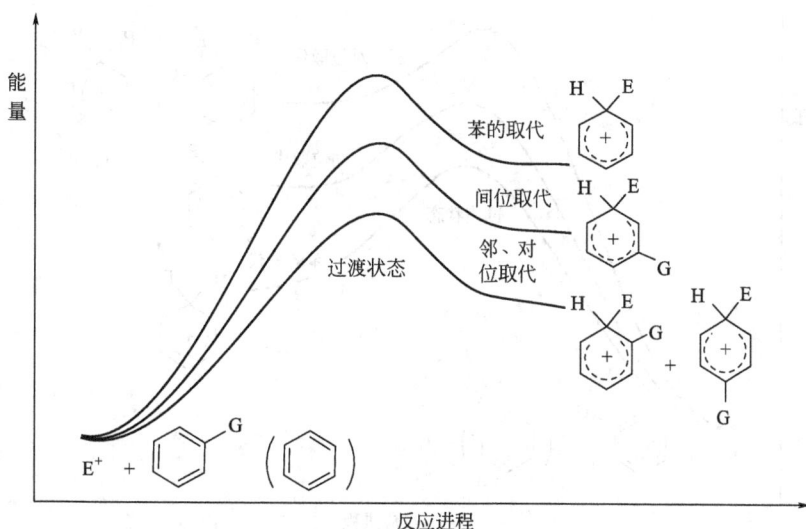

图 5-5　取代苯和苯的亲电取代过程中的能量变化示意图（G 为活化基团）

亲电试剂进攻硝基的邻、对位和间位时，生成的碳正离子中间体分别为：

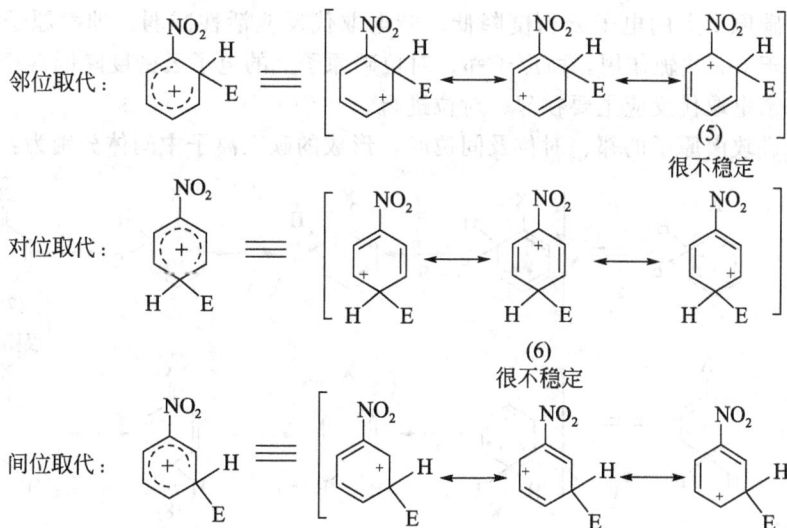

邻位取代：

(5)

很不稳定

对位取代：

(6)

很不稳定

间位取代：

在邻、对位取代形成的碳正离子中间体的共振结构极限式（5）和（6）中，带正电荷的碳原子与吸电子的硝基直接相连，很不稳定；而间位取代的中间体的共振结构中，不存在稳定性比（5）和（6）差的极限式。因此，间位取代的中间体相对比较稳定，故硝基苯的取代反应主要在间位进行。

其他吸电子基团如—$N^+(CH_3)_3$、—CF_3、—SO_3H、—CHO、—CN 等，对苯环的钝化作用类似于硝基，它们都使苯环上的电子云密度降低，间位的电子云密度降低得相对较少，取代反应主要发生在间位。

从反应过程中的能量变化看，间位定位基一般都使亲电取代反应的活化能比苯的高。但亲电试剂进攻间位时形成碳正离子中间体的活化能比进攻邻、对位时相对低（图 5-6）。

（3）卤原子的定位效应　在卤代苯中，卤原子一方面因其较大的电负性，对苯环产生吸电子诱导效应；另一方面，卤原子的孤对 p 电子可与苯环的大 π 键形成 p-π 共轭体系，卤原子上的 p 电子向苯环转移，产生供电子的共轭效应。由于卤原子的诱导效应强于共轭效应，

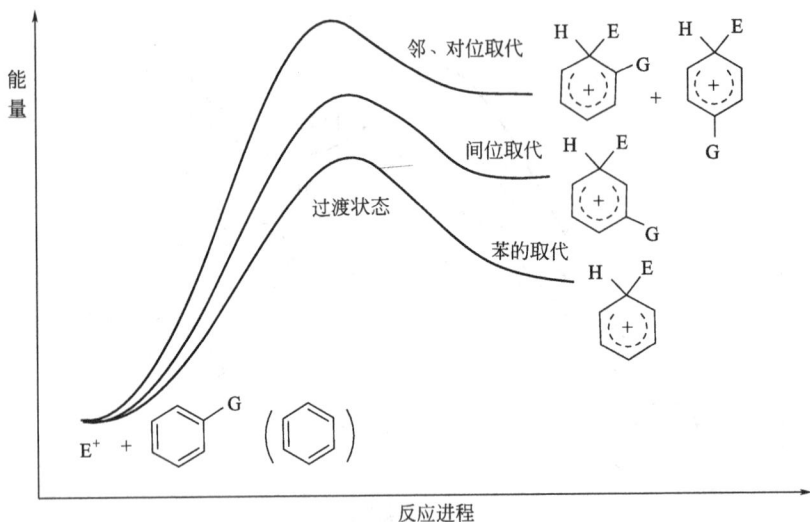

图 5-6　取代苯和苯的亲电取代过程中的能量
变化示意图（G 为间位定位基）

净结果使苯环碳原子上的电子云密度降低，亲电取代反应活性减弱，即卤原子具有钝化作用。但是，由于 p-π 共轭作用，卤原子邻、对位碳原子上的电子云密度降低得相对较少，因此，卤代苯的亲电取代反应主要在邻、对位进行。

亲电试剂进攻卤原子的邻、对位及间位时，形成的碳正离子中间体分别为：

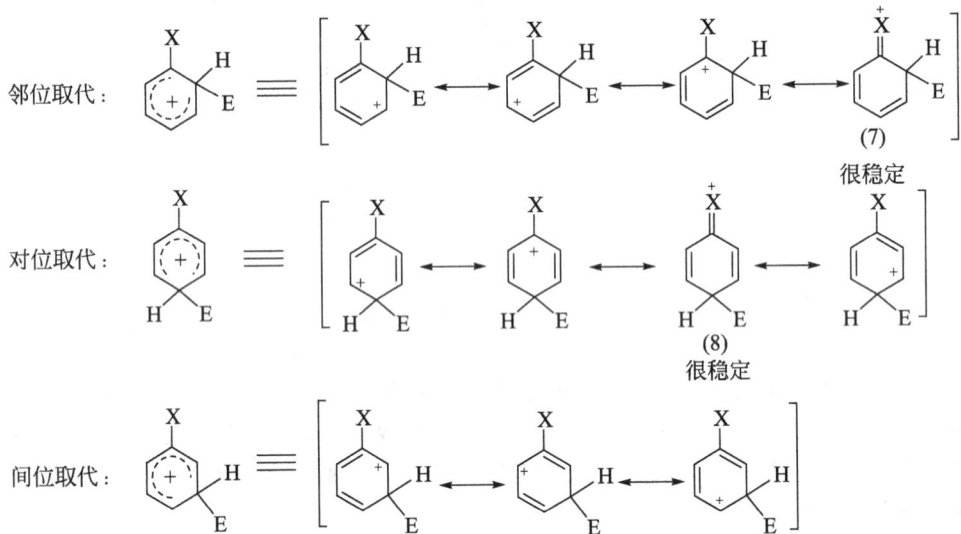

与苯酚类似，亲电试剂进攻卤原子的邻、对位碳原子时，形成的碳正离子中间体的共振结构中，极限式（7）和（8）都具有八隅体电子构型，相对更稳定。而间位取代形成的中间体，稳定性较差。因此，卤苯的亲电取代反应在卤原子的邻、对位相对容易进行。

卤原子虽属于邻、对位定位基，却有致钝作用。从反应过程中的能量变化来看，亲电试剂进攻卤代苯形成碳正离子中间体时的活化能比苯的高，但进攻邻、对位时的活化能相对较低（图 5-7）。

综上所述，苯环上的取代基不同，亲电取代反应的活化能及反应过程中形成的碳正离子

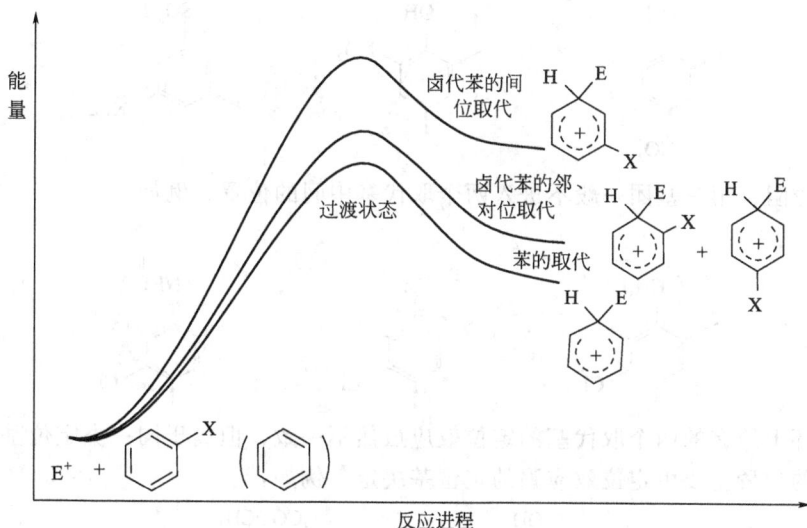

图 5-7　卤代苯和苯的亲电取代过程中的能量变化示意图

中间体的稳定性不同（图 5-8）。总的来说，钝化基团都使反应活化能升高、反应活性降低，新基团大都进入钝化基团的间位（卤苯除外）；而活化基团都使反应活化能降低、反应活性升高，新基团进入活化基团的邻位或对位。

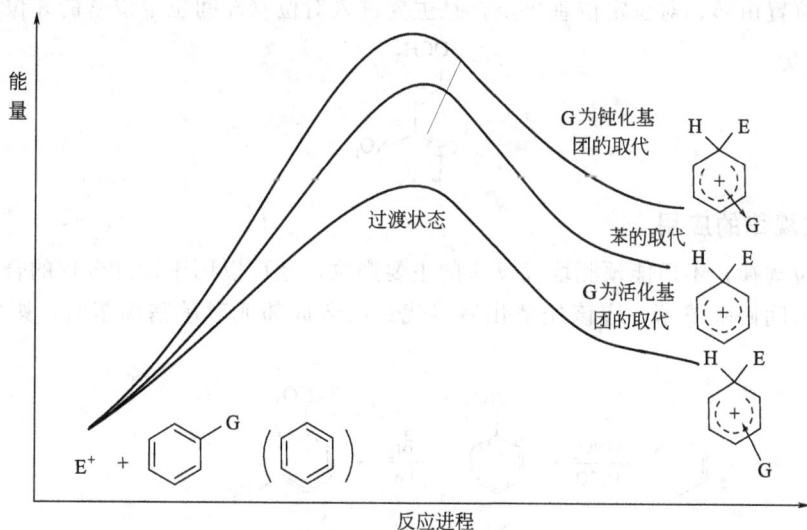

图 5-8　苯和取代苯亲电取代过程中的能量变化示意图

另外，定位基的空间位阻、新引入基团的体积和性质以及反应条件等因素，也会影响新基团进入苯环的位置。

3. 二元取代苯的定位规律

当苯环上已有两个取代基时，第三个基团进入苯环的位置，取决于环上原有取代基的综合定位效应。具体分以下情况：

(1) 苯环上原有的两个取代基定位效应一致时，第三基团进入二者共同影响的位置。如下列化合物中引入的第三基团，主要进入箭头所指的位置：

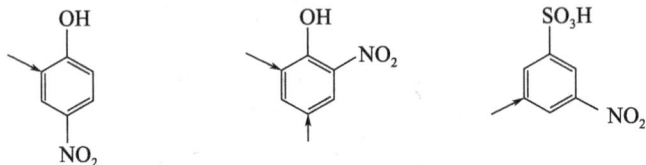

因空间位阻，第三基团一般不进入两个取代基中间的位置，例如：

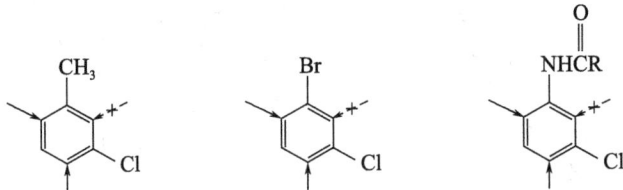

（2） 苯环上原有的两个取代基的定位效应虽然不一致，但属于同一类定位基时，第三基团进入苯环的位置主要由定位效应强的定位基决定。例如：

（3） 苯环上原有的两个取代基的定位效应不一致，且不属于同一类定位基时，第三基团进入苯环的位置由邻、对位定位基决定，且主要进入对位（即间位定位基的邻位）。例如：

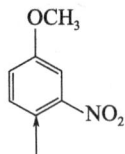

4. 定位规律的应用

应用定位规律，不但能预测取代反应的主要产物，还可以用于设计合理的合成路线。例如，从苯合成间硝基溴苯，应该先硝化后溴代；而合成邻或对硝基溴苯时，则应先溴代再硝化：

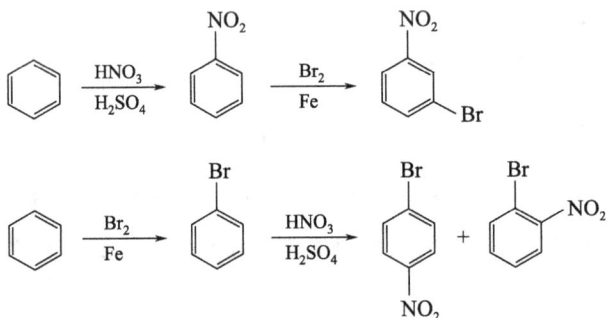

再如，从苯合成间硝基苯乙酮时，应先乙酰化后硝化（注意：硝基苯不进行 Friedel-Crafts 反应）。

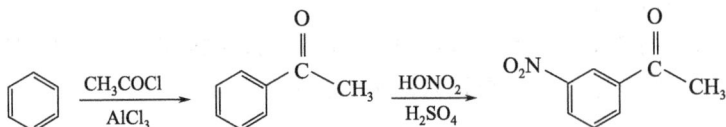

（三）烷基苯侧链的反应

苯环上连接的烃基称为侧基或侧链。烷基苯中烷基与苯环之间是相互影响的。受烷基的影响，烷基苯的亲电取代反应比苯容易进行。同样，侧链烷基因苯环的影响，也具有比普通烷烃活泼的化学性质。

通常把与苯环直接相连的碳原子称为 α-碳，α-碳上的氢原子称 α-H 或苄基氢。由于烷基的 α-C—H σ 键与苯环大 π 键之间的超共轭作用，α-C—H σ 键间的电子云密度降低，C—H 键强度削弱，α-H 比脂肪烷烃中的氢活泼，在 α-碳上容易发生氧化、卤代等反应。

1. 侧链的氧化反应

苯与烷烃都相当稳定，不易被一般的氧化剂（如高锰酸钾、重铬酸钾、硝酸等）氧化。但侧链含 α-H 的烷基苯容易被上述氧化剂氧化，且不论侧链长短，α-C 都转变成羧基。侧链若不含 α-H，则不被氧化。例如：

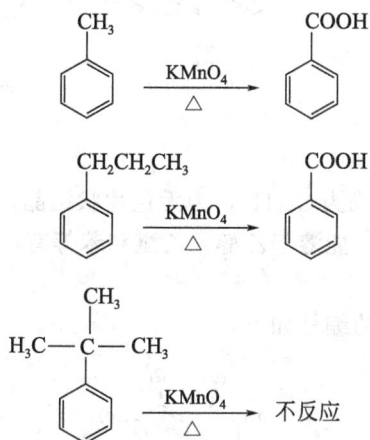

利用这一性质，可定性鉴别烷基苯和苯或烷烃，也可用于推测烷基苯的结构。

2. 侧链的取代反应

烷基苯中，α-H 的活性类似于烯丙位 α-H，在较高的温度或紫外光照射下，α-H 可被氯原子或溴原子取代。侧链的取代反应与烷烃的卤代相同，也按自由基历程进行。由于反应的中间体为稳定性高的苄基型自由基，烷基苯的 α-H 容易被卤代。若控制卤素不过量，可使反应主要生成一元卤代物。

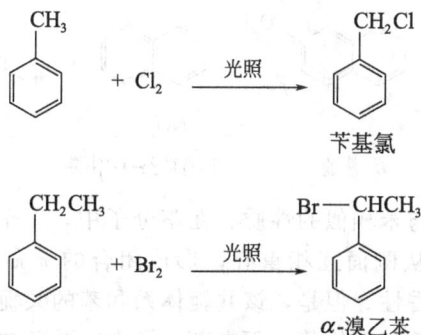

将烷基苯转变成苄基型卤代烃是制备苯的其他衍生物的重要途径之一。

思考题 5-3 以苯和氯甲烷为主要原料完成下列转化。

(1)  (2)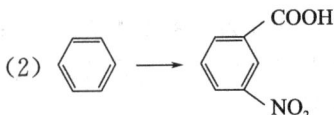

五、稠环芳香烃

稠环芳香烃是指由两个或两个以上苯环共用相邻两个碳原子骈合而成的多环芳香烃。如萘、蒽、菲等。

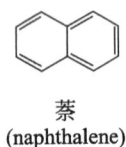

萘
(naphthalene)

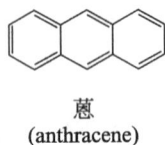

蒽
(anthracene)

菲
(phenanthrene)

(一) 萘

萘 (naphthalene) 的分子式为 $C_{10}H_8$，为无色片状结晶，熔点 80.5℃，沸点 218℃，易升华，有特殊气味，不溶于水，能溶于乙醇、乙醚和苯等有机溶剂。假冒卫生球常由萘压制而成。

萘的结构式及环上碳原子的编号如下：

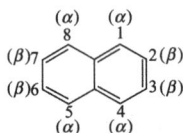

其中 C1、C4、C5 和 C8 位置等同，称为 α-碳原子；C2、C3、C6 和 C7 位置等同，称为 β-碳原子。

萘的一元取代物有两种异构体，分别用前缀 1-，和 2-，或 α-和 β-加以区别；对于多元取代物，取代基的位置用阿拉伯数字标明。例如：

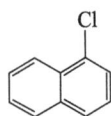

α-氯萘

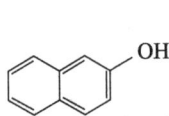

β-萘酚

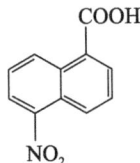

5-硝基萘-1-甲酸

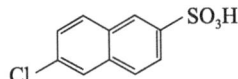

6-氯萘-2-磺酸

萘是平面型分子，具有与苯相似的性质。在萘分子中，每个碳原子除以 sp^2 杂化轨道形成 σ 键外，还以一个 p 轨道从侧面互相重叠，形成闭合的 π-π 共轭体系（如图 5-9 所示），萘分子因此而稳定且具有芳香性。但是，该共轭体系和苯的共轭体系并不完全相同。苯分子中各碳原子的 p 轨道相互重叠程度均等，而在萘分子中，两环共用的两个碳原子的 p 轨道除互相重叠外，还分别与 1、8 及 4、5 位碳原子的 p 轨道相重叠，所以，萘分子中的 π 电子云在环中各碳原子上的分布不均匀，分子中的 C—C 键长也不完全相等（如图 5-10 所示）。

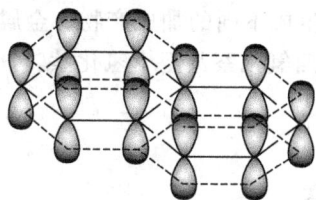

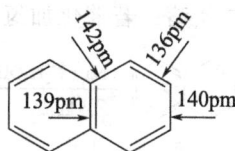

图 5-9　萘分子中的闭合大 π 键　　图 5-10　萘分子中的 C—C 键长

　　萘的稳定性不如苯高。萘分子中电子云的不均匀分布，使萘环上不同位置的碳原子表现出不同的反应活性。当亲电试剂进攻 α-位时，形成的中间体有两个含独立苯环结构的稳定极限式（1）和（2）；而进攻 β-位时，形成的中间体含独立苯环结构的稳定极限式只有（3）。因此，萘在 α-位取代时的过渡态能量低，反应活化能小、反应速率快。

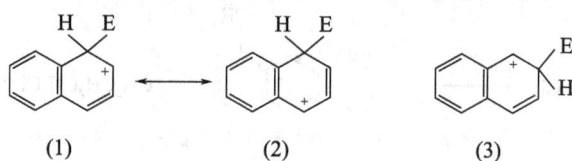

（1）　　　　　　　（2）　　　　　　（3）

1. 萘环上的卤代、硝化和磺化反应

　　在三氯化铁作用下，将氯气通入萘的苯溶液可生成 α-氯萘。

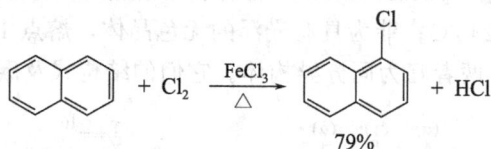

　　萘与混酸（H_2SO_4，HNO_3）反应，主要产物为 α-硝基萘。

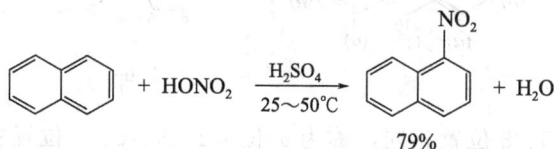

　　α-硝基萘是易溶于有机溶剂的黄色结晶，是制备萘胺的重要原料。

　　萘的磺化反应与苯的一样，也是可逆的，且磺化产物因温度而异。低温时，反应是动力学控制的，主要得到反应活化能较低的 α-萘磺酸；高温时，反应是热力学控制的，主要生成稳定性较高的 β-萘磺酸。

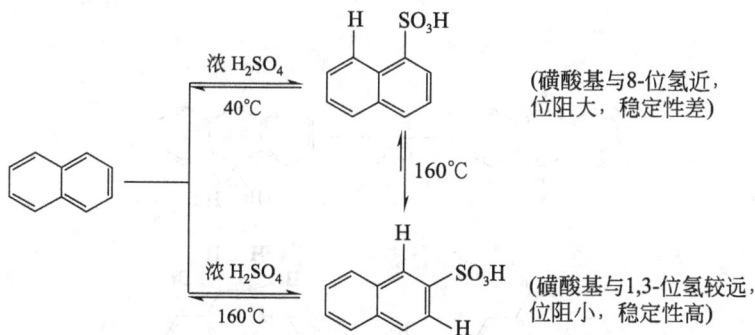

（磺酸基与8-位氢近，
位阻大，稳定性差）

（磺酸基与1,3-位氢较远，
位阻小，稳定性高）

2. 萘的加成反应

萘比苯容易发生加成反应，在不同条件下，生成不同的加成产物。金属钠和乙醇可将萘部分还原为1,4-二氢萘；若催化加氢，则可生成四氢化萘甚至十氢化萘。

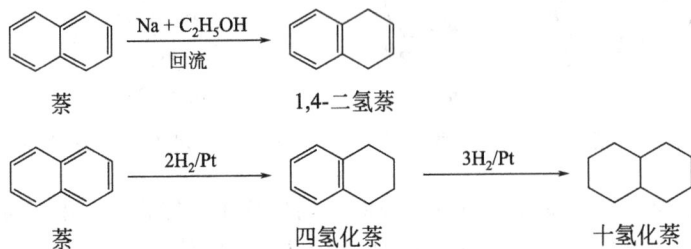

萘 $\xrightarrow[\text{回流}]{\text{Na}+\text{C}_2\text{H}_5\text{OH}}$ 1,4-二氢萘

萘 $\xrightarrow{2\text{H}_2/\text{Pt}}$ 四氢化萘 $\xrightarrow{3\text{H}_2/\text{Pt}}$ 十氢化萘

思考题 5-4 完成下列反应方程式。

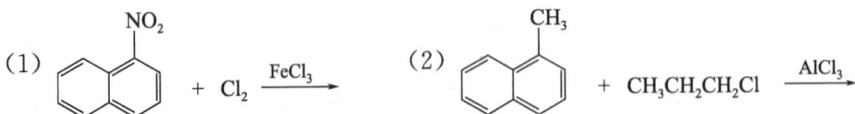

(1) [结构式] + Cl_2 $\xrightarrow{\text{FeCl}_3}$

(2) [结构式] + $\text{CH}_3\text{CH}_2\text{CH}_2\text{Cl}$ $\xrightarrow{\text{AlCl}_3}$

（二）蒽和菲

蒽（anthracene）和菲（phenanthrene）都存在于煤焦油中，蒽为片状结晶，具有蓝色荧光，熔点216℃，沸点240℃；菲为具有光泽的无色晶体，熔点101℃，沸点340℃。蒽和菲的分子式都为 $\text{C}_{14}\text{H}_{10}$，两者互为同分异构体。它们的结构式及碳原子编号如下：

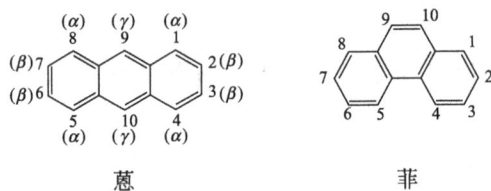

蒽   菲

蒽分子中，1、4、5、8位置相同，称为 α-位；2、3、6、7位置相同，称为 β-位；9和10位置相同，称为 γ-位。

与萘相似，蒽和菲在结构上也都具有闭合的共轭体系，但稳定性比萘差。由于相邻 p 轨道间的重叠程度不同，各个碳原子上的电子云密度不均等，反应活性亦不相同。其中9、10位碳原子特别活泼，表现出明显的不饱和性，容易发生取代、加成和氧化反应。例如：

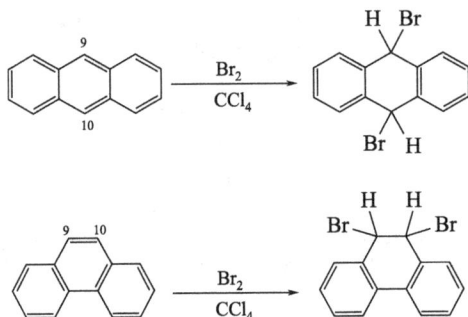

[蒽] $\xrightarrow[\text{CCl}_4]{\text{Br}_2}$ [加成产物]

[菲] $\xrightarrow[\text{CCl}_4]{\text{Br}_2}$ [加成产物]

菲分子中，1,2,3,4,10 位和 8,7,6,5,9 位是对称的，一元取代反应在五个位置上都可能进行。菲的重要衍生物——环戊烷并氢化菲是甾族化合物的母体（详见第十七章第二节）。

六、致癌稠环芳烃

致癌稠环芳烃是化学致癌物（chemical carcinogenic compound）的成员之一。少数化学致癌物进入体内不必经过代谢就有致癌作用的，为直接致癌物；而大部分化学致癌物本身不具有致癌活性，是在体内经过代谢活化后产生致癌作用的，为间接致癌物，如稠环芳烃类。间接致癌物在代谢活化前称为前致癌物，它经过多步酶活化后得到的较稳定代谢产物称为近致癌物。近致癌物中有部分再经过代谢活化可生成一种能与细胞关键部位反应、并导致细胞发生癌变的物质，该物质称为终致癌物。

致癌芳香烃主要是稠环芳香烃及其衍生物。含 3 个苯环的稠环烃（蒽、菲）本身均不致癌，但在分子中某些碳上连有甲基时就有致癌性。4 环或 5 环的稠环芳烃及其部分甲基衍生物也有致癌性。6 环的稠环芳烃部分能致癌。下面是几种致癌性稠环芳烃：

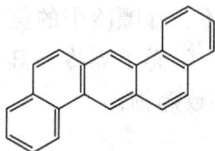

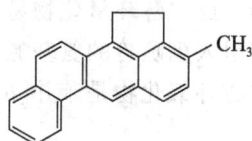

苯并[b]芘　　　　　　　1,2,5,6-二苯并蒽　　　　　　3-甲基胆蒽

其中，苯并芘为特强致癌物，是煤焦油的主要成分。糖类、脂肪、蛋白质等加热"燃烧"时均会产生，食物在烟熏过程中也能遭遇此致癌物的污染。1kg 烟熏羊肉中苯并芘含量相当于 250 支卷烟。

芘的编号从分子右上角第一个环最右方的一个自由角开始，按顺时针方向进行。两个苯环稠合边公用碳原子的编号，是以紧接前面一个非稠合碳原子的位号，并在它后面加上正体字母 a、b、c 等来表示。例如：

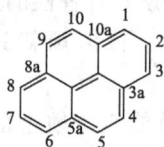

芘

母体与附加组分稠合的位置，可以用母体各边编号后进行标明，母体的 1、2 边，2、3 边…以斜体字母 a、b、c…来表示。

按系统命名法，苯并[b]芘应为苯并[2,3-b]芘。

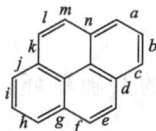

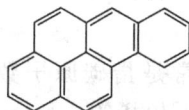

芘　　　　　　　　　　苯并[2,3-b]芘

苯并[b]芘在体内会发生如下代谢反应：

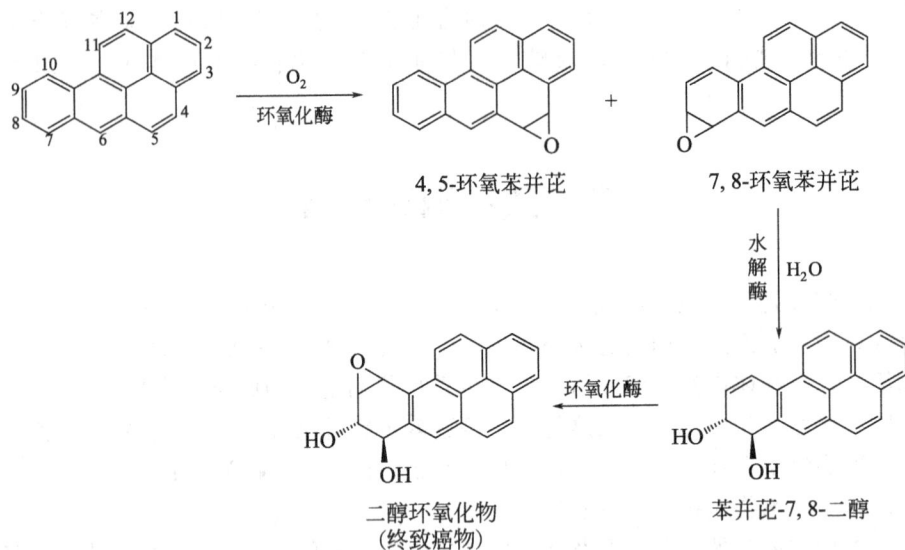

4,5-环氧苯并芘 + 7,8-环氧苯并芘

二醇环氧化物
(终致癌物)

苯并芘-7,8-二醇

关于苯并芘的致癌机理，比较认同的观点是，苯并芘的 4,5 和 7,8 位碳原子在体内酶的作用下容易氧化成环氧化物，生成的 7,8-环氧苯并芘在系列活化酶作用下又可转变成二醇环氧化物。此二醇环氧化物易与鸟嘌呤、腺嘌呤中的氨基进行开环反应，将体积相当大的苯并芘基团引入到嘌呤的氨基氮原子上，阻碍了嘌呤与其他碱基的正常配对，导致 DNA 突变，因此二醇环氧化物是苯并[b]芘的终致癌物。

七、非苯芳香烃和 Hückel 规则

如前所述，苯、萘、蒽和菲等都含有苯环，具有芳香性。但一些环状烯烃类物质，虽然不含苯环，却表现出与苯相似的性质，不易进行亲电加成反应，而易发生亲电取代反应，这类物质称为非苯芳香烃（non-benzenoid aromatic hydrocarbon）。

1931 年，德国化学家 Hückel 用简化的分子轨道法（HMO 法），计算了许多单环多烯中的 π 分子轨道能级，据此提出了判定分子芳香性的规则：当单环闭合共轭多烯共平面，且 π 电子数等于 $4n+2$（n 为自然数）时，该多烯就具有芳香性，此即 Hückel 规则，又称 $4n+2$ 规则。

Hückel 规则可简单地用 π 分子轨道能级（轨道的能级高低，用顶点朝下的圆内接正多边形的各个顶点位置表示）进行解释。从图 5-11 可以看出，当共平面的单环共轭多烯或多烯离子的 π 电子数为 $4n+2$ 时，成键轨道中的电子都是填满的，类似稀有气体的电子排布，体系的能量低、稳定，显示芳香性。因此，芳香性在很大程度上是指分子的稳定性，分子不同，芳香性不同。

（一）轮烯

轮烯（annulene）通常是指碳原子数多于 6 个的共轭单环多烯，称为 [x]轮烯。如 [10]轮烯、[14]轮烯、[18]轮烯等。

[10]轮烯的 π 电子数为 10（$n=2$），因环比较小，两个环内氢原子之间具有较强的非键斥力，使成环的原子不能共平面，故 [10]轮烯没有芳香性。

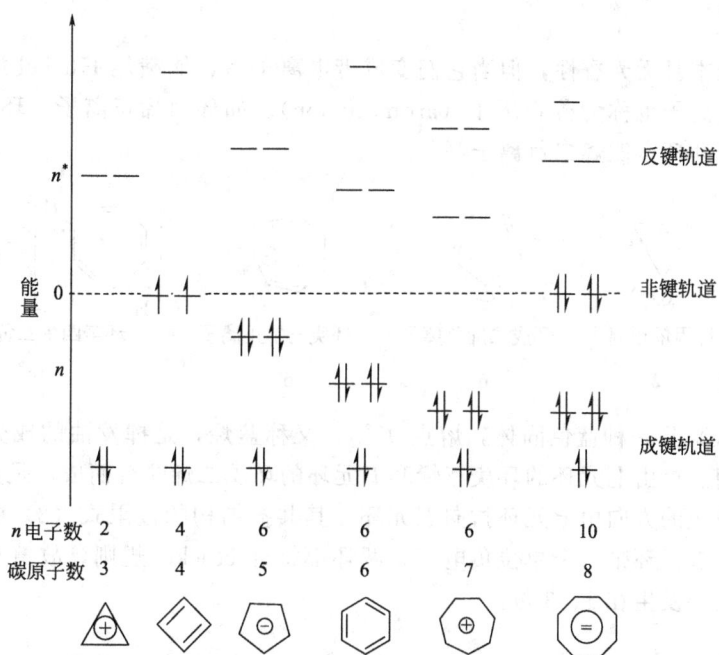

图 5-11　单环多烯或多烯离子的 π 分子轨道能级和基态电子构型

[10]轮烯

　　[14]轮烯的 π 电子数为 14（$n=3$），符合 $4n+2$ 规则，但坏的空穴仍比较小，环内四个氢原子因斥力难共平面，故 [14]轮烯也没有芳香性。

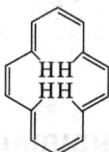

[14]轮烯

　　[18]轮烯中，环空穴较大，环内六个氢原子相互间的斥力很弱，成环的原子可以处于同一平面，其 π 电子数为 18，满足 $4n+2$ 规则（$n=4$），具有芳香性。

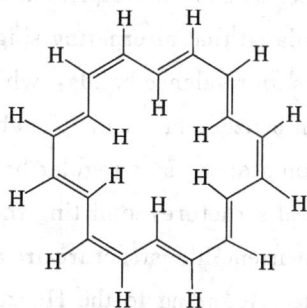

[18]轮烯

(二) 芳香离子

一些环烯烃本身无芳香性，但当它们变成带电离子后，能满足 Hückel 规则，表现出芳香性，这类带电离子也称为芳香离子（aromatic ion）。如环丙烯正离子、环戊二烯负离子、环庚三烯正离子和环辛四烯二负离子等。

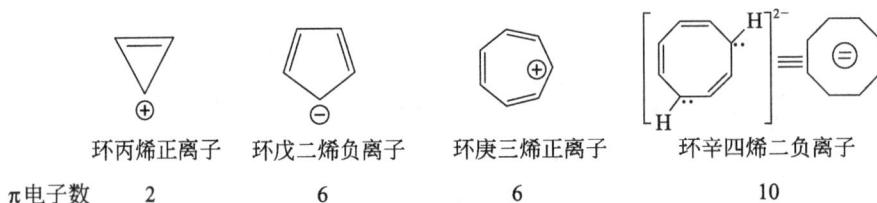

	环丙烯正离子	环戊二烯负离子	环庚三烯正离子	环辛四烯二负离子
π电子数	2	6	6	10

奥（azulene）是一种蓝色固体，熔点 99℃，又称蓝烃，是挥发油的成分之一，具有抗菌和镇痛等作用。奥由七元环的环庚三烯和五元环的环戊二烯骈合而成，是具有平面结构的极性分子，偶极矩的方向由七元环指向五元环。其共振结构的极限式（2）中，七元环带一个单位正电荷，五元环带一个单位负电荷，两环都符合 Hückel 规则，故奥具有芳香性，其亲电取代反应主要发生在 1、3 位。

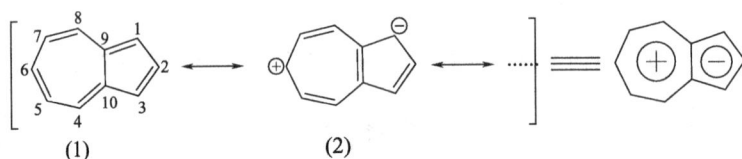

思考题 5-5 试用 Hückel 规则判断下列物质哪些有芳香性。

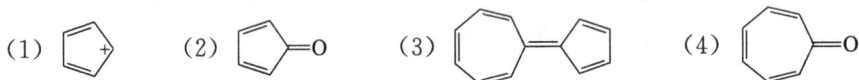

（1）　　　（2）　　　（3）　　　（4）

Summary

As far as chemical properties are concerned, aromatic compounds are those unsaturated cyclic compounds that are easy to undergo electrophilic substitution but difficult to do electrophilic addition and oxidation. Benzene is the simplest and the most typical example of aromatic hydrocarbons. Kekulé postulated that alternating single and double bonds are involved in benzene for carbon to achieve its four valence bonds, while the modern hybrid-orbital theory holds that each carbon atom in benzene takes an sp^2 hybridization and a cyclic delocalized π bond forms around the six carbon atoms, so a regular hexagon with a circle inside it is often used to represent benzene's real structure, omitting the hydrogen atoms connected with carbons. Other compounds with benzene-like structure are also aromatic, because they meet the criteria known as Hückel's rule. According to the Hückel's rule, a planar, monocyclic, completely conjugated polyene is aromatic if it contains $4n+2$ π electrons, where $n=0,1,2,$

3, ···Examples include naphthalene, anthracene, phenan-threne, [18] annulene, aromatic ions, and so on.

Unlike an alkene, benzene is not easily oxidized by strong oxidizing agents, but the hydrogen atoms on benzene ring can be easily replaced by various functional groups, such as —X, —NO_2, —SO_3H, and —R, etc., through electrophilic substitution reaction. For a substituted benzene, its reactivity toward electrophilic substitution can be influenced by the substituents originally attached to the benzene ring. This phenomenon is referred to as directing effect, and the original substituents are called directors. According to the effects of directors on electrophilic substitution, directors can be divided into two groups. One of which are activating, *ortho-* and *para*-directing, including —NR_2, —NH_2, —OR, —OH, —R, and so forth; while the other are deactivating and *meta*-directing, including —NR_3^+, —NO_2, —CF_3, —CCl_3, —CN, —SO_3H, —CHO, —COR, and —COOH, etc., It is worth noting that halogen —X is ortho and *para*-directing but somewhat deactivating. During the process of electrophilic substitution, the aromatic system of benzene is broken into carbocation intermediate, it however goes back to an aromatic system via elimination of a proton in the final step of the electrophilic substitution.

In addition to electrophilic substitution, the alkyl pedant chains attached on benzene ring that contain at least one α-hydrogen atom are easily oxidized with acidic hot $KMnO_4$, and the α-carbon atoms are converted into carboxy groups, regardless of the number of carbon atoms in the pedant chains and that of α-hydrogen atoms. Alkylbenzenes also undergo free-radical halogenation much more easily than common alkanes do, because abstraction of a hydrogen atom at a benzylic position gives a more stable benzylic radical.

习 题

1. 命名下列化合物。

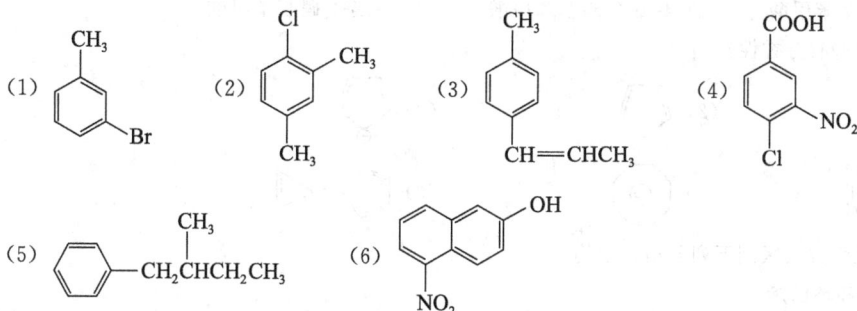

(1)   (2)   (3)   (4)

(5)   (6)

2. 完成下列反应方程式。

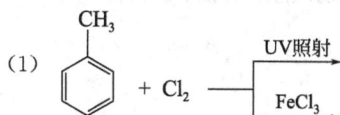

(1)

(2) [structure with CH₃ and CH(CH₃)₂] + KMnO₄/H⁺ ⟶

(3) [benzene] + H₂C=CHCHCH₃ (with CH₃) 稀H₂SO₄ ⟶

(4) [benzene] + CH₂Cl₂ AlCl₃ ⟶

(5) [benzene-(CH₂)₃COCl] AlCl₃ ⟶

(6) [phenyl-O-C(=O)-CH₃] + HNO₃ H₂SO₄ ⟶

(7) [2-methylnaphthalene with CH₃] + Br₂ FeBr₃ ⟶

(8) Cl-[biphenyl] + HNO₃ H₂SO₄ ⟶

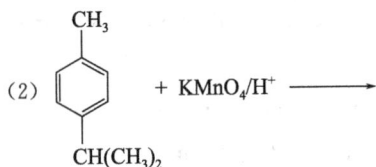

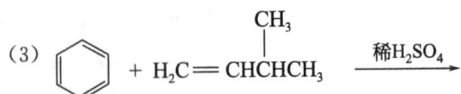

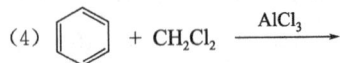

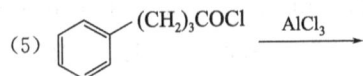

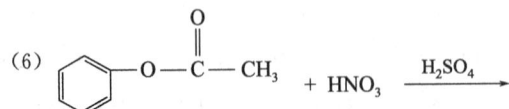

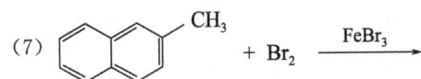

3. 用箭头标出下列化合物进行亲电取代反应时亲电试剂主要进入的位置。

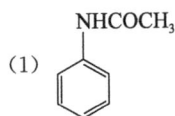

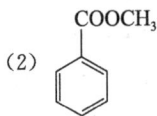

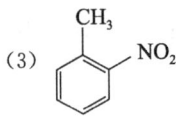

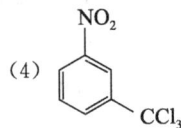

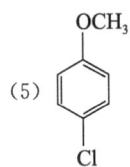

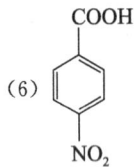

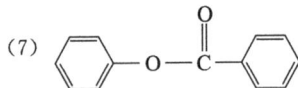

(1) [phenyl-NHCOCH₃] (2) [phenyl-COOCH₃] (3) [toluene with CH₃ and NO₂] (4) [benzene with NO₂ and CCl₃]

(5) [benzene with OCH₃ and Cl] (6) [benzene with COOH and NO₂] (7) [phenyl-O-C(=O)-phenyl]

4. 以甲苯为主要原料合成下列化合物。

(1) 4-溴-3-硝基苯甲酸　　(2) 4-溴-2-硝基苯甲酸　　(3) 2-溴-4-硝基苯甲酸

5. 下列物质哪些有芳香性？

(1) [cyclopropenyl cation]　(2) [cyclopentadiene]　(3) [cyclopentadienyl anion]

(4) [cyclooctatetraene]　(5) [cyclooctatetraene anion]　(6) [calicene/fulvene with cyclopropene]

6. 用简单的化学方法区别下列各组化合物。

(1) 苯、甲苯和环己烯

(2) 环戊二烯和环戊二烯负离子

7. 排出环戊二烯、环己-1,3-二烯和环己烷中 sp³ 碳上氢的酸性强弱顺序，并说明理由。

8. 排出下列各组化合物苯环上进行溴代反应的活性顺序。

(1) 苯　甲苯　间二甲苯　对二甲苯

(2) 苯　溴苯　硝基苯　甲苯

（3）甲苯醚　甲苯　苯甲酸　氯苯

9. 试用适当的机理解释下面的反应。

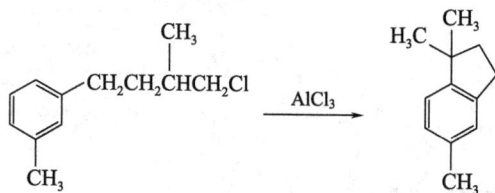

10. 化合物 A 的分子式为 C_8H_{10}，用酸性高锰酸钾氧化 A 可得到一种二元酸。A 硝化时，可得到两种一元硝化物。试写出 A 的结构式和相关的反应方程式。

（西安交通大学　刘芸）

第六章

对映异构

内容提示

本章主要介绍：旋光性和手性的概念，对映异构体 D/L 和 R/S 构型标记法，含有一个及多个手性碳原子化合物的对映异构，含假手性碳原子的化合物、环状化合物及构象的对映异构，无手性碳原子化合物的对映异构，外消旋体的拆分和对映异构体的生物活性。

有机化合物中普遍存在着同分异构现象，同分异构体可分为构造异构和立体异构。立体化学中立体异构是指分子中原子或基团的连接次序相同而在空间的排列方式不同，它可分为构象异构和构型异构，在烷烃中介绍过的交叉式和重叠式就是构象异构。构型异构又可分为顺反异构和对映异构（enantiomerism），在烯烃中介绍的 Z、E 构型就是顺反异构。本章所介绍的对映异构是指在微观世界中的一类分子其空间构型就像我们的左手和右手一样相似而不能重合，把这种彼此之间具有镜像关系的立体异构体称为对映异构体（enantiomer）。对映异构现象非常广泛地存在于自然界中，许多药物和天然有机化合物所具有的生物活性都有其特定的立体构型。对于生命机体的基本成分蛋白质、糖类、核酸等大分子，就是由无数个小分子构建而成的，这些小分子通常就是对映异构体中的一种立体构型。而任何生物体的新陈代谢过程也都是在高度立体专一的一种构型的酶催化作用下完成的。故本章的学习不仅有助于掌握和认识有机分子的立体三维空间结构，理解有机化学反应历程、反应产物；而且还有助于从分子水平上探索和揭开更多生命过程中的奥秘。

你在学完本章后，应该能够回答以下问题：

1. 为什么会产生对映异构现象？

2. 手性、手性分子、手性碳原子、对映体、非对映体、内消旋体、外消旋体分别是什么含义？

3. 旋光性、旋光度、比旋光度是什么？

4. 分子对称因素与旋光性的关系是什么？手性分子与旋光性的关系是什么？

5. Fischer 投影式的书写规则是什么？

6. 对映异构体的标记方法有几种？如何标记？

一、物质的旋光性

（一）平面偏振光

日常生活中我们最熟悉就是太阳光，光是一种电磁波，光波振动的方向与其传播方向相互垂直，称为横波。而且，一束普通光可以在与其传播方向相垂直的平面的任何方向上振动。如果让一束普通光通过 Nicol（尼科尔）棱镜（用冰晶石或称方解石制成的棱镜），而 Nicol 棱镜的作用就是只让与棱镜晶轴平行的振动光线通过，故透过棱镜的光则只在一个方向上振动。我们把这种只在同一平面上振动的光称作平面偏振光（plane-polarized light），简称偏振光。偏振光所在的平面叫偏振面，参见图 6-1。

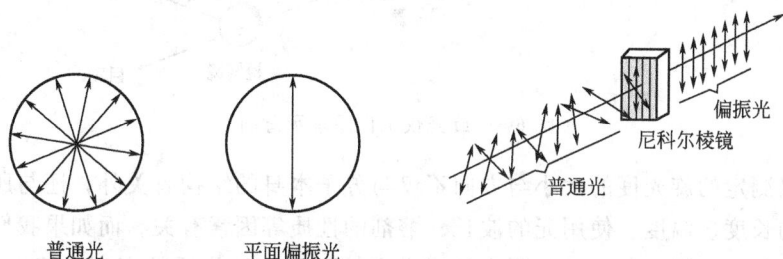

图 6-1　普通光和平面偏振光产生示意图

当平面偏振光通过一些物质，如水、乙醇、丙酮等，它们对偏振光的偏振面没有任何影响。而有些物质，如乳酸、葡萄糖、果糖却能使通过平面偏振光的偏振面发生旋转。把这种能使平面偏振光振动平面发生旋转的性质称作旋光性（optical activity），具有旋光性的物质称旋光性物质（optically active compound）或光活性物质。图 6-2 是关于旋光性和非旋光性物质对偏振光的作用情况。

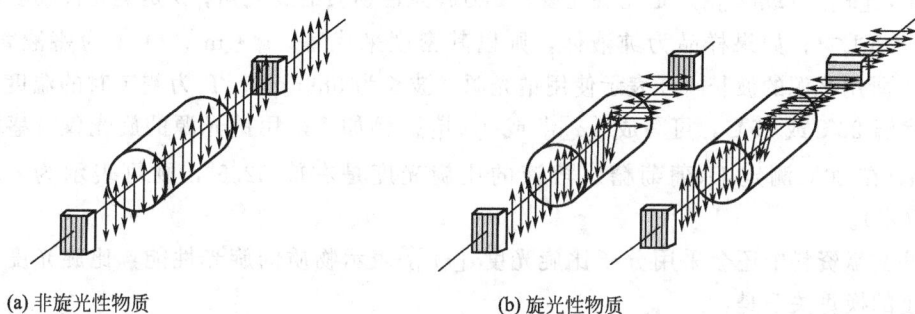

(a) 非旋光性物质　　　　　　(b) 旋光性物质

图 6-2　旋光性和非旋光性物质对偏振光的作用

（二）比旋光度

旋光性物质使平面偏振光的振动平面发生旋转的角度称为旋光度（observed optical rotation）或旋光角，通常用 α 表示。不同的旋光性物质可使偏振面旋转的大小和方向不同。当面对偏振光的传播方向看，可使偏振光的振动平面向右旋转，即顺时针方向旋转，称为右旋体（dextrorotatory）或右旋物质，用符号"＋"或"d"表示；可使偏振光的振动平面向左旋转，即逆时针方向旋转，称为左旋体（levorotatory）或左旋物质，用符号"－"或"l"表示。

测定物质有没有旋光性以及旋光度大小，可以使用旋光仪（polarimeter）。旋光仪主要由一个光源、两个尼科尔棱镜和一个盛测试液的样品管组成。光源发出的光经过第一个棱镜（起偏镜）变成平面偏振光，然后通过盛有旋光性物质溶液的样品管，平面偏振光振动方向发生旋转，最后通过第二个棱镜（检偏镜）检测偏振光旋转的大小与方向，并由连在检偏镜上的刻度盘读出。旋光仪的工作原理见图 6-3。

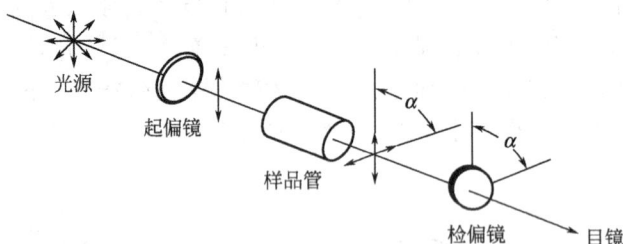

图 6-3　旋光仪工作原理示意图

由旋光仪测定的旋光度的大小与方向不仅与分子本身的结构有关外，还与所测物质的浓度、样品管的长度、温度、使用光的波长、溶剂的性质等因素有关。而如果我们把除分子结构以外的因素都加以固定时，此时测定的旋光度就如同一种物质的密度、熔点和沸点一样，属于物质的特征常数，可以用来比较物质之间的旋光性能。为此提出比旋光度（specific rotation）这一物理量，用 $[\alpha]_\lambda^T$ 表示。比旋光度的定义是：在一定温度、一定波长下（常用钠光灯 D 线波长 589nm），被测物质浓度为 $1g \cdot mL^{-1}$，样品管的长度为 10cm 的条件下测得的旋光度。所以通常测定的旋光度与比旋光度的关系为：

$$[\alpha]_\lambda^T = \frac{\alpha}{\rho l} \quad (\text{或}[\alpha]_D^T = \frac{\alpha}{\rho l}) \tag{6-1}$$

式中，$[\alpha]_\lambda^T$（或$[\alpha]_D^T$）是比旋光度；α 为旋光性物质的旋光角；ρ 是旋光性物质的质量浓度，$g \cdot mL^{-1}$；如果样品为纯液体，则以其密度来代替，$g \cdot mL^{-1}$；l 为盛液管长度，dm；λ 是所用光源的波长（D 表示使用钠光源，波长为 589nm）；T 为测定时的温度，通常情况为室温 20℃或 25℃，可写成 $[\alpha]_D^{20}$ 或 $[\alpha]_D^{25}$。例如，采用钠光源的旋光仪，盛液管长为 10cm，在 20℃测定 D-葡萄糖水溶液的比旋光度是右旋 52.5°，则可表示为 $[\alpha]_D^{20} = +52.5°$（水）。

有些文献资料中还会采用分子比旋光度 $[m]_\lambda^T$ 表示物质的旋光性能，比旋光度与分子比旋光度的换算关系是：

$$[m]_\lambda^T = \frac{[\alpha]_\lambda^T \times \text{分子量}}{100} \tag{6-2}$$

思考题 6-1　在制糖工业上常用测定旋光度的方法来控制糖液的浓度，在 20℃用旋光仪测得的一个葡萄糖溶液的旋光度为＋26.3°，已知葡萄糖的比旋光度 $[\alpha]_D^{20} = +52.5°$，样品管长度为 10cm，此葡萄糖的浓度是多少？

二、手性与对称性

（一）手性分子

实物在镜子中的投影称为镜像（mirror images），实物与其镜像之间具有对映关系。有些实物与镜像是完全相同的，如一个正立方体的盒子，一个圆形的球。而有些则是不完全相同的，如我们的左手和右手，是实物与镜像关系，他们相似而不能重合，我们称之为手性（chirality），也叫手征性。图 6-4 为手性关系图。宏观世界中具有手性的东西很多，如人的耳朵、脚，鸟的翅膀，剪刀，螺丝钉等。

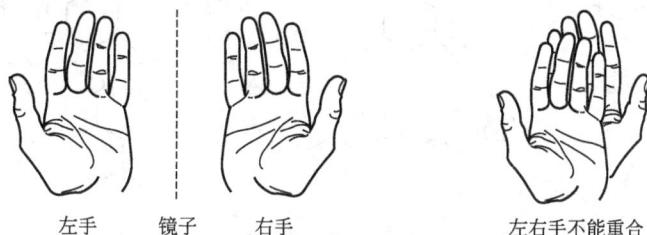

左手　　镜子　　右手　　　　　　　左右手不能重合

图 6-4　手性关系图

在微观世界里也存在着一类分子，如同人的左右手一样，互为实物与镜像关系，相似而不能重合，我们把这种具有手性的分子称为手性分子（chiral molecule）。例如，2-羟基丙酸 [$CH_3CH(OH)COOH$] 俗称乳酸，它在空间有两种不同的排列方式，图 6-5 所示是互为镜像关系的乳酸分子构型。在这两个立体结构式Ⅰ和Ⅱ中，分子的组成和连接方式完全相同，互为实物与镜像关系，但却不能够完全重叠，所以乳酸就是手性分子。

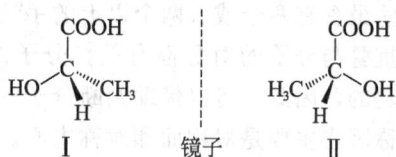

图 6-5　互为镜像的乳酸分子

其实人们对分子立体结构的认识是从 1874 年荷兰化学家 Van't Hoff（1852—1911）提出的碳原子的四面体结构理论开始。即饱和碳原子具有四面体结构，当四面体碳原子上连接四个不同的原子和基团时，它在空间就有两种不同的排列方式，无论怎样放置，都不能使它们重合。仔细分析乳酸分子 $CH_3\overset{*}{C}H(OH)COOH$ 中标"*"号的碳原子，与它直接相连的四个原子和基团分别是 $COOH$、OH、CH_3、H，它们均不相同。故将连有四个不同的原子或基团的碳原子，称作手性碳原子（chiral carbon atom），也可称为手性中心或不对称碳原子，通常用星号"*"标出。例如：

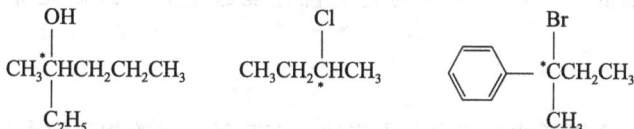

当然，如果一个分子与其镜像能重合，这个分子就是非手性分子。手性分子具有能够使平面偏振光发生旋转的特性，因此手性分子具有旋光性，而非手性分子则没有。我们把手性分子中具有互为镜像关系的这两种立体异构体称为对映异构体，简称对映体。一对对映体使平面偏振光发生旋转的角度大小相等，但方向相反。例如，(-)-2-溴丁烷 $[\alpha]_D^{25} = -23.1°$；

（＋）-2-溴丁烷$[\alpha]_D^{25}=+23.1°$。

思考题 6-2 分别指出以下每一个物体中的是手性的还是非手性的？
（1）高尔夫球　（2）棒球手套　（3）钟表　（4）T恤衫　（5）礼服衬衫
（6）手机

思考题 6-3 确定下列分子是否具有手性？对于有手性的分子，请在其手性中心用星号"*"标出。

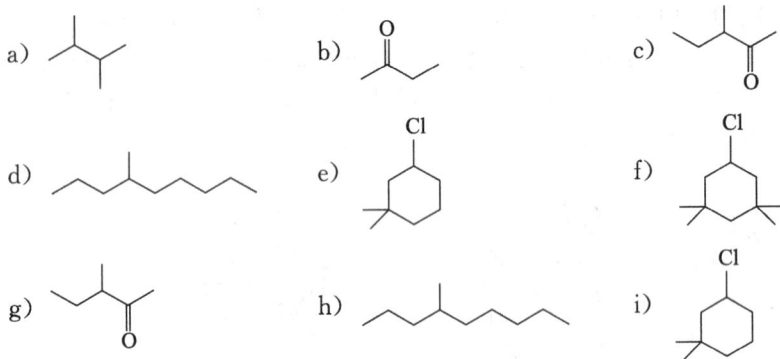

（二）对称因素

分子中具有一个手性碳原子就是手性分子，但是，如果以分子中是否含有手性碳来判断它是否具有手性并不是绝对可靠的。因为，有些分子虽没有手性碳原子但它是手性分子，而有些虽含有两个或者两个以上的手性碳原子，却不是手性分子。一般说来，实物与其镜像能否重叠与分子的对称性有关，分子的手性是由分子内部缺少对称因素（symmetry factor）引起的，因此，可以借助判断分子的对称因素来确定其是否有手性。与分子手性密切相关的对称因素主要是对称面和对称中心。

1. 对称面

假如有一平面能将分子分割成两部分，这两部分互为实物与镜像关系，该平面就是分子的对称面（symmetric plane），通常用"σ"表示。把经过对称面的这种操作称为反映。在寻找对称因素时，一些原子和基团如—CH₃，—CH₂CH₃，—NH₃，—OH，—NO₂，—C₆H₅，—CHO，—COR等都可以看作是一个圆球。在图 6-6 表示的分子中就存在对称平面，其中Ⅰ，一氯乙烷有一个对称面；Ⅱ，(Z)-1,2-二氯乙烯有二个对称面；Ⅲ，萘有三个对称面。它们都不是手性分子。

凡是具有对称面的分子，其自身与它的镜像能够重合，因而是非手性分子，没有旋光性。

2. 对称中心

从分子中任何一个原子或基团向此点连线，在其延长线的相等距离处都能遇到相同的原子或基团，则此点为该分子的对称中心（symmetric center）。通常用"i"表示。把经过对称中心的这种操作称为反演。一个分子只可能有一个对称中心。如图 6-7 表示Ⅰ，(E)-2,3-二氯丁-2-烯；Ⅱ，trans-1,3-二甲基环丁烷的分子中存在着对称中心。它们都不是手性分子。

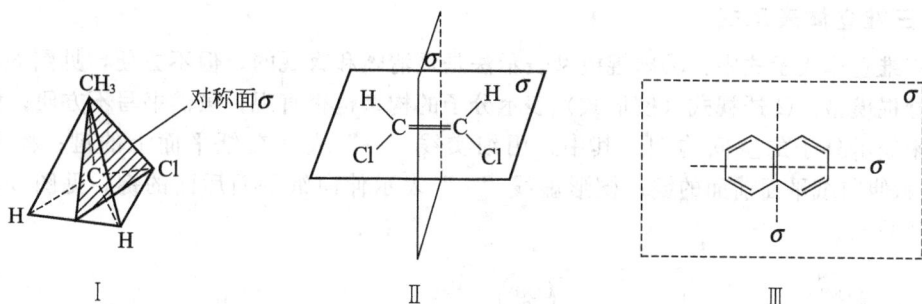

图 6-6　分子的对称面

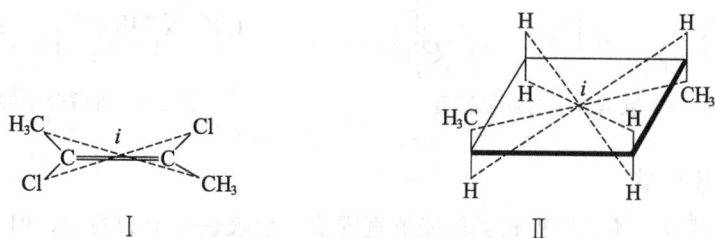

图 6-7　分子的对称中心

凡是具有对称中心的分子，其自身与它的镜像能相互重合，因而是非手性分子，没有旋光性。

这样看来，凡具有对称面或对称中心中任何一种对称因素的分子，能与其镜像重叠，为非手性分子，这种分子也称为对称分子。反之，凡不具有对称面和对称中心的分子，为手性分子，这种分子也称为不对称分子。

思考题 6-4　分别指出下列物体或分子是否拥有对称平面？

（a）理想状态下人脸　　（b）铅笔　　　（c）耳朵　　　（d）

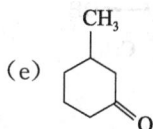

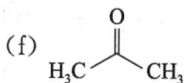

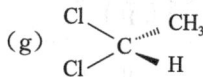

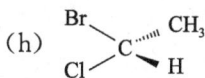

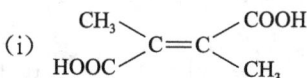

（三）对映异构体表达方法

不对称分子都具有特定的空间排列方式，只有准确表示出这种具有手性的旋光异构体的立体构型，我们才能对它进行深入的研究。以下所介绍的就是表示对映异构体不同立体构型的三维立体表示方法和 Fischer（费歇尔）投影式表示方法。

1. 三维立体表示式

在三维立体表示式中：①球棍模型表示法是最清晰和直观的，但不方便，见图 6-8 乳酸分子的球棍模型。②透视式（楔形式）表示分子的构型也很直观，虽然书写不方便，但还是常常用来表示分子的空间构型。其中，用细实线"—"表示在纸平面上的键；楔形粗线"◢"表示伸向纸平面前面的键；楔形虚线"⸱⸱⸱⸱⸱"表示伸向纸平面后面的键，见图 6-9 乳酸分子的透视式。

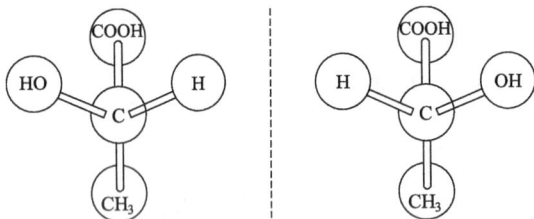

图 6-8　乳酸分子的球棍模型

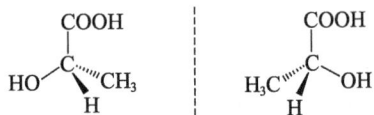

图 6-9　乳酸分子的透视式

2. Fischer 投影式

无论是球棍模型，还是透视式虽然能够直观清楚地表达分子的构型，但书写起来比较费力。为了书写简便，我们介绍表达立体构型最常用的一种方法，即由德国化学家 Emil Fischer（费歇尔，1852—1919）提出的 Fischer 投影式（Fischer projection）。Fischer 投影式是用二维平面形式来表示三维空间结构的方法，是将一个手性分子投影在纸平面上得到的。标准 Fischer 投影式的投影规则是：①主链竖向排列；把氧化态高的碳原子放在上方（即将编号小的主官能团置于上方），氧化态低的碳原子放在下方；②使与手性碳相连的竖键上的两个原子或基团伸向后方，与手性碳相连的横键上的两个原子或基团伸向前方，可简单记为"横前竖后"；③然后，把定位好的分子结构投影到纸平面上，竖线和横线的十字交叉点代表手性碳原子。此调整好的立体结构的投影式即为 Fischer 投影式，见图 6-10 乳酸分子的球棍模型和透视式所对应的 Fischer 投影式。

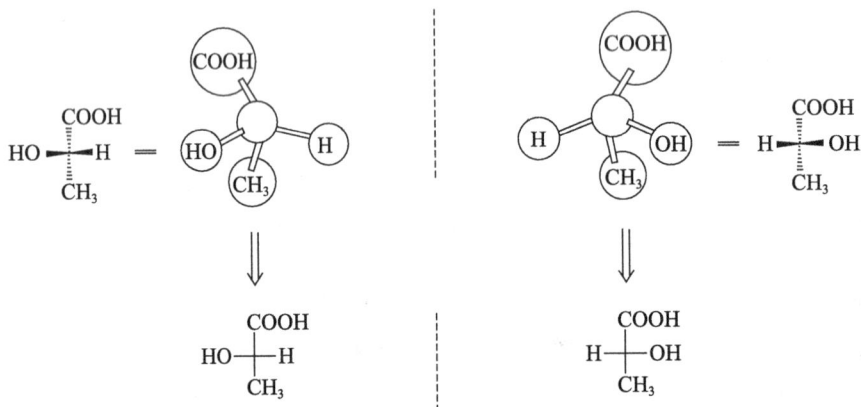

图 6-10　乳酸分子球棍模型和透视式所对应的 Fischer 投影式

对于含有多个手性碳原子的分子，可将分子处于重叠式构象，然后按照 Fischer 投影式对水平和垂直方向的原子或基团的严格规定进行投影。图 6-11 是含有两个手性碳原子分子的 Fischer 投影式的操作方法。

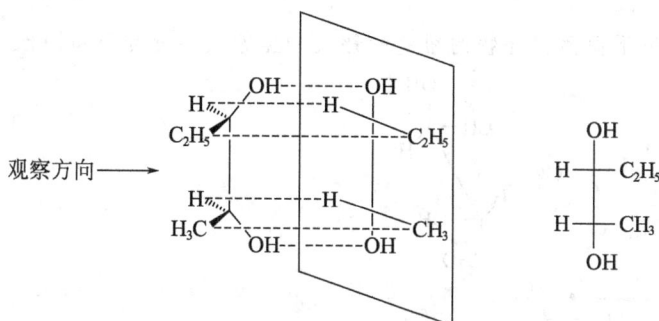

图 6-11　两个手性碳原子分子的 Fischer 投影式

　　有些化合物的 Fischer 投影式不是标准的投影式，如主碳链不是在竖向方式排列，或氧化态高的碳原子不在上端等。由于 Fischer 投影式与立体结构式不同，立体结构式可以任意旋转而不会改变分子的构型，而 Fischer 投影式则不同，可能会改变原来分子的构型。因此，在操作 Fischer 投影式时要注意以下几点：

（1） Fischer 投影式在纸面上旋转 180°或 360°，其构型不变。

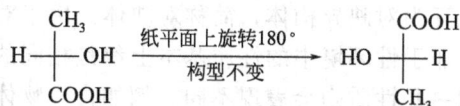

（2） Fischer 投影式在纸面上旋转 90°或 270°，构型改变，变成其对映体的投影式。

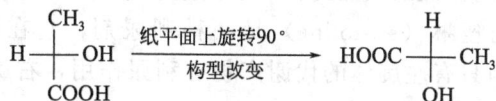

（3） Fischer 投影式离开纸平面翻转 180°，构型改变，变成其对映体的投影式。

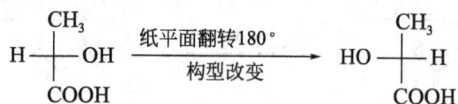

（4） 在 Fischer 投影式中，指定一个基团不动，而把另外三个基团的按顺时针或反时针顺序调换，其构型不变。

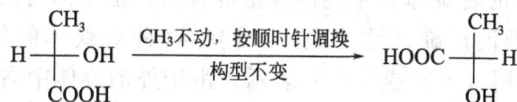

　　另外，同一个立体异构体可以用几种表示方法，如透视式、锯架式、纽曼式等。它们与 Fischer 投影式之间可以相互转换，如下所示立体构型的几种表示方法：

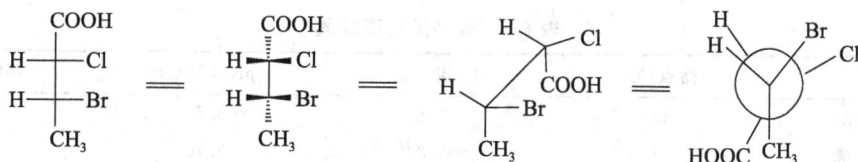

Fischer投影式与透视式、锯架式、纽曼式的转换

思考题 6-5 把下面两化合物的纽曼投影式和锯架式转变为 Fischer 投影式。

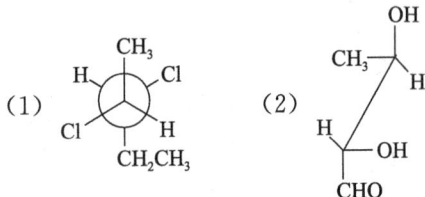

(1) 　(2)

三、含一个手性碳原子化合物的对映异构

1. 对映体和外消旋体

当一个分子结构缺乏对称因素时就会成为手性分子，分子的手性是产生对映异构现象和具有旋光性的必要条件。仅含有一个手性碳原子的化合物，一定是手性分子，有两种不同的立体构型，不能重合，彼此互为对映异构体，简称对映体。由于对映体各化学键和分子间作用力几乎是相同的，它们在非手性环境中的性质基本上都是相同的，如熔点、沸点、溶解度等。而在手性环境中，它们一些性质则会表现不同。例如，生物体中的酶以及各种底物都具有手性分子的结构特点，这是一个手性环境，能造成一对对映体的生物活性和药理作用差别很大。如巴比妥酸盐通常用作催眠镇痛药，一般其左旋体具有抑制神经活动的作用，而右旋体却具有兴奋作用；依托唑啉（etozoline）是一种利尿剂，它在体内的代谢成奥唑啉酮（ozolinone）而起作用，但只有左旋体的代谢产物有利尿作用，右旋体不但没有，反而还会抑制左旋体的利尿作用。

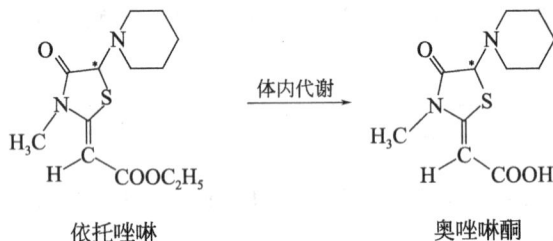

依托唑啉　　　　　　　　　　　　奥唑啉酮

如果将一对对映体中的右旋体和左旋体等量混合时，由于两者的旋光能力相同，旋光方向相反，旋光作用互相抵消，旋光性消失。我们称这种对映体的等量混合物为外消旋体（racemate），外消旋体常用（±）或（dl）表示。由于外消旋体中右旋体和左旋体的亲和关系有所差异，所以外消旋体的物理性质往往与纯的对映体有所不同，也有其固定的物理常数。例如，乳酸有三种来源，从动物肌肉组织中得到的乳酸是右旋体；用葡萄糖发酵法获得的乳酸是左旋体；人工合成得到的乳酸是外消旋体。它们的物理性质见表 6-1。

表 6-1　乳酸的物理性质

名称	熔点/℃	$[\alpha]_D^{20}$（水）	pK_a（25℃）	溶解度
（＋）-乳酸	53	$+3.82°$	3.76	∞
（－）-乳酸	53	$-3.82°$	3.76	∞
（±）-乳酸	18	无旋光性	3.76	∞

2. 对映体的纯度

不管以什么形式获得的旋光性化合物，都需要知道对映体的纯度。描述一个样品对映体的纯度最常用的是对映体过量百分率（enantiomeric excess，ee）来表示。当一对对映异构体以不等量混合时，如果样品中（R）-异构体的量比较多，且超过另一个（S）-异构体的量，对映体过量百分率就可以用式(6-3)计算：

$$对映体过量百分率(ee) = \frac{[R]-[S]}{[R]+[S]} \times 100\% \tag{6-3}$$

一般旋光性物质的组成与旋光度成线性关系，以不等量组成的混合物的一对对映体仍具有旋光性，但混合物的旋光能力比纯的异构体要低，因此对映体过量百分率也可用光学纯度（optical purity，op）来表示：

$$光学纯度(op) = ([\alpha]_{样品}/[\alpha]_{纯品}) \times 100\% \tag{6-4}$$

式中，$[\alpha]_{样品}$为测得的混合物样品的旋光度；$[\alpha]_{纯品}$为在相同条件下测得的纯品异构体的旋光度。

例如，一个光学纯的（－）-2-溴丁烷的 $[\alpha]_{纯品}$ 是 $-23.1°$，在相同条件下测得 2-溴丁烷样品的 $[\alpha]_{样品}$ 为 $-11.55°$。那么其光学纯度（op）=（$-11.55°/-23.1°$）$\times 100\%=50\%$。也就是说样品中 50% 是（－）-2-溴丁烷，而另外 50% 则是外消旋体。

从对映体过量百分率来说，样品光学纯度达 50% 就意味着：（－）-2-溴丁烷－（＋）-2-溴丁烷＝50%，（－）-2-溴丁烷＋（＋）-2-溴丁烷＝100%。故此混合物中的 75% 是（－）-2-溴丁烷，25% 是（＋）-2-溴丁烷。

一般对于在化学上纯净的化合物，其光学纯度与对映体过量百分率是相等的。如果是新获得的光活性物质，在不能通过拆分手性分子获得 100% 纯品的情况下，$[\alpha]_{纯品}$ 是未知的，所以光学纯度的计算方法有一定的局限性。

四、对映异构体构型标记法

具有不同的空间立体结构的一对对映体可以用球棍模型、透视式、Fischer 投影式来表示和区别。但这种表示和区分方法有时并不方便，有必要引入一种即能准确地表达化合物的构型，又易于记忆和简化书写的对映异构体构型标记方法。下面介绍 D/L 标记法和 R/S 标记法。

1. D/L 标记法

分子中各原子或基团在空间的真实排布称为分子的绝对构型（absolute configuration）。1951 年以前，人们无法确切地知道两种旋光性不同的对映体在空间的真实排列情况。为了研究上的方便，费歇尔（Fischer）便人为地选定一种简单的旋光性化合物甘油醛为标准，化学名称为 2,3-二羟基丙醛，其结构中有一个手性碳原子，有一对对映体。在书写它的 Fischer 投影式时，将甘油醛的碳链垂直放置，氧化态高的碳原子位于上方，即—CHO 在碳链的上端，氧化态低的碳原子位于下方，并人为规定羟基位于碳链右侧的甘油醛为右旋甘油醛的立体构型，称为 D-构型，羟基位于碳链左侧的甘油醛为左旋甘油醛的立体构型，称为 L-构型。两者的立体构型的 Fischer 投影式如下：

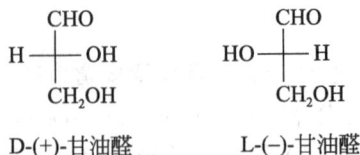

D-(+)-甘油醛   L-(-)-甘油醛

其他化合物的构型，可通过进行直接或间接比较来确定其构型。例如，在不涉及手性碳原子变化的前提下，可以通过化学反应与甘油醛联系起来加以确定。

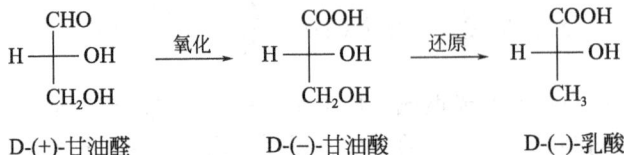

D-(+)甘油醛   D-(-)-甘油酸   D-(-)-乳酸

上述通过化学变化而确定的构型，都是相对于人为指定的标准物甘油醛而言的，因此称为相对构型（relative configuration），而能够真实反映空间排列情况的构型称为绝对构型（absolute configuration）。值得一提的是，在 1951 年 J. M. Bijvoet（毕育特，荷兰）用 X 射线衍射技术测定的（+)-酒石酸铷钠的真实构型被确定，与此相关联的其他旋光性物质，包括甘油醛的绝对构型也被确定了。非常巧合的是，人为规定的 D-(+)-甘油醛与其绝对构型相一致。因此，原来由此所确定的 D/L 构型也就成了绝对构型。

由于 D/L 构型标记方法只适用于与甘油醛结构类似的化合物，与甘油醛差别较大的化合物就难以确定其构型，所以此方法有一定的局限性。目前，只在糖类和氨基酸类化合物中使用 D/L 标记方法。

2. R/S 标记法

R/S 构型标记法可以对任何含手性碳的化合物的构型进行标记，而不需要再与标准化合物联系比较，这是 IUPAC（国际纯粹与应用化学联合会）建议采用的命名体系。该体系是由 R. S. Cahn（凯恩，英国）、C. Ingold（英戈尔德，英国）、V. Prelog（普瑞洛格，瑞士）三位化学家在 1956 年提出来的，所以也叫 Cahn-Ingold-Prelog 规则。

R/S 构型标记法的基本原则是：①按照排列原子和基团大小的优先次序规则（sequence rule），将连接在手性碳原子上的四个原子或基团（a、b、c、d）依次序先后排列，假定为 a＞b＞c＞d。②将次序最低的原子或基团 d 远离观察者，然后观察朝向我们的另外三个原子或基团，并从大到小排列这三个原子或基团。③若是按照 a→b→c 的次序依顺时针排列，则此手性碳为 R-构型（*rectus*，拉丁语，右）；若 a→b→c 的次序依逆时针排列，则为 S-构型（*sinister*，拉丁语，左）。参见图 6-12 所示的构型标记方法。

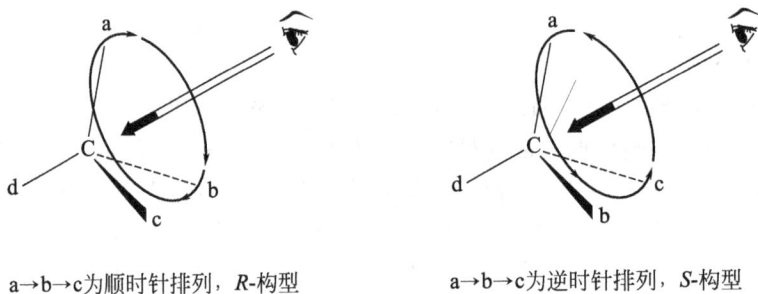

a→b→c为顺时针排列，*R*-构型   a→b→c为逆时针排列，*S*-构型

图 6-12   化合物 R/S 构型标记方法

按照上方法，可以判断下面两个以透视式表示的甘油醛的构型分别是 *R*-甘油醛和 *S*-甘

油醛。参见图 6-13 所示的判断方法。

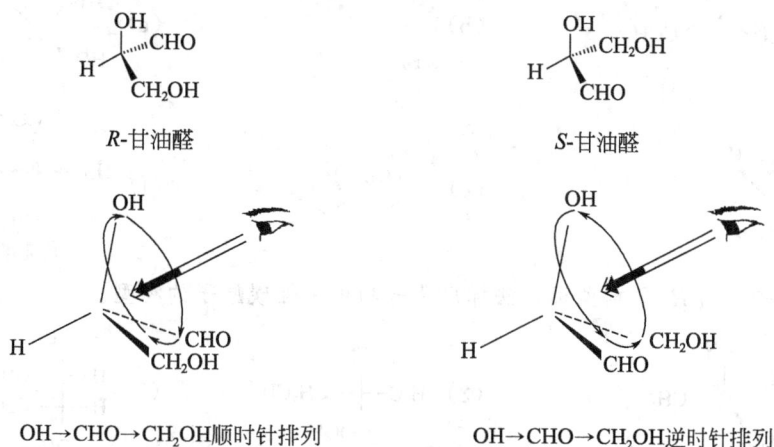

R-甘油醛 S-甘油醛

OH→CHO→CH₂OH顺时针排列   OH→CHO→CH₂OH逆时针排列

图 6-13　甘油醛 R-构型和 S-构型判断方法

R/S 标记法也可以直接从 Fischer 投影式判断。如果 Fischer 投影式上手性碳原子所连的四个原子或基团的优先顺序是 a＞b＞c＞d，则其构型可以用下面方法来确定：

（1）当最不优先的原子或基团 d 位于投影式的竖键上时（上端或下端），a→b→c 是顺时针方向排列的为 R-构型，是逆时针方向排列的则为 S-构型；

R-构型 S-构型

（2）当最不优先的原子或基团　d 位于投影式的横键上时（左端或右端），a→b→c 是顺时针方向排列的为 S-构型，是逆时针方向排列的则为 R-构型；

S-构型 R-构型

用 Fischer 投影式表示的乳酸和甘油醛分子，分别采用 R/S 和 D/L 构型标记法结果如下：

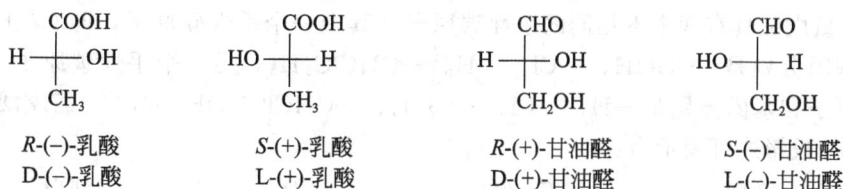

R-(−)-乳酸 S-(+)-乳酸 R-(+)-甘油醛 S-(−)-甘油醛
D-(−)-乳酸   L-(+)-乳酸   D-(+)-甘油醛   L-(−)-甘油醛

应该注意：R/S 和 D/L 是标记构型的两种方法，R/S 与 D/L 之间没有一一对应的关系，同时它们和旋光性物质的旋光方向之间也没有一一对应关系。

思考题 6-6　请写出下列分子与手性中心相连的基团的优先顺序，并判断其 R 或 S 构型。

(a) H₃C, Cl on C; H₃CH₂C—C—CH₃ with O

(b) H₃C, H; Br—C—Cl

(c) H₃C, H; HO—C—Ph

(d) H₃CO, H on cyclopentene ring

(e) Cl, H on pentane chain

(f) CO₂H, H₃N—C—H, CH₃ 丙氨酸

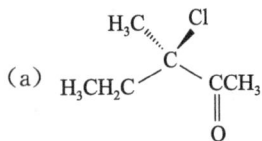

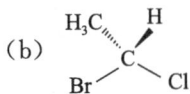

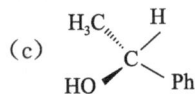

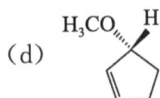

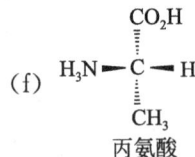

思考题 6-7 用 R/S 构型标记法标出化合物中手性碳原子的构型。

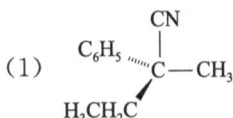

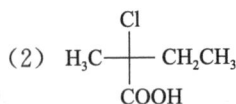

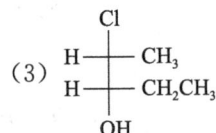

（1） C₆H₅, CN; C₆H₅···C—CH₃; H₃CH₂C

（2） H₃C—C—CH₂CH₃ with Cl above and COOH below

（3） Cl, CH₃; H, H; CH₂CH₃; OH

思考题 6-8 画出这些化合物的结构：（a）(R)-3-乙基环己烯；（b）(R)-2-溴庚烷。

五、含两个和两个以上手性碳原子化合物的对映异构

一般来说，在旋光性化合物中，含有手性碳原子越多，它的对映异构体数目也越多。具有两个及两个以上的手性碳原子的化合物，可根据手性碳原子上所连的四个原子和基团的异同，分为含不相同手性碳原子化合物的对映异构和含相同手性碳原子化合物的对映异构两类。由于后者可能出现内消旋体，故这两类对映异构体的数目会有所不同。

1. 含两个不相同手性碳原子化合物的对映异构

含有一个手性碳原子的化合物有两个旋光异构体（即一对对映体）。当分子中含有两个不相同手性碳原子时，即一个手性碳原子与另一个手性碳原子上所连的四个原子和基团不完全相同。此时与手性碳原子相连的原子或基团共有四种不同的空间排列方式，共有 $2^2=4$ 个个旋光异构体，有两对对映体。例如：2,3-二氯戊酸，结构式如下：

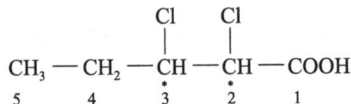

$$\underset{5}{CH_3}-\underset{4}{CH_2}-\underset{3}{CH}-\underset{2}{CH}-\underset{1}{COOH}$$

其中 C3、C2 各带 Cl

2,3-二氯戊酸具有两个不相同的手性碳原子，其中一个手性碳原子，即 C2 上所连的四个原子和基团分别是—COOH、—Cl、—H、—CHClC₂H₅，另一个手性碳原子，即 C3 所连的四个原子和基团分别是—H、—Cl、—C₂H₅、—CHClCOOH。2,3-二氯戊酸的四个不同的 Fischer 投影式可表示为：

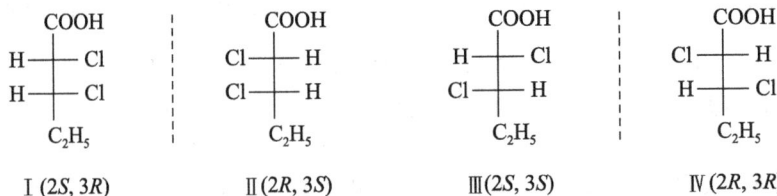

Ⅰ (2S, 3R)　　Ⅱ (2R, 3S)　　Ⅲ (2S, 3S)　　Ⅳ (2R, 3R)

在 2,3-二氯戊酸的四个旋光异构体中Ⅰ和Ⅱ是一对对映异构体，Ⅲ和Ⅳ是一对对映异

构体，其中Ⅰ和Ⅲ、Ⅰ和Ⅳ；Ⅱ和Ⅲ、Ⅱ和Ⅳ之间并不是实物和镜像关系，因此不是对映体关系。我们把这种彼此不成实物和镜像关系的立体异构体称为非对映异构体（diastereomers），简称非对映体。非对映体之间旋光度不同，其他物理性质如熔点、沸点、溶解度等也不相同。

例如，从中药麻黄中可以提取麻黄碱和伪麻黄碱，它们的分子中含有两个不相同手性碳，应有四个旋光异构体。麻黄碱与伪麻黄碱之间是非对映体。下面是麻黄碱和伪麻黄碱及其对映体的 Fischer 投影式，表 6-2 是麻黄碱和伪麻黄碱的物理性质。

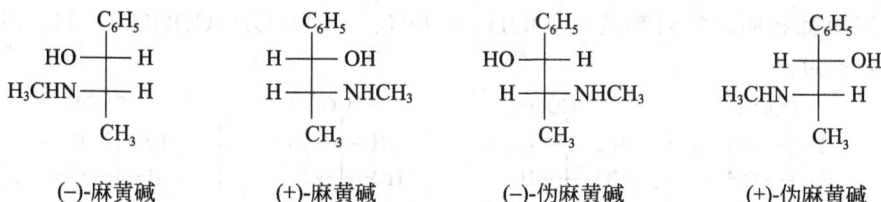

（－)-麻黄碱　　　　　（+)-麻黄碱　　　　　（－)-伪麻黄碱　　　　　（+)-伪麻黄碱

表 6-2　麻黄碱和伪麻黄碱的物理性质

名称	熔点/℃	$[\alpha]_D^{20}$	溶解性
（＋)-麻黄碱	40	＋13.4°(4％水)；＋34.4°(盐酸盐)	溶于水、乙醇、乙醚
（－)-麻黄碱	38	－6.3°(乙醇)；－34.9°(盐酸盐)	溶于水、乙醇、乙醚
（±)-麻黄碱	77	—	溶于水、乙醇、乙醚
（＋)-伪麻黄碱	118	＋51.24°	难溶于水，溶于乙醇、乙醚
（－)-伪麻黄碱	118	－52.5°	难溶于水，溶于乙醇、乙醚
（±)-伪麻黄碱	118	—	难溶于水，易溶于乙醇、溶于乙醚

有些书中还使用赤型与苏型来命名，这种方法是基于四碳的醛糖中两个手性碳原子上的—OH 在同侧即赤藓糖，—OH 在异侧即苏阿糖而定出的。依此类推，若是两个相同的原子或基团在同侧的称为赤型（Erythro-）或赤式；两个相同的原子或基团在异侧的称为苏型（Threo-）或苏式。

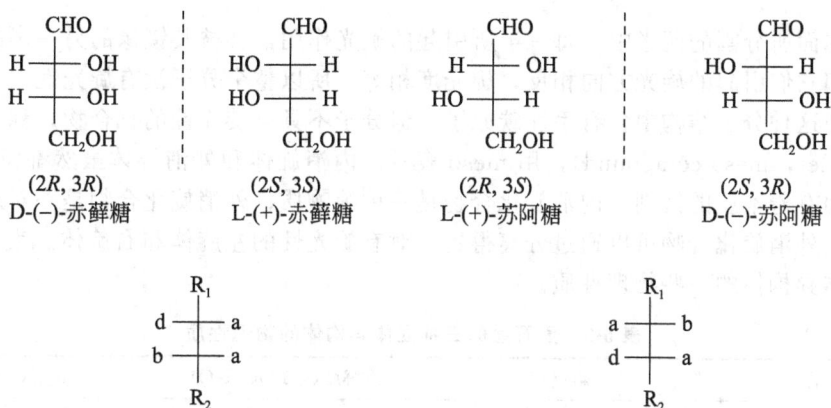

(2R, 3R)　　　　　(2S, 3S)　　　　　(2R, 3S)　　　　　(2S, 3R)
D-(－)-赤藓糖　　　L-(+)-赤藓糖　　　L-(+)-苏阿糖　　　D-(－)-苏阿糖

赤型(赤藓糖型)　　　　　　　苏型(苏阿糖型)

综上所述，在含有不相同手性碳原子的分子中，随着分子中含有的不同手性碳原子的增加，旋光异构体数目也会增多。含有不相同手性碳原子的分子具有旋光异构体数目为 2^n 个（n 为手性碳原子数目），对映体为 2^{n-1} 对，可以组成 2^{n-1} 个外消旋体。

2. 含两个相同手性碳原子化合物的对映异构

如果分子中具有两个相同的手性碳原子，即一个手性碳原子与另一个手性碳原子上所连的四个原子和基团完全相同。例如：2,3-二羟基丁二酸（酒石酸），结构式如下：

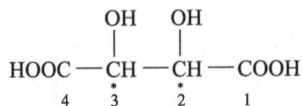

$$\underset{4}{HOOC}-\underset{3}{\overset{\overset{\displaystyle OH}{|}}{\overset{*}{CH}}}-\underset{2}{\overset{\overset{\displaystyle OH}{|}}{\overset{*}{CH}}}-\underset{1}{COOH}$$

2,3-二羟基丁二酸分子中有两个手性碳原子。这两个碳原子，即 C2 和 C3 上所连的四个原子或基团都相同，它们都是—COOH、—OH、—CH(OH)COOH、—H。Fischer 投影式可以表示为：

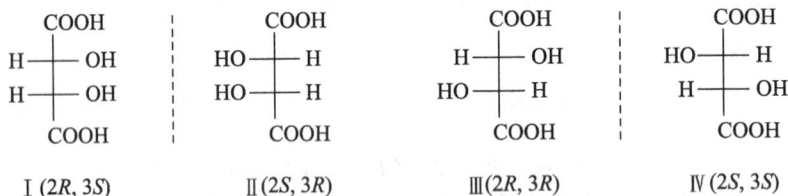

从上面写出的 2,3-二羟基丁二酸的 Fischer 投影式看似乎应有四种不同构型，Ⅰ和Ⅱ是对映体；Ⅲ和Ⅳ也是对映体；但仔细分析可以发现，如果将Ⅰ在纸面上旋转 180°，它即可与Ⅱ完全重合，所以Ⅰ和Ⅱ实际是相同构型，即同一化合物。再进一步观察分子Ⅰ和Ⅱ的立体结构，实际上在分子内部我们可以找到一个对称面，该对称面可将分子分成了互为镜像的两部分，见图 6-14 表示的内消旋 2,3-二羟基丁二酸分子的对称面。

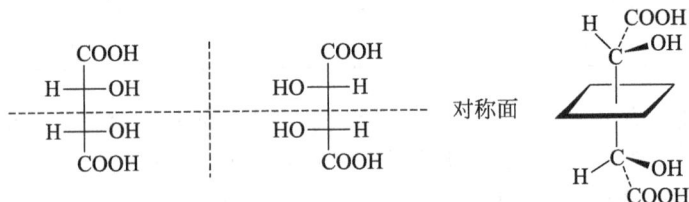

图 6-14　内消旋 2,3-二羟基丁二酸的对称面

在对称面所分割的两半中，每一半所引起的旋光作用都会被其镜像的另一半的旋光作用所抵消，即它们引起的旋光方向相反，旋光度相等，所以整个分子没有旋光性，不是手性分子。我们把这种分子结构中含有手性碳原子，但分子不具有旋光性的化合物，称之为内消旋体（mesomer，meso compound），用 meso 表示。内消旋体和外消旋体虽然都没有旋光性，但二者之间有着本质的区别：内消旋化合物是一种纯物质；外消旋化合物是一对对映体的等量混合物，外消旋化合物可以通过分离得到一对有旋光性的左旋体和右旋体。表 6-3 是酒石酸三种立体异构体的一些物理性质。

表 6-3　酒石酸的三种立体异构体的物理性质

名称	熔点/℃	溶解度(g/100g H_2O)	$[\alpha]_D^{20}$(20%水)
(—)-酒石酸	170	139.0	$-12°$
(+)-酒石酸	170	139.0	$+12°$
meso-酒石酸	140	125.0	无旋光性
(±)-酒石酸	206	20.6	无旋光性

这样看来，2,3-二羟基丁二酸实际上只有三种立体构型，所以含有两个相同手性碳原子的化合物，其对映异构体的数目少于 2^2。据此可知，含有相同手性碳原子的分子具有异构体数目少于 2^n 个（n 为手性碳原子数目）。

思考题 6-9　思考关于戊-2-醇的两个对映体。解释下列描述哪些是正确的，哪些是错误的，哪些不能从已知信息中确定。

（a）（R）-戊-2-醇是一种比（S）-戊-2-醇更强的酸。

（b）这两种对映体沸点不同。

（c）这两种对映体在水中的溶解度相同。

（d）（S）-戊-2-醇使平面偏振光逆时针旋转。

（e）（R）-戊-2-醇使平面偏振光顺时针旋转。

思考题 6-10　画出 2-溴-3-氯丁烷的所有立体异构体，并指出它们是对映异构体还是非对映异构体。

思考题 6-11　画出 2,3-二氯丁烷的所有立体异构体，并指出哪些具有手性和哪些是内消旋体。

六、含假手性碳原子的化合物

在 2,3,4-三羟基戊二酸的分子中含有三个手性碳原子，其中 C3 是与两个相同取代的手性碳原子 C2 和 C4 相连。2,3,4-三羟基戊二酸的分子可以写出下面四个异构体。

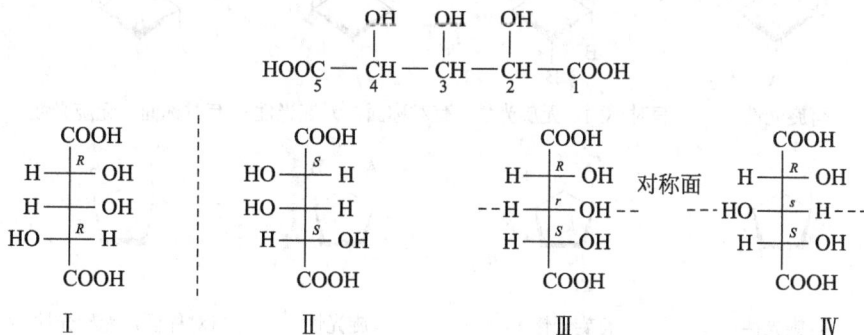

Ⅰ与Ⅱ为对映体　　　　　　Ⅲ与Ⅳ为内消旋体

可以看出，在Ⅰ和Ⅱ中，同分子的 C2 和 C4 具有相同的构型，按照定义 C3 不是手性碳，但是在分子中却找不到对称因素，所以它们是具有手性的分子，并且Ⅰ与Ⅱ互为镜像，是一对对映体。而在Ⅲ和Ⅳ中，其 C2 和 C4 的构型不相同，按照定义 C3 是一个手性碳，但是在分子中沿 H、C3、OH 可以找到一个对称面，故它们是非手性的分子，而且是非旋光性的内消旋体。因此，对于Ⅲ和Ⅳ结构中的 C3 而言，C3 是手性碳，但整个分子是非手性的，我们把 C3 这种碳原子称为假手性碳原子（pseudoasymmetric carbon），也称假不对称碳原子。假手性碳原子的构型可以用小写 r、s 表示，根据次序规则中 R 构型优先于 S 构型的原则，在Ⅲ中的 C3 为 r-构型，在Ⅳ中的 C3 为 s-构型。由上述例子可知，在研究分子的对称性时，非手性基团可以看作一个球体，但手性基团却是不能看作一个球体。

七、环状化合物的对映异构

环状化合物的构型包括顺反异构和对映异构。如果环上碳原子有两个取代基时，就有顺反异构。如果环上碳原子含有手性碳，是否一定有对映异构现象呢？如何进行判断？

其实，对于环状化合物是否有旋光性可以通过其平面式的对称性来判断。如果它的平面式有对称面和对称中心，则无旋光性；反之则有旋光性，有对映异构体。例如，1,2-环丙烷二甲酸的反式和顺式结构如下：

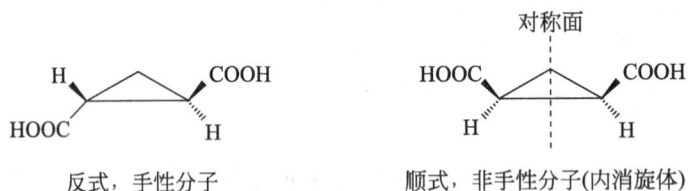

反式，手性分子　　　　　　　　顺式，非手性分子(内消旋体)

由于奇数环系和偶数环系的对称性不同，随取代位置的不同，它们的异构现象也不同。下面列举的是一些二取代的单环异构体的对称性与旋光性的关系。

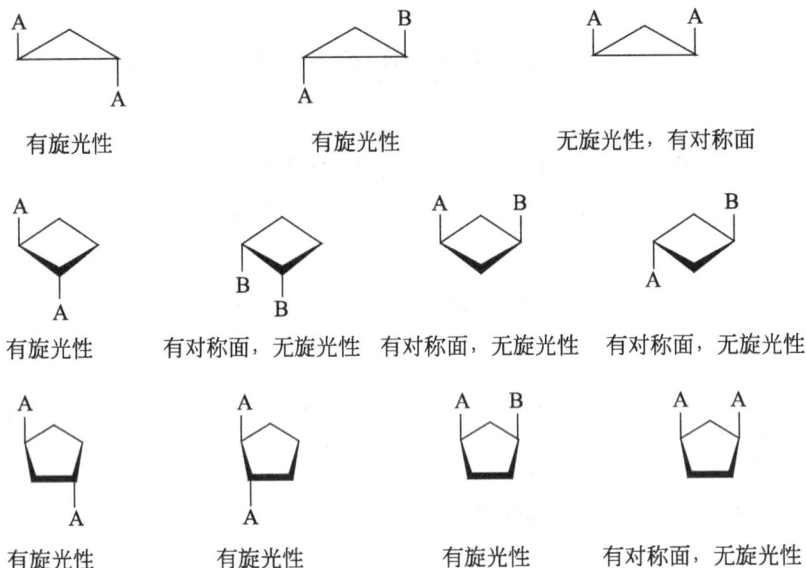

有旋光性　　　　　　有旋光性　　　　　无旋光性，有对称面

有旋光性　　有对称面，无旋光性　　有对称面，无旋光性　　有对称面，无旋光性

有旋光性　　　　　有旋光性　　　　　有旋光性　　　有对称面，无旋光性

三元环为平面型，但从四元环开始，环状化合物是非平面的。对于取代环状化合物是否具有旋光性的判断仅根据平面式是否合理？下面我们用 *cis*-、*trans*-1,2-二甲基环己烷来说明这个问题。按照平面式来分析，*cis*-1,2-二甲基环己烷分子中存在一个对称面，所以是一个无旋光性的非手性分子。*trans*-1,2-二甲基环己烷分子中无对称面和对称中心，是手性分子。

cis-1,2-二甲基环己烷，非手性分子　　　　*trans*-1,2-二甲基环己烷，手性分子

从图 6-15 *cis*-1,2-二甲基环己烷的构象来看，*cis*-1,2-二甲基环己烷的两个甲基分别处在平伏键和直立键上，没有对称面和对称中心。Ⅰ与Ⅱ是互为镜像关系的构象对映体，而Ⅰ

与Ⅲ是可以快速互变的两个构象，它们在构象平衡体系中含量相等。如果把Ⅲ绕轴向左旋转 120°即得到Ⅱ，所以Ⅱ和Ⅲ是一种构象，也就是说Ⅰ 与Ⅱ在构象平衡体系中含量相等。Ⅰ与Ⅱ的旋光方向 相反，旋光作用互相抵消，是一个外消旋体。所以， 从旋光性来看，用平面式分析和用构象式分析结果是 一致。当然，如果从追究无旋光性的原因而言，两者 的解释是不同。

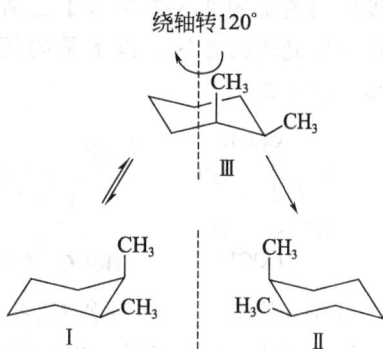

同理，从图 6-16 *trans*-1,2-二甲基环己烷的构象 中可知，两个甲基分别处在平伏键上是其优势构象， 没有对称面和对称中心。甲基都在 e 键上的Ⅰ与甲基 都在 a 键上的Ⅲ虽可以快速互变，但Ⅰ是它的稳定构 象。构象中还可以看出，Ⅰ与Ⅱ不能重合，是构象对

图 6-15 *cis*-1,2-二甲基环己烷的构象

映体，应该能拆分成纯光学活性的化合物。故从构象分析知，*trans*-1,2-二甲基环己烷也是 手性分子，这进一步说明用构象分析与用平面分析结果是一致的。

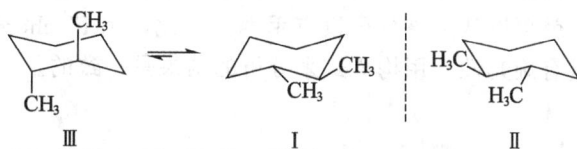

图 6-16 *trans*-1,2-二甲基环己烷的构象

思考题 6-12 下列化合物是否具有手性，为什么？

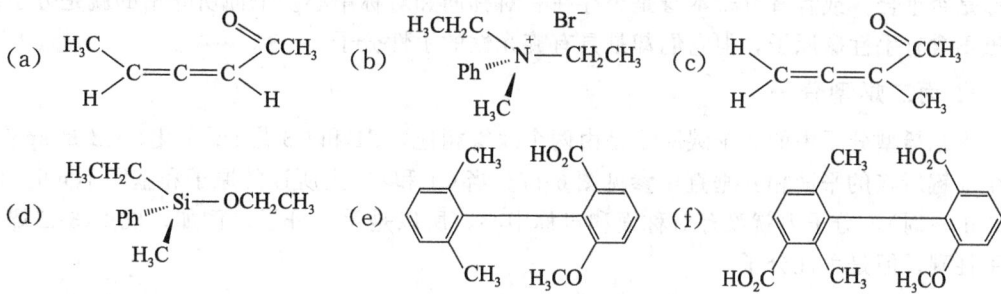

思考题 6-13 判断下列二取代环己烷是否具有对映异构现象。

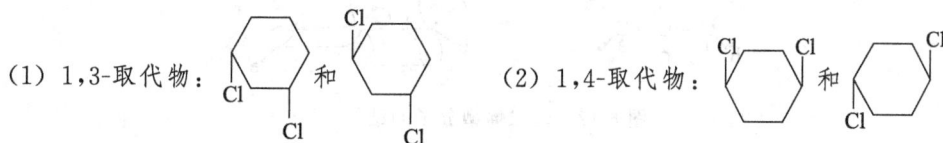

(1) 1,3-取代物： 和

(2) 1,4-取代物： 和

八、对映异构与构象

在"环状化合物的对映异构"介绍中，通过对一个六元环状化合物的构象分析，帮

助我们深入了解和探究环状化合物是否具有旋光性的原因以及判断方法。下面我们将进一步以内消旋的 2,3-二羟基丁二酸即酒石酸为例来说明链状化合物的构象分析与判断是否具有旋光性的方法。以下是内消旋体酒石酸的三种典型构象：对位交叉式、全重叠式和邻位交叉式。

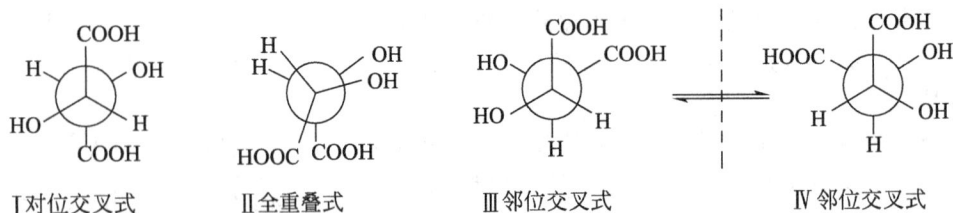

Ⅰ对位交叉式　　　　Ⅱ全重叠式　　　　　Ⅲ邻位交叉式　　　　　Ⅳ邻位交叉式

从以纽曼投影式表示的内消旋 2,3-二羟基丁二酸的构象可以看出，Ⅰ为对位交叉式，分子内有对称中心；Ⅱ为全重叠式，分子内有对称面。所以Ⅰ和Ⅱ都不具有旋光性，是非手性的。但在Ⅲ和Ⅳ的构象中，它们既没有对称面，也没有对称中心，是手性构象。可Ⅲ和Ⅳ是一对对映体，由于在构象平衡体系中，它们是成对出现，数量相等，对偏振光的影响相互抵消，故表现出没有旋光性，是非手性的。所以，这样看来如果分子中的任何一种构象中存在对称面或对称中心，就可以认为该分子没有手性。因此，用 Fischer 投影式（即重叠式构象）来分析分子是否具有旋光性与用构象式来分析的结果是一致的。

九、无手性碳原子化合物的对映异构

在有机化合物中，有旋光性的物质大部分都含有一个或多个手性碳，但分子中是否存在手性碳是不能决定其有手性或无手性。判断一个分子是否具有手性的方法应该是看实物与其镜像是否重合，或者看分子本身是否存在有对称面和对称中心。下面所介绍的就是分子结构中虽不含有手性碳原子，但它们却是具有旋光性的手性分子。

1. 丙二烯型分子

丙二烯型分子中的 3 个碳原子是由两个双键相连，C1 和 C3 是 sp^2 杂化，C2 是 sp 杂化，两个 π 键所在的平面相互垂直，参见图 6-17。当 C1 和 C3 上所连的原子和基团不同时（即 a $\neq$ b，d $\neq$ e 时），分子内就没有对称面和对称中心，所以是手性分子。例如，戊-2,3-二烯分子无手性碳，但是手性分子。

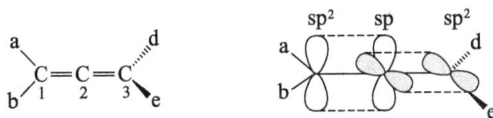

图 6-17　丙二烯型分子的结构

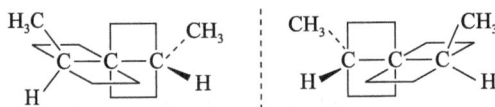

戊-2,3-二烯的一对对映体

螺环化合物也可以看作丙二烯型分子。例如，2,6-二乙基螺［3.3］庚烷，两个环平面相互垂直，当两个环上带有不同的取代基时，分子中也没有对称面和对称中心，是手性分子。

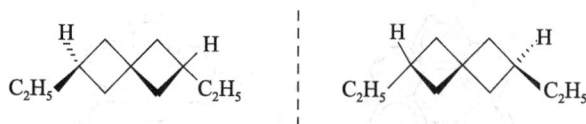

2,6-二乙基螺[3.3]庚烷的一对对映体

2. 联苯型分子

在联苯型分子中，两个苯环是通过一个单键相连。如果在苯环邻位上，即在 2,2′ 和 6,6′ 位置上连有较大体积的取代基时，两个苯环间单键的自由旋转受到阻碍，两个苯环不能共平面，它们必须扭成一定角度而存在，见图 6-18 所表示的联苯型分子的空间位阻情况。当苯环上的邻位取代基不同时，此时分子中无对称面和对称中心，实物与镜像不能重合，成为手性分子而具有旋光性。例如，6,6′-二硝基-2,2′-联苯二甲酸为手性分子。

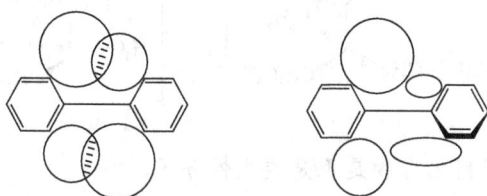

Ⅰ两个苯环不能共平面　　Ⅱ两个苯环成一定角度

图 6-18　联苯型分子的空间位阻

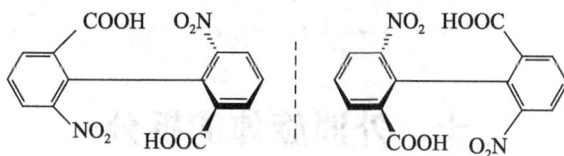

6,6′-二硝基-2,2′-联苯二甲酸的一对对映体

3. 螺旋型分子

在螺苯型分子中，多个苯环是通过邻位稠合而成，由于分子内部拥挤，整个分子不能共平面而必须呈螺旋状。如菲环中的三个苯环应是共平面的，但如果在分子中的 4、5 位上连有体积较大的基团时，由于空间阻碍，菲环必须发生螺旋似扭曲，苯环不能共平面，导致分子无对称面和对称中心，实物与镜像不能重合，分子具有手性。例如，1,4,5-三甲基-8-乙基菲。

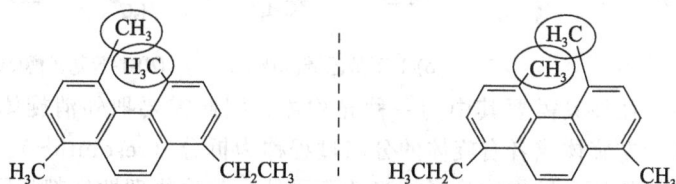

1,4,5-三甲基-8-乙基菲的一对对映体

目前，通过光化学的不对称合成法，已经合成了很多螺旋烃（helicene），这类烃的旋光能力都非常强。例如，这类化合物中最简单的是由六个苯环并合成的六螺苯，由于分子的首

尾两个苯环不在同一平面，分子呈螺旋形。故这类分子没有对称面和对称中心，是手性分子。

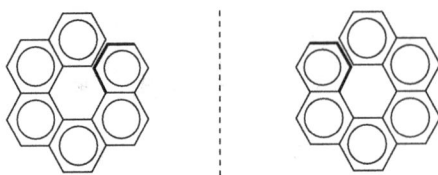

六螺苯的一对对映体

4. 手性杂原子

除了碳原子以外，其他原子如 S、P、N、As，当它们与四个不同的原子或基团相连时，也称作手性原子，也有可能形成手性分子，具有旋光活性。例如一些铵盐和鏻盐就具有光活性。

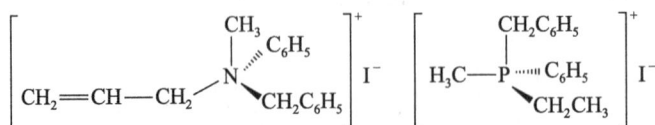

思考题 6-14 判断下列化合物是否是旋光性分子。

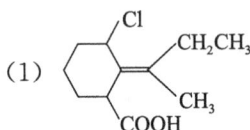

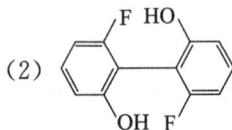

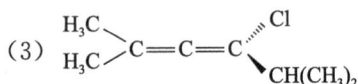

十、外消旋体的拆分

已获得旋光性物质的左旋体或者右旋体大多数是从自然界生物体中分离出来的。例如，（＋）-葡萄糖可以从甘蔗、甜菜等得到。（＋）-酒石酸是在葡萄发酵酿酒制过程中产生的沉淀物中得到。而以非手性物质为原料经人工合成手性化合物时，通常得到的是外消旋体。例如，苯乙酮是非手性化合物，经过催化加氢得到外消旋体 1-苯基乙醇。

(S)-1-苯基乙醇(50%)   (R)-1-苯基乙醇(50%)

在实际工作中，往往只需要其中的一种异构体，因此需要把外消旋体的两种异构体分开，将外消旋体分为左旋体或者右旋体的分离过程称为拆分（resolution）。外消旋体是一对对映体，而外消旋体的两个异构体除了旋光性不同外，其他物理性质都相同，所以外消旋体的拆分需要采用特殊的方法。下面介绍几种常用的外消旋体的拆分方法。

1. 酶解法

通过化学合成得到的化合物是外消旋体，需经拆分才能得到光学纯的单一对映体，用酶来拆分外消旋体有明显的优点，如选择专一性强、产率高、反应条件温和，且酶无毒、易降解等。例如，化学合成的外消旋体丙氨酸，可以先通过乙酰化，然后利用从猪肾脏内提取获得的一种酶进行水解，因其水解 L 型乙酰化的丙氨酸速率比 D 型乙酰化的丙氨酸快，而水解后的 L-丙氨酸与 D-乙酰丙氨酸在乙醇中溶解度的差别又较大，根据这一性质上的差别就可以很容易进行分离。

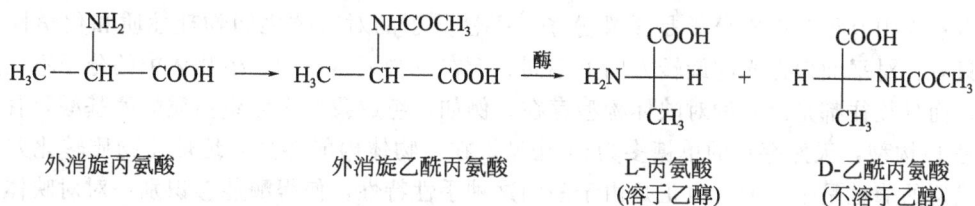

外消旋丙氨酸　　　　　　外消旋乙酰丙氨酸　　　　　　L-丙氨酸　　　　　D-乙酰丙氨酸
　　　　　　　　　　　　　　　　　　　　　　　　　　　　（溶于乙醇）　　　（不溶于乙醇）

2. 晶种结晶法

在一个热的饱和消旋溶液中，加入其中一种纯的左旋体或右旋体的晶体，并冷却溶液，这时其中一种有晶种的旋光异构体会首先结晶析出，然后过滤，可以得到这种纯光学活性的物质。然后把剩下的母液再次制成热的饱和溶液，冷却溶液，也可以适当加入其中含有过剩旋光异构体的晶种，此过剩的旋光异构体就会先结晶出来。如此反复操作，理论上是可以达到对一对对映体进行拆分的目的的。

3. 化学拆分法

化学拆分法是最常用的拆分方法之一。拆分原理是将一对对映体与某旋光活性的试剂即拆分剂（resolving agent）作用，使其转变为非对映异构体。由于非对映异构体之间的物理性质和化学性质有差异，可以利用重结晶、蒸馏、分馏等一般方法将非对映异构体进行分离，最后再将单一纯的非对映异构体恢复为原来的左旋体或右旋体。拆分剂一般是天然的手性化合物，即一些有机酸和有机碱，如碱性拆分剂（−）-奎宁、（−）-马钱子碱、（−）-麻黄碱等；酸性拆分剂（＋）-酒石酸、（＋）-樟脑磺酸等。例如，将外消旋的 2-庚醇与邻苯二甲酸酐反应，得到外消旋的酯，然后用旋光活性的碱拆分剂如（−）-马钱子碱处理一下，将其转变为非对映体，然后根据非对映体在物理或化学性质上的差异，进行后续的分离工作。

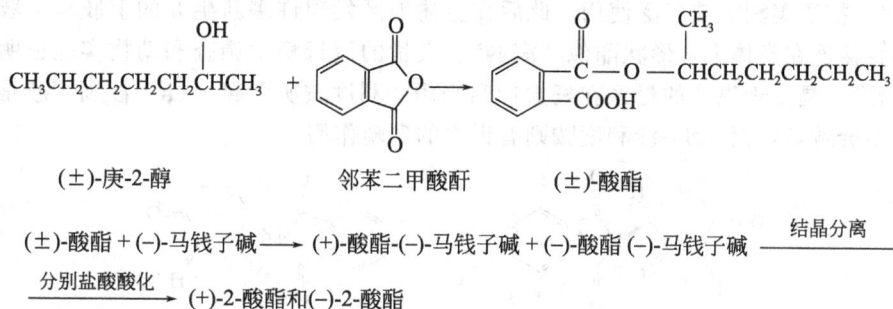

（±）-庚-2-醇　　　　　　邻苯二甲酸酐　　　　（±）-酸酯

（±）-酸酯 + (−)-马钱子碱 ⟶ (+)-酸酯-(−)-马钱子碱 + (−)-酸酯 (−)-马钱子碱 —结晶分离→

—分别盐酸酸化→ (+)-2-酸酯和(−)-2-酸酯

4. 柱色谱分离法

目前利用色谱技术分离对映体是一种较为方便的方法。拆分原理是利用一些具有旋光活性的物质，如 D-乳糖、蔗糖等作为柱层析的吸附剂。一对对映体和这个具有光活性的吸附剂可以生成两个非对映体的吸附物，这种非对映体的吸附物在色谱柱中被吸附的能力是有差别的。吸附能力强的，就相对牢固，洗脱过程中，在色谱柱中自然停留的时间就长，从柱子中流出的速度也就慢。因此这种被吸附强弱的差异使得它们从柱子中流出速度的不同，从而达到使左旋体和右旋分离的目的。例如，Troger（特勒格）碱就是用具有旋光活性的 D-乳糖作为吸附剂进行拆分的。

十一、对映异构与生物活性

自然界中有很多有机分子是手性分子，手性分子的对映体之间物理性质和化学性质相同，只有在对平面偏振光的旋转方向上不同。而在一些天然产物、生物体中的分子不仅是手性的，而且往往都是以一种对映体构型存在。例如，组成我们人体蛋白质的氨基酸除甘氨酸外都是 L-构型，天然存在的单糖多为 D-构型。在生物体内能够高效地催化物质转化并完成新陈代谢的酶也是手性的，也正是由于酶的这种手性特性，使得酶能够识别一对对映体。所以对于具有生物活性的药物的对映体，只有能够与酶分子的手性部位相匹配，才能发挥作用。因此，一对对映体就可能因为结合部位的差异，导致作用方式不同，在人体内产生的作用结果也不同。当外消旋药物的一对对映体在体内以不同的方式被吸收、活化、降解时，可能一种对映体具有较强的活性，而另一种对映体或者活性很低，或者没有活性，或者有毒性。例如，布洛芬（ibuprofen）是一种化学合成药，有解热、镇痛和抗炎作用，临床主要用于治疗风湿及类风湿性关节炎。在它的结构中含有一个手性碳，研究发现只有 S 型结构才具有抗炎止痛功效，而 R 型结构就没有这种作用。

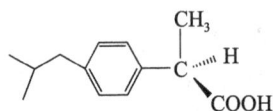
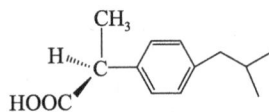

(R)-布洛芬   (S)-布洛芬

在药物发展的历史上，在以消旋体形式上市的药品中，产生影响最大的是 1960 年左右发生的"反应停事件"。反应停又叫沙利度胺（thalidomide），它的分子结构中含有一个手性碳原子，有两种旋光异构体，可是当时是以外消旋体的形式上市。由于沙利度胺有镇静、止吐作用，可用于治疗妇女的妊娠呕吐反应。20 世纪 60 年代，在欧洲、亚洲（以日本为主）、北美、拉丁美洲等被广泛使用。此后在上述地区发现许多新生儿的上肢、下肢特别短小，手脚直接连在身体上，形状酷似"海豹"。大量的流行病学调查和动物实验证明，这种"海豹肢畸形"是由于患儿的母亲在妊娠期间服用沙利度胺所引起。(R)-沙利度胺是无胎毒作用，也不会致畸，而（S）-沙利度胺则有很强的致畸作用。

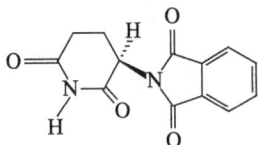
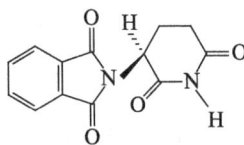

(R)-沙利度胺   (S)-沙利度胺

一对对映体在生理活性和药理作用上产生如此大的差别的原因是什么？其实，一种化学物质一般是通过作用于细胞上的特定部位，才引起细胞的变化或改变。我们把细胞上的这种特定接受部位称为受体靶位。因为生物体内分子之间的相互作用是发生在一个手性环境中的，不同的受体靶位具有不同的立体构型和构象。一个特异性手性分子的立体结构只有与特定受体靶位的活性部位相互匹配，才可以很好地进入其中，并产生相应的生理效应。而能够适合进入这个特定的受体靶位的分子，只是这一对对映体中的一个。图 6-19 显示了一对对映体与手性受体之间的相互作用，其中一个对映体的空间排列方式因与受体靶位互相吻合而能够匹配，因此能很好地结合而发挥出相应的生理效应；而另一个则不能与受体靶位合适地结合，也就没有了生理效应。

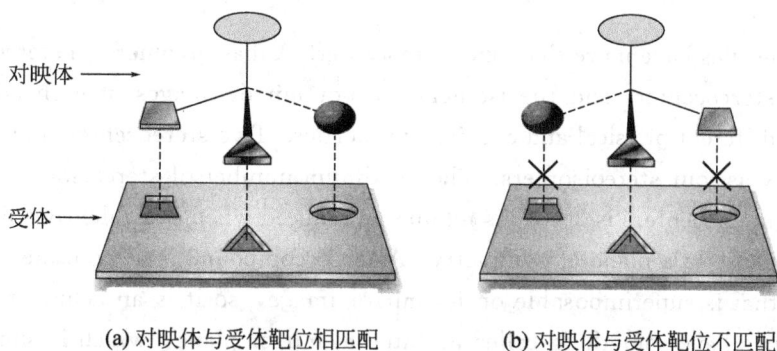

(a) 对映体与受体靶位相匹配　　　(b) 对映体与受体靶位不匹配

图 6-19　手性分子对映体与手性受体之间的相互作用

　　由于手性药物（chiral drug）中不同的异构体具有不同生理和药理作用，所以这对药物的开发、生产和使用都提出了严格的要求。例如，1992 年美国食品药品监督管理局（Food and Drug Administration，FDA）对手性药物发布了指导原则，要求消旋体类的新药均要对药物中各自的对映体进行药理、毒性试验以及其临床效果的研究报告。因此，这也促使药物研究工作者朝着对单一对映体手性药物的研究和开发方向进行努力。而如何提高光学异构体的产率、提高对映体的纯度、增强药物的生物活性是科技工作者当前所面临的问题。可喜的是目前在不对称合成方面已取得了很大的进展，如人们已经能够利用不对称催化、生物酶、微生物以及各种现代化分离和鉴定手段获得单一旋光性的异构体。所以寻找新的、更加经济合理的、有价值的制备方法，将是今后手性药物研究的主要发展方向。

Summary

Compounds that have the same molecular formula but do not have identical structures are called isomers. Isomers fall into two classes: constitutional isomers and stereoisomers. Constitutional (structural) isomers differ in the order in which the individual atoms are connected. Stereoisomers have the same connectivity but differ in the three-dimensional arrangement of the atoms. Stereoisomers can be further divided into several subcategories, but we will describe only enantiomers and diastereoisomers in this chapter.

An object or molecule that is not superimposable on its mirror image is said to be chiral, meaning "handed". A chiral molecule is one that does not contain either symmetric plane or symmetric center. The most common cause of chirality in organic molecules is the presence of a tetrahedral, sp^3-hybridized carbon atom bonded to four different atoms or groups—a so-called chirality center. Two stereoisomers that are related to each other as image-nonsuperimposable mirror image are called enantiomer. One enantiomer can rotate the plane of polarized light clockwise (dextrorotatory), and the other counterclockwise (levorotatory). This phenomenon is called optical activity. The extent of the rotation is measured in degrees and is express by the specific rotation, $[\alpha]_\lambda^T$. Enantiomers are identical in physical and chemical properties except for their optical activity. An achiral reagent reacts identically with both enantiomers; a chiral reagent reacts differently with each enantiomer. A mixture of equal amounts of two enantiomers is called a racemates or racemic mixture. A racemic mixture is optically inactive.

Some molecules have more than one stereocenter. A diastereomer is a stereoisomer with two or more stereocenters and the isomers are not mirror images of each other. Diastereomers have different physical and chemical properties. Two stereocenters in a molecule result in as many as four stereoisomers. The maximum number of stereoisomers that a compound with n stereocenters is 2^n. This number is reduced when equivalently substituted stereocenters give rise to a plane of symmetry. A meso compound is a molecule with multiple stereocenters that is superimposable on its mirror image, so it is an achiral molecule. All meso compounds have something called an internal mirror plane, which is simply a line of symmetry that bisects (cuts in half) the molecule.

The "Handedness" of a stereocenters (its absolute configuration) is revealed by X-ray diffraction and can be assigned as R or S by using the sequence rules of Cahn-Ingold-Prelog. To apply the rule, the priorities of the four substituents on the chiral carbon atom are first assigned, and then the molecule is oriented in the way that the lowest-priority group points directly back. If a curved arrow in the direction of decreasing priority for the remaining three groups is clockwise, the chirality center has the R configuration. If it is counterclockwise, the chirality center has the S configuration.

Fischer projections provide stencils for the quick drawing of molecules with stereocenters. An asymmetric center is at the point of intersection of two perpendicular lines. Horizontal lines represent the bonds that project out of the plane of the paper toward the viewer, and vertical lines represent the bonds that extend back from the plane of the paper away from the viewer. The carbon chain is usually drawn vertically, with C1 at the top.

Enantiomers cannot be separated by the usual separation techniques such as fractional distillation or crystallization because the same boiling points and solubilities cause them to distill or crystallize simultaneously. Usually the enantiomers had to be chemically converted to diastereomers, which could be separated because they have different physical properties. After separation, the individual diastereomers had to be chemically converted back to the original enantiomers. Now, enantiomers can be separated relatively easily by a technique called chromatography. In this method, the mixture to be separated is dissolved in a solvent and the solution is passed through a column packed with a chiral material that tends to adsorb organic compounds. The two enantiomers can be expected to move through the column at different rates because they will have different affinities for the chiral material, so one enantiomer will emerge from the column before the other.

习　题

1. 下列化合物是否含有手性碳原子？有几个手性碳原子？

(1) $CH_3CHBrCH_2CH_3$ 　　　　　　　　(2) $CH_3CH_2CHClCHBrCH_3$

(3) $CH_3CHBrCHClCHBrCH_3$ (4) $(CH_3)_2CHCHClCH(CH_3)_2$

(5)

(6) CH_3——OH

(7)

(8)

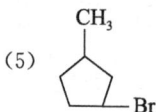

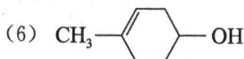

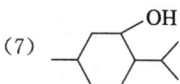

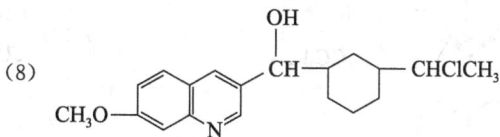

2. 判断下列说法是否正确？

(1) 具有手性碳原子的分子都是手性分子。

(2) 手性分子有旋光性，而非手性分子无旋光性。

(3) 一对对映体总是实物与镜像的关系。

(4) D-甘油醛是右旋体，所以右旋的物质都应该是 D-构型。

(5) 具有两个手性碳原子的化合物，其对映异构体的数目是四个。

(6) 有些具有旋光性的物质可能无手性碳原子。

3. 用 R/S 标出下列化合物的构型。

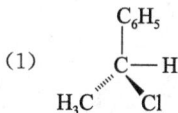

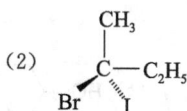

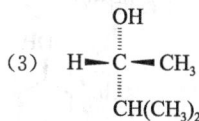

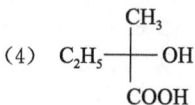

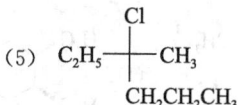

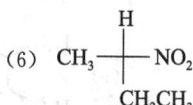

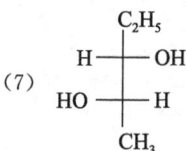

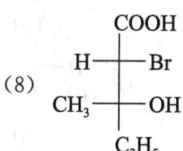

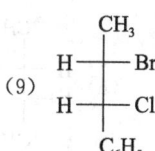

(1)   (2)   (3)

(4)   (5)   (6)

(7)   (8)   (9)

4. 标出下列各组中化合物的构型，并指出两个化合物之间的关系（相同化合物、对映体、非对映体）。

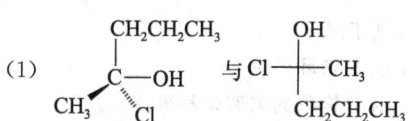

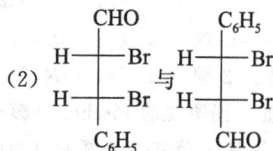

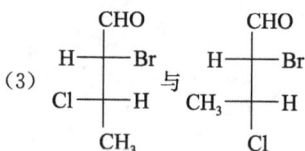

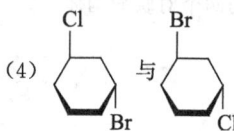

(1)   (2)

(3)   (4)

5. 下列化合物中哪些具有光学活性？

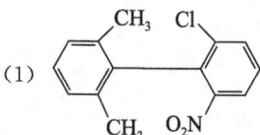

(1)   (2)

(3)

$$\underset{CH_3}{\overset{Br}{\big|}}C=C=C\underset{Br}{\overset{C_2H_5}{\big|}}$$

(4)

(5)

(6)

(7)

(8)

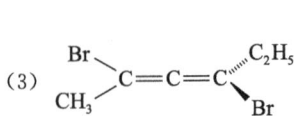

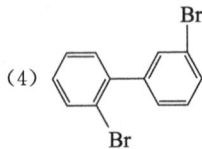

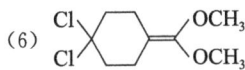

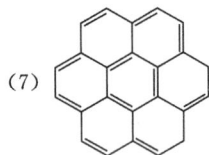

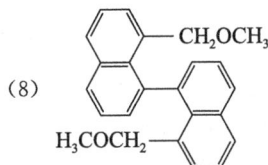

6. 写出下列化合物的所有立体异构体。

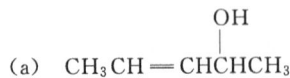

(a) $$\underset{}{CH_3CH=CHCH\underset{\overset{|}{OH}}{CH_3}}$$

(b) $$\underset{}{CH_3CH=CHCH\underset{\overset{|}{OH}}{CH=CHCH_3}}$$

7. 下列化合物哪些具有旋光性?

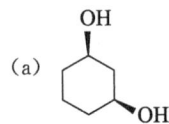

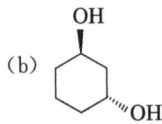

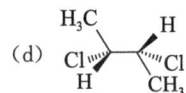

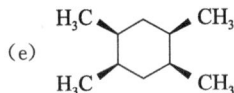

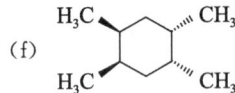

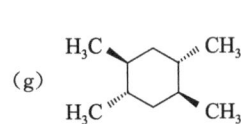

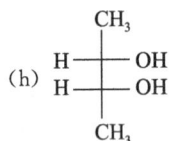

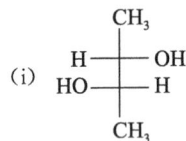

(a)

(b)

(c)

(d)

(e)

(f)

(g)

(h)

(i)

8. 写出下列化合物的 Fischer 投影式。

(1) (R)-2-丁醇

(2) (S)-2-苯基-戊烷

(3) (3R,4S)-3-氯-4-溴己烷

(4) (2S,3S)-2,3,4-三羟基丁醛

(5) (2R,3R)-3-甲基戊-2-醇

(6) (1R,3S,5R)-1-氯-3-溴-5-碘环己烷

9. 写出(2S,3R)-3-氯-2-溴庚烷的 Fischer 投影式，并写出其优势构象的锯架式和纽曼式。

10. 写出(2R,3Z)-4-甲基-2-硝基-3-庚烯和其对映体的 Fischer 投影式。

11. 思考关于这个羧酸的两个对映异构体：

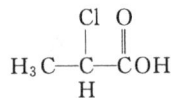

解释以下每个陈述是否属实，是否为假，或者无法根据题意确定：

(a) 对映体具有相同的熔点。

(b) 对映体具有相同的沸点。

(c) 对映体在水中具有相同的溶解度。

(d) 对映体具有相同的平面偏振光旋转量。

(e) 对映体具有与平面偏振光相同的旋转方向。

(f) 对映体具有相同的 pK_a。

(g) 对映体与甲醇的反应速率相同。

(h) 对映体具有相同的水溶液 pH。

(i) 对映体与 (S)-丁-2-醇的反应速率相同。

(j) R-对映体以顺时针方向旋转平面偏振光。

(k) 该反应产生比 S-对映体更多的 R-对映异构体。

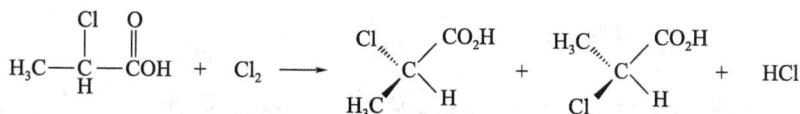

12. 将丁-2-醇配成浓度为 $8g \cdot mL^{-1}$ 的溶液，放入 5cm 长的盛液管中，在 20℃时用钠光作光源，用旋光仪测得其旋光度为 $-55.6°$。试计算此丁-2-醇的比旋光度。

13. 判断下列分子中有无对称因素？有哪些对称因素？

(1) 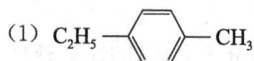　　(2) $CHCl_3$

(3) 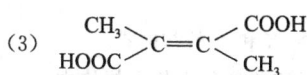　　(4)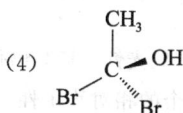

(5) 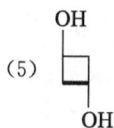　　(6)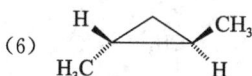

14. 可以治疗帕金森病的是 (S)-多巴，而 (R)-多巴不但没有治疗作用，还会应不能被人体酶代谢，积聚在体内引起危险，请找出下列为 (S)-(−)-多巴的构型，并把它转变为 Fischer 投影式。

(1) 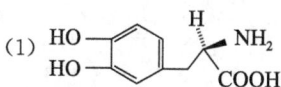　　(2)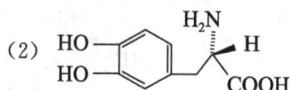

15. 氯霉素是一种广谱抗生素，对多种细菌有抑制作用，它的 Fischer 投影式如下。但其他三个旋光异构体几乎无抗菌作用。请写出另外三个异构体的 Fischer 投影式，并标出各手性碳的构型。

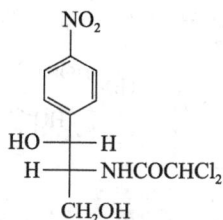

16. 指出下列两结构中的手性碳原子，并计算它们理论上应该有多少个立体异构体。

(1) 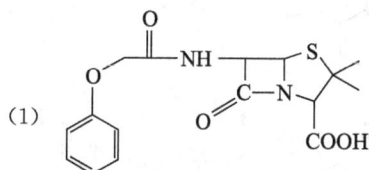　　(2)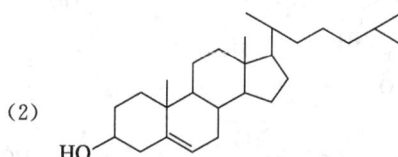

青霉素V　　　　　　　　　胆固醇

17. 请描述如何通过使用以下羧酸来解析下面的胺。

A   B   C   D

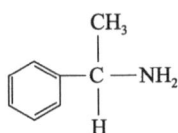

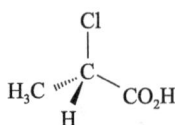

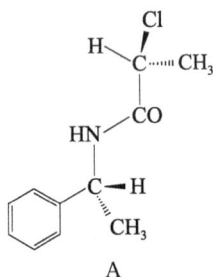

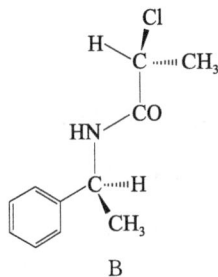

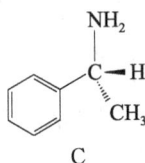

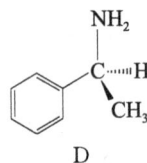

18. 未知化合物 X 的分子式为 C_6H_{12}，

（1）计算化合物 X 的不饱和度；

（2）化合物 X 在催化剂作用下与氢气反应，生成化合物 Y，化合物 Y 的分子式是 C_6H_{14}。通过此实验，可以推断出化合物 X 中含有哪些官能团？

（3）化合物 X 具有旋光性，但是化合物 Y 没有旋光性，请写出化合物 X 和 Y 的结构式。

19. 这个化合物有多少立体异构体？比较每一个的相对稳定性。在最不稳定的立体异构体中，甲基是直立的还是平伏的？

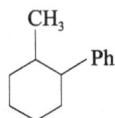

20. 写出下列化合物的一种手性异构体和两种非手性异构体。

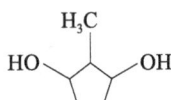

21. 许多化合物尽管它们有多个手性中心，但是其在自然界中被发现是单一的立体异构体。试确定下列给出的天然化合物有几个手性中心和几种可能的立体异构体？

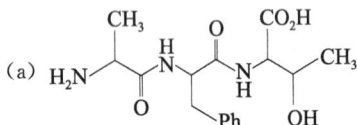

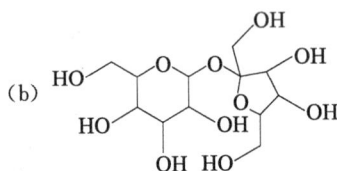

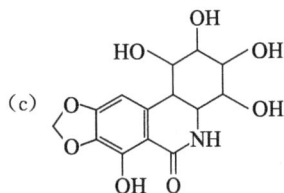

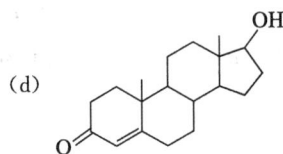

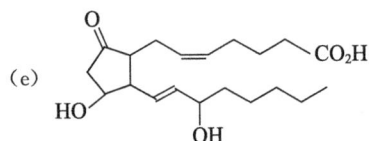

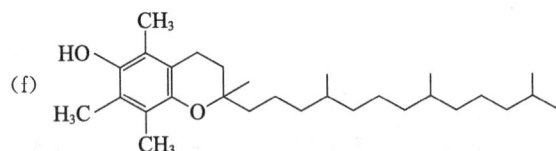

(g)

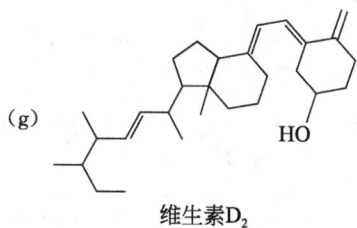

维生素D$_2$

(h)

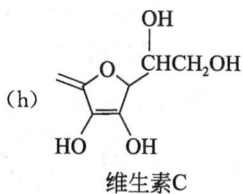

维生素C

(i)

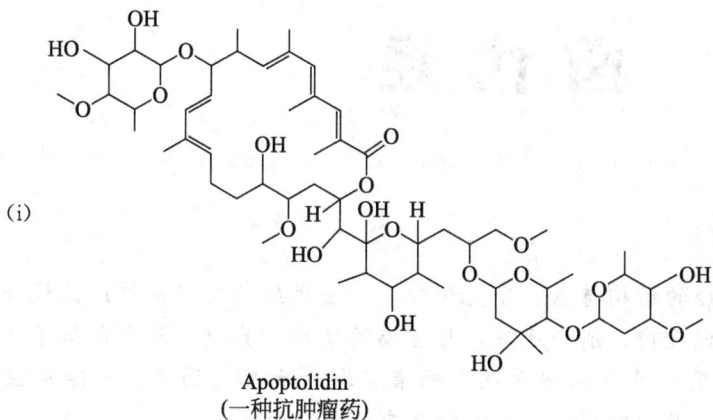

Apoptolidin
(一种抗肿瘤药)

22. 解释下列每个化合物是否具有手性。

(a)

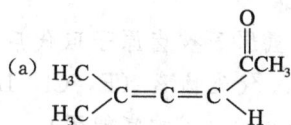

(b)

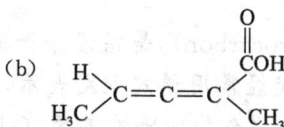

(c)

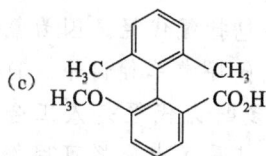

(d)

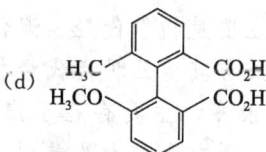

(e)

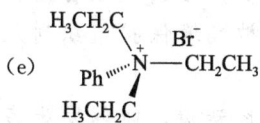

(f)

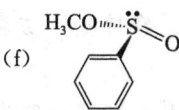

（首都医科大学　赵光）

第七章

卤 代 烃

内容提示

本章主要介绍：卤代烃的结构特点、分类和命名；卤代烃的物理性质；卤代烃的主要化学性质，如亲核取代反应、消除反应，与金属的反应。其中，着重介绍了亲核取代反应机理、亲核取代反应的立体化学及影响亲核取代反应的因素，消除反应机理、消除反应的立体化学，亲核取代反应与消除反应的竞争性。

卤代烃（halohydrocarbon）是指烃分子中的一个或多个氢原子被卤原子取代后所生成的化合物。一卤代烃常用通式 RX 表示，R 代表烃基，X 代表卤素（F，Cl，Br，I），其中卤原子是这类化合物的特性基团（characteristic groups）（俗称官能团）。

一般所说的卤代烃主要是指氯代烃、溴代烃和碘代烃，不包括氟代烃。因为氟代烃的制备方法及化学性质与其他三种卤代烃相差较大，所以氟代烃常单独讨论。自然界中卤代烃的种类不是很多，主要存在于海洋生物中，绝大多数卤代烃是人工合成的。不同结构卤代烃的性质有比较大的差别，如一些卤代烃尤其是多卤代烃可用作溶剂、杀虫剂、制冷剂、灭火剂、麻醉剂、防腐剂等；四氯化碳被环境保护组织列入可能致癌物质的名单。

由于卤代烃中存在极性的 C—X 键，所以卤代烃的性质比烃活泼，能够发生多类化学反应。分子中引入卤原子后，可通过卤原子转变成其他特性基团的分子，故它在有机合成中常作为中间体，起着桥梁的作用。本章重点讨论卤代烃亲核取代反应、消除反应以及它们的反应机理和影响因素。

在学完本章以后，你应该能够回答以下问题：

1. 卤代烃有哪几种分类方法？
2. 卤代烷的亲核取代反应与不饱和烃的亲核取代反应有何异同？
3. 伯卤代烷、叔卤代烷发生亲核取代反应有何不同？各自容易按哪种机理进行反应？
4. 不同结构的卤代烃发生消除反应的活性顺序如何？
5. 卤代烃发生消除反应的取向遵循什么规律？
6. 亲核取代和消除的竞争性反应受哪些因素的影响？
7. 乙烯型卤代烃和烯丙型卤代烃发生亲核取代反应的活性有何不同？为什么？
8. 格氏试剂在制备与使用时须注意什么？

一、卤代烃的结构、分类和命名

（一）卤代烃的结构

卤代烷中碳原子以 sp³ 杂化轨道与卤原子的 p 轨道重叠形成 C—X 键。卤素的电负性（electronegativity）比碳大，形成的碳卤 σ 键是极性共价键，偶极方向由碳指向卤素。

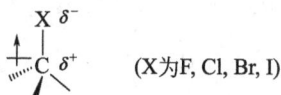

（X为F, Cl, Br, I）

卤代烷中 C—X 键的部分键参数见表 7-1。

表 7-1　C—X 键的偶极矩、键长和键能

C—X	偶极矩/C·m	键长/pm	键能/kJ·mol^{-1}
C—F		142	485.6
C—Cl	$6.838×10^{-30}$	178	339.1
C—Br	$6.772×10^{-30}$	190	284.6
C—I	$6.371×10^{-30}$	212	217.8

（二）卤代烃的分类

卤代烃根据分子的组成和结构有以下几种分类方法。

1. 根据卤原子所连接的烃基结构，分为饱和卤代烃（即卤代烷，alkylhalide）、不饱和卤代烃（unsaturated halogenated hydrocarbon）与芳香卤代烃（aryl halide）。例如：

$$CH_3CH_2CH_2X \qquad CH_3CH=CHCH_2X$$

饱和卤代烃　　　　　　不饱和卤代烃　　　　　　芳香卤代烃

2. 根据卤原子所连接的饱和碳原子的类型，分为伯卤代烷、仲卤代烷、叔卤代烷，也称为一级卤代烷（1°RX）、二级卤代烷（2°RX）、三级卤代烷（3°RX）。例如：

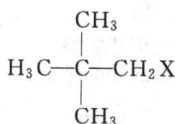  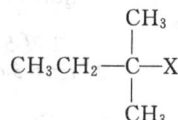

伯（1°）卤代烷　　　　仲（2°）卤代烷　　　　叔（3°）卤代烷

3. 根据分子中所含卤原子的数目，分为一卤代烃、二卤代烃及三卤代烃，其余依次类推。在二卤代烃中，两个卤原子连在同一个碳原子上的称为偕二卤代烃。两个卤原子连在相邻碳原子上的称为邻二卤代烃或连二卤代烃。例如：

$$CH_3CH_2X \qquad CH_3CHXCHXCH_3 \qquad CH_3CHXCX_2CH_3$$

一卤代烃　　　　　　二卤代烃　　　　　　三卤代烃

（邻二卤代烃）

4. 根据分子中卤原子种类分为氟代烃、氯代烃、溴代烃和碘代烃。

（三）卤代烃的命名

1. 普通命名法

简单的卤代烃可采用普通命名法，通常根据烃基和卤素的名称将其称为"某基卤"或"卤代某烃"，"代"字常省略。英文名称是在烃基名称后面加上 fluoride（氟化物）、chloride（氯化物）、bromide（溴化物）、iodide（碘化物）。例如：

CH₃CH₂Cl
乙基氯（氯乙烷）
ethyl chloride

异丙基氯（氯代异丙烷）
isopropyl chloride

叔丁基氯（氯代叔丁烷）
tert-butyl chloride

CH₂=CHCH₂Br
烯丙基溴
allyl bromide

碘苯
phenyl iodide

苄基溴
benzyl bromide

2. 俗名

某些多卤代烷常采用俗名。如 $CHCl_3$ 称为氯仿（chloroform），CHI_3 称为碘仿（iodoform）。

3. 系统命名法

系统命名法以烃作为母体，按"最低位次组"（the lowest set of locants）的命名原则对母体进行编号，将卤原子作为取代基，然后按照取代基的英文名称由首字母开始依字母顺序由 A 到 Z 的顺序比较，命名时排在前面的先列出。在用英文命名时，卤原子的词头分别是：氟"fluoro"、氯"chloro"、溴"bromo"碘"iodo"。例如：

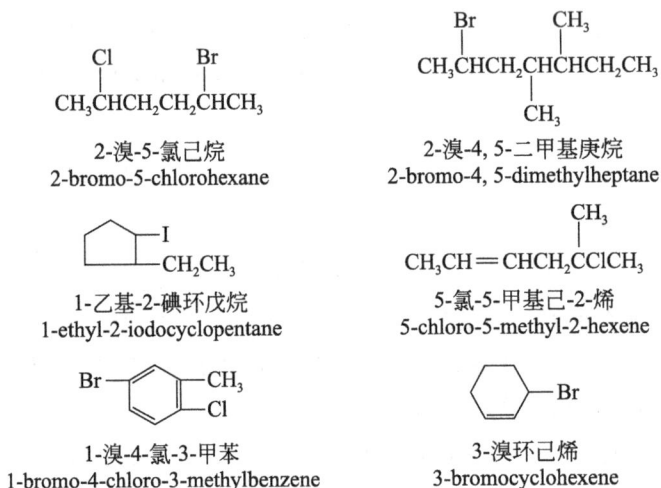

2-溴-5-氯己烷
2-bromo-5-chlorohexane

2-溴-4, 5-二甲基庚烷
2-bromo-4, 5-dimethylheptane

1-乙基-2-碘环戊烷
1-ethyl-2-iodocyclopentane

5-氯-5-甲基己-2-烯
5-chloro-5-methyl-2-hexene

1-溴-4-氯-3-甲苯
1-bromo-4-chloro-3-methylbenzene

3-溴环己烯
3-bromocyclohexene

如果分子中含有手性碳原子，则要标出其构型。例如：

$$\begin{array}{c} CH_3 \\ | \\ H-\!\!\!-\!\!\!-Cl \\ | \\ CH_2CH_2CH_3 \end{array}$$

(S)-2-氯戊烷
(S)-2-chloropentane

$$\begin{array}{c} CH_3 \\ | \\ H-\!\!\!-\!\!\!-Cl \\ H-\!\!\!-\!\!\!-Br \\ | \\ CH_2CH_2CH_3 \end{array}$$

(2S, 3R)-3-溴-2-氯己烷
(2S, 3R)-3-bromo-2-chlorohexane

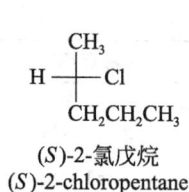

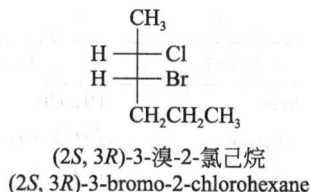

思考题 7-1 命名下列化合物。

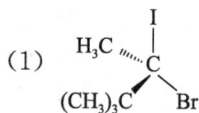

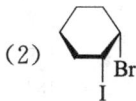

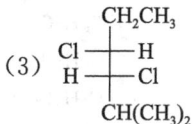

(1) $\begin{array}{c} I \\ | \\ H_3C\cdots C \\ | \\ (CH_3)_3C \quad Br \end{array}$

(2) 环己烷 Br / I

(3) $\begin{array}{c} CH_2CH_3 \\ | \\ Cl-\!\!\!-\!\!\!-H \\ H-\!\!\!-\!\!\!-Cl \\ | \\ CH(CH_3)_2 \end{array}$

思考题 7-2 写出下列化合物的结构式。

(1) 2-氯戊-1-烯-4-炔　　(2) 4-溴-3-氯-2-环戊基己烷　　(3) (R)-2-氯-4-甲基戊烷

二、卤代烃的物理性质

在室温下，除四个碳以下的氟代烷、两个碳以下的氯代烷和溴甲烷是气体外，常见的卤代烃为液体。

在卤代烃分子中，由于 C—X 键具有较强的极性，分子间存在着偶极-偶极相互作用，即一个分子的偶极正端与另一分子的偶极负端之间相互吸引，使卤代烷的沸点比同碳数的烷烃高。且随着碳原子数增加，沸点升高。烃基相同而卤原子不同的卤代烃，沸点随卤原子的原子序数的增大而升高，即碘代烃的沸点最高，氟代烃的沸点最低。

随着分子量的增加，熔点升高，C_{15} 以上的卤代烃为固体。

卤代烃分子虽具有极性，但由于不能和水分子间形成氢键，故不溶于水，而易溶于苯、乙醚、醇、乙酸乙酯等有机溶剂。某些卤代烃如二氯甲烷、氯仿是良好的有机溶剂，可把有机物从水层中提取分离出来。

除氟外，卤素的质量比有机化合物中常见的其他原子的质量大，因而卤代烷的密度较大。除氟代烷和少数一氯代烷外，其他卤代烷的密度都比水大。一些常见卤代烃的物理常数见表 7-2。

表 7-2　常见卤代烃的物理常数

名称	英文名称	结构式	沸点/℃	密度/g·cm⁻³
氟甲烷	fluoromethane	CH_3F	−78.4	
氯甲烷	chloromethane	CH_3Cl	−23.8	0.936
溴甲烷	bromomethane	CH_3Br	3.6	1.676
碘甲烷	iodomethane	CH_3I	42.4	2.279
氟乙烷	fluoroethane	CH_3CH_2F	−37.7	0.72
氯乙烷	chloroethane	CH_3CH_2Cl	12.3	0.910
溴乙烷	bromoethane	CH_3CH_2Br	38.4	1.460

名称	英文名称	结构式	沸点/℃	密度/g·cm^{-3}
碘乙烷	iodoethane	CH_3CH_2I	72.3	1.933
氟乙烯	fluoroethylene	CH_2＝CHF	−72	0.68
氯乙烯	chloroethylene	CH_2＝$CHCl$	−13.9	0.91
溴乙烯	bromoethylene	CH_2＝$CHBr$	15.6	1.52
碘乙烯	iodoethylene	CH_2＝CHI	56	2.04
氟苯	fluorobenzene	C_6H_5F	85	1.02
氯苯	chlorobenzene	C_6H_5Cl	132	1.106
溴苯	bromobenzene	C_6H_5Br	155.5	1.495
碘苯	iodobenzene	C_6H_5I	188.5	1.832
二氯甲烷	dichloromethane	CH_2Cl_2	40	1.336
三氯甲烷	chloroform	$CHCl_3$	61	1.489
四氯化碳	tetrachloromethane	CCl_4	77	1.595

卤代烃在铜丝上灼烧时，会发出绿色的火焰。这是由于卤代烃中的卤素在高温下和铜作用生成卤化亚铜 Cu_2X_2，卤化亚铜蒸气的火焰是绿色。这是含卤素有机化合物的简便鉴别方法。

在红外光谱（IR）中，C—X 键伸缩振动的吸收峰位置随着卤素原子量的增加而减小，它们分别位于：

C—F　$1100\sim1350cm^{-1}$（极强）　　　　C—Cl　$700\sim750cm^{-1}$（强）

C—Br　$500\sim700cm^{-1}$（强）　　　　　C—I　$485\sim610cm^{-1}$（强）

由于 C—X 键的吸收峰都在指纹区，因此用红外光谱确定有机化合物分子中是否存在 C—X 键是十分困难的。

在氢核磁共振谱（^{1}H NMR）中，由于卤素的电负性较强，是强的吸电子基，使得与其相连的碳上的质子所受的屏蔽降低，化学位移比相应烷烃碳上的质子向低场移动，这种去屏蔽效应的大小与卤素的电负性大小顺序一致：F＞Cl＞Br＞I。

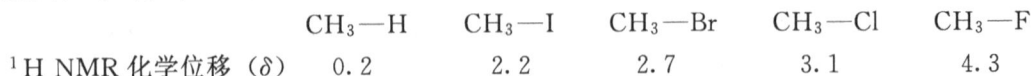

	CH_3—H	CH_3—I	CH_3—Br	CH_3—Cl	CH_3—F
^{1}H NMR 化学位移（δ）	0.2	2.2	2.7	3.1	4.3

诱导效应具有加和性，随着碳上取代的卤原子增多，去屏蔽效应也增大：

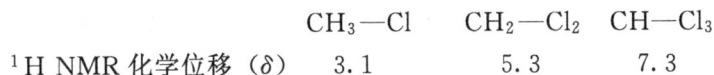

	CH_3—Cl	CH_2—Cl_2	CH—Cl_3
^{1}H NMR 化学位移（δ）	3.1	5.3	7.3

三、卤代烃的化学性质

卤代烃的特性基团（characteristic groups）是卤原子，其化学性质是由 C—X 键引起的。在适合的外界条件作用下，碳卤键易发生共价键的异裂，表现出卤代烃较活泼的化学性质。

（一）亲核取代反应

卤代烃分子中卤原子被其他原子或基团取代的反应称为亲核取代反应（nucleophilic

substitution)。由于在卤代烃分子中卤原子的电负性比碳原子大，即卤原子可产生吸电子诱导效应（$-I$），使 C—X 有较大极性，导致 $C^{\delta+}$—$X^{\delta-}$ 键共用电子对偏向于卤原子而使其带部分负电荷，这对成键电子偏离于碳原子而使碳原子带部分正电荷，成为缺电子中心，容易受到富电子的负离子或带有电子对分子（如 OH^-、CN^-、RO^-、ROH、H_2O、NH_3）的进攻，由这些试剂提供一对电子与带正电荷的碳原子形成新的共价键。C—X 键异裂后卤原子带着电子对以负离子的形式离去，反应的结果是卤原子被其他原子或基团取代。该反应的一般通式为：

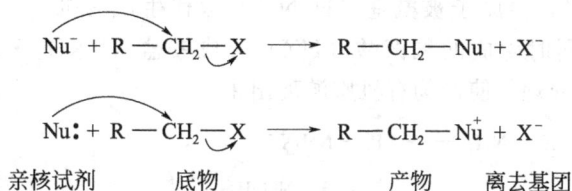

$$Nu^- + R-CH_2-X \longrightarrow R-CH_2-Nu + X^-$$

$$Nu\!:\, + R-CH_2-X \longrightarrow R-CH_2-\overset{+}{Nu} + X^-$$

亲核试剂　　底物　　　　　　产物　　离去基团

这种负离子或带有电子对的分子具有亲核性，称为亲核试剂（nucleophilic reagent），由于它们在反应中能提供一对电子，故通常用 Nu^- 或 Nu: 表示；由亲核试剂进攻而引起的取代反应称为亲核取代反应（nucleophilic substitution），用 S_N 表示；RCH_2X 是亲核试剂进攻的对象称为反应底物（substrate）；被亲核试剂取代下来带着一对电子离去的基团 X^- 称为离去基团（leaving group），也常用 L 表示；反应底物中与离去基团直接相连的碳原子（α 碳原子）称为中心碳原子（central carbon）。以下介绍常见的亲核取代反应。

1. 卤代烃的水解反应

卤原子被羟基（—OH）取代生成醇。

$$R-X + H_2O \rightleftharpoons R-OH + HCl$$

该反应中，水既是亲核试剂又是溶剂，此类亲核取代反应统称为溶剂解（solvolysis）反应。由于是可逆反应，为了使反应向生成醇的方向进行，常用 NaOH 或 KOH 的水溶液代替水，这样碱可以中和反应产生的酸，从而提高醇的产率。

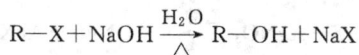

$$R-X + NaOH \xrightarrow[\triangle]{H_2O} R-OH + NaX$$

卤代烃与强碱（NaOH 或 KOH）的水溶液共热，卤原子被羟基（—OH）取代生成相应醇的反应，称为卤代烃的水解反应（hydrolysis）。卤代烃在碱性条件的水解是强碱（OH^-）取代弱碱（X^-），X^- 的碱性越弱，越容易被 OH^- 取代。因此，相同烃基不同卤原子的卤代烃，其水解反应活性顺序为：$RI > RBr > RCl > RF$。

2. 卤代烃的醇解反应

卤代烃与醇反应，卤原子被烷氧基（RO—，alkoxy）取代，生成相应醚的反应，称为卤代烃的醇解反应（alcoholysis），也是一种溶剂解反应。由于醇解反应难以进行完全，所以常用醇钠（RONa）和相应的醇溶液代替醇与卤代烃共热，以加速反应的进行。这是制备不对称醚最常用的方法之一，称为 Williamson（威廉姆森）合成法。

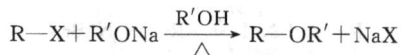

$$R-X + R'ONa \xrightarrow[\triangle]{R'OH} R-OR' + NaX$$

伯卤代烷进行醇解生成醚的产率比较高，因为醇钠是强碱，容易产生消除产物，使得仲卤代烷的取代产率通常较低，而叔卤代烷则主要得到烯烃。

3. 卤代烃的氰解反应

卤代烷与氰化物（NaCN 或 KCN）在醇溶液中反应，卤原子被氰基（CN—）取代生成腈（RCN）的反应，称为卤代烃的氰解反应。

$$R—X+NaCN \xrightarrow{R'OH} R—CN+NaX$$

在有机合成上，由于在反应产物中增加了一个氰基（—CN）碳原子，因此，该反应通常用作增长碳链的方法。另外，通过腈还可转变为羧酸、酰胺和胺等化合物。氰化钠（或氰化钾）有剧毒，使用时要特别小心！

4. 卤代烃的氨解反应

卤代烃与氨反应时，卤原子被氨基（$H_2N—$）取代生成有机胺。由于反应生成的有机胺具有碱性，它能与同时生成的氢卤酸（HX）形成铵盐（$RNH_2·XH$），此时可用强碱（NaOH 或 KOH 等）处理，使产物有机胺游离出来。

$$R—X + NH_3 \longrightarrow R—\overset{+}{N}H_3X^-$$
$$\Big\downarrow NaOH$$
$$R—NH_2 + NaX + H_2O$$

如果反应不加以控制，生成的有机胺其亲核能力更强，又可作为亲核试剂与卤代烃继续反应，最终得到各级胺（RNH_2、R_2NH、R_3N）的混合物。

5. 卤代烃与炔化物的反应

卤代烃与炔化物（如炔钠或炔钾）反应，卤原子被炔基取代生成炔烃。这是由低级炔烃制备高级炔烃的重要方法。

$$R—X+R'—C≡CNa \longrightarrow R'—C≡C—R+NaX$$

此反应一般只适用于伯卤代烷，因为仲卤代烷、叔卤代烷在强碱炔负离子作用下易发生消除反应脱卤化氢形成烯烃。

6. 卤代烃与硝酸银醇溶液的反应

卤代烃与硝酸银在乙醇中反应，卤原子被硝酸根取代生成硝酸酯和卤化银沉淀，此反应可用于鉴别卤代烃。

$$R—X+AgNO_3 \xrightarrow{乙醇} R—ONO_2+AgX\downarrow$$

由于不同烃基结构的卤代烃的反应速率不同，因此根据生成卤化银沉淀的快慢可推测卤代烃可能的结构或成分。一般具有相同烃基结构而卤素不同的卤代烃，反应活性顺序是：R—I＞R—Br＞R—Cl＞R—F。卤原子相同，而烃基结构不同时，卤代烃反应活性次序是：叔卤代烷＞仲卤代烷＞伯卤代烷。综合考虑，碘代烷或叔卤代烷在室温下几分钟内即能产生卤化银沉淀。

7. 卤代烃的卤素交换反应

氯代烃或溴代烃与碘化钠反应，氯原子或溴原子可被碘原子取代生成相应的碘代烃。由于反应结果是两种卤原子发生了交换，所以此反应也称为卤素交换反应。

$$R—Cl+NaI \xrightarrow{丙酮} R—I+NaCl\downarrow$$
$$R—Br+NaI \xrightarrow{丙酮} R—I+NaBr\downarrow$$

卤素交换反应是一个可逆反应。若反应选用丙酮作溶剂，由于碘化钠可溶于丙酮，而氯化钠和溴化钠不溶于丙酮，易从丙酮溶液中沉淀析出。故当氯代烃或溴代烃与碘化钠在丙酮溶液中反应时，最终可使反应向生成碘代烃的正反应方向进行。

思考题 7-3 请写出 1-氯丙烷转变为下列物质的反应方程式。

(1) 丙醇　　　　　(2) 乙基丙基醚　　(3) 丁腈　　　　(4) 丙胺

(5) 己-2-炔　　　 (6) 硝酸丙酯　　　(7) 1-碘丙烷

思考题 7-4 请用简便的方法鉴别下列两组化合物。

(1) ⬡—CH$_2$I　　　 ⬡—CH$_2$Cl　　　 ⬡—CH$_2$Br

(2) CH$_3$CH$_2$CH$_2$Br　　　 (CH$_3$)$_2$CH—Br　　　 (CH$_3$)$_3$C—Br

（二）亲核取代反应机理及其立体化学

卤代烃的亲核取代反应是一类非常重要的反应，在研究卤代烃的水解反应动力学时发现，有一些卤代烃的水解反应速率仅与卤代烃的浓度有关，而另一些卤代烃的水解反应速率不仅与卤代烃浓度有关，还与碱的浓度有关。20 世纪 30 年代，两位英国化学家 C. Ingold（英戈尔德）和 E. D. Hughes（休斯）提出了两种亲核取代反应机理，即双分子亲核取代（bimolecular nucleophilic substitution）反应和单分子亲核取代（unimolecular nucleophilic substitution）反应，分别用 S$_N$2 和 S$_N$1 表示。

1. 双分子亲核取代（S$_N$2）反应机理

实验证明，溴甲烷在碱性条件下的水解反应，其反应速率不仅与溴甲烷的浓度成正比，还与亲核试剂 HO$^-$ 的浓度成正比。反应一步完成，因反应速率决定步骤中涉及两种反应物分子，所以在动力学上称为二级反应。

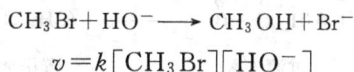

$$CH_3Br + HO^- \longrightarrow CH_3OH + Br^-$$
$$v = k[CH_3Br][HO^-]$$

式中，k 为速率常数，在一定温度和溶剂中 k 为定值。

在此反应过程中，为避免带部分负电荷溴原子的排斥，亲核试剂 HO$^-$ 不是从 C—Br 键的正面，而是沿着 Br—C 键的轴线向中心碳原子进攻，故其反应机理可表示如下：

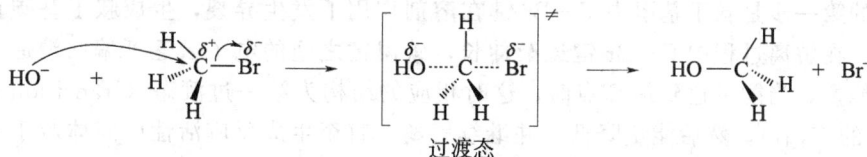

过渡态

在反应过程中，亲核试剂（HO$^-$）从离去基团（Br$^-$）的背面接近带部分正电荷的中心碳原子，随着反应的进行，羟基氧原子与 α-碳原子之间的距离逐渐减小，与 α-中心碳原子部分键合，C—Br 键逐渐伸长、变弱。此时，中心碳原子上的三个 H 由于受 HO$^-$ 进攻的影响而向溴原子一边偏转，HO$^-$ 上的负电荷逐渐转移到溴原子上。在 C—Br 键未完全断裂，而 C—O 键未完全形成时，O⋯C⋯Br 处在一条直线上，氧原子和溴原子上带有部分负电荷，碳氧键和碳溴键的键长都超过正常键长，碳原子和三个氢原子差不多在同一平面上，体系能量达到最高，形成过渡态。当 HO$^-$ 与中心碳原子进一步接近，最后形成稳定的 O—C 键，同时 C—Br 键也完全断裂，溴带着一对电子以溴负离子形式离去，三个氢原子偏向原来溴原子一边，体系能量随之降到最低，生成产物醇。因有两种分子参与了过渡态的生成，反应速率与溴甲烷和碱的浓度都有关，故称为双分子亲核取代反应，即 S$_N$2 反应，2 表示有两种分子参与了速控步骤。

在反应过程中，随着反应物结构的变化，体系能量也在不断变化。亲核试剂（HO$^-$）从 C—Br 键背面接近碳原子，要克服氢原子的阻力，由于三个 C—H 键的偏转，键角发生

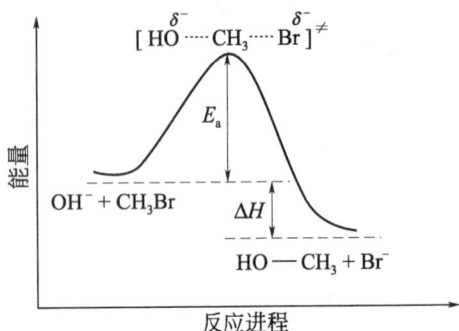

图 7-1 溴甲烷 S_N2 水解反应的
能量变化示意图

变化，使体系能量升高，到达过渡态时，五个原子（O，Br，H，H，H）同时挤在一个碳原子周围，能量达到最高点，随后溴以负离子形式离去，张力减小，体系能量降低。过渡态位于能量变化图的顶端，它与反应底物之间的能量差就是正反应的活化能（E_a）。图 7-1 是溴甲烷水解反应的能量变化示意图。

2. 单分子亲核取代（S_N1）反应机理

实验证明，叔丁基溴在碱性溶液中的水解反应速率与叔丁基溴的浓度成正比，与亲核试剂 HO^- 的浓度无关，在动力学上为一级反应。这表明在反应速率决定步骤中只涉及一种反应物分子，反应速率取决于 C—Br 键断裂的难易。

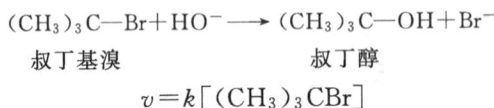

$$(CH_3)_3C—Br + HO^- \longrightarrow (CH_3)_3C—OH + Br^-$$
$$\text{叔丁基溴} \qquad\qquad \text{叔丁醇}$$
$$v = k[(CH_3)_3CBr]$$

式中，k 为速率常数，在一定温度和溶剂中 k 为定值。因此通常认为叔丁基溴的水解反应分两步进行：

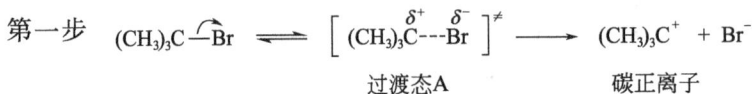

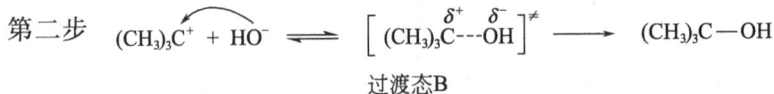

第一步　$(CH_3)_3C—Br \rightleftharpoons \left[(CH_3)_3\overset{\delta^+}{C}\text{---}\overset{\delta^-}{Br} \right]^{\neq} \longrightarrow (CH_3)_3C^+ + Br^-$

过渡态A　　　　　　碳正离子

第二步　$(CH_3)_3C^+ + HO^- \rightleftharpoons \left[(CH_3)_3\overset{\delta^+}{C}\text{---}\overset{\delta^-}{OH} \right]^{\neq} \longrightarrow (CH_3)_3C—OH$

过渡态B

反应的第一步是叔丁基溴中 C—Br 键在溶剂作用下发生异裂，生成叔丁基碳正离子和溴负离子。在解离过程中 C—Br 键逐渐伸长，碳溴键之间的电子云逐渐偏向溴原子，这个过程需要能量，当能量达到最高点时，这时相应的结构为第一过渡态（transition state）A（图 7-2 中的 $E_{a(1)}$），然后能量降低，并继续解离，直至生成反应活性中间体叔丁基碳正离子（carboncation）和带着一对电子离去的溴负离子。反应的第二步是叔丁基碳正离子中间体与亲核试剂 HO^- 的逐渐接触形成新的键，需要能量，这时对应的结构为第二过渡态 B（图 7-2 中的 $E_{a(2)}$），然后释放能量，生成取代产物叔丁醇。由于叔丁基碳正离子活性很大，所以这一步反应快速完成。

显然，在上述两步反应中，由于从 C—Br 键异裂成离子需要较多的能量，所以，第一步反应所需的活化能 $E_{a(1)}$ 远远高于第二步反应的活化能 $E_{a(2)}$，即第一步反应速率比第二步反应速率慢得多，因此第一步是整个反应速率的决定步骤。由于在反应速率决定步骤中，发生键的断裂只涉及卤代烃一种分子，所以称为单分子亲核取代反应（unimolecular nucleophilic

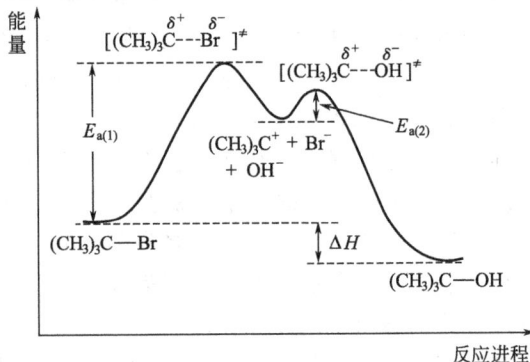

图 7-2 叔丁基溴 S_N1 水解反应的能量变化示意图

substitution），即 S_N1 反应，1 表示只有一种分子参与了速控步骤。图 7-2 是叔丁基溴水解反应的能量变化示意图。

因在 S_N1 反应中有碳正离子中间体生成，所以反应常会得到重排产物。例如，在 2-氯-3-甲基丁烷的水解反应中，得到 93% 的重排产物 2-甲基丁-2-醇和少量的 3-甲基丁-2-醇。

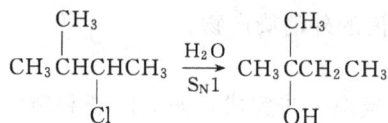

$$CH_3CHCHCH_3 \ (CH_3, Cl) \xrightarrow[S_N1]{H_2O} CH_3CCH_2CH_3 \ (CH_3, OH)$$

上述反应历程可以表示为：

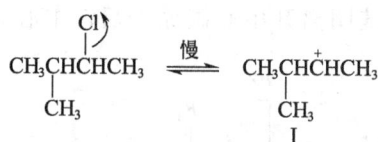

$$CH_3CHCHCH_3 \ (CH_3, Cl) \underset{慢}{\rightleftharpoons} CH_3\overset{+}{C}HCHCH_3 \ (CH_3) \quad I$$

C—Cl 键发生异裂，形成仲碳正离子 I，碳正离子 I 的中心碳邻位上的氢带着电子对重排（1,2-氢迁移）到缺电子的碳上，生成更稳定的叔碳正离子 II。

$$CH_3\overset{+}{C}HCH_3 \ (H, CH_3) \xrightarrow{1,2-氢迁移} CH_3\overset{+}{C}CH_2CH_3 \ (CH_3) \quad I \qquad II$$

然后，亲核试剂 H_2O 与叔碳正离子 II 结合生成重排产物 2-甲基丁-2-醇。

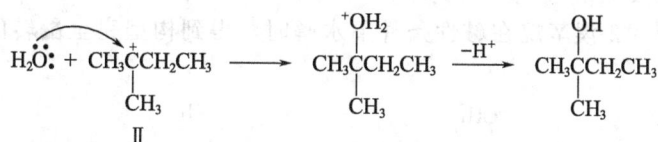

$$H_2\ddot{O}: + CH_3\overset{+}{C}CH_2CH_3 \ (CH_3) \longrightarrow CH_3\overset{+OH_2}{C}CH_2CH_3 \ (CH_3) \xrightarrow{-H^+} CH_3\overset{OH}{C}CH_2CH_3 \ (CH_3) \quad II$$

又如在新戊基溴和 CH_3CH_2OH 的反应中，按 S_N1 反应进行，主要以重排产物为主。

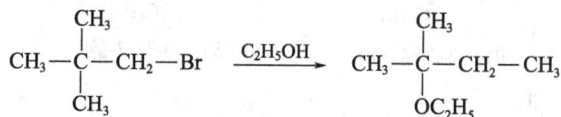

$$CH_3-\underset{CH_3}{\overset{CH_3}{C}}-CH_2-Br \xrightarrow{C_2H_5OH} CH_3-\underset{OC_2H_5}{\overset{CH_3}{C}}-CH_2-CH_3$$

上述反应历程可表述为：

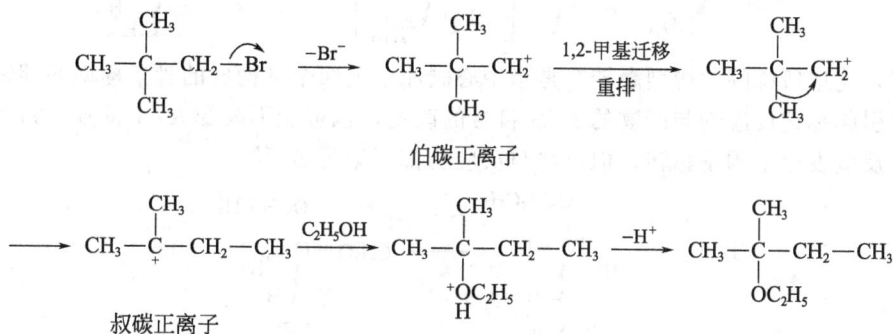

$$CH_3-\underset{CH_3}{\overset{CH_3}{C}}-CH_2\curvearrowright Br \xrightarrow{-Br^-} CH_3-\underset{CH_3}{\overset{CH_3}{C}}-CH_2^+ \xrightarrow[重排]{1,2-甲基迁移} CH_3-\underset{CH_3}{\overset{CH_3}{C}}-CH_2^+$$

伯碳正离子

$$\longrightarrow CH_3-\overset{+}{\underset{CH_3}{C}}-CH_2-CH_3 \xrightarrow{C_2H_5OH} CH_3-\underset{\overset{+OC_2H_5}{H}}{\overset{CH_3}{C}}-CH_2-CH_3 \xrightarrow{-H^+} CH_3-\underset{OC_2H_5}{\overset{CH_3}{C}}-CH_2-CH_3$$

叔碳正离子

上面两个反应过程中之所以发生重排，是由不稳定的碳正离子经过重排能生成更稳定的碳正离子中间体。故重排可以看作是 S_N1 反应的特征，也是支持 S_N1 反应机理的实验依据。但还要注意，不是所有的 S_N1 反应都一定会发生重排。

3. 亲核取代反应的立体化学

当卤代烃的 C—X 发生断裂，亲核取代反应发生在手性中心碳原子上时，S_N2 反应和

S_N1 反应生成的产物的构型与底物卤代烃的构型各有其不同的立体化学特征。有以下三种可能性：①亲核试剂从离去基团的正面进攻手性碳原子，产物的构型和底物的构型一致，即立体化学表现为构型保持；②亲核试剂从离去基团的背面进攻手性碳原子，产物的构型和底物的构型相反，即立体化学表现为构型翻转；③亲核试剂从正面和从背面进攻手性碳原子的机会相等，则产生旋光性相互抵消的外消旋产物。

（1）S_N2 反应的立体化学

从 S_N2 反应机理可知，该反应一步完成，旧键断裂和新键形成同时进行。在过渡态时，中心碳原子采用 sp^2 杂化状态，在未杂化 p 轨道的两侧，一侧与亲核试剂 Nu^- 键合，另一侧与离去基团 L^- 键合。当离去基团离开中心碳原子后，中心碳原子又恢复到原来 sp^3 杂化状态。

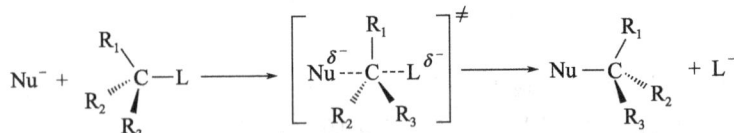

亲核试剂是从离去基团的背面进攻中心碳原子，因此中心碳原子的构型发生了翻转，如果碳原子具有手性，则底物的构型与产物的构型相反。因这种构型翻转现象首先由 Walden（瓦尔登）注意到，因而被称为瓦尔登转化（Walden inversion），也形象地称为"伞"型翻转。研究表明 S_N2 反应总是伴随着构型翻转，所以说瓦尔登转化是 S_N2 反应的一个重要标志。

例如，(R)-$(-)$-2-溴辛烷在碱性条件下水解时，得到构型完全翻转的产物 (S)-$(+)$-辛-2-醇。

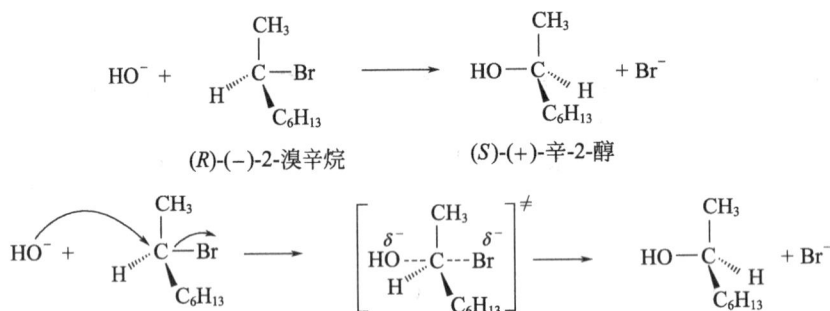

(R)-$(-)$-2-溴辛烷 (S)-$(+)$-辛-2-醇

注意，这里所说的"构型翻转"是指中心碳原子上四个键构成的骨架构型的翻转，这种翻转可以引起标记反应物与产物的 R/S 符号的改变，也可能不改变 R/S 符号。如在下面的例子中，反应发生了构型翻转，但产物与反应物都标记为 S-型。

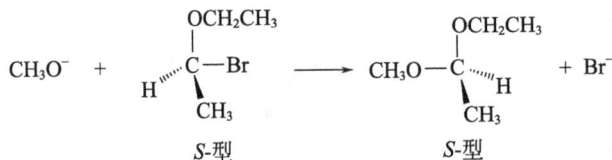

S-型 S-型

总结 S_N2 反应的特点：双分子反应，反应速率与卤代烃及亲核试剂的浓度都有关，在动力学上为二级反应；反应一步完成，旧共价键的断裂与新共价键的形成同时进行；亲核试剂是从离去基团的背面进攻中心碳原子，反应发生构型翻转。

（2）S_N1 反应的立体化学

在 S_N1 反应中，首先 C—X 键发生异裂，底物中心碳原子从 sp^3 杂化的四面体结构变成

中间体碳正离子 sp^2 杂化的平面构型，活性中间体中心碳正离子上有一个可用于成键的空 p 轨道，该 p 轨道垂直于 sp^2 杂化轨道对称轴所在的平面。从结构上看，亲核试剂 Nu^- 能够从平面的两侧进攻 p 轨道，理论上，这种进攻碳正离子空 p 轨道的机会均等。亲核试剂进攻碳正离子形成 C—Nu 键后，产物中心碳原子又恢复 sp^3 杂化状态。图 7-3 所示为亲核试剂进攻中间体碳正离子示意图。如果底物中心碳原子是一个手性碳原子，分子具有旋光性，亲核取代反应将得到"构型保持"和"构型翻转"两种构型的产物，它们是对映异构体的混合物，由于两个等量的对映体的旋光度数相等，旋光方向相反，相互抵消，从而不显旋光性，所以得到的产物应是外消旋体。例如，有旋光性的 (S)-3-溴-3-甲基己烷在丙酮中的水解反应，经测定主要按 S_N1 反应机理，反应得到的是两个等量 3-甲基己-3-醇对映体的外消旋产物。

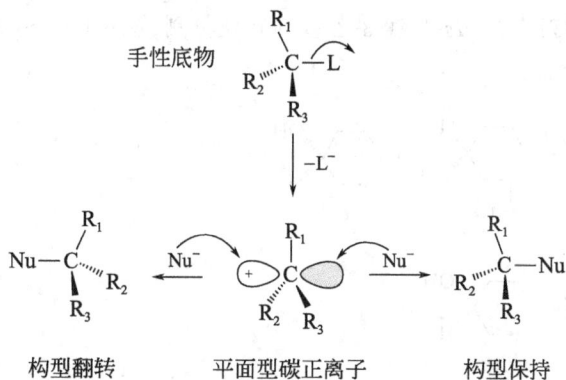

图 7-3　亲核试剂进攻中间体碳正离子示意图

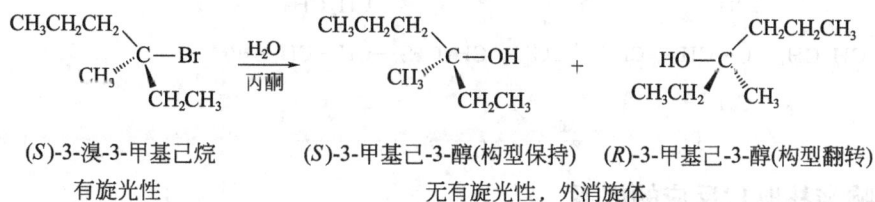

(S)-3-溴-3-甲基己烷　　　　(S)-3-甲基己-3-醇(构型保持)　(R)-3-甲基己-3-醇(构型翻转)
　有旋光性　　　　　　　　　　　无有旋光性，外消旋体

　　在 S_N1 反应中，虽然一些实验结果确实得到外消旋体，但在有些反应中发现构型转化的产物量要超过构型保持的产物量。例如，(R)-6-氯-2,6-二甲基辛烷在 80％丙酮水溶液中的反应，结果得到 39.5％构型保持和 60.5％构型翻转的产物。

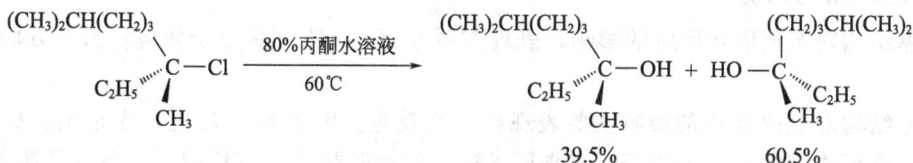

　　　　　　　　　　　　　　　　　　　　　　　39.5%　　　　　60.5%

　　产生部分外消旋的原因，一种可能的解释是：在形成碳正离子的过程中，中心碳原子已受到亲核试剂的进攻，此时底物上异裂形成的离去基团卤负离子还未能及时离开中心碳原子到一定远的距离，致使卤负离子在一定程度上排斥并阻挡亲核试剂从卤原子同侧正面的进攻。因此，亲核试剂从离去基团的背面进攻中心碳原子的概率要大些，如果这种情况存在，构型翻转的产物必然比构型保持的多些，即发生部分外消旋化。

　　另一种可能的解释，一个亲核取代反应并不是单纯的 S_N1 或 S_N2 机理，可能同时既有 S_N1 反应机理，也有 S_N2 反应机理，对于 (R)-6-氯-2,6-二甲基辛烷在 80％丙酮水溶液中的反应来说，可能有 79% 的产物是通过 S_N1 反应机理，另有 21% 是通过 S_N2 反应机理，同样得到的也是部分外消旋化产物。

总结 S_N1 反应的特点：单分子反应，反应速率只与卤代烃的浓度有关，在动力学上为一级反应；反应分两步进行，旧键 C—X 发生异裂生成活性中间体碳正离子，新键 C—Nu 形成，生成产物；产物一般可得到"构型保持"和"构型翻转"两种构型的一对对映体，立体化学表现为产物外消旋化；有些结构在反应过程中会有重排产物生成。

需要强调的是，通常一个亲核取代反应并不是绝对纯粹的 S_N1 反应或者 S_N2 反应，有可能同时通过两种机理得到产物。这样在一个具体的反应中，既可能有构型完全翻转的产物，也可能有外消旋的产物。

思考题 7-5 下面两个是 *cis*-1-氯-3-乙基环己烷分别按 S_N1 和 S_N2 水解的反应，试用各自的机理解释最后的产物。

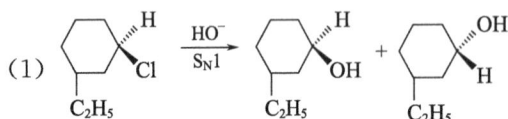

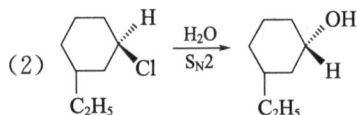

思考题 7-6 写出下列在水解时发生 S_N1 反应的重排产物。

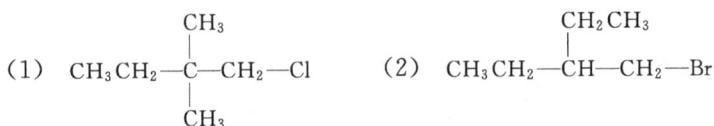

（三）影响亲核取代反应的因素

卤代烃的亲核取代反应是按 S_N2 反应机理，还是按 S_N1 反应机理进行，与烃基结构、离去基团、亲核试剂、溶剂性质等因素有关。下面分别予以讨论。

1. 烃基结构的影响

烃基结构对亲核取代反应的影响，表现在两方面：一方面为电子效应；另一方面为空间效应。

烃基结构对 S_N2 反应的影响主要表现在空间效应。由于 S_N2 反应首先是亲核试剂从离去基团的背面进攻中心 α-碳原子，该碳原子连接的烃基越多、体积越大，空间位阻就越大，越不利于亲核试剂接近 α-碳原子形成过渡态，过渡态的活化能提高，即烃基对亲核试剂的接近起阻碍作用，不利于反应进行，反应速率降低。从电子效应来看，中心 α-碳原子上氢原子被具有 $+I$ 效应的烷基取代后，该碳原子上的正电性降低，对亲核试剂的吸引力减小，不利于亲核试剂进攻。但由于 S_N2 反应的过渡态电荷变化较小，故电子效应对 S_N2 影响不明显。

当卤代烃的 α-碳上连有侧链时，反应速率明显下降。表 7-3 是溴代烷与碘负离子按 S_N2 反应的相对反应速率。

表 7-3　溴代烷与 I⁻ 按 S_N2 反应的相对反应速率

R—	$(CH_3)_3C$—	$(CH_3)_2CH$—	CH_3CH_2—	CH_3—
相对反应速率	0	0.02	1	30

总结　不同结构的卤代烃进行 S_N2 反应的相对反应速率顺序是：甲基卤代烃＞伯卤代烃＞仲卤代烃＞叔卤代烃。

烃基结构对 S_N1 反应的影响表现在电子效应和空间效应。由于 S_N1 反应分两步进行，反应速率决定于活性中间体碳正离子的生成，此步与亲核试剂的进攻无关，只与卤代烃的烃基结构有关。碳正离子越稳定，碳卤键异裂生成碳正离子所需的活化能就越小，即碳正离子更容易生成，反应速率更快。从电子效应来看，碳正离子上连接的烷基越多，σ-p 超共轭效应越强，正电荷愈分散，碳正离子就越稳定，此为其一；其二，碳正离子上连接的烷基越多，由于诱导效应有加和性，烷基产生的斥电子诱导效应也使碳正离子更稳定，易生成，所以，碳正离子稳定性次序是：$3°\ C^+＞2°\ C^+＞1°\ C^+＞H_3C^+$。

从空间效应看，因叔卤代烃的中心 α-碳原子上连有三个键角互为 109.5° 的烷基，比较拥挤，互相排斥。如果形成三级碳正离子，中心 α-碳原子由原来底物的 sp^3 杂化的四面体结构变为 sp^2 杂化的平面结构，三个取代基键角互为 120°。此时，取代基之间距离较远，其拥挤程度、排斥作用都被降低或解除，取代基的体积越大，这种降低或解除显现的效果也越明显，碳正离子也就越稳定。这种有助于卤代烃解离的空间效应，称为空助效应（steric help effect）。表 7-4 是溴代烷在 80％乙醇水溶液中按 S_N1 反应进行水解的相对反应速率。

表 7-4　溴代烷按 S_N1 反应的相对反应速率

R—	$(CH_3)_3C$—	$(CH_3)_2CH$—	CH_3CH_2—	CH_3—
相对反应速率	100	0.023	0.013	0.0034

总结　在 S_N1 反应中，电子效应与空间效应作用的结果一致，对不同结构的卤代烃进行亲核取代反应的相对反应速率顺序是：叔卤代烃＞仲卤代烃＞伯卤代烃＞甲基卤代烃。

根据上述讨论，卤代烃的烃基结构对亲核取代反应的影响可简单概括为：

$$\xrightarrow{\quad\quad\quad\quad\quad\quad\quad} S_N2$$
$$3°\quad\quad 2°\quad\quad 1°\quad\quad CH_3X$$
$$S_N1 \xleftarrow{\quad\quad\quad\quad\quad\quad\quad}$$

一般地，伯卤代烃通常按 S_N2 反应机理进行，叔卤代烃通常按 S_N1 反应机理进行，而仲卤代烃既可以按 S_N2 反应机理进行，也可以按 S_N1 反应机理进行，或者两者兼有，这取决于具体反应条件。

对卤原子连在桥头的桥环化合物，无论是按 S_N1 或是按 S_N2 机理都十分困难。因为如果按照 S_N2 反应机理进行，亲核试剂必须从离去基团的背面进攻中心碳原子，而卤原子的背面是一个环，桥环无法发生构型的翻转，所以不容易发生 S_N2 反应；如果按照 S_N1 反应机理进行，卤代烃首先要解离成碳正离子，由于桥环系统的牵制，桥头碳难于伸展为 sp^2 杂化的平面构型，不易形成桥头碳正离子，即很难发生 S_N1 反应。桥的刚性越强，反应越难发生。表 7-5 是一些卤原子连在桥头碳原子的卤代烃，按 S_N1 反应的相对反应速率。

表 7-5　卤代烃 S_N1 反应的相对反应速率

卤代烃	$(CH_3)_3C—Br$	(金刚烷基溴)	(双环辛基溴)	(降冰片基溴)
相对反应速率	1	10^{-3}	10^{-6}	10^{-13}

2. 离去基团的影响

底物中离去基团（L）的离去能力越强，无论是按 S_N2 还是按 S_N1 机理进行反应都有利。但对于 S_N2 反应机理，决定反应速率的步骤还有亲核试剂的参与，所以离去基团强弱所产生的影响相对较小；而对于 S_N1 反应机理受离去基团的离去能力的影响则较大，因为 S_N1 反应速率主要取决于离去基团从底物中离去这一步。

在亲核取代反应过程中，都要发生 C—L 键的异裂，离去基团总是带着电子对离开中心碳原子。C—L 键越弱，L^- 越容易离去，在亲核取代反应中就是一个好的离去基团，亲核取代反应就越容易进行，反应速率就越快。表 7-6 是一些离去基团在亲核取代反应中的相对反应速率。

表 7-6　离去基团在亲核取代反应中的相对反应速率

离去基团	F^-	Cl^-	Br^-	OH_2	I^-	$H_3C—\langle\rangle—O_2SO^-$	$\langle\rangle—O_2SO^-$	$O_2N—\langle\rangle—O_2SO^-$
相对反应速率	10^{-2}	1	50	50	150	190	300	2800

离去基团的离去能力强弱的判断：一是可以根据断裂键的键能大小来判断。断裂键的键能越小，键越容易断裂，离去基团就越容易脱离中心碳原子。表 7-7 为碳卤键异裂的解离能。由于 C—I 键解离能较小，C—I 键容易异裂，I^- 是好的离去基团，故烃基相同而卤素不同的卤代烃的亲核取代反应活性顺序：RI＞RBr＞RCl＞RF。

表 7-7　碳卤键异裂的解离能

卤代烷	C—F	C—Cl	C—Br	C—I
解离能/kJ·mol^{-1}	485.3	339.0	284.5	217.6

二是可以根据离去基团的碱性强弱来判断。离去基团的碱性越弱，形成的负离子越稳定，越容易离开中心碳原子。氢卤酸的酸性强弱顺序是：HI＞HBr＞HCl＞HF，其对应的共轭碱的碱性强弱次序是：F^-＞Cl^-＞Br^-＞I^-。因此，I^- 碱性最弱，最稳定，是好的离去基团，它们的离去倾向是：I^-＞Br^-＞Cl^-＞F^-。

在此解释了前面讨论的卤代烃化学性质关于烃基相同卤原子不同时，卤代烃的活性顺序：RI＞RBr＞RCl＞RF。碘代烷与硝酸银的醇溶液反应立即产生碘化银沉淀，不需要加热；溴代烷反应稍慢，有时要加热；氯代烷反应最慢。银离子在反应中起着加快反应速率的作用，因为银离子可与卤原子络合，增强了卤原子的离去能力，使离去基团从原来的卤负离子变为碱性更弱、更稳定的卤化银，并产生沉淀从反应体系中析出，使平衡移向生成产物的方向。

一般来说，有好的离去基团的卤代烃倾向于按 S_N1 反应机理进行，弱的离去基团的卤

代烃倾向于按 S_N2 反应机理进行。对于饱和 α-碳原子上连接的基团，还有很多好的离去基团，如硫酸酯、磺酸酯中的酸根（$ROSO_2O^-$，RSO_2O^-）等均易离开中心碳原子。

3. 亲核试剂的影响

亲核性（nucleophility）是指带负电荷或孤对电子的试剂与带部分正电荷碳原子的结合能力，亲核试剂亲核性的强弱与其所带电量多少、碱性强弱、可极化性大小以及体积大小有关。在 S_N2 反应中，亲核试剂参与了过渡态的形成，因此亲核试剂的亲核性越强，形成过渡态的活化能就越低，越容易与中心碳原子形成过渡态，新键 C—Nu 越快形成，反应的趋向越大。而在 S_N1 反应中，反应速率的决定步骤是卤代烃解离成碳正离子，此步并无亲核试剂参与，故亲核试剂的亲核性和浓度对 S_N1 反应无明显的影响。下面讨论影响亲核试剂亲核性强弱的因素：

(1) 带负电荷的亲核试剂要比相应中性分子亲核试剂的亲核能力强。由于所带电量更多的负离子对带部分正电荷的中心碳原子吸引力更大，即负离子进攻碳原子的能力更强。所以负离子（如 CH_3O^-、CH_3COO^-、HO^-、RNH^-）比相应的中性分子（如 CH_3OH、CH_3COOH、H_2O、RNH_2）的亲核性强。

(2) 带负电荷的亲核试剂一般都具有碱性，试剂的碱性是指其与质子的结合能力，所以碱性和亲核性是两个概念。判断一个亲核试剂亲核性强弱，不仅要看它给电子的能力，还应看其是否有较大的可极化性（polarizability）。试剂的可极化性是指极性化合物分子中的外层电子云在外界电场作用下发生形变的难易程度。试剂的可极化性越大，它进攻中心碳原子时，外层电子云就越容易变形而伸向中心碳原子并与其结合，即亲核性越强。

综合试剂的碱性、带电量及可极化性，试剂的亲核性与碱性的关系如下：

① 当进攻原子为同一原子时，亲核性与碱性的强弱顺序一致。例如：

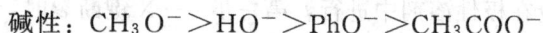

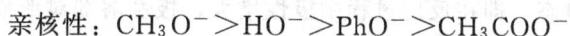

$$碱性：CH_3O^- > HO^- > PhO^- > CH_3COO^-$$
$$亲核性：CH_3O^- > HO^- > PhO^- > CH_3COO^-$$

② 对于同一周期，并带有相同电荷的试剂，亲核性与碱性强弱顺序一致。因为，同一周期的元素从左至右原子序数增大，其电负性增强，原子核对外层电子的吸引力增大，束缚得更紧，给出电子能力变小，可极化性减小；同时，其对应的氢化物的酸性从左至右逐渐增强，即其共轭碱的碱性逐渐减弱。例如：

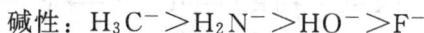

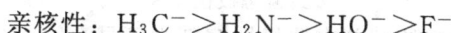

$$碱性：H_3C^- > H_2N^- > HO^- > F^-$$
$$亲核性：H_3C^- > H_2N^- > HO^- > F^-$$

③ 对于同族元素，其亲核性和碱性强弱顺序受溶剂的影响，在水、醇等质子性溶剂中，亲核性与碱性强弱顺序相反，起主导作用的主要是可极化性。因为，同族元素从上到下原子半径越来越大，在进攻中心碳原子时，其外层电子云越容易变形伸向中心碳原子，从而降低了形成过渡态时所需要的活化能，因此，试剂的可极化性越大，其亲核性也就越强；然而，其对应的氢化物的酸性从上到下逐渐增强，其共轭碱的碱性则逐渐减弱。所以，同族元素亲核能力大小与碱性强弱相反，但与可极化性大小顺序一致。例如：

$$碱性：F^- > Cl^- > Br^- > I^- \qquad HO^- > HS^-$$
$$亲核性和可极化性：I^- > Br^- > Cl^- > F^- \qquad HS^- > HO^-$$

(3) 空间位阻对亲核试剂的亲核性影响较大。因为亲核试剂的体积大时，则不利于其接近中心碳原子而成键，亲核性降低。叔丁基氧负离子 $[(CH_3)_3CO^-]$ 碱性很强，负电荷也很集中，但由于其空间位阻大，故进攻中心碳原子困难，其亲核性弱。例如：

$$空间位阻：(CH_3)_3CO^- > (CH_3)_2CHO^- > CH_3CH_2O^- > CH_3O^-$$
$$亲核性：CH_3O^- > CH_3CH_2O^- > (CH_3)_2CHO^- > (CH_3)_3CO^-$$

4. 溶剂的影响

亲核取代反应通常在溶剂中进行，溶剂按极性强度分为极性溶剂和非极性溶剂，按结构分为质子溶剂和非质子溶剂。质子溶剂能通过强的分子间作用力（即氢键）使负离子（如进攻试剂和离去基团）溶剂化。亲核试剂负离子的电荷密度越集中，溶剂化趋势越显著，负离子亲核能力则越弱，越不利于亲核取代反应。非质子溶剂一般难给出质子，不能使负离子溶剂化，只能通过给出电子对而使正离子溶剂化。不同类型的溶剂在反应中起的作用不同，所以在亲核取代反应中溶剂的作用既重要又复杂。

(1) 对于 S_N2 反应，通常在较强的亲核试剂负离子（Nu^-）的进攻下进行取代反应。若反应在质子溶剂中进行，则溶剂中带部分正电荷的氢与负离子（Nu^-）形成氢键，使负离子溶剂化而稳定，负离子被溶剂分子包围，降低了亲核试剂负离子（Nu^-）的亲核性，对 S_N2 反应不利。

若在极性溶剂中进行亲核取代反应，由于从反应物到过渡态电荷变得更分散，溶剂对亲核试剂的溶剂化程度大于对过渡态的溶剂化程度，溶剂极性增大，将使亲核试剂（Nu^-）溶剂化程度更高，这样就相对提高了反应的活化能，所以增大溶剂的极性也不利于 S_N2 反应。

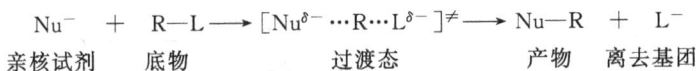

$$Nu^- \ + \ R-L \longrightarrow [Nu^{\delta-} \cdots R \cdots L^{\delta-}]^{\neq} \longrightarrow Nu-R \ + \ L^-$$
亲核试剂　　底物　　　　过渡态　　　　　　产物　　离去基团

(2) 对于 S_N1 反应。质子溶剂中的氢可以与离去基团负离子形成氢键而溶剂化，如水可在卤代叔丁烷水解生成的卤负离子周围形成氢键，分散卤素负离子的电荷，使负离子稳定，所以质子溶剂对 S_N1 反应是有利的。

若亲核取代反应在极性溶剂中进行，第一步 C—X 键断裂时，由原来极性较小的底物变成了极性较大的过渡态，即在反应过程中极性增大，极性溶剂对形成过渡态时极性增大的反应是有利的。因为底物在形成过渡态需要能量，可由溶剂与过渡态的溶剂化作用时释放的能量提供，溶剂的极性越大，溶剂化的作用也越大，提供的能量就越多，故增加溶剂的极性有利于 S_N1 反应。例如，氯化苄（$C_6H_5CH_2Cl$）的水解反应，当以极性大的水为溶剂时，按 S_N1 机理反应，以极性小的丙酮为溶剂时，按 S_N2 机理反应。

$$R-L \longrightarrow [R^{\delta+} \cdots \cdots L^{\delta-}]^{\neq} \longrightarrow R^+ + L^-$$
过渡态极性增大

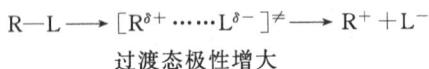

由于极性的卤代烃和亲核试剂在非极性溶剂中不易溶解，分子不能均匀分散，以缔合状态存在。若要反应，必须先提供能量克服这种缔合状态的吸引力，所以极性分子在非极性溶剂中进行反应时，反应活性降低，不利于反应进行。

思考题 7-7　为什么碘离子既是一个好的离去基团，又是一个好的亲核试剂？试解释之。

思考题 7-8　比较下列两个亲核取代反应的反应速率？并解释原因。

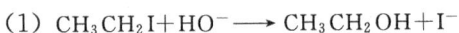

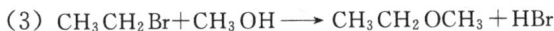

(1) $CH_3CH_2I + HO^- \longrightarrow CH_3CH_2OH + I^-$

$\qquad CH_3CH_2Br + HO^- \longrightarrow CH_3CH_2OH + Br^-$

(2) $CH_3CH_2Br + H_2O \longrightarrow CH_3CH_2OH + HBr$

$\qquad CH_3CH_2Br + HO^- \longrightarrow CH_3CH_2OH + Br^-$

(3) $CH_3CH_2Br + CH_3OH \longrightarrow CH_3CH_2OCH_3 + HBr$

$$CH_3CH_2Br + CH_3ONa \longrightarrow CH_3CH_2OCH_3 + NaBr$$

(4)

（结构式）Br + (CH₃)₂CHSNa ⟶ （结构式）S + NaBr

（结构式）Br + (CH₃)₃CSNa ⟶ （结构式）S + NaBr

(5)

（结构式）Br + NH₃ →（S_N2）→（结构式）NH₂ + HBr

（结构式）Br + NH₃ →（S_N2）→（结构式）NH₂ + HBr

（结构式）Br + NH₃ →（S_N2）→（结构式）NH₂ + HBr

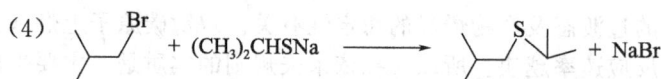

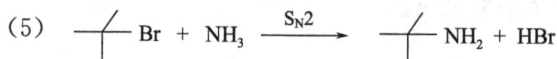

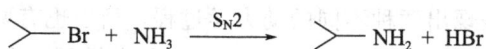

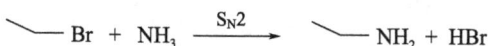

（四）卤代烃的消除反应及机理

1. 消除反应和消除反应取向

在一个有机分子中消去两个原子或基团的反应称为消除反应（elimination），常用符号 E 表示。在卤代烃分子中，由于电负性较大的卤原子产生了吸电子诱导效应（$-I$）致使 β-氢原子有一定的"酸性"，表现得活泼。卤代烃通常在强碱（如 NaOH、KOH、RONa、NaNH₂ 等）和极性较小的溶剂（如 C_2H_5OH 等）中加热消去一分子卤化氢，生成烯烃。一般把与卤原子直接连接的碳原子称为 α-碳原子，次连接的碳原子称为 β-碳原子，其对应的氢原子分别叫 α-氢原子和 β-氢原子。由于在卤代烃中脱去卤原子和 β-碳上氢原子，所以也称此消除反应为 β-消除反应或 1,2-消除反应。

卤代烃发生消除反应时，如果分子中只有一种 β 氢原子，则得到单一结构的烯烃。例如：

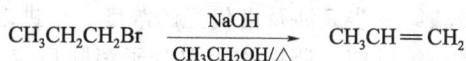

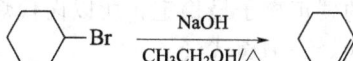

$$CH_3CH_2CH_2Br \xrightarrow[CH_3CH_2OH/\triangle]{NaOH} CH_3CH=CH_2$$

（环己基溴）Br →（$\frac{NaOH}{CH_3CH_2OH/\triangle}$）→（环己烯）

当卤代烃分子中有多种不同的 β-氢原子时，消除反应可以在碳链的不同方向进行，生成不同结构的烯烃。例如：

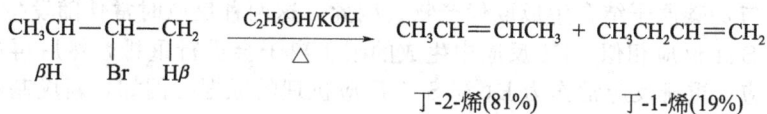

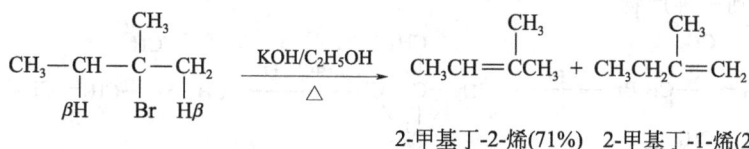

$$\underset{\beta H}{CH_3}-\underset{Br}{CH}-\underset{H\beta}{CH_2} \xrightarrow[\triangle]{C_2H_5OH/KOH} CH_3CH=CHCH_3 + CH_3CH_2CH=CH_2$$

丁-2-烯(81%)　　　　丁-1-烯(19%)

$$CH_3-\underset{\beta H}{CH}-\underset{Br}{\overset{CH_3}{\underset{|}{C}}}-\underset{H\beta}{CH_2} \xrightarrow[\triangle]{KOH/C_2H_5OH} CH_3CH=\overset{CH_3}{\underset{|}{C}}CH_3 + CH_3CH_2\overset{CH_3}{\underset{|}{C}}=CH_2$$

2-甲基丁-2-烯(71%)　　2-甲基丁-1-烯(29%)

1875 年俄国化学家 Alexander Zaitsev（扎依采夫）在总结大量实验结果的基础上，提出了扎依采夫规则：当卤代烃发生消除反应时，主要产物为双键碳上连有较多烷基的烯烃。此规则另一种表述是：如果有两种以上的 β-氢原子，在发生消除反应时，主要的产物是在连有氢原子较少的 β-碳原子上消除一个氢原子。这种类型的反应称为区域选择性（regioselectivity）反应，所谓区域选择性是指当一个反应的取向有几种异构体生成时，只生成一种或主要生成一种产物的反应。

消除反应的取向规律与反应的过渡态及产物烯烃的稳定性有关。双键碳原子上烃基越多烯烃越稳定，反应活化能越小，反应速率越快。所以，扎依采夫规则的实质是：主要生成较稳定的烯烃。

卤代烷脱去卤化氢的难易与烃基的结构有关系。通常情况下，叔卤代烷最容易发生消除反应，其次是仲卤代烷，伯卤代烷较难发生消除反应。

2. 消除反应机理

与亲核取代反应类似，消除反应也表现出两种不同的动力学过程，所以也有两种不同的反应机理。它们分别是：单分子消除（unimolecular elimination）反应机理，双分子消除（bimolecular elimination）反应机理。

（1）E1 反应机理

单分子消除反应用 E1 表示。E 表示消除，1 代表单分子过程。E1 反应机理与 S_N1 反应机理相似，分两步进行。

第一步，卤代烃在溶剂的作用下 C—X 键发生异裂，产生活性中间体碳正离子及卤负离子，由于需要较高的活化能，反应速率较慢，是决定整个反应速率的一步。

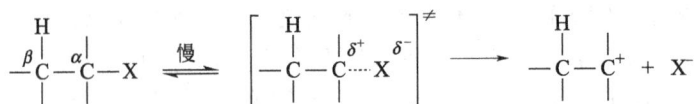

第二步，试剂碱提供孤对电子与 β-碳原子上的氢原子结合，同时在 α 和 β 碳原子之间形成双键，此步反应很快完成，对整个反应速率影响不大。

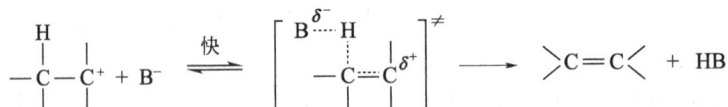

由于反应速率的决定步骤第一步只涉及卤代烃的浓度，与进攻试剂碱的浓度无关，是单分子行为，反应动力学上是一级反应，所以称为单分子消除反应。E1 反应，首先生成碳正离子中间体，由于叔卤代烃产生的碳正离子最稳定，所以卤代烃的消除反应活性顺序与 S_N1 反应类似，也是叔卤代烃＞仲卤代烃＞伯卤代烃。

E1 和 S_N1 反应的第一步都是生成碳正离子，所不同的是第二步。消除反应的第二步是试剂碱进攻 β-碳上的氢原子，使氢原子以质子的形式脱去而形成烯烃；亲核取代反应则是亲核试剂直接与 α-碳原子结合生成取代产物。因此，这两种反应时常伴随发生。

此外，与 S_N1 反应相似，E1 反应中生成的碳正离子会进行重排，然后再进行消除反应或亲核取代反应。重排反应常作为 E1 和 S_N1 反应机理的证据。例如，新戊基溴在醇水溶液中的反应，检测到三种产物：

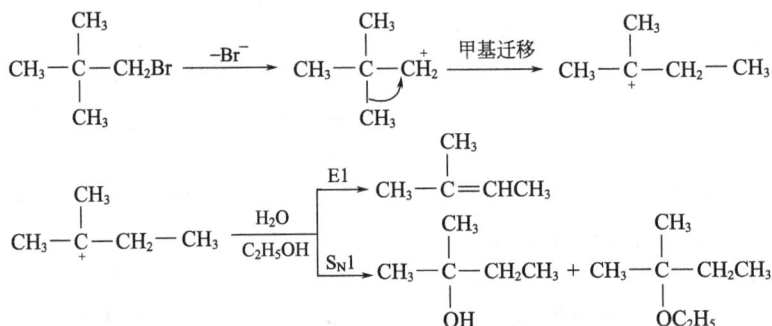

(2) E2 反应机理

双分子消除反应用 E2 表示。E 表示消除，2 代表双分子过程。试剂碱进攻并夺取卤代烃分子中的 β-氢原子，形成能量较高的过渡态，此时过渡态中的 C—X 键和 C_β—H 键逐渐拉长并部分断裂，在 α-C 与 β-C 之间具有部分双键的性质，碱与 β-氢原子之间的键部分形成，原来由试剂碱携带的负电荷分散到整个体系中；最后 C—X 键和 C_β—H 键完全断裂，卤原子在溶剂作用下带着一对电子以负离子形式离去，并形成新键（C＝C、B—H），生成烯烃。

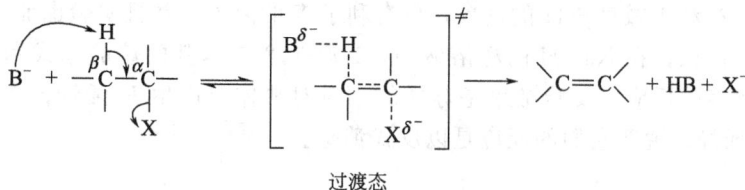

过渡态

反应过程中 C_β—H 键和 C—X 键的断裂与 π 键和 HB 的形成是同时进行的，反应一步完成。由于卤代烃和试剂碱都参与了过渡态，所以为双分子消除反应。对于烃基相同卤原子不同的卤代烃，在碱作用下发生消除反应，涉及 C—X 键断裂的难易，即卤素以负离子形式离去的快慢。所以，其活泼性顺序的一般规律是：RI＞RBr＞RCl。

由于双键碳上连有较多烷基的烯烃比较稳定，E2 反应过渡态中，在 C_α—C_β 之间已有部分双键的性质。故可以推知，能稳定双键的烷基，也能稳定过渡态，即双键碳上连有较多烷基的过渡态也一定是比较稳定的。从卤代烷的结构可知，由叔卤代烃消除反应生成的烯烃稳定性大，其次是仲卤代烃，伯卤代烃生成的烯烃稳定性相对较差。生成的产物越稳定，反应越容易进行。故卤代烃的 E2 反应活性顺序与 E1 反应类似，也是叔卤代烃＞仲卤代烃＞伯卤代烃。

E2 反应与 S_N2 反应机理相似，反应速率与卤代烃和进攻试剂碱的浓度成正比，也是一个协同反应过程，由于反应没有活性中间体碳正离子的形成，所以反应不发生重排，没有重排产物。他们反应的不同之处表现在：S_N2 反应中，亲核试剂进攻中心 α-碳原子并与之成键；而在 E2 反应中，试剂碱进攻的是 β-氢原子，并将其夺走。在反应中，S_N2 反应机理和 E2 反应机理是并存和相互竞争的。

(3) E2 反应中的立体化学

在 E1 反应中，C—X 键断裂，产生碳正离子中间体，卤负离子离去。反应对卤代烃中的卤原子和 β-H 之间的空间立体要求不高。

在 E2 反应中，从反应物和产物的立体结构的对比分析得知，E2 形成过渡态时有严格的空间要求。由于 C_β—H 和 C—X 键的断裂与 π 键和 B—H 键的形成同时进行，即碱进攻卤代烃的 β-H 形成过渡态时，X—C—C—H 四个原子在一个平面上，C_β—H 和 C—X 键已开始变弱，C_α 和 C_β 两个碳原子由 sp^3 杂化逐渐向 sp^2 杂化过渡，每个碳原子上逐渐形成一个未杂化的 p 轨道，随着反应的进行，C_β—H 和 C—X 断裂，X 原子离去，新形成的 p 轨道平行重叠形成 π 键。X—C—C—H 四个原子在同一个平面上有两种可能的构象：一种是重叠式构象，另一种是对位交叉式构象。分子取重叠式构象时，X 与 β-H 位于平面的同侧，进行顺式消除；分子取对位交叉式构象时，X 与 β-H 位于平面的异侧，进行反式消除。

顺式消除

反式消除

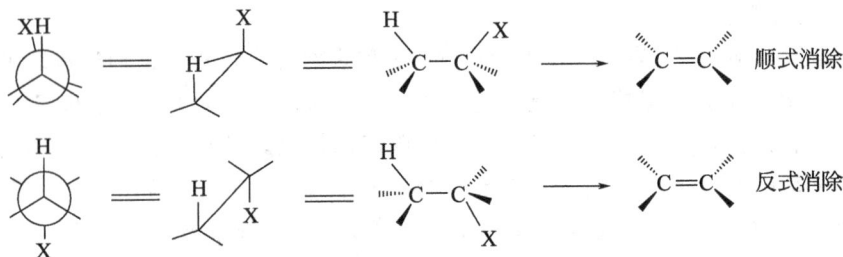

因为反式消除时的对位交叉式构象比顺式消除时的重叠式构象能量低，而且 β-H 和 X 处在较远位置，有利于碱对 β-H 的进攻，也有利于 X 的离去。并且实验也证明大多数 E2 消除为反式消除。例如，在 NaOH 的醇溶液中，1-溴-1,2-二苯基丙烷的苏式和赤式异构体消除溴化氢生成烯烃的反应，实验结果是苏式的一对对映体只产生 E-烯烃，而赤式的一对对映体只产生 Z-烯烃，说明它们的反应是以反式消除。

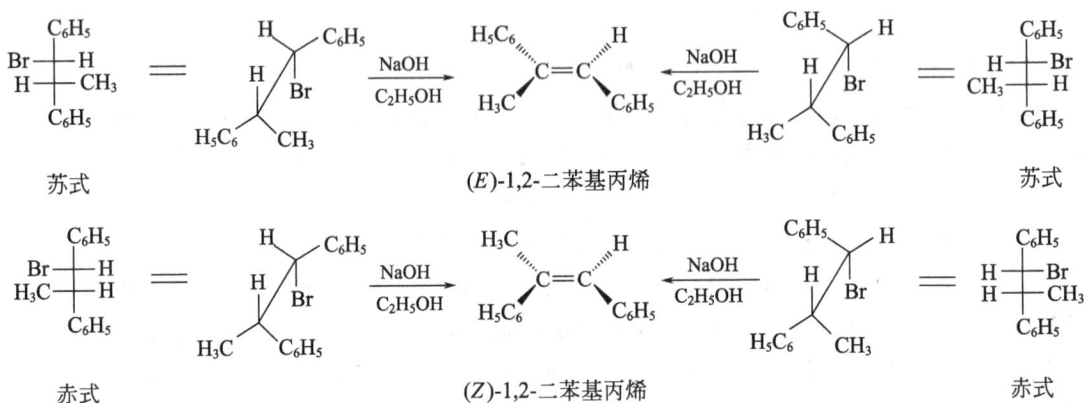

苏式　　　　　　　　　　　　　　(E)-1,2-二苯基丙烯　　　　　　　　　　苏式

赤式　　　　　　　　　　　　　　(Z)-1,2-二苯基丙烯　　　　　　　　　　赤式

在研究 E2 反应的立体化学时，用卤代环己烷的消除反应能更清楚反映这一反式消除的立体化学特征。当卤代环己烷有两种 β-H 存在并进行 E2 消除时，只有与 X 原子处于反式共平面的 β-H 才能被消除，且主要产物服从 Zaitsev 规则。为满足反式共平面的要求，被消除的 β-H 必须处在竖键（a 键）上，否则不能共平面，不能发生消除反应。例如：

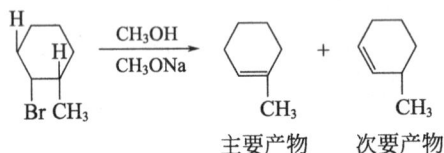

主要产物　　　次要产物

思考题 7-9 写出下列卤代烃发生消除反应时产物的结构式。

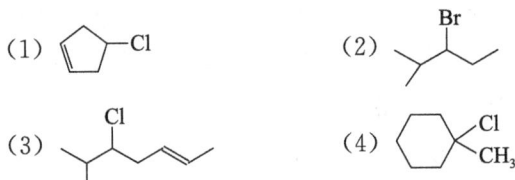

(1)

(2)

(3)

(4)

思考题 7-10 请写出下面卤代烃发生 E2 消除反应时产物的立体结构式并命名。

(1) (2S,3S)-3-氯-2-苯基丁烷

(2) (2R,3S)-3-氯-2-苯基丁烷

（五）卤代烃的消除反应与取代反应的竞争

卤代烃在碱性条件下进行反应，进攻试剂既是亲核试剂也是碱，当作为亲核试剂进攻 α-碳原子时，则发生亲核取代反应，当作为碱进攻 β-氢原子时，则发生消除反应。从反应机理来看，在一个反应体系中 S_N1、S_N2、$E1$、$E2$ 是同时存在又相互竞争，但在适合的条件下可能一种反应方式占优势。影响取代反应和消除反应的取向因素主要有烃基结构、试剂的性质、溶剂的极性和反应温度等。

1. 烃基结构的影响

烃基对亲核取代反应与消除反应竞争性的影响主要体现在空间因素，因为随着卤代烃 α-碳原子上取代基的增多，增加了亲核试剂进攻 α-碳原子的位阻，导致进攻空间阻碍较小的 β-氢原子的机会相应增加。

在强碱和极性较小的溶剂中，伯卤代烃一般发生亲核取代反应，只有在强碱和弱极性溶剂条件下才以消除反应为主。反应常按双分子机理（S_N2 或 $E2$）进行反应。

在相同条件下，β 位上连有支链的伯卤代烃，消除反应倾向增大。由于空间位阻的增加，试剂从背面进攻 α-C 变得困难，转而进攻 β-H。因此，当 β 位取代烃基增加时，S_N2 反应产物的比例将下降，$E2$ 反应产物的比例将增加。例如：

$$CH_3CH_2CH_2Br \xrightarrow[CH_3OH]{CH_3ONa} \underset{91\%}{CH_3CH_2CH_2OCH_3} + \underset{9\%}{CH_3CH=CH}$$

$$\text{（苯基）}-CH_2CH_2Br \xrightarrow[C_2H_5OH]{C_2H_5ONa} \text{（苯基）}-\underset{5.4\%}{CH_2CH_2OC_2H_5} + \text{（苯基）}-\underset{94.6\%}{CH=CH_2}$$

在相同条件下，叔卤代烃极易发生消除反应。叔卤代烃的 α-C 上连的烃基体积越大，则底物空间位阻越大，越不利于亲核取代反应，通常倾向于发生消除反应，即使在弱碱条件下（如 Na_2CO_3 水溶液）也以消除为主。例如：

$$\underset{CH_3}{\overset{CH_3}{H_3C-\underset{|}{\overset{|}{C}}-Br}} \xrightarrow[CH_3OH]{CH_3ONa} \underset{93\%}{CH_3-C=CH_2} + \underset{CH_3}{\overset{CH_3}{\underset{7\%}{H_3C-\underset{|}{\overset{|}{C}}-OCH_3}}}$$

在无强碱条件下，卤代烃主要发生 S_N1 和 $E1$ 反应，并以 S_N1 为主。但当 β-碳上烃基增多时，$E1$ 的比例会增加。S_N1 与 $E1$ 反应混合物之比主要取决于空间效应，卤代烃中取代基体积越大，越有利于消除反应。例如，在稀醇中，80℃时，溴代异丁烷只生成 5% 烯烃；而溴代叔丁烷生成 19% 烯烃。

仲卤代烃的情况介于伯卤代烃与叔卤代烃之间，在通常情况下，以取代反应为主，但消除产率比伯卤代烃大得多。

究竟以哪一种反应为主，主要决定于卤代烃的结构和实际的反应条件。如果在其他条件相同情况下，不同卤代烃发生取代和消除反应的趋势规律是：

$$\longleftarrow S_N2\text{反应增加}$$

$$1°RX \qquad 2°RX \qquad 3°RX$$

$$\text{消除反应增加} \longrightarrow$$

2. 试剂性质和结构的影响

通常情况下，进攻试剂的亲核性强，碱性弱有利于取代反应；而进攻试剂的亲核性弱，碱性强则有利于消除反应。由于亲核试剂一般都有未共用电子对，所以也表现出碱性。例如，HO^- 既是亲核试剂又是强碱，当 RX 与 NaOH 水解时，可以得到取代和消除两种产物；而与 RONa 反应时，由于在醇溶液中存在比 HO^- 碱性更强的碱 RO^-，所以主要得到消除产物。常见亲核试剂碱性大小顺序是：$NH_2^- > RO^- > HO^- > C_6H_5O^- > RCOO^- > I^-$，所以如果反应选取碱性较弱的亲核试剂 $RCOO^-$ 或 I^- 与卤代烷反应，则只发生取代反应。例如：

$$\underset{\overset{|}{CH_3CHCH_3}}{\overset{Cl}{}} \xrightarrow[C_2H_5OH]{C_2H_5Na} \underset{\overset{|}{CH_3CHCH_3}}{\overset{OCH_2CH_3}{}} + CH_3CH{=\!=}CH$$

$$25\% \qquad\qquad 75\%$$

$$\underset{\overset{|}{CH_3CHCH_3}}{\overset{Cl}{}} \xrightarrow[CH_3COOH]{CH_3COONa} \underset{\overset{|}{CH_3CHCH_3}}{\overset{\overset{O}{\overset{\|}{OCCH_3}}}{}}$$

$$100\%$$

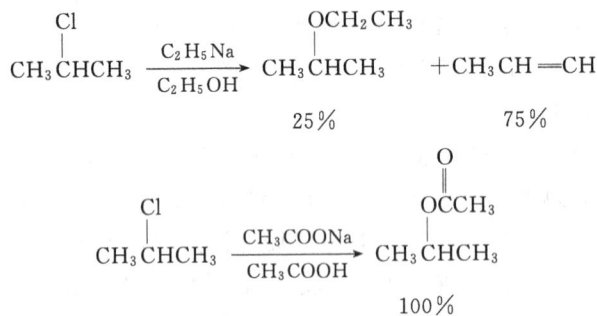

如果进攻试剂的体积较大，因空间阻碍导致其不易接近 α-碳原子，故对 S_N2 反应不利。但如果试剂进攻 β-氢原子，则对 E2 影响不明显。例如：

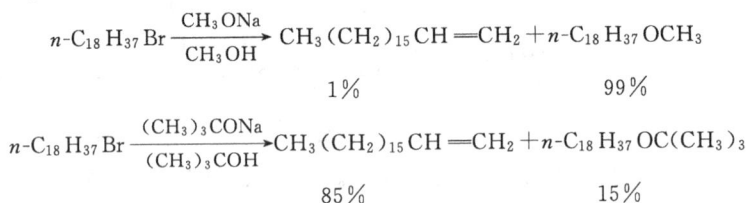

$$n\text{-}C_{18}H_{37}Br \xrightarrow[CH_3OH]{CH_3ONa} CH_3(CH_2)_{15}CH{=\!=}CH_2 + n\text{-}C_{18}H_{37}OCH_3$$

$$1\% \qquad\qquad 99\%$$

$$n\text{-}C_{18}H_{37}Br \xrightarrow[(CH_3)_3COH]{(CH_3)_3CONa} CH_3(CH_2)_{15}CH{=\!=}CH_2 + n\text{-}C_{18}H_{37}OC(CH_3)_3$$

$$85\% \qquad\qquad 15\%$$

在消除反应中将 β-氢原子以质子的形式除去，需要较强的碱，所以，试剂碱性增强或碱的浓度增加时，消除产物的产率增加。

3. 溶剂的极性和反应温度的影响

极性大的溶剂对 S_N1 和 E1 反应有利，而对 S_N2 和 E2 反应不利。因为 S_N2 和 E2 反应的过渡态负电荷分散程度大，而极性大的溶剂有利于稳定电荷集中的过渡态，而不利于稳定电荷分散的过渡态。

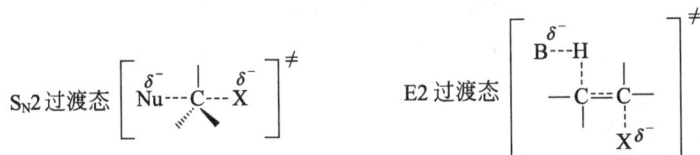

$$S_N2 \text{过渡态} \left[\underset{Nu}{\overset{\delta^-}{}} {\cdots} \overset{|}{\underset{|}{C}} {\cdots} \overset{\delta^-}{X}\right]^{\neq} \qquad E2 \text{过渡态} \left[\overset{\overset{\delta^-}{B}{\cdots}H}{\underset{\underset{X^{\delta^-}}{}}{\overset{|}{\underset{|}{C}}{=\!=}\overset{|}{C}{-}}}\right]^{\neq}$$

卤代烃在 E2 反应中过渡态的电荷分散程度比 S_N2 反应中大，或者说 E2 反应过渡态的极性比 S_N2 反应过渡态低。因此，相对而言，极性较低的溶剂有利于稳定极性较低的 E2 反应的过渡态，对消除反应更为有利。所以，卤代烃的碱性水解常在极性较大的 KOH 水溶液中进行；而消除反应常在极性相对较低的 KOH（或 RONa）的醇溶液中进行。

升高温度对取代反应和消除反应都有利，但两者相比，升高温度通常更有利于消除反应。因为在消除反应过程中既要断裂 C—X 键，又要断裂 C_β—H 键（在取代反应中不涉及此键）；消除反应形成过渡态所需要的活化能比取代反应要大，因此，升高反应温度对消除反应更加有利，可以增加消除产物的比例。

综上所述，亲核取代反应与消除反应是并存和相互竞争的两类反应，按哪一种或主要按哪一种取向进行反应取决于烃基结构、进攻试剂的性质和反应的温度等条件。直链的伯卤代烃易进行取代反应，消除反应很少，只有在强碱条件下（如 NH_2Na）才发生消除反应，常用来制备醚和腈类化合物。仲卤代烃及 β-碳原子上有支链的伯卤代烃进行 S_N2 的反应较慢，在强极性溶剂中，强亲核试剂条件下有利于 S_N2 反应，但在低极性溶剂，强碱条件下，有利于 $E2$ 反应，得消除产物，是制备烯烃的重要方法。叔卤代烃在无强碱时，一般得到 S_N1 和 $E1$ 混合产物，产物的相对比率由卤代烃的结构和反应条件决定，在合成中少用。提高温度对亲核取代反应和消除反应都有利。

思考题 7-11 制备甲基叔丁基醚，可以按如下两种方法设计合成路线，试说明那种路线更加合理。

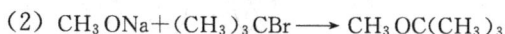

(1) $CH_3Br + (CH_3)_3CONa \longrightarrow CH_3OC(CH_3)_3$

(2) $CH_3ONa + (CH_3)_3CBr \longrightarrow CH_3OC(CH_3)_3$

（六）卤代烯烃与卤代芳烃的亲核取代反应

在卤代烯烃和卤代芳烃分子中，含有卤原子和双键两种特性基团，由于卤原子和双键的互相影响，使不同类型的卤代烯烃和卤代芳烃中的卤原子被亲核基团取代的反应活性差别很大。其活泼性可通过与硝酸银的醇溶液反应生成卤化银沉淀快慢来判断。根据碳碳双键、苯环与卤原子的相对位置，卤代烯烃和卤代芳烃分为：乙烯型和苯基型卤代烃、烯丙基型和苄基型卤代烃、孤立型卤代烯烃和卤代芳烃三种类型。

1. 乙烯型卤代烃和苯基型卤代烃

这类卤代烃中卤原子与碳碳双键或苯环上的 sp^2 杂化碳原子直接相连。结构通式分别为：

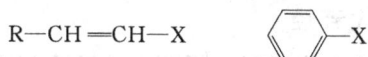

此类卤代烃的卤原子性质很不活泼，在通常情况下不易与 $NaOH$、$NaOR$、$NaCN$ 等亲核试剂发生取代反应，与硝酸银醇溶液共热数天也无卤化银沉淀产生。这是由于卤原子的 p 轨道与双键或苯环 π 键的 p 轨道平行重叠形成多电子的 p-π 共轭体系（如图7-4所示），p 电子向 π 轨道转移，使 C—X 键间电子云密度增加，有部分双键的性质，键长比相应的卤代烷短，键能比相应的卤代烷大，导致双键碳原子与卤原子结合较牢固，卤原子不活泼，一般不易发生亲核取代反应。另外，与卤原子直接相连的碳原子是 sp^2 杂化，其电负性大于 sp^3 杂化的碳原子，因此，卤原子更不易带着一对电子离开反应底物。例如，溴乙烷与乙醇钠加热反应 $1h$ 后即可生成乙醚，但溴乙烯在相同条件下不发生亲核取代反应。

2. 烯丙基型和苄基型卤代烃

这类卤代烃的结构特点是：卤原子与双键或芳环间相隔一个饱和碳原子。结构通式分别为：

此类卤代烃的卤原子很活泼。因为当烯丙基型和苄基型卤代烃中 C—X 断裂后，卤素带

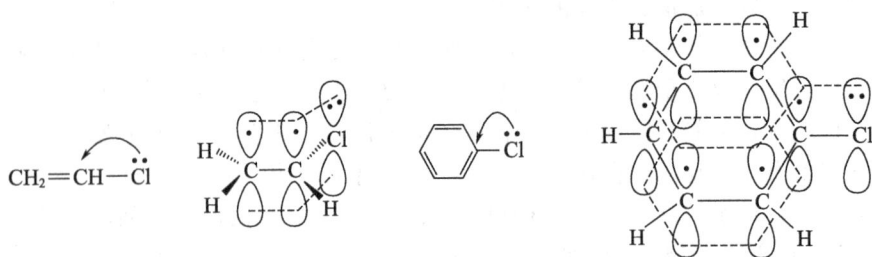

图 7-4　氯乙烯分子和氯苯分子中的 p-π 共轭体系

着一对电子以负离子形式离开，中心碳原子由原来的 sp^3 杂化转变为 sp^2 杂化，碳正离子上带正电荷空的 p 轨道与相邻 π 轨道形成缺电子的 p-π 共轭体系。图 7-5 是烯丙基型和苄基型碳正离子离域示意图。

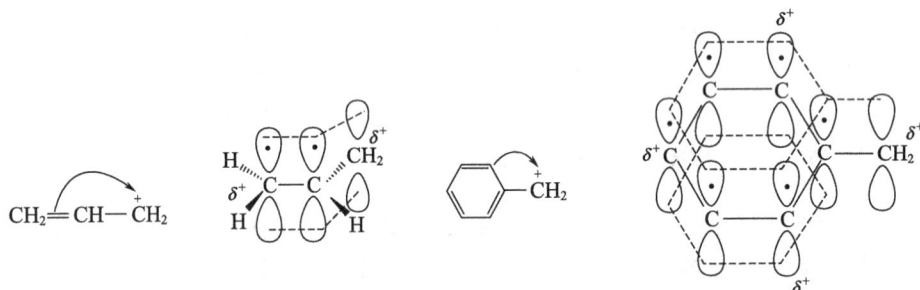

图 7-5　烯丙基型和苄基型碳正离子电子离域示意图

　　p-π 共轭的结果使碳正离子的正电荷得到分散，体系能量降低，增加了碳正离子的稳定性，卤代烃容易解离成碳正离子和卤负离子，故此类卤原子的反应活性比较大，很容易发生 S_N1 反应。这类卤代烃在常温下即与硝酸银的醇溶液反应，立即生成卤化银沉淀。也易发生水解、醇解、氨解等亲核取代反应。

3. 孤立型卤代烯烃和卤代芳烃

　　这类卤代烃的卤原子与双键或芳环间相隔两个或两个以上的饱和碳原子。结构通式分别为：

$$R-CH=CH-(CH_2)_n-X \qquad \qquad \text{〈〉}-(CH_2)_n-X \qquad \qquad n \geqslant 2$$

　　孤立型不饱和卤代烃分子中，卤原子与双键或芳环相隔较远，相互影响较小，其亲核取代反应的活泼性与卤代烷中的卤原子相似。一般在加热条件下，能与硝酸银醇溶液反应生成卤化银沉淀。

　　综上所述，三类不饱和卤代烃中卤原子的亲核取代反应活性顺序为：烯丙基型和苄基型卤代烃＞孤立型卤代烯烃和卤代芳烃＞＞乙烯型和苯基型卤代烃。

思考题 7-12　排列下列两组化合物发生亲核取代反应的活性高低。

(1)　

(2)　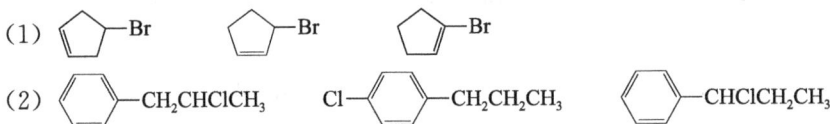

（七）卤代烃与金属的反应

卤代烃可以与许多金属元素（如 Li、Na、K、Mg、Zn、Al、Cd、Hg 等）反应生成金属原子与碳原子直接相连的一类化合物，统称为有机金属化合物（organometallic compounds）。用 R—M 表示，M 代表金属原子。有机金属化合物都有毒，它们可溶于非极性溶剂。由于金属元素的电负性小于碳元素，在碳金属键中碳原子带负电荷，金属带正电荷，表示为 $C^{\delta-}$—$M^{\delta+}$。其中 K、Na、Li 与碳形成的是离子型键，具有盐类的性质，Mg、Al 与碳形成的是极性共价键，而 Hg、Sn 与碳形成共价键。有机金属化合物既是强碱，也是强亲核试剂。

卤代烃在无水乙醚中与金属镁反应，生成有机金属镁化合物，通式 RMgX，称为 Grignard 试剂（Grignard reagents），简称为格氏试剂，这一反应是由法国化学家 Grignard（格利雅，1871—1935）发现，为此 Grignard 获得 1921 年 Nobel 化学奖。用卤代烷合成格氏试剂时，卤代烷与镁反应的活性次序是：RI＞RBr＞RCl＞RF。由于氟代烷活性差，而碘代烷又太活泼，所以制备格氏试剂时一般采用反应活性适中的 RBr 和 RCl。因溴甲烷和氯甲烷是气体，所以在制备甲基卤化镁时用碘甲烷。制备格氏试剂时以伯卤代烃最适合，仲卤代烃也可以，但叔卤代烃在格氏试剂强碱条件下，将发生消除反应，难以得到格氏试剂。

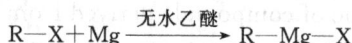

$$R—X + Mg \xrightarrow{\text{无水乙醚}} R—Mg—X$$

格氏试剂在无水乙醚溶液中可与乙醚形成含有二分子乙醚的配合物，这有利于 RMgX 的生成和稳定，也可以增加格氏试剂在乙醚溶液中的溶解度。

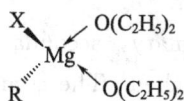

$$\begin{array}{c} X \quad\quad O(C_2H_5)_2 \\ \diagdown \diagup \\ Mg \\ \diagup \diagdown \\ R \quad\quad O(C_2H_5)_2 \end{array}$$

格氏试剂非常活泼，可与空气中的水蒸气、氧、二氧化碳等发生反应。因此，在制备格氏试剂时，要用事先处理好的无水乙醚，干燥的仪器，并在惰性气体保护及低温条件下进行。

$$RMgX + H_2O \longrightarrow RH + Mg\diagup^{OH}_{\diagdown X}$$

$$RMgX + \tfrac{1}{2}O_2 \longrightarrow R—O—MgX$$

$$RMgX + CO_2 \longrightarrow R—\overset{\overset{\displaystyle O}{\|}}{C}—OMgX$$

另外，格氏试剂还可以和其他一些含有活泼氢的化合物发生分解反应并生成相应的烃。所以，在使用格氏试剂时还应注意不仅要求溶剂中无活泼氢，而且要求反应物中也不能带有活泼氢，如羟基、羧基等。

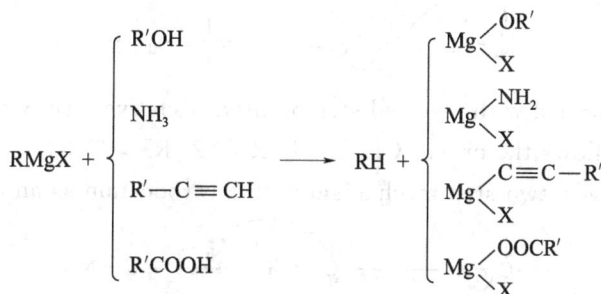

$$RMgX + \begin{cases} R'OH \\ NH_3 \\ R'—C\equiv CH \\ R'COOH \end{cases} \longrightarrow RH + \begin{cases} Mg\diagup^{OR'}_{\diagdown X} \\ Mg\diagup^{NH_2}_{\diagdown X} \\ Mg\diagup^{C\equiv C—R'}_{\diagdown X} \\ Mg\diagup^{OOCR'}_{\diagdown X} \end{cases}$$

格氏试剂中 C—Mg 键是极性共价键，碳原子上带有部分负电荷，因此，烷基（R—）是一个很强的亲核试剂，可以进攻醛、酮、酯、酰卤等化合物中带部分正电荷的碳原子，进行亲核取代反应或亲核加成反应，形成新的 C—C 键，故它是有机合成上非常重要的试剂之一。例如，利用它与二氧化碳反应生成比原卤代烃多一个碳原子的羧酸。

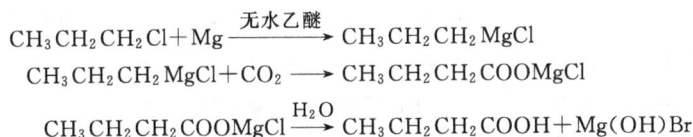

$$CH_3CH_2CH_2Cl + Mg \xrightarrow{\text{无水乙醚}} CH_3CH_2CH_2MgCl$$

$$CH_3CH_2CH_2MgCl + CO_2 \longrightarrow CH_3CH_2CH_2COOMgCl$$

$$CH_3CH_2CH_2COOMgCl \xrightarrow{H_2O} CH_3CH_2CH_2COOH + Mg(OH)Br$$

除有机镁试剂外，也经常用到有机锂试剂。卤代烃与金属锂反应制得有机锂试剂，一般将其在低温下存放于己烷溶液中供使用。有机锂试剂的用途与格氏试剂十分相似，但比格氏试剂更为活泼、价格更贵。

$$RX + 2Li \xrightarrow{C_6H_{14}} R-Li + LiX$$

金属有机化学是近年来国内外学者研究的热点之一。

Summary

Halohydrocarbons are a type of compounds derived from hydrocarbons containing one or more halogens. The electronegativity of halogen is larger than that of carbon, so the carbon-halogen σ-bond is polar. The bonding electron pair is biased toward the halogen, making the carbon atom a relatively positive center.

Alkyl halides are classified as primary, secondary and tertiary, depending on the type of carbon to which the halogen is attached. The common name of alkyl halides consists of the name of the alkyl group, followed by the name of the halogen, such as methyl iodide. In the IUPAC system, alkyl halides are named as substituted alkanes considering the halogen as a substituent on the parent alkane chain, such as iodomethane. The halogen substituents in the IUPAC name are written with suffix "o", i. e. fluoro, chloro, bromo, and iodo. The physical properties of alkyl halides are strongly affected by the polarized C—X bond, usually having higher boiling point and melting point than the corresponding alkanes.

Alkyl halides undergo two kind of nucleophilic substitution reactions, S_N1 and S_N2. S_N1 reaction is a unimolecular reaction, it means that only one molecule is involved in the transition state of the rate-limiting step. S_N2 reaction is bimolecular, where two molecules are involved in the transition state of the rate-limiting step.

(1) S_N2 reaction: a one-step mechanism.

$$\ddot{Nu}^- + -\overset{|}{\underset{|}{C}}-X \longrightarrow -\overset{|}{\underset{|}{C}}-Nu + X^-$$

The product is formed with inverted stereocenter. Relative reactivity of alkyl halides toward S_N2 reaction follows the order: $CH_3X > 1° RX > 2° RX > 3° RX$.

(2) S_N1 reaction: a two-step mechanism with a carbocation as an intermediate.

$$-\overset{|}{\underset{|}{C}}-X \longrightarrow -\overset{|}{\underset{|}{C}}{}^+ + X^- \xrightarrow{\ddot{Nu}^-} -\overset{|}{\underset{|}{C}}-Nu$$

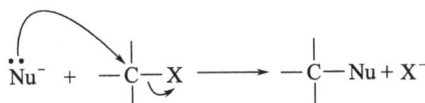

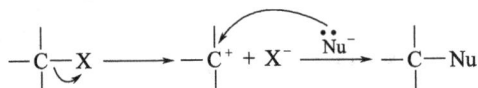

Both the inverted and noninverted products are formed in S_N1 reaction. Relative reactivity of alkyl halides toward S_N1 reaction follows the order: $3° \text{ RX} > 2° \text{ RX} > 1° \text{ RX} > CH_3X$.

In addition to nucleophilic substitution reaction, alkyl halides undergo β-elimination reaction, in which the halogen and the hydrogen from an adjacent carbon are eliminated to form a double bond. The elimination reactions usually give a regioisomeric mixture of alkene products. However, in the reaction the hydrogen is usually removed from the β-carbon with the fewest hydrogens, so more substituted (more stable) alkene are produced as the major products. This is known as the Zaitsev's rule. There are also two types of β-elimination reaction, E1 and E2. E1 reaction is two-step process, in which the alkyl halide dissociates first to form a carbocation intermediate, after that a base removes a proton from an adjacent carbon to form a double bond. E2 reaction is one-step, where the proton and halogen are removed at the same time in a concerted fashion. The reaction takes place preferentially through an anti-periplanar transition state.

(1) E2 reaction: a one-step mechanism.

Relative reactivity of alkyl halides follows the order: $3° \text{ RX} > 2° \text{ RX} > 1° \text{ RX}$.

(2) E1 reaction: a two-step mechanism with a carbocation as the intermediate.

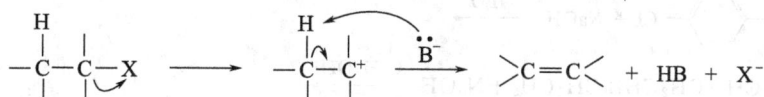

Relative reactivity of alkyl halides follows the order: $3° \text{ RX} > 2° \text{ RX} > 1° \text{ RX}$.

Alkyl halides react with magnesium in ether solution to form organomagnesium halides, known as Grignard reagents. Grignard reagents react with weak acids such as H_2O, ROH, and RCOOH to abstract a proton and yield hydrocarbon. They can also react with various molecules to form useful compounds that will be discussed in later chapters.

(1) Grignard reagents formation

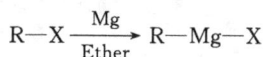

$$R-X \xrightarrow[\text{Ether}]{\text{Mg}} R-Mg-X$$

(2) Grignard reagents react with weak acids

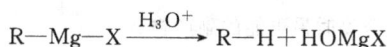

$$R-Mg-X \xrightarrow{H_3O^+} R-H+HOMgX$$

习　题

1. 命名下列化合物。

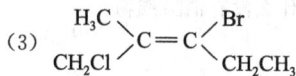

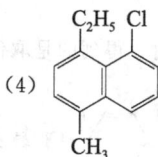

(1) $(CH_3)_3C-I$

(2) $(CH_3)_3C-CHClCH_2CHBrCH_3$

(3)

(4)

(5) $\begin{array}{c} CH_2Br \\ | \\ H_3CH_2C-\!\!\!\!\!-\!\!\!\!\!-H \\ | \\ Br \end{array}$

(6) $\begin{array}{c} CH_3 \\ | \\ Cl-\!\!\!\!\!-\!\!\!\!\!-CH_2CH_3 \\ H-\!\!\!\!\!-\!\!\!\!\!-CH_2CH_3 \\ | \\ Br \end{array}$

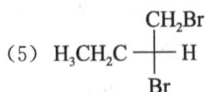

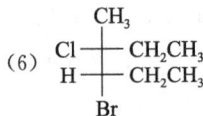

2. 写出下列化合物的结构式。

(1) 烯丙基氯

(2) 2,4-二溴-3,3-二甲基己烷

(3) 5-碘-4-甲基庚-2-烯

(4) 1,3-二溴-5-硝基苯

(5) (R)-2-溴-2-碘丁烷

(6) 乙基溴化镁

3. 写出 $C_5H_{11}Cl$ 所有同分异构体，并说明各属于 1°卤代烷、2°卤代烷、3°卤代烷。

4. 说明 S_N1、S_N2 反应和 E1、E2 反应各自的特点？

5. 卤代烷与氢氧化钠在水与乙醇混合溶液中进行反应，从下列现象判断哪些属于 S_N1 机理，哪些属于 S_N2 机理？

(1) 反应分两步进行，第一步是决定步骤。

(2) 反应不分阶段一步完成。

(3) 增加氢氧化钠的浓度，反应速率明显加快。

(4) 增加溶剂的含水量，反应速率明显加快。

(5) 试剂亲核性愈强，反应速率愈快。

(6) 叔卤代烃反应速度明显大于伯卤代烃。

(7) 产物的构型完全转化。

(8) 有重排产物。

6. 写出下列反应的主产物。

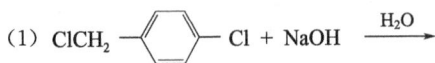

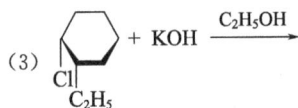

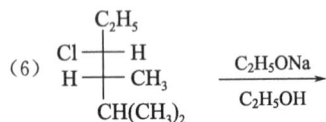

(1) $ClCH_2-\!\!\!\bigcirc\!\!\!-Cl + NaOH \xrightarrow{H_2O}$

(2) $CH_2\!=\!CH-CH_2CHBrCH_2CH_3 + NaOH \xrightarrow{C_2H_5OH}$

(3) $\begin{array}{c}\bigcirc\\ {}^{|}_{Cl}\\ {}^{|}_{C_2H_5}\end{array} + KOH \xrightarrow{C_2H_5OH}$

(4) $CH_3CH_2CH_2CH_2Cl + KI \xrightarrow{\text{丙酮}}$

(5) $CH_2\!=\!CHCH_3 \xrightarrow{HBr} \xrightarrow[\text{无水乙醚}]{Mg} \xrightarrow[(2)\ H_2O/H^+]{(1)\ CO_2}$

(6) $\begin{array}{c} C_2H_5 \\ | \\ Cl-\!\!\!\!\!-\!\!\!\!\!-H \\ H-\!\!\!\!\!-\!\!\!\!\!-CH_3 \\ | \\ CH(CH_3)_2 \end{array} \xrightarrow[C_2H_5OH]{C_2H_5ONa}$

7. 写出正丁基溴转化成下列化合物时最可能的副产物。

(1) 用 NaOH 水溶液转化成 1-丁醇

(2) 用乙炔钠转化成 1-己炔

8. 回答下列问题。

(1) 下列反应中，是增加亲核试剂的浓度，还是增加溶剂的极性对反应有利？

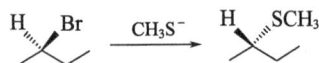

$$\overset{H}{\underset{}{\diagdown}}\overset{Br}{\underset{}{\diagup}} \xrightarrow{CH_3S^-} \overset{H}{\underset{}{\diagdown}}\overset{SCH_3}{\underset{}{\diagup}}$$

(2) 化合物 $\begin{array}{c}\bigcirc\\{}^{|}_{Cl}\\{}^{|}_{CH_3}\ {}^{C_2H_5}\end{array}$ 与 CH_5CH_2OH 作用时，得到的是取代产物，为什么没有消除产物？

(3) 在 C_2H_5ONa/C_2H_5OH 反应条件下，$\bigcirc\!\!\!-Cl$ 易发生什么反应？

9. 下面反应体系中可能有 S_N1、S_N2、E1、E2 反应的共存，请解释这些产物是如何得到：

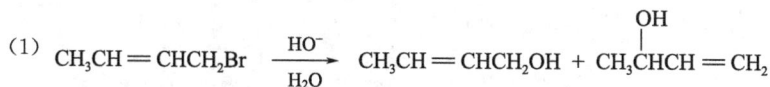

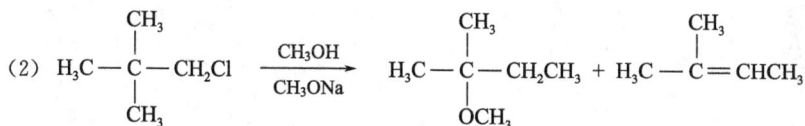

(1) $CH_3CH=CHCH_2Br$ $\xrightarrow[H_2O]{HO^-}$ $CH_3CH=CHCH_2OH$ + $CH_3\overset{\overset{\displaystyle OH}{|}}{CH}CH=CH_2$

(2) $H_3C-\overset{\overset{\displaystyle CH_3}{|}}{\underset{\underset{\displaystyle CH_3}{|}}{C}}-CH_2Cl$ $\xrightarrow[CH_3ONa]{CH_3OH}$ $H_3C-\overset{\overset{\displaystyle CH_3}{|}}{\underset{\underset{\displaystyle OCH_3}{|}}{C}}-CH_2CH_3$ + $H_3C-\overset{\overset{\displaystyle CH_3}{|}}{C}=CHCH_3$

10. 完成下列转化。

(1) $CH_2=CHCH_3$ ⟶ $CH_3CH_2CH_2COOH$

(2) ⟨benzene⟩$-CH_3$ ⟶ ⟨benzene⟩$-CH_2OCH_2CH_3$

11. 分子式为 C_4H_8 的化合物 A，与溴加成后生成化合物 B，B 与氢氧化钠的醇溶液反应，生成化合物 C，其分子式为 C_4H_6，C 能与硝酸银的氨溶液反应生成白色沉淀。试写出 A、B、C 的结构式。

12. 化合物 A 的分子式为 C_6H_{12}，不能使棕红色的溴水褪色，但在光照的条件下与溴作用可以得到化合物 B，分子式为 $C_6H_{11}Br$，B 与氢氧化钠的醇溶液加热，生成分子式为 C_6H_{10} 的化合物 C，C 经酸性 $KMnO_4$ 氧化得到己二酸。试写出 A、B、C 的结构式。

13. 分子式为 C_9H_{10} 的化合物 A，能与溴水发生加成反应，但化合物 A 无顺反异构。A 与 HCl 反应可以得到化合物 B，化合物 B 具有旋光性。B 用 NaOH 醇溶液处理后可以得到的化合物 C，化合物 C 与 A 是同分异构体，C 也可使溴水褪色，且具有顺反异构，试推测 A、B、C 的结构式。

14. 根据下面所列化合物的 ^1H NMR 数据写出构造式。

(1) C_4H_9Br：$\delta=1.04(6H)$双峰；$\delta=1.95(1H)$多重峰；$\delta=3.3(2H)$双峰。

(2) C_4H_9Br：$\delta=1.75(9H)$单峰。

(3) $C_3H_6Cl_2$：$\delta=1.4(3H)$双峰；$\delta=3.8(2H)$双峰；$\delta=4.3(1H)$六重峰。

（赣南医学院　张剑）

第八章

醇、酚、醚

内容提示

本章主要介绍：醇、酚和醚的分类、命名、结构特点；醇、酚、醚的物理性质；醇、酚、醚的主要化学性质及其在医学中的应用。

醇、酚和醚都是重要的含氧有机化合物。醇和酚中含有羟基，醇（alcohol）通常是指羟基与饱和碳原子直接相连的化合物，而酚（phenol）是指羟基直接与芳环碳原子相连的化合物。醇和酚既是重要的有机合成原料，也参与生物体内的许多代谢反应。醇或酚中的羟基氢被烃基取代得到的化合物称为醚（ether），醚的化学性质比较惰性，常用作有机溶剂。但环氧化合物（epoxide）与一般的醚不同，其性质非常活泼，是有机合成的重要中间体。

你在学完本章以后，应该能够回答以下问题：

1. 醇是如何分类的？

2. 不同氢卤酸与伯醇进行亲核取代反应的活性顺序为：$HI > HBr > HCl$，如何解释？为什么有的醇与氢卤酸反应时会生成重排产物？

3. 醇能被哪些氧化剂氧化？

4. 苯酚为什么易"溶于"氢氧化钠溶液？为什么酚类可用做抗氧剂？

5. 醚键是如何断裂的？有何规律？

6. 环氧化物是怎样进行开环反应的？

7. 冠醚在结构上有什么特点？有哪些重要用途？

一、醇

（一）醇的结构、分类和命名

1. 醇的结构

醇分子中的羟基直接与饱和碳原子相连，羟基氧的杂化状态和水分子中的氧相同，为

sp^3 不等性杂化，其中的 C—O—H 键角接近 sp^3 杂化轨道对称轴之间的夹角。例如，甲醇中 C—O—H 的键角为 108.9°，氧原子上的两对未共用电子对分别位于两个 sp^3 杂化轨道中（图 8-1）。

2. 醇的分类

醇可按烃基的结构和羟基的数目进行分类。根据羟基所连接的碳原子类型，可将醇分为三类，即：伯醇（一级醇，1°醇）、仲醇（二级醇，2°醇）和叔醇（三级醇，3°醇）。

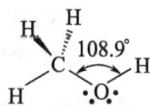

图 8-1　甲醇的结构

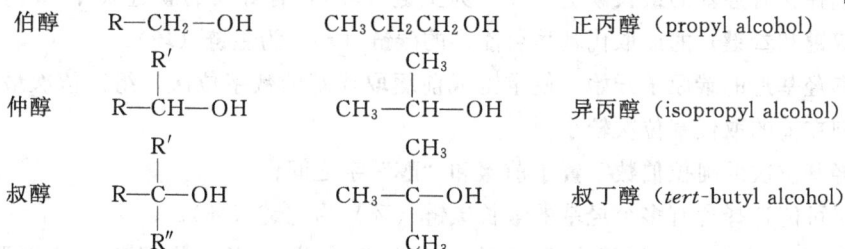

伯醇　　　$R—CH_2—OH$　　　　$CH_3CH_2CH_2OH$　　　正丙醇（propyl alcohol）

仲醇　　　$R—\underset{\underset{R'}{|}}{CH}—OH$　　　$CH_3—\underset{\underset{CH_3}{|}}{CH}—OH$　　　异丙醇（isopropyl alcohol）

叔醇　　　$R—\overset{\overset{R'}{|}}{\underset{\underset{R''}{|}}{C}}—OH$　　　$CH_3—\overset{\overset{CH_3}{|}}{\underset{\underset{CH_3}{|}}{C}}—OH$　　　叔丁醇（*tert*-butyl alcohol）

根据分子中所含的羟基数目，醇又可分为一元醇、二元醇和三元醇等。含两个以上羟基的醇统称为多元醇。

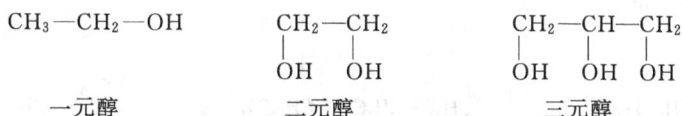

$$CH_3—CH_2—OH \qquad \underset{\underset{OH}{|}\quad \underset{OH}{|}}{CH_2—CH_2} \qquad \underset{\underset{OH}{|}\quad\underset{OH}{|}\quad\underset{OH}{|}}{CH_2—CH—CH_2}$$

一元醇　　　　　　二元醇　　　　　　三元醇

根据羟基所连的烃基不同，醇还可分为饱和醇、不饱和醇和芳香醇。例如：

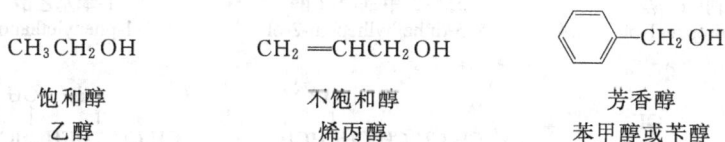

$$CH_3CH_2OH \qquad\qquad CH_2{=}CHCH_2OH \qquad\qquad \text{⬡}{-}CH_2OH$$

饱和醇　　　　　　　不饱和醇　　　　　　　芳香醇
乙醇　　　　　　　　烯丙醇　　　　　　　苯甲醇或苄醇

两个羟基连在同一个碳原子上的二元醇称为偕二醇或胞二醇。偕二醇很不稳定，容易脱水变成羰基化合物：

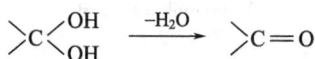

$$>\!C\!\!\begin{array}{c}OH\\OH\end{array} \xrightarrow{-H_2O} >\!C{=}O$$

羟基与双键碳相连的醇称为烯醇，烯醇一般不稳定，容易重排为羰基化合物。例如：

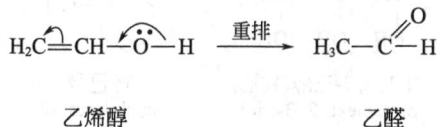

$$H_2C{=}CH{-}O{-}H \xrightarrow{\text{重排}} H_3C{-}\overset{\overset{O}{\|}}{C}{-}H$$

乙烯醇　　　　　　　　　　　　乙醛

虽然乙烯醇等简单的烯醇不稳定，但有些有烯醇结构的化合物则是比较稳定的（详见第十章）。

3. 醇的命名

醇按官能团类别法命名时，简单醇的名称是由相应母体氢化物衍生的前缀（取代基）加上后缀"醇"字构成。前缀为烷基时，"基"字通常可省去；简单醇的英文名称是在英文烃基名后加上尾词"alcohol"。例如：

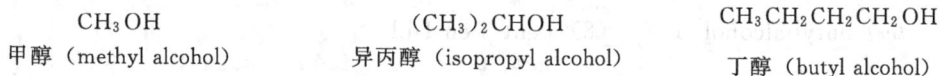

$$CH_3OH \qquad\qquad (CH_3)_2CHOH \qquad\qquad CH_3CH_2CH_2CH_2OH$$

甲醇（methyl alcohol）　　　异丙醇（isopropyl alcohol）　　　丁醇（butyl alcohol）

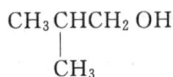
　　　　　　　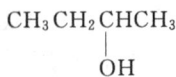

异丁醇（isobutyl alcohol）　　　　仲丁醇（sec-butyl alcohol）

$C_6H_5CH_2OH$　　　　　$CH_2\!=\!CHCH_2OH$　　　　　$(CH_3)_3COH$

苄醇（benzyl alcohol）　　　烯丙醇（allyl alcohol）　　　叔丁醇（tert-butyl alcohol）

　　结构较复杂的醇，其名称也由前缀（取代基）加后缀（醇）构成，但须遵循以下原则：

　　(1) 一元醇选择含有羟基的最长碳链（环）为主链（环），有等长的碳链（环）时，依次选取含重键（双键和叁键）的或取代基尽可能多的碳链（环）为主链（环）；

　　(2) 编号从离羟基近的碳原子开始，使重键或前缀取代基的数字位次（组）依次最低，并使英文名称排列在前的取代基位次较小；

　　(3) 将表示羟基位次的阿拉伯数字置于前缀和"醇"字之间；

　　(4) 多元醇尽可能选择含有多个羟基的最长碳链（环）为主链（环）。

　　复杂醇的英文名称是将相应烷烃名称词尾中的"e"变为"ol"，将羟基的位次置于"ol"之前。二元醇和三元醇是在相应烷烃名后分别加词尾"diol"和"triol"，羟基的位次置于烷烃名和词尾之间。

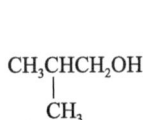

2-甲基丙(-1-)醇
2-methylpropan-1-ol

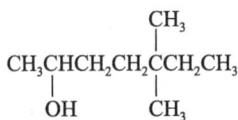

5,5-二甲基庚-2-醇
5,5-dimethylheptan-2-ol

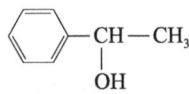

1-苯基乙醇
1-phenylethanol

己-5-烯-2-醇
hex-5-en-2-ol

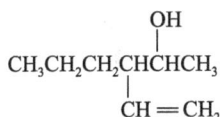

3-乙烯基己-2-醇
3-ethenylhexan-2-ol

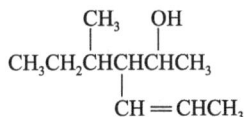

3-(1-甲基丙基)己-4-烯-2-醇
3-(1-methylpropyl)hex-4-en-2-ol

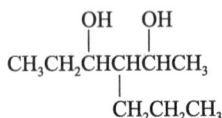

3-丙基己-2,4-二醇
3-propylhexane-2,4-diol

$\begin{array}{ccc}CH_2\!-\!CH\!-\!CH_2\\ |\quad\ |\quad\ |\\ OH\ \ OH\ \ OH\end{array}$

丙-1,2,3-三醇（甘油）
propane-1,2,3-triol

环己醇
cyclohexanol

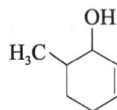

6-甲基环己-2-烯(-1-)醇
6-methylcyclohex-2-en-1-ol

思考题 8-1 写出下列化合物的名称或结构式。

(1)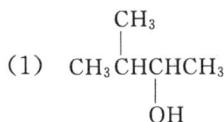

(2)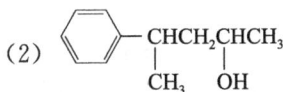

(3)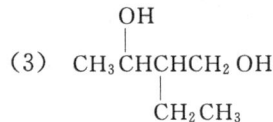

(4) 4-氯-2-乙基丁(-1-)醇　　　(5) 3-苯基丙-2-烯(-1-)醇　　　(6) 4-甲基戊-1,2-二醇

(7) *tert*-butyl alcohol　　　(8) pent-3-en-1-ol

（二）醇的物理性质

低级一元醇为无色中性液体，具有特殊的气味和辛辣的味道。甲醇、乙醇和丙醇可与水以任意比例混溶；4～11 个碳原子的醇为油状黏稠液体，仅部分溶解于水；高级醇为无色、无味的蜡状固体，几乎不溶于水。甲醇的毒性很大，对视神经系统有损害作用，严重的甲醇中毒可导致失明乃至死亡，工业乙醇及变性乙醇中都混有甲醇，不能用作饮料。随着醇的分子量增大，烷基对醇分子的影响变得愈加明显，醇的物理性质也愈接近烷烃。一元醇的密度虽然比相当分子量的烷烃大，但仍小于水的密度。一些常见醇的物理常数见表 8-1。

表 8-1　一些常见醇的物理常数

名称	熔点/℃	沸点/℃	密度/g·cm^{-3}	水中溶解度/g·100mL^{-1}
甲醇(methyl alcohol)	−97.8	64.7	0.792	∞
乙醇(ethyl alcohol)	−117.3	78.3	0.789	∞
丙醇(propyl alcohol)	−126.0	97.8	0.804	∞
异丙醇(isopropyl alcohol)	−88.0	82.3	0.786	∞
丁醇(butyl alcohol)	−90.0	117.8	0.810	7.9
戊醇(pentyl alcohol)	−78.5	138.0	0.817	2.3
己醇(hexyl alcohol)	−52.0	156.5	0.819	0.6
庚醇(heptyl alcohol)	−34.0	176.0	0.822	0.2
辛醇(octyl alcohol)	−15.0	195.0	0.825	0.05
癸醇(decyl alcohol)	6.0	232.9	0.829	—
十二醇(dodecyl alcohol)	24.0	262.0	0.831	—
环戊醇(cyclopentyl alcohol)	−17.0	141.0	0.948	微溶
苯甲醇(benzyl alcohol)	−15.0	205.0	1.040	4.0
乙二醇(ethanediol)	−12.6	197.5	1.113	∞
丙-1,2 二醇(popane-1,2-diol)	−59.0	189.0	1.038	∞
甘油(glycerol)	18.0	290.0	1.260	∞

醇在水中溶解度的大小主要取决于醇分子的羟基和水分子之间形成氢键的概率。对于 3 个碳原子以下的低级醇或多元醇，烃基的阻碍作用较小，羟基与水分子之间形成氢键的概率较大，可以与水混溶。随着醇分子中烃基的增大，羟基与水分子之间的氢键作用逐渐减弱，醇在水中的溶解度也随之降低。

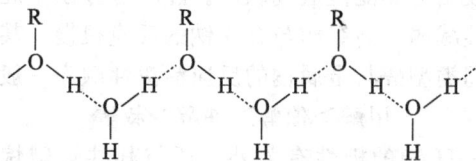

醇的沸点随着分子量的增大而升高。在直链同系列中，10 个碳以下相邻醇之间的沸点相差 18～20℃；多于 10 个碳的相邻醇之间沸点差变小。醇的沸点比分子量相近的烃类高得多。例如，甲醇（分子量 32）的沸点为 64.7℃，而乙烷（分子量 30）的沸点仅为 −88.5℃。这是由于醇分子的羟基之间也可通过氢键作用相互缔合，使分子间的作用力增大，在由液态变为气态时，需要吸收更多的热量。

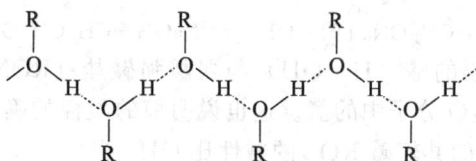

多元醇的沸点随羟基数目的增加而升高。例如，丙醇的沸点为 97.8℃，而丙三醇的沸点高达 290℃。

（三）醇的化学性质

醇的化学性质主要由羟基决定，由于氧的电负性较大，与氧原子相连的共价键具有很强的极性。

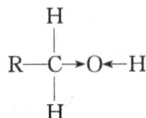

$$R-\overset{\overset{\displaystyle H}{|}}{\underset{\underset{\displaystyle H}{|}}{C}}-O\leftarrow H$$

在一定条件下，醇的 C—O 键和 O—H 键都能发生断裂。C—O 键的断裂有两种方式：一种是羟基被其他原子或基团取代，发生亲核取代反应；另一种是羟基与 β-H 脱去，进行消除反应。O—H 键断裂的反应，主要表现为羟基氢可以被活泼金属所置换，羟基氢显示一定的弱酸性。另外，受羟基吸电子效应的影响，羟基所连 α-碳上的氢比较活泼，容易被氧化。

1. 羟基氢的弱酸性

醇在性质上与水有许多相似之处，如醇中的羟基氢与水中的氢原子一样，显示一定的弱酸性。由于烷基的斥电子作用，醇的酸性比水的弱，其 pK_a（16～18）比水的 pK_a（15.7）大，但醇与活泼碱金属或碱土金属仍能反应，放出氢气。例如：

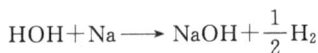

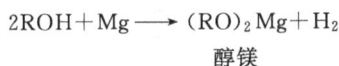

$$HOH+Na\longrightarrow NaOH+\frac{1}{2}H_2$$

$$ROH+Na\longrightarrow RONa+\frac{1}{2}H_2$$
$$醇钠$$

$$2ROH+Mg\longrightarrow (RO)_2Mg+H_2$$
$$醇镁$$

由于醇羟基氢的酸性比水中氢原子的弱，醇与活泼金属的反应比水温和。如乙醇与金属钠的反应，虽然也有大量反应热放出，但不会引发氢的燃烧和爆炸，因而在实验室常用乙醇处理少量废弃的金属钠。若乙醇中含有水，金属钠首先与酸性较强的水反应，生成氢氧化钠和氢气，反应剧烈，反应放出的热能使氢气燃烧。随着醇分子中烃基体积的增大和碳链的增长，醇与金属钠的反应活性减弱，高级醇与金属钠的反应很慢，甚至不发生反应。醇的结构不同，反应活性不同，不同类型醇与金属钠的反应活泼性顺序一般为：

$$甲醇＞伯醇＞仲醇＞叔醇$$

醇的酸性强弱除与 O—H 键的极性有关外，还与其共轭碱烷氧负离子的稳定性有关，烷氧负离子的溶剂化作用越强，稳定性越高，醇的酸性就越强。由于空间位阻，叔醇和仲醇中的烃基阻碍了烷氧负离子与溶剂分子间的偶极作用，难溶剂化，反而易与氢质子结合，叔醇和仲醇的氧负离子表现出较强的碱性，它们的酸性较弱。

醇钠具有比氢氧化钠更强的碱性，只能在醇溶液中保存，遇水会立即水解，释放出醇。例如：

$$CH_3CH_2ONa+H-OH\Longleftrightarrow NaOH+CH_3CH_2OH$$

上述反应可看作是较强的酸（H—OH）与弱酸强碱盐（RONa）之间的反应，由强碱（$CH_3CH_2O^-$）夺取了 H_2O 分子中的氢。这也说明醇的酸性的确比水弱（甲醇的酸性比水稍强，$pK_a=15.5$），而醇的共轭碱 RO^- 的碱性比 OH^- 强。

醇与一些化合物的相对酸性强弱顺序为：

$$H_2O > ROH > RC \equiv CH > NH_3 > RH$$

思考题 8-2　试排出正丁醇、异丁醇和叔丁醇的酸性及其相应醇钠的碱性强弱顺序。

2. 醇羟基的取代反应

醇与氢卤酸反应时，C—O 键断裂，羟基被卤素取代，生成卤代烃。

$$R-OH + HX \rightleftharpoons R-X + H_2O$$

在有机合成中，该反应可用于制备卤代烃。醇与氢卤酸的反应活性与醇的结构和氢卤酸的种类有关。不同氢卤酸与不同醇的反应活性顺序为：

$$HI > HBr > HCl$$
$$叔醇 > 仲醇 > 伯醇$$

氢卤酸中，HCl 的反应活性较低，与醇反应时常用无水氯化锌进行催化。浓盐酸与无水氯化锌的混合物称为 Lucas 试剂。6 个碳以下的醇可以溶解于 Lucas 试剂，但生成的氯代烃难溶其中。因此，当反应有卤代烃生成时，反应混合物就会变浑浊或有分层现象产生。不同类型的醇与 Lucas 试剂反应的活性与速率不同。叔醇与 Lucas 试剂在室温下就能反应，反应混合物会立即变浑浊；仲醇一般在反应进行 5min 左右时才有明显的浑浊出现；而伯醇在室温下放置 1h 也难观察到浑浊。因此，利用醇与 Lucas 试剂的反应可鉴别 6 个碳以下的伯醇、仲醇和叔醇。

醇与氢卤酸的反应是亲核取代反应，反应机理类似卤代烃的亲核取代反应，具体机理与醇的结构有关。甲醇和伯醇与氢卤酸的反应一般按 S_N2 机理进行，卤素负离子与带部分正电荷 α-碳的结合和质子化羟基的离去同时进行。

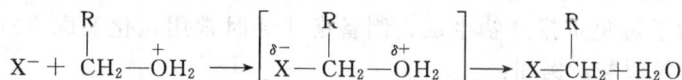

$$X^- + \underset{\underset{OH_2}{|}}{\overset{\overset{R}{|}}{CH_2}} \longrightarrow \left[\overset{R}{\underset{\overset{\delta^-}{X} --- CH_2 --- \overset{\delta^+}{OH_2}}{|}} \right] \longrightarrow \overset{R}{\underset{}{X-CH_2}} + H_2O$$

Lucas 试剂中无水氯化锌（Lewis 酸）的作用，类似于质子酸，$ZnCl_2$ 与羟基氧之间配位键的形成，增强了 C—O 键的极性，有利于其断裂：

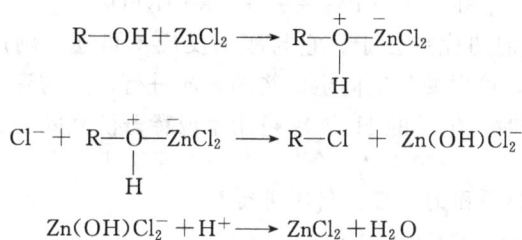

$$R-OH + ZnCl_2 \longrightarrow \underset{\underset{H}{|}}{R-\overset{+}{O}-\overset{-}{ZnCl_2}}$$

$$Cl^- + \underset{\underset{H}{|}}{R-\overset{+}{O}-\overset{-}{ZnCl_2}} \longrightarrow R-Cl + Zn(OH)Cl_2^-$$

$$Zn(OH)Cl_2^- + H^+ \longrightarrow ZnCl_2 + H_2O$$

仲醇与氢卤酸的反应按 S_N1 还是 S_N2 机理进行，与仲醇的具体结构有关。

叔醇、烯丙醇或苄醇一般按 S_N1 机理进行，有碳正离子中间体生成：

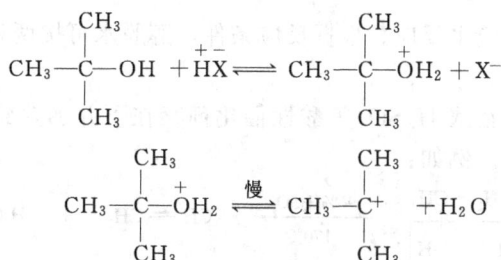

$$\underset{\underset{CH_3}{|}}{\overset{\overset{CH_3}{|}}{CH_3-C-OH}} + HX \rightleftharpoons \underset{\underset{CH_3}{|}}{\overset{\overset{CH_3}{|}}{CH_3-C-\overset{+}{O}H_2}} + X^-$$

$$\underset{\underset{CH_3}{|}}{\overset{\overset{CH_3}{|}}{CH_3-C-\overset{+}{O}H_2}} \overset{慢}{\rightleftharpoons} \underset{\underset{CH_3}{|}}{\overset{\overset{CH_3}{|}}{CH_3-\overset{+}{C}}} + H_2O$$

$$\underset{\underset{CH_3}{|}}{\overset{\overset{CH_3}{|}}{CH_3-C^+}} \;+X^- \;\underset{}{\overset{\text{快}}{\rightleftharpoons}}\; \underset{\underset{CH_3}{|}}{\overset{\overset{CH_3}{|}}{CH_3-C-X}}$$

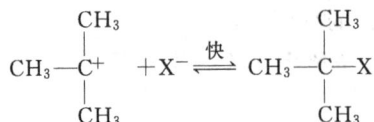

醇与氢卤酸按 S_N1 机理发生取代反应时，常生成与醇的碳架结构不同的取代产物。例如：

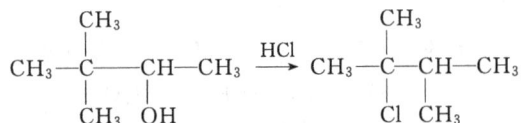

$$\underset{\underset{CH_3}{|}\;\underset{OH}{|}}{\overset{\overset{CH_3}{|}}{CH_3-C-CH-CH_3}} \xrightarrow{HCl} \underset{\underset{Cl}{|}\;\underset{CH_3}{|}}{\overset{\overset{CH_3}{|}}{CH_3-C-CH-CH_3}}$$

该反应是按照下述机理进行的：质子化的醇首先脱去水分子生成仲碳正离子，仲碳正离子中带正电荷碳的邻位碳上的甲基带着 C—C 键的一对电子进行迁移，使仲碳正离子重排为更稳定的叔碳正离子，叔碳正离子再与氯负离子结合成氯代烃。

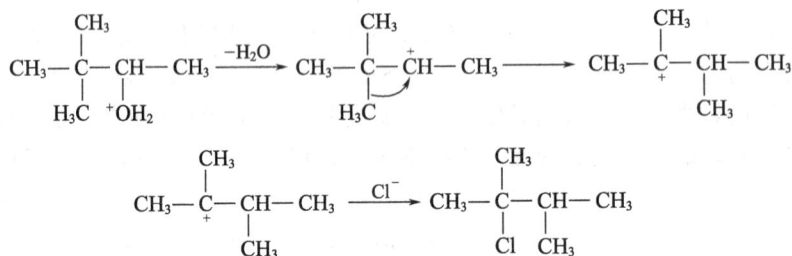

$$\underset{\underset{H_3C}{|}\;\underset{^+OH_2}{|}}{\overset{\overset{CH_3}{|}}{CH_3-C-CH-CH_3}} \xrightarrow{-H_2O} \underset{\underset{H_3C}{|}}{\overset{\overset{CH_3}{|}}{CH_3-C-\overset{+}{C}H-CH_3}} \longrightarrow \underset{\underset{CH_3}{|}}{\overset{\overset{CH_3}{|}}{CH_3-\overset{+}{C}-CH-CH_3}}$$

$$\underset{\underset{CH_3}{|}}{\overset{\overset{CH_3}{|}}{CH_3-\overset{+}{C}-CH-CH_3}} \xrightarrow{Cl^-} \underset{\underset{Cl}{|}\;\underset{CH_3}{|}}{\overset{\overset{CH_3}{|}}{CH_3-C-CH-CH_3}}$$

如果叔醇的 α-碳为手性碳，由于反应过程中有碳正离子中间体生成，卤素负离子可从两面与碳正离子结合，理论上应生成外消旋化取代产物，但实际中构型翻转产物比构型保持产物要多一些。

用醇和氢卤酸反应制备卤代烃时，由于可能发生重排反应，使实际得到的卤代烃并非欲制备的卤代烃。为了避免重排产物生成，制备卤代烃时常用氯化亚砜（$SOCl_2$）或卤化磷（PX_3、PX_5）代替氢卤酸。例如：

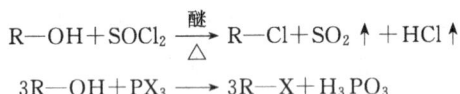

$$R-OH+SOCl_2 \xrightarrow[\triangle]{\text{醚}} R-Cl+SO_2\uparrow+HCl\uparrow$$

$$3R-OH+PX_3 \longrightarrow 3R-X+H_3PO_3$$

以 $SOCl_2$ 作卤代试剂的优点在于，它与醇的反应不可逆，副产物 SO_2 和 HCl 都是气体，容易离开反应体系，可促使反应向生成物的方向进行，产物容易分离纯化。

用 PX_3 作卤代试剂时，生成的 H_3PO_3 可用水或稀碱洗涤除去。

思考题 8-3 试解释下面的反应为何不进行？

$$NaBr + C_2H_5OH \xrightarrow{\;\;\times\;\;} C_2H_5Br + NaOH$$

3. 脱水反应

醇与浓酸共热可发生脱水反应。根据反应条件，醇脱水可按两种方式进行，即分子内脱水和分子间脱水。

(1) 分子内脱水 醇在浓 H_2SO_4 等酸性催化剂存在下并加热到较高温度时，可发生分子内脱水反应，生成烯烃。例如：

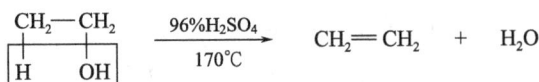

$$\boxed{\underset{\underset{H}{|}\quad\underset{OH}{|}}{CH_2-CH_2}} \xrightarrow[170℃]{96\%H_2SO_4} CH_2{=}CH_2 \;+\; H_2O$$

醇在酸性条件下的分子内脱水一般按 E1 机理进行：羟基先质子化，质子化的醇脱去一分子水形成碳正离子中间体，碳正离子中间体再从 β-C 上脱去一个 H^+（β-消除），在 α-和 β-碳之间形成双键。

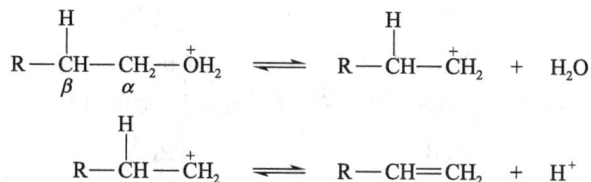

$$R—\underset{\beta}{\overset{H}{C}H}—\underset{\alpha}{C}H_2—\overset{+}{O}H_2 \rightleftharpoons R—\overset{H}{C}H—\overset{+}{C}H_2 + H_2O$$

$$R—\overset{H}{C}H—\overset{+}{C}H_2 \rightleftharpoons R—CH{=}CH_2 + H^+$$

其中生成碳正离子中间体的一步，反应较慢，决定整个反应的速率，而这一步的反应速率又取决于生成的碳正离子中间体的稳定性。因此，碳正离子中间体越稳定，脱水反应越容易进行。不同类型醇进行脱水反应的活性顺序为：

叔醇＞仲醇＞伯醇

例如：

$$CH_3CH_2—\overset{OH}{C}H—CH_3 \xrightarrow[80\sim90℃]{62\%H_2SO_4} CH_3CH{=}CHCH_3$$

$$CH_3CH_2—\overset{CH_3}{\underset{OH}{C}}—CH_3 \xrightarrow[80\sim90℃]{46\%H_2SO_4} CH_3CH{=}\overset{CH_3}{C}CH_3$$

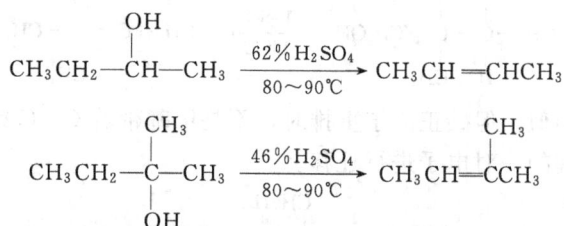

叔醇与氢卤酸进行取代反应的中间体也是碳正离子，因此，叔醇与氢卤酸反应时，除了生成主要的取代产物外，也会有少量烯烃生成。

醇的分子内脱水和卤代烷的脱卤化氢反应一样，也遵循 Saytzeff 消去规律，即羟基与含氢较少的 β-碳上的氢脱去，生成双键碳上连有较多取代基的烯烃。

醇在酸性条件下的脱水反应也容易生成重排产物。例如：

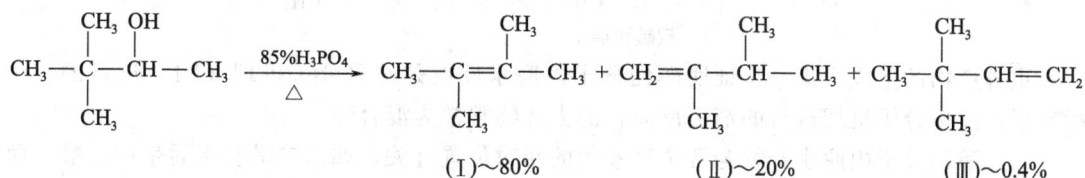

$$CH_3—\overset{CH_3}{\underset{CH_3}{C}}—\overset{OH}{C}H—CH_3 \xrightarrow[\triangle]{85\%H_3PO_4} CH_3—\overset{CH_3}{C}{=}\overset{}{\underset{CH_3}{C}}—CH_3 + CH_2{=}\overset{CH_3}{C}—\overset{}{\underset{CH_3}{C}H}—CH_3 + CH_3—\overset{CH_3}{\underset{CH_3}{C}}—CH{=}CH_2$$

（Ⅰ）～80%　　　　　　（Ⅱ）～20%　　　　　　（Ⅲ）～0.4%

反应机理如下：

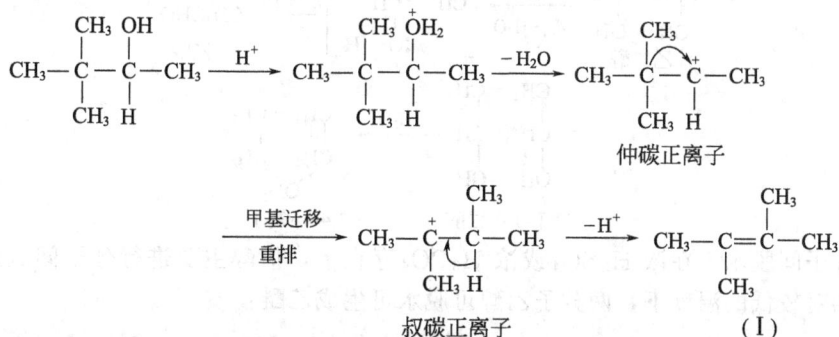

$$CH_3—\overset{CH_3}{\underset{CH_3}{C}}—\overset{OH}{\underset{H}{C}}—CH_3 \xrightarrow{H^+} CH_3—\overset{CH_3}{\underset{CH_3}{C}}—\overset{\overset{+}{O}H_2}{\underset{H}{C}}—CH_3 \xrightarrow{-H_2O} CH_3—\overset{CH_3}{\underset{CH_3}{C}}—\overset{+}{\underset{H}{C}}—CH_3$$

仲碳正离子

$$\xrightarrow[重排]{甲基迁移} CH_3—\overset{+}{C}—\overset{CH_3}{\underset{H}{C}}—CH_3 \xrightarrow{-H^+} CH_3—\overset{}{C}{=}\overset{CH_3}{\underset{CH_3}{C}}—CH_3$$

叔碳正离子　　　　　　　　（Ⅰ）

如果重排后的叔碳正离子脱去相邻甲基上的氢就生成了产物（Ⅱ）；而未重排的仲碳正离子脱去相邻甲基上的氢则生成了产物（Ⅲ）。

$$CH_2 = \overset{\displaystyle CH_3}{\underset{\displaystyle CH_3}{\overset{|}{\underset{|}{C}}}} - CH - CH_3$$

（Ⅱ）

$$CH_3 - \overset{\displaystyle CH_3}{\underset{\displaystyle CH_3}{\overset{|}{\underset{|}{C}}}} - CH = CH_2$$

（Ⅲ）

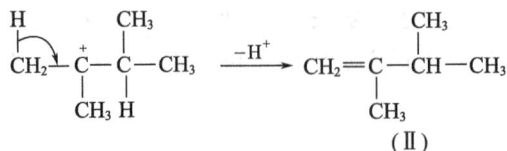

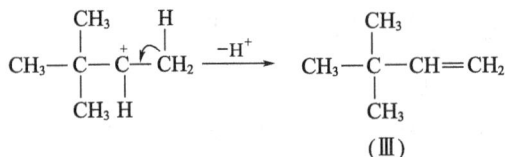

三种烯烃中，（Ⅰ）最稳定，产率最高。

在有机反应中，除甲基的迁移可引起碳架重排外，其他基团或原子如氢原子的迁移也能引起重排。例如，2,3-二甲基丁-1-醇在硫酸催化下于 140℃反应，主要产物是 2,3-二甲基丁-2-烯，而不是 2,3-二甲基丁-1-烯。

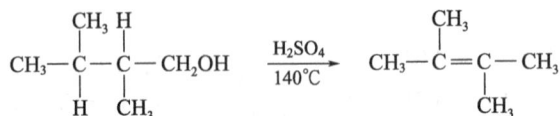

$$CH_3 - \overset{CH_3}{\underset{H}{\overset{|}{\underset{|}{C}}}} - \overset{H}{\underset{CH_3}{\overset{|}{\underset{|}{C}}}} - CH_2OH \xrightarrow[140℃]{H_2SO_4} CH_3 - \overset{CH_3}{\overset{|}{C}} = \overset{|}{\underset{CH_3}{C}} - CH_3$$

反应机理与上例相似。但碳正离子重排时，不是甲基带着 C—C 键的一对电子迁移，而是氢原子带着 C—H 键的一对电子进行迁移。

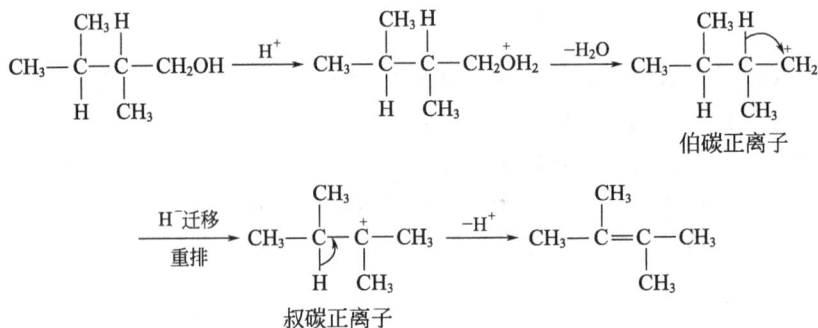

$$CH_3 - \overset{CH_3}{\underset{H}{\overset{|}{\underset{|}{C}}}} - \overset{H}{\underset{CH_3}{\overset{|}{\underset{|}{C}}}} - CH_2OH \xrightarrow{H^+} CH_3 - \overset{CH_3}{\underset{H}{\overset{|}{\underset{|}{C}}}} - \overset{H}{\underset{CH_3}{\overset{|}{\underset{|}{C}}}} - CH_2\overset{+}{O}H_2 \xrightarrow{-H_2O} CH_3 - \overset{CH_3}{\underset{H}{\overset{|}{\underset{|}{C}}}} - \overset{H}{\underset{CH_3}{\overset{|}{\underset{|}{C}}}} - \overset{+}{C}H_2$$

伯碳正离子

$$\xrightarrow[\text{重排}]{H^- \text{迁移}} CH_3 - \overset{CH_3}{\underset{H}{\overset{|}{\underset{|}{C}}}} - \overset{+}{\underset{CH_3}{\overset{|}{\underset{|}{C}}}} - CH_3 \xrightarrow{-H^+} CH_3 - \overset{CH_3}{\overset{|}{C}} = \overset{|}{\underset{CH_3}{C}} - CH_3$$

叔碳正离子

重排产物的生成，进一步证明醇的分子内脱水反应是按单分子机理（E1）进行的。一般来说，按单分子机理进行的消去反应，消去产物常常为混合物。

二元醇的分子内脱水产物与两个羟基间的相对位置有关。如乙二醇脱水后生成乙醛，而 1,4-二醇或 1,5-二醇在受热脱水时，可生成比较稳定的五元或六元环醚。

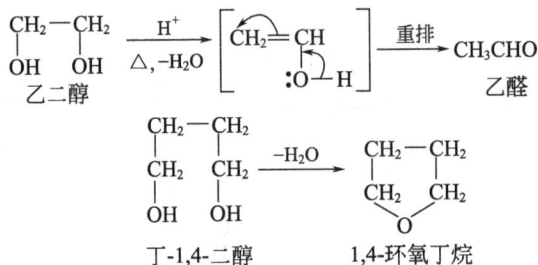

$$\overset{CH_2 - CH_2}{\underset{OH \quad OH}{|}} \xrightarrow[\triangle, -H_2O]{H^+} \left[\overset{CH_2 = CH}{\underset{:O - H}{|}} \right] \xrightarrow{\text{重排}} CH_3CHO$$

乙二醇　　　　　　　　　　　　　　　　乙醛

$$\overset{CH_2 - CH_2}{\underset{\overset{|}{CH_2} \quad \overset{|}{CH_2}}{}} \xrightarrow{-H_2O} \overset{CH_2 - CH_2}{\underset{O}{\overset{|\quad\quad|}{}}}$$
$$\underset{OH \quad OH}{}$$

丁-1,4-二醇　　　　　　　1,4-环氧丁烷

(2) 分子间脱水　在浓 H_2SO_4 或浓 H_3PO_4 存在下，伯醇主要进行分子间脱水生成醚。例如，在相对较低的温度下，两分子乙醇可脱水可生成乙醚：

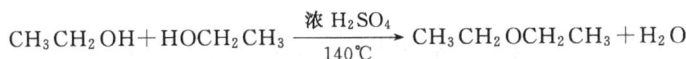

$$CH_3CH_2OH + HOCH_2CH_3 \xrightarrow[140℃]{\text{浓 } H_2SO_4} CH_3CH_2OCH_2CH_3 + H_2O$$

如果两种不同的伯醇之间脱水，则得到三种醚的混合物。因此，通过醇的分子间脱水只

适合制备简单醚。混合醚一般利用伯卤代烃与醇钠或酚钠的反应制得。

醇的分子间脱水为亲核取代反应，伯醇一般按 S_N2 反应机理进行。如乙醇进行分子间脱水时，一分子乙醇的羟基先质子化，另一分子乙醇作为亲核试剂，从质子化羟基的背面进攻羟基所连的碳原子，同时质子化的羟基以水分子的形式离去。

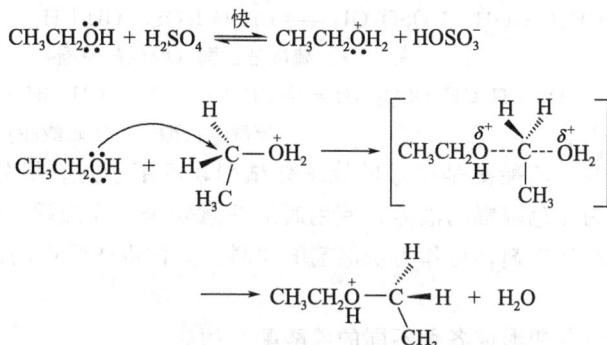

$$CH_3CH_2\ddot{O}H + H_2SO_4 \underset{快}{\rightleftharpoons} CH_3CH_2\overset{+}{\ddot{O}}H_2 + HOSO_3^-$$

质子化的乙醚在硫酸氢根作用下脱去质子得到产物乙醚。

$$CH_3CH_2-\overset{+}{\underset{H}{O}}-CH_2CH_3 + HSO_4^- \underset{快}{\rightleftharpoons} CH_3CH_2-O-CH_2CH_3 + H_2SO_4$$

仲醇的分子间脱水反应一般按 S_N1 机理进行。醇接受质子后，先失去一分子水，形成碳正离子，之后另一分子醇与碳正离子结合成质子化醚，质子化醚再脱去质子得到醚。例如：

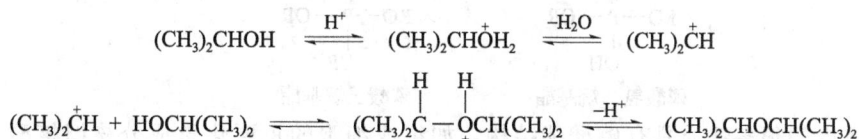

$$(CH_3)_2CHOH \underset{}{\overset{H^+}{\rightleftharpoons}} (CH_3)_2CH\overset{+}{O}H_2 \xrightarrow{-H_2O} (CH_3)_2\overset{+}{C}H$$

$$(CH_3)_2\overset{+}{C}H + HOCH(CH_3)_2 \rightleftharpoons (CH_3)_2C-\overset{H}{\underset{}{O}}CH(CH_3)_2 \xrightarrow{-H^+} (CH_3)_2CHOCH(CH_3)_2$$

叔醇在酸性条件下加热主要发生分子内脱水生成烯烃，难得到二叔烷基醚。

思考题 8-4 写出下列各醇进行分子内脱水的主要产物。
(1) 1-甲基环己(-1-)醇   (2) 2,3-二甲基丁-2-醇
(3) 2-甲基戊-3-醇   (4) 1-苯基丁-2-醇

---

4. 无机含氧酸酯的生成

醇与酸（无机酸或有机酸）之间脱水所生成的产物称为酯。醇与有机酸之间脱水生成有机酸酯（详见第十章）；与无机含氧酸（如硝酸、亚硝酸、硫酸和磷酸等）之间脱水，则得到无机酸酯。例如：

$$ROH + HONO_2 \rightleftharpoons RONO_2 + H_2O$$

甘油与硝酸反应可生成甘油三硝酸酯，又称硝化甘油（glyceryl trinitrate）：

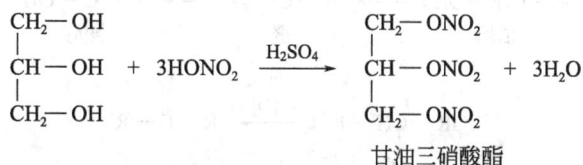

$$\begin{array}{l} CH_2-OH \\ | \\ CH-OH \\ | \\ CH_2-OH \end{array} + 3HONO_2 \xrightarrow{H_2SO_4} \begin{array}{l} CH_2-ONO_2 \\ | \\ CH-ONO_2 \\ | \\ CH_2-ONO_2 \end{array} + 3H_2O$$

甘油三硝酸酯

多数硝酸酯具有受热后能剧烈分解而易发生爆炸的性质，因此可作为炸药的主要成分。为安全起见，使用时通常将硝酸酯与一些惰性材料进行混合。例如，1866 年 Nobel 发明的

安全炸药就是由硝化甘油和硅藻土等成分混合而成的。甘油三硝酸酯还具有扩张血管和松弛平滑肌的作用，是医学上用于缓解心绞痛的药物之一。

硫酸是二元酸，它既可与一分子醇脱水，也可与二分子醇脱水，分别形成酸性硫酸酯（硫酸氢酯）和中性硫酸酯。例如：

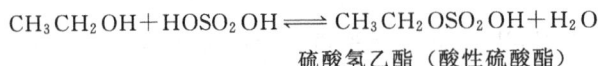

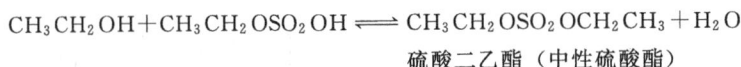

$$CH_3CH_2OH + HOSO_2OH \rightleftharpoons CH_3CH_2OSO_2OH + H_2O$$
硫酸氢乙酯（酸性硫酸酯）

$$CH_3CH_2OH + CH_3CH_2OSO_2OH \rightleftharpoons CH_3CH_2OSO_2OCH_2CH_3 + H_2O$$
硫酸二乙酯（中性硫酸酯）

硫酸二甲酯和硫酸二乙酯都是很好的烷基化试剂，可用于向有机分子中导入甲基或乙基。其中硫酸二甲酯为无色剧毒的液体，使用时应注意安全；高级醇（$C_8 \sim C_{18}$）的硫酸氢酯盐是一种阴离子表面活性剂，可作为洗涤剂的原料。人体内软骨中的硫酸软骨质也含有硫酸酯结构。

磷酸是三元酸，可与醇形成各种不同的磷酸酯。例如：

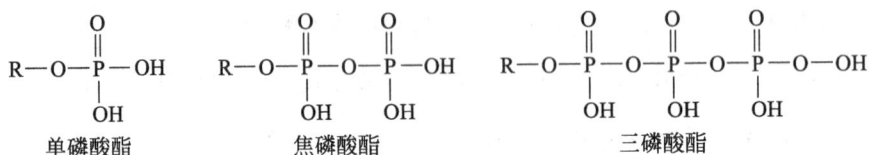

单磷酸酯　　　　　　焦磷酸酯　　　　　　　　　三磷酸酯

磷酸氢二烷基酯　　　　　磷酸三烷基酯

生物体内的很多物质具有磷酸酯结构，如组成细胞的重要化学成分核糖核酸（RNA）、脱氧核糖核酸（DNA）、磷脂及重要的供能物质三磷酸腺苷（adenosine triphosphate，ATP）等都有磷酸酯结构（详见第十章、第十五章和第二十章）。

5. 醇的氧化与脱氢反应

由于大多数有机化合物不带电荷，在氧化还原反应中没有明显的电子得失。因此，有机化学中，氧化反应一般是指有机分子中加氧原子或去氢原子的反应，还原反应是指加氢原子或去氧原子的反应。氧化反应通常将 C—H 键转化为 C—O 键。

伯醇和仲醇的 α-碳原子上都有氢原子（α-H），α-H 受羟基的影响，比较活泼，易被氧化。在酸性高锰酸钾（$KMnO_4$）或重铬酸钾（$K_2Cr_2O_7$）等氧化剂作用下，伯醇氧化先生成醛，醛被进一步氧化变成羧酸；而仲醇氧化生成酮，酮比较稳定，不易被继续氧化。

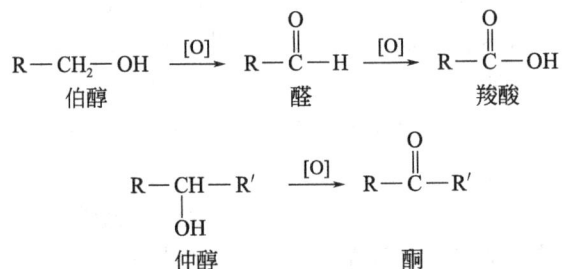

伯醇　　　　　　　　醛　　　　　　　　羧酸

仲醇　　　　　　　酮

叔醇没有 α-H，一般不被上述氧化剂氧化。在更苛刻的氧化条件下，如叔醇与酸性高锰酸钾溶液共热，其碳链会断裂，生成小分子氧化产物。例如：

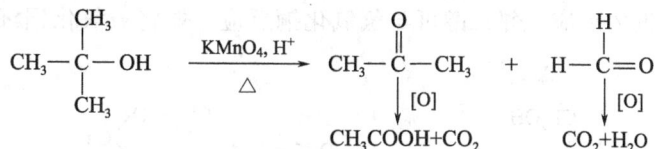

$$CH_3-\underset{\underset{CH_3}{|}}{\overset{\overset{CH_3}{|}}{C}}-OH \xrightarrow[\triangle]{KMnO_4,\ H^+} CH_3-\underset{[O]}{\overset{\overset{O}{||}}{C}}-CH_3 + \underset{[O]}{H-\overset{\overset{H}{|}}{C}=O}$$

$$CH_3COOH+CO_2 \qquad CO_2+H_2O$$

若以 CH_2Cl_2 为溶剂，用温和的氧化剂——CrO_3-吡啶（C_5H_5N）的配合物，称为 Sarrett 试剂，简称 PCC（pyridinium chlorochromate），可使伯醇的氧化停留在生成醛的阶段，且分子中的不饱和键不会被破坏。例如：

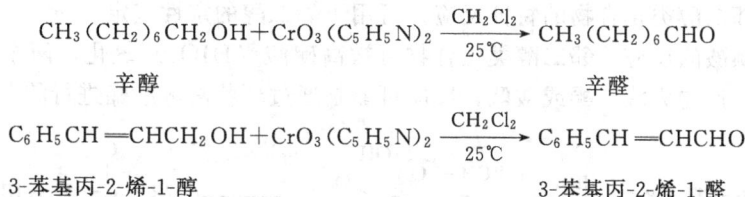

$$CH_3(CH_2)_6CH_2OH + CrO_3(C_5H_5N)_2 \xrightarrow[25℃]{CH_2Cl_2} CH_3(CH_2)_6CHO$$

辛醇　　　　　　　　　　　　　　　　　　　　　　　辛醛

$$C_6H_5CH=CHCH_2OH + CrO_3(C_5H_5N)_2 \xrightarrow[25℃]{CH_2Cl_2} C_6H_5CH=CHCHO$$

3-苯基丙-2-烯-1-醇　　　　　　　　　　　　　　3-苯基丙-2-烯-1-醛

像 PCC 这种能将不饱和醇氧化为不饱和醛，而不破坏分子中不饱和键的氧化剂称为选择性氧化剂。CrO_3 的稀硫酸溶液（琼斯试剂，Jones reagent）也可用作选择性氧化剂。新制的 MnO_2 常用于烯丙醇或苄基醇的选择性氧化。

醇及其氧化产物通常都是无色的。用酸性 $K_2Cr_2O_7$ 氧化伯醇或仲醇，溶液颜色可由橙红色变成淡绿色；如用 $KMnO_4$ 做氧化剂，可使 $KMnO_4$ 溶液的紫色褪去。故可利用醇氧化前后溶液颜色的变化区别伯醇、仲醇与叔醇。

利用乙醇能被重铬酸钾氧化的性质，还可以制成用于检查机动车司机是否酒后驾驶的酒精检测仪。如将重铬酸钾吸附在硅胶等固体材料上，并密封于玻璃管内，检查时让疑似饮酒者向玻璃管内吹气，如果其呼出的气体里含有乙醇，管内橙黄色的重铬酸钾就会变成绿色。

伯醇和仲醇也可通过脱氢反应转化成醛或酮，通常是将醇的蒸气通过铜催化剂进行脱氢反应的。叔醇没有 α-氢，不能发生脱氢反应。

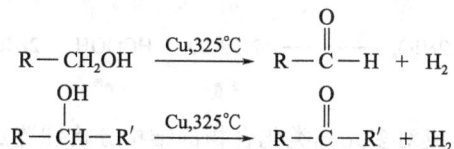

$$R-CH_2OH \xrightarrow{Cu,325℃} R-\overset{\overset{O}{||}}{C}-H + H_2$$

$$R-\underset{\underset{OH}{|}}{CH}-R' \xrightarrow{Cu,325℃} R-\overset{\overset{O}{||}}{C}-R' + H_2$$

在生物体内，醇的氧化反应要比实验室复杂得多。如人体内乙醇的氧化，是在肝脏内的乙醇脱氢酶催化下进行的。乙醇先被氧化成乙醛，乙醛进一步氧化变成乙酸，生成的乙酸被用于合成脂肪酸和固醇类等物质。对于特定的人，乙醇氧化生成乙醛的反应速率是恒定的，而与其体内的乙醇浓度无关。如果乙醇的摄入速率大大超过其氧化速率，过量的乙醇便潴留于血液中，导致中毒。

思考题 8-5 完成下列反应式。

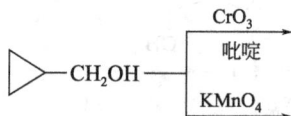

$$\triangle\!\!-\!CH_2OH \quad \overset{\overset{\displaystyle CrO_3}{\underset{\text{吡啶}}{\longrightarrow}}}{\underset{\displaystyle KMnO_4}{\longrightarrow}}$$

---

6. 多元醇的特殊性

多元醇除具有一元醇的一般性质外，由于羟基之间的相互影响，还表现出一些一元醇不具有的性质。其中，邻二醇（两个羟基连在相邻两个碳原子上）的性质最为特殊。

（1）与氢氧化铜的反应　邻二醇可与氢氧化铜反应，能将氢氧化铜沉淀"溶解"，变为绛蓝色溶液。

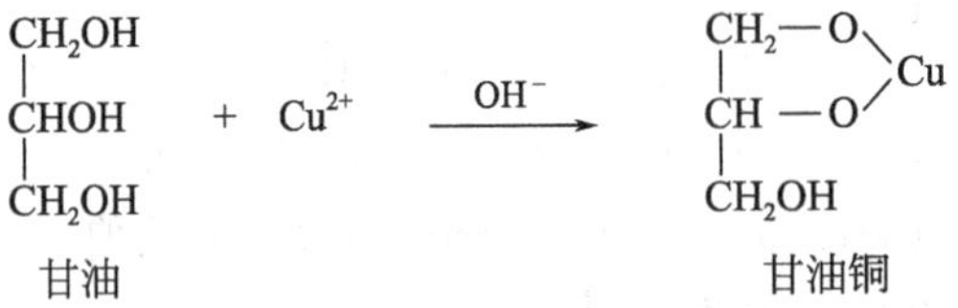

该反应是邻二醇类化合物的特征反应，可用于邻二醇的定性鉴定。

（2）与高碘酸的反应　邻二醇类化合物可被高碘酸（HIO_4）氧化，两个相邻羟基之间的碳碳键断裂，产物为醛、酮或羧酸，反应可能是通过环状高碘酸酯进行的。

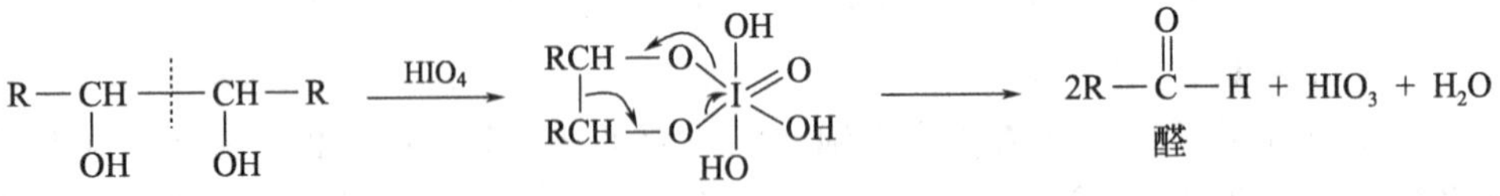

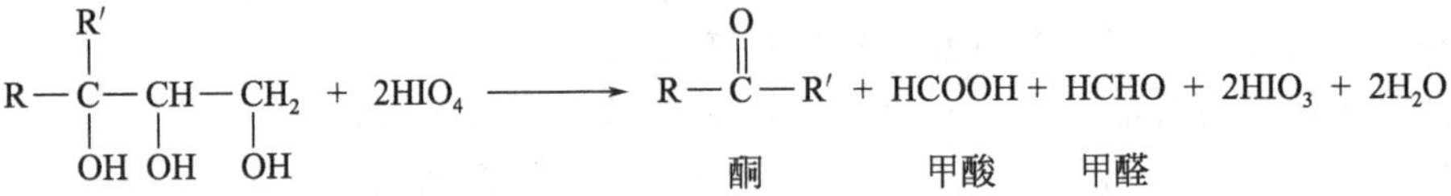

例如，3-甲基戊-2,3-二醇被 1mol 高碘酸氧化，生成 1mol 乙醛和 1mol 丁酮：

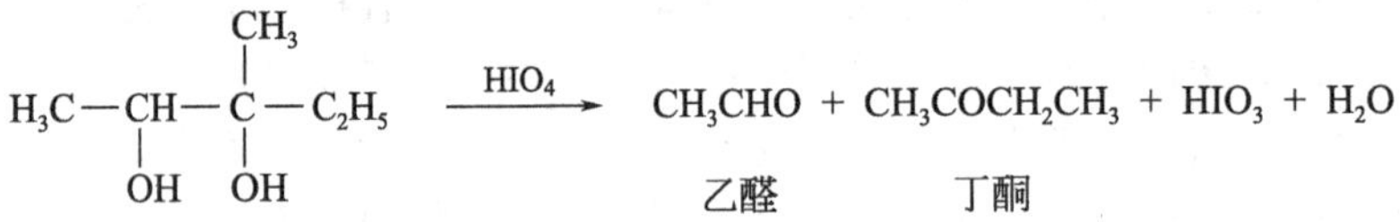

1mol 甘油可与 2mol HIO_4 反应，生成 2mol 甲醛和 1mol 甲酸：

高碘酸氧化多元醇的反应对多元醇类化合物的结构分析和鉴定具有重要意义。由于产物 HIO_3 能与 $AgNO_3$ 溶液生成白色的 $AgIO_3$ 沉淀，因此，向反应混合物中加入 $AgNO_3$ 溶液，可判断化合物是否被高碘酸氧化，再结合生成物的种类和反应消耗的 HIO_4 量或生成的 $AgIO_3$ 量，便可推知多元醇类物质的结构。含有多羟基的糖类化合物的结构确定，就利用了该氧化反应。

但也应注意，不易与 HIO_4 形成环状酯结构的邻二醇，难被氧化。例如：

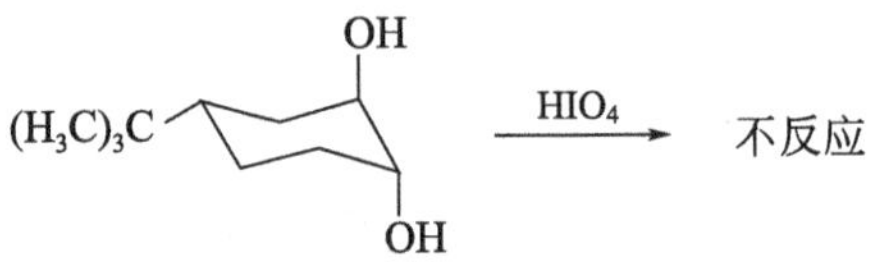

思考题 8-6　写出下面反应的产物。

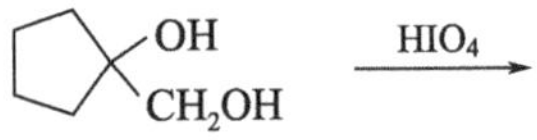

（四）重要的醇

1. 甲醇

甲醇最早由木材干馏得到，故又称木醇，目前主要由一氧化碳和氢气在催化剂作用下于高温高压条件合成得到。甲醇为无色液体，沸点 64.7℃，易燃，能与水、乙醇、乙醚和氯仿等混溶。甲醇是常用的有机溶剂之一，也是塑料、制药及有机合成的重要工业原料。甲醇的毒性很大，不能作为饮料。工业乙醇中通常混有一定量的甲醇，如果用工业乙醇兑制酒类饮料，饮用后也可造成甲醇中毒。近年来，用工业乙醇制造假酒出售，致人死亡的案件频有发生。

甲醇对视神经具有很强的毒害作用，可致视神经萎缩、视力减退，严重者可使双目失明。一般情况下，饮用 10～20mL 甲醇可致失明，饮用 30～100mL 甲醇可致死亡。甲醇蒸气可经呼吸道吸收，也可通过皮肤接触而吸收，饮用的甲醇由胃肠道吸收的速率较快。甲醇进入人体后会在体内快速分布，各组织中甲醇的含量与其含水量成正比，眼房水、眼球玻璃体及脑脊液中甲醇的含量比血液中还高。甲醇主要经肺排出，少量经肾排泄，剩余的甲醇在体内醇脱氢酶和醛脱氢酶的作用下，先氧化为甲醛，继而氧化为甲酸，但后一过程较慢，须多日才能代谢完全，导致体内甲醛大量积聚。甲醛和甲酸的毒性比甲醇大得多，故甲醇中毒的更大危害是继发性中毒反应。

甲醇对视网膜神经节细胞和视神经细胞具有特殊的毒害作用，可以抑制视网膜神经节细胞的糖原酵解酶，抑制氧化磷酸化过程，使之不能合成 ATP，使视神经变性，视网膜萎缩，严重可致失明。

甲醇中毒后应设法尽快排除甲醇，可用硫酸镁等致泻或用透析法清除体内积蓄的甲醇。为了减少甲醇对视神经的毒害，可用地塞米松等药物以减轻颅内压，促进眼底血液循环。为了防止酸中毒，应口服或静滴碳酸氢钠。为了保护视神经系统，应尽量避免光照射视网膜，并给服 B 族维生素类药物。为了减少甲醇在醇脱氢酶作用下被氧化为甲醛，进而氧化为甲酸，可以服用或滴注乙醇溶液，用乙醇的氧化脱氢竞争反应来抑制脱氢酶对甲醇的进一步氧化脱氢，一般情况下，当血液中乙醇的浓度达到 21～32mmol·L⁻¹ 时，甲醇的氧化脱氢反应可以基本得到抑制。

2. 乙醇

乙醇俗称酒精，是无色、易燃性液体，沸点 78.3℃，能与水混溶。乙醇除了用发酵法制备外，工业上可用乙烯水合法得到。合成和发酵得到的乙醇，经过分馏后其含量最高为 95.5%。蒸馏法不能得到无水乙醇，无水乙醇是在 95.5% 乙醇中加脱水剂，如氧化钙后再蒸馏得到，或加入苯进行蒸馏，将水带出得到。

乙醇在临床上用作消毒剂，70% 乙醇的杀菌能力最强。乙醇也是最常用的溶剂和工业原料之一。乙醇还是各种酒类饮料的主要成分，白酒中乙醇的含量最高可达 65%，各类酒中乙醇含量不一，通常在 10%～65% 之间，啤酒中约含 2%～6%。乙醇的毒性小于甲醇，但过量饮酒仍可发生乙醇中毒，严重者可中毒致死。急性乙醇中毒主要是乙醇对中枢神经系统的麻醉，其影响的程度因个体差异而有所不同。通常以血中乙醇的含量判断乙醇对人的影响程度，血中乙醇的含量在 50mg/100mL 以下时，一般对人没太大影响；当含量达 100mg/100mL 以上时，即可表现明显的中毒症状；达 500mg/100mL 以上可导致呼吸抑制等症状而致死。乙醇中毒主要是中枢神经系统抑制，首先是抑制皮层功能，使大脑的高级整合能力受影响，出现身体稳定性、协调性、反应性、运动功能、知觉功能降低，及自我控制能力消失等症状。酒驾最易引起交通肇事，因此，各国法律对酒后驾驶都有严格的限制。

二、酚

羟基直接与芳环相连的化合物称为酚（phenol），酚的通式可用 Ar—OH 表示。例如：

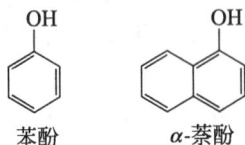

苯酚

α-萘酚

（一）酚的结构、分类和命名

苯酚是最简单的酚，俗称石炭酸（carbolic acid）。与醇羟基不同，一般认为酚羟基中的氧原子进行 sp^2 杂化，氧原子上的两对未共用电子对，一对处于 sp^2 杂化轨道，另一对处于

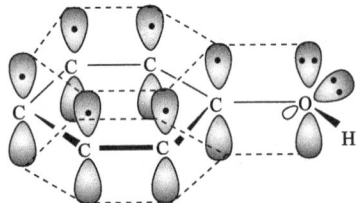

图 8-2 苯酚分子中的
p-π 共轭体系

未杂化的 p 轨道中，p 轨道中的未共用电子对能与苯环的大 π 键形成 p-π 共轭体系，如图 8-2 所示。

由于 p-π 共轭作用，酚羟基氧原子上的电子云向苯环转移，降低了氧原子上的电子云密度，使 O—H 键的极性增大，容易解离出质子而显示一定的酸性；电子云转移的结果还使 C—O 键强度增大，酚羟基不易被取代；另外，p-π 共轭还增大了苯环碳原子上的电子云密度，使苯环上的亲电取代反应更容易进行。

酚可根据芳烃基的不同，分为苯酚和萘酚等；也可根据芳环上所连羟基数目的不同，分为一元酚、二元酚和三元酚等；含两个以上羟基的酚称为多元酚。

酚的名称是由前缀母体芳烃的名称加上后缀"酚""二酚"或"三酚"构成。多元酚及取代酚通常用邻、间、对（o-、m-、p-）或阿拉伯数字标明羟基和取代基的位置，但取代基的编号应遵守最低位次组原则，羟基的位次置于母体芳烃名和后缀名之间。有些酚也常用俗名。酚的英文名称是在相应芳烃的英文名后加上"ol""diol"或"triol"后缀构成。例如：

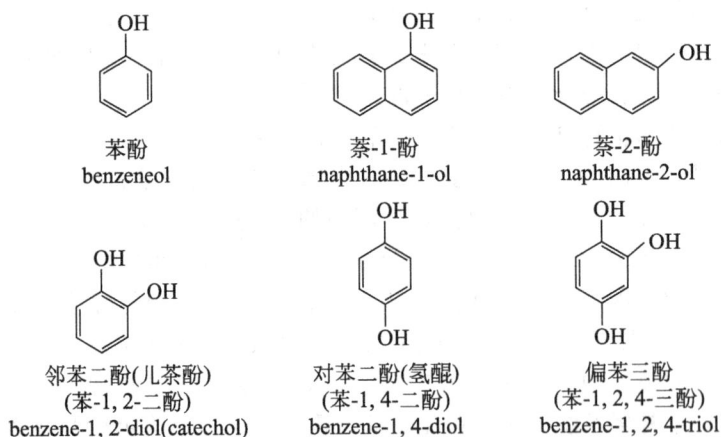

苯酚
benzeneol

萘-1-酚
naphthane-1-ol

萘-2-酚
naphthane-2-ol

邻苯二酚(儿茶酚)
(苯-1,2-二酚)
benzene-1,2-diol(catechol)

对苯二酚(氢醌)
(苯-1,4-二酚)
benzene-1,4-diol

偏苯三酚
(苯-1,2,4-三酚)
benzene-1,2,4-triol

间甲苯酚
(3-甲苯酚)
3-methylbenzeneol

邻甲苯酚
(2-甲苯酚)
2-methylbenzeneol

对甲苯酚
(4-甲苯酚)
4-methylbenzeneol

百里酚
thymol

苦味酸
picric acid

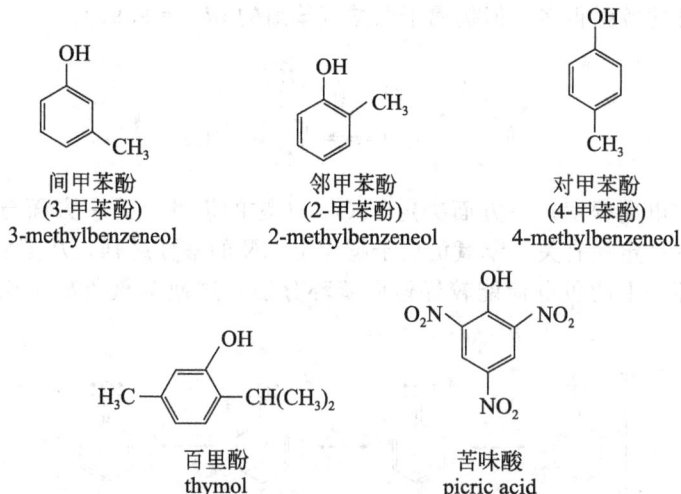

甲酚（邻、间、对三种异构体的混合物）的皂溶液俗称来苏儿（lysol），也称煤酚皂液，在临床上用作消毒剂。2.5%的煤酚皂液30min可杀灭结核杆菌。

（二）酚的物理性质

酚也可形成分子间氢键，故酚类化合物的熔点和沸点比分子量相近的芳烃高。室温下大多数酚为结晶性固体，只有少数烷基酚（如甲酚）为高沸点液体；酚羟基与水分子也能形成氢键，所以酚类化合物在水中有一定的溶解度，且随着分子中羟基数目的增多，溶解度增大。酚易溶于乙醇、乙醚、苯等有机溶剂。

一些常见酚类化合物的物理常数列于表 8-2。

表 8-2　一些常见酚类化合物的物理常数

名称	熔点/℃	沸点/℃	水中溶解度/g·100mL^{-1}	pK_a
苯酚（benzeneol）	43.0	181.8	8.2	10.00
邻甲苯酚（o-methylbenzeneol）	30.9	191.0	2.5	10.29
间甲苯酚（m-methylbenzeneol）	11.3	203.0	0.5	10.09
对甲苯酚（p-methylbenzeneol）	34.8	202.0	1.8	10.26
邻氯苯酚（o-chlorobenzeneol）	7.0	174.9	2.8	8.48
间氯苯酚（m-chlorobenzeneol）	32.0	219.8	2.6	9.02
对氯苯酚（p-chlorobenzeneol）	42.0	214.0	2.7	9.38
邻硝基苯酚（o-nitrobenzeneol）	46.0	216.0	0.2	7.22
间硝基苯酚（m-nitrobenzeneol）	97.0	分解	1.3	8.39
对硝基苯酚（p-nitrobenzeneol）	115.0	分解	1.7	7.15
2,4-二硝基苯酚（2,4-dinitrobenzeneol）	113.0	分解	0.6	4.00
2,4,6-三硝基苯酚（2,4,6-trinitrobenzeneol）	122.0	分解	1.4	0.71

（三）酚的化学性质

1. 弱酸性

在酚分子中，由于 p-π 共轭体系的形成，酚羟基 O—H 键的极性增大，羟基容易解离出氢质子，酚的酸性比醇强得多，但仍属于弱酸（苯酚的 $pK_a = 9.96$）。

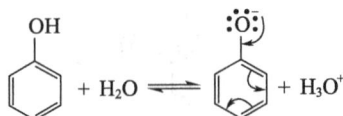

苯酚的酸性（电离程度）一方面决定于 O—H 键的极性，另一方面与羟基氢解离后产生的苯氧负离子的稳定性有关，苯氧负离子越稳定，酚的酸性越强。从苯氧负离子的共振结构可以看出：氧原子上的负电荷能较好地向苯环分散，这使苯氧负离子比烷氧负离子稳定得多。

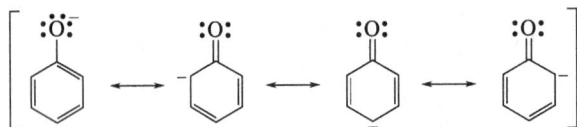

酚本身的水溶性不大，但它能与氢氧化钠反应生成酚钠而溶于水。

生成的酚钠遇较强的酸可游离析出苯酚，使原本澄清的酚钠溶液变浑浊。

苯酚的酸性比碳酸（$pK_a = 6.35$）弱，向苯酚钠溶液中通入二氧化碳时，苯酚能游离出来。

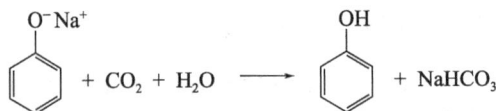

但酚不能"溶"于碳酸氢钠溶液中。利用酚能"溶"于氢氧化钠溶液而不"溶"于碳酸氢钠溶液的性质可鉴别醇、酚与羧酸，或分离它们的混合物。

苯环上连有取代基的酚，其酸性强弱主要取决于取代基的性质、数目和位置。若苯环上连有吸电子基团，酚的酸性一般增强，尤其当吸电子基团连在羟基的邻位或对位时，酸性增强更明显。例如，所有硝基取代苯酚的酸性都比苯酚强，其中邻位和对位硝基苯酚的酸性增强更为显著。这一方面是因为硝基强的吸电子作用，降低了苯环碳的电子云密度，增大了氧原子上的电子云向苯环的转移程度，进而增强了 O—H 键的极性，使羟基氢更容易解离；另一方面，硝基位于邻位或对位时，相应的苯氧负离子因负电荷能得到较大程度分散而更稳定。

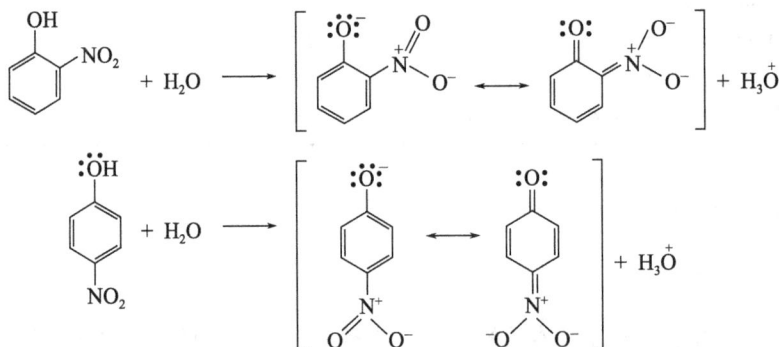

苯环上连有供电子基团的取代酚，因供电子基团使苯环碳的电子云密度增大，导致氧原子上的电子云向苯环转移的程度降低，O—H 键的极性减弱，不易解离出氢质子，酸性比苯酚的弱。

思考题 8-7 按酸性由强到弱的顺序排列下列化合物。

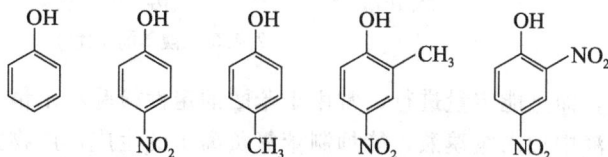

---

2. 酚的氧化反应

酚比醇更容易被氧化，空气中的氧就可以将酚慢慢氧化。无色的苯酚经氧化后可变为有颜色的醌类物质，如苯酚用酸性重铬酸钾氧化，可生成黄色的对苯醌。

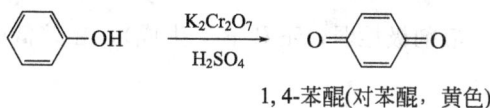

1, 4-苯醌(对苯醌，黄色)

利用酚易被氧化的性质，在食品工业中常用酚类作抗氧剂，以减缓食品因氧化而变质的反应。

多元酚更易被氧化，氧化产物也是醌类物质。例如：

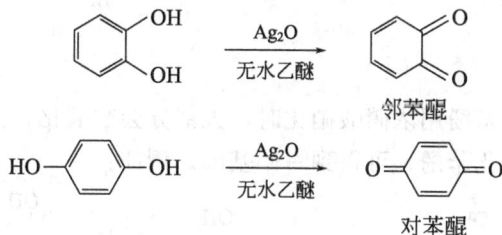

邻苯醌

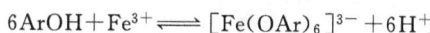

对苯醌

苯醌为 α,β-不饱和二酮，没有芳香性。

3. 酚的显色反应

多数酚能与三氯化铁水溶液发生颜色反应，称为酚的显色反应。一般认为，反应是酚氧负离子与三价铁离子形成了配离子：

$$6ArOH + Fe^{3+} \rightleftharpoons [Fe(OAr)_6]^{3-} + 6H^+$$

不同的酚形成的配离子颜色不同。如苯酚、间苯二酚、苯-1,3,5-三酚的配离子显蓝紫色；对苯二酚的配离子显暗绿色；苯-1,2,3-三酚的配离子显棕红色。

酚的显色反应可用于酚类化合物的分析和鉴定。但硝基苯酚、间及对羟基苯甲酸等分子中虽含有酚羟基，却不与三氯化铁水溶液发生显色反应。除酚外，其他具有较稳定烯醇

$\left(\begin{array}{c} | \\ -C=C-OH \\ | \end{array} \right)$ 结构的化合物也能与三氯化铁水溶液显色。

4. 酚与溴的反应

羟基是较强的邻、对位定位基，能使苯环活化，因此，酚环上的亲电取代反应比苯更容易进行。例如，苯酚和溴水反应能立即生成 2,4,6-三溴苯酚的白色沉淀（水溶液中，苯酚

也可能是以活性更高的苯氧负离子进行亲电取代反应的）。

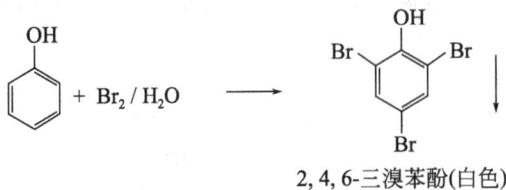

2, 4, 6-三溴苯酚(白色)

此反应非常灵敏，而且能定量进行，常用于苯酚的定性检验和定量分析。

若在苯酚的水溶液中加入氢溴酸，能抑制苯氧负离子的生成，产物主要为二溴代物。

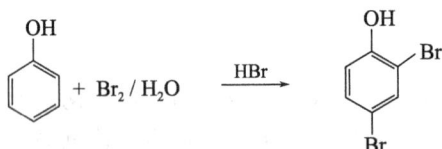

如用二硫化碳作溶剂（溶剂极性弱，不利 Br⁺ 生成），在较低的温度下反应，则主要生成一溴代物。

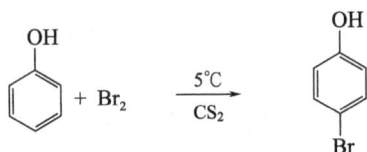

5. 酚的硝化反应

酚的硝化比苯容易。苯酚用浓硝酸硝化时，大部分会被氧化，仅有少量二硝基酚和三硝基酚生成。若用稀硝酸硝化苯酚，可得到一硝基酚。例如：

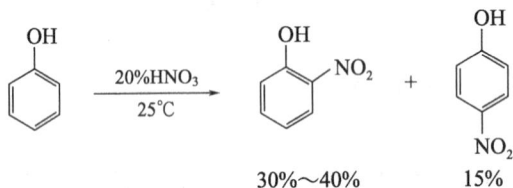

邻硝基苯酚因形成分子内氢键，其沸点和在水中的溶解度比对硝基苯酚的低，可采用水蒸气蒸馏法将二者进行分离。

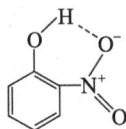

邻硝基苯酚的分子内氢键

（四）重要的酚类化合物

酚类化合物除具有杀菌和防腐作用外，人体内的一些酚类物质还能有效地捕获和消除自由基，使生物膜中的某些成分免受氧化，起到保护生物膜的作用。具有酚类结构特征的维生素 E，俗称生育酚，就具有这种作用。其结构为：

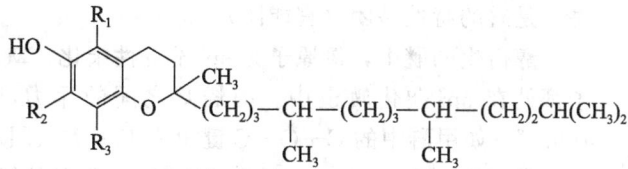

	R_1	R_2	R_3
α-维生素E	CH_3	CH_3	CH_3
β-维生素E	CH_3	H	CH_3
γ-维生素E	H	CH_3	CH_3
δ-维生素E	H	H	CH_3

自然界存在的生育酚主要有 α、β、γ 和 δ 四种，其中以 α-生育酚分布最为广泛。

作为人体的一种必需营养物质，维生素 E 的主要生理功能是清除体内过量的自由基，防止自由基或氧化剂对细胞膜中的多不饱和脂肪酸、富含巯基的蛋白质成分以及细胞骨架和核酸造成损伤。生育酚能与机体内具有强氧化性的自由基，如超氧阴离子自由基（$\cdot O_2^-$），过氧化物自由基（$RCOO\cdot$），及羟基自由基（$\cdot OH$）等反应生成生育酚自由基，生育酚自由基进一步与自由基作用变成生育醌，从而起到清除体内过量自由基或抑制自由基参与其他生物反应的作用。

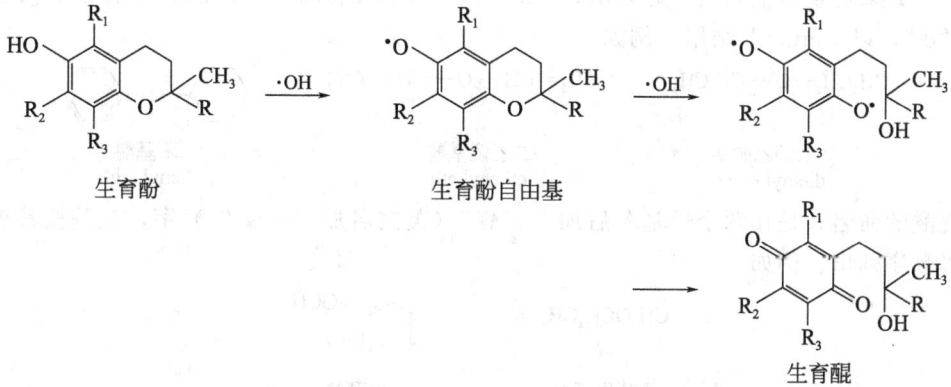

生育酚　　　　　　　　　　生育酚自由基

生育醌

在生物体内，生育醌可被维生素 C 还原为生育酚，继续参与清除自由基的反应。研究证实，维生素 E 还具有增加人体对维生素 A 的利用率、抑制前列腺素的合成、延缓衰老进程等作用。动物缺乏维生素 E 可引起生殖器官受损甚至不育，临床上常用维生素 E 治疗先兆流产和习惯性流产。

三、醚与环氧化合物

醚（ether）可看作是醇或酚分子中羟基上的氢原子被烃基取代后得到的化合物，其化学性质不活泼，常用作有机溶剂。

环氧化合物（epoxide）是特指环氧乙烷（三元环醚）及其衍生物。环氧化合物虽属于醚类，但与一般醚不同，化学性质非常活泼，是有机合成的重要原料或中间体。

（一）醚的结构、分类与命名

醚的结构通式为 R—O—R、Ar—O—R 或 Ar—O—Ar，分子中的 C—O—C 键称为醚键，是醚的特性基团（官能团）。

醇衍生的醚中，氧原子为 sp³ 不等性杂化，氧原子上的两对孤对电子都处在 sp³ 杂化轨道中。因烃基之间的斥力，C—O—C 键角偏离 109.5°，如甲醚中的 C—O—C 键角为 111.7°（图 8-3）。

酚衍生的醚中，氧原子的杂化状态与酚羟基的氧相同，为 sp² 杂化。

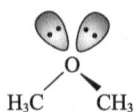

图 8-3　甲醚的结构

根据醚键中氧原子所连接的烃基不同，可将醚分为饱和醚、不饱和醚和芳香醚等。

饱和醚：CH_3OCH_3　　$CH_3CH_2OCH_2CH_3$　　$CH_3OCH_2CH_3$

不饱和醚：$CH_3CH_2OCH=CH_2$

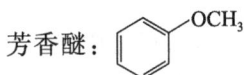

芳香醚：

两个烃基相同的醚称为简单醚（简称单醚，symmetrical ether）；烃基不相同的称为混合醚（简称混醚，unsymmetrical ether）。如果氧原子与同一碳链中的两个碳原子相连，则形成环醚。分子中含有多个氧原子的大环醚（macrocyclic ether），因其结构颇似王冠，称为冠醚（crown ether）。

命名单醚时，如果两个烃基是饱和的，在烃基名称后加上"醚"字即可，"二"字通常可省略；如果烃基不饱和或为芳烃基，"二"字一般不可省略。单醚的英文名称是在烃基名前加"di"，以"ether"结尾。例如：

$CH_3CH_2—O—CH_2CH_3$　　　$CH_2=CH—O—CH=CH_2$

(二)乙醚　　　　　　　二乙烯基醚　　　　　　　二苯基醚
diethyl ether　　　　　diethenyl ether　　　　　diphenyl ether

混醚的命名，是在两个烃基名后加上"醚"（英文名加"ether"）字，烃基按其英文名称字母顺序列出。例如：

$CH_3OCH_2CH_3$

乙基甲基醚　　　　　　　甲苯醚
ethyl methyl ether　　　methyl phenyl ether

结构复杂的混醚，可看作烃的烷氧基取代物。命名时通常以较长碳链烃基对应的烃作母体，较短碳链的烃基与氧原子一起称为烷氧基（alkoxy），作为取代基。例如：

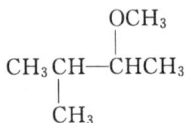

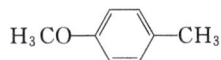

2-甲氧基-3-甲基丁烷　　　　4-乙氧基丁-1-烯　　　　　4-甲氧基甲苯
2-methoxy-3-methylbutane　4-ethoxybut-1-ene　　4-methoxy methyl benzene

$C_2H_5OCH_2CH_2CH=CH_2$

环醚可按杂环化合物的命名方法（见第十四章）命名。例如：

氧杂环丙烷　　　　　1,4-二氧杂环己烷　　　　　氧杂环戊烷
（俗名：环氧乙烷）　（俗名：1,4-二氧六环）　　（俗名：四氢呋喃）

三元环醚统称环氧化合物（简称环氧化物，epoxides），可看作烯烃的氧化物。简单的环氧化物常称为氧化某烯或环氧某烷。例如：

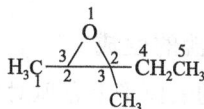

氧化乙烯(环氧乙烷)
ethylene oxide (epoxyethane)

氧化丙烯(1, 2-环氧丙烷)
propylene oxide (1, 2-epoxypropane)

较复杂的环氧化物可用两种方法命名：①以氧杂环丙烷（oxirane）或环氧乙烷为母体，环的编号从氧原子开始，编号方向应使取代基的数字位次组尽可能小，取代基按其英文名称顺序置于母体名前；②以烃为母体，在母体前加上"氧桥"或"环氧"（epoxy）二字并标明与氧原子成环的两个碳原子的位置。例如：

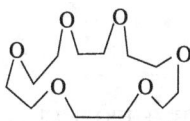

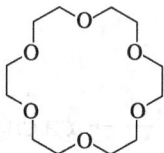

方法1：　2-甲基氧杂环丙烷　　　　2-乙基氧杂环丙烷　　　　2-乙基-2,3-二甲基氧杂环丙烷
　　　　　2-methyloxirane　　　　　2-ethyloxirane　　　　　2-ethyl-2, 3-dimethyloxirane

方法2：　　1, 2-环氧丙烷　　　　　　1, 2-环氧丁烷　　　　　2, 3-环氧-3-甲基戊烷
　　　　　1, 2-epoxypropane　　　　1, 2-epoxybutane　　　2, 3-epoxy-3-methylpentane

冠醚命名时需要标明环中的原子总数（X）和氧原子总数（Y），称为 X-冠-Y。例如：

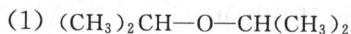

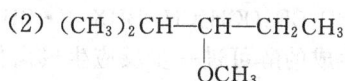

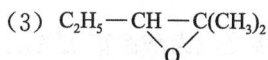

18-冠-6
18-crown-6

21-冠-7
21-crown-7

思考题 8-8 命名下列化合物。

（1）$(CH_3)_2CH-O-CH(CH_3)_2$

（2）$(CH_3)_2CH-CH-CH_2CH_3$
　　　　　　　　　　|
　　　　　　　　　OCH_3

（3）$C_2H_5-CH-C(CH_3)_2$
　　　　　　　$\backslash O /$

（二）醚的物理性质

常温下，除甲醚、乙醚和甲乙醚为气体外，大多数醚是无色液体。低级醚挥发性高、易燃，使用时要注意通风及避免使用明火和电器。与醇不同，醚分子间不能形成氢键，沸点低于同分异构的醇，与分子量相近的烷烃接近。如甲醚的沸点为-23℃，而丙烷和乙醇的沸点分别是-42℃和78℃。醚分子中的氧可与水形成氢键，低级醚能溶于水，如乙醚在水中的溶解度为8g/100mL。醚易与其他有机物互溶，是常用的有机溶剂。表8-3列出了部分醚的物理常数。

（三）醚的化学性质

醚是非常稳定的化合物，稳定性仅次于烷烃，不易与碱、还原剂、氧化剂以及活泼金属反应，只能在强酸条件下发生化学反应。

表 8-3　部分醚的物理常数

化合物	沸点/℃	熔点/℃	化合物	沸点/℃	熔点/℃
甲醚(dimethyl ether)	−140	−24	茴香醚(methyl phenyl ether)	−37	154
乙醚(diethyl ether)	−116	74.6	乙苯醚(ethyl phenyl ether)	−33	172
丙醚(dipropyl ether)	−122	91	二苯醚(diphenyl ether)	27	259
异丙醚(isopropyl ether)	−60	69	1,4-二氧六环(1,4-dioxane)	11	101
丁醚(butyl ether)	−95	142	四氢呋喃(tetrahydrofuran)	−108	66

1. 𬭩盐的生成

醚键的氧原子上有孤对电子，能接受强酸电离出的 H^+。醚的碱性很弱，只能与浓的 Lewis 酸（如硫酸、盐酸、BF_3 等）形成𬭩盐（oxoniumsalt）。例如：

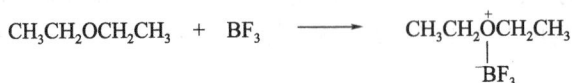

$$CH_3CH_2{-}O{-}CH_2CH_3 + H^+Cl^- \longrightarrow \left[CH_3CH_2{-}\overset{+}{\underset{H}{O}}{-}CH_2CH_3 \right] Cl^-$$

$$CH_3CH_2OCH_2CH_3 + BF_3 \longrightarrow CH_3CH_2\overset{+}{\underset{BF_3}{O}}CH_2CH_3$$

𬭩盐用水稀释，立即又分解成原来的醚。

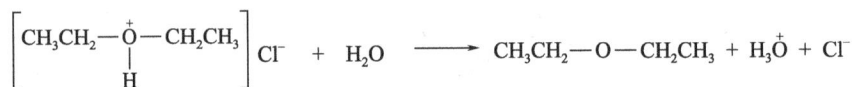

$$\left[CH_3CH_2{-}\overset{+}{\underset{H}{O}}{-}CH_2CH_3 \right] Cl^- + H_2O \longrightarrow CH_3CH_2{-}O{-}CH_2CH_3 + H_3\overset{+}{O} + Cl^-$$

利用以上性质，可将醚与不溶于浓酸的烷烃和卤代烃进行分离。

2. 醚键的断裂

醚与强酸如浓的氢卤酸共热时，醚键发生断裂，生成卤代烃和醇。例如：

$$CH_3CH_2OCH_2CH_3 + HX \longrightarrow CH_3CH_2X + CH_3CH_2OH$$

若氢卤酸过量，生成的醇可进一步反应生成卤代烃。

$$CH_3CH_2OH + HX \longrightarrow CH_3CH_2X + H_2O$$

醚键的断裂，是醚与氢卤酸之间发生了亲核取代反应。醚先接受氢卤酸解离出的质子形成质子化醚，质子化醚再与卤素负离子（作为亲核试剂）作用，生成卤代烃和醇。不同氢卤酸与醚的反应活性顺序为：$HI > HBr > HCl$。

醚键的断裂方式取决于醚的烃基结构。烃基为伯烷基的单醚和混醚一般按 S_N2 机理反应，单醚的一个烃基变成卤代烃，另一个烃基变成醇；而混醚则是空间位阻较小的烃基转变成卤代烃，位阻较大的烃基变成醇；含有叔烷基的单醚和混醚，一般按 S_N1 机理反应，醚键从叔烷基一侧异裂，生成叔碳正离子中间体，产物除卤代烃和醇外，还有烯烃。例如：

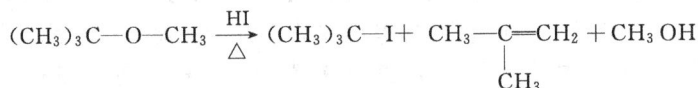

$$(CH_3)_3C{-}O{-}CH_3 \xrightarrow[\triangle]{HI} (CH_3)_3C{-}I + CH_3{-}\underset{CH_3}{C}{=}CH_2 + CH_3OH$$

烯丙基醚和苄基醚的醚键断裂也按 S_N1 机理进行。例如：

$$\langle\!\!\!\bigcirc\!\!\!\rangle{-}CH_2OCH_3 + HI \xrightarrow{\triangle} \langle\!\!\!\bigcirc\!\!\!\rangle{-}CH_2I + CH_3OH$$

烷芳混合醚与氢卤酸反应时，因醚键氧原子与芳环有 p-π 共轭作用，芳基一侧的碳氧键较牢固，醚键常从烷基一侧断裂，产物为酚和卤代烷。例如：

$$\text{（结构）}-O-CH_3 + HI \xrightarrow{\triangle} \text{（结构）}-OH + CH_3I$$

甲基醚既容易制备，又容易被氢卤酸分解。在有机合成中，常通过形成甲基醚来保护醇羟基或酚羟基。例如，欲将对羟基甲苯转化成对羟基苯甲酸，为了避免酚羟基被氧化，可先将羟基转变成甲基醚再氧化，之后将醚键断裂即可得到所需的产物。

$$HO-\text{（苯环）}-CH_3 \xrightarrow[\text{(2) } CH_3I]{\text{(1) NaOH}} H_3CO-\text{（苯环）}-CH_3 \xrightarrow[\triangle]{KMnO_4} H_3CO-\text{（苯环）}-COOK$$

$$\xrightarrow[\triangle]{HBr} HO-\text{（苯环）}-COOH$$

二芳基醚 Ar—O—Ar′不与氢卤酸反应。

思考题 8-9 完成下列反应式。

(1) $(CH_3)_2CHCH_2OCH_2CH_3 + HI \xrightarrow{\triangle}$ (2) $(CH_3)_3COC(CH_3)_3 + HI \xrightarrow{\triangle}$

(3) （邻甲基苯甲醚结构）$-OCH_3 + HI \xrightarrow{\triangle}$

---

3. 氧化反应

醚对氧化剂很稳定，但醚如长期与空气接触，其 α-H 可被氧化，生成过氧化物。例如：

$$CH_3CH_2OCH_2CH_3 \xrightarrow{O_2} CH_3CH_2-O-\underset{\underset{O-O-H}{|}}{C}HCH_3$$

过氧化物不易挥发，极易因受热、震动及摩擦等分解爆炸，因此，蒸馏乙醚时一定要避免蒸干，以防积留的高沸点过氧化物受热爆炸。蒸馏乙醚前应对其中的过氧化物予以排查。检查的方法是将少量乙醚与酸性碘化钾-淀粉溶液混合并振摇，若溶液变成蓝色，即证明有过氧化物存在；也可将少量乙醚与硫酸亚铁和硫氰化钾的水溶液一起振摇，如有过氧化物存在，因 Fe^{2+} 可被氧化成 Fe^{3+}，溶液会变成血红色。用硫酸亚铁或亚硫酸钠等还原性水溶液将乙醚充分洗涤，可除去其中的过氧化物。

（四）环氧化合物的开环反应

环氧化合物与一般醚不同，因环中氧原子的存在，环张力比环丙烷的还大，特别容易开环，具有很高的化学反应活性。其中，环氧乙烷最简单，也最重要。在酸、碱或中性条件下，环氧乙烷极易与多种试剂反应，是有机合成的重要原料或中间体。

$$H_2C\overset{\displaystyle O}{-}CH_2 +
\begin{cases}
H_2O \xrightarrow{H^+} HOCH_2CH_2OH \\
CH_3OH \xrightarrow{H^+} HOCH_2CH_2OCH_3 \\
NH_3 \xrightarrow{H_2O} HOCH_2CH_2NH_2 \\
HX \longrightarrow HOCH_2CH_2X \\
RMgBr \longrightarrow RCH_2CH_2OMgX \xrightarrow[H^+]{H_2O} RCH_2CH_2OH
\end{cases}$$

通过以上反应，可将环氧乙烷转变成其他有机化合物。如利用环氧乙烷与 Grignard 试剂的反应，就可得到比 Grignard 试剂中的烃基多两个碳的伯醇，是有机合成中增长碳链的方法之一。

　　环氧乙烷的开环反应，是亲核反应。酸性条件下开环时，环中的氧原子接受质子（质子化），使 C—O 键极性增强，并趋向断裂，亲核试剂从 C—O 键的背面与带部分正电荷的碳原子结合。

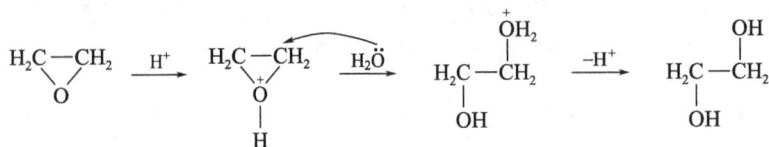

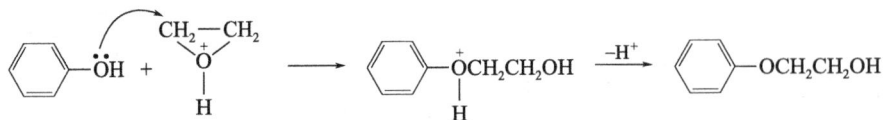

　　碱性条件下，亲核试剂直接进攻环碳原子，同时 C—O 键断裂。例如：

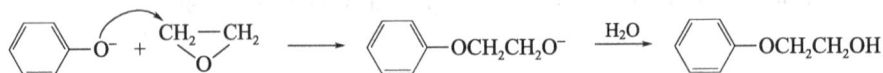

强亲核试剂　非质子化环氧乙烷

　　取代环氧乙烷中，环上两个碳原子的结构若不对称，开环反应的产物与反应介质的酸、碱性有关。例如：

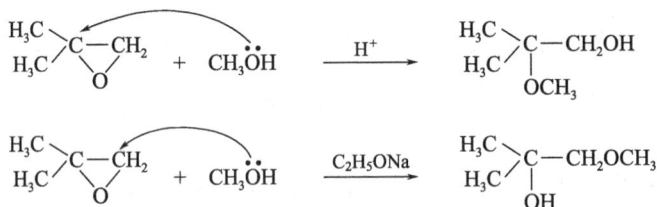

　　酸催化下的开环反应，亲核试剂主要进攻含取代基较多的环碳原子；而碱催化下的开环反应，亲核试剂主要进攻含取代基较少的环碳原子。

　　酸性介质中，环中的氧原子先质子化，质子化的氧原子吸电子能力增强，C—O 键间的电子云进一步向氧原子转移，使环上的碳原子比质子化前带有更多的正电荷，趋向形成过渡态（1）和（2），之后亲核试剂从 C—O 键的背面进攻带部分正电荷的环碳原子。反应若按 S_N2 机理进行，由于过渡态（1）中，带部分正电荷的碳原子位阻较小，有利亲核试剂进攻。但事实证明，环氧化物进行开环反应时，C—O 键的断裂往往先于亲核试剂与带部分正电荷碳原子的结合，即开环方式在更大程度上具有 S_N1 反应特征。由于烷基的斥电子效应，过渡态（2）相应的碳正离子更为稳定，亲核试剂主要与（2）中带部分正电荷的碳原子结合。因此，酸性介质中环氧化物的开环反应，受取代基空间位阻的影响较小，主要取决于取代基的电子效应，亲核试剂主要进攻带有较多供电子基团的环碳原子，反应更倾向按 S_N1 机理进行。

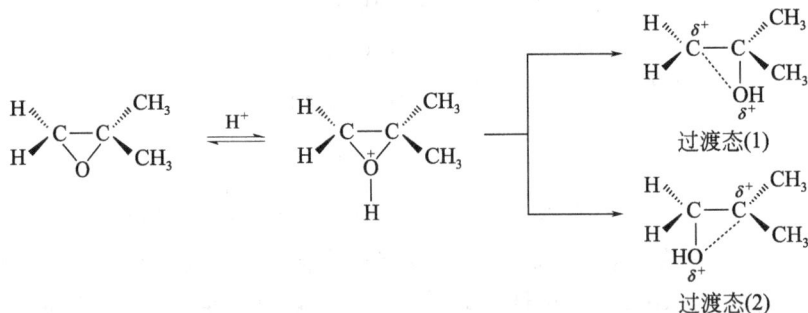

过渡态(1)

过渡态(2)

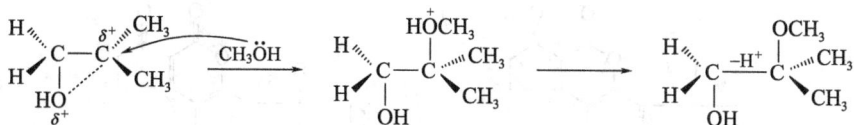

碱性条件下环氧化物的开环反应，按 S_N2 机理进行，亲核试剂主要进攻空间位阻较小的环碳原子。

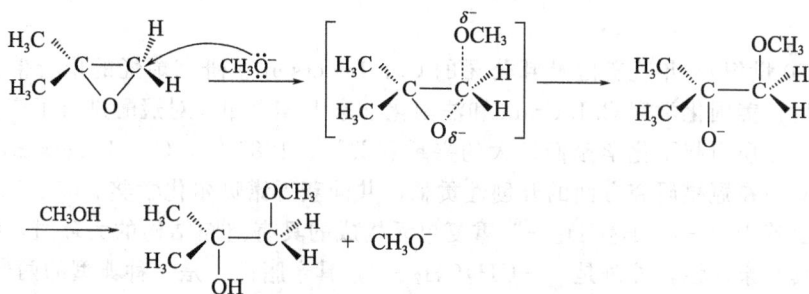

环氧化物在酸、碱条件下的开环反应，亲核试剂都是从 C—O 键的背面进攻环碳原子的，因此，反应过程中亲核试剂所进攻的环碳原子的构型往往会发生"翻转"。例如：

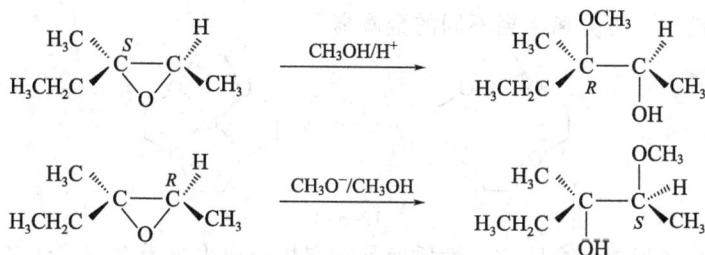

思考题 8-10 写出下列反应产物的结构式和名称。

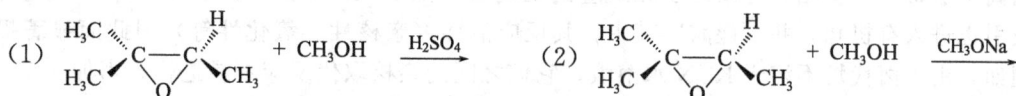

(1) 结构式 + CH_3OH $\xrightarrow{H_2SO_4}$ (2) 结构式 + CH_3OH $\xrightarrow{CH_3ONa}$

（五）环氧化合物的生物活性

环氧化合物既是重要的有机合成中间体，也是生物体内某些物质合成或代谢的中间体。例如，生物体从角鲨烯合成羊毛甾醇（合成其他甾族化合物的前体，见第十七章）、由苯丙酸合成酪氨酸等过程中都有环氧化合物中间体产生。

环氧化合物有一定的毒性，甚至具有致癌性。例如，存在于霉变的花生和玉米等种子中的黄曲霉毒素 B_1（aflatoxins B_1，AFB_1），1993 年被世界卫生组织（WHO）癌症研究机构列为 1 类致癌物，具有很强的毒性和致癌性，半数致死量为 $0.36mg \cdot kg^{-1}$ 体重，比砒霜大 68 倍，它能损害肝脏，诱发肝癌。AFB_1 在动物体内经细胞内微粒体混合功能氧化酶的作用，发生脱甲基、羟化及环氧化等代谢反应，会转变成 AFB_1-2,3-环氧化物。AFB_1-2,3-环氧化物与苯并 [b] 芘的终致癌物二醇环氧化物（见第五章）相似，也能与 DNA 分子中的亲核性基团（鸟嘌呤等碱基）结合，产生遗传损伤，导致癌变。

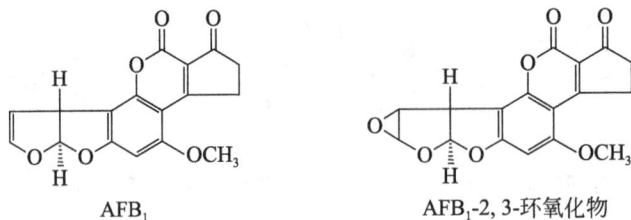

AFB$_1$ AFB$_1$-2, 3-环氧化物

（六）冠醚

冠醚是 20 世纪 60 年代美国杜邦公司的 C. J. Pedersen 在研究烯烃的聚合催化剂时首次发现的。此后，美国化学家 C. J. Cram 和法国化学家 J. M. Lehn 对冠醚进行了广泛深入的研究，其特殊的性质引起了化学家们极大的兴趣和关注。1987 年，C. J. Pederson，C. J. Cram 和 J. M. Lehn 因在冠醚研究方面的开创性贡献，共同获得诺贝尔化学奖。

冠醚是由若干"—OCH$_2$CH$_2$—"重复单元构成的具有空腔结构的大环醚，空腔的内侧是氧原子，具有亲水性，外侧是"—CH$_2$CH$_2$—"，具亲脂性，是一种典型的两亲性化合物。空腔内的氧原子含有未共用电子对，能和阳离子，尤其是碱金属离子形成配合物。冠醚对金属离子的配合具有高度的选择性，结构不同的冠醚，其空腔大小不同，可与不同离子半径的金属离子配合。例如，12-冠-4 可与锂离子配合，而 18-冠-6 能与钾离子形成稳定的配合物。利用冠醚的这一性质，可分离半径不同的金属离子。

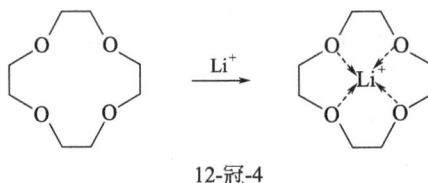

12-冠-4

冠醚能与阳离子形成配合物这一性质使其在有机合成中极为有用。许多在传统条件下难以反应甚至不发生的反应，在冠醚存在下能够顺利进行。当冠醚与试剂中的阳离子配合后，阳离子被带入有机相。与阳离子相对应的阴离子（如 RCOO$^-$，CN$^-$，MnO$_4^-$ 等），因静电吸引也进入有机相，并"裸露"其中，其反应活性（亲核性、氧化性等）因此而显著提高。例如，由于卤代烷不溶于 KCN 水溶液，它们之间的亲核取代反应不易进行，当加入 18-冠-6 后，亲核基团 CN$^-$ 被带入有机相，能与卤代烷充分接触，反应可快速进行。

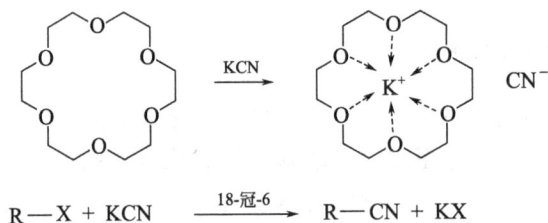

$$R—X + KCN \xrightarrow{\text{18-冠-6}} R—CN + KX$$

冠醚这种能把水溶性试剂带入有机相而使反应高度"活化"的作用，称为相转移催化作用。冠醚是一种常见的相转移催化剂（phase-transfer catalyst）。

冠醚能选择性地结合某些离子或分子的性质，对理解生物化学中的"分子识别"现象，如酶对底物的识别、受体对激素的识别、抗体对抗原的识别、神经递质对传递信号的识别等具有重要意义。

冠醚在对映体拆分、环境分析等领域也有广泛应用。

冠醚有一定的毒性，应避免吸入其蒸气或与皮肤接触。

（七）醚的应用

1. 氟代醚

1842 年美国医生 Long 首次将乙醚作为全身麻醉药用于外科手术。由于乙醚具有易燃、易爆、气味不佳、不良反应多等缺点，临床应用日渐减少。一类新型更为安全的醚类麻醉剂——氟代醚，如氨氟醚（enflurance，$HFClCF_2COCF_2H$）、异氟醚（isoflurance，$CF_3CHClOCF_2H$）、七氟醚〔sevoflurance，$CH_2FOCH(CF_3)_2$〕等在临床上得到广泛应用。

2. 环氧乙烷

环氧乙烷（ethylene oxide）常温常压下为无色气体，熔点 $-111.3℃$，沸点 $10.73℃$，与水能以任意比例混溶，溶于有机溶剂，是重要的有机合成原料，主要用于制备乙二醇、合成洗涤剂、非离子表面活性剂、消毒剂、谷物熏蒸剂、抗冻剂及缩乙二醇，也用于生产增塑剂、润滑剂及喷气式推进器的燃料等。在医药领域上，环氧乙烷是合成一些抗肿瘤药、麻醉药、止咳药等药物的重要原料或中间体。

3. 四氢呋喃

四氢呋喃（tetrahydrofuran）是一种无色透明液体，熔点 $-108.5℃$，沸点 $66℃$，能与水、醇、醚、酯和烃类混溶，是非常优良的有机溶剂。在医药领域上，常作为溶剂，用于许多药物特别是甾体类药物的合成，也是制备咳美芬、咳必清、氟尿嘧啶、驱蛲净等药物的中间体。

4. 甲苯醚

甲苯醚（又称茴香醚 methyl phenyl ether）为无色透明液体，熔点 $-37.5℃$，沸点 $155.5℃$，不溶于水，溶于醇、醚。在医药上用于合成多巴酚丁胺、三碘甲状腺原胺酸等药物。

Summary

Both alcohols and phenols are hydroxyl-containing organic compounds. In an alcohol, one or more hydroxyl groups are bonded to an alkyl group, while in a phenol one or more hydroxyl groups are directly attached to an aromatic ring. The bond O—H is of great polarity due to significant difference of electronegativity between oxygen and hydrogen. The —OH functional group is capable of participating hydrogen bonding, as a result, the two kinds of compounds both show higher boiling points and water solubility than hydrocarbons of comparable molecular weight do.

The major chemical reactions of alcohols involve the cleavages of the bonds O—H and C—O. Due to the polarity of bond O—H, alcohols show weak acidity to a certain degree and can gently react with metallic sodium, giving off hydrogen gas and producing strong bases sodium alkoxides. Heated with halogen hydrogen (HCl and HBr are often used), alcohols can undergo halogenation reactions, the hydroxyl groups of alcohols can be replaced by halogen atoms to form halides, proceeding in either S_N1 or S_N2 mechanisms depending on the structure of alcohols. Most tertiary alcohols usually react in S_N1 mechanisms and primary alcohols often follow S_N2 mechanisms. When heated with concentrated sulfuric acid, alcohols undergo dehydration reactions to generate alkenes or ethers depends on the reaction temperature. The alcohols bearing at least one α-hydrogen atom are easily oxidized to aldehydes, ketones, or carboxylic acids by oxidizing agents, such as $KMnO_4/H^+$, $K_2Cr_2O_7/H^+$, and PCC, etc., and the corresponding products vary with the alcohols and the oxidizing agents used.

Phenols show stronger acidity than alcohols because of p-π conjugated system. But the acidity is less than that of H_2CO_3 and they only react with strong bases. Phenols can also easily undergo electrophilic substitution reactions on their benzene rings owing to the activating hydroxyl groups. Phenols are more easily oxidized than alcohols because of its strong ability of transferring electrons. In addition, most phenols can react with aqueous solution of $FeCl_3$, giving various colorful complexes, which is very useful in distinguishing phenols (except for nitro-phenols, p-hydroxyl benzoic acid, etc.) from other organic compounds.

Similar to alcohols and phenols, ethers also belong to oxygen-containing organic compounds, in which two alkyl groups or aryl groups are bonded to one oxygen atom, and the general formula of ethers can be expressed as R—O—R′, Ar—O—Ar′ or Ar—O—R. Ethers are symmetrical or unsymmetrical depends on whether the two groups attached to oxygen atom are the same or different. Diethyl ether is a symmetrical ether and ethyl methyl ether is unsymmetrical.

Ethers are inert to chemical reactions because of lacking reactive functional groups and therefore are often used as solvent in many chemical reactions. But ethers can be slowly oxidized in the presence of O_2 or other oxidizing agents, resulting in explosive peroxides, which are dangerous and should be cleared of before ethers come into uses.

The bond C—O in an ether can be cut off if the ether is heated with equal mole of concentrated halogen hydrogen (HI is often used), yielding a halide and an alcohol. For an ether R—O—R′, whether R or R′ is converted into a halide depends on the structures of R and R′; as for Ar—O—R, R forms a halide and Ar produces a phenol; while Ar—O—Ar′ does not react with concentrated HI even at elevated temperature.

Epoxides are three-membered cyclic ethers. Different from the ethers mentioned above, epoxides are very reactive due to their highly strained ring and can react with a great number of nucleophiles (such as NH_3, CH_3OH, RMgX, and so on.) under the catalyst of acids or bases, resulting in the ring opening to give other kinds of important organic compounds. The ring-opening reactions follow S_N2 mechanisms under basic circumstances while S_N1 mechanisms in acidic conditions.

Crown ethers, composed of repeated units "—OCH_2CH_2—", are macrocyclic ethers with cavities of certain sizes. The interiors of the cavities consist of various number of oxygen atoms while the exteriors are made up of alkyl groups "—CH_2CH_2—". Thus, crown ethers are both hydrophobic and hydrophilic and are capable of coordinating various metal ions of different radium. Which kind of metal ions are coordinated depends on the sizes of the cavities, and they are practically applied to separate metal ions of different radium. Furthermore, because the positively charged complexes are able to pull the reactive counterions, namely anions, into hydrophobic phases by electrostatic attraction, which allows the anion-related reactions to undergo easily and fast. For this reason, crown ethers are called phase-transfer catalysts and get wide application in organic synthesis.

习　题

1. 命名下列化合物。

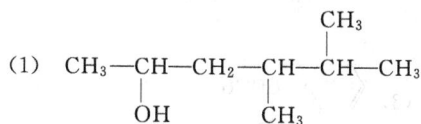

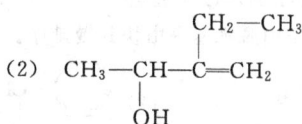

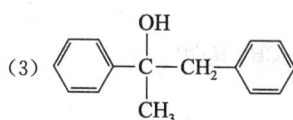

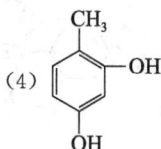

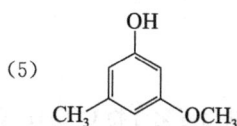

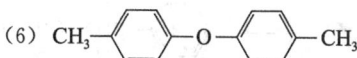

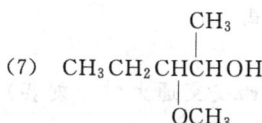

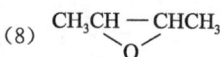

(1) CH₃—CH—CH₂—CH—CH—CH₃
　　　　 | OH　　　 | CH₃　 | CH₃

(2) CH₃—CH—C=CH₂
　　　　　　| OH　 | CH₂—CH₃

(3) 苯基—C(OH)(CH₃)—CH₂—苯基

(4) 甲苯环, CH₃, OH, OH

(5) OH, CH₃, OCH₃ 取代苯环

(6) CH₃—⬡—O—⬡—CH₃

(7) CH₃CH₂CHCHOH
　　　　　　　 | CH₃　| OCH₃

(8) CH₃CH—CHCH₃
　　　　　\\O/

2. 写出下列化合物的结构式。

(1) (S)-2-乙基-3-甲基丁-1-醇

(2) (E)-3-乙基戊-3-烯-1-醇

(3) 反环己-1,3-二醇（构象式）

(4) 二环[2.2.1]庚-2-醇

(5) 苄基甲基醚

(6) 二烯丙基醚

(7) 3,4-环氧-3-甲基丁-1-烯

3. 写出下列反应的主要产物。

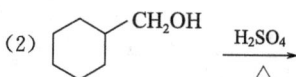

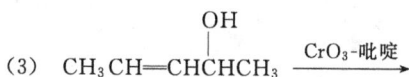

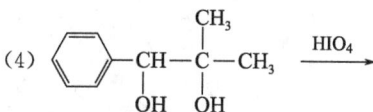

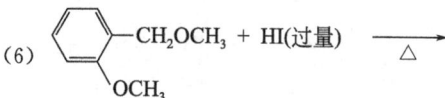

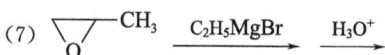

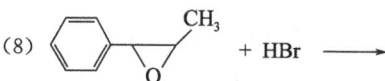

(1) (CH₃)₂CHCH₂OH + PBr₃ ⟶

(2) 环己基—CH₂OH $\xrightarrow[\triangle]{H_2SO_4}$

(3) CH₃CH=CHCH CH₃
　　　　　　　　 | OH $\xrightarrow{CrO_3-吡啶}$

(4) 苯—CH—C(CH₃)—CH₃
　　　　　 | OH　　 | OH, CH₃ $\xrightarrow{HIO_4}$

(5) CH₃CH₂CH₂OCH₃ + HI $\xrightarrow{\triangle}$

(6) 苯环—CH₂OCH₃, OCH₃ + HI(过量) $\xrightarrow{\triangle}$

(7) 环氧—CH₃ $\xrightarrow{C_2H_5MgBr}$ $\xrightarrow{H_3O^+}$

(8) 苯—环氧—CH₃ + HBr ⟶

4. 写出下列反应的主要产物和反应机理。

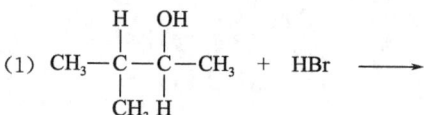

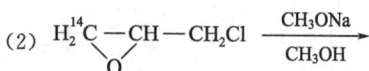

(1) CH₃—C(H)(CH₃)—C(OH)(H)—CH₃ + HBr ⟶

(2) H₂¹⁴C—CH—CH₂Cl $\xrightarrow[CH_3OH]{CH_3ONa}$
　　　　\\O/

5. 用简单的化学方法区别下列各组化合物。

(1) 2,3-二甲基丁-2-醇   3-甲基丁-2-醇   3,3-二甲基丁-1-醇

(2) 邻甲基苯酚   苯甲醇   甲苯醚

6. 按酸性由强到弱的顺序排列下列化合物。

(1) 苯酚   (2) 对叔丁基苯酚   (3) 对甲氧基苯酚   (4) 三硝基苯酚

(5) 对氯苯酚   (6) 邻硝基苯酚

7. 写出对甲基苯酚与下列试剂的反应方程式。

(1) $(CH_3)_2CHOH/H_3PO_4$，加热   (2) NaOH 水溶液   (3) Br_2/H_2O

8. 将下列醇按分子内脱水速率由快到慢排序。

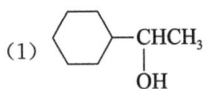

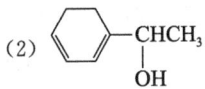

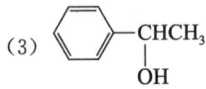

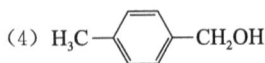

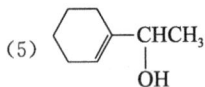

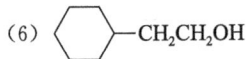

9. 完成下列转化。

(1) 异丙醇 $\longrightarrow$ CH_2=CHCHO

(2) 苯，丙烯 $\longrightarrow$ —CH=CH—CH_3

10. 化合物 A($C_5H_{12}O$) 遇酸极易失水成 B，B 用冷的稀高锰酸钾溶液小心氧化得化合物 C($C_5H_{12}O_2$)，C 与高碘酸作用得到一分子乙醛和另一化合物，试写出 A 的结构式和各步反应式。

（西安交通大学　刘芸）

第九章

醛、酮、醌

内容提示

本章主要介绍：醛、酮和醌的结构，化学性质（亲核加成反应及机理，羰基亲核加成的立体化学，潜手性碳原子及其不对称合成，羰基化合物 α-H 的反应，羰基的氧化和还原反应，酮的加成反应）；羰基化合物在有机合成和生物代谢过程中的重要性。

醛（aldehyde）、酮（ketone）和醌（quinone）在结构上具有共同的特征，分子中都含有羰基（carbonyl qroup）官能团，因而它们称为羰基化合物（carbonyl compounds）。

醛是羰基碳与一个烃基和一个氢相连的化合物（甲醛中的羰基碳与两个氢相连），醛基是醛的官能团，可简写作—CHO。酮是羰基碳与两个烃基相连的化合物，酮分子中的羰基又称为酮基，是酮的官能团，可简写作 CO 。醌是一类不饱和的环二酮，在分子中含有两个碳碳双键和两个羰基。

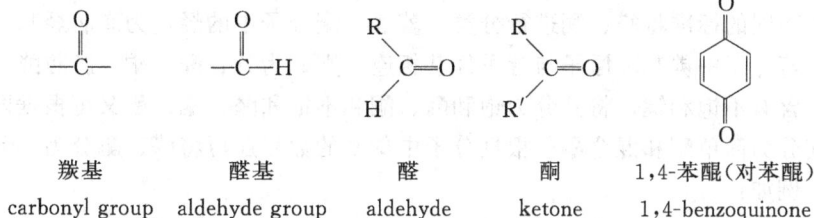

羰基	醛基	醛	酮	1,4-苯醌(对苯醌)
carbonyl group	aldehyde group	aldehyde	ketone	1,4-benzoquinone

由于羰基的化学性质非常活泼，因而羰基化合物无论是在理论研究，还是在实际应用中都具有很重要的地位。它们能发生多种有机反应，是有机合成中常用的中间体；它们分子中的羰基是手性合成的一个活性位点。在工业上，羰基化合物常用作溶剂、香料、药物及制药的原料等，同时它们也是体内代谢过程中十分重要的中间体，许多基团的转移酶的辅酶都含有羰基。

在学完本章以后，你应该能够回答以下问题：

1. 醛、酮和醌的结构特征是什么？怎样分类和命名？

2. 亲核加成反应历程与亲电加成反应历程有什么不同？

3. 何为潜手性碳原子和不对称合成？

4. 醛、酮在化学性质上有哪些异同点？
5. 何为碘仿反应？羟醛缩合反应的条件是什么？
6. 醌的化学性质有哪些？

一、醛、酮的结构和命名法

（一）醛、酮的结构

　　醛、酮的结构中均含有特征官能团羰基，在羰基中碳和氧以双键相结合，其成键情况与碳碳双键相类似。碳原子和氧原子都为 sp^2 杂化，碳原子的三个 sp^2 杂化轨道分别与氧及其他两个原子形成三个 σ 键，这三个 σ 键处于同一平面上，键角近似 120°。碳原子未杂化的 p 轨道与氧原子未杂化的 p 轨道平行重叠形成 π 键，并与三个 σ 键构成的平面垂直，因此，羰基的碳氧双键由一个 σ 键和一个 π 键组成，如图 9-1（a）所示。在碳氧双键中，由于氧原子的电负性较大，成键电子云偏向氧，使氧原子带部分负电荷（δ^-），而碳原子带部分正电荷（δ^+）。所以，羰基是一个极性的不饱和基团，具有偶极距，一般在 2.3～2.8D 范围，见图9-1(b)。

（a）羰基中的π键　　（b）羰基的特征

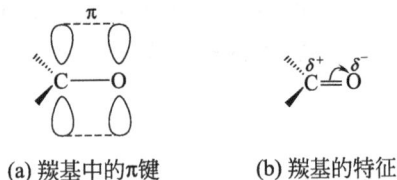

图 9-1　羰基的结构示意图

　　思考题 9-1　比较碳氧双键和碳碳双键的异同。

　　可以根据不同的标准将醛、酮进行分类。若醛、酮分子中的烃基为脂肪烃基，则称为脂肪族醛、酮；若分子中羰基碳原子与芳香烃基相连，则称为芳香醛、酮。脂肪醛、酮又可根据分子中是否含有不饱和键，将其分为饱和醛、酮和不饱和醛、酮。酮又可根据两个烃基是否相同，将其分为简单酮和混合酮。根据分子中羰基的数目还可将醛、酮分为一元醛、酮和多元醛、酮。例如：

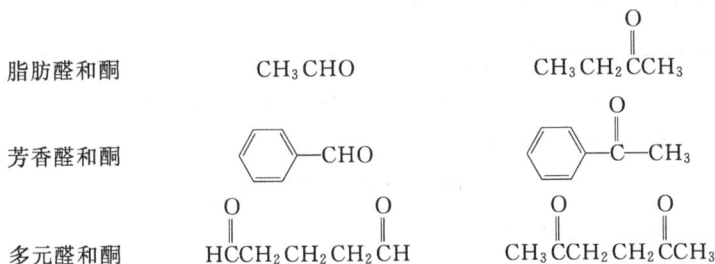

脂肪醛和酮　　　　CH_3CHO　　　　　　　　　$CH_3CH_2COCH_3$

芳香醛和酮

多元醛和酮　　$HCCH_2CH_2CH_2CH$　　　　　$CH_3CCH_2CH_2CCH_3$

（二）醛、酮的命名法

1. 醛的命名法

(1) 相应于有俗名羧酸的醛，命名时只要将后缀"酸"改为"醛"即可。英文名称即将

后缀 "-ic acid 或 oic acid" 改为 "-aldehyde"。例如：

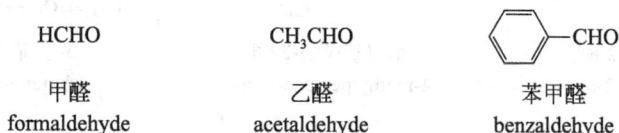

$$HCHO \qquad\qquad CH_3CHO \qquad\qquad \text{苯-CHO}$$

甲醛   乙醛   苯甲醛
formaldehyde   acetaldehyde   benzaldehyde

（2）将同数碳原子烃的名称后缀变成醛（al）或二醛（dial），无环一元醛和二元醛常采用此命名法。例如：

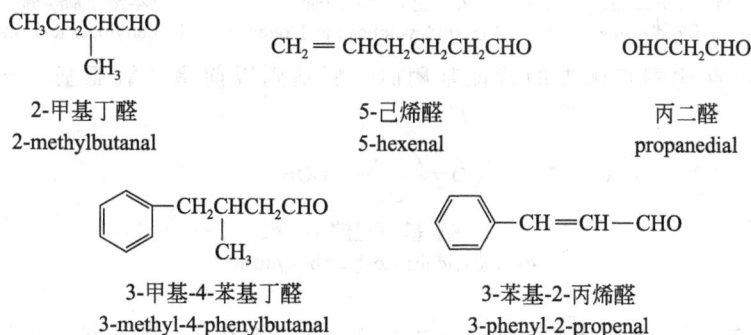

$$CH_3CH_2\underset{\underset{CH_3}{|}}{CH}CHO \qquad\qquad CH_2 = CHCH_2CH_2CH_2CHO \qquad OHCCH_2CHO$$

2-甲基丁醛   5-己烯醛   丙二醛
2-methylbutanal   5-hexenal   propanedial

3-甲基-4-苯基丁醛   3-苯基-2-丙烯醛
3-methyl-4-phenylbutanal   3-phenyl-2-propenal

（3）有些醛在命名时，可以在母体氢化物加后缀 "甲醛（carbaldehyde）"。例如：

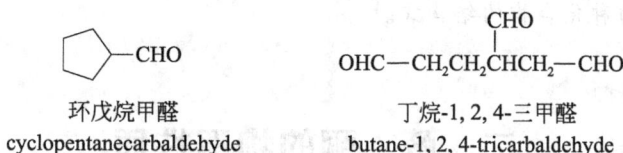

环戊烷甲醛   丁烷-1, 2, 4-三甲醛
cyclopentanecarbaldehyde   butane-1, 2, 4-tricarbaldehyde

（4）当结构中存在比醛基优先的特征基团时，醛基则以前缀 "甲酰基（formyl-）" 来表示。例如：

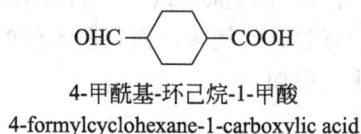

4-甲酰基-环己烷-1-甲酸
4-formylcyclohexane-1-carboxylic acid

2. 酮的命名法

将两个连接到羰基的基团名称作为前缀，按英文字母顺序前后排列，再以 "甲酮（ketone）" 或 "二甲酮（diketone）" 结尾。结构较为简单的酮常采用此法命名。例如：

$$CH_3COCH_2CH_3 \qquad\qquad CH_3CH_2COCH_2CH_2CH_3$$

乙(基)甲(基)甲酮   乙(基)丙(基)甲酮
ethyl methyl ketone   ethyl propyl ketone

二苯(基)甲酮   苄(基)乙(基)二甲酮
diphenyl ketone   benzyl ethyl diketone

酮的命名也可在母体氢化物后加 "酮（-one）" 或 "二酮（-dione）"。当母体氢化物为烷烃时，"烷" 字也可以省略。结构较为复杂的酮常采用此法命名。例如：

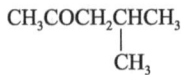

CH₃COCH₂CH₃

丁烷-2-酮
butane-2-one

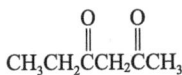

CH₃COCH₂CHCH₃
　　　　　　|
　　　　　　CH₃

4-甲基戊烷-2-酮
4-methylpentane-2-one

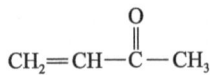

CH₂=CH—C—CH₃
　　　　　‖
　　　　　O

3-丁烯-2-酮
3-butene-2-one

CH₃CH₂C—CH₂—C—CH₃
　　　　‖　　　　　‖
　　　　O　　　　　O

己烷-2, 4-二酮
hexane-2, 4-dione

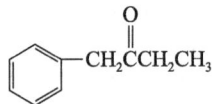

2-甲基环己烷-1-酮
2-methylcyclohexane-1-one

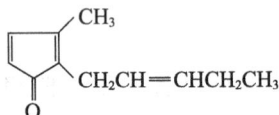

1-苯基丁烷-2-酮
1-phenylbutane-2-one

当结构中存在比酮基优先的特征基团时，酮基则以前缀"氧亚基（oxo-）"来表示。例如：

O=⟨環⟩—COOH

4-氧亚基-环己烷-1-甲酸
4-oxocyclohexane-1-carboxylic acid

思考题 9-2 具有醛、酮结构的化合物在自然界广泛存在，如从桂皮油中分离的肉桂醛的化学名称为 3-苯基-2-丙烯醛；茴香醛是芳香油中常见的化合物，其化学名称为对甲氧基苯甲醛。试写出这两种化合物的结构式。

二、醛、酮的物理性质

在常温下，除甲醛为气体外，12 个碳原子以下的脂肪醛、酮是无色液体；高级脂肪醛、酮和芳香酮多为固体。低级醛带有刺鼻的气味，而某些天然的中级醛具有特殊香味，可以作为香料常用于化妆品和食品工业。例如：

CHO
⟨苯并二氧杂环⟩
胡椒醛

⟨环戊烯酮结构⟩　CH₃
CH₂CH=CHCH₂CH₃
茉莉酮

由于醛、酮分子之间不能形成氢键，所以其沸点比分子量相似的醇和羧酸低。但是，羰基是极性基团，醛、酮分子有着较强的极性，极性分子之间存在着偶极-偶极的相互作用。因而醛、酮的沸点高于分子量相近的烷烃和醚。醛、酮分子中羰基氧原子可与水分子中的氢原子形成氢键，故含碳原子数较低的醛、酮易溶于水，市售的福尔马林（formalin）就是40%的甲醛水溶液。但随着分子中烃基碳原子数增多，其在水中的溶解度逐渐降低，高级醛、酮微溶或不溶于水。所有的醛、酮均能溶于有机溶剂中。表 9-1 列出了常见醛、酮的物理常数。

由于醛和酮均含有羰基官能团，因而它们的红外光谱中在 1770～1680cm⁻¹ 之间有一个非常强的羰基伸缩振动引起的吸收峰，这是羰基化合物区别于其他化合物的特征峰。醛和酮的红外光谱也有明显的差别，酮羰基的伸缩振动峰一般在 1725cm⁻¹ 附近，而醛羰基的伸缩

表 9-1 常见醛、酮的物理常数

醛、酮名称	熔点/℃	沸点/℃	相对密度 d_4^{20}	水中溶解度/(g·100mL^{-1})	醛、酮名称	熔点/℃	沸点/℃	相对密度 d_4^{20}	水中溶解度/(g·100mL^{-1})
甲醛	−92	−21	0.815	溶	丁酮	−86	80	0.805	26
乙醛	−121	21	0.781	溶	3-戊酮	−42	101	0.814	4.7
丙醛	−81	49	0.807	20	2-庚酮	−39	147	0.820	不溶
正丁醛	−99	76	0.817	7	环己酮	−16	156	0.942	微溶
丙烯醛	−88	52.5	0.841	30	苯乙酮	21	202	1.026	微溶
苯甲醛	−26	179	1.046	0.33	二苯酮	49	306	1.098	不溶
丙酮	−95	56	0.792	溶					

振动峰一般在 1715cm^{-1} 附近，而且醛基中的 C—H 键在 2720cm^{-1} 和 2850cm^{-1} 附近有两个比较有特点的振动吸收峰。另外，羰基吸收峰的位置还与相邻的基团有关，若羰基与碳碳双键共轭，羰基吸收峰向低波数位移；若与苯环共轭，则苯环在 1600cm^{-1} 区域的吸收峰分裂为两个峰。

在核磁共振氢谱中，醛基氢的吸收峰很有特征，其化学位移 δ 在 9～10 处。与羰基相连的甲基或亚甲基的化学位移 δ 在 2.0～2.5 处。在核磁共振碳谱中，醛基碳的化学位移 δ 在 200 左右，酮基碳的化学位移 δ 在 210 左右。

三、醛、酮的化学性质

羰基是醛、酮的反应中心。由于羰基是一个极性不饱和基团（碳原子带部分正电荷，氧原子带部分负电荷），因此容易受亲核试剂进攻而发生亲核加成反应（nucleophilic addition reaction），在反应过程中，试剂中带负电荷部分加到羰基碳原子上，试剂中带正电荷部分加到羰基氧原子上。醛、酮的化学反应主要可分为三大类：第一类是羰基的亲核加成反应，这是醛、酮最重要的反应；第二类是羰基 α-活泼氢的反应；第三类是醛、酮的氧化还原反应。此外，醛、酮还有一些其他类型的反应。

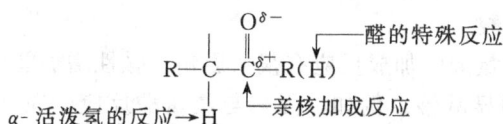

$$R-\overset{\underset{\displaystyle |}{}}{\underset{\underset{\displaystyle H}{|}}{C}}-\overset{\overset{\displaystyle O^{\delta-}}{\|}}{C^{\delta+}}R(H)$$

醛的特殊反应
α-活泼氢的反应→H
亲核加成反应

（一）亲核加成

醛、酮分子中羰基的碳氧双键与烯烃分子中的碳碳双键有相似之处，因此醛、酮也能够发生一系列加成反应。但是碳氧双键是极性基团，电子云偏向氧，并且在羰基中碳原子与氧原子的活性不同，使得醛、酮的加成与烯烃的加成又有着本质的区别。

由于碳正离子和碳负离子中间体在反应中相对较难形成，并且很不稳定，然而氧原子有较大容纳负电荷的能力，可以形成比较稳定的氧负离子。因此，羰基的加成一般是亲核试剂中的负离子或偶极负端首先进攻羰基带部分正电荷的碳原子，生成氧负离子中间体，然后再与试剂中带正电荷的部分结合，最终生成加成产物。这种由亲核试剂进攻所引起的加成反应称为亲核加成反应，反应通式如下：

$$R \atop R' \!\!\!\!\! \overset{\delta^+}{C} \!\!=\!\! \overset{\delta^-}{O} + Nu^-A^+ \underset{慢}{\rightleftharpoons} \left[{R \atop R'} C {\overset{O^-}{\underset{Nu}{}}} \right] \underset{快}{\overset{A^+}{\rightleftharpoons}} {R \atop R'} C {\overset{OA}{\underset{Nu}{}}}$$

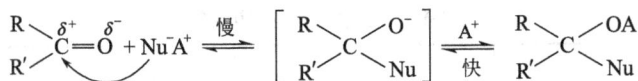

对羰基的亲核加成反应来说，亲核试剂的亲核能力大小直接影响着反应的难易程度，亲核试剂的亲核能力越强，反应越容易进行。若亲核试剂一定，反应的难易程度则取决于羰基化合物本身的结构。由于反应速率的决定步骤是亲核试剂进攻羰基碳原子，因此，若考虑电子效应，羰基碳原子的正电性增加时有利于反应的进行。立体效应对羰基活性的影响也很大，在加成反应过程中，羰基碳原子由原来 sp^2 杂化的三角形结构变成了 sp^3 杂化的四面体结构，因此当羰基碳原子所连的原子或原子团的体积较大时，加成后基团之间就比较拥挤，使加成产生立体障碍，反应不易进行。

概括起来说，羰基碳原子上的正电性越大，亲核反应越易进行；羰基所连的烃基越多或体积越大，空间位阻也越大，反应越难进行。因此在亲核加成反应中，醛一般比酮活泼。不同结构的醛、酮进行亲核加成时，反应活性次序为：

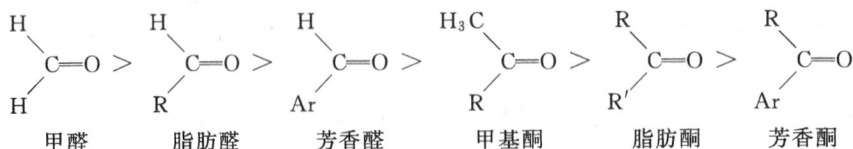

$$\underset{甲醛}{H \atop H} C\!=\!O > \underset{脂肪醛}{H \atop R} C\!=\!O > \underset{芳香醛}{H \atop Ar} C\!=\!O > \underset{甲基酮}{H_3C \atop R'} C\!=\!O > \underset{脂肪酮}{R \atop R'} C\!=\!O > \underset{芳香酮}{R \atop Ar} C\!=\!O$$

思考题 9-3 为什么羰基能发生亲核加成反应而不发生亲电加成反应？在发生亲核加成反应时，为什么醛比酮活泼？

---

1. 与氢氰酸的加成

醛、酮与氢氰酸加成生成 α-羟基腈（又称 α-氰醇），它是制备 α-羟基酸的原料。

$$\underset{(H)R'}{R} C\!=\!O + HCN \rightleftharpoons \underset{(H)R'}{R} C {\overset{OH}{\underset{CN}{}}} \xrightarrow{H^+/H_2O} \underset{(H)R'}{R} C {\overset{OH}{\underset{COOH}{}}}$$

$$\qquad\qquad\qquad\qquad\qquad\qquad \alpha\text{-羟基腈} \qquad\qquad\qquad\qquad \alpha\text{-羟基酸}$$

氢氰酸与醛、酮的加成在有机合成上有着重要的作用，因为生成物比反应物多了一个碳原子，所以可用作碳链增长的反应。氰醇是一类活泼的化合物，常用作反应中间体，来制备 α-羟基酸和 α,β-不饱和羧酸。

酸、碱对醛、酮与氢氰酸的加成反应有很大影响。碱性增加能使该反应速率加快，而酸性增加能使该反应速率明显减慢。例如，丙酮与氢氰酸反应，在 3h 内只有一半原料反应；若加少量氢氧化钾溶液，则反应在几分钟内完成。若在大量酸存在下，放置几星期也不反应。这是因为氢氰酸是一个弱酸，不易解离生成 CN^-。加酸，降低 CN^- 浓度；而加碱，则可提高 CN^- 浓度。这一现象可说明，醛、酮与氢氰酸的加成反应中，进攻的亲核试剂是带负电荷的 CN^-。其加成反应机理如下：

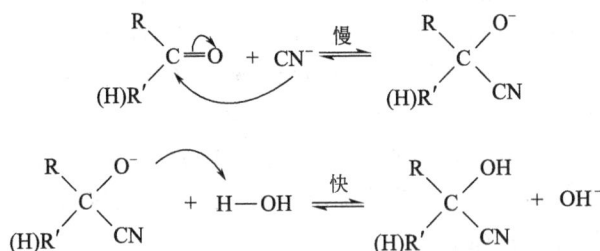

$$\underset{(H)R'}{R} C\!=\!O + CN^- \underset{慢}{\rightleftharpoons} \underset{(H)R'}{R} C {\overset{O^-}{\underset{CN}{}}}$$

$$\underset{(H)R'}{R} C {\overset{O^-}{\underset{CN}{}}} + H\!-\!OH \underset{快}{\rightleftharpoons} \underset{(H)R'}{R} C {\overset{OH}{\underset{CN}{}}} + OH^-$$

在上述机理中，第二步是质子转移反应，速率较快；而第一步是 CN^- 进攻羰基碳原子，形成氧负离子中间体的过程，反应速率较慢，它是整个反应的决定步骤。因此，当提高 CN^- 浓度时，反应速率增加很快。

醛、酮与氢氰酸的加成反应是可逆的，加酸或碱只能调节反应达到平衡的速率，并不能改变反应的平衡常数。当反应的平衡常数小于 1 时，则认为不发生反应。实验证明，醛、脂肪族甲基酮和小于 8 个碳原子的环酮都能与氢氰酸进行加成。而其他脂肪酮和芳香酮难以与其发生反应，因为它们的电子效应和空间位阻都不利于 CN^- 亲核试剂进攻羰基碳原子。

醛、酮与氢氰酸加成时，可直接用氢氰酸作为反应试剂，但氢氰酸的挥发性大，而且剧毒，所以在实验室中，常用氰化钠或氰化钾加酸来代替氢氰酸。

思考题 9-4 下列哪些羰基化合物可以与氢氰酸进行反应？
(1) 乙醛　　(2) 3-戊酮　　(3) 2-戊酮　　(4) 二苯酮　　(5) 苯甲醛　　(6) 环己酮

---

2. 与亚硫酸氢钠加成

醛、脂肪族甲基酮以及 8 个碳以下的环酮能与饱和亚硫酸氢钠溶液（40%）作用，生成亚硫酸氢钠的加成物（α-羟基磺酸钠），但其他脂肪酮和芳香酮难以与亚硫酸氢钠反应。该加成产物不溶于饱和亚硫酸氢钠水溶液，故以白色晶体析出。由于反应前后有明显的现象变化，所以该反应可用于一些简单醛、酮的鉴别。

在加成时，由于亚硫酸氢根中的硫原子上有未成键电子对，可作为亲核试剂进攻羰基碳原子，生成磺酸盐。其反应机理如下：

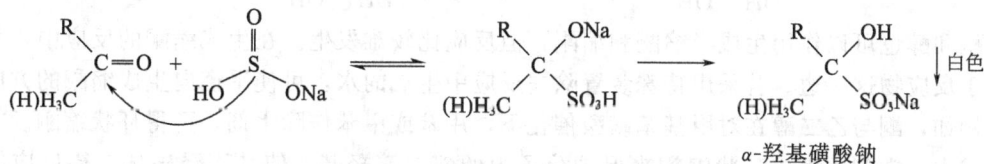

α-羟基磺酸钠

由于加成产物 α-羟基磺酸钠用稀酸或稀碱处理时，可分解成原来的醛、酮。因此，常用此方法来分离或精制醛或酮。

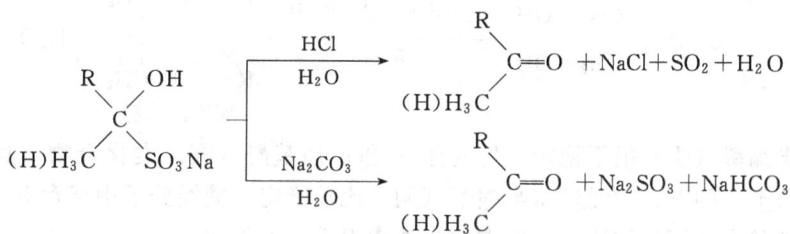

3. 与醇加成

醛在酸性催化剂（如干燥氯化氢、对甲苯磺酸）的存在下，先与一分子醇发生亲核加成，生成半缩醛（hemiacetal）。半缩醛为一种羟基醚化合物，不稳定，它继续与一分子醇作用，脱去一分子水而生成缩醛（acetal）。

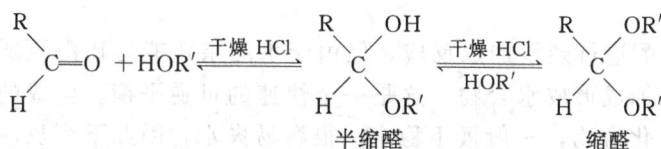

半缩醛　　　　　　缩醛

醛与醇在干燥氯化氢催化下生成半缩醛是醇对羰基的亲核加成，而半缩醛与醇生成缩醛则为亲核取代。酸对这两步反应均起催化作用，在亲核加成中，质子与羰基氧原子结合，使羰基碳原子的正电性增加，提高了羰基的活性。在亲核取代中，酸使半缩醛羟基质子化，产生较好的离去基团，有利于水的脱去。其反应机理如下：

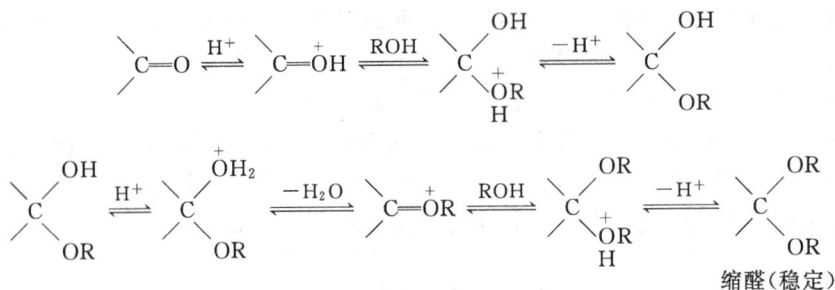

$$\diagdown C{=}O \xrightleftharpoons{H^+} \diagdown C{\overset{+}{=}}OH \xrightarrow{ROH} \underset{\underset{H}{\overset{+}{O}R}}{\overset{OH}{\underset{|}{\overset{|}{C}}}} \xrightleftharpoons{-H^+} \underset{OR}{\overset{OH}{\underset{|}{\overset{|}{C}}}}$$

$$\underset{OR}{\overset{OH}{\underset{|}{\overset{|}{C}}}} \xrightleftharpoons{H^+} \underset{OR}{\overset{\overset{+}{O}H_2}{\underset{|}{\overset{|}{C}}}} \xrightarrow{-H_2O} \diagdown C{\overset{+}{=}}OR \xrightarrow{ROH} \underset{\underset{H}{\overset{+}{O}R}}{\overset{OR}{\underset{|}{\overset{|}{C}}}} \xrightleftharpoons{-H^+} \underset{OR}{\overset{OR}{\underset{|}{\overset{|}{C}}}}$$
缩醛（稳定）

缩醛可看作是同碳二醚，性质与醚相似，较为稳定。它不受碱的影响，对氧化剂和还原剂稳定，但在稀酸溶液中可水解生成原来的醛和醇。在有机合成中常利用这个性质来保护醛基，即先将醛转变成缩醛，然后再进行分子中其他基团的转化反应，最后再使缩醛水解而重新获得原来的醛基。例如，将丙烯醛转化为2,3-二羟基丙醛时，如果直接用高锰酸钾氧化，虽然双键可被氧化成邻二醇，但分子中的醛基也会被氧化成羧基。因此，可采用先将醛基形成缩醛保护后，再氧化。

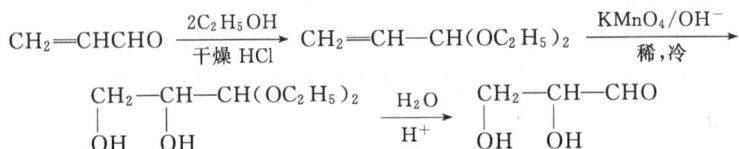

$$CH_2{=}CHCHO \xrightarrow[\text{干燥 HCl}]{2C_2H_5OH} CH_2{=}CH{-}CH(OC_2H_5)_2 \xrightarrow[\text{稀,冷}]{KMnO_4/OH^-}$$

$$\underset{\underset{OH}{|}}{CH_2}{-}\underset{\underset{OH}{|}}{CH}{-}CH(OC_2H_5)_2 \xrightarrow[H^+]{H_2O} \underset{\underset{OH}{|}}{CH_2}{-}\underset{\underset{OH}{|}}{CH}{-}CHO$$

酮和醇也可以作用生成半缩酮和缩酮，但反应比较难发生。在生成缩酮的反应中，平衡偏向于反应物这一边。若采用特殊装置除去反应中生成的水，可使平衡向生成缩酮的方向移动。例如，酮与乙二醇在对甲基苯磺酸催化下，用苯或甲苯作除水剂，可得环状缩酮。在有机合成中，常利用生成环状缩酮来保护分子中的邻二醇羟基，使其不受破坏，待反应结束后，再使邻二醇羟基复原。

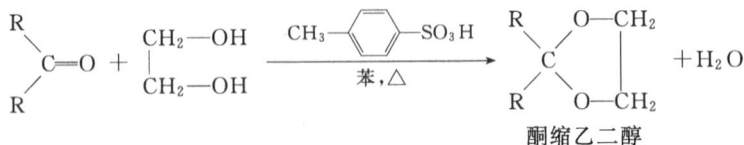

$$\underset{R}{\overset{R}{\diagdown}}C{=}O + \underset{CH_2{-}OH}{\overset{CH_2{-}OH}{|}} \xrightarrow[\text{苯,}\triangle]{CH_3\text{—}\!\!\bigcirc\!\!\text{—}SO_3H} \underset{R}{\overset{R}{\diagup}}C\underset{O{-}CH_2}{\overset{O{-}CH_2}{\diagdown}} + H_2O$$
酮缩乙二醇

直链的半缩醛（酮）很不稳定，但对于γ-和δ-羟基醛（酮）类化合物，其分子内羟基与羰基加成所形成的五、六元环状半缩醛（酮）比较稳定。糖类分子中就含有这种稳定的环状半缩醛或环状半缩酮的结构，它们在糖化学中很重要。例如：

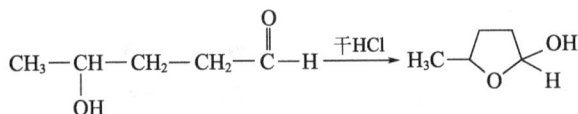

$$CH_3{-}\underset{\underset{OH}{|}}{CH}{-}CH_2{-}CH_2{-}\overset{\overset{O}{\|}}{C}{-}H \xrightarrow{\text{干 HCl}} H_3C{-}\underset{O}{\diagdown\!\diagup}\overset{OH}{\underset{H}{\diagdown}}$$

4. 与水加成

水也可与醛、酮进行亲核加成反应，但由于水的亲核能力比醇更弱，所以反应难以进行。醛、酮与水加成形成水合物，这是一个快速的可逆平衡。生成的水合物称为偕二醇（同碳二元醇）化合物，一般极不稳定，很容易失水，因此下列反应平衡主要偏向反应物一方。

$$\underset{}{\diagup}C{=}O + H_2O \Longrightarrow \underset{OH}{\overset{OH}{\diagup}}C$$

偕二醇

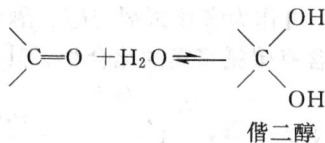

在一般条件下偕二醇是不稳定的，它们很容易脱水而生成醛、酮。若羰基上连有可使羰基碳正电性增大的吸电子基团时，则可以与水加成形成较稳定的水合物。例如，三氯乙醛分子中，—CCl$_3$基团具有极强的$-I$效应，使得羰基碳活性增强，可以形成稳定的三氯乙醛水合物。三氯乙醛水合物又称水合氯醛，它具有催眠镇静作用，是最早用于催眠的有机合成物，由于它比较安全，至今仍被许多国家定为法定药物。

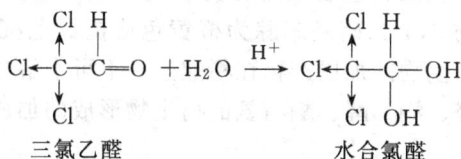

$$Cl\underset{Cl}{\overset{Cl}{-}}C{-}\overset{H}{\underset{}{C}}{=}O + H_2O \xrightarrow{H^+} Cl\underset{Cl}{\overset{Cl}{-}}C{-}\overset{H}{\underset{OH}{C}}{-}OH$$

三氯乙醛　　　　　　水合氯醛

5. 与金属有机化合物加成

金属有机化合物（R—M）中的 C—M 键具有极强的极性，与金属相连的碳原子带有部分负电荷，可作为亲核试剂与醛、酮发生亲核加成反应。Grignard 试剂（R—MgX）中，碳镁键高度极化，它是一种很强的亲核试剂，能与不同类型的醛、酮进行亲核加成，所得产物不需分离，直接经酸水解得到醇。Grignard 试剂与甲醛反应可生成伯醇，与其他醛反应生成仲醇，与酮反应生成叔醇。此反应是实验室制备醇类最重要的方法之一。反应通式如下：

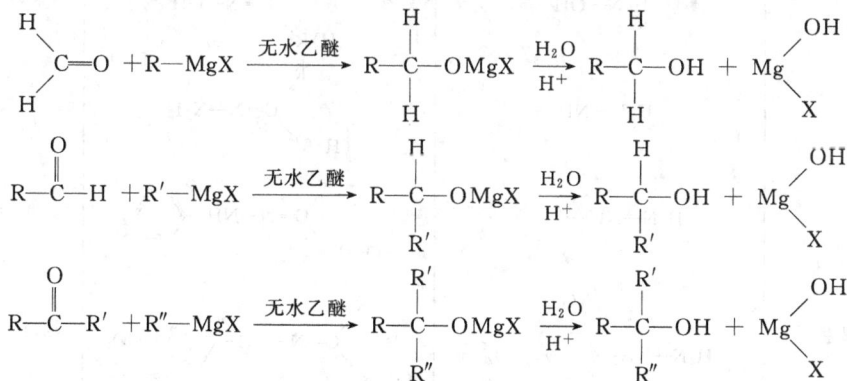

$$\overset{H}{\underset{H}{C}}{=}O + R{-}MgX \xrightarrow{无水乙醚} R{-}\overset{H}{\underset{H}{C}}{-}OMgX \xrightarrow[H^+]{H_2O} R{-}\overset{H}{\underset{H}{C}}{-}OH + Mg\overset{OH}{\underset{X}{\diagup}}$$

$$R{-}\overset{O}{\overset{\|}{C}}{-}H + R'{-}MgX \xrightarrow{无水乙醚} R{-}\overset{H}{\underset{R'}{C}}{-}OMgX \xrightarrow[H^+]{H_2O} R{-}\overset{H}{\underset{R'}{C}}{-}OH + Mg\overset{OH}{\underset{X}{\diagup}}$$

$$R{-}\overset{O}{\overset{\|}{C}}{-}R' + R''{-}MgX \xrightarrow{无水乙醚} R{-}\overset{R'}{\underset{R''}{C}}{-}OMgX \xrightarrow[H^+]{H_2O} R{-}\overset{R'}{\underset{R''}{C}}{-}OH + Mg\overset{OH}{\underset{X}{\diagup}}$$

有机锂化合物比 Grignard 试剂的活性更强，反应产率高。有机锂能与空间位阻较大的酮发生加成反应。例如：

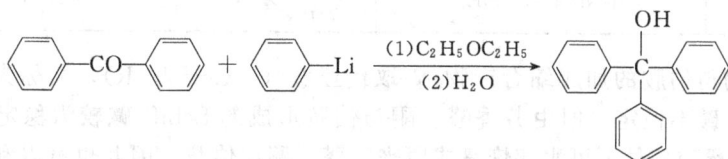

$$\text{(C}_6\text{H}_5)_2\text{CO} + \text{C}_6\text{H}_5\text{Li} \xrightarrow[(2)H_2O]{(1)C_2H_5OC_2H_5} (\text{C}_6\text{H}_5)_3C{-}OH$$

炔金属有机化合物（例如炔化钠、炔化钾等）与醛、酮发生亲核加成反应可在有机分子中引入叁键。例如：

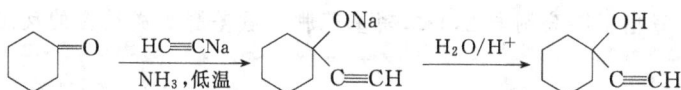

$$\text{环己酮} \xrightarrow[NH_3,低温]{HC{\equiv}CNa} \text{(ONa 中间体)} \xrightarrow{H_2O/H^+} \text{(OH 产物)}$$

6. 与氨的衍生物加成

氨分子中的一个氢被其他基团取代后的衍生物，如羟胺、肼、苯肼、2,4-二硝基苯肼、氨基脲等（可用 H_2N-Y 表示），可作为亲核试剂与醛、酮加成，加成产物极不稳定，立即失去一分子水，生成相对稳定的含有碳氮双键的化合物。其反应通式可表示如下：

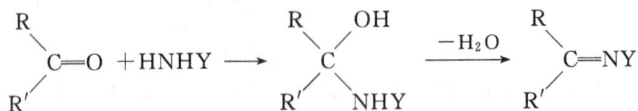

$$\begin{array}{c} R \\ C=O \\ R' \end{array} + HNHY \longrightarrow \begin{array}{c} R\ \ \ OH \\ C \\ R'\ \ \ NHY \end{array} \xrightarrow{-H_2O} \begin{array}{c} R \\ C=NY \\ R' \end{array}$$

从最终产物看，相当于醛、酮的羰基氧与氨衍生物氮上的氢之间脱掉一分子水，形成碳氮双键，所以该反应也称缩合反应（condensation reaction）。醛、酮与氨的衍生物反应所生成的肟、腙、苯腙、缩氨脲等，大部分是固体，且具有一定熔点与晶型，所以此反应可用于羰基化合物的鉴别。因此，氨的衍生物又常称为羰基试剂，尤其是 2,4-二硝基苯肼是最常用的羰基试剂，其生成产物 2,4-二硝基苯腙为橙黄色或橙红色沉淀，用于鉴别羰基化合物比较灵敏。醛、酮与氨的衍生物的加成产物在稀酸条件下可水解成原来的醛、酮，因此这些试剂又可用来分离和提纯醛、酮。醛、酮与氨的衍生物形成的加成缩合产物的名称和结构式如表 9-2 所示。

表 9-2 醛、酮与氨的衍生物的加成缩合产物

氨的衍生物	结构式	加成缩合产物	名称
伯胺	H_2N-R	$\begin{array}{c}R\\C=N-R\\(H)R'\end{array}$	Schiff 碱
羟胺	H_2N-OH	$\begin{array}{c}R\\C=N-OH\\(H)R'\end{array}$	肟
肼	H_2N-NH_2	$\begin{array}{c}R\\C=N-NH_2\\(H)R'\end{array}$	腙
苯肼	H_2N-NH-苯	$\begin{array}{c}R\\C=N-NH-\text{苯}\\(H)R'\end{array}$	苯腙
2,4-二硝基苯肼	H_2N-NH-苯$(NO_2)_2$	$\begin{array}{c}R\\C=N-NH-\text{苯}(NO_2)_2\\(H)R'\end{array}$	2,4-二硝基苯腙
氨基脲	$H_2NNH-\overset{O}{\overset{\|}{C}}-NH_2$	$\begin{array}{c}R\\C=N-NH-\overset{O}{\overset{\|}{C}}-NH_2\\(H)R'\end{array}$	缩氨脲

羰基化合物与伯胺的加成缩合产物 N-取代亚胺（$-C=N-R$），又称为 Schiff 碱。通常脂肪族 Schiff 碱不稳定，但由芳香醛、酮与伯胺形成的 Schiff 碱较为稳定，可以分离获得。Schiff 碱在稀酸条件下可水解恢复成原来的醛、酮和伯胺，因此也可以利用该反应来保护醛基。

思考题 9-5 写出甲醛分别与 2,4-二硝基苯肼、氨基脲加成反应的反应式。

（二）羰基亲核加成的立体化学

羰基经过加成反应后，羰基碳原子由 sp^2 杂化变成了 sp^3 杂化。如果加成后的羰基碳原

子变成手性碳原子，就会涉及由反应物到生成物的构型问题。

甲醛分子的所有原子在同一平面上，分子所在的平面也是分子的对称面。当甲醛分子的羰基发生亲核加成反应时，亲核试剂无论从分子平面的上方还是下方进攻，获得的是相同的化合物。

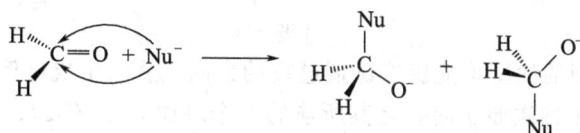

乙醛分子与亲核试剂进行亲核加成时，亲核试剂可以从乙醛分子所在的平面（分子的对称面）两侧进攻羰基碳原子。由于进攻概率相同，所以得到的是等量的且互为对映体的加成产物，即外消旋体。在这种情况下，羰基所在的平面也称为对映面。根据次序规则，若羰基碳原子连的基团由大到小为顺时针排列，则称此面为 re-面；相反，若为逆时针排列，则称此面为 si-面。例如，在乙醛与氢氰酸的反应中，从 re-面进攻得到的是 S-构型产物，从 si-面进攻得到的是 R-构型产物，它们是互为对映体。

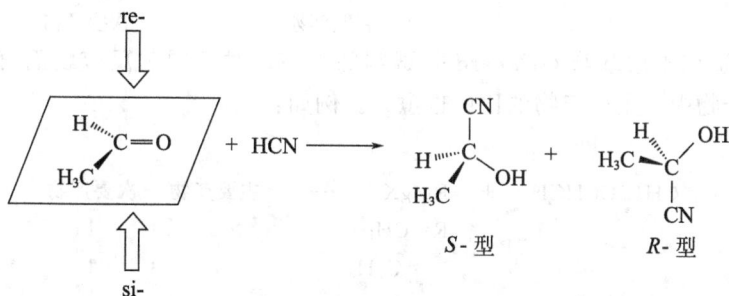

有对映面的羰基化合物在非手性环境中进行加成反应时得到的是外消旋体，但与手性试剂（如 HOR*）发生反应时，则得到的是两个含量不等的非对映异构体。在反应过程中表现出选择性的差异，这种选择性称为对映选择性。这是因为手性试剂从 re-面和 si-面进攻时所形成的两种过渡态并没有对映关系，因而活化能也不同，这导致反应速率不相同，因而反应产物的量也就不同。下列反应产物（1）和（2）是非对映体，并且含量不同。

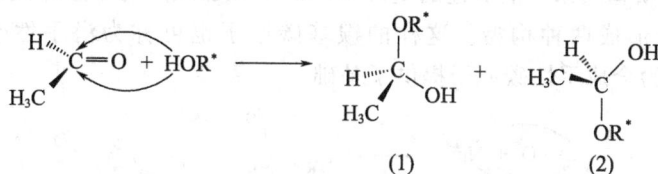

例如，乙醛与有手性的 Grignard 试剂加成，生成两个含量不等的非对映异构体的醇。

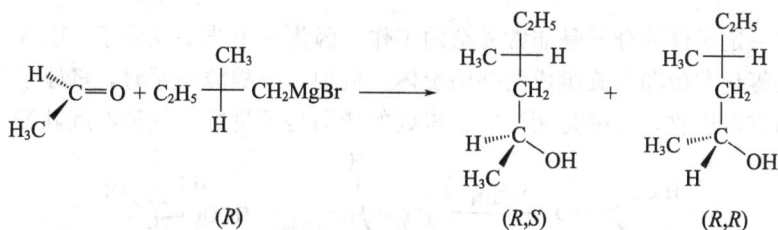

但是，有时羰基所在的平面不是分子的对映面，这种面称为非对映面。例如，2-甲基环己酮分子中有一个手性碳原子，羰基所在的平面是非对映面，其两侧的立体环境是不同的。它与氢氰酸加成时，主产物为 CN⁻ 从远离甲基的一侧进攻羰基碳原子，因为这种进攻方式

的空间位阻较小。

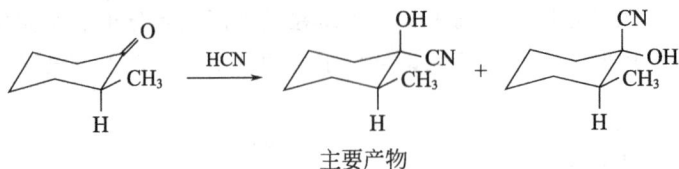

主要产物

底物的构型和试剂的构型均能影响试剂进攻的方向，从而生成比例不同的产物。若羰基化合物的 α-碳原子为手性碳原子时，将其所连的三个基团以 L（大）、M（中）、S（小）表示，羰基的优势构象则是羰基处在 M（中）和 S（小）基团中间。因而当这类羰基化合物发生亲核加成反应时，亲核试剂从空间位阻最小的位置进攻羰基碳原子，即从羰基旁的小基团方向进攻羰基碳原子，得到主要产物，这就是 Cram 规则。

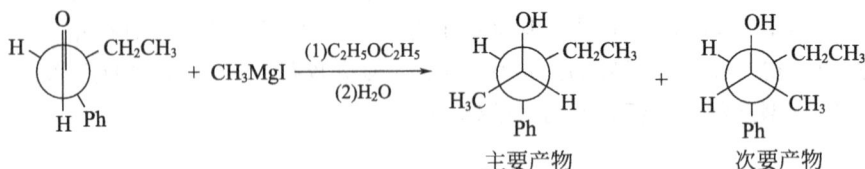

主要产物   次要产物

Cram 规则适用于羰基与 Grignard 等试剂的反应。对于同一反应物而言，试剂基团愈大，在产物混合物中，主要产物的比例也愈大。例如：

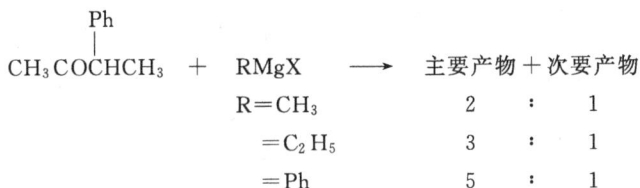

$$CH_3COCHCH_3 \quad + \quad RMgX \quad \longrightarrow \quad 主要产物 + 次要产物$$

$$\overset{|}{\underset{}{Ph}}$$

$$R=CH_3 \qquad\qquad 2 \quad : \quad 1$$
$$=C_2H_5 \qquad\qquad 3 \quad : \quad 1$$
$$=Ph \qquad\qquad 5 \quad : \quad 1$$

（三）潜手性碳原子及其不对称合成

许多天然有机物含有不对称碳原子，有些具有强烈的生理作用，它们都具有严格的立体要求。往往是对映体中一个有药效，而另一个毫无作用，因而合成具有一定手性的分子是非常重要的工作。当羰基碳原子上所连的基团不同时，在加成产物中羰基碳原子成为手性碳原子，这样产物就会形成两种构型。这样的羰基碳原子也可称为潜手性碳原子（prochiral carbon atom），它为合成手性碳原子提供了基础。

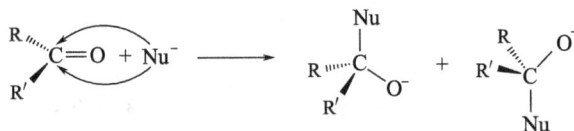

合成具有一定手性的分子是非常复杂的工作，因为一个非手性分子，引入一个不对称中心时，产物是等量左旋和右旋组成的外消旋体。例如，丙酮酸还原时，氢原子可以从羰基两个相反的空间方向进攻，概率是相等的。得到的产品是等量的左旋和右旋乳酸。

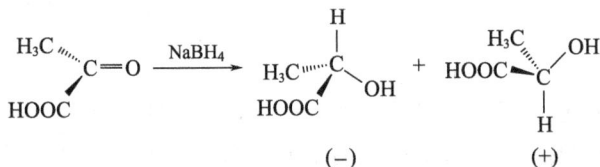

$$(-) \qquad\qquad (+)$$

如果丙酮酸与手性（—）-薄荷醇酯化后再还原，由于薄荷醇中不对称因素的指导作用，使还原产物的某一对映体占优势，水解后主要产物为（—）-乳酸。

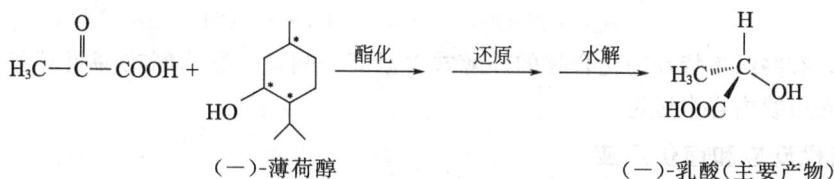

（—）-薄荷醇 　　　　　　　　　　　　　　　　　（—）-乳酸（主要产物）

当反应物分子中的一个对称结构单位被转化成为不对称单位时，产生不等量的立体异构产物，这就是不对称合成。如上例中反应结果产生过量的（—）-乳酸。又如在羰基加成的立体化学中所讲到的 Cram 规则，即连有不对称碳原子的羰基与 Grignard 试剂反应或被氢化锂铝还原时，可以使其中某一对映体占优势。这些都是不对称合成的例子。不对称合成的程度一般用对映体过量百分率（enantiomeric excess，ee）来表示：

$$对映体过量百分率(ee) = \frac{[R]-[S]}{[R]+[S]} \times 100\% = \%[R] - \%[S]$$

式中，$[R]$ 表示主要对映体的量；$[S]$ 表示次要对映体的量。

如果对映体过量百分率为 0%，表示产物为外消旋体；如果对映体过量百分率为 100%，表示产物为纯手性物质。一般不对称合成的 ee 介于 0%～100% 之间。

总之，要实现不对称合成需有不对称因素的影响，也就是不对称合成是在化学或物理的不对称因素存在下实现的。这些不对称因素，可以是不对称的反应物，或是不对称试剂，也可以是手性介质或溶剂，或手性催化剂，还可以是左旋或右旋偏振光等。不对称合成是近来有机合成发展的一个重要领域，发展很快。

(四) α-氢的反应

与醛、酮羰基相连的 α-碳原子上的氢，因受到羰基的强 $-I$ 效应的影响，C—H 键极性增大，电子对偏向于碳原子，使得 α-氢具有较大的活泼性。从乙烷、乙烯、乙炔及丙酮的 pK_a 值可看出，醛、酮的 α-氢的酸性比炔还强。

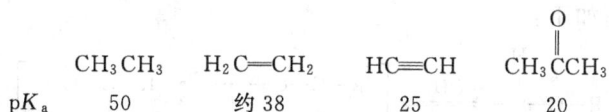

$$\begin{array}{ccccc} & CH_3CH_3 & H_2C=CH_2 & HC\equiv CH & CH_3\overset{O}{\overset{\|}{C}}CH_3 \\ pK_a & 50 & 约38 & 25 & 20 \end{array}$$

醛、酮的 α-氢具有相对较强的酸性的原因是：α-氢解离后生成的相应负离子（共轭碱）中的负电荷可以分散在氧原子和 α-碳原子上而得以稳定。

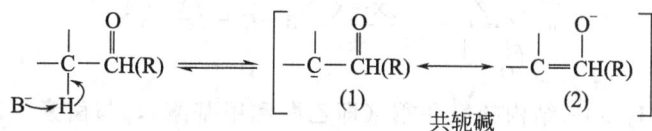

共轭碱

根据共振理论，共轭碱是两个极限式碳负离子（1）和烯醇负离子（2）的共振杂化体，其负电荷可以分散在氧原子和 α-碳原子上而得以稳定。由于氧承受负电荷的能力比碳大，所以极限式（2）对杂化体的贡献较大。

从上式可以看出，当质子与共轭碱重新结合时，若与碳负离子结合，则重新得到酮；若与烯醇负离子结合，则得到烯醇。对于大多数简单的醛、酮来说，由于酮式的能量比烯醇式能量要低几十千焦每摩尔，所以酮式-烯醇式平衡主要偏向酮式一边。例如丙酮中的烯醇式含量不到 0.1%。

$$\underset{\underset{\text{O}}{\|}}{H_3C-C-CH_3} \quad \rightleftharpoons \quad \underset{\underset{\text{OH}}{|}}{H_2C=C-CH_3}$$

但是，有些结构特殊的化合物的烯醇式含量高于酮式。影响酮式-烯醇式平衡体系含量的因素将在后续内容中讨论。

1. 卤代反应和卤仿反应

醛、酮在酸、碱催化下可以与卤素进行反应，其 α-氢原子可被卤素原子取代，生成一卤代或多卤代醛、酮。

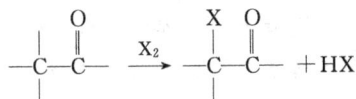

$$\underset{\underset{\text{O}}{\|}}{-C-C-} \xrightarrow{X_2} \underset{\underset{\text{O}}{\|}}{\overset{X}{-C-C-}} +HX$$

在酸催化下，醛、酮的卤代反应可以通过卤素的用量来控制产物是一卤代物、二卤代物及三卤代物。因为酸的催化作用是加速烯醇式结构的生成，这是反应速率的控制步骤。当发生一卤代后，卤原子的吸电子作用使羰基氧原子上的电子云密度降低，不容易进一步进行质子化形成烯醇式结构。因此，控制卤素的用量可以使反应停留在一卤代阶段。酸催化反应机理如下：

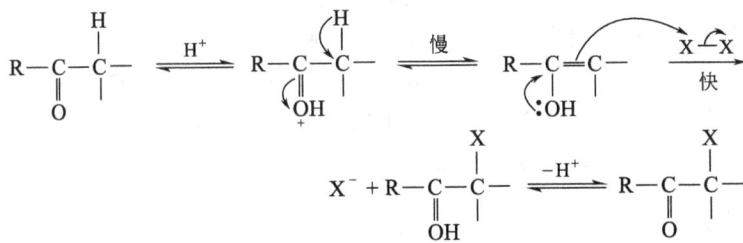

$$R-\underset{\underset{\text{O}}{\|}}{C}-\overset{H}{\underset{|}{C}}- \rightleftharpoons^{H^+} R-\underset{\underset{+\text{OH}}{\|}}{C}-\overset{H}{\underset{|}{C}}- \xrightarrow{\text{慢}} R-\underset{\underset{:\text{OH}}{}}{C}=C- \xrightarrow[\text{快}]{X-X}$$

$$X^- + R-\underset{\underset{+\text{OH}}{}}{C}-\overset{X}{\underset{|}{C}}- \xrightarrow{-H^+} R-\underset{\underset{\text{O}}{\|}}{C}-\overset{X}{\underset{|}{C}}-$$

在碱催化下，醛、酮的卤代反应一般不易控制生成不同的卤代产物。因为在碱催化下，OH⁻ 夺取质子而形成烯醇负离子是反应速率的控制步骤，当发生一卤代后，卤原子的吸电子作用使其余的 α-氢原子更活泼，更容易被取代，因而容易直接生成多卤代物。碱催化反应机理如下：

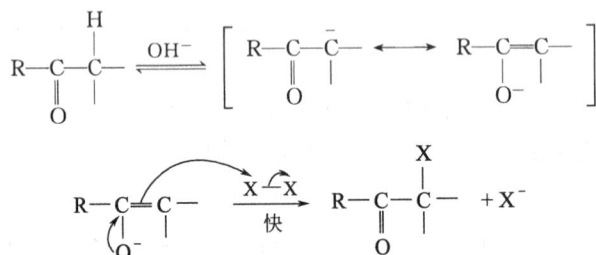

$$R-\underset{\underset{\text{O}}{\|}}{C}-\overset{H}{\underset{|}{C}}- \rightleftharpoons^{OH^-} \left[R-\underset{\underset{\text{O}}{\|}}{C}-\overset{-}{\underset{|}{C}}- \longleftrightarrow R-\underset{\underset{\text{O}^-}{}}{C}=C- \right]$$

$$R-\underset{\underset{\text{O}^-}{}}{C}=C- \xrightarrow[\text{快}]{X-X} R-\underset{\underset{\text{O}}{\|}}{C}-\overset{X}{\underset{|}{C}}- +X^-$$

分子中具有 CH₃CO— 结构的醛和酮（即乙醛和甲基酮），与卤素的碱溶液（NaOH＋X₂）或次卤酸钠作用时，甲基上的三个 α-氢原子都被取代，得到 α-三卤代的醛或酮。α-三卤代的醛或酮在碱性溶液中不稳定，羰基易被 OH⁻ 进攻，进而使碳碳键发生断裂，生成三卤甲烷（卤仿）和少一个碳原子的羧酸盐。由于反应过程中有卤仿生成，所以常把乙醛或甲基酮与卤素的碱溶液作用生成三卤甲烷的反应称为卤仿反应（haloform reaction）。其反应通式如下：

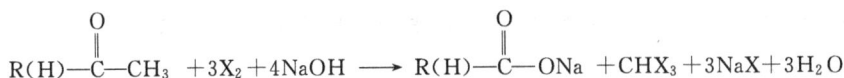

$$\underset{\underset{\text{O}}{\|}}{R(H)-C-CH_3} +3X_2+4NaOH \longrightarrow \underset{\underset{\text{O}}{\|}}{R(H)-C-ONa} +CHX_3+3NaX+3H_2O$$

如果用 I_2 的 NaOH 溶液作为试剂，则有碘仿生成，该反应称为碘仿反应（iodoform reaction）。碘仿是一种有特殊气味的黄色结晶，因此可以采用此反应来鉴别分子中具有 CH_3CO—结构的醛或酮。由于次碘酸钠具有氧化性，可将符合 $\overset{CH_3CH-}{\underset{OH}{|}}$ 结构的醇氧化成具有 CH_3CO—结构的醛或酮。因此，这样的醇也能发生碘仿反应，也可用碘仿试剂来鉴别它们。

思考题 9-6 下列化合物中，哪些可以发生碘仿反应？
(1) 乙醇　　(2) 1-丙醇　　(3) 异丙醇　　(4) 2-丁醇　　(5) 丙醛　　(6) 苯乙酮
(7) 3-戊酮　　(8) 甲基环己基甲酮

2. 羟醛缩合反应

在稀酸或稀碱（通常采用稀碱）作用下，一分子醛的 α-氢原子可以加到另一分子醛的羰基氧原子上，其余部分加到碳原子上，生成一类既含有醛基，又含有醇羟基的化合物——β-羟基醛。因此该反应称为羟醛缩合反应或醇醛缩合反应（aldol condensation reaction）。羟醛缩合反应的总结果使主碳链增长两个碳原子。因此，在有机合成反应中，这是一个非常重要的碳链增长的反应。此外，β-羟基醛很容易在加热的情况下脱水生成 α,β-不饱和醛。

羟醛缩合反应是分步进行的，首先，一分子醛在稀碱的作用下形成负离子，它是碳负离子和烯醇负离子的共振杂化体（为了简明起见，均以碳负离子表示）。它可作为亲核试剂对另一分子醛的羰基进行亲核加成，生成的氧负离子中间体再接受一个质子生成 β-羟基醛。其反应机理如下：

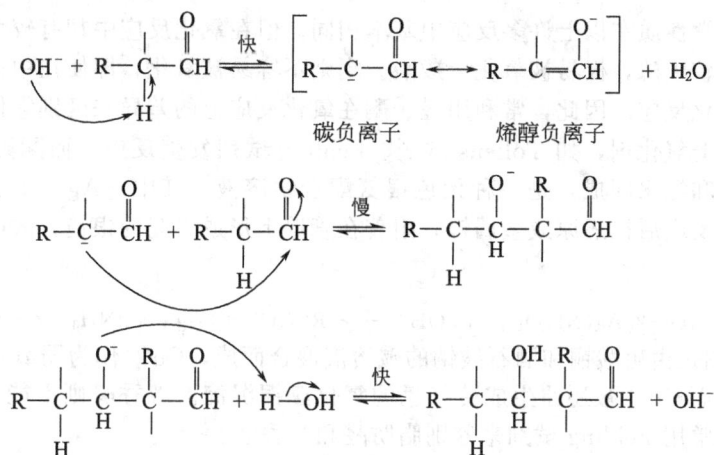

含有 α-氢的酮在相同的条件下也能发生羟酮缩合反应，但酮的羟酮缩合反应比醛难，其反应平衡偏向于反应物，反应不容易进行。如果采用特殊的方法使平衡向右移动，也可得到较高的产率。例如：丙酮在氢氧化钡催化下，在常温下平衡混合物中只含有 5% 左右的缩合产物，若反应在索氏（Soxhlet）提取器中进行，使缩合产物不断地离开平衡体系，产率可达到 70% 左右。

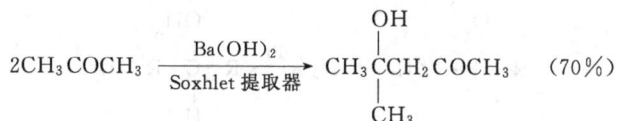

$$2CH_3COCH_3 \xrightarrow[\text{Soxhlet 提取器}]{Ba(OH)_2} CH_3\overset{OH}{\underset{CH_3}{\overset{|}{\underset{|}{C}}}}CH_2COCH_3 \quad (70\%)$$

含有 α-氢原子的两种不同的醛发生羟醛缩合反应,可生成四种缩合产物的混合物,由于分离困难,实用意义不大。若用一种含 α-氢的醛作为亲核试剂,把另一种不含 α-氢的醛作为羰基提供者,则可得到较单一的产物,这就是交叉羟醛缩合反应(mixed aldol condensation reaction)。

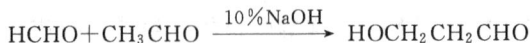

$$HCHO + CH_3CHO \xrightarrow{10\%NaOH} HOCH_2CH_2CHO$$

用含有 α-氢的脂肪醛或酮作为亲核试剂和没有 α-氢的芳香醛提供的羰基进行交叉羟醛缩合反应生成 α,β-不饱和醛、酮的反应称为 Claisen-Schmidt 反应。

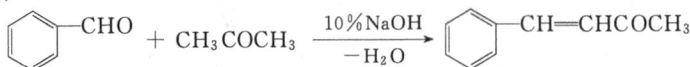

羟醛缩合反应不仅可在分子间进行,二羰基化合物还可发生分子内的羟醛缩合反应(intramolecular aldol condensation reaction),生成环状化合物,这是合成 5～7 元环状化合物的常用方法。

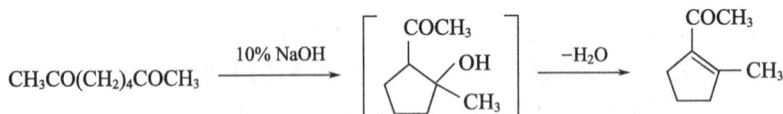

思考题 9-7 分别写出丙醛在碱催化下羟醛缩合的产物,甲醛与等摩尔苯乙酮在碱催化下羟醛缩合的产物。

(五) 氧化还原反应

1. 氧化反应

醛、酮的化学性质在以上许多反应中基本相同,但在氧化反应中却有较大差别。醛基上的氢对氧化剂比较敏感,极易被氧化成羧酸。酮则不容易被氧化,即使在中性的高锰酸钾溶液中也不发生氧化反应。因此,常利用醛、酮在氧化反应上的差异来区别它们。

醛能与碱性弱氧化剂,如 Tollens 试剂、Fehling 试剂发生反应,而酮则不能。Tollens 试剂由氢氧化银和氨水配成,是一种无色银氨配合物溶液。其中 $[Ag(NH_3)_2]^+$ 配离子具有氧化性,与醛反应后被还原成金属银,附着在管壁上形成光亮的银镜,故此反应又称银镜反应。

$$RCHO + 2[Ag(NH_3)_2]^+ + 3OH^- \xrightarrow{\triangle} RCOO^- + 2Ag\downarrow + 2NH_3 + 2H_2O$$

Fehling 试剂是由硫酸铜和酒石酸钠的碱溶液混合而成,Cu^{2+} 作为弱氧化剂,可把脂肪醛氧化成羧酸,而 Cu^{2+} 被还原生成砖红色的氧化亚铜沉淀。芳香醛则不能与 Fehling 试剂发生反应,因此常用 Fehling 试剂来鉴别脂肪醛和芳香醛。

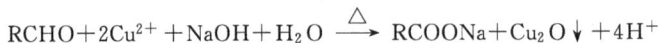

$$RCHO + 2Cu^{2+} + NaOH + H_2O \xrightarrow{\triangle} RCOONa + Cu_2O\downarrow + 4H^+$$

2. 还原反应

醛、酮分子中的羰基可以被还原,但所用还原剂不同,则生成的产物也不同。

(1) 催化加氢还原法 在金属铂、镍和钯等催化下,与氢气作用时,醛、酮的羰基可以被还原成羟基,生成相应的醇。醛加氢还原成伯醇,酮加氢则还原成仲醇。

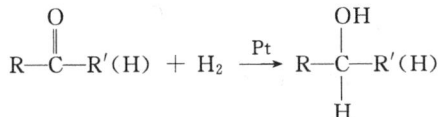

用催化加氢的方法还原醛、酮的羰基时，若分子中有其他不饱和基团，如碳碳双键、碳碳叁键、氰基等，它们也会被还原。

$$CH_3-CH=CH-CHO + H_2 \xrightarrow{Ni} CH_3-CH_2-CH_2-CH_2OH$$

(2) 金属氢化物还原法　醛、酮也可被金属氢化物还原成相应的醇。常用的金属氢化物有氢化铝锂（$LiAlH_4$）、氢硼化钠（$NaBH_4$）等。这些金属氢化物是一类有选择性的化学还原剂，它只将羰基还原成羟基，而不影响分子中的碳碳双键和叁键。氢硼化钠是较为缓和的还原剂，能还原醛、酮；但氢化铝锂的还原性非常强，除了能还原醛、酮外，还能还原羧酸衍生物等化合物。另外，氢化铝锂极易水解，反应要在绝对无水条件下进行。金属氢化物的还原反应实质是产生的氢负离子作为亲核试剂，进攻羰基，形成醇盐，然后水解生成相应的醇。

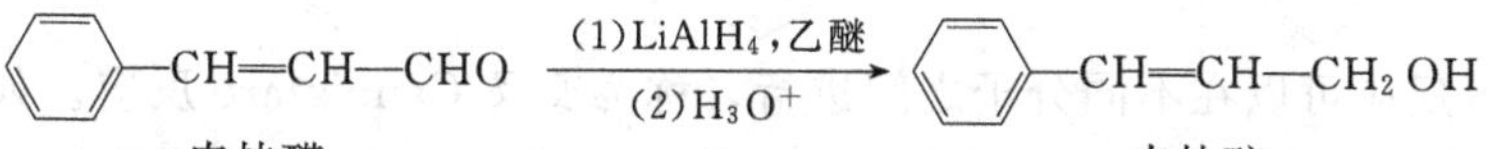

肉桂醛　　　　　　　　　　　　　　　　　　　　肉桂醇

思考题 9-8　为什么金属氢化物不能还原碳碳双键和叁键？

羰基化合物被还原为相应的醇，所生成的产物会有不同的构型。例如，当氢化铝锂还原2-丁酮时，试剂能从羰基平面的两侧进攻，得到不同的产物。作为亲核试剂的氢负离子从上面进攻得到（S）-2-丁醇，从下面进攻得到（R）-2-丁醇。由于试剂从两侧进攻的机会相等，所以获得的产物中有 50% 的（S）-2-丁醇和 50% 的（R）-2-丁醇，即得到的是外消旋体。

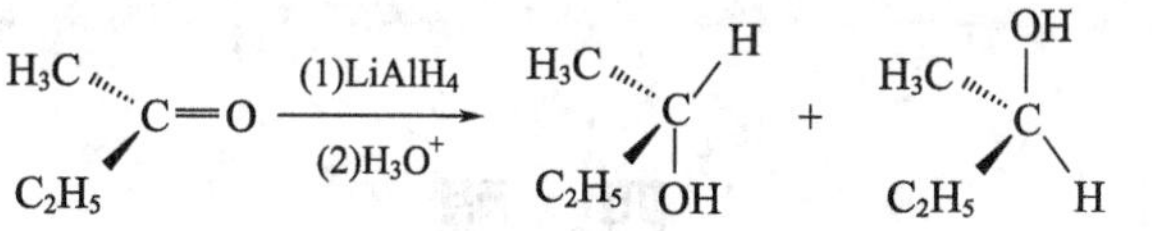

（S）-2-丁醇　　　　（R）-2-丁醇

有些羰基化合物的羰基平面两侧的化学环境不同，经过还原反应后所得到的不同构型的产物含量并不相同。例如：

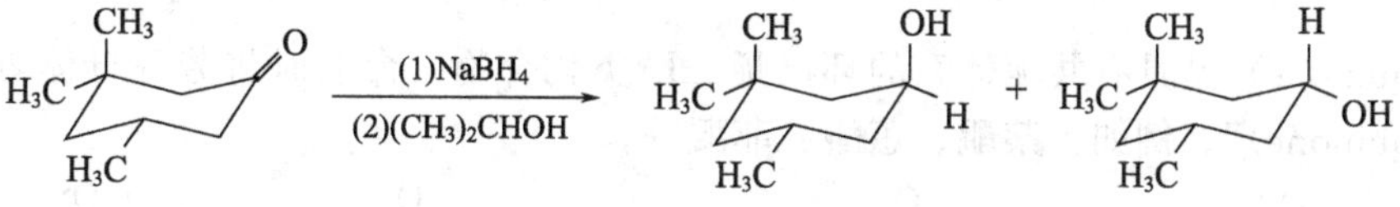

64%　　　　　　　　36%

(3) Clemmensen 还原法　当锌汞齐和浓盐酸与醛或酮一起反应时，醛、酮的羰基可以还原成亚甲基，此反应叫做 Clemmensen 还原。对酸不稳定的醛、酮不能用该方法还原。以苯为原料，经过 Friedel-Crafts 酰化反应后，再用此方法还原，是合成侧链芳烃的常用方法。例如：

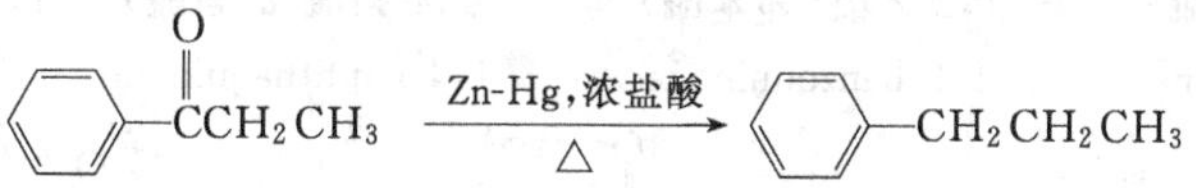

(4) Wolff-Kishner 还原法　对酸不稳定但对碱稳定的醛或酮的还原常采用 Wolff-Kishner 还原法，即醛或酮与肼反应生成腙，腙在碱性条件下受热分解，放出氮气，生成烃。

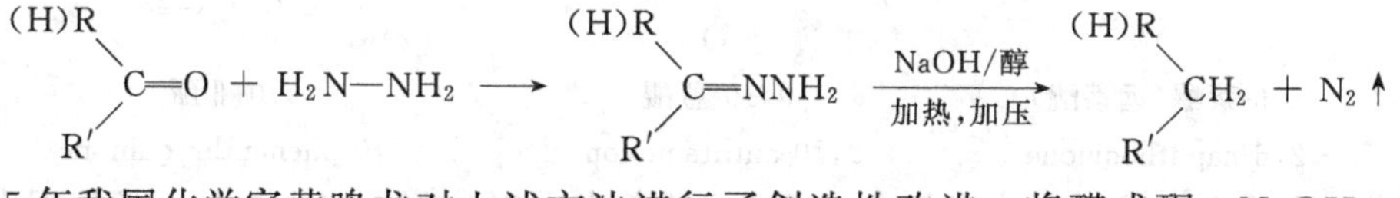

1945 年我国化学家黄鸣龙对上述方法进行了创造性改进，将醛或酮、NaOH、85% 水

合肼放在一种高沸点水溶性溶剂中加热回流，反应可在常压下进行，此法被称为 Wolff-Kishner-黄鸣龙还原法。

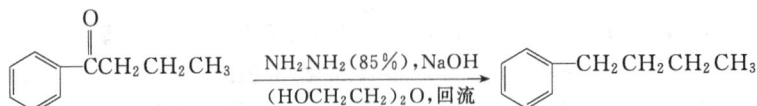

3. 歧化反应

在浓碱作用下，不含 α-氢原子的醛可发生分子之间的氧化还原反应，即一分子醛被氧化成羧酸盐，而另一分子醛被还原成醇，该反应称为歧化反应（disproportionation），也称为 Cannizzaro 反应。例如：

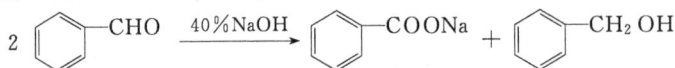

Cannizzaro 反应可以在不同分子之间进行，称为交叉 Cannizzaro 反应。如用甲醛和其他无 α-氢原子的醛进行反应时，由于甲醛较为活泼，容易被 OH⁻ 进攻形成羧酸，而另一分子醛则还原成为伯醇。例如：

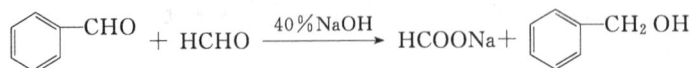

思考题 9-9 下列化合物中，哪些能发生 Cannizzaro 反应？
(1) 乙醛　　(2) 2-甲基-2-苯基丙醛　　(3) 3-甲基丁醛　　(4) 苯乙醛
(5) 2-呋喃甲醛

四、醌

（一）醌的结构

醌（quinone）是具有共轭体系的环己烯二酮类化合物，命名时将芳香母体氢化物加后缀"醌（quinone）"。例如：萘醌、蒽醌、菲醌等。

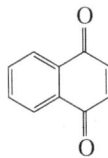

1,4-苯醌（对苯醌）　　1,2-苯醌（邻苯醌）　　1,4-萘醌（α-萘醌）　　1,2-萘醌（β-萘醌）
1,4-benzoquinone　　1,2-benzoquinone　　1,4-naphthaquinone　　1,2-naphthoquione

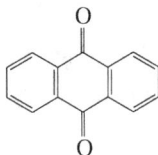

2,6-萘醌（远萘醌）　　　9,10-蒽醌　　　　9,10-菲醌
2,6-naphthoquinone　　9,10-anthraquinone　　9,10-phenanthraquinone

醌类化合物在自然界中分布很广，通常具有颜色。对位醌大多为黄色，邻位醌大多为红

色或橙色。自然界中许多花的色素和生物体内的部分辅酶都具有醌型结构。如中药大黄中的有效成分大黄素，从茜草中分离出来的红色染料茜素，脂溶性的辅酶 Q 和维生素 K 都含有醌型结构。

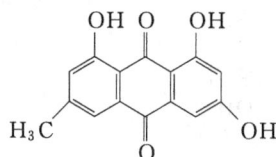

大黄素
emodin

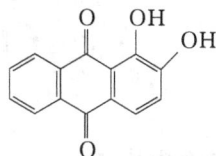

茜素
alizarin

思考题 9-10 写出下列化合物的结构。

（1）2,5-二甲基-1,4-苯醌　　（2）1,4-苯醌-2-甲酸　　（3）2,3-二氰-5,6-二氯对苯醌

（二）醌的性质

从结构来看，醌类化合物具有 α,β-不饱和二酮结构，所以既可发生羰基参与的亲核加成反应，又可发生碳碳双键参与的亲电加成反应。由于结构中还存在共轭双键，因而也能发生 1,4-加成反应。

(1) 羰基的加成反应　醌类化合物的羰基可与一些亲核试剂发生加成反应。例如对苯醌与羟胺反应，可生成单肟和双肟。

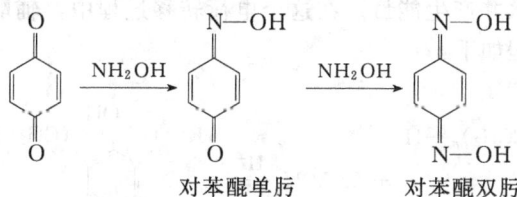

对苯醌单肟　　　　　对苯醌双肟

(2) 碳碳双键的加成反应　醌类化合物的碳碳双键可与卤素（Cl_2、Br_2）等亲电试剂发生加成反应。例如对苯醌与溴的加成：

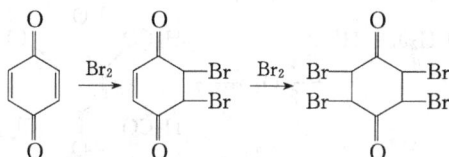

二溴化物　　　　四溴化物

(3) 1,4-加成反应　醌类化合物也可与亲核试剂发生共轭 1,4-加成反应。例如：2-甲基-1,4-萘醌可与亚硫酸氢钠发生加成，产生烯醇结构，然后互变成酮式结构，生成亚硫酸氢钠甲萘醌。

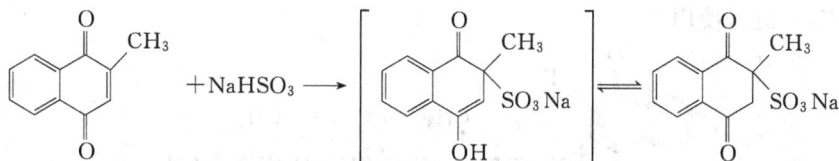

亚硫酸氢钠甲萘醌
（维生素 K_3）

（4）还原反应　对苯醌在亚硫酸水溶液中容易还原成对苯二酚，也称氢醌（hydroquinone）。许多含有对苯醌结构的生物分子在体内也容易发生这种还原反应：

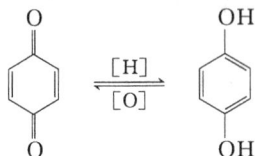

（三）辅酶 Q_n 和维生素 K

生物体中一些醌的衍生物具有重要的生理活性。例如，辅酶 Q_n（也叫泛醌）是所有需氧生物细胞的组成成分。在不同的生物体中，辅酶 Q_n 的异戊二烯单元的数目不同，在哺乳动物的细胞中 n 为 10。辅酶 Q_n 在体内的新陈代谢中也起着十分重要的作用，异戊二烯侧链的作用是促进脂肪的溶解，其结构为：

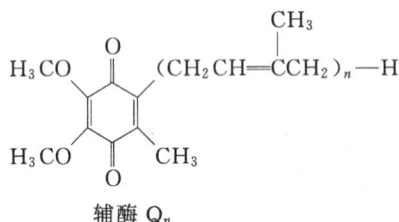

辅酶 Q_n

另外，辅酶 Q_n 在生物体内氧化还原过程中参与了生命过程中的电荷转移，起着极其重要的作用。首先，辅酶 Q_n 将烟酰胺腺嘌呤二核苷酸（NADH）氧化成 NAD^+，然后 NAD^+ 与氧气反应生成水并产生能量。在这个电荷转移过程中，辅酶 Q_n 是中间介质，反应前后保持不变。反应过程如下：

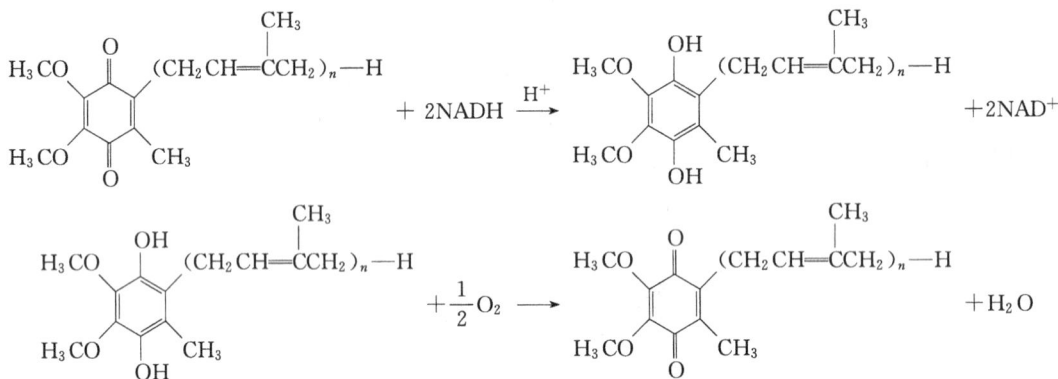

维生素 K 是一类具有凝血作用的维生素总称，其基本结构为 1,4-萘醌。维生素 K_1 存在于多种绿叶蔬菜中，维生素 K_2 是细菌代谢的产物，存在于血液中。在研究维生素 K_1、K_2 及其衍生物的化学结构与凝血作用关系时，发现了具有更强凝血能力的 2-甲基-1,4-萘醌，但由于 2-甲基-1,4-萘醌难溶于水，因此在医药上把它制成易溶于水的亚硫酸氢钠甲萘醌（即维生素 K_3）进行使用。

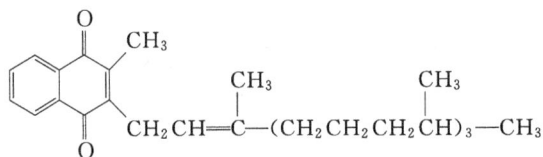

维生素 K_1

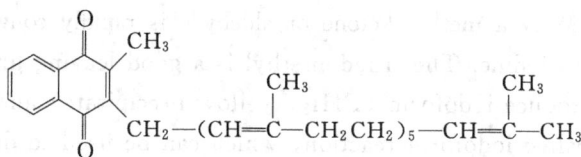

维生素 K_2

Summary

An aldehyde contains a carbonyl group bonded to a hydrogen atom and a carbon atom. A ketone contains a carbonyl group bonded to two carbons. Aldehydes interact in the pure state by dipole-dipole interactions; they have higher boiling points and are more soluble in water than those that are nonpolar compounds of comparable molecular weight. Because the carbonyl group is present in both aldehydes and ketones, the two classes of compounds often react similarly. The key reactions are as follows.

1. Addition reactions with nucleophiles

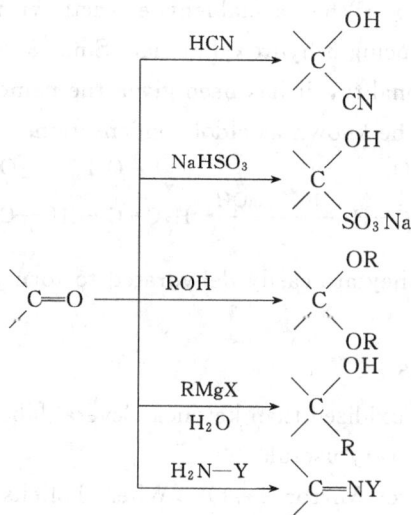

When a carbonyl compound bonded to two different groups undergo the addition reactions with a nucleophile, the carbon atom of carbonyl can become a chiral center, and the carbonyl carbon is called a prochiral carbon atom.

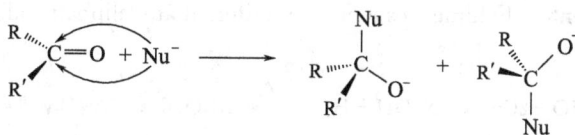

2. The reaction of α-hydrogens

(1) Halogenation reaction and iodoform reaction　When acids or bases are used as catalysts, aldehydes or ketones with an α-hydrogen can readily react with halogens through substitution reaction to form α-halocarbonyl compounds:

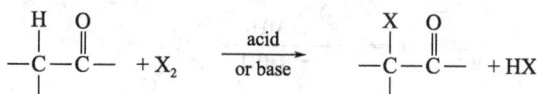

Under basic conditions, a methyl ketone or aldehyde is rapidly converted to triiodomethyl carbonyl compounds with iodine. The triiodomethyl is a good leaving group and the cleavage ultimately occurs to produce iodoform (CHI_3, yellow precipitate) and carboxylate. Therefore, this reaction is called iodoform reaction, which can be used to distinguish methyl ketones or aldehydes.

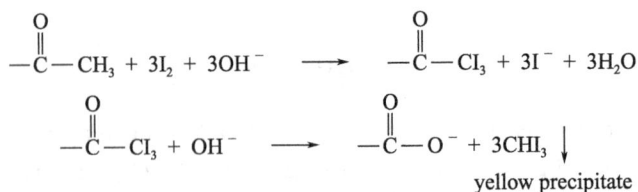

$$-\overset{\overset{\displaystyle O}{\|}}{C}-CH_3 + 3I_2 + 3OH^- \longrightarrow -\overset{\overset{\displaystyle O}{\|}}{C}-CI_3 + 3I^- + 3H_2O$$

$$-\overset{\overset{\displaystyle O}{\|}}{C}-CI_3 + OH^- \longrightarrow -\overset{\overset{\displaystyle O}{\|}}{C}-O^- + 3CHI_3 \downarrow$$
yellow precipitate

Alcohol with the following structure can also undergo iodoform reaction, since iodine is an oxidizing agent which converts alcohols easily to methyl ketones.

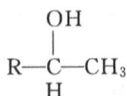

$$R-\overset{\overset{\displaystyle OH}{|}}{\underset{\underset{\displaystyle H}{|}}{C}}-CH_3$$

(2) The aldol condensation   When acetaldehyde reacts with dilute sodium hydroxide, a dimerization takes place producing 3-hydroxybutanal. Since 3-hydroxybutanal has both an aldehyde and an alcohol functionality, it has been given the name "aldol", and reactions of this general type have come to be known as aldol condensation.

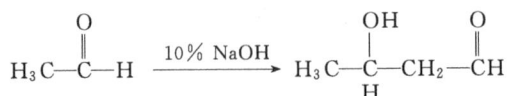

$$H_3C-\overset{\overset{\displaystyle O}{\|}}{C}-H \xrightarrow{10\% \text{ NaOH}} H_3C-\overset{\overset{\displaystyle OH}{|}}{\underset{\underset{\displaystyle H}{|}}{C}}-CH_2-\overset{\overset{\displaystyle O}{\|}}{C}H$$

When aldols are heated, they are easily dehydrated to form the corresponding α,β-unsaturated carbonyl compounds.

3. Oxidation of aldehydes

Aldehydes are more easily oxidized than ketones. Several laboratory tests that differentiate aldehydes from ketones are very useful.

(1) Tollens' reagent (Silver Mirror Test)   When Tollens' reagent reacts with aldehydes, metallic silver will deposit on the walls of the test tube as a mirror. Tollens' reagent gives a negative result with ketones.

$$RCHO+2[Ag(NH_3)_2]^+ +3OH^- \xrightarrow{\triangle} RCOO^- +2Ag \downarrow +2NH_3+2H_2O$$

(2) Fehling reagent   Fehling reagent can differentiate aliphatic aldehydes from aromatic aldehydes.

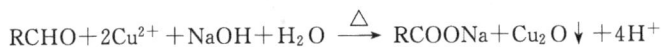

$$RCHO+2Cu^{2+} +NaOH+H_2O \xrightarrow{\triangle} RCOONa+Cu_2O \downarrow +4H^+$$

4. Reduction

Aldehydes and ketones can be easily reduced to form primary and secondary alcohols, respectively. The most common reductant to reduce carbonyl compounds are lithium aluminum hydride ($LiAlH_4$) and sodium borohydride ($NaBH_4$)。

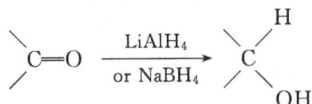

$$\overset{\diagdown}{\underset{\diagup}{}}C=O \xrightarrow[\text{or } NaBH_4]{LiAlH_4} \overset{\diagdown}{\underset{\diagup}{}}C\overset{\diagup H}{\diagdown OH}$$

Quinones constitute an unique class of carbonyl compounds, which are cyclic, conjugated diketones. Quinones often exhibit special biological activity. For example, quinones is the core of coenymes **Q**, an enzyme to participate in electron transport in mitochondria, which is essential in the metabolism of lipids, carbohydrates, and proteins.

习　题

1. 命名下列化合物。

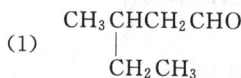

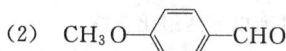

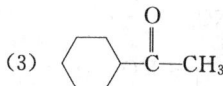

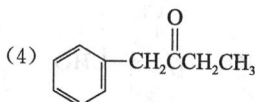

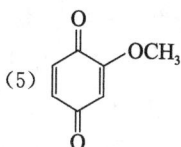

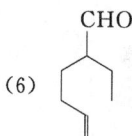

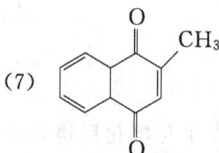

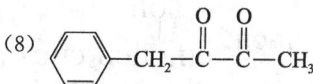

(1) CH_3CHCH_2CHO
　　　$|$
　　　CH_2CH_3

(2) CH_3O—⟨⟩—CHO

(3) 环己基—$\overset{O}{\overset{||}{C}}$—$CH_3$

(4) ⟨⟩—$CH_2\overset{O}{\overset{||}{C}}CHCH_3$

(5) (苯醌结构带 OCH_3)

(6) (带 CHO 的结构)

(7) (萘醌带 CH_3 结构)

(8) ⟨⟩—CH_2—$\overset{O}{\overset{||}{C}}$—$\overset{O}{\overset{||}{C}}$—$CH_3$

2. 写出下列化合物的结构式。

(1) 4-methylbenzaldchyde

(2) 3-methylbutanal

(3) 4-hydroxycyclohexanecarbaldehyde

(4) 4-formylcyclohexane-1-carboxylic acid

(5) diethyl ketone

(6) 4-methylpentane-2-one

(7) 3-oxobutanoic acid

(8) 2-chloro-1,4-benzoquinone

3. 写出下列反应的主要产物。

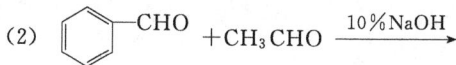

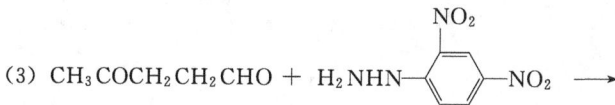

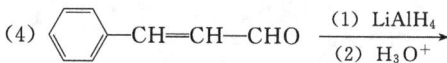

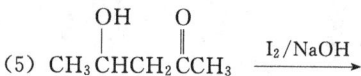

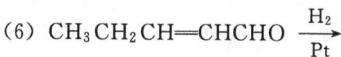

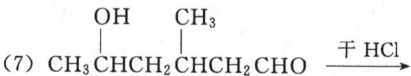

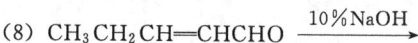

(1) $(CH_3)_3CCHO + HCHO \xrightarrow{\text{浓 NaOH}}$

(2) ⟨⟩—$CHO + CH_3CHO \xrightarrow{10\% \text{NaOH}}$

(3) $CH_3COCH_2CH_2CHO + H_2NHN$—⟨$\overset{NO_2}{}$⟩—$NO_2 \longrightarrow$

(4) ⟨⟩—$CH=CH-CHO \xrightarrow[(2)\ H_3O^+]{(1)\ LiAlH_4}$

(5) $CH_3\overset{OH}{\overset{|}{C}}HCH_2\overset{O}{\overset{||}{C}}CH_3 \xrightarrow{I_2/NaOH}$

(6) $CH_3CH_2CH=CHCHO \xrightarrow[Pt]{H_2}$

(7) $CH_3\overset{OH}{\overset{|}{C}}HCH_2\overset{CH_3}{\overset{|}{C}}HCH_2CHO \xrightarrow{\text{干 HCl}}$

(8) $CH_3CH_2CH=CHCHO \xrightarrow{10\% \text{NaOH}}$

(9) $CH_3O-\langle\underset{\text{(苯环)}}{\bigcirc}\rangle-CHO \xrightarrow[HCl, \triangle]{Zn-Hg}$

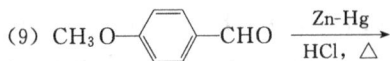

4. 下列化合物中，哪些化合物可与饱和 $NaHSO_3$ 加成？哪些化合物能发生碘仿反应？哪些化合物两种反应均能发生？

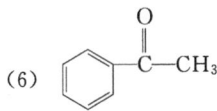

(1) $CH_3COCH_2CH_3$ (2) $CH_3CH_2CH_2CHO$ (3) CH_3CH_2OH

(4) $\langle\bigcirc\rangle-CHO$ (5) 环己酮   (6) $\langle\bigcirc\rangle-\overset{O}{\overset{\|}{C}}-CH_3$

(7) $(CH_3)_3CCHO$ (8) $CH_3CHOHCH_2CH_3$ (9) $CH_3CH_2COCH_2CH_3$

5. 按亲核加成反应活性次序排列以下两组化合物。

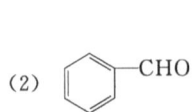

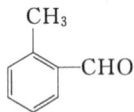

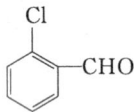

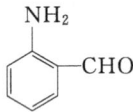

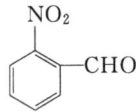

(1) HCHO CH_3CHO $CH_3COCH_2CH_3$ CF_3CHO C_6H_5CHO $C_6H_5COCH_3$

(2) $\langle\bigcirc\rangle-CHO$ $\underset{CH_3}{\langle\bigcirc\rangle}-CHO$ $\underset{Cl}{\langle\bigcirc\rangle}-CHO$ $\underset{NH_2}{\langle\bigcirc\rangle}-CHO$ $\underset{NO_2}{\langle\bigcirc\rangle}-CHO$

6. 用化学方法鉴别下列化合物。

丙醛、苯甲醛、丙酮、苯乙酮、3-戊酮、乙醇

7. 写出下列反应的机理。

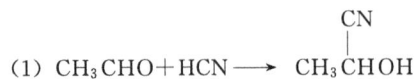

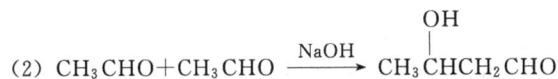

(1) $CH_3CHO + HCN \longrightarrow CH_3\overset{CN}{\underset{|}{C}}HOH$

(2) $CH_3CHO + CH_3CHO \xrightarrow{NaOH} CH_3\overset{OH}{\underset{|}{C}}HCH_2CHO$

8. 某化合物 A 分子式为 $C_5H_{10}O$，能与羟胺反应，也能发生碘仿反应。A 催化氢化后得化合物 B（$C_5H_{12}O$）。B 与浓硫酸共热得主要产物 C（C_5H_{10}），化合物 C 没有顺反异构体。试推测 A 的结构式。

9. 分子式为 $C_8H_{14}O$ 的化合物 A，它既可以使溴水褪色，也可与苯肼反应生成苯腙。A 经氧化生成一分子丙酮和另一化合物 B，B 具有酸性且能与碘的 $NaOH$ 溶液反应生成一分子碘仿和一分子丁二酸二钠。推测化合物 A 和 B 的结构。

（昆明医科大学　谢惠定）

第十章

羧酸和取代羧酸

内容提示

本章主要介绍：羧酸及其取代羧酸的结构、分类和命名；羧酸与取代羧酸的酸性及影响因素；羧酸衍生物的形成及机制；羟基酸、酮酸等的某些特征反应以及羟基酸、酮酸在生物体内的生物化学反应；酮式-烯醇式互变异构现象。

分子中含有羧基（$-\overset{\underset{\|}{O}}{C}-OH$）的化合物称为羧酸（carboxylic acid），其通式为 RCOOH。羧基（carboxyl）是羧酸的官能团，它是有机化合物中碳原子的最高氧化形式。

羧酸及取代羧酸广泛存在于动植物体内，它们与生命科学、人类生活与生产密切相关。它们有些是生物体物质代谢的中间体，具有重要生理活性；有些是日常生活用品；有些是合成药物的原料或中间体，因此掌握羧酸及取代羧酸的结构与性质具有重要意义。

在学完本章以后，你应该能够回答以下问题：

1. 羧酸的结构特点是什么？羧基中存在着什么电子效应？
2. 羧酸、取代羧酸的分类和命名方法有几种？如何命名？
3. 羧酸的结构如何决定其化学性质？
4. 影响羧酸酸性的因素是什么？
5. 什么叫酯化反应？不同结构的醇与羧酸酯化反应的机制是否相同？
6. 不同的二元酸受热时所发生的反应有何差异？
7. 羟基酸和酮酸的重要化学性质是什么？

一、羧酸的结构

羧基由羰基和羟基组成，但不是二者的简单加和。羧基中羰基碳是 sp^2，三个 sp^2 杂化轨道分别与烃基氧、羰基氧和烃基碳原子（或氢原子）形成三个 σ 键，这三个 σ 键在同一平面上，键角约 $120°$。羧基碳原子未参与杂化的 p 轨道与羰基中氧原子的 p 轨道形成一个 π 键，羟基氧原子上的孤对电子与 π 键形成 p-π 共轭体系。其结构可表示如下：

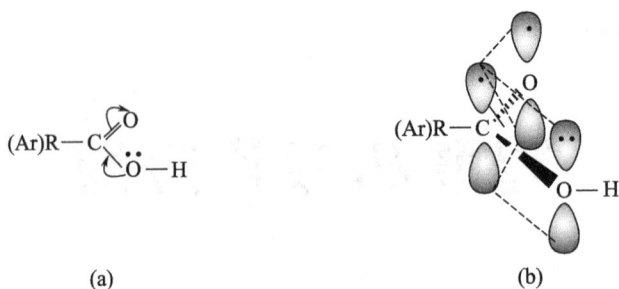

(a)   (b)

由于 p-π 共轭的影响，使羧基中的键长部分平均化。羧基中 C=O 比醛、酮中的 C=O 长，羧基中 C—O 单键比醇、醚中的 C—O 单键短，均不是典型的碳氧双键，而是介于双键与单键之间。X 射线衍射和电子衍射表明，在甲酸分子中 C=O 键长为 123pm，较醛、酮羰基键长 120pm 长，C—O 单键键长为 136pm，较醇中的 C—O 键长 143pm 短。

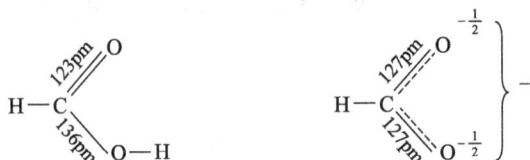

当羧基解离为负离子后，带负电荷的氧更容易提供电子，从而增强了 p-π 共轭作用，使负电荷完全均等地分布在两个氧上，两根 C—O 键的键长完全相等，均为 127pm，没有双键与单键的差别。

由此可知，由于羰基与羟基的相互作用，在羧基中，既不存在典型的醛、酮的羰基，也不存在典型的醇羟基，而是两者相互融合的统一体。

二、羧酸与取代羧酸的分类和命名

（一）分类

羧酸根据羧基所连接的烃基不同，分为脂肪酸、脂环酸和芳香酸；根据烃基饱和程度，可分为饱和羧酸和不饱和羧酸。根据分子中羧基的数目，可分为一元羧酸、二元羧酸和多元羧酸等。

羧酸分子中烃基上的氢原子被其他原子或原子团取代所形成的化合物称为取代羧酸（substituted carboxylic acid）。根据取代基的不同，取代羧酸可分为卤代羧酸（halogeno acid）、羟基酸（hydroxy acid）、羰基酸（carbonyl acid）以及氨基酸（amino acid）等几类。羟基酸又可分为醇酸（alcoholic acid）和酚酸（phenic acid）；羰基酸又可分为醛酸（aldehydo acid）和酮酸（keto acid）。根据取代基在烃基上取代位置的不同，取代羧酸可分为 α-取代羧酸、β-取代羧酸、γ-取代羧酸等。

（二）命名

1. 俗名命名

许多羧酸与取代羧酸存在于天然物质中，多用俗名，其命名主要依据羧酸的来源。如甲酸又称蚁酸（formic acid），最初由蒸馏蚂蚁得到；乙酸称为醋酸（acetic acid），它最初从酿制的食醋中得到；α-羟基酸（乳酸）是 1850 年从酸奶中得到的，称为乳酸。丁酸俗称酪酸（butyric acid），奶酪的特殊气味就有丁酸味；柠檬酸（citric acid）、苹果酸（malic acid）和酒石酸（tartaric acid）分别来自柠檬、苹果和酿制葡萄酒时所形成的酒石中。乙二酸又称为草酸，因为很多草本植物中都含有草酸盐。油脂水解所得到的软脂酸（palmic acid）、硬脂酸（stearic acid）和油酸（oleic acid）等则是根据它们的物态而命名的。由此可见，俗名较重要，在学习中要注意记忆。

2. 系统命名

羧酸的系统命名与醛相似，选择含有羧基的最长碳链作为主链，从羧基碳原子开始编号用阿拉伯数字标明主链碳原子位次。简单的羧酸，也可以 α、β、γ、δ 等希腊字母编号，ω 则常用于表示最末端碳原子。一元羧酸的英文名称用-oic acid 代替相应烃基中的字尾 e。

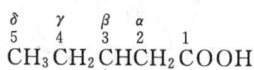

$$\overset{\delta}{\underset{5}{CH_3}}\overset{\gamma}{\underset{4}{CH_2}}\overset{\beta}{\underset{3}{CH}}\overset{\alpha}{\underset{2}{CH_2}}\overset{}{\underset{1}{COOH}} \quad | \quad CH_3$$

3-甲基戊酸
β-甲基戊酸
3-methyl pentanoic acid

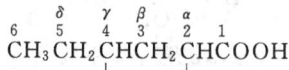

$$\overset{\delta}{\underset{6}{CH_3}}\overset{}{\underset{5}{CH_2}}\overset{\gamma}{\underset{4}{CH}}\overset{\beta}{\underset{3}{CH_2}}\overset{\alpha}{\underset{2}{CH}}\overset{}{\underset{1}{COOH}} \quad | CH_3 \quad | CH_3$$

2,4-二甲基己酸
α,γ-二甲基己酸
2,4-dimethyl hexanoic acid

$$CH_3CH{=}CHCOOH$$

2-丁烯酸（巴豆酸）
α-丁烯酸
2-butenoic acid

二元羧酸的命名应选分子中含有两个羧基的最长碳链作为主链，称为某二酸，英文用-dioic acid。例如：

$$\begin{array}{c} CH_2COOH \\ CH_2COOH \end{array}$$

丁二酸
（琥珀酸）
butandioic acid

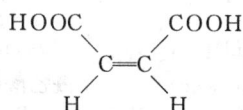

cis-丁烯二酸
（马来酸）
cis-2-butendioic acid

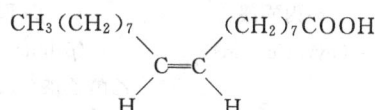

cis-十八碳-9-烯酸
（油酸）
cis-9-octadecenoic acid

脂环族和芳香族羧酸，以脂肪酸为母体，把脂环和芳环作为取代基来命名。例如：

环己基甲酸
cyclohexanecarboxylic acid

3-环戊基丙酸
3-cyclopentylpropanoic acid

苯甲酸（安息香酸）
benzoic acid

邻苯二甲酸
1,2-benzenedicarboxylic acid

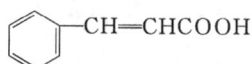

3-苯基丙烯酸（肉桂酸）
β-苯基丙烯酸
3-phenylpropenoic acid

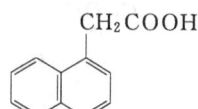

1-萘乙酸
α-萘乙酸
1-naphthylacetic acid

醇酸的命名以羧酸为母体，羟基为取代基，并用阿拉伯数字或希腊字母 α、β、γ 等标

明羟基的位置。例如：

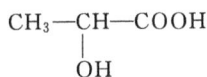

α-羟基丙酸（2-羟基丙酸）
（2-hydroxypropanic acid）
乳酸（lactic acid）

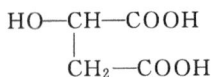

羟基丁二酸
hydroxybutanedioic acid
苹果酸（malic acid）

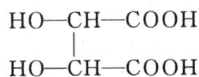

2,3-二羟基丁二酸
（2,3-dihydroxysuccinic acid）
酒石酸（tartaric acid）

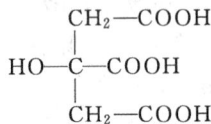

2-羟基-1,2,3-丙三羧酸
（2-hydroxy-1,2,3-propanetricarboxylic acid）
柠檬酸（citric acid）

酚酸的命名：以芳香酸为母体，标明羟基在芳环上的位置。例如：

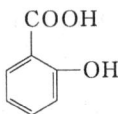

邻羟基苯甲酸
（o-hydroxybenzoic acid）
水杨酸（salicylic acid）

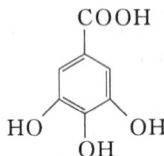

3,4,5-三羟基苯甲酸
（3,4,5-trihydroxybenzoic acid）
没食子酸（gallic acid）

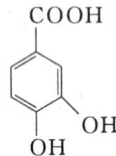

3,4-二羟基苯甲酸
（3,4-dihydroxybenzoic acid）
原儿茶酸（protocatechuic acid）

酮酸的命名是以羧酸为母体，酮基作取代基，并用阿拉伯数字或希腊字母标明酮基的位置。例如：

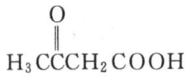

α-丙酮酸
（pyruvic acid）

β-丁酮酸
（β-butanone acid）
乙酰乙酸（acetoacetic acid）

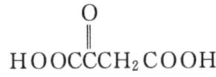

α-丁酮二酸
（α-butanone diacid）
草酰乙酸（oxaloacetic acid）

思考题 10-1 命名下列化合物。

(1)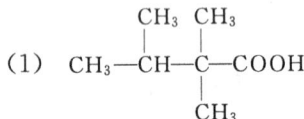

(2)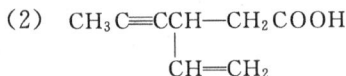

(3)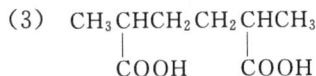

(4)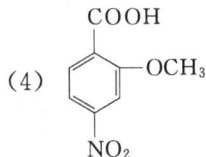

三、羧酸的物理性质

常温下，在直链饱和一元羧酸中，含有 1～3 个碳原子的羧酸为具有刺激性酸味的液体；

含有 4～9 个碳原子的羧酸是有腐败气味的油状液体；高级脂肪酸为无味蜡状固体。脂肪族二元羧酸和芳香族羧酸都是结晶固体。

含有 1～4 个碳原子的一元脂肪羧酸在室温下与水互溶，这是由于羧基可与水形成氢键，但随着羧酸碳链的增长，水溶性很快减小。高级脂肪酸不溶于水，但一元脂肪酸都可溶于乙醇、乙醚等有机溶剂。低级的二元脂肪酸可溶于水而不溶于乙醚，水溶性也随碳链的增长而降低。

直链饱和一元脂肪酸的熔点随碳链的增长呈锯齿形上升，即含偶数碳原子羧酸的熔点比前后相邻奇数碳原子羧酸的熔点要高一点，原因是在晶体中羧酸分子的碳链呈锯齿状排列，只有含偶数碳原子的链端甲基和羧基分处于链的两侧时，才具有较高的对称性，分子在晶格中排列较紧密，分子间的吸引力较大，因而具有较高熔点。

羧酸的沸点比分子量相近的醇、醛、酮要高。例如：甲酸分子量为 46，沸点 100.7℃，而分子量同为 46 的乙醇沸点为 78℃，分子量为 44 的乙醛沸点仅为 21℃。羧酸沸点较高的原因在于一元羧酸分子间能通过两个氢键互相结合，形成缔合的二聚体分子。一些常见羧酸的物理性质见表 10-1。

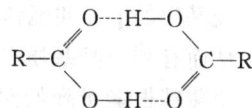

表 10-1　一些常见羧酸的物理性质

化合物	俗名	英文名	熔点/℃	沸点/℃	溶解度 /g·(100g H₂O)⁻¹	pKₐ
甲酸	蚁酸	formic acid	8.4	100.5	∞	3.77
乙酸	醋酸	acetic acid	7.0	118	∞	4.74
丙酸	初油酸	propionic acid	−22	141	∞	4.88
丁酸	酪酸	butyric acid	−5	162.5	∞	4.82
戊酸	缬草酸	valeric cid	−34.5	187	3.7	4.85
己酸	羊油酸	caproic acid	−1.5	205	0.4	4.85
庚酸	毒水芹酸	enanthic acid	−8	223.5	0.244	4.89
辛酸	羊脂酸	caprylic acid	16	239	0.068	4.85
壬酸	天竺葵酸	pelargonic acid	15	254	0.026	4.96
十六酸	软脂酸	palmitinic acid	63	390	不溶	
十八酸	硬脂酸	stearic acid	70	383	不溶	6.37
丙烯酸	败脂酸	acrylic acid	13	141	∞	4.26
苯丙烯酸	肉桂酸	cinnamic cid	133	300	0.1	4.33
苯甲酸	安息酸	benzoic cid	122	249	0.34	4.19
乙二酸	草酸	oxalic acid	189	100	8.6	1.46/4.40
丙二酸	缩苹果酸	malonic acid	135	140	73.5	2.80/5.85
丁二酸	琥珀酸	succinic cid	185	235	5.8	4.16/5.64

四、羧酸的化学性质

羧基是羧酸的官能团，羧酸的大部分化学性质都反映在羧基上。从羧基结构式的组成形式上看，羧基由羰基与羟基组成，羧基的化学性质并不是羰基和羟基化学性质的简单加和。

羟基氧原子的未用 p 电子对与羰基形成了 p-π 共轭体系，导致羰基碳原子与羟基氧原子上电子云密度发生改变。同醛、酮、羰相比，羧基中羰基碳原子电子云密度增大，不易发生亲核加成反应；同羟基相比，羧基中 O—H 键的极性增强，羟基氢易解离呈现酸性。根据羧酸分子中键断裂方式不同，羧酸可发生不同的化学反应：

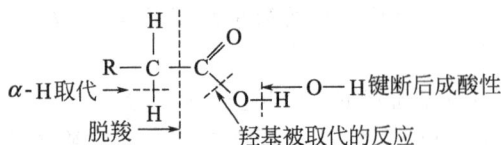

(一) 羧酸的酸性

羧基中的 p-π 共轭作用，降低了羟基氧原子上的电子云密度，引起了 O—H 键极性的增大，从而有利于羟基质子的解离；羧酸解离形成的负离子，也通过 p-π 共轭体系分散负电荷，使羧基根能量降低而稳定，因此羧酸就较易解离出质子生成更稳定的羧酸根负离子而显酸性。

$$RCOOH \rightleftharpoons RCOO^- + H^+$$

羧酸是弱酸，大多数饱和一元酸 pK_a 值在 3.5～5 之间，比无机强酸的酸性弱，但比碳酸和苯酚的酸性强。

	无机强酸	一元羧酸	碳酸	苯酚
pK_a	1～3	3.5～5	6.38	10

羧酸可使碳酸氢钠分解放出 CO_2，而酚不与碳酸氢钠作用，在实验室中常利用这个性质来鉴别羧酸和酚。羧酸盐遇强酸则游离出羧酸，利用此性质可分离、精制羧酸。

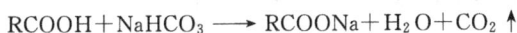

$$RCOOH + NaHCO_3 \longrightarrow RCOONa + H_2O + CO_2 \uparrow$$
$$RCOONa + HCl \longrightarrow RCOOH + NaCl$$

羧酸的钾盐或钠盐易溶于水，医药上常将水溶性差的含羧基药物制成可溶性羧酸盐，以便制成水剂使用，如含有羧基的青霉素 G 就是制成钠盐或钾盐供临床使用的抗生素。

羧酸的酸性强弱与取代基的性质、数目及取代基与羧基的相对位置有关，能使羧基电子云密度下降的基团将增加其酸性；使羧基电子云密度上升的基团将减弱其酸性。例如：

$$FCH_2COOH > ClCH_2COOH > BrCH_2COOH > ICH_2COOH$$

pK_a	2.67	2.87	2.90	3.16

$$Cl_3CCOOH > Cl_2CHCOOH > ClCH_2COOH > CH_3COOH$$

pK_a	0.64	1.26	2.86	4.74

$$CH_3CH_2\underset{\underset{Cl}{|}}{C}HCOOH > CH_3\underset{\underset{Cl}{|}}{C}HCH_2COOH > \underset{\underset{Cl}{|}}{C}H_2CH_2CH_2COOH$$

pK_a	2.86	4.06	4.52

饱和脂肪族一元羧酸中，甲酸的酸性最强，从乙酸开始，因烷基的斥电子诱导效应，羧酸的酸性减弱。例如：

$$HCOOH \quad CH_3COOH \quad CH_3CH_2COOH \quad (CH_3)_2CHCOOH \quad (CH_3)_3CCOOH$$

pK_a	3.77	4.74	4.88	4.85	5.02

脂肪族二元羧酸的酸性与两个羧基的相对距离有关，两个羧基的相对距离越近，酸性也越强；反之，酸性就弱。例如：

$$\begin{array}{cccccc}
\text{COOH} & \text{CH}_2\text{COOH} & \text{CH}_2\text{COOH} & \text{CH}_2\text{CH}_2\text{COOH} \\
| & | & | & | & | \\
\text{COOH} & \text{CH}_2 & \text{CH}_2\text{COOH} & \text{CH}_2 & \text{CH}_2\text{CH}_2\text{COOH} \\
& | & & | & \\
& \text{COOH} & & \text{CH}_2\text{COOH} &
\end{array}$$

pK_a 　1.27　　　　2.85　　　　4.16　　　　4.33　　　　4.43

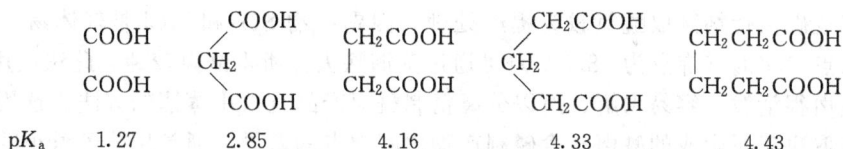

苯甲酸是典型的芳香族羧酸，从诱导效应的角度来看，苯基是吸电子基，苯甲酸的酸性应比甲酸强。但由于苯环的大π键与羧基形成共轭体系，羧基中羰基氧的吸电子作用使苯环π电子云向羧基转移。苯环的共轭效应与吸电子效应相反。两种电子效应的共同结果使苯甲酸的酸性介于甲酸与乙酸之间，比甲酸弱，比其他脂肪族一元酸强。

对于取代的芳香族羧酸，由于取代基不仅存在诱导效应，同时还存在共轭效应，若取代基在邻位还有空间因素的影响，因此，影响其酸性的因素比较复杂。但对大部分取代基来说，一般还是吸电子取代基增强酸性，给电子取代基降低酸性。例如：

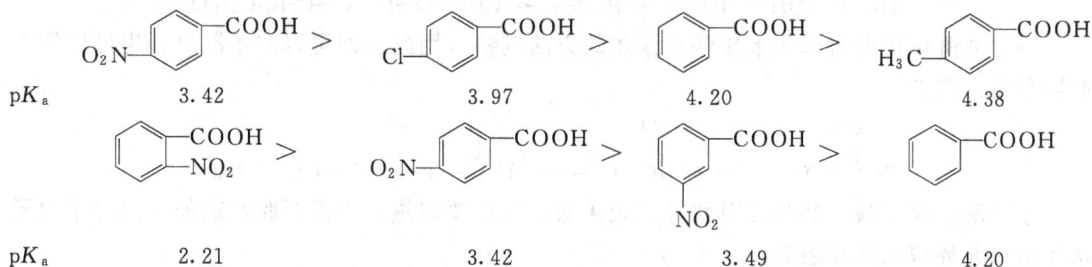

pK_a　　　3.42　　　　　　3.97　　　　　　4.20　　　　　　4.38

pK_a　　　2.21　　　　　　　3.42　　　　　　3.49　　　　　　4.20

在上述各化合物中，对硝基苯甲酸的酸性最强。这是因为硝基处于羧基邻位，由于空间拥挤，使羧基不能与苯环共平面，削弱了羧基与苯环之间的 p-π 共轭效应，减小了苯环上 π电子云向羧基的偏移，使羧基氢原子较易解离，形成稳定的羧酸根负离子，这种现象称为邻位效应。

思考题 10-2　将下列化合物的酸性由强至弱排列。
(1) 丙酸、α-溴丙酸、α,α-二溴丙酸、α-氟丙酸
(2) 草酸、丙二酸 、丁二酸、戊二酸
(3) 苯甲酸、对甲基苯甲酸、对硝基苯甲酸、邻硝基苯甲酸

（二）羧酸衍生物的生成

羧基中的羟基被其他原子或基团取代后得到的化合物称为羧酸衍生物。取代基可以是卤素、酰氧基、烷氧基、氨（胺）基，相对的衍生物是酰卤、酸酐、酯、酰胺。

1. 酰卤的生成

酰氯是最常用的酰卤，它可由羧酸与五氯化磷、三氯化磷或氯化亚砜等卤化剂作用制得。

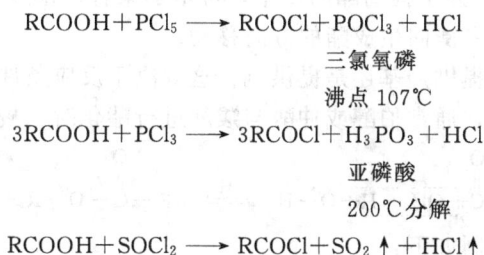

$$\text{RCOOH} + \text{PCl}_5 \longrightarrow \text{RCOCl} + \text{POCl}_3 + \text{HCl}$$

三氯氧磷
沸点 107℃

$$3\text{RCOOH} + \text{PCl}_3 \longrightarrow 3\text{RCOCl} + \text{H}_3\text{PO}_3 + \text{HCl}$$

亚磷酸
200℃分解

$$\text{RCOOH} + \text{SOCl}_2 \longrightarrow \text{RCOCl} + \text{SO}_2\uparrow + \text{HCl}\uparrow$$

用氯化亚砜卤代剂制取酰氯较易提纯处理，因副产物 SO_2 和 HCl 是气体易于挥发，而过量的低沸点 $SOCl_2$（沸点为 78.8℃）可通过蒸馏除去，所得酰卤较纯，此法应用较广。

由于酰卤很活泼，容易水解，所以分离精制酰卤产品宜采用蒸馏的方法。选用何种含磷卤代剂，这取决于所生成的酰卤与含磷副产物之间沸点的差异。通常用分子量小的羧酸来制备酰卤时，用三卤化磷作卤代剂，反应中生成的酰卤沸点低可随时蒸出；分子量大的酰卤沸点高，制备时可用五卤化磷作卤代剂，反应后把三卤氧磷蒸馏出来。

2. 酸酐的生成

饱和一元羧酸在脱水剂存在下加热，分子间脱去一分子水而生成酸酐。常用脱水剂为五氧化二磷、乙酰氯、乙酸酐。例如：

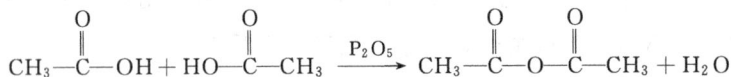

$$CH_3-\overset{O}{\overset{\|}{C}}-OH + HO-\overset{O}{\overset{\|}{C}}-CH_3 \xrightarrow{P_2O_5} CH_3-\overset{O}{\overset{\|}{C}}-O-\overset{O}{\overset{\|}{C}}-CH_3 + H_2O$$

混合酸酐可用酰卤和无水羧酸盐共热的方法制备。用此法即可以制备混酐，也可以用于制取单酐。例如：

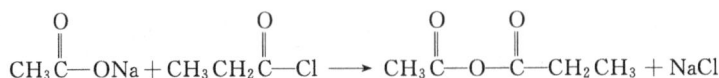

$$CH_3\overset{O}{\overset{\|}{C}}-ONa + CH_3CH_2\overset{O}{\overset{\|}{C}}-Cl \longrightarrow CH_3\overset{O}{\overset{\|}{C}}-O-\overset{O}{\overset{\|}{C}}-CH_2CH_3 + NaCl$$

丁二酸、戊二酸、邻苯二甲酸等二元羧酸，只需要加热，不需要脱水剂便可以分子内脱水生成五元环或六元环酸酐。

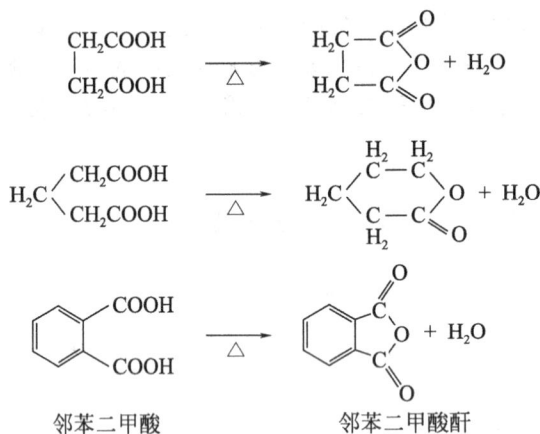

$$\begin{array}{c} CH_2COOH \\ | \\ CH_2COOH \end{array} \xrightarrow{\triangle} \begin{array}{c} H_2C-C\diagup^O \\ \diagdown_O \\ H_2C-C\diagdown_O \end{array} + H_2O$$

$$H_2C\begin{array}{c} CH_2COOH \\ CH_2COOH \end{array} \xrightarrow{\triangle} \begin{array}{c} H_2 \ H_2 \\ H_2C \diagup^{C-C}\diagdown \\ \diagdown_{C-C}^O O \\ H_2 \diagdown_O \end{array} + H_2O$$

$$\text{邻苯二甲酸} \xrightarrow{\triangle} \text{邻苯二甲酸酐} + H_2O$$

邻苯二甲酸　　　　　　　　　邻苯二甲酸酐

3. 酯的生成反应

羧酸与醇在催化下生成酯的反应称为酯化反应（esterification）。酯化反应较慢，需催化加热提高酯化的反应速率，常用的催化剂是硫酸、磷酸和苯磺酸。例如：

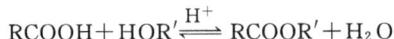

$$RCOOH + HOR' \underset{}{\overset{H^+}{\rightleftharpoons}} RCOOR' + H_2O$$

酯化反应是可逆的，逆反应是酯的水解反应。等摩尔的乙酸和乙醇的酯化反应达到平衡时只有 2/3mol 的酯生成。为了提高酯的产率，可增加某种反应物的浓度，或从反应体系中蒸出低沸点的酯或水，使平衡向生成酯的方向移动。

酯化反应中，羧基是提供羟基还是提供氢？这取决于反应条件和醇的类型。

同位素标记实验证明，通常伯醇或仲醇与羧酸进行酯化时，羧基提供羟基，醇提供氢：

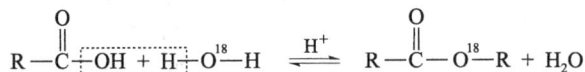

$$R-\overset{O}{\overset{\|}{C}}-OH + H-O^{18}-H \underset{}{\overset{H^+}{\rightleftharpoons}} R-\overset{O}{\overset{\|}{C}}-O^{18}-R + H_2O$$

酸催化的酯化反应机制如下：

$$\begin{array}{ccc} \underset{\parallel}{\overset{O}{R-C-OH}} & \xrightleftharpoons{H^+} & R-\overset{+OH}{\underset{\parallel}{C}}-OH & \xrightleftharpoons{HO^{18}-R} & R-\overset{OH}{\underset{\overset{|}{O^{18}-H}}{\overset{|}{C}}}-OH & \xrightleftharpoons{} & R-\overset{OH}{\underset{\overset{|}{O^{18}-R}}{\overset{|}{C}}}-\overset{+}{O}H_2 \\ & & & & \overset{|}{R} & & \end{array}$$

$$\xrightleftharpoons{-H_2O} \quad R-\overset{+OH}{\underset{\parallel}{C}}-O^{18}-R \quad \xrightleftharpoons{-H^+} \quad R-\overset{O}{\underset{\parallel}{C}}-O^{18}-R$$

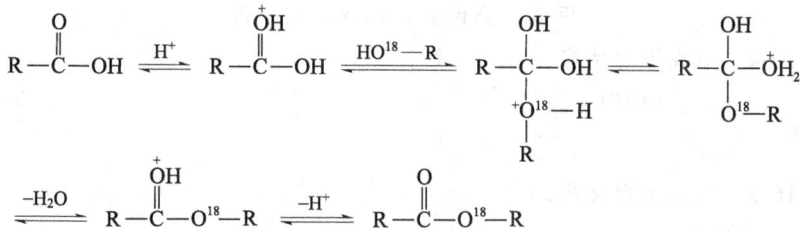

在强酸介质中，羧酸中羰基氧接受质子形成锌盐，使羰基碳原子上的电子云密度降低，有利于醇分子发生亲核加成反应，加成中间体发生质子转移后再发生消除反应，失去一分子水而形成锌盐，脱除质子后生成酯。上述反应中，是酰基和氧原子之间的键发生断裂，属于酰氧键断裂。反应最后结果是烃氧基置换了羧基上的羟基。

叔醇与羧酸酯化时，则羧基提供氢，醇提供羟基：

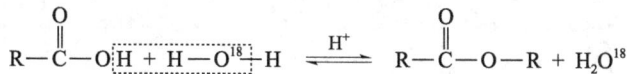

$$R-\overset{O}{\underset{\parallel}{C}}-O\boxed{H + H-O^{18}}-H \quad \xrightleftharpoons{H^+} \quad R-\overset{O}{\underset{\parallel}{C}}-O-R + H_2O^{18}$$

酸催化反应的反应机制如下：

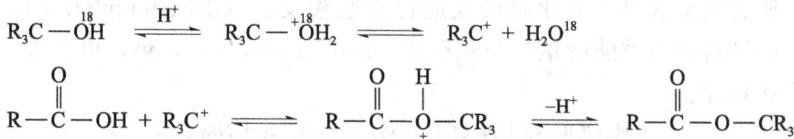

$$R_3C-\overset{18}{O}H \xrightleftharpoons{H^+} R_3C-\overset{+18}{O}H_2 \xrightleftharpoons{} R_3C^+ + H_2O^{18}$$

$$R-\overset{O}{\underset{\parallel}{C}}-OH + R_3C^+ \xrightleftharpoons{} R-\overset{O}{\underset{\parallel}{C}}-\overset{\overset{+}{H}}{\underset{}{O}}-CR_3 \xrightleftharpoons{-H^+} R-\overset{O}{\underset{\parallel}{C}}-O-CR_3$$

在反应中，酸催化下叔醇容易形成正碳离子，然后与羧基中的羟基氧结合，脱去质子而生成酯。正碳离子很容易发生消除反应生成烯烃，羧酸与叔醇的酯化反应产率较低，有烯烃等副产物生成，所以一般不用叔醇的酯化反应来制备相应的酯。

酯化反应速率与羧酸及醇的结构有关。一般地讲，羧酸和醇的 α-碳原子上侧链越多，基团越大，酯化反应越难进行。羧酸与醇反应的活性次序为下：

醇：甲醇＞伯仲＞仲醇＞叔醇

酸：HCOOH＞CH₃COOH＞RCH₂COOH＞R₂CHCOOH＞R₃CCOOH

4. 酰胺的生成反应

羧酸与氨或胺反应生成的铵盐，加热失水后形成酰胺，最终结果是羧基中的羟基被氨基取代。

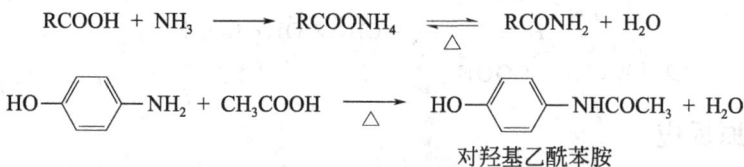

$$RCOOH + NH_3 \longrightarrow RCOONH_4 \underset{\triangle}{\xrightleftharpoons{}} RCONH_2 + H_2O$$

$$HO-\!\!\!\!\bigcirc\!\!\!\!-NH_2 + CH_3COOH \xrightarrow{\triangle} HO-\!\!\!\!\bigcirc\!\!\!\!-NHCOCH_3 + H_2O$$
$$\text{对羟基乙酰苯胺}$$

生物体内氨基酸与氨基酸之间脱水形成肽，连接两个氨基酸之间的化学键称为肽键，肽键本质是酰胺键。

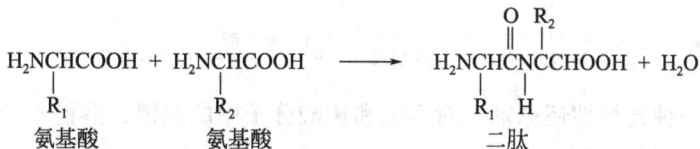

$$\underset{\text{氨基酸}}{H_2NCHCOOH} + \underset{\text{氨基酸}}{H_2NCHCOOH} \longrightarrow \underset{\text{二肽}}{H_2NCHCNCCHOOH} + H_2O$$
$$\qquad \overset{|}{R_1} \qquad\qquad \overset{|}{R_2} \qquad\qquad\qquad \underset{R_1\; H}{\overset{O\; R_2}{}}$$

思考题 10-3 将下列化合物进行酯化反应由易至难排列。

甲醇、异丙醇、乙醇、叔丁醇

思考题 10-4 完成下列反应。

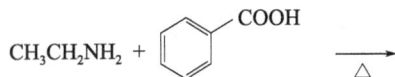

$$CH_3CH_2NH_2 + \underset{\text{(苯环)}}{\bigcirc}\text{—COOH} \xrightarrow{\triangle}$$

思考题 10-5 完成下列反应。

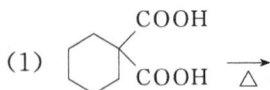

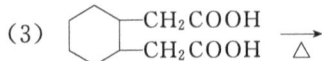

(1) 环己烷二羧酸 $\underset{\text{COOH}}{\overset{\text{COOH}}{\bigcirc}} \xrightarrow{\triangle}$

(2) 环己烷二羧酸 $\underset{\text{—COOH}}{\overset{\text{—COOH}}{\bigcirc}} \xrightarrow{\triangle}$

(3) 环己烷 $\underset{\text{—CH}_2\text{COOH}}{\overset{\text{—CH}_2\text{COOH}}{\bigcirc}} \xrightarrow{\triangle}$

（三）脱羧反应

羧酸分子脱去羧基放出二氧化碳的反应称为脱羧反应（decarboxylation）。例如，低级一元脂肪羧酸的钠盐及芳香酸的钠盐与碱石灰（$NaOH+CaO$）共热，可失去二氧化碳发生脱羧，反应生成烷烃。

$$CH_3COONa + NaOH(CaO) \xrightarrow{\triangle} CH_4 + Na_2CO_3$$

一般情况下，饱和一元羧酸对热稳定，不易发生脱羧，但 α-碳上有吸电子取代基（如硝基、卤素、氰基、羰基和羧基等）的羧酸易脱羧。芳香羧酸较脂肪羧酸容易脱羧。

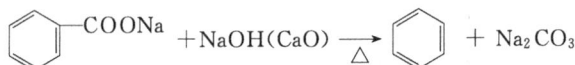

$$CCl_3COOH \xrightarrow{\triangle} CHCl_3 + CO_2 \uparrow$$

$$CH_3COCH_2COOH \xrightarrow{\triangle} CH_3COCH_3 + CO_2$$

$$\underset{\text{(苯环)}}{\bigcirc}\text{—COONa} + NaOH(CaO) \xrightarrow{\triangle} \bigcirc + Na_2CO_3$$

乙二酸和丙二酸受热时，脱羧生成少一个碳的羧酸。

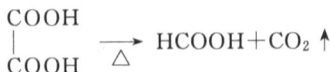

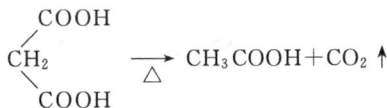

$$\underset{\text{COOH}}{\overset{\text{COOH}}{|}} \xrightarrow{\triangle} HCOOH + CO_2 \uparrow$$

$$\underset{\text{COOH}}{\overset{\text{COOH}}{CH_2}} \xrightarrow{\triangle} CH_3COOH + CO_2 \uparrow$$

（四）羧酸还原反应

羧基中的羰基由于受羟基的影响，碳氧双键不易被催化氢化，也不被一般的化学还原剂还原。但强的还原剂氢化铝锂（$LiAlH_4$）却能顺利地使羧酸还原成伯醇。例如：

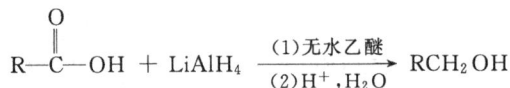

$$\underset{\text{O}}{\overset{\|}{R-C}}-OH + LiAlH_4 \xrightarrow[\text{(2)}H^+,H_2O]{\text{(1)无水乙醚}} RCH_2OH$$

氢化铝锂是一种选择性还原剂，对不饱和羧酸分子中的双键、叁键不产生影响。例如：

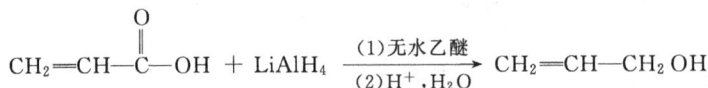

$$CH_2=CH-\overset{\overset{\text{O}}{\|}}{C}-OH + LiAlH_4 \xrightarrow[\text{(2)}H^+,H_2O]{\text{(1)无水乙醚}} CH_2=CH-CH_2OH$$

五、羟基酸的化学性质

羟基酸因分子中含有羧基而具有羧酸的典型反应，如酸性、与醇成酯反应等；因分子中含有羟基而具有醇的典型反应，如醇羟基可以被氧化、酯化和酰化反应等。此外，由于羟基和羧基共存于同一分子中，二者相互影响而使羟基酸具有特殊性质，而且这些特殊性质因两官能团的相对位置不同又表现出明显的差异。

（一）羟基酸的酸性

羟基酸的酸性强于相应的羧酸，羟基离羧基越近，酸性越强，反之亦小。例如：

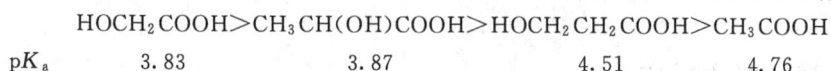

$$HOCH_2COOH > CH_3CH(OH)COOH > HOCH_2CH_2COOH > CH_3COOH$$

pK_a 3.83   3.87   4.51   4.76

羟基酸的酸性强于相应的羧酸的原因是醇羟基表现出吸电子效应（$-I$ 效应），使分子中各原子之间的成键电子都向羟基方向偏移，羧基上的氢原子易解离。

酚酸与相应母体芳香酸比较，其酸性随羟基与羧基的相对位置不同而表现出明显的差异。例如：

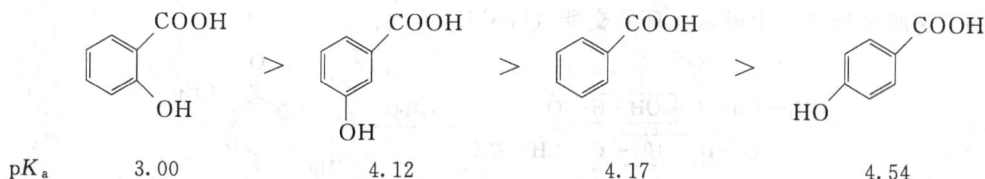

pK_a 3.00   4.12   4.17   4.54

酚酸的酸性受诱导效应、共轭效应和邻位效应等因素的影响。在上述各化合物中，水杨酸的酸性最强。这是因为羟基处于羧基邻位，由于空间拥挤，使羧基不能与苯环共平面，削弱了羧基与苯环之间的 p-π 共轭效应，减小了苯环上 π 电子云向羧基的偏移，使羧基氢原子较易解离，形成稳定的羧酸根负离子，这种现象称为邻位效应。此外，羟基与羧基能形成分子内氢键，增加了羧基中氧氢键的极性，利于氢解离，解离后的羧基负离子与酚羟基也能形成氢键，使这个负离子更加稳定，不易再与解离出的 H^+ 结合，因此其酸性比苯甲酸强。

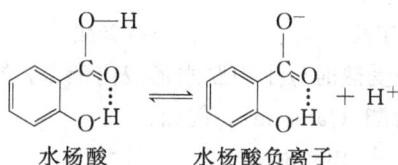

间羟基苯甲酸不能形成分子内氢键，羟基在间位主要以吸电子诱导效应为主，由于羟基与羧基之间间隔了三个碳原子，作用较小，其酸性较苯甲酸略微增强。

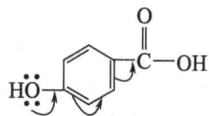

在对羟基苯甲酸分子中，由于羟基氧原子与苯环的 p-π 共轭效应大于其吸电子诱导效应，使羧基负离子稳定性降低，因此其酸性比苯甲酸弱。

（二）羟基酸的氧化反应

α-羟基酸分子中的羟基比醇分子中的羟基易被氧化。如稀硝酸一般不能氧化醇，但却能氧化羟基酸生成醛酸、酮酸或二元酸。Tollens 试剂不与醇反应，却能将 α-羟基酸氧化成 α-酮酸。例如：

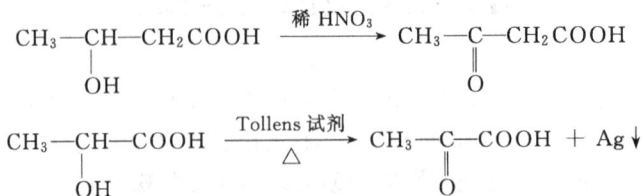

$$CH_3-\underset{\underset{OH}{|}}{CH}-CH_2COOH \xrightarrow{\text{稀 } HNO_3} CH_3-\underset{\underset{O}{||}}{C}-CH_2COOH$$

$$CH_3-\underset{\underset{OH}{|}}{CH}-COOH \xrightarrow[\triangle]{\text{Tollens 试剂}} CH_3-\underset{\underset{O}{||}}{C}-COOH + Ag\downarrow$$

α-羟基酸易被氧化原因是受羧基吸电子效应影响的结果。

羟基酸在体内的氧化通常是在酶催化下进行的。

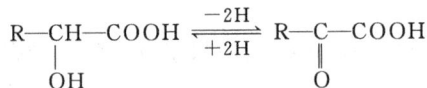

$$R-\underset{\underset{OH}{|}}{CH}-COOH \underset{+2H}{\overset{-2H}{\rightleftharpoons}} R-\underset{\underset{O}{||}}{C}-COOH$$

（三）羟基酸的脱水反应

羟基酸分子中，由于羧基和羟基之间的相互影响，使其对热较敏感，加热时很容易脱水。脱水的方式随着羟基与羧基位置的不同而异，生成的产物亦不同。

（1）α-羟基酸加热时分子间脱水生成交酯　α-羟基酸加热时，两分子相互酯化，发生分子间的交叉脱水反应，生成六元环的交酯（lactide）。

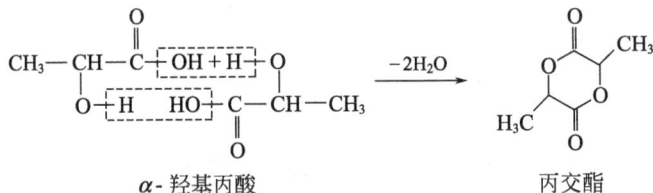

$$\begin{array}{c} CH_3-CH-C-\boxed{OH+H}-O \\ \\ O-\boxed{H \quad HO}-C-CH-CH_3 \end{array} \xrightarrow{-2H_2O} \text{丙交酯}$$

α-羟基丙酸　　　　　　　　　　　　丙交酯

交酯多为结晶物质，具有酯的通性。

（2）β-羟基酸受热时分子内脱水生成 α，β-不饱和羧酸　由于羧基和羟基的影响，β-羟基酸分子中的 α-H 比较活泼，受热时与 β-羟基脱水生成 α，β-不饱和羧酸。

$$CH_3CH-\underset{\underset{\boxed{OH \quad H}}{}}{CHCOOH} \xrightarrow{\triangle} CH_3CH=CHCOOH + H_2O$$

β-羟基丁酸　　　　　　　　2-丁烯酸

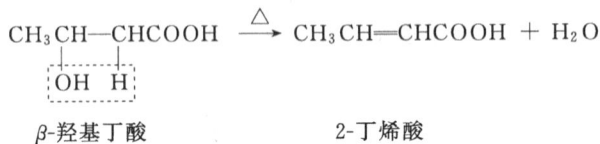

（3）γ-羟基酸和 δ-羟基酸受热时分子内脱水形成内酯　γ-羟基酸易发生分子内脱水，室温下失水形成稳定的五元环内酯（lactone）。例如：

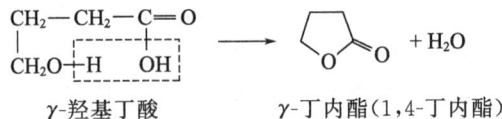

$$\begin{array}{c} CH_2-CH_2-C=O \\ | \qquad \boxed{\quad \quad} \\ CH_2O-\boxed{H \quad OH} \end{array} \longrightarrow \text{（环内酯）}O +H_2O$$

γ-羟基丁酸　　　　　γ-丁内酯（1,4-丁内酯）

因此游离的 γ-羟基酸很难存在，通常以盐的形式保存 γ-羟基酸。例如：

$$\text{（环内酯）}O +NaOH \longrightarrow HOCH_2CH_2CH_2COONa$$

γ-羟基丁酸钠

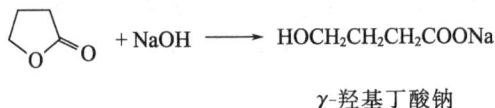

γ-羟基丁酸钠有麻醉作用，用于手术中，有术后苏醒快的优点。

δ-羟基酸加热时分子内脱水形成六元环内酯。

$$\underset{\delta\text{-羟基戊酸}}{\overset{\displaystyle CH_2CH_2CH_2C=O}{\underset{\displaystyle CH_2O{-}H\ OH}{|\qquad\qquad\quad}}} \xrightarrow{\triangle} \underset{\substack{\delta\text{-戊内酯}\\(1,5\text{-戊内酯})}}{\boxed{}O} + H_2O$$

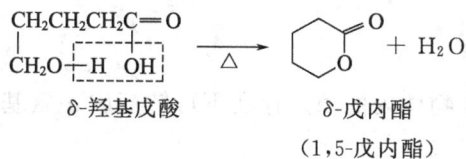

某些中草药的有效成分中常常含有内酯的结构。如抗菌消炎药穿心莲的主要化学成分穿心莲内酯就含有 γ-内酯的结构。

羟基与羧基相隔 5 个及以上碳原子的醇酸加热时，分子间脱水生成链状的聚酯（polyester）。

（四）酚酸的脱羧反应

羟基在羧基邻、对位的酚酸加热至熔点以上时，易脱羧分解成相应的酚，例如：

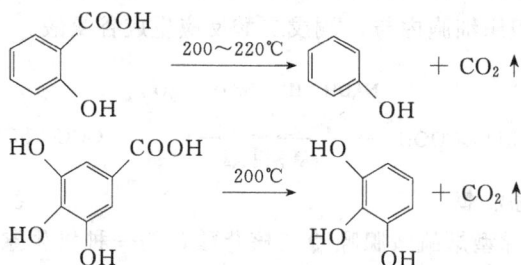

（五）α-羟基酸的分解反应

α-羟基酸与稀 H_2SO_4 共热时，由于羟基与羟基的吸电诱导作用，使羟基碳与 α-碳之间电子云密度降低，有利于键的断裂，生成一分子醛或酮和一分子甲酸，例如：

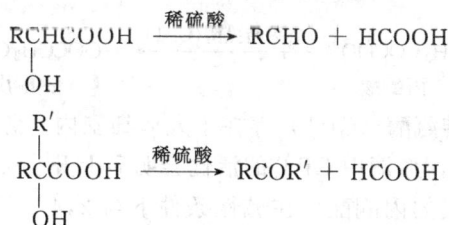

$$\underset{\displaystyle\quad\ \ OH}{R\overset{\displaystyle}{C}HCOOH} \xrightarrow{\text{稀硫酸}} RCHO + HCOOH$$

$$\underset{\displaystyle\quad\ \ OH}{R\overset{\displaystyle R'}{C}COOH} \xrightarrow{\text{稀硫酸}} RCOR' + HCOOH$$

六、酮酸的化学性质

酮酸分子中含有酮基和羧基，因此具有酮和羧酸的性质。如酮基可以被还原成羟基，可与羰基试剂反应生成相应的产物；羧基可与碱成盐，与醇成酯等。此外，由于酮基和羧基之间的相互影响，使酮酸具有一些特殊性质。

（一）酮酸的酸性

由于羰基氧吸电子能力强于羟基，因此酮酸的酸性强于相应的醇酸。例如：

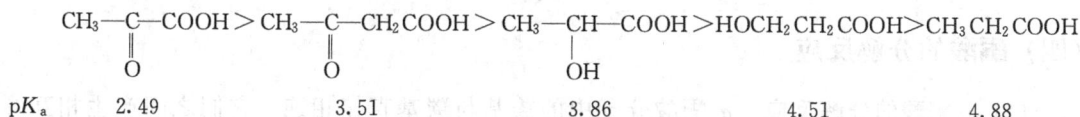

$$\underset{\displaystyle O}{CH_3{-}\overset{\displaystyle}{C}{-}COOH} > \underset{\displaystyle O}{CH_3{-}\overset{\displaystyle}{C}{-}CH_2COOH} > \underset{\displaystyle OH}{CH_3{-}\overset{\displaystyle}{C}H{-}COOH} > HOCH_2CH_2COOH > CH_3CH_2COOH$$

| pK_a | 2.49 | 3.51 | 3.86 | 4.51 | 4.88 |

（二）酮酸的氨基化反应

酮酸与氨在催化剂（生物体内的酶）存在下可转变成 α-氨基酸，此反应称为酮酸的氨基化反应。例如：

$$R-\overset{\overset{\displaystyle O}{\|}}{C}-COOH \xrightarrow[-H_2O]{NH_3/Pt（或酶）} \left[R-\overset{\overset{\displaystyle NH}{\|}}{C}-COOH \right] \xrightarrow{+[H]} R-\overset{\overset{\displaystyle \overset{+}{N}H_3}{|}}{CH}-COO^-$$
$$\alpha\text{-氨基酸}$$

$$H_3C-\overset{\overset{\displaystyle O}{\|}}{C}-COOH \xrightarrow[-H_2O]{NH_3/Pt（或酶）} \left[H_3C-\overset{\overset{\displaystyle NH}{\|}}{C}-COOH \right] \xrightarrow{+[H]} H_3C-\overset{\overset{\displaystyle \overset{+}{N}H_3}{|}}{CH}-COO^-$$
$$\text{丙氨酸}$$

氨是体内氨基酸代谢的产物，大部分氨在肝脏内转变成尿素由肾排除，少部分氨在谷氨酸脱氢酶的作用下，在组织细胞内与 α-酮戊二酸反应生成谷氨酸。

$$HOOCCH_2CH_2COCOOH \xrightarrow[\text{谷氨酸脱氢酶}]{NADH+H^+ \quad NAD^++H_2O} {}^-OOCCH_2CH_2\overset{\overset{\displaystyle \overset{+}{N}H_3}{|}}{CH}COO^-$$

$$\alpha\text{-酮戊二酸} \hspace{8cm} \text{谷氨酸}$$

式中，NADH 为还原型烟酰胺腺嘌呤二核苷酸，是一种维生素烟酰胺在生物体的辅酶形式，在反应中作为还原剂，起提供氢原子作用（详见第二十一章）。

在生物体内 α-酮酸和 α-氨基酸在转氨酶的作用下可发生相互转化，即 α-氨基酸的 α-氨基在酶的催化作用下转移到酮酸的酮基上，结果原来的氨基酸生成相应的酮酸，而原来的酮酸则形成相应的氨基酸，这种反应称为转氨基作用（transamination）。例如：

$${}^-OOCCH_2CH_2\overset{\overset{\displaystyle \overset{+}{N}H_3}{|}}{CH}COO^- +CH_3COCOO^- \xrightarrow{\text{谷丙转氨酶（GPT）}} {}^-OOCCH_2CH_2COCOO^- + CH_3\overset{\overset{\displaystyle \overset{+}{N}H_3}{|}}{CH}COO^-$$
$$\text{谷氨酸} \hspace{3cm} \text{丙酮酸} \hspace{5cm} \alpha\text{-酮戊二酸} \hspace{2cm} \text{丙氨酸}$$

在正常情况下，谷丙转氨酶（GPT）存在于人体细胞内。急性肝炎患者肝细胞坏死后，肝细胞中的 GPT 逸入血液，血清中 GPT 的活性会明显上升。临床上测定血清中 GPT 的活性，就是利用上述反应生成的丙酮酸，在碱性条件下与 2,4-二硝基苯肼作用显红棕色，用比色法测定出血清中 GPT 的活性。

转氨基作用在氨基酸与酮酸之间普遍进行。转氨基作用既是生物体内非必需氨基酸的合成途径，也是氨基酸的分解代谢方式。不同氨基酸和 α-酮戊二酸的转氨作用在氨基酸的合成与分解代谢中占有重要地位。

（三）酮酸的氧化反应

α-酮酸分子中的羰基直接与羧基相连，氧的吸电子效应使羰基与羧基碳原子电子云密度降低，致使碳碳键容易断裂，α-酮酸能被弱氧化剂如 Tollens 试剂氧化。

$$R-\overset{\overset{\displaystyle O}{\|}}{C}-COOH \xrightarrow[\triangle]{\text{Tollens 试剂}} RCOOH+CO_2$$

（四）酮酸的分解反应

（1）α-酮酸的分解反应 α-酮酸分子中的羧基与羰基直接相连，它们之间产生相互影响，使 α-碳原子和羧基碳原子之间的电子云密度降低，键的强度减弱，容易发生断裂，与稀硫酸或浓硫酸共热时可发生分解反应。例如：

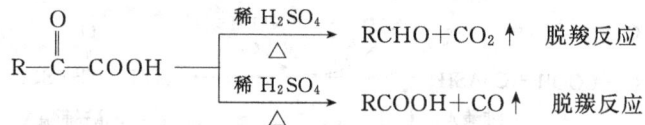

$$R-\overset{\overset{\displaystyle O}{\|}}{C}-COOH \longrightarrow \begin{cases} \xrightarrow[\triangle]{稀\ H_2SO_4} RCHO+CO_2\uparrow \quad 脱羧反应 \\[2mm] \xrightarrow[\triangle]{稀\ H_2SO_4} RCOOH+CO\uparrow \quad 脱羰反应 \end{cases}$$

（2）β-酮酸的分解反应　由于受羰基和羧基 $-I$ 效应的影响，β-酮酸分子羰基与羧基之间的亚甲基碳上电子云密度较低，因此与相邻两个碳原子之间的键都易断裂，在不同的反应条件下可发生酮式分解和酸式分解。

β-酮酸微热即发生脱羧反应，生成酮，并放出 CO_2。这一反应称为 β-酮酸的酮式分解（ketonic cleavage）。

$$CH_3COCH_2COOH \xrightarrow{微热} CH_3COCH_3+CO_2\uparrow$$

β-酮酸的脱羧反应比 α-酮酸更易脱羧，这是由于除了上述羰基的诱导效应外，酮基还能与羧基氢形成氢键：

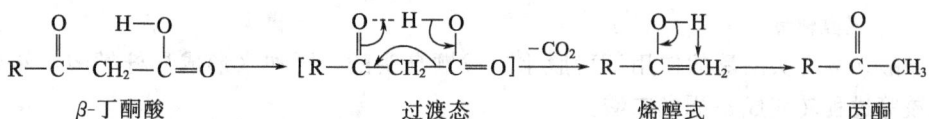

$$\underset{\beta\text{-丁酮酸}}{R-\overset{\overset{\displaystyle O}{\|}}{C}-CH_2-\overset{\overset{\displaystyle H-O}{}}{C}=O} \longrightarrow \underset{过渡态}{[R-\overset{\overset{\displaystyle O\cdots H}{}}{C}-CH_2-\overset{\overset{\displaystyle O}{}}{C}=O]} \xrightarrow{-CO_2} \underset{烯醇式}{R-\overset{\overset{\displaystyle O-H}{}}{C}=CH_2} \longrightarrow \underset{丙酮}{R-\overset{\overset{\displaystyle O}{\|}}{C}-CH_3}$$

β-酮酸与浓氢氧化钠共热时，α-碳原子和 β-碳原子之间发生键的断裂，生成两分子羧酸盐，这一反应称为 β-酮酸的酸式分解反应（acid cleavage）。

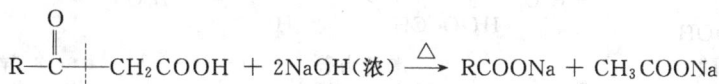

$$R-\overset{\overset{\displaystyle O}{\|}}{C}-CH_2COOH + 2NaOH(浓) \xrightarrow{\triangle} RCOONa + CH_3COONa$$

思考题 10-6　完成下列反应式。

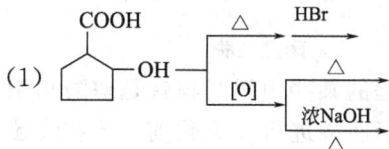

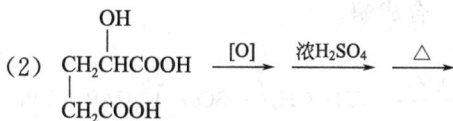

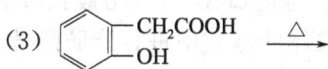

(1)

$$\underset{OH}{\overset{COOH}{\text{环戊基}}} \longrightarrow \begin{cases} \xrightarrow{\triangle} \xrightarrow{HBr} \\[2mm] \xrightarrow{[O]} \xrightarrow{\triangle} \\ \xrightarrow{浓NaOH} \end{cases}$$

(2)

$$\underset{CH_2COOH}{\overset{OH}{CH_2CHCOOH}} \xrightarrow{[O]} \xrightarrow{浓H_2SO_4} \xrightarrow{\triangle}$$

(3)

邻羟基苯乙酸 $\xrightarrow{\triangle}$

七、醇酸和酮酸的体内化学过程

醇酸和酮酸或者醇酸和酮酸的硫酯是生物体内糖、脂肪和氨基酸代谢过程中的一些中间产物，这些中间产物在各种酶的催化下，发生一系列化学反应（如氧化、脱羧及脱水等）并释放出能量，为生命活动提供了物质基础。例如：体内葡萄糖经糖酵解作用产生的丙酮酸在丙酮酸脱氢酶的作用下生成乙酰辅酶 A（CoASH）。辅酶 A 是维生素泛酸（pantothenic acid）的辅酶（coenzyme）形式，—SH 表示辅酶 A（CoA）分子结构中巯基乙胺中的巯基，是辅酶 A 的重要功能基团。乙酰辅酶 A 可以看成是乙酸与巯基化合物形成的硫酯。

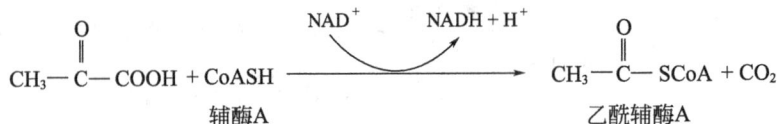

$$CH_3-\overset{\underset{\|}{O}}{C}-COOH + CoASH \xrightarrow{\quad NAD^+ \quad NADH+H^+ \quad} CH_3-\overset{\underset{\|}{O}}{C}-SCoA + CO_2$$

辅酶A　　　　　　　　　　　　　　　　　　　乙酰辅酶A

三羧酸循环中的中间产物苹果酸在苹果酸脱氢酶的作用下生成草酰乙酸。

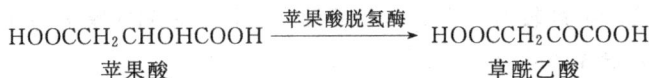

$$HOOCCH_2CHOHCOOH \xrightarrow{\text{苹果酸脱氢酶}} HOOCCH_2COCOOH$$

苹果酸　　　　　　　　　　　　　草酰乙酸

在人体细胞线粒体内，草酰乙酸与乙酰辅酶 A 在柠檬酸合成酶的作用下，经酯缩合反应生成柠檬酸，其反应式如下：

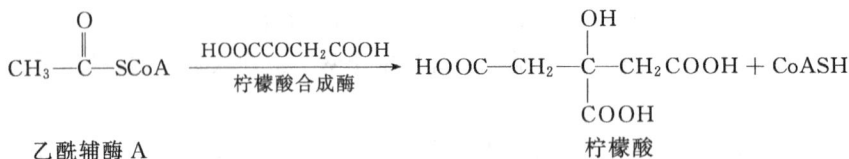

$$CH_3-\overset{\underset{\|}{O}}{C}-SCoA \xrightarrow[\text{柠檬酸合成酶}]{HOOCCOCH_2COOH} HOOC-CH_2-\overset{\overset{OH}{|}}{\underset{\underset{COOH}{|}}{C}}-CH_2COOH + CoASH$$

乙酰辅酶 A　　　　　　　　　　　　　　　　　　　柠檬酸

柠檬酸在顺乌头酸酶的作用下可脱水生成顺乌头酸，再加水形成异柠檬酸，然后经脱氢、脱羧等过程转变成 α-酮戊二酸：

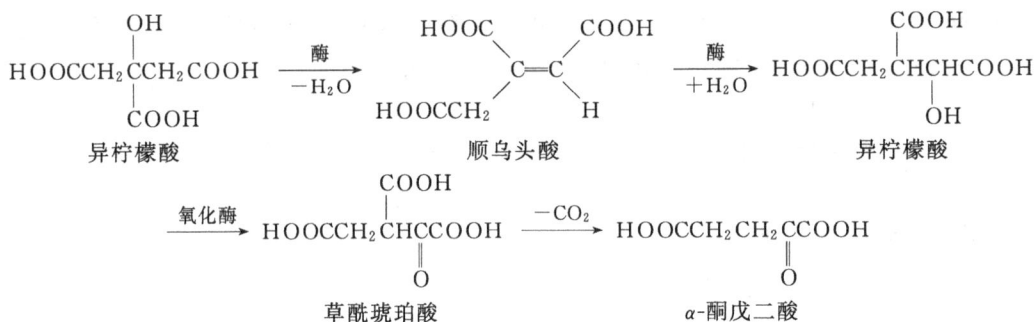

$$HOOCCH_2\overset{\overset{OH}{|}}{\underset{\underset{COOH}{|}}{C}}CH_2COOH \xrightarrow[-H_2O]{\text{酶}} \underset{\text{顺乌头酸}}{\overset{HOOC\quad\quad COOH}{\underset{HOOCCH_2\quad\quad H}{C=C}}} \xrightarrow[+H_2O]{\text{酶}} HOOCCH_2\overset{\overset{COOH}{|}}{\underset{\underset{OH}{|}}{CH}}CHCOOH$$

异柠檬酸　　　　　　　　　　　　　顺乌头酸　　　　　　　　　　　　　异柠檬酸

$$\xrightarrow{\text{氧化酶}} HOOCCH_2\overset{\overset{COOH}{|}}{\underset{\underset{O}{\|}}{CH}}CCOOH \xrightarrow{-CO_2} HOOCCH_2CH_2\overset{\underset{\|}{O}}{C}COOH$$

草酰琥珀酸　　　　　　　　　　　α-酮戊二酸

又如：生物体内进行的称之为脂肪酸的 β-氧化过程的某些中间产物就是醇酸和酮酸的硫酯。体内脂肪酸的氧化是在细胞的线粒体中进行。脂肪酸进行 β-氧化前，要在线粒体外活化成脂酰辅酶 A。催化该反应的酶是脂酰辅酶 A 合成酶。

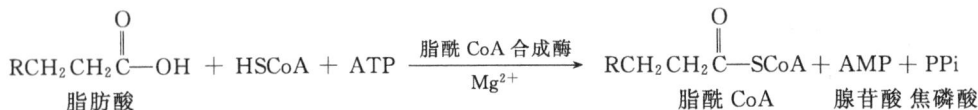

$$RCH_2CH_2\overset{\underset{\|}{O}}{C}-OH + HSCoA + ATP \xrightarrow[Mg^{2+}]{\text{脂酰 CoA 合成酶}} RCH_2CH_2\overset{\underset{\|}{O}}{C}-SCoA + AMP + PPi$$

脂肪酸　　　　　　　　　　　　　　　　　　　　脂酰 CoA　　　腺苷酸 焦磷酸

活化的脂酰辅酶 A 通过一种特异的转运载体进入到线粒体的基质中进行脂肪酸的 β-氧化，其反应分下列四步进行。

首先进行脱氢反应。在脱氢酶催化作用下，脂肪酸的 α- 和 β-原子上脱氢，生成 Δ^2-反烯脂酰 CoA。该反应中氢的受体是黄素腺嘌呤二核苷酸（FAD）。

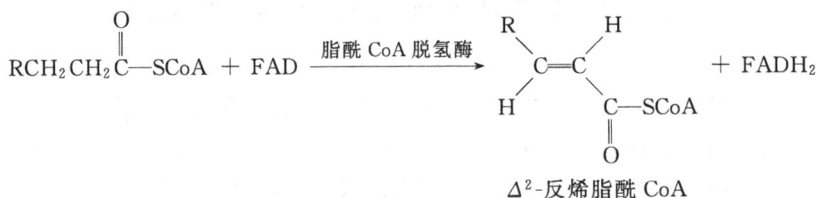

$$RCH_2CH_2\overset{\underset{\|}{O}}{C}-SCoA + FAD \xrightarrow{\text{脂酰 CoA 脱氢酶}} \underset{H}{\overset{R}{C}}=\underset{\underset{\underset{O}{\|}}{C}-SCoA}{\overset{H}{C}} + FADH_2$$

Δ^2-反烯脂酰 CoA

接着进行水合反应。Δ^2-反烯脂酰 CoA 在水合酶的催化下与水加成，生成 β-羟脂酰 CoA。

$$\underset{\beta\text{-羟脂酰 CoA}}{R-\underset{H}{\overset{OH}{\underset{|}{C}}}-CH_2C-SCoA}$$

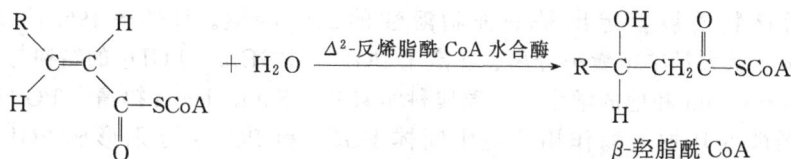

然后进行脱氢反应。β-羟脂酰 CoA 在脱氢酶的催化下，脱去 β-碳与 β-羟基上的氢原子生成 β-酮脂酰 CoA。该反应中氢的受体是烟酰胺腺嘌呤二核苷酸（NAD^+）。

$$R-\underset{H}{\overset{OH}{\underset{|}{C}}}-CH_2C-SCoA + NAD^+ \xrightarrow{\beta\text{-羟脂酰 CoA 脱氢酶}} \underset{\beta\text{-酮脂酰 CoA}}{R-\overset{O}{\overset{\|}{C}}-CH_2\overset{O}{\overset{\|}{C}}-SCoA} + NADH + H^+$$

最后进行硫解反应。β-酮脂酰 CoA 在硫解酶的催化下，与辅酶 A 作用，发生类似于 β-酮酸的酮式分解，产生一分子乙酰 CoA 和比原来减少了两个碳原子的脂酰 CoA。

$$R-\overset{O}{\overset{\|}{C}}-CH_2\overset{O}{\overset{\|}{C}}-SCoA + SHCoA \xrightarrow{\beta\text{-酮脂酰 CoA 硫解酶}} \underset{\text{乙酰 CoA}}{CH_3\overset{O}{\overset{\|}{C}}-SCoA} + \underset{\text{脂酰 CoA}}{RC-SCoA}$$

新生成的脂酰 CoA 可继续重复上述四步反应，直到完全分解为乙酰 CoA 为止。脂肪酸经 β-氧化产生的乙酰 CoA 进入三羧循环而彻底氧化成二氧化碳和水，并放出大量能量供机体利用。

再如：乙酰乙酸是脂肪酸代谢过程中所产生的中间产物，在酶的催化作用下被还原成 β-羟基丁酸。

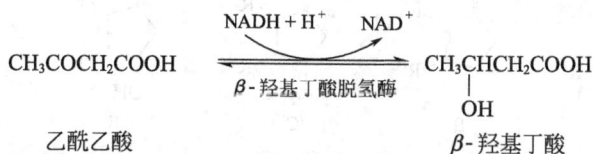

$$\underset{\text{乙酰乙酸}}{CH_3COCH_2COOH} \underset{\beta\text{-羟基丁酸脱氢酶}}{\overset{NADH+H^+ \qquad NAD^+}{\rightleftharpoons}} \underset{\overset{|}{OH}}{\underset{\text{β-羟基丁酸}}{CH_3CHCH_2COOH}}$$

部分乙酰乙酸可在酶催化下脱羧生成丙酮。

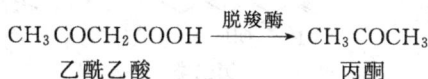

$$\underset{\text{乙酰乙酸}}{CH_3COCH_2COOH} \xrightarrow{\text{脱羧酶}} \underset{\text{丙酮}}{CH_3COCH_3}$$

乙酰乙酸、β-羟基丁酸和丙酮三者在医学上称为酮体。正常人的血液中酮体的含量很低，糖尿病人不能正常利用血液中的葡萄糖，而靠消耗机体内储存的脂肪供给能量，造成血液中酮体堆积。乙酰乙酸、β-羟基丁酸都是较强的酸，严重时还会出现酮症酸中毒。

思考题 10-7 完成下列反应式。

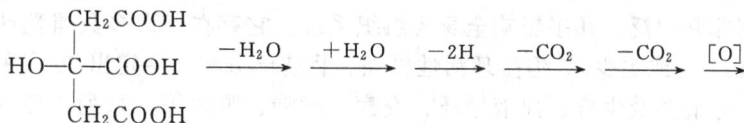

$$\underset{\overset{|}{CH_2COOH}}{\overset{CH_2COOH}{\overset{|}{HO-C-COOH}}} \xrightarrow{-H_2O} \xrightarrow{+H_2O} \xrightarrow{-2H} \xrightarrow{-CO_2} \xrightarrow{-CO_2} \xrightarrow{[O]}$$

八、前列腺素

1930 年两位美国妇产科医生从人精液中分离出一种既能使妇女子宫收缩又能使之松弛

的双重功能的物质，并误认为是前列腺的分离物，故称之为前列腺素（prostaglandins，PG）。五年后该物质被鉴定出是一种脂溶性的二十碳酸。1946～1962年瑞典科学家 S. K. Bergstrom 从大量羊精囊中分离、鉴定了 PGE_2、$PGE_2\alpha$、PGD_2 的结构与生物学特性。与此同时，Bergstrom 和他的学生——瑞典科学家 B. I. Samuelsson 搞清了 PG 的生物合成过程：花生四烯酸在环加氧酶作用下经中间体 PGG_2 和 PGH_2 分别形成 PGD_2、PGE_2 和 $PGE_2\alpha$。1966 年英国科学家 J. R. Vane 发现乙酰水杨酸（阿司匹林）能抑制环加氧酶的活性，从而减少 PG 的合成。为表彰以上 3 位科学家在前列腺素研究的突出贡献，1982 年他们获诺贝尔医学奖。

现知前列腺素（prostaglandins，PG）来源广泛，种类繁多，均是以二十碳四烯脂肪酸（又称花生四烯酸）为前体通过多步酶促化学反应生成的。前列腺素的基本结构是前列腺（烷）酸（prostanoic acid，PA），具有一个五碳环和两条侧链。根据五碳环上所含的酮基、羟基、双键数目和位置不同，PG 分为 9 型，分别命名为 PG A、B、C、D、E、F、G、H 及 I。体内 PG A、E 及 F 较多。

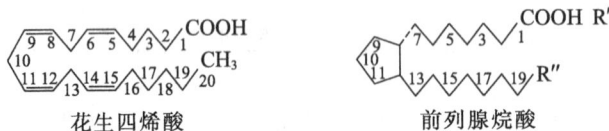

花生四烯酸　　　　　　　　前列腺烷酸

前列腺素根据侧链 R′ 及 R″ 所含双键的数目及类型可分为 1、2、3 类。又根据五碳环上 9 位—OH 基的立体构型，前列腺素可分为 α 及 β 两型：α-型用虚线表示，β-型用实线表示。天然前列腺素均为 α-型，不存在 β-型。例如：

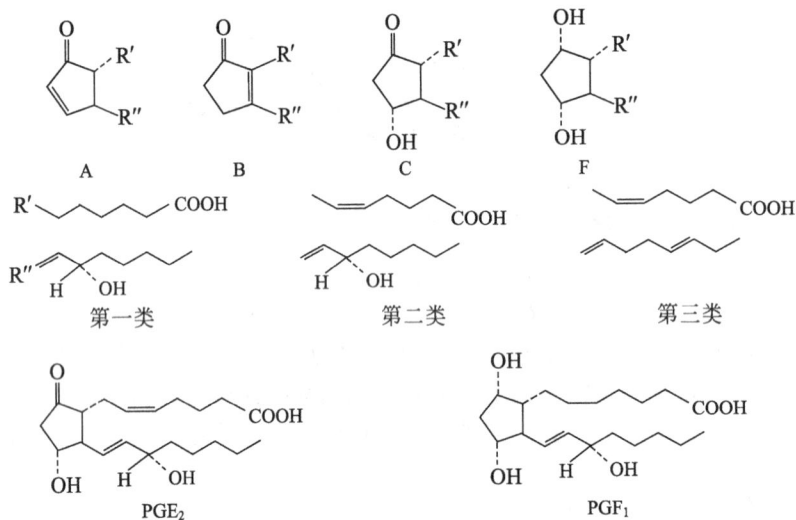

A　　　　　B　　　　　C　　　　　F

第一类　　　　　　第二类　　　　　　第三类

PGE_2　　　　　　　　　　PGF_1

PG 的作用非常广泛，几乎影响全身各组织系统。它存在于大多数哺乳动物组织和细胞中，量甚微（10^{-9}g 或更少），但生理活性极强。目前已分离、鉴定出 20 多种不同结构、不同性能的 PG，它们涉及生育、血液循环、炎症、哮喘、腹泻等一系列生理或病理过程，如引起平滑肌的收缩或舒张，血小板的聚集或解聚，血压的升高或降低，神经传递等。

九、重要的羧酸与取代羧酸

（1）乙酸　乙酸又称醋酸，广泛存在于自然界。乙酸是无色液体，有强烈刺激性气味。

熔点 16.6℃，沸点 117.9℃。纯乙酸在 16.6℃ 以下时能结成冰状的固体，所以常称为冰醋酸。它易溶于水、乙醇、乙醚和四氯化碳。

乙酸是人类最早利用的酸，可以通过细菌发酵与人工合成方法的生产。细菌发酵生产的乙酸仅占整个世界产量的 10%，是食用醋的最重要的方法。

乙酸中的乙酰基，是生物化学中所有生命的基础。当它与辅酶 A 结合形成乙酰辅酶 A 后就成为了碳水化合物和脂肪新陈代谢的中心。

乙酸由一些特定的细菌生产或分泌。这些细菌广泛存在于食物、水和土壤之中。在水果或其他食物腐败时，醋酸也会自然生成。乙酸也是包括人类在内的所有灵长类生物的阴道润滑液的一个组成部分，被当作一个温和的抗菌剂。

(2) 山梨酸　山梨酸（$CH_3CH=CHCH=CHCOOH$，sorbic acid）是一种不饱和脂肪酸，学名 2,4-己二烯酸。与其他天然的脂肪酸一样，山梨酸在人体内参与新陈代谢过程，并被人体消化和吸收，产生二氧化碳和水。山梨酸主要是通过抑制微生物体内的脱氢酶系统，从而达到抑制微生物的生长和起防腐作用的，是一种国际公认安全的防腐剂。山梨酸的毒副作用比苯甲酸低，对人体不会产生致癌和致畸作用。山梨酸不溶于水，易溶于乙醇等有机溶剂。食品防腐剂通常使用山梨酸钾。

(3) 乳酸　乳酸（$CH_3CHOHCOOH$，lactic acid），学名 α-羟基丙酸，因存在于酸牛奶中而得名。乳酸吸湿性很强，一般是黏稠状液体，能溶于水、醇和甘油，不溶于氯仿。乳酸具有消毒防腐作用；乳酸钙可用作补钙药物；乳酸钠可用作酸中毒的解毒剂。

乳酸是生物体内葡萄糖无氧酵解的最终产物。人在剧烈活动时，肌肉中的糖原分解因缺氧而导致乳酸积累过多，就会感到肌肉"酸痛"。适当地锻炼可以加速乳酸经血液循环向肝脏转运。

(4) 苹果酸　苹果酸［$HOOCCH(OH)CH_2COOH$，malic acid］，学名为羟基丁二酸，最初因从苹果中分离出来而得名，在未成熟的苹果和山楂中含量较多。天然苹果酸是左旋体，为无色针状结晶，熔点 100℃，易溶于水和乙醇，微溶于乙醚。

苹果酸是生物体内糖代谢的中间产物。作为性能优异的添加剂，广泛应用于食品、化妆品、医疗和保健品等领域。它是目前世界食品工业中用量最大和发展前景较好的有机酸之一。

(5) 酒石酸　酒石酸（$HOOCCHOHCHOHCOOH$，tartaric acid）的化学名为 2,3-二羟基丁二酸，它以酸式钾盐存在于葡萄中，难溶于水和乙醇。在用葡萄酿酒时，该酸式盐随乙醇含量增加而逐渐析出结晶，俗称酒石。酒石酸因酒石与无机酸作用生成游离有机酸而得名。

酒石酸分子中含有两个相同的手性碳原子（不对称原子），存在三种立体异构体：右旋酒石酸、左旋酒石酸和内消旋酒石酸。自然界存在的酒石酸是右旋体，为透明晶体，熔点 170℃，易溶于水。酒石酸最大的用途是饮料添加剂，也是药物工业原料。它的盐类用途较广，如酒石酸钾钠可用于配制斐林试剂（Fehling's solution）。酒石酸锑钾（$KOOC—CHOH—CHOH—COOSbO$）即吐酒石，曾用作催吐剂和治疗血吸虫病。

(6) 柠檬酸　柠檬酸的化学名为 3-羧基-3-羟基戊二酸，又称枸橼酸，存在于柑橘果实中，尤以柠檬果实中含量丰富而得名。室温下，柠檬酸为无色半透明晶体或白色颗粒或白色结晶性粉末，无臭，易溶于水、乙醇和乙醚，不含结晶水的柠檬酸熔点 153℃，味极酸。柠檬酸是有机酸中第一大酸，广泛应用于食品、医药、日化等行业领域。在食品工业中用作糖果和清凉饮料的矫味剂。医药上，柠檬酸钠有防止血液凝固的作用，故用作体外抗凝血剂。柠檬酸铁铵［$(NH_4)_3Fe(C_6H_5O_7)_2$］是常用的补血药。

柠檬酸是体内糖、脂肪和蛋白质代谢过程的中间产物。它兼 α-羟基酸及 β-羟基酸的特性，在体内酶的催化下，柠檬酸经顺乌头酸转变为异柠檬酸，再经氧化脱羧变成为 α-酮戊二酸。

(7) 水杨酸 水杨酸（salicylic acid）又名柳酸，化学名称邻羟基苯甲酸，因最初从水杨树皮中提取而得名。它是无色针状结晶，熔点 $159℃$，在 $79℃$ 时升华；微溶于水，易溶于乙醇、乙醚、氯仿和沸水中；与三氯化铁显紫红色。

水杨酸是重要的精细化工原料。在医药工业中，水杨酸本身就是一种用途极广的消毒防腐剂，其酒精溶液用于治疗霉菌感染引起的皮肤病；作为医药中间体，它可合成乙酰水杨酸、对氨基水杨酸和水杨酸甲酯等。

乙酰水杨酸的商品名为阿司匹林（aspirin），为白色针状晶体，熔点 $143℃$，微溶于水，常用作解热镇痛药。乙酰水杨酸可在少量浓硫酸存在下，用水杨酸与乙酐反应制得。

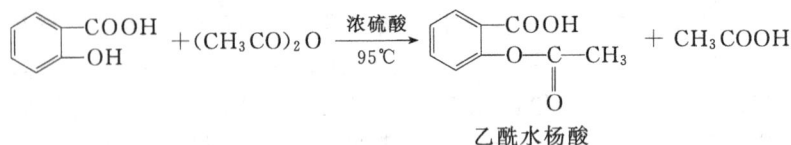

$$\overset{\text{COOH}}{\underset{\text{OH}}{\bigcirc}} +(CH_3CO)_2O \xrightarrow[95℃]{\text{浓硫酸}} \overset{\text{COOH}}{\underset{\text{O-C-CH}_3}{\bigcirc}} + CH_3COOH$$

乙酰水杨酸

阿司匹林、非那西丁（phenacetin）与咖啡因（caffeine）三者配伍的制剂称为复方阿司匹林，用"APC"表示。有报道称成人每日服用小剂量的肠溶性阿司匹林，可降低急性心肌梗死、冠状动脉血栓患者的死亡率；成人每日服一定量的阿司匹林可降低患结肠癌患者约 50% 的死亡率。

对氨基水杨酸（p-amino salicylic acid）的化学名为 4-氨基-2-羟基水杨酸，简称为"PAS"。对氨基水杨酸的钠盐（PAS-Na）是一种抗结核杆菌药，与链霉素或异烟肼合用治疗各种结核病可增强疗效。

水杨酸甲酯（methyl salicylate）俗称冬青油。它是由冬青树叶中提取而得名，为无色液体，沸点 $190℃$，具有特殊香味。可用作扭伤的外用药，也可用于配制牙膏、糖果等的香精。

(8) 丙酮酸 丙酮酸（pyruvic acid）原称焦性葡萄酸（德 Brenztr-aubensure），为浅黄色液体，有乙酸气味，易溶于水，具有 α-酮酸的特性。丙酮酸是动植物体内糖、脂肪和蛋白质代谢的中间产物。在酶的催化下，丙酮酸还原生成乳酸。

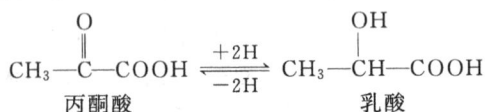

$$CH_3-\overset{\overset{\text{O}}{\|}}{C}-COOH \underset{-2H}{\overset{+2H}{\rightleftharpoons}} CH_3-\overset{\overset{\text{OH}}{|}}{C}H-COOH$$

丙酮酸　　　　　　　　乳酸

(9) 草酰乙酸 草酰乙酸（oxaloacetic acid）的化学名为 α-丁酮二酸，为无色晶体，能溶于水。在体内可在酶的作用下由琥珀酸转变而成。

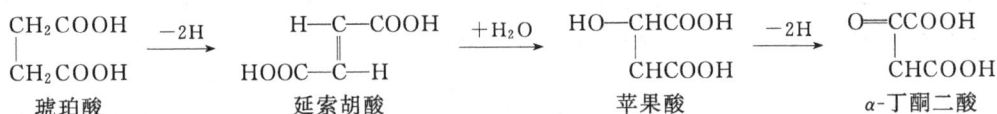

$$\overset{\text{CH}_2\text{COOH}}{\underset{\text{CH}_2\text{COOH}}{|}} \xrightarrow{-2H} \overset{\text{H-C-COOH}}{\underset{\text{HOOC-C-H}}{\|}} \xrightarrow{+H_2O} \overset{\text{HO-CHCOOH}}{\underset{\text{CHCOOH}}{|}} \xrightarrow{-2H} \overset{\text{O=CCOOH}}{\underset{\text{CHCOOH}}{|}}$$

琥珀酸　　　　　　延索胡酸　　　　　　苹果酸　　　　　α-丁酮二酸

草酰乙酸既是 α-酮酸，又是 β-酮酸，易发生脱羧反应。在生物体内酶作用下脱羧生成丙酮酸。

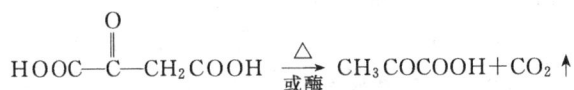

$$HOOC-\overset{\overset{\text{O}}{\|}}{C}-CH_2COOH \xrightarrow[\text{或酶}]{\triangle} CH_3COCOOH+CO_2\uparrow$$

(10) α-酮戊二酸 α-酮戊二酸（α-keto-glutaric acid）为无色晶体，熔点为 $109\sim110℃$，能溶于水，具有 α-酮酸的性质，受热易脱羧，在体内酶的作用下经脱羧和氧化反应生成琥珀酸。

$$\begin{array}{c} CH_2COCOOH \\ | \\ CH_2COOH \end{array} \xrightarrow[-CO_2]{酶} \begin{array}{c} CH_2CHO \\ | \\ CH_2COOH \end{array} \xrightarrow{[O]} \begin{array}{c} CH_2COOH \\ | \\ CH_2COOH \end{array}$$

α-戊二酮酸   丁醛酸   琥珀酸

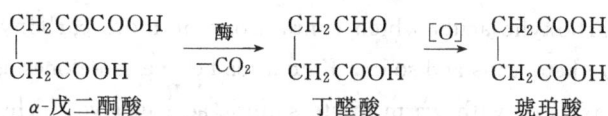

α-丁酮二酸和 α-酮戊二酸为生物体内糖、脂肪和蛋白质代谢的中间产物。

Summary

Carboxylic acids and their derivatives are among the most widely occurring of all molecules, both in nature and in the chemical laboratory. The common names for carboxylic acids originate from the early sources of these compounds. For the structure of carboxyl group, p-π conjugation exists between the p orbital of oxygen and the C=O double bond, so the activity of carboxylic acids toward nucleophilic addition is relatively lower than the corresponding aldehydes. The distinguishing characteristic of carboxylic acids is their acidity. Although weaker than mineral acids like HCl, carboxylic acids are much more acidic than alcohols because carboxylate ions are stabilized by resonance. The acidity of carboxylic acids is influenced by the inductive, conjugative, and steric effects of substituents. An electron-withdrawing substituent strengthens the acidity and electron-donating substituent weakens the acidity. The hydroxyl group in carboxylic acids can be replaced by other functional groups to produce various carboxylic acid derivative. The carboxylic acid can be converted into primary alcohols using $LiAlH_4$ as a reducing agent. The α-H of carboxylic acid can undergo halogenation with a small amount of phosphorus as a catalyst. When dicarboxylic acids are heated, they undertake decarboxylation or dehydration reactions depending on the structure patterns.

Hydroxy acids are carboxylic acids containing one or more hydroxyl groups in the carbon chain, which are divided into alcoholic acids and phenolic acids. Alcoholic acids are further classified into α-, β-, γ-, δ- alcoholic acids according to the position of hydroxyl referring to the carbonyl in the chain.

Hydroxy acids behave both as acids and alcohols or phenols, and exhibit some special properties. The acidity of an alcoholic acid is stronger than that of its parent acid. When heated, hydroxy acids readily undergo either intramolecular or intermolecular dehydration reactions. α-Alcoholic acids can convert into aldehydes or ketones when treated with hot dilute sulfuric acid, and they are readily oxidized to α-keto acids with Tollens reagent.

The acidity of phenolic acids depends on the relative positions of the hydroxyl and carboxyl group on the benzene ring. The acidity of *ortho*-hydroxyl benzoic acid (salicylic acid) is far stronger than the corresponding *meta*- and *para*-isomers due to the intramolecular hydrogen bonding (between the hydrogen of the phenolic OH group and the carbonyl oxygen). The hydroxyl can exert both inductive effect (I) and conjugative effect (C) to influence the acidity of the carboxylic acid. In the case of *para*-hydroxyl benzoic acid, in which $+C$ effect$>$ $-I$ effect, so acidity of *para*-hydroxyl benzoic acid is weaker than benzoic acid; while in the case of *meta*-hydroxyl benzoic acid where $+C$ effect$<-I$ effect, so it is of stronger acidity compared to benzoic acid. When heated, both *para*- and *ortho*-hydroxyl benzoic acids are easily decarboxylated to give phenol and CO_2.

Keto acids are carboxylic acids which contain one or more carbonyl groups, which are classified into α-, β-, γ- keto acids and so on. Keto acids behave as ketones as well as acids. α-Keto acids are easily decarboxylated with warm dilute sulfuric acid to give aldehydes and CO_2. When treated with warmed concentrated sulfuric acid, α-keto acids undergo decarbonylation to eliminate a molecule of CO to form carboxylic acids. α-Keto acids can be also oxidized by Tollens reagent to form CO_2 and carboxylic acids with one carbon short chain. β-Keto acids readily decompose into ketones and CO_2 under heat, this reaction is called ketonic cleavage reaction. When heated with concentrated sodium hydroxide, β-keto acids readily decompose into two molecules of carboxylate, called as acidic cleavage.

Tautomerism is a special form of structural isomerism where a compound exists as two isomers which interchange very quickly and exist in equilibrium with each other. The isomers of tautomerism are known as tautomers. The tautomerism in which a keto converts rapidly into an enol or *vice versa* is known as keto-enol tautomerism. Keto-enol tautomerism can be found in β-ketoesters and β-diketones. The presence of a β-carbonyl facilitates the shift of a proton on the α-carbon to the oxygen of the carbonyl thus forms the enol isomer. The proportion of the enol *vs* keto increases when the acidity of α-H increase, or the enol can be better stabilized by conjugation or intramolecular hydrogen bonding.

习 题

1. 命名下列化合物。

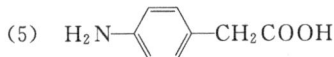

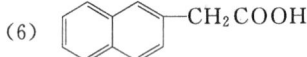

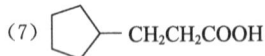

(1) $HOOCCOCH_2COOH$ (2) $HOOCCO\,CH_2CH_2COOH$

(3) H_3CCOCH_2COOH (4) $CH_3CH{=}CHCH{=}CHCOOH$

(5) $H_2N-\!\!\!\!\bigcirc\!\!\!\!-CH_2COOH$ (6) ⬡⬡$-CH_2COOH$

(7) ⬠$-CH_2CH_2COOH$

2. 写出下列化合物的结构式。

(1) 水杨酸　　　(2) 草酰琥珀酸　　　(3) 柠檬酸　　　(4) 苹果酸

(5) 乙酰乙酸　　(6) α-酮戊二酸　　(7) 琥珀酸　　　(8) 花生四烯酸

3. 写出下列各反应的主要产物。

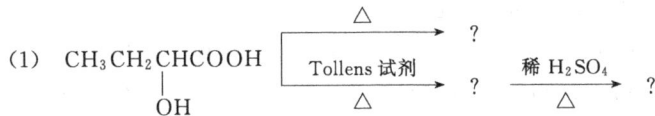

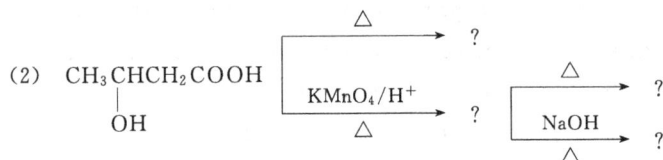

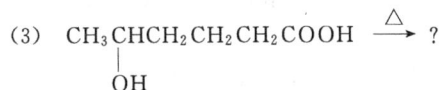

(1) $CH_3CH_2\underset{\underset{OH}{|}}{C}HCOOH$ $\xrightarrow{\triangle}$? Tollens 试剂 $\xrightarrow{\triangle}$? $\xrightarrow[\triangle]{稀\ H_2SO_4}$?

(2) $CH_3\underset{\underset{OH}{|}}{C}HCH_2COOH$ $\xrightarrow{\triangle}$? $KMnO_4/H^+$ $\xrightarrow{\triangle}$? NaOH $\xrightarrow{\triangle}$? $\xrightarrow{\triangle}$?

(3) $CH_3\underset{\underset{OH}{|}}{C}HCH_2CH_2CH_2COOH$ $\xrightarrow{\triangle}$?

(4)

$$\xrightarrow{200℃} \text{?}$$

(5)

$$\xrightarrow{微热} \text{?}$$

(6) $CH_3CH_2\underset{\underset{O}{\|}}{C}CH\underset{\underset{COOH}{}}{CH_2COOH}$ $\xrightarrow{\triangle}$?

(7) $CH_3\underset{\underset{O}{\|}}{C}COOH$ $\xrightarrow[酶]{[NH_3]}$? $\xrightarrow{[H]}$?

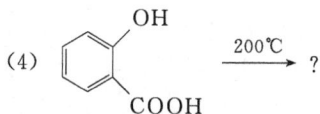

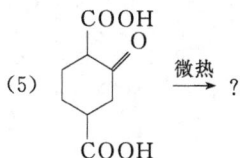

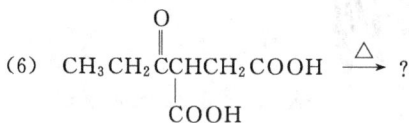

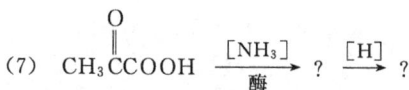

4. 用化学方法鉴别下列各组化合物。

(1) 苯酚、苯甲酸、水杨酸

(2) 甲酸、乙酸、丙醛、丙酮

5. 按酸性由强到弱的顺序排出下列各组化合物的次序。

A. α-丁酮酸　　　B. β-丁酮酸　　　C. 丁酸　　　D. α-羟基丁酸　　　E. β-羟基丁酸

6. 试解释对羟基苯甲酸的酸性弱于苯甲酸而邻羟基苯甲酸的酸性大于苯甲酸的原因。

7. 制取乙酸苯酯不宜用乙酸与苯酚直接发生酯化反应制取，若以乙酸和苯酚为原料，应采用哪种方法制取乙酸苯酯? 写出反应式。

8. 构型为 R 的化合物 $A(C_6H_{12}O_3)$，和 $NaHCO_3$ 水溶液作用可放出 CO_2，A 加热脱水得化合物 B $(C_6H_{10}O_2)$。B 无光学活性异构体，但有两个顺反异构体，能够使溴水褪色，若被酸性高锰酸钾氧化，可得到草酸和化合物 $C(C_4H_8O)$，C 可以发生碘仿反应。试推测 A、B、C 的结构式，并写出相关的化学反应式。

（三峡大学　袁丁）

第十一章

羧酸衍生物

内容提示

本章主要介绍：羧酸衍生物中酰卤、酸酐、酯和酰胺的结构；羧酸衍生物的亲核取代反应；Claisen 酯缩合反应；羧酸衍生物的还原反应；酰胺的特性；碳酸衍生物的特性。

羧酸衍生物（carboxylic acid derivatives）是羧酸分子中的羟基被其他原子或原子团取代后的产物。其他基团包括卤原子（—X）、酰氧基（—OCOR）、烷氧基（—OR）和氨基（—NH$_2$，—NHR，NR$_2$），分别称为酰卤（acyl halide）、酸酐（acid anhydride）、酯（ester）和酰胺（amide）。酰卤和酸酐性质较活泼，自然界几乎不存在。酯和酰胺在动植物体中普遍存在，许多药物就是酯和酰胺类化合物，如普鲁卡因、扑热息痛、青霉素和巴比妥类药物等，这些化合物在医药工作中起着非常重要的作用。

在学完本章以后，你应该能够回答以下问题：

1. 羧酸衍生物的结构特征是什么？怎样分类和命名？
2. 亲核取代反应中，为什么活性顺序为酰卤＞酸酐＞酯＞酰胺？
3. 什么叫酰化反应？什么叫酰化剂？
4. 什么类型的酯能发生 Claisen 酯缩合反应？
5. 为什么酰亚胺具有弱酸性？
6. 缩二脲反应可用于鉴别什么化合物？

一、羧酸衍生物的结构和命名法

（一）羧酸衍生物的结构

羧酸衍生物由酰基和其他基团（离去基团）两个部分组成，其通式为：

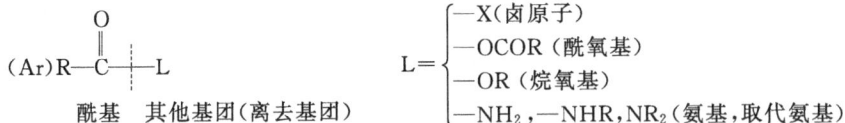

$$(Ar)R-\overset{\overset{O}{\|}}{C}-L$$

酰基　其他基团(离去基团)

$$L=\begin{cases} -X\text{（卤原子）} \\ -OCOR\text{（酰氧基）} \\ -OR\text{（烷氧基）} \\ -NH_2，-NHR，NR_2\text{（氨基，取代氨基）} \end{cases}$$

酰基（acyl group）是羧酸去掉羟基后剩余的基团。羧酸及其衍生物分子中都含有酰基，又称为酰基化合物。

羧酸衍生物的结构与羧酸类似，羰基碳原子和氧原子均为 sp^2 杂化，碳原子的三个 sp^2 杂化轨道分别与氧和其他两个原子的轨道形成三个 σ 键，羰基碳和氧原子中未杂化的 p 轨道彼此平行重叠形成 π 键；与羰基相连的原子（X，O，N）上都有孤电子对，能与羰基的 π 电子形成 p-π 共轭体系。不同的羧酸衍生物由于结构上的差异导致化学活性明显不同。

在酰氯分子中，由于氯的电负性较大，吸电子诱导效应大于给电子共轭效应，因此酰卤中的 C—X 键易断裂，化学性质非常活泼。从酰氧基到烷氧基再到氨基，电负性逐渐减小，吸电子诱导效应逐渐减小而给电子共轭效应增大，在酰胺中给电子共轭效应大于吸电子诱导效应，所以 C—N 键具有部分双键性质，很难断裂。也就是说，C—L 键的断裂按照酰卤、酸酐、酯和酰胺的顺序由易变难。其中酸酐的 C—L 键较易断裂，而酯的 C—L 键断裂需要一定的条件。

羧酸衍生物中的 α-氢具有和醛酮化合物类似的化学性质，也比较活泼。酰卤中由于卤素的吸电子诱导效应而使烯醇式负离子变得稳定，故 α-氢的酸性比醛、酮强。而在酯和酰胺中，由于氧、氮原子分别和羰基的给电子共轭效应较大，降低了烯醇式负离子的稳定性，因此 α-氢的酸性比醛、酮弱。尤其是酰胺，氮原子的给电子共轭效应更大，体系更稳定，α-氢的酸性更弱。

（二）羧酸衍生物的命名

酰基的命名是把相应羧酸的"酸"字变成"酰基"即可。酰基的英文命名是用词尾"-yl"代替羧酸的词尾"ic acid"。例如：

CH_3COOH	C_6H_5COOH	$C_6H_5SO_3H$
乙酸	苯甲酸	苯磺酸
acetic acid	benzoic acid	phenylsulfonic acid
$CH_3CO—$	$C_6H_5CO—$	$C_6H_5SO_3—$
乙酰基	苯甲酰基	苯磺酰基
acetyl	benzoyl	phenylsulfonyl

1. 酰卤

酰卤的命名可把酰基名称中的"基"字去掉，再加上卤素的名称。

CH_3COCl	CH_3CH_2COBr	C_6H_5COCl
乙酰氯	丙酰溴	苯甲酰氯
acetyl chloride	propionyl bromide	benzoyl chloride

2. 酸酐

酸酐的命名是由其水解所得的羧酸的名称加上"酐"字而成，"酸"字常省略；相同羧酸形成的单酐，"二"字可省略；不同羧酸形成的混酐把简单羧酸放在前面，复杂羧酸放在后面，再加"酐"字并把"酸"字去掉；二元酸分子内失水形成的环状酸酐，命名时在羧酸的名称后加"酐"字。酸酐的英文命名是用"anhydride"代替羧酸中的"acid"，混酐中羧酸名称按英文字母顺序列出。例如：

乙酐
acetic anhydride

$CH_3COCH_2CH_3$
乙丙酐
acetic proionic anhydride

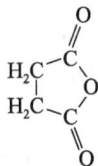

丁二酸酐
butanedioic anhydride

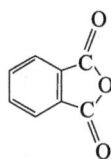

邻苯二甲酸酐
phthalic anhydride

3. 酯

酯是根据其水解所得的羧酸和醇进行命名的，羧酸的名称在前，醇的名称在后，"醇"字可省略，再加上"酯"字；分子内的羟基和羧基脱水成酯，则为内酯，用"内酯"两字代替"酸"字，并标明羟基的位置。酯的英文名称将羧酸的词尾"-ic acid"改成"-ate"，并把醇中烃基的名称放在前面。例如：

乙酸乙酯
ethyl acetate

$CH_3COCH_2C_6H_5$
乙酸苄酯
benzyl acetate

丙二酸二甲酯
dimethyl propanedioate

邻苯二甲酸甲乙酯
ethyl methyl phthalate

γ-戊内酯
γ-valeric lactone

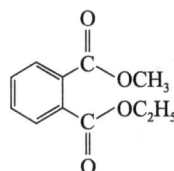

β-甲基-γ-丁内酯
β-methyl-γ-butyliclactone

4. 酰胺

简单的酰胺命名时将相应羧酸的"酸"字改为"酰胺"即可。当酰胺氮上氢原子被烃基取代时，在取代基前加字母"N"，表示取代基连在氮原子上。酰胺的英文命名是将羧酸的词尾"-ic acid"改为"-amide"。例如：

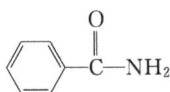

苯甲酰胺
benzamide

CH_3CNHCH_3
N-甲基乙酰胺
N-methylacetamide

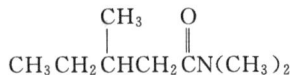

N,N,3-三甲基戊酰胺
N,N,3-trimethylvaleramide

$CH_3CNHCCH_3$
二乙酰胺
diacetamide

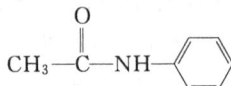

乙酰苯胺
N-phenylacetamide

戊内酰胺
valerolactam

二元羧酸的两个酰基与 $\diagdown$ NH 连接的环状化合物叫酰亚胺，例如：

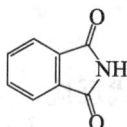

丁二酰亚胺　　　　　　邻苯二甲酰亚胺
succinimide　　　　　　phthalimide

思考题 11-1　写出下列化合物的结构式。

(1) α-溴丁酰氯　　　　　(2) 2-甲基戊二酸酐

(3) 甲基丙烯酸甲酯　　　(4) 异丁酰胺

二、羧酸衍生物的物理性质

　　酰卤的沸点较相应的羧酸低，与分子量相近的醛、酮相近。因为酰卤分子间不能通过氢键缔合。酰氯不溶于水，低级酰氯遇水会猛烈水解，产物能溶于水。酸酐的沸点比分子量相近的羧酸低，比相应的羧酸高（例如乙酸酐的分子量为 102，沸点为 139.6℃；戊酸分子量为 103，沸点为 186℃；乙酸沸点为 118℃）。酸酐不溶于水，水解反应较酰卤温和。酯的沸点比相应的酸和醇都低，与含碳数相近的醛、酮接近。酯在水中溶解度较小，能溶于常见有机溶剂，乙酸乙酯本身是个很好的溶剂，大量用于油漆工业。低级酯是易挥发并有芳香气味的无色液体，许多花、果的香味就是由于它们存在的缘故（例如乙酸异戊酯有香蕉的香味，所以酯可用作食品或化妆品中的香料），高级酯为蜡状固体。酰胺的沸点比相应的羧酸高，大部分酰胺是固体，因为酰胺氮原子上的氢原子可在分子间形成氢键。低级酰胺可溶于水，其中 N,N-二甲基甲酰胺和 N,N-二甲基乙酰胺是很好的非质子极性溶剂，能与大多数有机溶剂和水以及无机液体混溶。羧酸衍生物的物理常数见表 11-1。

表 11-1　羧酸衍生物的物理常数

类别	名称	沸点/℃	熔点/℃	类别	名称	沸点/℃	熔点/℃
酰卤	乙酰氯	51	−112	酯	甲酸甲酯	32	−99.8
	乙酰溴	76.7	−96		乙酸乙酯	77	−84
	丙酰氯	80	−94		乙酸异戊酯	142	−78
	苯甲酰氯	197	−1		苯甲酸乙酯	213	−32.7
酸酐	乙酸酐	139.6	−73	酰胺	乙酰胺	221	82
	丙酸酐	169	−45		苯甲酰胺	290	130
	丁二酸酐	261	119.6		乙酰苯胺	305	114
	邻苯二甲酸酐	284	131		N,N-二甲基甲酰胺	153	−61
					N,N-二甲基乙酰胺	165	−20

三、羧酸衍生物的化学性质

　　羧酸衍生物均含有羰基，所以都能与一些亲核试剂发生反应，而且它们的 α-氢原子受羰基的影响比较活泼。羰基中有双键，还可以发生还原反应。由于不同的羧酸衍生物其他基团（L）不一样，发生反应时条件不同，有些羧酸衍生物还可以发生一些特殊的反应。

（一）羧酸衍生物的亲核取代反应

亲核取代反应是羧酸衍生物的主要化学性质，反应的结果是分子中的—Cl、—OCOR、—OR 或 —NH₂ 被亲核基团羟基、烷氧基或氨基取代，分别叫做水解、醇解和氨解。反应实际上分两步进行，第一步亲核试剂进攻羰基碳原子发生亲核加成反应，形成一个带负电的中间体，羰基碳原子由 sp^2 转变为 sp^3 杂化，因而中间体是四面体结构；第二步中间体消除一个离去基团形成羧酸或另一种羧酸衍生物，中心碳原子由 sp^3 又恢复为 sp^2 杂化。

羧酸衍生物　亲核试剂　　　　中间体　　　　产物　　　离去基团

总的反应与两步的反应都有关系，第一步反应受羰基碳原子的正电性和空间位阻的影响，如果羰基碳原子上连接的是吸电子基团，将增加其正电性，有利于亲核试剂的进攻；反之，如果连接给电子基团，将不利于亲核试剂的进攻。亲核加成后分子构型由三角形变为四面体结构，基团之间的距离较近，如果羰基碳原子上连接的基团太大，空间就过于拥挤不利于反应的进行。第二步消除反应取决于离去基团的碱性，碱性越弱，越易离去。羧酸衍生物中离去基团的碱性顺序为—NH₂＞—OR＞—OCOR＞—Cl，它们的离去能力为—Cl＞—OCOR＞—OR＞—NH₂，以上因素最终决定了在羧酸衍生物的亲核取代反应中，活性顺序为酰卤＞酸酐＞酯＞酰胺。

1. 水解

所有羧酸衍生物都可与水发生亲核取代反应生成相应的羧酸。

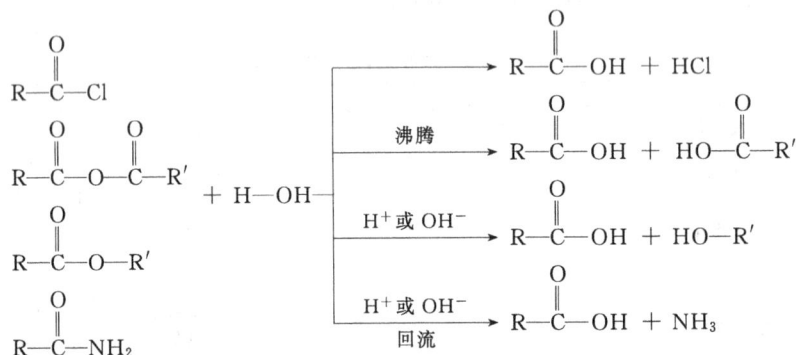

水解反应的难易顺序为：

酰卤＞酸酐＞酯＞酰胺

酰卤最易水解，低级酰卤水解反应很剧烈，如乙酰氯在－20℃时，1min 反应即可完成。酰氯在湿空气中因为水解产生盐酸会出现发烟的现象。酸酐的活性较酰卤差些，在室温下水解较慢，但在热水中水解会加快。酯的水解比酰卤和酸酐困难，需要酸或碱催化。酰胺比酯更稳定，需要强酸或强碱以及比较长时间的加热回流才能完成反应。

羧酸衍生物在酸或碱的催化作用下，比在中性溶液中更容易水解。酸催化作用第一步是羰基氧原子质子化，增加羰基碳原子的正电性，即使弱亲核试剂也可以和它反应。

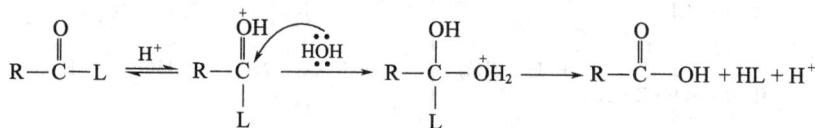

$$\text{R—C—L} \underset{}{\overset{H^+}{\rightleftharpoons}} \text{R—C—L} \overset{HOH}{\longrightarrow} \text{R—C—OH}_2 \longrightarrow \text{R—C—OH} + HL + H^+$$

碱催化时，氢氧根离子是一种强的亲核试剂，很容易进攻羰基碳原子。

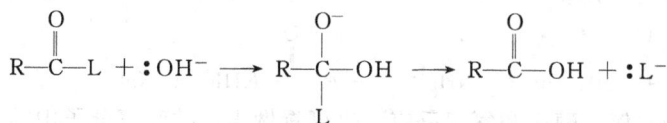

$$\text{R—C—L} + :OH^- \longrightarrow \text{R—C—OH} \longrightarrow \text{R—C—OH} + :L^-$$

2. 醇解

酰卤、酸酐、酯和酰胺都可以和醇反应生成相应的酯。

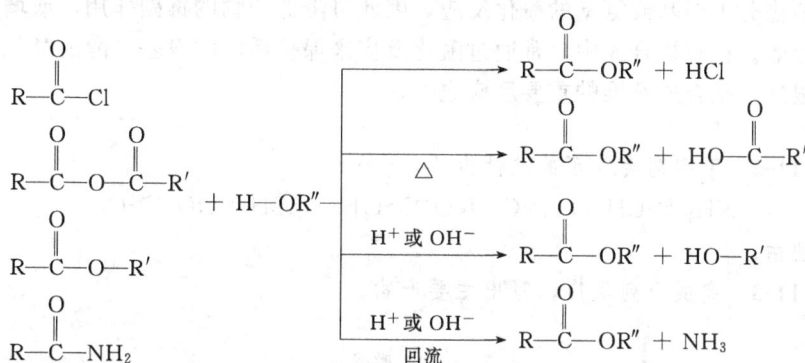

$$
\begin{array}{l}
\text{R—C—Cl} \\
\text{R—C—O—C—R'} \\
\text{R—C—O—R'} \\
\text{R—C—NH}_2
\end{array}
+ \text{H—OR''}
\begin{array}{l}
\xrightarrow{\triangle} \text{R—C—OR''} + HCl \\
\xrightarrow{\triangle} \text{R—C—OR''} + HO—C—R' \\
\xrightarrow{H^+ \text{或} OH^-} \text{R—C—OR''} + HO—R' \\
\xrightarrow[\text{回流}]{H^+ \text{或} OH^-} \text{R—C—OR''} + NH_3
\end{array}
$$

酰卤很容易与醇反应生成酯，一些难以制备的酯可通过酰卤来合成。例如酚酯和叔醇酯不能由羧酸和酚或叔醇直接酯化制备，但可用酰氯制备。

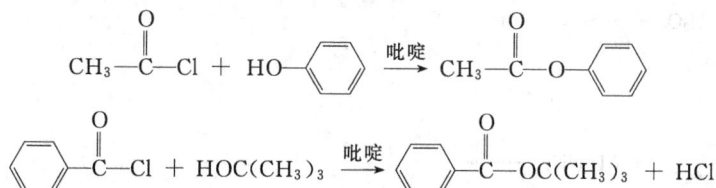

$$\text{CH}_3\text{—C—Cl} + \text{HO—} \bigcirc \xrightarrow{\text{吡啶}} \text{CH}_3\text{—C—O—} \bigcirc$$

$$\bigcirc \text{—C—Cl} + \text{HOC(CH}_3)_3 \xrightarrow{\text{吡啶}} \bigcirc \text{—C—OC(CH}_3)_3 + HCl$$

酸酐与酰卤一样，很容易醇解，常用于合成酯。特别是各种羟基的乙酰化。

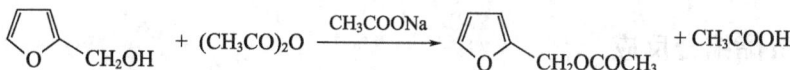

$$\bigcirc\!\!\!-\text{CH}_2\text{OH} + (\text{CH}_3\text{CO})_2\text{O} \xrightarrow{\text{CH}_3\text{COONa}} \bigcirc\!\!\!-\text{CH}_2\text{OCOCH}_3 + \text{CH}_3\text{COOH}$$

酯的醇解需要在酸或碱催化下进行，反应生成了新的酯和醇，因此此类反应又称酯交换反应。这是一个可逆反应，需加入过量的醇或将反应生成的醇除去，才能使反应正向进行。反应机制和水解反应类似。酯交换反应在有机合成中应用较广。

酰胺很难发生醇解反应，反应是可逆的，需要过量醇并在酸或碱的催化下才可以发生。

3. 氨解

酰卤、酸酐和酯都可以和氨反应生成酰胺，酰胺与胺反应可得到 N-烷基酰胺。

由于氨（或胺）的亲核性比水和醇强，氨解比水解和醇解容易进行。酰卤和酸酐低温即可反应；酯的氨解反应只需加热而不用酸或碱做催化剂就能生成酰胺；酰胺的氨解反应是一个可逆反应，为了使反应完成，需要加入过量的胺。

$$
\begin{array}{c}
\text{R—C}\overset{\displaystyle O}{\Vert}\text{—Cl} \\[4pt]
\text{R—C}\overset{\displaystyle O}{\Vert}\text{—O—C}\overset{\displaystyle O}{\Vert}\text{—R}' \\[4pt]
\text{R—C}\overset{\displaystyle O}{\Vert}\text{—O—R}'
\end{array}
\ +\ \text{H—NH}_2\
\left\{
\begin{array}{l}
\longrightarrow\ \text{R—C}\overset{\displaystyle O}{\Vert}\text{—NH}_2\ +\ \text{HCl} \\[6pt]
\longrightarrow\ \text{R—C}\overset{\displaystyle O}{\Vert}\text{—NH}_2\ +\ \text{HO—C}\overset{\displaystyle O}{\Vert}\text{—R}' \\[6pt]
\longrightarrow\ \text{R—C}\overset{\displaystyle O}{\Vert}\text{—NH}_2\ +\ \text{HO—R}'
\end{array}
\right.
$$

$$
\text{R—C}\overset{\displaystyle O}{\Vert}\text{—NH}_2\ +\ \text{R}'\text{—NH}_2\ \longrightarrow\ \text{R—C}\overset{\displaystyle O}{\Vert}\text{—NHR}'\ +\ \text{NH}_3
$$

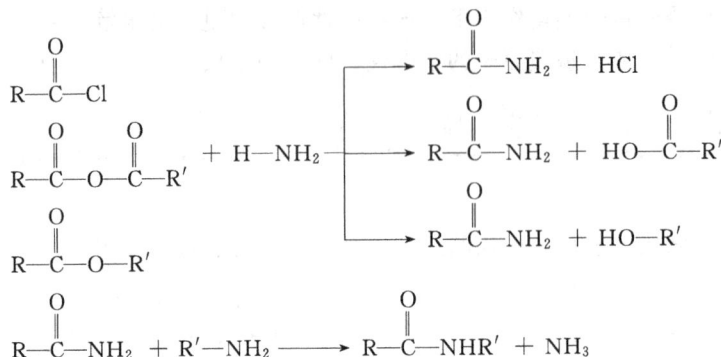

羧酸衍生物的水解、醇解和氨解反应,也可看做水、醇和氨分子中的氢原子被酰基取代的反应。因此,在分子中引入酰基的反应也叫酰化反应,能提供酰基的反应试剂称为酰化剂。在水、醇和氨的酰化反应中,由于酰卤和酸酐较活泼,它们是常用的酰化剂,广泛用于药物合成中药物分子羟基或氨基的酰化反应,因此可降低药物的毒副作用,或增加药物的脂溶性并提高疗效。在有机合成中,常通过酰化反应来保护活泼的氨基。醇的酰化反应在有机工业中应用很广,是合成纤维的重要反应之一。

思考题 11-2 下列离去基团的碱性为

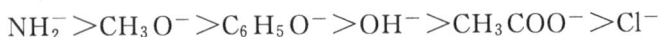

$$\text{NH}_2^- > \text{CH}_3\text{O}^- > \text{C}_6\text{H}_5\text{O}^- > \text{OH}^- > \text{CH}_3\text{COO}^- > \text{Cl}^-$$

请说明理由。

思考题 11-3 完成下列反应,写出主要产物。

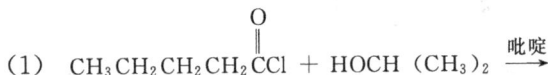

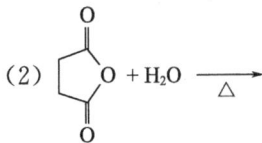

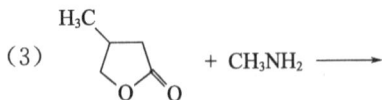

(1) $\text{CH}_3\text{CH}_2\text{CH}_2\text{CH}_2\text{C}\overset{\displaystyle O}{\Vert}\text{Cl} + \text{HOCH(CH}_3)_2 \xrightarrow{\text{吡啶}}$

(2) $+ \text{H}_2\text{O} \xrightarrow{\triangle}$

(3) $+ \text{CH}_3\text{NH}_2 \longrightarrow$

(二) Claisen 酯缩合反应

由于羰基吸电子诱导效应的影响,羧酸衍生物的 α-H 很活泼,其中以酰卤的 α-H 最活泼。含有 α-H 的酯在碱性试剂作用下,与另一分子酯反应失去一分子醇,得到 β-酮酸酯,称为 Claisen 酯缩合反应。例如:

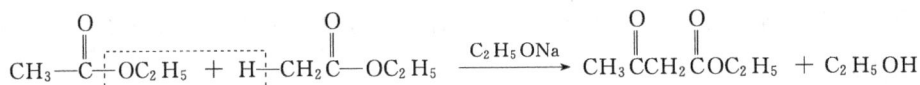

$$
\text{CH}_3\text{—C}\overset{\displaystyle O}{\Vert}\overset{}{\underset{}{[\text{OC}_2\text{H}_5}}\ +\ \text{H}]\text{—CH}_2\text{C}\overset{\displaystyle O}{\Vert}\text{—OC}_2\text{H}_5 \xrightarrow{\text{C}_2\text{H}_5\text{ONa}} \text{CH}_3\text{CCH}_2\text{COC}_2\text{H}_5 + \text{C}_2\text{H}_5\text{OH}
$$

首先乙酸乙酯在碱性试剂乙醇钠的作用下,失去一个 α-H,变成碳负离子。

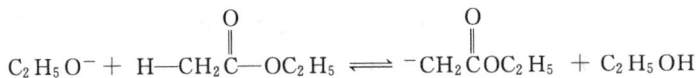

$$
\text{C}_2\text{H}_5\text{O}^- + \text{H—CH}_2\text{C}\overset{\displaystyle O}{\Vert}\text{—OC}_2\text{H}_5 \rightleftharpoons {}^-\text{CH}_2\text{COC}_2\text{H}_5 + \text{C}_2\text{H}_5\text{OH}
$$

碳负离子很快与另一分子乙酸乙酯的羰基发生亲核加成,先形成中间体,然后再进行消除反应，失去一个 $C_2H_5O^-$，生成乙酰乙酸乙酯。

$$CH_3-\overset{O}{\overset{\|}{C}}-OC_2H_5 + {}^-CH_2\overset{O}{\overset{\|}{C}}OC_2H_5 \rightleftharpoons CH_3-\overset{O}{\overset{\|}{\underset{|}{C}}}-OC_2H_5 \rightleftharpoons CH_3\overset{O}{\overset{\|}{C}}CH_2\overset{O}{\overset{\|}{C}}OC_2H_5 + C_2H_5O^-$$
$$\qquad\qquad\qquad\qquad\qquad\qquad\qquad\qquad CH_2COOC_2H_5$$

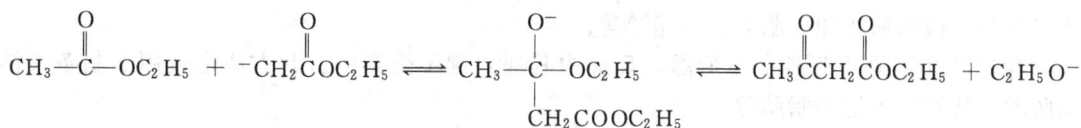

相同酯分子的缩合反应又叫酯自身 Claisen 酯缩合反应。一些没有 α-H 且羰基比较活泼的酯可提供羰基与含有 α-H 的酯发生缩合反应，称为交叉 Claisen 酯缩合反应。例如：

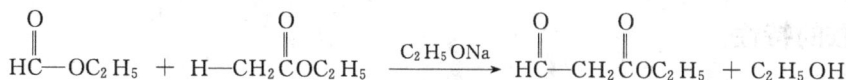

$$HC\overset{O}{\overset{\|}{}}-OC_2H_5 + H-CH_2\overset{O}{\overset{\|}{C}}OC_2H_5 \xrightarrow{C_2H_5ONa} HC\overset{O}{\overset{\|}{}}-CH_2\overset{O}{\overset{\|}{C}}OC_2H_5 + C_2H_5OH$$

没有 α-H 的酯还可以和其他有 α-H 的羰基化合物发生反应，酯作为酰化剂导入羰基化合物的 α-位。

Claisen 酯缩合反应是可逆反应，无论是正反应还是逆反应，在药物及有机合成中都具有重要价值。

思考题 11-4 完成下列反应。

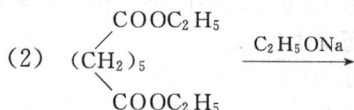

(1) $CH_3CH_2COOC_2H_5 + CH_3CH_2COOC_2H_5 \xrightarrow{C_2H_5ONa}$

(2) $(CH_2)_5\begin{smallmatrix}COOC_2H_5\\ \\COOC_2H_5\end{smallmatrix} \xrightarrow{C_2H_5ONa}$

（三）羧酸衍生物的还原反应

羧酸衍生物比羧酸容易还原，它们均可被氢化锂铝还原生成相应的醇和胺。

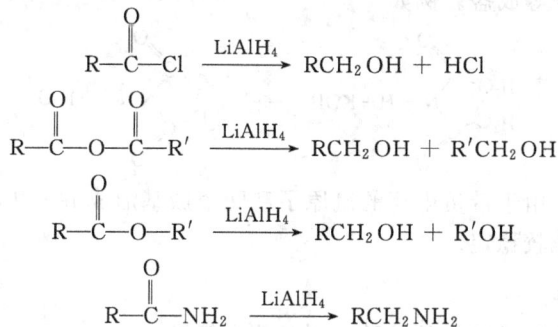

$$R-\overset{O}{\overset{\|}{C}}-Cl \xrightarrow{LiAlH_4} RCH_2OH + HCl$$

$$R-\overset{O}{\overset{\|}{C}}-O-\overset{O}{\overset{\|}{C}}-R' \xrightarrow{LiAlH_4} RCH_2OH + R'CH_2OH$$

$$R-\overset{O}{\overset{\|}{C}}-O-R' \xrightarrow{LiAlH_4} RCH_2OH + R'OH$$

$$R-\overset{O}{\overset{\|}{C}}-NH_2 \xrightarrow{LiAlH_4} RCH_2NH_2$$

酰氯在特殊的钯催化剂存在下可以选择性还原，反应生成醛。在受过毒的钯催化剂中加入少量硫-喹啉以降低它的活性，同时在尽可能低的温度下进行，以免产物醛进一步还原成醇。

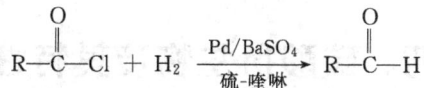

$$R-\overset{O}{\overset{\|}{C}}-Cl + H_2 \xrightarrow[\text{硫-喹啉}]{Pd/BaSO_4} R-\overset{O}{\overset{\|}{C}}-H$$

酯较易还原，有机合成中常将羧酸通过酯还原为醇，而且多种还原方法都可采用，其中常用的是催化氢化和金属钠-醇还原。

酯可以被催化氢化为两分子醇，常用的催化剂是铜铬氧化物。

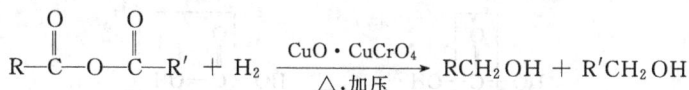

$$R-\overset{O}{\overset{\|}{C}}-O-\overset{O}{\overset{\|}{C}}-R' + H_2 \xrightarrow[\triangle,\text{加压}]{CuO\cdot CuCrO_4} RCH_2OH + R'CH_2OH$$

反应过程中，双键同时被还原，但苯环不受影响。此反应广泛应用于植物油和脂肪的氢化以制备长链脂肪醇如硬脂醇、软脂醇等。

酯也可以用钠-醇还原制备伯醇，反应中其他双键不受影响。此方法也被用于制备长链脂肪醇。特别是不饱和脂肪醇。

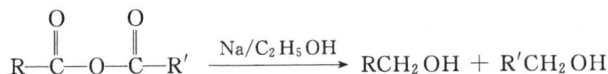

$$R-\overset{\overset{O}{\|}}{C}-O-\overset{\overset{O}{\|}}{C}-R' \xrightarrow{Na/C_2H_5OH} RCH_2OH + R'CH_2OH$$

（四）酰胺的特性

1. 酸碱性

在酰胺分子中，氮原子未共用电子对与羰基的 π 键形成了 p-π 共轭体系，电子云向羰基方向偏移，降低了氨基氮原子上的电子云密度，减弱了氮原子接受质子的能力，所以氨基的碱性很弱，接近于中性。

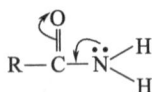

$$R-\overset{\overset{O}{\|}}{C}-\overset{H}{\underset{H}{N}}$$

酰胺虽然是中性化合物，但在一定的条件下可以表现出弱碱性或弱酸性。例如，酰胺既可与强酸成盐显示弱碱性，又可以和碱金属钠或钾反应显示弱酸性。

$$CH_3CONH_2 + HCl \longrightarrow CH_3CONH_2 \cdot HCl$$
$$CH_3CONH_2 + Na \longrightarrow CH_3CONHNa$$

产物极不稳定，遇水立即分解成原来的酰胺。

当氨分子中两个氢原子被酰基取代后就形成了酰亚胺，在两个酰基的吸电子作用下，氮原子上的电子云密度大大降低，氮氢键的极性增加，氨基不但不显碱性，反而有一定的酸性，能与强碱氢氧化钾等成盐。例如

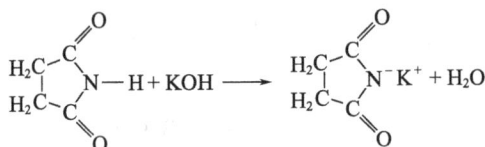

$$\underset{H_2C}{\overset{H_2C}{\Big\rangle}}\overset{\overset{O}{\|}}{\underset{\underset{O}{\|}}{C}}N-H + KOH \longrightarrow \underset{H_2C}{\overset{H_2C}{\Big\rangle}}\overset{\overset{O}{\|}}{\underset{\underset{O}{\|}}{C}}N^-K^+ + H_2O$$

在盐的阴离子中，由于带负电荷的氮原子和两个羰基形成 p-π 共轭体系，负电荷较分散而稳定，因此盐分子也较稳定。

2. 与亚硝酸反应

酰胺与亚硝酸反应生成相应的羧酸，同时放出氮气。

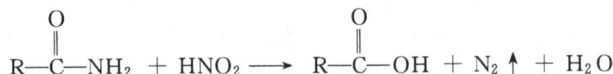

$$R-\overset{\overset{O}{\|}}{C}-NH_2 + HNO_2 \longrightarrow R-\overset{\overset{O}{\|}}{C}-OH + N_2\uparrow + H_2O$$

四、碳酸衍生物及其特性

碳酸是不稳定的化合物，容易分解成二氧化碳和水。碳酸从结构上可以看作是双羟基化合物或羟基甲酸。

$$HO\overset{\overset{O}{\|}}{-C-}OH \qquad HO-\overset{\overset{O}{\|}}{C}-OH$$

碳酸也可以形成酰卤、酯和酰胺等衍生物，在这些衍生物中，如含有一个羟基即酸性衍生物，通常是不稳定的，很难单独存在，易分解成二氧化碳。例如单酰氯不能单独存在。

$$\left[\begin{matrix} & O \\ & \| \\ HO & -C-Cl \end{matrix} \right] \longrightarrow HCl + CO_2$$

但不含羟基即中性衍生物比较稳定，具有一定的实用价值，下面列举几个有代表性的碳酸衍生物加以介绍。

（一）碳酸的酰氯

碳酸的二酰氯俗称光气，光气最初由一氧化碳和氯气在日光照射下发现而得名。目前工业上是用一氧化碳和氯气，在活性炭催化剂和 $200℃$ 高温条件下制得。

$$CO + Cl_2 \xrightarrow[200℃]{活性炭} \begin{matrix} O \\ \| \\ Cl-C-Cl \end{matrix}$$

光气是一种带甜味的无色剧毒气体，它的毒性是氯气的 10 倍，第一次世界大战时曾作为毒气使用。它和羧酸的酰氯性质类似，也可以发生水解、醇解和氨解反应。

$$\begin{matrix} O \\ \| \\ Cl-C-Cl \end{matrix} \begin{cases} \xrightarrow{H_2O} CO_2 + 2HCl \\ \xrightarrow{ROH} \begin{matrix} O \\ \| \\ Cl-C-OR \end{matrix} \xrightarrow{ROH} \begin{matrix} O \\ \| \\ RO-C-OR \end{matrix} \\ \xrightarrow{NH_3} \begin{matrix} O \\ \| \\ H_2N-C-NH_2 \end{matrix} + NH_4Cl \end{cases}$$

光气是有机合成中的重要原料，可以制备染料、药品和农药。

（二）碳酸的酰胺及其衍生物

1. 尿素

尿素又叫脲，是碳酸最重要的衍生物，也是动物和人类体内新陈代谢的最后产物，成人每日的排泄量约为 $25\sim30g$。尿素为无色长菱形晶体，熔点 $132.4℃$，易溶于水和醇，难溶于醚。尿素的主要用途是在农业上作为肥料，此外它还是重要的有机合成原料，可以制备塑料和药物。临床上用尿素注射液可以降低脑颅内压和眼内压，还可以治疗急性青光眼和脑外伤引起的脑水肿。

尿素的化学性质如下。

(1) 弱碱性 尿素的碱性很弱，不能使石蕊试纸变色，但能和强酸成盐。例如：

$$\begin{matrix} O \\ \| \\ H_2N-C-NH_2 \end{matrix} + HNO_3 \longrightarrow \begin{matrix} O \\ \| \\ H_2N-C-NH_2 \end{matrix} \cdot HNO_3 \downarrow$$

产物硝酸脲是白色结晶，难溶于水。

(2) 水解反应 尿素和一般的酰胺性质类似，在酸、碱或尿素酶的作用下生成氨或铵盐，故尿素可作为肥料。

$$\begin{matrix} O \\ \| \\ H_2N-C-NH_2 \end{matrix} \begin{cases} \xrightarrow{HCl} CO_2 \uparrow + NH_4Cl \\ \xrightarrow{NaOH} Na_2CO_3 + NH_3 \uparrow \\ \xrightarrow{尿素酶} NH_3 \uparrow + H_2CO_3 \\ \phantom{\xrightarrow{尿素酶} NH_3 \uparrow +} \downarrow CO_2 \uparrow + H_2O \end{cases}$$

(3) 与亚硝酸反应　尿素与亚硝酸反应，氨基被羟基取代，生成二氧化碳和水，同时放出氮气。测量氮气的体积可以进行尿素的定量测定。

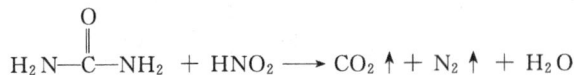

$$H_2N-\overset{\overset{\displaystyle O}{\|}}{C}-NH_2 + HNO_2 \longrightarrow CO_2\uparrow + N_2\uparrow + H_2O$$

此反应常被用来除去某些反应中残留的亚硝酸。一般含有 $-NH_2$ 的化合物和亚硝酸反应都可以放出氮气。

(4) 缩二脲的生成及缩二脲反应　将固体尿素缓慢加热至 $150\sim160℃$（温度过高时分解），两分子尿素缩合成缩二脲，同时放出氨气。

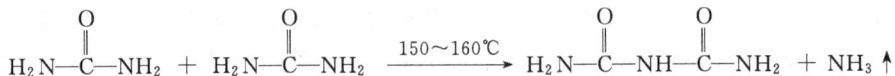

$$H_2N-\overset{\overset{\displaystyle O}{\|}}{C}-NH_2 + H_2N-\overset{\overset{\displaystyle O}{\|}}{C}-NH_2 \xrightarrow{150\sim160℃} H_2N-\overset{\overset{\displaystyle O}{\|}}{C}-NH-\overset{\overset{\displaystyle O}{\|}}{C}-NH_2 + NH_3\uparrow$$

缩二脲难溶于水，易溶于碱溶液。在缩二脲的碱溶液中加入少量稀硫酸铜溶液，溶液呈现紫红色或紫色，此反应称为缩二脲反应。凡是分子中含有两个或两个以上酰胺键

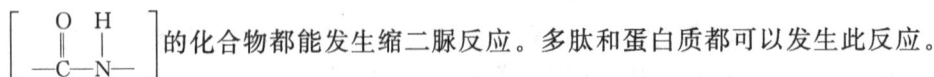

$\left[\begin{array}{c} O \quad H \\ \| \quad | \\ -C-N- \end{array}\right]$ 的化合物都能发生缩二脲反应。多肽和蛋白质都可以发生此反应。

2. 胍

胍可看作尿素分子中的氧原子被亚氨基取代后的化合物，故又称为亚氨基脲。胍为无色结晶，熔点为 $50℃$，吸湿性强，易溶于水。胍是一个有机强碱，$pK_b=0.52$，能吸收空气中的二氧化碳生成碳酸盐。

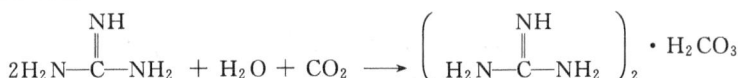

$$2H_2N-\overset{\overset{\displaystyle NH}{\|}}{C}-NH_2 + H_2O + CO_2 \longrightarrow \left(H_2N-\overset{\overset{\displaystyle NH}{\|}}{C}-NH_2\right)_2 \cdot H_2CO_3$$

胍极易水解，在氢氧化钡溶液中加热，可以生成尿素和氨。

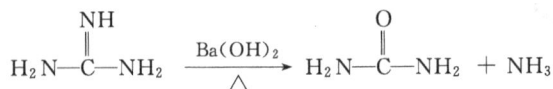

$$H_2N-\overset{\overset{\displaystyle NH}{\|}}{C}-NH_2 \xrightarrow[\triangle]{Ba(OH)_2} H_2N-\overset{\overset{\displaystyle O}{\|}}{C}-NH_2 + NH_3$$

胍或胍的衍生物通常以盐的形式存在，游离的胍很难存在。许多胍的衍生物具有生理活性，如具有抗菌作用的链霉素、抗病毒的玛琳胍和降压药物胍乙啶等结构中都含有胍基。

3. 丙二酰脲

丙二酰脲为无色结晶，熔点 $245℃$，微溶于水。它可由尿素和丙二酸酯在乙醇钠催化下缩合制得。

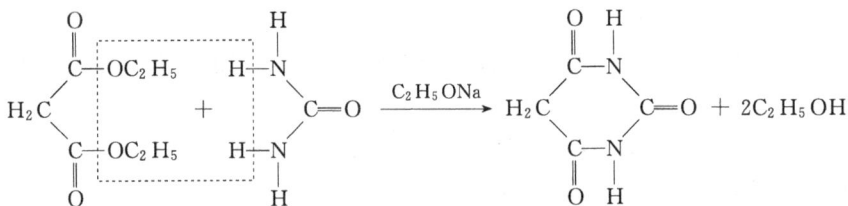

$$H_2C\begin{matrix} \overset{\overset{\displaystyle O}{\|}}{C}-OC_2H_5 \\ \\ \underset{\underset{\displaystyle O}{\|}}{C}-OC_2H_5 \end{matrix} + \begin{matrix} H \\ | \\ H-N \\ \\ C=O \\ \\ H-N \\ | \\ H \end{matrix} \xrightarrow{C_2H_5ONa} H_2C\begin{matrix} \overset{\overset{\displaystyle O}{\|}}{C}-\overset{\overset{\displaystyle H}{|}}{N} \\ \\ C=O \\ \\ \underset{\underset{\displaystyle O}{\|}}{C}-\underset{\underset{\displaystyle H}{|}}{N} \end{matrix} + 2C_2H_5OH$$

丙二酰脲分子中含有一个活泼的亚甲基和两个羰基，能发生酮式-烯醇式互变异构：

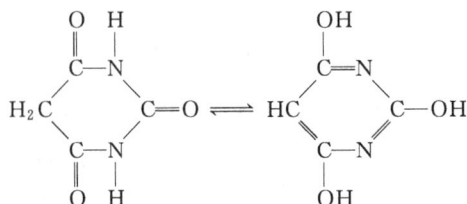

$$H_2C\begin{matrix} \overset{\overset{\displaystyle O}{\|}}{C}-\overset{\overset{\displaystyle H}{|}}{N} \\ \\ C=O \\ \\ \underset{\underset{\displaystyle O}{\|}}{C}-\underset{\underset{\displaystyle H}{|}}{N} \end{matrix} \Longleftrightarrow HC\begin{matrix} \overset{\overset{\displaystyle OH}{|}}{C}=N \\ \\ C-OH \\ \\ \underset{\underset{\displaystyle OH}{|}}{C}-N \end{matrix}$$

烯醇式显示一定的酸性，其酸性（$pK_a = 3.85$）强于乙酸，故又叫巴比妥酸。巴比妥酸本身没有药理作用，但若亚甲基上的氢原子被烃基取代后的衍生物是一类对中枢神经系统起抑制的化合物，有些具有镇静、催眠和麻醉作用，临床上用作镇静和安眠药物，总称巴比妥药物。巴比妥药物有一定成瘾性，用量过大有可能危及生命。

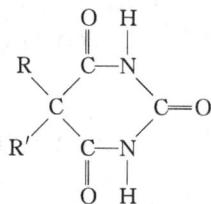

巴比妥药物的通式

Summary

The carboxylic acid derivatives are generally composed of an acyl group and an electronegative part, so they are also called acyl compounds. Although many kinds of carboxylic acid derivatives are known, we'll discuss only four of the most common types: acyl halides, acid anhydrides, esters and amides. The carboxylic acid derivatives undergo nucleophilic substitution reactions, such as hydrolysis, alcoholysis, and aminolysis. The mechanism consists of two steps. The initial step involves the attack of a nucleophile at the carbonyl carbon and forms a tetrahedral intermediate, and next the leaving group is expelled. In general, the reactivity of carboxylic acid derivatives follows the order: acyl halide＞anhydride＞ester＞amide. The reaction for introducing an acyl group into organic molecules is called acetylation reaction, and the reagent which can offer acyl groups is called acetylating reagent. The acyl halide and acid anhydride are commonly used acetylating reagents in medical and organic synthesis. Esters with α-hydrogen can occur Claisen condensation in the presence of a strong base, resulting in β-keto esters. The carboxylic acid derivatives can be reduced easily to primary alcohols or amines by $LiAlH_4$.

Carbonic acid is not stable and decomposes easily into water and carbon dioxide. When two hydroxyls of carbonic acid are replaced by halogen, alkoxy, or amino group, they change into the corresponding acyl halides, esters and amides. Urea is a carbonic acid diamide and shows general chemical property of an amide. Biuret, a dimer of urea, can develop purple color with cupric sulfate in alkaline solution. This reaction is called biruet reaction, which can be used to assay polypeptides and proteins. Guanidine is a compound of strong basic and usually exists in the form of salts, which often shows significant biological activity. Malonyl urea is acidic and is known as barbituric acid. When the methylene hydrogen of barbituric acid are replaced by alkyl groups, it usually exhibits sedative, hypnotic, and anesthetic effects and used as a medicine.

习 题

1. 命名下列化合物。

(1)

(2) H$_3$C

(3)

(4) HCN(CH$_3$)$_2$ with O

(5) CH$_3$CHCH$_2$CBr with CH$_3$ and O

(6) (CH$_3$CH$_2$CH$_2$CO)$_2$O

(7)

(8)

(9)
—CON(CH$_3$)$_2$

(10)

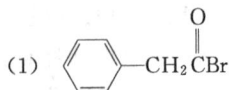

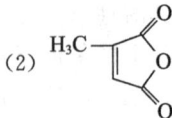

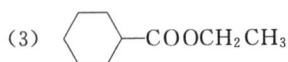

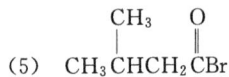

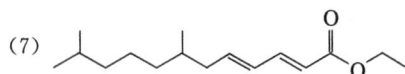

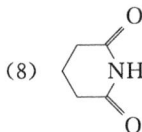

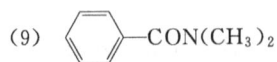

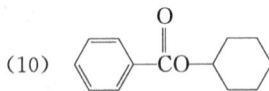

2. 写出下列化合物的结构式。

(1) 2-甲基戊酰氯

(2) 甲丙酸酐

(3) γ-癸内酯

(4) 乙酸异戊酯

(5) N-甲基-1,2-环己烷二甲酰亚胺

(6) α-甲基丙烯酸甲酯

(7) N-正丁基异戊酰胺

(8) 邻苯二乙酸酐

3. 完成下列反应式。

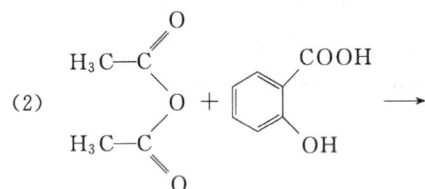

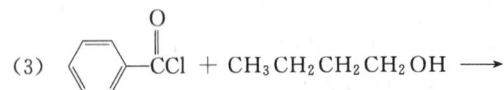

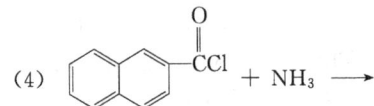

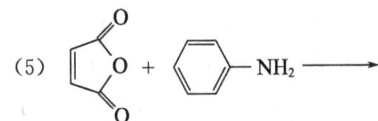

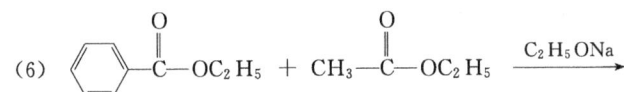

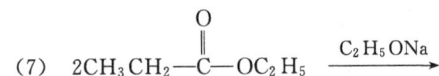

(1)
—CH$_2$COC$_2$H$_5$ + H$_2$O $\xrightarrow{\text{OH}^-}$

(2)

(3)
—CCl + CH$_3$CH$_2$CH$_2$CH$_2$OH $\longrightarrow$

(4)
—CCl + NH$_3$ $\longrightarrow$

(5)
 +
—NH$_2$ $\longrightarrow$

(6)
—C—OC$_2$H$_5$ + CH$_3$—C—OC$_2$H$_5$ $\xrightarrow{\text{C}_2\text{H}_5\text{ONa}}$

(7) 2CH$_3$CH$_2$—C—OC$_2$H$_5$ $\xrightarrow{\text{C}_2\text{H}_5\text{ONa}}$

(8) $\underset{\underset{O}{\|}}{H_2N-C-NH_2} + H_2O \xrightarrow{NaOH}$

(9) $\underset{\underset{O}{\|}}{H_2N-C-NH_2} + \underset{\underset{O}{\|}}{H_2N-C-NH_2} \xrightarrow{150\sim160℃}$

(10) $\underset{\underset{O}{\|}}{C_2H_5O-C-CH_2-}\underset{\underset{O}{\|}}{C-OC_2H_5} + \underset{\underset{O}{\|}}{H_2N-C-NH_2} \xrightarrow{C_2H_5ONa}$

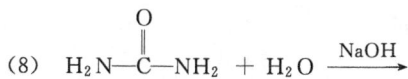

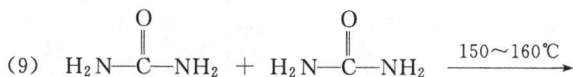

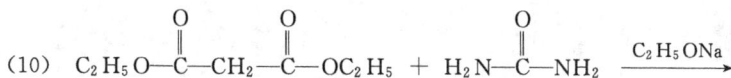

4. 将下列羧酸衍生物与乙醇的反应速率排列成序。

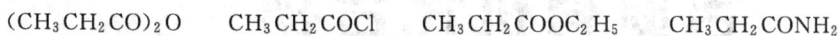

$(CH_3CH_2CO)_2O$ CH_3CH_2COCl $CH_3CH_2COOC_2H_5$ $CH_3CH_2CONH_2$

5. 排列下列酯在碱中水解的反应速率。

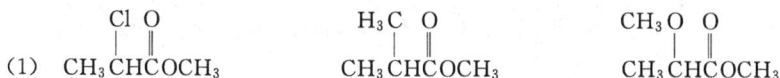

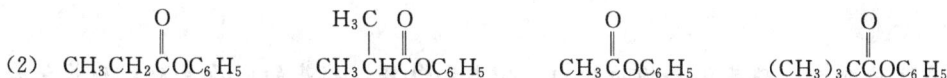

(1) $\underset{\underset{Cl}{|}}{CH_3CH}\underset{\underset{O}{\|}}{COCH_3}$ $\underset{\underset{H_3C}{|}}{CH_3CH}\underset{\underset{O}{\|}}{COCH_3}$ $\underset{\underset{CH_3O}{|}}{CH_3CH}\underset{\underset{O}{\|}}{COCH_3}$

(2) $CH_3CH_2\underset{\underset{O}{\|}}{C}OC_6H_5$ $\underset{\underset{H_3C}{|}}{CH_3CH}\underset{\underset{O}{\|}}{C}OC_6H_5$ $CH_3\underset{\underset{O}{\|}}{C}OC_6H_5$ $(CH_3)_3C\underset{\underset{O}{\|}}{C}OC_6H_5$

6. 将下列化合物氨解的反应速率排列成序。

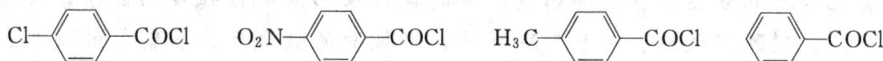

$Cl-\text{⟨benzene⟩}-COCl$ $O_2N-\text{⟨benzene⟩}-COCl$ $H_3C-\text{⟨benzene⟩}-COCl$ $\text{⟨benzene⟩}-COCl$

7. 用化学方法鉴别下列化合物。

(1) β-丁酮酸乙酯，丁酸乙酯，丁酰胺，尿素

(2) 丁酮，β-丁酮酸，草酰乙酸，乙酸乙酯

8. 某化合物 A（$C_4H_6O_2$），在酸性溶液中加热生成化合物 B（$C_4H_8O_3$），B 可与 $NaHCO_3$ 反应放出气体，B 和酸性 $KMnO_4$ 反应生成 C。C 受热可生成 D 放出气体，D 与 2,4-二硝基苯肼生成黄色沉淀。B 在室温下不稳定，失水又生成化合物 A。试推测 A、B、C 和 D 的可能结构式。

9. 化合物 A，分子式为 $C_3H_6Cl_2$，与 $NaCN$ 反应生成 B，B 在酸性溶液中水解生成 C，C 在 P_2O_5 作用下加热可得化合物 D，D 的分子式为 $C_5H_6O_3$，试写山 A、B、C 和 D 的所有可能结构式。

10. 化合物 A 和 B，分子式均为 $C_4H_8O_2$，A 和 B 在 $NaOH$ 溶液中加热分别生成化合物 C、D 和 E、F，C 和 E 均和 $NaHCO_3$ 反应，放出的气体可使澄清石灰水浑浊，C 还与 Tollens 试剂作用生成银镜，D 和 F 都可以发生碘仿反应。试写出 A、B、C、D、E 和 F 可能的结构式。

（山西医科大学 张建）

第十二章

含氮有机化合物

内容提示

本章主要介绍：硝基化合物的结构、分类和命名，硝基的还原反应，硝基化合物的酸性；胺类化合物的分类、命名和结构，胺的碱性及影响碱性强度的因素，烃基化反应、酰化反应、磺酰化反应、与亚硝酸反应；重氮盐的放氮反应和留氮的反应；季铵碱的 Hofmann 消除；重氮甲烷的结构、卡宾的结构、形态和反应；生源胺的生物合成及意义。

含氮有机化合物是指分子中含有氮元素的有机化合物。含氮化合物的类型很多，常见有如下几种类型：硝基（—NO_2）、亚硝基（—NO）、硝酸酯（—ONO_2）、亚硝酸酯（—ONO）；酰胺、肼、脒、肟；胺（—NH_2、—NHR、—NR_2）、腈（—C≡N）、异腈（—N≡C）、异氰酸酯（—N＝C＝O）；重氮化合物（—N≡N—）、偶氮化合物（—N＝N—）。本章重点学习硝基化合物、胺、重氮和偶氮化合物。

在学完本章以后，你应该能够回答以下问题：

1. 为什么芳香族硝基化合物比脂肪族硝基化合物稳定？
2. 解释含有 α-H 的脂肪族硝基化合物成盐的原因。
3. 胺为什么有碱性？影响胺的碱性大小有哪些因素？
4. 伯、仲、叔胺性质上有何相同或不同？兴斯堡（Hinsberg）反应有何应用？
5. 什么叫重氮化反应？什么叫偶联反应？
6. 什么叫卡宾？卡宾有什么性质？
7. Hofmann 消除反应有何应用？

一、硝基化合物

硝基化合物（nitro compounds）是烃基与硝基直接相连的化合物（RNO_2），分子中含有 C—N 键，与亚硝酸酯（R—O—N＝O）互为同分异构体。硝基化合物是染料、香料、医药和炸药等行业的化工原料。多硝基芳香烃，多为有爆炸性的物质，例如，苦味酸（1,3,5-

三硝基苯酚）是最早使用的单质炸药，目前 2,4,6-三硝基甲苯（TNT）和 1,3,5-三硝基苯（TNB）成为世界上生产和使用量最大的烈性炸药。

（一）硝基化合物的结构、分类与命名

硝基化合物的结构通式为 $R—NO_2$ 或 $Ar—NO_2$，结构式表示如下：

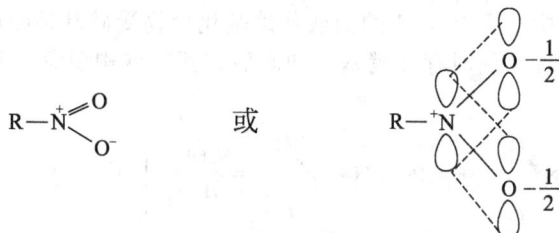

根据杂化轨道理论，硝基中的氮原子是 sp^2 杂化，它的三个 sp^2 杂化轨道与两个氧原子和一个碳原子形成三个共平面的 σ 键，氮上的 p 轨道与两个氧原子的 p 轨道形成一个共轭大 π 键，使 N—O 键长平均化，负电荷平均分配在两个氧原子上。因此，硝基化合物中硝基的两个氧原子与氮原子之间的距离相等，键长是 121pm。

硝基化合物根据烃基不同可分为脂肪族硝基化合物和芳香族硝基化合物；根据碳原子种类不同可分为伯、仲、叔硝基化合物；根据硝基的数目可分为一硝基化合物和多硝基化合物。

硝基化合物命名是以烃为母体，硝基作为取代基（英文命名用 nitro-表示），例如：

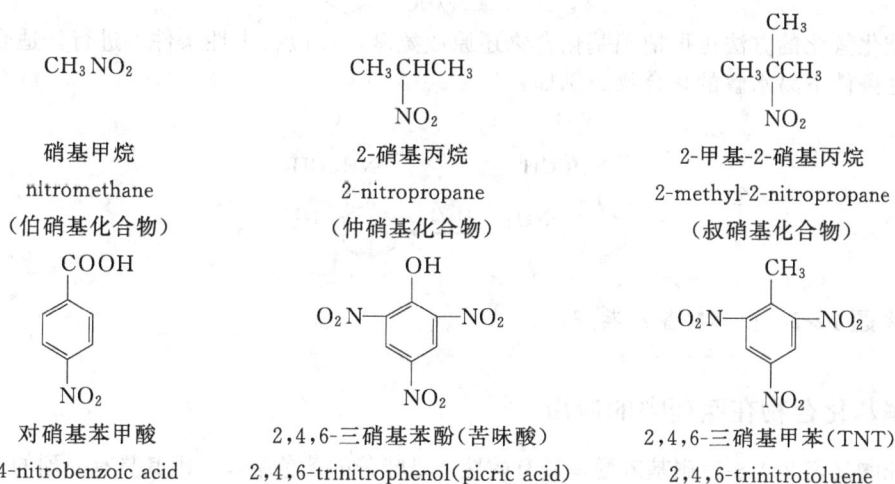

硝基甲烷
nitromethane
（伯硝基化合物）

2-硝基丙烷
2-nitropropane
（仲硝基化合物）

2-甲基-2-硝基丙烷
2-methyl-2-nitropropane
（叔硝基化合物）

对硝基苯甲酸
4-nitrobenzoic acid

2,4,6-三硝基苯酚（苦味酸）
2,4,6-trinitrophenol(picric acid)

2,4,6-三硝基甲苯（TNT）
2,4,6-trinitrotoluene

思考题 12-1 命名下列化合物。

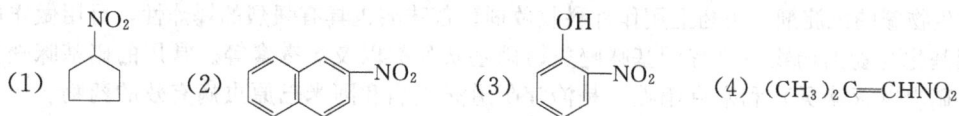

(1)　　　(2)　　　(3)　　　(4) $(CH_3)_2C=CHNO_2$

（二）硝基化合物的物理性质

脂肪族硝基化合物是无色有香味的液体，难溶于水，易溶于醇和醚。多数芳香族硝基化合物是淡黄色固体，具有苦杏仁味，难溶于水，易溶于有机溶剂。硝基化合物有较大的偶极矩，有较强的极性，分子间作用力大，沸点高。硝基化合物相对密度均大于1，多数有毒

性，能引起血液、肝、肾等中毒，要避免吸入蒸气和与皮肤直接接触。芳香族多硝基化合物具有极强的爆炸性，如三硝基甲苯（TNT）。

（三）硝基化合物的化学性质

1. α-H 的酸性及与碱作用

脂肪族硝基化合物中，含有 α-H 的伯或仲硝基化合物受硝基强吸电子作用的影响，α-H 易生成质子而具有弱酸性，同时存在硝基式和假酸式互变异构现象，并能逐渐与氢氧化钠作用生成稳定的负离子：

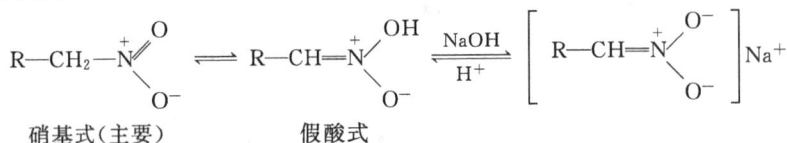

$$R-CH_2-\overset{+}{N}\underset{O^-}{\overset{O}{\Vert}} \rightleftharpoons R-CH=\overset{+}{N}\underset{O^-}{\overset{OH}{\diagup}} \xrightarrow[H^+]{NaOH} \left[R-CH=\overset{+}{N}\underset{O^-}{\overset{O^-}{\diagup}}\right]Na^+$$

硝基式（主要）　　　　　　　　假酸式

脂肪族叔硝基化合物没有 α-H，不能与碱作用。

2. 还原

芳香族硝基化合物的硝基容易被还原，在酸性介质中（盐酸、硫酸或醋酸），与金属还原剂铁、锡或锌等作用，可以得到芳香族伯胺：

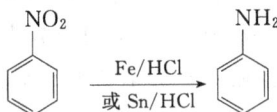

用催化氢化的方法也可把硝基化合物还原成氨基，反应在中性条件下进行，适合于在酸性或碱性条件下易水解的化合物。例如：

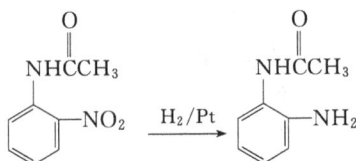

思考题 12-2　由萘制备 α-萘胺。

（四）硝基化合物在医药中的应用

苦味酸又名 2,4,6-三硝基苯酚，具有酸性，是味苦的黄色结晶，因其具有强烈的苦味而得名，熔点 112.8℃，微溶于水及醚，可溶于酒精。苦味酸能使丝毛织品染成黄色，在动物实验中常用来给实验动物做标记。苦味酸与蛋白质或生物碱作用生成沉淀，因此常应用于鉴定动物纤维或生物碱的沉淀剂，医药上用作外科收敛剂。苦味酸也具有强烈的爆炸性，可用做炸药。

硝基化合物的药物主要有硝基咪唑类、硝基呋喃类以及氯霉素等。常用的硝基咪唑类药物有甲硝唑（灭滴灵）和塞克硝唑，是治疗阴道滴虫病和阿米巴原虫病有效的药物。

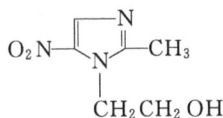

甲硝唑（metronidazole）
1-(2-羟乙基)-2-甲基-5-硝基咪唑

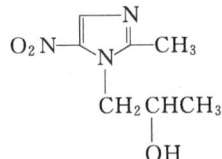

塞克硝唑（secnidazole）
1-(2-羟丙基)-2-甲基-5-硝基咪唑

常用的硝基呋喃类药物有呋喃唑酮、呋喃妥因和呋喃西林等，这类药物抗菌谱广，对革兰氏阴性和阳性细菌都有作用。呋喃唑酮又称痢特灵，主要用于治疗鸡的细菌性肠炎和球虫病，治疗效果中等，过去被广泛用于鸡病治疗中。长期使用痢特灵，在鸡肝、鸡肉、猪肝、猪肉中有残留，对人体健康有影响。其残留药物能破坏人的造血系统，引起溶血性充血症、粒细胞缺乏症、血小板减少症，还可能引起人的周围神经炎，且无特效药物治疗。痢特灵于2002年6月5日已被农业部列为禁用兽药，严禁在任何食品动物中应用。

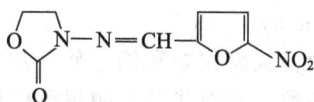

呋喃唑酮（furazolidone）
3-(5-硝基-2-呋喃甲醛缩氨基)-2-噁唑烷酮

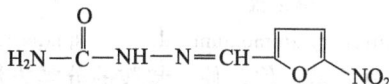

呋喃西林（furacilin）
5-硝基-2-呋喃醛缩氨基脲

氯霉素（chloramphenicol）是由委内瑞拉链丝菌产生的抗生素，曾广泛用于治疗伤寒、副伤寒、立克次体病及敏感菌所致的严重感染，后因对造血系统有严重不良反应，有引起粒细胞缺乏症及再生障碍性贫血的可能，故临床上应严格控制。

9-硝基喜树碱为一个半合成喜树碱衍生物，其药理作用主要表现为对拓扑异构酶 I 的抑制。它具有广泛的抗肿瘤活性，且毒性较低，是极具潜力的抗肿瘤新药。

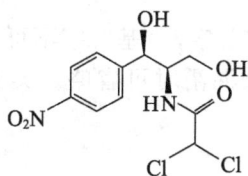

氯霉素

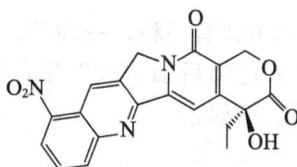

9-硝基喜树碱

二、胺

胺（amine）可以看作是氨（ammonia）分子（NH_3）中的氢被烃基取代的衍生物。胺是一类碱性化合物，广泛存在于动物和植物中，在生命过程中具有多种生物功能。例如，茶叶中的咖啡因是一种中枢神经兴奋剂；胆碱在动物体内可促进脂肪代谢；氨基酸、蛋白质、嘌呤碱、嘧啶碱、DNA 等都与生命紧密相关。许多药物分子结构中都含有氨基或取代氨基，在防病、治病中起到重要作用，但有些胺类化合物有毒，也可危及人类健康。

（一）分类与命名

1. 分类

胺可根据分子中氮原子所连烃基的不同分为脂肪胺（aliphatic amine）和芳香胺（aromatic amine）。芳香胺是氮原子直接与苯环相连，与脂肪胺有相似的化学性质，但还是存在重要差别。

$$CH_3CH_2NH_2$$

乙胺
（脂肪胺）

苯胺
（芳香胺）

苄基胺
（脂肪胺）

根据氮原子上所连烃基的数目，胺可分为伯胺（1°胺）、仲胺（2°胺）、叔胺（3°胺）、季铵（4°铵盐和4°铵碱）。例如：

$$RNH_2 \qquad\qquad R_2NH \qquad\qquad R_3N$$

伯胺 　　　　　　　　　仲胺 　　　　　　　　　叔胺

primary amine 　　　　secondary amine 　　　　tertiary amine

$$R_4N^+X^- \qquad\qquad R_4N^+OH^-$$

季铵盐 　　　　　　　　季铵碱

quaternary ammonium salt 　　quaternary ammonium hydroxide

　　需要注意的是：伯、仲、叔胺的分类方法与伯、仲、叔卤代烃和伯、仲、叔醇的分类方法是不同的，胺根据氮原子上所连的碳原子个数进行分类，而卤代烃和醇根据碳原子的种类来分类。例如：

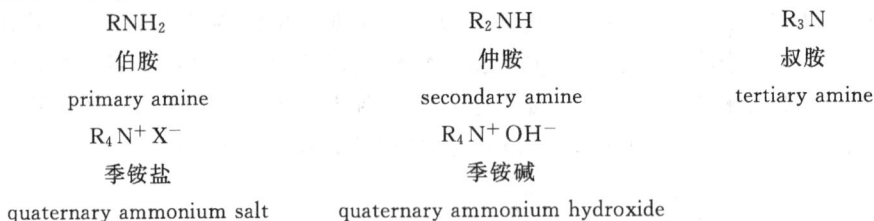

叔卤代烃 　　　　　　　叔醇 　　　　　　　　　伯胺

　　根据分子中氨基的数目，胺类化合物又可分为一元胺、二元胺和多元胺等。

2. 命名

　　伯胺的命名方式有两种，一种是在取代基名称后加上"胺"字，"基"字不可省略；另一种是在母体氢化物后加"胺"字，烷烃的"烷"字在不致混淆时可省略。英文名称以"-amine"结尾。例如：

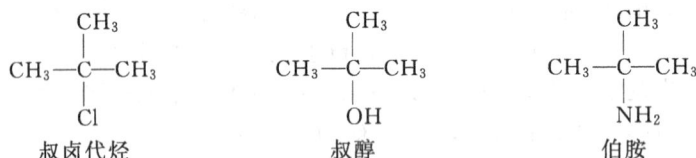

$$CH_3CH_2NH_2$$

乙基胺/乙(烷)胺 　　　　　　　环己基胺/环己(烷)胺 　　　　　丙烷-1, 3-二胺

ethylamine/ethanamine 　　　cyclohexylamine/cyclohexanamine 　　propane-1, 3-diamine

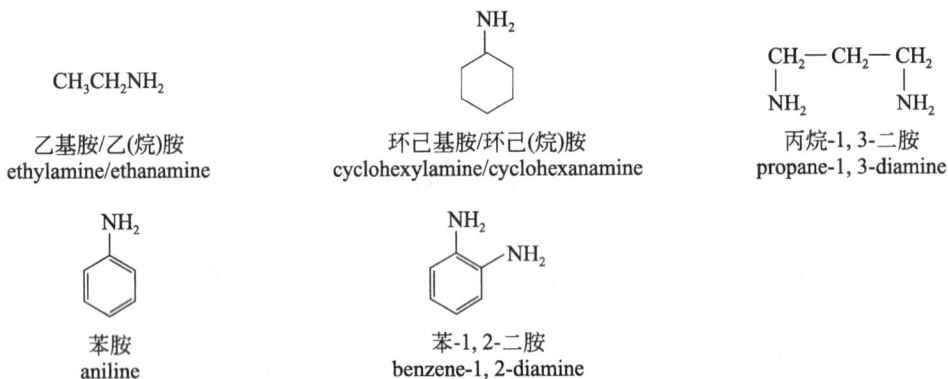

苯胺 　　　　　　　　　　　苯-1, 2-二胺

aniline 　　　　　　　　　benzene-1, 2-diamine

　　对称的仲胺和叔胺，可在取代基的名称前加入"二"或"三"表明烃基的数目；不对称的仲胺和叔胺，可将最长碳链的烃基或芳香胺作为母体，其他烃基作为母体上的 *N*-取代基进行命名，然后按取代基英文首字母的排列顺序，命名为"某基（某基）胺"。

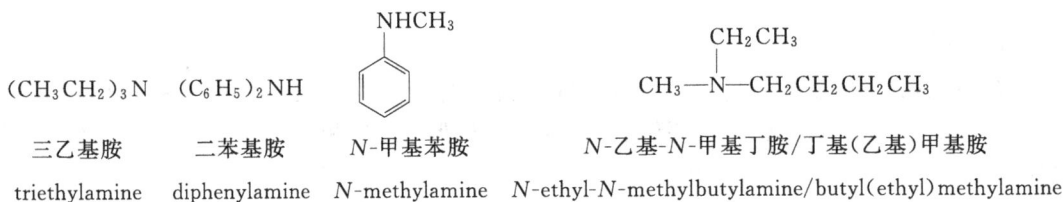

$$(CH_3CH_2)_3N \qquad (C_6H_5)_2NH$$

三乙基胺 　　　二苯基胺 　　　*N*-甲基苯胺 　　　　*N*-乙基-*N*-甲基丁胺/丁基(乙基)甲基胺

triethylamine 　diphenylamine 　*N*-methylamine 　*N*-ethyl-*N*-methylbutylamine/butyl(ethyl)methylamine

　　复杂的胺则按系统命名法，以烃或其他官能团为母体，氨基作为取代基来命名，英文名称以"-amino"表示。命名时注意氨、胺和铵的用法，表示 NH_3 时用"氨"；表示有机胺时用"胺"；表示季铵盐或季铵碱时用"铵"。例如：

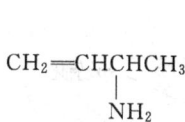

$$CH_2=CHCHCH_3$$
$$\underset{NH_2}{|}$$

3-氨基丁-1-烯
3-aminobut-1-ene

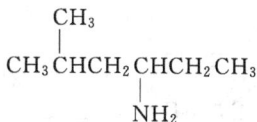

$$\underset{CH_3}{|}$$
$$CH_3CHCH_2CHCH_2CH_3$$
$$\underset{NH_2}{|}$$

4-氨基-2-甲基己烷
4-amino-2-methylhexane

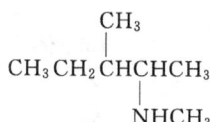

$$\underset{CH_3}{|}$$
$$CH_3CH_2CHCHCH_3$$
$$\underset{NHCH_3}{|}$$

2-甲氨基-3-甲基-戊烷
2-methylamino-3-methylpentane

季铵盐或季铵碱可以看作铵的衍生物来命名。例如：

$$(CH_3)_4 N^+Cl^-$$

氯化四甲基铵
tetramethylammonium chloride

$$[(CH_3)_3 N^+CH_2CH_3]OH^-$$

氢氧化乙基(三甲基)铵
ethyl(trimethyl)ammonium hydroxide

思考题 12-3 *命名下列化合物。*

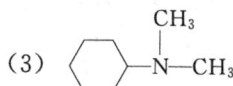

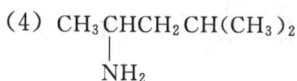

(1) $CH_2=CHCH_2NH_2$

(2) $(CH_3)_2CHNH_2$

(3)
$$\text{环己基}-N\underset{CH_3}{\overset{CH_3}{|}}$$

(4) $CH_3CHCH_2CH(CH_3)_2$
$$\underset{NH_2}{|}$$

(二) 胺的结构

氮原子最外层有 5 个电子，有机胺与无机氨（NH_3）中的氮原子都是不等性的 sp^3 杂化，孤对电子占据一个 sp^3 杂化轨道，另外三个 sp^3 杂化轨道上各有一个电子与氢或碳形成三个 σ 键，分子具有棱锥体的四面体结构，孤对电子处于棱锥体的顶端。氨、甲胺和三甲胺结构见图 12-1。

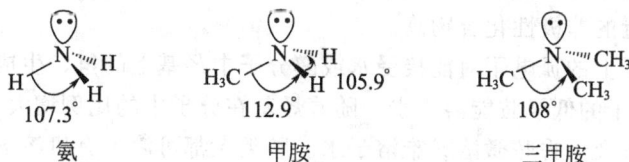

图 12-1 氨、甲胺和三甲胺结构

芳香胺中氮原子的杂化介于 sp^2 与 sp^3 之间，H—N—H 平面与苯环平面不在一个平面内，两平面之间的夹角为 $39.4°$，如图 12-2 所示。氮原子的未共用电子对所处的轨道有较多 p 成分，该轨道能与苯环的大 π 键重叠形成共轭体系，产生类似苯酚中氧与苯环形成 p-π 共轭的效果，使芳香胺中氮上电子云密度下降，芳香胺的碱性和亲核性明显地减弱，芳环的电子云密度增大，芳环上容易发生亲电取代反应。

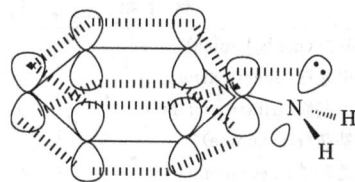

图 12-2 苯胺的结构

如把孤对电子看成一个基团，当氮上连有三个不同取代基时，理论上该化合物应有手性，存在对映异构体。但实际上简单胺的对映体并未拆分成功，这是由于这些对映体的构型与平面过渡态之间的能垒低（约 $25kJ \cdot mol^{-1}$），在室温条件下，两种构型之间可以快速转化，发生外消旋化（图 12-3）。

叔胺氮原子位于环中或桥头上时，可阻止构型翻转，得到稳定的手性叔胺，如 Tröger（特勒格）碱。当氮上连有 4 个不同取代基时，所形成的季铵碱不易发生构型之间的转化，

sp³杂化   sp²杂化   CH₃   sp³杂化

R-构型   平面过渡态   S-构型

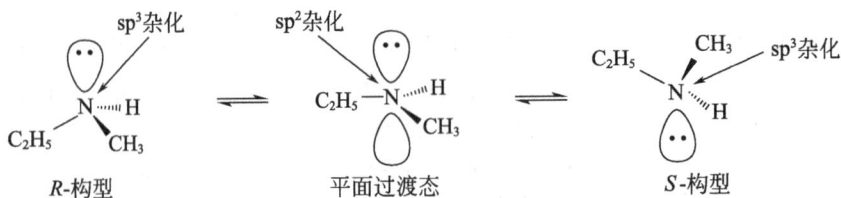

图 12-3   胺的对映体及其转化

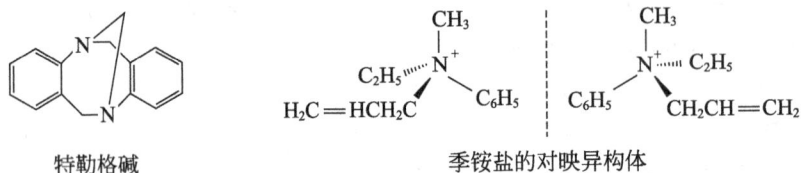

特勒格碱   季铵盐的对映异构体

图 12-4   特勒格碱和季铵盐正离子的对映异构体

可以得到相对稳定的对映异构体，如图 12-4 所示。

(三) 胺的物理性质

在室温下，甲胺、乙胺、二甲胺和三甲胺为气体，有与氨相似的气味，但刺激性比氨小。其他低级脂肪胺为液体，多有难闻的臭味。高级脂肪胺为固体，几乎没有气味。芳香胺为高沸点的液体或低熔点的固体，有特殊气味，并有较大的毒性，与皮肤接触或吸入其蒸气都会引起中毒。

胺是极性化合物，除叔胺外，其他胺分子间可通过氢键缔合，但由于氮的电负性比氧小，胺形成的氢键弱于醇或羧酸形成的氢键，因此胺的熔点和沸点比分子量相近的醇和羧酸低，但比分子量相近的非极性化合物高。

胺分子中氮原子上的孤电子对能接受水或醇分子中羟基上的氢，生成分子间的氢键，因此，含 6～7 个碳原子的低级胺能溶于水，随着烃基在分子中的比例增大，溶解度迅速下降，造成中级胺、高级胺及芳香胺微溶或难溶于水。胺类大都可溶于有机溶剂。常见胺的物理常数见表 12-1。

表 12-1   常见胺的物理常数

化 合 物	结构式	熔 点/℃	沸 点/℃	pK_b
甲基胺(methylamine)	CH_3NH_2	−94	−6.3	3.34
二甲基胺(dimethylamine)	$(CH_3)_2NH$	−93	−7.4	3.27
三甲基胺(trimethylamine)	$(CH_3)_3N$	−117	2.9	4.19
乙基胺(ethylamine)	$CH_3CH_2NH_2$	−81	16.6	3.36
二乙基胺(diethylamine)	$(CH_3CH_2)_2NH$	−48	56.3	3.05
三乙基胺(triethylamine)	$(CH_3CH_2)_3N$	−114	89.3	3.25
苯胺(aniline)	$C_6H_5NH_2$	−6.3	184	9.28
N-甲基苯胺(N-methylaniline)	$C_6H_5NHCH_3$	−57	196	9.60
N,N-二甲基苯胺(N,N-dimethylaniline)	$C_6H_5N(CH_3)_2$	3	194	9.62
对甲基苯胺(p-methylaniline)	$p\text{-}CH_3C_6H_5NH_2$	44	200	8.92
对氯苯胺(p-chloroaniline)	$p\text{-}ClC_6H_5NH_2$	73	232	10.00
对硝基苯胺(p-nitroaniline)	$p\text{-}NO_2C_6H_5NH_2$	148	332	13.00
乙二胺(ethylenediamine)	$H_2NCH_2CH_2NH_2$	8.5	117	4.0\7.2
氨	NH_3			4.75

（四）胺的化学性质

1. 胺的碱性与成盐

胺与氨一样，分子中氮原子上的孤电子对能接受质子，显碱性。

$$NH_3 + H_2O \Longrightarrow NH_4^+ + OH^-$$

$$RNH_2 + H_2O \Longrightarrow RNH_3^+ + OH^-$$

胺的碱性强弱可用解离常数的负对数 pK_b 表示，pK_b 愈小，碱性愈强。一些胺的 pK_b 见表 12-1，表中数据表明，各类胺的碱性强弱为：

脂肪胺＞氨＞芳香族胺

氨的碱性小于脂肪胺而大于芳香胺，这是因为在脂肪胺中引入了给电子的烷基，使氮上的电子云密度增加，接受质子的能力增强，所以脂肪胺的碱性大于氨。在芳香胺中，由于氨基氮上的孤电子对占据的轨道与芳环的大 π 键重叠，形成近似于 p-π 共轭体系的离域键，使氮上的电子云密度降低，接受质子的能力减弱，所以它的碱性比氨弱。

此外，伯、仲、叔三种胺的碱性也是有差异的。如果只考虑电子效应的影响，脂肪胺的碱性强弱为：脂肪叔胺＞脂肪仲胺＞脂肪伯胺。

胺的碱性强弱除受到电子效应的影响外，还与空间位阻有关。氮原子上连接的烃基愈多，空间位阻愈大，使质子愈不易与氮原子接近，胺的碱性也就愈弱。例如，三苯基胺的空间位阻很大，加之共轭效应影响，三苯胺的水溶液接近于中性。因此，如果只考虑空间效应的影响，胺的碱性强弱为：伯胺＞仲胺＞叔胺。

脂肪胺与质子结合后形成铵正离子的溶剂化效应，也会影响伯、仲、叔胺的稳定性。氮原子上连接的氢愈多，与水形成氢键的机会就愈多，溶剂化程度愈大，铵正离子也就愈稳定，则胺的碱性愈强。因此，如果只考虑溶剂化效应的影响，胺的碱性强弱为：伯胺＞仲胺＞叔胺。

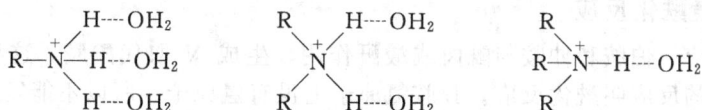

$$
\begin{array}{ccc}
& H\text{----}OH_2 & \quad R \quad H\text{----}OH_2 & \quad H\text{----}OH_2 \\
R-\overset{+}{N}-H\text{----}OH_2 & \overset{+}{N} & R-\overset{+}{N}-H\text{----}OH_2 \\
& H\text{----}OH_2 & R \quad H\text{----}OH_2 & R
\end{array}
$$

胺的碱性强弱是电子效应、空间效应和溶剂化效应综合作用的结果，因此，胺类化合物的碱性强弱次序一般为：

脂肪仲胺＞脂肪伯胺、脂肪叔胺＞氨＞芳香胺

取代苯胺的碱性强弱取决于取代基的性质，取代基为供电子基团时，碱性增强；取代基为吸电子基团时，碱性减弱。例如：

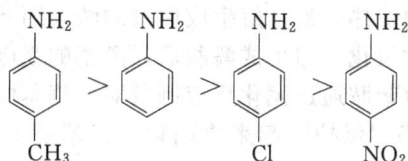

对甲基苯胺 ＞ 苯胺 ＞ 对氯苯胺 ＞ 对硝基苯胺（NH₂-CH₃ ＞ NH₂ ＞ NH₂-Cl ＞ NH₂-NO₂）

季铵碱是强有机碱，碱性强度与氢氧化钠相当，与酸作用生成季铵盐。

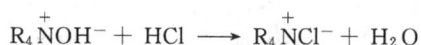

$$R_4\overset{+}{N}OH^- + HCl \longrightarrow R_4\overset{+}{N}Cl^- + H_2O$$

季铵盐是强酸强碱盐，与强碱作用后没有游离的季铵碱，只存在如下平衡：

$$R_4\overset{+}{N}Cl^- + NaOH \Longrightarrow R_4\overset{+}{N}OH^- + NaCl$$

脂肪胺是弱碱，可与大多数酸作用生成盐，苯胺的碱性虽弱，但仍能与强酸作用形成盐。

$$CH_3CH_2NH_2 + HCl \longrightarrow CH_3CH_2\overset{+}{N}H_3Cl^- \quad (\text{或写成 } CH_3CH_2NH_2 \cdot HCl)$$

氯化乙铵   乙胺盐酸盐

$$\text{苯}-NH_2 + HCl \longrightarrow \text{苯}-\overset{+}{N}H_3Cl^- \quad (\text{或写成 } \text{苯}-NH_2 \cdot HCl)$$

氯化苯铵   苯胺盐酸盐

胺生成的铵盐是结晶体，遇强碱会释放出原来的胺。

$$RNH_2 + HCl \longrightarrow R\overset{+}{N}H_3Cl^- \xrightarrow{NaOH} RNH_2 + NaCl + H_2O$$

一般来说，无机酸的铵盐大多数溶于水，有机酸的铵盐水溶性则较小，但无机酸和有机酸的铵盐均不溶于有机溶剂，利用这一性质能分离提纯胺类化合物。如从植物中提取生物碱就可以应用这种性质进行分离、提纯。胺类化合物易被氧化，而生成胺盐后则较稳定，因此胺类药物常制成盐，以增加其水溶性和药物的稳定性。

思考题 12-4 比较下列各化合物的碱性，并按碱性由大到小排列。

(1) 氨、乙胺、苯胺、三苯胺、二乙胺

(2) 乙酰苯胺、苯胺、对硝基苯胺、氢氧化四甲铵、邻苯二甲酰亚胺

---

2. 烃基化反应

胺类化合物中的氮原子有一对共用电子对，可作为亲核试剂与卤代烃发生取代反应。

$$R-NH_2 + R'-X \longrightarrow R-\underset{R'}{\underset{|}{N}}H \xrightarrow{R'-X} R-\underset{R'}{\underset{|}{N}}-R' \xrightarrow{R'-X} R-\overset{R'}{\underset{R'}{\overset{|}{\underset{|}{N^+}}}}-R'X^-$$

由于该反应很难控制在形成仲胺或叔胺的阶段，最后得到的产物较复杂，有机合成上应用较少，但可用此法来制备季铵盐。

3. 酰化和磺酰化反应

(1) 酰化反应 伯胺和仲胺与酰卤或酸酐作用，生成 N-取代酰胺，这种在有机化合物分子中引进酰基的反应叫酰化反应。叔胺氮原子上没有氢原子，所以不能发生酰化反应。

$$R'-NH_2 + R-\overset{O}{\overset{||}{C}}-Cl \longrightarrow R'-\overset{H}{\underset{}{N}}-\overset{O}{\overset{||}{C}}-R$$

$$\text{苯}-NHCH_3 + R-\overset{O}{\overset{||}{C}}-Cl \longrightarrow \text{苯}-\underset{\overset{||}{O}}{\overset{CH_3}{N}}-\overset{}{C}-R$$

酰胺在酸或碱的水溶液中加热，易水解生成原来的胺，因此在有机合成中常利用酰基化反应来保护氨基。因为胺易被氧化，但生成酰胺后，酰基的吸电子性降低了氮上的电子云密度，使其不易氧化。例如，由苯胺通过硝化反应制备对硝基苯胺时，为防止苯胺的氧化，可先对苯胺进行酰基化，把氨基"保护"起来再硝化，待苯环上导入硝基后，再水解除去酰基，可得到对硝基苯胺。

胺的酰化反应在药物合成中也有重要应用，如解热镇痛药物扑热息痛，可由对氨基苯酚进行乙酰化反应制备。

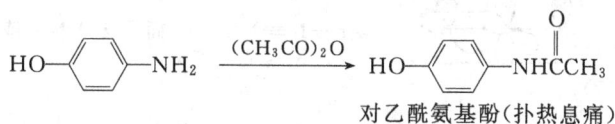

HO—⟨benzene⟩—NH₂ $\xrightarrow{(CH_3CO)_2O}$ HO—⟨benzene⟩—NHCCH₃ (with =O)

对乙酰氨基酚(扑热息痛)

（2）磺酰化反应　胺的磺酰化反应又称兴斯堡（Hinsberg）反应，在碱性溶液下，伯胺、仲胺分别与苯磺酰氯（或对甲基苯磺酰氯）作用，生成相应的苯磺酰胺或（对甲基苯磺酰胺）沉淀。其中伯胺生成的磺酰胺中，氮原子上氢原子受到磺酰基强吸电子诱导效应的影响而显酸性，因此可继续与氢氧化钠反应生成水溶性的盐。仲胺生成的磺酰胺中，氮原子上没有氢原子，因此不能溶于氢氧化钠溶液而呈固体析出。叔胺没有可离去的氢原子，不发生磺酰化反应，也不溶于氢氧化钠溶液而出现分层现象。此反应可用于伯胺、仲胺和叔胺的分离与鉴定。

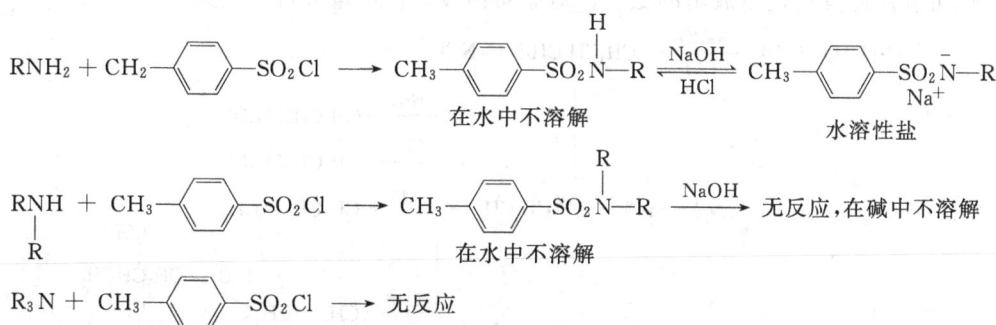

$RNH_2 + CH_2$—⟨benzene⟩—$SO_2Cl \longrightarrow CH_3$—⟨benzene⟩—$SO_2\overset{H}{N}$—R $\underset{HCl}{\overset{NaOH}{\rightleftharpoons}}$ CH_3—⟨benzene⟩—$SO_2\overset{}{\underset{Na^+}{N^-}}$—R
在水中不溶解　　　　　　　　　水溶性盐

$RNH + CH_3$—⟨benzene⟩—$SO_2Cl \longrightarrow CH_3$—⟨benzene⟩—$SO_2\overset{R}{N}$—R $\xrightarrow{NaOH}$ 无反应,在碱中不溶解
（R下方）　　　　　　　在水中不溶解

$R_3N + CH_3$—⟨benzene⟩—$SO_2Cl \longrightarrow$ 无反应

4. 与亚硝酸的反应

亚硝酸不稳定，通常在反应时由亚硝酸钠与盐酸或硫酸作用制得。脂肪胺和芳香胺都与亚硝酸反应，但胺的结构不同，反应产物也不同。

（1）伯胺　在强酸溶液中芳香伯胺与亚硝酸（NaNO₂＋HCl）在低温下（0～5℃）反应生成重氮盐（diazonium salt），这个反应称为重氮化反应（diazotization）。重氮化反应需要在低温下进行，温度高重氮盐易分解；亚硝酸不能过量，因为亚硝酸有氧化性，过量不利于重氮盐的稳定；重氮化反应必须保持强酸性条件，弱酸条件下易发生副反应。酸根对重氮盐的稳定性有影响，芳香重氮硫酸盐比芳香重氮盐酸盐稳定，氟硼酸重氮盐可以在固态状态下保存和使用。例如，在低温下，苯胺在盐酸或硫酸溶液中与亚硝酸钠作用，生成氯化重氮苯或硫酸氢重氮苯。

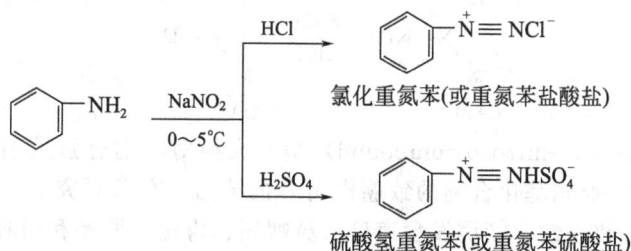

⟨benzene⟩—NH₂ $\xrightarrow[0\sim5℃]{NaNO_2}$

　$\xrightarrow{HCl}$ ⟨benzene⟩—$\overset{+}{N}≡NCl^-$
　　　氯化重氮苯(或重氮苯盐酸盐)

　$\xrightarrow{H_2SO_4}$ ⟨benzene⟩—$\overset{+}{N}≡NHSO_4^-$
　　　硫酸氢重氮苯(或重氮苯硫酸盐)

重氮盐的性质与盐相似，能溶于水，不溶于有机溶剂，水溶液能导电，具有离子化合物的性质。在酸性溶液中重氮离子的 C—N—N 键是直线形，氮采取 sp 杂化，苯环的大 π 键与重氮基的 π 键形成 π-π 共轭，使苯重氮离子在低温下稳定，苯重氮正离子的结构见图 12-5。重氮基中间的氮原子具有四个共价键，带正电荷。重氮盐的结构式可写成：

$$Ar \overset{+}{-} N \equiv N\overset{-}{X} \quad \text{简写成 } Ar\overset{+}{N_2}\overset{-}{X} \text{ 或 } ArN_2X$$

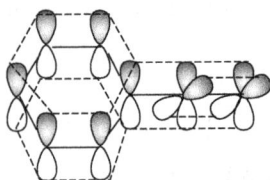

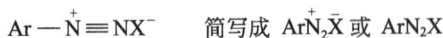

图 12-5　苯重氮正离子的结构

干燥的重氮盐极不稳定，但在水溶液中和低温下则比较稳定，因此得到的重氮盐不需要从反应溶液中分离，可直接用于下一步反应。

脂肪族伯胺与亚硝酸作用生成脂肪族重氮盐，由于没有 π-π 共轭效应，脂肪族重氮盐极不稳定，在低温下也会自动分解放出氮气和碳正离子（R^+），然后碳正离子（R^+）再通过取代，消除和重排反应生成醇、卤代烃和烯烃等混合物，因此该反应在合成上很少有实际用途，但可利用此反应定量放出的氮气，对脂肪伯胺进行定量分析。例如：

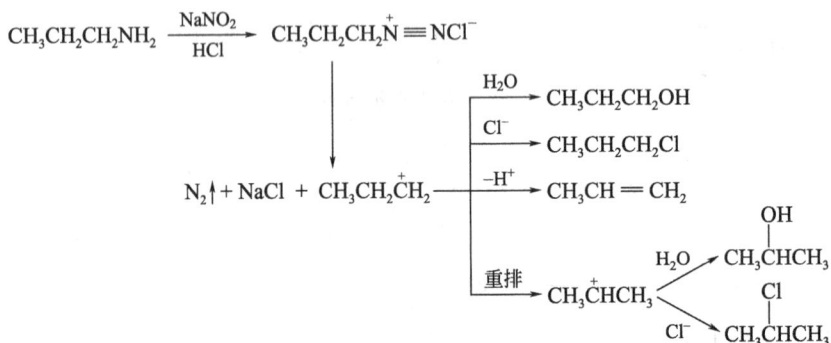

$$CH_3CH_2CH_2NH_2 \xrightarrow[HCl]{NaNO_2} CH_3CH_2CH_2\overset{+}{N} \equiv N\overset{-}{Cl}$$

$$N_2 \uparrow + NaCl + CH_3CH_2\overset{+}{C}H_2 \begin{cases} \xrightarrow{H_2O} CH_3CH_2CH_2OH \\ \xrightarrow{Cl^-} CH_3CH_2CH_2Cl \\ \xrightarrow{-H^+} CH_3CH=CH_2 \\ \xrightarrow{\text{重排}} CH_3\overset{+}{C}HCH_3 \begin{cases} \xrightarrow{H_2O} CH_3\overset{OH}{C}HCH_3 \\ \xrightarrow{Cl^-} CH_3\overset{Cl}{C}HCH_3 \end{cases} \end{cases}$$

（2）仲胺　脂肪族或芳香族仲胺与亚硝酸作用都生成不溶于水的黄色油状物或黄色固体 N-亚硝基化合物。

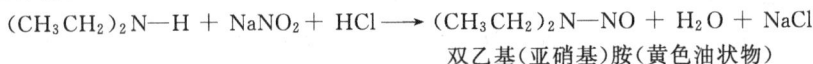

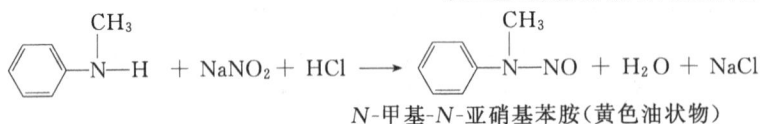

$$(CH_3CH_2)_2N-H + NaNO_2 + HCl \longrightarrow (CH_3CH_2)_2N-NO + H_2O + NaCl$$
双乙基（亚硝基）胺（黄色油状物）

N-甲基-N-亚硝基苯胺（黄色油状物）

N-亚硝基化合物用稀盐酸和 $SnCl_2$ 处理后，又可还原成原来的仲胺。利用这个性质可分离或提纯仲胺。

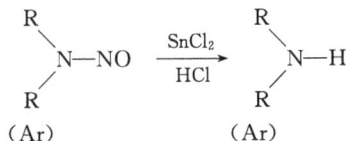

N-亚硝基化合物（N-nitroso compound）是一大类对动物有强致癌性的物质，至今尚未发现哪种动物对 N-亚硝基化合物的致癌作用有抵抗力。在已研究的 100 多种亚硝基类化合物中，80% 以上有致癌性，能诱发食道癌、鼻咽癌、胃癌、肝癌和膀胱癌等，其中最突出的是亚硝胺，另外还有亚硝酰胺、亚硝基脲、亚硝脒以及环状亚硝胺等。

（3）叔胺　脂肪族叔胺由于氮原子上没有氢原子，与亚硝酸作用生成不稳定的水溶性亚硝酸盐，此盐用碱处理又重新游离出脂肪族叔胺。

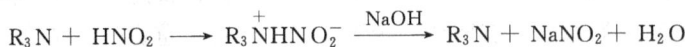

$$R_3N + HNO_2 \longrightarrow R_3\overset{+}{N}HNO_2^- \xrightarrow{NaOH} R_3N + NaNO_2 + H_2O$$

芳香族叔胺与亚硝酸作用时，因为取代氨基的强致活作用，反应产物不生成盐，而是在芳环上引入亚硝基，生成对亚硝基芳香族叔胺，如对位被其他基团占据，则亚硝基取代在邻位上。

对亚硝基-N,N-二甲基苯胺

亚硝基芳香族叔胺在酸性溶液中因互变成醌式盐而呈橘黄色，在碱性溶液中呈翠绿色。

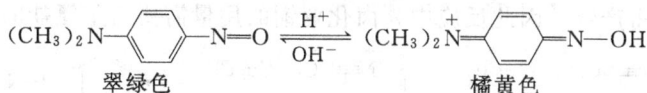

翠绿色　　　　　　　　　橘黄色

由于不同的胺与亚硝酸反应的现象不同，因此可以利用亚硝酸来鉴别伯胺、仲胺和叔胺。

思考题 12-5　用两种化学方法鉴别 4-乙基苯胺、N-乙基苯胺和 N,N-二乙基苯胺。

5. 苯胺的卤代反应

芳香胺中，氨基的孤电子对与芳环形成 p-π 共轭体系，使芳环的电子云密度增大，因此苯胺特别容易在芳环上发生亲电取代反应。例如，苯胺与溴水反应，立即生成不溶于水的 2,4,6-三溴苯胺白色沉淀，反应能定量完成，可用于苯胺的定性与定量分析。

2,4,6-三溴苯胺(白色沉淀)

（五）重氮盐的反应

重氮盐是一个非常活泼的化合物，可发生多种反应，在有机合成上非常有用，可发生取代反应和偶联反应。

1. 取代反应（放氮反应）

重氮基可以被羟基、卤素、氰基和氢原子等取代，放出氮气，生成一般芳香烃亲电取代反应所不能生成的芳香化合物。

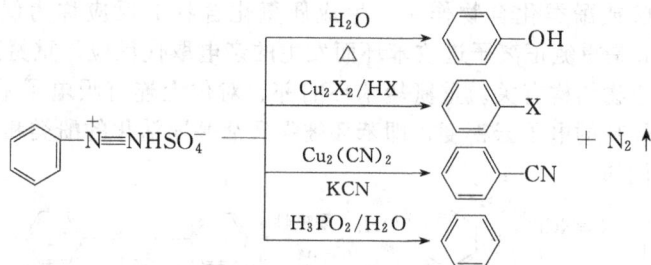

在酸性条件下，当重氮盐的水溶液加热时，则发生水解反应生成酚。该水解反应按 S_N1 机理进行：重氮基是好的离去基团，重氮盐放出氮后生成芳基碳正离子，然后与溶液中的亲核试剂发生亲核取代反应得到产物。基于 Cl^- 或 Br^- 的亲核性比 H_2O 强，易生成卤苯副产

物，而 HSO_4^- 亲核性比 H_2O 弱，可主要得到酚，所以用重氮盐制酚时一般用重氮硫酸盐，同时在较浓的强酸溶液中进行，以避免生成的酚与未反应的重氮盐发生偶合反应。

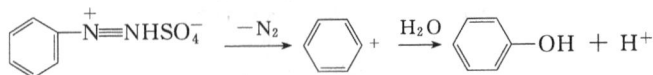

重氮盐与氯化亚铜、溴化亚铜、氰化亚铜反应，分别得到芳基氯、芳基溴和芳腈，这种反应称为桑德迈尔（Sandmeyer）反应。这是在芳环上引入卤素、氰基等的常用方法，它们的反应收率都较高，产物纯度也较好。此反应通常认为是自由基反应历程：重氮盐首先和亚铜盐形成配合物，然后经单电子转移的氧化还原反应，生成芳香自由基，此自由基再与铜盐中的卤原子结合就得产物，因此反应中，卤化亚铜的用量需要与重氮盐的量相当。

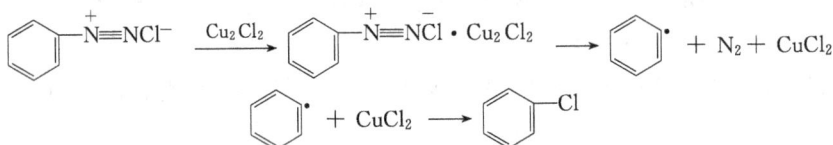

重氮盐与次磷酸（H_3PO_2）或乙醇反应，重氮基被氢原子取代，同时放出氮气，利用此反应可从芳环上除去硝基或氨基。例如：1,3,5-三溴苯无法由苯直接溴代得到，但可由苯胺通过溴代、重氮化再还原制得：

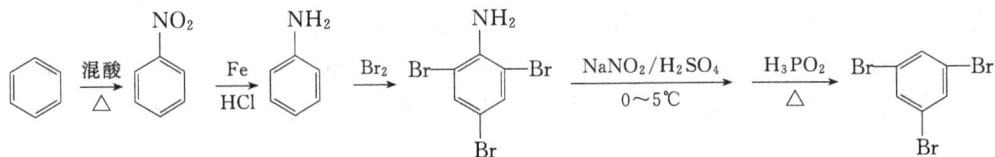

思考题 12-6　从苯合成 3-溴苯酚。

---

2. 偶联反应（留氮反应）

偶氮化合物是偶氮基（—N=N—）两端都与烃基相连的化合物，例如：

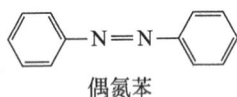

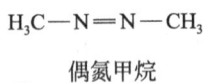

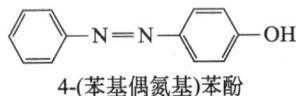

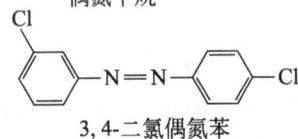

偶氮苯　　　　　　　　　偶氮甲烷

4-(苯基偶氮基)苯酚　　　　　3,4-二氯偶氮苯

重氮盐与芳伯胺或酚类化合物作用，生成偶氮化合物的反应称为偶联反应（coupling reaction）。偶联反应是重氮正离子进攻苯环而发生的亲电取代反应，重氮正离子是弱亲电试剂，反应难易与反应物结构有关。重氮盐苯环的邻、对位上连有吸电子基时，反应活性大；被偶联的芳环具有较高的电子云密度，即苯环被强致活基团活化的酚类和芳香叔胺才发生这种亲电取代反应。例如：

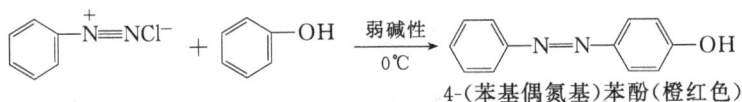

4-(苯基偶氮基)苯酚（橙红色）

重氮盐与酚偶联时，在弱碱性条件下才有利于反应进行。这是因为在弱碱性条件下酚生成酚氧负离子，带负电荷的氧通过 p-π 共轭效应分散到苯环上，使苯环更活化，有利于亲电

试剂重氮正离子的进攻。但反应的碱性也不能太强，当反应液的 pH 大于 10 后，重氮盐转变为重氮酸或重氮酸离子，失去亲电性，使反应淬灭。

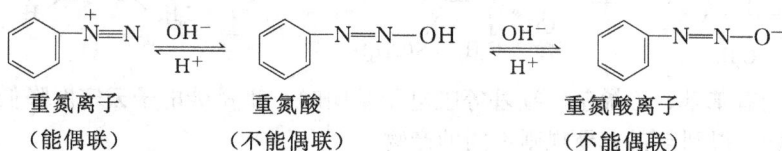

重氮离子　　　　　　重氮酸　　　　　　重氮酸离子
（能偶联）　　　　　（不能偶联）　　　　（不能偶联）

重氮盐与芳香胺偶联反应要在中性或弱酸性溶液（pH 在 5～7）中进行。这是因为在中性或弱酸性溶液中，重氮盐离子的浓度最大，且芳香叔胺是游离的，最有利于发生亲电取代反应。若溶液的酸性太强，芳香胺生成不活泼的铵盐而带正电荷，使苯环电子云密度降低，不利于偶联反应进行。

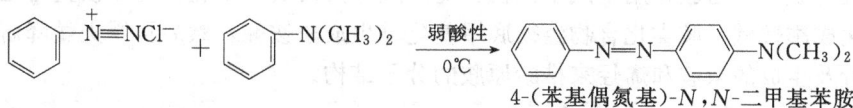

4-(苯基偶氮基)-N,N-二甲基苯胺

偶联反应总是优先发生在对位，若对位被占据，则在邻位上反应，间位不能发生偶联反应。

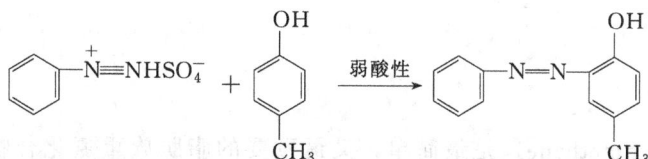

偶氮化合物都有颜色，可用作染料，称为偶氮染料，多用于天然和合成纤维的染色，也用于油漆、塑料、橡胶等的着色。在医学上偶氮染料可用于组织和细胞的染色。在特殊条件下，有部分偶氮染料能分解产生 20 多种致癌芳香胺，这些物质经过活化作用可改变人体的 DNA 结构引起病变和诱发癌症。例如，奶油黄曾用来作为奶油和烹调油的着色剂，现发现其有致癌性，被禁止在食物中使用。"苏丹红"是一种具有偶氮结构的化学染色剂，具有致癌性，对人体的肝肾器官具有明显的毒性作用，它并非食品添加剂，因此在食品中应禁用。

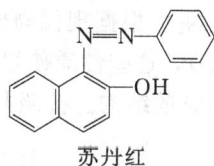

苏丹红

（六）季铵碱的 Hofmann 消除

霍夫曼消除（Hofmann elimination）反应是季铵碱在加热条件下（100～200℃）发生热分解，生成含取代基最少的烯烃和叔胺的反应。

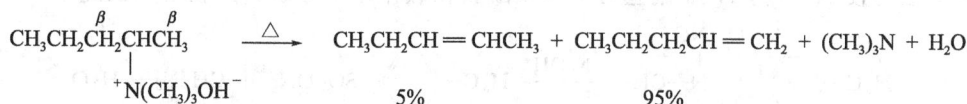

当分子中有几种 β-氢可消除时，可得多种消除产物，但主要产物是取代较少的烯烃，称为霍夫曼规则（Hofmann 规则），这个规则与 Zaitsev 规则相反。

季铵碱加热得到霍夫曼规则产物的主要原因是：季铵碱分子中氮原子带正电荷，它的吸电子诱导效应使 β-氢原子的酸性增加，它最容易受到碱性试剂进攻，结果脱去水和胺生成烯。此外，季铵碱热分解反应是 E2 历程，被消除的氢与离去基团要处于反式共平面的位置，β-氢的空间位阻愈小，愈易被优先消除。因此 β-氢的消除优先顺序如下：—CH$_3$ ＞RCH$_2$—＞R$_2$CH—。例如，下列化合物加热，反式共平面消除主要得反式烯烃。

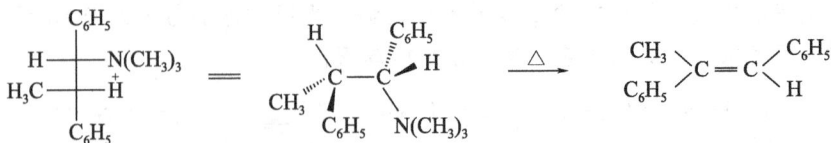

如果 β-碳上有苯基、乙烯基、羰基等吸电子基团时，使 β-碳电子云密度降低，β-氢酸性增加，容易消除，得到与霍夫曼规则不同的产物。

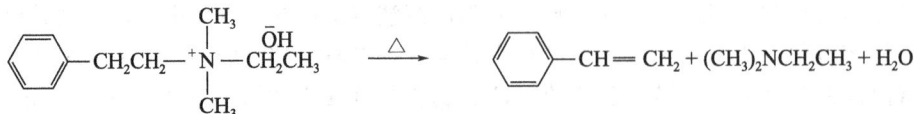

用过量的碘甲烷与胺作用生成季铵盐，此反应称为彻底甲基化。将季铵盐与氢氧化银作用，可转化成季铵碱。胺类化合物经彻底甲基化、生成季铵碱，然后再霍夫曼降解，可从碘甲烷的用量及生成的叔胺和烯烃来推断原胺的分子结构。

思考题 12-7 写出 2-氨基-3-甲基戊烷彻底甲基化、生成季铵碱，然后再进行霍夫曼降解的反应式。

(七) 重氮甲烷

重氮甲烷（diazomethane）是最简单，又最重要的脂肪族重氮化合物，它的分子式是 CH_2N_2。根据现代物理方法的测定，重氮甲烷是一个线形分子，具有不太高的偶极矩（$\mu = 1.4D$），这些性质使得重氮甲烷的结构比较特别，目前尚无法用一个单独的结构式来完满地表示它的结构。按照共振论的观点，它应是下列共振结构的共振杂化体：

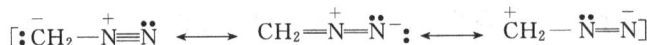

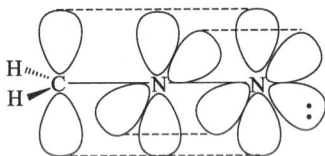

$$[\overset{-}{:}CH_2-\overset{+}{N}\equiv\overset{\cdot\cdot}{N} \longleftrightarrow CH_2=\overset{+}{N}=\overset{\cdot\cdot}{N}:^{-} \longleftrightarrow \overset{+}{CH_2}-\overset{\cdot\cdot}{N}=\overset{-}{N}]$$

图 12-6　重氮甲烷的结构

价键理论则认为，重氮甲烷的分子内一个碳原子和两个氮原子上的 p 电子互相重叠而形成三个原子的大 π 键，因而导致了 π 电子的离域和键长的平均化，使其分子的极性不高。重氮甲烷的结构见图 12-6。

重氮甲烷为黄色气体，沸点 $-23℃$，剧毒，具有爆炸性，能溶于乙醚。由于它在溶液中比较稳定，通常都使用其乙醚溶液。重氮甲烷很难用甲胺和亚硝酸直接作用制得，最常用而又非常方便的制备重氮甲烷的方法是使 N-甲基-N-亚硝基对甲苯磺酰胺在碱作用下分解，产物溶于乙醚中。

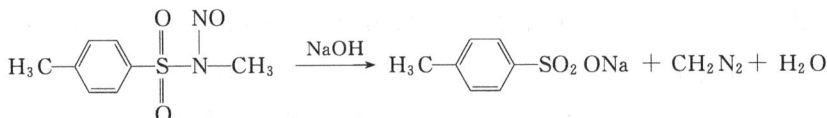

重氮甲烷的化学性质十分活泼，能发生多种类型的化学反应，而且反应条件温和，副反应少，是重要的有机合成试剂。

1. 与酸性化合物反应

重氮甲烷能与酸反应生成酯，与酚反应生成醚，使活泼氢转变成甲基并放出氮气，是一个优良的甲基化试剂。例如：

$$RCOOH + CH_2N_2 \longrightarrow RCOOCH_3 + N_2\uparrow$$

醇羟基的氢活泼性较低，一般不与重氮甲烷反应，但如果用氟硼酸（HBF_4）作催化剂时，可发生反应生成甲基醚类化合物。

重氮甲烷作为甲基化试剂，其反应产率一般很高，所以许多具有活泼氢的天然产物都采用此反应进行甲基化。

2. 分解成卡宾反应

卡宾（carbene）又称为碳烯，是 $H_2C:$ 及其取代衍生物的总称。最简单的碳烯是亚甲基，它可由重氮甲烷经光或加热分解产生：

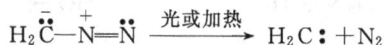

卡宾为两价碳的活性中间体，具有两个非成键电子，以单线态和三线态形式存在。单线态卡宾碳原子采取 sp^2 杂化，两个非成键电子处于 sp^2 杂化轨道，自旋方向相反，能量较高。三线态卡宾碳原子采取 sp 杂化，两个非成键电子处于不同的 sp 杂化轨道，自旋方向相同，能量较低。

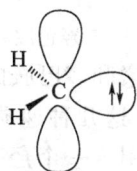 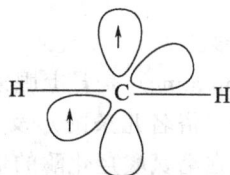

单线态　　　　　　　　　三线态

卡宾是一种活泼的反应中间体，存在的时间极短，一般在反应过程中产生，生成后立即进行下一步反应。例如，卡宾只有六个价电子，是缺电子基团，亲电性较大，可以与烯烃或炔烃的 π 键发生加成反应，生成环丙烷的衍生物。

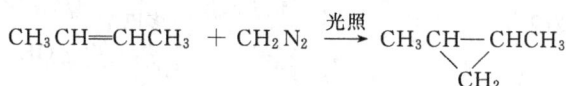

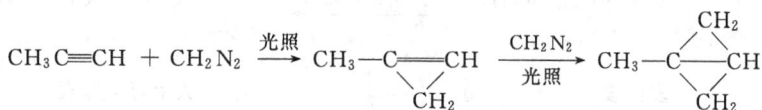

卡宾可以插入 C—H 键中，由于对伯、仲和叔氢没有选择性，得到混合产物，所以在合成上没有意义。

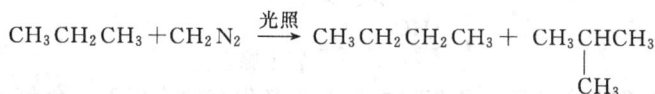

思考题 12-8 完成下列反应。

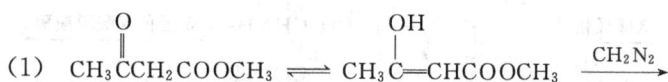

(2)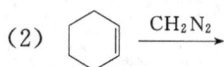

三、生源胺的生物合成及其意义

神经系统通过化学物质传递信息的过程称为化学传递，在化学突触传递中担当信使的特定化学物质称为神经递质。神经递质分为四类：生源胺类、乙酰胆碱类、氨基酸类、肽类。

生源胺类神经递质是最先发现的一类，主要有肾上腺素、去甲肾上腺素、多巴胺、5-羟色胺。它们的名称和结构如下：

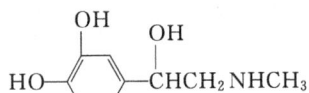
肾上腺素

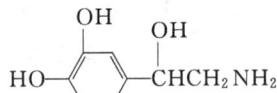
去甲肾上腺素

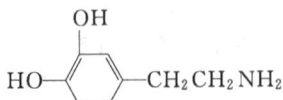
多巴胺

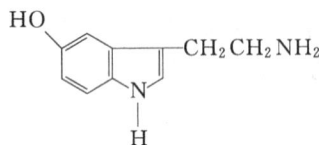
5-羟色胺

儿茶酚胺（catecholamine）是肾上腺素、去甲肾上腺素和多巴胺的总称，它们的结构共同特点是含有邻苯二酚（俗名儿茶酚）及 β-苯乙胺结构，这几种递质有共同的生物合成途径。神经元内的酪氨酸在酪氨酸羟化酶的催化下，苯环上引入一个羟基转化为多巴，然后再在有关酶的作用下依次转化为多巴胺、去甲肾上腺素和肾上腺素。

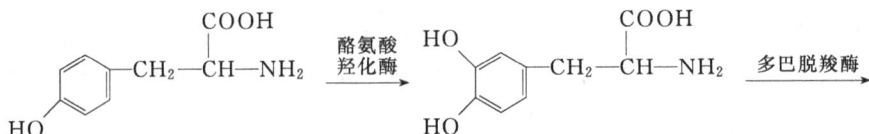

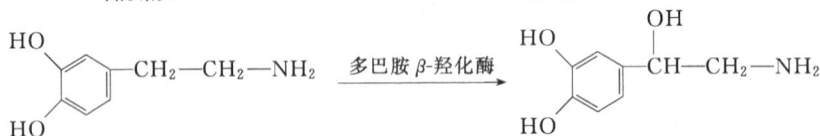

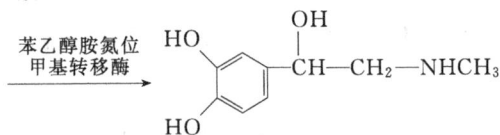
肾上腺素

5-羟色胺的生物合成途径是：色氨酸在色氨酸羟化酶的作用下，色氨酸 5 位羟基化，生成 5-羟色氨酸，然后再经 5-羟色氨酸脱羧酶的作用，脱羧成 5-羟色胺。

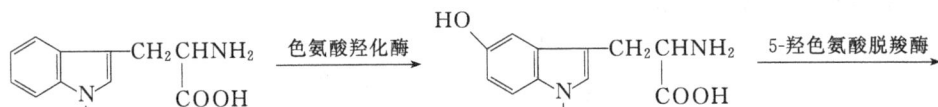

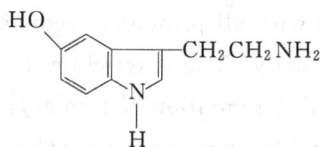

HO—[indole ring]—CH₂CH₂NH₂ structure

$$\text{HO}\quad\text{CH}_2\text{CH}_2\text{NH}_2$$

5-羟色胺

肾上腺素（adrenalinum）的化学名称为 1-(3,4-二羟基苯基)-2-甲氨基乙醇，它是一种神经递质，也是一种激素。肾上腺素为白色或黄白色结晶性粉末，无臭而味苦，微溶于水，易溶于无机酸或氢氧化钠溶液，不溶于乙醇、氯仿和乙醚有机溶剂。肾上腺素可使心脏收缩力上升；心脏、肝和筋骨的血管扩张以及皮肤、黏膜的血管缩小。临床上肾上腺素用于因心力衰竭引起的心跳停止、治疗支气管哮喘等。

去甲肾上腺素（norepinephrine）的化学名称为 1-(3,4-二羟苯基)-2-氨基乙醇，在化学结构上属于儿茶酚胺。它既是一种神经递质，也是一种激素。肾上腺素为白色或几乎白色结晶粉末；无臭，味苦，遇光和空气易变质。在水中易溶，在乙醇中微溶，在氯仿或乙醚中不溶。儿茶酚胺类药物是强烈的 α 受体激动药，同时也激动 β 受体。用于治疗急性心肌梗死、体外循环引起的低血压等。

多巴胺（dopamine）的化学名称为 4-(2-乙氨基)苯-1,2-二醇，简称 DA，是一种神经传导物质，主要负责大脑的情欲、感觉，将兴奋及开心的信息传递，也与上瘾有关。阿尔维德-卡尔森等三人因研究确定多巴胺为脑内信息传递者的角色而获得 2000 年诺贝尔生理或医学奖。多巴胺常用其盐酸盐，为白色或类白色有光泽的结晶；无臭，味微苦；露置空气中及遇光色渐变深。易溶于水，微溶于无水乙醇，难溶于氯仿或乙醚。临床上可用于心肌梗死、创伤、内毒素败血症、心脏手术、肾功能衰竭、充血性心力衰竭等引起的休克综合征。

5-羟色胺（5-hydroxytryplamine，5-HT）的化学名称 3-(2 -氨乙基)-1H -吲哚-5-醇，最早是从血清中发现的，又名血清素（serotonin）。5-HT 作为神经递质，主要分布于松果体和下丘脑，可能参与痛觉、睡眠和体温等生理功能的调节。中枢神经系统 5-HT 含量及功能异常可能与精神病和偏头痛等多种疾病的发病有关。

Summary

Nitrogen-containing compounds are playing a vital role in organic chemistry. Nitro compounds are those with a carbon directly attached to the nitrogen of a nitro group. The hybridization of the nitrogen atom of nitro group is sp² hybridized, the distances between two oxygen atoms and the nitrogen atom are equal with the bond length of 121 pm. Aliphatic nitro compounds show acidic nature of the α-hydrogens, while aromatic nitro compounds are known for reduction reaction to form anilines.

Amines are derivatives of ammonia in which one or more of the hydrogens have been replaced by an alkyl or aryl group, classified as aliphatic and aromatic amines. They may be primary, secondary, or tertiary, depending on whether one, two, or all the three hydrogen atoms of ammonia are replaced by alkyl or aryl groups. The basic character of amines is due to the presence of unshared electron pair on nitrogen atom, which can accept proton.

Acyl chlorides and acid anhydrides can react with primary and secondary amines to form amides, but not with tertiary amines due to the absence of a replaceable hydrogen atom.

However, alkyl halides can react with all primary, secondary, and tertiary amines to form quaternary ammonium salts eventually. The tosyl chloride (Hinsberg reaction) and nitrous acid are chemical regents for the differentiation of primary, secondary and tertiary amines.

Amines react with nitrous acid to give diazonium salts. The alkyl diazonium salts spontaneously decompose by losing N_2 to produce a mixture of alkenes, alcohols, or alkyl halides. Primary aromatic amines with nitrous acid form more stable diazonium salts, which undergo various substitution reactions as well as coupling reactions with electron-rich aromatic compounds to form azo compounds.

Diazomethane (CH_2N_2) is one of the most common diazo compounds, by photolysis which produces a carbene, a very active intermediate that is usually used as a methylating reagent.

Elimination of quaternary ammonium hydroxides under thermal conditions to form alkenes and tertiary amine is known as Hofmann elimination. The alkene products are preferentially formed with fewer substituents and generally the least stable, an observation known as the Hofmann rule.

Neurotransmitters are endogenous chemicals which transmit signals from a neuron to a target cell across a synapse, or messengers of neurologic information from one cell to another. There are five established biogenic amine neurotransmitters: dopamine, norepinephrine (noradrenaline), epinephrine (adrenaline), histamine, and serotonin (5-hydroxytryplamine). They act primarily as neurotransmitters and are capable of affecting mental function.

习 题

1. 写出下列化合物的结构式。

(1) 对硝基乙酰苯胺　　(2) 对甲基苯胺盐酸盐　　(3) 5-二甲氨基-2-甲基-庚烷

(4) 氢氧化双乙基双（甲基）铵　　(5) N-甲基-N-乙基苯胺　　(6) 环戊基（乙基）甲基胺

2. 命名下列化合物。

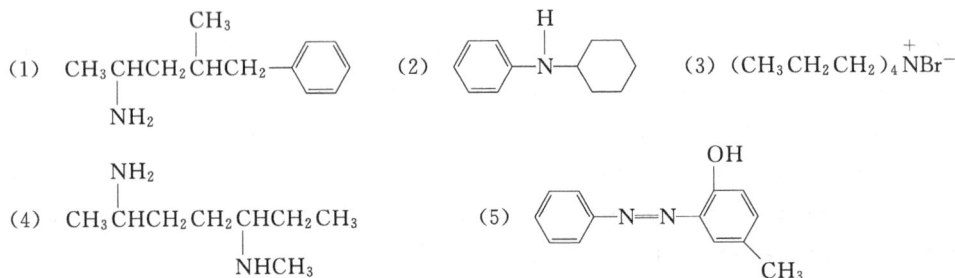

(1) $CH_3CHCH_2CHCH_2-\langle \text{benzene ring} \rangle$ 带 CH_3 和 NH_2 取代基

(2) $\langle \text{benzene} \rangle - \overset{H}{\underset{}{N}} - \langle \text{cyclohexane} \rangle$

(3) $(CH_3CH_2CH_2)_4N^+Br^-$

(4) $CH_3CHCH_2CH_2CHCH_2CH_3$ 带 NH_2 和 $NHCH_3$ 取代基

(5) $\langle \text{benzene} \rangle - N=N - \langle \text{phenol ring with OH and CH}_3 \rangle$

3. 将下列化合物按碱性排列。

(1) 苯胺、硝基苯、对硝基苯胺、对甲基苯胺

(2) 乙胺、乙酰胺、氢氧化四乙基铵、氨、二乙胺、苯胺

4. 写出下列反应的主要产物。

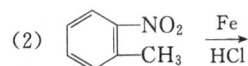

(1) $CH_3CH_2NO_2 + NaOH \longrightarrow$

(2) $\langle \text{benzene} \rangle \overset{-NO_2}{\underset{-CH_3}{}} \xrightarrow[\text{HCl}]{\text{Fe}}$

(3) $+ CH_3$—⟨⟩—$SO_2Cl \longrightarrow$

(4) $\xrightarrow{HNO_2}$

(5) $\xrightarrow[HCl]{Cu_2Cl_2}$

(6) O_2N—⟨⟩—$\overset{+}{N}\!\!=\!\!NHSO_4^- \xrightarrow{H_2PO_2/H_2O}$

(7) $+$ $\xrightarrow[0℃]{弱酸性}$

(8) $+ :CH_2N_2 \longrightarrow$

(9) $CH_3CH_2\underset{\underset{NH_2}{|}}{C}HCH_3 \xrightarrow[过量]{CH_3I} ? \xrightarrow{AgOH} ? \xrightarrow{\triangle} ?$

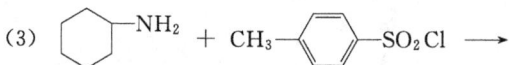

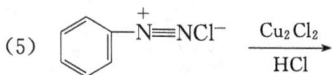

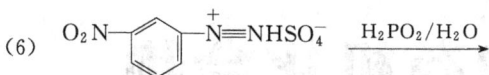

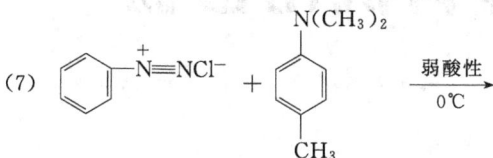

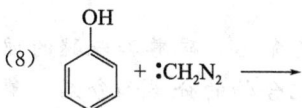

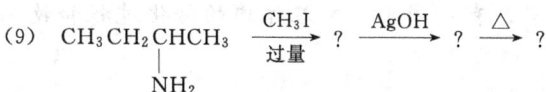

5. 用化学方法鉴别下列化合物。

(1) 苯酚、苯胺、乙酰苯胺、硝基乙烷

(2) 对甲基苯胺、N-甲基苯胺、N,N-二甲基苯胺、氯化四甲基铵

6. 试完成下列合成。

(1) 以乙酰苯胺为原料合成对溴苯酚。

(2) 以对硝基甲苯为原料合成间溴苯甲酸。

7. 化合物 A 的分子式为 $C_7H_7O_2N$，无碱性，还原后生成化合物 B（C_7H_9N），B 有碱性。B 的盐酸盐与亚硝酸反应，加热后能放出氮气，同时生成对甲苯酚。写出化合物 A 的结构式。

8. 化合物 A 的分子式为 $C_5H_{11}NO_2$，能被还原为 B（$C_5H_{13}N$），B 用过量碘甲烷处理后再用氢氧化银处理得 C，C 的分子式为 $C_8H_{21}NO$，加热 C 分解成三甲胺和 2-甲基丁-1-烯，试写出 A 的结构式。

（广西医科大学　吴峥）

第十三章

含硫、磷、砷有机化合物

内容提示

本章主要介绍：含硫、磷、砷有机化合物的结构特点与命名；硫醇和硫醚的理化性质，含巯基化合物的生物活性，磺胺的合成；含磷有机化合物的分类和命名，磷酸酯的生物学意义，有机磷农药的结构特点，有机磷杀虫剂在体内的转化过程和致死机理；有机砷化合物的结构。

含硫有机化合物是一类重要的生物有机化合物，是生命运动不可缺少的物质。例如，二硫键在蛋白质的结构中扮演着重要角色，对于维持蛋白质分子的天然构象和稳定性起着重要作用。青霉素、头孢菌素和维生素 B_1 等都是常用的含硫药物。某些二巯基化合物是重金属中毒或糜烂化学毒剂的解毒剂。

磷是与生命过程密切相关的元素，在维持生命过程中起着重大作用。例如，细胞膜的构建，形成 DNA 和 RNA 的主链都是磷酸的衍生物。此外，有机磷化合物具有强烈的生物活性，使其在农药领域有着广泛用途。

在学完本章后，你应该能够回答以下问题：

1. 硫与氧形成的有机化合物有何异同？硫为何能形成高价的有机化合物？
2. 硫醇的酸性强于醇的原因是什么？
3. 重金属的解毒剂在化学结构上有什么特点？
4. 硫醇与二硫化合物之间的氧化还原在生物学上有何意义？
5. 常见含磷有机化合物有几种类型？如何命名？
6. 有机磷杀虫剂主要有哪几种类型？氯磷定是如何起解毒作用的？

一、有机硫化合物

有机硫化合物（organosulfur compound）是分子中碳与硫原子直接相连的有机化合物。氧的电子构型为 $1s^2 2s^2 2p^4$，硫的电子构型为 $1s^2 2s^2 2p^6 3s^2 3p^4$，氧和硫在周期表中同为第Ⅵ主族元素，由于这两个元素的价电子结构相似，因此硫能形成与含氧化合物相当的一系列含硫化合物，如硫醇、硫酚、硫醚、硫醛、硫酮、二硫化物、硫羰酸、硫羟酸。

氧和硫在形成二价化合物方面有相似之处，但在形成高价化合物方面两者有差别。硫原子可利用 3d 轨道形成四价或六价化合物，而氧则没有对应的化合物。例如，亚砜和亚磺酸为硫的四价有机化合物；砜和磺酸为硫的六价有机化合物。本节重点讨论硫醇和硫醚。

（一）硫醇和硫醚的结构与命名法

醇分子中的氧原子被硫原子替代的化合物称为硫醇（thiol），通式为 RSH，硫醇的官能团—SH 称为巯基（mercapto group），又称为氢硫基。硫醇中的硫采取 sp^3 杂化，硫上两对孤对电子各占据一个 sp^3 杂化轨道，剩下的两个 sp^3 杂化轨道分别与碳或氢形成 σ 键。甲硫醇中 C—S 键长 182pm，S—H 键长 133.5pm，键角∠CSH 为 100.3°。

醚分子中的氧原子被硫原子替代的化合物称为硫醚（sulfide），其通式为 R—S—R，硫醚键（C—S—C）是硫醚的官能团。硫醚分子中的硫采取 sp^3 杂化，两个 sp^3 杂化轨道分别与两个硫形成 σ 键。硫上两对孤对电子各占据一个 sp^3 杂化轨道。甲硫醚中，C—S 键长 180pm，键角∠CSC 为 98.9°。

硫醇和硫醚的命名与醇和醚相似，只是把"醇"改为"硫醇"，"醚"改为"硫醚"。在含有巯基的化合物中，巯基可作为取代基命名。硫醇的英文系统命名是将相应醇的词尾 ol 改为 thiol。硫醚在两个烃基名称之后加单词 sulfide。

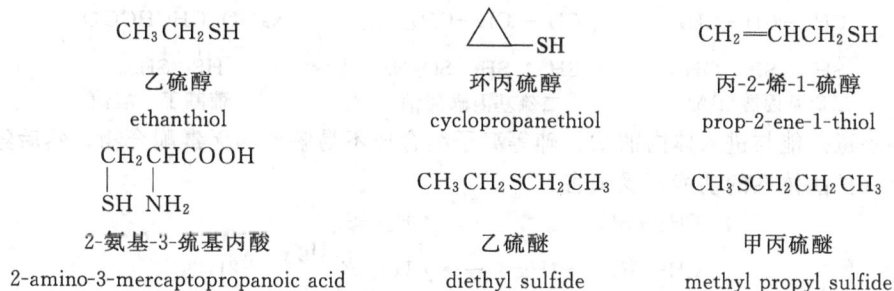

CH₃CH₂SH

乙硫醇
ethanthiol

△—SH

环丙硫醇
cyclopropanethiol

CH₂=CHCH₂SH

丙-2-烯-1-硫醇
prop-2-ene-1-thiol

CH₂CHCOOH
|
SH NH₂

2-氨基-3-巯基丙酸
2-amino-3-mercaptopropanoic acid

CH₃CH₂SCH₂CH₃

乙硫醚
diethyl sulfide

CH₃SCH₂CH₂CH₃

甲丙硫醚
methyl propyl sulfide

思考题 13-1 命名下列化合物。

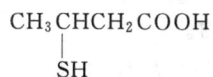

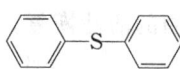

CH₂—CH₂
| |
SH   OH

CH₃CHCH₂COOH
|
SH

⬡—COOH
 —SCH₃

⬡—S—⬡

（二）硫醇和硫醚的物理性质

由于硫的电负性比氧小，而原子半径又比氧大，硫醇分子之间及硫醇与水分子之间形成氢键的能力较弱，较难缔合。因此与同碳原子数的醇相比，硫醇在水中溶解度低，沸点也比相应醇低。例如，甲醇的沸点为 65℃，而甲硫醇的沸点为 6℃。

低级硫醇具有极其难闻的臭味，如乙硫醇在空气中的浓度达 10^{-11} g·L^{-1} 时，即能被人所感觉到其臭味。工业上常把低级硫醇作为臭味剂使用，如在燃料气中加入少量叔丁硫醇或乙硫醇，可用来提示人们对煤气管道漏气的警觉。随着硫醇碳原子数增加，臭味逐渐变弱，大于 9 个碳的硫醇已没有臭味。

低级硫醚是一些有特殊气味的液体，如大蒜头和葱头中含有乙硫醚和烯丙基硫醚等。硫醚因不能与水形成氢键而不溶于水，可溶于醇和醚中，沸点比相应的醚高。例如：甲硫醚沸点为 37.6℃，而甲醚沸点为 -24℃。

（三）硫醇和硫醚的化学性质

1. 硫醇的酸性

硫醇的酸性比相应的醇强，因为硫化氢（$pK_a=7.04$）酸性比水（$pK_a=15.7$）强，与此相似，乙硫醇（$pK_a=10$）的酸性比乙醇（$pK_a=18$）强得多。硫醇具有酸性的原因是硫原子半径比氧原子半径大，S—H 键的键长（182pm）比 O—H 键长（144pm）长，易被极化，所以巯基中的氢易解离而显酸性。醇不能与氢氧化钠生成盐，而硫醇和氢氧化钠可形成稳定的盐。

$$CH_3CH_2SH + NaOH \longrightarrow CH_3CH_2SNa + H_2O$$

硫醇可与重金属（Hg^{2+}、Pb^{2+}、Ag^+、Cu^{2+}）的氧化物或盐作用，生成不溶于水的硫醇盐。

$$2RSH + HgO \longrightarrow Hg(SR)_2 \downarrow + H_2O$$
$$2RSH + Pb(CH_3COO)_2 \longrightarrow Pb(SR)_2 \downarrow + 2CH_3COOH$$

在生物体内，许多蛋白质和酶中都发现有巯基存在，酶中的巯基与重金属盐结合，可使酶失去活性而丧失正常的生理功能，从而引起人畜中毒。医学上利用硫醇与重金属生成稳定盐的性质，制备了几种水溶性较大的邻二硫醇类化合物，作为重金属中毒的解毒剂。例如：

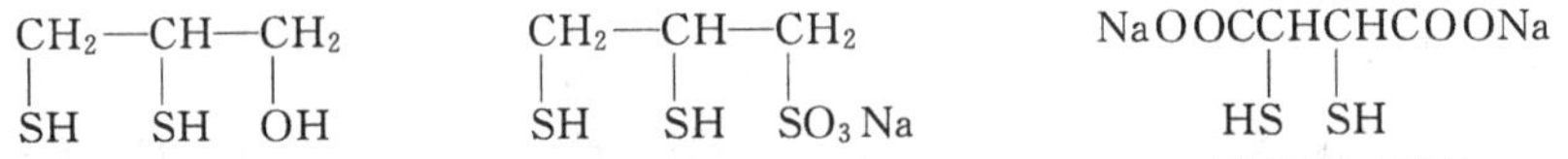

二巯基丙醇（BAL）　　　二巯基丙磺酸钠　　　二巯基丁二酸钠

这些解毒剂能与进入体内的汞、砷等离子结合成不易解离的无毒配合物，然后经尿排出体外，以保护酶体系的功能不受损害。

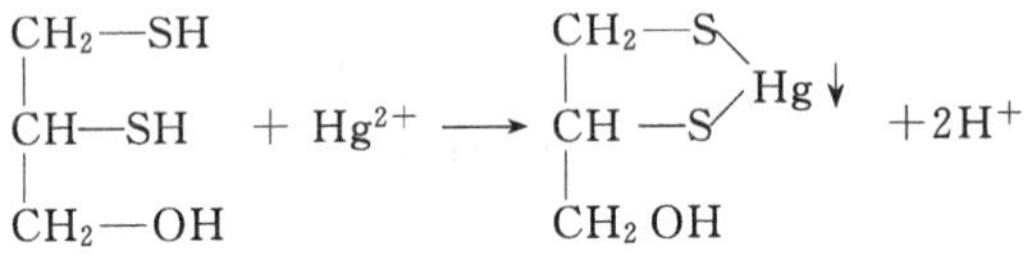

此外，这些解毒剂可以夺取已与体内蛋白质或酶结合的重金属，形成五元环的稳定配合物，再经尿排出，使酶的活性恢复，从而达到解毒的目的。

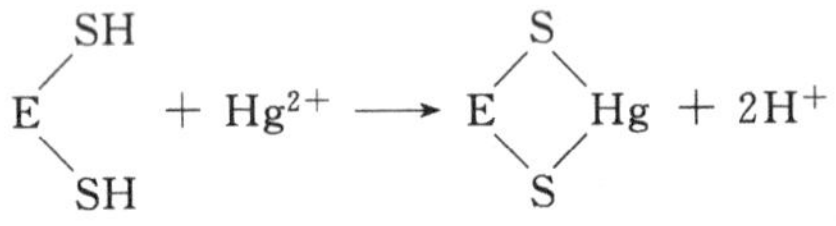

活性酶　　　　　中毒酶

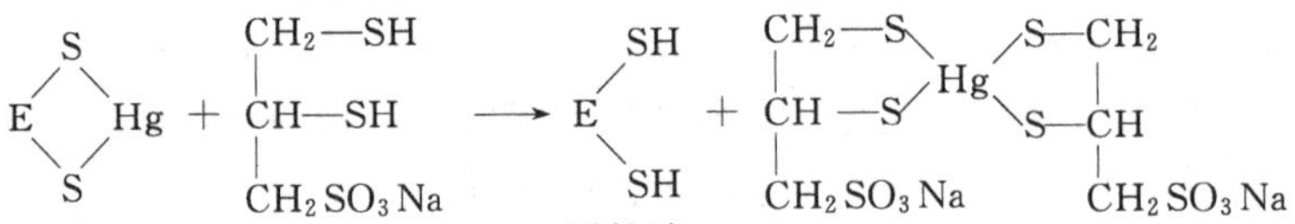

中毒酶　　　　　　　　　　活性酶

如果酶的巯基与重金属离子结合过久，酶已失活则难以恢复。所以重金属中毒应尽早用药治疗。

2. 硫醇的氧化反应

硫醇在空气中或与弱氧化剂，如碘、稀过氧化氢作用，被氧化成二硫化物（disulfide）。硫醇的氧化不像醇那样发生在与羟基相连的 α-碳上，而是在硫原子上，并且硫氢键比氧氢键容易断裂，所以硫醇远比醇易被氧化。

$$2RSH \xrightarrow[\text{[H]}]{\text{[O]}} R\text{—S—S—}R$$

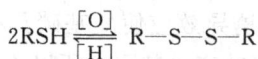

二硫化合物中含有二硫键（—S—S—）（disulfide bond），它可以用温和的还原剂（如 $NaHSO_3$、$Zn+HAc$）还原成硫醇。硫醇和二硫化合物之间的氧化还原反应在温和条件下就可以发生，这对于体内的蛋白质化学反应是很重要的。例如，在酶的作用下，半胱氨酸经氧化可生成胱氨酸。

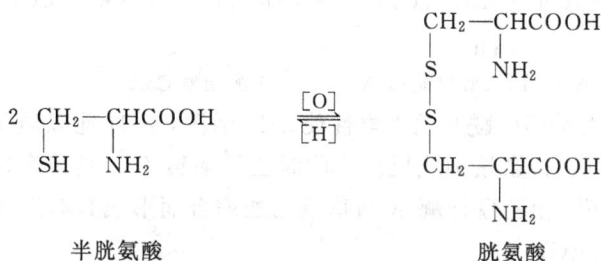

半胱氨酸　　　　　　　　　胱氨酸

硫醇用强氧化剂，如高锰酸钾、硝酸、高碘酸、浓硫酸等氧化，经过中间产物次磺酸、亚磺酸，最后氧化生成磺酸。

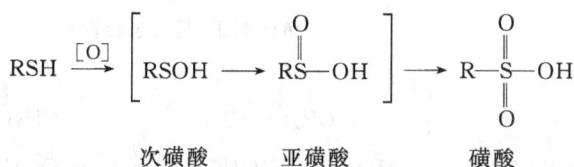

次磺酸　　　亚磺酸　　　　磺酸

3. 硫醇酯化反应

与醇相似，硫醇也可以与羧酸作用生成羧酸硫醇酯。硫醇与羧酸进行酯化时，羧酸分子提供羟基，而硫醇提供氢原子形成 H_2O。

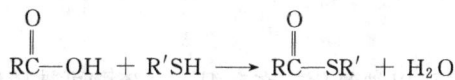

在生物体内具有重要作用的硫醇酯是乙酰辅酶 A。辅酶 A 是由腺苷-3′-磷酸、焦磷酸、泛酸和 β-氨基乙硫醇构成的分子。辅酶 A 结构式如下：

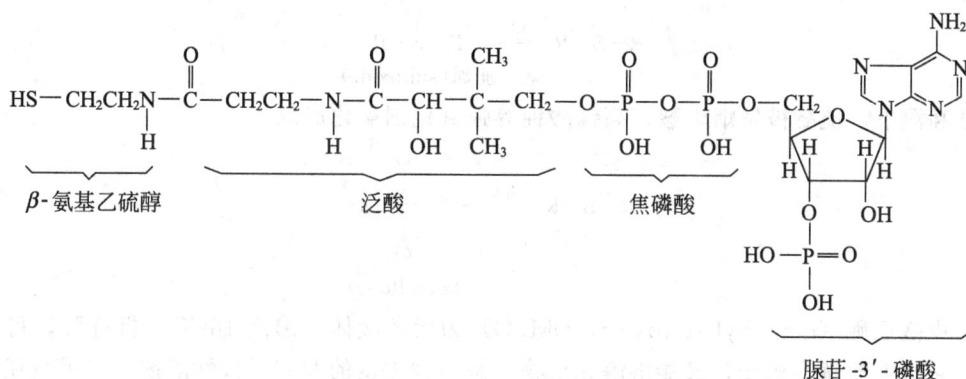

β-氨基乙硫醇　　　　　泛酸　　　　　　焦磷酸　　　　　　　　　腺苷 -3′- 磷酸

辅酶 A 用 HSCoA 表示，活性基团为—SH，其可与羧酸形成硫醇酯。例如，辅酶 A 的巯基乙酰化，可生成乙酰辅酶 A。

辅酶 A　　　　乙酰辅酶 A

乙酰辅酶 A 中硫原子的吸电子诱导效应使酰基碳具有较大的正电性，羰基易于受到亲核试剂的进攻，而—SCoA 是一个好的离去基团，所以乙酰辅酶 A 能起乙酰化的作用，可看作是生物分子的酰化剂。例如：生物体内，由乙酰辅酶 A 与丙二酸单酰辅酶 A 合成乙酰辅酶 A 开始，经过多次循环，合成长链脂肪酸。

$$CH_3\overset{O}{\overset{\|}{C}}\text{—SCoA} + CH_2\overset{O}{\overset{\|}{C}}\text{—SCoA} \xrightarrow{\text{酶}} CH_3\overset{O}{\overset{\|}{C}}CH_2\overset{O}{\overset{\|}{C}}\text{—SCoA} + CO_2 + HSCoA$$
$$\underset{\text{COOH}}{|}$$

乙酰辅酶 A　　　丙二酸单酰 CoA　　　　　3-酮脂酰 CoA

此外，乙酰辅酶 A 分子中酰基的正电性使 α-H 活泼，α-H 能以质子形式解离，所生成的负碳离子能与 C=O 进行亲核加成反应，此时乙酰辅酶 A 又具有亲核试剂的功能。在生物体内，在酶的催化下，由乙酰辅酶 A 与草酰乙酸缩合而形成具有三个羧基的柠檬酸，从而开始三羧酸循环（TAC）。

$$CH_3\overset{O}{\overset{\|}{C}}\text{—SCoA} \rightleftharpoons \overset{-}{C}H_2\overset{O}{\overset{\|}{C}}\text{—SCoA} + H^+$$

负碳离子(具有亲核性)

草酰乙酸　　　　　　　　　　　　　　　　　柠檬酸

4. 硫醚氧化

硫醚的一个重要性质是可以被氧化，在室温下，硫醚可被硝酸、三氧化铬或过氧化氢氧化成亚砜。

$$R\text{—S—R} \xrightarrow{[O]} R\overset{O}{\overset{\|}{S}}R$$

亚砜(sulfoxide)

在高温下，硫醚被发烟硝酸、高锰酸钾等强氧化剂氧化成砜。

$$R\text{—S—R} \xrightarrow{2[O]} R\overset{O}{\underset{O}{\overset{\|}{\underset{\|}{S}}}}R$$

砜(sulfone)

二甲基亚砜（dimethyl sulfoxide，DMSO）为无色液体，沸点 189℃，极性强，可与水混溶。它既能溶解有机物，又能溶解无机物，是一种优良的非质子极性溶剂。二甲基亚砜对皮肤有较强的穿透力，当药物溶于 DMSO 中可促使药物渗入皮肤，因此可作为药物的促渗剂。

硫醚类药物在代谢过程中可被氧化成亚砜或砜。有些硫醚药物的代谢氧化产物可提高生物活性；有些硫醚药物代谢氧化后才具有生物活性。例如，抗精神失常药物硫利哒嗪经氧化代谢后生成亚砜化合物美索哒嗪，其抗精神失常活性比硫利哒嗪高一倍。

硫利哒嗪 → 美索哒嗪

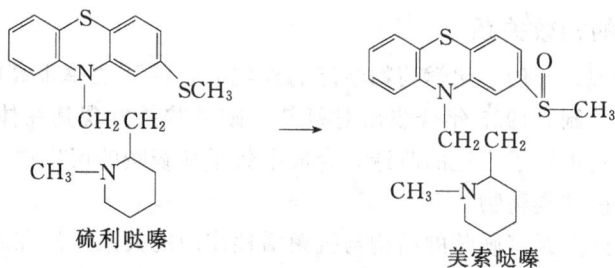

非甾体抗炎药舒林酸经氧化代谢生成亚砜化合物后才有效。

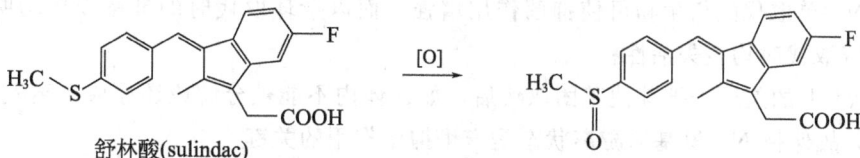

舒林酸(sulindac)

思考题 13-2 完成下列反应。

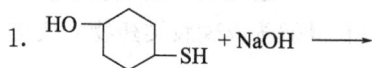

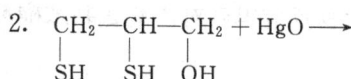

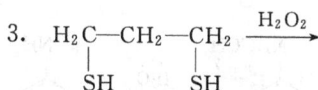

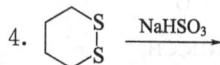

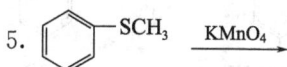

1. + NaOH ⟶

2. $CH_2-CH-CH_2$ + HgO ⟶
      SH   SH   OH

3. $H_2C-CH_2-CH_2$ $\xrightarrow{H_2O_2}$
      SH   SH

4. $\xrightarrow{NaHSO_3}$

5. $\xrightarrow{KMnO_4}$

（四）磺胺类药物的合成

磺胺类药物（sulfa-drugs）是一类具有对氨基苯磺酰胺基本结构的药物。对氨基苯磺酰胺（简称磺胺，sulfanilamide）的分子结构中有两个氨基，磺酰氨基中的氮原子称为 N^1，对氨基中的氮原子称为 N^4。磺胺为无色或白色结晶粉末，无臭，遇日光渐变深。溶于丙酮、甘油、盐酸、沸水及苛性碱溶液，微溶于水，不溶于氯仿、醚和苯。

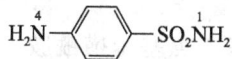

$H_2\overset{4}{N}$—⬡—$SO_2\overset{1}{N}H_2$ H_2N—⬡—$COOH$

对氨基苯磺酰胺   对氨基苯甲酸
(4-aminobenzene sulfonamide)   (4-aminobenzoic acid)

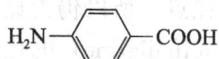

1. 磺胺类药物的抑菌机制

磺胺类药物的抑菌机制通常认为是磺胺类药物能与细菌生长所必需的对氨基苯甲酸（PABA）产生竞争性拮抗，干扰了细菌的酶系统对 PABA 的利用，从而使细菌不能生长，因此具有抑菌作用。磺胺类药物之所以能与 PABA 产生竞争性拮抗，是由于两者分子大小和电荷分布极为相似，使细菌在合成二氢叶酸时，二氢叶酸合成酶难于识别两者，磺胺类药物可取代 PABA 在叶酸结构中的位置，生成无功能的二氢叶酸类似物，最终妨碍了二氢叶酸的合成供给，造成细菌不能生长，因此磺胺药也就成为二氢叶酸合成酶的抑制剂。人体可以自食物中摄取二氢叶酸，因此不受磺胺类药物的影响，而微生物靠自身合成二氢叶酸，一旦二氢叶酸合成受阻，微生物的生命就不能继续。

2. 磺胺类药物的构效关系

磺胺类药物的发现，开创了化学药物治疗的新纪元，使死亡率很高的细菌性疾病肺炎、脑膜炎等得到了有效控制。1935 年合成出对氨基苯磺酰胺并发现其在体内外均具有抑菌作用。此后，对磺胺结构进行了广泛的改造，合成了数千种磺胺的衍生物，从中筛选出了一些疗效高、副作用小的磺胺类药物。

磺胺类药物的构效关系（磺胺的结构与抗菌活性作用的关系）研究表明：

(1) 氨基与磺酰氨基在苯环上必须互成对位，邻位或间位异构体均无抑菌作用；

(2) N^1-单取代的衍生物可使抑菌作用增强，而以杂环取代时的抑菌作用均明显增加，N^1，N^1-双取代时均丧失活性；

(3) N^4 上的氢原子被其他基团取代后，如在体内不能被分解或还原成游离氨基，则无抗菌活性，故保持 N^4-氨基的游离状态是产生抑菌作用的关键。

3. 磺胺类药物的合成

磺胺的合成是以乙酰苯胺为原料，利用氯磺化反应制备对乙酰氨基苯磺酰氯，然后再与氨或氨的衍生物反应得到对乙酰氨基苯磺酰胺，最后水解制得磺胺或磺胺类药物。反应过程如下：

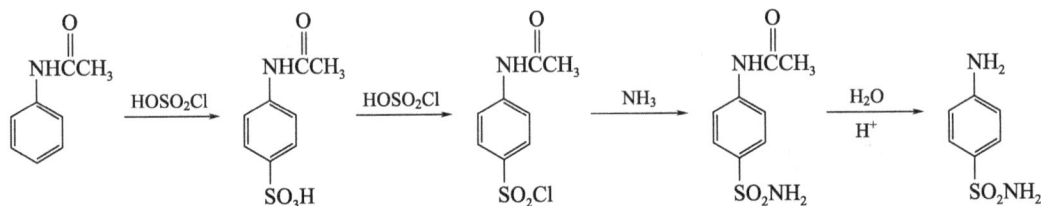

合成过程理论上需要 2mol 氯磺酸，反应先经过中间体芳基磺酸，而磺酸进一步与氯磺酸作用得到磺酰氯。磺酰氯是制备一系列磺胺类药物的基本原料。制备磺胺时不必将4-乙酰氨基苯磺酰氯干燥或进一步提纯，下一步为水溶液反应，但必须马上使用，不能长久放置。

磺胺类药物是 20 世纪 30 年代发现的能有效防治全身性细菌性感染的第一类化学治疗药物。40 年代以后由于青霉素等抗生素的出现，磺胺类药物在化学治疗药物中的地位下降，但由于磺胺类药物能透过血脑屏障，用于预防及治疗流行性脑炎，具有疗效良好、使用方便、价格低廉等优点，所以仍为比较常用的抗菌药。

磺胺嘧啶（sulfadiazine）的化学名为 N-2-嘧啶基-4-氨基苯磺酰胺。磺胺嘧啶为两性化合物，可在稀盐酸或氢氧化钠试液、氨试液中溶解。这是由于磺胺类药物分子中磺酰氨基上的氢，受磺酰基吸电子作用的影响易解离显弱酸性，而芳氨基显碱性的缘故。磺胺嘧啶结构中有芳伯氨基，显芳香伯胺的鉴别反应。磺胺嘧啶对脑膜炎双球菌、肺炎链球菌等的抑制作用较强。它能透过血脑屏障，可用于预防及治疗流行性脑炎。

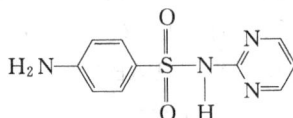

磺胺甲噁唑（sulfamethoxazole）的化学名为 N-(5-甲基-3-异噁唑基)-4-氨基苯磺酰胺，又名新诺明。新诺明的性质与磺胺嘧啶相似。抗菌谱与磺胺嘧啶相近，抗菌作用较强。常与抗菌增效剂甲氧苄啶制成复方应用，临床用于尿路感染、呼吸道感染等。

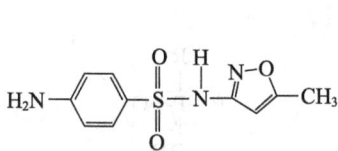

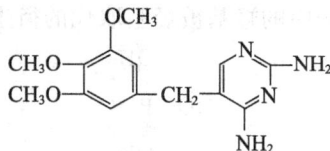

磺胺甲噁唑 　　　　　　　　　　　　　甲氧苄啶

甲氧苄啶的化学名为5-(3,4,5-三甲氧基苯基）甲基-2,4-嘧啶二胺，为广谱抗菌药。它对革兰氏阳性菌和革兰氏阴性菌具有广泛的抑制作用。与磺胺类药物制成复方合用，使细菌的叶酸代谢受到双重阻断，从而使其抗菌作用增强数倍至数十倍，同时可减少对细菌的耐药性。

二、含磷、砷有机化合物

含有 C—P 键的化合物和含有机基团的磷酸衍生物统称为有机磷化合物（organophosphorus compound）。动植物体内广泛存在磷酸酯 P—OR 形式的化合物，如腺苷三磷酸（ATP）和磷脂等。此外还有一大部分合成的有机磷化合物，分子中具有 P—C 键结构，如有机磷神经毒气、有机磷杀虫剂、有机磷杀菌剂、有机磷除草剂等。

（一）有机磷化合物的分类和命名法

1. 有机磷化合物的分类

含磷有机化合物的分类方法较多，一般按磷的化合价和结构特点分类。

(1) 3 价磷化合物　3 价磷化合物主要是磷化氢或亚磷酸的烃基衍生物。

磷化氢（PH_3）分子中的氢被烃基取代生成的化合物称为膦（音吝，phospline），与胺相似，也有伯膦、仲膦、叔膦，它们都是三价磷化氢的烃基衍生物。

$$RPH_2 \qquad\qquad R_2PH \qquad\qquad R_3P$$

伯膦 　　　　　　　　　仲膦 　　　　　　　　　叔膦

primary phosphine 　　secondary phosphine 　　tertiary phosphine

亚磷酸的烃基衍生物：

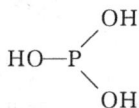

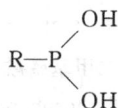

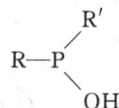

亚磷酸 　　　　　烃基亚膦酸 　　　　二烃基次亚膦酸

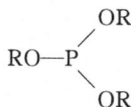

亚磷酸酯 　　　　烃基亚膦酸酯 　　　二烃基次亚膦酸酯

(2) 5 价磷化合物　磷烷是一类含有 5 价磷的烃基有机化合物。

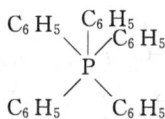

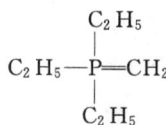

五苯膦 　　　　　　　　　　三乙基亚甲基膦

磷酸分子中的羟基被烃基取代的衍生物称为膦酸。

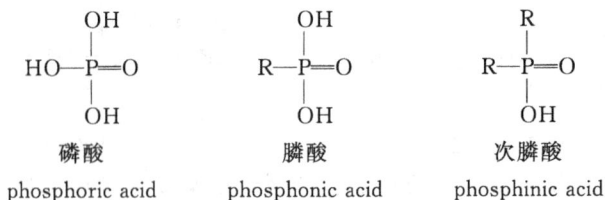

$$HO-\overset{\overset{\displaystyle OH}{|}}{\underset{\underset{\displaystyle OH}{|}}{P}}=O \qquad R-\overset{\overset{\displaystyle OH}{|}}{\underset{\underset{\displaystyle OH}{|}}{P}}=O \qquad R-\overset{\overset{\displaystyle R}{|}}{\underset{\underset{\displaystyle OH}{|}}{P}}=O$$

磷酸   膦酸   次膦酸

phosphoric acid   phosphonic acid   phosphinic acid

磷酸或膦酸分子中的氢被烃基取代的衍生物叫磷酸酯或膦酸酯。

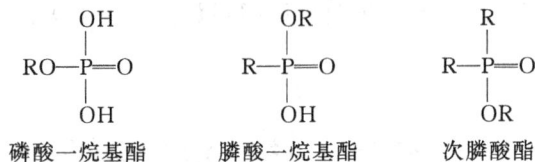

$$RO-\overset{\overset{\displaystyle OH}{|}}{\underset{\underset{\displaystyle OH}{|}}{P}}=O \qquad R-\overset{\overset{\displaystyle OR}{|}}{\underset{\underset{\displaystyle OH}{|}}{P}}=O \qquad R-\overset{\overset{\displaystyle R}{|}}{\underset{\underset{\displaystyle OR}{|}}{P}}=O$$

磷酸一烷基酯   膦酸一烷基酯   次膦酸酯

2. 命名

膦、亚膦酸、膦酸的命名是在各类名前加上烃基的名称，例如：

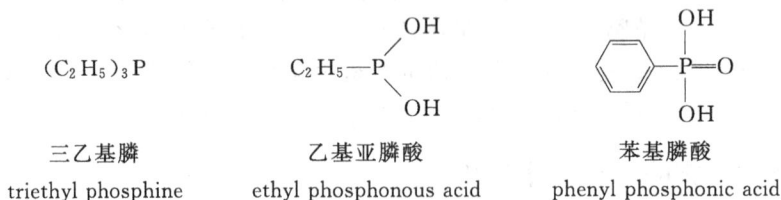

$$(C_2H_5)_3P \qquad C_2H_5-\overset{\overset{\displaystyle OH}{|}}{\underset{\underset{\displaystyle OH}{|}}{P}} \qquad C_6H_5-\overset{\overset{\displaystyle OH}{|}}{\underset{\underset{\displaystyle OH}{|}}{P}}=O$$

三乙基膦   乙基亚膦酸   苯基膦酸

triethyl phosphine   ethyl phosphonous acid   phenyl phosphonic acid

凡是含氧的酯基，都用前缀 *O*-烃基表示。"*O*-烃基"表示烃基连接在氧原子上。例如：

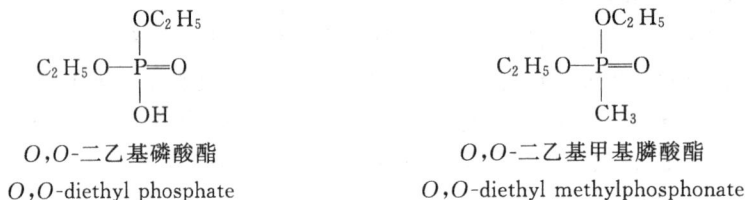

$$C_2H_5O-\overset{\overset{\displaystyle OC_2H_5}{|}}{\underset{\underset{\displaystyle OH}{|}}{P}}=O \qquad\qquad C_2H_5O-\overset{\overset{\displaystyle OC_2H_5}{|}}{\underset{\underset{\displaystyle CH_3}{|}}{P}}=O$$

O,O-二乙基磷酸酯   *O,O*-二乙基甲基膦酸酯

O,O-diethyl phosphate   *O,O*-diethyl methylphosphonate

膦酸和次膦酸可形成酰卤和酰胺，其名称按羧酸衍生物命名法命名。

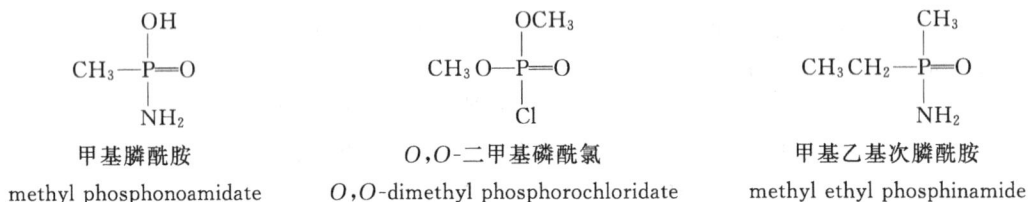

$$CH_3-\overset{\overset{\displaystyle OH}{|}}{\underset{\underset{\displaystyle NH_2}{|}}{P}}=O \qquad CH_3O-\overset{\overset{\displaystyle OCH_3}{|}}{\underset{\underset{\displaystyle Cl}{|}}{P}}=O \qquad CH_3CH_2-\overset{\overset{\displaystyle CH_3}{|}}{\underset{\underset{\displaystyle NH_2}{|}}{P}}=O$$

甲基膦酰胺   *O,O*-二甲基磷酰氯   甲基乙基次膦酰胺

methyl phosphonoamidate   *O,O*-dimethyl phosphorochloridate   methyl ethyl phosphinamide

---

思考题 13-3 命名下列化合物。

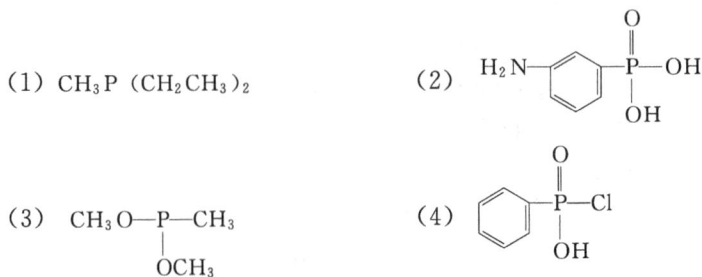

(1) $CH_3P(CH_2CH_3)_2$

(2) $H_2N-\underset{}{\overset{}{}}$
$$H_2N-\langle\text{phenyl}\rangle-\overset{\overset{\displaystyle O}{\|}}{\underset{\underset{\displaystyle OH}{|}}{P}}-OH$$

(3) $CH_3O-\overset{}{\underset{\underset{\displaystyle OCH_3}{|}}{P}}-CH_3$

(4) $C_6H_5-\overset{\overset{\displaystyle O}{\|}}{\underset{\underset{\displaystyle OH}{|}}{P}}-Cl$

（二）含磷有机化合物的结构

磷的价电子层结构为 $3s^2 3p^3$，磷可分别形成 3 价、4 价和 5 价化合物。烷基膦与胺相似，磷原子为 sp^3 不等性杂化，一对未成键电子占据一个 sp^3 杂化轨道，具有四面体结构，分子呈棱锥形。

膦与胺相比，C—P—C 键角（99°）比 C—N—C 键角小（108°），主要原因是磷原子的未成键电子对受到原子核的约束小，轨道体积大，压迫另三个 σ 键，致使键角被压缩变小。

磷可形成 5 价的原因是磷原子的电子从 3s 进到 3p，从 3p 进到 3d 的活化能较小，分别为 7.5eV 和 9eV，因此磷的 3d 轨道容易参与杂化轨道的形成，可采取 sp^3d 杂化状态而形成 5 个共价单键，如烷基膦；或者磷原子采取 sp^3 杂化，d 电子参与形成 π 键，而构成结构形式为 —P= 的五价化合物，如磷酸 HO—P=O。

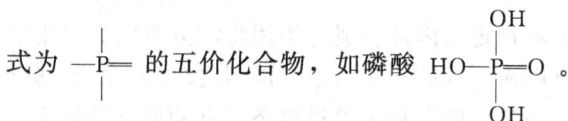

（三）膦和胺部分性质的比较

氮、磷、砷是第 V 主族元素，它们之间的关系类似于硫和氧之间的情况，磷和砷可形成类似胺的有机化合物，见表 13-1。

表 13-1　氮、磷、砷的一些类似有机化合物

氮		磷		砷	
氨	NH_3	磷化氢	PH_3	砷化氢	AsH_3
伯胺	RNH_2	伯膦	RPH_2	伯胂	$RAsH_2$
仲胺	R_2NH	仲膦	R_2PH	仲胂	R_2AsH
叔胺	R_3N	叔膦	R_3P	叔胂	R_3As
季铵盐	R_4NX	季鏻盐	R_4PX	季钾盐	R_4AsX

氮原子相应地从 2s 进到 2p，从 2p 进到 3d 的活化能较高，分别为 10.9eV 和 12eV，因此氮不能利用 3d 轨道生成 5 价化合物。磷和砷可利用 d 轨道形成 5 价化合物，例如磷和砷的五价化合物——磷酸（H_3PO_4）和砷酸（H_3AsO_4）。

虽然氮和磷能形成相似的化合物，但在性质上有差异。例如：烷基膦分子中三个取代基不同时，所形成的手性分子可分离出对映体。而相应的胺在理论上存在对映体，但至今分离不出来。这是由于叔膦构型转化的能垒高达 125kJ·mol^{-1}，比胺的能垒（21～42kJ·mol^{-1}）大得多，所以在室温下构型转化不容易，可以拆分成光学活性的异构体。

磷原子外层电子比氮原子更易极化，所以叔膦的亲核性比叔胺强，但叔膦的碱性比叔胺弱。因此，烷基膦与过渡金属形成配合物的能力比胺强，如三苯基膦是常见的一个配体，所形成的金属配合物在有机催化反应中具有重要意义。

（四）膦的典型反应

1. Wittig 反应

Wittig（魏蒂希）反应是醛或酮与魏蒂希试剂作用脱去一分子三苯基氧膦生成烯烃的反

应。反应通式为：

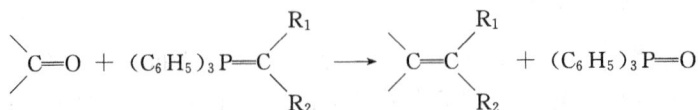

磷叶立德
phosphorus ylide

魏蒂希试剂是由三苯基膦（C_6H_5）$_3$P 作为亲核试剂与卤代烃进行亲核取代反应制得的磷盐，然后再用强碱（如苯基锂或 NaH）处理除去磷原子 α-氢，即脱 HX 而制得。魏蒂希试剂也称磷叶立德（phosphorus ylide），具有内𨦡盐的结构。用于制备魏蒂希试剂的卤代烃可是卤代甲烷、伯卤代烃、仲卤代烃，卤代烃分子中可以含有双键、叁键或烷氧基，但不能是叔卤代烃或烯基卤代烃，因为它们无 α-氢。

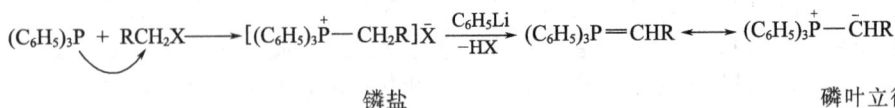

磷叶立德通常是黄色固体，在空气和水中不稳定，因此合成时不用将它分离而直接用于下一步反应。Wittig 反应时，磷叶立德中带负电荷的碳原子作为亲核试剂进攻醛、酮羰基碳发生亲核加成，生成磷内盐，磷内盐不稳定，通过氧磷杂环丁烷过渡态，自动地进行消除三苯氧膦而生成烯烃。反应过程如下：

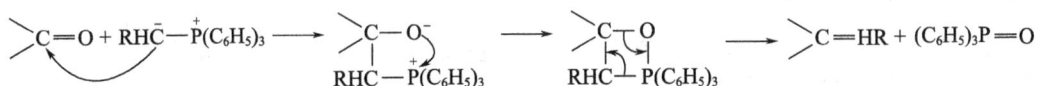

Wittig 反应是合成烯烃的重要方法，反应条件温和，产率较高，产物中所生成的双键处于原来羰基的位置，可以制得环外双键化合物；与 α,β-不饱和醛、酮反应，生成的新 C=C 键仍在 C=O 的位置。

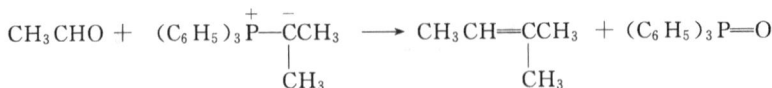

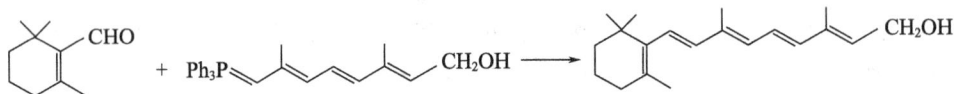

维生素A_1

思考题 13-4 完成下列反应。

(1)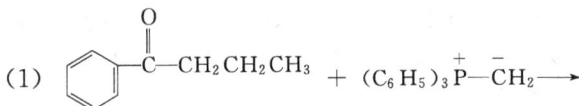

(2)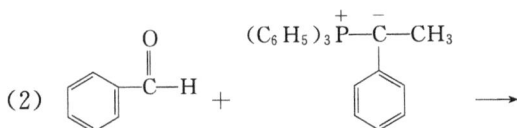

2. Arbuzov 重排反应

卤代烃与作为亲核试剂的亚磷酸三烷基酯作用，生成烷基膦酸二烷基酯和一个新的卤代烷的反应，称为阿尔布佐夫反应（Arbuzov reaction）。

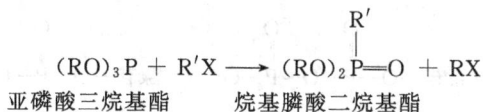

$$(RO)_3P + R'X \longrightarrow (RO)_2 \overset{R'}{\underset{\quad}{P}}{=}O + RX$$

亚磷酸三烷基酯　　　烷基膦酸二烷基酯

该反应是按 S_N2 的分子内重排反应进行的，因此该反应也称为 Arbuzow 重排反应。

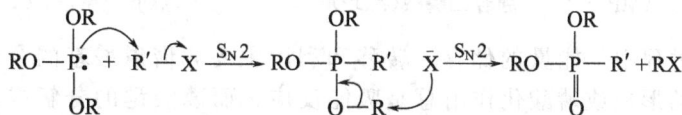

当亚磷酸三烷基酯中三个烷基各不相同时，总是先脱除含碳原子数最少的基团。卤代物除了用卤代烃外，烯丙型或炔丙型卤化物、卤代醚和卤代酸酯等也可以进行反应。

Arbuzov 反应所用的亚磷酸三烷基酯可以由醇与三氯化磷反应制得，因此该反应是由醇制备卤代烃的好方法。

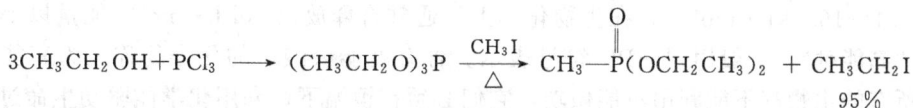

如果反应所用的卤代烃与亚磷酸三烷基酯的烷基相同，则 Arbuzov 反应是制备烷基膦酸酯的常用方法。

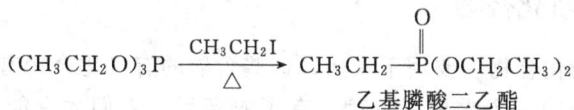

乙基膦酸二乙酯

（五）生物体内的含磷有机化合物

生物体内含有多种含磷有机化合物，它们均以磷酸、二聚磷酸或三聚磷酸的单酯或双酯形式存在。

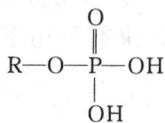 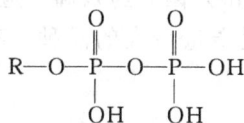 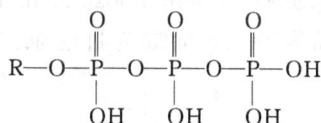

磷酸单酯　　　　二聚磷酸单酯　　　　三聚磷酸单酯
（焦磷酸单酯）

上述三种磷酸酯的 R 多为较复杂的基团，可是糖、醇或杂环。例如，磷酸二酯类化合物中，磷脂酸的衍生物卵磷脂、脑磷脂等在构成生物膜中起重要作用。生物大分子核酸（DNA 和 RNA）的基本组成单元是核苷酸，核苷酸是核苷与磷酸生成的酯。

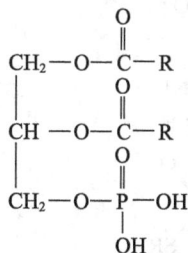 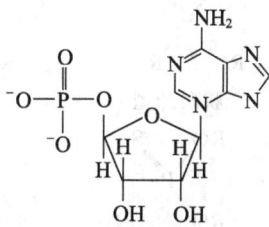 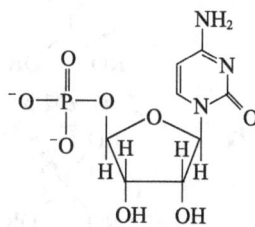

磷脂酸　　　　　　腺苷酸　　　　　　脱氧胞苷酸

生物体内以单酯形式存在的辅酶腺苷一磷酸（AMP）、腺苷二磷酸（ADP）和腺苷三磷酸（ATP）等在生命过程中起着重要作用。在生理条件下（pH＝7.2～7.4），它们均以阴离子的形式存在。

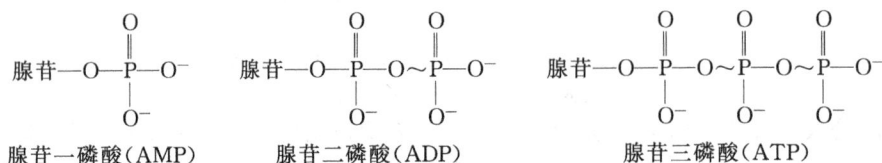

$$腺苷—O—P—O^-$$

腺苷一磷酸（AMP）　　　腺苷二磷酸（ADP）　　　　腺苷三磷酸（ATP）

在机体代谢过程中，能量的储存、转移和利用主要凭借磷酸基的合成或分解来实现的。凡是磷酸键的形成或磷酸化作用总是吸能反应；而磷酸键的分解或脱磷酸化作用总是放能反应。例如，三磷酸腺苷的磷酸酐键（P—O—P）在水解为二磷酸腺苷的过程中放出能量。

$$ATP+H_2O \rightleftharpoons ADP+能量$$

ATP 的磷酸酐水解放出的能量为 30.5～54.4kJ·mol^{-1}，而一般的磷酸酯水解放出的能量在 8.4～16.8kJ·mol^{-1}。在生物化学上，通常将释放出 20kJ·mol^{-1}能量以上的化学键称为"高能键"，一般用"～P"符号表示。含有高能磷酸键的化合物称之为高能磷酸化合物。所有的生物都不能利用热能做功，它们必须在恒温下，利用化学能驱动生命过程，高能磷酸化合物在提供这些化学能方面起核心作用，具有重要的生物能学意义。

(六) 有毒的含磷有机化合物

人工合成的有机磷化合物主要用于农药，这些含磷的有机化合物有毒或有剧毒。农药的发明是人类科技发展史中一个重要里程碑，有了农药后，人们才有能力对传播传染病的媒介——鼠、蚁、虱等和危害各种农作物的病、虫、草等有害生物进行有效的控制，因此农药和医药一样都是人类文明社会进步的物质保障。

有机磷化合物在农药应用方面，可以作为杀虫剂、杀菌剂、除草剂和植物生长调节剂。有机磷杀虫剂（organophosphorus insecticide）因其药效高、应用范围广、作用方式好、无积累中毒等特点，而成为目前杀虫剂中生产量最大的品种。有机磷杀虫剂可用下列通式表示：

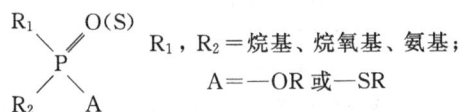

R_1, R_2＝烷基、烷氧基、氨基；

A＝—OR 或 —SR

按照化学结构的不同，有机磷杀虫剂可以分为以下几种主要类型。

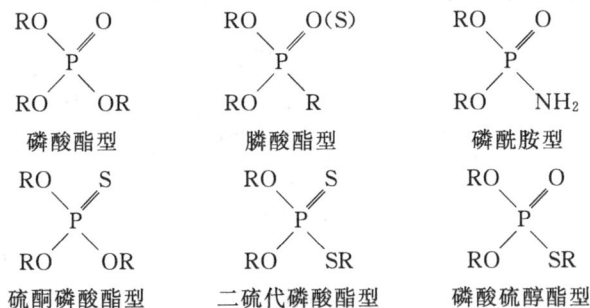

磷酸酯型　　　　膦酸酯型　　　　磷酰胺型

硫酮磷酸酯型　　二硫代磷酸酯型　磷酸硫醇酯型

例如：

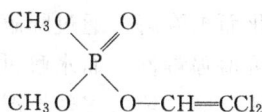

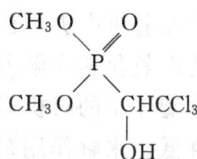

敌敌畏（磷酸酯型）　　　　　　　　　　　敌百虫（膦酸酯型）
O,*O*-二甲基-*O*-(2,2-二氯乙烯基)磷酸酯　　*O*,*O*-二甲基-(1-羟基-2,2,2-三氯乙基)膦酸酯

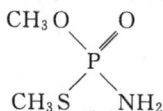

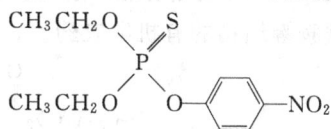

甲胺磷（磷酰胺型）　　　　　　　　　　　对硫磷（硫酮磷酸酯型）
O,*S*-二甲基硫代磷酰胺　　　　　　　　*O*,*O*-二乙基-*O*-(对硝基苯基)硫代磷酸酯

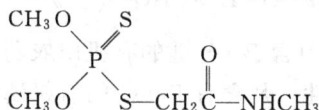

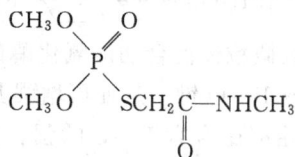

乐果（二硫代磷酸酯型）　　　　　　　　　氧乐果
O,*O*-二甲基-*S*-(*N*-甲基氨基甲酰甲基)二硫代磷酸酯　　*O*,*O*-二甲基-*S*-(*N*-甲基氨基甲酰甲基)硫代磷酸酯

1. 有机磷杀虫剂的化学性质

有机磷杀虫剂的主要化学性质为水解反应和氧化反应。

(1) 水解反应　有机磷杀虫剂都是中性的磷酰基或硫代磷酰基化合物，大多为酯类化合物。它们的生物活性及生化行为，在很大程度上取决于磷酸酯的特征，因为水解断裂任何一个磷原子上的键都最终使杀虫剂失去活性。酸性或碱性等条件有助于有机磷杀虫剂水解反应的进行。

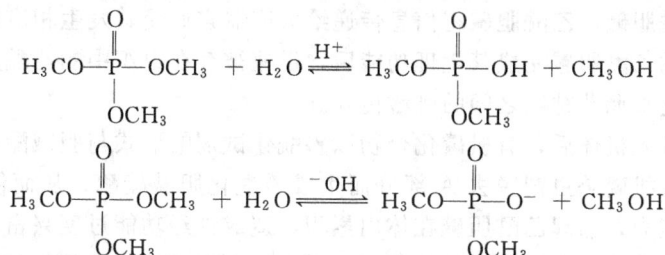

磷酸酯在酸催化下水解是 C—O 键断裂，而在碱性催化下水解是 P—O 键断裂。

(2) 氧化反应　有机磷杀虫剂在氧化剂作用下或酶催化下易发生氧化反应，其中 P=S 氧化成 P=O 的反应是一个重要反应，此反应的结果可使氧化所得产物的生物活性增加，产物变成更强力的胆碱酯酶抑制剂。例如，对硫磷被氧化时仅仅 P=S 键被氧化。

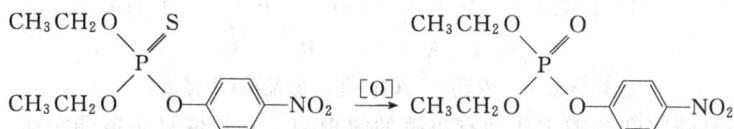

许多有机磷杀虫剂在生物体内先被氧化成 P=O 键，然后再发挥其毒效。

2. 有机磷杀虫剂在体内的转化过程和致死机理

(1) 体内的转化过程　有机磷可经消化道、呼吸道及皮肤黏膜进入生物体内，然后迅速分布到全身各器官与组织，主要分布于肝、肾、肺、脾等，肌肉及脑含量较少。进入生物体内的有机磷农药主要在肝脏中进行代谢，经多种酶的转化而被降解，通过降解，其毒性可增加或降低。降解主要以氧化和水解方式进行，通常氧化可增强毒性，而水解可减小毒性。

所有能抗胆碱酯酶作用的有机磷化合物都能发生水解反应，绝大多数情况下，水解使有机磷化合物的毒性降低。水解作用是某些有机磷农药在哺乳动物体内解毒的重要方式，体内具有水解功能的酶有磷酸酯酶、羧酸酯酶和酰胺酶。磷酸酯酶能使机磷农药的 P—X 键水解为 P—OH 键；羧酸酯酶能水解马拉硫磷等含酯键结构的有机磷农药；酰胺酶则可水解乐果等含有酰胺键结构的有机磷农药。

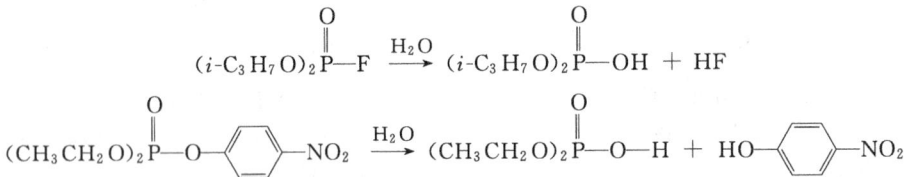

$$(i\text{-}C_3H_7O)_2\overset{\displaystyle O}{P}\text{—F} \xrightarrow{H_2O} (i\text{-}C_3H_7O)_2\overset{\displaystyle O}{P}\text{—OH} + HF$$

$$(CH_3CH_2O)_2\overset{\displaystyle O}{P}\text{—}\bigcirc\text{—}NO_2 \xrightarrow{H_2O} (CH_3CH_2O)_2\overset{\displaystyle O}{P}\text{—O—H} + HO\text{—}\bigcirc\text{—}NO_2$$

在肝脏微粒体混合功能氧化酶的作用下，分子结构中含 P=S 键的有机磷农药，被氧化脱硫转化成 P=O 键，从而可增强其抑制胆碱酯酶的毒性。凡含有 P=O 的有机磷农药的抗胆碱酶活性都比含有 P=S 的强，这是因为氧原子的电负性比硫大，使磷原子的正电性加大，磷酰化反应活性大，更易与胆碱酯酶的活性中心羟基结合，进而抑制酶的活性，毒性增大。例如，马拉硫磷代谢氧化为马拉氧磷后的抗胆碱酯酶活性可以增加 1000 倍。

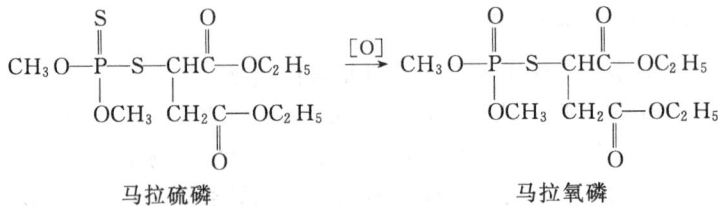

$$CH_3O\overset{\displaystyle S}{P}\text{—S—CHC—OC}_2H_5 \xrightarrow{[O]} CH_3O\overset{\displaystyle O}{P}\text{—S—CHC—OC}_2H_5$$

马拉硫磷　　　　　　　　　　马拉氧磷

(2) 致死机理　乙酰胆碱是一种神经系统传导刺激的信息分子，机体在神经兴奋时，神经末梢释放出乙酰胆碱，乙酰胆碱将信息传递给效应器官而使其发生相应的生理活动。在正常情况下，释放的乙酰胆碱完成其生理功能后，迅速被存在组织中的乙酰胆碱酯酶分解而失去作用，机体以此来调节神经之间的刺激传导。

有机磷农药进入机体后，有机磷化合物以磷酰化试剂的形式与胆碱酯酶活性部位的羟基发生酰化反应，有机磷杀虫剂脱去 A 部分而生成磷酰化胆碱酯酶，从而使胆碱酯酶丧失了水解乙酰胆碱的能力，引起乙酰胆碱在体内累积，造成神经功能过度兴奋，最后转入抑制和衰竭，引起眩晕、头痛、多汗、恶心、呕吐、流涎、瞳孔缩小、呼吸困难、心率减慢等症状，严重者可出现肌肉颤动，意识模糊乃至昏迷等中毒现象。因此有机磷杀虫剂是中枢神经系统的剧毒物。

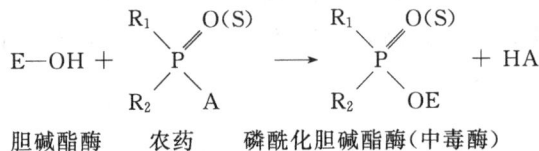

$$E\text{—OH} + \underset{R_2}{\overset{R_1}{P}}\overset{O(S)}{\underset{A}{}} \longrightarrow \underset{R_2}{\overset{R_1}{P}}\overset{O(S)}{\underset{OE}{}} + HA$$

胆碱酯酶　　　农药　　　磷酰化胆碱酯酶（中毒酶）

临床上常用氯磷定和解磷定作为有机磷的解毒剂，它是恢复胆碱酯酶活性的药物。这些药物分子结构中均含有肟基（—CH=NOH），可以与有机磷的磷原子发生亲核反应，能从磷酰化胆碱酯酶的活性中心夺取磷酰基，解除有机磷对酶的抑制作用而使酶复活，故这种解毒剂又称为胆碱酯酶的复活剂，其反应过程如下：

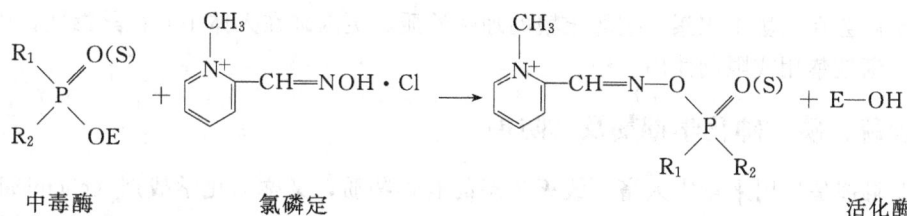

$$R_1 \underset{R_2}{\overset{O(S)}{\underset{|}{P}}} \!\!-\!OE \;+\; \text{[氯磷定结构]} \longrightarrow \text{[活化酶结构]} + E\!-\!OH$$

中毒酶　　　　　　氯磷定　　　　　　　　　　　　　活化酶

阿托品可解除有机磷农药中毒引起的呼吸中枢抑制，也可作为有机磷农药中毒的解毒药。

有机磷农药中毒后，应根据中毒情况采取不同的紧急处理措施：皮肤被污染应立即用肥皂水彻底冲洗；喷洒引起中毒者应立即脱离现场，到空气新鲜处；溅入眼后，应使用清水冲洗，冲洗时间不少于 20min；口服者应立即用药物或手法催吐。中毒患者要迅速送医院治疗。阿托品、氯磷定和解磷定是特效解毒药。

有机磷农药中毒的预防：稀释后使用；防止皮肤污染；不要逆风喷洒；不要在工作时进食、饮水或抽烟；在吃饭、喝水、吸烟或上厕所前要洗手、洗脸；工作完毕要全身彻底冲洗。禁止用有机磷杀虫剂杀灭体虱、跳蚤、疥虫等寄生虫。

（七）含砷有机化合物的分类与命名

与氮和磷的氢化物相似，三价砷化氢（AsH_3）的有机衍生物称为胂（arsine），可参照胺的命名法来命名。

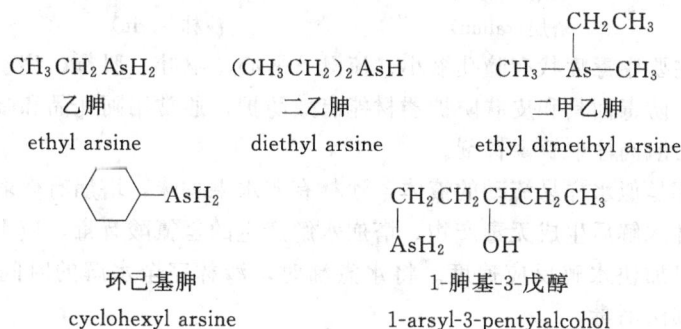

$CH_3CH_2AsH_2$　　　$(CH_3CH_2)_2AsH$　　　$CH_3\!-\!\underset{\underset{CH_3}{|}}{\overset{\overset{CH_2CH_3}{|}}{As}}\!-\!CH_3$

乙胂　　　　　　　　二乙胂　　　　　　　　二甲乙胂

ethyl arsine　　　　diethyl arsine　　　ethyl dimethyl arsine

[环己基-AsH₂ 结构]　　　$\underset{\underset{AsH_2}{|}}{CH_2}CH_2\underset{\underset{OH}{|}}{CH}CH_2CH_3$

环己基胂　　　　　　　　　1-胂基-3-戊醇

cyclohexyl arsine　　　1-arsyl-3-pentylalcohol

砷的含氧有机化合物较复杂，有些含氧有机砷化物的命名与磷的含氧有机化合物命名相似。例如：

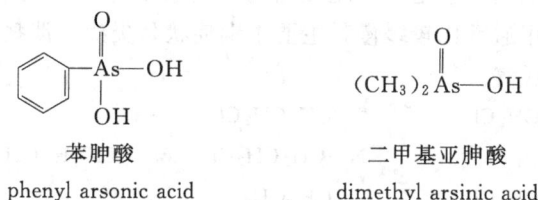

[苯环-As(=O)(OH)OH 结构]　　　　$(CH_3)_2\overset{\overset{O}{\|}}{As}\!-\!OH$

苯胂酸　　　　　　　　　　　二甲基亚胂酸

phenyl arsonic acid　　　dimethyl arsinic acid

砷化合物是古老的杀虫剂、杀菌剂之一。在植物病害的防治中普遍采用的有机砷化合物主要有二硫代氨基甲酸胂和烷基钟盐类这两种类型。例如：

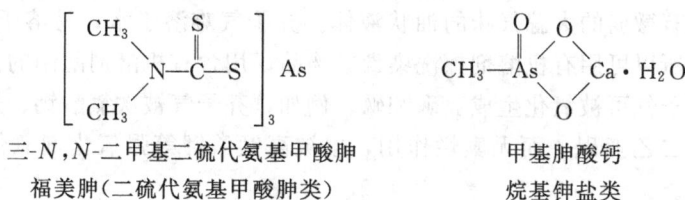

$$\left[\underset{CH_3}{\overset{CH_3}{N}}\!-\!\overset{\overset{S}{\|}}{C}\!-\!S\right]_3 As \qquad CH_3\!-\!As\underset{O}{\overset{O}{\diamond}}Ca\cdot H_2O$$

三-N,N-二甲基二硫代氨基甲酸胂　　　　甲基胂酸钙

福美胂（二硫代氨基甲酸胂类）　　　　烷基钟盐类

由于砷会在土壤中积累，破坏土壤的理化性质，更因砷在人体中有积累毒性，所以砷化物农药逐渐被禁用或限制使用。

（八）含硫、磷、砷化学毒剂及其防护

化学毒剂是指用来毒害人畜、毁灭生态的有毒物质，又称为化学战剂（chemical warfare agents，CWA）。按其毒害作用可分为六类：神经性毒剂、糜烂性毒剂、全身中毒性毒剂、失能性毒剂、窒息性毒剂、刺激性毒剂。有机硫、磷、砷化学毒剂常见于以下两种类型中。

1. 神经性毒剂（nerve agents）

神经性毒剂又称含磷毒剂，是一种破坏神经系统正常传导功能的毒剂，是迄今为止用于化学战争中最强的致死性战剂，均为无色油状液体，无刺激性，经呼吸道、皮肤等途径使人员中毒，可抑制体内胆碱酯酶，破坏乙酰胆碱对神经冲动的传导，是一类剧毒、高效的致死剂。最具代表性的四个神经性毒剂是塔崩（tabun）、沙林（sarin）、梭曼（soman）和维埃克斯（VX），其中塔崩、沙林的结构式如下。

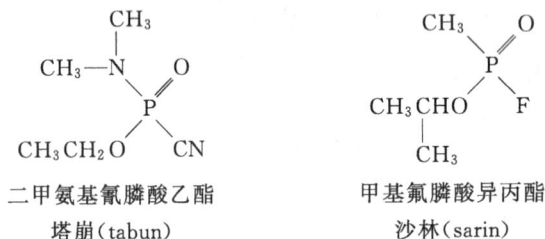

二甲氨基氰膦酸乙酯　　　　甲基氟膦酸异丙酯
塔崩（tabun）　　　　　　　沙林（sarin）

神经性毒剂主要中毒症状有瞳孔缩小、流涎、恶心、呕吐、肌颤、痉挛和神经麻痹、大小便失禁及死亡。防毒面具和皮肤防护器材能有效防护，通常用阿托品和吡啶醛肟类药物作为解毒药，急救时肌肉注射解磷针剂。

沙林、塔崩都是似水样易流动的液体，沙林有弱水果香味，塔崩有微弱香味。沙林、塔崩都能水解，沙林水解后生成无毒产物，塔崩水解产生的氢氰酸有毒，应引起注意。加温或在酸、碱作用下可加快水解反应速度。将水煮沸时，沙林完全水解的时间将大大缩短。因此，沙林可用煮沸法消毒。

2. 糜烂性毒剂（blister agents）

糜烂性毒剂又称起疱剂，它是一类能使细胞组织坏死溃烂的毒剂，人员通过吸入或皮肤接触引起中毒，毒害作用通常比较缓慢，主要中毒症状是炎症、溃疡。糜烂性毒剂主要代表有芥子气、氮芥和路易氏气。

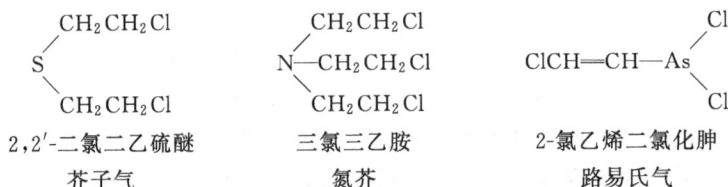

2,2′-二氯二乙硫醚　　　三氯三乙胺　　　　2-氯乙烯二氯化胂
芥子气　　　　　　　　氮芥　　　　　　　路易氏气

纯芥子气是无色有微弱的大蒜气味的油状液体。芥子气难溶于水，易溶于汽油、煤油、酒精等有机溶剂中，所以可用有机溶剂擦洗染毒的物品，用含有机溶剂配制的消毒液可取得较好的消毒效果。芥子气可被氧化生成亚砜和砜。例如，芥子气被次氯酸钙、过氧化氢和稀硝酸等氧化生成二氯二乙亚砜，而无糜烂作用，但被高锰酸钾等强氧化剂氧化成二氯二乙砜，又具有糜烂作用。

化学毒剂虽然杀伤力大，破坏力强，但由于使用时受气候、地形等的影响使其具有很大的局限性，所以化学毒剂也是可以防护的。其防护措施主要有：防护、消毒和急救。

(1) 防护　根据毒剂的作用特点和中毒途径，使用防毒面具和穿防毒衣等器材把人体与毒剂隔绝，同时保证人员能呼吸到清洁的空气。防毒面具分为过滤式和隔绝式两种。

过滤式防毒面具的滤毒罐内装有滤烟层和活性炭。滤烟层由纸浆、棉花、毛绒等纤维物质制成，能阻挡毒烟、雾等毒剂。活性炭经氧化银、氧化铬、氧化铜等化学物质浸渍过，不仅具有强吸附毒气分子的作用，而且有催化作用，使毒气分子与空气及化合物中的氧发生化学反应，转化为无毒物质。

隔绝式防毒面具中，有一种化学生氧式防毒面具。使用时，人员呼出的气体经呼气管进入生氧罐，其中的水汽被吸收，二氧化碳则与罐中的过氧化钾和过氧化钠反应，释放出的氧气沿吸气管进入面罩。其反应式为：

$$2Na_2O_2 + 2CO_2 = 2Na_2CO_3 + O_2$$
$$2K_2O_2 + 2CO_2 = 2K_2CO_3 + O_2$$

(2) 消毒　凡能与毒剂作用，使毒剂失去毒性的化学物质，均称为化学消毒剂，简称消毒剂。常用的消毒剂有以下几类。

含有效氯化合物 $\begin{cases}次氯酸盐类：次氯酸钙、漂白粉\\ 氯胺类：如一氯胺、二氯胺\end{cases}$

碱性化合物 $\begin{cases}无机碱：如氢氧化钠、碳酸钠\\ 有机碱：如乙醇胺\end{cases}$

氧化剂：浓硝酸、重铬酸盐、高锰酸钾等

(3) 急救　针对不同类型毒剂的中毒者及中毒情况，采用相应的急救药品和器材进行现场救护，并及时送医院治疗。

Summary

Sulphur belong to the sixth (Ⅵ) main group elements, it forms similar compounds to that of oxygen, such as thiols (mercaptan), thiophenol and thioether. Thiols show similar chemical properties to alcohols, but with stronger acidity. Thiols can react with strong bases or heavy metal ions to form salts. The thiols can be oxidized to give disulfides. Acetyl coenzyme A is a sulphur-containing compound that is an important acylation reagent in living organisms. p-Aminobenzene sulfonamide is the basic structure of sulfa drugs.

The phosphorus and arsenic belong to the fifth (Ⅴ) main group elements, and can form similar compounds to that of nitrogen. However, phosphorus and arsenic can form five valency chemical compounds but nitrogen cannot. The Wittig reaction is a chemical reaction of an aldehyde or ketone with phosphorus ylides (known as Wittig reagent) to give an alkene and phosphine oxide. The reaction of trialkyl phosphate with an alkyl halide to produce an alkyl phosphonate is referred to as the Michaelis-Arbusov Reaction.

The phosphorus-containing compounds in organism all exist in the form of phosphate ester. Organophosphorus insecticides often contain phosphoryl or thiophosphoryl group. Some of the chemical compounds containing phosphorus or arsenic are used as chemical warfare agents.

习 题

1. 写出下列化合物的结构。

(1) 二氯亚砜　　　　(2) 异丙基硫醇

(3) 甲基环丙基硫醚　(4) O,O-二乙基苯基亚膦酸酯

(5) 三丙基亚甲基膦　(6) 氯化三甲基苯基镄

2. 命名下列化合物。

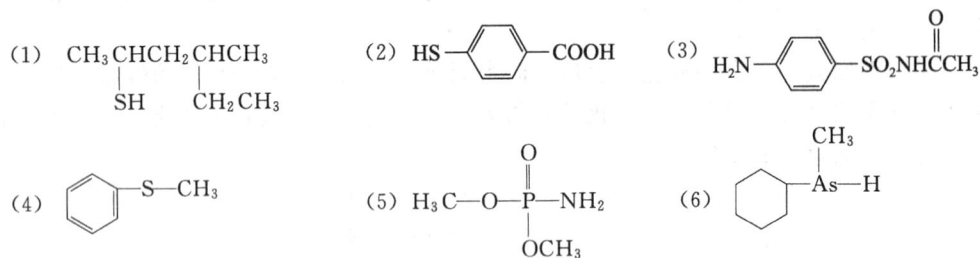

(1) $\underset{\underset{SH}{|}}{CH_3CH}CH_2\underset{\underset{CH_2CH_3}{|}}{CHCH_3}$

(2) HS—⟨benzene⟩—COOH

(3) H_2N—⟨benzene⟩—SO_2NHCCH_3（其中 C 上有 =O）

(4) ⟨benzene⟩—S—CH_3

(5) H_3C—O—$\underset{\underset{OCH_3}{|}}{\overset{\overset{O}{\|}}{P}}$—$NH_2$

(6) ⟨cyclohexyl⟩—$\underset{}{\overset{\overset{CH_3}{|}}{As}}$—H

3. 完成下列反应式。

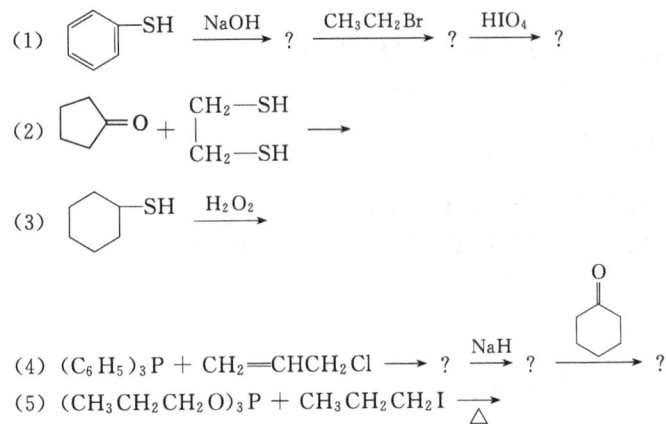

(1) ⟨benzene⟩—SH $\xrightarrow{NaOH}$? $\xrightarrow{CH_3CH_2Br}$? $\xrightarrow{HIO_4}$?

(2) ⟨cyclopentanone⟩=O + $\underset{\underset{CH_2—SH}{|}}{CH_2—SH}$ $\longrightarrow$

(3) ⟨cyclohexyl⟩—SH $\xrightarrow{H_2O_2}$

(4) $(C_6H_5)_3P + CH_2{=}CHCH_2Cl \longrightarrow$? $\xrightarrow{NaH}$? $\xrightarrow{\text{⟨cyclohexanone⟩}}$?

(5) $(CH_3CH_2CH_2O)_3P + CH_3CH_2CH_2I \xrightarrow{\triangle}$

4. 治疗有机磷农药中毒的胆碱酯酶复活剂分子中含有什么基团？它可与有机磷的磷原子发生什么反应？

（广西医科大学　赵农）

第十四章

杂环化合物

内容提示

本章主要介绍：杂环化合物的分类和命名；典型的五元单杂环化合物呋喃、噻吩和吡咯；六元单杂环化合物吡啶的物理性质、化学性质及其重要的衍生物；含两个杂原子的五元杂环唑类；含两个或两个以上杂原子的六元杂环；稠杂环和杂环药物。

杂环化学是有机化学的一个重要组成部分。杂环化合物（heterocyclic compound）是指由碳原子和非碳原子共同参与组成的环状化合物。这些非碳原子统称为杂原子，常见的杂原子有 O、S、N、P、Se、Si 等，其中以氮原子最为多见。严格来说，我们之前学过的内酯、内酰胺、环状酸酐、环醚等也应属于杂环化合物，但它们的环容易形成，也容易开裂，性质与同类的开链化合物相似。本章将着重讨论环系比较稳定、具有一定程度芳香性的杂环化合物，其中以五元、六元杂环以及稠杂环化合物为重点。

杂环化合物种类繁多，数目庞大，广泛分布于自然界中。例如植物中的叶绿素、植物激素、生物碱，动物体内的血红素，核酸中的核糖、碱基，蛋白质中的色氨酸、组氨酸、脯氨酸，维生素等，它们都具有重要的生理作用，在生物的生长发育、遗传和衰亡过程中都起着关键的作用。通过对各种活性天然化合物的提取和开发，以天然活性杂环化合物为先导化合物，进行模拟和改造，设计合成了各种类型具有特别功能和用途的杂环化合物，例如杂环农药和医药、生物模拟材料、有机导体和超导材料、储能材料、杂环染料等，在国民经济发展中发挥着巨大的作用。

在学完本章以后，你应该能够回答以下问题：

1. 杂环的结构特征是什么？怎样进行分类和命名？

2. 什么是富 π 电子环系，什么是缺 π 电子环系，两种结构的杂环化学性质有什么不同？

3. 五元杂环吡咯、噻吩和呋喃的物理、化学性质有哪些？

4. 六元杂环吡啶的物理、化学性质有哪些？

5. 吡咯与吡啶的结构与化学性质有哪些差异？

6. 常见的含有杂环的药物有哪些？它们含有什么样的结构与功能？

一、 杂环化合物的分类和命名

（一）杂环化合物的分类

杂环化合物种类繁多，按环的大小可分为五元杂环、六元杂环和七元杂环三大类；又可按杂环中杂原子数目的多少，分为含有一个杂原子的杂环以及含有两个或两个以上杂原子的杂环；还可按成环的形式分为单杂环或稠杂环。以上这些分类方法是以杂环的骨架为基础。

另一类分类方法是根据杂环分子中所含 π 电子的状态和数量可分为非芳香性杂环和芳香性杂环两类。

非芳香性杂环又分为两类：一类为含孤立 π 键或者不连续 π 键的杂环体系，又称烯型杂环环系，如二氢吡咯；另一类为不含有 π 键的饱和杂环体系，也称烷型杂环环系，如四氢呋喃、二氧六环、六氢吡啶、哌嗪等。

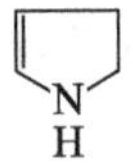

2, 3-二氢-1*H*-吡咯
2, 3-dihydro-1*H*-pyrrole

四氢呋喃
tetrahydrofuran

非芳香杂环化合物的性质与相应的开链化合物相似。例如三元环环氧乙烷、四元环硫杂环丁烷与环丙烷、环丁烷一样存在环张力，容易发生开环反应。五元环四氢呋喃、六元环二氧六环具有醚的性质，六氢吡啶、哌嗪具有胺的性质。

环氧乙烷
ethylene

硫杂环丁烷
thietane

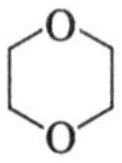

1, 4-二氧六环
1,4-dioxane

六氢吡啶
piperidine

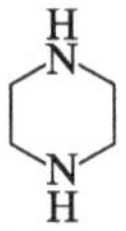

哌嗪
pyperazine

芳香性杂环化合物主要是指苯一样，环系为平面型，π 电子数符合 $4n+2$ 规则，较稳定的杂环化合物。以苯分子为参照标准，这类芳香性杂环化合物又可分为两类：若杂环的 π 电子密度大于苯环，称为富 π 电子芳杂环化合物，如呋喃、吡咯和噻吩；若杂环的 π 电子密度小于苯环，则称为缺 π 电子芳杂环化合物，如吡啶。

呋喃
furan

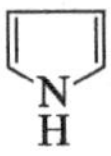

吡咯
pyrrole

噻吩
thiophene

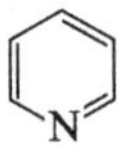

吡啶
pyridine

（二）杂环化合物的命名

杂环化合物的命名比较复杂，一般包含取代基和母核命名，取代基的命名方法同前面章节讲的规则一致，母核中文名称主要采用英文名的音译，用带"口"字旁的同音汉字表示，杂环母核的结构需要特别地记忆，见表 14-1。

表 14-1　杂环化合物的分类

杂环种类		重 要 的 常 见 杂 环
单杂环	五元杂环	**一个杂原子** 呋喃 furan　　吡咯 pyrrole　　噻吩 thiophene
		两个杂原子 吡唑 pyrazole　咪唑 imidazole　噁唑 oxazole　噻唑 thiazole　异噁唑 isoxazole　异噻唑 isothiazole
		多个杂原子 1H-1,2,4-三唑 1H-1,2,4-triazole　1,3,4-噁二唑 1,3,4-oxadiazole　1,3,4-噻二唑 1,3,4-thiadiazole　1H-四唑 1H-tetrazole　2H-四唑 2H-tetrazole
	六元杂环	**一个杂原子** 吡啶 pyridine　2H-吡喃 2H-pyran　4H-吡喃 4H-pyran
		两个杂原子 哒嗪 pyridazine　嘧啶 pyrimidine　吡嗪 pyrazine　4H-1,4-噁嗪 4H-1,4-oxazine　4H-1,4-噻嗪 4H-1,4-thiazine
		三个杂原子 1,2,3-三嗪 1,2,3-triazine　1,2,4-三嗪 1,2,4-triazine　1,3,5-三嗪 1,3,5-triazine
	七元杂环	**一个杂原子** 氧杂䓬 oxepine　氮杂䓬 1H-azepine　硫杂䓬 thiepine

杂环种类		重 要 的 常 见 杂 环
稠杂环	苯并杂环 / 苯并稠杂环	1H-吲哚 1H-indole　　苯并呋喃 benzofuran　　苯并噻吩 benzo[b]thiophene　　喹啉 quinoline　　异喹啉 isoquinoline
	二苯并稠杂环	氮杂芴(咔唑) carbazole　　10-氮杂蒽(吖啶) acridine　　9-氮杂菲(菲啶) phenanthridine
	杂环并杂环	9H-嘌呤 9H-purine　　喋啶 pteridine

英文命名时，环中杂原子的氧杂以 oxa 开头，硫杂以 thia 开头，氮杂以 aza 开头，硒杂以 selena 开头，磷杂以 phospha 开头，硅杂以 sila 开头。杂环大小的表示方式见表 14-2。

表 14-2　杂环大小的表示方式

环的大小	不饱和环	环的大小	不饱和环
3	丙(irine)	7	庚(epine)
4	丁(ete)	8	辛(ocine)
5	戊(ole)	9	壬(onine)
6	己(ine)	10	癸(ecine)

命名时以杂环为母体，从杂原子开始对环上的原子编号，将取代基的名称、环上的位次写在杂环母核的前面。结构不同的母核，按照一定的规则进行编号，基本细则如下。

1. 含一个杂原子的单杂环

从杂原子开始，用阿拉伯数字编号，同时应使环上所有取代基的位次和最小。也可以用希腊字母编号，与杂原子相邻的碳原子编为 α，依次为 β、γ 等。例如：

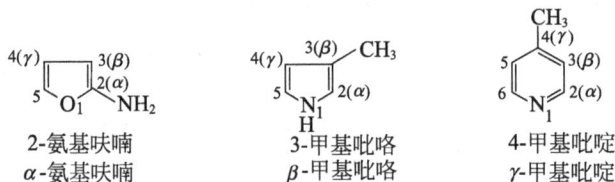

2-氨基呋喃　　　　　3-甲基吡咯　　　　　4-甲基吡啶
α-氨基呋喃　　　　β-甲基吡咯　　　　γ-甲基吡啶

2. 含有两个或两个以上杂原子的单杂环

若杂原子相同，应使所有杂原子的位次和最小，如果其中一个杂原子连有氢或取代基，则应从此杂原子开始编号。如果环上有不同的杂原子，则规定按 O、S、N 等的顺序编号，使其位次由小到大。例如：

4-氨基咪唑　　　　　　5-甲基噻唑　　　　　　4-甲基嘧啶

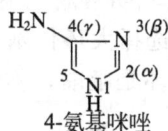

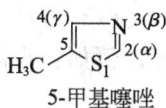

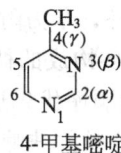

一般杂环母核都含有最多的非聚积双键，当杂环上某个不饱和碳原子再额外连接氢原子（即由＝CH—变为—CH₂—）时，这个氢就叫"额外氢"或"指示氢"。指示氢位置不同的异构体命名时，应以所在位次加"*H*"（用斜体大写），放在母体名称之前。例如：

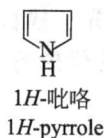

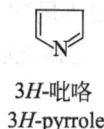

1*H*-吡咯　　　　　　2*H*-吡咯　　　　　　3*H*-吡咯
1*H*-pyrrole　　　　2*H*-pyrrole　　　　3*H*-pyrrole

3. 稠杂环

有特定音译名称的稠杂环，除嘌呤外，都有固定的编号顺序（如喹啉、异喹啉、吲哚、吖啶），一般按照相应稠合芳香烃的编号方式编号（共用碳原子不编号）。例如：

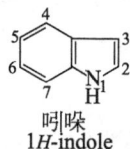

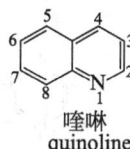

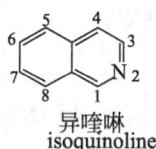

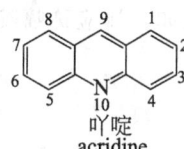

吲哚　　　　　　喹啉　　　　　　异喹啉　　　　　　吖啶
1*H*-indole　　　quinoline　　　isoquinoline　　　acridine

嘌呤则不按上述原则，按特定方式编号。

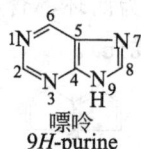

嘌呤
9*H*-purine

这类有特定译音名称的杂环衍生物命名时，既可把杂环当作母体，也可将杂环视为取代基。例如：

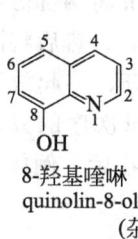

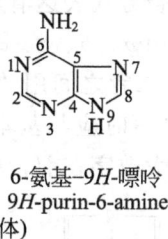

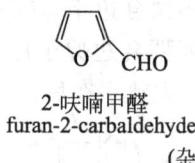

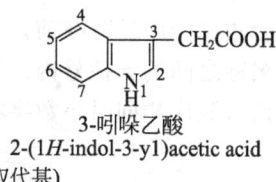

8-羟基喹啉　　　　6-氨基-9*H*-嘌呤　　　　2-呋喃甲醛　　　　3-吲哚乙酸
quinolin-8-ol　　9*H*-purin-6-amine　　furan-2-carbaldehyde　　2-(1*H*-indol-3-y1)acetic acid
　　　　　　　　（杂环为母体）　　　　　　　　　　　　　　　　　（杂环为取代基）

对于无特定译音名称的稠杂环化合物，命名比较复杂，命名时通常把稠杂环看作是两个单杂环并合在一起，其中一个环选定为基本环（或母体），它的名称作为"词尾"；另一个环则为附加环（或取代环），其名称作为"词首"，中间加一个"并"字，同时两环名称间缀以方括号，方括号内分别用阿拉伯数字和小写英文字母表示两环的稠合情况。具体方法说明如下：

（1）选择基本环

① 由杂环和芳环构成的稠杂环，优先选择杂环作基本环。如还有选择时，应优先选择环数较多，且有特定名称的杂环作基本环。例如：

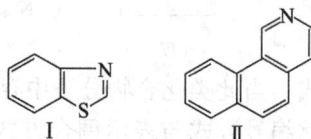

I　　　　　　　　II

Ⅰ中噻唑为基本环，苯为附加环，称为苯并噻唑；Ⅱ称为苯并异喹啉（不称萘并吡啶）。

② 由杂环和杂环构成的稠杂环，环大小不同时，优先选择大环作基本环；环大小相同时，按 N、O、S 的顺序优先选择基本环。例如：Ⅲ 的基本环是吡喃，称呋喃并吡喃；Ⅳ 的基本环是呋喃，称噻吩并呋喃。

Ⅲ　　　　Ⅳ

③ 杂环中杂原子数目不同时，含杂原子数目多的环优先；数目相同时，则含杂原子种类多的环优先。例如：Ⅴ 应称吡啶并嘧啶（杂原子数目多的优先）；Ⅵ 应称咪唑并噻唑（杂原子种类多的优先）。

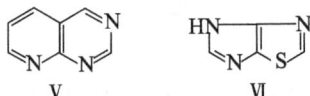

Ⅴ　　　　Ⅵ

④ 环的大小、杂原子的数目、种类都相同时，优先选择稠合前杂原子编号较小的杂环为基本环。例如：Ⅶ 应称嘧啶并哒嗪。

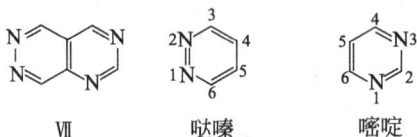

Ⅶ　　　　哒嗪　　　　嘧啶

⑤ 含有共用杂原子的稠杂环，应视为两环都含有该共用杂原子来进行选择。例如：Ⅷ 应称为咪唑并噻唑（含杂原子种类多的优先）。

Ⅷ

除以上规定外，尚有一些其他习惯使用的规定，此处不再赘述。

(2) 稠合方式表示法　为了将基本环与附加环的稠合方式表达清楚，应先将两部分各自按编号原则编号，再将基本环的每条边按编号方向依次用 *a*、*b*、*c*、*d* 等代表，然后将附加环稠合边原子序号写在前，基本环稠合边字母写在后，二者之间用"-"隔开，一起放到两环系名称之间的方括号内。附加环稠合边原子序号在书写时应与基本环字母次序的方向一致，两者顺序相同时小数字在前，大数字在后；反之则大数字在前，小数字在后。例如：

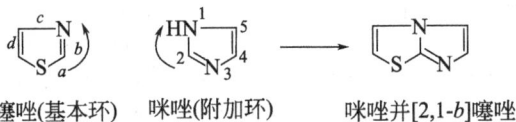

噻唑(基本环)　咪唑(附加环)　　咪唑并[2,1-*b*]噻唑

该化合物两环稠合边编号方向相反，命名时应使其一致，所以应称为咪唑并 [2,1-*b*] 噻唑，而不称咪唑并 [1,2-*b*] 噻唑。

又例如前面所见到的 Ⅰ 应称为苯并[*d*]噻唑（苯环的稠合边原子序号在此无需标出），Ⅳ 称为噻吩并[2,3-*b*]呋喃，Ⅵ 称为咪唑并[5,4-*d*]噻唑，Ⅶ 称为嘧啶并[4,5-*d*]哒嗪。

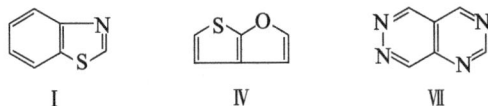

Ⅰ　　　　Ⅳ　　　　Ⅶ

(3) 整体稠合杂环的编号方式　当此类化合物分子中存在有其他取代基或官能团时，需要对整个化合物进行统一编号（此编号方式与表示稠合方式的编号无关），其编号方式应注

意以下几点。

① 应尽可能使所有杂原子都有最低位次，其次按 O、S、NH、N 的顺序选择优先编号的杂原子，例如：

正确(杂原子编号为1、3、4)   不正确(杂原子编号为1、3、6)

② 共用碳原子一般不编号，但在满足上一条规则的前提下，应尽可能使其具有较低的序号（其编号方式是依整个分子的编号方向在其前一个原子的编号下加注"*a*""*b*""*c*"等）。例如：下面化合物可有三种不同的编号方式，得到杂原子的编号均为 1、4、5、8，但第一种共用碳原子的编号为 4*a*，后两种则为 8*a*，故正确的编号方式应为第一种。

正确   不正确   不正确

③ 氢原子和指示氢的编号应尽可能低。例如：

正确(氢原子编号为2、2、4、6)   不正确(氢原子编号为2、2、5、6)

命名实例：

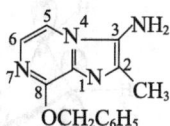

2-甲基-3-氨基-8-
苯氧基咪唑并[1,2-*a*]
吡嗪
8-(benzyloxy)-2-methy limidazo
[1,2-*a*]pyrazin-3-amine

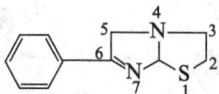

6-苯基-2,3,5,6-
四氢咪唑并[2,1-*b*]噻唑
6-phenyl-2,3,5,6-
tetrahydroimidazo[2,1-*b*]thiazole

杂环化合物的命名比一般的有机化合物复杂得多，以上列举的仅为最主要的命名规则。对于结构更为复杂的杂环化合物，要在以后的学习中通过不断补充积累命名方法来解决。

思考题 14-1 *命名下列化合物。*

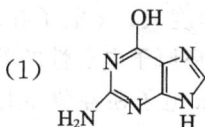

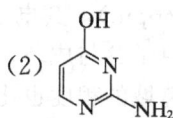

（1）   （2）

二、含一个杂原子的五元杂环化合物

呋喃、噻吩与吡咯是最常见、最重要的含一个杂原子的五元杂环化合物，分别存在于木焦油、煤焦油和骨焦油中，它们都是无色的液体。呋喃、噻吩和吡咯都是芳香杂环，其结构、性质和合成方法有许多共同点，本节将重点介绍这几种化合物。

（一）呋喃、噻吩和吡咯的结构和物理性质

1. 呋喃、噻吩和吡咯的结构

近代物理学方法证明：呋喃、噻吩和吡咯都是由一个杂原子和四个碳原子结合构成的五元环状平面结构化合物。从结构上它们可以看做是由 O、S、NH 分别取代了 1,3-环戊二烯（也称为茂）分子中的 CH_2 后得到的化合物。但从化学性质上看，它们与环戊二烯并无多少相似之处。

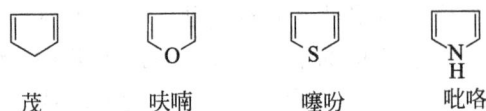

| 茂 | 呋喃 | 噻吩 | 吡咯 |

按照杂化理论的观点，呋喃、噻吩、吡咯分子中四个碳原子和一个杂原子均为 sp^2 杂化，各原子间以 sp^2 杂化轨道相互重叠形成 σ 键，并处于同一平面上，每一个原子都剩一个未参与杂化的 p 轨道（其中碳原子的 p 轨道上各有一个电子，杂原子的 p 轨道上有两个电子）。这五个 p 轨道彼此平行，并相互侧面重叠形成一个五中心六电子的环状共轭大 π 键，π 电子云分布于环平面的上方与下方（见图 14-1），其 π 电子数符合休克尔的 $4n+2$ 规则（$n=1$）。这三个化合物所形成的共轭体系与苯非常相似，所以它们都具有类似的芳香性。吡咯氮原子的一个 sp^2 杂化轨道与氢原子形成 N—H σ 键；呋喃和噻吩杂原子的一个 sp^2 杂化轨道中各有一对未共用电子。三者的结构如图 14-1 所示。

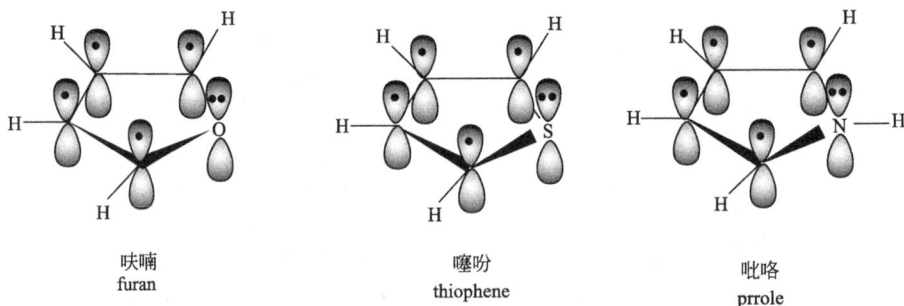

| 呋喃 | 噻吩 | 吡咯 |
| furan | thiophene | prrole |

图 14-1　呋喃、噻吩和吡咯的结构

但是，这三个化合物所形成的共轭体系与苯并不完全一样，主要表现在以下两点。

（1）键长平均化程度不一样　苯的成环原子种类相同，电负性一样，键长完全平均化（六个碳碳键的键长均为 140pm），其电子离域程度大，π 电子在环上的分布也是完全均匀的。这三个化合物都有杂原子参与成环，由于成环原子电负性的差异，使得它们分子键长平均化的程度不如苯，电子离域的程度也比苯小，π 电子在各杂环上的分布也不是很均匀，所以呋喃、噻吩、吡咯的芳香性都比苯弱。三种杂环分子中共价键的长度如下：

| 呋喃 | 噻吩 | 吡咯 |

另外，由于三个杂环所含杂原子的电负性也各不相同，各环系中电子云密度的分布也不一样，所以它们之间的芳香性有差异。

氧是三个杂原子中电负性最大的，呋喃环 π 电子的离域程度相对较小，所以其芳香性最差；硫的电负性小于氧和氮，与碳接近，噻吩环上的电子云分布比较均匀，π 电子离域程度

较大，因此其芳香性最强，与苯差不多；氮的电负性介于氧和硫之间，吡咯环的芳香性也介于呋喃和噻吩之间。这三种杂环化合物芳香性强弱顺序如下：

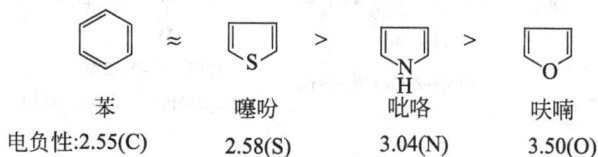

苯	噻吩	吡咯	呋喃
电负性：2.55(C)	2.58(S)	3.04(N)	3.50(O)

（2）环上平均π电子云密度大小不一样 苯分子形成的是一个六中心六个π电子的等电子共轭体系，而这三种杂环形成的是五中心六个π电子的多电子共轭体系，其环上平均π电子云密度要比苯大，因此被称作"富π电子"的芳杂环。它们的亲电取代反应活性都比苯高。

2. 呋喃、噻吩和吡咯的物理性质

呋喃、噻吩和吡咯均为无色的液体，呋喃有特殊的气味，沸点31℃，难溶于水，易溶于有机溶剂，主要存在于松木焦油中。噻吩气味和苯相似，沸点84℃，不溶于水，溶于有机溶剂，与苯共存于煤焦油中。吡咯沸点131℃，微溶于水，溶于有机溶剂，主要存在于煤焦油和骨焦油中。

三种杂环水溶性差异主要因呋喃、噻吩、吡咯分子中杂原子的未共用电子对参与组成环状共轭体系，失去或减弱了与水分子形成氢键的可能性，致使它们都较难溶于水。但吡咯因氮原子上的氢还可与水形成氢键，故水溶性稍大。水溶性顺序为：吡咯（1∶17）＞呋喃（1∶35）＞噻吩（1∶700）。

（二）呋喃、噻吩和吡咯的化学性质

1. 亲电取代反应

呋喃、噻吩、吡咯均属多π芳杂环，环中π电子云密度大，亲电取代反应活性比苯高。综合考虑杂原子的吸电子诱导效应和给电子共轭效应，它们的亲电取代反应活性顺序为：

吡咯＞呋喃＞噻吩≫苯

但由于三者参与环系共轭的杂原子的电子对能不同程度地与质子结合，从而部分破坏了环状大π键，导致环的稳定性下降，对酸的稳定性不同，反应条件和苯有差异。

噻吩对酸比较稳定，吡咯与浓酸作用可聚合成树脂状物，呋喃对酸很不稳定，稀酸就可使环破坏，生成不稳定的二醛，并聚合成树脂状物。为避免水解开环、聚合、氧化等副反应，三种杂环在进行磺化、硝化和卤代时需在不同的条件下进行亲电取代反应。一般不能直接采用强酸条件进行硝化、磺化等反应，需要在非酸性条件或加入脱酸剂进行反应，通常使用较温和的非质子性试剂。

（1）磺化 噻吩对酸较稳定，可直接用浓硫酸作磺化剂，反应在室温下就可进行：

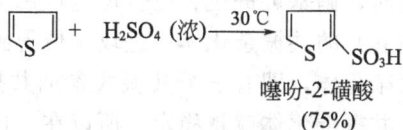

噻吩-2-磺酸
(75%)

呋喃和吡咯因对酸不稳定，磺化时不能使用硫酸，通常采用吡啶-SO_3或二氧六环-SO_3作磺化剂进行反应。

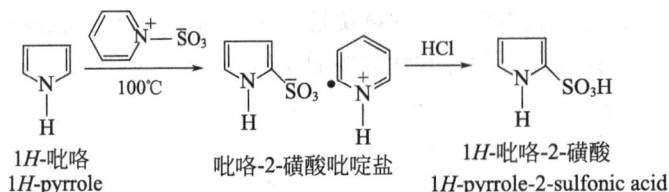

1H-吡咯   吡咯-2-磺酸吡啶盐   1H-吡咯-2-磺酸
1H-pyrrole   1H-pyrrole-2-sulfonic acid

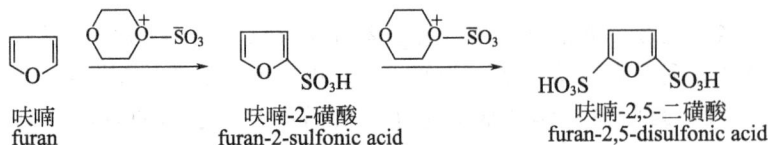

呋喃   呋喃-2-磺酸   呋喃-2,5-二磺酸
furan   furan-2-sulfonic acid   furan-2,5-disulfonic acid

(2) 硝化　硝酸是强酸，吡咯不能直接用硝酸硝化，需采用温和的非质子硝化剂硝酸乙酰酯（亦称为硝乙酐）进行反应，反应需在低温下进行。呋喃的硝化反应最好在乙酸酐中用发烟硝酸在 $-20\sim-10$ ℃下进行，生成 2-硝基呋喃。噻吩虽可以用常规的硝化试剂进行硝化，但反应非常剧烈，有时会发生爆炸，故宜采用温和的硝乙酐进行硝化，非质子的硝化试剂硝乙酐为无色发烟性液体，有爆炸性，须在临用时现制。其配制方法是将预硝化的物质溶于乙酸酐中，充分冷却，控制温度下滴入硝酸。

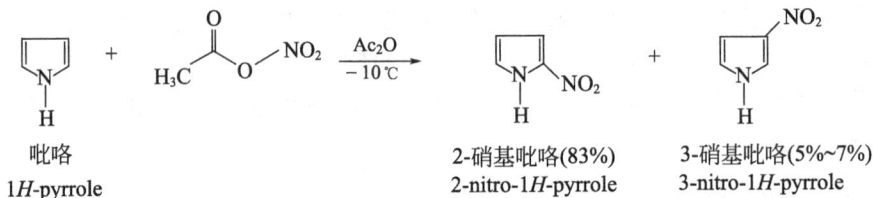

吡咯   2-硝基吡咯(83%)   3-硝基吡咯(5%~7%)
1H-pyrrole   2-nitro-1H-pyrrole   3-nitro-1H-pyrrole

(3) 卤代　这三个杂环化合物环中 π 电子云密度大，亲电取代反应活性较高，都非常易于发生卤代反应，通常都得到多卤代产物，其中呋喃与卤素反应几乎是爆炸式地完成，反应需在低温、试剂浓度很低的条件下进行。吡咯的活性最大，在反应中容易形成多卤代物，控制反应条件也可使生成一卤代产物为主。例如：

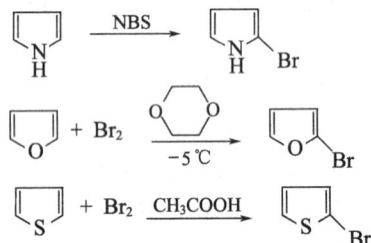

从以上反应实例可以看到，呋喃、噻吩、吡咯发生亲电取代反应，取代基一般都进入 α 位，而少进入 β 位，这是因为由于三个杂环所含杂原子的电负性也各不相同，各环系中电子云密度的分布也不一样，α 位的 π 电子云密度较 β 位高，更易受到亲电试剂的进攻。这种现象也可以用共振论加以解释。

以吡咯的硝化为例，反应时，硝基可进攻 β 位也可进攻 α 位，进攻 β 位得到的碳正离子中间体是两个共振结构（Ⅰ与Ⅱ）的共振杂化体；进攻 α 位得到的碳正离子中间体是三个共振结构（Ⅲ、Ⅳ、Ⅴ）的共振杂化体，即有三个共振式参加共振。参加共振的共振式越多，说明正电荷的分散程度越大，共振杂化体就越稳定。所以在 α 位反应得到的中间体碳正离子比较稳定，稳定的中间体其过渡态能量低，反应速率快。因此这三种杂环化合物的亲电取代反应均容易在 α 位发生：

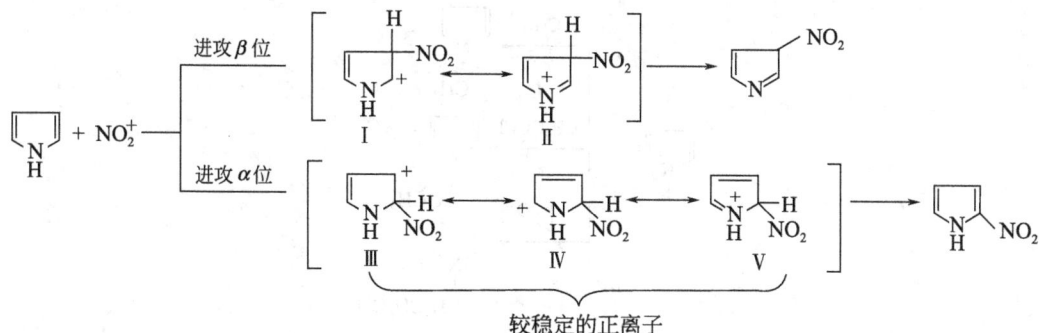

思考题 14-2　为什么吡咯的亲电取代反应主要发生在 α 位？

思考题 14-3　比较吡咯和四氢吡咯的碱性，并解释碱性强弱的原因。

---

2. 加成反应

三个化合物在一定条件下都可发生加成，其中呋喃的反应活性较高，吡咯次之。例如：

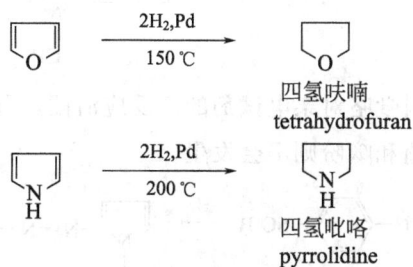

四氢呋喃
tetrahydrofuran

四氢吡咯
pyrrolidine

噻吩经钯催化氢化，也可以得到硫杂环戊烷（四氢噻吩）。

呋喃、噻吩具有共轭双烯体的性质，与亲双烯体，如丁烯二酸酐，能够发生 Diels-Alder 反应，生成相应的加成产物。吡咯因对亲电试剂的高反应活性导致其很难发生这一反应。例如：

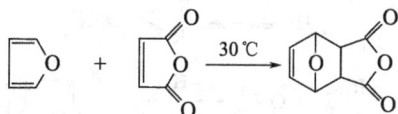

3. 吡咯的特殊性质

（1）吡咯的酸碱性　呋喃和噻吩既无酸性也无碱性；吡咯显弱酸性。从结构上看，吡咯氮原子上未成键电子对参与形成共轭体系环状大 π 键，降低了它与质子结合的能力，因此其碱性极弱（$pK_b = 13.6$），比一般的脂肪仲胺（$pK_b \approx 4$）的碱性弱很多，不能与酸形成稳定的盐。相反，因氮原子上未成键电子对参与形成共轭体系，使氮原子上的电子云密度相对降低，使 N—H 键的极性增加，氮原子上的氢能以质子形式解离，显示弱酸性（$pK_a = 17.51$），与固体氢氧化钾作用可生成吡咯钾盐。

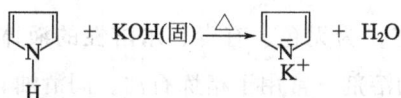

这个钾盐不稳定，相对容易水解，但在一定条件下，它可以与许多试剂反应，生成一系列氮取代产物。例如：

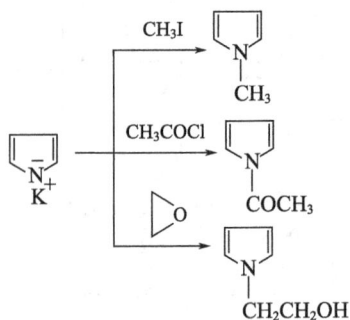

若吡咯与正丁基锂反应，碱性的正丁基锂能使吡咯生成 1-位锂盐；如果 1 位被取代基占据，则生成 2-位锂盐。此反应可以用于合成取代吡咯。

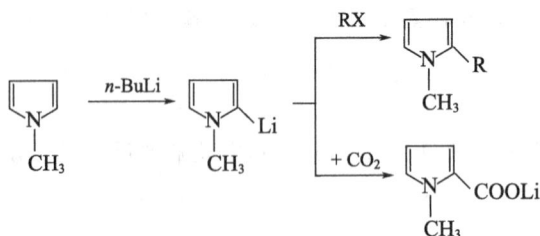

(2) 吡咯的偶联反应　因吡咯对亲电试剂的高反应活性，可以和芳烃的重氮盐发生偶联反应，生成偶氮化合物。呋喃和噻吩则不会发生。

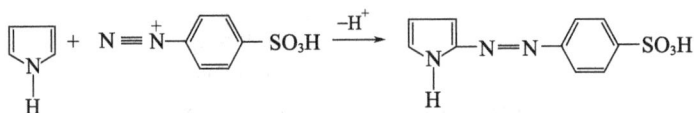

(3) 吡咯的羟甲基化反应　因吡咯对亲电试剂的高反应活性，在酸性条件下，可以和羰基化合物在 2 位发生羟甲基化反应。呋喃和噻吩则不会发生。

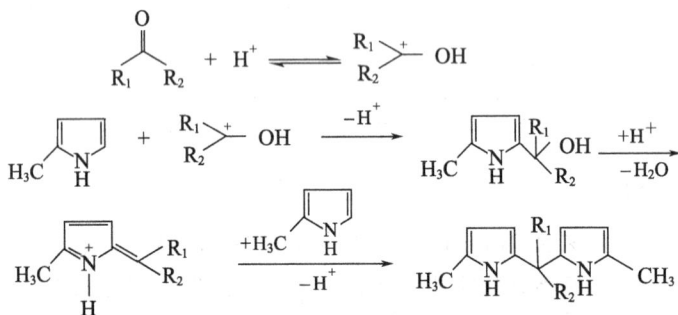

(三) 呋喃、噻吩和吡咯的衍生物

1. 糠醛

糠醛是 α-呋喃甲醛的俗名，为无色、有毒、水溶性的液体，可从农副产品如玉米芯中提取得到。糠醛是一种优良的溶剂，常用于精炼石油、润滑油、提炼油脂等。糠醛也是重要的化工原料，可用于合成农药、树脂、尼龙等。糠醛是不含 α-H 的醛，化学性质类似于苯甲醛，具有芳香醛的性质特征。例如：

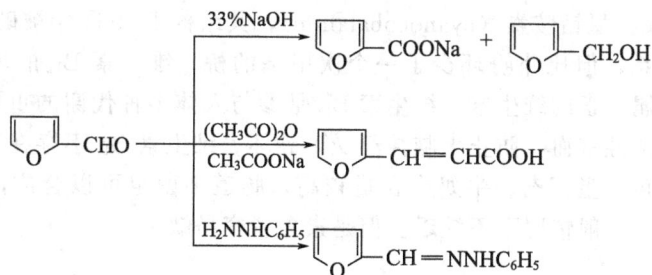

2. 叶绿素、血红素和维生素 B_{12}

自然界吡咯的衍生物很多，且大多数具有特殊的生理活性。其中最重要的化合物是存在于绿色植物中的光合作用催化剂叶绿素、动物体内用于输送氧气和二氧化碳的载体血红素，以及由动物肝脏中提取得到的维生素 B_{12}，结构如下：

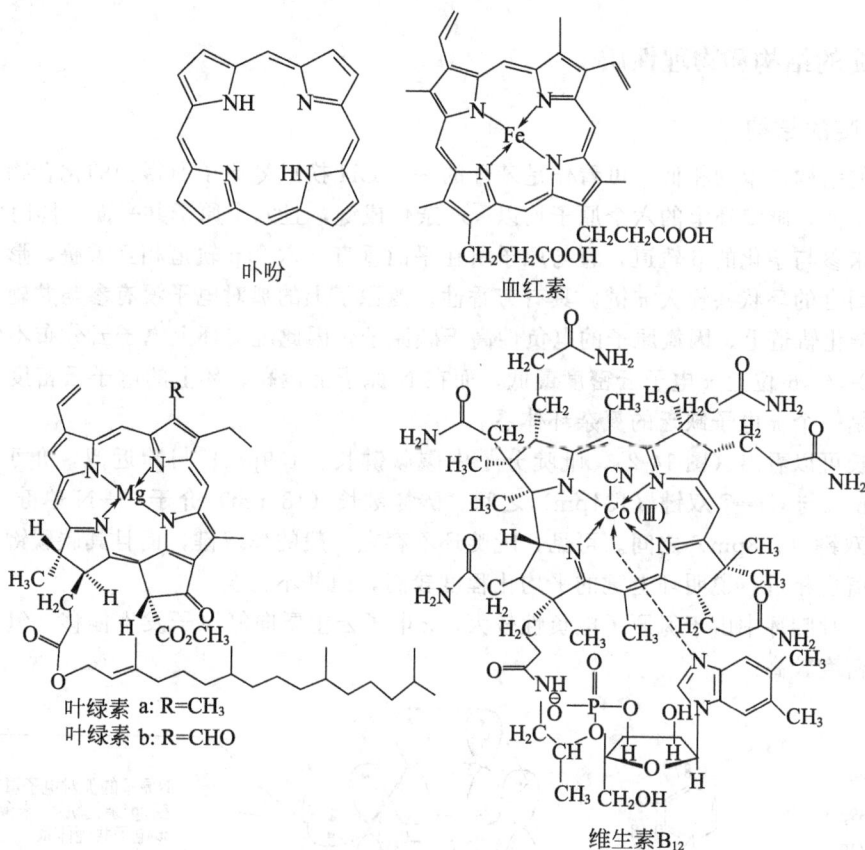

卟吩

血红素

叶绿素 a: R=CH₃
叶绿素 b: R=CHO

维生素 B_{12}

叶绿素和血红素具有相同的核心骨架结构——卟吩（porphine）环，卟吩环由四个吡咯环之间的 α-碳原子通过四个次甲基（—CH =）连成一个平面分子，形成含十八个 π 电子的封闭的连续的共轭体系。卟吩本身在自然界并不存在，但它的取代物即卟啉类化合物却广泛存在，存在植物茎叶中的叶绿素，其卟啉环是与 Mg^{2+} 配合，与蛋白质结合后，通过吸收太阳能作为植物进行光合作用必需的催化剂。血红素分子的卟啉环结合的是 Fe^{2+}，当与蛋白质结合后形成血红蛋白，存在于红细胞内，主要用来运载氧气和二氧化碳。除此之外，血红素也可以和一氧化碳、氰离子等结合，且比与氧气结合得还要牢固，这也是煤气和氰化物中毒的原因。

维生素 B_{12}，又称氰钴胺素（cyanocobalamin），其结构于 1954 年被确证。维生素 B_{12} 含有类似于卟吩的环系，但比卟吩环少了一个次甲基的桥。维生素 B_{12} 的环与金属钴离子配合，是唯一含有金属元素的维生素。维生素 B_{12} 是参与人体多种代谢的重要辅酶，参与制造骨髓红细胞，防止恶性贫血，防止大脑神经受到破坏。维生素 B_{12} 不存在于植物中，而在动物的肝脏、肾脏、鱼、蛋、肉、牛奶中含量较高，肠道细菌也可以合成，人体的需要量极少，只要饮食正常，一般情况下不缺乏。但是素食者容易缺乏。

三、含一个杂原子的六元杂环化合物

含一个杂原子的六元杂环主要有两种，即吡啶和吡喃。本节主要讨论吡啶及其相关的化合物。

（一）吡啶的结构和物理性质

1. 吡啶的结构

吡啶的结构与苯的相似，可看作是苯环的一个 CH 换成氮原子所得到的化合物。其共轭结构与苯类似，吡啶环上的六个原子均以 sp^2 杂化成键，且六个原子共平面。同时每个原子各有一个未参与杂化的 p 轨道，且与原子所在平面垂直，六个 p 轨道相互重叠，形成六中心六电子的闭合的环状共轭大 π 键，具有芳香性。氮原子上的孤对电子没有参与共轭，而是填充在 sp^2 杂化轨道上。因氮原子的电负性高于碳原子，因此吡啶环上电子云分布不像苯环那样均匀，2-、4-、6-位上 π 电子云密度最低，而在 N 原子上最高。环上的电子云密度与吡咯相比，吡啶是一个 π 电子缺乏的氮杂环体系。

从键长可以看出（图 14-2），吡啶分子中碳碳键长（139pm）与苯近似，介于 C—C 单键（154pm）与 C＝C 双键（134pm）之间。碳氮键长（134pm）介于 C—N 单键（147pm）与 C＝N 双键（128pm）之间。可见，吡啶环不存在一般的单双键，而且其碳碳键与碳氮键的键长数值也相近，说明环上键的平均化程度较高，但并不完全。

另外，吡啶环中由于氮原子电负性较大，π 电子云主要向氮原子发生偏移，氮原子周围的电子云密度较高。

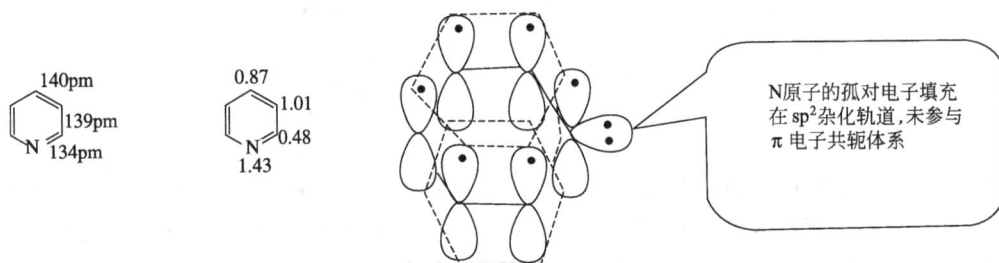

图 14-2　吡啶的结构

根据吡啶环的结构可以预测，亲电试剂容易进攻吡啶的 N 原子和 β 位，亲核试剂进攻 α 位和 γ 位。与苯相比，吡啶不易发生亲电取代反应，但亲核取代反应比较容易发生。

2. 吡啶的物理性质

吡啶最早是在蒸馏骨焦油过程中发现的，是一种无色有恶臭味的液体，沸点 115.5℃，熔点-42℃，密度 0.9819g·cm⁻³，与水完全互溶，且能溶于多种有机溶剂如乙醇、乙醚等，是实验室常用的高沸点溶剂。

吡啶氮上的未共用电子对能与水分子形成氢键，使之呈现高水溶性，且和水可形成共沸混合物；吡啶氮原子也能与一些金属离子如 Ag^+、Ni^{2+}、Cu^{2+} 形成配位化合物，这是吡啶可作为无机盐类溶剂的原因。

通常在有机物分子中引入羟基后其水溶性增大，而在吡啶环上引入羟基，其水溶性会降低，引入的羟基越多，水溶性越小。这是因为羟基化吡啶形成分子间氢键的能力大于和水形成氢键的能力，致使其水溶性降低。

思考题 14-4 请解释吡啶为什么能够溶于水，而当吡啶环上引入羟基或氨基后，水溶性显著降低，且引入的羟基或氨基数目越多，水溶性越低。

（二）吡啶的化学性质

1. 吡啶的碱性

吡啶环上氮原子的孤对电子，可以结合质子，从而显示碱性。但吡啶是一个弱碱（$pK_b=8.8$），比氨和脂肪氨弱。这是由于吡啶环上的氮原子为 sp^2 杂化，与脂肪胺中 sp^3 杂化的氮原子相比，对核外电子的束缚力较强，减弱了与 H^+ 的结合力。但吡啶的碱性较苯胺（$pK_b=9.3$）强，几种物质的碱性比较顺序如下：

苯胺＜吡啶＜氨＜三乙胺＜哌啶

吡啶环上的取代基对碱性强弱是有影响的，其影响的基本规律如同取代基对苯胺碱性的影响。

吡啶可与强酸反应形成吡啶鎓盐，因此，在实验室中经常利用吡啶的这一性质来除去反应体系中的酸。

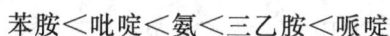

2. 氮原子的亲电反应

吡啶中的氮原子为三级氮，带有一对孤对电子，因此也可以与 Lewis 酸，如 $AlCl_3$、$SbCl_5$、SO_3 等反应，形成稳定的 N-加合物。

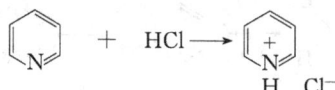

卤代烷、烷基对甲苯磺酸酯或二烷基磺酸酯可以与吡啶发生 N-烷基化反应，生成相应的季铵盐。例如与碘甲烷反应生成季铵盐。

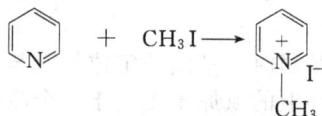

3. 吡啶环的亲电取代反应

吡啶是具有芳香性的杂环，在环上能够进行亲电取代反应，但由于环上氮原子的电负性大于碳原子，使得环上的 π 电子偏向氮原子，环上碳原子的电子云密度较低，故吡啶环为"缺 π 电子的芳香体系"，吡啶分子整体上被钝化了。

另外，吡啶环上氮原子 sp^2 杂化轨道上有一对未参与环共轭的孤对电子，在酸催化进行亲电取代反应时，亲电试剂易于和碱性的氮原子首先生成环上氮原子带正电荷的吡啶盐，这更加大了环上氮原子吸电子的能力，使环上电子云密度进一步降低，因此，吡啶亲电取代反应的活性很低，与硝基苯相似，不能进行傅-克酰基化和烷基化反应。进行硝化、磺化和卤代反应需要剧烈的条件，一般需要在 $200\sim350℃$ 的高温下反应。

吡啶的亲电取代反应主要发生在 β 位。这主要是因为吡啶的 β 位的电子云密度相对较大，更容易受到亲电试剂的进攻。另外，从反应中间体的稳定性也可以看出，取代 β 位生成的正离子中间体较取代 α、γ 位得到的正离子中间体稳定。

α 位取代：

β 位取代：

γ 位取代

可以发现，在亲电试剂进攻 α、γ 位时都会得到一个具有六电子的氮正离子中间体，正电荷在氮原子上的过渡态远不如正电荷在环碳原子上的稳定，反应很难进行。当亲电试剂进攻 β 位时，正电荷只出现在环碳原子上，所以吡啶在发生亲电取代反应时，主要产物是 β 位取代吡啶。

当吡啶环上已经连接有一个基团时，基团的定位效应与在苯环中是一样的，但在吡啶环中的作用更复杂一些，因为吡啶环上的氮原子相当于一个吸电子的定位基。如果吡啶环上连接的定位基为给电子的取代基，像其他的芳香环一样，会使吡啶环上的电子云密度增加，使吡啶环活化，亲电取代反应可以在较温和的条件下发生。

当取代基为强邻、对位定位基如氨基、羟基等，第二个亲电基团进到吡啶环上时，强邻、对位定位基占主导作用。如3-羟基吡啶只在2位发生硝化反应，如果2位有取代基，则只在4位发生。

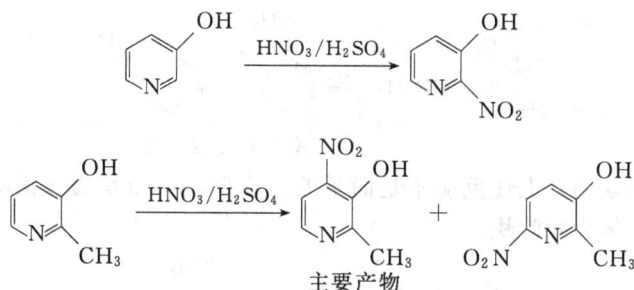

当取代基为其他邻、对位定位基时，与环氮原子的定位作用就具有一定的竞争选择性。例如在烷基吡啶中，环氮原子的"定位"起决定作用。

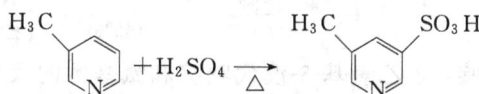

若两者的定位作用方向一致，亲电取代反应会得到更加满意的结果。

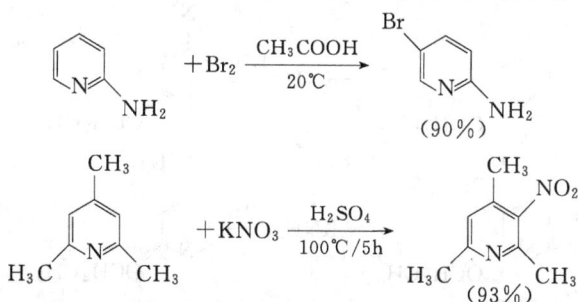

4. 吡啶环的亲核取代反应

吡啶环上的电子云密度较低，为"缺 π 电子的芳香体系"，环上碳原子不易进行亲电取代反应，相反，能够发生苯分子在通常情况下不能发生的亲核取代反应。

吡啶环上的亲核取代反应，可分为两种类型：一种是通过加成-消除过程进行的，如氨基化反应。另一种是通过消除-加成机制进行的，如卤代吡啶与亲核试剂的反应。

（1）氨基化反应（齐齐巴宾反应 Chichibabin reaction） 吡啶和碱金属的氨基化合物共热生成氨基吡啶的反应称为氨基化反应。常见的氨基化试剂有氨基钠、氨基钾、氨基钡等。吡啶与氨基钠反应生成 α-氨基吡啶的反应，称为齐齐巴宾反应，如果 α 位已被占据，则得到 γ-氨基吡啶，但产率很低。

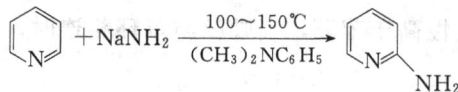

在这类反应中，亲核试剂总是进攻吡啶环上的电子云密度较低的 α、γ 位。具体的反应机制如下：

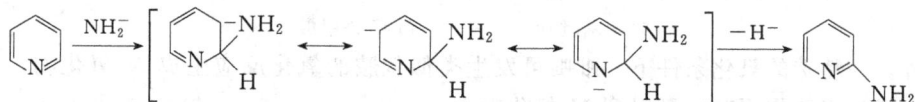

另外，如果吡啶环的 α 或 γ 位存在比较好的离去基团（如卤素、硝基时），则更容易发生亲核取代反应，如与氨（或胺）、烷氧化物、水等较弱的亲核试剂发生亲核取代反应。

（2）卤代吡啶与亲核试剂的反应 如 3-氯代吡啶与氨基钾在液氨中反应，其主要产物也是 4-氨基吡啶，同时也有 3-氨基吡啶的生成。

（45%）　　（25%）

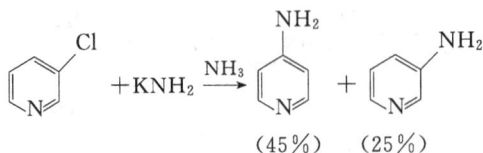

以上的实验结果说明，上述反应不是简单的置换反应，而是通过消除-加成两步反应机制完成的，反应中间体为吡啶炔。

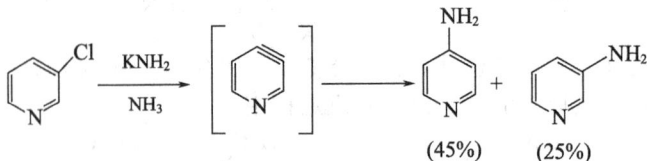

（45%）　　（25%）

如 2-乙氧基-4-溴代吡啶、2-乙氧基-3-溴代吡啶和氨基钾的反应。在相同的条件下主要的产物都是 4-氨基-2-乙氧基吡啶，同时都还得到了 2%～3% 的 3-氨基-2-乙氧基吡啶。

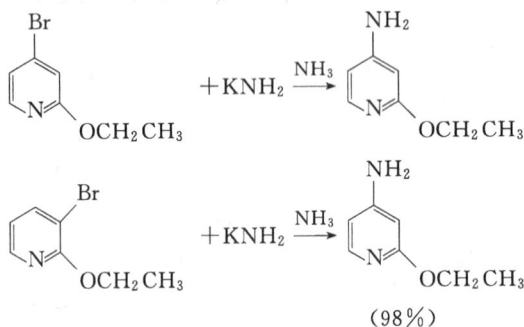

（98%）

5. 吡啶的氧化与还原反应

由于吡啶环上氮原子的吸电子效应，环上的电子云密度较低，难以失去电子被氧化，故吡啶环对氧化剂较为稳定，尤其在酸性条件下，由于环上氮原子转为吸电性强得多的 NH^+，环上电子云密度进一步降低，更难被氧化。当环上带有烷基或芳基侧链时，总是侧链先被氧化。例如：

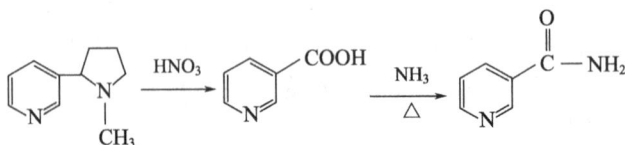

吡啶环对氧化剂的稳定性高于苯环，当吡啶与苯环相连时，苯环被氧化，吡啶环保持不变。

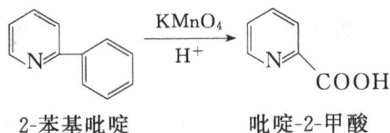

2-苯基吡啶　　　　吡啶-2-甲酸

另外，在特殊的氧化条件下，吡啶可发生类似叔胺的氧化反应生成 N-氧化物，如吡啶与双氧水或过氧酸作用时，可得到 N-氧化吡啶。

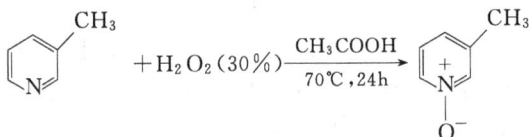

吡啶也因环碳电子云密度较低，使加氢还原比苯更容易。它不仅可被催化氢化还原，还可被化学还原剂还原，均可还原得到六氢吡啶。六氢吡啶又称哌啶。

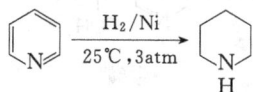

六氢吡啶

六氢吡啶为非芳香杂环，具有一般二级胺的碱性，较吡啶的碱性强。很多天然产物都含有这个环系。除可用作化工原料和有机碱催化剂外，它还是一种环氧树脂的固化剂。

思考题 14-5 请比较乙胺、氨、苯胺、吡啶和吡咯碱性的强弱。

(三) 吡啶的重要衍生物

1. 维生素 B₆

维生素 B_6 又称吡哆辛，由三种物质组成，即吡哆醇（pyridoxine）、吡哆醛（pyridoxal）和吡哆胺（pyridoxamine）。它们均为无色液体，易溶于水和乙醇。在体内三种物质可以相互转变，在体内存在的活性形式是三种物质的磷酸酯。维生素 B_6 是氨基酸转氨酶、氨基酸脱羧酶的辅酶，参加氨基酸的分解代谢，同时也参与体内蛋白质、糖类和脂肪代谢。人体如果缺乏维生素 B_6，蛋白质代谢就会出现障碍。药用维生素 B_6 为吡哆醇的盐酸盐，在体内转变成吡哆醛和吡哆胺起作用，临床上常用维生素 B_6 治疗妊娠、放射治疗后所致的呕吐和脂溢性皮炎等。

维生素 B_6 在动植物中分布广泛，在酵母和谷类外皮中的含量尤为丰富。尽管人与动物的肠道细菌也可以合成维生素 B_6，但其量甚微，因此维生素 B_6 主要还是要从食物中补充。其需要量其实与蛋白质摄食量多少有很大关系，若每天摄入大量的鱼肉，则需要大量补充维生素 B_6，以免造成维生素 B_6 缺乏而导致慢性病的发生。

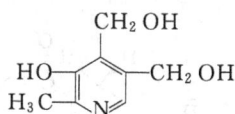
吡哆醇

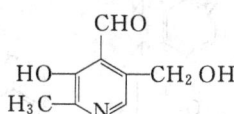
吡哆醛

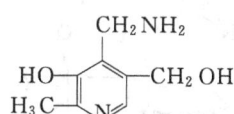
吡哆胺

2. 异烟肼

异烟肼（isoniazide）又称雷米封（remifon），白色针状结晶或粉末，熔点 $170\sim173℃$，易溶于水和乙醇，可用于治疗结核病，对维生素 PP 有拮抗作用。

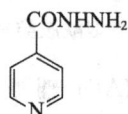
异烟肼
(雷米封)

3. 烟碱

烟碱（nicotine），俗名尼古丁，是一种存在于茄科植物（茄属）中的生物碱，也是烟草的重要成分。在空气中极易氧化成暗灰色，能迅速溶于水及酒精中，通过口鼻支气管黏膜及皮肤表面，很容易被机体吸收。

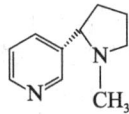

烟碱
(尼古丁)

尼古丁能够使血管收缩、心跳加快、精神状况改变（如变得情绪稳定或精神兴奋），并促进血小板凝集，是造成心脏血管阻塞、高血压、中风等心脏血管性疾病的主要因素。

（四）维生素 PP、辅酶 NAD 和辅酶 NADP

1. 维生素 PP

维生素 PP 为抗癞皮病维生素，又称维生素 B_3，包括烟酸（nicotinic acid）和烟酰胺（nicotinamide），可用于防治糙皮病、口腔炎及血管硬化症。维生素 PP 广泛存在于自然界，在酵母、花生、谷类、豆类、肉类和动物肝脏中含量丰富，体内色氨酸也能转变为维生素 PP。

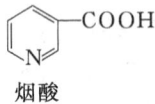

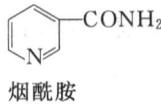

烟酸   烟酰胺

2. 辅酶 NAD 和辅酶 NADP

烟酰胺腺嘌呤二核苷酸（nicotinamide adenine dinucleotide，NAD）常称为辅酶Ⅰ，烟酰胺腺嘌呤二核苷磷酸酯（nicotinamide adenine dinucleotide phosphate，NADP）常称为辅酶Ⅱ，其还原形式为 NADH 和 NADPH。NAD 和 NADP 都是脱氢酶的辅酶，参与机体内的生物氧化还原过程。分子中的腺嘌呤部分不直接参与氧化还原过程，吡啶环的 C4 位置是辅酶 NAD 和辅酶 NADP 的反应中心，通过接受或给出氢负离子，实现反应中电子的转移。见图 14-3。

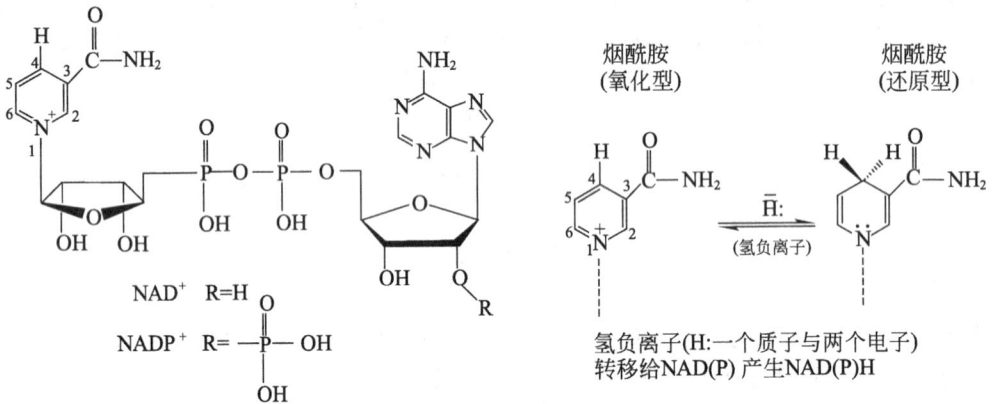

图 14-3　烟酰胺类辅酶结构

多种反应的脱氢酶依赖于 NAD 和 NADP 辅酶。例如由醇到醛的生物氧化中，醇的氢负离子就从 α 碳原子转移到 NAD 中吡啶环的 4 位，生成 NADH，则 NAD 发生还原反应。

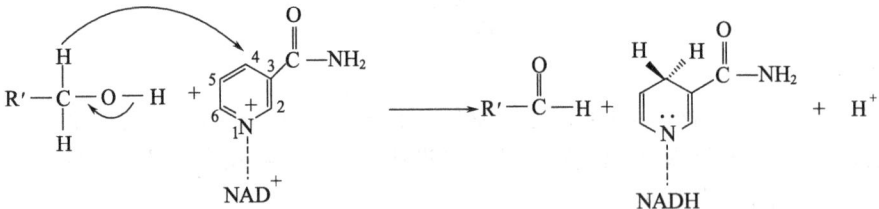

四、含两个杂原子的五元杂环化合物

含有两个杂原子，其中一个必须为氮原子的五元杂环化合物称为唑（azole）。常见的唑有吡唑、咪唑、噻唑、异噻唑、噁唑、异噁唑，可以看出唑环系是由氮原子分别置换了吡咯、噻吩和呋喃中的一个次甲基衍生出来的。当氮原子置换 3 位次甲基时，得正系唑环；当 2 位次甲基被氮原子置换，则得异系唑环（除吡唑外）。

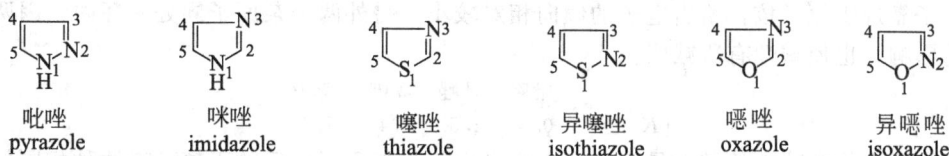

| 吡唑 pyrazole | 咪唑 imidazole | 噻唑 thiazole | 异噻唑 isothiazole | 噁唑 oxazole | 异噁唑 isoxazole |

（一）唑的结构和物理性质

唑是一个具有芳香性的环系（图 14-4），其 π 电子数符合 $4n+2$ 规则。唑中 2-或 3-位氮原子结构与吡啶中氮原子相同，为 sp^2 杂化，其中两个 sp^2 杂化轨道与相邻的原子间形成 σ 键相互连接，另外的一个 sp^2 杂化轨道中填充着一对电子，未杂化的 p 轨道上填充着一个电子，垂直于环所在的平面，与唑环中其他原子中未参与杂化的 p 轨道进行"肩并肩"的重叠，形成五中心六电子的环状共轭体系，具有一定的芳香性。

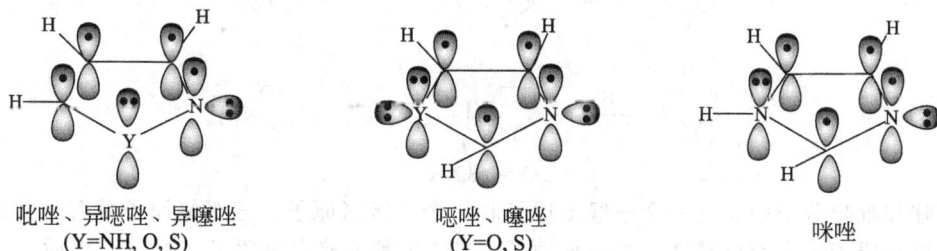

吡唑、异噁唑、异噻唑
(Y=NH, O, S)　　噁唑、噻唑
(Y=O, S)　　咪唑

图 14-4　唑的结构

室温下，吡唑是白色结晶，熔点 70℃，沸点 187℃，易溶于水（1∶2.5），难溶于石油醚；咪唑是结晶性固体，熔点 90℃，沸点 256℃，在水中的溶解度（1∶0.56）比吡唑还大，几乎不溶于石油醚；噻唑是无色液体，沸点 118℃，它的水溶性也比噻吩大。由此可见，吡唑、咪唑、噻唑的水溶性都比相应的单杂环有所增加。这是因为新引入的一个氮原子能以未共用电子对与水分子形成氢键，从而有利于它们在水中溶解。

吡唑和咪唑的沸点较高，主要原因是两者除了能和水分子形成氢键外，还能产生分子间的缔合，如吡唑的两个分子间进行缔合，咪唑则能达到 20 个分子间的缔合，因此两者都具有较高的沸点，而且缔合程度更高的咪唑沸点更高。

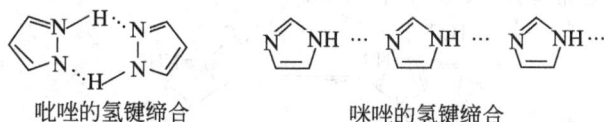

吡唑的氢键缔合　　　　　咪唑的氢键缔合

（二）唑的化学性质

1. 质子化反应

吡唑、咪唑、噻唑的结构中都含有一个类似于与吡啶环上氮原子的三级氮原子，具有一对填充在 sp^2 杂环轨道上的孤对电子，且未参与环的共轭体系，可与质子结合，所以三个化合物都具有弱碱性，且三种化合物的碱性都强于吡咯（吡咯的氮原子上的未成键孤对电子参与了环的共轭，而显示弱酸性），弱于脂肪胺。它们的碱性之所以比脂肪胺弱，是因为一般脂肪叔胺氮原子是 sp^3 杂化轨道，而唑环上三级氮原子为 sp^2 杂化轨道，s 成分占的比例较大，电子靠近于原子核，给出电子的倾向相对较小；另外两个杂原子同处一环内，因两个杂原子的影响，也使碱性有所减弱。

	吡咯	吡唑	噻唑	咪唑
pK_a 值	0.4	2.5	2.4	7.4

唑类化合物中咪唑的碱性最强，一方面是由于咪唑质子化后的正离子有两种相同的共振极限式，能量较低；另一方面是由于咪唑环上—NH—上氮原子给电子的共轭效应强于其吸电子的诱导效应，使咪唑环上三级氮原子上的电子云密度较高。吡唑环虽然也含有一个类似于吡咯氮的 NH，但由于吡唑环上三级氮与—NH 直接相连，而咪唑环中三级氮和—CH 相连，氮原子的电负性大于碳原子，使吡唑上三级氮原子上的电子云密度低于咪唑中的三级氮原子的，因此吡唑碱性弱于咪唑。

唑环中带有未共用电子对的氮原子的质子化：

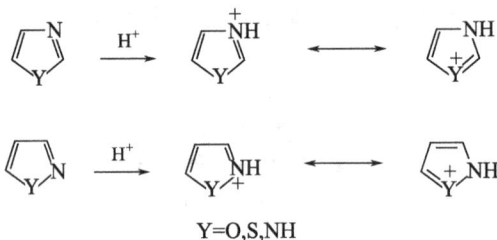

Y＝O,S,NH

咪唑和吡唑分子中含有一个三级氮原子和一个二级氮原子，三级氮原子带有未共用电子对，可以与质子结合而显碱性，二级氮原子—NH 上都连接有氢原子，可以给出质子，显示弱酸性。因此吡唑、咪唑均为两性物质，都可与酸成盐，显示碱性；也与钠反应生成钠盐，显示弱酸性。

咪唑和吡唑分子中存在着互变异构的现象，当环上无取代基时，这一现象不易辨别。例如：

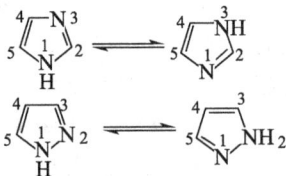

当环上有取代基时，则互变异构很明显。例如 4-甲基咪唑和 5-甲基咪唑就是一个平衡混合物，难以分开，通常写成 4(5)-甲基咪唑。

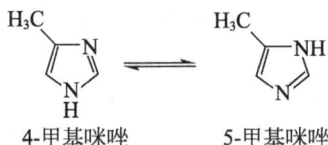

4-甲基咪唑　　　　　5-甲基咪唑

在有些情况下，在这两个位置上取代的咪唑是可以分开的，因为这两个互变异构体随取代基的不同其含量在混合体中的比例也不相同。例如硝基咪唑：

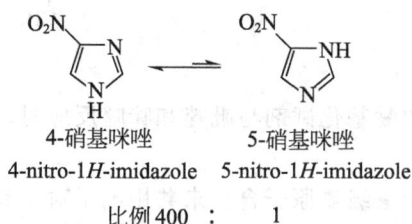

4-硝基咪唑　　　　5-硝基咪唑
4-nitro-1*H*-imidazole　　5-nitro-1*H*-imidazole

比例 400　:　　1

如果咪唑环上与氮相连的氢原子被其他原子或基团取代，则不可能发生这种互变异构现象。

2. 唑环碳原子上的取代反应

（1）亲电取代反应　在两个杂原子的唑环分子中，由于氮原子强的吸电子效应，使唑环上各个碳原子上电子云密度都比相应的单杂原子五元环的低，因此它们的亲电取代反应活性就比呋喃、吡咯和噻吩的低，也比苯低。另外，唑分子中 N、O、S 原子上的 p 电子参与唑环的共轭体系，这使唑环碳原子的电子云密度比吡啶环上的要高些。唑环的亲电反应活性处于单杂原子五元环和吡啶环之间。

亲电取代反应活性顺序：咪唑＞吡唑＞噻唑＞噁唑。

受杂原子的影响，硝化、磺化和卤化时，唑环上发生亲电取代反应的位置，与吡啶环的情况类似，一般在三级氮原子的间位上发生。也就是说，对于唑环系，通常在 C5 位上优先发生亲电取代；对异唑环系，在 C4 位上优先发生。因咪唑结构可以发生异构化的特殊性，其亲电取代反应主要在 C4、C5 位上发生。

例如：

Y=O,S　　　　　Y=O,S,NH　　　　咪唑

比例　400　　:　　1

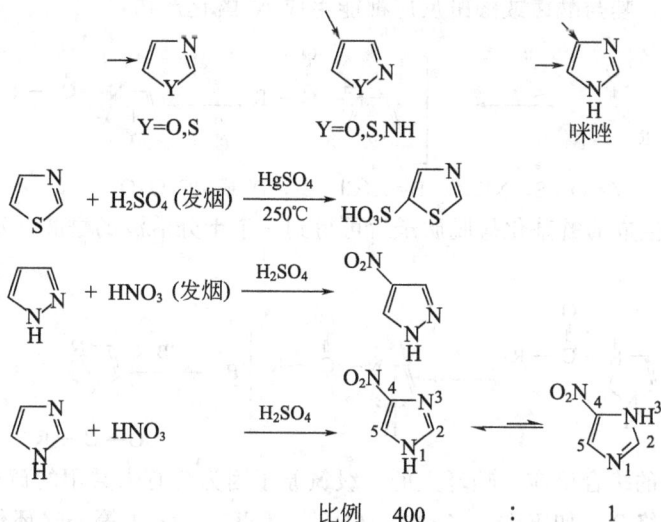

当唑环中显碱性的氮原子与酸性试剂作用成盐后，亲电反应的活性更低，反应条件要求更高。但成盐后并不破坏环的芳香结构，因而增强了这类化合物抗酸和抗氧化剂的能力，稳定性增大。因此唑类化合物的磺化和硝化反应可用强酸性试剂。

（2）亲核取代反应　唑环分子含有和吡啶环一样的三级氮原子，这种相似的结构使其也能发生吡啶分子中的某些反应，如亲核取代反应——与氨基钠发生类似齐齐巴宾反应，强的亲核试剂如 NH_2^-、RO^-、RS^- 等能够取代卤代唑环中的卤原子。

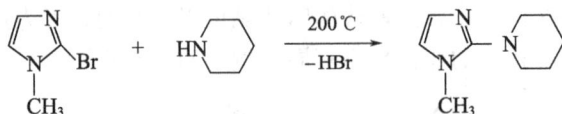

3. 氮原子的亲核反应

亲电试剂如烷基化试剂和酰基化试剂与吡唑和咪唑反应时，首先在吡唑和咪唑的三级氮原子上进行反应。

(1) 烷基化反应　唑环中三级氮原子含有未共用电子对，具有亲核性，和吡啶环上的氮原子一样，能够和卤代烷发生烷基化反应，生成铵盐。如：

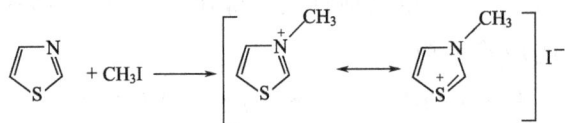

形成的噻唑铵盐，正电荷分布于整个环上，结构比较稳定。

噁唑和噻唑一样，与卤代烷反应得到 N-取代的稳定铵盐。同样条件下，用咪唑反应时可以得到 1-甲基咪唑和 N-二甲基咪唑的混合物。

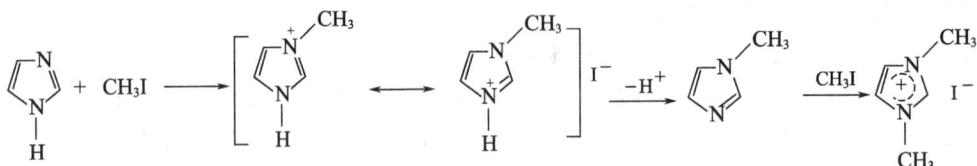

如果咪唑与碘代甲烷在金属钠溶于液氨的条件下进行反应，能得到较纯的 1-甲基咪唑，且收率较高。

(2) 酰基化反应　唑与酰卤或酸酐反应都能生成 N-酰化产物：

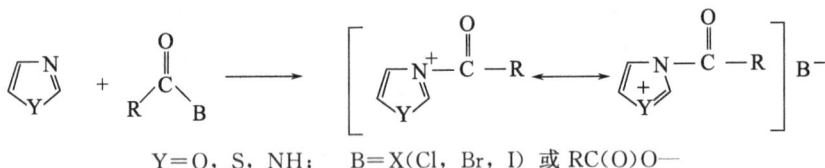

当 Y=NH 时，生成的酰基化盐脱质子后可得到一个十分活泼的酰胺。这种活泼的酰胺具有重要的生理作用。

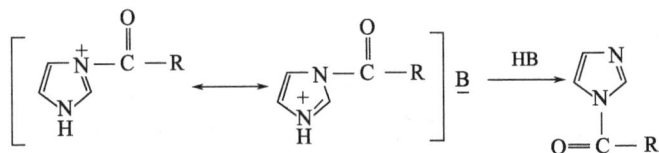

(3) 和金属离子的络合反应　唑环上的三级氮原子因为含有未共用的孤对电子，很容易以配位键与金属离子络合，如 Fe^{2+}、Co^{2+}、Cu^{2+}、Cd^{2+}、Zn^{2+} 等。唑环作为配体，最重要的是咪唑环系，因多种含有咪唑环系的生命体内的生物大分子如肌红蛋白、血红蛋白、细胞色素等都存在可与金属离子络合的结构，且这些络合的结构对上述生物分子的生理功能起着极为重要的作用。

例如海洋动物章鱼和螃蟹，它们的血液中含有能与铜离子络合的血清蛋白和氧络血清蛋白，所以它们的血液是蓝色的。经过分析证明，其中含有大量的组氨酸、蛋氨酸和半胱氨酸，它们都与铜离子形成了各种配位的络合结构。

组氨酸是咪唑最重要的衍生物，其代谢产物组胺是血管扩张剂，有降压作用。还可以收缩平滑肌和调节胃酸分泌。血液中的组胺水平太高会引起过敏症，如花粉症（枯草热）。抗组胺可抑制此症状，主要通过阻断引起过敏的组胺受体（H1 受体）起作用。

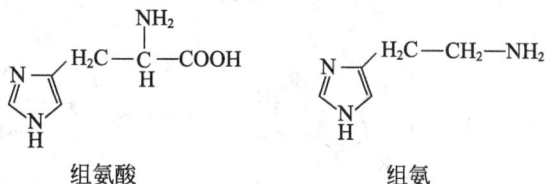

组氨酸　　　　　　　　　　　组胺

思考题 14-6　请解释咪唑的酸、碱性均比吡咯强的原因。

（三）维生素 B₁ 和辅酶 TPP

维生素 B$_1$ 为抗神经炎维生素，又称硫胺素（thiamine）。它的结构骨架是噻唑环和嘧啶环通过一个亚甲基连接一起而成的。临床上常用硫胺素的盐酸盐和硫酸盐，为白色结晶，有特殊香味，耐热，极易溶于水，在酸性溶液中较稳定，中性和碱性溶液中易分解。广泛存在于植物中，在种子外皮及胚芽中含量丰富，如米糠、麦麸，在酵母中含量更高。其主要生理功能是能够增进食欲，维持神经正常活动等。

维生素B$_1$(盐酸硫胺素)

thiamine hydrochloride

辅酶 TPP（thiamine pyrophosphate）为硫胺素焦磷酸，是由维生素 B$_1$ 与焦磷酸形成的酯。它是体内糖代谢中羰基碳（醛和酮）合成与裂解反应的辅酶。特别是 α-酮酸的脱羧和 α-羟酮的形成与裂解都依赖于辅酶 TPP。

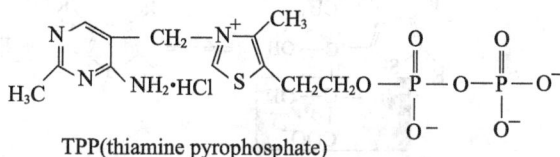

TPP(thiamine pyrophosphate)

TPP 结构中噻唑环在体内的生理条件下能够转化成稳定的碳负离子，这是 TPP 具有辅酶功能的重要原因。

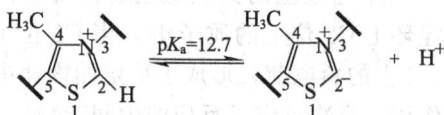

丙酮酸在丙酮酸脱羧酶催化脱羧时，TPP 首先生成碳负离子，作为亲核试剂对 α-酮酸的羰基进行亲核加成反应，脱除一个 CO_2 分子后，通过噻唑上氮原子双键共振，得到稳定的中间物，其中的共振杂化体内盐能被质子化形成羟乙基-TPP。该羟乙基-TPP 不稳定，通过酶活性部位的碱基得到一个质子，再通过酶的催化，解离出产物乙醛并复原辅酶 TPP。酵母丙酮酸脱羧酶的反应机制见图 14-5。

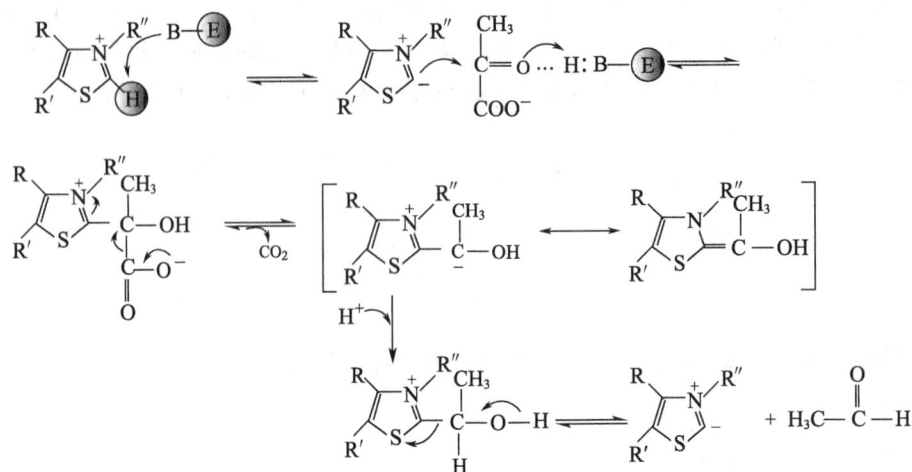

图 14-5　酵母丙酮酸脱羧酶的反应机制

乙酰乳酸合成酶的反应是一个生成 α-羟酮的反应。在此反应中，丙酮酸通过脱羧反应生成的碳负离子作为亲核试剂与另一分子丙酮酸作用生成 α-乙酰乳酸。详见图 14-6。

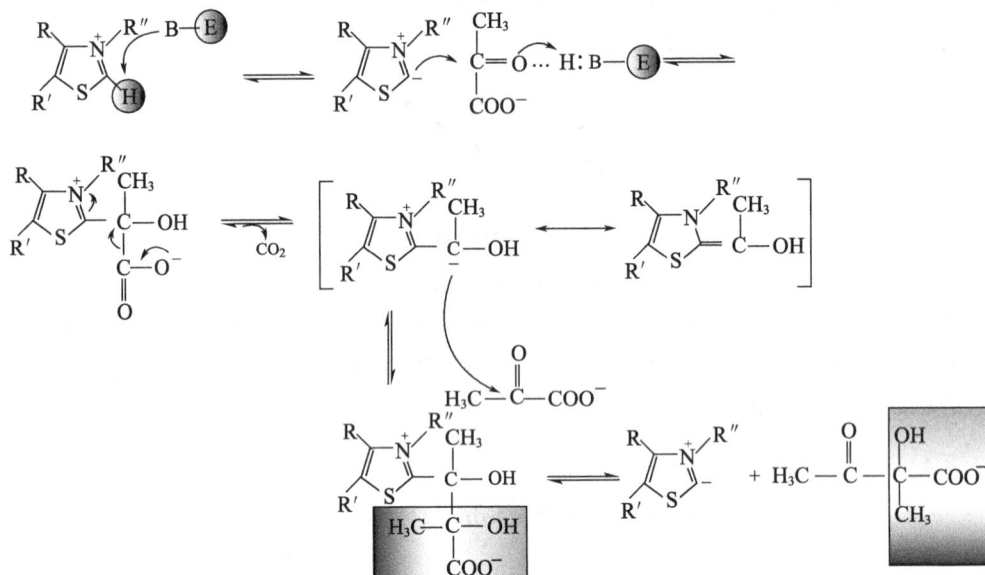

图 14-6　乙酰乳酸合成酶的反应机制

从上述反应可以看出，TPP 中噻唑基的四级氮起着两种不同的重要作用，首先因四级氮正离子的存在，活化了噻唑环上 C2 位上的质子 H，当 C2 位上的质子离去后，形成了碳负离子，氮正离子可以分散 C2 上的负电荷，形成了稳定的内盐中间体。其次当脱除 CO_2 分子后，通过氮原子双键共振作用，再次稳定了反应的中间产物。

在体内，维生素 B_1 与焦磷酸形成的焦磷酸酯作为辅酶参与糖在体内的代谢，若维生素 B_1 不足，将使糖代谢发生障碍，体内丙酮酸积累，使人的血、尿和脑组织中丙酮酸含量增多，出现多发性神经炎、皮肤麻木、四肢无力、脚气病等一系列临床症状。另外，维生素 B_1 可抑制胆碱酯酶对乙酰胆碱（神经递质之一）的水解作用。当维生素 B_1 缺乏时，此酶活性增高，加速乙酰胆碱的水解，乙酰胆碱大量被破坏，使神经传导受到影响，可造成胃肠蠕动缓慢、消化道分泌减少、食欲不振、消化不良等症状。

五、含两个和三个杂原子的六元杂环化合物

（一）二嗪环系

含两个氮原子的六元杂环体系称为二嗪，根据分子中杂原子相对位置的不同，可分为1,2-二嗪（哒嗪）、1,3-二嗪（嘧啶）和1,4-二嗪（吡嗪），这三个化合物的结构均与吡啶相似，环上的两个氮原子和4个碳原子均为 sp^2 杂化，都以一个 p 电子参与共轭，形成了六中心六电子的芳香共轭体系，属于缺 π 芳杂环。三个化合物中，嘧啶最为重要。

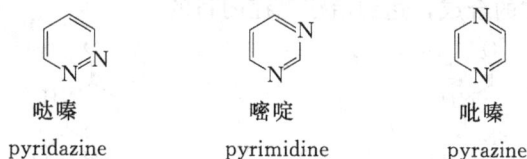

| 哒嗪 | 嘧啶 | 吡嗪 |
| pyridazine | pyrimidine | pyrazine |

嘧啶是无色液体或固体，熔点 220～222℃，易溶于水，主要因嘧啶和吡啶一样，氮原子上未共用电子对可以与水形成氢键，所以如果在环上引入羟基或氨基，则因能形成分子间氢键，水溶性便大大降低。

在二嗪分子中环上的两个氮原子上，都有一对未成键电子对，因此都是碱性的，很容易在氮原子上发生质子化反应，但嘧啶碱性很弱（$pK_a=1.3$），比吡啶还弱。这是由于环上两个氮原子的吸电子作用相互影响，导致氮原子上电子云密度较吡啶氮上的低，碱性降低。当第一个氮原子与酸形成环季铵离子后，带正电荷的氮原子将大大降低另一个氮原子的电子云密度，在第二个氮原子上继续进行质子化更加困难，将不再显碱性，故二嗪类化合物都为一元碱。

嘧啶环上电子云密度较吡啶环低，更难发生亲电取代反应，而 5 位对两个氮来说都是间位，电子云密度的降低相对最少，是唯一有可能发生亲电取代反应的位置，如卤代反应。但硝化、磺化等在酸性条件下的反应很难进行，只有当环上连有强致活基团时，才能发生亲电取代反应。例如：

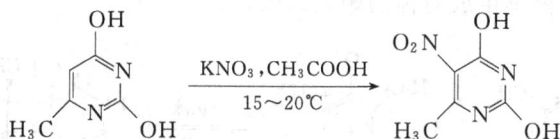

与亲电取代反应相反，嘧啶环进行亲核取代则比吡啶容易。反应主要发生在氮原子的邻、对位，即 2,4,6 位，因其处于两个氮原子的邻位或对位，受双重吸电子效应的影响，电子云密度相对较低。当这些位置为卤素时，亲核取代反应更容易进行。例如：

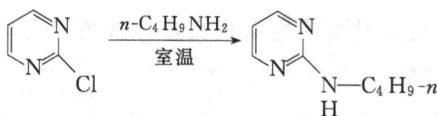

嘧啶环对酸、氧化剂都稳定。嘧啶环上两个氮原子的吸电子作用，使其环上的 π 电子云密度较低，所以对酸、氧化剂都稳定。带有侧链的嘧啶遇到氧化剂时，侧链被氧化而嘧啶环不受影响；嘧啶环与苯环稠合存在时，苯环被氧化，而嘧啶环不变，生成二嗪二羧酸。

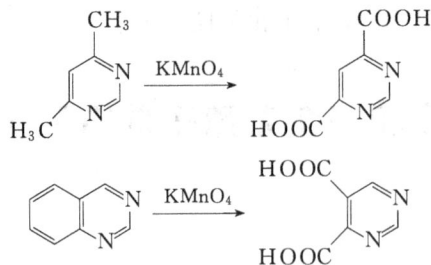

广泛存在于自然界中的尿嘧啶、胞嘧啶、胸腺嘧啶都具有嘧啶环，这三种物质是嘧啶最重要的衍生物，都是核酸的重要组成部分。

尿嘧啶（uracil）即嘧啶-2,4(1H，3H)-二酮［pyrimidine-2,4(1H，3H)-dione］，缩写为 U，是 RNA 的组成成分之一。当 5 位上的氢原子被氟取代后可得到抗癌药物 5-氟尿嘧啶，它主要通过干扰核酸的合成，达到治疗癌症的目的。

尿嘧啶

嘧啶-2,4(1H,3H)-二酮

pyrimidine-2,4(1H,3H)-dione

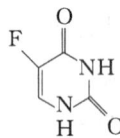

5-氟尿嘧啶

5-氟嘧啶-2,4(1H,3H)-二酮

5-fluoropyrimidine-2,4(1H,3H)-dione

胞嘧啶（cytosine）即 4-氨基嘧啶-2（1H）-酮［4-aminopyrimidin-2(1H)-one］，缩写为 A，是 RNA 和 DNA 的组成成分之一。胸腺嘧啶（thymine）即 5-甲基嘧啶-2,4(1H,3H)-二酮，缩写为 T，是 DNA 的组成成分之一。

胞嘧啶

4-氨基嘧啶-2(1H)-酮

4-aminopyrimidin-2(1H)-one

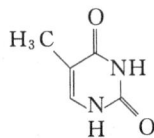

胸腺嘧啶

5-甲基嘧啶-2,4(1H,3H)-二酮

5-methyl dihydropyrimidine-2,4(1H,3H)-dione

胸腺嘧啶在光照下能够生成对称的顺式二聚体。

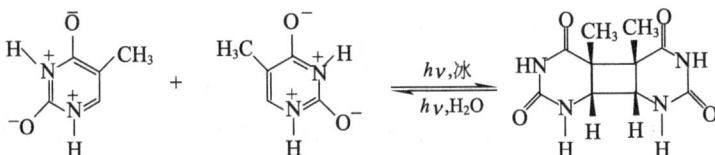

这种光致的可逆反应，也是 DNA 链转录中发生错误复录和变异的原因。

思考题 14-7 请比较嘧啶和吡啶亲电取代反应、亲核取代反应的活性，并解释。

(二) 三嗪环系

含有三个氮原子的六元杂环体系称为三嗪环系。根据分子中杂原子相对位置的不同，可分为 1,2,3-三嗪、1,2,4-三嗪和 1,3,5-三嗪，三嗪的结构也与二嗪、吡啶相似，环上的三个

氮原子和三个碳原子均为 sp^2 杂化，都以一个 p 电子参与共轭，形成了六中心六电子的芳香共轭体系。其中以 1,3,5-三嗪（均三嗪）最为重要，其衍生物在染料、涂料、农药和医药工业中极为重要。

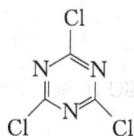

1,2,3-三嗪	1,2,4-三嗪	1,3,5-三嗪
1,2,3-triazine	1,2,4-triazine	1,3,5-triazine

均三嗪是无色结晶体，熔点 86℃，沸点 114℃。极易与亲核试剂反应，常温下与水便可完全分解。

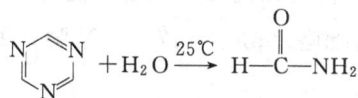

甲酰胺

formamide

三氯均三嗪，又名三聚氯氰，因均三嗪环中三个三级氮原子强烈的吸电子作用，使三氯均三嗪环上的氯原子非常活泼，相当于酰氯的氯，能够发生许多反应，是医药合成、化工染料制备等的重要中间体。

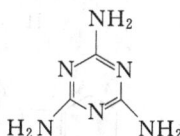

三氯均三嗪

2,4,6,-三氯-1,3,5-三嗪

2,4,6-trichloro-1,3,5-triazine

三氨基均三嗪

2,4,6,-三氨基-1,3,5-三嗪

2,4,6-triamine-1,3,5-triazine

三氨基均三嗪，又名三聚氰胺、蜜胺、蛋白精。白色单斜晶体，无味，微溶于水，可溶于甲醇、甲醛、乙酸、甘油、吡啶等有机溶剂。三聚氰胺呈弱碱性（$pK_b=8$），与盐酸、乙酸、草酸等都能形成三聚氰胺盐。实验研究发现，三聚氰胺本身毒性轻微，若与尿酸或氰尿酸结合后会形成难溶的晶体，如果长期摄入三聚氰胺便会造成生殖、泌尿系统的损害，膀胱、肾部结石，并可进一步诱发膀胱癌。

三聚氰胺最主要的用途是作为生产三聚氰胺甲醛树脂（MF）的原料。另外还可以作阻燃剂、减水剂、甲醛清洁剂。它具有毒性，不可用于食品加工或食品添加物。

六、稠杂环

（一）苯稠杂环

1. 含有一个杂原子五元杂环的苯并体系

含有一个杂原子五元杂环的苯并体系的化合物主要有吲哚、苯并呋喃和苯并噻吩。其中以吲哚环系最为重要。

1*H*-吲哚　　　　　苯并呋喃　　　　　苯并噻吩
1*H*-indole　　　　benzofuran　　　benzo[*b*]thiophene

吲哚是由苯环与吡咯环的 *b* 边稠合而成，亦可称为苯并[*b*]吡咯。它存在于煤焦油中，为无色片状结晶，具有极臭的气味，但极稀浓度的吲哚则有花香气味，可用作香料使用。熔点 52℃，沸点 254℃，可溶于热水、乙醇及乙醚。

(1) 酸碱性　吲哚含有吡咯环，性质与吡咯较为相似。但由于共轭体系延长，吲哚比吡咯稳定。吲哚的碱性比吡咯弱，它遇无机酸易聚合，能与苦味酸作用生成稳定的盐。但其 N—H 的酸性（$pK_a=17.0$）比吡咯（$pK_a=17.5$）稍强，氮原子上的氢原子能被金属钾取代。

(2) 亲电取代反应　吲哚具有芳香性，属多 π 芳杂环，也易于发生亲电取代，其反应活性低于吡咯，高于苯。吲哚的两个环中，杂环的 π 电子密度大于苯环，所以发生亲电取代时，取代基主要进入杂环。

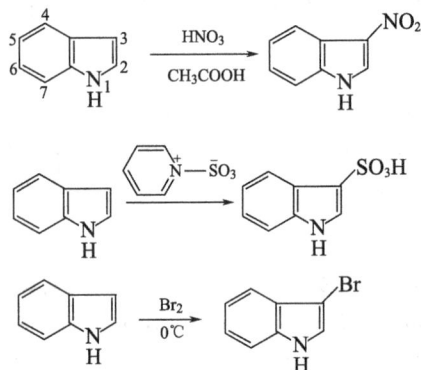

从以上例子可以看出，吲哚的亲电取代反应主要在 β 位上发生，这和吡咯的情况有所不同，吡咯的亲电取代优先在 α 位发生。这种现象仍与中间体的稳定性有关，亲电试剂进攻 α 位或 β 位得到的活性中间体的共振结构如下：

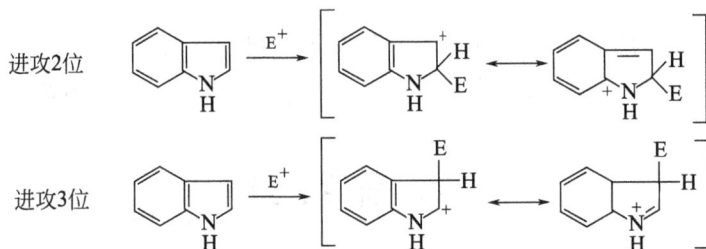

当亲电试剂进攻 α 位时，只能得到一个带有完整苯环的稳定共振式；而进攻 β 位时，可以得到两个带有完整苯环的稳定共振式。参与共振的稳定共振式越多，中间体碳正离子越稳定。所以，吲哚的亲电取代反应取代基一般进入 β 位。当 β 位上已有斥电子基取代时，新取代基进入 α 位；当 α 位和 β 位都被占，或 β 位有吸电子基占据时，新取代基进入苯环。例如：

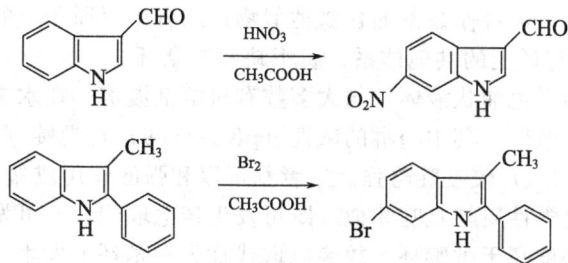

吲哚环系是许多天然产物的基本结构骨架或重要的组成部分，以各种类型的衍生物存在于许多生物体内。其中最简单的一个吲哚衍生物是 β-吲哚乙酸，俗称茁长素，广泛存在于各种生物体内，它是一种调节植物生长发育的重要激素，尤其对于植物插枝生根效果显著。

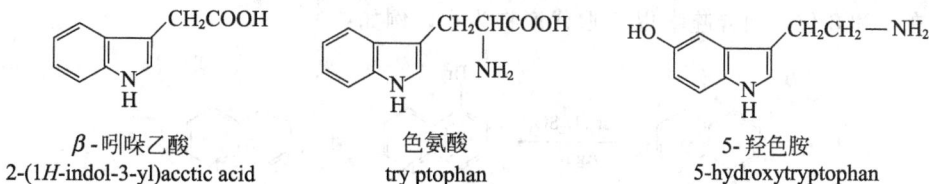

β-吲哚乙酸
2-(1H-indol-3-yl)acctic acid

色氨酸
try ptophan

5-羟色胺
5-hydroxytryptophan

另一个重要的天然存在的简单的吲哚衍生物是色氨酸，它广泛存在于天然蛋白质中，只能由植物和微生物合成，哺乳动物自身在体内不能合成，必须通过饮食从食物中获取。色氨酸在体内代谢后主要生成 5-羟色胺。

5-羟色胺又名血清素，广泛存在于哺乳动物组织中，是一种抑制性神经递质。在外周组织，5-羟色胺是一种强血管收缩剂和平滑肌收缩刺激剂，有些机体组织当受到某些药物作用时，可以释放出 5-羟色胺，例如一个利血平分子可以使受作用的组织释放出几百个 5-羟色胺分子，因而产生镇静、降压等一系列生理作用。

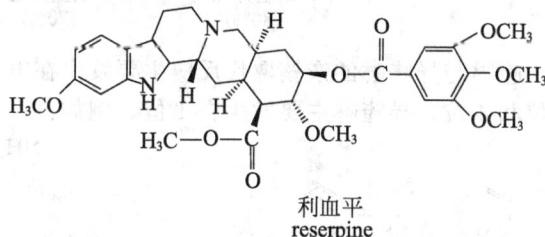

利血平
reserpine

另外，含吲哚的生物碱广泛存在于植物中，如长春碱和长春新碱均是双吲哚衍生物，是从夹竹桃科植物长春花中提取出来的具有抗癌活性的天然生物碱。

2. 含有一个杂原子六元杂环的苯并体系

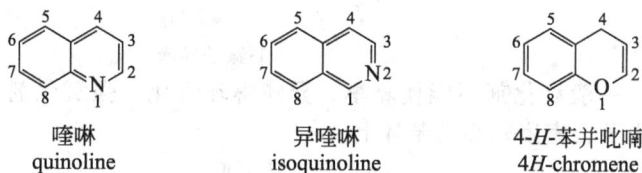

喹啉
quinoline

异喹啉
isoquinoline

4-H-苯并吡喃
4H-chromene

含有一个杂原子六元杂环的苯并体系主要有喹啉、异喹啉和苯并吡喃。

喹啉和异喹啉都是由苯环和吡啶环稠合而成，喹啉是苯环与吡啶的 b 边稠合得到，又称苯并[b]吡啶，而异喹啉是苯环与吡啶的 c 边稠合，又称苯并[c]吡啶，两者是同分异构体，存在于煤焦油和骨油中。1834 年首次从煤焦油中分离出喹啉，后来用碱干馏抗疟药物奎宁也得到喹啉，喹啉因此得名。喹啉和异喹啉都是平面型分子，都是含有 10 个 π 电子的芳香

大 π 键，结构与萘相似，可看作是萘的含氮类似物。二者中氮原子上的未共用电子对均位于 sp^2 杂化轨道中，未参与环上的共轭体系，属于缺 π 芳杂环。

喹啉和异喹啉均为无色油状液体，与大多数有机溶剂混溶，在水中溶解度小。二者都含有三级氮原子，具有弱碱性，其中喹啉的碱性（$pK_a=4.9$）较吡啶（$pK_a=5.2$）稍弱，而异喹啉的碱性（$pK_a=5.4$）较吡啶略强。二者都可以和强酸作用成盐。

喹啉、异喹啉的化学性质与吡啶相似，既可发生亲电取代，又可发生亲核取代。因二者分子中苯环的 π 电子密度高于吡啶环，故亲电取代优先在苯环上发生，取代基一般进入 5 位或 8 位；而亲核取代主要在吡啶环上进行，取代基一般进入 2 位、4 位（喹啉）或 1 位（异喹啉）。

(1) 亲电取代反应 喹啉和异喹啉的亲电取代反应比吡啶容易，但比苯和萘难。喹啉主要发生在 5 和 8 位，而异喹啉以 5-取代产物为主，例如：

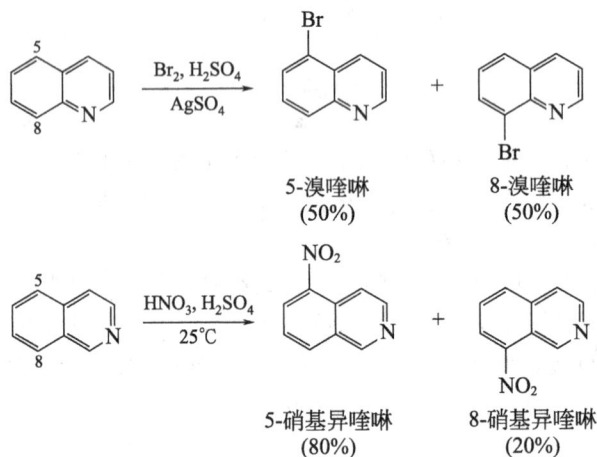

(2) 亲核取代反应 喹啉与异喹啉的亲核取代反应主要发生在电子云密度较小的吡啶环上，喹啉主要发生在 2 位和 4 位，异喹啉主要发生在 1 位。例如：

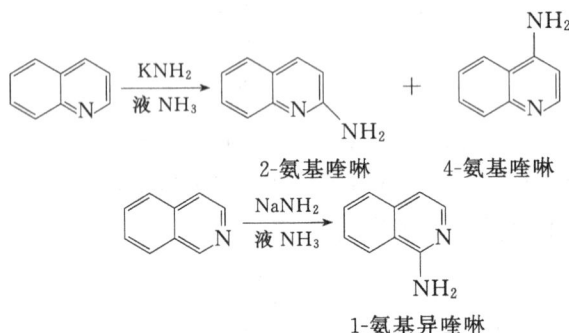

(3) 氧化反应 一般氧化剂不能使喹啉、异喹啉环氧化，强氧化剂则可使它们氧化开环，且主要发生在电子云密度较高的苯环上。

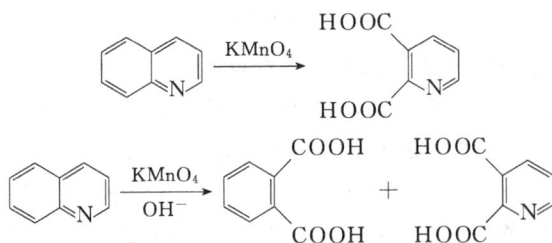

（4）还原反应 喹啉、异喹啉均可被还原，因吡啶环的电子云密度较苯环低，故吡啶环更易还原，根据反应条件不同，得到的产物也不一样：

1,2-二氢喹啉　　1,2,3,4-四氢喹啉
1,2-dihydroquinoline　1,2,3,4-tetrahydroquinoline

十氢喹啉
decahydroquinoline

3. 二苯并杂环体系

（1）杂芴类 呋喃、噻吩和吡咯的 2,3- 之间和 4,5- 之间两个边键，与两个苯环并合而成的稠环体系，称为杂芴类环系，其分子结构为：

氧杂芴　　　　　硫杂芴　　　　　氮杂芴(咔唑)
carbazole

这三种杂芴分子通常是从相应的联苯衍生物开始制备的，化学性质基本上与联苯、二苯醚和二苯联醚相似。杂芴分子发生亲电取代反应的能力和定位效应都与相应的苯系化合物大致相同，这里的 N、O、S 等只是相当于苯环上的一个取代基的定位效应，因此在杂芴分子中，杂原子的邻位和对位是进行亲电取代反应的活性部位。

（2）二苯并吡啶——蒽啶和菲啶 两个苯环和一个吡啶环并合的分子可以有多种不同的形式，其中最为重要的有两种：一种为蒽型结构，氮原子取代了蒽 C10 位的碳原子，也称氮杂蒽，为二苯并[b,e]吡啶，俗称吖啶。吖啶是一种淡黄色的固体，易升华，其蒸气和溶液都有强烈的刺激作用，稀溶液呈现蓝色荧光，且荧光的颜色随溶液 pH 值的变化而变化，常用其作为荧光 pH 指示剂。

10-氮杂蒽(吖啶)　　　　　　9-氮杂菲(菲啶)
acridine　　　　　　　　phenanthridine

吖啶也可以看成苯并[b]喹啉，所以许多化学性质和喹啉相似，但在吖啶环中的吡啶环部分，只有 C9 位可以发生反应，其他部分只能在苯环发生。

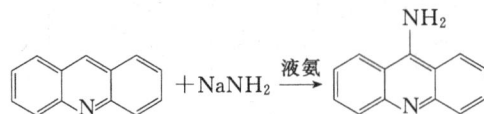

另一种二苯并吡啶为菲型结构，氮原子取代了菲 C9 位的碳原子，又称氮杂菲，为二苯并[b,d]吡啶，简称菲啶；菲啶为无色结晶状固体。

菲啶也可以看成苯并[c]喹啉或苯并[c]异喹啉，在菲啶环中，亲电取代反应主要发生在苯环上，即 C4 位和 C5 位。例如菲啶在硫酸中硝化的主要产物就是 4-硝基菲啶和 5-硝基菲啶。

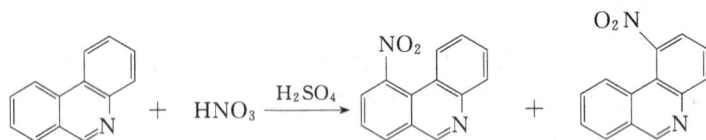

（二）嘌呤环系

嘌呤是一个咪唑环和一个嘧啶环稠合而成，稠合方式为咪唑[4,5-d]嘧啶，存在 $9H$ 和 $7H$ 两种互变异构体，平衡偏向于 $9H$ 的形成。在药物中以 $7H$-嘌呤式的衍生物较常用，在化学式中则多采用 $9H$-嘌呤式。

$9H$-嘌呤
$9H$-purine

$7H$-嘌呤
$7H$-purine

嘌呤是无色针状晶体，熔点 $216 \sim 217 \, ^\circ\text{C}$，易溶于水和热乙醇，难溶于常见的有机溶剂，具有一定的弱酸性和弱碱性。嘌呤环咪唑环部分的二级氮原子相连一个质子，因嘧啶环的吸电子效应的影响，质子表现出一定的酸性（$pK_a = 8.9$）且强于咪唑（$pK_a = 14.5$）。相反，其碱性则弱于咪唑，但强于嘧啶。

嘌呤环系可以看成是一种多氮杂茚，像茚和吲哚环一样，具有芳香性。环中除咪唑环上二级氮原子的未杂化 p 轨道提供两个电子外，其余环上的三个三级氮原子和五个碳原子的未杂化 p 轨道各提供一个电子，形成了九中心十电子闭合的大 π 键，所以嘌呤环是一个芳香性稠杂环体系，但由于多个强电负性环氮原子的存在，大大降低了环上电子云的密度，所以在环上碳原子上很难发生芳环的特征性亲电取代反应。

嘌呤本身并不存在于自然界中，但它的衍生物在自然界中分布极为广泛，以含氨基和羟基的最为常见。如腺嘌呤、鸟嘌呤、黄嘌呤、尿酸等。

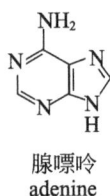

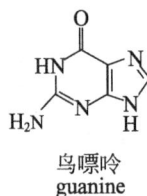

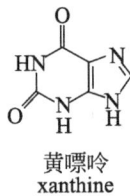

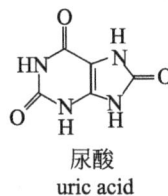

| 腺嘌呤 | 鸟嘌呤 | 黄嘌呤 | 尿酸 |
| adenine | guanine | xanthine | uric acid |

（1）腺嘌呤 腺嘌呤（adenine）又称 6-氨基嘌呤（$9H$-purin-6-amine）、维生素 B_4，简

写成 A；白色粉末或针状结晶，无味，难溶于冷水，溶于沸水，微溶于乙醇，溶于乙醚和氯仿。腺嘌呤能促进白细胞增生，使白细胞数目增加，可用于防治各种原因引起的白细胞减少症，特别是用于肿瘤化学治疗时引起的白细胞减少症，也用于急性粒细胞减少症。腺嘌呤是核酸的组成成分，参与遗传物质的合成。另外，它也能以游离形式存在于动物的肌肉、肝脏及某些植物中。如从香菇中分离得到的香菇嘌呤，以及从冬虫夏草中分离得到的虫草素均可看作是腺嘌呤的衍生物，前者可以具有降血脂、降胆固醇的作用，后者具有抗病毒、抗菌及抗肿瘤的活性。腺嘌呤存在酮式-烯醇互变异构。腺嘌呤存在酮式-烯醇互变异构。

(2) 鸟嘌呤 鸟嘌呤（guanine）即 2-氨基-6-氧嘌呤 [2-amino-1H-purin-6(9H)-one]，可经酮式-烯醇互变异构为 2-氨基-6-羟基嘌呤，又称鸟粪素、鸟便嘌呤、2-氨基次黄嘌呤，简写为 G，为核酸中嘌呤型碱基之一。鸟嘌呤可以游离或结合态存在于海鸟粪中，并同时存在于 DNA 和 RNA 中，与胞嘧啶（cytosine）以三个氢键相连，可从鸟粪或鱼鳞水解制得。鸟嘌呤为白色正方形结晶或无定形粉末。易溶于碱和稀酸溶液，微溶于乙醇和乙醚，几乎不溶于水。360℃以上分解并部分升华，常用于生物代谢的研究中。

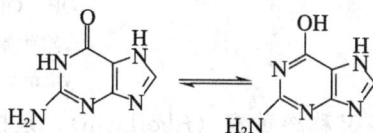

(3) 黄嘌呤及其衍生物 黄嘌呤（xanthine）是 2,6-二氧嘌呤 [1H-purine-2,6(3H,9H)-dione]，其酮式-烯醇互变异构体是 2,6-二羟基嘌呤，黄白色固体，熔点 220℃，难溶于水，具有弱酸和弱碱性，能与强酸和强碱成盐。

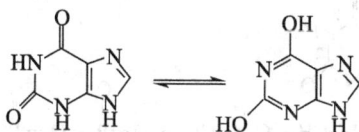

黄嘌呤在自然界存在广泛，动物的血液、肝脏、尿液及茶叶中都有少量存在，茶叶和可可中存在的茶碱、可可碱、咖啡因都是黄嘌呤的衍生物。它们都有利尿和兴奋中枢神经的作用，临床上将茶碱用作利尿剂，咖啡因用作中枢神经兴奋剂。

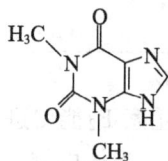

茶碱
theophyline

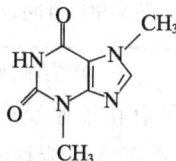

可可碱
theopbromine

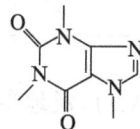

咖啡因
caffeine

(4) 尿酸 尿酸（uric acid）是 2,6,8-三氧嘌呤，白色晶体，难溶于水，其酮式-烯醇互变异构体为 2,6,8-三羟基嘌呤，具有弱酸性（$pK_a = 5.75$）。尿酸是人体、猿类和鸟类昆虫等体内嘌呤代谢的最终产物。

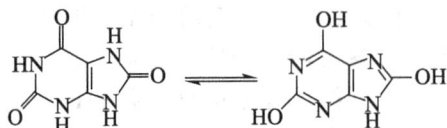

正常情况下，人体内的尿酸大约有 1200mg，2/3 尿酸经肾脏随尿液排出体外，1/3 通过粪便和汗液排出。如果体内尿酸产生过多来不及排泄或者尿酸排泄机制退化，体内尿酸潴留过多，会使人体体液变酸，影响人体细胞的正常功能，长期下去将会引发痛风。过于疲劳或是休息不足亦可导致尿酸代谢相对迟缓从而引起痛风发病。

（三）喋啶环系

喋啶（pteridine）是由嘧啶和吡嗪稠合而成的，黄色固体，具有萘型结构，是具有芳香性的稠杂环。维生素 B_2 和叶酸是喋啶重要的衍生物。

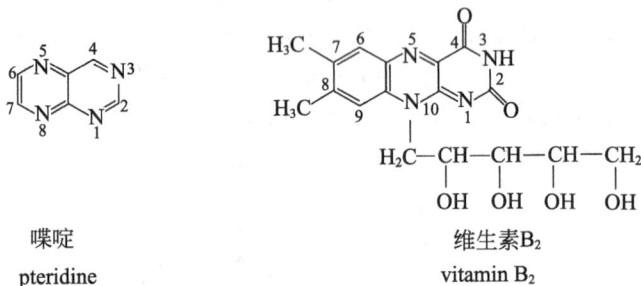

喋啶
pteridine

维生素B_2
vitamin B_2

（1）维生素 B_2 维生素 B_2 又称核黄素（riboflavin），是核糖醇与 7,8-二甲基异咯嗪的缩合物。维生素 B_2 广泛存在于动植物中。在酵母、肝、肾、蛋黄、奶及大豆中含量丰富。维生素 B_2 以黄素单核苷酸（flavin momonucleotide，FMN）和黄素腺嘌呤二核苷酸（flavin adenine dinucleotide，FAD）形式存在，是生物体内一些氧化还原酶（黄素蛋白）的辅基。

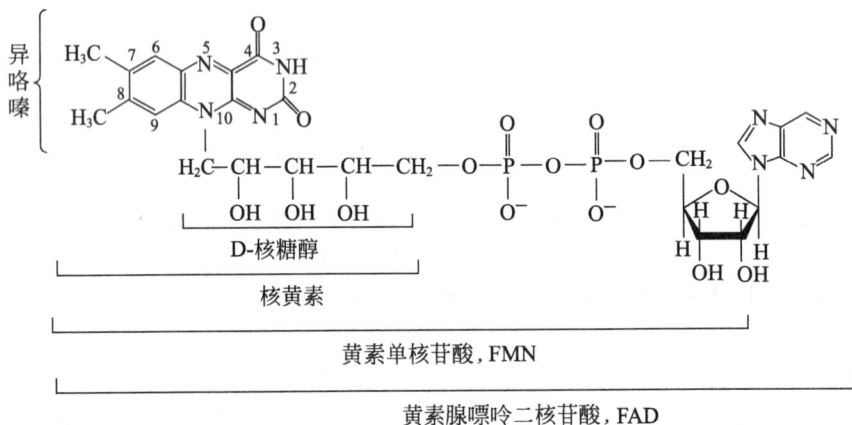

FMN、FAD 广泛地参与体内各种氧化还原反应，因此，维生素 B_2 能促进糖、脂肪和蛋白质的代谢，对维持皮肤、黏膜和视觉正常机能均有一定的作用。当体内维生素 B_2 缺乏时，便会出现口角炎、舌炎、唇炎、眼睑炎、角膜血管增生等症状，临床上常用于治疗因维生素 B_2 缺乏引起的各种黏膜和皮肤炎症。

（2）叶酸 叶酸（folic acid）最初是从肝脏中分离出来的，后来发现在绿叶中含量丰富，因此命名为叶酸。叶酸是由 2-氨基-4-羟基-6-甲基喋啶、对氨基苯甲酸和 L-谷氨酸三部分组成，又称蝶酰谷氨酸。

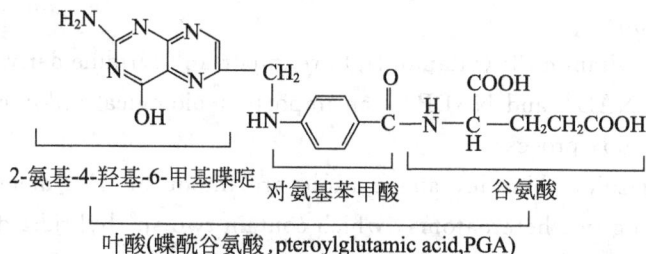

2-氨基-4-羟基-6-甲基喋啶　　对氨基苯甲酸　　谷氨酸

叶酸(蝶酰谷氨酸，pteroylglutamic acid,PGA)

叶酸是 B 族维生素之一，广泛存在于蔬菜、肝脏、酵母等中，是机体细胞生长和繁殖所必需的物质。与维生素 B_{12} 共同促进红细胞的生成和成熟。它是制造红细胞不可缺少的物质。在体内叶酸以四氢叶酸的形式起作用，四氢叶酸在体内参与嘌呤核酸和嘧啶核苷酸的合成和转化。在合成核酸（核糖核酸、脱氧核糖核酸）中起着重要的作用。当体内缺乏叶酸时，可引起巨红细胞性贫血以及白细胞减少症。

四氢叶酸（tetrahydrofolic acid）是叶酸的还原产物 5,6,7,8-四氢叶酸，其结构如下：

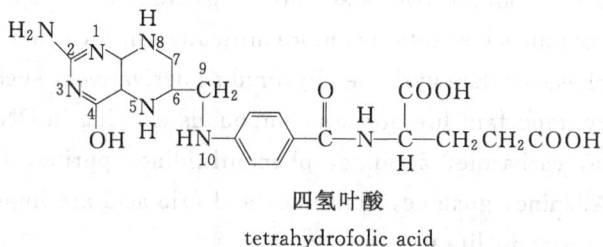

四氢叶酸

tetrahydrofolic acid

Summary

Heterocycles are those in which one or more of the ring atoms are not carbon, most commonly are nitrogen, oxygen, sulfur, or phosphorous. Heterocycles can be classified as nonaromatic heterocycles and aromatic heterocycles. Based on the number of rings, heterocycles can be further classified as the single heterocycles, such as pyrrole and pyridine, and fused heterocycles, such as indole and quinoline.

Common five-membered aromatic heterocycles are pyrrole, furan and thiophene. The aromaticity follows the order：benzene＞thiophene＞pyrrole＞furan. Their electrophilic substitution normally occurs at the 2-position（α-position）, and the reactivity follows the order：pyrrole＞furan＞thiophene＞benzene. These heterocycles are non-basic, and in contrast pyrrole is even a weak acid and can react with strong base such as KOH.

The lone-pair electrons on pyridine nitrogen atom are not part of the π system but instead occupy an sp^2 orbital in the plane of the ring. Because of this electronic configuration, the pyridine is more basic than pyrrole and aniline, but less basic than ammonia and aliphatic amines. Pyridine is more stable than benzene. It is difficult to be oxidized, but more easily to be reduced than benzene.

Pyridine is a relatively electron deficient aromatic heterocycle, and it is difficult to undergo electrophilic substitution except under harsh reaction conditions. The electrophilic substitution of pyridine occurs predominantly at β-position. In contrast, its nucleophilic substitution is much easier than that of benzene and the reaction occurs predominantly at 2-position (α-position).

Vitamin B_6 and vitamin PP (vitamin B_3) are important pyridine derivatives. Vitamin PP is the coenzyme of NAD^+ and $NADP^+$, an important biological redox coenzyme acting as proton transfer in redox process.

Pyrazole, imidazole, thiazole, and oxazole are important five-membered heterocyclic compounds containing two heteroatoms, which contain two sp^2-hybridized heteroatoms, one is "pyridine-like" nitrogen atom. Hence all of these show relatively lower electrophilic substitutions than pyrrole, furan, thiophene and benzene. Imidazole and pyrazole contain two sp^2-hybridized nitrogen atoms, one is "pyrrole-like" and the other one is "pyridine-like", so they can serve as a proton acceptor and donor. TPP, with thiazole as an active part, is an important coenzyme for the transformation of α-keto acids and α-hydroxy ketones in living system.

Diazine and triazine contain two and three "pyridine-like" sp^2-hybridized nitrogen atoms, so their electrophilic substitution is more difficult. On the other hand, its nucleophilic substitution is much easier than pyridine. Pyrimidine derivatives, such as uracil, cytosine, and thymine, are very important life process compounds existing in DNA and RNA.

Indole, quinoline, carbazole, acridine, phenanthridine, purine, and folic acid are all fused heterocycles. Adenine, guanine, xanthine, and uric acid are important purine derivatives, which are all important life process compounds.

Vitamin B_2 and folic acid are important pyridine derivatives in our body, which are necessary for cell growth and reproduction.

Heterocycles are an important source for drug development. Various drugs used in clinic are heterocyclic drugs.

习 题

1. 试命名下列各化合物。

(1)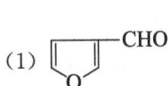

(2)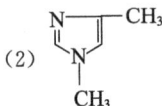

(3)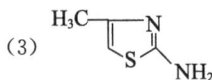

(4)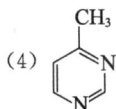

(5)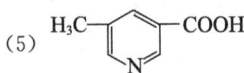

(6)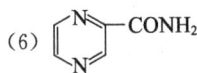

(7)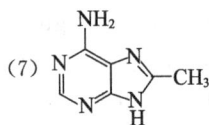

(8)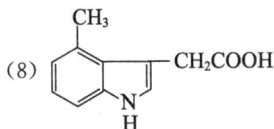

2. 写出下列各化合物的结构式。

(1) 5-羟基吡啶

(2) 糠醛

(3) 5-氟尿嘧啶

(4) 四氢呋喃

(5) β-吡啶甲酰胺

(6) 2,6-二氧-3,7-二甲基嘌呤

（7）4-甲基喹啉　　　　（8）尿酸

3. 写成吡咯、吡啶、咪唑及四氢吡咯的结构式，指出分子中各个氮原子的杂化状态、氮原子上孤对电子所处的轨道。

4. 将下列化合物按照碱性由强到弱的顺序排列。

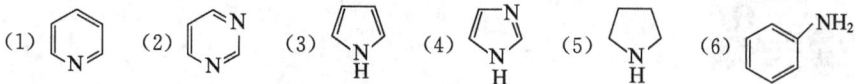

（1）　（2）　（3）　（4）　（5）　（6）

5. 完成下列反应，写出主要产物。

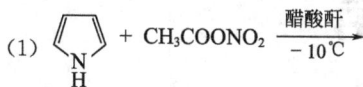

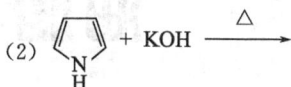

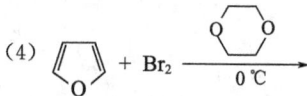

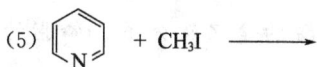

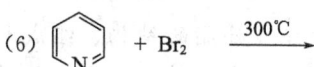

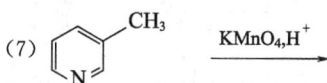

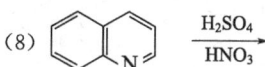

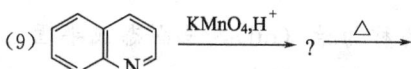

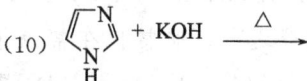

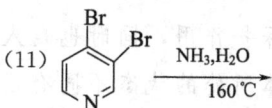

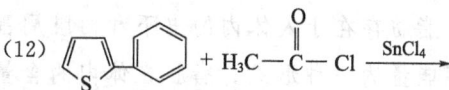

（1） + CH_3COONO_2 $\xrightarrow[-10℃]{醋酸酐}$

（2） + KOH $\xrightarrow{\triangle}$

（3） + $(CH_3CO)_2O$ $\xrightarrow{ZnCl_2}$

（4） + Br_2 $\xrightarrow{0℃}$

（5） + CH_3I $\longrightarrow$

（6） + Br_2 $\xrightarrow{300℃}$

（7） $\xrightarrow{KMnO_4,H^+}$

（8） $\xrightarrow{H_2SO_4}{HNO_3}$

（9） $\xrightarrow{KMnO_4,H^+}$? $\xrightarrow{\triangle}$

（10） + KOH $\xrightarrow{\triangle}$

（11） $\xrightarrow[160℃]{NH_3,H_2O}$

（12） + $H_3C-\overset{O}{\overset{\|}{C}}-Cl$ $\xrightarrow{SnCl_4}$

6. 比较下列化合物亲电取代反应活性的强弱，并作出解释。

（1）　（2）　（3）　（4）

7. 解释吡啶与 CH_3I 作用可以生成季铵盐而吡咯不能的原因。

8. 请比较组胺中各个氮原子的碱性，并说明理由。

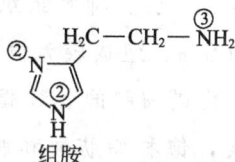

组胺

9. 用铁粉催化吲哚和喹啉与 Br_2 反应，两者最可能发生取代反应的位置有哪些？并解释之。

10. 杂环化合物 C_4H_4O 既不能与钠作用，也不具有醛和酮的性质，在低温 $-5℃$ 下，以二氧六环为溶剂，与溴作用可以得到 C_4H_3OBr，试写出此杂环化合物的结构式。

（三峡大学　周志勇）

第十五章

油脂和磷脂

内容提示

本章主要介绍：油脂的结构、组成和理化性质；脂肪酸的命名及分类；磷脂的组成和结构；磷脂在生命科学和现代医药学中的作用。

脂类（lipid）是天然存在的一大类有机化合物，广泛存在于动植物中，是构成动植物体的重要成分之一。通常把在常温下呈液态的称为油（oil），呈固态或半固态的称为脂肪（fat）。磷脂（phospholipid）是一类含磷酸酯类结构的化合物。

脂肪存在于人体内的皮下和内脏周围，主要起着热垫和保护作用，同时也是人体储存能量的一种形式。脂肪在体内的含量随着个体不同和人体所处的状态不同有很大的差异。人在饥饿时，50%的能量由脂肪氧化提供，导致脂肪含量减少，人体变得消瘦，故脂肪也称为"可变脂"。脂肪除了提供能量外，还能起保温作用和保护脏器免受磨损及外力撞伤的作用。同时，油脂还能溶解维生素A、维生素D、维生素E和维生素K等多种活性物质，为人体提供必需的活性物质。

磷脂广泛存在于动物的肝、脑、脊髓、神经组织和植物的种子中，是细胞原生质的必要成分，在人体中约占体重的5%，组成较为恒定，故也称作"基本脂"。在细胞内磷脂与蛋白质结合形成脂蛋白，构成细胞的各种膜。甘油磷脂分子中的不饱和脂肪酸是影响生物膜流动性的重要因素，饱和脂肪酸和胆固醇则可增加生物膜的坚韧性，而膜的屏障作用与磷脂有密切关系。

在学完本章以后，你应该能够回答下列问题：

1. 油脂由哪几部分组成？

2. 油脂中常见脂肪酸如何分类和命名？其结构特点是什么？

3. 油脂的皂化值、碘值和酸值如何定义？其意义分别是什么？

4. 不饱和脂肪酸的结构特点是什么？有哪些重要的生理意义？

5. 磷脂的组成是什么？

6. 磷脂在生命科学和现代医药学中有何重要作用？

一、油 脂

（一）油脂的结构、组成和命名

从化学组成上看，油脂是一分子甘油和三分子高级脂肪酸形成的酯，称为三酰甘油（triacylglycerols），医学上把血液中的油脂统称为甘油三酯（triglycerides）。结构通式为：

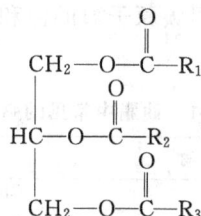

$$
\begin{array}{l}
CH_2-O-\overset{\displaystyle O}{\overset{\displaystyle \|}{C}}-R_1 \\[2mm]
HC-O-\overset{\displaystyle O}{\overset{\displaystyle \|}{C}}-R_2 \\[2mm]
CH_2-O-\overset{\displaystyle O}{\overset{\displaystyle \|}{C}}-R_3
\end{array}
$$

在油脂的结构通式中，当 R_1、R_2 和 R_3 相同时，属于单甘油酯，称为单三酰甘油；如果 R_1、R_2 和 R_3 不完全相同时，属于混甘油酯，称为混三酰甘油。天然油脂多为混甘油酯的混合物，由一种单甘油酯组成的天然油脂极少，仅橄榄油和猪油含三油酸甘油酯较高，约为 70%。

油脂的命名可按多元醇酯的命名法则，把甘油名称写在前面，脂肪酸的名称写在后面，称"甘油三某酸酯"。有时也将脂肪酸的名称放在前面，甘油名称放在后面，称为"三某酰甘油"。若是混甘油酯，则用 α、β 和 α' 标明脂肪酸的位次。例如：

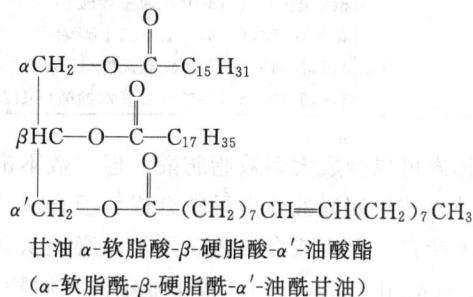

$$
\begin{array}{ll}
\alpha CH_2-O-\overset{O}{\overset{\|}{C}}-C_{15}H_{31} & \alpha CH_2-O-\overset{O}{\overset{\|}{C}}-C_{15}H_{31} \\[2mm]
\beta HC-O-\overset{O}{\overset{\|}{C}}-C_{15}H_{31} & \beta HC-O-\overset{O}{\overset{\|}{C}}-C_{17}H_{35} \\[2mm]
\alpha' CH_2-O-\overset{O}{\overset{\|}{C}}-C_{15}H_{31} & \alpha' CH_2-O-\overset{O}{\overset{\|}{C}}-(CH_2)_7CH{=}CH(CH_2)_7CH_3
\end{array}
$$

甘油三软脂酸酯　　　　　　　甘油 α-软脂酸-β-硬脂酸-α'-油酸酯

（三软脂酰甘油）　　　　　（α-软脂酰-β-硬脂酰-α'-油酰甘油）

思考题 15-1　写出 α-硬脂酰-β-油酰-α'-亚油酰甘油的结构式。

天然油脂是手性分子，其相对构型是 L 构型，即在 Fischer 投影式中 C2 上的酯酰基位于甘油基碳链的左侧。

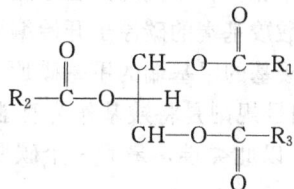

$$
\begin{array}{c}
\quad\quad\quad\quad CH-O-\overset{O}{\overset{\|}{C}}-R_1 \\[2mm]
R_2-\overset{O}{\overset{\|}{C}}-O-\overset{}{\underset{}{C}}-H \\[2mm]
\quad\quad\quad\quad CH-O-\overset{O}{\overset{\|}{C}}-R_3
\end{array}
$$

油脂的重要组成部分之一为甘油（glycerol），即丙三醇，是无色无臭略带甜味的黏稠液体，可与水、乙醇以任意比例互溶。油脂在动物体内经酶水解产生的甘油，按照糖的分解途径进行分解代谢，产生能量。

组成油脂的另一重要部分是脂肪酸（fatty acid），是一类较长碳链（一般 12～20 个碳原子）的羧酸。自然界的脂肪酸大多以结合成酯键或酰胺键的形式存在于脂类中。脂肪酸的基本生物功能为构成生物膜的脂类（磷脂和糖脂）提供亲脂性的非极性尾部，为生物体储存和提供能量。天然油脂中已发现的脂肪酸就有几十种，在结构上有如下特点。

（1）一般都是含偶数碳原子的直链一元酸，包括饱和脂肪酸和不饱和脂肪酸。其中含有 $12\sim20$ 个碳原子的脂肪酸占多数，称为高级脂肪酸。饱和脂肪酸以含 $12\sim18$ 个碳原子的羧酸为主，其中又以十六碳酸（软脂酸/棕榈酸）分布最广，几乎存在于所有的油脂中；十八碳酸（硬脂酸）在动物脂肪中含量较多，而植物油中不饱和脂肪酸含量较多。

（2）不饱和脂肪酸以顺式结构为主，如果有多个双键，极少存在共轭双键。

（3）不饱和脂肪酸的熔点小于相同碳原子数的饱和脂肪酸。

油脂中常见的脂肪酸见表 15-1。

表 15-1　油脂中常见的脂肪酸

类 型	名　称	结　构　式
饱和脂肪酸	月桂酸（十二碳酸）	$CH_3(CH_2)_{10}COOH$
	肉豆蔻酸（十四碳酸）	$CH_3(CH_2)_{12}COOH$
	软脂酸（十六碳酸）	$CH_3(CH_2)_{14}COOH$
	硬脂酸（十八碳酸）	$CH_3(CH_2)_{16}COOH$
	花生酸（二十碳酸）	$CH_3(CH_2)_{18}COOH$
不饱和脂肪酸	鳖酸（9-十六烯酸）	$CH_3(CH_2)_5CH=CH(CH_2)_7COOH$
	油酸（9-十八烯酸）	$CH_3(CH_2)_7CH=CH(CH_2)_7COOH$
	亚油酸（9,12-十八碳二烯酸）	$CH_3(CH_2)_4(CH=CHCH_2)_2(CH_2)_6COOH$
	亚麻酸（9,12,15-十八碳三烯酸）	$CH_3(CH_2CH=CH)_3(CH_2)_7COOH$
	桐油酸（9,11,13-十八碳三烯酸）	$CH_3(CH_2)_3(CH=CH)_3(CH_2)_7COOH$
	花生四烯酸（5,8,11,14-二十碳烯酸）	$CH_3(CH_2)_3(CH_2CH=CH)_4(CH_2)_3COOH$
	4,7,10,13,16-二十碳五烯酸（EPA）	$CH_3CH_2(CH_2CH=CH)_5(CH_2)_2COOH$
	3,6,9,12,15,18-二十二碳六烯酸（DHA）	$CH_3CH_2(CH_2CH=CH)_6CH_2COOH$

人体内可以合成大多数脂肪酸，但少数不饱和脂肪酸如亚油酸和亚麻酸不能在人体内合成。另外，花生四烯酸体内虽能合成，但合成的量不能完全满足人体生命活动的需求，像这类人体不能自身合成或合成数量不足，必须从食物中摄取的不饱和脂肪酸，称为营养必需脂肪酸（essential fatty acid）。其中亚油酸又叫特别必需脂肪酸，因为动物体内亚油酸的含量占三脂酰甘油和磷脂中脂肪酸总量的 10% 以上。亚油酸可以促进胆固醇和胆汁酸的排出，降低血液中胆固醇的含量，可用于心血管疾病的防治。当必需脂肪酸供应不足或过多被氧化时，将导致细胞膜和线粒体结构的异常改变，引起多种疾病。

脂肪酸的命名常用俗名，如软脂酸、硬脂酸、月桂酸等（详见表 15-1）。脂肪酸的系统命名规则与一元羧酸系统命名规则基本相同，不同之处在于脂肪酸有三种编码体系，并可用简写符号表示。Δ 编码体系是指从脂肪酸羧基端的碳原子开始编号，将羧基的碳原子编为 1 号碳原子；ω 编码体系是指从脂肪酸远离羧基的甲基端的甲基碳原子开始编号，将链端的甲基编为 1 号，羧基的位次最大；希腊字母编号规则是将羧基作为官能团，和羧基相连的第一个碳原子为 α 位，第二个碳原子编为 β 位，以此类推，最后一个碳原子为 ω，具体如下所示。

	CH_3	CH_2	CH_2	CH_2	CH_2	CH_2	CH_2	CH_2	CH_2	CH_2	CH_2	CH_2	CH_2	$COOH$
Δ 编码体系	14	13	12	11	10	9	8	7	6	5	4	3	2	1
ω 编码体系	1	2	3	4	5	6	7	8	9	10	11	12	13	14
希腊字母编号	ω	··									δ	γ	β	α

脂肪酸系统名称可用简写符号表示，其书写规则是：用阿拉伯数字表示脂肪酸碳原子的总数，然后在冒号后写出双键的数目，最后在 Δ 或 ω 右上角标明双键的位置。

例如：软脂酸用 16∶0 表示，表明软脂酸含 16 个碳原子，无双键。油酸用 $18∶1\Delta^9$ 表示，表明油酸有 18 个碳原子，从羧基碳原子开始编号的第 9 和第 10 位碳原子间有 1 个双键。

再如棕榈油酸的 Δ 和 ω 编码体系分别为：

	系统名称	简写符号
Δ 编码体系：	Δ-十六碳烯酸	$16∶1\Delta^9$
棕榈油酸		
ω 编码体系：	ω-十六碳烯酸	$16∶1\omega^7$

其简写符号表示棕榈油酸为 16 个碳原子的羧酸，并含有 1 个双键，采用 Δ 编码体系该双键的位置在第 9 位碳原子和第 10 位碳原子之间，而采用 ω 编码体系则该双键位置在第 7 位碳原子和第 8 位碳原子之间。

思考题 15-2 写出亚油酸 Δ 编码体系和 ω 编码体系的系统名称和简写符号。

（二）油脂的物理性质

纯净的油脂是无色、无臭、无味的中性化合物，但天然油脂尤其是植物油，由于溶解有维生素、色素等，故带有香味或特殊气味，并呈现出颜色（如黄色或红色）。油脂的相对密度都小于 1，不溶于水，易溶于乙醚、氯仿、丙酮、苯和热乙醇等有机溶剂。天然油脂是混甘油酯的混合物，所以没有固定的熔点和沸点。

油脂的熔点受分子中脂肪酸碳链长度和不饱和度的影响。对于相同碳原子数的脂肪酸，饱和脂肪酸的含量越高，熔点越高。其原因是饱和脂肪酸具有锯齿形的长链结构，相邻碳链间能互相靠近且有序排列，分子间范德华作用力增强，故熔点较高，在常温下呈现出固态或半固态。当油脂中不饱和脂肪酸的含量较高时，因碳碳双键不能自由旋转，而且是顺式结构，使碳链呈弯曲形，导致分子间间距增大，分子间范德华作用力减弱，因此不饱和脂肪酸的熔点较低，常温下为液态。此外，当脂肪酸的碳链增长时，油脂的熔点也随之增高。

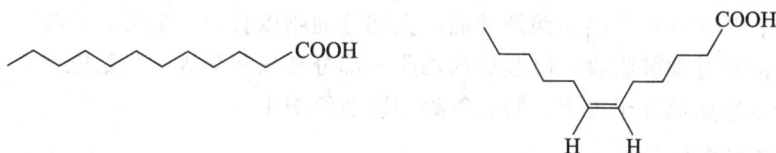

（三）油脂的化学性质

油脂是高级脂肪酸的甘油酯，因此具有酯的一般化学性质，脂肪酸中的不饱和键又使油脂具有烯烃的一些性质。

1. 油脂的水解

油脂可在酸、碱或酶的作用下发生水解反应，生成一分子甘油和三分子高级脂肪酸。油脂用氢氧化钠或氢氧化钾水解，得到的产物是甘油和高级脂肪酸的钠盐或钾盐即肥皂，因此油脂在碱性条件下的水解反应称为皂化（saponification）。

$$\begin{array}{c}
\text{CH}_2\text{—O—C—R}_1 \\
\quad\quad\text{O} \\
\text{HC—O—C—R}_2 \quad +3\text{NaOH} \longrightarrow \\
\quad\quad\text{O} \\
\text{CH}_2\text{—O—C—R}_3
\end{array}
\quad
\begin{array}{c}
\text{CH}_2\text{—OH} \quad \text{R}_1\text{COONa} \\
\text{HC—OH} \quad +\text{R}_2\text{COONa} \\
\text{CH}_2\text{—OH} \quad \text{R}_3\text{COONa}
\end{array}$$

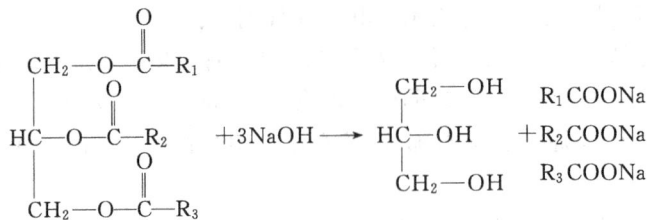

肥皂分子中的极性端（—COO$^-$Na$^+$）为亲水基团，非极性端（—R）为疏水基团，在水溶液中可形成胶束。疏水的脂质油污可被肥皂分子形成的胶束包裹而分散到水中，这就是肥皂的去污作用原理。脂肪酸的皂化产物除了用于清除油污以外，还用于医疗化工行业。例如，脂肪酸钾盐熔点较低，常温下为半固态，因此钾皂又称为软皂（soft soap）。钾皂易溶于水且对皮肤、黏膜的刺激性较小，可用于慢性鳞屑性皮肤病（如银屑病）去除痂皮和头皮鳞屑。钾皂的1∶20温水溶液还可用作便秘灌肠或清洁灌肠。钾皂搽剂也可用作扭伤和挫伤时的温和抗刺激剂。

1g油脂完全皂化时所需氢氧化钾的质量（mg）称为皂化值（saponification number）。根据皂化值的大小，可以判断油脂的平均分子量。皂化值大，表示油脂的平均分子量小，反之，则表示油脂的平均分子量大。皂化值也可以用来检验油脂的质量，不纯的油脂皂化值低。常见油脂的皂化值见表15-2。

表15-2　常见油脂的皂化值、碘值和酸值

油脂名称	皂化值 /mg KOH·g^{-1}	碘值 /g I$_2$·100g^{-1}	酸值 /mg KOH·g^{-1}	油脂名称	皂化值 /mg KOH·g^{-1}	碘值 /g I$_2$·100g^{-1}	酸值 /mg KOH·g^{-1}
猪油	193～200	46～66	1.56	棉籽油	191～196	103～115	0.6～0.9
蓖麻油	176～187	81～90	0.12～0.8	豆油	189～194	124～136	
花生油	185～195	83～93		亚麻油	189～196	170～204	1～3.5
茶籽油	170～180	92～109	2.4	桐油	190～197	160～180	

思考题 15-3　猪油的皂化值193～200mg KOH·g^{-1}，花生油的皂化值185～195mg KOH·g^{-1}，哪种油脂的平均分子量大？

人体摄入的油脂在小肠内胰脂酶和辅脂酶的催化下水解的过程称为消化。油脂逐步水解生成甘油二酯、甘油一酯、脂肪酸及甘油，大部分油脂以甘油一酯形式吸收，小部分油脂完全水解成脂肪酸和甘油被吸收，吸收后的油脂一部分被氧化为人体供给能量，大部分被用来合成人体自身的脂肪储存于皮下、肠膜等处的脂肪组织中。

2. 油脂的加成反应

油脂中不饱和脂肪酸含有不饱和双键，可以和氢、卤素等发生加成反应。

（1）加氢　油脂中的 C=C 在催化剂作用下，可与氢发生加成反应，使不饱和脂肪酸转变为饱和脂肪酸，油脂的形态由液态变为半固态或固态，所以油脂的氢化又称为油脂的硬化。油脂加氢后的产物称为氢化油，又称硬化油，即人造奶油。硬化油熔点高，性质稳定，不易变质，便于储藏和运输，还能扩大油脂的用途。

油脂中的双键不完全氢化时，将使双键的顺式构象转变为反式构象，所生成的油脂称为反式脂肪，又称反式脂肪酸、反型脂肪。第一次世界大战期间，很多国家的农业受到打击，用来做糕点的动物油脂供应不足。美国的科学家利用氢化技术，让植物油具备动物油脂的功能，用以代替当时价格较高的动物油。反式脂肪也叫做"植物奶油""植物黄油"，其由于口感好而广泛用作食品添加剂。然而现代医学研究表明，大量使用氢化植物油、植物黄油可能诱发心脏病，并影响儿童的生长发育及神经系统健康，增加Ⅱ型糖尿病的患病风险并导致妇女不孕等多种疾病。

现目前，美国和欧洲多国及澳大利亚、日本、韩国等都相继制定严格的规章制度限制或禁止在食品中使用反式脂肪酸。我国有关部门已经针对反式脂肪酸的安全性进行了更细致的调查，学术界也多次提出应限制或禁用反式脂肪酸。

（2）加碘　油脂中的 $C=C$ 可与碘发生加成反应，100g 油脂所吸收碘的最大质量（g）称为碘值（iodine number）。碘值可用来判断油脂的不饱和程度，碘值越大，油脂的不饱和程度越大。由于碘与 $C=C$ 加成反应的速度很慢，实际测定时常用氯化碘（ICl）或溴化碘（IBr）的冰醋酸溶液作试剂，其中的氯原子或溴原子能使碘活化。药典中对药用油脂的皂化值和碘值都有明确规定，例如蓖麻油：碘值，$80\sim90$g $I_2 \cdot 100g^{-1}$；皂化值，$176\sim186$mg $KOH \cdot g^{-1}$。花生油：碘值，$84\sim100$g $I_2 \cdot 100g^{-1}$；皂化值，$185\sim195$mg $KOH \cdot g^{-1}$。

思考题 15-4　牛油的碘值为 $30\sim48$g $I_2 \cdot 100g^{-1}$，大豆油为 $127\sim138$g $I_2 \cdot 100g^{-1}$，这说明什么？

---

3. 酸败

油脂在空气中放置过久，常会变质，产生难闻的气味，这种变化称为酸败（rancidity）。酸败的主要原因是油脂在空气中的氧、水分、微生物及某些金属的作用下，发生分解，生成不饱和脂肪酸，分子中的双键进一步氧化生成过氧化物，这些过氧化物继续分解或氧化生成有臭味的低级醛和酸等。光或潮湿可加速油脂的酸败。

$$---CH_2CH=CHCH_2--- + O_2 \longrightarrow ---CH_2\overset{\overset{H}{|}}{\underset{\overset{|}{O}}{C}}\cdots\overset{\overset{H}{|}}{\underset{\overset{|}{O}}{C}}CH_2--- \xrightarrow{\text{霉菌}} ---CH_2\overset{O}{\overset{\|}{C}}-H + H-\overset{O}{\overset{\|}{C}}-CH_2---$$

$$\downarrow O_2$$

$$---CH_2-\overset{O}{\overset{\|}{C}}-OH$$

油脂酸败的另一个原因是饱和脂肪酸的氧化。油脂中的饱和脂肪酸比较稳定，含量极少，但在微生物的作用下油脂发生水解生成饱和脂肪酸，饱和脂肪酸在霉菌或微生物作用下，在 α 碳原子和 β 碳原子之间发生断裂，发生 β-氧化，生成 β-酮酸，β-酮酸经酮式和酸式分解生成酮或羧酸。饱和脂肪酸的 β-氧化过程包括脱氢、水化、再脱氢和降解等四个反应：

脱氢　　$R-CH_2CH_2CH_2CH_2COOH \xrightarrow{-2H} R-CH_2CH_2CH=CHCOOH$

水化　　$R-CH_2CH_2CH=CHCOOH \xrightarrow{+H_2O} R-\underset{\underset{OH}{|}}{CH_2CH_2CH_2CHCOOH}$

再脱氢　$R-CH_2CH_2CH_2\underset{\underset{OH}{|}}{CHCOOH} \xrightarrow{-2H} R-CH_2CH_2\overset{O}{\overset{\|}{C}}CH_2COOH$

$$降解 \quad R{-}CH_2CH_2\overset{\overset{O}{\|}}{C}CH_2COOH \quad \begin{array}{l} \xrightarrow{\text{酮式分解}} R{-}CH_2CH_2\overset{\overset{O}{\|}}{C}CH_3 +CO_2 \\ \xrightarrow{\text{酸式分解}} R{-}CH_2CH_2COOH+CH_3COOH \end{array}$$

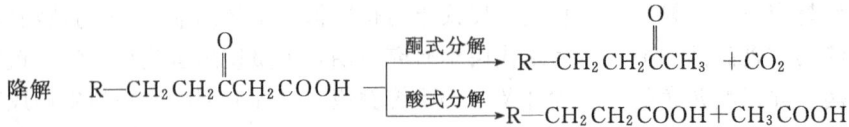

油脂中游离脂肪酸的含量越高，酸败程度越大。油脂的酸败程度可用酸值（acid number）来表示。中和 1g 油脂中的游离脂肪酸所需氢氧化钾的质量（mg）称为油脂的酸值。常见油脂的酸值见表 15-2。酸值大于 $6mg\ KOH\cdot g^{-1}$ 的油脂不宜食用，因酸败产物有毒性和刺激性。

为防止油脂酸败，应存放于密闭的容器中，置于干燥阴冷处，不用金属容器。也可以加少量抗氧化剂如维生素 E、卵磷脂等。

皂化值、碘值和酸值是油脂重要的理化指标，药典对药用油脂的皂化值、碘值和酸值都有严格的要求。

思考题 15-5 油脂的皂化值和酸值有什么不同？

（四）多不饱和脂肪酸

多不饱和脂肪酸（polyunsaturated fatty acids，PUFAs）指含有两个或两个以上双键的长链多烯脂肪酸。人体内的 PUFAs 按 ω 体系可分为四族（表 15-3），各族的名称根据各族母体脂肪酸从甲基碳原子数起的第一个双键的位次命名。

表 15-3 人体内不饱和脂肪酸的分类

族	母体脂肪酸名称	族	母体脂肪酸名称
ω-7	棕榈油酸	ω-6	亚油酸
ω-9	油酸	ω-3	α-亚麻酸

同族内的 PUFAs 能以本族的母体脂肪酸为原料在体内进行衍生或合成，而不同族的 PUFAs 则不能互相转化。例如，ω-6 族的亚油酸可转化成 ω-6 族花生四烯酸和 γ-亚麻酸；而 ω-9 族的油酸则不能转化成 ω-6 族花生四烯酸。

PUFAs 具有独特的生物活性，已经广泛用于生物制药和营养保健品领域。其中，以 ω-3 族 PUFAs 的生物活性最为引人注目。研究表明，提高膳食中 ω-3 族 PUFAs 的摄取比例有利于人类健康。ω-3PUFAs 主要包括 α-亚麻酸（alpha-linolenic acid，ALA）、5,8,11,14,17-二十碳五烯酸（eicosapentaenoic acid，EPA）和 4,7,10,13,16,19-二十二碳六烯酸（docosahexaenoic acid，DHA）三类，其中 α-亚麻酸是 ω-3 族 PUFAs 的母体（前体物质），主要来源于植物油，是合成其他 ω-3 族多不饱和脂肪酸（EPA、DHA）的前体，因人体不能正常合成，是体内一种重要的必需脂肪酸。EPA 和 DHA 主要从鱼类油脂中摄取，其中以海产肥鱼中含量最高。人类及其他哺乳动物可以通过体内一系列去饱和酶（加双键）和碳链延长酶（加二碳单位）反应，利用 ALA 合成 EPA 和 DHA。但合成量有限，不能满足机体需要，需从食物摄入，故 EPA 和 DHA 是非常重要的必需脂肪酸。

在生物体内 ω-3 族 PUFAs 是生物膜（细胞膜和细胞器膜）的主要成分，与膜的渗透性和流动性密切相关。同时 DHA 是神经系统细胞生长及维持的一种重要物质，是大脑和视网膜的重要构成成分，对胎儿及婴儿智力和视力发育至关重要。孕妇、哺乳期妇女及婴幼儿应充分保证 ω-3 族 PUFAs 的摄入量，但过量摄取也将影响婴儿正常发育并造成婴儿消化负担。另外，ω-3 族 PUFAs 对于心血管疾病、Ⅱ 型糖尿病、部分癌症都有一定的预防和治疗作用，并具有抗衰老和抗炎作用。

（五）多不饱和脂肪酸的重要衍生物

一些多不饱和脂肪酸的重要衍生物，例如花生四烯酸的衍生物前列腺素（prostaglandin，PG）、血栓素（thromboxane，TX）和白三烯（leukotrienes，LT），对细胞代谢具有重要的调节作用，且与炎症、免疫、过敏反应和心血管疾病等多种疾病的病理过程有关。生物体内的前列腺素和血栓素主要由生物膜上的花生四烯酸经磷脂酶 A_2 水解后释放出游离的花生四烯酸，再在前列腺内被氧化而得。

1. 前列腺素

前列腺素（PG）是一类以前列腺烷酸为基本骨架的二十碳多不饱和脂肪酸衍生物，是由花生四烯酸经环加氧酶途径产生的。其基本结构包含一个五元环和两条侧链（R_1，R_2）及多个双键。基本结构如下：

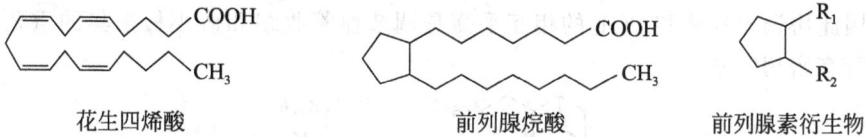

花生四烯酸　　　　　　　　　　前列腺烷酸　　　　　　　　前列腺素衍生物

根据环结构不同，前列腺素分为 PGA、PGB、PGC、PGD、PGE、PGF、PGG、PGH 和 PGI 9 类型。其结构分别如下图所示：

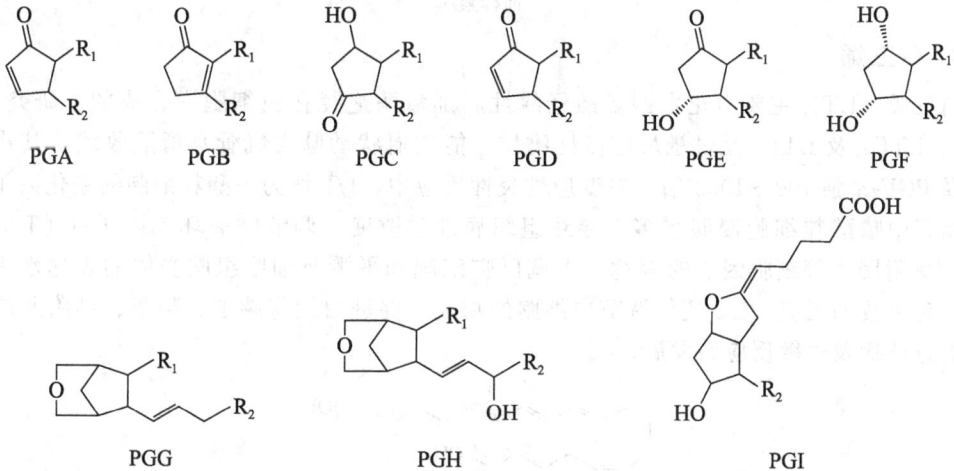

PGA　　　　PGB　　　　PGC　　　　PGD　　　　PGE　　　　PGF

PGG　　　　　　　　　　PGH　　　　　　　　　　PGI

根据 R_1 和 R_2 两条侧链的结构不同，前列腺素又分为 1、2、3 类，各类型标记到英文大写字母的右下角。另外，前列腺素 F 的 9 位碳原子上的羟基还有 α 和 β 两种构型，当羟基位于环平面下方为 α 构型，反之则为 β 构型。天然前列腺素均为 α 构型，无 β 构型。其结构如下图所示：

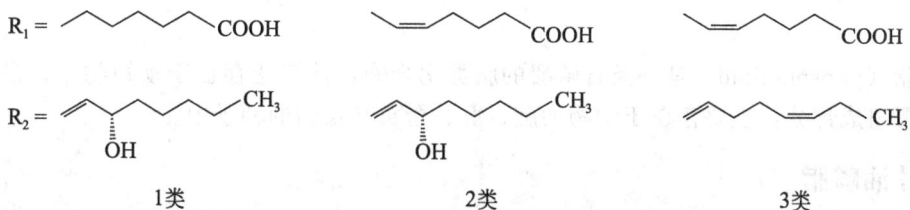

1类　　　　　　　　　　2类　　　　　　　　　　3类

前列腺素在细胞内含量极低，但功能却很强。例如：PGE_2、PGA_2 能舒张动脉平滑肌，具有降血压作用。PGE$_2$能诱发炎症,促进血管扩张,毛细血管通透性增加,引起红、肿、痛和热等症状。PGE$_2$和PGF$_2\alpha$在排卵过程中具有重要功能,PGF$_2\alpha$能促进卵巢平滑肌收缩引起排卵,分娩时子宫内膜释放出的PGF$_2\alpha$能加强子宫收缩,促进分娩。PGE$_2$和PEF$_2\alpha$的结构如下图所示:

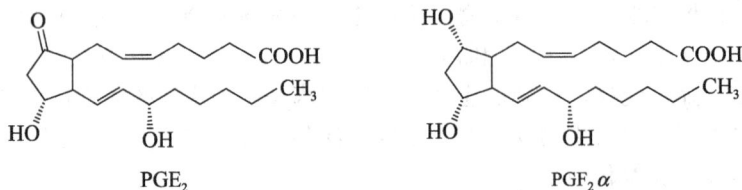

PGE$_2$　　　　　　　　　　　PGF$_2\alpha$

2. 血栓素

血栓素与前列腺素PGE$_2$具有类似的结构,不同之处在于PGE$_2$中的五元环被血栓素合酶催化形成了六元噁烷环,从而形成血栓素。血栓素与PGE$_2$的功能类似,能促进血小板聚集、血管收缩、凝血和血栓形成。血管内皮细胞释放的PGI$_2$能舒张血管,与血栓素作用刚好相反。因此协调血栓素和PGI$_2$的相互平衡是调节血管收缩和血小板聚集的重要条件,并与心脑血管有密切联系。

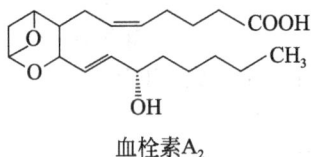

血栓素A$_2$

3. 白三烯

白三烯(LT)主要由花生四烯酸经线性脂加氧酶途径在白细胞内合成的。研究表明,LTC$_4$、LTD$_4$及LTE$_4$是过敏反应慢性物质,能使冠状动脉支气管平滑肌收缩,其作用较组氨及PGF$_2\alpha$强100~1000倍。在变应性炎性反应中,LT作为嗜酸粒细胞的趋化因子,能引起组织中嗜酸粒细胞浸润增多,导致组织病理学改变。调节肿瘤坏死因子-α(TNF-α)、IL-6和黏附因子等细胞因子的表达,上调巨噬细胞和平滑肌细胞组胺受体的表达水平,放大机体对组胺的反应。LT还能调节白细胞的功能,促进白细胞游走、凝集、黏附及趋化作用,促进炎症及过敏反应的发展。

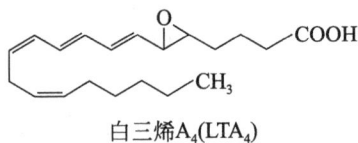

白三烯A$_4$(LTA$_4$)

二、磷　脂

磷脂(phospholipid)是一类含磷酸的脂类化合物,其广泛存在于动植物中,是构成细胞的重要组成部分,主要存在于动物的脑、肝、蛋黄和植物的种子中。

(一)甘油磷脂

甘油磷脂(phosphoglyceride)又称为磷酸甘油酯,是油脂分子中的一个脂肪酰基被磷酰基取代后生成的二酰化甘油磷酸酯，其母体是磷脂酸，结构式如下：

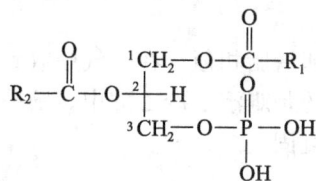

$$R_2-\overset{O}{\underset{}{C}}-O-\overset{1}{C}H_2-O-\overset{O}{\underset{}{C}}-R_1$$

通常，R_1 为饱和脂肪酰基，R_2 为不饱和脂肪酰基，C2 为手性碳原子，磷脂酸有一对对映体。天然存在的甘油磷酸酯都为 L 构型。

磷脂酸中的磷酸与其他物质结合，可得到各种不同的甘油磷脂，最常见的是卵磷脂和脑磷脂。

1. 卵磷脂

卵磷脂 （lecithin） 又称为磷脂酰胆碱 （phosphaticlyl cholines），是分布最广的一种磷脂，存在动物的脑、神经组织、心、肝、肾及植物的种子中，在蛋黄中含量最为丰富，占到 $8\%\sim10\%$，卵磷脂由此得名。卵磷脂是由磷脂酸分子中的磷酸与胆碱中的羟基酯化而成的化合物，因磷酸残基上未酯化的游离羟基呈酸性与胆碱基的氢氧根发生分子内酸碱中和反应，通常是以偶极离子形式存在。结构式如下：

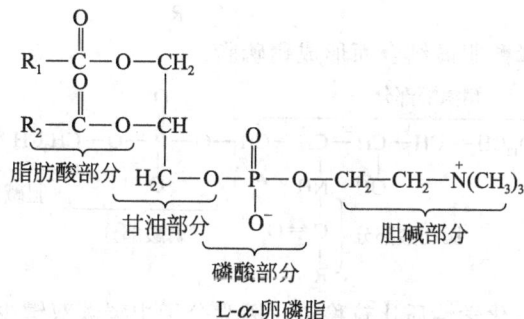

L-α-卵磷脂

胆碱磷酸酰基可连在甘油基的 α 或 β 位上，故有 α 和 β 两种异构体，天然卵磷脂为 α 型。卵磷脂完全水解可得到甘油、脂肪酸、磷酸和胆碱。C1 上通常是饱和脂肪酸，常见有软脂酸和硬脂酸；C2 上通常是油酸、亚油酸、亚麻酸和花生四烯酸等不饱和脂肪酸。

新鲜的卵磷脂为白色蜡状固体，吸水性强。在空气中放置，分子中的不饱和脂肪酸被氧化，生成黄色或棕色的过氧化物。卵磷脂不溶于水和丙酮，易溶于乙醚、乙醇及氯仿。

2. 脑磷脂

脑磷脂 （cephalin） 又称为磷酯酰胆胺，存在于机体各组织及器官中，在脑组织中含量较多而得名。脑磷脂是由磷脂酸分子中的磷酸与胆胺（乙醇胺）中的羟基酯化而成的化合物。结构式如下：

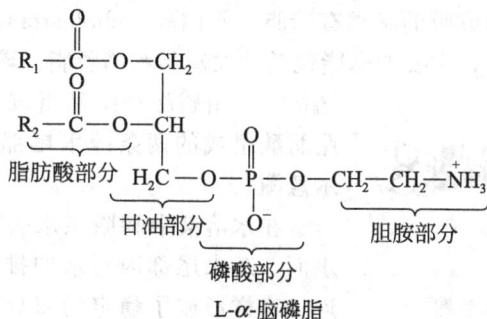

L-α-脑磷脂

脑磷脂也有 α 和 β 两种异构体，天然脑磷脂为 α 型。完全水解时，可得到甘油、脂肪酸、磷酸和胆胺。

脑磷脂的结构和理化性质与卵磷脂相似，在空气中放置易变成棕黄色。脑磷脂易溶于乙醚，难溶于丙酮，与卵磷脂不同的是难溶于冷乙醇中。脑磷脂与血液的凝固有关，其与蛋白质组成的凝血激活酶能促使血液凝固。

（二）鞘磷脂

鞘磷脂（sphinggomyelin）又称为神经磷脂，其组成和结构与卵磷脂、脑磷脂不同，鞘磷脂的主链是鞘氨醇（神经氨基醇）而不是甘油。鞘氨醇的结构式如下：

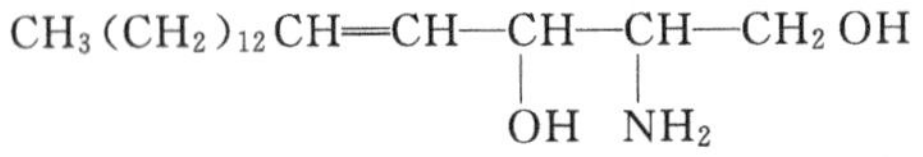

$$CH_3(CH_2)_{12}CH\!=\!CH\!-\!\underset{\underset{OH}{|}}{CH}\!-\!\underset{\underset{NH_2}{|}}{CH}\!-\!CH_2OH$$

鞘氨醇的氨基与脂肪酸以酰胺键相连，形成 N-脂酰鞘氨醇，即神经酰胺：

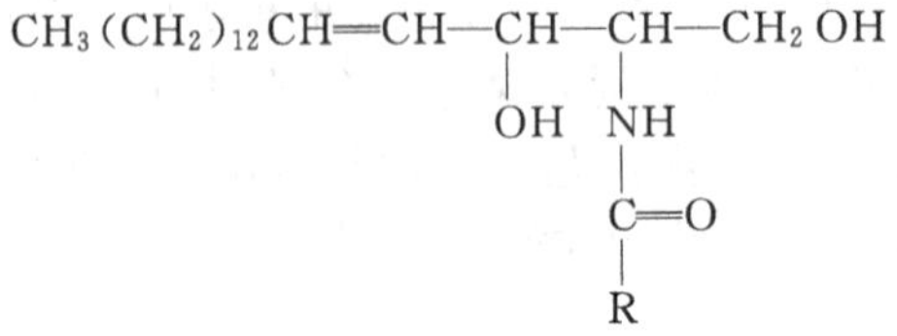

$$CH_3(CH_2)_{12}CH\!=\!CH\!-\!\underset{\underset{OH}{|}}{CH}\!-\!\underset{\underset{\underset{\underset{R}{|}}{C=O}}{NH}}{CH}\!-\!CH_2OH$$

神经酰胺的羟基与磷酸胆碱结合而形成鞘磷脂：

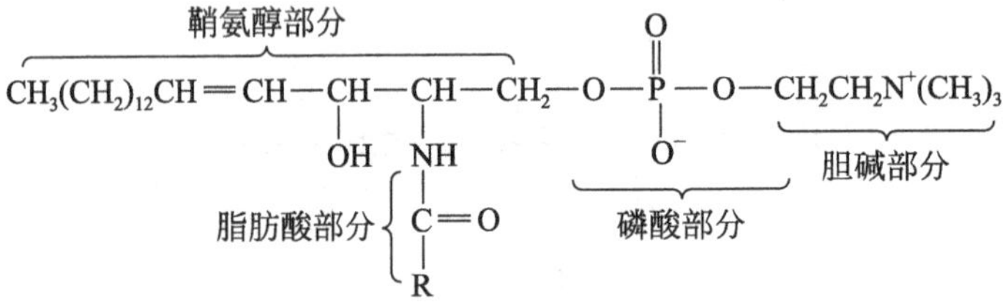

$$\underbrace{CH_3(CH_2)_{12}CH\!=\!CH\!-\!\underset{\underset{OH}{|}}{CH}\!-\!\underset{\underset{\underset{\underset{R}{|}}{C=O}}{NH}}{CH}\!-\!CH_2}_{\text{鞘氨醇部分}}\!-\!O\!-\!\underset{\underset{O^-}{\overset{O}{\|}}}{P}\!-\!O\!-\!CH_2CH_2N^+(CH_3)_3$$

脂肪酸部分、磷酸部分、胆碱部分

鞘磷脂是白色晶体，化学性质比较稳定。因为分子中碳碳双键少，不像卵磷脂和脑磷脂那样在空气中易被氧化。鞘磷脂不溶于丙酮和乙醚，而溶于热乙醇中，这是与卵磷脂和脑磷脂不同之处。鞘磷脂大量存在于脑和神经组织中，是围绕着神经纤维鞘样结构的一种成分，也是细胞膜的重要成分之一。

（三）磷脂与生物膜

生物膜（biomembrane）是细胞膜（也称质膜或外周膜）和细胞内膜（细胞内各种细胞器的膜）的统称。各种生物膜的功能不同，但化学组成和分子结构都有共同之处，其化学组成为脂类、蛋白质、糖类、水、无机盐和金属离子等，其中脂类和蛋白质是主要成分，构成膜的主体。脂类和蛋白质以非共价键结合，形成膜脂蛋白；糖以共价键与脂类或蛋白质结合分别形成糖脂或糖蛋白。构成膜的脂类有磷脂、胆固醇（cholesteral）和糖脂（glycolipid），以磷脂含量最多也最为重要，主要的磷脂包括甘油磷脂和鞘磷脂。磷脂分子具有特殊的化学结构——由磷酸和碱基组成的极性亲水头部和长链脂肪酸组成的两条疏水尾部。图15-1为甘油磷脂的示意图。

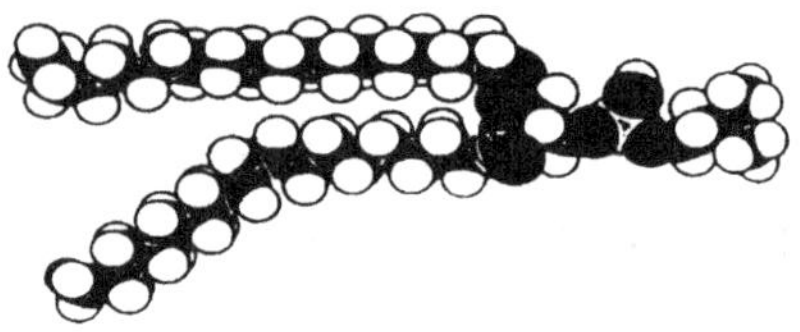

图 15-1 甘油磷脂的示意图

在水溶液中磷脂亲水头部因对水的亲和力指向水面，疏水尾部因对水的排斥而相互聚集，尾尾相连，这样形成了稳定的双分子层，这种磷脂双分子层是生物膜的基本构架(图 15-2)。

脂类、蛋白质还有少量的糖类在膜中如何存在和排列，以及它们之间如何相互作用，这是决定膜的生物活性的主要问题，目前还没有一种技术或方法能够直接观察膜的分子结构。多年来根据对天然细胞膜以及一些人工模拟膜的研究，许多学者提出了几十种不同的膜分子结构模型，其中得到较多实验事实支持而为大多数人所接受的是 1972 年 Singer 和 Nicolson 提出的液态镶嵌模型（fluid mosaic model），其基本的内容是：膜的结构是以液态的脂质双分子层为基架，其中镶嵌着可以移动的具有各种生理功能的蛋白质（图 15-3）。

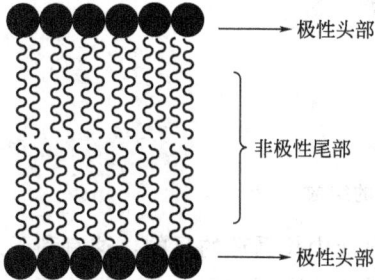

图 15-2　磷脂双分子层结构　　　　图 15-3　细胞膜的液态镶嵌模型

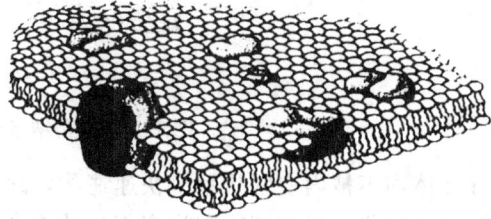

生物膜有两个明显的特征，即膜的不对称性和膜的流动性。膜的不对称性是指组成膜的物质分子排布是不对称的。组成膜的蛋白质一般都是球蛋白，有的蛋白质分子镶嵌在磷脂双分子层表面，其疏水部分填入磷脂双层分子内部，亲水部分露在表面；有的蛋白质分子全部嵌入内部；有的贯穿整个膜，在膜的内外两侧露出一部分。膜脂中，含胆碱的磷脂如磷脂酰胆碱（卵磷脂）、鞘磷脂大多分布在生物膜外层，而含氨基的磷脂如磷脂酰乙醇胺（脑磷脂）多分布于内层。磷脂双分子层的不对称分布，使膜的两层流动性有所不同。

膜的流动性是指膜内部的脂类的流动性和蛋白质分子的运动性。膜脂分子在特定的温度下，可进行横向扩散或水平移动，脂肪酸链可振荡或旋转，这些不同的运动状态对维持膜脂分子的不对称性很重要。

影响膜流动性的因素有不少，其中与磷脂有关的有以下两点。

(1) 脂肪酸链的长度和不饱和程度　这是影响膜流动性的重要因素。脂肪酸的碳链短，将减少脂类分子疏水尾部的相互作用，从而增进流动性。饱和脂肪酸呈直线形，相互之间排列紧密，导致膜的流动性减少；不饱和脂肪酸双键大多是顺式结构，使得碳链弯曲，脂类分子尾部难以互相靠近，排列疏松，导致流动性增大。

(2) 卵磷脂与鞘磷脂的比值　哺乳动物细胞中，卵磷脂与鞘磷脂的含量约占整个膜脂的50％，二者在膜中都处于流动状态，但鞘磷脂的黏度比卵磷脂的黏度大 6 倍，因此流动性差。在细胞衰老的过程中，卵磷脂与鞘磷脂的比值下降，膜的流动性随之降低。

生物膜的结构和功能的研究，是目前分子生物学最活跃的部分。将卵磷脂和鞘磷脂分散于水相时，分子的疏水尾部倾向于聚集在一起，避开水相，而亲水头部暴露在水相，形成具有双分子层结构的封闭囊泡，称为脂质体（liposome）。脂质体的直径分布为 25～1000nm，可用作药物和基因的载体并将药物/基因靶向递送到病变部位，成为药物制剂研究的前沿领域之一。其中，脂质体内部孔腔为亲水区域，适合负载亲水类药物和基因；脂质体内部孔腔为疏水区域，适合负载疏水类药物和基因，如图 15-4 所示。另外，在外层磷脂上面还可以连接聚乙二醇，由于聚乙二醇的亲水结构和长链结构，能阻止蛋白质和纳米粒结合，使得纳

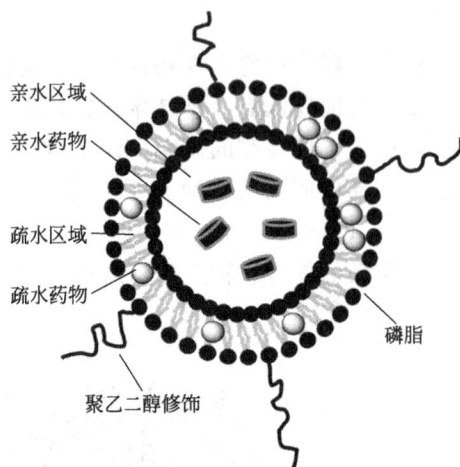

图 15-4 载药纳米脂质体的结构

米脂质体在体内不被内皮网状系统快速清除，达到在血液中长循环的目的，这有利于纳米药物在病变部位聚集，提高药物在病变部位的浓度，降低药物毒副作用，并减少给药次数。目前，脂质体作为药物载体负载抗肿瘤、抗炎、抗感染等药物已经广泛应用于肿瘤、炎症、感染等多种疾病的治疗研究，并有部分脂质体纳米药物已用于临床应用研究。随着对脂质体纳米药物的深入研究，相信将有更多的脂质体纳米药物服务于人类健康。

Summary

Glycerides (oils and fats) are comprised by three molecules of long-chain fatty acids and glycerol. If these fatty acids are identical, the glycerides are named as single triacylglycerides, otherwise, the glycerides are named as mixed triacylglycerides. The natural oils and fats are mixtures of mixed triacylglycerides. The liquid and solid triacylglycerides are defined as oils and fats, respectively.

The fatty acids of glycerides have chain structure with even number of carbons, almost all unsaturated fatty acids in glycerides are *cis*-isomers. Some fatty acids cannot be synthesized in body and required from foods, which defined as essential fatty acids.

Generally, the fatty acids are named by common names, however, Δ-code、ω-code and Greek-letter code are also used to number the carbon atoms in carboxyl acids.

Glycerides are hydrolyzed under alkaline conditions is known as saponification reaction. The milligram number of potassium hydrate to hydrolyze one gram of oils and fats is defined as saponification value. Generally, higher molecular weight of oils and fats has lower saponification value. Hydrogenation of oils bring it to solid, so named as hardening. The gram number of iodine absorbed by 100 grams of oils is named as iodine number, it indicates the unsaturated level of oils. Oils and fats store in the air for a long time can be degraded and called as rancidity. The milligram number of potassium hydrate to neutralize the free carboxyl acids degraded from one gram of oils and fats is defined as acid number.

Polyunsaturated fatty acids (PUFAs) are long-chain fatty acids containing two or more double bonds. PUFAs are divided into four classes in human body based on ω-code. PUFAs of ω-3 code and ω-6 code play key roles in the human body.

Phospholipids are lipids that contain phosphate group, including phosphoglycerides and sphingomyelin. Phosphoglycerides are comprised with glycerol, fatty acid and phosphate. Phosphoglycerides containing choline is lecithin, and those containing ethanolamine is cephalin, they both play an important role in body. Sphingomyelins are comprised with sphingol (not glycerol), fatty acid and phosphate.

Phospholipids are important components of biomembranes. They have a special chemical structure including long-chain, hydrophobic hydrocarbon group and hydrophilic phosphate-amine end. In aqueous solution, they tend to form bilayers structure through interaction with two rows of molecules. Furthermore, their hydrophobic group pointing inward and their hydrophilic group pointing outward. They are widely used in biomedical field such drug/gene delivery.

习 题

1. 回答下列问题。

(1) 室温下油和脂肪的存在状态与其分子中的脂肪酸有何关系？

(2) 油脂中的脂肪酸在结构上有何特点？

2. 名词解释。

(1) 皂化　　(2) 碘值　　(3) 酸值　　(4) 油脂的硬化

3. 命名下列化合物。

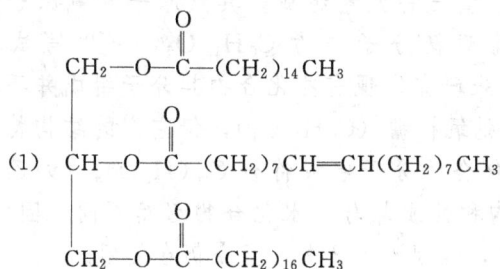

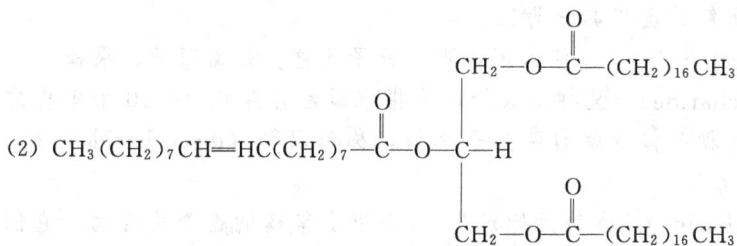

(1)
$$
\begin{array}{l}
\text{CH}_2\text{—O—}\overset{\displaystyle O}{\overset{\|}{\text{C}}}\text{—(CH}_2)_{14}\text{CH}_3 \\[4pt]
\text{CH—O—}\overset{\displaystyle O}{\overset{\|}{\text{C}}}\text{—(CH}_2)_7\text{CH}=\text{CH(CH}_2)_7\text{CH}_3 \\[4pt]
\text{CH}_2\text{—O—}\overset{\displaystyle O}{\overset{\|}{\text{C}}}\text{—(CH}_2)_{16}\text{CH}_3
\end{array}
$$

(2) $\text{CH}_3(\text{CH}_2)_7\text{CH}=\text{HC(CH}_2)_7\text{—}\overset{\displaystyle O}{\overset{\|}{\text{C}}}\text{—O—}\overset{\displaystyle }{\text{C}}\text{—H}$

$$
\begin{array}{l}
\text{CH}_2\text{—O—}\overset{\displaystyle O}{\overset{\|}{\text{C}}}\text{—(CH}_2)_{16}\text{CH}_3 \\[8pt]
\text{CH}_2\text{—O—}\overset{\displaystyle O}{\overset{\|}{\text{C}}}\text{—(CH}_2)_{16}\text{CH}_3
\end{array}
$$

4. 写出下列化合物的结构式。

(1) $18:2^{6,9}$　　(2) $16:1\Delta^9$　　(3) α-脑磷脂　　(4) α-卵磷脂

5. $\Delta^{9,12,15}$-十八碳三烯酸，简写符号 $18:3\Delta^{9,12,15}$；$\omega^{3,6,9}$-十八碳三烯酸，简写符号 $18:3\omega^{3,6,9}$，是同一脂肪酸吗？它的俗名是什么？写出结构式。

6. 如何分离卵磷脂和脑磷脂？

7. 卵磷脂比脂肪易溶于水还是难溶于水？为什么？

（陆军军医大学　张定林）

第十六章

糖 类

本章主要介绍：单糖的分类；单糖的开链结构、环状结构；Haworth 式和构象式；单糖的理化性质；差向异构化；氧化反应、还原反应、成脲反应、显色反应、成苷反应等；双糖和多糖的结构；α-、β-苷键等。

糖类（saccharide）又称碳水化合物（carbohydrate），从化学结构上讲，糖类是多羟基醛或酮，或水解后产生多羟基醛或酮的化合物。它是自然界中存在最多的一类有机化合物。例如葡萄糖、蔗糖、淀粉、纤维素等都是人类生活不可缺少的糖类化合物。早期人们发现这类物质都是由碳、氢、氧三种元素组成，其氢原子和氧原子数之比为 2：1，通式为 $C_m(H_2O)_n$，例如葡萄糖分子式为 $C_6H_{12}O_6$，可以写成为 $C_6(H_2O)_6$，因此得名"碳水化合物"。但后来研究发现有些化合物其分子组成并不符合 $C_m(H_2O)_n$，如鼠李糖（$C_6H_{12}O_5$）和 2-脱氧核糖（$C_5H_{10}O_4$），但它们的结构特点和性质却与碳水化合物非常相似；而有些化合物分子组成符合 $C_m(H_2O)_n$，如乙酸（$C_2H_4O_2$）和甲醛（CH_2O），但它们的结构和性质却与碳水化合物迥然不同。因此，把糖类化合物称为"碳水化合物"并不恰当，但因沿用已久，至今仍在使用。

根据糖类化合物的水解情况将其分为三大类。

（1）单糖（monosaccharide） 不能水解成更小分子的糖。如葡萄糖、果糖。

（2）寡糖（oligosaccharide） 又称低聚糖，是指水解后能生成 2～10 个单糖的糖类化合物。如蔗糖、麦芽糖等能水解为两分子单糖，称为双糖（disaccharide）（或二糖）。寡糖中以双糖最为重要。

（3）多糖（polysaccharide） 水解后能产生 10 个以上单糖的糖类化合物。它们是十个到数千个单糖形成的高聚物，属于天然高分子化合物。如淀粉、纤维素。

糖、蛋白质和核酸是生命体的三大物质基础。其中糖是一切生物体维持生命活动所需能量的主要来源。植物通过光合作用将二氧化碳和水转变成糖类化合物，同时也将太阳能转化为化学能储存于糖类化合物中。而动物则将从植物中摄取的糖类化合物经过一系列生化反应逐步氧化为二氧化碳和水，并提供机体生长及生命活动所需的能量。动物与植物就是这样互相依赖的有机体。植物的光合作用是人类利用太阳能的一个途径，而糖类化合物是其中一个重要环节。

长期以来人们对糖类化合物的研究远远滞后于对蛋白质和核酸的研究，认为糖只是生物体内一种能量物质（如淀粉）和结构材料（如纤维素）。事实上糖类化合物除作为能量来源外，同时也是体内遗传物质、酶、抗体、激素、膜蛋白等在生命活动中起重要作用分子的组成部分，早在19世纪人们就已经发现了在细胞表面有糖覆盖。随着细胞生物学的发展和先进的分离分析技术的产生，到了20世纪80年代，人们对糖类的生物学功能从细胞水平和分子水平上有了新的认识。研究表明，糖类化合物不仅具有重要的生理活性，而且还具有细胞间识别和传递信息等重要生物学功能。人们对糖的结构与生物功能的认识有了一个由糖化学到化学糖生物学的飞跃。大量事实证明对糖类化合物的研究已成为有机化学及生物化学中最令人感兴趣的领域之一。

在学完本章以后，你应该能够回答以下问题：

1. 什么是糖类化合物，它是怎样分类的？
2. 糖的 Haworth 式如何书写？糖产生变旋光现象的原因是什么？何为端基异构体？
3. 你能否写出一些常见单糖的开链结构式和 Haworth 式？
4. 单糖具有哪些化学性质？什么是还原糖和非还原糖？
5. 糖苷是怎样形成的？它具有怎样的性质？其中的苷键分几种类型？
6. 双糖是怎样形成的？可分为几类？
7. 淀粉和纤维素在结构上有何异同？

一、单　糖

（一）单糖的分类和命名

　　单糖（monosaccharide）根据它所含的羰基分为醛糖和酮糖两大类。按分子中所含碳原子的数目叫做某醛糖或某酮糖，由于糖的定义是多羟基醛或多羟基酮，所以最简单的醛糖是丙醛糖，最简单的酮糖是丙酮糖。

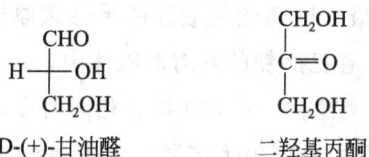

$$
\begin{array}{cc}
\text{CHO} & \text{CH}_2\text{OH} \\
\text{H——OH} & \text{C=O} \\
\text{CH}_2\text{OH} & \text{CH}_2\text{OH} \\
\text{D-(+)-甘油醛} & \text{二羟基丙酮}
\end{array}
$$

　　单糖也可以按分子中所含碳原子数分为三碳（丙）糖、四碳（丁）糖、五碳（戊）糖、六碳（己）糖等。例如：葡萄糖是己（六碳）醛糖，果糖是己（六碳）酮糖，核糖是戊（五碳）醛糖。单糖中最简单的是丙醛糖和丙酮糖；细胞里含量最丰富的单糖是五碳糖或六碳糖。

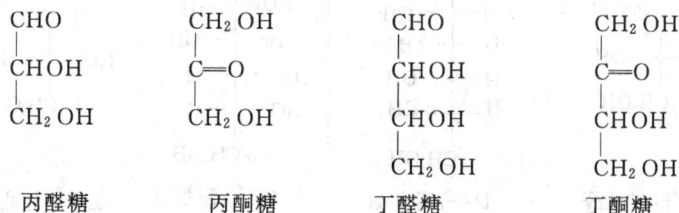

$$
\begin{array}{cccc}
\text{CHO} & \text{CH}_2\text{OH} & \text{CHO} & \text{CH}_2\text{OH} \\
\text{CHOH} & \text{C=O} & \text{CHOH} & \text{C=O} \\
\text{CH}_2\text{OH} & \text{CH}_2\text{OH} & \text{CHOH} & \text{CHOH} \\
 & & \text{CH}_2\text{OH} & \text{CH}_2\text{OH} \\
\text{丙醛糖} & \text{丙酮糖} & \text{丁醛糖} & \text{丁酮糖}
\end{array}
$$

CHO   CH₂OH   CHO   CH₂OH

```
 CHO        CH2OH        CHO         CH2OH
 |          |            |           |
CHOH       C=O          CHOH        C=O
 |          |            |           |
CHOH       CHOH         CHOH        CHOH
 |          |            |           |
CHOH       CHOH         CHOH        CHOH
 |          |            |           |
CH2OH      CH2OH        CHOH        CHOH
                         |           |
                        CH2OH       CH2OH
```

戊醛糖　　　　戊酮糖　　　　己醛糖　　　　己酮糖

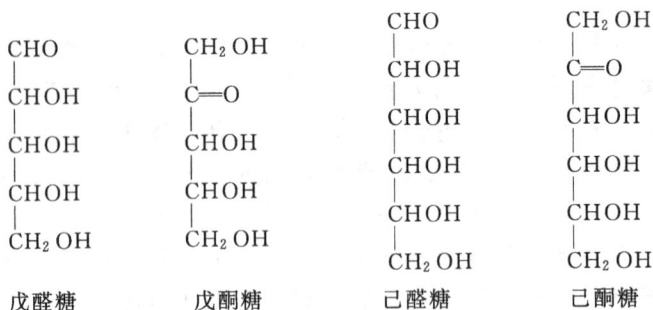

单糖的名称多数根据来源采用俗名，如葡萄糖、果糖等。有些糖的羟基可被氢原子或氨基取代，他们分别称为脱氧糖（deoxysugar）和氨基糖（aminosugar）。例如：

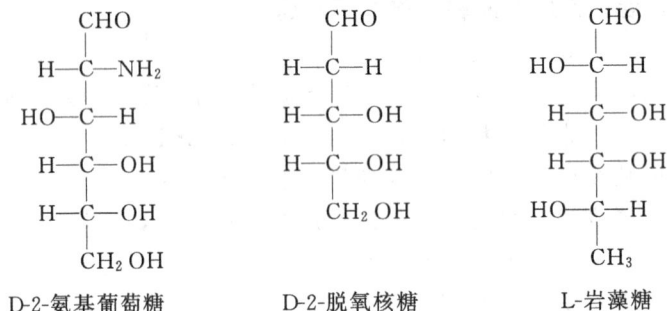

```
     CHO              CHO               CHO
      |                |                 |
 H---C---NH2      H---C---H         HO---C---H
      |                |                 |
HO---C---H       H---C---OH        H---C---OH
      |                |                 |
 H---C---OH      H---C---OH        H---C---OH
      |                |                 |
 H---C---OH          CH2OH         HO---C---H
      |                                  |
    CH2OH                               CH3
```

D-2-氨基葡萄糖　　　　D-2-脱氧核糖　　　　L-岩藻糖

（二）单糖的结构

1. 单糖的开链结构和构型

一般的单糖，碳链无支链，除醛基、酮基外的碳原子都连有一个羟基（特殊单糖除外），故单糖一般都含有一定数目的手性碳原子（丙酮糖除外），都存在对映体。含 n 个不同手性碳的化合物应具有 2^{n-1} 对对映体。例如：己醛糖分子中有四个不同的手性碳，故有八对对映体；葡萄糖为其中的一对对映体。

单糖的立体化学结构可用 R、S 构型标记法。但目前人们仍然习惯用 D/L 构型标记法表示糖的构型。具体规定是：将单糖构型以 Fischer 投影式表示，碳链竖写，羰基写在上端，按系统命名法编号，编号最大即离羰基最远的手性碳原子构型与 D-甘油醛的构型相同者为 D-型糖；反之为 L-型糖。在己醛糖的八对对映体中，八个为 D-型，它们各自的对映体是与其互为镜像关系的八个 L-型糖。一对对映体有相同名称，例如 D-(＋)-葡萄糖的对映体是 L-(—)-葡萄糖。自然界存在的单糖绝大多数是 D-型糖，例如 D-葡萄糖、D-果糖、D-核糖。L-型的醛糖现已人工合成。

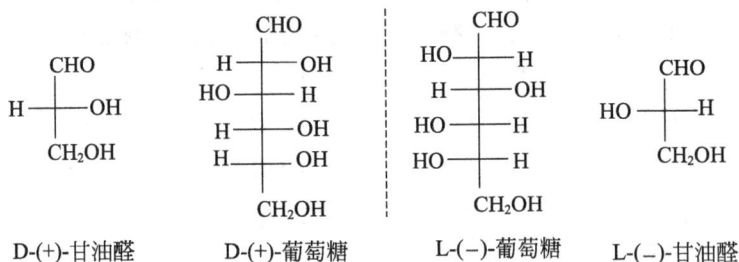

```
   CHO             CHO              CHO              CHO
    |          H---+---OH      HO---+---H       HO---+---H
 H--+--OH      HO--+--H        H---+---OH          CH2OH
  CH2OH        H---+---OH      HO---+---H
               H---+---OH      HO---+---H
                 CH2OH           CH2OH
```

D-(+)-甘油醛　　　D-(+)-葡萄糖　　　L-(—)-葡萄糖　　　L-(—)-甘油醛

单糖也可用 R/S 构型标记法命名。如 D-葡萄糖若用 R/S 构型标记法命名则为 $2R$，$3S$，$4R$，$5R$，6-五羟基己醛。

图 16-1 和图 16-2 分别列出三个到六个碳原子的 D-醛糖及 D-酮糖的 Fischer 投影式和名称。

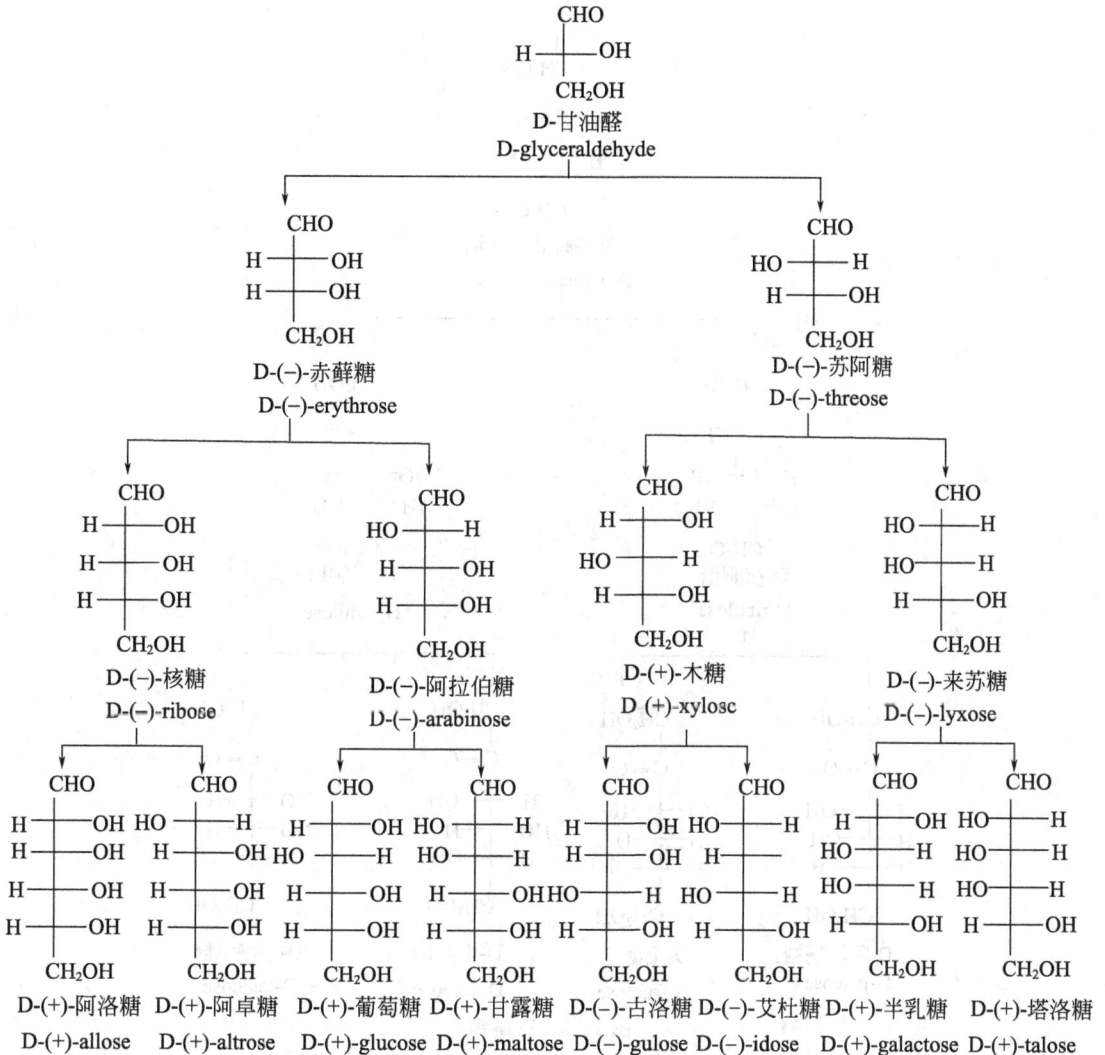

图 16-1　D-醛糖

从图 16-1 和图 16-2 可以看出 D-葡萄糖与 D-甘露糖、D-葡萄糖与 D-半乳糖、D-果糖和 D-阿洛酮糖等互为非对映异构体，它们的差别仅是一个手性碳原子的构型不同。像这样具有多个手性碳原子而只有一个手性碳原子的构型不同的非对映异构体互称为差向异构体（epimer）。如 D-甘露糖是 D-葡萄糖的 C2 差向异构体。

思考题 16-1　己酮糖有几对对映体？写出其中 D-果糖的开链结构。

书写单糖的 Fischer 投影式时，为方便起见，手性碳原子上的—H 或—OH 可省去，用

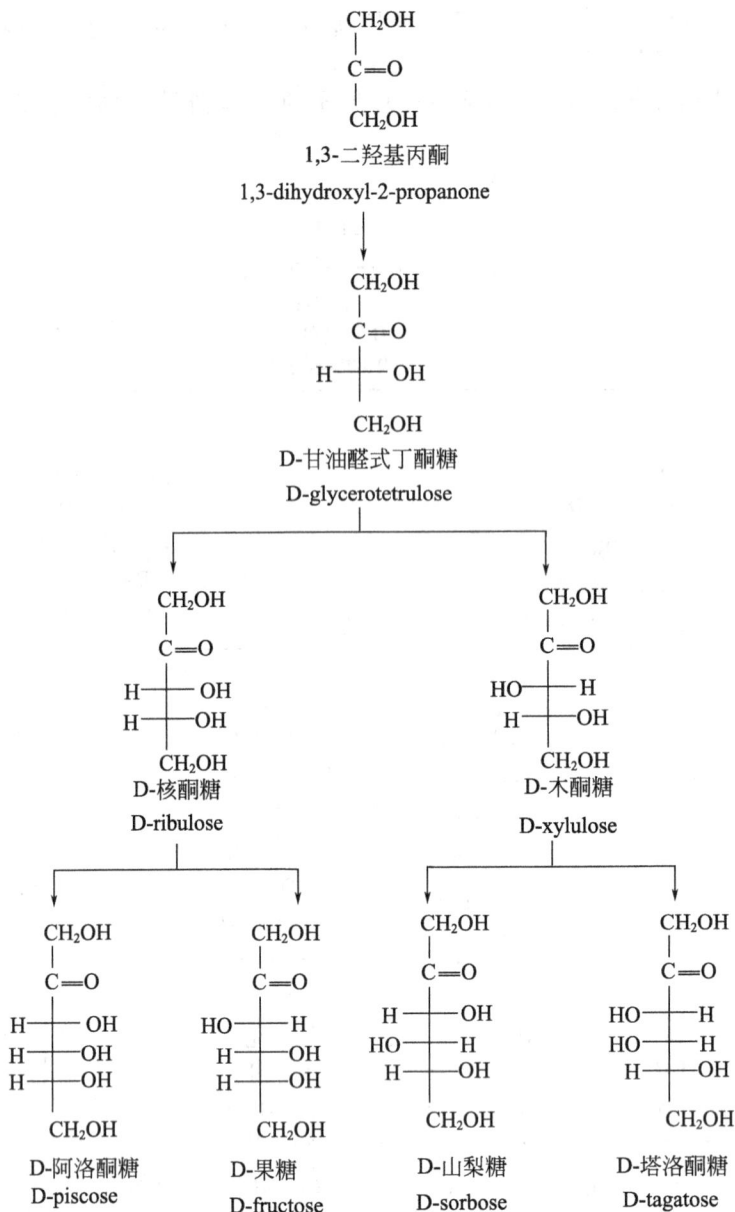

CH₂OH
|
C=O
|
CH₂OH

1,3-二羟基丙酮

1,3-dihydroxyl-2-propanone

CH₂OH
|
C=O
|
H——OH
|
CH₂OH

D-甘油醛式丁酮糖

D-glycerotetrulose

CH₂OH
|
C=O
|
H——OH
|
H——OH
|
CH₂OH

D-核酮糖

D-ribulose

CH₂OH
|
C=O
|
HO——H
|
H——OH
|
CH₂OH

D-木酮糖

D-xylulose

CH₂OH
|
C=O
|
H——OH
|
H——OH
|
H——OH
|
CH₂OH

D-阿洛酮糖

D-piscose

CH₂OH
|
C=O
|
HO——H
|
H——OH
|
H——OH
|
CH₂OH

D-果糖

D-fructose

CH₂OH
|
C=O
|
H——OH
|
HO——H
|
H——OH
|
CH₂OH

D-山梨糖

D-sorbose

CH₂OH
|
C=O
|
HO——H
|
HO——H
|
H——OH
|
CH₂OH

D-塔洛酮糖

D-tagatose

图 16-2　D-酮糖

短线表示。例如 D-葡萄糖可简写为：

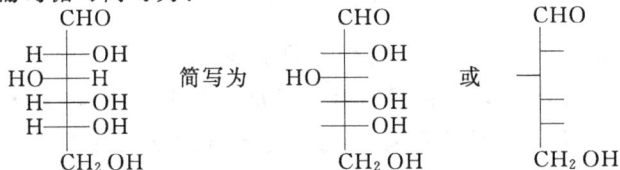

CHO
|
H——OH
|
HO——H
|
H——OH
|
H——OH
|
CH₂OH

简写为

CHO
|
——OH
|
HO——
|
——OH
|
——OH
|
CH₂OH

或

CHO
|
|
|
|
CH₂OH

思考题 16-2　写出 D-半乳糖的开链结构并用 R/S 构型标记法命名，它与 D-甘露糖是差向异构体吗？

2. 单糖的环状结构和表示方法

在确定葡萄糖的构型时，许多反应事实已经证明分子中含有羰基，但进一步研究单糖的性质时，又发现有些"异常现象"是其链状结构无法解释的。

(1) 通常一分子醛在干燥氯化氢作用下与两分子甲醇反应形成缩醛，但 D-葡萄糖分子与一分子甲醇即能形成缩醛。此外，D-葡萄糖与某些羰基加成试剂（如 $NaHSO_3$ 等）也不发生反应。

(2) D-葡萄糖在不同的条件下可得到两种结晶：从冷乙醇中得到的晶体，熔点 146℃，比旋光度为 +112°；而从热吡啶中得到的晶体，熔点 150℃，比旋光度为 +18.7°。上述两种晶体分别溶于水后，比旋光度都会随时间发生变化，并且最后都稳定在 +52.7°。这种比旋光度自行发生改变的现象称为变旋光现象（mutarotation）。

(3) D-葡萄糖在红外光谱中找不到羰基伸缩振动的特征峰值；在 H^1 NMR 中，也不显示醛基质子的特征峰。

为了解释上述"异常现象"，科学家们认为葡萄糖可能存在其他形式的结构。受醇与醛（酮）可以形成半缩醛和 4-或 5-羟基醛（酮）易自发地发生分子内的亲核加成，生成稳定的环状半缩醛反应得到启示，根据成环经验，人们推测 D-葡萄糖分子中存在 4-或 5-羟基醛的结构，可发生分子内的羟醛缩合反应形成稳定的五元或六元环半缩醛。如果单糖也具有环状半缩醛结构，在溶液中环状结构与开链结构之间形成动态平衡，变旋光现象和其他一些实验现象就容易理解。由于形成环状半缩醛，葡萄糖分子原来的醛基碳原子变成了手性碳，因此同一单糖有两种不同的环状半缩醛——α、β 异构体，这种结构式称为哈沃斯（Haworth）式，他们是非对映体，这种仅端基手性碳构型不同的异构体称为端基异构体。后来 X 射线衍射结果证实了这一推测的正确性。一个葡萄糖经自身的 1,5-半缩合形成环状半缩醛结构，是一个含氧六元环。单糖的环状结构一般以哈沃斯（Haworth）透视式表示（下式Ⅰ和Ⅱ），现以 D-葡萄糖为例说明如何将 Fischer 投影式转变为 Haworth 透视式：

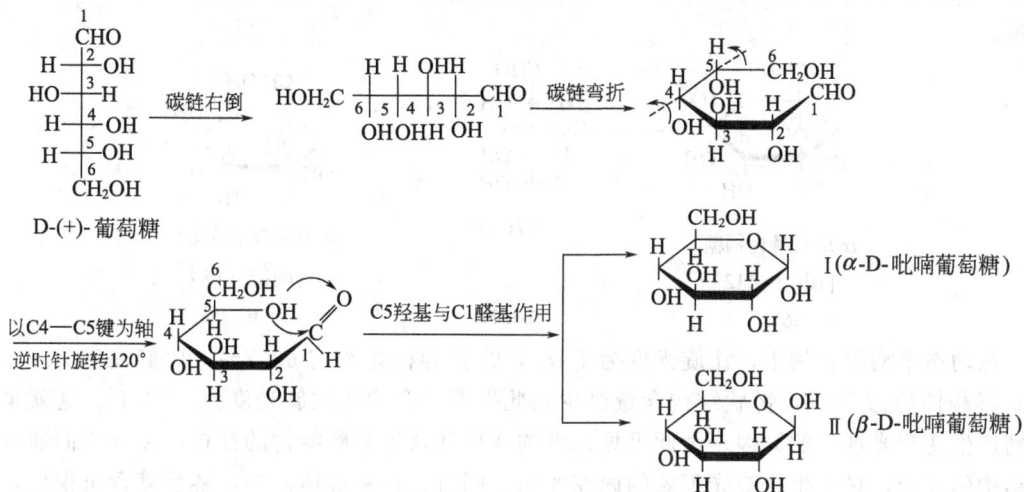

D-葡萄糖由链状醛式转变为环状半缩醛式时，羰基碳由 sp^2 杂化状态转化成 sp^3 杂化状态，形成了新的手性碳原子，称为异头碳。异头碳上的半缩醛羟基（又称苷羟基）有两种空间取向，即产生 α-异构体和 β-异构体。二者互称为端基差向异构体，简称端基异构体或异头物（anomer），也属于差向异构体和非对映异构体。

单糖通常以稳定的五元或六元氧环形式存在。根据 Haworth 的建议，环状糖在命名时要表明它们与吡喃或呋喃的关系。由于含氧六元环与杂环化合物吡喃（pyrane）相似，故称吡喃糖（glycopyranose）；含氧五元环与杂环化合物呋喃（furan）相似，称呋喃糖（glyco-furanose）。

书写糖的 Haworth 式时，如果是吡喃环，通常将氧原子写在环的右上方，碳原子编号按顺时针排列，C2、C3 面对观察者，在 Fischer 投影式中位于左侧的羟基，处于环平面上方；位于右侧的羟基，处于环平面下方。C6 位—CH_2OH（羟甲基）在环平面上方的为 D-型糖。对 D-型糖而言，半缩醛羟基在环平面下方的称为 α-异构体（如 I 式 α-D-吡喃葡萄糖）；半缩醛羟基在环平面上方的称为 β-异构体（如 II 式 β-D-吡喃葡萄糖）。对 L-型糖则正好相反。

五元氧环的呋喃糖由 Fischer 投影式转变为 Haworth 透视式的过程与上述 D-葡萄糖相同。如 D-核糖通过分子内 1,4-半缩合形成呋喃型糖，Haworth 式如下：

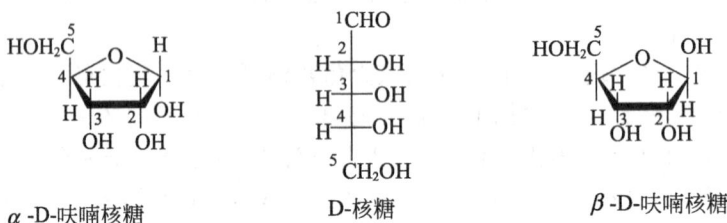

α-D-呋喃核糖　　　　　D-核糖　　　　　β-D-呋喃核糖

思考题 16-3 写出 β-D-吡喃甘露糖的 Haworth 式。

思考题 16-4 写出 β-L-吡喃葡萄糖的 Haworth 式。

上述"异常现象"用糖的环状结构就能予以解释。α-D-吡喃葡萄糖是从乙醇溶液中得到的结晶；β-D-吡喃葡萄糖则是以吡啶作溶剂结晶得到的，二者均可稳定存在，但在水溶液中无论 α-异构体还是 β-异构体均可通过开链结构相互转化，最终建立一个动态平衡体系。

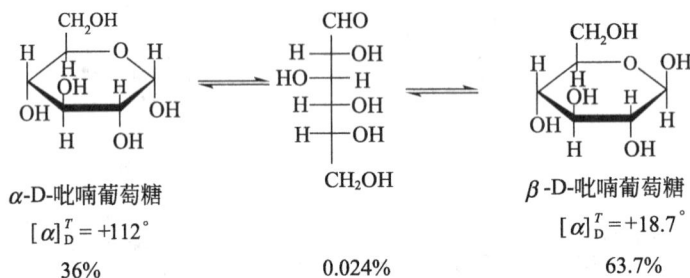

α-D-吡喃葡萄糖　　　　　　　　　　　　　β-D-吡喃葡萄糖
$[\alpha]_D^T = +112°$　　　　　　　　　　　　$[\alpha]_D^T = +18.7°$
36%　　　　　　　0.024%　　　　　　63.7%

在动态平衡混合物中，比旋光度为 +18.7° 的 β-异构体约占 63.7%，比旋光度为 +112° 的 α-异构体约占 36%，链状结构含量极少，此平衡混合物的比旋光度为 +52.7°。这就是葡萄糖产生变旋光现象的原因。由此可见，糖的两种环状半缩醛结构的存在，以及它们通过开链结构的互变，是产生变旋光现象的内在原因。同时，在平衡体系中，链状糖含量很低，所以没有明显的羰基 IR 和醛基质子的 NMR 谱特征出现。某些可逆的加成反应（如与饱和 $NaHSO_3$ 的反应）也不能发生。又由于糖的分子内缩合，已形成了环状半缩醛，故在干燥氯化氢的作用下只能再与一分子甲醇作用生成缩醛。

实验证明，自然界中绝大多数结晶单糖主要以环状结构存在，也都有变旋光现象。六碳醛糖多是吡喃糖；五碳醛糖多是呋喃糖；D-果糖既可形成吡喃糖，也可形成呋喃糖。

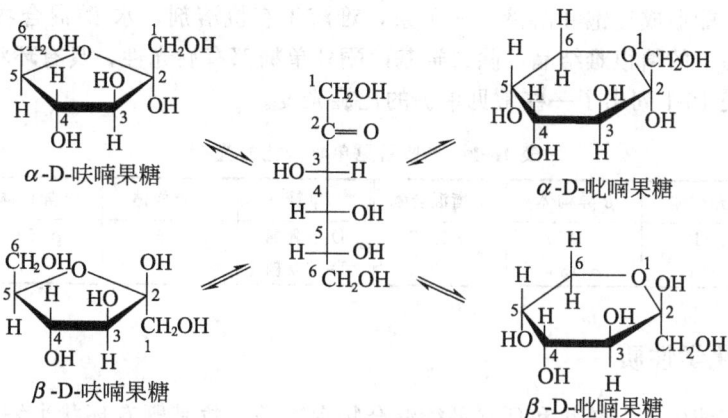

α-D-呋喃果糖

β-D-呋喃果糖

α-D-吡喃果糖

β-D-吡喃果糖

思考题 16-5 写出 β-D-2-脱氧核糖的 Haworth 式，并标出苷羟基的位置。

在 D-葡萄糖的平衡混合物中，β-型的含量要比 α-型高（64∶36）。这是因为前者比后者稳定，这种相对稳定性与它们的构象有关。吡喃糖与环己烷类似，也具有稳定的椅式构象。例如 β-D-吡喃葡萄糖的两种椅式构象为：

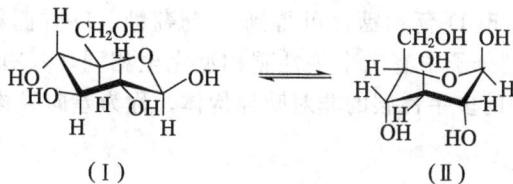

（Ⅰ）   （Ⅱ）

在以上两种椅式构象中，（Ⅰ）比（Ⅱ）稳定得多。因为（Ⅰ）中所有取代基都在 e 键上，而（Ⅱ）中取代基均在 a 键。（Ⅰ）式比（Ⅱ）式势能低（约差 $6kJ \cdot mol^{-1}$），故 β D 葡萄糖的优势构象为（Ⅰ）。

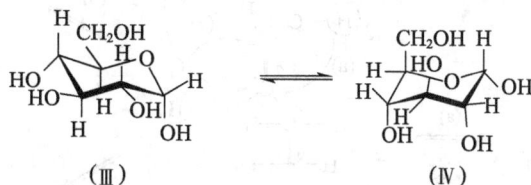

（Ⅲ）   （Ⅳ）

而在 α-D-葡萄糖的两种椅式构象（Ⅲ）和（Ⅳ）中，优势构象为（Ⅲ）。此构象中半缩醛羟基在 a 键上，故不如 β-D-葡萄糖的优势构象（Ⅰ）稳定。这就是 D-葡萄糖的互变平衡混合物中 β-型含量较高的原因。

在所有 D-型己醛糖中，只有 β-D-葡萄糖的五个取代基全在 e 键上，故具有很稳定的构象。这也是 D-葡萄糖在自然界含量最丰富、分布最广泛的原因。

对六元环的椅式构象分析的一般规则是 e 取代多的构象为优势构象，大基团处于 e 取代位置的构象为优势构象。事实上，影响糖的构象稳定性因素是多方面的。

思考题 16-6 写出 α-D-吡喃艾杜糖的优势构象式。

（三）单糖的物理性质

单糖是具有甜味的无色晶体，不同的单糖甜度不同。其中果糖最甜，有吸湿性，在水中溶解度很大，常能形成过饱和溶液——糖浆，难溶于有机溶剂，水-醇混合物常用于糖的重结晶。不纯状态下的糖很难结晶，除二羟基丙酮外单糖都有旋光性，具有环状结构的单糖有变旋光现象。表16-1列出了一些常见单糖的比旋光度。

表 16-1　一些常见单糖的比旋光度　　　　　　　　　　　　　　单位：（°）

单糖	α-异构体	β-异构体	平衡混合物	单糖	α-异构体	β-异构体	平衡混合物
D-葡萄糖	+112	+18.7	+52.7	D-半乳糖	+151	−53	+84
D-果糖	−21	−133	−92	D-甘露糖	+30	−17	+14

（四）单糖的化学性质

单糖在水溶液中是以链状和环状平衡混合物存在的，故其既有环状半缩醛结构的特性，如成苷反应；同时其链状结构也可通过平衡移动不断产生，因而表现出醛（酮）的性质，如氧化反应、成脎反应等。单糖分子中的醇羟基显示醇的一般性质，如成酯、成醚、氧化、脱水等反应。又由于这些官能团处于同一分子内可相互影响，所以又具有一些特殊性质。

1. 碱性条件下的反应（差向异构化）

单糖在浓的强碱作用下会分解。但在弱碱作用下，醛糖和酮糖能通过烯二醇式中间体相互转化。例如：用稀碱处理 D-葡萄糖，可得到 D-葡萄糖、D-甘露糖和 D-果糖的平衡混合物。D-葡萄糖和 D-甘露糖分子中有三个手性碳构型完全相同，只有一个手性碳不同，这种仅有一个手性碳构型不同的多手性碳的非对映异构体，称为差向异构体，这个过程被称为差向异构化反应。

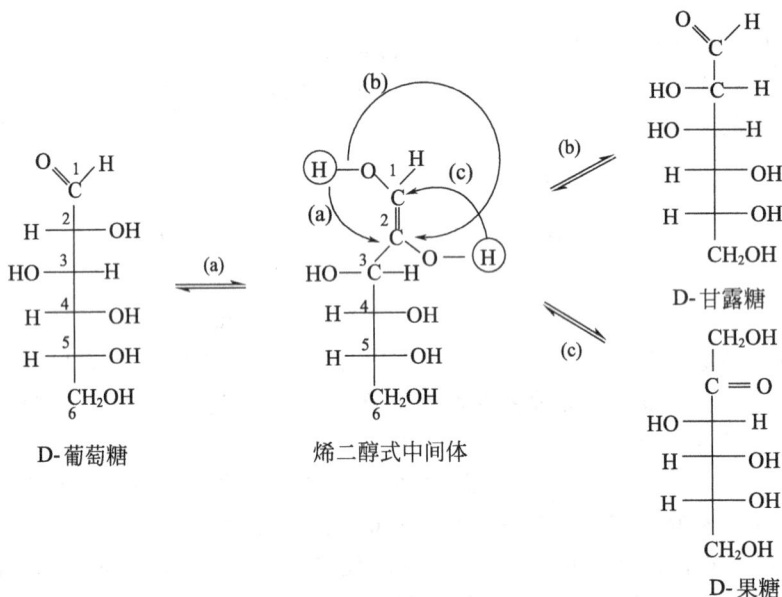

与羰基相连的 α-碳上的氢具有一定的酸性，在碱催化下发生烯醇化得到烯二醇式中间体。再由烯二醇结构回到醛（酮）结构的过程中，C1 上的烯醇氢既可按箭头（a）所示方向从双键平面左侧加到 C2 上，也可按箭头（b）所示方向从右侧加到 C2 上，因此分别得到 D-葡萄糖和 D-甘露糖。同时，C2 上的烯醇氢也可以如箭头（c）所示转移到 C1 上，这样则生成 D-果糖。最终得到 D-葡萄糖、D-甘露糖和 D-果糖的平衡混合物。由于 D-葡萄糖和 D-甘露糖互为差向异构体，因此它们之间的转化也称为差向异构化（epimerism）。如果将 D-甘

露糖或 D-果糖用稀碱处理，同样通过烯二醇式中间体得到三者的平衡混合物。

生物体代谢过程中某些糖衍生物间的相互转化就是通过烯二醇式中间体进行的。例如：5-磷酸核酮糖通过烯二醇结构能转变成 5-磷酸核糖。其反应过程如下：

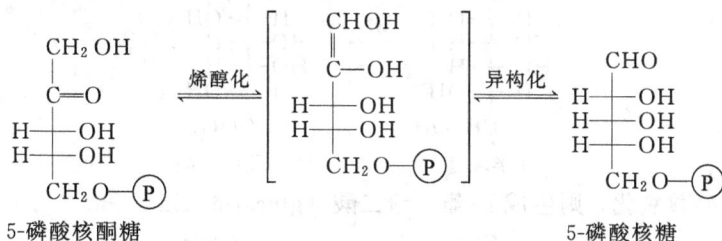

$$
\begin{array}{c}
\text{CH}_2\text{OH} \\
\text{C}=\text{O} \\
\text{H}-\!\!-\text{OH} \\
\text{H}-\!\!-\text{OH} \\
\text{CH}_2\text{O}-\textcircled{P}
\end{array}
\quad\underset{\text{烯醇化}}{\rightleftharpoons}\quad
\left[\begin{array}{c}
\text{CHOH} \\
\parallel \\
\text{C}-\text{OH} \\
\text{H}-\!\!-\text{OH} \\
\text{H}-\!\!-\text{OH} \\
\text{CH}_2\text{O}-\textcircled{P}
\end{array}\right]
\quad\underset{\text{异构化}}{\rightleftharpoons}\quad
\begin{array}{c}
\text{CHO} \\
\text{H}-\!\!-\text{OH} \\
\text{H}-\!\!-\text{OH} \\
\text{H}-\!\!-\text{OH} \\
\text{CH}_2\text{O}-\textcircled{P}
\end{array}
$$

5-磷酸核酮糖   5-磷酸核糖

2. 氧化反应

单糖用不同的氧化剂得到不同的氧化产物。

(1) 单糖与碱性弱氧化剂的反应 Tollens 试剂、Fehling 试剂和 Benedict 试剂为常见的碱性弱氧化剂，能把醛基氧化成羧基，单糖虽然有环状半缩醛结构，但在溶液中能与开链结构处于动态平衡，所以开链的醛糖能被银氨离子（Tollens 试剂）氧化，产生银镜；也能被 Cu^{2+}（Fehling 试剂和 Benedict 试剂）氧化产生氧化亚铜的砖红色沉淀。酮糖（如 D-果糖）也能被上述碱性弱氧化剂氧化。这是由于酮糖在碱性条件下，通过差向异构化反应转变为相应的醛糖，再被氧化。

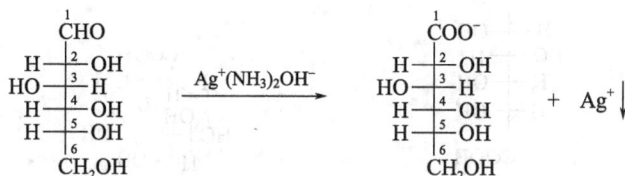

$$
\begin{array}{c}
\overset{1}{\text{CHO}} \\
\text{H}-\!\!-\overset{2}{\text{OH}} \\
\text{HO}-\!\!-\overset{3}{\text{H}} \\
\text{H}-\!\!-\overset{4}{\text{OH}} \\
\text{H}-\!\!-\overset{5}{\text{OH}} \\
\text{CH}_2\text{OH}
\end{array}
\quad\xrightarrow{\text{Ag}^+(\text{NH}_3)_2\text{OH}^-}\quad
\begin{array}{c}
\overset{1}{\text{COO}^-} \\
\text{H}-\!\!-\overset{2}{\text{OH}} \\
\text{HO}-\!\!-\overset{3}{\text{H}} \\
\text{H}-\!\!-\overset{4}{\text{OH}} \\
\text{H}-\!\!-\overset{5}{\text{OH}} \\
\text{CH}_2\text{OH}
\end{array}
\quad+\quad \text{Ag}^+\!\downarrow
$$

凡能与 Tollens、Fehling 和 Benedict 试剂发生反应的糖称为还原糖（reducing sugar）；否则称为非还原糖（nonreduing sugar）。单糖都是还原糖。Benedict 试剂较稳定，不需临时配制，临床上常用作血糖或尿糖的定性定量检查，借以诊断糖尿病。

单糖在碱性溶液中氧化，由于差向异构化反应，其氧化产物通常都是混合物，该反应不适用于合成。

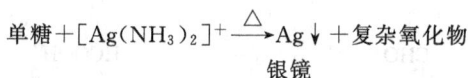

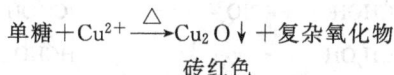

$$
单糖+[\text{Ag}(\text{NH}_3)_2]^+ \xrightarrow{\triangle} \underset{\text{银镜}}{\text{Ag}\!\downarrow}+复杂氧化物
$$

$$
单糖+\text{Cu}^{2+} \xrightarrow{\triangle} \underset{\text{砖红色}}{\text{Cu}_2\text{O}\!\downarrow}+复杂氧化物
$$

(2) 单糖与酸性氧化剂的反应 醛糖能被温和的酸性氧化剂如溴水（pH＝5～6）氧化，而且只选择性地将醛基氧化为羧基。在酸性条件下糖不发生差向异构化，因此酮糖在室温下不被溴水氧化。所以溴水可用来区别醛糖和酮糖，例如葡萄糖和果糖的鉴别。

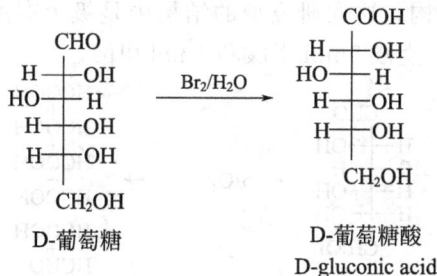

$$
\begin{array}{c}
\text{CHO} \\
\text{H}-\!\!-\text{OH} \\
\text{HO}-\!\!-\text{H} \\
\text{H}-\!\!-\text{OH} \\
\text{H}-\!\!-\text{OH} \\
\text{CH}_2\text{OH}
\end{array}
\quad\xrightarrow{\text{Br}_2/\text{H}_2\text{O}}\quad
\begin{array}{c}
\text{COOH} \\
\text{H}-\!\!-\text{OH} \\
\text{HO}-\!\!-\text{H} \\
\text{H}-\!\!-\text{OH} \\
\text{H}-\!\!-\text{OH} \\
\text{CH}_2\text{OH}
\end{array}
$$

D-葡萄糖   D-葡萄糖酸
D-gluconic acid

当用较强的氧化剂如硝酸氧化时，醛糖中的醛基和伯醇基均被氧化，生成二元羧酸，称为糖二酸。例如：D-半乳糖被硝酸氧化，生成 D-半乳糖二酸，称为黏液酸（mucic acid）。

$$
\begin{array}{c}
\text{CHO} \\
\text{H——OH} \\
\text{HO——H} \\
\text{HO——H} \\
\text{H——OH} \\
\text{CH}_2\text{OH}
\end{array}
\xrightarrow{\text{HNO}_3}
\begin{array}{c}
\text{COOH} \\
\text{H——OH} \\
\text{HO——H} \\
\text{HO——H} \\
\text{H——OH} \\
\text{COOH}
\end{array}
$$

D-半乳糖　　　　　　D-半乳糖二酸

D-葡萄糖经硝酸氧化，则生成 D-葡萄糖二酸（glucaric acid）。

$$
\begin{array}{c}
\text{CHO} \\
\text{H——OH} \\
\text{HO——H} \\
\text{H——OH} \\
\text{H——OH} \\
\text{CH}_2\text{OH}
\end{array}
\xrightarrow{\text{HNO}_3}
\begin{array}{c}
\text{COOH} \\
\text{H——OH} \\
\text{HO——H} \\
\text{H——OH} \\
\text{H——OH} \\
\text{COOH}
\end{array}
$$

D-葡萄糖　　　　　　D-葡萄糖二酸

D-半乳糖二酸为内消旋体，无旋光性；D-葡萄糖二酸则有旋光性，据此可区分 D-半乳糖和 D-葡萄糖。醛糖氧化生成的糖二酸是否有旋光性可用于糖的构型测定。

糖醛酸是醛糖末端的羟甲基被氧化为羧基的产物，如 D-葡萄糖醛酸。

$$
\begin{array}{c}
\text{CHO} \\
\text{H——OH} \\
\text{HO——H} \\
\text{H——OH} \\
\text{H——OH} \\
\text{COOH}
\end{array}
$$

D-葡萄糖醛酸　　　　　　α-D-葡萄糖醛酸

糖醛酸很难用化学方法由糖来制备，但在生物代谢过程中，在特殊酶的作用下，糖的某些衍生物可被氧化为糖醛酸。其中 D-葡萄糖醛酸有很重要的生物意义，因其在肝脏中能与一些含羟基的有毒物质结合成 D-葡萄糖醛酸苷由尿液排出体外，从而起到解毒作用。

邻二醇可被高碘酸氧化，而单糖分子中含许多相邻的羟基，所以也可以被高碘酸氧化断裂。

$$
\begin{array}{c}
\text{CHO} \\
| \\
\text{CHOH} \\
| \\
\text{CH}_2\text{OH}
\end{array}
+ 2\text{IO}_4^- \longrightarrow
\begin{array}{c}
\text{HCOOH} \\
+ \\
\text{HCOOH} \\
+ \\
\text{HCHO}
\end{array}
$$

相邻两个碳原子上都带有羟基；或一个带有羟基，另一个带有羰基，碳碳键都发生断裂。

高碘酸氧化反应常是定量的，每一个碳碳键消耗 1mol 高碘酸。故可根据消耗 HIO_4 的量及氧化产物推测单糖的结构，这在研究糖的结构中是极为有用的反应。例如：D-葡萄糖氧化时，消耗 5mol 高碘酸，生成 5mol 甲酸和 1mol 甲醛。

$$
\begin{array}{c}
\text{CHO} \\
\text{H——OH} \\
\text{HO——H} \\
\text{H——OH} \\
\text{H——OH} \\
\text{CH}_2\text{OH}
\end{array}
+ 5\text{IO}_4^- \longrightarrow
\begin{array}{c}
\text{HCOOH} \\
+ \\
\text{HCOOH} \\
+ \\
\text{HCOOH} \\
+ \\
\text{HCOOH} \\
+ \\
\text{HCOOH} \\
+ \\
\text{HCHO}
\end{array}
$$

3. 还原反应

用催化氢化或硼氢化钠等还原剂，可将糖中羰基还原成羟基，产物为多元醇，称糖醇。例如 D-果糖被还原时得甘露醇和山梨醇两种产物，以甘露醇为主。

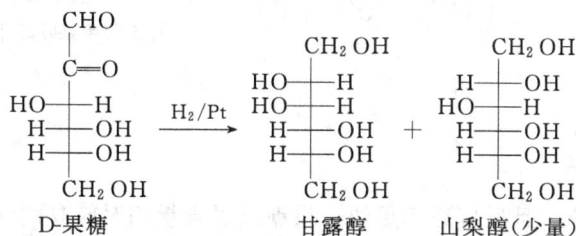

葡萄糖经还原得到葡萄糖醇（山梨醇）。山梨醇有甜味和吸湿性，可用于化妆品，也可在饮食疗法中代替糖类，且不易引起龋齿。

思考题 16-7　葡萄糖还原得到单一的葡萄糖醇，而果糖还原则得到两种糖醇，为什么？这两种糖醇是什么关系？

---

4. 成脎反应

单糖的羰基与苯肼一起加热作用，生成难溶于水的黄色结晶物质叫做糖脎。糖脎的生成可分为三个阶段进行。单糖先与苯肼作用生成苯腙，在过量苯肼的存在下，α-羟基被苯肼氧化为新的羰基，它再与苯肼作用生成二苯腙，即糖脎。凡是具有 α-羟基醛或酮结构的化合物都可与过量苯肼作用生成糖脎。

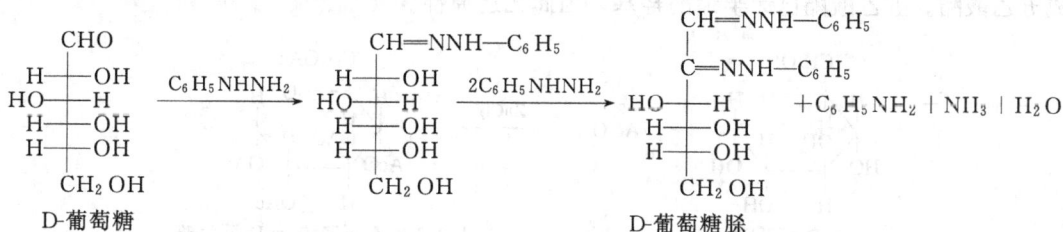

由以上反应可以看出，无论醛糖还是酮糖，成脎反应仅发生在 C1 和 C2 上，并不涉及其他碳原子。因此，同碳原子数的单糖，如果只是 C1、C2 两个碳原子的羰基位置或构型不同，而其余手性碳原子的构型完全相同时，则生成相同的糖脎。例如，D-葡萄糖、D-甘露糖及 D-果糖的糖脎是相同的，因为它们的 C3、C4、C5 的构型都相同。

糖脎是美丽的黄色晶体，不同的糖脎结晶形状和熔点不同，成脎所需的时间也不同，所以成脎反应常用于糖的鉴定。

5. 脱水与显色反应

单糖在较浓的酸中发生分子内脱水反应，如戊醛糖与 12% 盐酸共热时，生成 α-呋喃甲醛，又称糠醛；己醛糖在同样的条件下则生成 5-羟甲基呋喃甲醛。

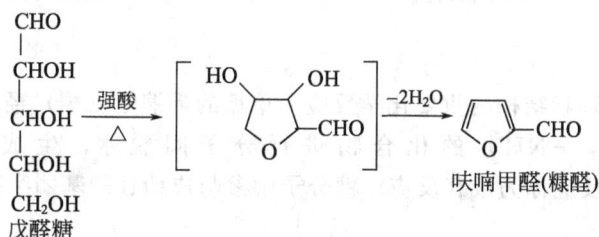

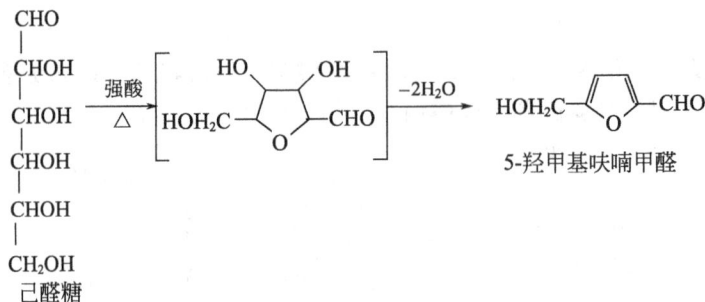

己醛糖 → 强酸 △ → [HOH₂C...CHO] → −2H₂O → HOH₂C...CHO 5-羟甲基呋喃甲醛

酮糖也有类似反应，且反应速率更快。果糖通过含量相对较高的呋喃型结构直接脱水生成 5-羟甲基呋喃甲醛。

以上反应产生的呋喃甲醛类化合物可与酚类作用生成有色缩合物，如果很好地控制反应条件，这类显色反应可用于糖类的鉴别。常见的显色反应有以下两类：一类是在糖的水溶液中加入 α-萘酚的酒精溶液，然后沿管壁慢慢加入浓硫酸，不要振摇，密度较大的浓硫酸沉到管底，在两层液面间很快出现一个紫色环。所有的糖都有这种颜色反应。这种反应称为 Molish 反应。另一类是所用的试剂为浓盐酸及间苯二酚，其中己糖显鲜红色，戊糖显蓝至绿色，且酮糖比醛糖显色快近 15～20 倍，据此可区别醛糖和酮糖。这种反应称为 Seliwanoff 反应。

6. 酯化反应

单糖的环状结构中所有的羟基都可酯化。例如，葡萄糖在 $ZnCl_2$ 存在下与乙酸酐作用生成五乙酸酯。五乙酸酯已无半缩醛羟基，因此无还原性。

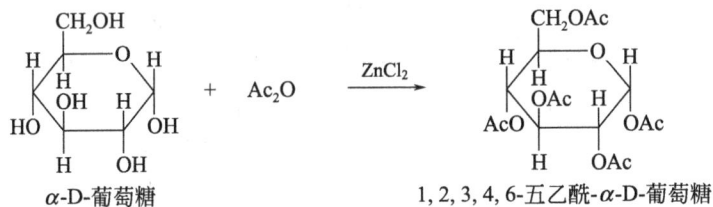

α-D-葡萄糖 + Ac₂O → ZnCl₂ → 1, 2, 3, 4, 6-五乙酰-α-D-葡萄糖

单糖的磷酸酯具有重要生物学意义。许多糖类分子都是以磷酸酯的形式成为生物体的构件分子和功能分子参与生命过程的。如葡萄糖进入细胞后首先进行的反应就是磷酸化生成 α-D-6-磷酸葡萄糖。该磷酸化反应是有 ATP 参与并在己糖酶的催化下进行的。

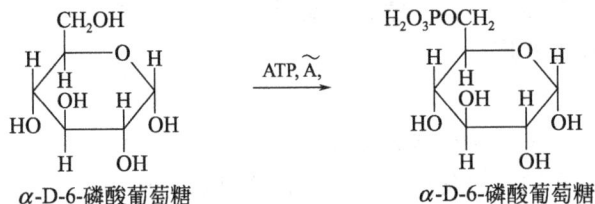

α-D-6-磷酸葡萄糖 → ATP, Ã, → α-D-6-磷酸葡萄糖

7. 成苷反应

成苷反应是单糖环状结构的重要化学反应。单糖的半缩醛（酮）羟基可与其他含有活泼氢（如—OH，—SH，—NH）的化合物进行分子间脱水，生成的产物称为糖苷（glycoside），这样的反应称为成苷反应。糖分子中参与成糖苷的基团半缩醛（酮）羟基也称为苷羟基。例如：

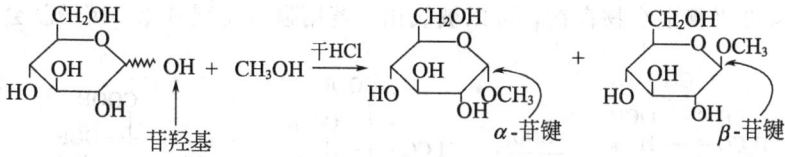

α-D-甲基吡喃葡萄糖苷   β-D-甲基吡喃葡萄糖苷

糖苷由糖和非糖部分组成，非糖部分称为苷元（aglycone）。连接糖与苷元之间的键称为糖苷键（glucosidic bond），与糖的 α-和 β-构型相对应，苷键也有 α-苷键和 β-苷键之分。根据糖与非糖成分键合原子的不同，还可将苷键分为氧苷键、氮苷键、硫苷键和碳苷键等。

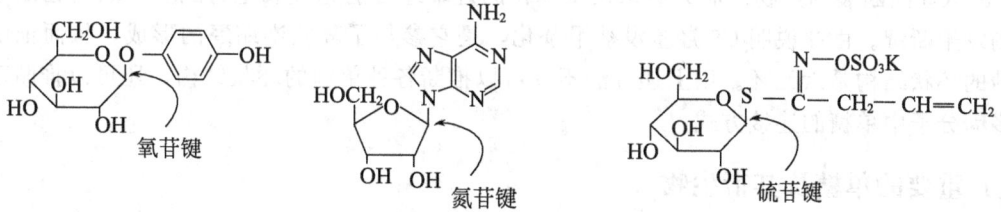

熊果苷   腺苷   黑芥子苷

糖苷中无半缩醛（酮）羟基，不能转变为开链结构，因而糖苷无还原性，也无变旋光现象。由于糖苷在结构上为缩醛（酮），在碱中较为稳定，但在酸或酶的作用下，糖苷可水解，生成原来的糖和苷元。

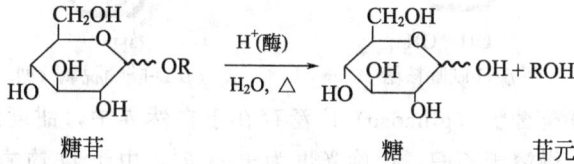

糖苷   糖   苷元

思考题 16-8 糖苷在酸性溶液中长时间放置或加热也有变旋光现象，为什么？

---

8. 甲基化

糖的甲基化反应在测定糖的结构时是极为有用的。糖分子中的醇羟基可以甲基化成醚。醇的甲基化是在碱性条件下进行的，而糖对碱不稳定，所以首先要将糖转化为糖苷，然后再用硫酸二甲酯等进行甲基化。

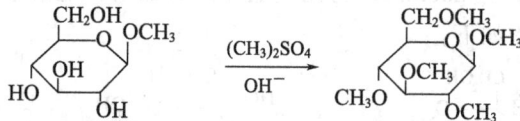

β-D-甲基吡喃葡萄糖苷   2,3,4,6-四-O-甲基-β-D-甲基吡喃葡萄糖苷

以上甲基化产物分子中的五个甲氧基性质是不同的，在酸性条件下水解只能除去 C1 上的甲氧基。

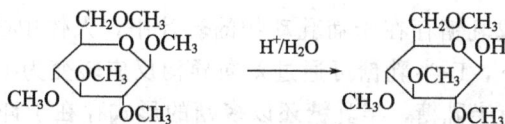

2,3,4,6-四-O-甲基-β-D-吡喃葡萄糖

水解产物 2,3,4,6-四-O-甲基-β-D-吡喃葡萄糖分子中半缩醛羟基得以恢复，它在水中便

以环状和链状互变平衡混合物存在，可以被氧化，若用强氧化剂氧化，碳链就会发生断裂：

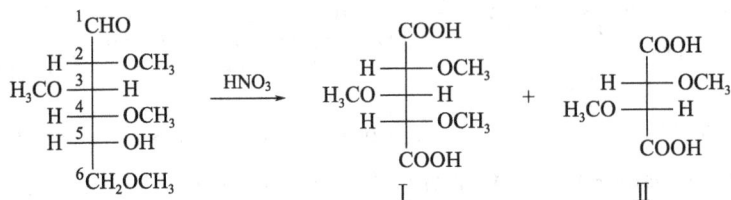

从以上反应可以看出，I和II分别是 2,3,4,6-四-O-甲基-β-D-吡喃葡萄糖分子中 C4—C5 间及 C5—C6 间断裂的产物。而只有未被甲基化的羟基才可能先被氧化为酮基，然后在酮基的两侧发生断键。由此说明 C5 羟基没被甲基化，是它参与了环状半缩醛的形成，从而证明葡萄糖的环状结构是六元环。用上述方法不仅可以推断各种单糖的环状结构，还可以推断双糖及多糖分子中单糖的连接方式。

（五）重要的单糖及其衍生物

（1）D-核糖及 D-脱氧核糖　D-核糖（ribose）及 D-脱氧核糖（deoxyribose）是极为重要的戊糖，是核糖核酸与脱氧核糖核酸的重要组成之一。D-核糖的链状结构及环状结构如下：

β-D-呋喃核糖　　　　　β-D-呋喃脱氧核糖

（2）D-葡萄糖　D-葡萄糖（glucose）广泛存在于自然界中，甜度约为蔗糖的 70%，为无色晶体，易溶于水，微溶于乙醇，比旋光度为 +52.7°。由于 D-葡萄糖是右旋的，在商品中，常以"右旋糖（dextrose）"代表葡萄糖。

血液中含有的葡萄糖称为血糖，空腹血糖 < 6.0mmol·L^{-1}（110mg·dL^{-1}）为正常。D-葡萄糖在医药上用作营养剂，并有强心、利尿、解毒等作用，也是制备维生素 C 等药物的原料。

（3）D-果糖　D-果糖（fructose）是最甜的单糖，甜度约为蔗糖的 133%，存在于水果及蜂蜜中，为无色晶体，易溶于水，可溶于乙醇和乙醚中，比旋光度为 -92°。D-果糖是左旋的，所以又称左旋糖（levulose）。

（4）D-半乳糖　D-半乳糖（galactose）为无色晶体，有甜味，能溶于水及乙醇，比旋光度为 +83.8°。其两种环状结构如下：

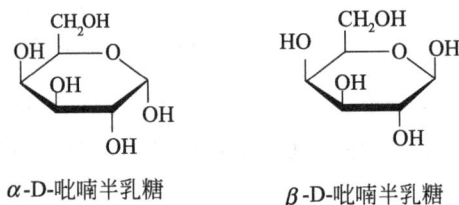

α-D-吡喃半乳糖　　　　　β-D-吡喃半乳糖

D-半乳糖与葡萄糖结合成乳糖存在于哺乳动物的乳汁中，人体中的半乳糖是食物中乳糖的水解产物。在酶的催化下，D-半乳糖可通过差向异构反应转变为 D-葡萄糖。脑髓中有一些结构复杂的脑磷脂也含有半乳糖，半乳糖还以多糖的形式存在于许多植物中，如黄豆、咖啡、豌豆等种子中都含这一类多糖。

（5）氨基糖　大多数天然氨基糖（amino sugar）是己醛糖分子中第二个碳原子的羟基

被氨基取代的衍生物。它们以结合状态存在于糖蛋白和黏多糖中。如 D-氨基葡萄糖和 D-氨基半乳糖。

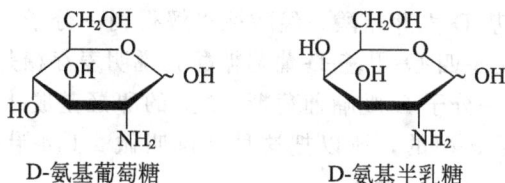

以上两种氨基糖的氨基乙酰化后，生成 N-乙酰基-D-氨基葡萄糖和 N-乙酰基-D-氨基半乳糖，它们分别是甲壳质（虾壳、蟹壳以及昆虫等外骨骼的主要成分）和软骨素中所含多糖的基本单位。

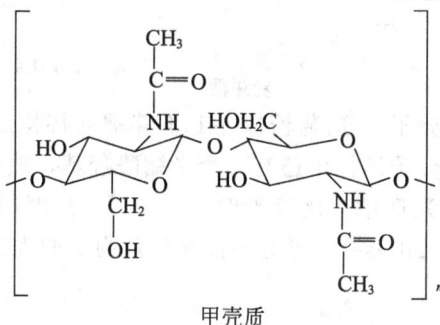

甲壳质

二、寡　糖

寡糖一般是指由 10 个以下的单糖脱水形成的低聚糖。其中双糖最常见。现已发现在激素、抗体、维生素、生长素和其他各种重要生物分子中都有寡糖。寡糖也存在于细胞膜中，寡糖链凸出于细胞膜的表面，使整个细胞表面均覆盖有寡糖，可能是细胞间识别的基础。

（一）双糖

双糖（disaccharide）是由两分子单糖脱水缩合而成的化合物，双糖可看作是一分子单糖的半缩醛羟基和另一分子单糖的任一羟基经脱水形成的糖苷。双糖可分为还原性双糖和非还原性双糖。还原性双糖是一分子单糖的半缩醛羟基与另一分子单糖的醇羟基之间脱水形成的，这样的双糖分子中仍有一个半缩醛羟基存在，可以开环成链状结构，这类双糖具有单糖的一切性质，如具有还原性和变旋光现象，故为还原糖。非还原性双糖是两分子单糖均以半缩醛羟基脱水形成的糖苷，这样形成的双糖分子中不再具有半缩醛羟基，无还原性及变旋光现象，是非还原糖。如麦芽糖、乳糖和纤维二糖为还原性双糖；蔗糖是非还原性双糖。

双糖与单糖具有相似的物理性质，为有甜味的晶体，易溶于水。双糖水解生成两分子单糖。

1. 麦芽糖

麦芽糖（maltose）存在于麦芽中，麦芽中含有淀粉酶，可将淀粉水解成麦芽糖，麦芽糖由此得名。我国饴糖中的主要成分就是麦芽糖。麦芽糖的学名为 4-O-(α-D-吡喃葡萄糖基)-D-吡喃葡萄糖。一分子麦芽糖经水解生成两分子 D-葡萄糖。

用溴水氧化麦芽糖生成 D-麦芽糖酸，说明麦芽糖分子中存在一个游离的半缩醛羟基和一个糖苷键。麦芽糖能被 α-葡萄糖糖苷酶水解成 D-葡萄糖，而此酶是专一性水解 α-糖苷键的，由此可知麦芽糖中的糖苷键是 α-苷键。将麦芽糖酸经硫酸二甲酯和氢氧化钠处理得甲基化产物八-O-甲基-D-麦芽糖酸，经酸性水解得到一分子 2,3,4,6-四-O-甲基-D-吡喃葡萄糖和一分子 2,3,5,6-四-O-甲基-D-葡萄糖酸，说明麦芽糖是由一分子 α-D-吡喃葡萄糖 C1 的半缩醛羟基与另一分子 D-吡喃葡萄糖 C4 上的醇羟基脱水而成的糖苷。因为成苷的葡萄糖单位的苷羟基是 α-型的，所以把这种苷键叫做 α-1,4-苷键。其结构式及构象式如下：

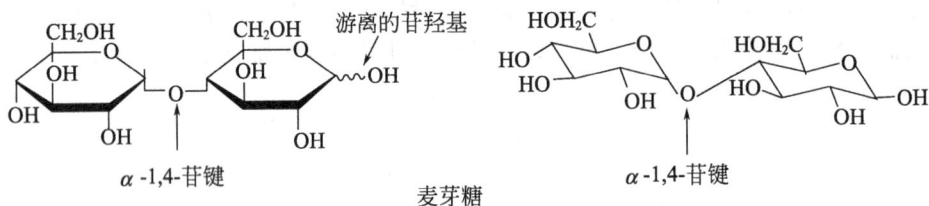

麦芽糖

由上可知麦芽糖是由两分子 D-葡萄糖以 α-1,4-苷键连接构成的，成苷部分的葡萄糖是以吡喃环形式存在，麦芽糖分子结构中还有一个半缩醛羟基，故麦芽糖是还原糖。

麦芽糖易溶于水有变旋光现象，比旋光度为 $+136°$，甜度约为蔗糖的 40%。人和哺乳动物消化道中有麦芽糖酶（maltase），可专一性水解食物中的麦芽糖，使其成为葡萄糖而被消化吸收。

2. 纤维二糖

纤维二糖（cellobiose）是纤维素在纤维素酶的作用下部分水解生成的双糖，水解后也得到两分子 D-葡萄糖，是还原糖，有变旋现象，化学性质与麦芽糖相似。但不能被 α-葡萄糖糖苷酶水解，却能被 β-葡萄糖糖苷酶水解，因此它是一个 β-葡萄糖苷，它是两个葡萄糖单位以 β-1,4-苷键相连的。其学名为 4-O-(β-D-吡喃葡萄糖苷基)-D-吡喃葡萄糖。其结构式及构象式如下：

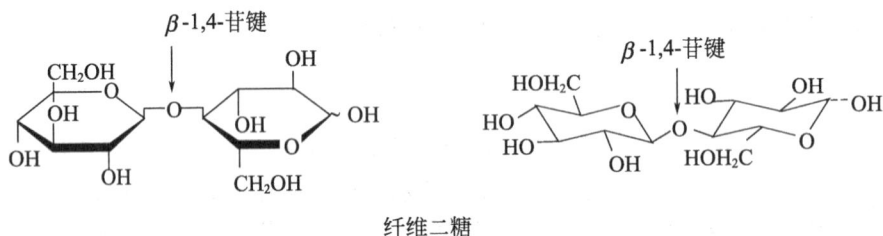

纤维二糖

纤维二糖与麦芽糖虽然只是苷键构型不同，但在生理上却有较大差别。麦芽糖可在人体内分解消化，而纤维二糖则不能被人体消化吸收。纤维二糖无甜味，为还原性双糖。苦杏仁酶是 β-糖苷键的专一水解酶。

3. 乳糖

乳糖（lactose）存在于哺乳动物的乳汁中，人乳中含 5%～8%，牛乳中含量为 4%～5%，工业上可从制取奶酪的副产物乳清中获得。乳糖也是还原糖，有变旋光现象，用苦杏仁酶水解生成等量的 D-半乳糖和 D-葡萄糖。

乳糖被溴水氧化后，水解可得到 D-半乳糖和 D-葡萄糖酸，故它是由半乳糖的半缩醛羟基与 D-葡萄糖的羟基键合而成的。根据苦杏仁酶专一性地水解 β-糖苷键的特点及它的氧化、甲基化、酸性水解等一系列反应得知，葡萄糖的 C4 羟基参与形成苷键，其学名为 4-O-(β-D-吡喃半乳糖基)-D-吡喃葡萄糖。其结构式及构象式如下：

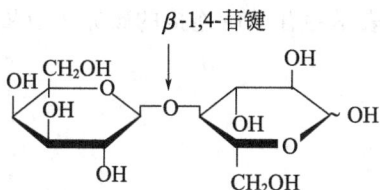

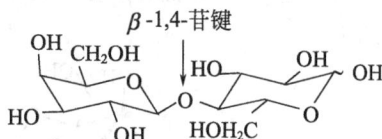

乳糖

乳糖是白色结晶性粉末，比旋光度为＋53.5°，甜度约为蔗糖的70％。乳糖为还原性双糖，用酸或在人体内经乳糖酶水解可以得到一分子 D-半乳糖和一分子 D-葡萄糖。有些人由于缺乏乳糖酶，在食用牛奶后产生乳糖消化吸收障碍，导致腹泻、腹胀等症状。

4. 蔗糖

蔗糖（sucrose）是自然界中分布最广泛也是最重要的非还原性双糖，主要存在于甘蔗和甜菜中。蔗糖水解生成等分子的 D-葡萄糖与 D-果糖。

麦芽糖酶只能催化水解 D-葡萄糖的 α-糖苷键，而蔗糖可被麦芽糖酶水解，说明其中的葡萄糖是 α-异构体；蔗糖也可被转化酶水解，说明其中的果糖是 β-异构体，因为转化酶是专一水解 β-D-果糖苷键的酶。酶催化水解说明蔗糖既是 α-D-葡萄糖苷，也是 β-D-果糖苷。蔗糖是由 α-D-葡萄糖的 C1 苷羟基和 β-D-果糖的 C2 苷羟基脱水形成的说明结构中无半缩醛羟基，没有还原性，也无变旋光作用。其学名为 α-D-吡喃葡萄糖基-β-D-呋喃果糖苷（或称 β-D-呋喃果糖基-α-D-吡喃葡萄糖苷）。其结构式及构象式如下：

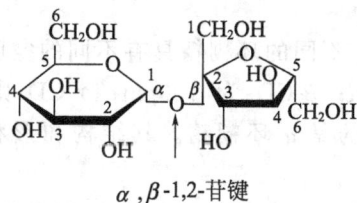

蔗糖

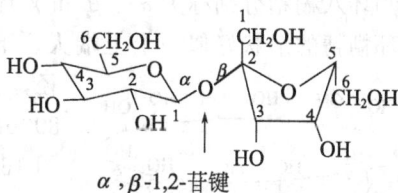

蔗糖是白色晶体，熔点 186℃，甜味仅次于果糖，易溶于水，难溶于乙醇，其水溶液的比旋光度为＋66.5°，无变旋光现象。蔗糖在酸或酶的作用下水解生成的等量 D-葡萄糖与D-果糖混合物，该混合物的比旋光度为－19.7°，因水解前后旋光方向发生了改变，所以我们把蔗糖的水解过程称为转化反应，把水解产物称为转化糖（invert sugar）。蜜蜂体内就含有水解蔗糖的转化酶，所以蜂蜜的主要成分是转化糖。

蔗糖在医药上用作矫味剂，常制成糖浆使用；把蔗糖加热至 200℃以上变成褐色焦糖后，可用作饮料和食品的着色剂。蔗糖在人体内经蔗糖酶水解为 D-葡萄糖和 D-果糖被消化吸收。

思考题 16-9 试比较麦芽糖、纤维二糖、乳糖和蔗糖在组成、苷键类型及还原性上的异同。

（二）棉子糖

棉子糖（raffinose）是自然界中最知名的三糖，由半乳糖、果糖和葡萄糖结合而成，为非还原糖。主要存在于棉子和甜菜等植物中。棉子糖的学名为 O-α-D-吡喃半乳糖基-(1→6)-

α-D-吡喃葡萄糖基-β-D-呋喃果糖苷，其中（1→6）表示糖苷键所连接的碳原子位置和方向。其结构式如下：

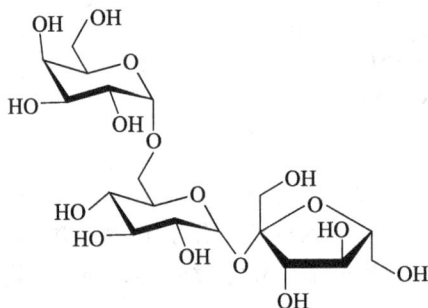

棉子糖能顺利地通过胃和肠道而不被吸收。棉子糖是人体肠道中双歧杆菌、嗜酸乳酸杆菌等有益菌极好的营养源和有效的增殖因子，棉子糖有整肠和改善排便的功能，它能改善人体的消化功能，促进人体对钙的吸收，从而增强人体免疫力。棉子糖可作为人体和动物活器官移植用保护输送液的主要成分及延长活菌体在常温下存活期的增效剂。

（三）环糊精

环糊精（cyclodextrin，CD）是直链淀粉经环糊精葡萄糖基转移酶的作用形成的多种环状寡糖的总称，通常含有 6～12 个 D-吡喃葡萄糖单元。其结构是由 D-吡喃葡萄糖残基间以 α-1,4-苷键连接成的环状结构。其中由 6、7、8 个 D-吡喃葡萄糖残基形成的环六糊精、环七糊精和环八糊精分别称为 α-、β- 和 γ-环糊精。

环糊精的形状好似一个上端大、下端小的无底圆桶。不同的环糊精具有不同的空腔内径，如 α-CD 为 450pm；β-CD 为 700pm；γ-CD 则为 800pm。其中研究最多的是 α-环糊精。其结构和形状见图 16-3。

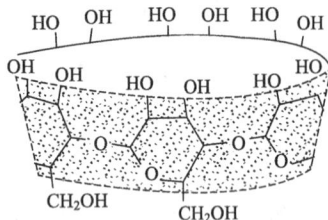

图 16-3　α-环糊精结构示意图

桶状环糊精的顶部由互成氢键的 C2 和 C3 羟基组成，下端由羟甲基组成，因此环糊精的上下边具有亲水性。而桶的内腔是由葡萄糖分子的 C—C 键、C—O 键及 C—H 组成，使内腔具有疏水性。这样，环糊精（主体）就具有疏水的内腔和亲水的外壁，可以选择性地与一些无机、有机或生物分子（客体）形成主-客体配合物，也称环糊精包结物（cyclodextrin inclusion complex）。主体和客体间的结合力是几种非共价键弱相互作用力，其强度不次于化学键。环糊精与客体形成包结物后，可改变客体分子的理化性质，如溶解性、稳定性、气味、颜色等，因此被广泛应用于食品、医药、农药、化学分析等方面。例如新的抗癌药之一，难溶于水的碳铂，就是与环糊精形成包结物被带入血液中而发挥其抗癌作用的。

环糊精包结物的稳定性取决于主体空腔的容积、客体分子的大小、性质及空间构型。只有当客体分子与环糊精空腔的几何形状相匹配时，才能形成稳定的包结物。例如苯只能进入 α-环糊精的空腔形成复合物。这表明环糊精对客体分子具有一定的识别能力，这与酶与底物的作用相类似，因此环糊精已成为目前广泛研究的酶模型之一。近年来，在 α-环糊精的结构修饰及提高其识别能力等方面都取得了较大的进展。此外，环糊精还可应用于有机合成中，催化某些反应，并使一些反应具有立体或区域选择性等。

环糊精为晶体，具旋光性，无还原性。在碱性溶液中稳定，对酸则十分敏感。

三、多　糖

多糖（polysaccharide）是由许多单糖或单糖衍生物以糖苷键结合形成的高分子化合物。自然界中存在的多糖含有 80～100 个单元的单糖，但纤维素中平均含有 3000 个单糖结构单元。由同一种单糖组成的多糖称均多糖（homopolysaccharide），如淀粉、纤维素、糖原等；由非单一类型单糖或单糖衍生物组成的多糖称杂多糖（mucopolysaccharide），如透明质酸、硫酸软骨素等。多糖中连接单糖基的糖苷键主要有 α-1,4-、β-1,4-、α-1,6-苷键，由于连接方式不同，多糖可以是直链的、支链的、个别还有环状的。大多数多糖都是由数百个到数千个单糖基形成的大分子，因来源不同而各异，没有确定的分子量。

多糖与单糖、双糖的性质相差较大。多糖多为无定形粉末，多数不溶于水，个别能在水中形成胶体溶液，无甜味。多糖分子中虽然有半缩醛羟基，但因分子太大，无还原性及变旋光现象。

（一）淀粉

淀粉（starch）是植物中葡萄糖的储存形式，是人类摄取能量的主要来源，广泛存在于植物的种子、果实和块茎中。淀粉可分为直链淀粉（amylose）和支链淀粉（amylopectin）。其相对含量与淀粉粒的来源有关，在大多数淀粉品种中，直链淀粉的含量在 15％～35％之间。

直链淀粉不易溶于冷水，在热水中有一定的溶解度。分子量为 150000～600000。直链淀粉是由 D-葡萄糖以 α-1,4-苷键连接而成的链状化合物，支链很少。

直链淀粉并不是直线型分子，因为 α-1,4-苷键的氧原子有一定键角，且单键可自由旋转，羟基间可形成氢键，因此直链淀粉具有规则的螺旋状空间排列。每一圈螺旋有 6 个 α-D-葡萄糖单位。直链淀粉遇碘显蓝色，支链淀粉呈红色，这是淀粉的定性鉴定反应。目前认为显色机制是直链淀粉螺旋结构的中空部分的空隙正好适合碘分子嵌入，二者依靠分子间力结合形成了深蓝色配合物所致。此反应非常灵敏，加热蓝色消失，放冷后重现。如图 16-4、图 16-5 所示。

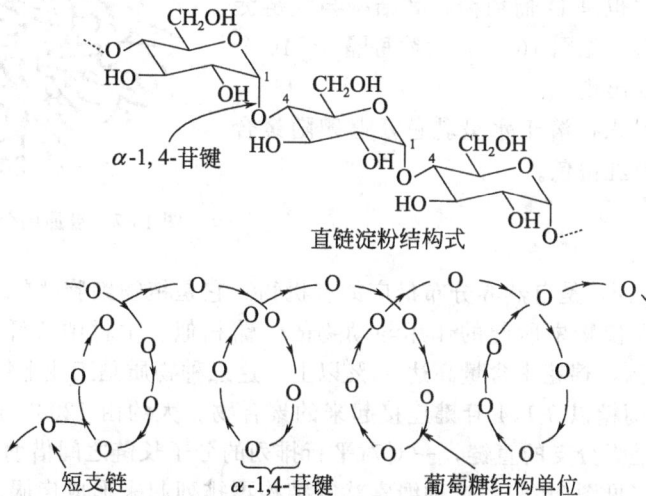

直链淀粉结构式

图 16-4　直链淀粉的形状示意图

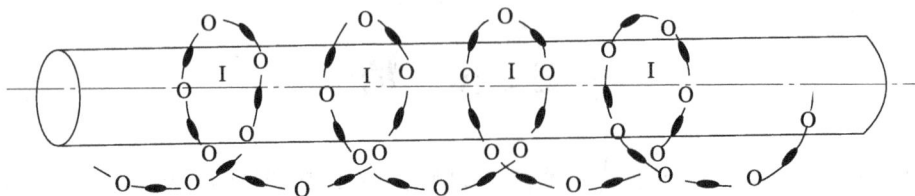

图 16-5　碘-淀粉结构示意图

支链淀粉不溶于水，在热水中膨胀成糊状。支链淀粉是由 D-葡萄糖以 α-1,4-苷键和 α-1,6-苷键连接而成的分支聚合物。主链由 α-1,4-苷键连接而成，分支处为 α-1,6-苷键。

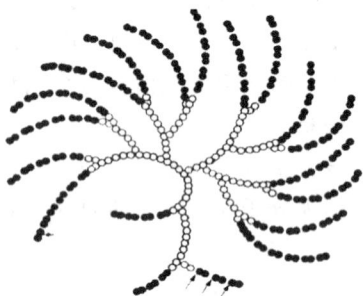

图 16-6　支链淀粉结构示意图

支链淀粉中 α-1,4-苷键与 α-1,6-苷键之比约为 1：(20～25)，即每隔 20～25 葡萄糖单位有一个分支。因此，支链淀粉的结构比直链淀粉复杂，其形状如图16-6所示。

支链淀粉的葡萄糖单元数变化多样，可由几千到几万个。支链淀粉与碘呈紫红色反应。淀粉在酸催化下加热水解，水解过程生成各种糊精和麦芽糖等中间产物，最终得到葡萄糖。糊精是淀粉水解过程中生成的相对分子质量逐渐减小的多糖，包括紫糊精、红糊精和无色糊精等。糊精能溶于水。淀粉的水解过程如下：

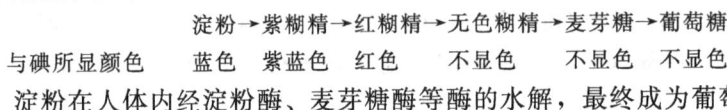

淀粉→紫糊精→红糊精→无色糊精→麦芽糖→葡萄糖

与碘所显颜色　蓝色　紫蓝色　红色　不显色　不显色　不显色

淀粉在人体内经淀粉酶、麦芽糖酶等酶的水解，最终成为葡萄糖被人体吸收利用。

（二）糖原

糖原（glocogen）也称动物淀粉，是脊椎动物体内葡萄糖的储存形式，主要存在于肝脏和肌肉细胞中。当血糖浓度低于正常水平或急需能量时，体内肾上腺素分泌增加，肾上腺素激发糖原分解为葡萄糖以供能量；当血糖浓度高时，多余的葡萄糖就转化为糖原储存于肝脏和肌肉中，糖原的生成受胰岛素的控制。

糖原的结构单位也是 D-葡萄糖，其结构与支链淀粉相似，但分支更多（见图 16-7），大约每隔 8～10 个葡萄糖残基即有分支出现。

糖原为无定形粉末，溶于水呈乳色，遇碘随聚合程度不同显紫红色至红褐色。

图 16-7　糖原的分支状结构示意图

（三）纤维素

纤维素（cellulose）是自然界分布最广的有机物。它是植物细胞壁的主要组分，是构成植物的支持组织，在植物中所起的作用与动物的骨骼相似。木材中含纤维素 40％～60％，亚麻约含纤维素 80％，棉花中含量高达 90％以上。这三种物质是工业上纤维素的主要来源。

纤维素是 D-葡萄糖以 β-1,4-苷键连接起来的聚合物。大约由 12000 个 D-葡萄糖单元组成的纤维素分子，是无分支的直链，一对对平行排列的分子长链之间借助分子间氢键拧在一起形成绳索状分子（见图 16-8），这种绳索状的结构再排列起来形成肉眼所见的纤维。在木材中，这种绳索状的结构嵌在木质素中，正如钢筋混凝土中的钢筋一样。

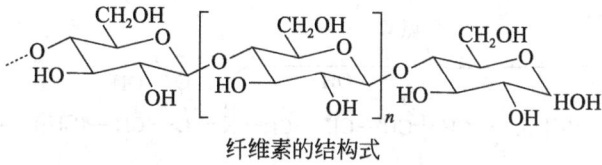

纤维素的结构式

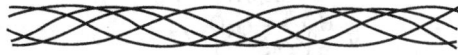

图 16-8　拧在一起的纤维素链示意图

微生物由于有纤维素酶（cellulase）可以消化纤维素。牛、马、羊等食草动物也可消化纤维素。尽管人类因没有能水解纤维素 β-1,4-苷键的纤维素酶而不能消化纤维素，但是纤维素对人体却有极为重要的作用。研究表明，每日摄入一定量的纤维素能降低肠道疾病、心脏疾病、糖尿病及肥胖症等疾病的发病率。纤维素被列为除蛋白质、糖、脂肪、维生素、无机盐和水之外的第七种营养素。

纯粹的纤维素是白色固体，不溶于水和一般的有机溶剂。遇碘不显色，在酸作用下的水解较淀粉难。

四、糖的衍生物

糖的衍生物主要包括糖脂、糖蛋白及蛋白聚糖，是糖与脂或蛋白质的共价键合物。它们大多存在于细胞表面，具有重要的生理功能，特别是对细胞间的相互识别有重要的意义。

（一）糖脂

糖脂（glycolipide）由糖和脂类结合而成，广泛存在于各种生物体中。自然界中的糖脂可按其组分中醇基种类而分为两大类：甘油糖脂和鞘糖脂。甘油糖脂由二酯酰甘油的 3 位羟基与单糖或寡糖链通过糖苷键连接而成。

在动物组织中发现的糖脂主要为鞘糖脂，与遗传关系密切。鞘糖脂由神经酰胺和糖组成。按照连接在神经酰胺上糖的不同又可分为中性鞘糖脂、脑硫脂（sulfatide）和神经节苷脂（ganglioside）三类。脑苷脂是最简单的中性鞘糖脂，分子中只含单糖，如半乳糖脑苷脂。脑硫脂是中性鞘糖脂的硫酸酯，分布最广的是半乳糖脑苷脂上的半乳糖 C3-硫酸酯化合物。寡糖链上含有唾液酸（为神经氨酸的一系列衍生物，常指 N-乙酰神经氨酸和 N-羟乙酰神经氨酸）的酸性鞘糖脂称为神经节苷脂。

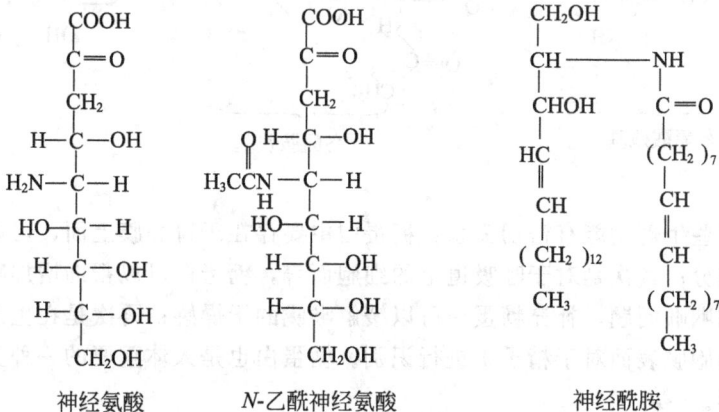

神经氨酸　　　　N-乙酰神经氨酸　　　　神经酰胺

鞘氨醇

$$CH_3-(CH_2)_{12}-CH=CH-CH-CH-N-C-CH-(CH_2)_{21}-CH_3$$

半乳糖或半乳糖衍生物

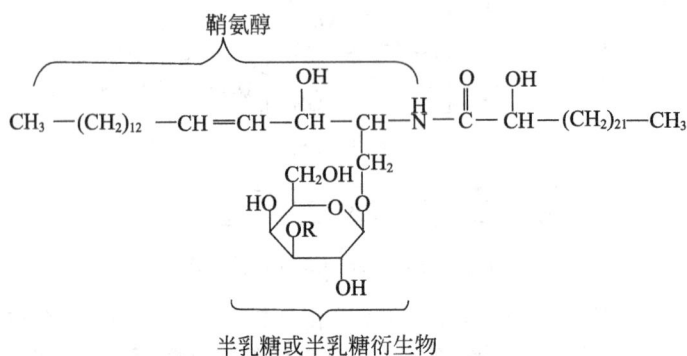

(R＝H，半乳糖脑苷脂；R＝—SO₃⁻，脑硫脂)

鞘糖脂主要存在于动物大脑及其他神经组织中，聚集于细胞膜表面，其寡糖链暴露于膜外侧，能与细胞周围的其他生物大分子作用，从而起到参与细胞间识别的作用。

鞘糖脂还与细胞的免疫性及血型的特异性等有关。研究发现，神经节苷脂是许多细菌毒素的受体，癌细胞中的神经节苷脂也与正常细胞不同。

(二) 糖蛋白

糖蛋白（glycoprotein）是蛋白质通过氮或氧与糖共价键合的糖衍生物。不同的蛋白质连有单糖基、双糖基或寡糖基构成不同功能的糖蛋白。糖蛋白广泛存在于动物、植物和某些微生物中。生物体内许多担负重要生理功能的物质如膜蛋白、运载蛋白、核蛋白、酶、激素等都是糖蛋白。

糖蛋白中糖的含量从 1%（如胶原蛋白）到 80%～90%（如血型物质）不等。组成糖蛋白分子中寡糖链的单糖或单糖衍生物主要有：半乳糖、葡萄糖、甘露糖、N-乙酰神经氨酸、L-岩藻糖、N-乙酰氨基半乳糖、N-乙酰氨基葡萄糖和 D-木糖等。

糖蛋白中糖部分以 N-苷键或 O-苷键与多肽链或蛋白质中的氨基酸残基相连。

寡糖链中单糖间的连接方式有 1,2-、1,3-、1,4-和 1,6-糖苷链，糖苷键的类型既可以是 α 型，也可以是 β 型，再加上单糖间的不同连接次序，要阐明一个寡糖的结构并非易事。

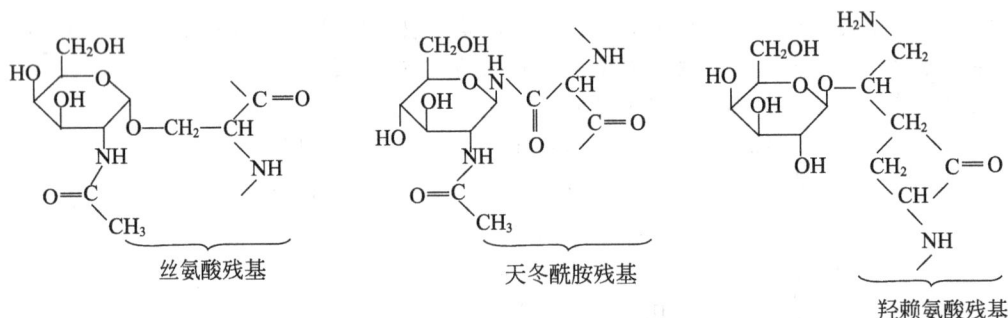

丝氨酸残基 　　　 天冬酰胺残基 　　　 羟赖氨酸残基

糖蛋白与某些生理功能有密切关系：糖蛋白主要存在于胃黏膜上面，可以帮助保护胃黏膜的大量细胞成分；其次是对于呼吸道上的细胞而言，糖蛋白可以帮助增加呼吸道的润滑作用，对于出现的咽喉问题，补充糖蛋白可以缓解喉咙的干燥感；再次是在生殖系统上，糖蛋白可以帮助卵细胞膜表面对于精子来进行识别。糖蛋白也是人体重要的一种免疫细胞，可以抵抗细菌和病毒。

（三）蛋白聚糖

当糖蛋白中的糖链为杂多糖且糖链所占比例超过蛋白质时，此类糖衍生物称为蛋白聚糖（proteoglycan）。巨大的糖链可占分子干重的95%。

杂多糖是一类由糖醛酸和氨基己糖衍生物（如氨基葡萄糖和氨基半乳糖）构成的二糖单位聚合而成的多糖，具有较高的分子量（4000～500000），一般为直链线形分子。杂多糖可分为五种：透明质酸（hyaluronic acid）、硫酸软骨素（chondroitin sulfate）、硫酸皮肤素（dermatan sulfate）、肝素（heparin）及硫酸肝素（heparin sulfate）和硫酸角质素（keratan sulfate）。

在杂多糖中透明质酸（hyaluronic acid）是结构简单、分子量较小的一个。主要存在于细胞外膜和脊椎动物结缔组织的细胞内基质中，在关节的滑液和眼睛的玻璃体中也含有，具有润滑、维持体内水分平衡等生理作用。它是由D-葡萄糖醛酸和N-乙酰氨基-D-葡萄糖通过β-1,3-苷键连接而成的二糖单位聚合而成，二糖单位之间再以β-1,4-苷键相连，整个分子中单糖或单糖衍生物之间通过交替的β-1,3-和β-1,4-苷键连接在一起。

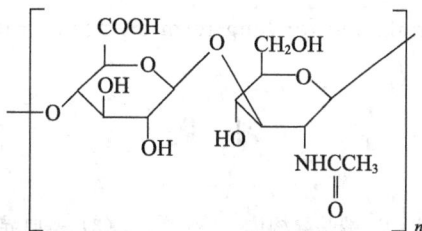

有的杂多糖还含有硫酸酯结构，如硫酸软骨素、肝素等。硫酸软骨素是细胞外膜、软骨和角膜的重要组成成分。肝素主要存在于肝、肺及动脉壁中，且有抗凝血作用，临床上用于防止血栓形成。

蛋白聚糖结构的差异使其在生物体中的功能具有多样性。蛋白聚糖在细胞表面直接与质膜结合，对细胞间的相互作用具有重要意义。蛋白聚糖的合成与降解是恒定的，如果过分堆积，就会引起疾病。

Summary

Carbohydrates are polyhydroxy aldehydes and ketones. According to the number of carbon atoms, saccharides can be named as triose, tetrose, pentose, hextose and so on. Saccharide can be called as aldose or ketose according to the presence of an aldehyde or a ketone group. Whether they can react with mild oxidant, saccharides can be also classified into reducing saccharides and non-reducing saccharides. Monosaccharides are further classified as either D- or L- sugars, depending on the stereochemistry of the chirality center farthest from the carbonyl group. Carbohydrate stereochemistry is frequently shown using Fischer projections, which represent a chirality center as the intersection of two crossed lines.

Monosaccharides normally exist as cyclic hemiacetals rather than as open-chain aldehydes or ketones. The hemiacetal linkage results from reaction of the carbonyl group with an OH group three or four carbon atoms away. A five-membered cyclic hemiacetal is a furanose, and a six-membered cyclic hemiacetal is a pyranose. Cyclization leads to the formation of a new chirality center called the anomeric center and the production of two diastereomeric hemiacetals called α- and β- anomers.

Much of the chemistry of monosaccharides is the familiar chemistry of alcohol and carbonyl functional groups. Thus, the OH groups of carbohydrates form esters and ethers. The carbonyl group of a monosaccharide can be reduced with $NaBH_4$ to yield an alditol, oxidized with aqueous Br_2 to yield an aldonic acid, oxidized with warm HNO_3 to yield an aldaric acid, oxidized enzymatically to form a uronic acid, or treated with an alcohol in the presence of acid to form a glycoside.

Disaccharides are complex carbohydrates in which two simple sugars are linked by a glycoside bond between the anomeric carbon of one unit and an OH of the second unit. The two sugars can be the same, as in maltose and cellobiose, or different, as in sucrose. The glycoside bond can be either (maltose) or (cellobiose) and can involve any OH of the second sugar. A 1→4 link is most common (cellobiose, maltose), but other links, such as 1→2 (sucrose), also occur. Polysaccharides, such as cellulose, starch, and glycogen, are used in nature both as structural materials and for long-term energy storage.

习 题

1. 举例解释下列名词。

(1) 变旋光现象　　　　　(2) 端基异构体　　　　　(3) 差向异构体

(4) 糖苷键　　　　　(5) 还原性糖与非还原性糖

2. 写出下列化合物的 Haworth 式，并指出有无还原性及变旋光现象，能否水解。

(1) β-D-呋喃-2-脱氧核糖　　　　　(2) β-D-呋喃果糖-1,6-二磷酸酯

(3) α-D-吡喃葡萄糖的对映异构体　　　(4) N-乙酰基-α-D-氨基半乳糖　　　(5) β-D-甘露糖苄基苷

3. 写出 D-甘露糖与下列试剂反应的主要产物。

(1) Br_2/H_2O　　　(2) 稀 HNO_3　　　(3) $NaBH_4$　　　(4) $CH_3OH+HCl$（干燥）

(5) HCN，再酸性水解　　　(6) 由 (4) 得到的产物与硫酸二甲酯及氢氧化钠作用

4. 写出 α-D-吡喃半乳糖和 β-D-吡喃半乳糖的优势构象并比较二者的稳定性。

5. 用简便化学方法鉴别下列各组化合物。

(1) 葡萄糖和果糖　　　　　(2) 蔗糖和麦芽糖　　　　　(3) 淀粉和纤维素

(4) β-D-吡喃葡萄糖甲苷和 2-O-甲基-β-D-吡喃葡萄糖

6. 糖苷本身无变旋光现象，但在酸性水溶液中却有变旋光现象，为什么？

7. 当 D-果糖在碱性条件下较长时间反应时，产生了 D-葡萄糖、D-果糖，说明其原因。

8. 单糖衍生物 A，分子式为 $C_8H_{16}O_6$，没有变旋光现象，也不被 Bnedict 试剂氧化，A 在酸性条件下水解得到 B 和 C 两种产物。B 分子式为 $C_6H_{12}O_6$，有变旋光现象和还原性，被溴水氧化得 D-半乳糖酸。C 分子式为 C_2H_6O，能发生碘仿反应。试写出 A 的结构式及有关反应。

9. 写出下列戊糖的名称和相对构型；哪些互为对映体？哪些互为差向异构体？

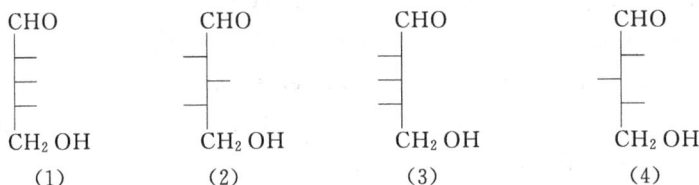

10. 透明质酸是重要的杂多糖，它是由以下两个单糖衍生物构成的二糖单位重复连接而成，请写出此二糖单位中两个单糖衍生物的名称和苷键的类型。

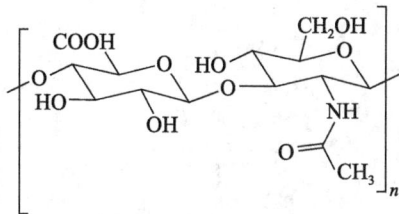

11. 异麦芽糖的结构如下：

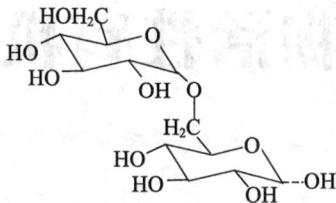

（1）异麦芽糖是否为还原糖，组成它的单糖名称是什么？

（2）指出其中糖苷键的类型。

12. 龙胆二糖（$C_{12}H_{22}O_{11}$）具有还原性和变旋光现象，用苦杏仁酶水解可得到 D-葡萄糖，经甲基化后再酸水解可得到 2,3,4,6-四-O-甲基-D-吡喃葡萄糖和 2,3,4-三-O-甲基-D-吡喃葡萄糖。试写出龙胆二糖的稳定构象式并命名。

（兰州大学　李英秀）

第十七章

天然生物活性有机化合物

内容提示

本章主要介绍：萜类化合物、甾族化合物、生物碱、苷类、黄酮和异黄酮的结构；命名法；基本性质；典型的代表化合物及其生物功能。

萜类化合物（terpenoids）、甾族化合物（steroids）、生物碱（alkaloids）、苷类（glycosides）、黄酮（flavones）和异黄酮（isoflavones）是广泛存在于植物、昆虫及微生物等生物体中的天然活性有机化合物，在生物体内有着重要的生理作用。

萜类化合物从化学结构来看，是异戊二烯的聚合体及其衍生物，除个别外，其骨架一般为以5个碳为基本单位，分子式符合 $(C_5H_8)_n$ 通式的衍生物均称为萜类化合物。

甾族化合物结构中，都含有一个叫甾核的四环碳骨架，环上一般带有三个侧链，其中2个角甲基和1个其他含有不同碳原子数的取代基。许多甾体化合物除三个侧链外，甾核上还有双键、羟基和其他取代基。

生物碱是含负氧化态氮原子、存在于生物有机体中的环状化合物。它是一类存在于生物（主要是植物）体内、对人和动物有强烈生理作用的含氮的碱性物质。生物碱的分子构造多数属于仲胺、叔胺或季铵类，少数为伯胺类。它们的构造中常含有杂环，并且氮原子在环内。

苷类化合物，又称配糖体或甙类，是由糖或糖衍生物的端基碳原子与另一类非糖物质（称为苷元、配基或甙元）连接形成的化合物。

黄酮类化合物是指基本母核为2-苯基色原酮类化合物，或泛指两个具有酚羟基的苯环（A—B）通过中央三碳原子相互连接而成的 C_6—C_3—C_6 系列化合物。具体地说，黄酮化合物B环连接在—C_3—的C2位上，而异黄酮化合物则是B环连接在—C_3—的C3位上。该类化合物所具有的颜色为天然色素家族添加了更多的色彩。

在学完本章以后，你应该能够回答以下问题：

1. 萜、甾体、生物碱、皂苷、黄酮和异黄酮的结构特征是什么？
2. 萜类化合物的异戊二烯规律是什么？
3. 甾体化合物与激素之间的关系是什么？
4. 生物碱定义的内涵是什么？是否含氮化合物都是生物碱？
5. 黄酮类化合物的颜色与结构的关系是什么？黄酮和异黄酮的区别是什么？

一、萜类化合物

萜类化合物是广泛存在于植物、昆虫及微生物等生物体中的一大类有机化合物。萜类化合物在自然界分布广泛，种类繁多，除主要分布于植物外，近年来从海洋生物中发现了大量的萜类化合物。萜类化合物在生物体内有着重要的生理作用，是寻找和发现天然药物生物活性成分的重要来源。

萜类化合物从化学结构来看，是异戊二烯的聚合体及其衍生物，除个别外，其骨架一般以 5 个碳为基本单位，分子式符合 $(C_5H_5)_n$ 通式的衍生物均称为萜类化合物。

萜类化合物是广泛存在于植物和动物体内的天然有机化合物。如从植物中提取的香精油——薄荷油、松节油等，植物及动物体中的某些色素——胡萝卜素、虾红素等。

（一）萜类化合物的结构和分类

萜类化合物在结构上的共同点是分子中的碳原子数都是 5 的整倍数。例如：

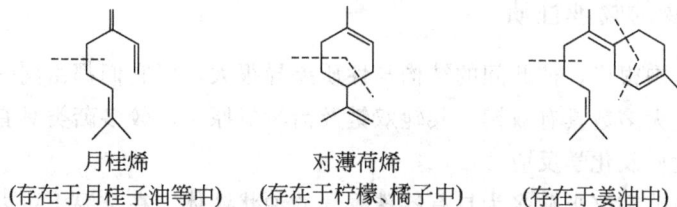

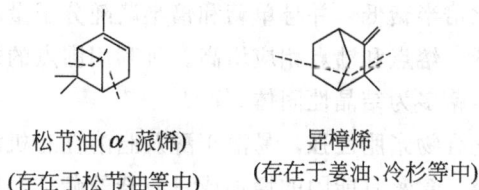

月桂烯
（存在于月桂子油等中）

对薄荷烯
（存在于柠檬、橘子中）

（存在于姜油中）

松节油（α-蒎烯）
（存在于松节油等中）

异樟烯
（存在于姜油、冷杉等中）

上述化合物的碳干骨骼可以看成是由若干个异戊二烯单位主要以头尾相接而成的。

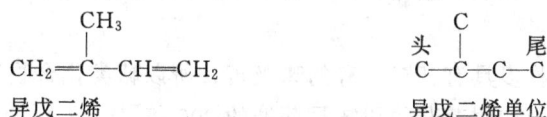

异戊二烯

异戊二烯单位

这种结构特点叫做萜类化合物的异戊二烯规律。异戊二烯规律是从大量萜类分子结造的测定中归纳出来的，对测定萜类的分子结造很有帮助。

根据组成分子的异戊二烯单位的数目进行分类，如单萜、倍半萜、二萜等。萜类化合物的分类及分布，可进一步根据各类萜分子结构中是否有环及环数目的多少，进一步分为链萜、单环萜、双环萜、三环萜、四环萜等，例如链状二萜、单环二萜、双环二萜、三环二萜、四环三萜。萜类化合物的分类及分布见表 17-1。

萜类化合物多数是含氧衍生物，所以萜类化合物又可分为醇、醛、酮、羧酸、酯及苷等萜类。

（二）萜类化合物的命名法

萜类化合物按照 IUPAC 规定的系统命名法，较生僻，多接触才能熟练。

表 17-1　萜类化合物的分类及分布

分类	碳原子数	通式(C₅H₈)ₙ	分布
半萜	5	$n=1$	植物叶
单萜	10	$n=2$	挥发油
倍半萜	15	$n=3$	挥发油
二萜	20	$n=4$	树脂、苦味质、植物醇
二倍半萜	25	$n=5$	海绵、植物病菌、昆虫代谢物
三萜	30	$n=6$	皂苷、树脂、植物乳汁
四萜	40	$n=8$	植物胡萝卜素
多聚萜	$7.5\times10^3\sim3\times10^5$	$(C_5H_8)_n$	橡胶、硬橡胶

我国一律按英文俗名意译，再接上"烷""烯""醇"等命名而成。习惯常用俗名，如樟脑、薄荷醇等。

（三）萜类化合物的物理性质

萜类成分的范围很广，彼此间的结构与性质差异很大，但它们都由同一生源途径演变而来，分子结构中绝大多数具有双键、共轭双键及活泼氢原子，较多萜类具有内酯结构，因而具有相同的理化性质及化学反应。

（1）形态　单萜和倍半萜多为具有特殊香气的油状液体，在常温下可以挥发，或为低熔点的固体。单萜的沸点比倍半萜低，并且单萜和倍半萜随分子量和双键的增加，功能基的增多，化合物的挥发性降低，熔点和沸点相应增高。可利用沸点的规律性，采用分馏的方法将它们分开。二萜和二倍半萜多为结晶性固体。

（2）溶解度　萜类化合物亲脂性强，易溶于醇及脂溶性有机溶剂，难溶于水，但单萜和倍半萜类能随水蒸气蒸馏。含氧官能团的增加或具有苷的萜类，则其水溶性增加。具有内酯结构的萜类化合物能溶于碱水，酸化后，又自水中析出，此性质用于具内酯结构的萜类的分离与纯化。

（3）味　萜类化合物多具有苦味，有的味极苦，所以萜类化合物又称苦味素。但有的萜类化合物具有强的甜味，如甜菊苷的甜味是蔗糖的300倍。

（4）旋光和折射性　大多数萜类具有不对称碳原子，具有光学活性，且多有异构体存在。低分子萜类具有较高的折射率。

（四）萜类化合物的化学性质

1. 加成反应

含有双键和醛、酮等羰基的萜类化合物，可与某些试剂发生加成反应，其产物往往是结晶性的。这不但可供识别萜类化合物分子中不饱和键的存在和不饱和的程度，还可借助加成产物完好的晶型，用于萜类的分离与纯化。

（1）双键加成反应

① 与卤化氢加成反应　萜类化合物中的双键能与氢卤酸类如氢碘酸或氯化氢，在冰醋

酸溶液中反应，再于冰水中析出结晶性加成产物。

例如柠檬烯与氯化氢在冰醋酸中进行加成反应，反应完毕加入冰水即析出柠檬烯二氢氯化物的结晶固体。

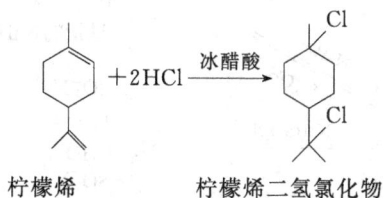

柠檬烯　　　　　柠檬烯二氢氯化物

② 与溴加成反应　萜类成分的双键在冰醋酸或乙醚与乙醇的混合溶液中，在冰冷却下，生成结晶性加成物。

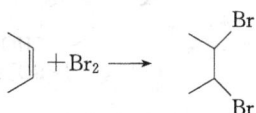

③ 与亚硝酰氯反应　许多不饱和的萜类化合物能与亚硝酰氯（Tilden 试剂）发生加成反应，生成亚硝基氯化物。

先将不饱和的萜类化合物加入亚硝酸异戊酯中，冷却下加入浓盐酸，混合振摇，然后加入少量乙醇或冰醋酸即有结晶加成物析出。生成的氯化亚硝基衍生物多呈蓝色~绿色，可用于不饱和萜类成分的分离和鉴定。

氯化亚硝基衍生物还可进一步与伯胺或仲胺（常用六氢吡啶）缩合生产亚硝基胺类。后者具有一定的结晶形状和一定的物理常数，在萜类化合物鉴定中有很多的价值。

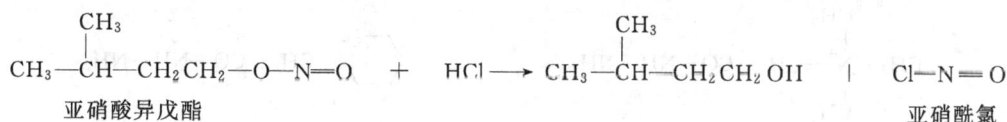

亚硝酸异戊酯　　　　　　　　　　　　　　　　　　　　　　　　　亚硝酰氯

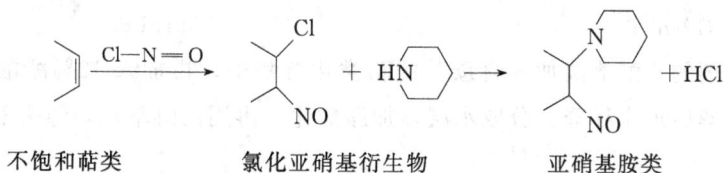

不饱和萜类　　　　氯化亚硝基衍生物　　　　　亚硝基胺类

④ Diels-Alder 加成反应　带有共轭双键的萜类化合物能与顺丁烯二酸酐产生 Diels-Alder 加成反应，生成结晶形加成产物，可借以证明共轭双键的存在。

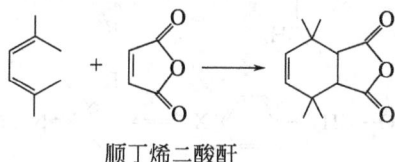

顺丁烯二酸酐

(2) 羰基加成反应

① 与亚硫酸氢钠加成　含羰基的萜类化合物可与亚硫酸氢钠发生加成反应，生成结晶形加成物，复加酸或加碱使其分解，生成原来的反应产物，如从香茅油中分离出柠檬醛。同时含双烯和羰基的萜类化合物在应用该反应时应注意：反应时间过长或温度过高，可使双键发生加成，并形成不可逆的双键加成物。例如柠檬醛的加成，条件不同，加成产物也各异。

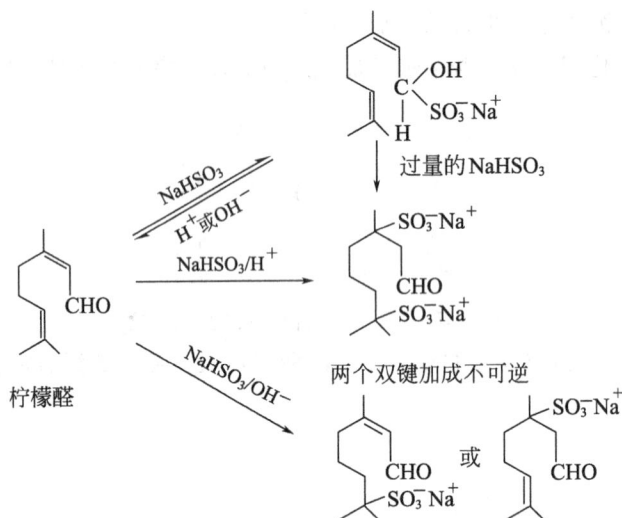

柠檬醛

② 与硝基苯肼加成　含羰基的萜类化合物可与对硝基苯肼或 2,4-二硝基苯肼在磷酸中发生加成反应，生成对硝基苯肼或 2,4-二硝基苯肼的加成物。

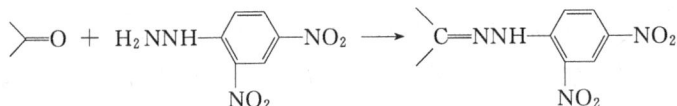

③ 与吉拉德试剂加成　吉拉德（Girard）试剂是一类带有季铵基团的酰肼，常用 Girard T 和 Girard P，它们的结构式为：

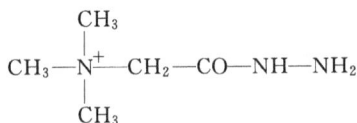

Girard T

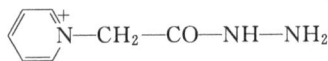

Girard P

将吉拉德试剂的乙醇溶液加入含羰基的萜类化合物中，再加入 10％醋酸促进反应，加热回流。反应完毕后加水稀释，分取水层，加酸酸化，再用乙醚萃取，蒸去乙醚后复得原羰基化合物。

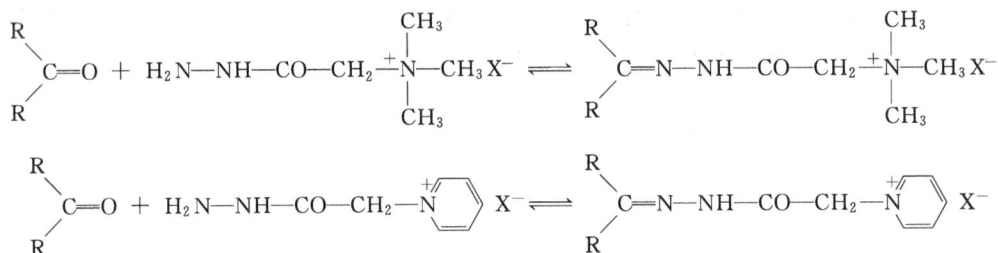

2. 氧化反应

不同的氧化剂在不同的条件下，可以将萜类成分中各种基团氧化，生成各种不同的氧化产物。常用的氧化剂有臭氧、铬酐（三氧化二铬）、四醋酸铅、高锰酸钾和二氧化硒等，其中以臭氧的应用最为广泛。例如臭氧氧化萜类化合物中双键的反应，既可以用来测定分子中双键的位置，亦可用于萜类化合物的醛酮合成。

月桂烯   丙酮 α-羰基戊二醛   甲醛

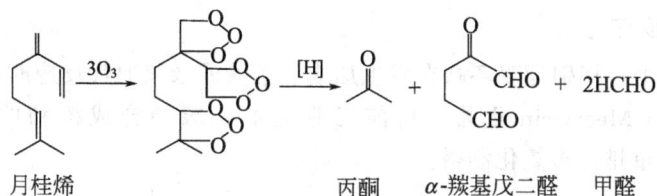

铬酐是应用非常广泛的一种氧化剂，几乎与所有可氧化的基团作用，利用强碱型离子交换树脂与三氧化铬制得具有铬酸基的树脂，它与仲醇在适当溶剂中回流，则生成酮，产率高达 73％～98％，副产物少，产物极易分离、纯化。例如薄荷醇氧化成薄荷酮的反应如下：

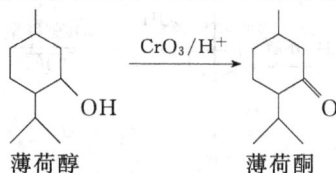

薄荷醇   薄荷酮

高锰酸钾是常用的中强氧化剂，可使环断裂而氧化成羧酸。

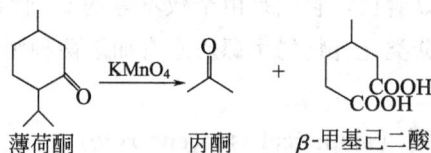

薄荷酮   丙酮 β-甲基己二酸

二氧化硒是具有特殊性能的氧化剂，它较专一地氧化羰基的 α-甲基或亚甲基，以及碳碳双键旁的 α-亚甲基。

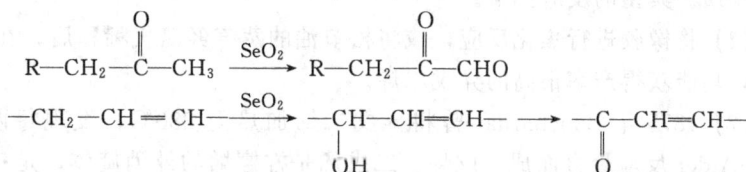

3. 脱氢反应

脱氢反应在研究萜类化学结构中是一种很有价值的反应，环萜的碳架因脱氢转变为芳香烃衍生物，所得芳烃衍生物容易通过合成的方法加以鉴定。脱氢反应通常在惰性气体的保护下，用铂黑或钯作催化剂，将萜类成分与硫或硒共热（200～300℃）而实现脱氢。有时可能导致环的裂解或环化合。

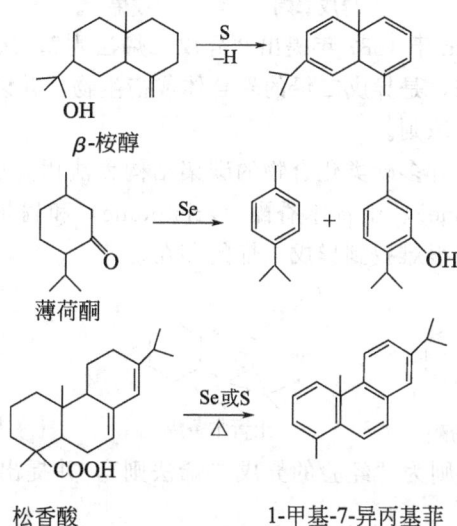

β-桉醇

薄荷酮

松香酸   1-甲基-7-异丙基菲

4. 分子重排反应

在萜类化合物中，特别是双环萜在发生加成、消除或亲核取代反应时，常常发生碳架的改变，产生 Wegner-Meerwein 重排。目前工业上由 α-蒎烯合成樟脑的过程，就是应用 Wegner-Meerwein 重排，再氧化制得。

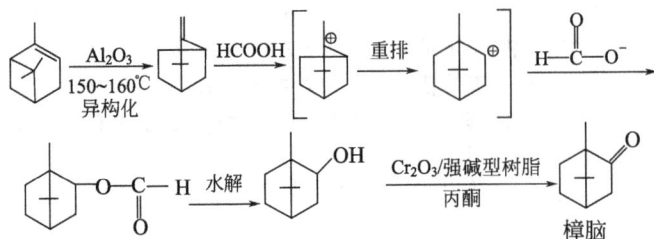

（五）萜类化合物的生物合成

从萜类化合物的结构可以看出，它们是由个数不等的 C_5 骨架片段构成的，表明萜类化合物有着共同的生源途径。萜类化合物的生源历来有如下两种观点，即经验的异戊二烯法则和生源的异戊二烯法则。

1. 经验的异戊二烯法则（empirical isoprene rule）

早期在萜类化合物的研究过程中，曾一度认为异戊二烯是萜类化合物在植物体内形成的生源物质。典型的反应如下。

(1) 将橡胶进行焦化反应，或将松节油的蒸气经氮气稀释后，在低压下通过红热的铂丝网时，均能获得产率很高的异戊二烯。

(2) 1875 年 Boochardat 曾将异戊二烯加热至 280℃，发现每两个分子异戊二烯可经 Diels-Alder 反应聚合而成二戊烯。二戊烯是柠檬烯的外消旋体，是一个典型的萜类化合物，存在于多种植物的挥发油中。

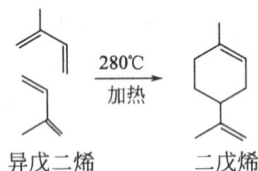

异戊二烯　　　二戊烯

基于以上事实，Wallach 于 1887 年提出"异戊二烯法则"，认为自然界存在的萜类化合物都是由异戊二烯衍变而来，是异戊二烯的聚合体或衍生物，并以是否符合异戊二烯法则作为判断萜类物质的一个重要原则。

但是，后来研究发现有许多萜类化合物的碳架结构无法用异戊二烯的基本单元来划分，如艾里木酚酮（eremophilone）、土青木香酮（aristolone）和扁柏酚（hinokitol）等。而且当时在植物的代谢过程中也很难找到异戊二烯的存在。

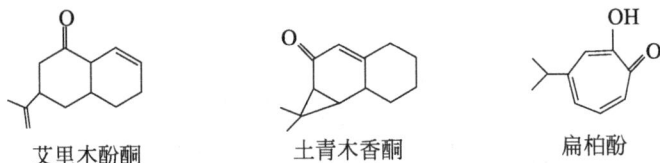

艾里木酚酮　　　　　土青木香酮　　　　　扁柏酚

所以 Ruzicka 称上述法则为"经验的异戊二烯法则"，并提出所有萜类的前体物是"活性的异戊二烯"的假设。

2. 生源的异戊二烯法则（biogenetic isoprene rule）

Ruzicka 提出的假设首先由 Lynen 证明焦磷酸异戊烯酯（isopentenyl pyrophosphate，IPP）的存在而得到验证，其后 Folkers 于 1956 年又证明（3R）-甲戊二羟酸 ［（3R）-mevalonic acid，MVA］ 是 IPP 的关键性前体物质。由此证实了萜类化合物是经甲戊二羟酸途径衍生的一类化合物，这就是"生源的异戊二烯法则"。

在萜类化合物的生物合成中，首先合成活性异戊烯前体物，即由乙酰辅酶 A（acetyl CoA）与乙酰乙酰辅酶 A（acetoacetyl CoA）生成甲戊二羟酸单酰辅酶 A（3-hydroxy-3-methylglutaryl CoA，HMG-CoA），后者还原生成甲戊二羟酸（MVA）。MVA 经数步反应转化成焦磷酸异戊烯酯（Δ^3-isopentenyl pyrophosphate，IPP），IPP 经硫氢酶（sulphhydryl enzyme）及焦磷酸异戊酯异构酶（IPP isomerase）转化为焦磷酸 γ,γ-二甲基丙酯（γ,γ-dimethyl allyl pyrophosphate，DMAPP）。其萜类化合物的生物合成途径见图 17-1。

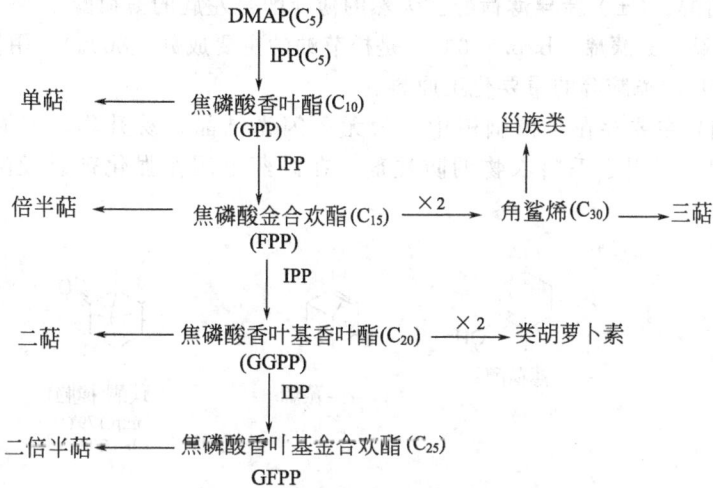

$$DMAP(C_5)$$
$$\downarrow IPP(C_5)$$

单萜 ← 焦磷酸香叶酯(C_{10})（GPP）　　　　　甾族类
　　　　　　↓ IPP
倍半萜 ← 焦磷酸金合欢酯(C_{15})（FPP） —×2→ 角鲨烯(C_{30}) → 三萜
　　　　　　↓ IPP
二萜 ← 焦磷酸香叶基香叶酯(C_{20})（GGPP） —×2→ 类胡萝卜素
　　　　　　↓ IPP
二倍半萜 ← 焦磷酸香叶基金合欢酯(C_{25})　GFPP

图 17-1　萜类化合物的生物合成途径

IPP 和 DMAPP 两者均可转化为半萜，并在酶的作用下，头-尾相接缩合为焦磷酸香叶酯（geranyl pyrophosphate，GPP）衍生为单萜类化合物，或继续与 IPP 分子缩合衍生为其他萜类物质。因此，IPP 和 DMAPP 目前被认为是萜类成分在生物体内形成的真正前体，是生物体内的"活性的异戊二烯"物质，在生物合成中起着烷基化的作用。

天然的异戊二烯属半萜类（hemiterpenoids），可在植物的叶绿体中形成，虽广泛存在，但其量极微，其生源途径尚不清楚。自然界常有一些半萜结合在非萜类化合物结构的母核上，形成异戊烯基支链，而成为一种混杂的萜类化合物，多见于黄酮和苯丙素类化合物。

（六）典型的萜类化合物

1. 单萜

（1）开链单萜　牻牛儿苗醇（香叶醇）和橙花油醇互为几何异构体，存在于玫瑰油、橙花油、香茅油中，为无色、有玫瑰香气的液体，是制备香料的重要原料。可通过植物提取、化学合成及利用工程大肠杆菌生物法合成香叶醇。当蜜蜂发现食物时，它便分泌出香叶醇以吸引其他蜜蜂，因此，香叶醇也是一种昆虫外激素。最新研究表明，香叶醇能够修复感染的乳腺组织，适用于急性、亚急性和慢性奶牛临床型乳腺炎。

牻牛儿苗醛（香叶醛）和橙花醛，存在于柠檬草油、橘子油中，有很强的柠檬香气，是用于配制柠檬香精的重要原料，也是合成维生素的重要原料。

牻牛儿苗醇(香叶醇)
b.p. 230℃

橙花油醇
b.p. 226.7℃

柠檬醛a
牻牛儿苗醛或香叶醛

柠檬醛b
橙花醛

（2）单环单萜 薄荷醇，m. p. 43℃，b. p. 213.5℃，存在于薄荷油中，低熔点固体，具有芳香凉爽气味，有杀菌、防腐作用，并有局部止痛的效力。用于医药、化妆品及食品工业中，如清凉油、牙膏、糖果、烟酒等。

薄荷醇分子中有三个手性碳原子，故有四个外消旋体，即（±）-薄荷醇、（±）-新薄荷醇、（±）-异薄荷醇、（±）-新异薄荷醇。天然的薄荷醇是左旋的薄荷醇。

（3）双环单萜 α-蒎烯，b. p. 156℃，是松节油的主要成分（80%），用作油漆、蜡等的溶剂，是合成冰片、樟脑等的重要化工原料。

莰酮（樟脑）主要存在于樟脑树中，为无色闪光结晶，易升华，有愉快香味。樟脑气味有驱虫作用，可用于毛料衣物的防蛀剂。在医药上用作强化剂以及配制十滴水、清凉油等。

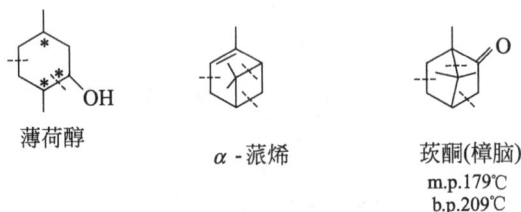

薄荷醇

α - 蒎烯

莰酮(樟脑)
m.p.179℃
b.p.209℃

2. 倍半萜

倍半萜是由三个异戊二烯单位连接而构成的。它也有链状和环状的，如金合欢醇、山道年等均属于倍半萜。

金合欢醇，为无色黏稠液体，b. p. 125℃/66.5Pa，有铃兰气味，存在于玫瑰油、茉莉油、金合欢油及橙花油中。它是一种珍贵的香料，用于配制高级香精；有保幼激素活性，用于抑制昆虫的变态和性成熟，即幼虫不能成蛹，蛹不能成蛾，蛾不产卵。其十万分之一浓度的水溶液即可阻止蚊的成虫出现，对虱子也有致死作用。

山道年是由山道年花蕾中提取出的无色结晶，m. p. 170℃，不溶于水，易溶于有机溶剂。过去山道年是医药上常用的驱蛔虫药，其作用是使蛔虫麻痹而被排出体外，但对人也有相当的毒性。

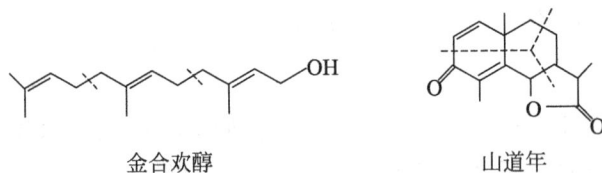

金合欢醇

山道年

3. 双萜

双萜是由四个异戊二烯单位连接而成的一类萜化合物，广泛分布于动植物体内。

叶绿醇是叶绿素的一个组成部分，用碱水解叶绿素可得到叶绿醇，叶绿醇是合成维生素

K 及维生素 E 的原料。

维生素 A，淡黄色晶体，m.p.64℃，存在于动物的肝、奶油、蛋黄和鱼肝油中。不溶于水，易溶于有机溶剂。受紫外线照射后则失去活性。

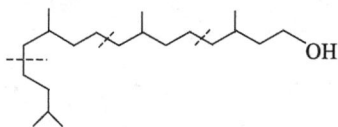

叶绿醇

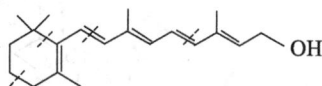

维生素A(A₁)

维生素 A 为哺乳动物正常生长和发育所必需的物质，体内缺乏维生素 A，则发育不健全，并能引起眼膜和眼角膜硬化症，初期的症状就是夜盲症。

松香酸存在于松脂中，是松香的主要成分。松香是广泛用于造纸、制皂、制涂料等工业上的原料。

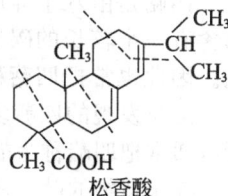

松香酸

4．三萜

三萜是由六个异戊二烯单位连接而成的化合物，如角鲨烯。

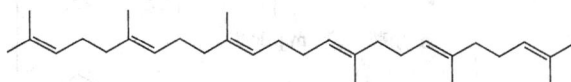

角鲨烯 (squalene)

角鲨烯是鲨鱼肝油的主要成分，可能存在于所有组织中。角鲨烯有较广泛的生物活性，如携氧、调控胆固醇代谢、抗氧化、抗肿瘤、解毒、抗辐射和抑制微生物生长等，被广泛用于医药、化妆品和食品行业。

角鲨烯是羊毛甾醇生物合成的前身，而羊毛甾醇又是其他甾体化合物的前身。

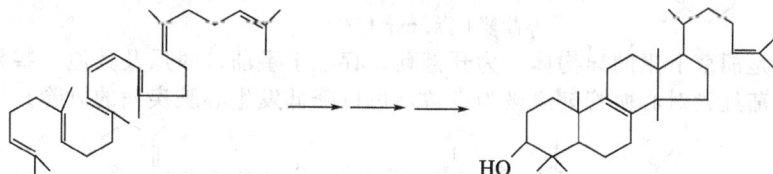

角鲨烯   羊毛甾醇

原人参二醇（PPD）、原人参三醇（PPT）、奥克梯隆（Ocotillol）属于四环三萜，是人参皂苷的苷元，具有广泛的生物活性，如抗癌、抗心肌缺血、抗炎等。

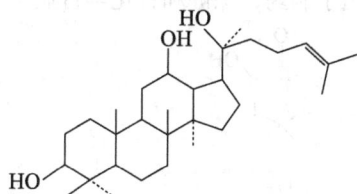

原人参二醇

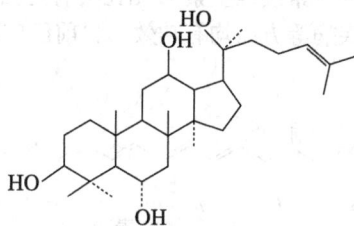

原人参三醇

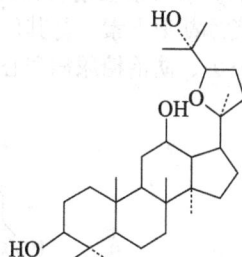

奥克梯隆

齐墩果酸系五环三萜类化合物，分布于 190 多种植物中，是我国首次从植物中挖掘出的治疗肝病的药物，临床用于治疗传染性急性黄疸型肝炎，具有明显的降低谷丙转氨酶及退黄效果，改善病毒性和慢性迁延性肝炎患者的症状、体征和肝功能。

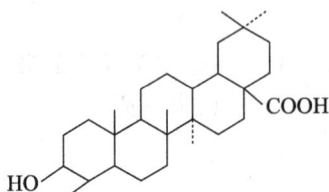

齐墩果酸

5. 四萜

四萜是由八个异戊二烯单位连接而构成的,在自然界广泛存在。四萜类化合物的分子中都含有一个较长的碳碳双键共轭体系,所以四萜都是有颜色的物质,多带有由黄至红的颜色。因此也常把四萜称为多烯色素。

最早发现的四萜多烯色素是从胡萝卜素中来的,后来又发现很多结构与此相类似的色素,所以通常把四萜称为胡萝卜类色素。常见四萜有 α-胡萝卜素、β-胡萝卜素和 γ-胡萝卜素等,广泛存在于植物的叶、茎、果实及动物的乳汁和脂肪中,其中 β-胡萝卜素生物活性最强。

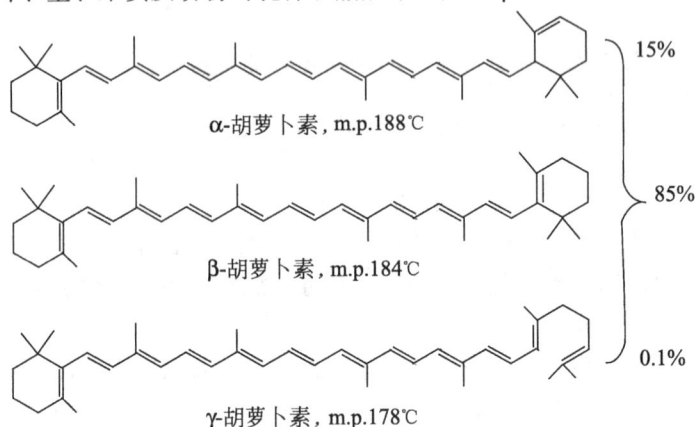

α-胡萝卜素,m.p.188℃

15%

β-胡萝卜素,m.p.184℃

85%

γ-胡萝卜素,m.p.178℃

0.1%

番茄红素是胡萝卜素的异构体,为开链萜,存在于番茄、西瓜及其他一些果实中,为洋红色结晶。番茄红素对心血管健康极为有益,可以降低发生心脏疾病的风险。

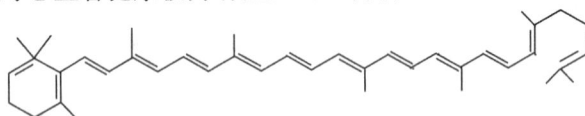

番茄红素

虾青素是广泛存在于甲壳类动物和空肠动物体中的一种多烯色素,最初是从龙虾壳中发现的。虾青素在动物体内与蛋白质结合存在,因氧化作用而能生成虾红素。虾青素是一种红色的类酮胡萝卜素,与其他类胡萝卜素或维生素 E 相比具有更强的抗氧化活性,在延缓衰老、提高免疫力、防治糖尿病和心血管疾病等方面均有功效,目前已广泛应用于制药、保健和日化等行业。

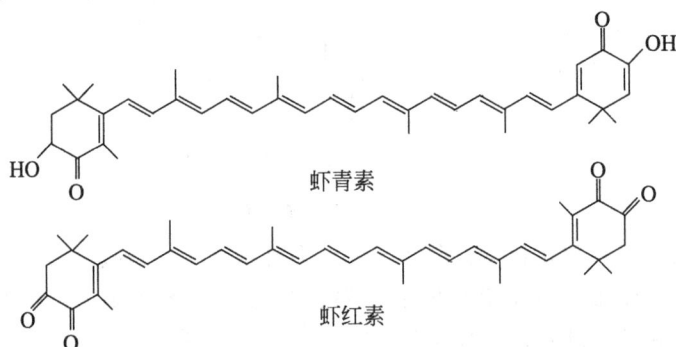

虾青素

虾红素

叶黄素是存在植物体内一种黄色的色素，与叶绿素共存，只有在秋天叶绿素破坏后，方显其黄色。叶黄素能作为天然着色剂、营养强化剂，对预防和治疗老年性黄斑退化综合征（AMD）、电子产品蓝光造成的视网膜损伤以及促进婴幼儿眼底黄斑形成具有明显功效。

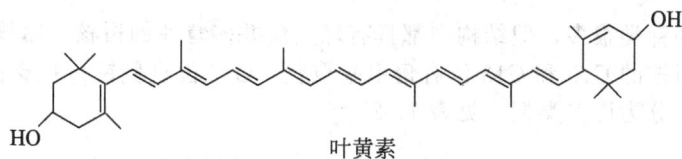

叶黄素

思考题 17-1 紫杉中含有的萜类化合物有何种生物活性？活性最强的是什么化合物？

二、甾族化合物

甾族化合物，又称甾体化合物，广泛存在于动植物组织内，并在动植物生命活动中起着重要的作用。

（一）甾族化合物的结构

1. 基本结构

甾类化合物分子中，都含有一个叫甾核的四环碳骨架，环上一般带有三个侧链，其通式为：R_1、R_2 一般为甲基，称为角甲基；R_3 为其他含有不同碳原子数的取代基。

甾是个象形字，是根据这个结构而来的，"田"表示四个环，"巛"表示为三个侧链。许多甾体化合物除这三个侧链外，甾核上还有双键、羟基和其他取代基。四个环用 A、B、C、D 编号，碳原子也按固定顺序用阿拉伯数字编号。

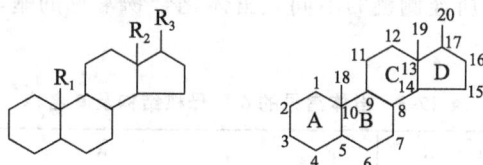

2. 甾核的立体结构构型及表示方法

甾族化合物的立体化学复杂。因为仅就环上而言，就有六个手性碳原子，可能有的立体异构体数目为 $2^6 = 64$ 个。

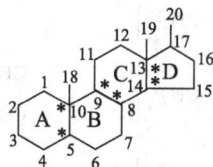

天然产甾族化合物现知的只有两种构型，一种是 A 环和 B 环以反式相并联，另一种是 A 环和 B 环以顺式相并联。而 B 环和 C 环、C 环和 D 环之间是以反式相并联的。

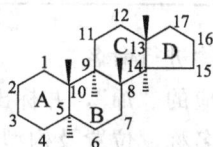

A、B 反式（5α系）

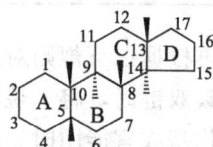

A、B 顺式（5β系）

(二) 甾族化合物的分类及命名法

1. 分类

甾族化合物的种类很多，但结构中都具有环戊烷并多氢菲的甾核。甾核四个环可以有不同的稠合方式。甾核的 C10 和 C13 位有角甲基取代，C17 位有侧链。根据侧链结构的不同，天然甾类化合物又分为许多类型，见表 17-2。

表 17-2　天然甾类化合物的分类及甾核的稠合方式

类型	C17 侧链	A/B	B/C	C/D
C_{21} 甾类	羟甲基衍生物	反	反	顺
强心苷类	不饱和内酯环	顺、反	反	顺
甾体皂苷类	含氧螺杂环	顺、反	反	反
植物甾醇	脂肪烃	顺、反	反	反
昆虫变态激素	脂肪烃	顺	反	反
胆酸类	戊酸	顺	反	反

2. 命名法

很多自然界的甾体化合物都有其各自的习惯名称。其系统命名首先需要确定母核的名称，然后在母核名称的前后表明取代基的位置、数目、名称及构型。甾体母核上所连的基团在空间有不同的取向，位于纸平面前方（环平面上方）的原子或基团称为 β 构型，用实线或粗线表示；位于纸平面后方（环平面下方）的原子或基团称为 α 构型，用虚线表示，波纹线则表示所连基团的构型待定（或包括 α、β 两种构型）。

根据 C10、C13、C17 所连侧链的不同，甾体化合物常见的基本母核有 6 种，其名称见表 17-3。

表 17-3　甾体常见的 6 种母核结构及其名称

	R	R_1	R_2	甾体母核名称
	—H	—H	—H	甾烷（gonane）
	—H	—CH₃	—H	雌甾烷（estrane）
	—CH₃	—CH₃	—H	雄甾烷（androstane）
	—CH₃	—CH₃	—CH₂CH₃	孕甾烷（prgnane）
	—CH₃	—CH₃	—CHCH₂CH₂CH₃ CH₃	胆烷（cholane）
	—CH₃	—CH₃	—CHCH₂CH₂CH₂CH(CH₃)₂ CH₃	胆甾烷（cholestane）

选定母核名称后，再根据以下规则对甾体化合物进行命名。

(1) 母核中含有碳碳双键时，将"烷"改为相应的"烯"，并标出双键的位置。

(2) 母核上连有取代基或官能团时，取代基的名称、位置及构型放在母核名称前；若官能团作为母体时，将其放在母核名称之后。例如：

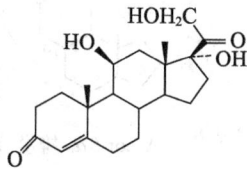

11β,17α,21- 三羟基孕甾 -4- 烯 -3,20- 二酮(氢化可的松)

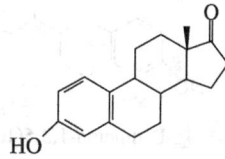

3- 羟基 -1,3,5(10) -雌甾三烯17- 酮(雌酚酮)

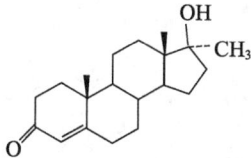

17α- 甲基-17β- 羟基雄甾 -4- 烯 -3-酮(甲基睾丸素)

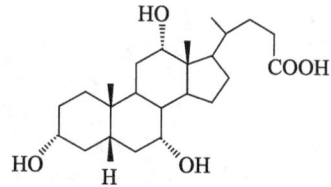

3α,7α,12α- 三羟基-5β- 胆烷 -24- 酸(胆酸)

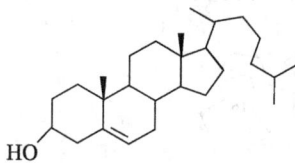

胆甾 -5-烯-3β-醇(胆固醇)

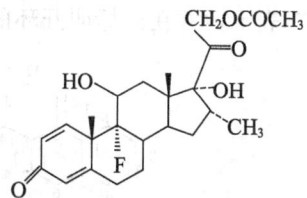

16α- 甲基 -11β ,17α,21- 三羟基-9α-氟孕甾 -1,4- 二烯-3,20- 二酮 -21- 乙酸酯(醋酸地塞米松)

（3） 对于差向异构体，可在习惯名称前加"表"字。例如：

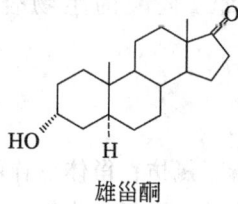

雄甾酮

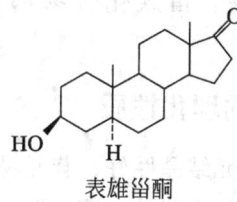

表雄甾酮

（4） 在角甲基去除时，可加词首"nor"，译为"去甲基"，并在其前表明失去甲基的位置。若同时失去两个角甲基，可用"18,19-dinor"表示，译为"18,19-双去甲基"。例如：

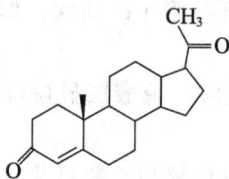

19-去甲基孕甾-4-烯-3,20-二酮

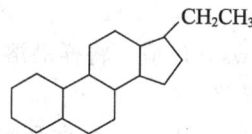

18,19-双去甲-5α-孕甾烷

（5） 当母核的碳环扩大或缩小时，分别用词首"增碳（homo）"或"失碳（nor）"表示，若同时扩增或减小两个碳原子，就用词首"增双碳（dihomo）"或"失双碳（dinor）"表示，并在其前用 A、B、C 或 D 注明是何环改变。例如：

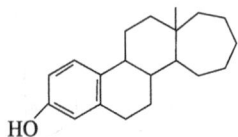

3-羟基-D-dihomo-1,3,5(10)-雌甾三烯

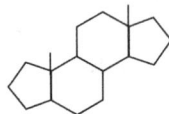

A-nor-5α-雄甾烷

对于含失碳环的甾体化合物，仅将失碳环的最高编号删去，其余按原编号顺序进行编号。例如：

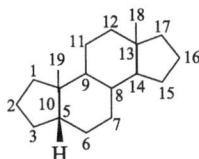

A-nor-5α-雄甾烷

(6) 母核碳环开裂，而且开裂处两端的碳都与氢相连时，仍采用原名及其编号，用词首"seco"表示，并在前标明开环的位置。例如：

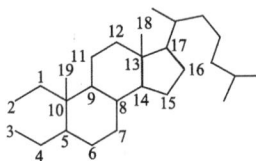

2,3-seco-5α-胆甾烷

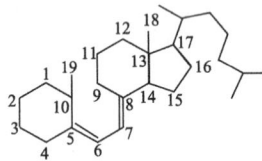

9,10-seco-5,7,10(19)胆甾三烯

（三）甾族化合物的生物合成

从生源观点来看，甾族化合物都是通过甲戊二羟酸的生物合成途径转化而来，见图 17-2。

（四）甾族化合物的理化性质

一般情况下，苷元结晶性好；苷元易溶于石油醚、氯仿；甾体皂苷可溶于水，易溶于热醇、稀醇；一定浓度下皂苷具有溶血性；可与甾醇形成分子复合物等。

甾族类化合物在无水条件下用酸处理，能产生各种颜色反应。这类颜色反应的机理较复杂，是甾类化合物与酸作用，经脱水、缩合、氧化等过程生成有色物。

(1) Liebermann-Burchard 反应　将样品溶于三氯甲烷，加硫酸-乙酐（1∶20），产生红→紫→蓝→绿→污绿等颜色变化，最后褪色。也可将样品溶于冰醋酸，加试剂产生同样的反应。

(2) Salkowski 反应　将样品溶于三氯甲烷，加入硫酸，硫酸层显血红色或蓝色，三氯甲烷层显绿色荧光。

(3) Tschugaev 反应　将样品溶于冰醋酸，加几粒氯化锌和乙酰氯共热；或取样品溶于三氯甲烷，加冰醋酸、乙酰氯、氯化锌煮沸，反应液呈现紫红→蓝→绿的变化。

(4) Rosen-Heimer 反应　将样品溶液滴在滤纸上，喷 25% 的三氯乙酸-乙醇溶液，加热至 60℃，呈红色至紫色。

(5) Kahlenberg 反应　将样品溶液点于滤纸上，喷 20% 五氯化锑的三氯甲烷溶液（不含乙醇和水），于 60～70℃加热 3～5min，样品斑点呈现灰蓝、蓝、灰紫等颜色。

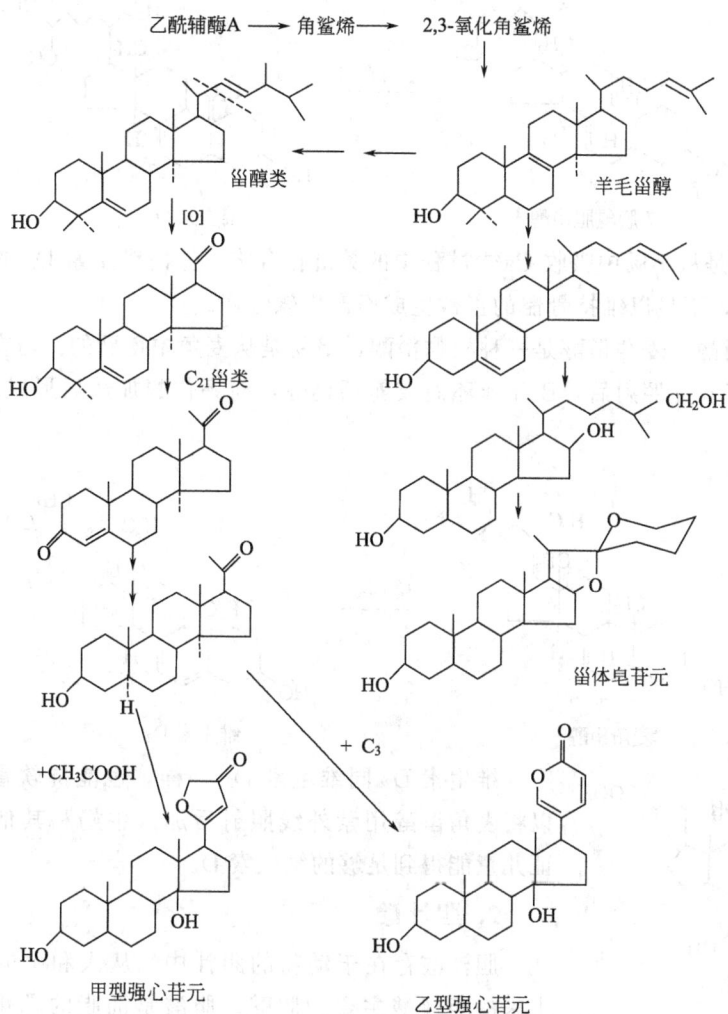

图 17-2 甾族化合物生物合成途径

（五）典型的甾族化合物

1. 甾醇

（1）胆甾醇（胆固醇） 胆甾醇是最早发现的一个甾体化合物，存在于人及动物的血液、脂肪、脑髓及神经组织中。无色或略带黄色的结晶，m. p. 148.5℃，在高真空度下可升华，微溶于水，溶于乙醇、乙醚、氯仿等有机溶剂。

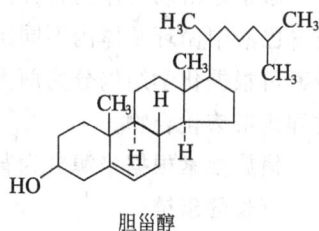

胆甾醇

人体内发现的胆结石几乎全是由胆甾醇所组成的，胆固醇的名称也由此而来。人体中胆固醇含量过高是有害的，它可以引起胆结石、动脉硬化等症。由于胆甾醇与脂肪酸都是脂源物质，食物中的油脂过多时，会提高血液中的胆甾醇含量，因而食油量不能过多。

（2）7-脱氢胆甾醇 胆甾醇在酶催化下氧化成 7-脱氢胆甾醇。7-脱氢胆甾醇存在于皮肤组织中，在日光照射下发生化学反应，转变为维生素 D_3：

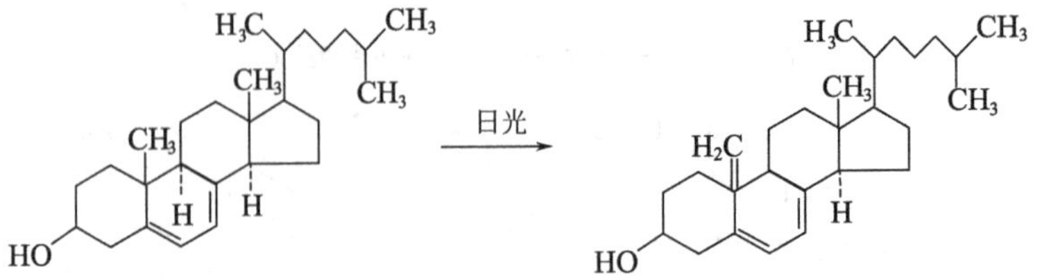

7-脱氢胆甾醇　　　　　　　　　　　　　维生素 D_3

维生素 D_3 是从小肠中吸收 Ca^{2+} 过程中的关键化合物。体内维生素 D_3 的浓度太低，会引起 Ca^{2+} 缺乏，不足以维持骨骼的正常生成而产生软骨病。

(3) 麦角甾醇　麦角甾醇是一种植物甾醇，最初是从麦角中得到的，但在酵母中更易得到。麦角甾醇经日光照射后，B 环开环而成前钙化醇，前钙化醇加热后形成维生素 D_2（即钙化醇）。

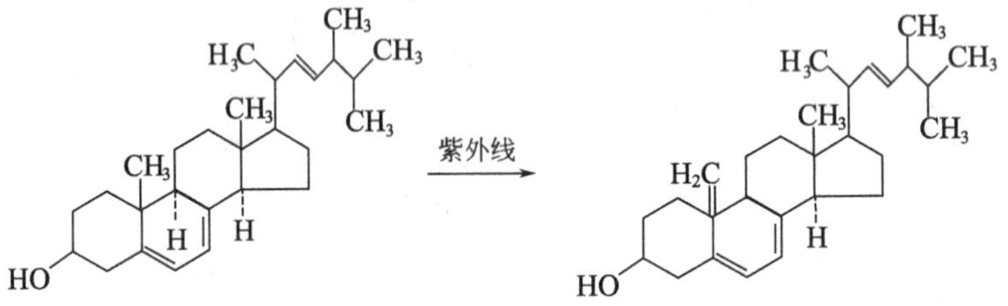

麦角甾醇　　　　　　　　　　　　　　维生素 D_2

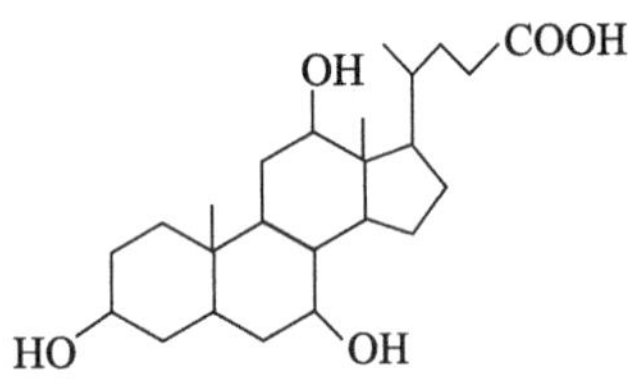

胆汁酸

维生素 D_2 同维生素 D_3 一样，也能抗软骨病，因此，可以将麦角甾醇用紫外线照射后加入牛奶和其他食品中，以保证儿童能得到足够的维生素 D。

2. 胆汁酸

胆汁酸存在于动物的胆汁中，从人和牛的胆汁中所分离出来的胆汁酸主要为胆酸。胆酸是油脂的乳化剂，其生理作用是使脂肪乳化，促进它在肠中的水解和吸收。故胆酸被称为"生物肥皂"。

3. 甾族激素

激素是由动物体内各种内分泌腺分泌的一类具有生理活性的化合物，它们直接进入血液或淋巴液中循环至体内不同组织和器官，对各种生理机能和代谢过程起着重要的协调作用。激素可根据化学结构分为两大类：一类为含氮激素，包括胺、氨基酸、多肽和蛋白质；另一类即为甾族化合物。

甾族激素根据来源分为肾上腺皮质激素和性激素两类，它们的结构特点是在 C17（R_3）上没有长的碳链。

(1) 性激素　性激素是高等动物性腺的分泌物，能控制性生理、促进动物发育、维持第二性征（如声音、体形等）。它们的生理作用很强，很少量就能产生极大的影响。

性激素分为雄性激素和雌性激素两大类，两类性激素都有很多种，在生理上各有特定的生理功能。例如：睾丸酮素是睾丸分泌的一种雄性激素，有促进肌肉生长、声音变低沉等第二性征的作用，它是由胆甾醇生成的，并且是雌二醇生物合成的前体。

雌二醇为卵巢的分泌物，对雌性的第二性征的发育起主要作用。动物体内分泌的睾酮和雌二醇的量极少，为了进行科学研究，从 4t 猪卵巢只提取到 0.012g 雌二醇。

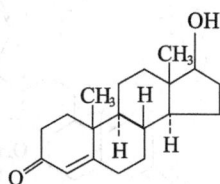

睾丸酮素

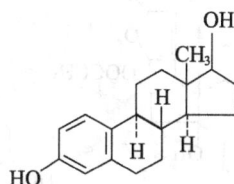

雌二醇

孕甾酮的生理功能是在月经期的某一阶段及妊娠中抑制排卵。临床上用于治疗习惯性子宫功能性出血、痛经及月经失调等。

炔诺酮是一种合成的女用口服避孕药，在计划生育中有重要作用。

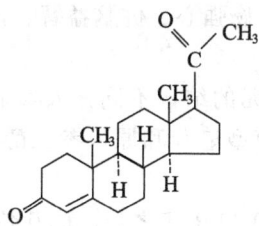

孕甾酮

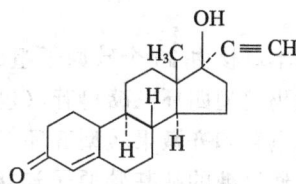

炔诺酮

（2）肾上腺皮质激素　肾上腺皮质激素是哺乳动物肾上腺皮质分泌的激素，皮质激素的重要功能是维持体液的电解质平衡和控制碳水化合物的代谢。动物缺乏它会引起机能失常以致死亡。皮质醇、可的松、皮质甾酮等皆此类中重要的激素。

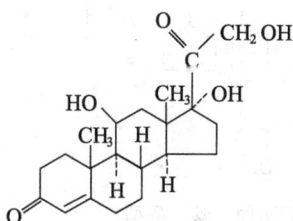

皮质醇

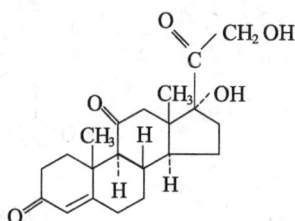

可的松

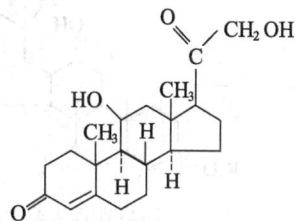

皮质甾酮

4. 强心苷

强心苷是生物界中存在的一类对心脏有显著生理活性的甾体苷类，是由强心苷元与糖缩合的一类苷。

天然存在的一些强心苷元，如洋地黄毒苷元、3-表洋地黄毒苷元、乌沙苷元、夹竹桃苷元、绿海葱苷元、蟾毒素的结构如下。

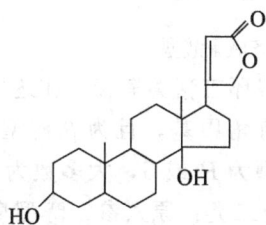

洋地黄毒苷元

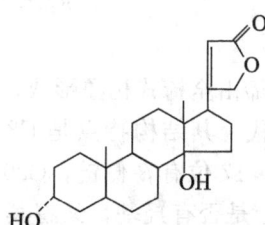

3-表洋地黄毒苷元

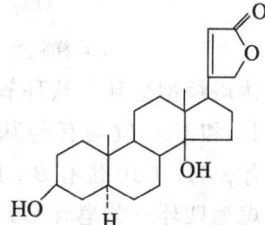

乌沙苷元

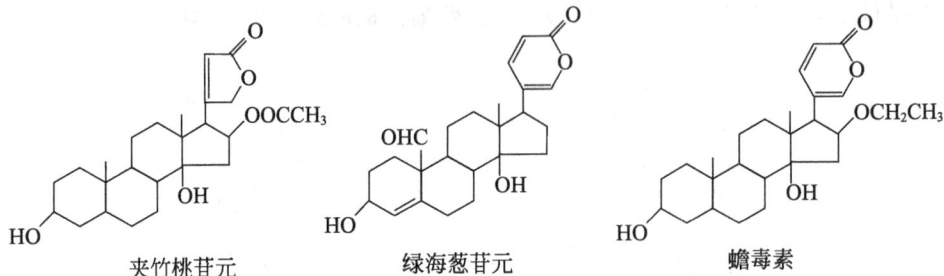

夹竹桃苷元　　　　　　　　绿海葱苷元　　　　　　　　蟾毒素

5. 人参皂苷

人参皂苷主要分布在人参、西洋参和三七等五加科植物中。

人参皂苷是由人参皂苷元与糖通过-O-相连构成的糖氧苷类化合物。它是人参、西洋参、三七等五加科人参属植物的主要活性成分，具有抗癌强心、健脑益智、抗衰老及提高免疫力等生物功效。

三萜皂苷基本母核由 30 个碳原子组成。根据皂苷元的结构不同，人参皂苷主要包括以下三种类型：达玛烷型四环三萜皂苷（包括原人参二醇型皂苷和原人参三醇型皂苷）、奥克梯隆型四环三萜皂苷和齐墩果酸型五环三萜皂苷。

苷元与糖是通过糖的端基碳原子连接而成，有 α-苷和 β-苷之分。成苷位置多为 C3 位、C6 位、C20 位。糖的类型包括吡喃型糖和呋喃型糖，多数为吡喃型糖。常见的糖有葡萄糖、半乳糖、木糖、阿拉伯糖、鼠李糖等。

三种类型的皂苷结构如下：

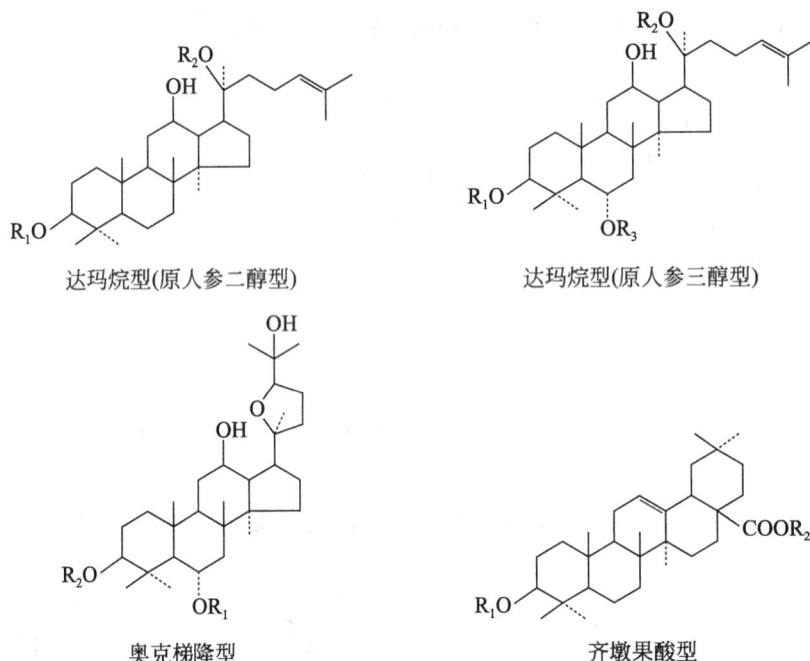

达玛烷型(原人参二醇型)　　　　　　　　达玛烷型(原人参三醇型)

奥克梯隆型　　　　　　　　齐墩果酸型

（1）达玛烷型皂苷　从环氧鲨烯由全椅式构象形成，属四环三萜类皂苷。在达玛烷骨架的 C3、C12 和 C20 位均有羟基取代，其结构特点是 C8 位有角甲基，且为 β 构型。此外，C13 位连有 β-H，C10 位有 β-CH$_3$，17 位有 β-侧链，C20 构型为 R 或 S，大多数为 S 构型。根据达玛烷型四环三萜皂苷 C6 位上是否有羟基，又将其分为二类：原人参二醇型皂苷和原人参三醇型皂苷，达玛烷型皂苷成苷的位置通常在苷元的 C3、C20 和 C6 位。

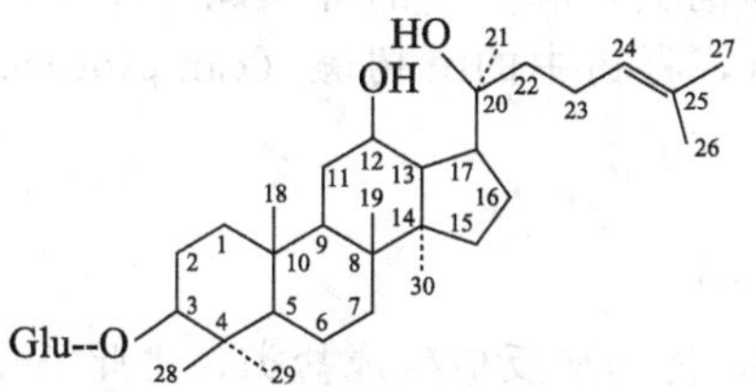

达玛烷原人参二醇型
人参皂苷Rh2

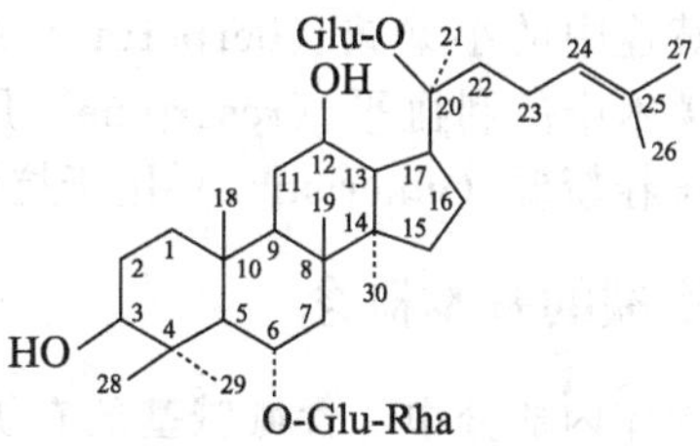

达玛烷原人参三醇型
人参皂苷Re

（2）奥克梯隆型皂苷　是以奥克梯隆（ocotillol）为苷元所形成的苷，属四环三萜类皂苷，苷元 C17 位所连接的侧链含有呋喃环。根据其 C20、C24 的绝对构型不同，分为（20S，24S)-、（20S，24R)-、（20R，24S)-和（20R，24R)-奥克梯隆型人参皂苷。奥克梯隆型皂苷的成苷位置通常在 C3 和 C6 位，是西洋参特有成分。李平亚等通过结构修饰技术，将达玛烷型人参皂苷转化为西洋参特有奥克梯隆型人参皂苷，实现了人参与西洋参的成分沟通。如拟人参皂苷 GQ。

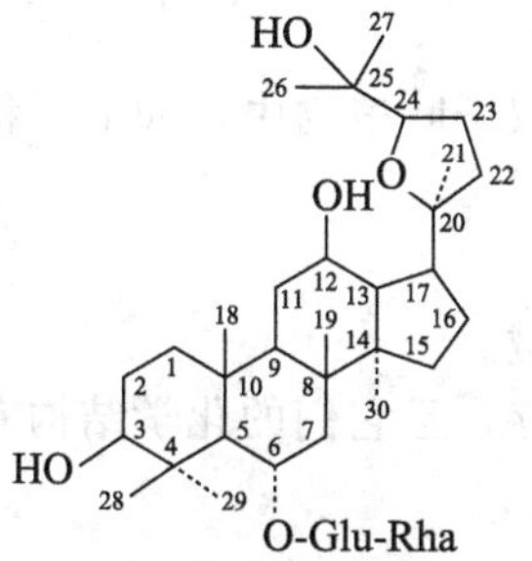

奥克梯隆型
拟人参皂苷F11

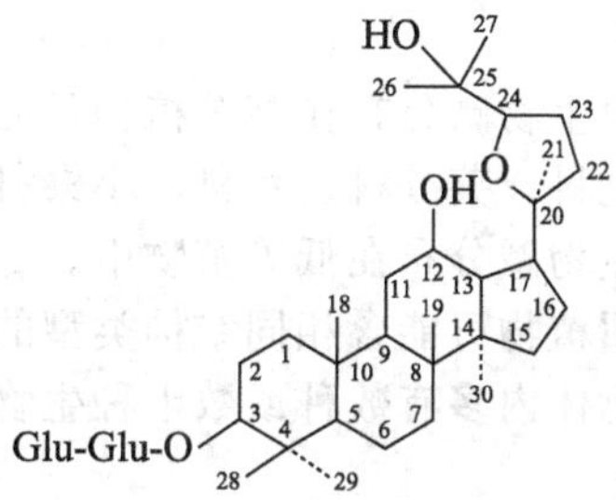

奥克梯隆型
拟人参皂苷GQ

（3）齐墩果酸型皂苷　它是以齐墩果酸为苷元所形成的苷，属五环三萜类皂苷。只在 C3 和 C28 位上结合糖链成苷，C3 位上与糖结合是通过苷键连接的，C28 位原来是羧基（—COOH），所以结合糖的方式是通过酯键连接的，例如人参皂苷 Ro。

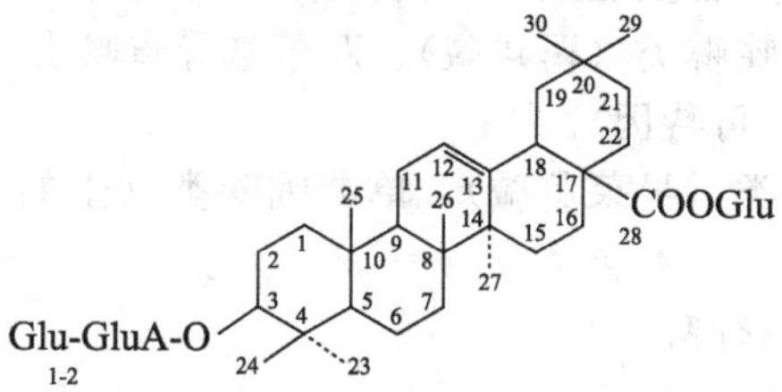

齐墩果酸型
人参皂苷Ro

还有其他一些类型的甾族化合物，这里就不一一介绍了。

思考题 17-2　甾体激素的含义是什么？其生理功能有哪些？

三、生 物 碱

生物碱是中药中一类重要的有效成分，目前已分离到 10000 余种，其中 80 余种已用于临床，如黄连中的小檗碱（berberine）用于抗菌消炎，麻黄中的麻黄碱（ephedrine）用于平喘，萝芙木中的利血平（reserpine）用于降压，喜树中的喜树碱（camptothecine）与长春花中的长春新碱（vincristine）用于抗肿瘤等。

（一）生物碱的基本概念

在生物体内成分中，含氮碱基的有机化合物，能与酸反应生成盐类，将此类化合物称为生物碱。它是一类存在于生物（主要是植物）体内、对人和动物有强烈生理作用的含氮的碱性物质，如肾上腺素等。生物体内生物碱含量一般较低。生物碱的分子构造多数属于仲胺、叔胺或季铵类，少数为伯胺类。它们的构造中常含有杂环，并且氮原子在环内。生物碱常常是很多中草药中的有效成分，如麻黄中的平喘成分麻黄碱、黄连中的抗菌消炎成分小檗碱（黄连素）和长春花中的抗癌成分长春新碱等。

已知生物碱种类很多，有一些结构式还没有完全确定。它们结构比较复杂，可分为59种类型。随着新的生物碱的发现，分类也将随之而更新。由于生物碱的种类很多，各具有不同的结构式，因此彼此间的性质会有所差异。

1. 分布规律

(1) 绝大多数生物碱分布在高等植物，尤其是双子叶植物中，如毛茛科、罂粟科、防己科、茄科、夹竹桃科、芸香科、豆科、小檗科等。

(2) 极少数生物碱分布在低等植物中。

(3) 同科同属植物可能含相同结构类型的生物碱。

(4) 一种植物体内多有数种或数十种生物碱共存，且它们的化学结构有相似之处。

2. 存在形式

大多数生物碱以游离状态及其有机酸盐、无机酸盐、酯、苷等形式存在。

3. 生物碱的分类

根据生物碱的化学构造进行分类，主要类型包括以下几种。

(1) 吡啶类　喹喏里西啶类（苦参碱、氧化苦参碱）。

(2) 莨菪烷类　洋金花所含生物碱，如莨菪碱。

(3) 异喹啉类　苄基异喹啉类（罂粟碱）、双苄基异喹啉类（汉防己甲素）、原小檗碱类（小檗碱）和吗啡类（吗啡、可待因）。

(4) 吲哚类　色胺吲哚类（吴茱萸碱）、单萜吲哚类（士的宁）、二聚吲哚类（长春碱、长春新碱）。

(5) 萜类　乌头碱、紫杉醇。

(6) 甾体　贝母碱。

(7) 有机胺类　麻黄碱、伪麻黄碱。

4. 命名

生物碱多根据它所来源的植物命名，例如，麻黄碱是由麻黄中提取得到而得名，烟碱是由烟草中提取得到而得名。生物碱的名称又可采用国际通用名称的译音，例如烟碱又叫尼古丁（nicotine）。

（二）生物碱的基本性质

1. 一般性状

游离的生物碱为结晶形或非结晶形的固体，也有液体，如烟碱。多数生物碱无色，但有少数例外，如小檗碱和一叶萩碱为黄色。多数生物碱味甚苦，具有旋光性，左旋体常有很强的生理活性。

2. 酸碱性

大多数生物碱具有碱性，这是由于它们的分子构造中都含有氮原子，而氮原子上又有一对未共享电子对，对质子有一定吸引力，能与酸结合成盐，所以呈碱性。各种生物碱的分子结构不同，特别是氮原子在分子中存在状态不同，所以碱性强弱也不一样。分子中的氮原子大多数结合在环状结构中，以仲胺、叔胺及季铵碱三种形式存在，均具有碱性，以季铵碱的碱性最强。若分子中氮原子以酰胺形式存在时，碱性几乎消失，不能与酸结合成盐。有些生物碱分子中除含碱性氮原子外，还含有酚羟基或羧基，所以既能与酸反应，也能与碱反应生成盐。

3. 溶解性

游离生物碱极性较小，一般不溶或难溶于水，能溶于氯仿、二氯乙烷、乙醚、乙醇、丙酮、苯等有机溶剂，在稀酸水溶液中溶解而成盐。生物碱的盐类极性较大，大多易溶于水及醇，不溶或难溶于苯、氯仿、乙醚等有机溶剂；其溶解性与游离生物碱恰好相反。

生物碱及其盐类的溶解性也有例外的情况。季铵碱如小檗碱、酰胺型生物碱和一些极性基团较多的生物碱则一般能溶于水，习惯上常将能溶于水的生物碱叫做水溶性生物碱。中性生物碱则难溶于酸。含羧基、酚羟基或含内酯环的生物碱等能溶于稀碱溶液中。某些生物碱的盐类如盐酸小檗碱则难溶于水，另有少数生物碱的盐酸盐能溶于氯仿中。

生物碱的溶解性对提取、分离和精制生物碱十分重要。

4. 沉淀反应

生物碱或生物碱的盐类水溶液，能与一些试剂生成不溶性沉淀，这种试剂称为生物碱沉淀剂。此种沉淀反应可用以鉴定或分离生物碱。常用的生物碱沉淀剂有：碘化汞钾（$HgI_2 \cdot 2KI$）试剂（与生物碱作用多生成黄色沉淀）；碘化铋钾（$BiI_3 \cdot KI$）试剂（与生物碱作用多生成黄褐色沉淀）；碘试液、鞣酸试剂、苦味酸试剂分别与生物碱作用，多生成棕色、白色、黄色沉淀。

5. 显色反应

生物碱与一些试剂反应，呈现各种颜色，也可用于鉴别生物碱。例如，钒酸铵-浓硫酸溶液与吗啡反应时显棕色、与可待因反应显蓝色、与莨菪碱反应则显红色。此外，钼酸铵的浓硫酸溶液，浓硫酸中加入少量甲醛的溶液，浓硫酸等都能使各种生物碱呈现不同的颜色。

(三) 几种重要的生物碱

1. 烟碱

烟草中含十余种生物碱，主要是烟碱，含 2%～8%，纸烟中约含 1.5%。烟碱又名尼古丁，属吡啶衍生物类生物碱。

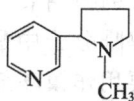

烟碱

烟碱有剧毒，少量对中枢神经有兴奋作用，能升高血压，大量则抑制中枢神经系统，使心脏麻痹以致死亡。几毫克的烟碱就能引起头痛、呕吐、意识模糊等中毒症状，吸烟过多的人逐渐会引起慢性中毒。

2. 莨菪碱和阿托品

莨菪碱和阿托品属莨菪烷衍生物类生物碱。

莨菪碱是由莨菪酸和莨菪醇缩合形成的酯，莨菪醇是由四氢吡咯环和六氢吡啶环稠合而成的双环构造。

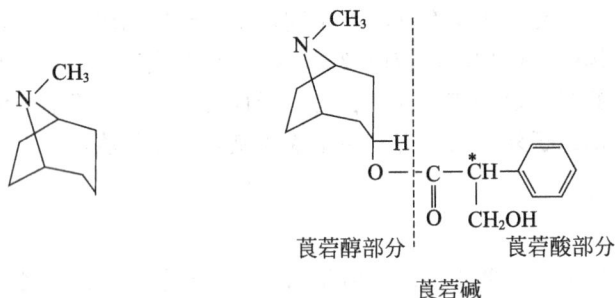

莨菪碱

莨菪碱是左旋体，由于莨菪酸构造中的手性碳原子上的氢与羧基相邻，是 α 活泼氢，容易发生酮式-烯醇式互变异构而外消旋。当莨菪碱在碱性条件下或受热时均可发生消旋作用，变成消旋的莨菪碱，即阿托品。莨菪酸的互变异构现象如下：

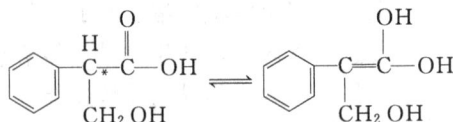

医疗上常用硫酸阿托品作抗胆碱药，能抑制唾液、汗腺等多种腺体的分泌，并能扩散瞳孔；还用于平滑肌痉挛、胃和十二指肠溃疡病；也可用作有机磷、锑剂中毒的解毒剂。

除莨菪碱外，我国学者又从茄科植物中分离出两种新的莨菪烷系生物碱，即山莨菪碱和樟柳碱。两者均有明显的抗胆碱作用，并有扩张微动脉、改善血液循环的作用。用于散瞳、慢性气管炎的平喘等；也能解除有机磷中毒。其毒性比硫酸阿托品小。

3. 吗啡和可待因

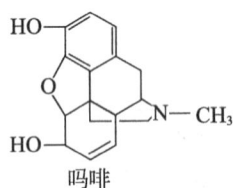

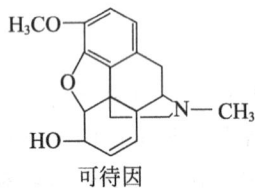

吗啡   可待因

1805 年 21 岁的德国药剂师 Friedrich Sertürner 从罂粟中首次分离出单体化合物吗啡，开创了从天然产物中寻找活性成分的先河。这一伟大功绩不仅是人类开始利用纯单体化合物作为药物的标志，也是天然药物化学初级阶段开始形成的标志。

罂粟科植物鸦片中含有 20 多种生物碱，其中比较重要的有吗啡、可待因等。这两种生物碱属于异喹啉衍生物类，可看作为六氢吡啶环（哌啶环）与菲环相稠合而成的基本结构。

吗啡对中枢神经有麻醉作用，有极快的镇痛效力，但易成瘾，不宜常用。

可待因是吗啡的甲基醚（甲基取代吗啡分子中酚羟基的氢原子）。可待因与吗啡有相似的生理作用，可用以镇痛，但可待因主要用作镇咳剂。

麻醉剂海洛因是吗啡的二乙酰基衍生物，即二乙酰基吗啡（两个乙酰基分别取代吗啡分子中两个羟基的氢原子）。

海洛因镇痛作用较大，并产生欣快和幸福的虚假感觉，但毒性和成瘾性极大，过量能致死。海洛因被列为禁止制造和出售的毒品。

4. 麻黄碱

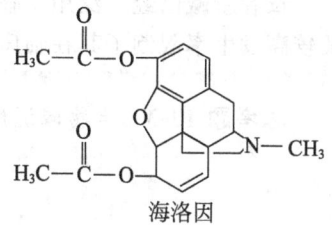
海洛因

麻黄碱是含于中药麻黄中的一种主要生物碱，又叫麻黄素。一般常用的麻黄碱系指左旋麻黄碱，它与右旋的伪麻黄碱互为旋光异构体。它们在苯环的侧链上都有两个手性碳原子，应有四个旋光异构体，但在中药麻黄植物中只存在（－)-麻黄碱和（＋)-伪麻黄碱两种，并且二者是非对映异构体。

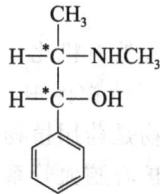

(–)-麻黄碱

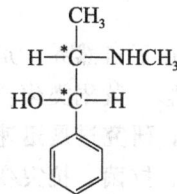

(+)-伪麻黄碱

麻黄碱和伪麻黄碱都是仲胺类生物碱，不具含氮杂环，因此它们的性质与一般生物碱不尽相同，与一般的生物碱沉淀剂也不易发生沉淀。

（－)-麻黄碱具有兴奋中枢神经、升高血压、扩大支气管、收缩鼻黏膜及止咳作用，也有散瞳作用，临床上常用盐酸麻黄碱（即盐酸麻黄素）治疗气喘等症。

5. 小檗碱

小檗碱又名黄连素，存在于小檗属植物黄柏、黄连和三颗针中，它属于异喹啉衍生物类生物碱，是一种季铵化合物。

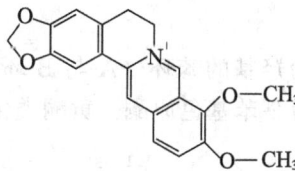

黄连素

黄连素具有较强的抗菌作用，在临床上常用盐酸黄连素治疗菌痢、胃肠炎等疾病。最新研究结果表明，黄连素还有抗炎、抗癌、降脂、降糖等多种作用。

6. 长春新碱

长春新碱又名醛基长春碱，存在于夹竹桃科植物长春花中，属于双聚吲哚类生物碱。

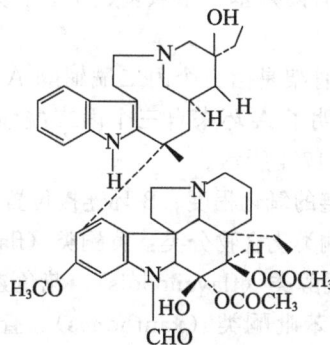

长春新碱

长春新碱已经广泛用于临床治疗白血病，但其所导致的周围神经毒性因药物剂量依赖性及较高发生率限制了其在临床的使用。

思考题 17-3 生物碱沉淀反应原理是什么？该反应有何用处？

四、黄酮和异黄酮

黄酮类化合物广泛存在于自然界，是一类重要的天然有机化合物。其不同的颜色为天然色素家族添加了更多的色彩。黄酮类化合物广泛分布于植物界中，而且生理活性多种多样，引起了国内外的广泛重视，研究进展迅速。酮类化合物是药用植物中主要活性成分之一，具有抗氧化、抗过敏、抗炎、抗菌、抗突变、保肝、保护心脑血管系统和抗病毒以及杀虫等广谱的生理活性。近年来随着研究方法及技术的不断提高，进一步又发现了许多黄酮类化合物新的种类和生理作用，特别是抗自由基及抗癌、防癌的作用，使生物类黄酮的研究进入了一个新的阶段，掀起了生物类黄酮的研究、开发利用热潮，其在医药、食品领域得到广泛的应用。

异黄酮是植物苯丙氨酸代谢过程中，由肉桂酰辅酶 A 侧链延长后环化形成的以苯色酮环为基础的酚类化合物，其 3-苯基衍生物即为异黄酮，属植物次生代谢产物。精制的异黄酮呈片状或针状结晶。一般无色，但随着羟基的增加，可呈黄至深黄色，为广泛分布于高等植物的色素。有些异黄酮是植保素，有些可用于心血管病的治疗。

（一）黄酮的结构与分类

黄酮类化合物泛指两个具有酚羟基的苯环（A-与 B-环）通过中央三碳原子相互连接而成的一系列化合物，其基本母核为 2-苯基色原酮。黄酮类化合物的基本结构见图 17-3。

色原酮　　　　　　　2-苯基色原酮　　　　　　　C_6—C_3—C_6

图 17-3　黄酮类化合物的基本结构

黄酮类化合物结构中常连接有酚羟基、甲氧基、甲基、异戊烯基等官能团。此外，它还常与糖结合成苷。

多数科学家认为黄酮的基本骨架是由三个丙二酰辅酶 A 和一个桂皮酰辅酶 A 生物合成而产生的。经同位素标记实验证明了 A 环来自三个丙二酰辅酶 A，而 B 环则来自桂皮酰辅酶 A。生物合成的大体过程如图 17-4 所示。

黄酮的分类是根据中央三碳链的氧化程度、B-环连接位置（2-或 3-位）以及三碳链是否构成环状等特点，将主要的天然黄酮类化合物分类：黄酮类（flavones）、黄酮醇（flavonols）、二氢黄酮类（flavonones）、二氢黄酮醇类（flavanonols）、花色素类（anthocyanidins）、黄烷-3，4-二醇类（flavan-3,4-diols）、双苯吡酮类（xanthones）、查耳酮（chalcones）和双黄酮类（biflavonoids）等十五种。另外，还有一些黄酮类化合物的结构很复杂，其中包括榕碱及异榕碱等生物碱型黄酮。黄酮类化合物主要结构类型见表 17-4。

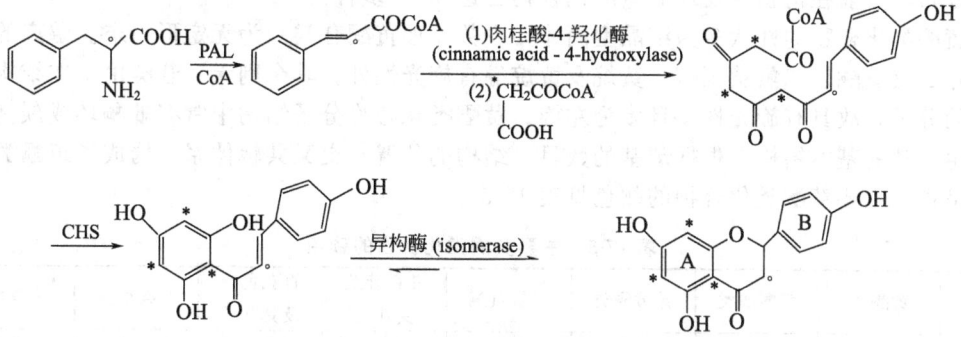

图 17-4　黄酮类化合物生物合成的基本途径

表 17-4　黄酮类化合物的主要结构类型

名称	三碳部分结构	名称	三碳部分结构
黄酮类 (flavones)		黄烷-3-醇类 (flavan-3-ols)	
黄酮醇 (flavonols)		异黄酮 (isoflavones)	
二氢黄酮类 (flavanones)		二氢异黄酮类 (isoflavanones)	
二氢黄酮醇类 (flavanonols)		查耳酮类 (chalcones)	
花色素类 (anthocyanidins)		二氢查耳酮类 (dihydrochalcones)	
黄烷-3,4-二醇类 (flavan-3,4-diols)		橙酮类 (aurones)	
双苯吡酮类 (xanthones)		高异黄酮类 (homoisoflavones)	
		双黄酮类 (biflavonoids)	C_6—C_3—C_6—C_3—C_6

　　植物体内的黄酮除少数以游离状态存在外，大多数与糖结合成苷，且多为氧苷，只有少数为碳苷。氧苷中糖链多数连在 C3、C7 和 C4 位上，糖链中常见的糖有 D-葡萄糖、L-鼠李

糖、D-半乳糖和D-葡萄糖醛酸、芸香糖、龙胆二糖、龙胆三糖等。黄酮类化合物在植物界广为分布，目前在植物界发现的黄酮化合物已达5000多种。

黄酮类化合物的性状多为结晶型固体，少数（如黄酮苷类）为无定形粉末。游离的苷元中，除二氢黄酮、二氢黄酮醇、黄烷及黄烷醇有旋光性外，其余则无。苷类由于在结构中引入糖的分子，故具有旋光性，且多为左旋。黄酮类化合物分子结构中常有吡酮环或羰基，构成了生色基的基本结构，根据羰基的数目、结构的位置与交叉共轭体系，构成了黄酮类化合物的呈色。主要黄酮类化合物的颜色见表17-5。

表17-5　主要黄酮类化合物的颜色

成分	黄酮类	黄酮醇类	异黄酮类	二氢黄酮	花色苷及其苷元	百花色苷及其苷元	儿茶精类	查耳酮类
颜色	灰黄	灰黄	无色	无色	粉红或红紫	无色	无色	黄色

（二）黄酮类化合物的理化性质

天然黄酮类化合物多以苷类形式存在，并且由于糖的种类、数量、连接位置及连接方式不同，可以组成各种各样黄酮苷类。组成黄酮苷的糖类包括单糖、双糖、三糖和酰化糖。黄酮苷固体为无定形粉末，其余黄酮类化合物多为结晶性固体。黄酮类化合物不同的颜色为天然色素家族添加了更多色彩。这是由于其母核内形成交叉共轭体系，并通过电子转移、重排，使共轭链延长，从而显现出颜色。黄酮苷一般易溶于水、乙醇、甲醇等极性强的溶剂中；但难溶于或不溶于苯、氯仿等有机溶剂中。糖链越长，则水溶度越大。黄酮类化合物因分子中多具有酚羟基，故显酸性。酸性强弱因酚羟基数目、位置而异。

1. 性状

黄酮类化合物的颜色与分子中是否存在交叉共轭体系及助色基（—OH、—OCH₃等）的种类、数目以及取代基的位置有关。例如黄酮，其色原酮部分原本无色，但在2位上引入苯环后，即形成交叉共轭体系，并通过电子转移、重排，使共轭链延长，因而显现出颜色，见表17-5。在黄酮、黄酮醇分子中，尤其在C7位及C4位引入—OH及—OCH₃等助色基后，使化合物的颜色加深。但—OH及—OCH₃引入其他位置则影响较小。

花色素及其苷元的颜色随pH值不同而改变，一般显红（pH＜7）、紫（pH 8.5）、蓝（pH＞8.5）等颜色。

2. 溶解性

黄酮类化合物的溶解性因结构及存在状态（苷或苷元、单体苷、双糖苷或三糖苷）不同而有很多的差异。

一般游离苷元难溶或不溶于水，易溶于甲醇、乙醇、乙酸乙酯、乙醚等有机溶剂及稀碱水溶液中。其中黄酮、黄酮醇、查耳酮等平面型的分子，因分子与分子间排列紧密，分子间引力较大，故更难溶于水；而二氢黄酮及二氢黄酮醇等，因系非平面性分子，故分子与分子间排列不紧密，分子间引力降低，有利于水分子进入，溶解度稍大。

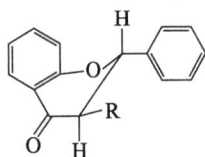

R＝H，　二氢黄酮
R＝OH，二氢黄酮醇　　　　　花青素

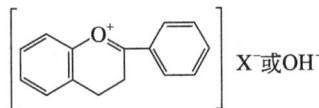

花色苷元（花青素）类虽也为平面型结构，但因以离子形式存在，具有盐的通性，故亲水性较强，水溶度较大。

黄酮类苷元分子中引入羟基，将增加在水中的溶解度；而羟基经甲基化后，则增加在有机溶剂中的溶解度。例如，一般黄酮类化合物不溶于石油醚中，故可与脂溶性杂质分开。

黄酮类化合物的羟基糖苷化后，水溶度相应加大，而在有机溶剂中的溶解度则相应减小。黄酮苷一般易溶于水、甲醇、乙醇等强极性溶剂中，但难溶或不溶于苯、氯仿等有机溶剂中。糖链越长，则水溶度越大。

另外，糖的结合位置不同，对苷的水溶度也有一定的影响，以棉黄素（3,5,7,8,3′,4′-六羟基黄酮）为例，其3-O-葡萄糖苷的水溶解度大于7-O-葡萄糖苷。

3. 酸碱性

(1) 酸性 黄酮类化合物因分子中多具有酚羟基，故显酸性，可溶于碱性水溶液、吡啶、甲酰胺及二甲基甲酰胺中。

由于酚羟基数目及位置不同，酸性强弱也不同，以黄酮为例，其酚羟基酸性强弱顺序依次为：

$$7,4′-二-OH > 7- 或 4′-OH > 一般酚 OH > 5-OH$$

此性质可用于黄酮的提取、分离及鉴定研究。例如，C7-OH 因为处于 C=O 的对位，在 p-π 共轭效应的影响下，酸性较强，可溶于碳酸钠水溶液中，据此可用于鉴定。

(2) 碱性 γ-吡喃环上的1-氧原子，因有未共用的电子对，故表现微弱的碱性，可与强无机酸，如浓硫酸、盐酸等生成盐，但生成的盐极不稳定，加水后即可分解。

黄酮类化合物溶于浓硫酸中生成的盐，常常表现出特殊的颜色，可用于鉴别。某些甲氧基黄酮溶于浓盐酸中显深黄色，且可与生物碱沉淀试剂（碘化汞钾、碘化铋钾试剂等）生成沉淀。

4. 显色反应

(1) 盐酸-镁粉（或锌粉）反应 该反应是鉴定黄酮类化合物最常用的颜色反应。多数黄酮、黄酮醇、二氢黄酮及二氢黄酮醇类化合物显橙红～紫红色，少数显紫～蓝色，当B环上有—OH 或—OCH$_3$ 取代时，呈现的颜色亦即随之加深。但查耳酮、橙酮、儿茶素类则无该显色反应。异黄酮类除少数外，也不显色。反应机理现在认为是生成了碳正离子的缘故。

(2) 四氢硼钠（NaBH$_4$）反应 四氢硼钠是对二氢黄酮类化合物专属性较高的一种还原剂，产生红～紫色。而与其他黄酮类化合物均不显色。

(3) 金属盐类试剂的络合反应 黄酮类化合物分子中常含有下列结构单元，故常可与铝盐、铅盐、锆盐、镁盐、锶盐、铁盐等试剂反应，生成有色配合物。与1%三氯化铝或硝酸铝溶液反应，生成的配合物多为黄色（λ$_{max}$ =415nm），并有荧光，可用于定性及定量分析。

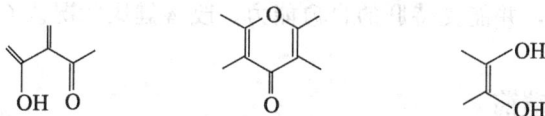

(4) 硼酸显色反应 当黄酮类化合物分子中有下列结构时，在无机酸或有机酸存在的条件下，可与硼酸反应，生成亮黄色。显然5-羟基黄酮及2-羟基查耳酮类结构可以满足要求，故可与其他类型区别。一般在草酸存在下显黄色并具有绿色荧光，但在枸橼酸/丙酮存在的条件下，则只显黄色而无荧光。

$$-\overset{|}{\underset{|}{C}}-\overset{\text{OH}}{\underset{|}{C}}=\overset{|}{C}-$$

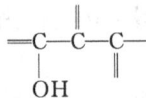

(5) **碱性试剂显色反应** 在日光及紫外线下，通过纸斑反应，观察样品用碱性试剂处理后的颜色变化情况，对于鉴别黄酮类化合物有一定意义。其中，用氨蒸气处理后呈现的颜色变化置空气中随即褪去，但经碳酸钠水溶液处理而呈现的颜色置空气中却不褪色。

此外，利用碱性试剂的反应还可帮助鉴别分子中某些结构特征。例如：二氢黄酮类化合物易在碱溶液中开环，转变成相应的异构体——查耳酮类化合物，显橙~黄色。

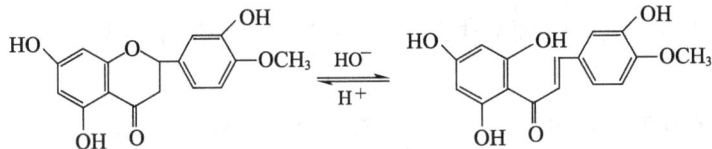

而黄酮醇类化合物在碱液中先呈黄色，通入空气后变为棕色，据此可与其他黄酮类区别。当黄酮类化合物分子中有邻二酚羟基取代或 3,4'-二羟基取代时，在碱液中不稳定，易被氧化，产生黄色→深红色→绿棕色沉淀。

思考题 17-4 黄酮和异黄酮在结构上主要区别是什么？黄酮的生物合成途径是什么？

（三）黄酮的功效

黄酮类化合物在医药及保健品研究领域取得了许多重大成绩。

1. 治疗心脑血管病药物

黄酮类化合物在防治心脑血管疾病方面已发挥了重要作用。自 20 世纪 60 年代起，国内外先后研制开发了以银杏叶提取物制成的各种银杏制剂，内含 24% 的黄酮（槲皮素、异鼠李素、山奈酚及其苷构成），适用于脑功能障碍，智力功能衰退，末梢血管血流障碍伴随的肢体血流不畅。临床上用于治疗冠心病、心绞痛、脑血管疾病等均有良好的疗效。利用沙棘总黄酮开发的心达康片是治疗心绞痛，预防动脉粥样硬化、心肌梗死、脑血栓的理想天然药物。其他类似药物还有：利用山楂叶中的槲皮素、芸香苷、牡荆素等提取总黄酮制成"益心酮"片，葛根总黄酮、毛冬青总黄酮、玄参总黄酮、苦参总黄酮以及单味成分葛根素（异黄酮碳苷）。

2. 解毒护肝药物

水飞蓟是菊科水飞蓟属植物紫花水飞蓟种子的总黄酮提取物，内含水飞蓟素（silybin）、异水飞蓟素（silydianin）、次水飞蓟素（silychvistin），是常用抗肝炎药"益肝宁""利肝隆"及国外产品"silimarit"的主要有效成分，具有刺激新的肝细胞形成，抗脂质过氧化作用，用于治疗肝炎、肝硬化，并能支持肝的自愈能力，改善健康状况。（+）-儿茶素近来在欧洲也用作抗肝脏毒药物。

3. 消炎、止咳平喘药

20 世纪 70 年代我国研究的 124 种防治气管炎的植物药中就有 69 种主成分是黄酮类化合物，包括黄酮醇、双氢黄酮及其苷，大多是较好的消炎、止咳、平喘活性成分。从植物化学分类学观点对杜鹃花属 *Rhododendron*、杜香属 *Ledum* 进行筛选，找到众多含有类似药物的植物。

4. 无公害有机农药

化学合成农药的生产和使用日益受到环境和商业上的压力，开发具有特异性功能、靶标专一性较强、安全性较高的无公害农药显示了广阔的市场潜力。豆科植物广泛存在异黄酮类化合物，鱼藤酮（rotenone）及其类似物类鱼藤酮（rotenoids）是众所周知的植物杀虫剂，已实现商业化开发，可防治一系列害虫，其作用方式是抑制呼吸链电子传异，属呼吸毒剂，主要来自鱼藤属（Derris）、尖荚豆属（Lonchocarpus）和灰叶属（Tephrosia）植物。另一类紫檀素类（pterocarpinoids）为重要的植物防卫素（phytoalexins），具有很强的抗真菌、抗细菌活性，是从紫檀属（Pterocarpus）、刺桐属（Erythrina）、鸡血藤属（Millettia）植物中获取的。

5. 保健品类

黄酮类化合物的保健作用缘于其多种药理特性，如大豆中的染料黄酮晶体在亚性肿瘤的孕育中可有效地阻止血管增生，断绝养料来源，从而延缓或阻止肿瘤病变成癌症；大豆异黄酮还可以有效地抑制白细胞癌、结肠癌、肺癌和胃癌等的发生；芦丁又称维生素P，具有降低毛细血管脆性、改善微循环的作用，可用于糖尿病及高血压的辅助治疗；杜仲叶和元宝枫叶提取物中的黄酮类化合物对食用油脂和肉类均具有一定的抗氧化能力，还有预防和治疗多种疾病的作用，故可作为抗氧化剂添加到各类食品中去，不但起到抗氧化作用，而且具有一定的医疗保健作用。

黄酮的功效是多方面的，它是一种很强的抗氧剂，可有效清除体内的氧自由基，如花青素、花色素可以抑制油脂性过氧化物的全阶段溢出，这种阻止氧化的能力是维生素E的十倍以上，这种抗氧化作用可以阻止细胞的退化、衰老，也可阻止癌症的发生。

黄酮可以改善血液循环，可以降低胆固醇，向天果富含33种类黄酮，也可改善心脑血管疾病的症状。

被称为花色苷酸的黄酮化合物在动物实验中被证明可以降低26%的血糖和39%的三元脂肪酸丙酯，具有降低血糖的功效，但更重要的是它具有稳定胶原质的作用，因此它对糖尿病引起的视网膜病及毛细血管脆化有很好的作用。

黄酮可以抑制炎性生物酶的渗出，可以增进伤口愈合和止痛，栎素由于具有强抗组织胺性，可以用于各类敏感症。

蜂胶是蜂蜜从植物新生枝芽或树皮上采集的树胶，混以自身分泌加工而成的芳香胶状体，富含黄酮有效成分，被誉为"紫色黄金"，是天然免疫增强剂。

本章主要介绍了天然生物活性有机化合物中萜类、甾族化合物、生物碱、苷类、黄酮和异黄酮等，这仅仅是其中的一部分，还有一些生物活性较强的天然有机化合物，如苯丙素类、醌类化合物、糖类化合物等，都在人类的生育繁衍长河中起着非常重要的作用。更重要的是，经过近20年海洋天然有机化合物的研究，约有50万种，占地球生物资源的80%逐渐被人类所认识，从海洋生物中发现的新化合物，以其新奇的结构和广泛的生物活性引人入胜。

Summary

Terpenoids, steroids, alkaloids, glycosides, flavonoids and isoflavones are widely found in plants, insects, fungi and other organisms, which have an important physiological function for the living being. Terpenoids are derived from polymers of isoprene and/or derivatives of isoprene. Apart from exceptive individuals, most of terpenoids' skeletons possess special basic unit which consisting of 5 carbon atoms, and its molecular formula can meet to the special regularity of $(C_5H_5)_n$.

Most of the steroids contain four fused rings: three cyclohexane rings and one cyclopentane ring. The fused rings usually link with three side chains: two angular methyl and an additional substituent group including many carbon atoms. The double bonds, hydroxyl groups, and other substituent groups are always contained in the steroid rings. There is a close relationship in the biological synthesis of terpenoids and steroids.

Alkaloids are a class of compounds distributed in plants including nitrogen atoms in the skeleton which have an important physiological function for human beings and animals. Many alkaloids belong to secondary, tertiary, or quaternary amine, a small number of them belong to primary amine. Heterocyclic rings also present very common in the structures.

Flavones and isoflavones are a class of compounds that exhibit antioxidant, anticancer, antimicrobial, and anti-inflammatory properties. Increasing evidence has highlighted the potential for flavones and isoflavones to prevent the chronic diseases in which inflammation plays a key role.

习　题

1. 胆甾酸与胆汁酸的含义有何不同?

2. 指出下列生物碱化合物含有哪些杂环母核?

(1) 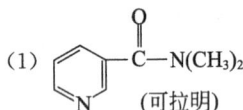 (可拉明)

(2) 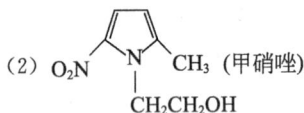 (甲硝唑)

(3)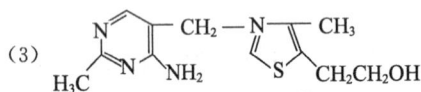

(4)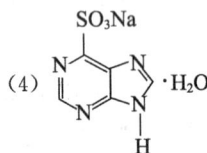

3. 用系统命名法命名下列萜类化合物。

(1)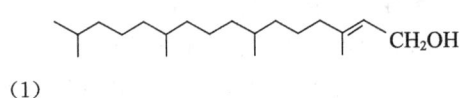

植物醇

(2)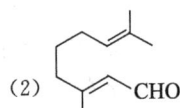

柠檬醛

(3)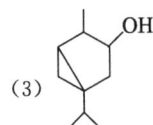

侧柏醇

(4)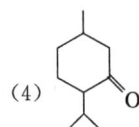

薄荷酮

4. 写出下列反应的产物。

(1)

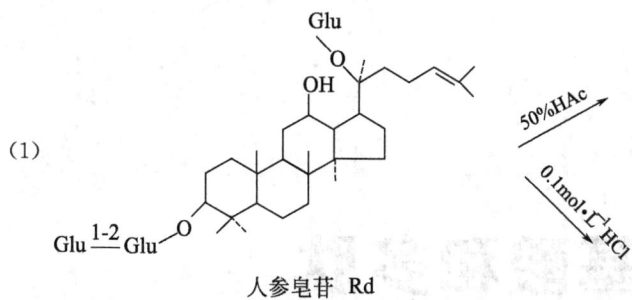

人参皂苷 Rd

(2)

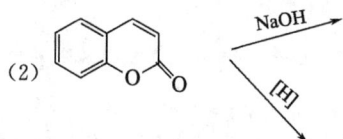

5. 判断下列黄酮的酸性强弱。如何将三者分开？

(1)

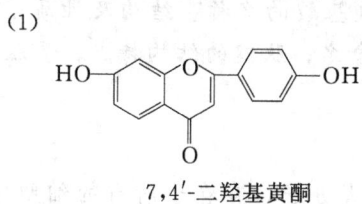

7,4′-二羟基黄酮

(2)

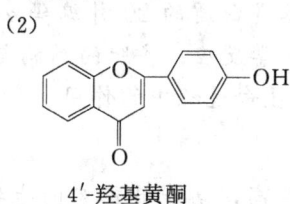

4′-羟基黄酮

(3)

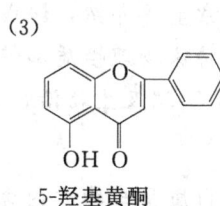

5-羟基黄酮

（吉林大学　李平亚）

第十八章

氨基酸和多肽

内容提示

　　本章主要介绍：组成天然蛋白质的 20 种编码 α-氨基酸的名称、结构及性质；氨基酸的特殊物理性质和特征化学反应；多肽的结构与命名；肽键的结构特点；多肽的 N-端与 C-端及生物活性肽在生命过程中的作用。

　　蛋白质是生物体内含量最高，功能最重要的生物大分子，存在于所有的细胞中。蛋白质约占细胞干重的 50% 以上。蛋白质被酸、碱或蛋白酶催化水解，最终均产生 α-氨基酸 （amino acid）。构成蛋白质的氨基酸约有 30 余种，其中常见的有 20 种，人们把这些氨基酸称为蛋白质氨基酸。肽 （peptide） 是氨基酸分子间脱水后以肽键 （peptide bond） 相互结合的物质，其分子量通常小于 1 万。多肽是生物体内一类重要的活性物质，生物活性肽 （bioactive peptide） 是沟通细胞及器官间信息的重要信使，与生物体的生长、发育、繁衍及代谢等生命过程关系密切。

　　在学完本章以后，你应该能够回答以下问题：

　　1. 编码氨基酸的结构特点是什么？可分为哪些类型？

　　2. 什么是氨基酸的等电点？中性氨基酸的等电点是小于 7，等于 7，还是大于 7？

　　3. 什么是肽单位？它有哪些基本特征？

一、氨 基 酸

（一）氨基酸的结构、分类和命名

1. 氨基酸的结构

　　氨基酸是一类分子中既含有氨基又含有羧基的化合物，可视为羧酸分子中烃基上的氢原子被氨基取代的化合物。根据氨基和羧基的相对位置，氨基酸可分为 α-、β-、γ-、…，ω-氨基酸。

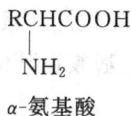　　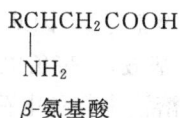　　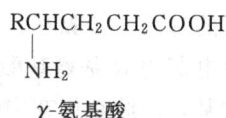

α-氨基酸　　　　　　　　β-氨基酸　　　　　　　　γ-氨基酸

目前在自然界中发现的氨基酸约有 300 种，但由天然蛋白质完全水解生成的氨基酸中只有 20 种与核酸中的遗传密码相对应，用于核糖体上多肽的合成，这 20 种氨基酸称为编码氨基酸（coding amino acid）。它们在化学结构上具有共同点，即在羧基 α-碳原子上有一个氨基，为 α-氨基酸（脯氨酸除外，均为 α-亚氨基酸）。

20 种编码氨基酸中除甘氨酸外，其他都含有手性碳原子，均具有旋光性。

习惯上，氨基酸的构型用 D/L 标记法标定：以甘油醛为参考标准，凡氨基酸分子中 α-氨基的位置与 L-甘油醛手性碳原子上—OH 的位置相同者为 L-型，相反则为 D-型。编码氨基酸均为 L-型。若以 R/S 法标记，则除半胱氨酸为 R-构型外，其余皆为 S-构型。

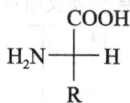　　　　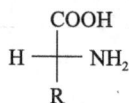

L-氨基酸　　　　　　　　D-氨基酸

苏氨酸和异亮氨酸中还含有第二个手性碳原子，它们的氨基酸构型分别为：

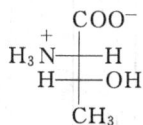　　　　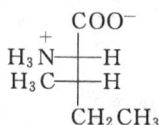

L-苏氨酸　　　　　　　　L-异亮氨酸

($2S,3R$)　　　　　　　　($2S,3R$)

2. 氨基酸的分类

根据 α-氨基酸通式中 R 基团的化学结构，氨基酸可分为脂肪族氨基酸（如丙氨酸、亮氨酸等）、芳香族氨基酸（如苯丙氨酸、酪氨酸等）和杂环氨基酸（如组氨酸、色氨酸等）三类，其中脂肪族氨基酸数目最多。

根据分子中所含氨基和羧基的相对数目，α-氨基酸可分为中性氨基酸（neutral amino acid）、酸性氨基酸（acidic amino acid）和碱性氨基酸（basic amino acid）三类。中性氨基酸含有一个氨基和一个羧基，如甘氨酸、苯丙氨酸等。酸性氨基酸含有两个羧基和一个氨基，如天冬氨酸、谷氨酸等；而碱性氨基酸则含有一个羧基和两个氨基，如赖氨酸、精氨酸等。由于羧基的电离能力比氨基大，中性氨基酸水溶液不呈中性而呈酸性。值得注意的是，中性氨基酸半胱氨酸和色氨酸分子中存在弱酸性的侧链，在强碱条件下可失去质子，二者水溶液也呈酸性。

在医学上常根据氨基酸侧链 R 基团的极性及其所带电荷，将 α-氨基酸分为四类（表 18-1）。

(1) 非极性 R 基氨基酸。非极性 R 基氨基酸因其含非极性侧链，故具有疏水性，它们通常处于蛋白质分子内部。

(2) 不带电荷的极性 R 基氨基酸。不带电荷的极性 R 基氨基酸其侧链中含有羟基、巯基、酰胺基等极性基团，但它们在生理条件下却不带电荷，具有一定的亲水性，往往分布在蛋白质分子的表面。

(3) 带正电荷的 R 基氨基酸（碱性氨基酸）。带正电荷的 R 基氨基酸在其侧链中常常带有易接受质子的基团（如胍基、氨基、咪唑基等），因此它们在中性和酸性溶液中带正电荷。

（4）带负电荷的 R 基氨基酸（酸性氨基酸）。带负电荷的 R 基氨基酸在其侧链中带有能给出质子的羧基，因此它们在中性或碱性溶液中带负电荷。

3. 氨基酸的命名法

氨基酸通常根据其来源和特性等采用俗名来命名，如从蚕丝中可得到丝氨酸，甘氨酸具有甜味，天冬氨酸最初是由天门冬的幼苗中发现的。IUPAC-IBC 规定了常见的 20 种编码氨基酸的命名及三字母、单字母的通用缩写符号（表 18-1），这些符号在表达蛋白质及多肽结构时被广泛采用。氨基酸的系统命名法与其他取代羧酸的命名相同，即以羧酸为母体、氨基作为取代基来命名。

表 18-1　20 种编码氨基酸的名称和结构式

名　　称	中文缩写	英文缩写		结构式
非极性氨基酸				
甘氨酸(α-氨基乙酸) glycine	甘	Gly	G	$CH_2—COO^-$ $\overset{|}{{}^+NH_3}$
丙氨酸(α-氨基丙酸) alanine	丙	Ala	A	$CH_3—CH—COO^-$ $\overset{|}{{}^+NH_3}$
亮氨酸(γ-甲基-α-氨基戊酸)[①] leucine	亮	Leu	L	$(CH_3)_2CHCH_2—CHCOO^-$ $\overset{|}{{}^+NH_3}$
异亮氨酸(β-甲基-α-氨基戊酸)[①] isoleucine	异亮	Ile	I	$CH_3CH_2CH—CHCOO^-$ $\overset{|}{CH_3}\ \overset{|}{{}^+NH_3}$
缬氨酸(β-甲基-α-氨基丁酸)[①] valine	缬	Val	V	$(CH_3)_2CH—CHCOO^-$ $\overset{|}{{}^+NH_3}$
脯氨酸(α-吡咯烷甲酸) proline	脯	Pro	P	COO⁻ 吡咯烷结构
苯丙氨酸(β-苯基-α-氨基丙酸)[①] phenylalanine	苯丙	Phe	F	苯环—$CH_2—CHCOO^-$ $\overset{|}{{}^+NH_3}$
蛋(甲硫)氨酸(α-氨基-γ-甲硫基丁酸)[①] methionine	蛋	Met	M	$CH_3SCH_2CH_2—CHCOO^-$ $\overset{|}{{}^+NH_3}$
色氨酸[α-氨基-β-(3-吲哚基)丙酸][①] tryptophan	色	Trp	W	吲哚环—$CH_2CH—COO^-$ $\overset{|}{{}^+NH_3}$
非电离的极性氨基酸				
丝氨酸(α-氨基-β-羟基丙酸) serine	丝	Ser	S	$HOCH_2—CHCOO^-$ $\overset{|}{{}^+NH_3}$

名　称	中文缩写	英文缩写		结构式
谷氨酰胺(α-氨基戊酰胺酸) glutamine	谷胺	Gln	Q	$\underset{\underset{+NH_3}{|}}{H_2N-\overset{\overset{O}{\|}}{C}-CH_2CH_2CHCOO^-}$
苏氨酸(α-氨基-β-羟基丁酸)① threonine	苏	Thr	T	$\underset{\underset{OH\ \ +NH_3}{|\ \ \ \ \ |}}{CH_3CH-CHCOO^-}$
半胱氨酸(α-氨基-β-巯基丙酸) cysteine	半胱	Cys	C	$\underset{\underset{+NH_3}{|}}{HSCH_2-CHCOO^-}$
天冬酰胺(α-氨基丁酰胺酸) asparagine	天胺	Asn	N	$\underset{\underset{+NH_3}{|}}{H_2N-\overset{\overset{O}{\|}}{C}-CH_2CHCOO^-}$
酪氨酸(α-氨基-β-对羟苯基丙酸) tyrosine	酪	Tyr	Y	$HO-\langle\rangle-CH_2-\underset{\underset{+NH_3}{|}}{CHCOO^-}$
酸性氨基酸				
天冬氨酸(α-氨基丁二酸) aspartic acid	天	Asp	D	$\underset{\underset{+NH_3}{|}}{HOOCCH_2CHCOO^-}$
谷氨酸(α-氨基戊二酸) glutamic acid	谷	Glu	E	$\underset{\underset{+NH_3}{|}}{HOOCCH_2CH_2CHCOO^-}$
碱性氨基酸				
赖氨酸(α,ω-二氨基己酸)① lysine	赖	Lys	K	$\underset{\underset{NH_2}{|}}{+NH_3CH_2CH_2CH_2CH_2CHCOO^-}$
精氨酸(α-氨基-δ-胍基戊酸) arginine	精	Arg	R	$\underset{\underset{NH_2}{|}}{H_2N-\overset{\overset{+NH_2}{\|}}{C}-NHCH_2CH_2CH_2CHCOO^-}$
组氨酸[α-氨基-β-(4-咪唑基)丙酸] histidine	组	His	H	$\underset{\underset{+NH_3}{|}}{\langle咪唑\rangle-CH_2CH-COO^-}$

①为必需氨基酸。

表 18-1 中"①"标记的八种氨基酸为人体自身不能合成而又是生命活动中所必不可少的，称为必需氨基酸。它们必须依靠食物供应，若缺少，则会导致许多种类蛋白质的代谢和合成失去平衡从而引发疾病。

20 种编码氨基酸是构成蛋白质的基本组成单位，生物体中众多蛋白质的生物功能，无不与构成蛋白质的氨基酸种类、数量、排列顺序及由其形成的空间结构密切相关。因此，氨基酸对维持机体蛋白质的动态平衡意义重大。生命活动中，人及动物通过消化道吸收氨基酸并通过体内转化而维持其动态平衡，若其动态平衡失调，则机体代谢紊乱，甚至引起病变。许多氨基酸还参与代谢作用，对免疫器官、淋巴组织、单核-吞噬系统功能及抗感染能力都有一定作用，不少已用来治疗疾病。如甘氨酸是体内合成磷酸肌酸、血红素等的成分，并能对芳香族物质起解毒作用；丝氨酸在合成嘌呤、胸腺嘧啶和胆碱中供给碳链；酪氨酸可作为合成甲状腺素和肾上腺素的前体；精氨酸参与鸟氨酸循环，可促使血氨转变为尿素，是专用于因血氨升高引起的肝昏迷药物；谷氨酸与谷胺酰胺可用于改善脑出血后遗症的记忆障碍；谷胺酰胺和组氨酸用于治疗消化道溃疡；甘氨酸和谷氨酸可调节胃液酸度；亮氨酸能加速皮肤和骨头创伤的愈合，也用作降血糖及头晕治疗药。谷氨酸、色氨酸等能作用于神经系统，天冬氨酸、半胱氨酸、精氨酸、苯丙氨酸、组氨酸、赖氨酸等能提高免疫功能，而半胱氨酸、精氨酸、谷氨酸等具有解毒功能。医药上氨基酸主要用于复合氨基酸输液，由必需氨基酸等混合配成，作为高营养剂供病人注射用。氨基酸混合粉可作为运动员、高空工作者的补品。此外，α-氨基酸还作为工业原料合成多肽药物，如谷胱甘肽、促胃液素、催产素等。

1986 年英国的 Chamber 和德国的 Zinoni 等发现了第 21 个编码氨基酸——硒半胱氨酸（selenocysteine，Sec）：

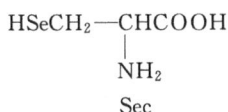

与半胱氨酸相比，硒半胱氨酸只是把—SH 换成了—SeH，Se 比 S 更易氧化成＋4 价，使其能保护膜组织和 DNA 不受过氧化物的损伤，硒半胱氨酸含量较高的谷胱甘肽过氧化酶几乎存在于所有的细胞中。由于自然界中硫/硒的含量相差很大，在自然条件下更有利于半胱氨酸的形成，这也可能是天然硒半胱氨酸含量少的原因之一。

2002 年美国的 Srinivasan 和 Hao 等报道发现了第 22 个编码氨基酸——吡咯赖氨酸（pyrrolysine，Pyl），目前仅发现其在产甲烷菌和一些古细菌中存在。

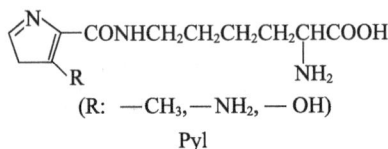

（二）非编码氨基酸

非编码氨基酸，又称作非蛋白氨基酸，是一类在核酸中没有相对应密码子的氨基酸，因而不能直接用于蛋白质合成。非编码氨基酸多为编码氨基酸的类似物或取代衍生物（甲基化、磷酸化、羟化、糖苷化、交联等），如 4-羟基脯氨酸、5-羟基赖氨酸、胱氨酸和磷酸丝氨酸等。胱氨酸是最重要的非编码氨基酸，可通过氧化两个半胱氨酸的巯基形成，生成的二硫键对维持蛋白质的结构具有重要作用；磷酸丝氨酸是最常见的非编码氨基酸，有些激酶的作用可通过蛋白质中某些特定的丝氨酸残基的磷酸化或脱磷酸化调节；4-羟基脯氨酸、5-羟基赖氨酸广泛存在于骨胶原和弹性蛋白中。

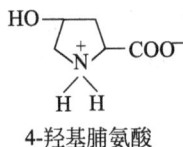

4-羟基脯氨酸

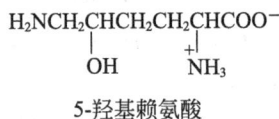

5-羟基赖氨酸

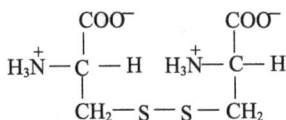

胱氨酸

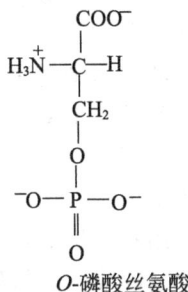

O-磷酸丝氨酸

还有一些非编码氨基酸能以游离或结合的形式存在于动物、植物、海洋生物和微生物体内，它们中有的是 L-型 α-氨基酸的衍生物，有的是 β-、γ-、δ-氨基酸，有的则是 D-型氨基酸，但普遍具有独特的生物活性。如 γ-氨基丁酸和 L-多巴是重要的神经传导递质，其中 γ-氨基丁酸存在于脑组织中，具有抑制中枢神经兴奋作用，由谷氨酸经谷氨酸脱羧酶作用形成；当 γ-氨基丁酸含量降低时，可影响脑细胞代谢从而影响其机能活动。L-瓜氨酸与 L-鸟氨酸是氨基酸代谢（尿素循环）的中间体等；L-甲状腺素存在于甲状腺球蛋白中，为甲状腺的主要激素，控制氧消耗和总代谢率。

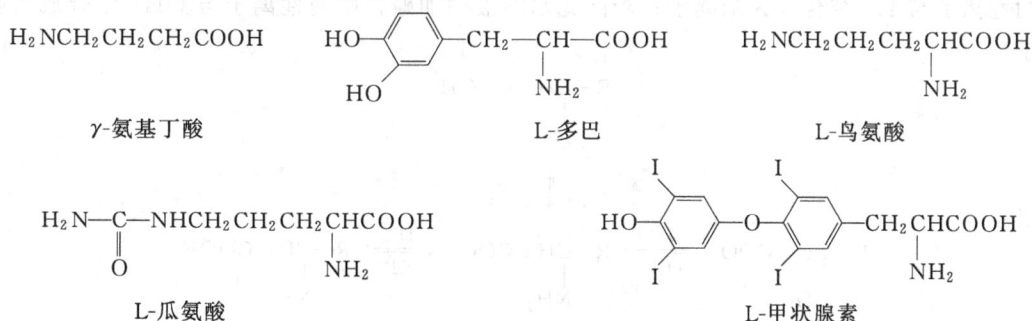

$$H_2NCH_2CH_2CH_2COOH$$

γ-氨基丁酸

L-多巴

$$H_2NCH_2CH_2CH_2CHCOOH \ | \ NH_2$$

L-鸟氨酸

$$H_2N-\overset{O}{\underset{||}{C}}-NHCH_2CH_2CH_2CHCOOH \ | \ NH_2$$

L-瓜氨酸

L-甲状腺素

D-氨基酸在微生物中较普遍，如金黄色葡萄球菌的细胞壁含有 D-丙氨酸和 D-异谷氨酸。植物和微生物常使用非编码氨基酸作为保护自身的武器，如刀豆氨酸是精氨酸的类似物，其中氧取代了 δ 位的亚甲基，它在苜蓿种子中积累为一种储存蛋白，具有天然防虫作用。

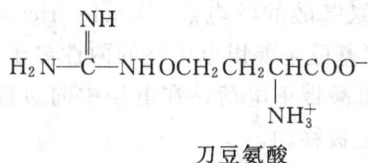

$$H_2N-\overset{NH}{\underset{||}{C}}-NHOCH_2CH_2CHCOO^- \ | \ NH_3^+$$

刀豆氨酸

还有一些非编码氨基酸通过形成肽键存在于天然的生物活性肽中，如具有抗癌活性的放线菌素 D、肽类抗生素铃鹿菌素等，这些生物活性肽经非编码氨基酸修饰后，提高了稳定性及生物活性。

目前已分离得到的非编码氨基酸约为 700 余种，其中确定了分子结构的约有 400 多种。非编码氨基酸是对天然氨基酸的有益补充，与编码氨基酸相比，它们对生命机体的生存和发育，自身代谢与结构功能方面有着编码氨基酸所不能起到的作用。人们对非编码氨基酸的研究不仅集中在发现与合成上，对其功能与应用的研究也逐渐深入，特别是非编码氨基酸在药物合成与开发等方面的研究，近年来科学家已设计并合成了一系列非编码氨基酸，用作临床治疗药物。

（三）氨基酸的性质

α-氨基酸为无色结晶，熔点较高，一般在 200～300℃之间，这是因为晶体中氨基酸以内盐形式存在，并且多数在熔化前受热分解放出 CO_2，例如，甘氨酸的熔点为 262℃（分解），酪氨酸的熔点为 310℃（分解）。每种氨基酸都有特殊的结晶形状，利用结晶形状可以鉴别氨基酸。各种氨基酸都能溶于水，其水溶液是无色的，但溶解度不同；酪氨酸在冷水中很难溶解，而在热水中溶解度较大。除脯氨酸易溶于乙醇外，其他均不溶解或很少溶解，但氨基酸的盐酸盐比游离的氨基酸易溶于酒精中。所有氨基酸都不溶于乙醚、氯仿等非极性溶剂，而易溶于强酸、强碱中。除甘氨酸外，所有编码氨基酸都具有旋光性，用测定比旋光度的方法可以测定氨基酸的纯度。

1. 氨基酸的两性性质和等电点

氨基酸分子中同时含有酸性的羧基和碱性的氨基，因此氨基酸是两性化合物，能分别与酸作用生成铵盐或与碱作用生成羧酸盐。但氨基酸的酸性比一般脂肪酸弱，碱性也比一般脂肪胺弱。一般情况下将氨基酸溶于水时，氨基酸不是以游离态的羧基和氨基存在的，而是发生分子内的成盐反应以内盐（偶极离子或两性离子，zwitterion）的形式存在，此时它的酸性基团是—NH_3^+而不是—COOH，碱性基团是—COO^-而不是—NH_2。若将此溶液酸化，则两性离子与H^+结合成为阳离子；若向此水溶液中加碱，则两性离子与OH^-结合成为阴离子。

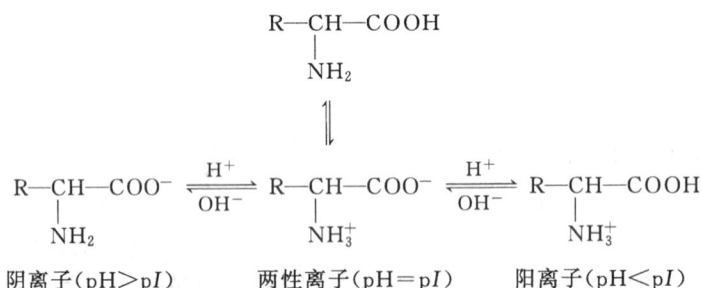

$$\begin{array}{c} R-CH-COOH \\ | \\ NH_2 \end{array}$$

$$\underset{NH_2}{\underset{|}{R-CH-COO^-}} \underset{OH^-}{\overset{H^+}{\rightleftharpoons}} \underset{NH_3^+}{\underset{|}{R-CH-COO^-}} \underset{OH^-}{\overset{H^+}{\rightleftharpoons}} \underset{NH_3^+}{\underset{|}{R-CH-COOH}}$$

阴离子(pH>pI)　　　　两性离子(pH=pI)　　　　阳离子(pH<pI)

由上可见，氨基酸的荷电状态取决于溶液的 pH 值，利用酸或碱适当调节溶液的 pH 值，可使氨基酸的酸性解离与碱性解离相等，所带正、负电荷数相等，这种使氨基酸处于等电状态的溶液的 pH 值称为该氨基酸的等电点（isoelectric point），以 pI 表示。在等电点时，氨基酸溶液的 pH＝pI，氨基酸主要以电中性的两性离子存在，在电场中不向任何电极移动；溶液的 pH＜pI 时，氨基酸带正电荷，在电场中向负极移动；而溶液的 pH＞pI 时，氨基酸带负电荷，在电场中向正极移动。

氨基酸的 pI 值主要由其羧酸（—COOH）和氨基（—NH_3^+）的电离常数 K_a 来决定，对于不含酸性或碱性侧链的中性氨基酸，其 pI 为 pK_{a1} 与 pK_{a2} 两个解离常数的平均值。含有强酸性或弱酸性侧链的氨基酸，其 pI 为两个最低的 pK_a 值的平均值；而含碱性侧链的氨基酸，其 pI 为两个最高的 pK_a 值的平均值。例如：

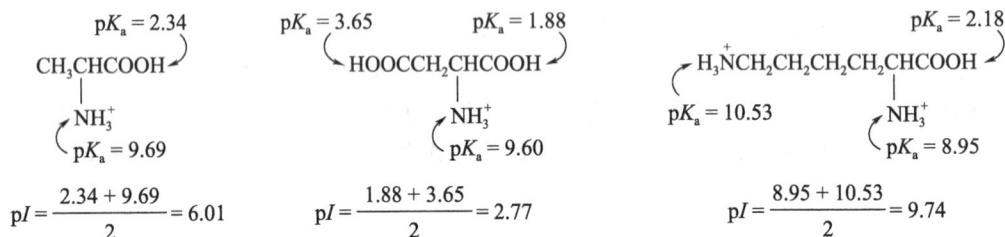

$$\begin{array}{c} \overset{pK_a=2.34}{} \\ CH_3CHCOOH \\ | \\ NH_3^+ \\ pK_a=9.69 \end{array} \qquad \begin{array}{c} \overset{pK_a=3.65}{} \qquad \overset{pK_a=1.88}{} \\ HOOCCH_2CHCOOH \\ | \\ NH_3^+ \\ pK_a=9.60 \end{array}$$

$$\begin{array}{c} \overset{pK_a=2.18}{} \\ H_3\overset{+}{N}CH_2CH_2CH_2CHCOOH \\ pK_a=10.53 \qquad | \\ NH_3^+ \\ pK_a=8.95 \end{array}$$

$$pI=\frac{2.34+9.69}{2}=6.01 \qquad pI=\frac{1.88+3.65}{2}=2.77 \qquad pI=\frac{8.95+10.53}{2}=9.74$$

各种氨基酸由于组成和结构不同，具有不同的等电点。等电点是氨基酸的一个特征常数，常见氨基酸的等电点见表 18-2。中性氨基酸由于羧基的电离略大于氨基，故在纯水中呈微酸性，其 pI 略小于7，一般在 5.0～6.5 之间，酸性氨基酸的 pI 在 2.7～3.2 之间，而碱性氨基酸的 pI 在 9.5～10.7 之间。

利用氨基酸等电点的不同，可以分离、提纯和鉴定不同氨基酸。氨基酸在等电点时，净电荷为零，在水溶液中溶解度最小。在高浓度的混合氨基酸溶液中，逐步调节溶液的 pH 值，可使不同的氨基酸在不同的 pH 时分步沉淀，即可得到较纯的氨基酸。在同一 pH 的缓冲溶液中，各种氨基酸所带的电荷不同，它们在直流电场中，移动的方向和速率不同，因此也可利用电泳分离或鉴定不同的氨基酸。

表 18-2　常见氨基酸的等电点

名　称	pK_{a1} α-COO$^-$	pK_{a2} α-NH$_3^+$	pK_a R—	pI
甘氨酸	2.34	9.60	—	5.97
丙氨酸	2.34	9.69	—	6.00
亮氨酸	2.36	9.60	—	5.98
异亮氨酸	2.36	9.68	—	6.02
缬氨酸	2.32	9.62	—	5.97
脯氨酸	1.99	10.60	—	6.30
苯丙氨酸	1.83	9.13	—	5.48
蛋氨酸	2.28	9.21	—	5.75
丝氨酸	2.21	9.15	—	5.68
谷氨酰胺	2.17	9.13	—	5.65
苏氨酸	2.09	9.10	—	5.60
半胱氨酸	1.96	10.28	8.18	5.07
天冬酰胺	2.02	8.80	—	5.41
酪氨酸	2.20	9.11	10.07	5.66
色氨酸	2.38	9.39	—	5.89
天冬氨酸	1.88	9.60	3.65	2.77
谷氨酸	2.19	9.67	4.25	3.22
赖氨酸	2.18	8.95	10.53	9.74
精氨酸	2.17	9.04	12.48	10.76
组氨酸	1.82	9.17	6.00	7.59

2. 氨基酸的反应

氨基酸的化学性质取决于分子中的羧基、氨基和侧链 R 基以及这些基团间的相互影响。氨基酸的羧基具有酸性，与碱作用成盐，与醇作用成酯，加热或在酶的作用下脱羧等；氨基具有碱性，与酸作用成盐，与 HNO$_2$ 作用定量放出氮气，与酰卤或酸酐反应生成酰胺；侧链 R 基的性质因基团的不同而异，如两分子半胱氨酸可被氧化成胱氨酸，酪氨酸具有酚的性质等。氨基酸除具有氨基和羧基的一般性质外，还由于它们相互影响使氨基酸表现出一些特殊的性质。

(1) 氧化脱氨基反应　氨基酸经氧化剂或氨基酸氧化酶作用，可脱去氨基生成酮酸，此反应在脱氨前先经过脱氢和水解两个步骤。

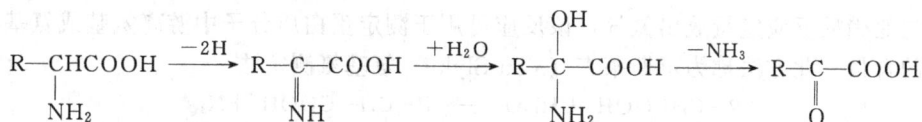

$$R-\underset{\underset{NH_2}{|}}{CH}COOH \xrightarrow{-2H} R-\underset{\underset{NH}{\|}}{C}-COOH \xrightarrow{+H_2O} R-\underset{\underset{NH_2}{|}}{\overset{\overset{OH}{|}}{C}}-COOH \xrightarrow{-NH_3} R-\underset{\underset{O}{\|}}{C}-COOH$$

上述过程也是生物体内氨基酸分解代谢的重要方式。

(2) 脱水成肽反应　在适当条件下，氨基酸分子间氨基与羧基相互脱水缩合形成的链状分子，叫做肽。两分子氨基酸缩合形成二肽。

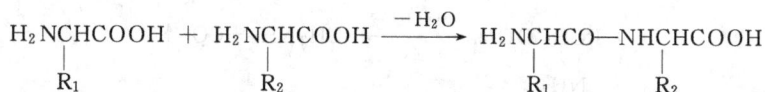

$$H_2NCHCOOH + H_2NCHCOOH \xrightarrow{-H_2O} H_2NCHCO-NHCHCOOH$$
$$\qquad\quad| \qquad\qquad\quad| \qquad\qquad\qquad\quad| \qquad\qquad\;\;|$$
$$\qquad\quad R_1 \qquad\qquad\quad R_2 \qquad\qquad\qquad\; R_1 \qquad\qquad\; R_2$$

肽分子中的酰胺键（—CO—NH—）通常称为肽键（peptide bond）。二肽分子中仍含有自由的羧基和氨基，因此可以继续与氨基酸缩合成为三肽、四肽、…、多肽、蛋白质等。生物化学中，通常将分子量在 10000 以下的称为多肽，10000 以上的称为蛋白质。

两分子氨基酸也可通过分子间的羧基与氨基相互交叉脱水形成环状酰胺：

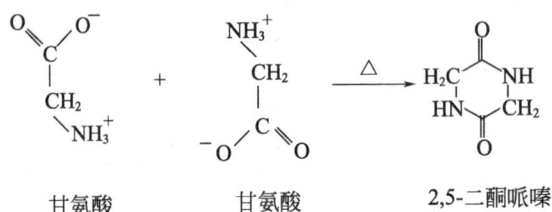

甘氨酸　　　　　甘氨酸　　　　　　2,5-二酮哌嗪

谷氨酸分子中的 γ-羧基与 α-氨基之间失去一分子水后形成分子内的酰胺，称为焦谷氨酸（pyroglutamine acid，缩写为 pGlu）：

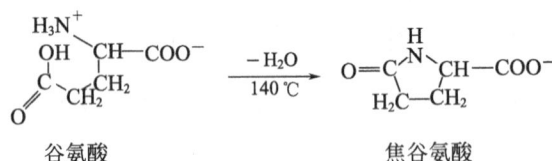

谷氨酸　　　　　　　　　　　　　　焦谷氨酸

(3) 与茚三酮反应　α-氨基酸与水合茚三酮溶液共热，经一系列反应，最终生成蓝紫色物质——罗曼氏紫（Rubeman's purple）。罗曼氏紫在 570nm 有强紫外吸收峰。如果在氨基酸中加入过量的水合茚三酮，则生成蓝紫色物质的多少或颜色深浅与反应液中氨基酸的浓度成正比，根据朗伯-比尔定律，测定 570nm 处吸光度，便可计算出溶液中氨基酸的浓度，此方法可用作 α-氨基酸定量。该显色反应也常用于氨基酸和蛋白质的定性鉴定及标记，如在层析、电泳等实验中应用。

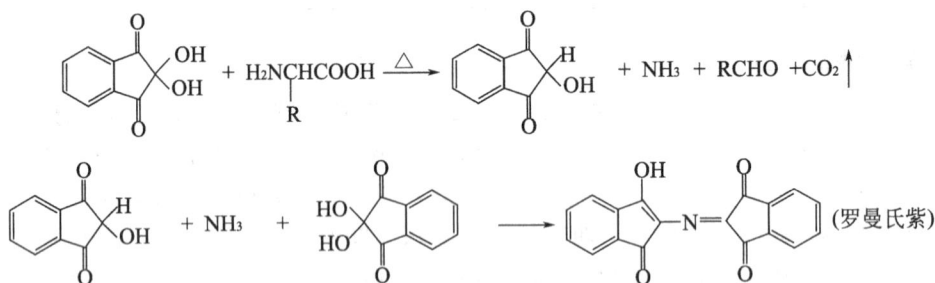

在 20 种 α-氨基酸中，脯氨酸与茚三酮反应显黄色（可在 440nm 进行定量分析），而 N-取代的 α-氨基酸以及 β-氨基酸、γ-氨基酸等不与茚三酮发生显色反应。

(4) 与亚硝酸反应　除亚氨基酸（脯氨酸等）外，α-氨基酸分子中的氨基具有伯胺的性质，能与亚硝酸反应定量放出氮气，该反应可用于测定蛋白质分子中游离氨基或氨基酸分子中氨基的含量。此方法称为范斯莱克（Van Slyke）氨基氮测定法。

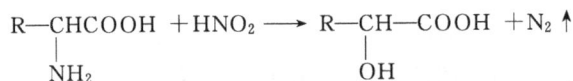

$$\underset{\underset{NH_2}{|}}{R-CHCOOH} + HNO_2 \longrightarrow \underset{\underset{OH}{|}}{R-CH-COOH} + N_2\uparrow$$

(5) 脱羧反应　氨基酸与氢氧化钡共热或在高沸点溶剂中回流，可脱去羧基，生成胺类。

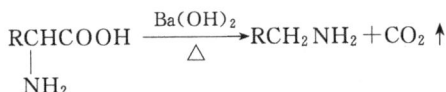

$$\underset{\underset{NH_2}{|}}{RCHCOOH} \xrightarrow[\triangle]{Ba(OH)_2} RCH_2NH_2 + CO_2\uparrow$$

生物体内脱羧反应可在酶的作用下发生，如蛋白质腐败时，精氨酸与鸟氨酸可发生脱羧

反应生成腐胺，赖氨酸脱羧可得尸胺。肌球蛋白中的组氨酸在脱羧酶的作用下，可转变为组胺，过量的组胺在肌体内易引起变态反应。由于氨基酸脱羧生成的产物大多呈碱性，若这些化合物不能正常代谢，堆积在体内，会引起碱中毒。

$$H_2NCH_2CH_2CH_2CH_2CHCOOH \xrightarrow[\triangle]{-CO_2} H_2NCH_2CH_2CH_2CH_2CH_2NH_2$$

赖氨酸   尸胺

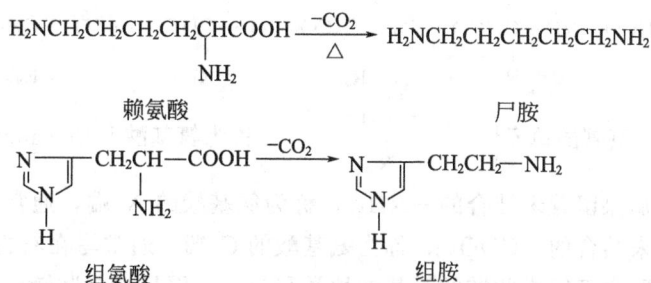

组氨酸   组胺

(6) 与 2,4-二硝基氟苯反应 在室温和弱碱性条件下，氨基酸中氨基上的氢原子可与 2,4-二硝基氟苯（DNFB）发生亲核取代反应生成稳定的二硝基苯基氨基酸（DNP-氨基酸）。

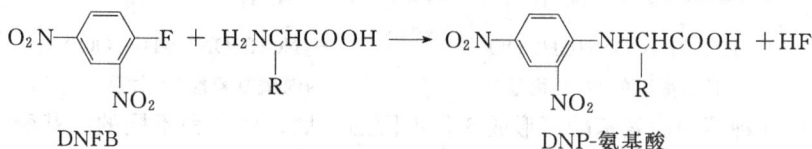

DNFB   DNP-氨基酸

DNP-氨基酸呈黄色，使用纸层析与标准 DNP-氨基酸比较，可用于氨基酸的检出。1955 年英国科学家 Sanger 用此法首次阐明了组成牛胰岛素的氨基酸的种类、数目和排列顺序，为认识蛋白质的结构作出了重要贡献。

(7) 与金属盐配合 α-氨基酸的羧基及氨基与某些金属盐配合，可形成有颜色的晶体，此反应可从混合物中沉淀或鉴别某些氨基酸。例如甘氨酸的铜盐结构如下：

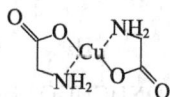

(8) 侧链 R 基的反应 氨基酸侧链 R 基中含有不同的基团，在一定条件下，可发生某些特殊的化学反应。例如，丝氨酸 R 基含有羟基，可形成磷酸酯；半胱氨酸 R 基上含有巯基，易被氧化成带有二硫键的胱氨酸。含有某些特殊 R 基的氨基酸，还可发生某些特殊的颜色反应。

① **蛋白黄反应** 含有苯基的氨基酸与浓硝酸作用可生成黄色硝基化合物，加入碱后则转变为橙红色，此反应可鉴别苯丙氨酸、酪氨酸和色氨酸。

② **米伦（Millon）反应** 含有酚羟基的氨基酸与米伦试剂（硝酸汞、硝酸亚汞和硝酸的混合液）共热，可生成红色沉淀，此反应可鉴别酪氨酸。

③ **乙醛酸反应** 含有吲哚环的氨基酸与乙醛酸混合后，再滴加浓硫酸，可在两液层交接面处出现紫红色环，此反应可鉴别色氨酸。

二、多　肽

（一）多肽的结构和命名

肽是由少于 50 个的氨基酸通过肽键相互连接而成的聚合物，其分子量小于 1 万。一分子氨基酸的羧基与另一分子中的氨基之间脱水缩合形成二肽，由三个氨基酸缩合而成的称为三肽，由多个氨基酸缩合而成的称为多肽。虽然存在着环肽，但绝大多数多肽为链状分子，以两性离子的形式存在：

$$\overset{+}{H_3}NCHCO-NH-CHCO-NH-CHCO-NH-CHCO\cdots NH-CHCOO^-$$

多肽链中的每个氨基酸单元 $\left(\begin{matrix}-HN-CH-CO-\\ |\\ R\end{matrix}\right)$ 称为氨基酸残基（amino acid residue）。

在多肽链的一端保留着未结合的—NH_3^+，称为氨基酸的 N-端，通常写在左边；在多肽链的另一端保留着未结合的—COO^-，称为氨基酸的 C-端，通常写在右边。

肽的结构不仅取决于组成肽链的氨基酸种类和数目，而且也与肽链中各氨基酸残基的排列顺序有关。例如，由甘氨酸和丙氨酸组成的二肽，可有两种不同的连接方式。

$$\overset{+}{H_3}NCH_2CONHCHCOO^-$$
甘氨酰丙氨酸（甘丙肽）

$$\overset{+}{H_3}NCHCONHCH_2COO^-$$
丙氨酰甘氨酸（丙甘肽）

同理，由 3 种不同的氨基酸可形成 6 种不同的三肽，由 4 种不同的氨基酸可形成 24 种不同的四肽，如果肽链中有 n 个不同的氨基酸，则可形成 $n!$ 种不同的多肽。因此氨基酸按不同的排列顺序可形成大量的异构体，它们构成了自然界中种类繁多的多肽和蛋白质。

肽的命名方法是以含 C-端的氨基酸为母体，把肽链中其他氨基酸名称中的酸字改为酰字，按它们在肽链中的排列顺序由左至右逐个写在母体名称前。在大多数情况下，多肽常使用缩写式，用表 18-1 中的英文三字母或单字母表示，连接氨基酸残基的肽键用"—"表示，如

$$\overset{+}{H_3}NCH_2CONHCHCONHCHCOO^-$$

命名：甘氨酰丙氨酰丝氨酸（甘丙丝肽）
缩写：Gly-Ala-Ser 或 G-A-S

肽键是构成多肽和蛋白质的基本化学键，肽键与相邻的两个 α-碳原子所组成的基团（$-C_\alpha-CO-NH-C_\alpha-$）称为肽单元（peptide unit）。多肽链由许多重复的肽单位连接而成，它们构成多肽链的主链骨架。各种多肽链的主链骨架都是一样的，但侧链 R 的结构和顺序不同，这种不同对多肽和蛋白质的空间构象有重要影响。

根据对一些简单的多肽和蛋白质中的肽键进行精细结构测定分析，得到常见的反式构型肽键的键长和键角等参数，如图 18-1 所示。

从以上有关数据可知，肽键具有以下特征。

(1) 肽键中的 C—N 键长为 0.132nm，较相邻的 C_α—N 单键的键长（0.147nm）短，但比一般的 C＝N 双键的键长（0.127nm）长，表明肽键中的 C—N 键具有部分双键性质，因此肽键中的 C—N 之间的旋转受到一定的阻碍。

(2) 肽键的 C 及 N 周围的 3 个键角和均为 360°，说明与 C—N 相连的 6 个原子处于同一平面上，这个平面称为肽键平面。

(3) 由于肽键不能自由旋转，肽键平面上各原子可出现顺反异构现象，顺式肽键因大基团间的相互作用处于高能态，所以多肽和蛋白质中的肽键主要是以反式肽键存在，即与 C—N键相连的 O 与 H 或两个 C_α 原子之间呈较稳定的反式分布。然而在与亚氨基酸脯氨酸

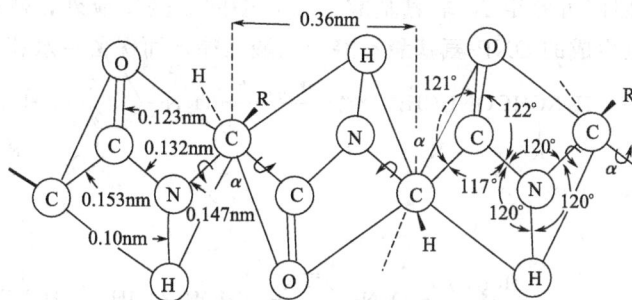

图 18-1　肽键平面及各键长、键角数据

的氨基和其他氨基酸残基形成的肽键中，顺式肽键的比例会增加。

肽键平面中除 C—N 键不能旋转外，两侧的 C_α—N 和 C—C_α 键均为 σ 键，相邻的肽键平面可围绕 C_α 旋转。因此，可把多肽链的主链看成是由一系列通过 C_α 原子衔接的刚性肽键平面所组成。肽键平面的旋转所产生的立体结构可呈多种状态，从而导致蛋白质和多肽呈现不同的构象。

（二）多肽的性质和序列的测定

C-端与 N-端游离的肽在水溶液中以偶极离子存在，故游离小肽的晶体熔点较高，肽键中的亚氨基在 pH 0～14 范围内不能解离。肽的酸碱性质主要取决于肽链中游离末端的氨基、羧基以及侧链 R 基团上的可解离的官能团。多肽是由手性的 L-α-氨基酸（甘氨酸除外）组成的，具有旋光性，其比旋光度值是重要的物理常数。

生物体内所含的生物活性肽含量往往很低，还与其他化合物混合在生物体内，因此首先要将肽进行一系列的分离、纯化，当样品经高效液相色谱鉴定，达到足够的纯度时（纯度应在 97% 以上），才可以进行其序列的测定。故测定多肽结构的一般顺序是首先确定组成多肽的氨基酸种类和数目，然后确定肽链中氨基酸的排列顺序。

1. 氨基酸组成和含量分析

要确定多肽样品中氨基酸的组成及含量，首先要将待测样品在 $6\,mol \cdot L^{-1}$ 的盐酸中加热使其彻底水解，得到各种游离氨基酸的混合物，除去非氨基酸杂质后，通过各种色谱技术或氨基酸自动分析仪以确定其组成成分，再经分子量的测定计算出各种氨基酸分子的数目。但在水解过程中，色氨酸被分解，丝氨酸、苏氨酸和酪氨酸部分分解，而天冬酰胺和谷氨酰胺的侧链酰氨基被水解变为天冬氨酸和谷氨酸。所以用酸水解法测定多肽样品中氨基酸的组成有一定的局限性，可用碱水解法测定色氨酸的含量或用甲磺酸代替盐酸分解多肽样品。而确定氨基酸在肽链中的排列顺序，往往需将末端残基分析和部分水解法配合进行。

2. 肽末端氨基酸残基的分析

末端残基分析就是确定肽链中 N-端和 C-端各是什么氨基酸。

N-端分析可用 Sanger 方法（即 2,4-二硝基氟苯法）、丹磺酰氯（DNS-Cl）法和 Edman 降解法等。

在弱碱性条件下，多肽链 N-端的氨基与 2,4-二硝基氟苯（DNFB）反应生成 N-二硝基苯基肽衍生物（DNP-肽），由于 DNP 基团与 N-端氨基结合较牢固，故当用酸再将 DNP-肽彻底水解成游离氨基酸时，可得黄色的 DNP-氨基酸和其他氨基酸的混合物。其中只有 DNP-氨基酸溶于乙酸乙酯；故用乙酸乙酯抽提，将抽提液进行色谱分析，并用标准的

DNP-氨基酸作为对照即可鉴定 N-端氨基酸。除末端的氨基反应外，侧链氨基也可有此反应，但反应较慢，且生成的 DNP-氨基酸不溶于乙酸乙酯，而保留在水相。

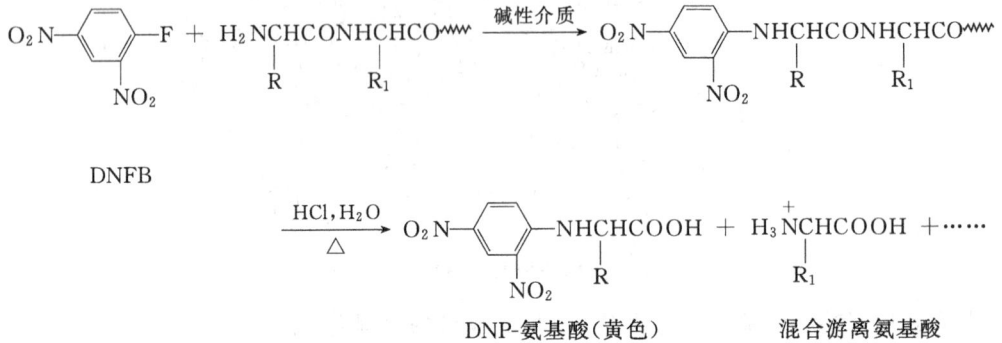

$$O_2N-\overset{}{\underset{NO_2}{\bigcirc}}-F \;+\; H_2NCHCONHCHCO\cdots \xrightarrow{\text{碱性介质}} O_2N-\overset{}{\underset{NO_2}{\bigcirc}}-NHCHCONHCHCO\cdots$$
$$\qquad\qquad\qquad\quad \underset{R}{|}\quad\underset{R_1}{|} \qquad\qquad\qquad\qquad\qquad \underset{R}{|}\quad\underset{R_1}{|}$$

DNFB

$$\xrightarrow[\triangle]{HCl,H_2O} O_2N-\overset{}{\underset{NO_2}{\bigcirc}}-\underset{R}{\overset{}{NHCHCOOH}} \;+\; \overset{+}{H_3}\underset{R_1}{NCHCOOH} \;+\cdots\cdots$$

DNP-氨基酸（黄色）　　　　　混合游离氨基酸

目前常采用丹磺酰氯（5-二甲氨基萘磺酰氯）法测定 N-端氨基酸。因丹磺酰氯是一种荧光试剂，能与多肽的 N-端氨基反应生成 DNS-多肽，经水解得到的 DNS-氨基酸在紫外线下有强烈的黄色荧光，灵敏度比 DNFB 法高 100 倍，且水解后 DNS-氨基酸不需要抽提，可直接用纸电泳或薄层色谱加以鉴定。丹磺酰氨基酸的结构式为：

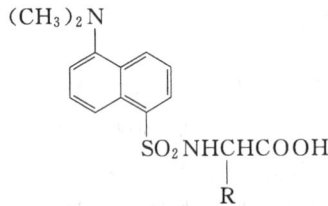

$$(CH_3)_2N-\overset{}{\bigcirc\bigcirc}-SO_2\underset{R}{\overset{}{NHCHCOOH}}$$

瑞典科学家 Edman 在上面的基础上又提出了用异硫氰酸苯酯与多肽 N-端氨基生成苯胺基硫代衍生物，然后在有机溶剂中与无水氯化氢作用。该方法最大的优点是能选择性地将 N-端残基以苯基乙内酰硫脲的形式水解下来并进行鉴定，而肽链的其余部分则可完整地保留。

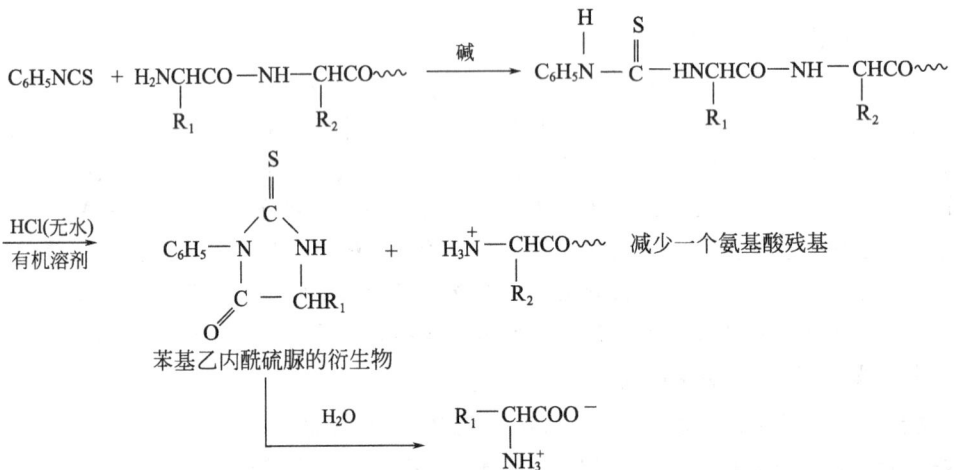

$$C_6H_5NCS \;+\; H_2NCHCO-NH-CHCO\cdots \xrightarrow{\text{碱}} C_6H_5-\overset{H}{\underset{\|}{\underset{S}{C}}}-HNCHCO-NH-CHCO\cdots$$
$$\qquad\qquad\qquad\quad \underset{R_1}{|}\qquad\underset{R_2}{|} \qquad\qquad\qquad\qquad\qquad\qquad \underset{R_1}{|}\qquad\underset{R_2}{|}$$

$$\xrightarrow[\text{有机溶剂}]{HCl(\text{无水})} \underset{\text{苯基乙内酰硫脲的衍生物}}{C_6H_5-N\underset{\overset{\|}{O}}{\overset{\overset{S}{\|}}{\overset{C}{\diagup}}}\overset{NH}{\underset{CHR_1}{\diagdown}}} \;+\; \overset{+}{H_3}N-\underset{R_2}{\overset{}{CHCO}}\cdots \quad \text{减少一个氨基酸残基}$$

$$\xrightarrow{H_2O} R_1-\underset{NH_3^+}{\overset{}{CHCOO^-}}$$

此法可以反复进行，缩短后的 N-端残基回收后可继续使用。理论上此法可测定出肽链中氨基酸残基的全部顺序，Edman 也据此制造出蛋白质自动顺序分析仪，但实际在测定了大约 40 个氨基酸残基后，用盐酸缓慢水解形成的各种氨基酸对后续测定有较大干扰。

在自然界中有些环肽或 N-端被封闭（如氨基被乙酰化等）的多肽，因没有 N-端的游离氨基，上述方法均不能与之反应。

C-端分析可采用肼解法和羧肽酶催化水解法等。

多肽链和过量的无水肼在100℃反应5～10h，除C-端氨基酸自由存在外，其他氨基酸都转变为氨基酸酰肼。向反应体系中加入苯甲醛，氨基酸酰肼转变为不溶于水的二亚苄衍生物；离心分离后，C-端氨基酸在水相，加入2,4-二硝基氟苯与C-端氨基酸反应，经色谱可鉴定之。

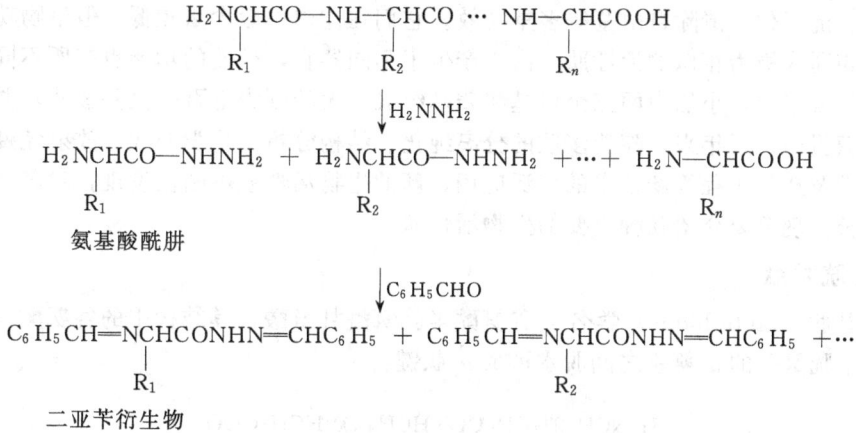

$$H_2NCHCO{-}NH{-}CHCO\cdots NH{-}CHCOOH$$
$$\underset{R_1}{\big|}\qquad\underset{R_2}{\big|}\qquad\qquad\underset{R_n}{\big|}$$

$$\Big\downarrow H_2NNH_2$$

$$H_2NCHCO{-}NHNH_2 + H_2NCHCO{-}NHNH_2 +\cdots+ H_2N{-}CHCOOH$$
$$\underset{R_1}{\big|}\qquad\qquad\underset{R_2}{\big|}\qquad\qquad\qquad\underset{R_n}{\big|}$$

氨基酸酰肼

$$\Big\downarrow C_6H_5CHO$$

$$C_6H_5CH{=}NCHCONHN{=}CHC_6H_5 + C_6H_5CH{=}NCHCONHN{=}CHC_6H_5 +\cdots$$
$$\underset{R_1}{\big|}\qquad\qquad\qquad\qquad\underset{R_2}{\big|}$$

二亚苄衍生物

目前羧肽酶法是测定C-端残基的各种方法中最常用、最有效的方法。羧肽酶是一类肽链外切酶，它专一地从肽链的C-端开始逐个降解，释放出氨基酸。被释放的氨基酸数目与种类随反应时间而变化。因此只要按一定时间间隔测定水解液中各氨基酸的浓度，即可推知简单肽链中氨基酸从C-端开始的排列顺序。

3. 肽链的部分水解

实际工作中用逐步切除末端残基的方法来测定一个长肽链中全部氨基酸残基的顺序是难以实现的，因为水解液中物质愈多，对鉴定的干扰愈大，达到一定程度后，鉴定将无法进行。故测定多肽链中氨基酸顺序，一般采用部分水解法，即用不同的蛋白酶酶切肽链的不同部位，如胰蛋白酶能专一性地水解精氨酸或赖氨酸的羧基肽键，其水解产物的C-端为精氨酸或赖氨酸；糜蛋白酶可水解芳香族氨基酸的羧基肽键；内切酶谷氨酸蛋白酶可内切甘氨酸和天冬氨酸羧基肽键；内切酶脯氨酸蛋白酶专切脯氨酸羧基肽键；内切酶赖氨酸蛋白酶专切赖氨酸羧基肽键等。当有足够的小碎片被鉴定以后，再进行组合、排列对比，找出关键性的重叠，推断各小片断在肽链中的位置，就可能得出整个肽链中各氨基酸残基的排列顺序。

有些肽链中还存在链内的二硫键，在完成多肽链的氨基酸顺序分析后，还需要对二硫键的位置加以确定。

基质辅助激光解析电离-飞行时间（MALDI-TOF）和电喷雾-四极杆-飞行时间（ESI-Q-TOF）质谱仪是目前广泛应用的生物质谱仪，可实现多肽质谱分析在全质量范围内的分辨率、灵敏度的同步性能提升，提高了多肽质谱定量检测分析的重现性。

（三）生物活性肽

生物体内有许多以游离态存在的肽类，具有各种特殊生物学功能，人们称之为内源性生物活性肽，如谷胱甘肽、神经肽、催产素、加压素、心房肽等。此外，人们从微生物、动植物蛋白质中也可分离出具有潜在生物活性的肽类，这些特殊肽在消化酶的作用下释放出来，以肽的形式被吸收后，参与摄食、消化、代谢及内分泌的调节，这种非机体自身产生的却具有生物活性的肽类物质称为外源性生物活性肽。饲料和食物是外源性生物活性肽的重要来源，目前研究的主要外源性生物活性肽有外啡肽、免疫调节肽、抗微生物肽、抗凝血肽、抗应激肽、抗氧化肽等。

生物活性肽是自然界中种类、功能较复杂的一类化合物。生物活性肽在生物的生长、发育、细胞分化、大脑活动、肿瘤病变、免疫防御、生殖控制、抗衰老及分子进化等方面起着重要的作用，具有涉及神经、激素和免疫调节、抗血栓、抗高血压、抗胆固醇、抗细菌病毒、抗癌、抗氧化、清除自由基等多重功效。它们在体内一般含量较低，但生物功能极其微妙，结构相同或极为相似的活性肽，由于产生于不同器官，行使的功能也有所不同。从生物活性肽的组成来看，小的由两三个氨基酸残基组成，大的则为上百个氨基酸残基并含有由亚基组成的糖蛋白。近年来，随着多肽的分离纯化、结构分析、化学合成、放射免疫测定、免疫细胞化学及遗传工程等新技术的广泛应用，新的生物活性肽不断被发现，对其功能的认识也不断增长。现简要介绍几种重要的生物活性肽。

1. 谷胱甘肽

谷胱甘肽（glutathione）学名 γ-谷氨酰半胱氨酰甘氨酸，其结构中的谷氨酸是通过它的 γ-羧基与半胱氨酸的 α-氨基之间脱水形成 α-肽键：

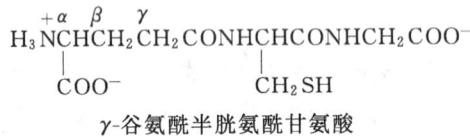

$$\overset{+}{H_3}N\overset{\alpha}{C}H\overset{\beta}{C}H_2\overset{\gamma}{C}H_2CONHCHCONHCH_2COO^-$$

（下标 COO⁻；CH₂SH）

γ-谷氨酰半胱氨酰甘氨酸

还原型谷胱甘肽（reduced glutathion，GSH）

谷胱甘肽分子中含有巯基，故称为还原型谷胱甘肽（GSH），通过巯基的氧化可使两肽链间形成二硫键，即成为氧化型谷胱甘肽（G—S—S—G）。

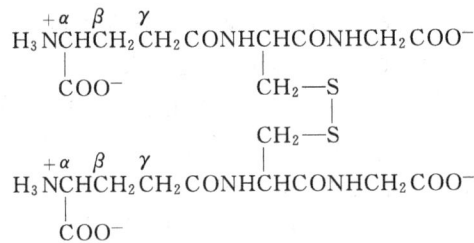

氧化型谷胱甘肽（oxidized glutathion，GSSG）

谷胱甘肽在生物体内以 GSH 和 GSSG 两种形式存在，但还原型为主（占 99% 以上），两者可以相互转化。

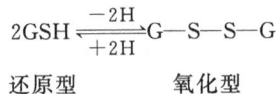

$$2GSH \underset{+2H}{\overset{-2H}{\rightleftharpoons}} G—S—S—G$$

还原型　　　　氧化型

谷胱甘肽广泛存在于生物细胞中，参与细胞的氧化还原，具有抗氧化性，是维持机体内环境稳定不可缺少的物质。它是机体代谢中许多酶的辅酶，并可通过其还原性巯基参与体内重要的氧化还原反应，如巯基与体内的自由基结合转化成容易代谢的酸类物质，从而加速自由基的排泄，减轻自由基对细胞膜、DNA 的损伤；也可保护细胞内含巯基酶的活性（如ATP 酶），防止因巯基氧化而导致的蛋白质变性。谷胱甘肽另一重要功能是解毒，目前临床上已将谷胱甘肽用于肝炎的辅助治疗、有机物及重金属的解毒、癌症辐射和化疗的保护等。

2. 催产素和加压素

催产素（oxytocin）和加压素（vasopressin）是最早从脑下垂体分离、鉴定的垂体后叶激素，美国科学家 Vigneaud 于 1954 年完成了这两个激素的分离、纯化、结构测定及化学合成，并于 1955 年获得诺贝尔化学奖。这两种激素在结构上较为相似，都是由 9 个氨基酸残基组成的，肽链中的两个半胱氨酸通过二硫键形成部分环肽，其 C-端不是游离的羧基而是酰胺。二者只是残基 3 和 8 不同，其余氨基酸顺序一样：

$$\begin{array}{l}
\text{H}_2\text{N——Cys}^1\text{——Tyr}^2\text{——Ile}^3 \\
\quad\quad\quad | \\
\quad\quad\quad \text{S} \\
\quad\quad\quad | \\
\quad\quad\quad \text{S} \\
\quad\quad\quad | \\
\text{Cys}^6\text{——Asn}^5\text{——Glu}^4 \\
\quad | \\
\text{Pro}^7\text{——Leu}^8\text{——Gly}^9\text{——CONH}_2
\end{array}
\qquad
\begin{array}{l}
\text{H}_2\text{N——Cys}^1\text{——Tyr}^2\text{——Phe}^3 \\
\quad\quad\quad | \\
\quad\quad\quad \text{S} \\
\quad\quad\quad | \\
\quad\quad\quad \text{S} \\
\quad\quad\quad | \\
\text{Cys}^6\text{——Asn}^5\text{——Glu}^4 \\
\quad | \\
\text{Pro}^7\text{——Arg}^8\text{——Gly}^9\text{——CONH}_2
\end{array}$$

催产素   加压素

催产素能促使子宫平滑肌收缩，具有催产及排乳作用；加压素能使小动脉收缩，从而增高血压，并有减少排尿作用，也称为抗利尿激素，对于保持细胞外液的容积和渗透压有重要的作用，是调节水代谢的重要激素。近年来有研究表明加压素还参与记忆过程；分子中的环状部分参与学习记忆的巩固过程，分子中的直线部分则参与记忆的恢复过程；催产素正好与加压素相反，促进遗忘。

3. 生长激素释放抑制因子

生长激素释放抑制因子（somatotropin-realise inhibiting factor，SRIF）是含一个二硫键的环十四肽，于 1972 年由 Guillemin 等报道从羊的下丘脑中分离纯化得到的。

$$\begin{array}{c}
\overline{}\text{S}\overline{}\text{S}\overline{} \\
\text{H——Ala——Gly——Gys——Lys——Asn——Phe——Phe——Try——Lys——Thr——Phe——Thr——Ser——Cys——OH} \\
\quad 1\quad\; 2\quad\;\; 3\quad\;\; 4\quad\;\; 5\quad\;\; 6\quad\;\; 7\quad\;\; 8\quad\;\; 9\quad\;\; 10\quad\; 11\quad\; 12\quad\; 13\quad\; 14
\end{array}$$

生长激素释放抑制因子主要分布在人体的中枢神经系统、下丘脑、胰脏、脑下腺及胃肠道中，可用于治疗人体的某些激素分泌失调，如治疗肢端肥大症等。它还可通过降低某些胃肠道内分泌肿瘤所产生的过高的血浆激素水平，从而使症状得到缓解。有些肿瘤可通过 SRIF 进行放射性标记，确定肿瘤细胞的位置。

SRIF 的作用范围较广，其半衰期为 2～4 min，分子中—Trp^8—Lys^9—之间的肽链较易被酶裂解，因此人们合成了大量 SRIF 类似物，以提高其在体内的稳定性，并增加其活性的选择性，已用于临床的 SRIF 类似物有奥曲肽（octreotide）、兰瑞肽（lanreotide）和伐普肽（vapretide）。

4. 促黄体生成激素释放激素

1971 年，Schally 等从猪的下丘脑中分离出促性腺激素释放激素（gonadotropin-releasing hormone，GnRH），又称促黄体生成激素释放激素（luterinizing hormone-releasing hormone，LHRH），并用化学法合成确证了 LHRH 的结构。LHRH 是一个既不含游离氨基，也不含游离羧基，并由九种不同的氨基酸组成的线形十肽，其结构如下：

$$\begin{array}{c}
\text{Pyro——Glu——His——Trp——Ser——Tyr——Gly——Leu——Arg——Pro——Gly——NH}_2 \\
\quad\quad\quad\;\; 1\quad\;\; 2\quad\;\; 3\quad\;\; 4\quad\;\; 5\quad\;\; 6\quad\;\; 7\quad\;\; 8\quad\;\; 9\quad\;\; 10
\end{array}$$

LHRH 调控着垂体的黄体生成激素（LH）和促卵泡激素（FSH）的分泌。为了寻找非甾体避孕药和治疗性激素依赖性的癌症如前列腺癌、子宫癌等，人们现已合成出 5000 多种 LHRH 类似物，其中少部分为激动剂，大部分为拮抗剂。高活性的 LHRH 激动剂可用于治疗癌症及用作避孕药。

5. Delta-诱眠肽

1977 年 Monnier 等从被剥夺睡眠的兔脑脊液中分离纯化了一个具有促睡眠活性的多肽，

由于其主要的生理活性是促进兔的慢波睡眠，并能特异性地增强兔脑电图中的 δ 波，故取名为 Delta-诱眠肽（Delta sleep-inducing peptide，DSIP），它是氨基 N-端为色氨酸的九肽，结构为：

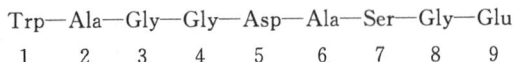

$$Trp\text{—}Ala\text{—}Gly\text{—}Gly\text{—}Asp\text{—}Ala\text{—}Ser\text{—}Gly\text{—}Glu$$
$$\quad 1 \quad\quad 2 \quad\quad 3 \quad\quad 4 \quad\quad 5 \quad\quad 6 \quad\quad 7 \quad\quad 8 \quad\quad 9$$

Delta-诱眠肽在兔体内含量极微，但活性很强。作为第一个阐明化学结构的促睡眠物质，Delta-诱眠肽引起了化学工作者的浓厚兴趣，已有 DSIP 及其类似物的合成报道。目前 DSIP 在临床上已用于调节睡眠障碍，也可用于预防中风，还有可能作为良好的抗癫痫剂及抗心律不齐的药物。

6. 神经肽

中枢神经系统中有一组小分子的肽，它们有非常特殊的生物化学功能，对人的情绪、痛觉、记忆和行为等生理现象产生较大的作用，故统称为神经肽（neuropeptide）。神经肽既能起递质或调质的作用，又能起激素的作用，使神经和内分泌两大系统的功能有机结合，共同调节机体各器官的活动。

P 物质是最早被发现的神经肽，属速激肽类物质，是一种 11 肽，其结构如下：

$$Arg\text{—}Pro\text{—}Lys\text{—}Pro\text{—}Gln\text{—}Gln\text{—}Phe\text{—}Phe\text{—}Gly\text{—}Leu\text{—}Met$$

P 物质对大脑皮质神经元、运动神经元和脊髓后角神经元都有缓慢的兴奋作用，还具有舒张血管、降压等作用。吗啡和脑啡肽能阻止 P 物质的释放。

内源性阿片肽包括脑啡肽（5 肽）、β-内啡肽（31 肽）、强啡肽 A（17 肽）、强啡肽 B（13 肽）、孤啡肽（17 肽）和内吗啡肽（4 肽）等，它们具有不同的氨基酸序列，在人体内有广泛的分布和多种生物学效应，参与痛觉信息调制和免疫功能的调节，还参与应激反应，并在摄食饮水、肾脏、胃肠道、心血管、呼吸体温等生理活动的调节中发挥重要作用，阿片肽还与学习记忆、精神情绪的调节有关。脑啡肽是近年来在高等动物脑中发现的比吗啡更具有镇痛作用的活性肽，由五个氨基酸残基组成，它包含两种结构，分别称为甲硫氨酸脑啡肽和亮氨酸脑啡肽，结构如下。

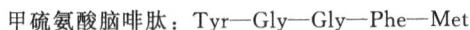

甲硫氨酸脑啡肽：$Tyr\text{—}Gly\text{—}Gly\text{—}Phe\text{—}Met$

亮氨酸脑啡肽：$Tyr\text{—}Gly\text{—}Gly\text{—}Phe\text{—}Leu$

从 5 个氨基酸的脑啡肽到 17 个氨基酸的强啡肽 A，再到 31 个氨基酸的 β-内啡肽，都有着关键性的 5 个共同的氨基酸序列，即 $Tyr\text{—}Gly\text{—}Gly\text{—}Phe\text{—}Met$（或 Leu），这一序列是阿片肽与阿片受体结合及表现阿片药理活性所必需的。这一序列构成了脑啡肽的全部序列以及一切其他阿片肽的 N-端。孤啡肽又称痛敏素，是一种 17 肽，其结构序列与强啡肽 A 相似，其 N-端第 2～4 氨基酸序列与所有内源性阿片肽骨架结构的第 2～4 氨基酸序列完全相同，具有抗阿片、血管舒张的效应，还表现出强大的平滑肌松弛、利尿、抗尿钠排泄活性。内吗啡肽是当今所知对 μ-受体亲和力和选择性最高的生物活性肽。由于脑啡肽一类物质是高等动物脑组织中所固有的，所以如果能化学合成，必然是一类既有镇痛作用而又不会像吗啡那样使病人上瘾的药物。我国中科院上海生化所于 1982 年利用蛋白质工程技术成功地合成了亮氨酸脑啡肽，不仅在应用方面而且在理论上都有重要意义，可在分子基础上阐明大脑的活动它为分子神经生物学的研究拓阔了思路。

7. 非蛋白质来源多肽

此外，在生物体还存在另一类的活性多肽，它们在氨基酸的组成及结构上与那些由蛋白质水解获得的多肽不同，称为非蛋白来源多肽，具有抗菌、抗肿瘤或抗病毒等作用，组成这些多肽的氨基酸分子除 20 种编码氨基酸外，还有非蛋白质氨基酸；除 L 型氨基酸外还有 D 型氨基酸；形成的多肽除链状外还有环状，如肌肽和短杆菌肽 A；肌肽分子中含有 β-丙氨酸，抗生素短杆菌肽 S 是含有 D-苯丙氨酸的环肽。

$$H_3\overset{+}{N}-CH_2CH_2-CONH-\underset{COO^-}{CH}CH_2\text{—咪唑环(H)}$$

肌肽(β-丙氨酰组氨酸)

$$H_3\overset{+}{N}-CH_2CH_2-CONH-\underset{COO^-}{CH}CH_2\text{—咪唑环(CH}_3\text{)}$$

鹅肌肽(β-丙氨酰-N-甲基组氨酸)

L-Val — L-Orn — L-Leu — D-Phe — L-Pro
| |
L-Pro — D-Phe — L-Leu — L-Orn — L-Val

短杆菌肽S(Orn为鸟氨酸)

由于体内蛋白酶通常是针对肽链中具有 L-α-氨基酸的肽类，有其特异性，而非蛋白质肽类在结构上的变异保护了这些肽类不被体内蛋白酶水解，所以这些肽在体内具有重要的生理意义。

Summary

Amino acids contain both amino and carboxylic acid functional groups. All the 20 coding amino acids from which proteins are derived are α-amino acids except proline. With the exception of glycine, all the amino acids are chiral and have the L configuration at their α-carbon atom. Although each of the 20 coding amino acids has unique properties, they can be classified into different categories based upon the physicochemical properties of R substituents.

The chemical properties of amino acids are determined by the functional groups, the amino group, carboxylic acid group, and the functional groups present in R substituents. The reactions involving carboxylic acid group include ionization, decarboxylation, and the formation of esters and amides. Reactions of the amino group include ionization, acylation and transamination. The side chains also undergo characteristic reactions of a certain functional group. Amino acids have novel acid-base properties and exist as zwitterions. Typically, in an acid solution an amino acid is protonated and exists primarily as a cation, while in base solution an amino acid is deprotonated and exists primarily as an anion. The isoelectric point (pI) is the pH at which the amino acid bears no net charge and hence does not move in a direct current electric field.

The most important biochemical reaction of amino acids is their conversion to peptides. The amide bond between the amino group of one amino acid and the carboxyl of another is called a peptide bond. The peptide bond is said to be a nearly planar structure and is a partial double bond between the carbon and the nitrogen of the peptide bond. There are plenty of biological active peptides exist in living systems. They show lots of physiology functions, such as hormones, neurotransmitters, antibiotics, antitumor agents, and immune modulator, etc.

习 题

1. 组成天然蛋白质的氨基酸有哪些？写出其结构式和名称，它们在结构上有何共同点？

2. 写出丙氨酸与下列试剂反应的产物。

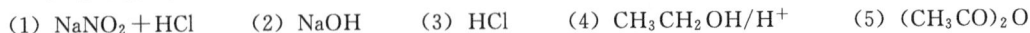

(1) $NaNO_2 + HCl$　　　(2) $NaOH$　　　(3) HCl　　　(4) CH_3CH_2OH/H^+　　　(5) $(CH_3CO)_2O$

3. 回答下列问题。

(1) 味精是谷氨酸的单钠盐，写出其结构式及加热后生成的产物。

(2) 若某氨基酸溶于纯水中的 pH 值为 6，它的 pI 应大于 6，小于 6，还是等于 6？为什么？

4. 组成蛋白质的 20 种氨基酸中，与亚硝酸反应时：

(1) 可生成乳酸的是哪种氨基酸？

(2) 不放出氮气的是哪种氨基酸？

(3) 放氮后的产物可与 $Cu(OH)_2$ 生成绛蓝色的是哪种氨基酸？

(4) 可生成苹果酸的是哪种氨基酸？

5. 写出在下列 pH 介质中各氨基酸的主要荷电形式。

(1) 谷氨酸在 pH＝3 的溶液中

(2) 丝氨酸在 pH＝1 的溶液中

(3) 缬氨酸在 pH＝8 的溶液中

(4) 赖氨酸在 pH＝12 的溶液中

6. 将组氨酸、酪氨酸、谷氨酸和甘氨酸混合物在 pH 6 时进行电泳，哪些氨基酸留在原点？哪些向正极泳动？哪些向负极泳动？

7. 化合物（A）$C_5H_9O_4N$ 具有旋光性，与 $NaHCO_3$ 作用放出 CO_2，与 HNO_2 作用产生 N_2，并转变为化合物（B）$C_5H_8O_5$，（B）也具旋光性。将（B）氧化得到（C）$C_5H_6O_5$，（C）无旋光性，但可与 2,4-二硝基苯肼作用生成黄色沉淀，（C）经加热可放出 CO_2，并生成化合物（D）$C_4H_6O_3$，（D）能起银镜反应，其氧化产物为（E）$C_4H_6O_4$。1mol(E) 常温下与足量的 $NaHCO_3$ 反应可生成 2mol CO_2，试写出（A）、（B）、（C）、（D）、（E）的结构式。

8. 某三肽完全水解时生成甘氨酸和丙氨酸两种氨基酸，该三肽若用 HNO_2 处理后再水解得到 2-羟基乙酸、丙氨酸和甘氨酸。试推测这三肽的可能结构式。

9. 某十肽水解时生成：缬-半胱-甘；甘-苯丙-苯丙；谷-精-甘；酪-亮-缬；甘-谷-精。试写出其氨基酸顺序。

（南京医科大学　张振琴）

第十九章

蛋 白 质

内容提示

　　本章主要介绍：蛋白质的组成及分类；蛋白质的结构层次和维持蛋白质一级结构和空间结构的化学键；蛋白质的理化性质及蛋白质结构与生物功能的关系。

　　蛋白质（protein）是一类结构复杂、功能特异的天然高分子化合物，存在于所有的生物体中，是生命的物质基础，没有蛋白质就没有生命，对蛋白质结构和功能的研究已成为 21 世纪生命科学最重要的课题之一。

　　生物体内的一切生命活动几乎都与蛋白质有关，例如，在新陈代谢中起催化作用的酶和起调节作用的某些激素，在抗御疾病中起免疫作用的抗体以及致病的病毒、细菌等都是蛋白质。近代生物学研究表明，蛋白质的作用不仅表现在遗传信息的传递和调控方面，而且对细胞膜的通透性及高等动物的思维、记忆活动等方面也起着重要的作用。

　　蛋白质特殊的功能取决于其复杂的结构。蛋白质是由各种 α-氨基酸以肽键结合而成的高聚物，蛋白质多肽链中氨基酸的种类、数目和排列顺序决定了每一种蛋白质的空间结构，从而决定蛋白质的各种生理功能。本章主要介绍蛋白质的组成、结构及其有关性质。

　　在学完本章以后，你应该能够回答以下问题：

　　1. 蛋白质分子结构可分为几级？维系各级结构的化学键是什么？

　　2. 蛋白质亲水溶胶的两个稳定因素是什么？

　　3. 何谓蛋白质变性？变性后的蛋白质与天然蛋白质有什么不同？

一、蛋白质分子的大小

　　蛋白质的结构极其复杂，种类繁多，估计人体内就有几十万种以上的蛋白质，其质量约占人体干重的 45%。蛋白质的组成元素主要是 C、H、O、N 四种，此外大多数含有 S，少数含有 P、Fe、Cu、Mn、Zn，个别蛋白质还含有 I 或其他元素。一般蛋白质中主要元素的百分组成为：C 50%～55%，H 6%～7%，O 11%～23%，N 15%～17%，S 0～4%。

由于生物组织中绝大部分氮元素都来自蛋白质，而含氮的非蛋白质物质约占蛋白质含氮量的1%，因此可将生物组织中的含氮量看作全部来自蛋白质，而且各种来源的蛋白质的含氮量相当接近，平均约为16%，即每克氮相当于6.25g的蛋白质，因此只要测定生物样品中的含氮量，即可计算出其中蛋白质的大致含量。

$$w_{\text{蛋白质}} = w_N \times 6.25$$

蛋白质的分子量在$6 \times 10^3 \sim 6 \times 10^6$，如表19-1所示。由于氨基酸残基的平均分子量为110，因此，对于不含辅基的简单蛋白质，用110除它的分子量即可估计氨基酸残基的数目。

表 19-1　一些蛋白质的分子量

蛋白质	分子量	残基数目	肽链数目	蛋白质	分子量	残基数目	肽链数目
胰岛素(牛)	5733	51	2	血红蛋白(人)	64500	574	4
核糖核酸酶(牛胰)	12640	124	1	己糖激酶(酵母)	102000	800	2
溶菌酶(卵清)	13930	129	1	γ-球蛋白(马)	149000	1250	4
肌红蛋白(马心)	16890	153	1	Glu脱氢酶(牛肝)	1000000	8300	40
糜蛋白酶(牛胰)	22600	241	1				

蛋白质与多肽均是氨基酸的多聚物，它们都是由各种α-氨基酸残基通过肽键相连，通常将分子量在10000以上的称为蛋白质，10000以下的称为多肽。但在小分子蛋白质与大分子多肽之间不存在绝对严格的界限。除分子量外，还认为多肽一般没有严密并相对稳定的空间结构，即其空间结构比较易变，具有可塑性，而蛋白质分子具有相对严密、比较稳定的空间结构，这也是蛋白质发挥其生物功能的基础，因此一般将胰岛素（分子量为5733）划归为蛋白质。

二、蛋白质的分类

简单化合物通常按结构分类。蛋白质结构复杂，种类繁多，由于多数蛋白质的结构尚未明确，目前还无法找到一种根据化学结构进行分类的方法，一般是根据蛋白质的分子形状、溶解度、化学组成和功能等对蛋白质进行分类。

1. 按蛋白质形状分类

（1）纤维状蛋白质

纤维状蛋白质（fibrous protein）的分子形状类似细棒状纤维，分子中多条肽链扭在一起或平行并列，并以氢键相互连接。根据在水中溶解度的差异，纤维状蛋白质可分为可溶性纤维状蛋白质和不溶性纤维状蛋白质，许多肌肉的结构和血纤维蛋白原等属于可溶性纤维状蛋白质，不溶性纤维状蛋白质包括弹性蛋白、胶原蛋白、角蛋白和丝心蛋白等。

（2）球状蛋白质

球状蛋白质（globular protein）的分子类似于球状或不规则椭圆球状，它们的多肽链自身扭曲折叠成特有的球形。在折叠时，分子内某些基团之间通过氢键、二硫键或范德华力相互作用。分子中的疏水基团分布在球形内部，而亲水基团分布在球形表面，因此球状蛋白往往溶于水和稀盐酸。血红蛋白、肌红蛋白、卵清蛋白和大多数酶属于此类。

2. 根据蛋白质化学组成分类

（1）单纯蛋白质

仅由氨基酸组成的蛋白质称为单纯蛋白质（simple protein），单纯蛋白质水解后的最终产物是 α-氨基酸，这类蛋白质按溶解性、沉淀所需盐类浓度、分子大小及来源不同，又可进一步分类，见表19-2。

表19-2　单纯蛋白质的分类

简单蛋白质	性质	实例
白蛋白	溶于水、稀酸、稀碱及中性盐溶液中，不溶于饱和硫酸铵溶液，加热易凝固	各种生物体中，如血清蛋白、乳清蛋白、卵清蛋白等
球蛋白	不溶于水，溶于稀酸、稀碱及中性盐溶液中，不溶于半饱和硫酸铵溶液，加热易凝固	普遍存在于各种生物体中，如免疫球蛋白、血清球蛋白、肌球蛋白等
谷蛋白	不溶于水、乙醇及中性盐溶液中，溶于稀酸、稀碱中	存在于五谷中，如米谷蛋白、麦谷蛋白等
醇溶谷蛋白	不溶于水、无水乙醇和稀盐溶液中，能溶于体积分数为70%～80%的乙醇中	存在于植物种子中，如玉米醇溶谷蛋白、麦醇溶谷蛋白等
精蛋白	易溶于水和稀酸中，呈强碱性，加热不凝固	大量存在于鱼的精子中，如鱼精蛋白
组蛋白	溶于水和稀酸中，不溶于稀氨水，加热不凝固	存在于胸腺和细胞核中，如小牛胸腺组蛋白
硬蛋白	不溶于水、稀酸、稀碱、中性盐及一般有机溶剂	存在于指甲、角、毛发中，如角蛋白、胶原蛋白和弹性蛋白

（2）结合蛋白质

结合蛋白质（conjugated protein）水解的最终产物除 α-氨基酸外，还有非蛋白质，如糖、脂肪、含磷化合物、含铁化合物等。结合蛋白中非蛋白质部分称为辅基（prosthetic group），结合蛋白质又可根据辅基的不同进行分类，见表19-3。

表19-3　结合蛋白质的分类

结合蛋白质	辅基	实例
核蛋白	核酸	动植物细胞核和细胞质内，如病毒、核蛋白、动植物细胞中的染色质蛋白
色蛋白	色素	动物血中血红蛋白、植物叶子中的叶绿蛋白和细胞色素等
磷蛋白	磷酸	染色质中的磷蛋白、乳汁中的酪蛋白和卵黄中的卵黄蛋白
糖蛋白	糖类	广泛分布于生物界、体内组织和体液中，如唾液中的糖蛋白、免疫球蛋白、蛋白多糖
脂蛋白	脂类	血浆和各种生物膜的成分，如乳糜蛋白、β-脂蛋白
金属蛋白	金属离子	铁蛋白、铜蛋白、激素、胰岛素等

3. 根据蛋白质生物功能分类

蛋白质可根据其生物功能进行分类，见表19-4。

（1）活性蛋白质

活性蛋白质（active protein）是指一切在生命运动中具有生物活性的蛋白质和它们的前体，如酶、转运蛋白、运动蛋白、保护和防御蛋白、激素蛋白、受体蛋白、营养和储存蛋白和毒蛋白等。

（2）结构蛋白质

结构蛋白（structural protein）是指一类担负着生物保护或支持作用的蛋白质，如角蛋白、弹性蛋白和胶原蛋白等。结构蛋白本身不具有生物活性。

表 19-4　按蛋白质生物功能分类

类别	生物功能	实例
酶	生物催化剂，催化生物体内的所有化学反应	核糖核酸酶、醇脱氢酶等
激素	调节机体各种代谢过程中的蛋白质和酶的活性	胰岛素、甲状旁腺素等
储存	储存氨基酸，为胚胎幼体和机体生长发育提供原料的蛋白质	血清清蛋白、卵清清蛋白等
运输	运输各种小分子和离子的蛋白质	血红蛋白、血浆脂蛋白和转铁蛋白等
运动	肌肉收缩系统的运动蛋白	肌球蛋白、肌动蛋白等
	非肌肉系统的运动蛋白	纤毛、鞭毛运动的蛋白质等
防御	以防御异形侵入机体，保护机体正常生理进行的蛋白质	各种免疫球蛋白、干扰素、毒蛋白等
受体	接受和传递信息作用的蛋白质	视紫红质、味觉蛋白、膜上受体蛋白
调控	调节控制细胞生长、分化、遗传信息表达	阻遏蛋白、非蛋白等
	帮助新生肽折叠的蛋白质	分子伴侣、折叠酶等
支撑	起支持保护作用的蛋白质	胶原蛋白、角蛋白、弹性蛋白等

三、蛋白质的结构

蛋白质是由肽链在三维空间结合而具有特定的复杂而精细结构的物质，它承担多种多样的生理作用和功能，这些重要的生理作用和功能是由蛋白质的组成和特殊空间结构所决定的。为了表示其不同层次的结构，常将蛋白质结构分为一级、二级、三级和四级结构。蛋白质的一级结构又称为初级结构或基本结构，二级以上的结构属于构象范畴，称为高级结构。随着科学的发展，对蛋白质结构的研究还在深入，近年来又在四级结构的基础上提出两种新的结构层次，即超二级结构和结构域。

（一）蛋白质的一级结构

蛋白质分子的一级结构（primary structure）是指多肽链中氨基酸残基的连接方式和排列顺序以及二硫键的数目与位置。有些蛋白质分子中只有一条多肽链，而有些则有两条或多条多肽链。在一级结构中肽键是其主要的化学键，另外在两条肽链之间或一条肽链的不同位置之间也存在其他类型的化学键，如二硫键、酯键等。任何特定的蛋白质都有其特定的氨基酸残基顺序，如牛胰岛素分子的一级结构见图 19-1。

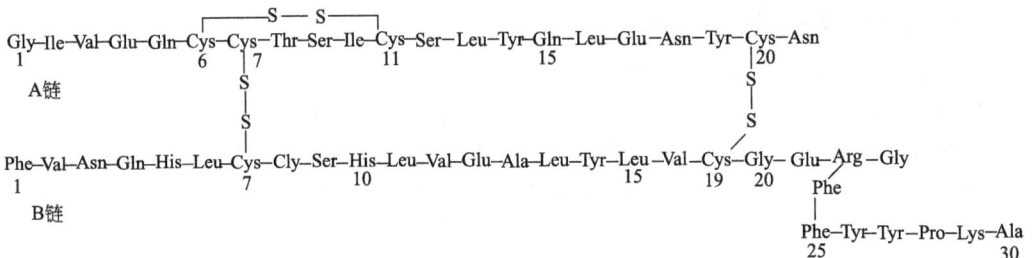

图 19-1　牛胰岛素的一级结构

牛胰岛素由 A 和 B 两条多肽链共 51 个氨基酸残基组成。A 链含有 11 种共 21 个氨基酸残基，N-端为甘氨酸，C-端为天冬酰胺；B链含有16种共30个氨基酸残基，N-端为苯丙氨酸，C-端为丙氨酸。A链内有一链内二硫键，A链和B链之间通过两条链间二硫键相互连接。

蛋白质分子的一级结构是蛋白质生物活性和特异空间结构的基础，它包含结构的全部信息，决定蛋白质分子构象的所有层次及其生物学功能的多样性和种属的特异性。不同的蛋白质，其一级结构不同，甚至在不同种属的同一种蛋白质中的氨基酸组成及其排列顺序也可能稍有差异。例如人胰岛素和猪胰岛素相差一个氨基酸残基；人胰岛素和牛胰岛素有三个氨基酸残基不同。

蛋白质的一级结构由基因上的遗传密码的排列顺序决定。体内某些蛋白质分子由于遗传基因的突变而引起其一级结构的改变，使蛋白质的功能丧失，从而引起病变，这就是分子病（molecular disease）。镰刀型血红蛋白贫血症是一种典型的遗传性分子病，它是由于正常血红蛋白的多肽链中N-端第6位的谷氨酸被缬氨酸替代，分子表面的负电荷减少，亲水基团成为疏水基团，促使血红蛋白分子不能正常聚合，溶解度降低，导致红细胞变形，呈镰刀状，并易于破裂。这种变形的红细胞寿命缩短，从而严重影响了其运载 O_2 的功能，导致出现溶血性贫血。镰刀型贫血病患者不到十年就会死亡。

蛋白质的一级结构是其空间构象的基础，因此测定蛋白质的氨基酸顺序有重要意义，其方法可参见第十八章多肽序列的测定，目前主要使用氨基酸自动分析仪和肽链氨基酸顺序自动测定仪测定。

（二）维持蛋白质分子构象的化学键

一条任意形状的多肽链是不具有生物活性的。蛋白质分子有特定的三维结构，在主链之间、侧链之间和主链与侧链之间存在着复杂的相互作用，使蛋白质分子在三维水平上形成一个有机整体。蛋白质的构象又称空间结构、高级结构、立体结构、三维结构等，指的是蛋白质分子中所有原子在三维空间的排布，主要包括蛋白质的二级结构、超二级结构、结构域、三级结构和四级结构。肽键为蛋白质分子的主键，除肽键外，还有各种副键维持蛋白质的高级结构。这些副键包括氢键、二硫键、盐键、疏水作用力、酯键、范德华力、配位键（图19-2）。

1. 氢键（hydrogen bond）

蛋白质分子中存在两种氢键：一种是在主链之间形成的氢键，如多肽链中羰基上的氧原子与亚氨基的氢原子之间形成的氢键；另一种是在侧链R基团间形成的氢键，如酪氨酸侧链中的酚羟基和丝氨酸中的醇羟基都可与天冬氨酸或谷氨酸侧链中的羧基以及组氨酸中的咪唑基之间形成氢键。

2. 二硫键（disulfide bond）

二硫键是两个硫原子之间形成的共价键，在蛋白质中是由两个半胱氨酸残基的两个巯基之间脱氢而形成的。它可将不同的肽链或同一肽链的不同肽段连接起来，对维持和稳定蛋白质的构象具有重要作用；二硫键一旦被破坏，蛋白质的生物活性就可能丧失。绝大多数蛋白质分子中都含有二硫键，因其是共价键，键能较高，比较牢固。二硫键数目越多，蛋白质分子抗拒外界因素的能力也越强，蛋白质分子结构的稳定性也越高。例如，生物体内具有保护功能的毛发、鳞甲、角、爪中的主要蛋白质是角蛋白，它所含二硫键数量最多，因而抵抗外界理化因素的能力也越强。

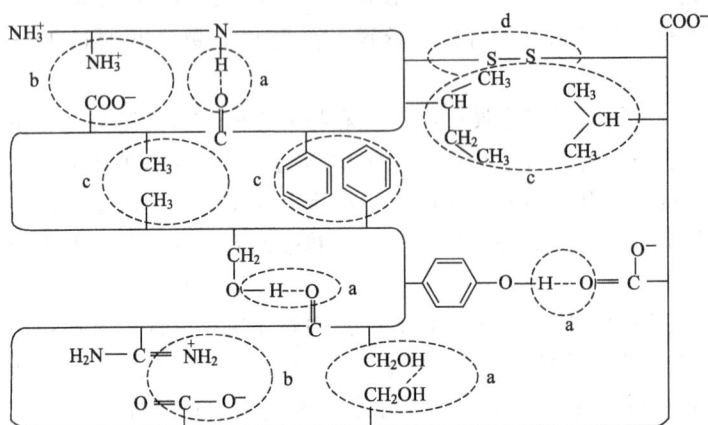

图 19-2 蛋白质分子中维持构象的次级键
a—氢键；b—盐键；c—疏水作用力；d—二硫键

3. 酯键（ester bond）

酯键一般由氨基酸残基的羟基与二羧酸的 β-或 γ-羧基脱水而成。磷蛋白分子中的磷酸也可与羟基氨基酸残基形成磷酸酯键。

4. 疏水作用力（hydrophobic force）

疏水作用力也称为疏水键，是由氨基酸残基上的非极性基团之间因为避开水相而聚集在一起的凝聚力。绝大多数的蛋白质均含有 $30\%\sim50\%$ 的带非极性基团侧链的氨基酸残基，这些非极性的基团具有疏水性，趋向在分子内部形成孔穴，同时又使亲水性侧链留在分子表面。疏水作用力不是化学键，主要在蛋白质分子的内部起作用，是一种使体系能量趋于最低的有利过程。因此，疏水作用力是维持蛋白质空间结构最主要的作用力。

5. 盐键（salt linkage）

盐键又称离子键。许多氨基酸侧链为极性基团，如精氨酸、赖氨酸、天冬氨酸、谷氨酸等，能以正、负离子形式存在，它们依靠静电引力形成盐键。盐键具有极性，且绝大部分分布在蛋白质分子表面，其亲水性强，可增加蛋白质的水溶性。盐键的结合比较牢固，但在蛋白质分子中盐键数量不多，且易受微环境、溶剂、盐浓度等影响，如高浓度的盐、过高或过低的 pH 值都可以破坏蛋白质构象中的盐键。

6. 范德华力（Van der Waals force）

蛋白质分子中还存在非极性的偶极与偶极间的相互作用以及极性基团的偶极与偶极间的相互作用，它们相互吸引，但又保持一定距离而达到平衡，此时的结合力称为 Van der Waals 力，其大小与距离的 6 次方成反比。

7. 配位键（coordinate bond）

许多蛋白质还需要金属离子参与维持其三级、四级结构。这些金属离子通过配位键与肽链结合。当金属离子被除去时，蛋白质的结构会受到局部破坏，生物活性也随之减弱或丧失。

以上这些副键中氢键、疏水作用力、范德华力是维持蛋白质空间结构的主要作用力，虽然它们的键能较小，稳定性不高，但数量多，故在维持蛋白质分子的空间构象中起着重要的作用；盐键、二硫键或配位键虽作用力强，但数量少，也共同参与维持蛋白质空间结构。

（三）二面角

在多肽链里相互连接的两个肽单位中，由于每个肽单位都保持严格的平面结构（肽平面），所以使得 C_α 正好处在两个肽平面的交线上。因此整条肽链可以看成是由 α-碳原子将一块块肽平面连接起来的产物。以图 19-3 为例，从 α_2 碳原子为中心看两边的肽平面时，由于 α_2 上的两个键 $C_\alpha—N_1$ 和 $C_\alpha—C_2$ 都是单键（σ 键），因此两个肽平面可以分别以这两个单键为轴自由旋转。其中绕 $C_\alpha—N_1$ 键旋转的平面构成的角称为 ϕ 角，而绕 $C_\alpha—C_2$ 键旋转的平面构成的角称为 ψ 角。由于 ϕ 和 ψ 这两个转角决定了相邻两个肽平面的所有原子在空间的相对位置，因此称为二面角（dihedral angle）。我们可以用一系列的 C_α 碳原子上的成对二面角 ϕ 和 ψ 来描述多肽主链骨架的构象。

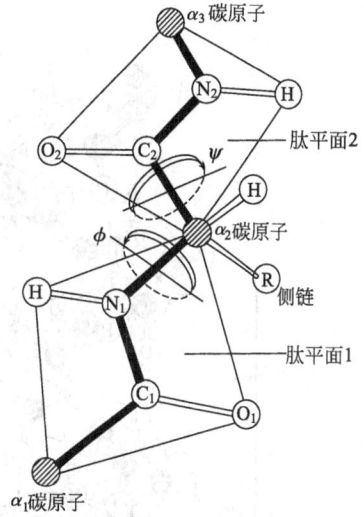

图 19-3　相邻两个肽平面的二面角

从理论上来说 ϕ 和 ψ 的取值是任意的，但实际上空间位阻的存在使得 ϕ、ψ 的取值局限于某些区域中。对于已知晶体结构的蛋白质结构数据的统计分析表明：主链的二面角 ϕ、ψ 有明显的取值范围，ϕ 的取值范围一般在 $-150°\sim-120°$，ψ 的取值范围一般在 $-180°\sim-140°$ 和 $0°\sim30°$。

（四）蛋白质的二级结构

蛋白质分子的多肽链并不是走向随机的松散结构，而是盘曲和折叠成特有的空间构象。蛋白质的二级结构（secondary structure）是指多肽链主链骨架中若干肽段在空间的伸展方式。各种蛋白质的主链骨架（$—NH—C_\alpha—CO—$）均相同，但连接在 C_α 上的侧链 R 基团结构和其性质却不同，它们与主链各原子间的相互影响使主链二面角 ϕ 和 ψ 不同，从而导致主链骨架在空间形成不同的主链构象。二级结构主要包括 α-螺旋、β-折叠、β-转角和无规卷曲等基本类型，二级结构是依靠肽链间的亚氨基与羰基之间所形成的氢键而达到稳定，它们由 Pauling 学派首先提出来，是蛋白质的基本构象。

1. α-螺旋（α-helix）

在 α-螺旋结构中，多肽链的各肽键平面可以按一定方向旋转形成螺旋，在这些螺旋的构象单元中，所有与 α-碳原子相连的两个二面角 ϕ 和 ψ 都是恒定的，ϕ 为 $-57°$，ψ 为 $-47°$，同时所有的肽键都是反式的，相邻两个残基的旋转角为 $100°$，轴心距 0.15nm。α-螺旋结构中肽链每隔 3.6 个氨基酸残基上升一圈，每圈轴向升高 0.54nm，每个氨基酸残基轴向升高 0.15nm。螺旋之间依靠每个氨基酸残基的 N—H 键中的氢与后面第 4 个氨基酸残基的 C═O 双键中的氧之间形成氢键，方向与螺旋轴大致平行。由于肽链中的每个氨基酸都参与形成氢键，故保持了 α-螺旋结构的稳定性（见图 19-4）。

一条多肽链能否形成 α-螺旋以及形成的螺旋体稳定程度与多肽链氨基酸残基组成和排列密切相关，一级结构决定 α-螺旋的形成。主链结构中伸向外侧的 R 基团的形状、大小以及带电状态对 α-螺旋结构的形成和稳定性都有影响。如 R 基团较大，由于空间位阻的影响，

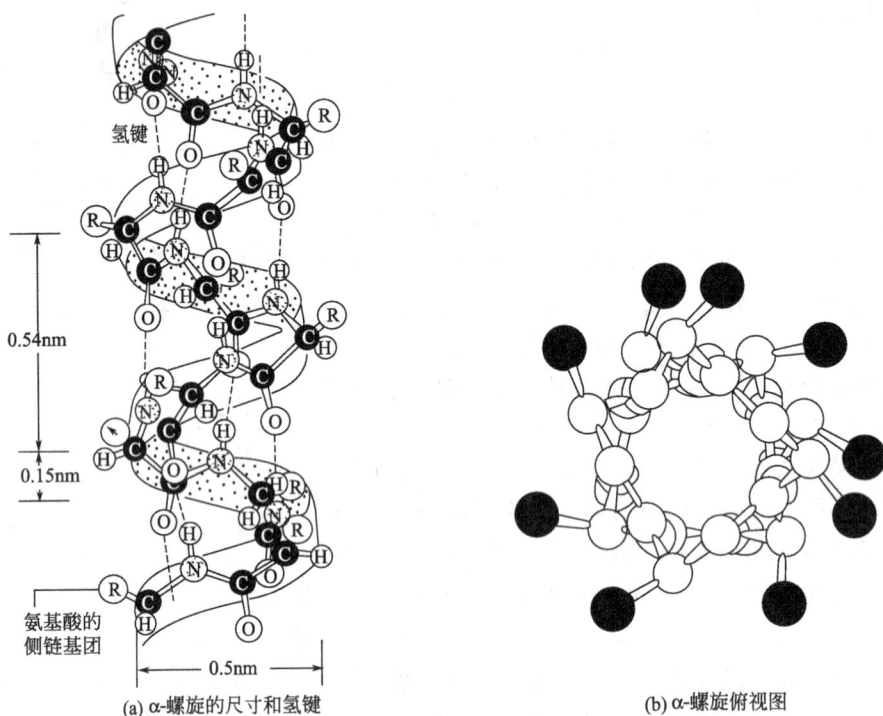

(a) α-螺旋的尺寸和氢键

(b) α-螺旋俯视图

图 19-4　蛋白质分子中的 α-螺旋结构

不利于 α-螺旋的形成。如果在多肽链上连续存在带极性基团的氨基酸残基（天冬氨酸、谷氨酸、苏氨酸等），由于带有相同电荷的 R 基团之间的排斥作用，造成 α-螺旋结构难以形成；如果多肽链上相邻的残基是异亮氨酸、缬氨酸、苏氨酸等带分支的氨基酸，也会阻碍 α-螺旋的形成。脯氨酸由于吡咯环的 N 原子上没有 H 原子，使它不能形成氢键，中断了螺旋，使多肽链发生转折。

α-螺旋广泛存在于纤维状蛋白和球状蛋白中，是蛋白质分子中最常见且很稳定的一种构象，可以分成右手螺旋和左手螺旋两种，由于组成蛋白质的氨基酸为 L-构型，所以绝大多数蛋白质分子中的螺旋是右手螺旋。

2. β-折叠（β-pleated sheet）

β-折叠是蛋白质分子肽链较为伸展的一种构象，是若干条肽链或一条肽链的若干肽段平行排列，相邻主链骨架之间靠氢键维持，在主链骨架之间形成最多的氢键，避免相邻链间的空间障碍，从而形成一个折叠片层结构（见图 19-5）。与 α-碳原子相连的侧链 R 基交替地位于片层的上方和下方，并且均与片层相垂直。β-折叠有两种类型：一种是平行结构，肽链的排列从 N-端到 C-端为同一方向，ϕ 为 $-119°$，ψ 为 $+113°$；另一种是反平行结构，一条肽链从 N-端到 C-端，另一条则刚好相反，ϕ 为 $-139°$，ψ 为 $+135°$。从能量上看，反平行 β-折叠比较稳定。β-折叠大量存在于丝心蛋白和 β-角蛋白中，在一些球状蛋白分子中，如溶菌酶、羧肽酶 A、胰岛素等也有少量 β-折叠存在。

β-折叠构象靠相邻肽链主链亚氨基和羧基氧原子之间形成有规律的氢键维系。能形成 β-折叠的氨基酸残基一般不能太大，而且不带同种电荷，这样有利于多肽链的伸展，如甘氨酸、丙氨酸在 β-折叠中出现的概率较高。

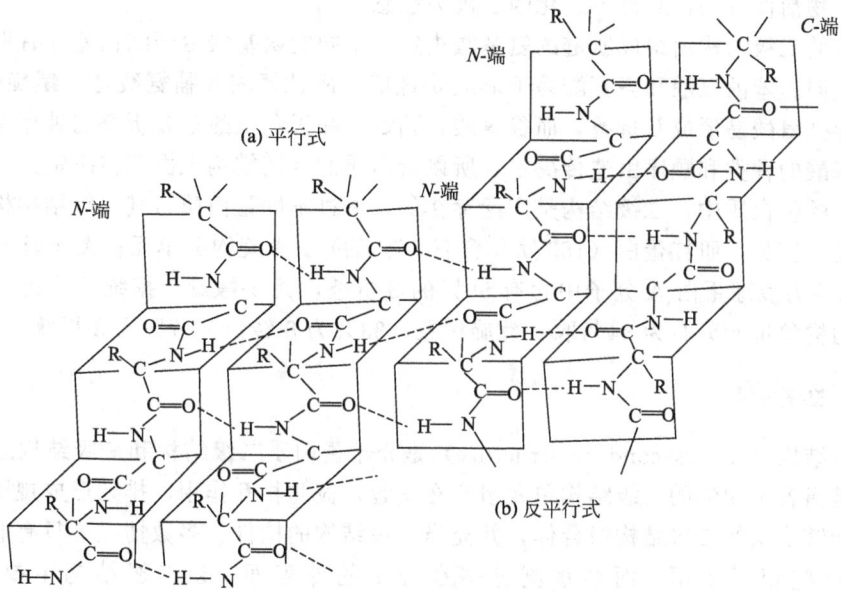

图 19-5　蛋白质分子中的 β-折叠结构

3. β-转角 （β-turn）

上述的 α-螺旋和 β-折叠结构是蛋白质分子中局部肽链有规则的结构单元，此外，在蛋白质分子的肽链上还常常会出现 180°的回折转角结构，负责各种二级结构单元之间的连接，对确定肽链的走向起决定作用。常见的 β-转角由四个连续的氨基酸残基构成（见图 19-6），主链骨架以 180°的返回折叠，第一个氨基酸残基的羰基氧原子与第四个残基的亚氨基氢原子之间形成氢键。球状蛋白中，β-转角非常多，可占总残基数的 1/4，大多数 β-转角位于蛋白质分子表面，由亲水氨基酸残基（如天冬氨酸、丝氨酸等）组成。

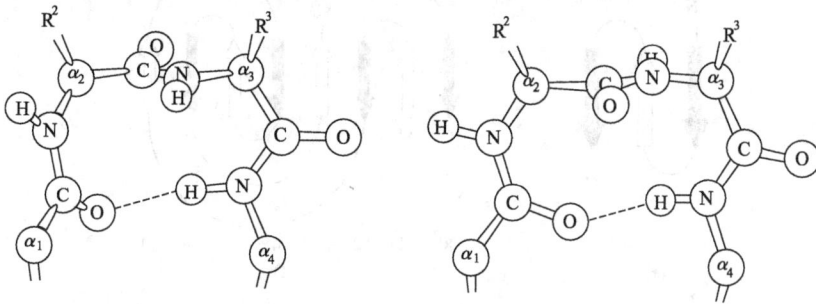

图 19-6　蛋白质分子中的 β-转角结构

4. 无规卷曲 （random coil）

在肽链的某些片段中，由于氨基酸残基的相互影响，破坏了氢键的连续，使某些片段形成不规则的自由卷曲构象，称为无规卷曲。无规卷曲在同一种蛋白质分子中出现的部位和结构完全一样，在这种意义上讲，无规卷曲实际上是有规律的，是一种稳定的构象。但是在不同种类的蛋白质或同一分子的不同肽段所形成的无规卷曲，没有固定的格式，从这种意义上讲，无规卷曲的结构规律又是不固定的，多种多样的。球状蛋白中，往往含较多的无规卷曲，它使蛋白质肽链从整体上形成球状构象。无规卷曲的结构中，ϕ 角和 ψ 角都不相等，无规卷曲与生物活性有关，对外界理化因子极为敏感。

蛋白质的二级结构由组成肽链的氨基酸决定，不同的氨基酸由于结构差异有形成不同二级结构的倾向。苯丙氨酸和亮氨酸易于形成 α-螺旋，而甘氨酸和脯氨酸是 α-螺旋的破坏者；酪氨酸和异亮氨酸易形成 β-折叠，而谷氨酸、脯氨酸和天冬氨酸是 β-折叠的破坏者。因为蛋白质中氨基酸的种类和顺序由遗传决定，所以蛋白质的空间结构也由遗传决定。

在已知的蛋白质中，二级结构是广泛存在的。不过不同蛋白质，其二级结构构象单元的分布却不同。例如，肌红蛋白（153 肽，含有 75% 的）α-螺旋构象单元；蚕丝丝心蛋白只有 β-折叠；而伴刀豆球蛋白 A 分子中含有 59% 的 β-折叠，无 α-螺旋。据统计分析，一般蛋白质二级结构构象单元分布为 34% 取 α-螺旋构象，33% 为 β-转角，17% 为 β-折叠。

（五）超二级结构

超二级结构（supersecondary structure）是介于蛋白质二级结构和三级结构之间的过渡型构象，是指若干相邻的二级结构单元组合在一起，彼此相互作用，排列形成规则的、在空间结构上能够辨认的二级结构组合体，并充当三级结构的构件。多数情况下只有非极性残基侧链参与这些相互作用，而亲水侧链多在分子的外表面。超二级结构主要有下列类型（见图 19-7）。

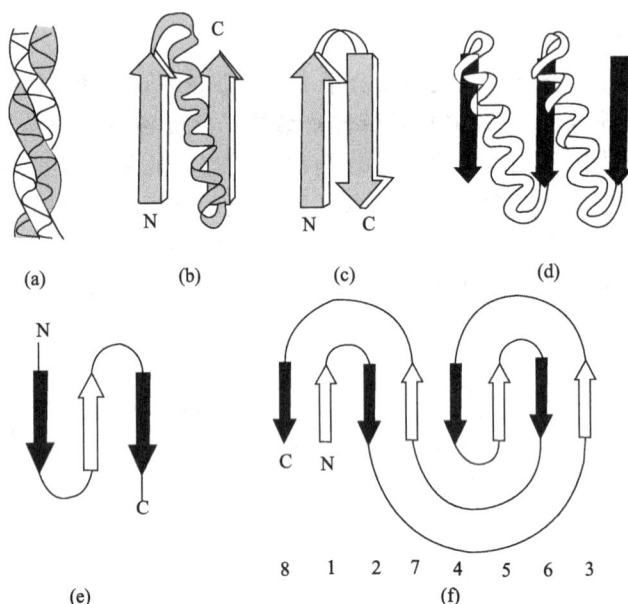

图 19-7　蛋白质中的几种超二级结构

(a) αα；(b) βαβ；(c) ββ；(d) Rossmann 折叠；(e) β-迂回；(f) β-折叠筒

1. 卷曲的卷曲 α-螺旋

卷曲的卷曲 α-螺旋是两条右手 α-螺旋彼此沿一个轴绕曲在一起形成一个左手的超螺旋结构，由于靠疏水侧链的疏水作用相互结合，自由能低，很稳定。

2. α-螺旋-环-α-螺旋

多肽链中两个 α-螺旋通过一个环状链连接在一起，形成的一种超二级结构形式称为 α-螺旋-环-α-螺旋。

3. βXβ 单元

多肽链中两股平行的 β-折叠结构中间可与无规则的绕曲单元连接或与另一 β-折叠结构连接或与 α-螺旋连接，分别形成 βcβ、βββ 和 βαβ 单元，蛋白质中常见到的是两组 βαβ 单元在一起的超二级结构（称为 Rossmann 折叠）。

4. β-迂回

由三条或三条以上相邻的反平行 β-折叠组成，中间以短链连接的结构称为 β-迂回。

5. β-折叠筒

由两条 β-折叠股进一步折叠成筒状结构，称为 β-折叠筒，它又可分为上下 β-折叠筒、希腊钥匙型结构和卷曲筒型结构。

（六）结构域

蛋白质分子的多肽链在超二级结构基础上进一步绕曲折叠成紧密的球状结构，在空间上彼此分隔的各自具有一定生物功能的亚结构，这种亚结构称为结构域（structural domain）。每个结构域通常由 50～300 个氨基酸残基组成，其特点是在三维空间可以明显区分和相对独立，并且具有一定的生物功能。

根据结构域中二级结构的种类、数量和排布，可将结构域分成四种类型。

1. α-螺旋域

结构域中所含的结构单元主要是 α-螺旋。α-螺旋域中的 α-螺旋主要有反平行和互相垂直两种形式（图 19-8）。反平行结构最简单的是四螺旋束状结构，如细胞色素 c，而血红蛋白、肌红蛋白、木瓜蛋白酶的结构域 1 等采取的是相互近于垂直取向的折叠方式。

2. β-折叠域

结构域主要是由反平行的 β-折叠构成，如木瓜蛋白酶的结构域 2 和超氧化物歧化酶亚基的结构域（图 19-9）。

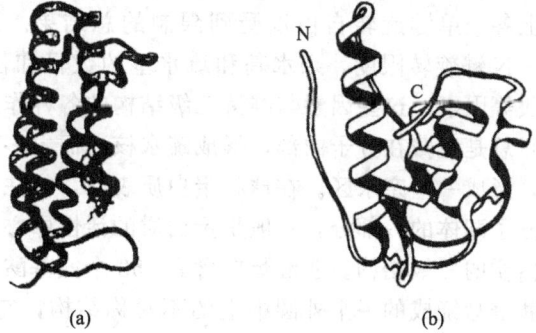

图 19-8　α-螺旋域

(a) 细胞色素 c；(b) 木瓜蛋白酶的结构域 1

3. α/β 域

结构域的中央主要是 β-折叠片，周围是 α-螺旋，结构域的形状取决于相邻 β-链间氢键的排列。

4. 无 α-螺旋和 β-折叠域

结构域不具有或仅有少量的 α-螺旋和 β-折叠，一些相对分子质量较小、二硫键含量又较高的蛋白质大多属于这种类型。

大多数蛋白质分子由多个结构域构成。一种蛋白质分子的多个结构域可以相同、相似，也可以完全不同。每个结构域承担一定的生物功能，几个结构域协同作用后体现蛋白质的总体功能。一般情况下，酶的活性部位位于两个结构域之间的裂缝中。多肽链折叠时，每个结构域是独立地、分别地进行折叠，形成不同的结构域，然后彼此靠拢形成球状蛋白质分子。

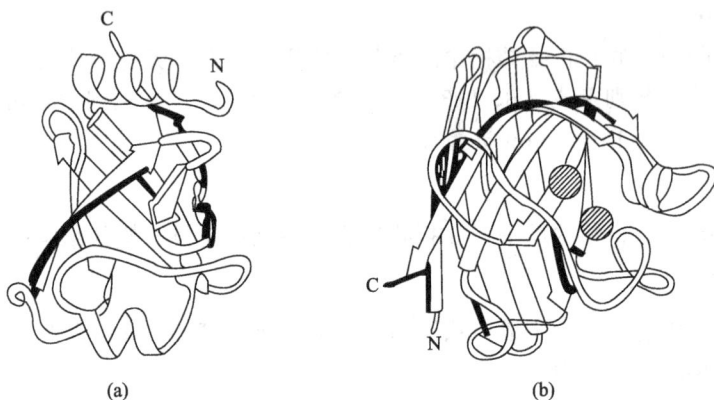

图 19-9　β-折叠域

(a) 木瓜蛋白酶的结构域 2；(b) 超氧化物歧化酶亚基的结构域

(七) 蛋白质的三级结构

蛋白质分子的三级结构（tertiary structure）是指一条多肽链在二级结构的基础上进一步卷曲、折叠所形成的一种不规则的、特定的、更复杂的三维空间结构。一些蛋白质的多肽链成一紧密球状结构，它只含有一个结构域。有些蛋白质的多肽链可折叠成两个或两个以上的结构域，它们以较为松散的结构方式连接起来。它主要由盐键、氢键、疏水作用力，某些情况下还有配位键来维持。蛋白质的三级结构实质是由氨基酸排列顺序决定的，是多肽链主链上各个单键旋转自由度受到限制的总结果。这些限制包括肽键的平面性质，C_α—C 和 C_α—N 键旋转限度，亲水基和疏水基的数目和位置，带正、负电荷的 R 基的数目和位置，介质等因素，这些因素与维持三级结构的各种作用力密切相关。大多数非极性侧链（疏水基团）总是埋藏在分子内部，形成疏水核，而大多数极性侧链（亲水基团）总是暴露在分子表面，形成一些亲水区。在球状蛋白质表面，往往有一内陷的疏水空穴，能容纳小分子配体或大分子配体的一部分，一般是蛋白质的活性中心。图 19-10 为存在于哺乳动物肌肉中的肌红蛋白质的三级结构。肌红蛋白含有 153 个氨基酸残基和一个血红素辅基，整个分子是由一条多肽链盘绕成的一个外圆中空的不对称结构，它的主链是由 8 个比较直的长短不等肽段组成，最长的螺旋含 23 个氨基酸残基，最短的含 7 个残基，彼此在弯折处隔开。分子中几乎80％的氨基酸残基处于 α-螺旋区内，在拐弯处 α-螺旋受到破坏形成松散肽链。肌红蛋白中含亲水基团侧链的氨基酸残基几乎全部分布在分子的外部，疏水侧链的氨基酸残基几乎被埋在分子内部，使肌红蛋白成为可溶性蛋白质。

虽然球状蛋白质天然的三级结构是热力学上最稳定的形式，但它的多肽链的构象并不是绝对的刚性。球状蛋白质主链骨架具有一定程度的柔性，可以发生短程的相互影响，许多球蛋白在执行生物功能时也发生小的构象变化。

(八) 蛋白质的四级结构

许多蛋白质由两条和多条肽链构成。每条肽链都有各自的一、二、三级结构，相互以非共价键连接。这些肽链称为蛋白质亚单位（subunit）。由亚单位构成的蛋白质称为寡聚蛋白质。蛋白质分子的四级结构（quaternary structure）就是各个亚单位在寡聚蛋白质的天然构象中的排列方式。四级结构由氢键、盐键、疏水作用力、范德华力等维持。单独存在的亚单位一般没有生物活性。具有四级结构的蛋白质分子的亚单位可以是相同的或不同的，数目从两个到上千个不等；单链蛋白质没有四级结构。例如血红蛋白是由四个亚单位组成的四聚体，结构如图 19-11 所示。它的分子量约为 64000，由两条 α-链和两条 β-链组成，α-链含有 141 个氨基酸残基，β-链含有 146 个氨基酸残基，每一条链均与一个血红素结合盘旋折叠为三级结构，4 个亚单位通过侧链间的副键两两交叉紧密相嵌形成一个具有四级结构的球状血红蛋白分子。血红蛋白四个亚基中的血红素处于折叠肽链的包围中，这些肽段主要由含疏水侧链的氨基酸组成。它们和血红素卟啉环上的疏水基团形成疏水链，使得血红素中的 Fe^{2+} 处于疏水环境以免被氧化。血红素中的 Fe^{2+} 可形成 6 个键，通过 2 个共价键和 2 个配位键与原卟啉环的 4 个氮原子相连，一个键与 α-链的 87 位或 β-链的 92 位组氨酸残基中的咪唑配位，余下的一个键可以和氧可逆地结合和解离。

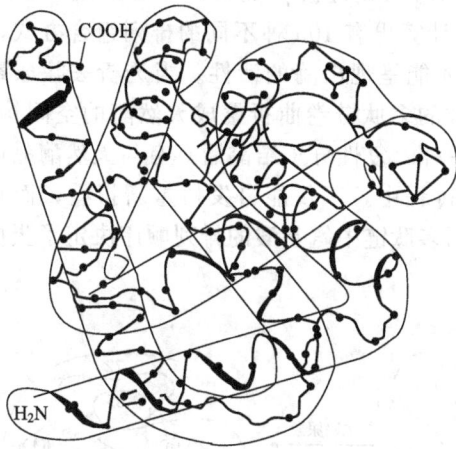

图 19-10　肌红蛋白质的二级结构
一级结构是一系列的节点，它代表氨基酸残基。
在氨基酸肽链上的螺旋排列代表二级结构，
三级结构是由肽链的折叠和缠绕构成的

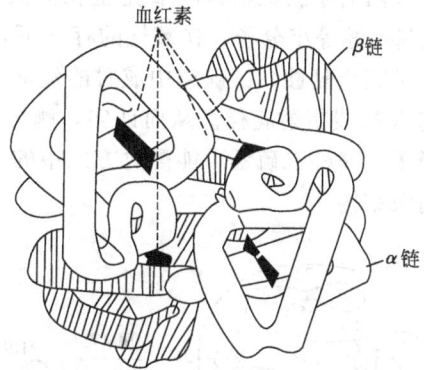

图 19-11　血红蛋白分子的四级结构

一般构成四级结构的蛋白质含有大约 30% 的非极性氨基酸侧链基团，在形成三级结构时，这些具有疏水性基团除大部分埋藏于分子内部外，尚有部分疏水侧链位于亚基表面，这些基团通过疏水作用力将亚基缔合成蛋白质的四级结构。

四、蛋白质的折叠

由于蛋白质的功能与其空间结构密切相关，对蛋白质分子空间结构的认识就成为深入了解该蛋白质如何行使生物功能的先决条件。

随着分子生物学技术的飞速发展，蛋白质氨基酸序列的测定速度大大加快。但现在用 X 衍射的方法测定一个蛋白质分子的晶体结构需要先得到高品质的单晶，在技术上受到一定的限制。而多维核磁共振技术目前还只局限于较小的蛋白质的结构测定。随着直接电子探测器开始被用于记录电镜图像，冷冻电镜技术迅速取代 X 衍射和多维核磁共振技术成为蛋白质最重要的结构解析手段。随着蛋白质一级结构数据的积累，从理论上揭示蛋白质一级结构与空间结构的关系规律已受到全世界的关注。因此，体内外蛋白质折叠的研究已经成为分子生物学中一个前沿性课题，也是迄今尚未解决的基本问题之一。

（一）Anfinsen 的经典实验

20 世纪 60 年代初美国科学家 Anfinsen 进行了牛胰核糖核酸酶复性的经典实验，证明了蛋白质高级结构是由其一级结构决定的，并因此获得 1972 年 Nobel 化学奖。

牛胰核糖核酸酶（图 19-12）由 124 个氨基酸残基组成，有四对二硫键（Cys26 和 Cys84，Cys40 和 Cys95，Cys58 和 Cys110，Cys65 和 Cys72）。在温和的碱性条件下，用尿素（或盐酸胍）和大量 β-巯基乙醇处理天然的牛胰核糖核酸酶溶液，酶溶液内的二硫键遭到破坏，酶分子从有规则的三级结构转变为无规则的"线团"，酶分子变性，但肽键不受影响，其一级结构仍然存在。牛胰核糖核酸酶中的四对二硫键被 β-巯基乙醇还原成—SH 后，八个—SH 重新氧化成四个二硫键，从理论上可以计算出有 105 种不同的排列组合方式，唯有与天然的牛胰核糖核酸酶完全相同的配对方式才能呈现出酶的活性。当透析去除尿素和 β-巯基乙醇等小分子，在氧气的存在下，无序松散的多肽链卷曲折叠成天然酶的空间构象，酶分子完全复性，二硫键中成对的巯基都与天然一样，复性分子结晶后具有与天然酶晶体相同的 X 射线衍射花样。从而证实，酶分子在复性过程中，不仅能自发地重新折叠，而且只选择了 105 种二硫键可能配对方式中的一种。表明多肽链中氨基酸的排列顺序决定了蛋白质的高级结构。

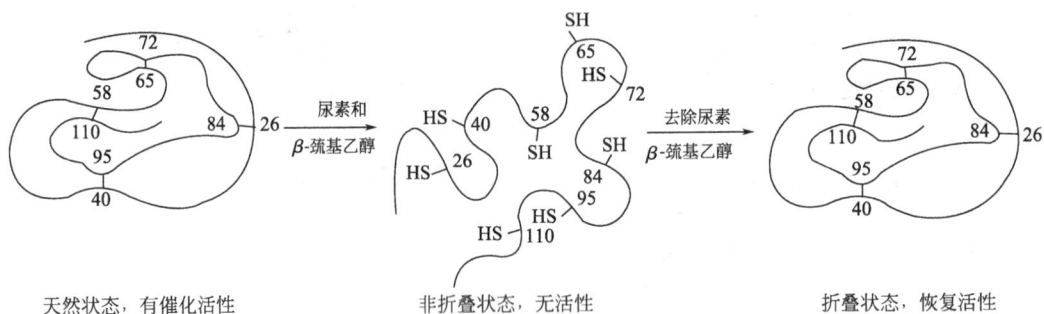

天然状态，有催化活性　　　　非折叠状态，无活性　　　　折叠状态，恢复活性

图 19-12　牛胰核糖核酸酶一级结构与空间结构的关系

在此发现的基础上，Anfinsen 等提出了"多肽链的氨基酸序列包含了形成其热力学上稳定的天然构象所必需的全部信息"的"自组装（self-assembly）学说"。随着对蛋白质折叠研究的广泛开展，人们对蛋白质折叠理论有了进一步的补充和扩展。

（二）蛋白质的折叠与去折叠的途径

蛋白质折叠就是研究具有一定氨基酸序列的多肽链如何逐步卷曲折叠形成蛋白质特定的空间结构。在过去的数十年中，生物化学家提出了各种肽链折叠的可能途径和多个折叠中间体。在各种途径中，所有的中间体都不如去折叠态和折叠态稳定，所以中间体存在的时间很短，数量极微，捕捉中间体非常困难。

从热力学的角度看，变性蛋白的肽链或转译后的新生肽链，都是处于能量不稳定的状态，都有降低内能的倾向。肽链中的单键处于不同的运动状态，使肽链骨架中的酰胺键和残基侧链基团能彼此接触并进一步相互作用，使得某些构象的能量低于松散的肽链，这些构象就相对地稳定下来，不规则的多肽链首先在局部形成短的 α-螺旋和 β-折叠，作为进一步折叠的核心，它在肽链卷曲中的作用犹如结晶时的晶核。在构象形成后，肽链进一步绕着构象核卷曲，形成特定的空间构象。肽链中近程肽段的折叠是一些二级结构形成的过程；肽链中远程肽段的相互作用，以及由此而产生的折叠，则更多地对应于超二级结构和结构域的生成。有多个结构域的蛋白质，其结构域之间形成较为松散的结构，再经疏水程度的调整，疏水基团转向内部，折叠成蛋白质的三级结构。

肽链折叠的动力学研究指出，卷曲可以在 $1\sim100$ ms 内完成，而有的实验还表明 α-螺旋的形成只有几微秒。因此，螺旋和转角这些在折叠时只涉及局部肽段的二级结构最有可能成为折叠过程中的构象核。

在一些蛋白质变性（去折叠）和复性（重折叠）的研究中，还发现肽链的折叠过程常常是分两步进行的。以牛胰核糖核酸酶为例，它的变性（去折叠）第一步是快反应，25℃时仅需 59ms，在这个过程中，大部分的肽链很快松散；第二步是慢反应，25℃时需 22s。复性（重折叠）也有类似的情况。

如果可以知道在到达终态前经过的一些中间体结构，无疑将有助于研究折叠规律。此外，蛋白质中的二硫键的正确配对对结构的稳定和功能的表现都非常重要。蛋白质中二硫键经还原成为巯基后，蛋白质的构象就松散了。经过重新氧化后，二硫键又重新形成。条件合适时二硫键的配对可以和天然蛋白质一样，既具有正确的空间构象，又具有生物活性。如果配对不正确，也就无生物活性。

（三）分子伴侣

Anfinsen 等对于纯核糖核酸酶的体外复性实验留给人们的印象是：新生肽在体内的折叠受其自身氨基酸序列的控制而与其他因素无关。实际上这些复性实验绝大多数是先使纯的多肽链变性，再除去变性剂。在低浓度及低温下（可防止链间聚合）特定肽链正确折叠的概率较高。然而细胞中相当高的蛋白浓度及温度使得新从核糖体上合成的肽链易发生链内或链间的作用，从而导致错误折叠及聚合。

为了解决这个问题，自然界进化出了一组可以保证蛋白质正确折叠或转运的蛋白，统称为分子伴侣（molecular chaperone）。分子伴侣是 1978 年由 Laskey 发现并命名的，1993 年 Ellis 对分子伴侣的定义做了修正：分子伴侣是指能够结合和稳定另外一种蛋白质的不稳定构象，并能通过有控制的结合和释放，促进新生多肽链的折叠、多聚体的组装或降解及细胞器蛋白的跨膜运输的一类蛋白质。

分子伴侣是从功能上定义的，凡具有帮助蛋白质正确折叠功能的蛋白都是分子伴侣，它们的结构可以完全不同。但是为了研究的方便，还是根据一级结构的相似性分成几个亚类，亚类之间的氨基酸序列并没有类似性。表 19-5 列出了现在已经鉴定的部分分子伴侣。

表 19-5 分子伴侣

名称	生物功能	名称	生物功能
核质素	核小体组装和拆卸	SecB	细菌多肽转运
热休克蛋白 60	新生肽链转运和折叠	信号识别粒子	新生肽链转运
热休克蛋白 70	新生肽链转运和折叠	前导肽	蛋白质水解折叠
热休克蛋白 90	激素受体蛋白折叠	PapD	细菌鞭毛组装
DnaJ	和 Hsp70 及 GrpE 协同作用	Lim	细菌脂肪酶折叠
GrpE	和 Hsp70 及 DnaJ 协同作用		

分子伴侣的作用机理目前还不大清楚，可以通过催化的或非催化的方式，加速或减缓组

装过程；也可以传递组装所需要的空间信息，也可能只是抑制组装过程中不正确的副反应。在新生肽链一边合成一边折叠的过程或变性蛋白复性过程中，会形成一些折叠中间物。这些折叠中间物有可能形成在最终成熟蛋白分子中不存在的不应该有的瞬间结构，它们常常是一些疏水性的表面。这些错误的表面之间就有可能发生本来不应该发生的错误的相互作用而形成没有活性的分子，甚至造成分子的聚集和沉淀。实际上，在体外溶液中或在细胞内，折叠过程实际上是一个通过折叠中间态的正确途径与错误途径相互竞争的过程。为了提高蛋白质生物合成的效率，应该有帮助正确途径的竞争机制，分子伴侣就是这样通过进化应运而生的产物。它们的功能是识别新生肽链折叠过程中形成的折叠中间物的非天然结构，如那些错误的疏水性的表面。与这些折叠中间物结合，生成复合物，从而防止这些表面之间过早地或错误地相互作用而阻止不正确的无效的折叠途径，抑制不可逆的聚合物的产生。这样必然促进折叠向正确的、有效的途径进行，提高蛋白质生物合成效率或变性蛋白的复性效率。

五、蛋白质结构和功能的关系

生物大分子的结构与功能的研究是研究分子生物学的中心课题。以大分子的结构与功能为基础，从分子水平上去认识生命现象，已成为当代生物学发展的主要方向之一。蛋白质分子具有多种多样的生物功能，这是与其复杂的结构紧密相关的。研究蛋白质的空间结构与生物功能的关系在分子生物学中具有突出的地位。

（一）蛋白质一级结构与生物功能的关系

1. 蛋白质一级结构的种族差异

不同生物执行同一生物功能的蛋白质，在执行生物功能的残基所在的位置，有着相同的顺序和相同的氨基酸种类。例如细胞色素 c 的第 70～80 号的氨基酸残基种类和排列顺序在 67 种不同生物的细胞色素 c 中都是相同的，没有种属差异。这说明第 70～80 号的残基是细胞色素 c 生物功能所必需的。但不同种属的细胞色素 c 有着明显的种属差异，种属关系越接近，它们的一级结构就越接近。例如人类和黑猩猩的细胞色素 c 都是由 104 个氨基酸残基组成，它们的一级结构完全相同；可是人类的细胞色素 c 与酵母菌竟有 44 个氨基酸残基不相同，显示出种属的差异。

2. 一级结构的细微变化引起生物功能的显著改变

血红蛋白的 α-链有 141 个氨基酸残基，β-链有 146 个氨基酸残基。整个分子共有 574 个氨基酸残基。这样大的分子，有时只要改变其中一个氨基酸残基，它的生物功能便发生根本性的改变。如正常人的血红蛋白（HbA）β-链的第 6 个氨基酸残基为 Glu，而镰刀型贫血病人的血红蛋白（HbS）的 β-链的第 6 个氨基酸残基为 Val。就这一个氨基酸残基的更换，生物功能完全不同。正常人的红细胞呈双凹圆盘状，而镰刀型贫血病人的红细胞在氧分压低时呈镰刀型，易使红细胞膜破损发生溶血，使患者寿命大为缩短。

目前在世界各地不断有新的异常血红蛋白发现，如西非地区的异常血红蛋白也是在 β-链的第 6 位上的 Glu 被 Lys 取代，我国蒙古族也发现一种异常血红蛋白，其变异发生在 β-链第 121 位的 Glu 被 Gln 取代。总之，异常血红蛋白质血症往往由于相应遗传密码上只有 1 个氨基酸残基的突变，造成血红蛋白遗传变异，蛋白质分子结构发生变化，影响了它的功能。所以说蛋白质一级结构的细微变化可导致生物功能改变，甚至丧失生物活性。

（二）蛋白质空间结构与生物功能的关系

蛋白质分子有非常特定的复杂的空间结构。每一种蛋白质分子都有自己特有的氨基酸的组成和排列顺序，这种氨基酸排列顺序决定了它的特定的空间结构。蛋白质分子只有处于它自己特定的三维空间结构情况下，才能获得它特定的生物活性；三维空间结构稍有破坏，就很可能会导致蛋白质生物活性的降低甚至丧失。目前发现某些蛋白质分子的氨基酸序列没有改变，只是其结构或者说构象有所改变也能引起疾病，这就是所谓的"构象病"或称"折叠病"。疯牛病、老年性痴呆症、囊性纤维病变、家族性高胆固醇症、家族性淀粉样蛋白症、某些肿瘤、白内障等都是"折叠病"，致病蛋白质分子与正常蛋白质分子的组成完全相同，只是空间结构不同。如疯牛病，它是由一种称为 Prion 的蛋白质的感染引起的，这种蛋白质也可以感染人而引起神经系统疾病。在正常机体中，Prion 是正常神经活动所需要的蛋白质，而致病 Prion 与正常 Prion 的一级结构完全相同，只是空间结构不同，即分子中 α-螺旋含量减少而 β-折叠的含量增加。在结构变化的同时还伴有蛋白质性质的深刻变化，导致分子聚集，产生了淀粉状纤维沉淀，对蛋白水解酶的抗性增大。临床和病理特征表现为脑组织的海绵体化、空泡化、星形胶质细胞和微小胶质细胞的形成以及致病蛋白的积累，使动物和人产生认知和运动功能的严重衰退直至死亡。蛋白质构象病是由于生理蛋白质发生构象改变所致，因此，如果能够抑制或逆转此过程，不让病理性蛋白质构象生成，或许能够防治和缓解某些疾病。

（三）蛋白质分子设计

蛋白质的分子设计是指人们在深入了解蛋白质空间结构以及结构与功能关系，并在掌握基因操作技术的基础上，有目的地设计和制造蛋白质，以改善蛋白质的物理性质和化学性质，使之更好地为人类所用。天然蛋白质只是在自然条件下才能有最佳的生物功能，在人造的条件下往往就不行。例如在工业生产中常见的高温高压，会使大多数蛋白质失活。因此就需要对蛋白质进行结构改造，使其在特定的条件下起到特定的作用。蛋白质的分子设计可根据改造部位的多寡分为三类。

第一类为"小改"，可通过定位突变或化学修饰来实现，用突变技术更换活性蛋白的某些关键氨基酸残基。例如天然胰岛素会因为易于形成二聚体而引起活性下降，通过基因工程的方法将胰岛素 B 链 23～28 位的氨基酸进行改造可以防止二聚体的形成，从而提高生物学活性。

第二类为"中改"，对来源于不同蛋白的结构域进行拼接组装，通过增加、删除或调整分子上的某些肽段或结构域，使之改变活性，产生新的生物功能。例如将 $E.coli$ 表达的 tpA 的 A 链 F、G、K1 三个结构域除去，只留下 A 链的 K2 结构域和 B 链，从而失去肝细胞识别的 A 链非糖链的依赖结构，结果半衰期从 5～6min 上升到 11.6～15.4min，这种小分子 tpA 基因进一步在真核细胞表达，使 tpA 带糖链结构，其体内半衰期可达 20～25min。

第三类为"大改"，也就是完全从头设计全新的蛋白质，即从一级序列出发，设计制造自然界中不存在的蛋白质使之具有特定的空间结构和预期的功能。就蛋白质全新设计本身而言，可以认为它就是反向蛋白质折叠问题，它的出现为检验和丰富人们关于蛋白质结构规律的知识提供了崭新的手段。在蛋白质全新设计过程中，人们对于稳定蛋白质折叠方式的多种因素的认识将受到检验，并随着设计工作的深入而得到丰富和发展。

六、蛋白质的理化性质

蛋白质分子的性质由蛋白质的组成和结构特征决定。虽然各种蛋白质分子基本上是由20种氨基酸组成，但分子中氨基酸的种类、排列顺序、数目、折叠方式、亚基的多少以及空间结构的不同，会造成蛋白质分子理化性质的差异。蛋白质既具有某些与氨基酸相似的性质，又具有一些高分子化合物的性质。

(一) 蛋白质的胶体性质

蛋白质分子是高分子化合物，分子量很大，其分子直径一般在 $1\sim100nm$，在水中形成胶体溶液，具有布朗运动、丁铎尔效应、电泳现象、不能透过半透膜等特点。

蛋白质的水溶液是一种比较稳定的亲水溶胶。蛋白质分子表面有许多极性基团如 $-COO^-$、$-NH_3^+$、$-OH$、$-SH$、$-CONH$ 等，可吸引水分子在它的表面定向排列形成一层水化膜。蛋白质分子表面的可解离基团，在适当的 pH 条件下，都带有相同的净电荷，与周围的反离子构成稳定的双电层。蛋白质溶液由于具有水化层与双电层两方面的稳定因素，能在水溶液中使蛋白质分子颗粒相互隔开而不致下沉。蛋白质的亲水胶体性质具有十分重要的意义。生物体中最多的成分是水，蛋白质的活动是在水中进行的，少量的亲水胶体可与大量水分结合，形成各种流动性不同的胶体系统，生命活动的许多代谢反应都在此系统内进行。各种细胞组织之所以具有一定形状、弹性、黏度等性质，也与蛋白质胶体的亲水性分不开。

蛋白质的胶体性质还是蛋白质分离、纯化的基础。利用胶粒不能透过半透膜的特点，将蛋白质置于半透膜制成的包裹里，放在流动的水或适当的缓冲溶液中，可将蛋白质溶液内小分子的杂质与蛋白质分离开，达到纯化蛋白质的目的。根据这一原理采用的方法称为透析法（dialysis）。蛋白质胶体稳定的基本因素是蛋白质分子表面的水化层和同性电荷的作用，若破坏这些因素即可促使蛋白质颗粒相互聚集而沉淀，这就是蛋白质盐析、有机溶剂沉淀法的基本原理。此外，还可利用超速离心机产生的强大引力场，使大小不同的蛋白质分步沉降，从而达到分离蛋白质的目的，超速离心法还可用于测定蛋白质的相对分子质量。

(二) 蛋白质的两性和等电点

蛋白质分子末端和侧链 R 基团中仍存在着未结合的氨基和羧基，另外还有胍基、咪唑基等极性基团。因此，蛋白质和氨基酸一样，也具有两性电离和等电点的性质，在不同的 pH 条件下，可解离为阳离子和阴离子，即蛋白质的带电状态与溶液的 pH 值有关。

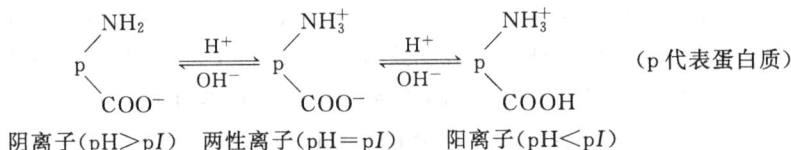

阴离子(pH＞pI)　　两性离子(pH＝pI)　　阳离子(pH＜pI)

当溶液的 pH 值大于 pI 时，蛋白质带正电荷；当溶液的 pH 值小于 pI 时，蛋白质带负电荷；当溶液的 pH 值等于 pI 时，蛋白质所带的正、负电荷相等，净电荷为零，此时溶液的 pH 值为蛋白质的等电点。在等电点时，因蛋白质不带电，不存在电荷的相互排斥作用，蛋白质易沉淀析出。此时蛋白质的溶解度、黏度、渗透压和膨胀性等最小。一些常见蛋白质的等电点见表 19-6。

表 19-6　一些常见蛋白质的等电点

蛋白质	来源	pI	蛋白质	来源	pI
血清白蛋白	人	4.64	卵清蛋白	鸡	4.55～4.9
血清白蛋白	牛	4.6	胰岛素	牛	5.30～5.35
胃蛋白酶	猪	2.75～3.00	肌球蛋白	肌肉	7.0
丝蛋白	蚕	2.0～2.4	白明胶	动物皮	4.7～5.0
细胞色素 c		9.8～10.3	溶菌酶		11.0

　　蛋白质的两性解离和等电点的特性不仅使它成为生物体内重要的缓冲剂，还对蛋白质的分离和纯化具有重要的意义。蛋白质在偏离等电点的酸碱溶液中时，带有正电荷或负电荷，在电场中分别向不同的电极移动。由于不同蛋白质分子的大小和形状不同，使蛋白质在溶液中的迁移速度不同，这就是电泳法分离和鉴定蛋白质的依据。电泳已成为研究蛋白质的一种重要手段，常见的有纸上电泳、醋酸薄膜电泳和凝胶电泳。

（三）蛋白质的变性

　　某些物理或化学因素的作用可以破坏蛋白质分子中的副键，从而使蛋白质分子的构象发生改变，引起蛋白质生物活性和理化性质的改变，这种现象称为蛋白质的变性（denaturation）。物理因素包括加热、高压、紫外线、X 射线、超声波、剧烈搅拌等；化学因素包括强酸、强碱、胍、尿素、重金属盐、生物碱试剂和有机溶剂等。

　　蛋白质变性后，分子从原来有规则的空间结构变为松散紊乱的结构，形状发生改变，原来藏在分子内部的疏水基团暴露在分子表面，分子表面的亲水基团减少，使蛋白质水化作用减弱。变性蛋白质与天然蛋白质最明显的区别是生物活性丧失，如酶失去催化能力；抗体失去免疫作用；激素失去调节作用等。此外还表现出各种理化性质的改变，如溶解度降低、黏度增加、易被蛋白酶水解等。蛋白质变性时，蛋白质中的肽键未被破坏，仍保持原有的一级结构。

　　蛋白质的变性作用可分为可逆变性和不可逆变性。当变性作用对副键的破坏程度不是很大时，若除去变性因素后可恢复原有的理化性质和生物功能，这就是可逆变性。若变性作用使副键大量破坏，并涉及较稳定的二硫键时，则蛋白质难以恢复原有的结构和性质，这就是不可逆变性。蛋白质的凝固就是不可逆变性的表现。

　　向蛋白质水溶液中加入亲水的有机溶剂，如甲醇、乙醇或丙酮等，在短时间内它们会像盐析一样破坏蛋白质分子的水化膜，使蛋白质沉淀，这时沉淀和溶解是可逆的。但这些溶剂若在较高浓度、较长时间与蛋白质共存，就会与蛋白质分子中的一些基团发生有机化学反应，如酯化或亲核加成反应等，结果就使蛋白质变性，并难以恢复原有的活性。

　　某些重金属离子的盐，如 Hg^{2+}、Ag^+、Pb^{2+} 等，可与蛋白质分子中的 —COO^- 形成羧酸盐沉淀，使蛋白质变性而不能溶解，因此，摄取过量的重金属离子对人体是有害的。

　　蛋白质的变性作用在实际生活中有许多应用。如蛋白质的变性与凝固已有许多实际应用。如豆腐就是大豆蛋白质的浓溶液加热加盐而成的变性蛋白凝固体。临床分析化验血清中非蛋白质成分，常常用加三氯醋酸或钨酸使血液中蛋白质变性沉淀而去掉。为鉴定尿中是否有蛋白质常用加热法来检验。在急救重金属盐中毒（如氯化汞）时，可给患者吃大量乳品或蛋清，其目的就是使乳品或蛋清中的蛋白质在消化道中与重金属离子结合成不溶解的变性蛋白质，从而阻止重金属离子被吸收进入体内，最后设法将沉淀从肠胃中洗出。又如临床工作中经常用高温、紫外线或酒精进行消毒，使细菌或病毒的蛋白质变性而失去其致病性及繁殖能力；用放射线同位素杀死癌细胞等。又如制备具有生物活性的蛋白质制品（疫苗、酶制剂）时，既要避免变性因素（高温、重金属离子和剧烈搅拌等）在操作过程中引起的变性作用，同时也可以利用变性作用来专一地除去不需要的杂蛋白，通常用加热、加变性剂等使杂蛋白变性沉淀。生物体中的许多现象与蛋白质的变性有关，例如人体衰老、皮肤粗糙干燥，是因为蛋白质逐渐变性，亲水性相应减弱；紫外照射引起眼睛白内障，主要是由于眼球晶体蛋白的变性凝固。

（四）蛋白质的沉淀

不同类型的蛋白质在水溶液中的溶解度有很大差异。纤维蛋白不溶于水，一些球状蛋白却能形成较稳定的亲水溶胶。如果用物理或化学方法破坏蛋白质胶体溶液的稳定因素，则蛋白质分子将发生凝聚而沉淀。使蛋白质沉淀的方法主要有以下几种。

1. 盐析

向蛋白质溶液中加入一定浓度的强电解质中性盐，如 $(NH_4)_2SO_4$、Na_2SO_4、$NaCl$、$MgSO_4$ 等，使蛋白质发生沉淀的作用称为盐析（salting out）。盐析作用的实质是电解质离子的水化能力比蛋白质强，高浓度的强电解质破坏蛋白质分子表面的水化膜，同时电解质离子还可中和蛋白质所带的电荷，蛋白质的稳定因素被消除，使蛋白质分子相互碰撞而凝聚沉淀。若结合调节溶液的 pH 值至蛋白质的等电点，效果将会更好。

蛋白质盐析所需盐的最小量称盐析浓度。各种蛋白质的水化程度及所带电荷不同，发生沉淀时所需的盐析浓度也不同。因此，利用此特性可用不同浓度的盐溶液使蛋白质分段析出，这一操作方法称为分段盐析。

用盐析沉淀得到的蛋白质，其分子内部结构未发生变化，可保持原有的生物活性，只需经过透析法或凝胶色谱法除去盐后，便可获得较纯的蛋白质。

2. 加脱水剂

当向蛋白质溶液中加入甲醇、乙醇或丙酮等极性溶剂，由于这些有机溶剂与水的亲和力较大，能破坏蛋白质分子的水化膜以及降低溶液的介电常数从而增加蛋白质分子相互间的作用，使蛋白质凝聚而沉淀。但是用有机溶剂沉淀蛋白质，如果操作不当，往往导致蛋白质丧失生物活性。因此，常用低浓度的有机溶剂并在低温下操作，使蛋白质沉淀析出。

此外，用重金属盐类（如氯化汞、硝酸银等）和有机酸类（如三氯乙酸、钨酸、鞣酸、苦味酸等）也能使蛋白质沉淀，但往往引起蛋白质变性，因而不宜用来沉淀具有活性的蛋白质。

（五）蛋白质的显色反应

蛋白质分子中的肽键以及某些氨基酸残基侧链上的一些特殊基团能与某些试剂作用产生显色反应。利用这些反应可以确定蛋白质的存在（表 19-7）。

（六）蛋白质的甲基化

甲基化是蛋白质合成之后所进行的共价修饰的一种形式，最早发现于 20 世纪 60 年代的鼠伤寒沙门菌鞭毛蛋白的 N-甲基化赖氨酸。作为细胞生物进程的一个重要组成部分，蛋白

表 19-7　蛋白质的显色反应

反应名称	试剂	颜色	反应有关基团	有此反应的蛋白质及氨基酸
缩二脲反应	CuSO₄ 的碱性溶液	紫红色至蓝紫色	两个或两个以上相邻的肽键	所有蛋白质
米伦反应	硝酸汞,硝酸亚汞,硝酸混合物	红色	酚羟基	酪氨酸
蛋白黄反应	浓硝酸及氨水	黄色至橙黄色	苯环	苯丙氨酸、酪氨酸、色氨酸
茚三酮反应	茚三酮	蓝紫色	游离氨基	α-氨基酸、多肽、蛋白质
乙醛酸反应	乙醛酸及浓硫酸	紫红色	吲哚基	色氨酸
坂口反应	次氯酸钠或次溴酸钠	红色	胍基	精氨酸

质甲基化在细胞的生理及致病过程中均发挥不可缺少的调节作用。蛋白质的甲基化反应由甲基化转移酶催化底物蛋白质发生。如在真核生物中，组蛋白在很多赖氨酸和精氨酸位点均存在甲基化修饰，前者对构建和维持异染色质和常染色质区域有重要作用，后者在信号转导、蛋白质定位、基因表达等的调控，DNA 损伤修复以及 RNA 代谢等进程中发挥重要作用。

Summary

All proteins in all species, regardless of their function or biological activity, are built from the same set of 20 coding amino acids, which are joined by a regularly repeating sequence of the peptide bond to form one or more polypeptide chains. The kinds of amino acids, the order in which they are joined together and their mutual spatial relationships dedicated the three-dimensional structures and biological properties of simple proteins.

The structure of proteins is described in terms of four hierarchical levels. The primary structure of a protein is the sequence of amino acids in the chain and the location of all its disulfide bonds. The secondary structure describes the regular conformation assumed by segments of the protein's backbone. In other words, the secondary structure describes how local regions of the backbone fold. Four main secondary structure units are α-helix, β-pleated sheet, β-turn and random coil. The tertiary structure describes the three-dimensional structure of the entire polypeptide. If a protein has more than one polypeptide chain, it has quaternary structure. The quaternary structure of a protein is the way the individual protein chains are arranged with respect to each other. More recently, two upper levels, super secondary structures and structural domains are also used to describe the three-dimensional structures of proteins.

The conformation of a native peptide is determined by its amino acids sequence and stabilized by several individually weak but numerically formidable noncovalent interactions between residues in the chain. These forces include hydrogen bonds, hydrophobic interactions, salt linkage and van der Waals forces etc. Meanwhile, the disulfide bond also plays an important role in maintaining the higher structure of protein.

While no universally accepted classification system exit, proteins may be classified on the basis of their solubility, shape, biological function or three-dimensional structure. Protein denaturation can be brought about by a variety of different means, such as extremes of pH, temperature, organic solvents, heavy metals and mechanical stress etc, which cause the molecules to loss their characteristic three-dimensional shape and biological activities. Proteins are ampholytes whose acid-base properties depend on their R substituents of the peptide chain and have their own specific isoelectric points. The protein solutions are hydrophilic colloids, which are stabilized by the electric double layer and the highly ordered water molecules in solvation shells.

习 题

1. 蛋白质如何分类？

2. 单纯蛋白与结合蛋白有何差异？

3. 什么是蛋白质的一级结构、二级结构、三级结构和四级结构？

4. 维系蛋白质分子严密的空间结构的化学键有哪些？它们是如何形成的？

5. 什么是蛋白质的等电点？为什么说在等电点时蛋白质溶解度最低？

6. 蛋白质沉淀与变性有何不同？

7. 导致蛋白质变性的因素有哪些？可逆变性与不可逆变性有何差异？

8. 下列说法是否正确？

(1) 蛋白质用饱和硫酸铵盐析沉淀后，其空间构象未被破坏，但亲水基却暴露在水中。

(2) 用丙酮等有机溶剂使蛋白质沉淀，即使在稳度较高时也是可逆的。

(3) 蛋白质变性后不容易发生化学反应。

(4) 蛋白质变性不一定沉淀，蛋白质不可逆沉淀则一定变性。

（南京医科大学　张振琴）

第二十章

核　酸

内容提示

本章主要介绍：核酸的化学组成；核酸的结构；核酸的理化性质；核酸的生物学功能等。

早在 1869 年，瑞士生物学家 F. Miescher 首次从白细胞的细胞核中分离得到了含磷的酸性物质，当时被称为核素，实际上是核酸与蛋白质的复合物。到了 1889 年，Altman 从酵母及其他细胞中得到了不含蛋白质的核酸，将这种物质正式命名为核酸（nucleic acid）。核酸的发现为人类提供了解开生命之谜的金钥匙。1944 年，Oswald Avery 经实验证实 DNA 是遗传的物质基础。1953 年，Watson 和 Crick 提出了 DNA 的双螺旋结构，巧妙地解释了遗传的奥秘，将遗传学的研究从宏观的观察进入到微观分子水平。

1981 年底，我国科学工作者用人工方法合成了酵母丙氨酸转移核糖核酸，这是世界上首次用人工方法合成具有与天然分子相同化学结构和完整生物活性的核糖核酸。我国是唯一参加世界人类基因组研究的发展中国家，这标志着我国在核酸研究领域中，达到了世界先进水平。

核酸和蛋白质一样，是一切生物体不可缺少的组成部分，是重要的生物大分子。它不仅对生物体的生长、繁殖、遗传等起着重要作用，而且与生物体的变异（如肿瘤、遗传病、代谢病等）也密切相关。本章主要从有机化学角度介绍核酸的组成和分子结构，为核酸的深入学习打下基础。

在学完本章以后，你应该能够回答以下问题：

1. RNA 和 DNA 的基本化学组成是什么？有什么相同和不同之处？
2. 什么是核酸的一级结构？
3. DNA 的双螺旋结构和 tRNA 的三叶草结构是怎样的？
4. 什么是碱基配对规律？
5. 核酸有哪些理化性质？
6. 什么是基因和遗传密码？
7. 什么是核酶和反义 RNA？

一、核酸的分类和化学组成

1. 核酸的分类

核酸是由碱基、戊糖、磷酸组成。根据分子中所含戊糖种类的不同，核酸可分为核糖核酸（ribonucleic acid，RNA）和脱氧核糖核酸（deoxyribonucleic acid，DNA）。所有生物细胞都含有这两类核酸，它们是各种生物遗传信息的载体。

DNA 的 98% 以上存在于细胞核中，少量存在于细胞质内的线粒体中。DNA 是生物遗传的主要物质基础，承担体内遗传信息的储存和发布。

RNA 则仅 10% 存在于细胞核中，90% 存在于细胞质中。RNA 直接参与体内蛋白质的合成。RNA 根据在蛋白质合成过程中所起的作用分为三类。第一类是核糖体 RNA（ribosomal RNA，rRNA），是细胞内含量最多的一类 RNA，占 82% 左右。它是合成蛋白质时多肽链的"装配机"。第二类是信使 RNA（messenger RNA，mRNA），它是合成蛋白质的模板，在蛋白质合成时控制氨基酸的排列顺序。第三类是转运 RNA（transfer RNA，tRNA），它是蛋白质的合成过程中氨基酸的"搬运工"，氨基酸由各自特异的 tRNA "搬运"到核蛋白体，才能"组装"成多肽链。

2. 核酸的基本化学组成

核酸主要元素由 C、H、O、N、P 等几种元素组成。核酸也称多核苷酸（polynucleotide）是由数十个以至千万计的单核苷酸（nucleotide）组成。

核酸通过水解，可生成核苷酸，核苷酸继续水解生成核苷和磷酸，核苷进一步水解生成戊糖和碱基。

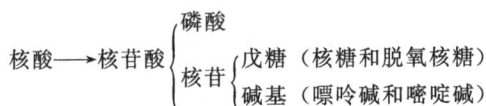

$$核酸 \longrightarrow 核苷酸 \begin{cases} 磷酸 \\ 核苷 \begin{cases} 戊糖（核糖和脱氧核糖） \\ 碱基（嘌呤碱和嘧啶碱） \end{cases} \end{cases}$$

由此可知，核酸的基本化学组成为磷酸、核糖和脱氧核糖（戊糖）、嘌呤碱和嘧啶碱（碱基）。两类核酸水解所得最终产物列于表 20-1 中。

表 20-1　核酸水解后的主要最终产物

水解产物类型	RNA	DNA	水解产物类型	RNA	DNA
酸	磷酸	磷酸	嘌呤碱	腺嘌呤、鸟嘌呤	腺嘌呤、鸟嘌呤
戊糖	β-D-核糖	β-D-2-脱氧核糖	嘧啶碱	胞嘧啶、尿嘧啶	胞嘧啶、胸腺嘧啶

核酸中的戊糖有两类，即 β-D-核糖和 β-D-脱氧核糖。β-D-核糖存在于 RNA 中，而 β-D-脱氧核糖存在于 DNA 中。它们的结构式和编号如下：

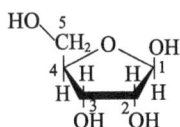

β-D-核糖
β-D-ribose

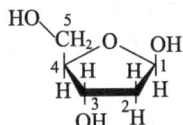

β-D-脱氧核糖
β-D-deoxyribose

RNA 和 DNA 中所含的嘌呤碱相同，都为腺嘌呤和鸟嘌呤。而所含的嘧啶碱却不同，两者都含有胞嘧啶，另外，RNA 中含尿嘧啶，DNA 中含胸腺嘧啶。

两类碱基的结构、编号及缩写符号如下：

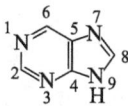

嘌呤
purine

腺嘌呤(A)
adenine

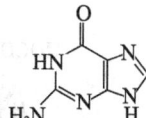

鸟嘌呤(G)
guanine

嘧啶
pyrimidine

胞嘧啶(C)
cytosine

尿嘧啶(U)
uracil

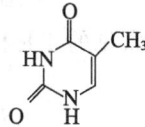

胸腺嘧啶(T)
thymine

两类碱基都可发生酮式-烯醇式互变，如

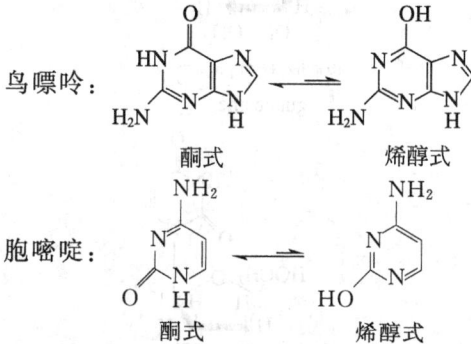

鸟嘌呤：

酮式　　　　　烯醇式

胞嘧啶：

酮式　　　　　烯醇式

在生理条件下或在酸性、中性介质中，它们均以酮式为主。

思考题 20-1 请写出 DNA 和 RNA 水解最终产物的名称，二者在化学组成上有何不同？

---

3. 核苷

核苷（nucleoside）是由核糖或脱氧核糖 C1 上的 β-半缩醛羟基与嘌呤碱 9 位或嘧啶碱 1 位上的氢脱水缩合，通过 β-氮苷键连接而成的苷类化合物。在核苷的结构式中，戊糖上碳原子的编号总是以带撇数字表示，以区别于碱基上碳原子的编号。

核苷命名时，如果戊糖为核糖，词尾为核苷，前面加上碱基的名称即可，如腺嘌呤核苷，简称腺苷。如果戊糖为脱氧核糖，词尾为脱氧核苷，前面加上碱基的名称，如胞嘧啶脱氧核苷，简称脱氧胞苷。

氮苷键和氧苷键一样对碱稳定，但在酸性溶液中可以水解，生成相应的碱基和戊糖。

在 DNA 中常见的 4 种脱氧核糖核苷的结构式及名称如下：

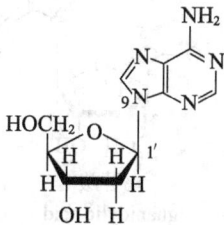

腺嘌呤脱氧核苷(脱氧腺苷)
deoxyadenosine

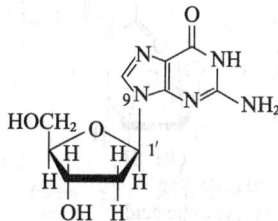

鸟嘌呤脱氧核苷(脱氧鸟苷)
deoxyguanosine

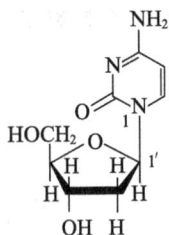

胞嘧啶脱氧核苷(脱氧胞苷)
deoxycytidine

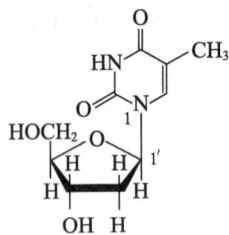

胸腺嘧啶脱氧核苷(脱氧胸苷)
thymidine

在 RNA 中常见的 4 种核糖核苷的结构式和名称如下：

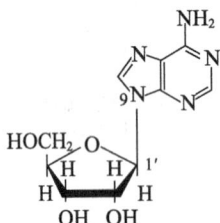

腺嘌呤核苷(腺苷)
adenosine

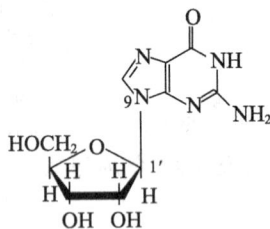

鸟嘌呤核苷(鸟苷)
guanosine

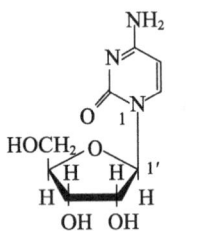

胞嘧啶核苷(胞苷)
cytidine

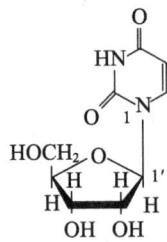

尿嘧啶核苷(尿苷)
uridine

思考题 20-2 请写出脱氧腺苷、脱氧鸟苷、脱氧胸苷、胞苷和尿苷的结构式。

4. 核苷酸及其衍生物

核苷酸（nucleotide）是核苷分子中的核糖或脱氧核糖的 $3'$ 或 $5'$ 位的羟基与磷酸所生成的酯。生物体内大多数为 $5'$-核苷酸。组成 DNA 的核苷酸有脱氧腺苷酸、脱氧鸟苷酸、脱氧胞苷酸和脱氧胸苷酸；组成 RNA 的核苷酸有腺苷酸、鸟苷酸、胞苷酸和尿苷酸。以脱氧胞苷酸和鸟苷酸为例，结构如下：

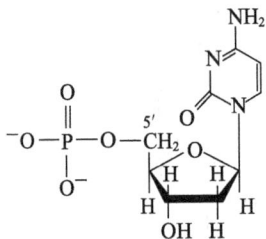

脱氧胞苷酸
deoxycytidylic acid

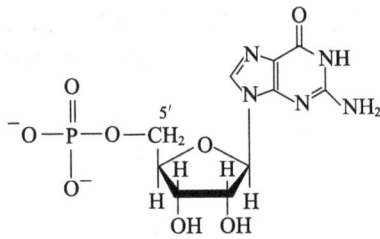

鸟苷酸
guanidylic acid

核苷酸的命名不仅要包括糖基和碱基的名称，同时要标出磷酸连在戊糖上的位置。例如：腺苷酸又叫 $5'$-腺苷酸（$5'$-adenylic acid）或腺苷一磷酸（adenosine monophosphate,

AMP）。如果糖基为脱氧核糖，则要在核苷酸前面加"脱氧"二字。例如：脱氧胞苷酸又叫 5′-脱氧胞苷酸（5′-deoxycytidylic acid）或脱氧胞苷一磷酸（deoxycytidine monophosphate，dCMP）。

核苷酸的衍生物以游离的形式广泛存在于生物细胞中，它们除了作为合成核酸的基本单元外，还具有其他方面的重要功能。

ATP（腺嘌呤核糖核苷三磷酸）是生物体内分布最广和最重要的一种核苷酸衍生物，其结构为：

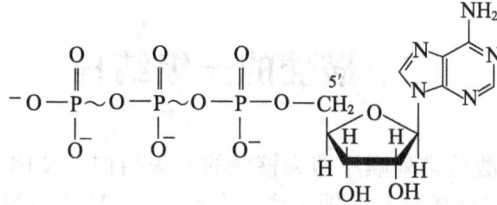

腺嘌呤核苷酸
adenosine triphosphate(ATP)

ATP 是由腺嘌呤、戊糖（核糖）以及三个磷酸基连接而成的化合物。把最后两个磷酸基连接到核苷酸的键，称为高能磷酸键，这是 ATP 最显著的特点。高能键水解时，能释放出大量的能量。ATP 是细胞储存能量的化合物，是生物体的直接供能物质。生物体内能量的代谢、贮存和利用都是以 ATP 为中心。ATP 水解释放出的能量可以作为推动生物体内各种需能反应的能量来源。ATP 也是一种很好的磷酰化剂。磷酰化的底物分子具有较高的能量（活化分子），是许多生化反应的激活步骤。

GTP（鸟嘌呤核糖核苷三磷酸）是生物体内游离存在的另一种重要的核苷酸衍生物。它具有 ATP 类似的结构，也是一种高能化合物，其结构为：

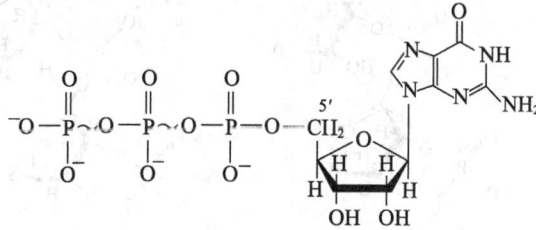

鸟嘌呤核苷酸
guanosine triphosphate(GTP)

GTP 主要是作为蛋白质中磷酰基供体。在许多情况下，生物体内的 ATP 和 GDP 可以互相转变。

cAMP（3′,5′-环腺嘌呤核苷-磷酸）和 cGMP（3′,5′-环鸟嘌呤核糖核苷-磷酸）的主要功能是作为细胞之间传递信息的使者，对于细胞活动起着重要的调节作用。cAMP 和 cGMP 的环状磷酸酯键也是一个高能键，比 ATP 水解能高得多。

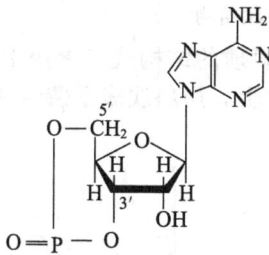

3′,5′-cyclic AMP
(cAMP)

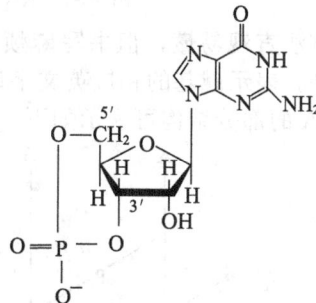

3′,5′-cyclic GTP
(cGTP)

cAMP 和 cGTP 的主要功能是作为细胞之间传递信息的使者，对于细胞活动起着重要的调节作用。cAMP 和 cGTP 的环状磷酸酯键也是一个高能键，比 ATP 水解能高得多。

思考题 20-3 在自然界中，游离核苷酸分子中的磷酸基通常连接在戊糖分子的（　　　）。
A. C2′上　　　　B. C2′和 C5′上　　　　C. C3′上　　　　D. C5′上

二、核酸的一级结构

核酸分子中各种核苷酸的排列顺序即为核酸的一级结构，又称为核苷酸序列。各种核苷酸间通过 3′,5′-磷酸二酯键形成核酸，即一个核苷酸的 3′-羟基与另一个核苷酸的 5′-磷酸基形成磷酸酯键，这样延续下去，形成没有支链的核酸大分子。核酸分子中各种核苷酸的排列顺序即为核酸的一级结构，又称为核苷酸序列。由于核酸分子中核苷酸间主要是碱基不同，故又称碱基序列。由核糖核苷酸连接形成的核酸称为 RNA；由脱氧核糖核苷酸连接形成的核酸称为 DNA。核苷酸是组成核酸的基本单位。磷酸二酯键是核酸的主键。RNA 和 DNA 的链状结构见图 20-1。

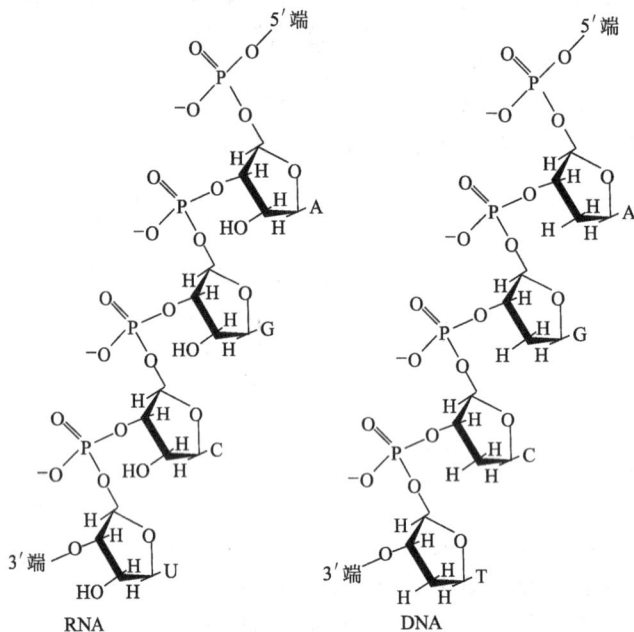

图 20-1　RNA 和 DNA 的链状结构

以上表示方法直观易懂，但书写麻烦。为了简化烦琐的结构式，常用 P 表示磷酸，用竖线表示戊糖基，表示碱基的相应英文字母置于竖线之上，用斜线表示磷酸和糖基酯键。以上 RNA 和 DNA 的部分结构可表示如下。

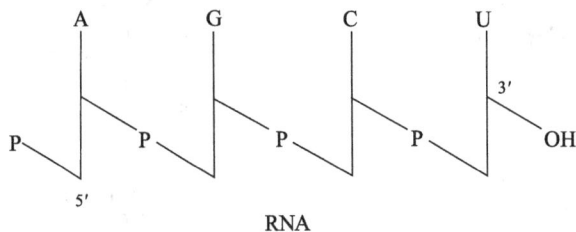

RNA

$$\text{DNA}$$

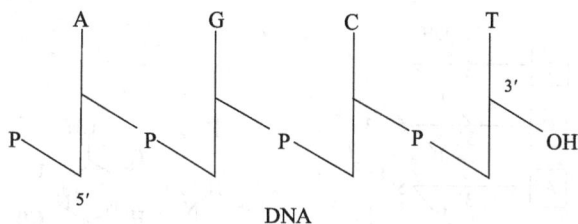

还可用更简单的字符表示，如上面的 RNA 和 DNA 的部分结构可表示为

RNA：5′pApGpCpU—OH 3′或 5′AGCU 3′

DNA：5′pApGpCpT—OH 3′或 5′AGCT 3′

根据核酸的书写规则，RDA 和 DNA 的书写应从 5′端到 3′端。

思考题 20-4 在核酸分子中，核苷酸之间的连接方式是（　　）。

A. 碳苷键　　　B. 氮苷键　　　C. 3′,5′-磷酸二酯键　　　D. 2′,5′-磷酸二酯键

三、核酸的二级结构

（一）DNA 的二级结构

1953 年，美国科学家 Watson 和英国科学家 Crick 两人在前人研究 DNA 分子结构的基础上，提出了 DNA 分子的双螺旋结构（double helix structure）模型，又称沃森-克里克模型，如图 20-2 所示。

DNA 分子的双螺旋结构模型的要点如下。

(1) 双螺旋结构由两条多聚脱氧核糖核苷酸链（简称 DNA 单链）组成。两条链沿着同一中心轴平行盘绕，形成右手双螺旋结构。两条链走向相反，一条链为 3′-5′走向，另一条链为 5′-3′走向，如图 20-3 所示。

(2) 在双螺旋结构中，亲水的脱氧核糖基和磷酸基位于双螺旋结构的外侧，而碱基（嘌呤碱或嘧啶碱）朝向内侧。碱基对平面与螺旋结构的中心轴垂直，而糖基环平面又与碱基对平面垂直。这种结构像一个盘旋的梯子，梯子的外边，是两条由戊糖（脱氧核糖）和磷酸基交替排列而成的多核苷酸主链，两条链之间填入相互配对的碱基，这样就形成了梯子的横档，并且把两条链拉在一起。

(3) 一条链的碱基与另一条链的碱基通过氢键使两条核酸链结合在一起，如图 20-4 所示。形成氢键时，总是腺嘌呤（A）与胸腺嘧啶（T）配对，形成两个氢键（A＝T）；鸟嘌呤（G）与胞嘧啶（C）配对，形成三个氢键（G≡C）。这些碱基之间相互匹配的规律称为碱基互补规律（base complementary）或碱基配对规律。碱基配对是由于几何形状的限制，只能由嘌呤碱和嘧啶碱配对才能使碱基对合适地安置在双螺旋内。若两个嘌呤碱配对，则体积太大无法容纳；若两个嘧啶碱配对，由于两链之间距离太

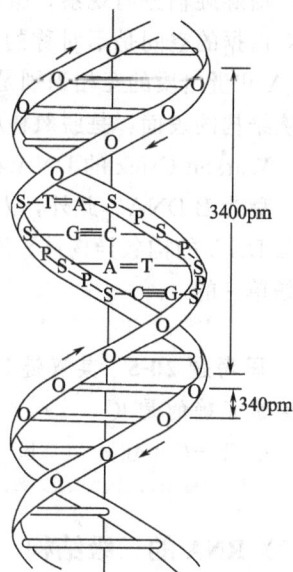

图 20-2　DNA 分子的双螺旋结构

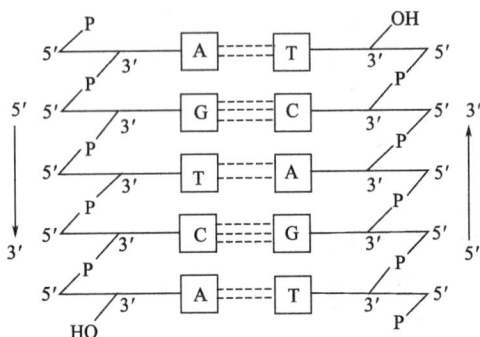

图 20-3 双螺旋 DNA 分子的一个片段

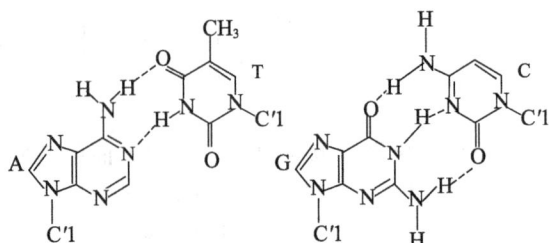

图 20-4 配对碱基间氢键示意图

远，无法形成氢键。

(4) 双螺旋的截面积直径约为 2000pm，每条链上相邻碱基平面之间的距离为 340pm，每 10 个核苷酸形成一个螺旋，螺距（即螺旋旋转一圈）高度为 3400pm。

DNA 双螺旋结构在生理条件下是很稳定的。维系这种稳定性的因素包括：两条 DNA 链之间形成的氢键；双螺旋结构内部形成了疏水区，消除了介质中水分子对碱基之间氢键的影响；介质中的阳离子（K^+、Na^+、Mg^{2+} 等）中和了磷酸基的负电荷，降低了 DNA 链之间的排斥力；范德华引力等。改变介质条件和环境温度，将影响双螺旋的稳定性。

由碱基互补规律可知，当 DNA 分子中一条链的碱基序列确定后，即可推知另一条互补链的碱基序列。这对 DNA 控制遗传信息有重要意义，从母代传到子代的高度保真性。

沿螺旋轴方向观察，碱基对并不充满双螺旋结构的空间。由于碱基对的方向性，使得碱基对占据的空间是不对称的，因此在双螺旋的外部形成了一个大沟和一个小沟。这些沟对 DNA 和蛋白质的互相识别是非常重要的。因为只有在沟内才能观察到碱基的顺序，而在双螺旋结构的表面，是脱氧核糖和磷酸的重复结构，不可能提供信息。

Watson-Crick 的 DNA 右手双螺旋结构是 DNA 分子在水溶液和生理条件下最稳定的结构，称为 B-DNA。此外，人们还发现了 A-DNA 和 Z-DNA。A-DNA 也是右手双螺旋结构，为 B-DNA 的构象异构体。Z-DNA 是左手双螺旋结构。由此可见，自然界 DNA 的存在形式不是单一的。

思考题 20-5 某双链 DNA 分子中，已知一条链中 A＝30％、G＝24％，其互补链的碱基组成正确的是（　　）。

　　a. T＋C＝46％　　　b. A＋G＝54％　　　c. A＋G＝46％　　　d. T＋C＝60％

（二）RNA 的二级结构

RNA 和 DNA 的一级结构形式基本相同，但二级结构差别很大。大多数天然 RNA 是以单链形式存在，单链的许多区域可以发生自身回折，在回折区内，可以相互配对的碱基以 A-U、G-C 配对（约占 40％～70％），此处形成双螺旋结构，不能相互配对的碱基处则形成突环，这种结构被形象地称为"发夹型（hairpin）"结构，如图 20-5 所示。

tRNA、mRNA 和 rRNA 的功能不同，它们的二级结构也有差异。其中对 tRNA 的二级结构研究得较多，了解得最为清楚。已发现的 tRNA 的二级结构非常相似，形态都类似于三叶草，因此称三叶草结构（clover leaf structure），如图 20-6 为酪氨酰转移 RNA 的三叶草结构。tRNA 所含的碱基中含有较多的稀有碱基（即指非 RNA 中常见的 A、G、C、U 四种碱基），如双氢尿嘧啶（DHU）、假尿嘧啶（Ψ）和甲基化的嘌呤等。

三叶草结构一般分为五个部分，如图 20-6 所示，与氨基酸连接的部位称氨基酸臂，此外还有Ⅰ、Ⅱ、Ⅲ、Ⅳ四个突环，其中突环Ⅰ，因含有二氢尿嘧啶，称二氢尿嘧啶环；突环Ⅱ含有三个碱基组成的反密码子（anticodons），称反密码环；突环Ⅲ为附加叉，不同的 tRNA 核苷酸残基的数目变化较大，也称可变环；突环Ⅳ含有 TΨC 碱基序列，故称 TΨC 环。

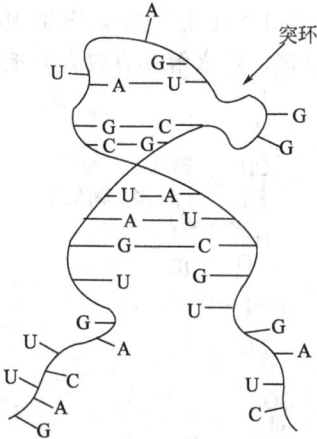

图 20-5　RNA 的二级结构　　　　图 20-6　酪氨酰转移 RNA 的三叶草结构

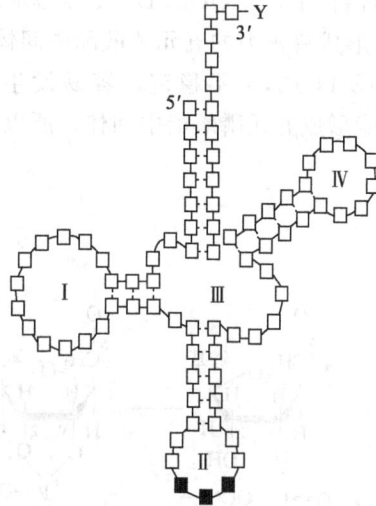

在 tRNA 中，碱基配对不像在 DNA 中那样严格，有时 C 与 U 可以配对，但结合力不如 C 与 G 那样牢固。

mRNA 和 rRNA 的二级结构也有多处折叠，形成局部的小双螺旋结构区或发夹结构。与 tRNA 不同的是，各种 mRNA 和各种 rRNA 分子中所含发夹的数目、发夹结构的长短和彼此间的相对位置都各不相同，所以其二级结构没有共同的形态和规律。

四、核酸的理化性质

（一）核酸的一般性质

DNA 为白色纤维状固体，RNA 为白色粉末。两者均微溶于水，易溶于稀碱溶液，其钠盐在水中的溶解度比较大。DNA 和 RNA 都不溶于乙醇、乙醚、氯仿等一般有机溶剂，而易溶于 2-甲氧基乙醇中。

核酸溶液的黏度比较大，DNA 的黏度比 RNA 更大，这是 DNA 分子的不对称性引起的。

在生物体内，核酸是与蛋白质结合存在的。DNA 与强碱性的蛋白质（如组蛋白、鱼精蛋白）以盐的形式结合，但结合得并不牢固，经稀酸、稀碱或中性盐处理后即可分离。

RNA 所结合的蛋白质不一定是碱性蛋白质，但 RNA 和蛋白质的结合非常牢固，可能是共价键结合，只有将蛋白质变性或水解时，才能使 RNA 与蛋白质分离。

核酸分子中存在嘌呤和嘧啶的共轭结构，所以它们在波长 260nm 左右有较强的紫外吸收，这常用于核酸、核苷酸、核苷及碱基的定量分析。

(二) 核酸的水解

在酸、碱、酶的作用下，大分子核酸的磷酸酯键或 N-糖苷键可水解。根据需要选择适合的方法和反应条件，可得到不同程度的水解产物。

在碱的催化下，RNA 比 DNA 容易水解。在 RNA 分子中，戊糖基 2'-OH 的氧原子亲核性进攻，形成有张力的五元磷酸酯中间体，然后在 OH^- 的作用下开环，得到 2'-磷酸酯和 3'-磷酸酯，所以 RNA 不稳定，容易发生降解反应。而 DNA 分子中，戊糖基 2' 上没有 —OH，不能形成五元磷酸酯中间体，所以 DNA 较为稳定，对水解具有较大的抵抗作用。

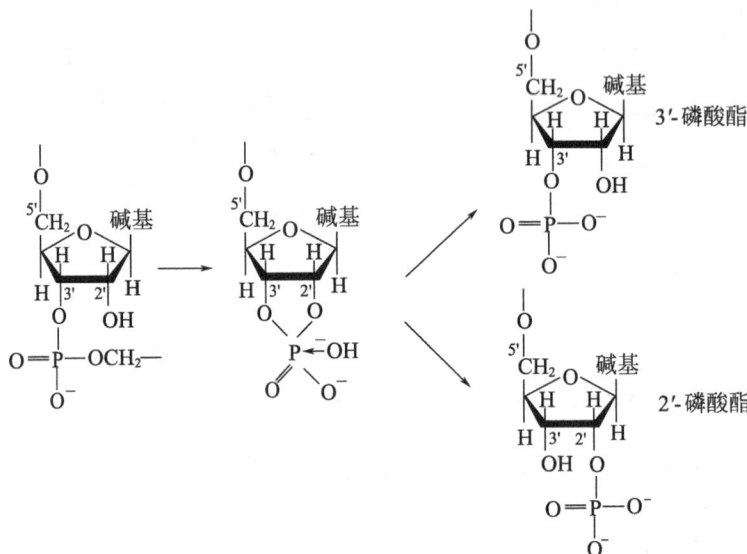

生物体内存在多种核酸水解酶。这些酶可以水解核酸分子中的磷酸二酯键。

根据水解对象可以把核酸水解酶分作两类，即以 DNA 为底物的 DNA 水解酶（DNases）和以 RNA 为底物的 RNA 水解酶（RNases）。

根据核酸水解酶的作用方式又可将其分为两类：核酸外切酶和核酸内切酶。核酸外切酶的作用方式是从核酸链的一端（3'端或 5'端）开始，逐个水解切除核苷酸；核酸内切酶的作用方式是从核酸链内部开始，在某个位点切断磷酸二酯键。

(三) 核酸的酸碱性及等电点

与蛋白质相似，核酸分子中既含有酸性基团（磷酸基），也含有碱性基团（嘌呤和嘧啶碱），因而核酸既有酸性又有碱性，是两性化合物。由于核酸分子中的磷酸是一个中等强度的酸，嘌呤碱基和嘧啶碱基都只是弱碱，所以核酸的酸性大于碱性。

核酸能与金属离子成盐，又能与一些碱性化合物生成复合物。例如：它能与链霉素结合而从溶液中析出沉淀。它还能与一些染料结合，在组织化学研究中，可用来帮助观察细胞内核酸成分的各种细微结构。

核酸的等电点比较低。DNA 的等电点为 4～4.5，RNA 的等电点为 2～2.5。RNA 的等电点低于 DNA 是由于 RNA 分子中核糖基 2′羟基形成氢键，使磷酸基上质子解离。

核酸在不同 pH 的溶液中，带有不同电荷，因此可以像蛋白质一样，在电场中产生电泳现象。迁移的方向和速率与核酸分子的电荷量、分子的大小和分子的形状有关。

（四）核酸的变性、复性和分子杂交

核酸在加热、酸、碱、乙醇、丙酮、尿素、酰胺等理化因素作用下，分子由稳定的双螺旋结构松解为无规则线团结构，其理化性质随之改变，生物学功能也发生改变或丧失，这种现象称为核酸的变性（denaturation）。在变性过程中，维持双螺旋结构稳定性的氢键和碱基间的堆积力被破坏，而磷酸二酯键不会断裂，所以变性仅是核酸二、三级结构的改变，而一级结构没有发生改变。核酸变性后，在 260nm 处紫外吸收值增加。DNA 在完全变性后紫外吸收值增加 20%～25%，RNA 变性后增加 1.1%。

在核酸的变性中，DNA 的变性最为常见。由加热引起的 DNA 变性称为热变性。DNA 的变性是可逆的。在适当的条件下，变性 DNA 的两条互补链全部或部分恢复到双螺旋结构的现象，称为复性（renaturation）。热变性的 DNA，一般经缓慢冷却后，即可复性。这一过程称为"退火"（annealing）。如果将热变性的 DNA 快速冷却至低温，则变性的 DNA 分子很难复性，这一性质可用来保持 DNA 的变性状态。利用 DNA 的热变性提供的特殊信息，对研究 DNA 组织有重要意义。

不同来源的单链 DNA 之间，只要它们有大致相同的碱基互补顺序，经退火处理，可形成新的双螺旋结构，即杂交双螺旋。这种按碱基配对而使不完全互补的两条链相互结合称为杂交（hybridization）。不仅 DNA 单链之间可以进行杂交，而且碱基序列互补单链的 DNA 和 RNA、RNA 和 RNA 之间，根据碱基配对规律，借助氢键相连也可以形成杂交分子。

核酸分子的杂交作为一项基本技术，已应用于核酸的结构与功能研究的各个方面。在医学上，目前已应用于多种遗传性疾病的基因诊断、恶性肿瘤的基因分析、传染病病原体的检测等领域中，其成果促进了现代医学的进步和发展。利用杂交技术可以研究特定基因效率、基因组织的特点、基因结构和定位以及基因表达等，这在分子生物学和遗传学的研究中具有重要意义。

（五）核酸含量的测定

1. 定磷法

元素分析表明，RNA 平均含磷量为 9.4%，DNA 平均含磷量为 9.9%，因此可以从测定核酸样品的含磷量计算 RNA 或 DNA 的含量。

方法是用强酸将核酸样品消化，使核酸分子中的有机磷转变为无机磷酸，无机磷酸与钼酸反应生成磷钼酸，磷钼酸在还原剂（如氯化亚锡、抗坏血酸等）作用下还原为钼蓝。钼蓝的 λ_{max} 为 660nm，用分光光度法测定磷含量，从而换算成核酸的含量。

2. 定糖法

核酸中的戊糖可在浓盐酸或浓硫酸作用下脱水生成醛类化合物，醛类化合物可与某些显色剂缩合成有色化合物，可用分光光度法测定其溶液的吸收值，溶液的吸收值与核酸的含量

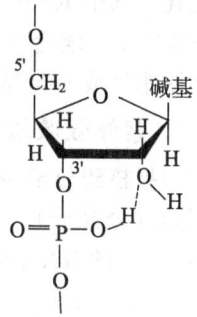

成正比。其中 RNA 分子的核糖可在浓盐酸作用下脱水生成糠醛，糠醛可与地衣酚（5-甲基-1,3-苯二酚）缩合生成绿色化合物，λ_{max} 为 670nm；DNA 分子中的脱氧核糖可在浓硫酸作用下脱水生成 δ-羟基-γ-酮戊醛，该化合物与二苯胺反应生成蓝色化合物，λ_{max} 为 595nm。

3. 紫外吸收法

根据核酸分子中的嘌呤环和嘧啶环对波长 260nm 左右的紫外线有最大吸收的性质，可采用紫外分光光度法测定核酸的含量。$1\mu g \cdot mL^{-1}$ 的 DNA 溶液的吸收值 A_{260} 为 0.020，$1\mu g \cdot mL^{-1}$ 的 RNA 溶液的吸收值 A_{260} 为 0.022，以此为标准，可测得溶液中核酸的含量。

五、核酸的生物学功能

1. 基因

从简单生物病毒到高等生物人类，遗传繁殖的功能都是由 DNA 执行的。时至今日，生物体的遗传物质就是 DNA 已无可争议。在 1909 年，Johannsen 提出用基因（gene）一词来表示遗传物质时，对 DNA 与基因的关系几乎是一无所知的。甚至到 20 世纪 50 年代，还有人坚持说基因是没有物质基础的一种唯心臆测出来的空洞概念。

基因是 DNA 分子上一段特定的核苷酸序列，它具有重组、突变、转录或对其他基因起调控作用的遗传学功能。核酸的生物功能主要体现在两个方面：一是 DNA 分子的自我复制，以确保从亲代到子代的真实性；二是以 DNA 为模板，通过 RNA 控制合成蛋白质。后一功能是通过基因来实现的。基因是生命遗传的基本单位，基因不仅可以通过复制把遗传信息传递给下一代，还可以使遗传信息得到表达。

人类基因组（genome）约含 6 万～10 万个基因，由约 30 亿个碱基对组成，蕴藏着生命的奥秘。分布在细胞核的 23 对染色体上，并在染色体上呈线性排列。始于 1990 年的国际人类基因组计划，被誉为生命科学的"登月"计划，原计划 2005 年完成。1990 年 9 月，我国获准参加国际人类基因组计划研究，成为继美、英、日、德、法之后的第 6 个参与国。各国科学家经过 13 年努力共同绘制完成了人类基因组序列图，比原计划提前 2 年，在人类认识自我的漫漫长路上迈出阶段性的一步。2007 年我国科学家杨焕明和他的团队绘制出第一个黄种人基因图谱，标志着中国基因研发技术达到世界领先地位，这为人类基因组研究作出了开拓性的贡献。

2. DNA 的半保留复制

当 Watson 和 Crick 在提出 DNA 双螺旋结构模型时，他们就已推测，由于 DNA 两条链之间有准确的碱基配对关系，通过一条链的 DNA 碱基序列可以严格地确定其互补链的碱基顺序。当细胞分裂时，两条螺旋的多核苷酸链之间的氢键断裂，DNA 双链解开，然后每条链各作为模板在其上合成新的互补链。这样新形成的两个子代 DNA 分子与原来 DNA 分子的碱基顺序完全一样。无论以哪一条单链作模板，每个子代分子的一条链均来自亲代 DNA，另一条链则是新合成的，这种复制方式称为半保留复制（semiconservative replication），如图 20-7。

按着半保留复制的规律，子代 DNA 保留了亲代 DNA 所有遗传信息。这种遗传信息通过转录、翻译的过程来表达，决定着细胞的代谢类型和生物特性。遗传信息传递方向的这种规律称为中心法则（central dogma）。直到 20 世纪 70 年代，由于逆转录等不断新的发现，

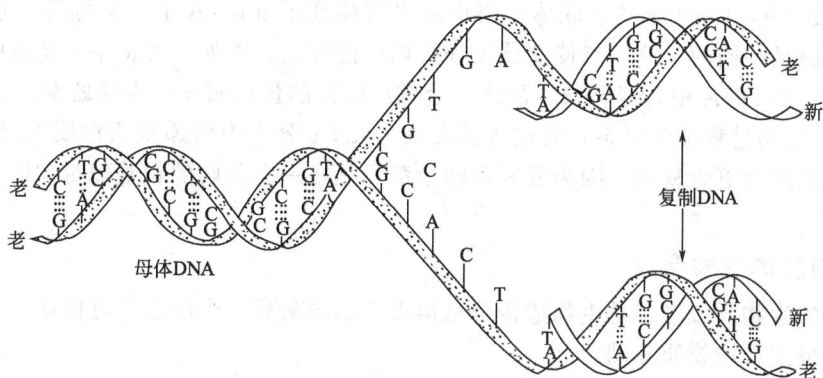

图 20-7　DNA 的半保留复制

对此法则提出了一些补充和修正。中心法则代表了大多数生物遗传信息储存和表达的规律，并为研究遗传、繁殖、进化、代谢类型、生长发育、生命起源、健康与疾病等关键问题奠定了重要的理论基础。

3. 遗传密码

遗传密码（genetic code）是遗传信息的编码，它是由 DNA 分子中所包含的四种碱基组合而成。在 A、T、G、C 四个碱基中，每三个组成一组，构成一个"密码子（codons）"或称"三联体密码（triplet codon）"肩负着传递信息的重要使命。

1965 年，经过 M. Nirenberg 等 4 年的研究，完成了遗传密码表的编制。四种字母，三三组合，形成 64 种组合方式，即 DNA 大分子上载有 64 种密码子，其中有 61 种氨基酸密码子（包括起始密码子）及 3 个终止密码子。构成蛋白质的 20 种编码氨基酸，除色氨酸和蛋氨酸外，多数氨基酸都使用两个或两个以上的同义密码（synonym），见表 20-2。

表 20-2　遗传密码

氨基酸	密码						密码数目	氨基酸	密码						密码数目
甘氨酸		GGU	GGC	GGA	GGG		4	天冬酰胺			AAU	AAC			2
丙氨酸		GCU	GCC	GCA	GCG		4	谷氨酰胺			CAA	CGA			2
缬氨酸		GUU	GUC	GUA	GUG		4	精氨酸	CGU	CGC	CGA	CGG	AGA	AGG	6
亮氨酸	UUA	UUG	CUU	CUC	CUA	CUG	6	赖氨酸			AAA	AAG			2
异亮氨酸		AUU	AUC	AUA			3	苯丙氨酸			UUU	UUC			2
丝氨酸	UCU	UCC	UCA	UCG	AGU	AGC	6	酪氨酸			UAU	UAC			2
苏氨酸		ACU	ACC	ACA	ACG		4	脯氨酸		CCU	CCC	CCA	CCG		4
半胱氨酸			UGU	UGC			2	组氨酸			CAU	CAC			2
蛋氨酸			AUG				1	色氨酸			UGC				1
天冬氨酸			GAU	GAC			2	终止密码		UAA	UAG	UGA			3
谷氨酸			GAA	GAG			2								

密码表就像一部字典，从中可以找出任何三个字母组成的单词所代表的含义，即氨基酸的种类，进而可以找到一段载有若干密码子的脱氧糖核酸片段（基因）所代表的蛋白质的种类，因此，密码表所表现的基因中的核苷酸顺序与蛋白质中的氨基酸顺序是线性关系。

基因到蛋白质的信息传递不能直接进行，而是需要 mRNA 来牵线搭桥。从 DNA 到 mRNA 传递遗传密码时，按 A＝U、G≡C 的碱基配对原则进行，即以 DNA 的一条链为模板, 合成 mRNA, DNA 上的三联体密码也随之转移到了 mRNA 上。从低等生物到高等生物, 遗传密码是相同的。这一点使遗传工程得以广泛应用。例如, 可将牛胰岛素的基因引入大肠杆菌质粒的 DNA 中, 经转录、翻译、合成出同样的蛋白质——牛胰岛素。

DNA 的复制过程极为复杂, 而遗传信息从 mRNA 分子中传递至蛋白质的过程比 DNA 的复制和转录过程更为复杂。因为复制和转录都只是在一个共同的碱基配对"语言网络"上进行的。

4. 蛋白质的生物合成

蛋白质的生物合成过程是生物遗传信息得以表达的最后一个阶段, 可以认为蛋白质是体现生命现象最主要的物质基础。

蛋白质的生物合成一般包括氨基酸的活化和转运、肽链的合成、肽链的加工修饰三个阶段。

在氨基酸的活化与转运阶段, 首先氨基酸与 ATP 和氨酰-tRNA 合成酶结合成复合物, 氨基酸获得能量, 使其活化。然后该复合物再与特异 tRNA 作用, 形成氨酰-tRNA。

在肽链合成阶段, 首先由核蛋白体的大小亚基、模板 mRNA 以及具有起始作用的氨酰-tRNA 结合成起始复合物, 然后按照 mRNA 模板的密码子的先后顺序, 各种氨酰-tRNA 靠所带反密码子碱基反向与 mRNA 模板上的密码子碱基配对识别 mRNA 模板上的密码子, 进而将各种氨基酸依次结合到核蛋白体上合成肽链并不断延长。最后当肽链延长到遗传信息所规定的长度时, mRNA 上的终止密码出现在核蛋白体上, 新的肽键不再形成, 一条多肽链的合成结束。用某一特定核苷酸序列的 mRNA 作为模板, 合成相应氨基酸序列的多肽链, 就是将带有遗传信息的核苷酸顺序"翻译"成为氨基酸顺序的过程。因此, 多肽链的合成又称为翻译 (translation)。

在肽链的加工修饰阶段, 前阶段合成的多肽链仅具有蛋白质的一级结构, 多肽链要经过加工修饰才能成为具有一定生物学活性的蛋白质。肽链的加工修饰一般包括起始氨基酸的去除、二硫键的形成、水解修剪、氨基酸残基侧链的修饰、辅基的结合和亚基聚合等。

思考题 20-6 一个 mRNA 的碱基序列为 UGCAGACCCUCGGGGUGA, 以该 mRNA 为模板合成的多肽链上的氨基酸序列是什么?

---

5. 核酶

1982 年, 美国的 Thomas Cech 和他所领导的研究小组发现四膜虫 (tetrahymena) 大核 rRNA 前体不需要 ATP 或 GTP 提供外源能量, 也不需要蛋白质酶的参与, 而能自我催化完成反应过程, 这种现象显然表示该 rRNA 前体具有酶样的催化活性。几乎与此同时, 加拿大的 Sidney Altman 等在研究工作中, 也发现了另一类具有酶活性的 RNA, 即 RNase P (RNA 酶 P) 分子中的 RNA 组分 (M_1 RNA), 像 RNase P 全分子一样也有催化活性, 而 RNase P 分子中的蛋白质组分却没有这种催化作用。虽然 Cech 和 Altman 的研究背景与实验内容不同, 但却各自独立地得到一个共同的结论, 即某些 RNA 具有酶样的催化活性。1988 年, Cech 将其命名为 "ribozyme", 中文译为核酶或酶 RNA。鉴于 Cech 和 Altman 对 ribozyme 的发现而荣获 1989 年诺贝尔化学奖。

核酶一般是指无需蛋白质参与或不与蛋白质结合就具有催化功能的 RNA 分子。核酶又称核酸类酶、酶 RNA、类酶 RNA, 大多数核酶通过催化转磷酸酯和磷酸二酯键水解反应参与 RNA 自身剪切、加工过程。核酶按其功能可分三类：异体催化剪切型、自体催化剪切型和内含子自我剪接型。

核酶的发现，促进了近年对 RNA 的研究。它不仅改变了酶都是蛋白质的传统观念，而且还认为在生物前期进化中，RNA 是先于 DNA 和蛋白质出现的生物大分子。这对我们认识地球的起源有巨大的影响。不仅如此，人工合成的核酶的研究，又给人们带来了防治威胁人类的各种传染病、癌症及艾滋病的希望，成为 21 世纪攻克医学难关的重要手段。

6. 反义 RNA

反义 RNA（antisense RNA）是指与 mRNA 或其他 RNA 互补的 RNA 分子。由于核糖体不能翻译双链的 RNA，所以反义 RNA 与 mRNA 特异性的互补结合，能抑制该 mRNA 的翻译，进而调控该 mRNA 的基因表达。

根据反义 RNA 的作用机制，可将其分为三类：第一类直接作用于靶 mRNA 的 SD 序列和（或）部分编码区，直接抑制翻译，或与靶 mRNA 结合形成双链 RNA，从而易被 RNA 酶Ⅲ降解；第二类与 mRNA 的 SD 序列的上游非编码区结合，引起 mRNA 构象变化，抑制翻译；第三类则直接抑制靶 mRNA 的转录。

既然反义 RNA 对基因表达起着重要的调控作用，故通过人工设计反义 RNA 来调节靶基因的表达，将成为可能。反义技术就是其中一种，它的基础是根据核酸杂交原理设计针对特定靶序列的反义核酸，从而抑制特定基因的表达，包括反义 RNA、反义 DNA 及核酶。

利用反义技术研制的药物称反义药物。反义药物作用于产生蛋白的基因，能抑制某特定基因的表达，阻断该基因的功能，因此可广泛应用于多种疾病的治疗，如传染病、炎症、心血管疾病及肿瘤等。与传统药物比较，反义药物更具选择性及效率，因此也更高效低毒。在今后的一段时间，反义药物将成为药物研究和开发的热点领域。

Summary

The nucleic acids, DNA (deoxyribonucleic acid) and RNA (ribonucleic acid), are biological polymers that act as chemical carriers of an organism's genetic information. Nucleic acids are composed of heterocyclic bases, pentose sugars, and phosphate group. Molecules of DNA contain the heterocyclic bases of adenine, guanine, cytosine, and thymine, and deoxyribose as the pentose sugar. Molecules of RNA differ from DNA in which they contain uracil rather than thymine and ribose rather than 2-deoxyribose.

Nucleotides, the monomer units from which RNA and DNA, are joined by phosphodiester bonds between the $5'$ phosphate of one nucleotide and the $3'$ hydroxyl on the sugar of another nucleotide. Nucleosides, in turn, consist of a purine or pyrimidine base linked to C1 of an aldopentose sugar—ribose in RNA and 2-deoxyribose in DNA.

Molecules of DNA consist of two complementary strands held together by hydrogen bonds between heterocyclic bases on the different strands and coiled into a double helix. The deoxyribose sugars and the phosphate groups form the outside structure, whereas the bases are located inside. Each pyrimidine base forms a stable hydrogen-bonded pair with only one of the two purine base. Cytosine forms a base, joined by three hydrogen bonds with guanine. Thymine (or uracil in RNA) forms a base pair with adenine, joined by two hydrogen bonds. The sequence of bases in the structure of DNA contains the genetic information of a particular species. This information is passed along to the new and exact copies of DNA by a process called replication.

In addition to serving as a template for replication, DNA is also a template for the synthesis of RNA by a process called transcription. The RNA molecules use the information passed on to them to synthesize proteins. Three kinds of RNA, mRNA, tRNA, and rRNA are synthesized from DNA and each has a specific purpose. Molecules of rRNA combine with proteins to form ribosomes, the sites of protein synthesis. Molecules of mRNA carry the genetic code from DNA to the ribosomes, and molecules of tRNA bring specific amino acids to the ribosomes for incorporating into the protein.

The four-base code in nucleic acids turn into a 20-unit code which is needed to specify the sequence of amino acids in proteins by a process called translation. Each amino acid is specified on an mRNA molecule by at least one set of base triplets, or codons. To synthesize a protein, complementary sequences of bases, called anticodons on tRNA, are combined with the codons of mRNA to place the amino acids in their proper sequence in the protein molecule.

An error or change in the sequence of bases in DNA molecules will affect the amino acid sequence in a protein, these changes cause mutations, and some mutations occur naturally. Others can be made of by scientists using a technique called recombinant DNA. Considerable controversy is surrounding this research.

习　题

1. 命名或写出下列化合物的结构式。

(1) 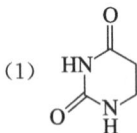   (2) 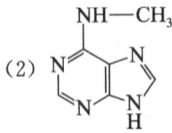   (3)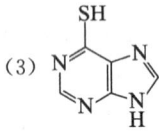

(4) 胞苷酸　　　　　(5) 脱氧鸟苷酸

2. 名词解释。

(1) 高能磷酸键　　　(2) 碱基配对规律　　　(3) DNA 的变性

(4) DNA 的复性　　　(5) 反密码子

3. 单选题。

(1) DNA 和 RNA 的最终水解产物的特点是（　　）。

A. 戊糖相同，碱基也相同   B. 戊糖相同，但碱基不同

C. 戊糖不同，碱基也不同   D. 戊糖不同，但碱基相同

(2) 下列碱基中，存在于 RNA 中但不存在于 DNA 中的是（　　）。

A. 尿嘧啶   B. 胸腺嘧啶   C. 鸟嘌呤   D. 腺嘌呤

(3) 在双链 DNA 分子中，若一条链的部分碱基序列为 5′-AGGTACGTCAAC-3′，则另一条链的相应碱基序列应为（　　）。

A. 5′-TCCATGCAGTTG-3′   B. 5′-AGGTACGTCAAC-3′

C. 5′-GTTGACGTACCT-3′   D. 5′-UCCAUGCAGUUG-3′

（4）关于双链 DNA 分子中碱基的摩尔分数关系的表达式中错误的是（　　）。

A. A＝T　　　　　　B. A＋G＝C＋T　　　　C. A＋C＝T＋G　　　　D. A＋T＝C＋G

（5）核酸分子中碱基之间的互补依赖的作用力是（　　）。

A. 氢键　　　　　　B. 范德华力　　　　　　C. 共价键　　　　　　D. 配位键

（6）某 DNA 中鸟嘌呤（G）的摩尔分数为 20.6%，则胸腺嘧啶（T）的摩尔分数为（　　）。

A. 79.4%　　　　　B. 41.2%　　　　　　C. 29.4%　　　　　　D. 10.3%

（7）尿嘧啶的结构特点是（　　）。

A. 分子中含有一个羰基和一个氨基　　　　B. 分子中含有一个羰基，但不含氨基

C. 分子中含有两个羰基和一个甲基　　　　D. 分子中含有两个羰基，但不含甲基

（8）组成核酸的基本结构单位是（　　）。

A. 核苷酸　　　　　B. 核苷　　　　　　　C. 腺苷酸　　　　　　D. 尿嘧啶

（9）核酸中核苷酸之间的连接方式是（　　）。

A. C-N 核苷键　　　　　　　　　　　　　B. 2′，5′-磷酸二酯键

C. 3′，5′-磷酸二酯键　　　　　　　　　　D. 肽键

（10）终止密码是（　　）。

A. AUG　　　　　　B. GAU　　　　　　　C. GAA　　　　　　　D. UAA

4. 一段 DNA 分子具有下列的核苷酸的碱基顺序-ATGACCATG-，与这段 DNA 链互补的碱基顺序应如何排列？

5. 维系 DNA 二级结构稳定的因素有哪些？

6. 人脑中存在一种被称为脑啡肽的化合物，具有阿片样活性（止痛和麻醉作用）。已知其结构为 Tyr-Gly-Gly-Phe-Met。

（1）写出合成此五肽的 mRNA 的碱基序列；

（2）写出转录此 mRNA 的 DNA 碱基顺序；

（3）写出合成此五肽时的 tRNA 反密码子。

（内蒙古医科大学　于姝燕）

第二十一章

生物体内酶催化的化学反应

内容提示

本章主要介绍：酶的化学本质；酶催化的六种典型化学反应（氧化还原反应、转移反应、水解反应、裂解反应、异构反应和连接反应）及其催化机理等基本知识。

生物利用体内的化学反应合成各类有机物用以完成自身生命活动。生物体内的化学反应一般都具有一个共同的特点：条件温和，反应迅速。例如细菌在合适的条件下，20min 就增殖一代，在这 20min 内，合成了新细胞内全部的复杂物质。研究发现：这些生物体内的化学反应之所以区别于实验室中的化学反应根本原因就是在于生物催化剂——酶的参与。酶在生物体中高效催化各类反应，使生物体内的各种物质处于不断的新陈代谢之中。没有酶的参与，一切生命活动都不能进行。可以想象，酶和酶活性的异常变化也必然会导致相关疾病的发生。在实际临床中，通常也通过测定相关酶活性的变化来诊断疾病，而许多药物也是通过对酶的调节作用来治疗疾病。所以说，研究酶的结构及相关化学反应，对于人们从分子水平上研究生命活动的本质及其规律具有重大意义。

学完本章，你应该能回答如下问题：

1. 酶催化的化学反应的特点是什么？
2. 酶是如何分类的？
3. 酶催化氧化还原与一般氧化还原反应的本质区别是什么？
4. 酶的转移反应与一般有机合成反应的区别？
5. 酶催化水解反应与酸碱催化水解反应的区别？
6. 酶促反应的催化机理是什么？

一、酶的化学

（一）酶是生物催化剂

酶是生物体内具有催化能力的生物催化剂。它与一般催化剂具有的共同特点是：能改变反应速率，但不改变反应性质和反应方向，而且本身在反应前后也不发生变化；但是它也具有一般催化剂所不具备的特性，如催化效率高、催化高度专一性、易失活及反应条件温和等。

1. 催化效率高

酶在细胞中的含量相对较低，但却能使一个慢速反应变为快速反应。其催化效率相对非生物催化剂而言，可高达 $10^7 \sim 10^{13}$ 倍。

2. 高度专一性

高度专一性是指一种酶通常只能催化一种或一类反应，作用于某一种或某一类特定的物质，也就是说酶对作用的反应物和催化的反应有严格的选择性。所以一种酶只作用于一种或一类底物。通常把酶作用的物质称为该酶的底物。如糖苷键、酯键、肽键等在化学环境下，均可被酸或碱催化而水解，但生物体内水解这些化学键的酶却各不相同，它们需要在特定专一性的酶作用下，才能被水解。如酯键的水解需要相应的酯酶参与催化，糖苷键的水解则需相应的糖苷酶催化，而肽键的水解则需相应的肽酶催化。酶的这种高度专一性包括：结构专一性和立体专一性。

结构专一性包括绝对专一性、相对专一性。绝对专一性是指酶只能催化一种底物，生成特定结构的产物。相对专一性是指酶能作用于一类结构近似的底物。立体专一性是指酶对底物的立体构型（包括顺反异构、对映异构）具有高度选择性，只作用于某种构型的异构体。往往同一种酶可具有多种专一性。例如，延胡索酸酶是顺反异构立体专一性酶，但它又是绝对专一性酶，因此它只能催化具有反式结构的延胡索酸。

3. 反应条件温和

酶催化的反应一般都发生在比较温和的条件下，如常温、常压和近中性的 pH 环境中。所以酶不但能人人加速反应，而且由于条件温和而使副反应减至最低限度。当温度较高、酸碱度较高时，酶易发生变性而丧失催化活性。

酶的高催化效率、高度专一性以及反应条件温和等特性使其在生物体内的新陈代谢中发挥了强有力的作用，保证了生命活动有条不紊地进行。但是酶的这些催化特性和它的化学本质是密不可分的。

（二）酶的化学本质

1926 年，J. Sumner 通过分离、纯化从刀豆中得到脲酶结晶（即可把尿素分解成 CO_2 及 NH_3 的酶），并发现脲酶结晶具有蛋白质性质。从此，揭开了酶的化学本质是蛋白质的纪元。

酶的化学本质是蛋白质的观念在 20 世纪 70 年代后期，特别是 80 年代初期，因核酶（ribozyme）的发现而被打破。因为核酶的结构成分中除了蛋白质外，还包含 RNA，并且 RNA 成分在催化过程中起着不可或缺的作用。所以酶的化学本质不再仅仅单指是蛋白质。但是，应该指出的是，RNA 催化剂的发现，甚至 DNA 催化剂的出现，都未否定"酶的化学本质是蛋白质"的结论。因为现在已知的绝大多数酶都具有蛋白质的性质，或是以蛋白质为主导核心成分。

（三）酶的化学组成

化学本质为蛋白质的酶，可分为单纯蛋白质的酶（simple enzyme，单纯酶）和结合蛋白质的酶（conjugated enzyme，结合酶）两类。单纯蛋白质的酶完全由 α-氨基酸按一定的排列顺序组成，如脲酶、淀粉酶等。而结合蛋白质的酶类除由氨基酸构成的蛋白质部分外，还含有辅因子（非蛋白小分子物质或金属离子）。这类酶蛋白与辅助因子结合后所形成的复合物称为全酶（holoenzyme），即

$$全酶＝酶蛋白＋辅助因子$$

对全酶而言，酶蛋白和辅助因子必须同时存在，才能发挥催化活性。酶蛋白部分决定酶反应的高效性和专一性，而辅助因子主要参与酶蛋白催化的反应，它直接与电子、原子或某些化学基团的传递或连接有关。辅助因子通常是金属离子或有机化合物。根据辅助因子与酶蛋白结合的牢固程度不同，又分为辅基和辅酶。当辅助因子与酶蛋白结合牢固，不能用透析、超滤等简单的物理化学方法使之分开时，我们称之为辅基。辅基大多为金属离子，如 Zn^{2+} 为羧肽酶的辅基，K^+ 为丙酮酸激酶的辅基，但也有以卟啉类等其他有机化合物为辅基。例如，细胞色素氧化酶的辅基是铁卟啉。当辅助因子与酶蛋白以非共价键松弛结合，很易用透析、超滤等简单的物理化学方法与酶蛋白分离时，我们称之为辅酶。辅酶的种类一般很少，但绝大多数成分中均含有不同的 B 族维生素，如焦磷酸硫胺素、生物素等。注意，辅基与辅酶的区别只在于它们与酶蛋白结合的牢固程度不同，并无严格的界限。一些常见的可作为酶的辅助因子见表 21-1。

表 21-1　常见的可作为酶的辅助因子

辅助因子	主要作用
烟酰胺腺嘌呤二核苷酸磷酸（NADP$^+$）	氢负离子及电子的转移
黄素腺嘌呤单核苷酸（FMN）	氢原子及电子的转移
黄素腺嘌呤二核苷酸（FAD）	氢原子及电子的转移
辅酶 Q（CoQ）	氢原子及电子的转移
铁卟啉	电子的转移
辅酶 A（CoA）	酰基的转移
焦磷酸硫胺素（TPP）	羧基的转移
硫辛酸	酰基的转移
生物素	羧化作用
磷酸吡哆醛	氨基转移

一般来说，一种酶蛋白只能与一种辅助因子结合，形成一种特异性的酶，而一种辅助因子则可与不同的酶蛋白结合，形成多种特异性的酶，催化各种特异化学反应。例如，烟酰胺腺嘌呤二核苷酸（NAD$^+$）可作为 L-乳酸脱氢酶、丙酮酸脱氢酶、L-谷氨酸脱氢酶等数十种脱氢酶的辅酶，参与氧化还原反应，传递氢原子和电子。

（四）酶的分类

酶的种类很多。截至 1997 年，根据国际生化联合会酶委员会的统计，已知酶的累计数为 3700 种。为了更有效地研究及应用酶，国际生化联合会酶委员会（IEC）于 1961 年，提出按酶的催化作用类型，将已知酶分为六大类：氧化还原酶类、转移酶类、水解酶类、裂解酶类、异构酶类、连接酶类。

1. 氧化还原酶类

氧化还原酶类（oxido-reductases）催化氧化还原反应，如乳酸脱氢酶、黄嘌呤氧化酶等。

$$RH+R'(O_2) \rightleftharpoons R+R'H(H_2O)$$

2. 转移酶类

转移酶类（transferases）催化功能基团的转移反应，如谷丙转氨酶、尼克酰胺转甲基酶等。

$$RG+R'(O_2) \rightleftharpoons R+R'G$$

3. 水解酶类

水解酶类（hydrolases）催化水解反应，如淀粉酶、核酸酶及蛋白酶等。

$$RR'+H_2O \rightleftharpoons RH+R'OH$$

4. 裂解酶类

裂解酶类（lyases）催化从底物上移去一个基团而形成双键的反应或其逆反应，如丙酮酸脱羧酶及柠檬酸合成酶等。

$$RR' \rightleftharpoons R+R'$$

5. 异构酶类

异构酶类（isomerases）催化各种同分异构体间的相互转变，如 6-磷酸葡萄糖异构酶等。

$$R \rightleftharpoons R'$$

6. 连接酶类

连接酶类（ligases 或 synthetases）催化一切必须与 ATP 分解反应相偶联，并由两种物质合成一种物质的反应，如酪氨酸合成酶、谷氨酰胺合成酶等。

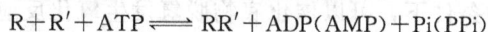

$$R+R'+ATP \rightleftharpoons RR'+ADP(AMP)+Pi(PPi)$$

在每一大类中，再根据更具体的酶反应（包括底物）性质进一步分成若干亚类和亚亚类。例如，在氧化还原酶类中，根据氢或电子供体的性质可分成 20 个亚类，在每个亚类中根据受体的性质又再分成若干个亚亚类。

思考题 21-1　试对比说明下列问题。

（1）单纯酶和结合酶的区别。

（2）酶的对映异构专一性与顺反异构专一性的区别。

（五）酶的命名法

酶的命名法有习惯命名和系统命名两种命名系统。习惯命名法是依据酶所催化的底物、反应类型及其来源而命名，如丙氨酸转移酶，它催化丙氨酸的氨基转移给 α-酮戊二酸，所以，也称谷丙转氨酶（GTP）。习惯命名法比较简单，应用历史较长，但缺乏系统性和科学性，常常引起混乱，有时会出现一酶数名或一名数酶的情况。为此，国际生化联合会酶委员会对酶的命名进行了规范，规定给每一种酶一个系统命名和一个习惯命名。

系统命名法是采用"底物＋反应类型＋酶"的形式，而且要严格按照国际纯粹与应用化学联合会规定的命名规则命名；如果是双分子反应，那么两种底物的名称都必须列入，并在两者间加冒号"："隔开。如谷丙转氨酶（习惯名称）写成系统名称时，应将它的两个底物，即"丙氨酸"和"α-酮戊二酸"同时列出，并用"："将它们隔开，它所催化的反应的性质为"转氨"，也需指明，所以它的系统名称为"丙氨酸：α-酮戊二酸转氨酶"。另外，国际酶学委员会按系统分类法，每一个酶还有一个特定的编号。编号通常采用代码"EC A. B. C. D"（EC，Enzyme Commission），其中 A 是酶催化的反应类型，即氧化还原酶类、转移酶类、水解酶类、裂解酶类、异构酶类及连接酶类，分别用 1、2、3、4、5、6 表示；B 为酶的亚类，指底物或被转化分子的类型，每一个亚类又按顺序编成 1、2、3、4…数字；C 为亚亚类，指辅助底物的性质，仍按顺序编成 1、2、3、4…数字；D 为该酶在亚亚类中的排号。这种系统命名原则及系统编号是相当严格的，一种酶只可能有一个名称和一个编号。例如，谷丙转氨酶的系统名称为丙氨酸：α-酮戊二酸转氨酶，其编号为：EC 2.6.1.2。

在国际科学文献中，为严格起见，一般使用酶的系统名称，但是因某些系统名称太长，为了方便起见，有时仍使用酶的习惯名称。

二、酶催化的氧化还原反应

氧化还原反应是生物体内发生的最重要化学反应之一。生物体内的氧化还原反应是指在氧化还原酶的催化下，底物分子发生电子迁移的反应。氧化还原酶的种类繁多，组成复杂，一般都由酶蛋白和辅助因子组成。这些辅助因子都直接参与了氧化还原反应。在这，我们将分别讨论脱氢酶、氧化酶、过氧化物酶、氧合酶所催化的氧化还原反应以及中间电子传递体自身的氧化还原反应。

（一）脱氢酶催化的氧化还原反应

脱氢酶在一定的条件下，可以催化底物脱氢发生氧化反应，也可以催化底物发生还原反应。如果底物为含有活泼氢的烷基衍生物，能够在相应脱氢酶的作用下，将烷基脱氢氧化；该酶也可以催化其逆反应，即将某些类型的双键还原。如琥珀酸脱氢酶催化的脱氢反应。

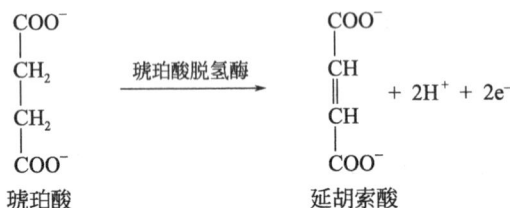

如果底物为醇，则其在相应脱氢酶的作用下，脱氢氧化形成相应的醛或酮。如乳酸脱氢酶催化的脱氢反应。

绝大多数脱氢酶需要尼克酰胺核苷酸（NADH 和 NADPH）为辅助因子。不同的脱氢酶对它们的专一要求不同，参与分解代谢的脱氢酶通常要求 NADH 参与，而和还原性合成代谢有关的脱氢酶则往往需要 NADPH 参与。但也有一些酶对两者没有严格的选择要求。少数脱氢酶也能利用 NADPH 以外的物质为辅助因子。

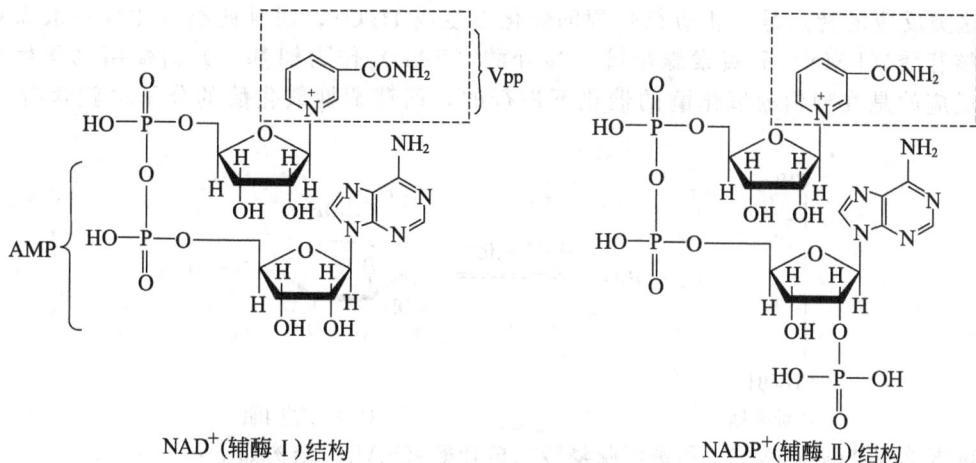

NAD⁺(辅酶Ⅰ)结构   NADP⁺(辅酶Ⅱ)结构

烟酰胺腺嘌呤二核苷酸（NAD^+，辅酶Ⅰ）是脱氢酶的辅酶，其分子中含有烟酰胺、核糖、磷酸及腺嘌呤，它的主要功能是电子载体，在酶促氧化还原反应中起着重要作用。NAD^+可接受氢负离子（H^-）。烟酰胺腺嘌呤二核苷酸磷酸（$NADP^+$，辅酶Ⅱ），它与NAD^+不同之处是在腺苷酸部分中核糖的$2'$位碳上羟基的氢被磷酸基取代。$NADP^+$也是电子受体。NAD^+和$NADP^+$结构中的吡啶环的C4位置是反应活性中心，能接受或给出氢负离子。

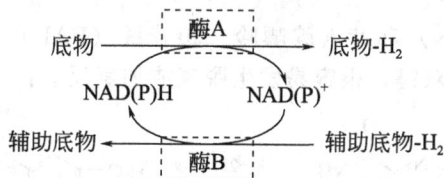

思考题 21-2 写出乙醇在醇脱氢酶和NAD^+催化作用下的氧化反应生成乙醛的反应式。

（二）氧化酶催化的氧化还原反应

氧化酶是生物代谢过程中的一个重要酶系。它所催化的氧化反应以氧分子为电子接受体。根据分子氧的还原产物为H_2O_2或H_2O，氧化酶催化的氧化反应可以分为两类。

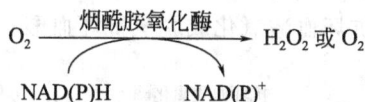

1. 生成 H_2O_2 的氧化反应

$$RH + O_2 \rightleftharpoons R + H_2O_2$$

这类反应的特点是在相应氧化酶的催化下生成 H_2O_2，而且此类氧化酶一般需要黄素单核苷酸（FMN）和黄素腺嘌呤二核苷酸（FAD）作为辅基。如葡萄糖氧化生成内酯的反应就是在葡萄糖氧化酶的催化下进行的，而葡萄糖氧化酶的分子中就含有 FAD 分子。

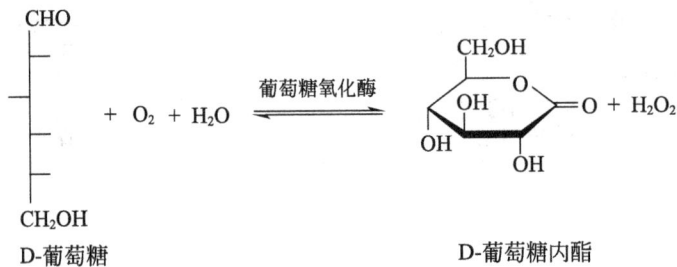

CHO
|
|
|
|
CH₂OH

$+ O_2 + H_2O$ ⇌ (葡萄糖氧化酶) ... $+ H_2O_2$

D-葡萄糖　　　　　　　　　　　　　　D-葡萄糖内酯

黄素单核苷酸（FMN）和黄素腺嘌呤二核苷酸（FAD）结构如下：

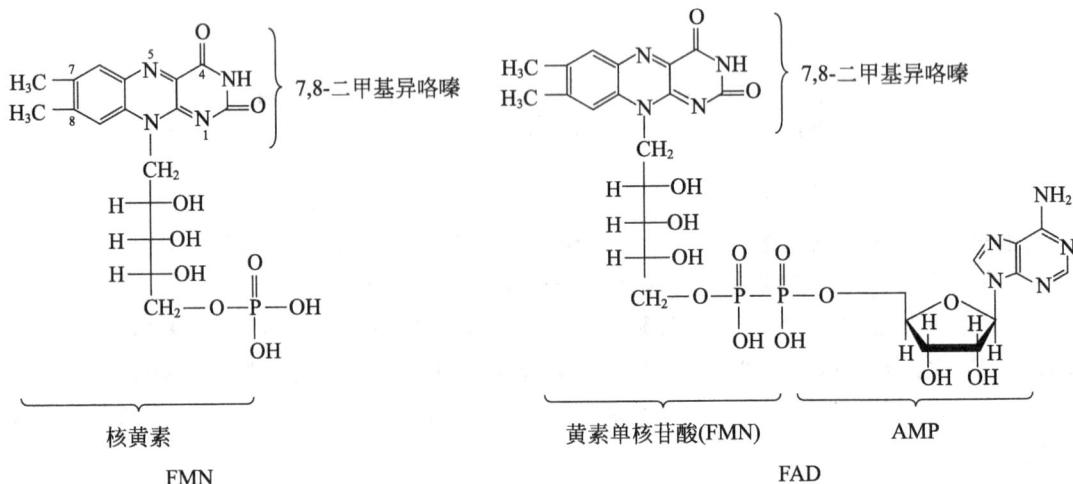

核黄素 / 7,8-二甲基异咯嗪

FMN

黄素单核苷酸(FMN)　　　AMP / 7,8-二甲基异咯嗪

FAD

在黄素单核苷酸（FMN）和黄素腺嘌呤二核苷酸（FAD）分子中异咯嗪结构中 1-N，5-N 原子处存在两个活泼的双键，很容易发生脱氢或加氢反应：

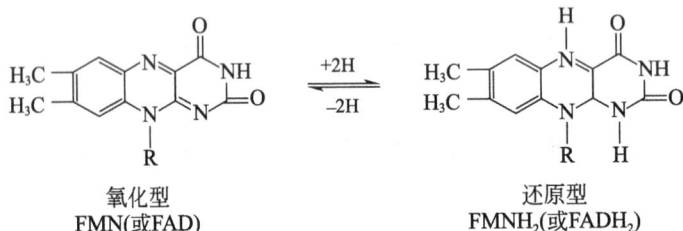

+2H / −2H

氧化型
FMN(或FAD)

还原型
FMNH₂(或FADH₂)

2. 生成 H_2O 的氧化反应

$$RH + O_2 \rightleftharpoons R + H_2O$$

这类反应的特点是在相应氧化酶的催化下生成的产物是 H_2O，而不是 H_2O_2。这类氧化酶可以是金属蛋白（如抗坏血酸氧化酶），也可以是细胞色素氧化酶。

抗坏血酸氧化酶可以催化抗坏血酸氧化成脱氢抗坏血酸：

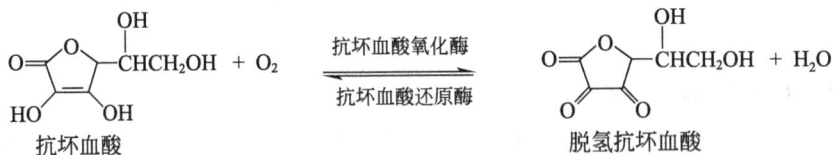

抗坏血酸　$+ O_2$　⇌（抗坏血酸氧化酶 / 抗坏血酸还原酶）　脱氢抗坏血酸　$+ H_2O$

细胞色素 c 氧化酶（cytochrome c oxidase，复合体Ⅳ）是一类以血红素为辅基的电子传递蛋白，在生物电子传递过程中起着重要作用。该酶共有 4 个氧化还原活性中心，有两个 α型血红素和三个铜离子。分子氧是一种理想的最终电子受体，它对电子具有强亲和力。在细胞色素 c 氧化酶作用下，O_2 分子接受电子，最终产生两分子 H_2O。

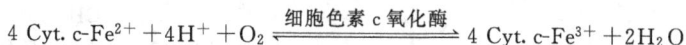

$$4\ Cyt.\ c\text{-}Fe^{2+} + 4H^+ + O_2 \xrightleftharpoons{\text{细胞色素 c 氧化酶}} 4\ Cyt.\ c\text{-}Fe^{3+} + 2H_2O$$

（三）过氧化物酶和过氧化氢酶催化的氧化还原反应

由过氧化物酶或过氧化氢酶催化的氧化还原反应，可生成过氧化氢（H_2O_2）。但过氧化氢产生过多，会对机体造成危害。它可以氧化含有巯基的蛋白质和酶，而使其失活；也可以氧化生物膜中不饱和脂肪酸形成过氧化脂质，从而损伤细胞。

过氧化物酶是含铁卟啉的结合蛋白质。其主要功能是催化由过氧化氢作为氧化剂的氧化还原反应，使过氧化氢还原成水。

$$2RH + H_2O_2 \xrightleftharpoons{\text{过氧化物酶}} 2R + 2H_2O$$

过氧化氢酶是具有四个血红素辅基的结合蛋白，它的主要功能是催化过氧化氢发生氧化还原反应，生成为水（H_2O）和氧（O_2）。在反应中，一分子过氧化氢被氧化成氧（O_2），另一分子过氧化氢被还原成水（H_2O）。

$$H_2O_2 \xrightleftharpoons{\text{过氧化氢酶}} 2H_2O + O_2$$

过氧化氢酶和过氧化物酶虽然都可清除 H_2O_2，但前者是催化 H_2O_2 生成 H_2O 和 O_2，而后者是催化 H_2O_2 氧化其他底物，同时生成 H_2O。

除上述两种酶外，还有谷胱甘肽过氧化物酶和超氧化物歧化酶。谷胱甘肽过氧化物酶是清除 H_2O_2 与许多有机氢过氧化物的重要酶。它可催化脂质过氧化物或过氧化氢还原为无毒的醇或水，从而保护许多含巯基的蛋白质、酶及生物膜等，以免失去正常的生物学功能。

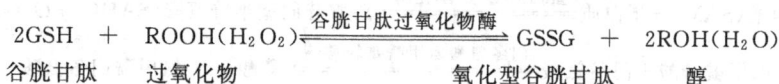

$$\underset{\text{谷胱甘肽}}{2GSH} + \underset{\text{过氧化物}}{ROOH(H_2O_2)} \xrightleftharpoons{\text{谷胱甘肽过氧化物酶}} \underset{\text{氧化型谷胱甘肽}}{GSSG} + \underset{\text{醇}}{2ROH(H_2O)}$$

超氧化物歧化酶（superoxide dismutase，SOD）可催化机体内产生的超氧负离子转化成过氧化氢（H_2O_2）和氧（O_2），从而减少超氧负离子引起各类疾病。

$$2O_2^- + 2H^+ \xrightleftharpoons{\text{SOD}} H_2O_2 + O_2$$

（四）氧合酶催化的氧化还原反应

氧合酶催化的氧化还原反应与氧化酶不同，它是催化氧分子中的氧原子转移到底物结构中。在该反应中，往往需要 NADH 或 NADPH 辅酶。

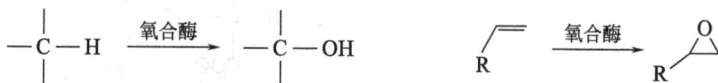

$$Sub + O_2 + H^+ + NADPH \xrightarrow{\text{氧合酶}} SubO + H_2O + NADP^+$$

$$-\overset{|}{\underset{|}{C}}-H \xrightarrow{\text{氧合酶}} -\overset{|}{\underset{|}{C}}-OH \qquad\qquad \underset{R}{\diagup\!\!\diagdown} \xrightarrow{\text{氧合酶}} \underset{R}{\diagup\!\!\diagdown}\!\!O$$

（五）中间电子传递体自身的氧化还原反应

中间电子传递体通过自身的氧化还原反应将脱氢酶和氧化酶连接起来组成呼吸链，从而在生物氧化过程中发挥重要的作用。其中最具代表性的是辅酶 Q（又称泛醌，ubiquinone），它是一种脂溶性醌类化合物，更是一种和蛋白质结合不紧密的辅酶。在呼吸链的传递过程中，可在黄素蛋白和细胞色素之间传递电子。哺乳动物中最常见的辅酶 Q 含有 10 个异戊二烯单位，其转移电子是通过醌型结构与酚型结构的转化来完成的。

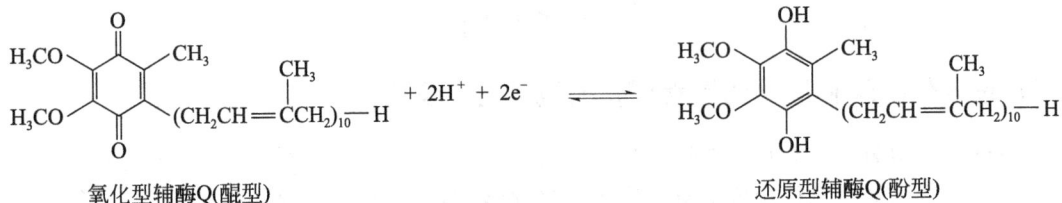

氧化型辅酶Q(醌型)   还原型辅酶Q(酚型)

三、酶催化的转移反应

  酶催化的转移反应在生物机体内起着许多重要作用，如催化激素等重要生理活性物质的合成转化；参与核酸、蛋白质、糖及脂肪的合成代谢等。酶催化的转移反应是指在相应转移酶的催化下，将特定功能基团从一个化合物转移到另一个化合物的反应。这类反应大部分需要辅酶的参与。根据转移基团的不同，我们将主要讨论 8 种不同转移酶催化的转移反应，包括：一碳基转移反应、羧基转移反应、脒基转移反应、酮基转移反应、醛基转移反应、酰基转移反应、氨基转移反应、磷酰基转移反应以及含硫基团转移反应。

1. 一碳基转移反应

  一碳基转移反应和许多生理活性物质的形成有关，如肾上腺素、卵磷脂等。一碳基通常主要指甲基、亚甲基、次甲基、羟甲基、甲酰基等含有一个碳原子的功能基团。这类转移反应一般都需要相应转移酶的催化。如：

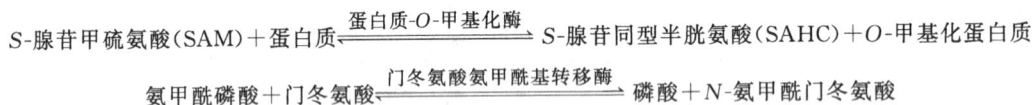

$$S\text{-腺苷甲硫氨酸(SAM)} + \text{蛋白质} \xrightarrow{\text{蛋白质-}O\text{-甲基化酶}} S\text{-腺苷同型半胱氨酸(SAHC)} + O\text{-甲基化蛋白质}$$

$$\text{氨甲酰磷酸} + \text{门冬氨酸} \xrightarrow{\text{门冬氨酸氨甲酰基转移酶}} \text{磷酸} + N\text{-氨甲酰门冬氨酸}$$

  其中，甲基化反应是体内的重要反应之一，它常以 S-腺苷甲硫氨酸（SAM）在甲基转移酶的催化下给甲基受体转移甲基。如体内的胆碱、肌酸和肾上腺素等化合物的甲基化反应都是 S-腺苷甲硫氨酸（SAM）提供甲基。

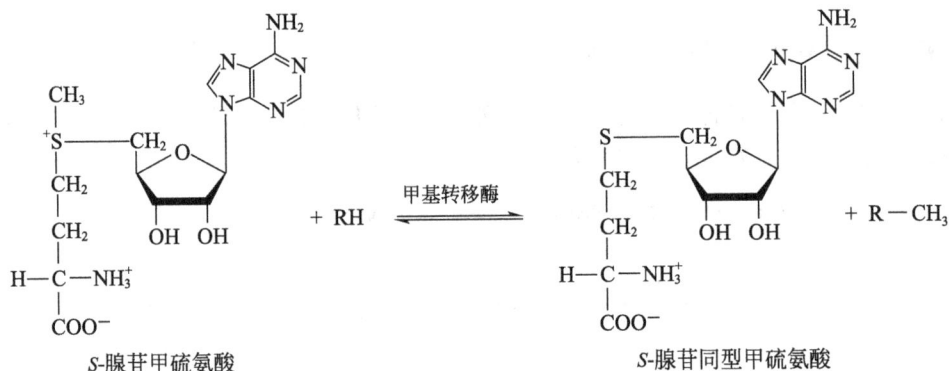

S-腺苷甲硫氨酸   S-腺苷同型甲硫氨酸

2. 羧基转移反应

  在羧基转移酶的催化下，活化的 CO_2 可转移给乙酰辅酶 A，形成丙二酸单酰辅酶 A。

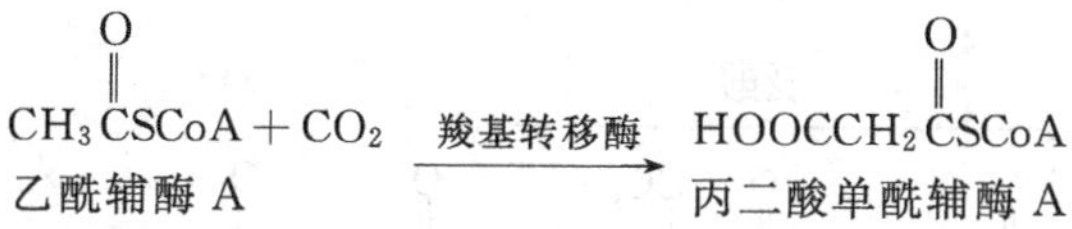

3. 脒基转移反应

脒基转移反应是在脒基转移酶的催化下，将脒基在底物分子间转移的反应。如甘氨酸和L-精氨酸在甘氨酸转脒基酶的催化下，将精氨酸分子中的脒基转移给甘氨酸，生成L-鸟氨酸和肌酸的前体化合物胍乙酸。

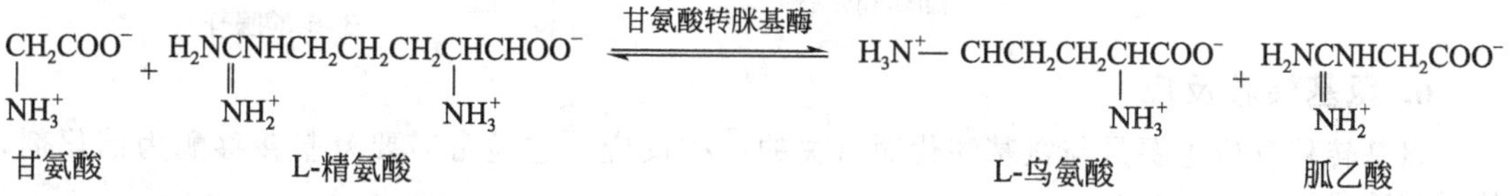

4. 转醛基或转酮基反应

转醛基或转酮基反应是光合作用和戊糖磷酸途径中十分重要的酶促反应。在转醛酶的催化下，7-磷酸景天庚酮糖的三碳单位转移给3-磷酸甘油醛，形成6-磷酸果糖。在转酮酶的催化下，5-磷酸木酮糖和4-磷酸赤藓糖之间发生转酮基反应。

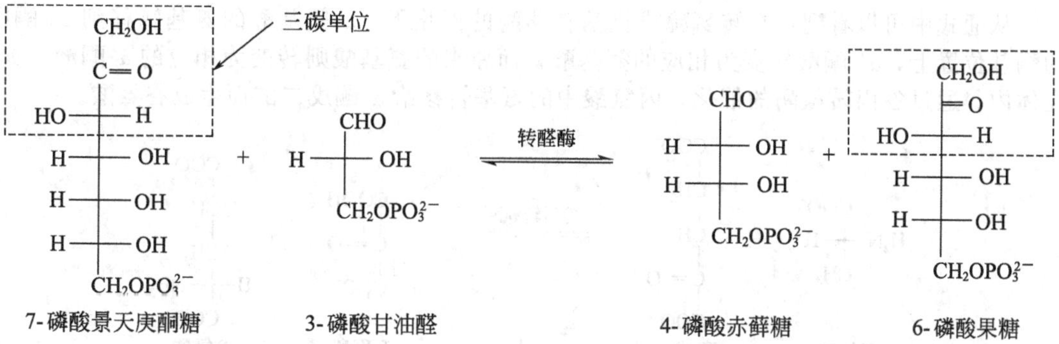

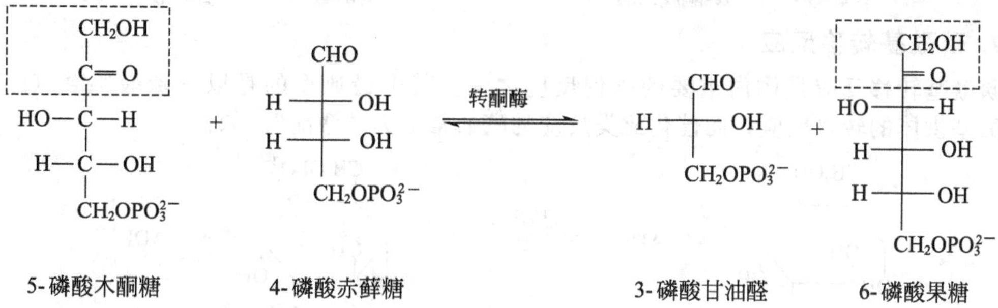

5. 酰基转移反应

酰基转移反应是脂肪、糖及蛋白质代谢过程中的重要反应之一。它是在酰基转移酶和辅酶 A 的共同作用下完成的酰基转移反应。

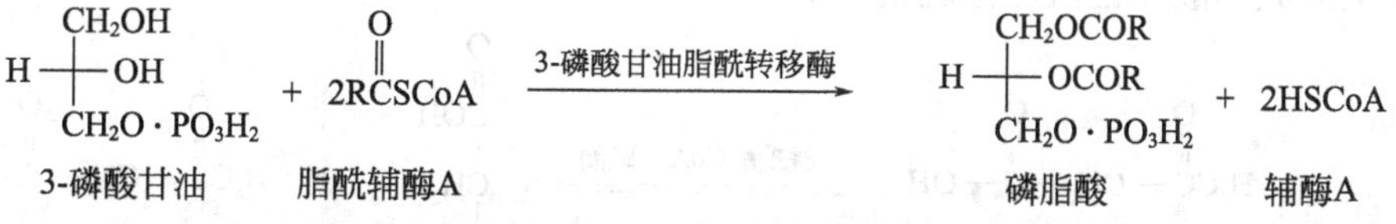

辅酶 A（CoA）是泛酸的主要活性形式，主要起传递酰基的作用，因其结构中有一个重要的巯基（—SH）活性基，故通常以 CoASH 表示。辅酶 A 可与脂酰基共价生成硫酯基，为酶催化酰基转移时提供“把手”。

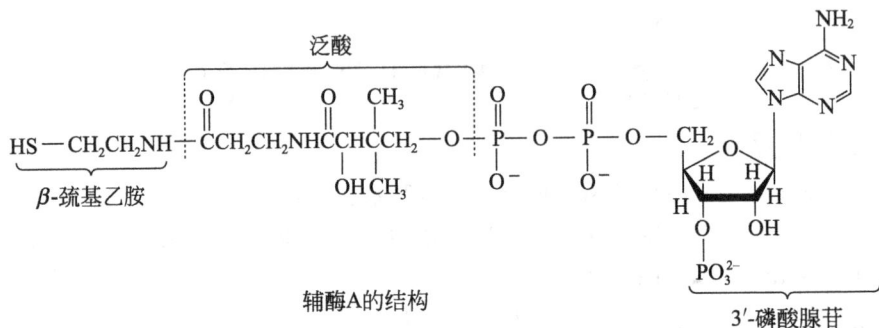

辅酶A的结构

6. 氨基转移反应

氨基转移反应主要是与氨基酸代谢有关的一类反应。它通常需要氨基转移酶为催化剂，其反应通式为：

从通式中可以看到：在转氨酶或氨基转移酶的催化下，α-氨基酸的氨基转移到α'-酮酸的酮基位置上，α'-酮酸转变为相应的氨基酸，而原来的氨基酸则转变为相应的α-酮酸。如，在体内，通过谷丙转氨酶的催化，丙氨酸中的氨基转移给α-酮戊二酸而生成谷氨酸。

7. 磷酰基转移反应

磷酰基转移反应是体内重要的酶促反应之一。其中最典型的是以三磷酸腺苷（ATP）为磷酸基供体的转移反应，而催化此类反应的酶通常称为"激酶"。如：

8. 含硫基团转移反应

在琥珀酰辅酶 A 转硫酶的催化下，琥珀酰辅酶 A 可将其自身的含硫基团转移给乙酰乙酸，从而生成琥珀酸和乙酰乙酰辅酶 A。

四、酶催化的水解反应

酶催化的水解反应是比较简单和容易进行的一类酶促反应。它同样也必须在相应水解酶的催化下进行，但此类反应一般不需要辅酶。根据水解酶的不同，我们将着重讨论脂酶、糖苷酶、肽酶等催化的水解反应。

1. 脂肪的水解反应

机体内脂肪的水解反应是在相应脂酶催化下进行的。

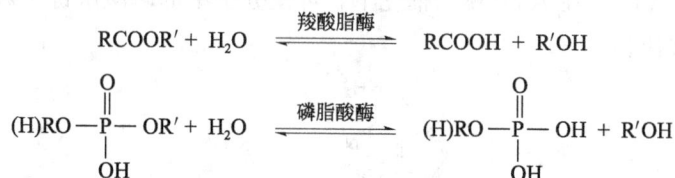

$$RCOOR' + H_2O \underset{}{\overset{\text{羧酸脂酶}}{\rightleftharpoons}} RCOOH + R'OH$$

$$(H)RO-\overset{\overset{O}{\|}}{\underset{\underset{OH}{\|}}{P}}-OR' + H_2O \underset{}{\overset{\text{磷脂酸酶}}{\rightleftharpoons}} (H)RO-\overset{\overset{O}{\|}}{\underset{\underset{OH}{\|}}{P}}-OH + R'OH$$

2. 糖苷的水解反应

各种糖苷化合物的水解反应必须在相应各种糖苷酶的催化下进行。例如，淀粉结构中的 α-1,4-糖苷键必须在淀粉酶的催化下水解；而纤维素结构中的 β-1,4-糖苷键只能被纤维素酶水解。人和动物的消化系统中因不能分泌出纤维素酶，当然就不能直接将纤维素作为食物。常见的糖苷酶还有麦芽糖酶、蔗糖酶、乳糖酶等。

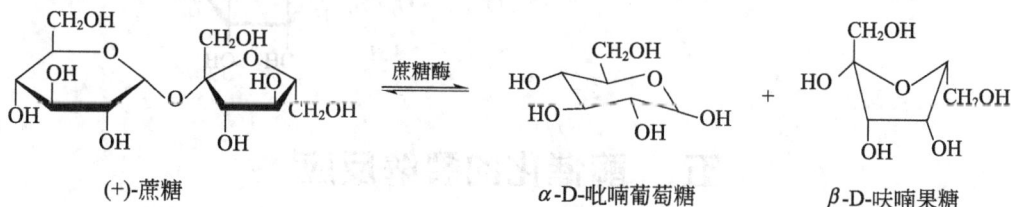

(+)-蔗糖 α-D-吡喃葡萄糖 β-D-呋喃果糖

3. 肽的水解反应

肽的水解反应是在肽酶催化下完成的。反应产物因所使用的酶不同而不同。通常根据肽酶的作用方式，将肽酶分为端（解）肽酶和内（切）肽酶两大类。端（解）肽酶是一类从肽链游离的羧基端或游离的氨基端切下末端氨基酸的肽酶，如羧肽酶、氨肽酶。而内（切）肽酶，也常称为蛋白酶，它主要是催化蛋白质和多肽链内部中的某一个肽键的水解断裂。这类酶对肽键类型有很好的选择性，如胰蛋白酶、胰凝乳蛋白酶等。

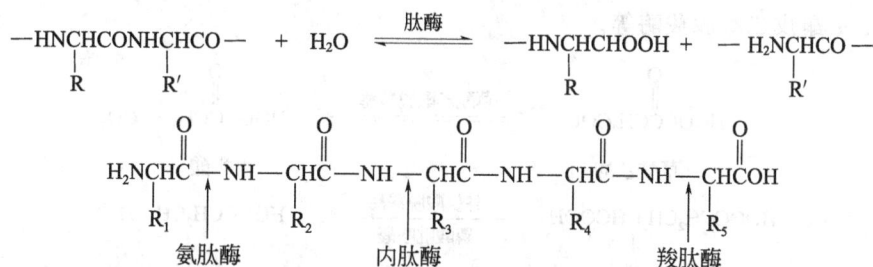

4. C—C 键、C—N 键、酸酐键的水解反应

体内活性物质中的一些 C—C 键、C—N 键、酸酐键等都可在水解酶的催化下水解。例

如，单磷酸腺苷（AMP）在 AMP 脱氨酶的催化下，可使分子中的 C—N 键水解，生成次黄嘌呤核苷酸和氨。

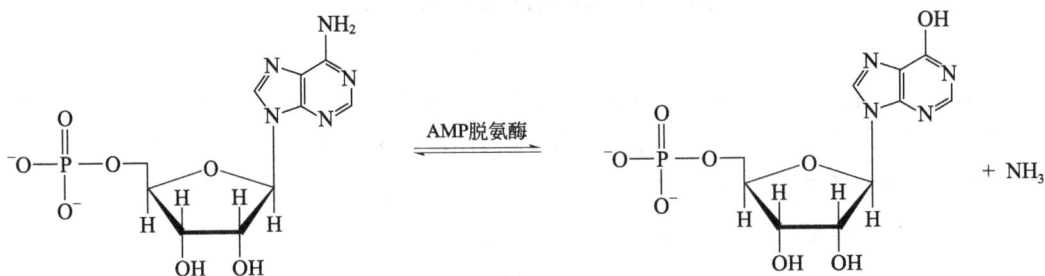

三磷酸腺苷（ATP）在 ATP 酶的催化下，可使分子中的磷酸酐键水解，生成二磷酸腺苷（ADP）和磷酸盐。

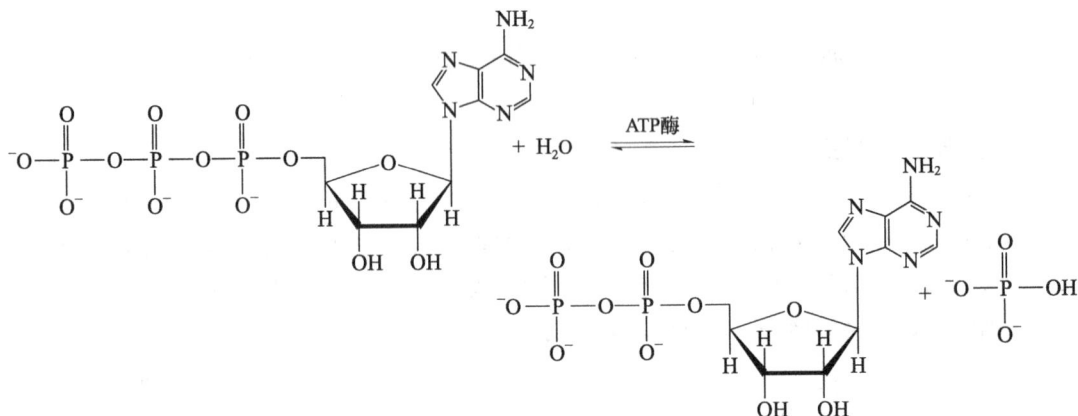

五、酶催化的裂解反应

酶催化的裂解反应在生物合成中起着十分重要的作用。它是指反应底物在醛缩酶、水化酶及脱氨酶等不同裂解酶的催化下，使底物分子结构中 C—C 键、C—O 键或 C—N 键等断裂而生成两个化合物的反应。

1. 酶催化的脱羧反应

酶催化的脱羧反应是在脱羧酶的催化下进行的。常见的脱羧酶有谷氨酸脱羧酶、草酰乙酸脱羧酶、α-酮戊二酸脱羧酶等。

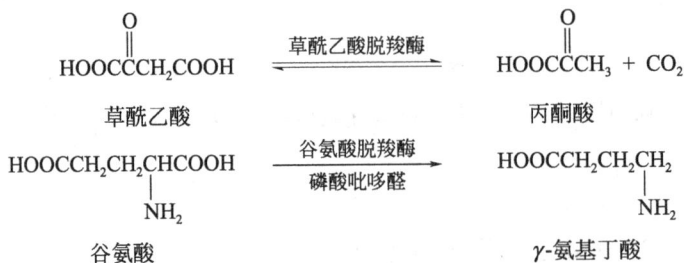

氨基酸脱羧酶催化下的氨基酸脱羧反应，需要磷酸吡哆醛作为辅酶。

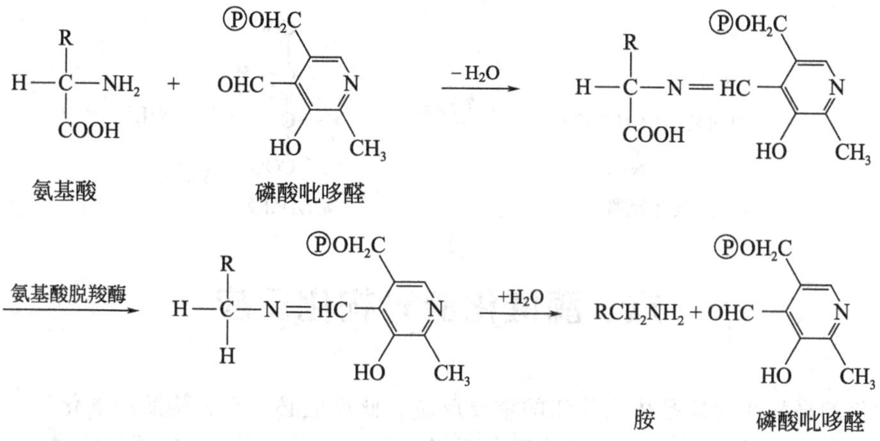

氨基酸   磷酸吡哆醛

胺   磷酸吡哆醛

2. 酶催化的羟醛缩合

酶催化的羟醛缩合反应在糖代谢中起着十分重要的作用。如 D-1,6-二磷酸果糖在 1,6-二磷酸果糖醛缩酶的催化下，裂解（逆醇醛缩合反应）为磷酸二羟基丙酮和 3-磷酸甘油醛。

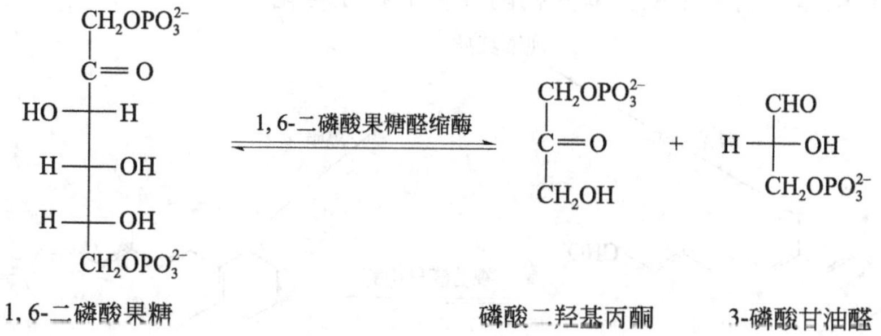

1,6-二磷酸果糖   磷酸二羟基丙酮   3-磷酸甘油醛

思考题 21-3 试说明磷酸二羟基丙酮在磷酸丙糖异构酶的催化下，转化为 3-磷酸甘油醛的反应过程。

3. 酶催化的与水加成反应

含有双键的底物在水合酶的催化下可与水分子发生加成反应形成相应的产物。例如，延胡索酸在延胡索酸酶的催化下，可与水加成，生成具有极强立体选择性的反式加成产物——L-苹果酸。

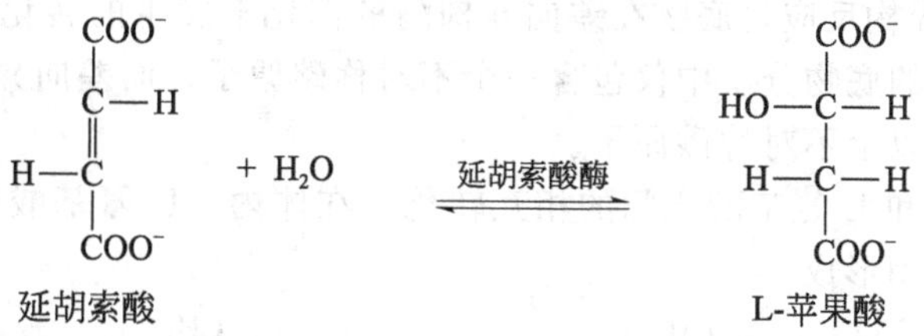

延胡索酸   L-苹果酸

4. 酶催化的脱氨反应

酶催化的氨基酸直接脱氨基的反应须在脱氨酶催化下进行，底物在反应过程中可脱去一分子的氨（NH_3）。例如，天冬氨酸在天冬氨酸酶的催化下，可直接脱氨形成延胡索酸。此反应可发生在植物和某些微生物组织中，因天冬氨酸酶在动物组织中不存在。

天冬氨酸   延胡索酸

六、酶催化的异构化反应

酶催化的异构化反应是体内代谢的重要反应。此反应必须在异构酶的催化下，才能发生异构体之间的相互转化。这一反应类型主要指不同构型异构体（如，顺/反式、D/L 构型、α/β 构型）之间的互变异构及官能团互变异构（烯醇式和酮式互变异构）的转化反应。

1. 酶催化的顺反异构互变反应

顺/反异构体在顺反异构酶的催化下可以相互转化。例如，全-反-视黄醛和 11-顺-视黄醛互为顺/反异构体，它可在视黄醛异构酶催化下相互转化。

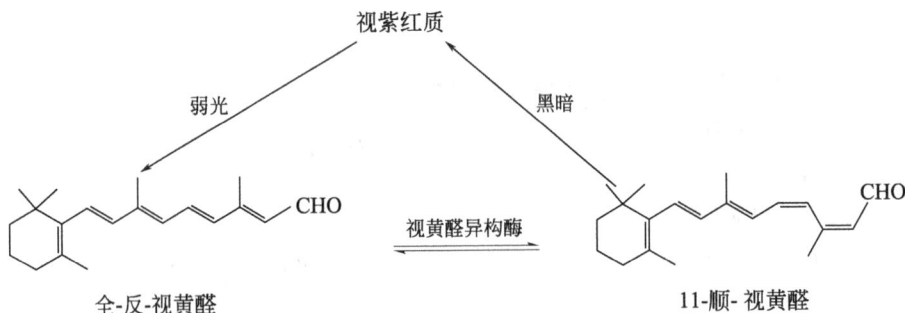

这一转化过程与视紫红质的光化学反应相关。视紫红质是感受弱光的视色素，视觉细胞的感光过程就是通过视紫红质的光化学反应而引起的。光线明亮时，视紫红质分解为视蛋白和全-反-视黄醛；光线暗时，11-顺-视黄醛分子中的醛基与视蛋白侧链中赖氨酸残基的 ε-氨基通过反应生成视紫红质。在这个过程中，全-反-视黄醛和 11-顺-视黄醛在视黄醛异构酶催化下，可相互转化。

2. 酶催化的 D、L 构型和 α、β 构型互变异构反应

酶催化的 D、L 构型的互变异构反应是底物在消旋酶的催化下发生的转化反应。酶催化的 α、β 构型的互变异构反应是底物在差向异构酶的催化下发生的转化反应。这两类反应的区别在于消旋酶作用的底物分子中仅包含一个不对称碳原子，而差向异构酶作用的底物中则可包含两个或者两个以上不对称碳原子。

例如，D-氨基酸和 L-氨基酸之间的相互转化。在体内，D-氨基酸的来源大多是由 L-氨基酸通过消旋酶的作用形成。

L-丙氨酸   D-丙氨酸

α-D-吡喃葡萄糖在醛糖-1-差向异构酶的催化下，可转化为 β-D-吡喃葡萄糖。

α-D-吡喃葡萄糖   β-D-吡喃葡萄糖

3. 酶催化的酮式和烯醇式互变异构反应

在醛酮异构酶的催化下，醛式和酮式可通过烯二醇式中间体而相互转化。例如，6-磷酸葡萄糖在磷酸己糖异构酶的催化下，可异构化为 6-磷酸果糖。

6-磷酸葡萄糖   6-磷酸果糖

4. 酶催化的变位反应

酶催化的变位反应是在变位酶的催化下，底物结构中基团的位置发生改变的一类反应。例如，1,3-二磷酸甘油酸在二磷酸甘油酸变位酶的催化下，就可生成 2,3-二磷酸甘油酸。在此反应中，1,3-二磷酸甘油酸分子中的磷酸基从 C1 位转移到了 C2 位。

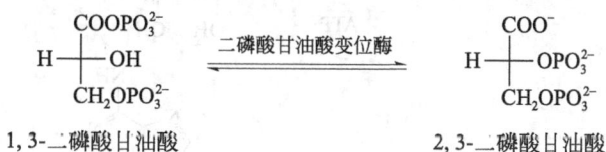

1,3-二磷酸甘油酸   2,3-二磷酸甘油酸

七、酶催化的合成反应

酶催化的合成反应关系到许多重要生命物质的合成。这类反应需要相应合成酶的催化且有三磷酸腺苷（ATP）提供能源，才能完成相应物质的合成。常见的合成酶包括乙酰辅酶 A 合成酶、谷氨酰胺合成酶、丙酮酸羧化酶等，其中许多合成酶作用时还需要金属离子作为辅助因子，如 Mg^{2+}、Mn^{2+} 等。

1. 形成 C—S 键的合成反应

长链脂肪酸在乙酰辅酶 A 合成酶、ATP、辅酶 A 及 Mg^{2+} 共同作用下，可生成脂酰辅酶 A。

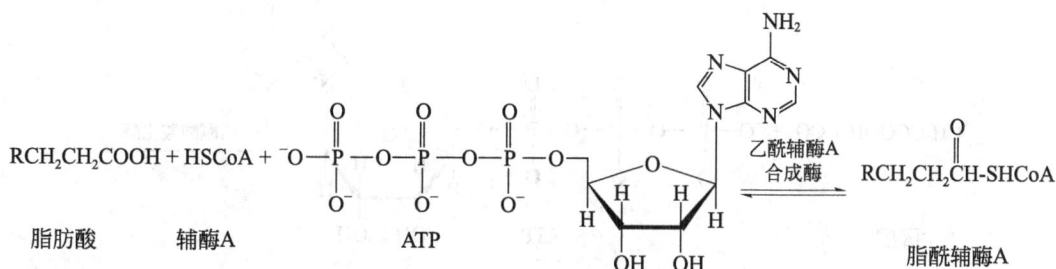

脂肪酸   辅酶A   ATP   脂酰辅酶A

AMP　　　　　　　　　焦磷酸

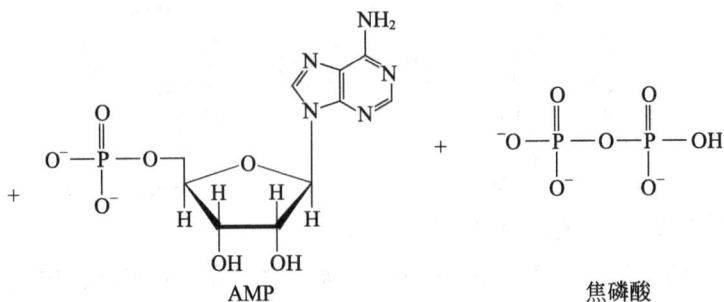

该反应通过将脂肪酸活化成脂酰辅酶 A，提高了脂肪酸的代谢活性，以利于脂肪酸的进一步氧化分解。

2. 形成 C—N 键的合成反应

形成 C—N 键的合成反应关系到酰胺、肽、核苷酸以及某些生理活性物质的转化与形成。例如谷氨酰胺的合成：

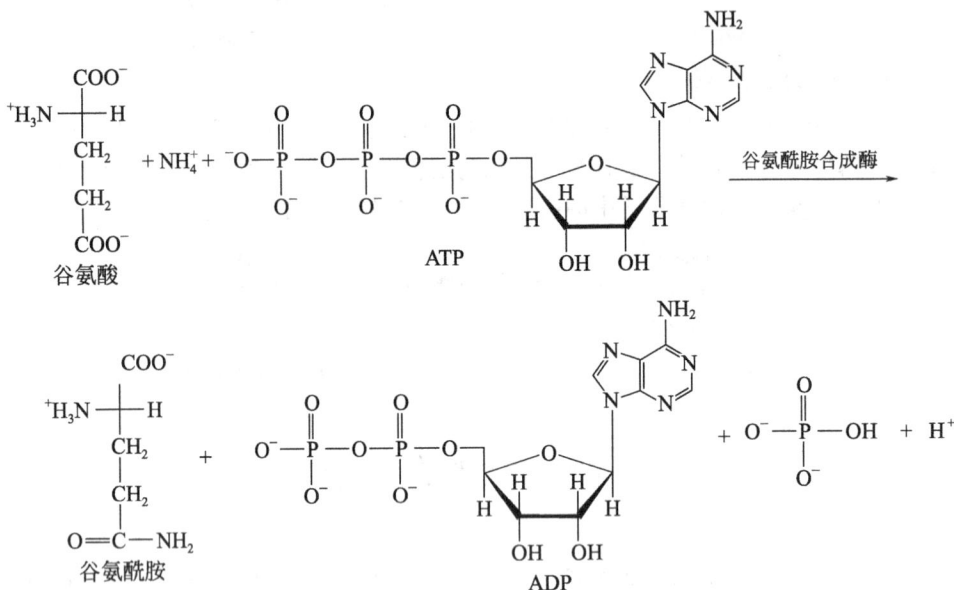

谷氨酸　　　　　　　　　　　　　　　　ATP　　　　　　　　　　　　　谷氨酰胺合成酶

谷氨酰胺　　　　　　　　　　　　　　　ADP

在谷氨酰胺合成酶的催化下，由 ATP 供能，谷氨酸与氨反应即可生成谷氨酰胺。在该反应产物谷氨酰胺的分子中，形成了新的 C—N 键，此反应不可逆。

3. 形成 C—C 键的合成反应

碳碳键形成的合成反应，大都需要生物素作辅助因子。如三羧酸循环中，丙酮酸生成草酰乙酸的反应。

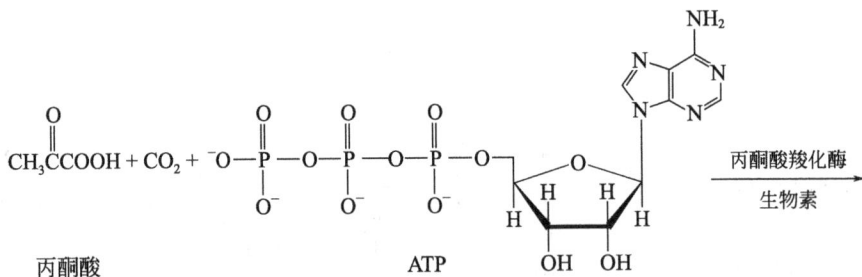

$CH_3CCOOH + CO_2 +$　　　　　　　　　　　　　　　　丙酮酸羧化酶
　　　　　　　　　　　　　　　　　　　　　　　　　生物素

丙酮酸　　　　　　　　　　　　　　　　ATP

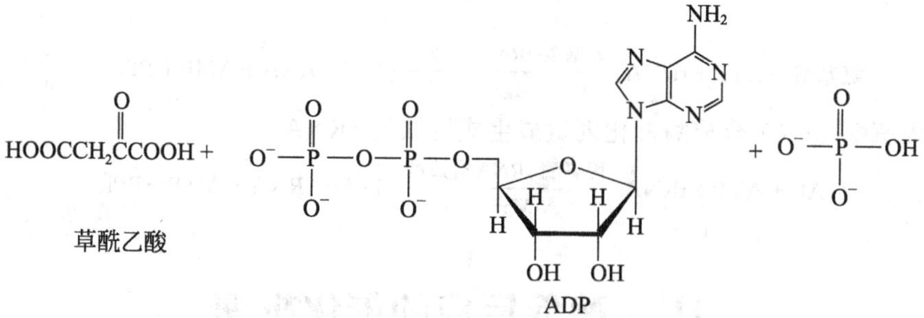

$$HOOCCH_2\overset{O}{\overset{\|}{C}}COOH +$$

草酰乙酸

（ADP 结构 + Pi）

ADP

在此反应中，丙酮酸与二氧化碳合成草酰乙酸，其中丙酮酸羧化酶是催化剂，ATP 是供能物质，生物素是辅助因子。

生物素是由尿素与硫戊烷环合而成，其结构如下所示：

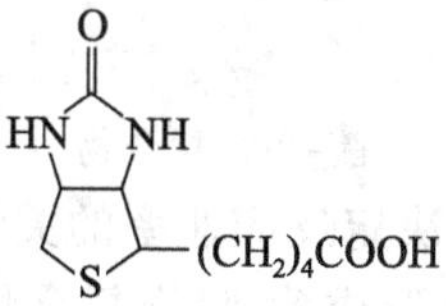

（生物素结构）

生物素

生物素参与羧化过程的作用方式如下：

$$ATP+生物素\text{-}酶+H_2CO_3 \xrightleftharpoons[\quad]{Mg^{2+},乙酰\text{-}CoA} ADP+N\text{-}1\text{-}羧化生物素\text{-}酶+Pi$$

$$底物+羧化生物素\text{-}酶 \xrightleftharpoons[\quad]{Mn^{2+}} 羧化底物+生物素\text{-}酶$$

在生物素存在下，羧化酶催化的合成反应分两步进行：反应的第一步是 CO_2 与生物素-酶结合；第二步是把与生物素-酶结合的 CO_2 转移给底物，生成羧化底物。在反应过程中，生物素-酶主要起着 CO_2 载体的作用。

4. 形成 C—O 键的合成反应

形成 C—O 键的合成反应必须在氨基酰-tRNA 合成酶的催化下进行。氨基酰-tRNA 合成酶具有绝对专一性，对氨基酸和 tRNA 两种底物都能高度特异地识别。氨基酰-tRNA 合成酶催化氨基酸结合到其对应的 tRNA 上，使得氨基酸被活化，从而利于下一步肽键的形成；而且由于氨基酸结合到其对应的 tRNA 上，tRNA 可以携带氨基酸到 mRNA 的指定部位，使得氨基酸能够被掺入到多肽链合适的位置。所以，这类反应和蛋白质的合成有重要关系。

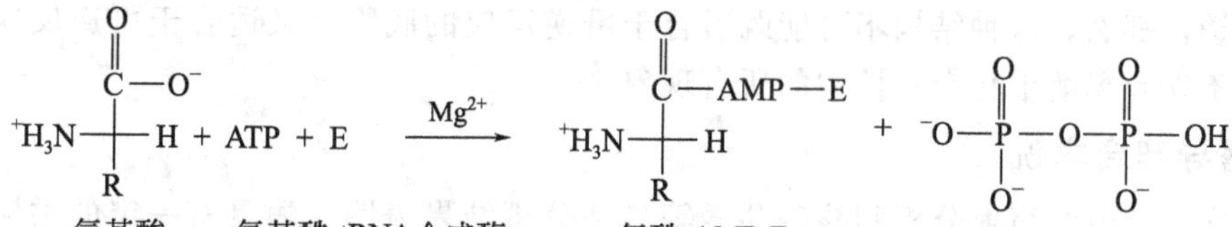

（氨基酸 + ATP + E → 氨酰-AMP-E + 焦磷酸 的反应式）

氨基酸　　氨基酰-tRNA合成酶　　　　　　氨酰-AMP-E

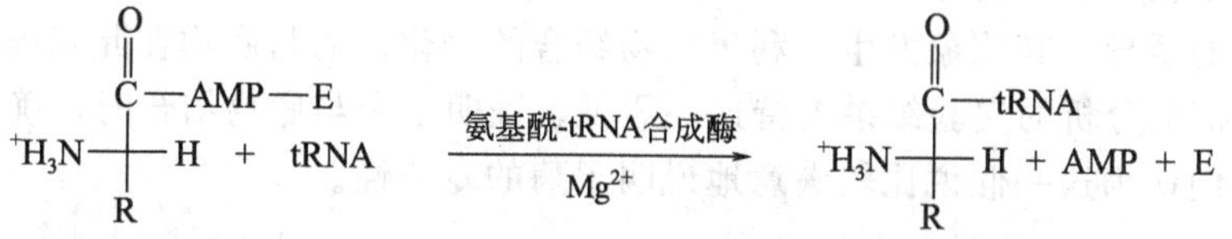

（氨酰-AMP-E + tRNA → 氨酰-tRNA + AMP + E 的反应式）

氨酰-AMP-E　　　　　　　　　　　　氨酰-tRNA

氨基酸在氨基酰-tRNA 合成酶的催化下，与 ATP 作用，首先生成氨酰-AMP-E 复合体和焦磷酸，其次，氨酰-AMP-E 复合体把氨酰基转移给 tRNA，从而形成了氨酰-tRNA。其总反应式为：

$$\text{氨基酸} + \text{ATP} + \text{tRNA} \xrightarrow[\text{Mg}^{2+}]{\text{氨基酰-tRNA 合成酶}} \text{氨酰-tRNA} + \text{AMP} + \text{PPi}$$

如：丙氨酰-tRNA 合成酶催化丙氨酸生成丙氨酰-tRNA：

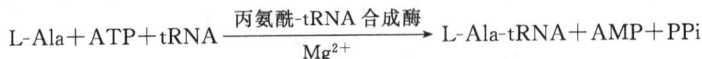

$$\text{L-Ala} + \text{ATP} + \text{tRNA} \xrightarrow[\text{Mg}^{2+}]{\text{丙氨酰-tRNA 合成酶}} \text{L-Ala-tRNA} + \text{AMP} + \text{PPi}$$

八、 酶促反应的催化机理

在酶促反应中，底物分子（S）与酶（E）反应先形成酶-底物复合物，再分解成产物（P）和酶。

$$\underset{\text{酶}}{E} + \underset{\text{底物}}{S} \Longrightarrow \underset{\text{酶-底物复合物}}{E\text{-}S} \longrightarrow \underset{\text{产物}}{P} + \underset{\text{酶}}{E}$$

酶-底物复合物（E-S）的形成是决定反应速率的关键步骤。具有特定结构的酶与底物一般通过静电引力、氢键及疏水作用力形成酶-底物复合物。与非酶反应相比，酶促反应具有高效性和高度专一性。

(一) 酶催化的专一性机理

酶催化的专一性是通过酶与反应物之间相互作用或是通过分子结构互补识别来实现的。酶催化的专一性机理有各种学说。这些学说都认为：酶的活性中心是酶表现催化作用专一性的基础，不仅要求活性必需基团的存在，而且要求它们有特定的构象分布。

1. 酶的刚性与"锁和钥匙"学说

早在 1894 年，E. Fisher 就提出了"模板"或"锁和钥匙"学说来解释酶的作用专一性。此学说认为底物分子或底物分子一部分类似钥匙那样，专一地契入酶的活性中心部位，也就是说底物分子进行化学反应的部位与酶分子上有催化效能的必需基团间具有紧密互补的关系。只有那些符合这种要求的物质才能被酶催化转化。酶和底物的这种专一关系类似"一把钥匙开一把锁"。

锁和钥匙学说的前提是酶分子具有特定的结构与构象，并具有一定的刚性。

但仍然有一些问题是"锁和钥匙"学说不能解释的。如果酶的活性中心是"锁和钥匙学说"中的锁，那么，这种结构不可能既适合于可逆反应的底物，又适合于可逆反应的产物。另外，也不能解释酶催化专一性中的所有现象。

2. 诱导契合学说

近年来，X 射线衍射分析和核磁共振等各种分析结果表明，酶具有一定的柔顺可变性。1958 年 D. Koshland 提出了"诱导契合"学说。该学说认为：当酶分子与底物分子接近时，酶蛋白受底物分子的诱导，其构象发生有利于底物结合的变化，酶与底物在此基础上互补契合而催化反应。X 衍射分析的实验结果支持这一假说，证明了酶与底物结合时，确有显著地构象变化。因此人们认为这一假说比较满意地说明了酶的专一性。

3. 过渡态学说

1930 年，Haldane 指出，酶与底物结合过程中有部分结合能使底物扭曲，降低反应活化能（图 21-1），推动底物反应。之后，Pauling 又发展了上述观念，引进了过渡态学说，即认为：任何一个化学反应的进行都必须经过活性中间复合物或者过渡态阶段，而且，反应速率与过渡态底物的浓度成比例；酶的活性中心对过渡态底物有更好的互补性，这就是说，酶和过渡态底物有更强的结合力。这种学说的特点是，酶的高度作用专一性不仅寓于底物的静态结构之中，也寓于底物的动态变化之中。

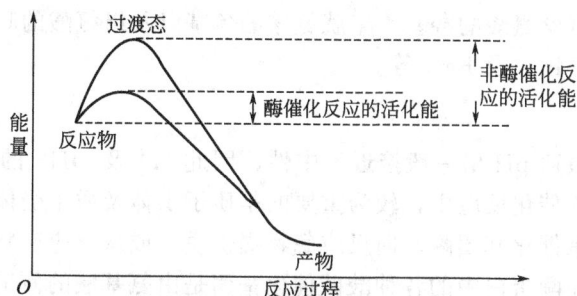

图 21-1　酶降低反应活化能量图

（二）酶促反应的催化机理

1. 底物与酶的"靠近"及"定向"

酶在发挥催化作用前，需与作用物紧密结合形成酶-底物复合物。酶-底物复合物的形成既是一个专一性识别过程，更重要的还是一个变分子间反应为分子内反应的过程。这个形成的结果可使底物间的反应基团相互接近，作用物的局部浓度大大提高，从而提高了催化效率。在这个过程中，酶的作用是通过邻近效应得以体现。

邻近效应是指酶与底物结合形成络合物时，酶的催化基团与底物分子结合，形成了"一个分子"，反应基团的有效浓度得到了极大升高，反应速率得以大大增大的一种效应。

但是酶与底物仅仅靠近还不够，还需要使反应的基团在反应中彼此相互严格地"定向"。即底物与酶结合时，其受催化攻击的部位必须定向地对准酶的活性中心，使酶的活性中心易于诱导作用物分子中的电子轨道趋于有利反应的排列，即发生定向排列，较高的催化效率才能得以实现。而在这个过程中，酶的作用是通过定向效应得以体现。

定向效应是指反应物的反应基之间，即酶的催化基团与底物的反应基之间的正确定位后产生的反应速率增大的一种效应。正确定向取位问题的解决是以分子间反应变为分子内反应为前提的。

所以，只有既靠近又定向，反应物分子才迅速形成过渡态。Page 和 Jencks 认为，邻近效应和定向效应在双分子反应中起的促进作用至少可分别达 10^4 倍，两者共同作用则可能使反应速率升高 10^8 倍。

2. 张力、扭曲效应

当酶与它的专一性底物作用时，往往会发生构象变化以利于催化。事实上，不仅酶的构象受底物作用而变化，底物分子也会受酶的作用而变化。酶中的某些基团或离子可以使底物分子内某些基团的电子云密度增高或降低，产生"电子张力"，从而更易于发生反应。有时底物分子发生变形，使酶-底物复合物更易于形成。通常酶构象发生改变的同时，底物分子也往往发生形变，从而形成一个互相契合的酶-底物复合物。这种效应降低了反应活化能，因此反应得以加速。

3. 共价催化

共价催化是酶在催化时，亲核催化剂或亲电催化剂能分别作用于底物的缺电子中心或富电中心，迅速形成不稳定的共价复合物，从而降低反应的活化自由能，加快反应速率。共价催化在酶促反应机制中占有极重要的地位，许多酶催化反应都包含这种机制。酶催化反应中，常见的亲核基团有丝氨酸的羟基、半胱氨酸的巯基以及组氨酸的咪唑基等。常见的亲电基团有 H^+、Mg^{2+}、Mn^{2+} 及 Fe^{3+} 等。

4. 酸碱催化

因酶催化反应的最适 pH 值一般接近于中性，因此 H^+ 及 OH^- 的催化在酶催化反应中是比较有限的。而在酶催化反应中，较为重要的是质子供体及质子受体的酸碱催化。这类酸碱催化主要指这些酸碱催化基团瞬时向反应底物提供质子或从反应底物中接受质子，以稳定过渡态而加速反应。在酶蛋白中的各种酸碱催化基团是由氨基酸的侧链提供的，主要的酸碱催化基团如下：

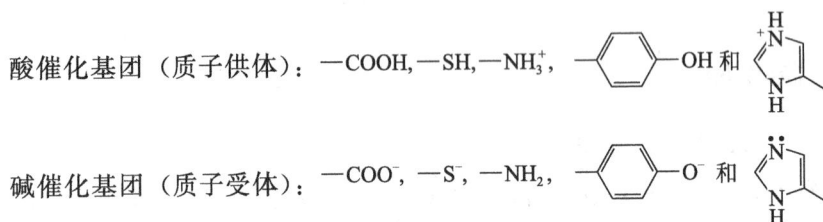

酸催化基团（质子供体）：—COOH，—SH，—NH_3^+，

碱催化基团（质子受体）：—COO^-，—S^-，—NH_2，

酸碱催化与共价催化均可使酶催化反应速率大大提高，但是比起前两种催化方式来，它们提高的速率增长相对较小。

5. 静电催化和多元催化

酶促反应中的过渡态可被底物与催化剂中的荷电基团加以稳定，从而使得反应速率加快。例如碳正离子可通过负电荷的羧基稳定，含氧负离子可通过金属离子加以稳定。

酶分子是一个拥有多种不同侧链基团组成活性中心的大分子，这些基团在催化过程中根据各自的特点发挥不同的作用。通常，酶促反应是多种催化机理的综合结果。

Summary

An enzyme is a substance that acts as a catalyst in living organisms that change the rate of a reaction. Enzyme catalysis has advantages of high specificity and efficiency. Actually, from chemistry's point, all enzymes are proteins, although some catalytically active RNAs have been identified.

For a biochemical reaction to proceed, the energy barrier to transform the substrate molecules into the transition state has to be overcome. An enzyme stabilizes the transition state and lowers $\Delta G^{\ominus}$, thus increasing the rate at which the reaction occurs.

Some enzymes require the presence of cofactors, small nonprotein units to function. Cofactors may be inorganic ions or complex organic molecules called coenzymes. A cofactor that is covalently attached to the enzyme is called a prosthetic group. A holoenzyme is the catalytically active form of the enzyme with its cofactor, whereas an apoenzyme is the protein part on its own.

Enzymes are classified into six major groups defined by the reaction that they catalyze, including oxidoreductases, transferases, hydrolases, lyases, isomerases, and ligases.

The active site is the region of the enzyme that binds the substrate, to form an enzyme-substrate complex, and transforms it into product. The active site is a three-dimensional entity, often a crevice on the surface of the protein, in which the substrate is bound by multiple weak interactions. Three theories have been proposed to explain how an enzyme binds its substrate: the lock and key model, the induced-fit model, and the transition state theory.

习　题

1. 酶的化学本质是什么？它与一般催化剂相比有何异同？

2. 辅基与辅酶有何不同？

3. 为什么酶促反应的酸碱催化主要不是依靠 H^+ 及 OH^-？它们是怎样提高酶反应速率的？反应中有哪些常见的酸催化基团及碱催化基团？

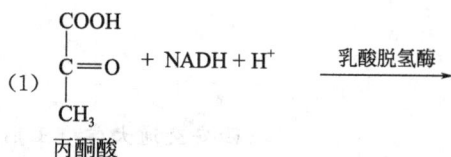

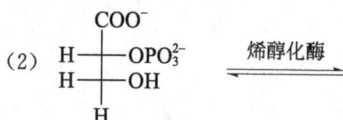

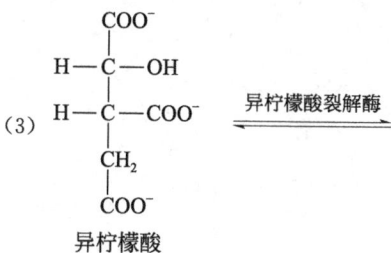

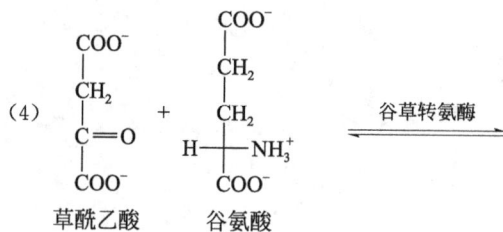

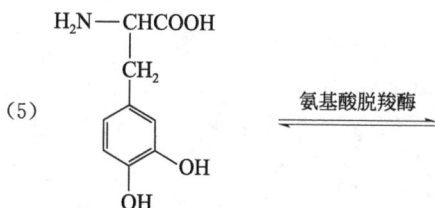

4. 完成下列酶促反应。

(1)
$$\begin{array}{c} COOH \\ | \\ C{=}O \\ | \\ CH_3 \end{array} + NADH + H^+ \xrightarrow{\text{乳酸脱氢酶}}$$
丙酮酸

(2)
$$\begin{array}{c} COO^- \\ | \\ H{-}\!\!-{-}OPO_3^{2-} \\ | \\ H{-}\!\!-{-}OH \\ | \\ H \end{array} \underset{\text{烯醇化酶}}{\rightleftarrows}$$

(3)
$$\begin{array}{c} COO^- \\ | \\ H{-}C{-}OH \\ | \\ H{-}C{-}COO^- \\ | \\ CH_2 \\ | \\ COO^- \end{array} \underset{\text{异柠檬酸裂解酶}}{\rightleftarrows}$$
异柠檬酸

(4)
$$\begin{array}{c} COO^- \\ | \\ CH_2 \\ | \\ C{=}O \\ | \\ COO^- \end{array} + \begin{array}{c} COO^- \\ | \\ CH_2 \\ | \\ CH_2 \\ | \\ H{-}\!\!-{-}NH_3^+ \\ | \\ COO^- \end{array} \underset{\text{谷草转氨酶}}{\rightleftarrows}$$
草酰乙酸　　谷氨酸

(5)
$$\begin{array}{c} H_2N{-}CHCOOH \\ | \\ CH_2 \\ | \\ \text{（苯环 OH, OH）} \end{array} \underset{\text{氨基酸脱羧酶}}{\rightleftarrows}$$

(6)
$$
\underset{\text{天冬酰胺}}{\overset{\displaystyle \text{COONH}_2}{\underset{\displaystyle \text{COOH}}{\overset{\displaystyle |}{\underset{\displaystyle |}{\text{H}-\overset{\displaystyle \text{CH}_2}{\overset{|}{\text{C}}}-\text{NH}_2}}}}} + \text{H}_2\text{O} \xrightleftharpoons[]{\text{天冬酰胺酶}}
$$

(7)
$$
\underset{\text{肌酸}}{\overset{\displaystyle \text{NH}_2}{\underset{\displaystyle \text{COOH}}{\overset{\displaystyle |}{\text{H}_3\text{C}-\overset{\displaystyle \text{C}=\text{NH}_2^+}{\underset{\displaystyle \text{CH}_2}{\overset{|}{\text{N}}}}}}}} + \text{ATP} \xrightleftharpoons[]{\text{肌酸激酶}}
$$

(8)
$$
\underset{\text{延胡索酸}}{\overset{\displaystyle \text{COO}^-}{\underset{\displaystyle \text{COO}^-}{\overset{\displaystyle |}{\text{H}-\overset{\displaystyle \text{C}-\text{H}}{\overset{\parallel}{\text{C}}}}}}} + \text{H}_2\text{O} \xrightleftharpoons[]{\text{延胡索酸酶}}
$$

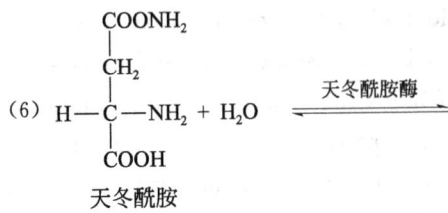

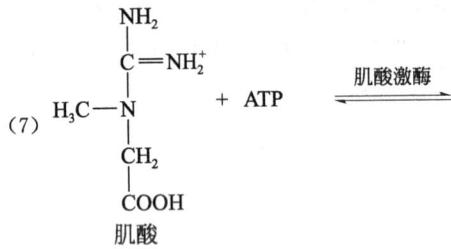

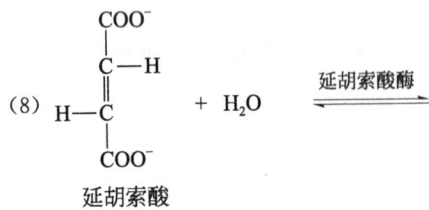

（西安交通大学　王丽娟）

参 考 文 献

[1] 邢其毅. 基础有机化学. 第 3 版. 北京：高等教育出版社，2005.
[2] 徐寿昌. 有机化学. 第 2 版. 北京：高等教育出版社，1993.
[3] 魏俊杰. 有机化学. 第 2 版. 北京：高等教育出版社，2008.
[4] 唐玉海. 医用有机化学. 第 3 版. 北京：高等教育出版社，2014.
[5] 陆阳，刘俊义. 有机化学. 第 8 版. 北京：人民卫生出版社，2013.
[6] 汪小兰. 有机化学. 北京：高等教育出版社，2005.
[7] 沈同，王镜岩. 生物化学. 北京：高等教育出版社，1993.
[8] 廖清江. 有机化学. 北京：人民卫生出版社，1999.
[9] 李少华，胡满根. 有机化学. 江西：江西高校出版社，2001.
[10] 高占先. 有机化学. 第 3 版. 北京：高等教育出版社，2018.
[11] 胡宏纹. 有机化学. 第 3 版. 北京：高等教育出版社，2006.
[12] G. L. Patrick. Organic Chemistry. 北京：科学出版社，2002.
[13] T. W. Graham Solomons & Craig B. Fryhle. Organic Chemistry. 北京：化学工业出版社，2004.
[14] G. L. Patrick. Biddles Ltd, Organic Chemistry, Guildford, UK, 2000.
[15] Robert Thornton Morrison & Robert Neilson Boyd. Organic Chemistry. 6th Ed. USA：1992.
[16] John McMurry. Organic Chemistry. 6th Ed. 2004.
[17] Clayden. Greeves, Warren and Wothers. Organic Chemistry. Oxford University Press, 2001.
[18] T. Mckee, J. R. Mckee, Biochemistry：An Introduction（影印版）. 2nd. 北京：科学出版社，2000.
[19] John E. McMurry & Eric E. Simanek. Fundamentals of Organic Chemistry. USA：2006.